MATRIX STRUCTURAL ANALYSIS

매트릭스 구조해석

권민호 · 조창근
박홍근 · 원종필

도서출판 동화기술

PREFACE

최근에 급속도로 발전하는 IT기술과 컴퓨터의 발달로 인하여 다양한 구조물과 다양한 하중 형태에 따른 구조 해석이 시도되고 있으며, 또한 신뢰할 만한 수준의 정밀도 또한 달성하고 있다. 따라서 구조해석에서 매트릭스 구조해석은 필수 불가결한 도구가 되었고, 전산해석 도구들이 실무에서 상당히 널리 적용되고 있다. 비록 해석은 컴퓨터에 의해서 이루어지지만 그 결과를 평가하고 적용하는 것은 구조공학자들 몫이기 때문에 구조 공학자들은 매트릭스 해석의 근거가 되는 기본 개념을 이해하고 있어야 하며 모델링에 따른 문제점과 장점을 습득하고 숙지하고 있어야 한다.

본 교재는 최근에 개발된 이론을 포함한 매트릭스 구조해석법의 개념들을 자세하게 전개하고 이의 예제를 통하여 독자들이 습득할 수 있도록 구성하였다. 특히 기존의 매트릭스 구조해석 교재와는 달리 평형방정식, 적합방정식 부분을 따로 편집하여 평형방정식 관계와 적합방정식에서 이루어진 여러 가정들을 점검해서 다양한 해석 이론의 등장 배경과 관하여 설명하였다. 또한 평형조건에 따른 가상 변위 원리와 적합조건에 따른 가상 힘의 원리에 대하여 다루었고 이를 통하여 강성도 및 유연도 유도 과정의 이해를 돕도록 하였다. 가능한 많은 예제를 포함하도록 하였으며 몇 부분에서는 간단한 Matlab 코드도 포함하였다.

교재의 각 장에 대하여 설명하면 다음과 같다.

제1장에서는 지금까지 구조해석이 발달해온 역사적 사실과 구조해석의 기본 요소들에 대하여 다루었고, 구조해석의 해석 수준에 대한 개략적인 내용을 다루었다.

제2장에서는 매트릭스 해석에서 사용되는 주요 부재인 트러스/보 요소(Euler－Bernoulli 보, Timoshenko 보)에 대한 지배미분 방정식을 유도하고 두 보 이론의 특징을 다루었고, 마지막 부분에는 불연속인 요소하중에 대하여 논의하였다.

제3장에서는 골조/트러스 요소의 평형방정식을 매트릭스 형태로 유도하였다.

제4장에서는 기하학적 적합 조건을 다루었고, 기하학적 비선형, 2계 해석의 원리에 대해 언급하였고, 다자유도 구속, 부재의 불변형 구속 조건들을 고려할 수 있는 방법들에 대하여 설명하였다.

제5장에서는 강성도와 유연도 유도에 사용되는 가상 변위/힘의 원리를 소개하였다.

제6장에서는 현재 널리 사용되고 있는 강성도법에 대하여 다루었다.

제7장에서는 직접 강성도법의 기본 개념을 소개하고 정적축약 기법, 부 구조물 기법 등을 설명하였다.

제8장에서는 직접 강성도법의 전산화를 돕도록 구성하였으며 컴퓨터 프로그램을 위한 순서도와 전체 강성도 행렬 조립, 하중 조립, 선형 대수법, 내력 계산 등을 다루었다.

감히 부족한 교재를 통하여 조금이나마 독자들의 구조해석 이해에 조금이라도 보탬이 되기를 바란다. 마지막으로 본 교재의 구성에 충고를 아끼지 않고 본인의 여러 그림들을 사용하도록 허락해준 Prof. Suchart Limkatanyu에 감사드린다.

저자일동

CONTENTS

Chapter 01 서론

Chapter 02 골조/보 이론: 지배 미분방정식

Chapter 03 평형방정식

Chapter 04 기하학적 적합조건

Chapter 05 가상일의 원리 : 기본 개념

01

서 론

1 구조해석의 개발사

구조해석 이론은 탄성론, 공업역학 그리고 재료역학의 틀이 정립되던 17~18세기 무렵에 등장하였다. 구조해석 이론의 개발과정을 Timoshenko(1953), Truesdell(1968), Timoshenko & Gere(1972), Gordon(1978), Charlton(1982), Dugas(1988), Benvenuto(2000), McGuire et al. (2000), Fung & Tong(2001), Otani(2004)의 책을 참고로 정리하여 연대적으로 나열하였다(Figure 1-1).

Figure 1-1에서 보면 구조해석의 시작은 대략 170년 전으로 거슬러 올라간다. 컴퓨터를 사용하지 않는 고전적인 해석법(hand calculation)에서 시작하여 컴퓨터를 사용하는 방법으로 발달한 것을 알 수 있다. 특히 Argyris & Kelsey(1960)의 체계적인 에너지법과 Turner 등(1956)의 강성도법의 개발과 더불어 컴퓨터 기술의 눈부신 발달 덕분에 최근 50년간 구조해석능력은 극적으로 개선되었다. Figure 1-1에서 해석기법을 발달시키는데 핵심적인 역할을 한 이론과 최근에도 유용하게 사용되고 있는 이론들에 대하여 간단하게 살펴보자.

Castigliano(1873) [1]

Castigliano(1873)는 에너지 원리와 관련된 두 가지 정리를 발표하였는데, 이 두 가지 정리를 Castigliano의 제1정리와 제2정리라고 부른다. 제1정리는 구조계에서 주어진 한 점의 힘

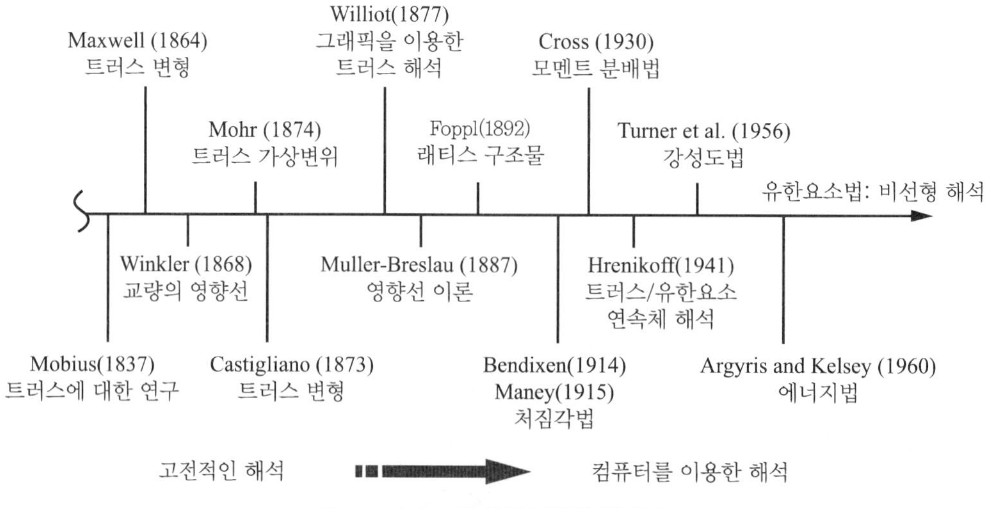

Figure 1-1 구조해석 발전 연대표

1) Castigliano, A. (1873). "Intorno ai sistemi elastici", Dissertation presented to the Reale Scuola d'Applicazione degli Ingegneri in Torino for civil engineering degree, Vincenzo Bona, Turin, Italy.

을 구하는데 사용되고, 제2정리는 구조계에서 주어진 한 점의 처짐을 구하는데 사용된다. 이 두 가지 정리는 최소 포텐셜 에너지의 원리에 기반하고 있으며 오늘날에도 여전히 구조물을 해석하는데 널리 사용된다.

Winkler(1868) 2)

Winkler(1868)는 교량의 해석 및 설계에 대한 자신의 교과서에서 정밀한 영향선 사용법을 처음으로 제시하였으며 지금도 이동 하중에 대한 교량의 해석과 설계에 사용되고 있다.

Müller–Breslau(1887) 3)

Müller－Breslau(1887)가 이룬 가장 큰 업적은 영향선을 모든 종류의 구조물에 확대 적용한 것이다. 즉, “Müller－Breslau 원리”는 구조물에 최대로 영향을 미치는 이동 하중의 작용점을 찾는 가장 유용한 방법으로 지금도 널리 사용되고 있다.

Bendixen(1914) 4) & Maney(1915) 5)

독일 출신의 Bendixen(1914)와 미국 출신의 Maney(1915)는 직선의 등방형 부재에서 끝단 모멘트와 단부 처짐 및 처짐각의 관계를 나타내는 처짐각방정식을 유도하였다. 이 방법은 변위법으로 분류되는 처짐각법으로서, 골조 구조물에 대한 매트릭스 해석법의 시초라고 볼 수 있다.

Cross(1930) 6)

Cross(1930)는 경계조건의 연속적인 완화에 근거한 반복 해석법을 개발하였는데, 이를 모멘트 분배법 또는 Cross법이라고도 한다. 이 방법은 정적 부정정 구조물의 해석에서 해석 정밀도를 조정할 수 있는 첫 번째 고전적 해석법이며 하중법으로 분류된다.

---

2) Winkler, E. (1868). Mitte. Architek. u. Ing. Ver., Böhmen, p.6.

3) Müller–Breslau H. (1887). Die Graphische Statik der Baukonstruktionen, 2nd Edition.

4) Bendixen (1914). Die Methode der Alpha－Gleichungen zur Berechnung von Rahmenkinstrukionen, Berlin, Germany.

5) Maney (1915) Die Methode der Alpha－Gleichungen zur Berechnung von Rahmenkinstrukionen, Berlin, Germany.

6) Cross, H. (1930). Analysis of Continuous Frames by Distributing Fixed Moments, Proceedings of the ASCE: 57: 919～928. :

Hrenikoff(1941) 7)

Hrenikoff(1941)는 래티스 유사법을 개발하였는데 이 방법은 탄성 연속체를 단순화된 요소로 이산화(예를 들어, 삼각형 또는 사각형 트러스 등으로 모델)하여 해석하는 가장 초기 해석법 중 하나이다.

Turner, Clough, Martin, Topp(1956) 8)

Turner, Clough, Martin 그리고 Topp(1956)의 연구결과는 구조해석 이론에 비약적인 발전을 불러왔다. 이들에 의해 유한요소 구조해석의 큰 틀이 만들어졌으나, "유한요소 해석법(Finite Element Analysis)"이란 용어는 Ray W. Clough 교수에 의하여 1960년[9)]에 처음 사용되었다. Felippa(2001)에 따르면 매트릭스 구조해석의 뼈대와 유한요소법의 해석과정의 전체 절차는 동일하다. 결국 이들의 논문은 구조공학자들이 구조물을 이해하고 해석하는 방법을 완전히 바꾸게 된 계기라고 볼 수 있다.

2 왜 매트릭스 구조해석인가?

대부분의 토목 및 건축공학의 교육과정에서 학생들은 필수과정으로 정역학, 동역학, 재료역학과 구조해석을 수강하게 된다. 이 과목들 중 구조해석에서 정정 및 부정정 구조물의 내력과 처짐, 반력 등을 계산하는 방법을 배우게 되는데, 주로 벡터에 의한 방법과 스칼라(에너지) 방법에 따른 구조해석법들이다. 대부분 2차원 문제를 다루고, 고전적인 계산에 의하여 문제를 풀기 때문에 3차원 문제는 거의 다루지 않는다. 하지만 구조공학 또는 구조역학에 전문적인 지식을 추구하는 학생들은 매트릭스 구조해석과 같은 좀 더 고급 구조해석 과목을 수강하게 된다. 구조공학 교과목의 이수체계도를 Figure 1-2에 나타내었다. 여기서 매트릭스 구조해석은 구조공학 교과목 체계의 긴 목록들 중 1/3 정도에 위치하고 있으며 학부과정과 대학원의 구조공학 과정을 연결하는 중요한 연결고리가 된다.

---

7) Hrenikoff, A (1941). Solution of Problems of Elasticity by the Framework Method. Journal of Applied Mechanics A8(1): p. 169～175.

8) Turner, Clough, Martin, Topp (1956). Turner, M.J., Clough, R.W., Martin, H.C., and Topp, J.J. (1956). Stiffness and Deflection Analysis of Complex Structures. Journal of the Aeronautical Science; 23: p. 805～823.

9) Clough, R.W. (1960). The Finite Element Method in Plane Stress Analysis. 2nd Conference on Electronic Computation, Pittsburgh, Pennsylvania, USA.

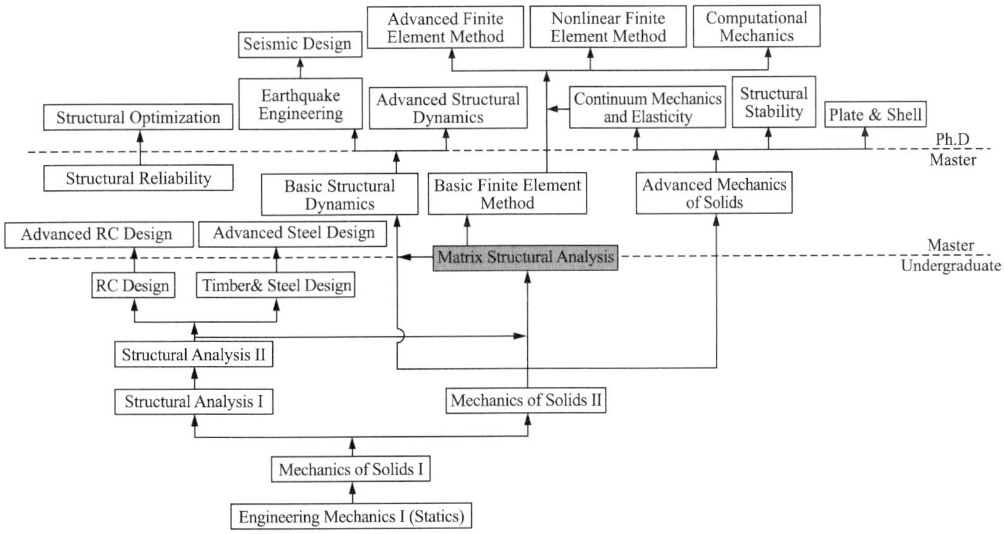

Figure 1-2 구조공학 교과목의 이수체계(미국 콜로라도 대학의 예)

매트릭스 구조해석 또는 고급 구조해석은 학생들이 컴퓨터를 사용한 전산화 과정을 이해하고 수행하도록 되어 있다. 그러므로 본 강의 교재는 컴퓨터 사용에 대한 이해를 증진시키기 위하여 전통적인 구조해석법과 최신 구조해석법 모두 동일한 가중치를 두고 다루었다.

현재의 구조공학 실무에서 구조해석을 수행하는데 있어서 컴퓨터는 아주 중요한 역할을 하고 있다. 그러므로 우리는 구조공학자로서 컴퓨터 해석도구를 사용만 할 것이 아니라 그 속에 어떤 이론이 들어 있는지 이해하고, 더 나아가 그것이 가지는 한계를 인지할 뿐 아니라 특별한 상황에 따른 특수해석을 할 수 있도록 그것을 수정 및 발전시킬 능력을 갖추어야 한다.

매트릭스 구조해석과 달리 유한요소 해석법은 주로 2차원 또는 3차원 연속체의 해석과 연관되어 있으며, 여기서 매트릭스 구조해석은 유한요소 해석의 입문과정으로서 중요한 역할을 한다. 유한요소에서 기본 미지수는 절점 변위이며 내력은 주로 응력들이다. 비록 몇몇 토목 및 건축 구조물(예를 들어 아치댐, 돔 등)은 2차원 또는 3차원 연속체로 모델되지만 대부분의 구조물들은 보, 거더 또는 기둥과 같이 막대기 형태의 1차원 요소로 구성된다. 어떤 의미에서 이런 1차원 요소의 변위와 내력은 연속체 유한요소보다 좀 더 정밀하다고 할 수 있다(예를 들어 모멘트, 비틀림 모멘트 등).

3 목 표

일반적으로 일련의 하중(또는 변위하중)을 받는 구조모델의 거동은 구조모델의 절점변위에 의해서 정의되며 이는 변위, 변형과 내력이 절점 변위의 항으로 표현됨을 의미한다. 선형탄성 구조물에서 물리량(변위, 변형, 내력)의 상호 관계는 유일하게 정의된다. 따라서 구조해석 문제는 절점 변위로 시작해서 내력을 계산하여 문제를 풀어가거나(변위법, Displacement Method) 내력으로 시작해서 절점 변위를 계산하여 문제를 풀어간다(하중법, Force Method).

구조해석의 일반적인 목표는 다음과 같이 요약된다.

Given: 기하학적 형상을 갖는 구조모델과 재료물성치, 구조물에 작용하는 힘과 변위(경계 조건 포함)

Find: 절점 변위, 요소력, 내력, 요소 변형, 지점 반력 등

일반적으로 해석에는 구조해석과 응력해석의 두 가지 용어를 사용하는데, 구조해석은 주로 반력, 변형과 내력을 결정하는 것을 말하고, 응력해석은 구조물의 어떤 한 점의 응력을 결정하는 것을 말한다.

4 구조해석의 기본 요소들

평형방정식, 적합방정식 그리고 강성도(유연도)는 모든 구조해석에서 필요한 기본 요소들이며, 기본적으로 이들을 이용하면 대부분 구조해석 문제의 해를 구할 수 있다.

평형방정식

구조해석에서 가장 기본이 되는 원리는 평형조건(Equilibrium)이다. 즉 구조물의 전체, 구조물의 일부분 또는 구조물의 미소한 한 부분에 작용하는 힘은 반드시 평형상태에 있어야 한다. 가끔 정적하중 상태에서만 평형상태가 만족하여야 한다고 잘못 알고 있는데, 비록 구조물이 동적하중을 받고 있더라도 주어진 시간에서 구조물의 저항력(탄성 혹은 비탄성)은 작용하는 외력에 대하여 평형상태를 이루어야 한다. 이러한 외력에는 동적하중뿐 아니라 관성력과 감쇄력도 포함된다. d' Alembert 원리에 따르면 정적 평형은 감쇄력과 관성력이 무시된 동적 평형의 특수한 경우라고 할 수 있다.

정적 정정 구조물은 평형방정식만 사용하여 작용하는 외력에 대한 내력을 계산할 수 있

는 구조물로서 실무에 가장 널리 사용되는 구조물 종류이다. 간단한 예로 단순지지된 교량의 거더[Figure 1-3(a)], 3개의 힌지로 구성된 트러스 교량[Figure 1-3(b)] 등이 있다. 정정 구조물의 가장 큰 장점은 지점 침하와 온도 변화에 민감하지 않다는 것이다. 다시 말해서, 침하와 온도변화에 의해서 내력이 발생하지 않는다. 또한 정정 구조물은 하중법에 의하여 부정정 구조물을 해석할 때 기본 구조 형태로서 중요한 역할을 한다.

(a) 단순보 교량 거더

(b) 3개의 힌지로 구성된 트러스 교량

Figure 1-3 정적 정정 구조물

(a) 장지간을 갖는 현수교

(b) 다층 다경간 골조 건물

Figure 1-4 정적 부정정 구조물

정적 부정정 구조물은 평형방정식만으로 외력을 받는 구조물의 내력을 결정할 수 없는 구조물의 형태를 말한다. 따라서 주어진 외력에 대하여 내력을 계산하는 과정이 정정 구조물처럼 단순하지가 않은데, 이는 최소한 한 개 이상의 잉여력이 내력을 재분배하고 있기 때문이다. 이러한 내력 재분배는 극한 하중 또는 비정상적인 하중에 의한 구조물의 붕괴를 지연시키는 역할을 하기도 한다. 정적 부정정 구조물의 또 다른 특징은 외부로부터 작용하는 하중이 없어도 온도 변화, 크리프, 부재 치수의 부정합, 지점 침하와 같은 요인에 의해 내력이 발생한다는 점이다. 실제 구조물의 대다수는 정적 부정정 구조물이며, 예를 들면 장대 지간을 갖는 현수교[Figure 1-4(a)]와 다층 골조 건물[Figuer 1-4(b)] 등이 있다.

적합방정식

어떤 구조물에 작용하중에 의하여 내부 응력(합 응력)이 발생하면 그 구조물에는 변형이 일어나게 된다. 구조물의 각 점들은 내부 응력에 의해서 인접한 부분으로 이동하게 된다. 일반적으로 이런 점들의 이동은 구조물 전체에서 연속적으로 발생하게 되고 이들이 변위를 일으키게 된다. 따라서 각 점에서 점으로의 상대 변위와 상대 회전변위가 발생하게 되는데, 이 상대 처짐과 상대 각 변화를 "변형"이라고 부른다. 만약에 변위가 발생된다고 하더라도 구조물 내부의 각 점들 사이에서 상대 처짐과 상대 각 변화가 없을 때 그 변위를 강체 회전이라고 한다. 구조물이 강체 회전을 하게 되면 아무런 내력도 발생하지 않게 된다. 구조 부재의 일반적 변형의 종류로는 인장력에 의한 봉의 늘어남 또는 압축력에 의한 봉의 줄어듦, 모멘트를 받는 임의의 보 단면과 바로 이웃한 단면의 상대 회전각, 전단에 의하여 발생하는 임의의 보 단면과 바로 이웃한 단면의 처짐변화, 비틀림에 의한 샤프트의 비틀림 각 변화 등이 있다.

변형률은 일반적으로 변형의 변화율로 정의된다. 인장력을 받는 봉의 경우 단면의 축방향 변형률은 봉의 단위 길이당 늘어난 길이로 정의된다. 휨을 받는 보의 경우 단면의 곡률은 보의 단위 길이당 각변형으로 정의되고, 전단을 받는 보의 경우 단면 전단변형은 보의 단위 길이당 상대 처짐으로 정의되며, 비틀림을 받는 경우 샤프트의 단위 길이당 상대 비틀림각으로 정의된다. 이러한 단면 변형률은 합 변형률(resultant strain)로, 이 변형률에 대응하는 힘을 합 응력(resultant stress)이라고 부른다.

변형과 변위의 기하학적 관계는 적합방정식에 의하여 결정되며, 일반적으로 적합방정식은 비선형이지만, 평형방정식처럼 미소 변형과 미소 변위 가정에 의하여 선형으로 가정된다. 선형 변형 가정은 구조물의 변위와 변형의 효과가 구조물의 평형관계에 영향을 미치지 않음을 의미한다.

구조물은 절점에서 서로 연결되어 있기 때문에 구조물의 한 부재가 독립적으로 변형되지 않는다. 즉, 구조물은 각 부재의 연결 상태와 지점 조건에 따라서 변형된다. 예를 들어, 트러스 구조물의 절점 변위는 모든 부재의 축방향 변형과 부재의 연결상태에 따른 구속 조건을 동시에 고려하여 계산된다. 이를 Williot−Mohr 변위도(Norris et al., 1984)라 한다.

적합조건을 적용하는 중요한 다른 분야는 구조물의 붕괴에 대한 것이다. 예를 들어, 골조 구조물의 경우 구조물이 붕괴를 일으킬 정도의 충분한 소성 힌지가 형성되었을 때 초기 붕괴가 발생하는데, 이를 결정하는데 사용되는 항복선 이론은 붕괴되는 슬라브의 적합조건에 기반하여 개발되었다(Nawy, 2003).

강성도와 유연도

부재력과 이에 대응하는 부재변형 사이의 관계는 부재 강성도 또는 유연도에 의해서 정의된다. 유연도와 강성도는 서로 상호 교환적인데, 강성도는 부재가 하중을 저항하는 정도가 어느 정도인지 나타내는 값이며, 이에 반해 유연도는 부재가 변형을 저항하는 정도가 어느 정도인지를 나타내는 값이다. 강성도 또는 유연도는 이미 알고 있는 재료 물성치 또는 부재의 응력과 변형률의 분포 가정에 따라서 결정되며, 선형 구조물의 경우 강성도는 변형의 크기에 상관없이 단면의 기하학적 특징들(단면적, 길이, 단면2차모멘트 등)에 의해서만 계산된다.

5 구조해석의 방법

일반적으로 구조해석법은 크게 변위법과 하중법의 두 가지로 분류된다.

변위법(Displacement Method)

변위법에서 기본 미지수는 절점 변위이며, 구조해석 문제의 크기는 기구학적(kinematically) 부정정 차수에 의해서 결정되고, 각 절점 변위와 이와 연결된 독립된 평형방정식이 있다. 따라서 미지의 변위 수만큼 독립된 평형방정식이 존재한다. 그러므로 독립된 평형방정식의 수는 미지의 절점 변위를 결정할 만큼 충분히 존재한다. 변위법은 평형방정식을 사용하여 미지의 절점 변위를 결정하기 때문에 "평형방정식법"으로도 불리며, 강성도를 이용하여 절점 변위와 절점력 간의 관계를 표현하기 때문에 "강성도법(Stiffness Method)"이라고도 한다.

하중법(Force Method)

동전의 양면처럼 변위법과 하중법은 이중성을 보여주는 좋은 예이다. 하중법에서는 잉여력(redundant force)으로서 반력 또는 내력을 미지의 값으로 다룬다. 선택된 잉여력의 갯수는 구조물의 정적 부정정 차수와 같고, 구조해석 문제의 크기는 이 정적 부정정 차수에 의해서 결정된다. 각 잉여력에 이와 연관된 적합방정식이 있기 때문에 미지 힘의 개수만큼의 적합방정식이 존재하고, 이 적합 방정식들이 미지의 잉여력을 결정하는데 사용되기 때문에 하중법을 "적합방정식법"으로도 부른다. 또한 절점력과 절점 변위와의 관계를 표현하는데 유연도를 사용하기 때문에 "유연도 법(Flexibility Method)"이라고도 한다.

이 두 방법 모두 해를 구하는 과정에서 반드시 연립선형방정식을 풀어야 한다. 연립 방정식의 차수는 변위법에서는 기구학적(kinematically) 부정정 차수와 같고 하중법에서는 정적 부정정 차수와 같다. 일반적으로 실제 구조물에서 구조물의 부정정 차수는 굉장히 크기 때문에 컴퓨터의 도움 없이 연립방정식의 해를 구하는 것은 불가능하다. 본 강의에서 컴퓨터를 사용해야 하는 중요한 이유 중 하나가 바로 이 때문이다. 미지수를 벡터 형태로 구성하고 대수학적인 행렬 방법으로 해를 구하기 때문에 "매트릭스 변위법" 또는 "매트릭스 하중법"이라고도 부른다. 앞에서 언급된 기본 요소들을 사용하여 변위법과 하중법에서 각 요소들의 관계를 Figure 1-5와 같이 Tonti 다이아그램을 이용하여 도식화 하였다.

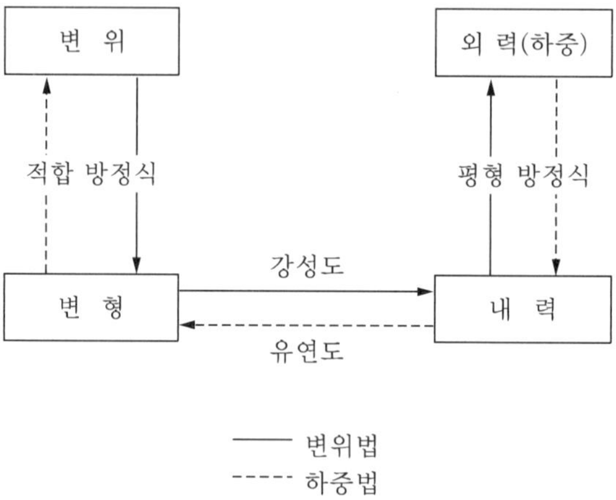

Figure 1-5 변위법과 하중법에 대한 Tonti 도표

실무에서 사용되는 거의 모든 컴퓨터 구조해석 프로그램은 매트릭스 변위법에 의하여 수행되고 있다. 이는 변위법이 전산화하고 프로그램하기에 용이하기 때문이다. 그러나 최근 들어 비선형 해석에서 뛰어난 해석 능력을 보여주는 매트릭스 하중법이 새롭게 각광 받고 있다[Spacone (1994); Salari (1999); Ayoub (1999); de Souza (2000); Limkatanyu (2002) 권민호, 조창근(2005)].

매트릭스 변위법과 하중법을 이용한 구조해석의 전반적인 과정을 다음 예제를 통하여 살펴보자.

Example 1-1

세 개 봉으로 구성된 트러스 구조물

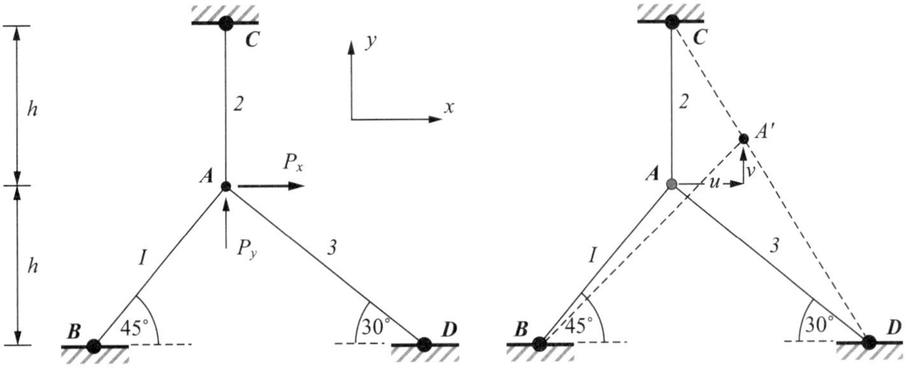

(a) 하중 및 기하학적 조건 (b) 변형 후 형태

세 개 봉으로 구성된 트러스 구조물

Solution

변위법:

3개의 봉으로 이루어진 구조물에서 구조물의 변형은 절점 A의 수평처짐(u)과 수직처짐(v)으로 표현된다. 먼저 변위법에서 요소 변형과 구조계 변위간의 기하학적 관계를 세워보자(적합관계). 미소 변형을 가정하면 요소 1, 2, 3의 축방향 변위는 다음 그림과 같다.

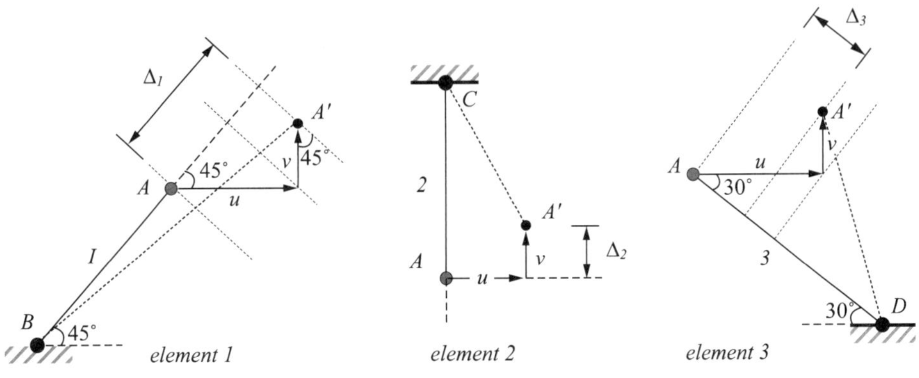

$$\Delta_1 \approx u\cos 45^0 + v\sin 45^0$$
$$\Delta_2 \approx -v$$
$$\Delta_3 \approx -u\cos 30^0 + v\sin 30^0$$

요소변형벡터를 **V**라고 하고 구조계 변위를 **U**벡터라고 하면

$$\mathbf{V} = \begin{bmatrix} \Delta_1 & \Delta_2 & \Delta_3 \end{bmatrix}^T \text{ 그리고 } \mathbf{U} = \begin{bmatrix} u & v \end{bmatrix}^T$$

과 같다. 요소 변형과 구조계 변위간의 기하학적 관계는 다음과 같다.

$$\begin{Bmatrix} \Delta_1 \\ \Delta_2 \\ \Delta_3 \end{Bmatrix} = \begin{bmatrix} \frac{\sqrt{2}}{2} & \frac{\sqrt{2}}{2} \\ 0 & -1 \\ -\frac{\sqrt{3}}{2} & \frac{1}{2} \end{bmatrix} \begin{Bmatrix} u \\ v \end{Bmatrix} \text{ 또는 } \mathbf{V} = \mathbf{AU} \qquad \text{(a)}$$

여기서 행렬 **A**는 요소변형과 구조계 변위 간의 관계를 나타내는 적합행렬이다.
이제 평형 관계를 생각해보자. 절점 A에서 수평 및 수직 평형조건은 다음과 같다.

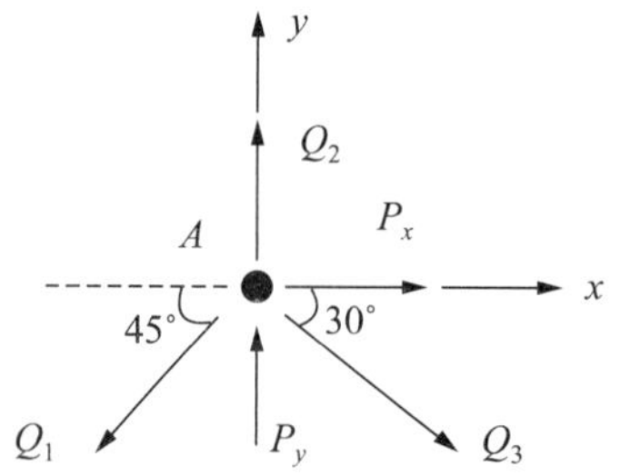

$$\sum F_x = 0; \quad \Rightarrow \quad P_x - \frac{\sqrt{2}}{2} Q_1 + \frac{\sqrt{3}}{2} Q_3 = 0$$

$$\sum F_y = 0; \quad \Rightarrow \quad P_y - \frac{\sqrt{2}}{2} Q_1 + Q_2 - \frac{1}{2} Q_3 = 0$$

주의할 점은 위의 평형방정식은 구조물이 변형되기 전의 상태(식 a)를 기준으로 세웠다는 점이다. 결과적으로 각 요소에 작용하는 축력의 방향은 바뀌지 않았고, 구조물은 세 개의 미지력이 있는 반면에 서로 독립인 두 개의 평형방정식만 있다. 따라서 이 구조물은 1차 정적 부정정 구조물이지만 기구학적 부정정 차수는 2차이다. 이는 절점 A의 독립된 평형방정식 수와 같다.
요소력을 **Q**벡터로, 구조계의 힘을 **P**벡터로 나타내면 다음과 같다.

$$\mathbf{Q} = \begin{bmatrix} Q_1 & Q_2 & Q_3 \end{bmatrix}^T, \ \mathbf{P} = \begin{bmatrix} P_x & P_y \end{bmatrix}^T$$

요소력과 구조계의 힘 간의 평형방정식은 다음 행렬로 표현된다.

$$\begin{Bmatrix} P_x \\ P_y \end{Bmatrix} = \begin{bmatrix} \frac{\sqrt{2}}{2} & 0 & -\frac{\sqrt{3}}{2} \\ \frac{\sqrt{2}}{2} & -1 & \frac{1}{2} \end{bmatrix} \begin{Bmatrix} Q_1 \\ Q_2 \\ Q_3 \end{Bmatrix} \text{ 또는 } \mathbf{P} = \mathbf{BQ} \qquad \text{(b)}$$

여기서, 행렬 **B**는 구조계의 힘과 요소력의 관계를 나타내는 평형행렬이다.

식 (b)에서 평형행렬의 전치(transpose)는 적합행렬 식 (a)와 같음을 알 수 있다. 가상일의 원리를 이용하여 이것을 간단하게 증명해보자.

증명: $\mathbf{A}^T = \mathbf{B}$

구조계의 가상변위 $\delta\mathbf{U}$에 대응하는 가상의 요소 변형은 구조계 변위와 적합행렬로부터 다음과 같이 계산된다.

$$\delta\mathbf{V} = \mathbf{A}\delta\mathbf{U}$$

가상변위의 원리에 의해서

$$\delta W_{int} = \delta W_{ext}$$

와 같다. 여기서 내부 가상일 δW_{int}은 다음과 같고,

$$\delta W_{int} = \delta\mathbf{V}^T\mathbf{Q}$$

외부 가상일 δW_{ext}은 다음과 같다.

$$\delta W_{ext} = \delta\mathbf{U}^T\mathbf{P}$$

가상변위의 원리에 위의 두 식을 대입하여 정리하면 다음과 같다.

$$\delta\mathbf{V}^T\mathbf{Q} = \delta\mathbf{U}^T\mathbf{A}^T\mathbf{Q} = \delta\mathbf{U}^T\mathbf{P} = \delta\mathbf{U}^T\mathbf{B}\mathbf{Q}$$

$$\Downarrow$$

$$\delta\mathbf{U}^T\underbrace{\left(\mathbf{A}^T\mathbf{Q} - \mathbf{B}\mathbf{Q}\right)}_{0} = 0 \quad \Rightarrow \quad \mathbf{A}^T = \mathbf{B}$$

지금까지 적합조건과 평형조건만을 고려하였다. 이제부터 재료 물성치를 사용하여 이 두 관계를 서로 연관시켜보자. 구조해석(초급과정)에서 다루었듯이, 선형의 축력 Q과 축방향 변형 Δ의 관계는 각 요소에 대하여 다음과 같이 정리된다.

요소 1: $$Q_1 = 0.707\frac{AE}{h}\Delta_1 = 0.707k_0\Delta_1$$

요소 2: $$Q_2 = \frac{AE}{h}\Delta_2 = k_0\Delta_2$$

요소 3: $$Q_3 = 0.5\frac{AE}{h}\Delta_3 = 0.5k_0\Delta_3$$

이들을 행렬의 형태로 묶어보면,

$$\begin{Bmatrix} Q_1 \\ Q_2 \\ Q_3 \end{Bmatrix} = \begin{bmatrix} 0.707k_0 & 0 & 0 \\ 0 & k_0 & 0 \\ 0 & 0 & 0.5k_0 \end{bmatrix} \begin{Bmatrix} \Delta_1 \\ \Delta_2 \\ \Delta_3 \end{Bmatrix} \text{ 또는 } \mathbf{Q} = \mathbf{k}\mathbf{V} \qquad \text{(c)}$$

과 같다. 식 (a), (b) 그리고 (c)는 구조해석을 위한 매트릭스 변위법의 기본 식이 된다.
적합조건 (a)를 식 (c)에 대입하면 요소력은 다음과 같다.

$$\mathbf{Q} = \mathbf{kAU}$$

양변에 $\mathbf{A}^T$를 곱하고 평형조건인 (b)를 위 식에 대입하면

$$\mathbf{P} = \mathbf{A}^T\mathbf{Q} = \mathbf{A}^T\mathbf{kAU} = \mathbf{KU}$$

$$\mathbf{K} = k_0\begin{bmatrix} 0.7285 & 0.136994 \\ 0.136994 & 1.4785 \end{bmatrix}$$

절점 A에 작용하는 하중벡터를 $\mathbf{P} = [1\ \ 1]^T$라 하면 절점변위, 요소변형, 요소력은 다음과 같다.

$$\text{절점 변위} \Rightarrow \mathbf{U} = \mathbf{K}^{-1}\mathbf{P} = \frac{1}{k_0}\begin{Bmatrix} 1.268 \\ 0.559 \end{Bmatrix}$$

$$\text{요소 변형} \Rightarrow \mathbf{V} = \mathbf{AU} = \frac{1}{k_0}\begin{Bmatrix} 1.292 \\ -0.559 \\ -0.818 \end{Bmatrix}$$

$$\text{요소력} \Rightarrow \mathbf{Q} = \mathbf{kV} = \begin{Bmatrix} 0.913 \\ -0.559 \\ -0.409 \end{Bmatrix}$$

하중법:

하중법에 의한 구조해석은 먼저 요소력과 구조계의 절점력 간의 평형관계를 세우는 것으로 시작한다. 변위법에 유도되었던 평형방정식을 다시 적으면 다음과 같다.

$$\begin{Bmatrix} P_x \\ P_y \end{Bmatrix} = \begin{bmatrix} \frac{\sqrt{2}}{2} & 0 & -\frac{\sqrt{3}}{2} \\ \frac{\sqrt{2}}{2} & -1 & \frac{1}{2} \end{bmatrix}\begin{Bmatrix} Q_1 \\ Q_2 \\ Q_3 \end{Bmatrix} \quad \text{또는} \quad \mathbf{P} = \mathbf{BQ} \tag{b}$$

앞서 언급했듯이, 이 구조물의 정적 부정정 차수는 1이다. 여기서, Q_2를 잉여력으로 정하고 잉여력을 구조계의 절점 하중으로 취급하면 식 (b)는 아래와 같이 수정된다.

$$\begin{Bmatrix} P_x \\ P_y + Q_2 \end{Bmatrix} = \begin{bmatrix} \frac{\sqrt{2}}{2} & -\frac{\sqrt{3}}{2} \\ \frac{\sqrt{2}}{2} & \frac{1}{2} \end{bmatrix}\begin{Bmatrix} Q_1 \\ Q_3 \end{Bmatrix} \tag{d}$$

역행렬을 이용하여 위 식을 요소력과 구조계의 절점력(잉여력)으로 나타내면

$$\begin{Bmatrix} Q_1 \\ Q_3 \end{Bmatrix} = \begin{bmatrix} 0.517 & 0.8967 \\ -0.7321 & 0.7321 \end{bmatrix}\begin{Bmatrix} P_x \\ P_y + Q_2 \end{Bmatrix} \tag{e}$$

과 같다. 식 (e)를 한 번 더 정리하면

$$\begin{Bmatrix} Q_1 \\ Q_2 \\ Q_3 \end{Bmatrix} = \begin{bmatrix} 0.517 & 0.8967 \\ 0 & 0 \\ -0.7321 & 0.7321 \end{bmatrix} \begin{Bmatrix} P_x \\ P_y \end{Bmatrix} + \begin{bmatrix} 0.8967 \\ 1 \\ 0.7321 \end{bmatrix} Q_2 \tag{f}$$

와 같고, 행렬식으로 표현하면 다음과 같다.

$$\mathbf{Q} = \mathbf{B}_0\mathbf{P} + \mathbf{B}_1 Q_2 \tag{g}$$

아주 흥미로운 것은 식 (g)의 $\mathbf{B}_0\mathbf{P}$항은 원래 구조물에 작용하는 절점력 P와 관련된 내력을 나타내고, $\mathbf{B}_1 Q_2$는 원래 구조물에 작용하는 잉여력 Q_2과 관련된 내력을 나타낸다는 점이다.

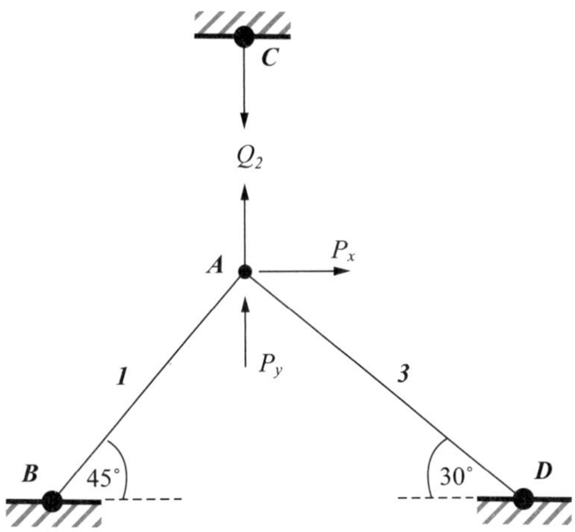

잉여력을 하중으로 작용 경우

축방향 변형 Δ와 축력 $\boldsymbol{Q}$가 선형일 때 축방향 변형은 각 요소에서 다음과 같이 정리된다.

요소 1: $\Delta_1 = \sqrt{2}\dfrac{h}{AE}Q_1 = \sqrt{2}f_0Q_1$

요소 2: $\Delta_2 = \dfrac{h}{AE}Q_2 = f_0Q_2$

요소 3: $\Delta_3 = 2\dfrac{h}{AE}Q_3 = 2f_0Q_3$

이를 행렬 형태로 묶어서 나타내면

$$\begin{Bmatrix} \Delta_1 \\ \Delta_2 \\ \Delta_3 \end{Bmatrix} = \begin{bmatrix} \sqrt{2}f_0 & 0 & 0 \\ 0 & f_0 & 0 \\ 0 & 0 & 2f_0 \end{bmatrix} \begin{Bmatrix} Q_1 \\ Q_2 \\ Q_3 \end{Bmatrix} \quad \text{또는} \quad \mathbf{V} = \mathbf{fQ} \tag{h}$$

와 같다.

식 (h)에서 **Q** 대신에 식 (g)를 대입하면

$$\mathbf{V} = \mathbf{fQ} = \mathbf{f}\left(\mathbf{B}_0\mathbf{P} + \mathbf{B}_1 Q_2\right) \tag{i}$$

가 된다. 여기까지는 평형조건과 유연도를 사용하였다.
가상 힘의 원리에 의하여 적합조건을 유도해보자.

$$\delta W^*_{ext} = \delta W^*_{int} \tag{j}$$

내부 공액 가상일

$$\delta W^*_{int} = \delta\mathbf{Q}^T\mathbf{V} = \delta Q_1\Delta_1 + \delta Q_2\Delta_2 + \delta Q_3\Delta_3 \tag{k}$$

외부 공액 가상일

$$\delta W^*_{ext} = \delta\mathbf{P}^T\mathbf{U} = \delta P_x u + \delta P_y v \tag{l}$$

여기서, 요소력 **Q**는 평형방정식에 의해서 다음과 같다.

$$\delta\mathbf{Q}^T = \delta\mathbf{P}^T\mathbf{B}_0^T + \delta Q_2\mathbf{B}_1^T \tag{m}$$

이를 식 (k)에 대입하면

$$\delta W^*_{int} = \delta\mathbf{Q}^T\mathbf{V} = \left(\delta\mathbf{P}^T\mathbf{B}_0^T + \delta Q_2\mathbf{B}_1^T\right)\mathbf{V} = \delta\mathbf{P}^T\mathbf{B}_0^T\mathbf{V} + \delta Q_2\mathbf{B}_1^T\mathbf{V} \tag{n}$$

따라서 가상 힘의 원리에 의하여

$$\delta W^*_{int} = \delta W^*_{ext}\ \delta\mathbf{P}^T\left(\mathbf{B}_0^T\mathbf{V} - \mathbf{U}\right) + \delta Q_2\mathbf{B}_1^T\mathbf{V} = 0$$

가 된다. 위 식은 임의의 $\delta\mathbf{P}$와 δQ_2에 대하여 만족하여야 하므로 $(\mathbf{B}_0^T\mathbf{V} - \mathbf{U}) = 0$이고 $\mathbf{B}_1^T\mathbf{V} = 0$이며, 각각에 대하여 다음과 같이 정리된다.

$$\mathbf{B}_0^T\mathbf{V} = \mathbf{U} \quad \text{또는} \quad \begin{Bmatrix} u \\ v \end{Bmatrix} = \begin{bmatrix} 0.517 & 0 & -0.7321 \\ 0.8967 & 0 & 0.7321 \end{bmatrix} \begin{Bmatrix} \Delta_1 \\ \Delta_2 \\ \Delta_3 \end{Bmatrix} \tag{o}$$

식 (o)를 이용하여 주어진 요소 변형 **V**에 대한 절점변위 **U**를 결정할 수 있다.
식 (o)로부터

$$\begin{aligned} \Delta_1 &= 0.70736u + 0.70736v \\ \Delta_3 &= -0.866u + 0.5v \end{aligned} \tag{p}$$

또한 요소 변형은 다음 관계를 만족하여야 한다.

$$\mathbf{B}_1^T\mathbf{V} = 0 \tag{q}$$

식 (q)를 이용하면 적합조건은 명시적인 형태로 다음과 같이 정리된다.

$$0.8967\Delta_1 + \Delta_2 + 0.7321\Delta_3 = 0 \quad \text{또는} \quad \Delta_2 = -0.8967\Delta_1 - 0.7321\Delta_3 \tag{r}$$

식 (p)를 식 (r)에 대입하면

$$\Delta_2 = -v \tag{s}$$

식 (p)와 식 (s)를 결합하면 최종적으로 적합방정식이 결정된다.

$$\begin{Bmatrix} \Delta_1 \\ \Delta_2 \\ \Delta_3 \end{Bmatrix} = \begin{bmatrix} 0.70736 & 0.70736 \\ 0 & -1 \\ -0.866 & 0.5 \end{bmatrix} \begin{Bmatrix} u \\ v \end{Bmatrix}$$

위 식은 변위법으로 구한 것과 동일한 적합방정식이다.
이제 적합조건으로 돌아가서 식 (i)를 식 (q)에 대입하면 유연도방정식이 다음과 같이 유도된다.

$$\mathbf{B}_1^T \mathbf{f}\left(\mathbf{B}_0\mathbf{P} + \mathbf{B}_1 Q_2\right) = 0 \quad \left[\mathbf{B}_1^T\mathbf{f}\mathbf{B}_1\right]Q_2 = -\mathbf{B}_1^T\mathbf{f}\mathbf{B}_0\mathbf{P} \quad \mathbf{F}Q_2 = \mathbf{U}_0 \tag{t}$$

식 (t)의 물리적 의미는 다음과 같다.

$$\mathbf{Q}_0 = \mathbf{B}_0\mathbf{P} = \begin{Bmatrix} 1.4137 \\ 0 \\ 0 \end{Bmatrix}$$ ➡ 구조물에 작용하는 하중 **P**에 의한 요소력

$$\mathbf{V}_0 = \mathbf{f}\mathbf{Q}_0 = \begin{Bmatrix} 2f_0 \\ 0 \\ 0 \end{Bmatrix}$$ ➡ 구조물에 작용하는 하중 **P**에 의한 요소변형

$$\mathbf{B}_1^T\mathbf{V}_0 = -1.7934 f_0$$ ➡ 구조물에 작용하는 **P**에 의한 Q_2와 관련된 요소변형

식 (t)로부터 Q_2는 다음과 같다.

$$[3.209 f_0]Q_2 = -1.7934 f_0 \quad Q_2 = -0.559$$

요소력을 구하기 위해서 Q_2를 식 (f)에 대입하면 다음과 같이 된다.

$$\mathbf{Q} = \begin{Bmatrix} Q_1 \\ Q_2 \\ Q_3 \end{Bmatrix} = \begin{bmatrix} 0.517 & 0.8967 \\ 0 & 0 \\ -0.7321 & 0.7321 \end{bmatrix} \begin{Bmatrix} 1 \\ 1 \end{Bmatrix} + \begin{bmatrix} 0.8967 \\ 1 \\ 0.7321 \end{bmatrix} (-0.559) = \begin{Bmatrix} 0.913 \\ -0.559 \\ -0.409 \end{Bmatrix}$$

유연도 행렬로부터 요소 변형은 다음과 같이 구해진다.

$$\mathbf{V} = f_0 \begin{Bmatrix} 1.292 \\ -0.559 \\ -0.818 \end{Bmatrix}$$ ➡ 이는 변위법으로 구한 것과 동일하다.

식 (o)로부터 절점 변위는 다음과 같다.

$$\mathbf{U} = \begin{bmatrix} 0.517 & 0 & -0.7321 \\ 0.8967 & 0 & 0.7321 \end{bmatrix} \begin{Bmatrix} 1.292f_0 \\ -0.559f_0 \\ -0.818f_0 \end{Bmatrix} = f_0 \begin{Bmatrix} 1.268 \\ 0.559 \end{Bmatrix}$$ ➡ 변위법으로 구한 값과 같다.

6 좌표계

일반적으로 매트릭스 해석에서는 두 개의 기본좌표계가 사용되는데, 하나는 국부좌표계(오른쪽 법칙을 따르는 요소좌표계, x, y, z)이고 다른 하나는 전역좌표계(오른손 법칙을 따르는 구조물 좌표계, X, Y, Z)이다. 2차원 골조에 대한 좌표계를 Figure 1-6에 나타내었다.

전역좌표계의 원점은 임의로 정할 수 있지만, 국부좌표계의 원점은 일반적으로 요소의 끝단 절점에 위치시킨다. 국부좌표계의 원점과 일치하는 요소의 절점을 절점 i로, 요소의 다른 끝단의 절점을 절점 j라고 명명한다. 평면 구조물의 경우 국부 z축이 전역 Z축과 일치한다고 가정한다(즉, 여러분이 보고 있는 종이면에 수직하는 쪽을 z라 가정한다). 절점력과 절점 변위는 좌표축의 양의 방향을 따라 작용할 때 (+)값으로 취급한다. 평면에서 모멘트와 회전각은 반시계 방향으로 작용할 때 (+)값으로 다룬다.

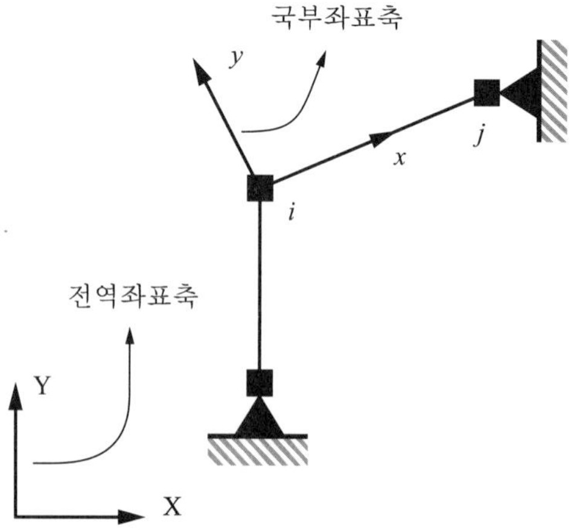

Figure 1-6 전역 및 국부좌표계(평면 구조물)

7 해석 모델

컴퓨터가 널리 사용되는 요즘, 구조공학자들에 요구되는 것 중 하나는 주어진 하중 상태에서 구조물의 거동을 가능한 정확하게 예측하는 일이다. 보통 거동을 예측하고자 하는 구조물의 해석 모델을 세울 때 세심한 주의를 기울여야 한다. 구조물의 중요 뼈대만을 가지고 해석하는 매트릭스 구조해석의 경우를 다음과 같이 몇 개의 분야로 해석 모델을 그룹화 해 보았다.

2차원(평면) 트러스 모델

트러스 모델의 기본 가정은 트러스 구조물은 직선 부재가 서로 핀으로 연결되어 있다고 가정하는 것이다(모멘트를 저항하지 못한다고 가정한다). 평면 트러스의 모델이 유효하려면 모든 하중이 트러스 부재 연결부에 작용하며 동시에 모든 트러스가 동일한 평면 내에 있어야 된다.

보 또는 평면 골조 모델

보는 가늘고 직선인 구조 부재를 모델할 때 주로 사용된다. 하중은 보 부재의 축방향과 수직방향에 의해서 정의되는 평면 내에 작용한다. 평면 골조는 각 부재들이 모멘트 지지 절점으로 연결된 구조물이며 휨 모멘트, 횡방향 전단력과 축력을 받는다.

격자 모델

격자 구조물은 평면 골조 모델과 비슷하지만 하중이 부재를 포함하는 평면에 수직 방향으로 작용한다는 차이가 있다. 격자 부재는 직접적으로 비틀림 모멘트를 받기도 하지만, 힘의 평형을 이루기 위하여 부가적으로 평형 비틀림 모멘트를 받을 수도 있다.

3차원(공간) 트러스

공간 트러스는 3차원 구조물로서 부재가 연결되는 절점은 핀으로 가정하고, 모든 하중은 이 핀에 작용하는 것으로 가정한다.

3차원(공간) 골조 모델

공간 골조는 3차원 구조물로 임의의 방향에서 작용하는 하중을 받는다. 공간 트러스 모델은 공간 골조 모델로 시작해서 모든 절점이 핀 연결부 상태로 될 때까지 부재 끝단 구속을 적절히 해제해가면서 만들 수 있다.

8 자유도

자유도(degree of freedom, DOF)는 절점의 일반화된 독립 절점변위로 정의된다. 다시 말해서 절점의 이동 가능한 정도를 나타낸다. 이 변위들은 일차 독립관계에 있으므로 서로 연결되어 있지 않다. 예를 들어, Figure 1-7의 경사진 면에 있는 롤러 지점의 경우 회전각 θ, x-축 변위 u, y-축 변위 v의 세 개의 변위를 갖는다. 그러나 두 개의 변위는 서로 독립적이지 않고 상호 의존적인데, 이는 롤러가 경사면을 따라 이동할 때 두 변위가 서로 연결되어 있기 때문이다. 따라서 이 시스템에는 단지 두 개의 독립적인 변위만 있다(θ, u 또는 v). 앞서 언급한 일반화된 변위는 회전과 이동을 모두 포함한다는 의미이다.

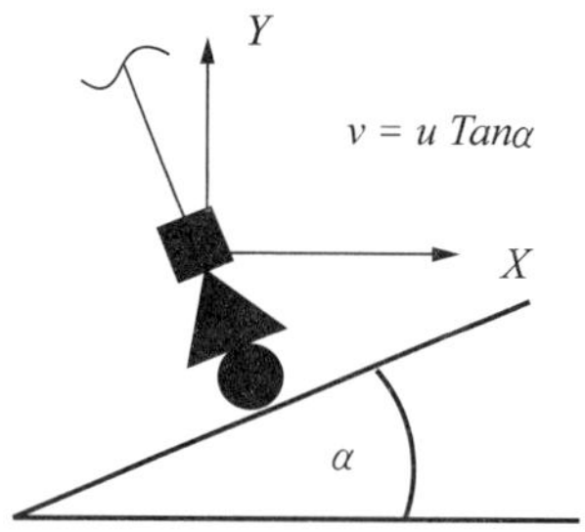

Figure 1-7 상호 의존적인 변위

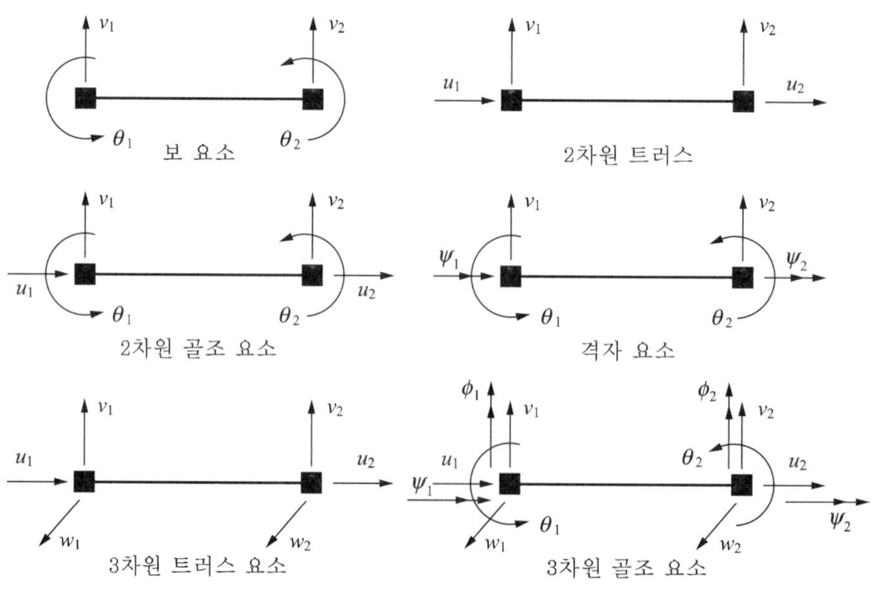

Figure 1-8 다양한 종류의 골조(뼈대) 요소

구조물의 종류에 따라서 각 절점에 변위가 있을 수도, 없을 수도 있다. 대부분의 경우 국부 및 전역좌표계에서 자유도의 개수는 같다. 이것을 확실하게 보여주는 것이 바로 2개 절점을 갖는 트러스 요소이다. 국부좌표계에서 축방향 변형은 각 절점의 이동으로 설명되지만 전체좌표계에서는 축방향 변형은 각 절점에서 2차원의 경우 2개의 이동으로, 3차원의 경우 3개의 이동으로 표현된다.

따라서 Figure 1-8에 나타낸 것처럼 구조물을 구성하는 기본 요소의 다양한 종류에 따라서 자유도를 이해하는 것이 중요하다. 다양한 요소 형태에 대한 절점 변위 자유도와 이에 대응하는 절점력 자유도를 Table 1-1에 요약 정리하였다.

Table 1-1 기본 요소의 종류에 따른 자유도

요소 형태	절점 1	절점 2	$\mathbf{K}_{local}$	$\mathbf{K}_{global}$
2차원 보	F_{y1}, M_{z1} v_1, θ_1	F_{y2}, M_{z2} $v_{2,}, \theta_2$	4×4	4×4
2차원 트러스	F_{x1} u_1	F_{x2} u_2	2×2	4×4
2차원 골조	F_{x1}, F_{y1}, M_{z1} u_1, v_1, θ_1	F_{x2}, F_{y2}, M_{z2} $u_2, v_{2,}, \theta_2$	6×6	6×6
격자	T_{x1}, F_{y1}, M_{z1} ψ_1, v_1, θ_1	T_{x2}, F_{y2}, M_{z2} ψ_2, v_2, θ_2	6×6	6×6
3차원 트러스	F_{x1}, F_{y1}, F_{z1} u_1, v_1, w_1	F_{x2}, F_{y2}, F_{z2} u_2, v_2, w_2	2×2	6×6
3차원 골조	$F_{x1}, F_{y1}, F_{z1}, T_{x1}, M_{y1}, M_{z1}$ $u_1, v_1, w_1, \psi_1, \phi_1, \theta_1$	$F_{x2}, F_{y2}, F_{z2}, T_{x2}, M_{y2}, M_{z2}$ $u_2, v_2, w_2, \psi_2, \phi_2, \theta_2$	12×12	12×12

9 평형방정식

Figure 1-9(a)처럼 임의의 한 물체가 전역좌표계(X, Y, Z)에 있다고 생각해보자. 그리고 하중($\mathbf{P}_1 \cdots \mathbf{P}_n$)을 받고 있는 이 물체가 뉴턴의 제1운동법칙에 따라서 평형 상태에 있다면 (아니면 일정한 속도로 움직이거나 정지해 있다면), 다음 두 가지 사항을 반드시 만족하여야 한다.

- 모든 힘의 합은 "0"(zero)이다.
- 참조점 O에서 하중 작용점을 연결하는 위치 벡터와 각 힘 벡터의 벡터곱의 합은 "0"(zero)이다.

첫 번째 항은 힘의 평형을 의미하고 두 번째 항은 모멘트 평형을 의미하며, 이 두 항목은 물체의 평형조건을 위한 필요충분 조건으로서 다음과 같이 간단하게 유도된다.

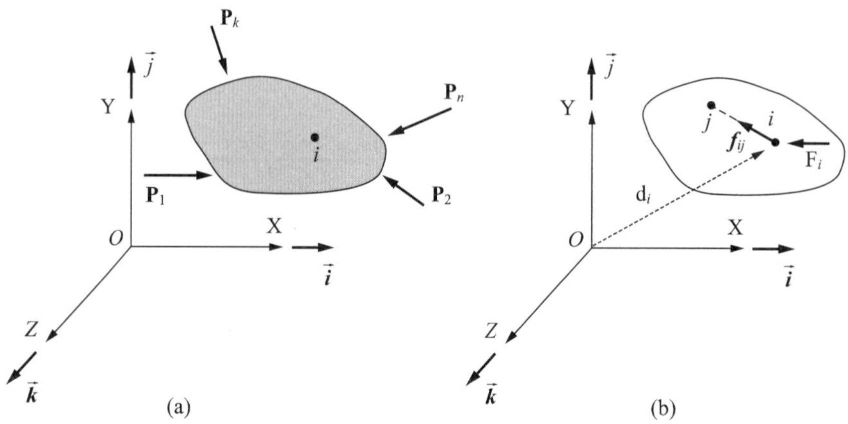

Figure 1-9 평형상태에 있는 물체

Figure 1-9(b)의 입자 i의 자유물체도를 한번 생각해 보자. 일반적으로 외력과 내력이라는 두 종류의 힘이 이 입자에 작용한다. 내력 $\mathbf{f}_i$는 다른 모든 입자로부터 i입자에 작용하는 힘들이며

$$\mathbf{f}_i = \sum_{j=1}^{m\to\infty} \mathbf{f}_{ij} \quad \text{여기서} \quad j \neq i \tag{1.1}$$

와 같다. 여기서 $\mathbf{f}_{ij}$는 j번째 입자에 의해서 i번째 입자에 작용하는 내력이다. i번째 입자에 작용하는 외력의 합력을 $\mathbf{F}_i$라 한다면(외력 $\mathbf{F}_i$는 자중이 될 수도 있고, i번째 입자와 외부 물체 사이에 작용하는 힘이 될 수도 있다) 뉴턴의 제1운동법칙은 다음과 같다.

$$i\text{번째 입자에 대하여} \quad \mathbf{F}_i + \mathbf{f}_i = \mathbf{0} \tag{1.2}$$

다른 입자에 대하여도 비슷한 관계를 구할 수 있으며, 이들 모두 합하면 다음과 같다.

$$\sum \mathbf{F}_i + \sum \mathbf{f}_i = \mathbf{0} \tag{1.3}$$

뉴턴의 제3운동법칙에 따라서 내력의 합은 서로 합하여 소거되고, 따라서 외력의 합력만 남게 된다. 그러므로 Figure 1-9(a)로부터 입자에 작용하는 외력과 외부 작용 힘은 다음과 같이 표현된다.

$$\sum \mathbf{F}_i = \sum_{k=1}^{n} \vec{\mathbf{P}}_k \tag{1.4}$$

그러므로 힘의 평형은 다음과 같이 정의된다.

$$\sum_{k=1}^{n} \vec{\mathbf{P}}_k = \mathbf{0} \tag{1.5}$$

각 힘의 항을 X, Y, Z 방향의 분력으로 분해하면 다음과 같다.

$$\sum_{k=1}^{n}\left[P_{k\mathrm{X}}\vec{\boldsymbol{i}} + P_{k\mathrm{Y}}\vec{\boldsymbol{j}} + P_{k\mathrm{Z}}\vec{\boldsymbol{k}} \right] = \mathbf{0} \tag{1.6}$$

여기서 $\vec{\boldsymbol{i}}$, $\vec{\boldsymbol{j}}$, $\vec{\boldsymbol{k}}$는 전역좌표계 X, Y, Z의 각 방향으로 작용하는 단위벡터이다.

$$\left(\sum_{k=1}^{n} P_{k\mathrm{X}}\right)\vec{\boldsymbol{i}} + \left(\sum_{k=1}^{n} P_{k\mathrm{Y}}\right)\vec{\boldsymbol{j}} + \left(\sum_{k=1}^{n} P_{k\mathrm{Z}}\right)\vec{\boldsymbol{k}} = \mathbf{0} \tag{1.7}$$

단위벡터는 서로 선형독립관계이므로 각 괄호 안의 힘의 성분의 합은 "0"(zero)와 같다. 따라서 서로 직교하는 좌표축의 각 X, Y, Z 방향으로 힘의 합은 "0"(zero)이 된다.

$$\sum_{k=1}^{n} P_{k\mathrm{X}} = 0 \qquad \sum_{k=1}^{n} P_{k\mathrm{Y}} = 0 \qquad \sum_{k=1}^{n} P_{k\mathrm{Z}} = 0 \tag{1.8}$$

이제 모멘트 평형에 대하여 생각해보자. 입자 i에 작용하는 힘에 의해서 모멘트를 원점 O 점에서 취하면 입자 i에서

$$\mathbf{d}_i \times (\mathbf{F}_i + \mathbf{f}_i) = \mathbf{d}_i \times \mathbf{F}_i + \mathbf{d}_i \times \mathbf{f}_i = \mathbf{0} \tag{1.9}$$

이다.

이와 유사하게 다른 나머지 입자에 대하여 모멘트를 구하여, 이를 벡터형식으로 정리하면

$$\sum(\mathbf{d}_i \times \mathbf{F}_i) + \sum(\mathbf{d}_i \times \mathbf{f}_i) = \mathbf{0} \tag{1.10}$$

이다.

뉴턴의 제3운동법칙에 따라서 위 식의 두 번째 항은 소거되고, 모멘트 평형은 다음과 같이 정리된다.

$$\sum \mathbf{M}_O = \sum_{k=1}^{n} \vec{\mathbf{P}}_k \times \vec{\mathbf{d}}_k = \mathbf{0} \tag{1.11}$$

이를 X, Y, Z성분으로 분해하면 다음과 같다.

$$\sum_{k=1}^{n}\left[\left(P_{kY}d_{kZ}-P_{kZ}d_{kY}\right)\vec{\boldsymbol{i}}+\left(P_{kZ}d_{kX}-P_{kX}d_{kZ}\right)\vec{\boldsymbol{j}}+\left(P_{kX}d_{kY}-P_{kY}d_{kX}\right)\vec{\boldsymbol{k}}\right]=\mathbf{0} \tag{1.12}$$

따라서 서로 직교하는 좌표축 X, Y, Z의 각 방향의 모멘트 평형은 서로 선형 독립관계에 있다.

$$\sum_{k=1}^{n}\left(P_{kY}d_{kZ}-P_{kZ}d_{kY}\right)=\mathbf{0} \qquad \sum_{k=1}^{n}\left(P_{kZ}d_{kX}-P_{kX}d_{kZ}\right)=\mathbf{0} \qquad \sum_{k=1}^{n}\left(P_{kX}d_{kY}-P_{kY}d_{kX}\right)=\mathbf{0} \tag{1.13}$$

10 구조해석 계층도

구조물의 성능을 평가하는 구조해석의 수준이 컴퓨터 기술의 급속한 발달과 더불어 더욱 더 정교해졌다. 게다가 대규모 사건들(지진, 테러 등)로 인한 인명 손상과 상해로 인하여 구조해석의 정밀성을 요구하게 되었다. 이러한 일련의 상황들로 인하여 구조공학자들이 좀 더 고급 구조해석법을 이해할 필요성이 대두되었으며, 본 교재의 목적은 이를 위한 첫 걸음으로서 필요한 기본 요소들을 제공하는 것이다.

일반적으로 구조해석의 해석수준은 5개의 레벨로 분류된다.

1. 1계 탄성해석(first-order elastic analysis) : 가장 초보적인 해석 레벨이며, 비선형 요소(기하학적, 재료 비선형)가 포함되어 있지 않다. 평형방정식은 변형 전 형상에서 세워졌고 응력-변형률 관계는 탄성한도 범위에 있다. 이 가정은 사용하중 상태에서만 유효하다.
2. 2계 탄성해석(second-order elastic analysis) : 다소 정교해진 해석 레벨로서 유한 변형과 변위를 고려한 해석이지만 재료 비선형 효과는 포함되지 않은 해석이다. 변형된 형상에서 평형방정식이 구성되어 있다. 이 해석법에서는 부재가 인장을 받을 때 강성 증가 또는 분기점(bifurcation)을 예측할 수 있다.

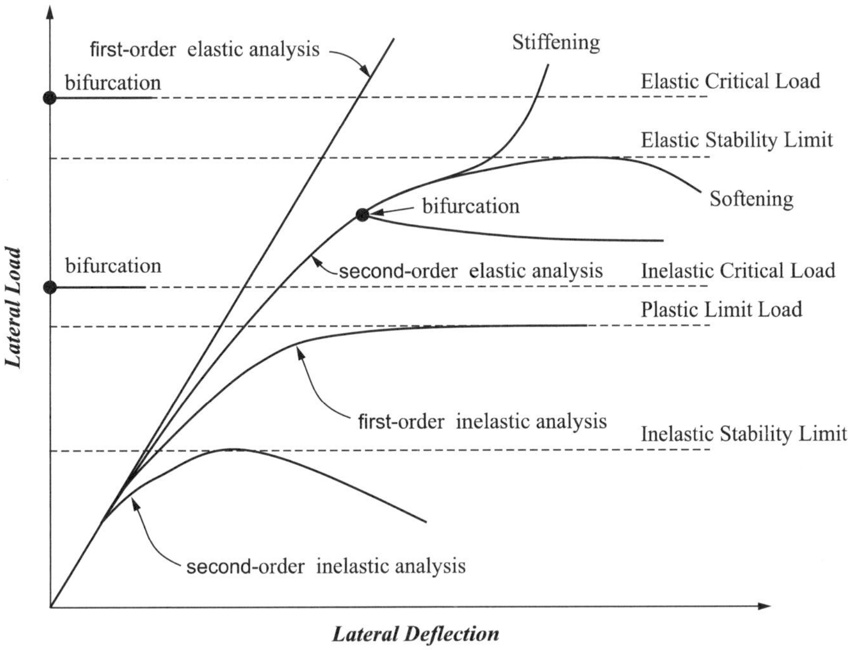

Figure 1-10 구조해석 계층도[from McGuire et al. (2000)]

3. 탄성 / 비선형 한계 하중 해석(elastic/inelastic critical loads analysis) : 구조물이 불안정해질 때까지 구조물에 하중을 계속 증가시켜나가는 해석법이다. 이때 구해진 불안정점을 수학적으로 하중-변형 관계의 분기점(bifurication)이라고 부른다. 이 한계하중은 일반적으로 고유치 해석(선형/비선형 모두)으로 결정된다. 이때 계산되는 고유벡터는 구조물의 좌굴하는 형상을 나타내지만 좌굴 형상의 크기는 물리적으로 의미가 없다.
4. 1계 비선형 해석(elastic/inelastic critical loads analysis) : 재료가 탄성으로 거동한다는 가정이 없는 1계 해석이다. 그러나 변형 전의 형상을 기초로 평형방정식이 구성되어 있다.
5. 2계 비선형 해석(second-order inelastic analysis) : 이 해석은 재료 비선형이 포함된 기하학적 비선형해석이다. 다른 말로, 평형방정식은 변형된 형상을 근거로 세워졌고 하중과 변형(변위) 관계는 비선형이다. 이 레벨은 극한 하중 또는 파괴하중을 결정하는 가장 적절한 해석 레벨이다.

위에 언급된 해석 레벨과 종류를 Table 1-2에 정리하였다. 본 교재에서는 1계 탄성해석에 중점을 두어 설명한다.

Table 1-2 구조해석의 레벨 및 종류

해석 종류	설명	사용된 정식화 모델	응력과 변형률 단위
선형 탄성	미소변형, 선형 응력-변형률 모델	1계 선형 탄성 정식화 (매트릭스 강성도법)	공학 응력 및 변형률
재료 비선형	미소변위/변형, 선형 응력-변형률 모델	1계 선형-탄성 정식화에 반복수정법 도입 (반복 매트릭스 강성도법)	공학 응력 및 변형률
유한변위	유한변위, 미소 회전 재료는 선형 또는 비선형 탄성	1계 선형-탄성 정식화에 반복수정법 도입	공학 응력 및 변형률
유한변위 및 회전	단면 fiber에서 유한 변위 및 유한 회전, 하지만 fiber의 확장과 fiber 사이의 각 변화는 미소하다고 가정. 재료는 선형 또는 비선형	Total Lagrangian or Updated Lagrangian [Belytschko et al. (2000)]	2계 Piola-Kirchhoff 응력, Green-Lagrange 변형률, Cauchy 응력, Almansi 변형률 [Malvern (1969)]
유한 변위/유한회전 그리고 유한 변형률	단면 fiber는 유한 변위 그리고 유한회전. 응력-변형률 관계는 선형 또는 비선형	Updated Lagrangian Jaumann (U.L.J.) or Total Lagrangian [Belytschko et al. (2000)]	Jaumann stress rate, velocity 변형률, 2계 Piola-Kirchhoff 응력, Green Lagrange 변형률 [Holzapfel (2000)]

11 구조물의 이상화

구조해석에 앞서 구조부재는 적절한 수학적 모델로 이상화하여야 한다. 일반적으로 구조물의 모든 자세한 부분까지 해석에서 고려할 필요가 없고 또 실제로 그렇게 하는 것이 복잡하기 때문에, 일반적으로 이상화 과정에서는 단순화를 위한 몇 가지 가정들이 도입된다. 이런 단순화 과정에는 구조공학자로서의 여러 가지 경험과 기법들이 필요하게 된다.

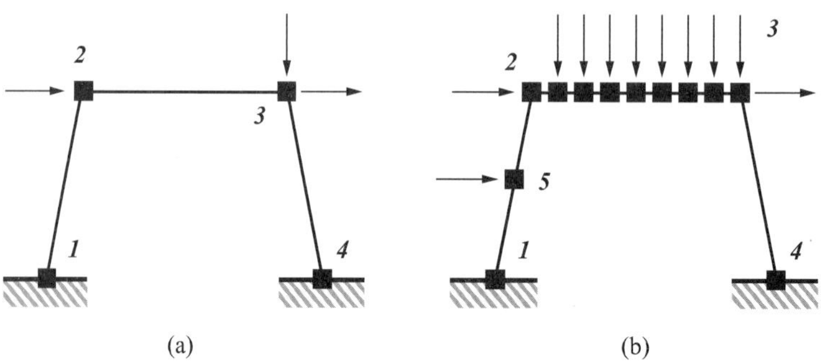

Figure 1-11 구조모델

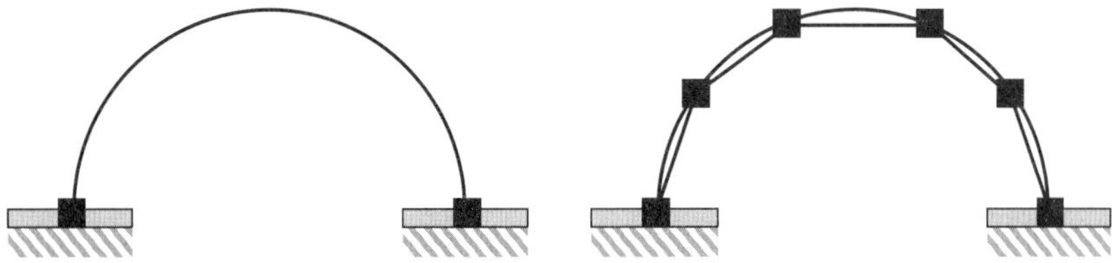

(a) 한 개의 곡선 요소 (b) 다중의 직선 요소

Figure 1-12 곡선 구조물의 이상화

그래서 혹자는 구조물의 이상화를 과학의 예술이라고 언급하기도 한다. 본 교재에서는 해석될 구조물들의 부재를 직선 요소로 가정하고 Figure 1-11(a)에서와 같이 각 요소가 절점으로 서로 연결되어 있다고 가정한다. 이런 모델이 실제 구조물을 그대로 나타내지는 않지만 구조해석 모델로 사용하기에는 충분한 이상화 모델 형태이다.

Figure 1-11의 구조모델에서 집중하중이 작용하는 모든 점은 절점으로 모델됨을 나타내고 있다. 그러므로 왼쪽 기둥 중앙부에 추가적인 수평하중이 작용하면 추가적인 절점(절점 5)이 필요하게 된다. 등분포하중이 작용하는 경우(수많은 추가적인 절점을 필요로 하는)를 제외하면 이 방법은 합리적이다.

곡선 부재(Figure 1-12) 또는 변단면 부재(Figure 1-13)와 같이 일반적이지 않은 부재를 이상화하는 방법은 크게 두 가지가 있는데, 첫째는 그 상황에 맞는 하중-변형 관계를 나타낼 수 있는 복잡한 요소를 개발하는 방법[Figure 1-12(a)와 Figure 1-13(a)]이고, 둘째는 실제 구조물을 몇 개의 직선의 등단면 요소로 근사화시켜 해석하는 방법[Figure 1-12(b)와 Figure 1-13(b)]이다. 해석자가 명심해야 할 것은 두 번째 해는 근사적인 해인 반면에 첫 번째 해는 정확해라는 점이다. 그러므로 당연히 이 두 경우의 해석결과는 같지 않다.

곡선 부재나 변단면 부재와는 다르게 구조 요소의 단면이 갑자기 변하는 구조물의 이상화의 경우에도(Figure 1-14) 앞의 예와 같다. 즉, 한 개의 변단면 요소를 개발하여 사용하든지[Figure 1-14(a)] 아니면 단면이 변하는 곳에 절점을 추가하여 두 개의 등단면 요소를 사용하든지[Figuer 1-14(b)] 각자 선호도에 따라서 결정하면 된다.

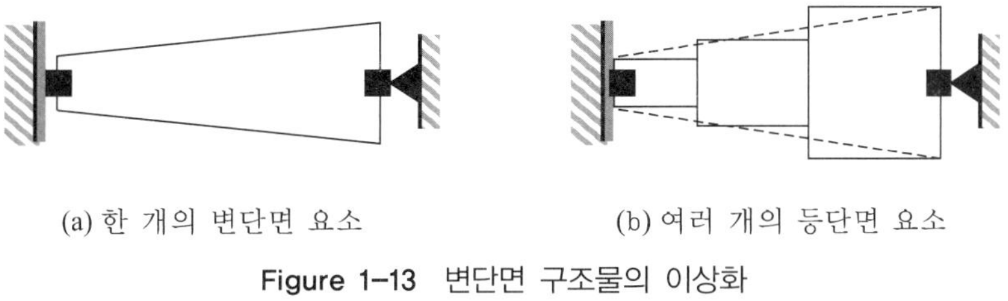

(a) 한 개의 변단면 요소 (b) 여러 개의 등단면 요소

Figure 1-13 변단면 구조물의 이상화

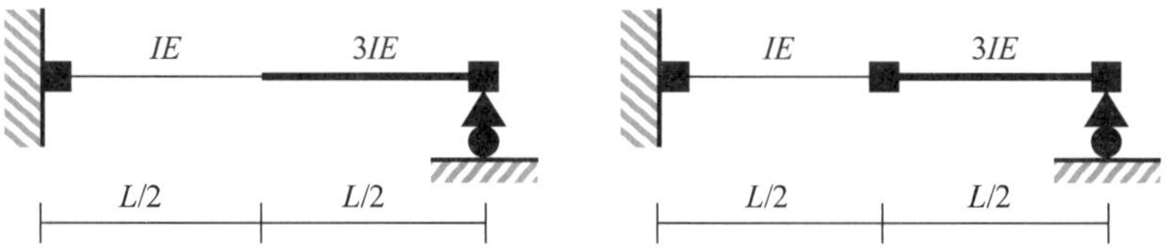

(a) 한 개의 변단면 요소 (b) 두 개의 등단면 요소

Figure 1-14 단면이 불연속인 구조물의 이상화

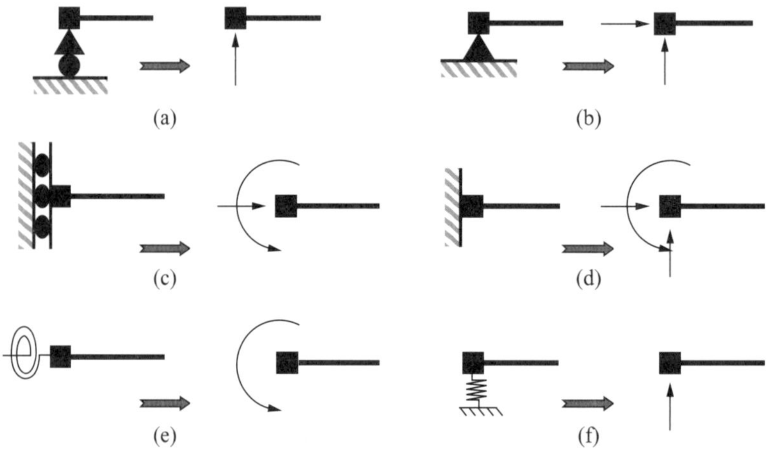

Figure 1-15 2차원 골조의 일반적인 지점 조건

2차원 골조 해석에서 자주 사용되는 지점 조건을 Figure 1-15에 나타내었다. 좀더 다양한 지점 조건들에 대한 정보는 학부의 구조해석 교재(예를 들면 Lee and Uang, 2005의 구조해석)에서 정리되어 있다. Figure 1-15에서 지점에서 반력을 (+) 방향으로 표시하였다[좌표계에서 양의 방향을 따라 작용하는 반력을 (+)로 함].

일반적으로 구조물에서 절점연결부는 작용하는 모든 힘(축력, 전단력, 휨모멘트)을 전달하는 것으로 가정한다. 따라서 2차원 골조에서는 3개의 힘이 작용하고, 3차원 골조에는 6개의 힘이 작용한다. 다르게 말하면 모든 골조 부재는 Figure 1-16(a)와 같이 서로 강절로 연결되었다고 가정한다. 하지만 Figure 1.16(b)와 (c)의 구조물과 같이 절점연결부에 힌지가 있어서 힘이 전달되지 않을 때 특별히 주의해야 한다.

Figure 1.16(b) 구조물은 보의 왼쪽 끝단에 모멘트를 해제시키는 힌지가 있으며 2층의 왼쪽 기둥 상단부에도 힌지가 있다. 그러므로 2층 왼쪽 절점연결부는 모멘트가 전달되지 않기 때문에 확대한 그림에 표시된 것처럼 힌지로 단순화한다. 1층 왼쪽 기둥 상단부 절점연결부에서 연결된 보의 모멘트가 해제되었지만 나머지 상하 기둥 부재로부터 모멘트가 전달되고 있다.

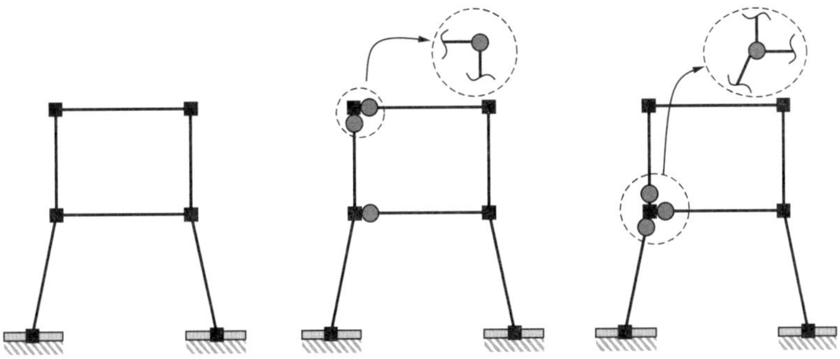

Figure 1-16 평면 골조 구조물에서 절점 연결

Figure 1.16 (c)의 구조물은 왼쪽 1층 절점연결부에 연결된 부재의 모멘트가 해제되어 있다. 따라서 연결된 보와 기둥 사이에 모멘트가 전달되지 않는다. 단순화를 위해 그림에서 확대한 부분처럼 이 절점연결부는 힌지로 모델한다.

12 구조 요소(부재)와 구조 시스템

구조해석을 매트릭스 변위법으로 수행하든지 하중법으로 수행하든지 상관없이 해석 절차는 구조 요소 단계와 구조 시스템 단계인 두 단계로 나누어진다. 본 교재에서는 Fgiure 1-17에 나타난 골조 구조물에 한정하여 내용을 다룰 것이다.

매트릭스 변위법(직접 강성도법)에서 구조 요소(Figure 1-8)는 강체 회전을 포함한 자유물체로서 독립적으로 취급된다. 매트릭스 하중법의 경우에는 강체회전을 제거한 자유물체로 다룬다. 요소 레벨에서 계산에 필요한 구조 요소의 물성치(예를 들면 강성도, 유연도 행렬, 요소하중벡터 등)는 주어지며, 일반적으로 요소 변위 또는 요소력이 미지수가 되고, 요소방정식은 이들 미지수의 항으로 표현된다.

구조 시스템 레벨에서 미지수의 항으로 표현되는 모든 요소방정식을 모아서 전체 구조계 방정식을 형성한다. 그러나 이 미지수들은 각 요소 레벨에서는 서로 독립적으로 다루어지지만 구조 시스템 레벨에서 서로 연결되어 있기 때문에, 이 요소 물리량과 구조계 물리량을 연결해주는 고리가 필요하다. 일반적으로 구조계와 요소 레벨의 연결은 사상벡터(mapping vector)를 이용하는데, 변환 대상 요소의 사상벡터는 요소 자유도와 구조계 자유도를 일대일로 대응시켜 변환시켜준다. 사상벡터를 구성하는 방법은 다음 예제를 통하여 간단히 설명하였다.

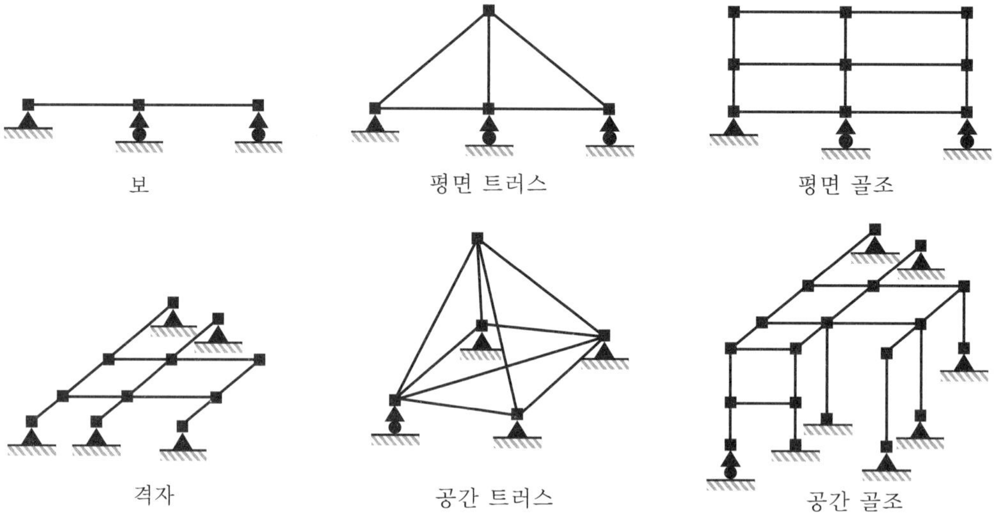

Figure 1–17 다양한 종류의 골조(뼈대) 구조물

여러분이 구조 요소와 요소 절점에 번호를 부여하는 방법과 구조 시스템의 자유도에 번호를 부여하는 방법을 알고 있다고 가정하고 설명을 진행할 것이다. 만약 익숙하지 않다면 기본 구조해석 과정의 교재 등을 참고하도록 한다.

Example 1-2

트러스 구조물

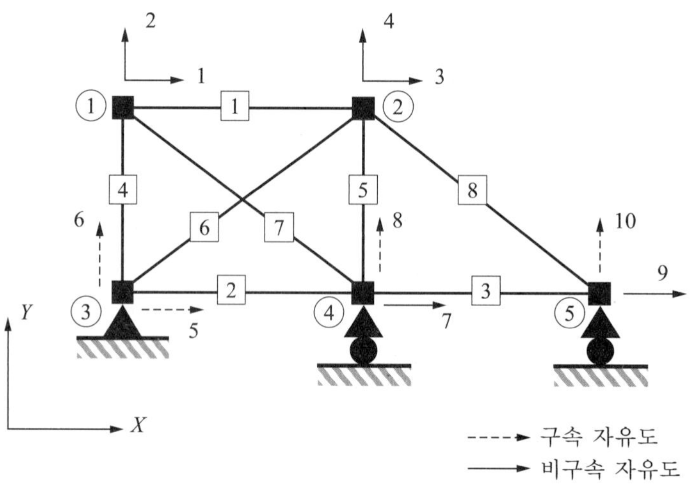

Figure 1–18 예제 트러스의 요소, 절점, 자유도 번호

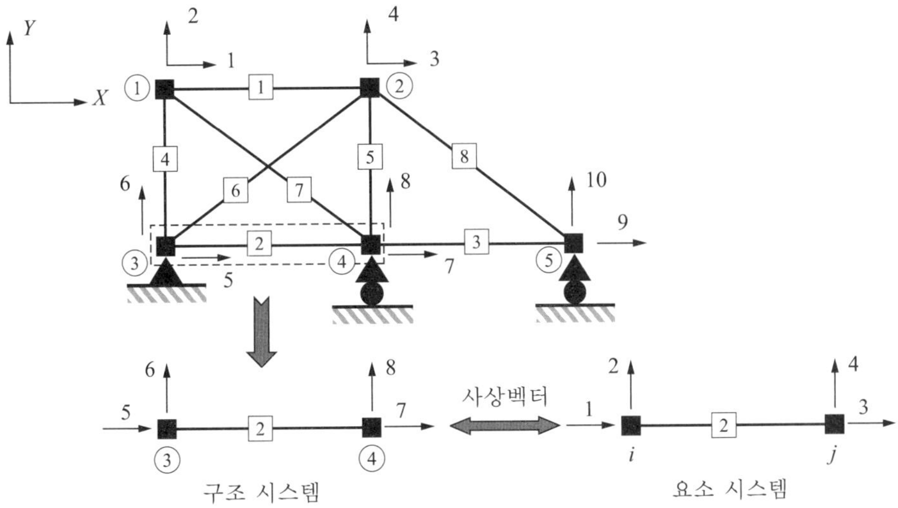

Figure 1-19 예제 트러스의 사상벡터

Solution

Figure 1-18과 1-19로부터 요소 2의 사상벡터는 다음과 같다.

Element 2

$$LM_2 = \begin{Bmatrix} 5 \\ 6 \\ 7 \\ 8 \end{Bmatrix}_2 \longleftrightarrow \begin{Bmatrix} 1 \\ 2 \\ 3 \\ 4 \end{Bmatrix}_{element}$$

위 식은 요소 자유도 1과 구조계 자유도 5와 연결되고, 요소 자유도 2는 구조계 자유도 6과 연결되고, 요소 자유도 3은 구조계 자유도 7에, 요소 자유도 4는 구조계 자유도 8에 연결되는 것을 보여준다. 각 요소 별 요소 자유도와 구조계 자유도의 사상벡터는 다음과 같다.

$$LM_1 = \begin{Bmatrix} 1 \\ 2 \\ 3 \\ 4 \end{Bmatrix}_1 ;\ LM_3 = \begin{Bmatrix} 7 \\ 8 \\ 9 \\ 10 \end{Bmatrix}_3 ;\ LM_4 = \begin{Bmatrix} 5 \\ 6 \\ 1 \\ 2 \end{Bmatrix}_4 ;\ LM_5 = \begin{Bmatrix} 7 \\ 8 \\ 3 \\ 4 \end{Bmatrix}_5 ;\ LM_6 = \begin{Bmatrix} 5 \\ 6 \\ 3 \\ 4 \end{Bmatrix}_6 ;\ LM_7 = \begin{Bmatrix} 1 \\ 2 \\ 7 \\ 8 \end{Bmatrix}_7 ;\ LM_8 = \begin{Bmatrix} 3 \\ 4 \\ 9 \\ 10 \end{Bmatrix}_3 ;$$

Example 1-3

골조 구조물

Solution

Figure 1-20과 Figure 1-21로부터 요소 1의 사상벡터는 다음과 같다.

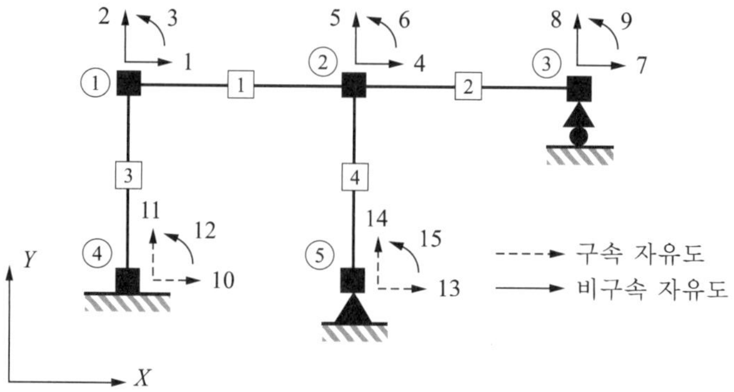

Figure 1-20 예제 골조의 요소, 절점, 자유도 번호

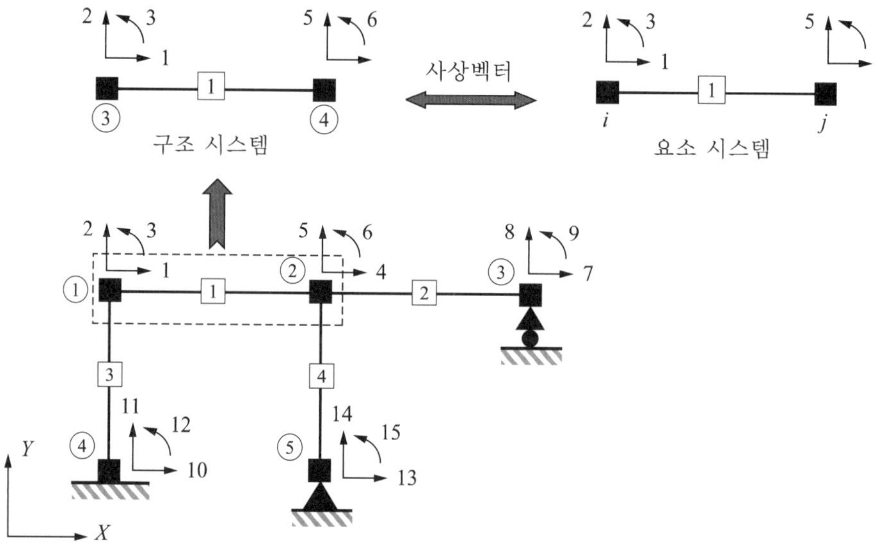

Figure 1-21 예제 골조의 사상벡터

Element 1

$$LM_1 = \begin{Bmatrix} 1 \\ 2 \\ 3 \\ 4 \\ 5 \\ 6 \end{Bmatrix}_1 \begin{matrix} \longleftrightarrow \\ \longleftrightarrow \\ \longleftrightarrow \\ \longleftrightarrow \\ \longleftrightarrow \\ \longleftrightarrow \end{matrix} \begin{Bmatrix} 1 \\ 2 \\ 3 \\ 4 \\ 5 \\ 6 \end{Bmatrix}_{element}$$

위의 사상벡터는 요소 자유도 1은 구조계 자유도 1에, 요소 자유도 2는 구조계 자유도 2에, 요소 자유도 3은 구조계 자유도 3에, 요소 자유도 4는 구조계 자유도 4에, 요소 자유도 5는 구조계 자유도 5에, 요소 자유도 6는 구조계 자유도 6에 연결된다. 이를 바탕으로 다른 요소의 사상벡터를 구성하면 다음과 같다.

$$LM_2 = \begin{Bmatrix} 4 \\ 5 \\ 6 \\ 7 \\ 8 \\ 9 \end{Bmatrix}_2 ;\ LM_3 = \begin{Bmatrix} 10 \\ 11 \\ 12 \\ 1 \\ 2 \\ 3 \end{Bmatrix}_3 ;\ LM_4 = \begin{Bmatrix} 13 \\ 14 \\ 15 \\ 4 \\ 5 \\ 6 \end{Bmatrix}_4$$

구조공학자들이 구조물을 이상화하는 과정에서 가지게 되는 일반적인 질문을 요약하면 다음과 같다(Sauma, 1997).

- 2차원 또는 3차원 전체 구조물을 모델할 것인가? 아니면 한 개 빌딩의 한 경간만 모델할 것인가?
- 골조 또는 트러스 휨 강성을 무시할만 한가?
- 강절 또는 반강절 절점(강구조물에서는 매우 중요함)
- 강절지지조건 또는 변형을 가지는 지지조건 기초가 암반 위에 있는가? 아니면 점토 위에 있는가? 시간이 지남에 따라 기초에 의해서 압밀이 진행되는가?
- 부 부재들을 포함할 것인가? (예를 들어, 3차원 해석에서 대각 브레이싱 부재)
- 축방향 변형을 포함할 것인가? 건물에서 보의 축 강성을 무시할 수 있는가?
- 단면 물성치 철근 콘크리트 부재의 단면2차모멘트는 얼마인가?
- 헌치부를 무시할 것인가? (일반적으로 부모멘트가 큰 곳에 설치된다)
- 선형 또는 비선형 해석을 할 것인가? (선형 해석은 파괴하중을 예측하지 못하고 변형을 과소평가한다)
- 미소 변형 또는 대변형? (풍하중이나 지진하중을 받는 늘씬한 구조물 또는 고층 구조물을 해석할 때, 모멘트는 $P-\Delta$ 효과를 고려하여 확대해야 한다)
- 시간 의존 효과(예를 들어, 크리프는 콘크리트 현수교 또는 PS 콘크리트에서 중요한 요소이다)
- 부분 붕괴 또는 국부 항복(한 부재의 파괴가 전체 구조계의 붕괴를 유발하는가?)
- 정적하중 또는 동적하중을 재하할 것인가? 언제 동적해석이 필요한가?
- 풍 하중(풍 하중을 받는 고층 빌딩의 횡방향 상대변위는 중요한 제한 사항 중 하나이다)
- 지진하중(구조물이 충분한 연성이 있는가?)
- 온도하중(온도하중으로 인하여 큰 변위가 발생할 수 있는가?)
- 용접에 의해서 발생되는 부가적인 응력

exercise

다음 연습문제들은 구조해석에 대한 기본적인 지식을 다시 점검하도록 구성하였다.

Problem 1 : 아래 그림의 각 구조물의 반력을 계산하고 축력(N)도, 전단력(V)도, 휨모멘트(M)도를 그리고, 내력도에서 가장 위험한 부분의 값을 표시하고 각 구조물의 변형 형상을 스케치하시오.

(a) A는 힌지이고 B는 롤러이다.

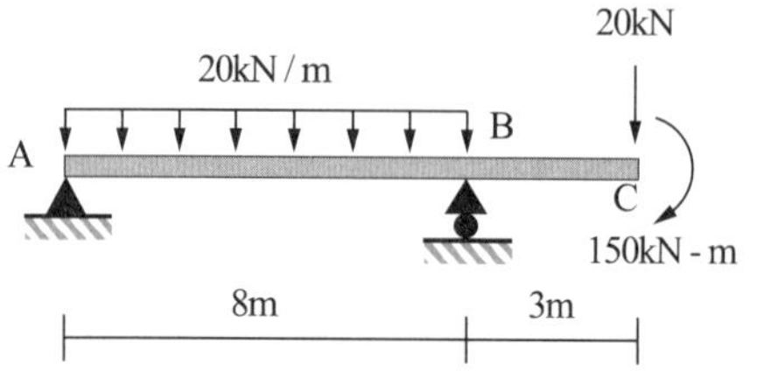

(b) A와 D는 힌지이고 B와 C는 큰 구멍에 볼트로 연결되어 있어 수직하중만 전달할 수 있다.

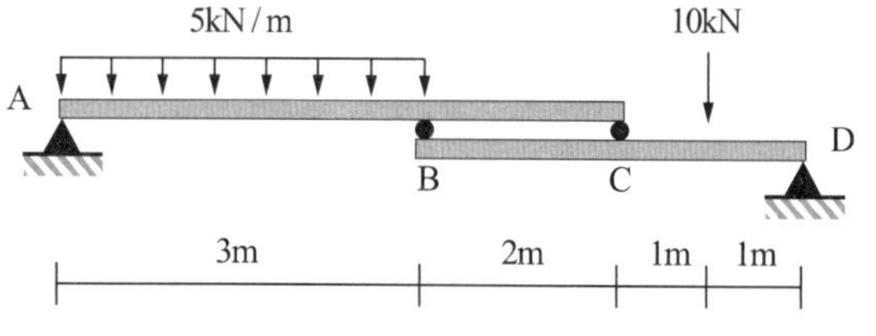

(c) A, E, F는 힌지이며 B는 강절절점이다(즉, 모멘트를 전달할 수 있다).

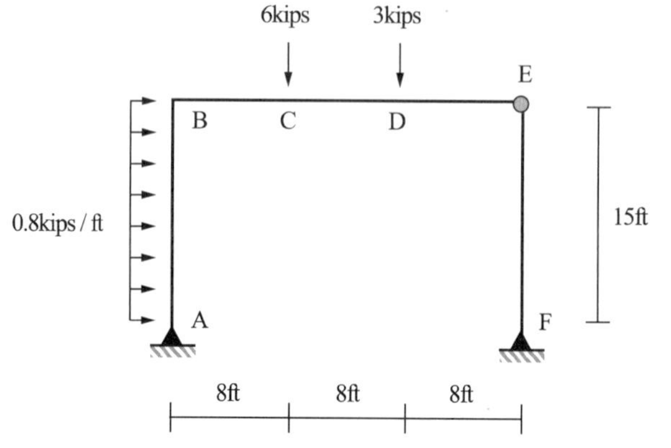

(d) A는 힌지이고 D는 롤러이다. 바람 하중은 단위당 힘이다.

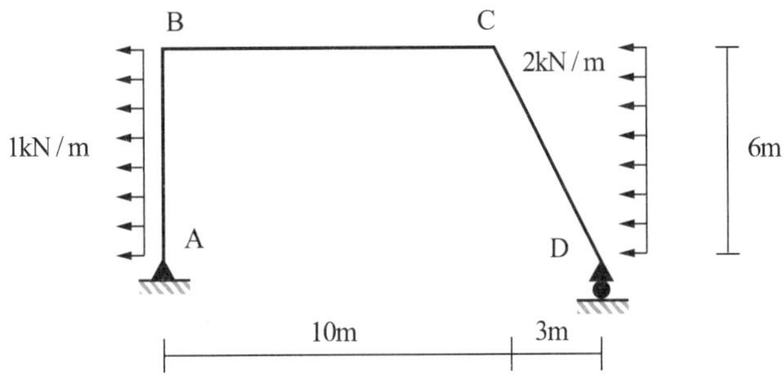

Problem 2 : Example 1-1의 구조물을 카스틸라노 제2정리를 이용하여 다시 해석하시오.

Problem 3 : 처짐각법의 강성도관계를 이용한 변위법으로 다음의 연속보를 해석하시오.

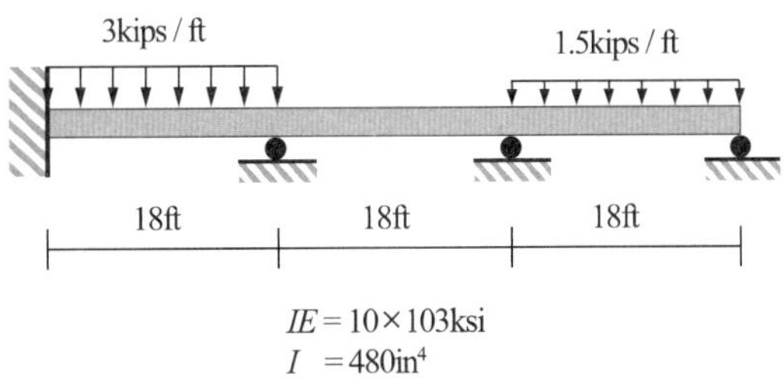

Problem 4 : 복합 트러스 구조물의 요소, 절점, 자유도 번호가 아래 그림과 같을 때, 모든 부재의 사상벡터를 결정하시오.

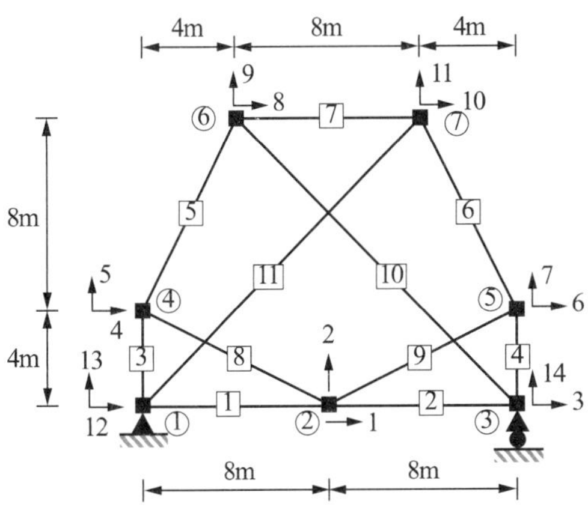

(a)

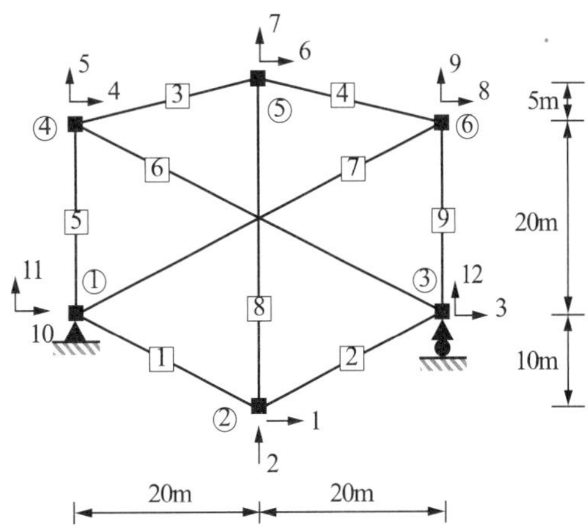

(b)

Problem 5 : 다음의 박공구조물에서 모든 요소의 사상벡터를 구성하시오.

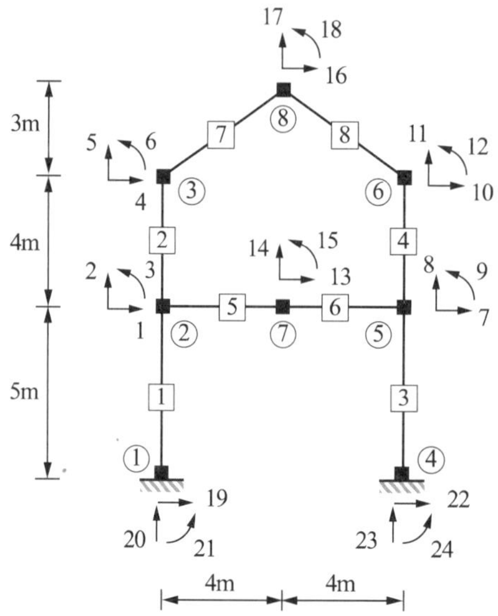

Problem 6 : 아래 그림처럼 단순화된 현수교의 요소, 절점과 자유도 번호가 그림과 같을 때, 모든 요소의 사상벡터를 구성하시오.

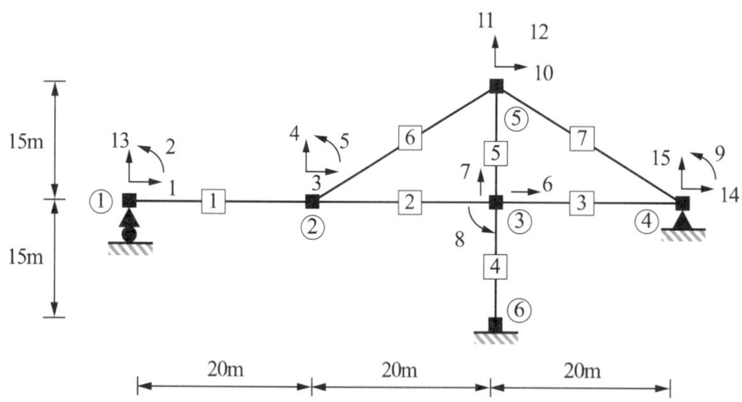

Matrix Structural Analysis

02

골조/보 이론 : 지배 미분방정식

1. 들어가기
2. 축방향력을 받는 요소(축 하중)
3. 휨 모멘트를 받는 보
   (Euler–Bernoulli와 Timoshenko 보 이론)
4. 불연속인 요소하중

1 들어가기

Figure 2-1과 같은 빌딩구조는 보, 절점부(절점), 각종 내부 채움재, 브레이싱, 전단벽 등의 서로 다른 구조 부재들로 구성된다. 같은 종류의 빌딩이라도 이러한 부재들이 서로 다르게 배치되어 있는 경우도 있다. 각 부재들의 조합은 그 구조물이 어떤 형태의 하중을 받는지, 어떤 기능을 수행해야 하는지에 따라 결정된다. 일반적인 골조 구조물의 기본 요소는 고전적인 보 이론(Euler−Bernoulli 또는 Timoshenko 보 이론)에 의해 해석되지만, 보−기둥 접합부 또는 하중 작용점과 같은 영역에는 적용할 수 없다. 보 이론을 적용하여 해석 가능한 영역을 B영역이라고 하고 그렇지 않은 영역을 D영역이라고 한다. 여기서 B는 보(Beam)를 의미하고, D는 불연속(discontinuity)을 의미한다. B영역과 D영역에 대한 자세한 사항은 Schlaich 등의 논문(1987)에 상세히 정리되어 있다. 본 장에서는 B영역을 중심으로 보의 지배 미분방정식(strong form)을 고전적인 보 이론인 Euler−Bernoulli 이론과 Timoshenko 이론에 근거하여 유도하였다.

보의 지배방정식과는 달리 단순 부재인 봉의 지배방정식을 먼저 다룬 후 보의 지배방정식에 대하여 논의하였다. 이 장에서 설명되는 모든 지배 미분방정식은 미소 변형 및 미소 변위 가정에 근거하여 유도하였기 때문에 평형방정식은 변형이 발생하지 않은 상태에서 적용하였다.

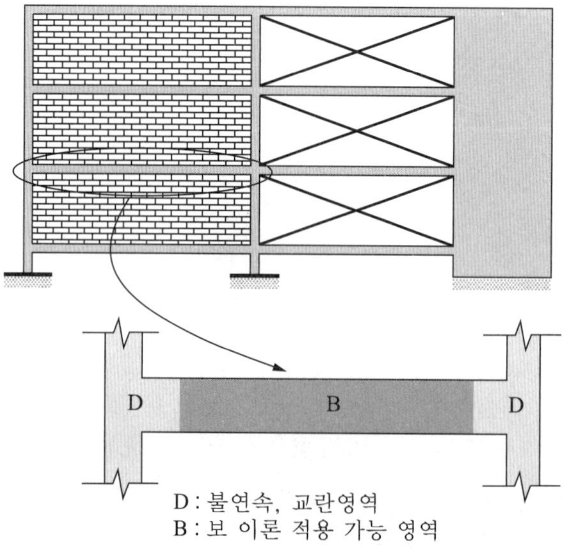

Figure 2−1 골조와 벽, 그리고 주요 부재의 세부사항

2 축력을 받는 요소(축 하중)

Figure 2-2는 축하중을 받는 골조 부재의 미소구간의 자유물체이다. 이 부재는 축하중만 받는 상태이며 축방향 변형만을 고려하기 때문에 "골조"라는 용어 대신에 "봉(Bar)"이라는 용어를 사용하도록 한다. 봉의 축방향 평형조건은 다음과 같다.

평형방정식

$$-N(x)+N(x)+dN(x)+w_x(x)\,dx=0$$
$$\Rightarrow \quad \frac{dN(x)}{dx}=-w_x(x) \tag{2.1}$$

여기서, $N(x)$는 봉의 축력이고 $w_x(x)$는 축방향 등분포 하중이다. 축력 $N(x)$은 봉의 단면에서 발생하는 축응력 $\sigma_{xx}(x)$을 적분하여 구한다.

$$N(x)=\int_A \sigma_{xx}\,dA \tag{2.2}$$

미소변형 가정에 따라 축변형률 $\varepsilon(x)$는 식 (2.3)의 적합방정식에 의해 축방향 변위 $u(x)$로부터 계산된다.

적합방정식

$$\varepsilon(x)=\frac{du(x)}{dx} \tag{2.3}$$

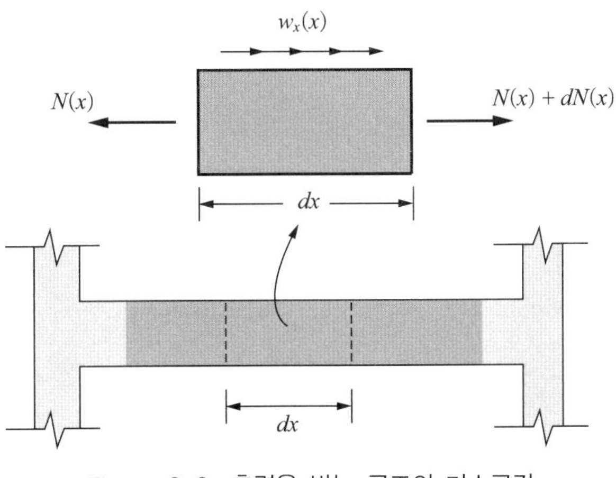

Figure 2-2 축력을 받는 골조의 미소구간

식 (2.3)에 의해 정의되는 변형률을 "축방향 변형률(엄밀히 말하면 축방향 공학 변형률, uniaxial engineering strain)"이라 부르고, 축력과 축 변형률 사이의 관계를 구성관계라 하며 식과 같다.

구성방정식

$$N(x) = EA(x)\varepsilon(x) \tag{2.4}$$

여기서, $EA(x)$는 봉의 축강성이다.

식 (2.1)과 식 (2.3)을 식 (2.4)에 대입하면 지배 미분방정식이 식 (2.5)와 같이 유도된다.

지배 미분방정식

$$\frac{d}{dx}\left[EA(x)\frac{du(x)}{dx}\right] = -w_x(x) \tag{2.5}$$

Tonti 도표[1)]를 이용하면 지배 미분방정식에서 식 (2.1), 식 (2.3), 식 (2.4)의 관계를 명확하게 살펴볼 수 있다(Figure 2-3). Tonti 도표는 유한요소 정식화 방법들 간의 차이를 설명할 때 유용하게 사용되는 도표이며, 다른 적용분야(예를 들면 전자기장, 유체동역학, 양자역학 등)의 지배 미분방정식을 설명할 때도 사용된다.

일정한 축강성 EA를 갖는 경우 지배 미분방정식은 다음과 같이 간략화 된다.

$$EA(x) = EA \quad \Rightarrow \quad EA\frac{d^2u(x)}{dx^2} = -w_x(x) \tag{2.6}$$

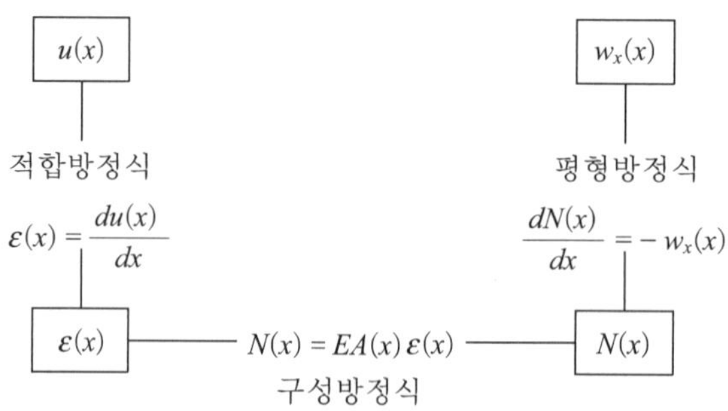

Figure 2-3 봉 문제의 Tonti 도표(Strong Form)

1) Enzo Tonti, 이탈리아 Treste 대학에 교수로 재직 중이며, 홈페이지는 http:// www.dic.univ.trieste.it/perspage/tonti이다.

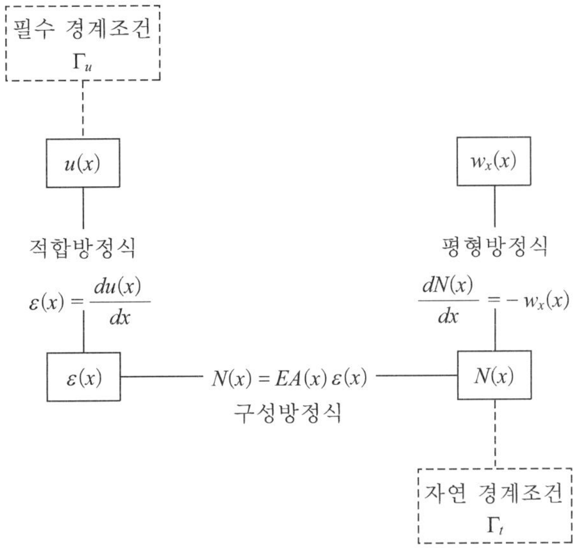

Figure 2-4 경계조건을 포함하는 봉 문제에 대한 Tonti 도표

식의 지배 미분방정식의 일반해[2)]는 다음과 같다.

$$u(x) = u^h(x) + u^p(x) \tag{2.7}$$

여기서, $u^h(x)$는 제차해이고 요소하중이 없을 때 축 변위를 나타내는 반면, $u^p(x)$는 특수해이고 요소하중이 있을 때는 축방향 변위를 나타낸다.

봉 요소의 지배 미분방정식에서 미지항 $u(x)$는 2계 미분항이다. 따라서 이 방정식의 해를 구하기 위해서는 경계조건이 필요하며, 경계 조건은 일반적으로 필수경계조건(essential boundary condition)과 자연경계조건(natural boundary condition) 두 종류로 구분된다. 필수경계조건은 Dirichlet[3)] 경계조건으로, 자연 경계조건은 Neumann[4)] 경계조건으로 불리기도

---

2) Recall : 일반적인 n계 선형미분방정 $D\left(\frac{d^n}{dx^n}, \frac{d^{n-1}}{dx^{n-1}}, \ldots, \frac{d}{dx}, u, c\right) = A(x)$ 에서 $u(x)$는 미지함수, c는 상수 또는 상수 급수, $A(x)$는 기지함수라고 하면, 이 방정식의 해는 $u(x) = u^h(x) + u^p(x)$이다. 여기서 $u^h(x)$는 재차 미분방정식의 일반해, $u^p(x)$는 비제차 미분방정식 $D\left(\frac{d^n}{dx^n}, \frac{d^{n-1}}{dx^{n-1}}, \ldots, \frac{d}{dx}, u, c\right) = A(x)$의 특수해이다. 좀 더 자세한 내용은 Kreyszig, E. (1993) "공학수학", 7판, John Wiley & Sons Inc.에 서술되어 있다.

3) Johann Peter Gustav Lejeune Dirichlet (1805~1859)은 프랑스 제국 Düren에서(현재 독일 지역) 태어났다. 그가 태어난 도시는 Aachen시와 Cologne시의 중간에 위치한 곳이다. 12살의 나이로 Bonn에 있는 고등학교에 입학하기 전에 수학에 대한 열정이 대단했다. 16세에 고등학교 교과과정을 다 마치고 대학에 들어갈 준비가 되었지만, 그 당시 독일의 대학교육 환경은 별로 좋지 않아 프랑스로 유학하기로 결정한다. 프랑스에서 그는 뛰어난 수학자이자 교사들인 Biot, Fourier, Francoeur, Hachettel, Laplace, Lacroix, legendre, Poisson 등을 만나게 된다. Dirichlet의 첫 번째 논문은 Fermat의 마지막 정리에 대한

한다.

필수경계조건과 자연경계조건은 각각 물리적으로 변위(기하학적)에 대한 구속 요소 끝단에서 힘에 대한 구속을 의미한다. Figure 2-5는 일반적인 해석 영역 Ω, 2차원 물체에 대한 필수경계조건 Γ_u, 자연경계조건 Γ_t을 나타내고 있다.

지배방정식[식 (2.1), 식 (2.3), 식 (2.4)]에 경계조건을 포함하면 봉의 축변위장에 대한 경계값 문제가 된다. 이를 도식화하여 Figure 2-4에 나타내었다. 수학적으로 말해서, 다음 특성을 갖는 미지의 함수 $u(x)$를 구하는 과정이라 할 수 있다.

1. 축력장 $N(x)$는 적합방정식과 구성방정식의 해석영역 $\Omega(0 < x < L)$의 모든 점에서 미분 평형방정식을 만족하는 축변위장 $u(x)$로부터 계산된다.

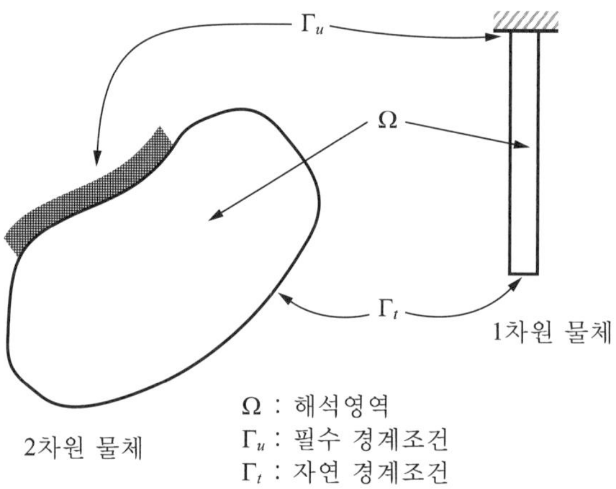

Figure 2-5 해석영역 Ω, 필수 경계조건 Γ_u, 그리고 자연 경계조건 Γ_t $(\Gamma_u \cup \Gamma_t = \Gamma)$

것이었고 이 논문은 큰 화제를 불러일으켰다. 1825년에 그는 Alexander von Humboldt의 초대를 받아 독일로 다시 돌아갔고, 여러 대학(University of Breslau, The Military College, University of Berlin)에서 강의를 했다. 1855년 Gauss의 사망 후 그의 자리를 대신하여 University of Göttingen으로 옮기게 되지만 불행히도 몇 해 지나지 않은 1858년 여름 스위스의 Montreux에서 열린 학회에서 강의를 하다가 심장마비를 겪게 된다. 그는 가까스로 Göttingen으로 돌아왔지만 결국 이듬해 1859년에 사망하게 된다. Dirichlet가 역학 분에서 이룩한 업적은 시스템 평형에 관한 것과 포텐셜 이론에 관한 것이다.

4) Carl Gottfried Neumann (1832~1925)은 독일 수학자로서 독일의 Königsberg(현재 러시아의 Kaliningrad)에서 태어났다. Neumann의 아버지인 Franz Ernst Neumann도 유명한 독일 수학자였다. Universit of Königsberg를 입학한 그는 1855년에 박사학위를 받았다. 1858년에 University of Halle에서 강의를 시작했고 1863년 University of Basel에서 교수가 되었지만 2년 근무한 뒤 University of Tübinge의 초청으로 대학을 옮겼다. 그런 후 그는 1968년 다시 학교를 옮겨 University of Leipzig에서 총장이 되고 그곳에서 1911년에 은퇴하였다. Neumann은 응용 수학의 광범위한 분야에서 연구를 수행하였다(예를 들면 수리물리, 포텐션 이론, 전기역학 등). 그뿐 아니라 순수 수학분야에도 중요한 업적을 남겼다. 1860년대에 Neumann은 Dirichlet 원리를 연구했고 "로그 포텐셜"을 고안했다. 나중에 Emile Pichard가 그의 연구 결과를 이용하여 1890년에 편 미분방정식의 해의 존재성을 증명하였다.

2. 그리고 $u(x)$는 요소의 양 끝단($x=0$, $x=L$)에서 주어진 경계조건을 만족해야 한다.

주목해야 할 것은 주어진 자유도에 두 개의 경계조건 중에서 한 가지만 적용할 수 있다는 것이다. 봉의 경우에 경계조건은 시작단에서

$$u(0)=u_0 \quad \text{또는} \quad N(0)=N_0 \tag{2.8}$$

그리고 끝단에서

$$u(L)=u_L \quad \text{또는} \quad N(L)=N_L \tag{2.9}$$

과 같다.

달리 말하면, 같은 경계조건에 힘과 변위를 동시에 설정해 줄 수 없고 둘 중 한 가지로만 설정할 수 있다. 설정 가능한 모든 경계조건들을 Figure 2-6에 나타내었다. 이중 처음 세 가지 경우(Figure 2-6 a, b, c)만 기구학적으로(kinematically) 가능한 경우이고, 마지막 경우인 Figure 2-6(d)는 강체회전인 수평 이동을 방지할 수 없기 때문에 가능하지 않은 경계조건이다.

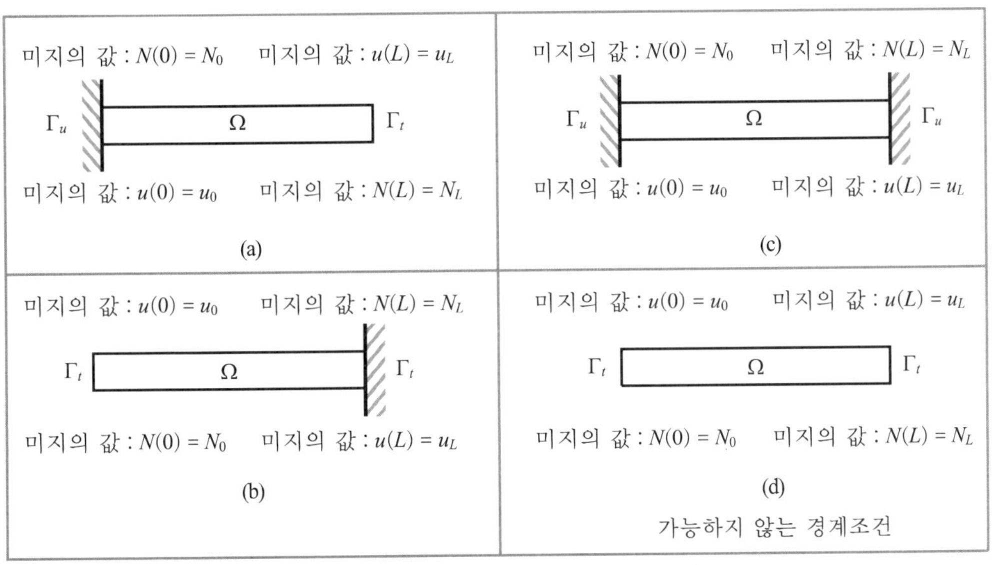

Figure 2-6 설정 가능한 경계조건 예 : 봉의 경우

Example 2-1

지배 미분방정식을 이용하여, 그림과 같이 자중과 자유단에서 집중하중을 받는 일정한 단면으로 이루어진 케이블의 축력 분포와 축 변위를 계산하라.

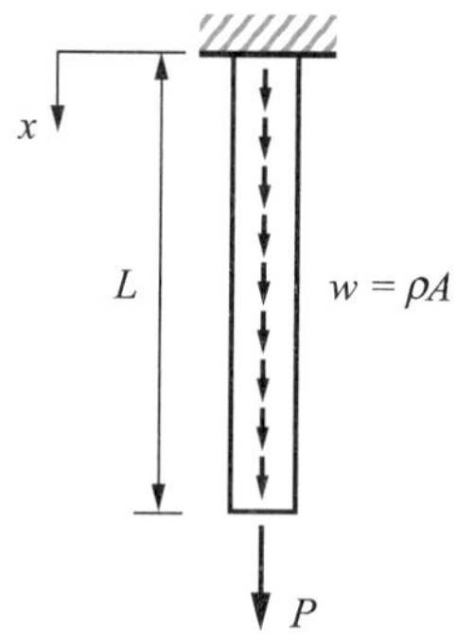

Solution

부재의 축강성이 일정(EA=상수)할 때, 지배방정식은 아래와 같다.

$$EA\frac{d^2u(x)}{dx^2}=-w_x(x)=-A\rho$$

$$EA\frac{d^2u(x)}{dx^2}=-A\rho \quad \Rightarrow \quad \frac{d^2u(x)}{dx^2}=-\frac{\rho}{E}$$

위의 미분방정식의 해는

$$u(x)=u^h(x)+u^p(x)$$

와 같다. 여기서, $u^h(x)$는 제차의 일반해이고 다음 식으로 정의된다.

$$u^h(x)=C_1x+C_2$$

$u^p(x)$는 특수해이며 미정계수법으로 구하면 다음과 같다.

$$u^p(x)=-\frac{\rho}{2E}x^2$$

그러므로 미분방정식의 해 $u(x)$는

$$u(x)=u^h(x)+u^p(x)=C_1x+C_2-\frac{\rho}{2E}x^2$$

이며, 이 식에서 상수 C_1와 C_2는 경계조건으로부터 결정한다.

경계 조건:

Γ_u에 주어진 필수 경계조건

$$u(0)=0 \quad \Rightarrow \quad C_2=0 \quad \text{(기하학적)}$$

Γ_t에 주어진 자연 경계조건

$$N(L) = EA\frac{du(x)}{dx}\bigg|_{x=L} = P \quad \Rightarrow \quad C_1 = \frac{\rho L}{E} + \frac{P}{EA} \qquad \text{(자중과 하중)}$$

여기서 보면 경계조건은 제차해에만 영향을 미치는 것을 알 수 있다.
그러므로 축 변형은 다음과 같다.

$$u(x) = \frac{\rho}{E}\left(Lx - \frac{x^2}{2}\right) + \frac{Px}{AE} \qquad \Rightarrow \text{ 이차함수}$$

축 변형률은 선형함수 형태로 다음과 같다.

$$\varepsilon(x) = \frac{du(x)}{dx} = \frac{\rho}{E}(L - x) + \frac{P}{EA} \qquad \Rightarrow \text{ 선형함수}$$

축력[5]은 다음과 같다.

$$N(x) = EAu'(x) = \rho A(L - x) + P \quad \Rightarrow \text{ 선형함수}$$

해의 검증:
평형방정식

$$\frac{dN(x)}{dx} = \frac{d(\rho A(L-x)+P)}{dx} = -\rho A \qquad \text{➡ 만족함}$$

자연 경계조건(힘 경계조건)

$$N(L) = EAu'(L) = \rho A(L - L) + P = P \qquad \text{➡ 만족함}$$

$$N(0) = EAu'(0) = \rho A(L - 0) + P = \rho AL + P$$

필수 경계조건(변위 경계조건)

$$u(0) = \frac{\rho}{E}\left(L(0) - \frac{(0)^2}{2}\right) + \frac{P(0)}{AE} = 0 \qquad \text{➡ 만족함}$$

$$u(L) = \frac{\rho}{E}\left(L^2 - \frac{L^2}{2}\right) + \frac{PL}{AE} = \frac{\rho L^2}{2E} + \frac{PL}{AE}$$

---

5) 축력 $N(x)$의 부호는 통상 두 가지 방법으로 정의되는데, 하나는 재료역학에서 사용되는 방법이고 다른 하나는 매트릭스 구조해석에 사용되는 방법이다.

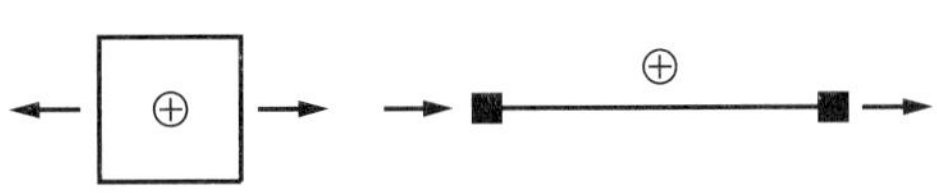

재료역학 메트릭스 구조해석

전체 평형방정식을 만족하는지 검토해보자.

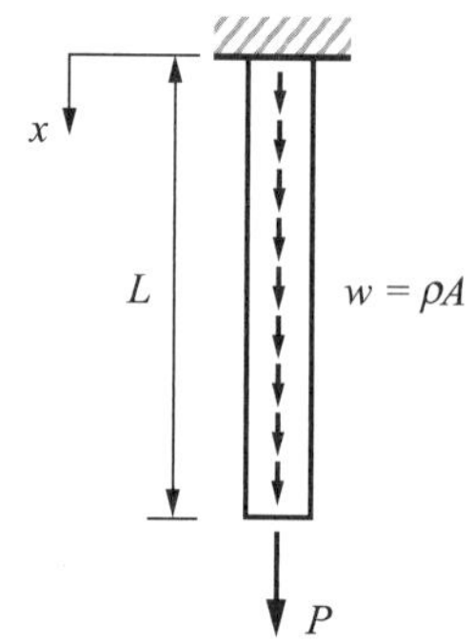

Example 2-2

봉 요소의 강성도 행렬 $\mathbf{K}_{bar}$을 지배 미분방정식으로부터 유도하시오.

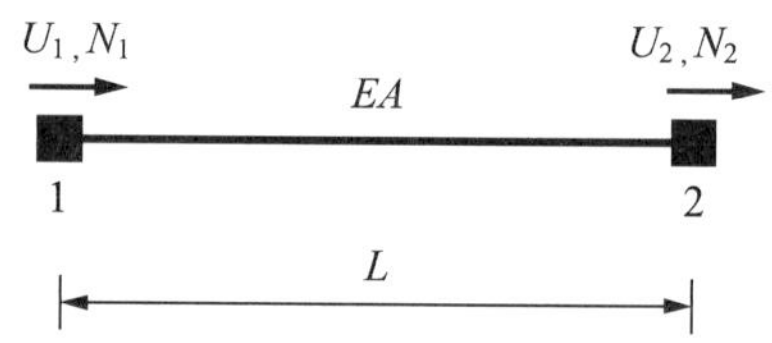

Figure 2–7 두 개의 절점을 갖는 일정한 단면을 갖는 봉 요소 : 절점 변위와 절점력

Solution

Figure 2-7에서와 같이 일정한 축강성 EA를 가지는 봉 요소에서, 봉의 변위는 양쪽 끝단 절점 변위에 의해서 정의되고 봉의 축력은 양 끝단의 절점력에 의해서 정의된다. 다시 말하면 봉의 거동은 양단의 절점에서 변위와 절점력으로 표현된다. 이때 절점력과 절점변위와의 관계를 나타내는 봉 요소의 강성 행렬 $\mathbf{K}_{bar}$는 다음과 같다.

$$\mathbf{P} = \mathbf{K}_{Bar}\mathbf{U}$$

$$\mathbf{P} = \begin{bmatrix} N_1 & N_2 \end{bmatrix}^T; \quad \mathbf{U} = \begin{bmatrix} U_1 & U_2 \end{bmatrix}^T$$

$$\mathbf{K}_{Bar} = \begin{bmatrix} k_{11} & k_{12} \\ k_{21} & k_{22} \end{bmatrix} = \frac{EA}{L}\begin{bmatrix} 1 & -1 \\ -1 & 1 \end{bmatrix}$$

봉 요소의 강성행렬은 지배 미분방정식을 이용하여 유도한다. 본 예제에서는 외부에서 작용하는 하중이 없는 제차해의 경우이다. 강성행렬의 각 요소인 k_{ij}는 강성영향계수라고도 불리며, 이는 j자유도에 작용하는 단위 변위에 의한 i자유도에서의 반력을 의미한다.

$\mathbf{K}_{bar}$의 첫 번째 열벡터는 Figure 2-8처럼 필수경계 조건을 적용하여 구한다.

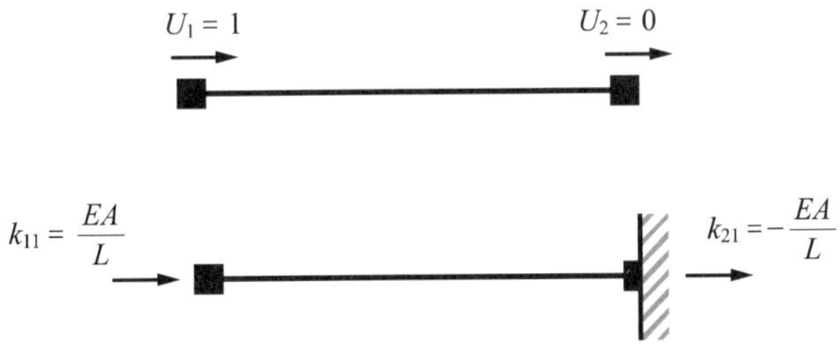

Figure 2-8 절점 1에 단위 변위가 작용하는 봉 요소

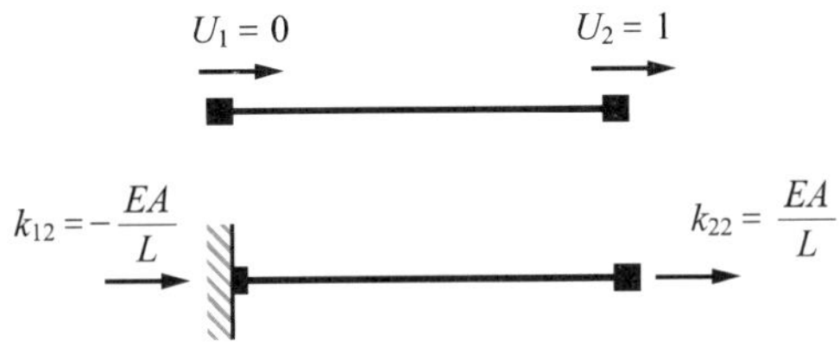

Figure 2-9 절점 2에 단위 변위가 작용하는 봉 요소

$$U_1 = 1,\ U_2 = 0 \ \Rightarrow \ u(0) = 1,\ u(L) = 0$$

$$\frac{d^2u(x)}{dx^2} = -w_x(x) = 0 \ \Rightarrow \ u(x) = u^h(x) = Ax + B$$

$$u(0) = 1 = B$$

$$u(L) = 0 = AL + B \ \Rightarrow \ A = -\frac{1}{L}$$

축 변위:

$$u(x) = 1 - \frac{x}{L}$$

축력:

$$N(x) = EAu'(x) = -\frac{EA}{L} \qquad \Rightarrow \quad k_{11} = \frac{EA}{L};\ \ k_{21} = -\frac{EA}{L}$$

$\mathbf{K}_{bar}$의 두 번째 열벡터는 Figure 2-9와 같이 필수 경계조건을 적용시켜서 유도한다.

$$U_1 = 0,\ U_2 = 1 \ \Rightarrow \ u(0) = 0,\ u(L) = 1$$

$$\frac{d^2u(x)}{dx^2} = -w_x(x) = 0 \ \Rightarrow \ u(x) = u^h(x) = Ax + B$$

$$u(0) = 0 = B$$

$$u(L) = 1 = AL \ \Rightarrow \ A = \frac{1}{L}$$

여기서, $B = 0$는 필수 경계조건과 관련된 강체회전이 없음을 의미한다.

축변위:

$$u(x) = \frac{x}{L}$$

축력:

$$N(x) = EAu'(x) = \frac{EA}{L} \qquad \Rightarrow \quad k_{12} = -\frac{EA}{L} \quad k_{22} = \frac{EA}{L}$$

그러므로 선형탄성의 등단면을 갖는 봉 요소의 강성도 행렬은 다음과 같이 정리된다.

$$\mathbf{K}_{Bar} = \frac{EA}{L}\begin{bmatrix} 1 & -1 \\ -1 & 1 \end{bmatrix}$$

위의 요소행렬은 요소하중이 없는 상태에서 지배 미분방정식으로부터 유도되었다. 즉, 해석 모델이 균일한 단면으로 이루어져 있고 요소하중이 없을 때 위의 해는 정밀해(exact solution)가 된다.
본 예제에서 유도된 봉 요소의 강성도 행렬을 사용하여 Example 2-1의 문제를 풀어보자.

$$\begin{Bmatrix} P_1 \\ P + \dfrac{\rho AL}{2} \end{Bmatrix} = \frac{EA}{L}\begin{bmatrix} 1 & -1 \\ -1 & 1 \end{bmatrix}\begin{Bmatrix} 0 \\ U_2 \end{Bmatrix} \;\Rightarrow\; U_2 = \frac{PL}{EA} + \frac{\rho L^2}{2E} \;\Rightarrow\; \text{정밀해}$$

케이블의 전체 평형조건이 만족할 때 끝단 변위는 위 식으로부터 정확하게 계산되었다. 그러나 케이블의 국부 거동(예를 들면 축변형률, 축응력 등)을 살펴보면 이 봉 모델은 정밀하지 못한 해석결과를 보여준다. 이를 개선하기 위해서는 좀더 많은 요소를 사용하거나 아니면 더 개선된 봉 요소 모델을 사용하여야 하며, 이를 위해서는 유한요소 해석법에 따른 정식화 과정이 필요하다.

Example 2-3

Figure 2-10과 같이 축력을 받고 있는 말뚝의 지배 미분방정식(strong form)을 유도하시오.

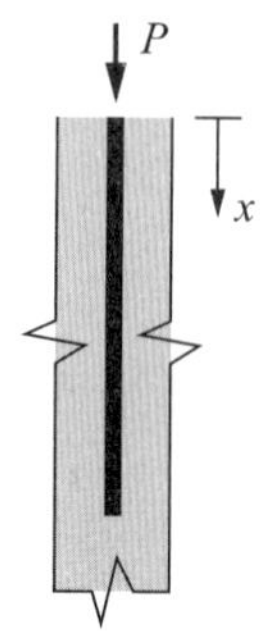

Figure 2-10 축력을 받고 있는 말뚝

Solution

축력을 받는 말뚝의 지배 미분방정식은 Figure 2-11에서와 같이 말뚝의 미소구간으로부터 유도한다.

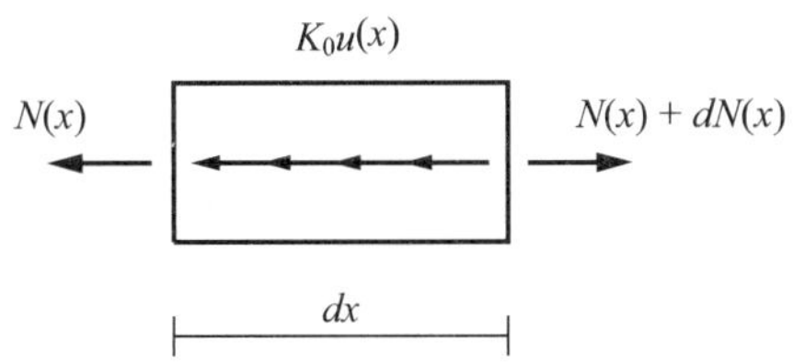

Figure 2-11 축력을 받는 말뚝의 미소구간

봉의 축방향 평형조건으로부터 구한 평형방정식은 다음과 같다.

평형방정식:

$$-N(x)+N(x)+dN(x)-k_0u(x)dx=0$$
$$\Rightarrow \quad \frac{dN(x)}{dx}=k_0u(x) \tag{a}$$

여기서, k_0는 말뚝 주변 토질에 의해서 발생하는 마찰력과 관련된 상수이다. 미소 변위 가정하에서 축 변형률 $\varepsilon(x)$와 축방향 변위 $u(x)$와의 관계는 다음 적합방정식으로 표현된다.

적합방정식:

$$\varepsilon(x)=\frac{du(x)}{dx} \tag{b}$$

축력과 축 변형률 간의 관계는 구성방정식에 의해서 정의되며 다음과 같다.

구성방정식:

$$N(x)=EA(x)\varepsilon(x) \tag{c}$$

식 (b)와 식 (c)를 식 (a)에 대입하면 지배 미분방정식이 식 (d)와 같이 유도된다.

지배 미분방정식:

$$\frac{d}{dx}\left[EA(x)\frac{du(x)}{dx}\right]=k_0u(x) \tag{d}$$

축강성이 EA로 일정한 경우, 위의 지배 미분방정식은 식 (e)와 같이 정리되며, 이 식이 말뚝의 축방향 변위에 대한 지배 미분방정식이다.

$$EA(x)=EA \quad \Rightarrow \quad EA\frac{d^2u(x)}{dx^2}=k_0u(x) \tag{e}$$

3 휨 모멘트를 받는 보(Euler-Bernoulli와 Timoshenko 보 이론)

이제 가장 널리 적용되는 두 가지 보 이론인 Euler-Bernoulli 보 이론과 Timoshenko 보 이론에 대하여 논의해보자. Euler-Bernoulli 보 이론은 휨 변형만 고려한 반면에, Timoshenko보 이론은 휨변형과 전단변형을 함께 고려한 이론이다. 이 두 가지 보 이론은 유한 요소 모델로 개발되어 여러 상용 프로그램에 전산화되어 널리 사용되고 있다(예를 들면 ABAQUS, ANSYS 등). 보 이론에 대하여 자세히 다루기 전에 이들 보 이론이 가지고 있는 일반적인 가정에 대하여 알아보자.

1. 평면 대칭 : 종방향 축은 직선이고 보의 단면은 종방향 평면에 대하여 대칭이다. 지점 조건도 이 평면에 대하여 대칭으로 가정한다. 따라서 보는 대칭 휨모멘트를 받는다고 가정한다.
2. 보의 단면 : 보는 일정한 단면으로 이루어져 있거나 변단면으로 이루어져 있다..
3. 기하학적 선형성 : 횡방향 변위, 회전각 그리고 변형은 미소하다고 가정한다. 따라서 미소 변형의 가정을 적용한다.
4. 재료의 선형성 : 재료는 탄성이며 등방성으로 가정한다. 균질한 보는 몇 개의 등방성 재료로 구성되지만(예를 들면, 철근콘리트르 보) 본 교재에서는 다루지 않을 예정이다.

2.3.1 Euler[6)]-Bernoulli[7)] 보 이론

Euler-Bernoulli 보 이론의 기본 전제는 "종방향 축에 수직한 평면은 변형 후에도 평면을 유지한다"는 것이다. 이 가정은 평판이론에서 Kirchhoff[8)]와 쉘 이론에서 Love[9)]의 가정과 같

6) Leonhard Euler (1707~1783)는 스위스 수학자로 13세의 나이에 University of Basel에 입학하였고, 그곳에서 Johann Bernoulli와 같이 공부하게 된다. 1725년에 Johann Bernoulli의 아들 Daniel과 Nicholas가 러시아 황후의 초청에 따라 러시아로 가게 되는데, 그들은 황후에게 Euler를 위하여 학교 교수직을 요청하였다. 이후 Euler는 러시아에 있으면서 나중에 Daniel이 맡았던 러시아 아카데미에서 수학분야 의장에 지명된다. 1735년에 그는 혹독한 기후로 인하여 한쪽 눈의 시력을 잃게 되고, 이를 알게 된 Frederick 대제의 강력한 요청에 의해서 1741년에 베를린으로 이사하지만 1766년까지만 머무르고 다시 러시아로 돌아온다. 그리고 돌아오자 마자 양쪽 시력을 다 잃게 된다. Euler는 이런 불행한 상황 가운데서도 연구를 계속 진행하였다. Euler가 순수 및 응용 수학 분야에서 이루어낸 업적은 엄청나다.

7) Daniel Bernoulli (1700~1782)는 Johan Bernoulli의 아들로 의학과 철학을 공부하였다. 수학적 재능은 삼촌 Jakob과 아버지로부터 물려받았다. 그의 저서 Hydrodynamica와 유연 물체 역학으로 유명해졌다. 탄성곡선방정식에 대한 지배방정식을 계산하는데 변분법을 사용을 제안하기 위해 Euler에게 편지를 썼고, 이 때문에 휨을 받는 보 이론의 지배방정식이 Euler-Bernoulli방정식이라 불리게 되었다.

8) Gustav Robert Kirchhoff (1824~1887)는 프러시아의 Königsberg(현재 러시아의 Kaliningrad)에서 태어났다. Kirchhoff는 Königsberg에서 교육을 받았고 그곳에 있는 Albertus University of Königsberg에 입학하

다. Euler−Boernoulli 보 단면의 기하학적 형태는 Figure 2-12에 나타내었고 변형에 대한 정의는 Figure 2-13에 나타내었다. 그림에서 ab는 변형 전 보의 종방향 축에 수직하는 단면이며 변형 후 단면의 a′b′는 여전히 평면을 이루며 종방향 축에 대하여 수직이다. 이 가정에 따라서 종방향 축에서 y만큼 떨어진 위치에서 변위는 곡률에 비례하는 선형으로 다음과 같이 정의된다.

$$\begin{aligned} u(x) &= u_0(x) - y\frac{dv_0(x)}{dx} \\ v(x) &= v_0(x) \end{aligned} \tag{2.10}$$

변위로부터 변형을 구하면 다음과 같다.

축방향 변형률(공학 변형률)

$$\varepsilon(x) = \frac{du(x)}{dx} = \frac{du_0(x)}{dx} - y\frac{d^2v_0(x)}{dx^2} = \varepsilon_0(x) - y\kappa(x) \tag{2.11}$$

전단변형률:

$$\gamma(x) = \frac{dv(x)}{dx} + \frac{du(x)}{dy} = -\frac{dv_0(x)}{dx} + \frac{dv_0(x)}{dx} = 0 \tag{2.12}$$

여기서, $\varepsilon_0(x) = \dfrac{du_0(x)}{dx}$는 참조축에서 변형률이고 $\kappa(x) = \dfrac{d^2v_0(x)}{dx^2}$는 단면의 곡률이다.

였다. 1843～1845년 사이 Franz Neumann으로부터 이론 물리학 강의를 들었다. Neumann은 Kirchhoff의 재능을 알아보았다. Kirchhoff는 잠시 동안 Neumann과 같이 연구하였는데 이 때 전류(Kirchhoff 법칙)에 관한 연구를 하면서 뛰어난 재능을 보였다. 그는 1847년 박사학위를 받고 University of Berlin에서 강의를 시작하였고, 1850년에는 University Breslau에서 부교수가 되었다. 그리고 Breslau에서 Kirchhoff는 변분법을 이용한 탄성 평판의 변형과 관련된 문제를 풀었다. 1855년에 물리학과 학장이 되어 University of Heidelberg로 옮겼다. 1875년에는 다시 University of Berlin으로 돌아왔고 수리 물리학과의 학장이 되었다. 1876년에는 4권으로 이루어진 유명한 대작 논문 "*Vorlesungen über mathematische Physik*"을 발표하였다.

9) Augustus Edward Hough Love (1863~1940)는 영국의 Weston-super-Mare에서 태어났다. 1874년 Love는 Wolverhampton School에서 교육을 받은 후 캠브리지에 있는 St John's College에 입학하였고 1885년에 2번째 우등생(wrangler)으로 졸업하였다. 즉, 수학 우등 졸업시험(tripos)을 치른 최고의 학생들 중 2위로 졸업한 것이다. 1887년에서 1899년까지 St John's College에서 특별 연구원으로 지내다가 1899년에 Oxford University의 자연 철학과 Sedleian chair로 임명되었고 여생을 그곳에서 보내었다. 1894년에 왕립회원(Royal Society)으로 선출되었다. 역학에서 그의 중요한 연구 내용은 "Treatise on the Mathematical Theory of Elasticity"에 수록되어 있다. Love는 또한 파동에 대하여 중요한 연구를 수행하였다. "Some Probles in Geodynamics"란 저서에서 지구의 구조에 대한 그의 연구로 1911년 Cambridge에서 Admas Prize를 수상하였다.

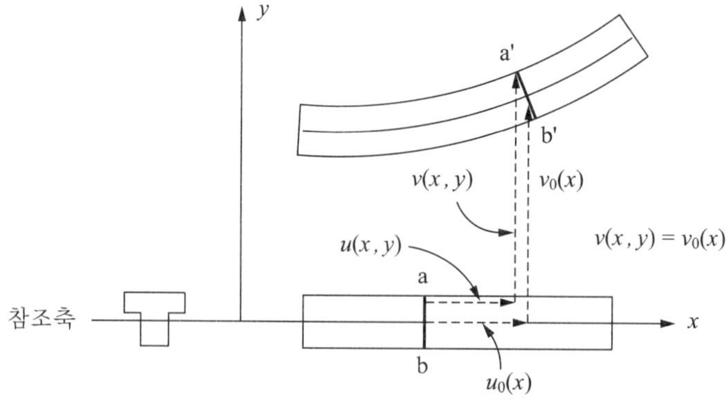

Figure 2-12 Euler−Bernoulli 보의 임의의 단면에서 변위와 변형

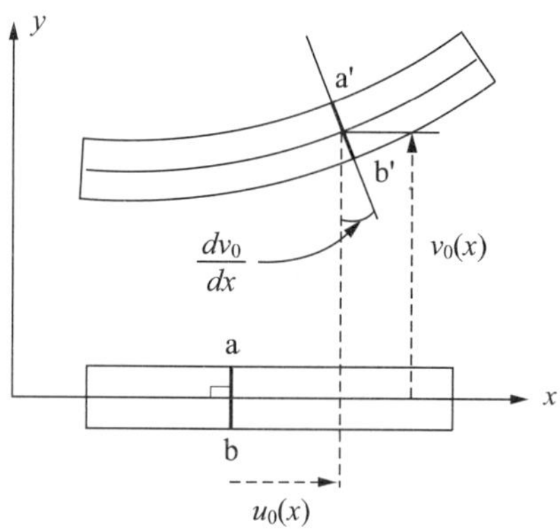

Figure 2-13 Euler−Bernoulli 보의 단면 변형

식 (2.12)에서 전단변형률은 무시하였다(Figure 2-12 참조).

Figure 2-14는 횡하중을 받는 보 요소의 미소 영역의 자유물체도이다. 보의 수직 평형조건으로부터 다음 식이 유도된다.

$$\frac{dV(x)}{dx} + w_y(x) = 0 \tag{2.13}$$

여기서, $V(x)$는 보의 단면에 작용하는 전단력이며 $w_y(x)$는 수직방향의 등분포 하중이다. 모멘트 평형조건을 이용하면 식 (2.14)가 유도된다.

$$\frac{dM(x)}{dx} + V = 0 \tag{2.14}$$

여기서, $M(x)$는 보의 단면에 작용하는 휨모멘트로서 단면에서 축응력 $\sigma_{xx}(x)$를 적분하여 계산되는 합응력이다.

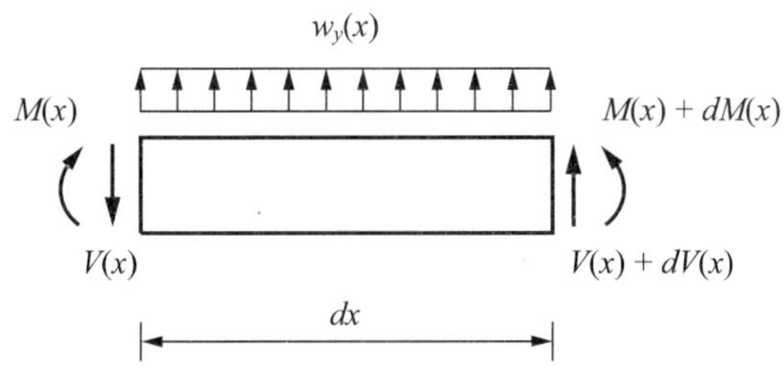

Figure 2-14 보의 미소구간

$$M(x) = -\int_A y\sigma_{xx} dA \tag{2.15}$$

Euler－Bernoulli 보 이론에서는 전단력 $V(x)$에 의한 단면 변형은 고려하지 않는다. 이는 보의 지간길이와 단면의 깊이의 비가 큰 부재의 경우에 합리적인 가정이다. 따라서 식 (2.14)를 x에 대하여 미분하고 이를 식 (2.13)의 전단력 $V(x)$ 미분항에 대입하면 다음과 같은 평형방정식이 유도된다.

평형방정식

$$\frac{d^2 M(x)}{dx^2} - w_y(x) = 0 \tag{2.16}$$

미소변형의 가정에 따른 단면 곡률 $\kappa(x)$는 다음의 적합방정식에 의해서 횡변위와 연결된다.

적합방정식

$$\kappa(x) = \frac{d^2 v_0(x)}{dx^2} \tag{2.17}$$

단면 모멘트와 단면 곡률과의 관계는 구성방정식으로 표현되며 이는 다음과 같다.

구성방정식

$$M(x) = EI(x)\kappa(x) \tag{2.18}$$

여기서, $EI(x)$는 보의 휨강성이다.

식 (2.17)과 식 (2.18)을 식 (2.16)에 대입하면 보의 지배 미분방정식이 식 (2.19)와 같이 유도된다.

지배 미분방정식

$$\frac{d^2}{dx^2}\left[EI(x)\frac{d^2v_0(x)}{dx^2}\right] = w_y(x) \tag{2.19}$$

보에 대한 식 (2.16), 식 (2.17), 식 (2.18)의 관계를 Tonti 도표를 이용하여 Figure 2-15에 나타내었다.

선형탄성의 등단면 휨 강성을 갖는 보의 경우, 지배 미분방정식 (2.19)는 휨강성 EI 인 상수를 미분항 밖으로 옮겨 다음과 같이 된다.

$$EI(x) = 상수 \quad \Rightarrow \quad EI\frac{d^4v_0(x)}{dx^4} = w_y(x) \tag{2.20}$$

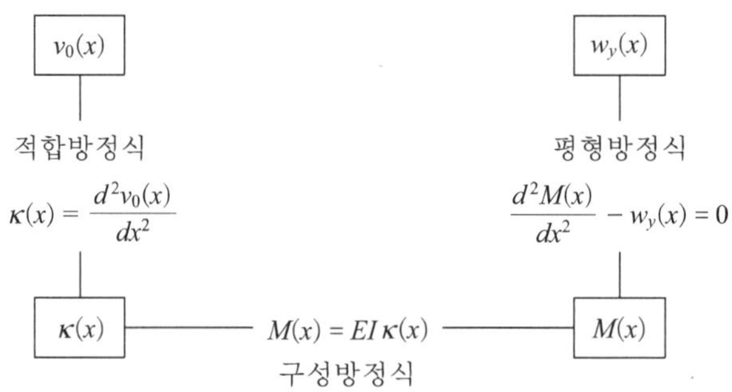

Figure 2-15 Euler-Bernoulli 보의 Tonti 도표

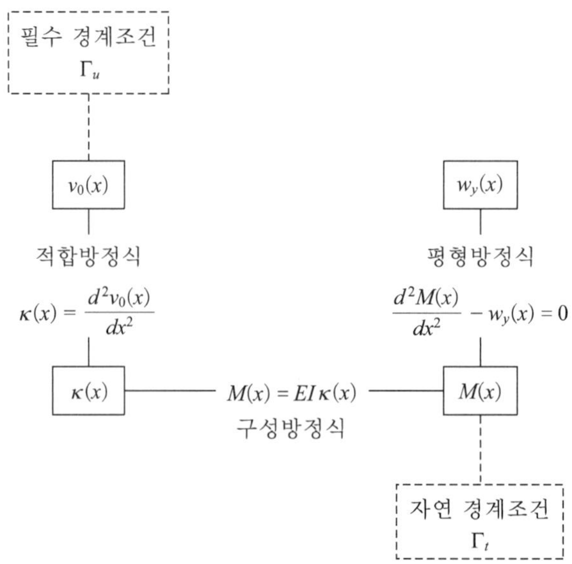

Figure 2-16 경계조건을 포함하는 Euler-Bernoulli 보의 Tonti 도표

Euler-Bernoulli 보의 지배방정식은 미지수 $v_0(x)$에 대한 4계 미분방정식이다. 따라서 지배 미분방정식을 풀기 위해서는 4개의 경계조건을 도입하여야 한다. 경계조건은 필수 경계조건과 자연 경계조건으로 구분되고, 물리적으로 필수 경계조건은 요소 양 끝단에서 변위[횡 변위 $v_0(x)$와 회전각 $v_0'(x)$]에 대한 구속조건이고, 자연 경계조건은 요소 양 끝단에서 하중조건[전단력 $V(x)$과 모멘트 $M(x)$]이 된다.

지배방정식인 식 (2.16), 식 (2.17), 식 (2.18)과 경계조건(필수/자연 경계조건)을 포함한 경우를 보의 수직변위에 대한 경계조건 문제라고 부르며, Figure 2-16에 이를 도식화하였다. 그러므로 수학적으로 표현하면 다음과 같은 특징을 가지는 함수 $v_0(x)$를 구하는 과정으로 나타낼 수 있다.

1. 모멘트 $M(x)$는 적합방정식 (2.17)과 구성방정식 (2.18)의 해석영역 $\Omega(0 < x < L)$의 모든 점에서 미분 평형방정식 (2.16)을 만족하는 회전각 $\theta(x)$으로부터 계산된다.
2. 그리고 $v_0(x)$는 요소의 양 끝단에서 ($x = 0$, $x = L$) 주어진 경계조건을 만족해야 한다.

앞에서 살펴본 경우(봉, 샤프트, 날개보)와는 다르게 보의 경우에는 필수 경계조건과 자연 경계조건을 동시에 설정할 수 있지만, 동일한 자유도에 대하여서는 동시에 설정할 수 없다(예, Figure 2-17).

왼쪽 끝단($x = 0$)에서 경계조건을 다음과 같이 설정할 수 있고,

$$v_0(0) = 0 \qquad \Rightarrow \text{ 필수 경계조건}$$

$$M(0) = M_0 \qquad \Rightarrow \text{ 자연 경계조건}$$

오른쪽 끝단($x = L$)에서도 유사하게 경계조건을 설정할 수 있다.

$$\theta(L) = v_0'(L) = 0 \Rightarrow \text{ 필수 경계조건}$$

$$V(L) = V_0 \text{ 자연} \qquad \Rightarrow \text{ 경계조건}$$

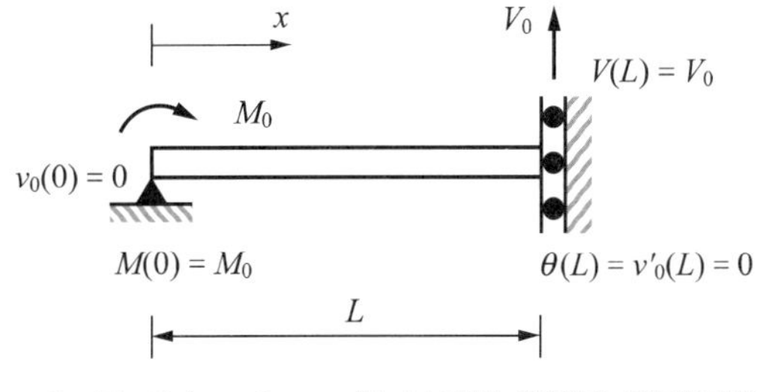

Figure 2-17 Euler-Bernoulli 보에서 혼합된 경계조건의 예

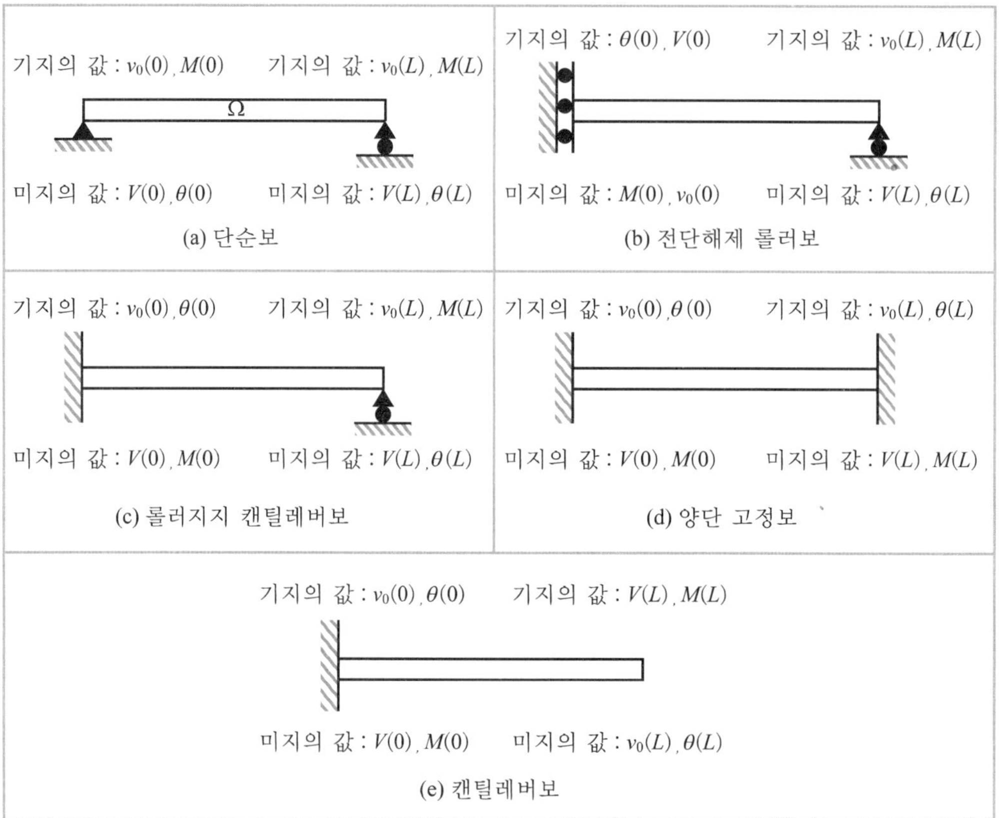

Figure 2-18 가능한 경계조건들: Euiler – Bernoulli 보

그러나 오직 주어진 자유도에 대하여 두 개의 경계조건 중 한 개만 설정 가능하다(필수 경계조건인 변위와 자연 경계조건인 힘을 동시에 설정 가능한 것은 설정된 자유도가 서로 다를 때 가능하다). Figure 2-18은 설정 가능한 모든 경계조건들을 보여주고 있으며, 이 경계조건들은 보의 강체회전(이동과 회전)을 방지하고 있다. 또한 적어도 두 개 이상의 필수 경계조건이 주어져야 강체회전을 방지할 수 있다는 점에 유의하자.

Example 2-4

등단면으로 이루어진 Euler – Bernoulli 캔틸레버 보가 아래 그림처럼 등분포 하중을 받을 때, 미분방정식을 이용하여 보 길이 방향으로의 횡변위, 회전각, 휨모멘트, 그리고 전단력 분포를 구하시오.

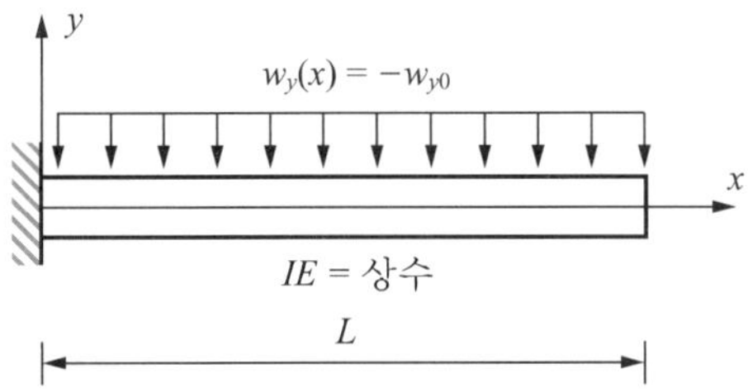

Figure 2–19 등분포하중을 받는 등단면 Euler–Bernoulli 캔틸레버보

Solution

보의 휨강성이 EI로 일정할 때, 지배 미분방정식은 다음과 같다.

$$EI\frac{d^4v_0(x)}{dx^4} = w_y(x) = -w_{y0}$$

캔틸레버의 경계조건은 다음과 같다.

(1) $v_0(0)=0$: 필수 경계조건

(2) $\theta(0) = \left.\frac{dv_0}{dx}\right|_{x=0} = 0$: 필수 경계조건

(3) $M(L)=0 \;\Rightarrow\; EI\left.\frac{d^2v_0}{dx^2}\right|_{x=L} = 0 \Rightarrow \left.\frac{d^2v_0}{dx^2}\right|_{x=L} = 0$: 자연 경계조건

(4) $V(L)=0 \;\Rightarrow\; EI\left.\frac{d^3v_0}{dx^3}\right|_{x=L} = 0 \Rightarrow \left.\frac{d^3v_0}{dx^3}\right|_{x=L} = 0$: 자연 경계조건

이 미분방정식의 해는

$$v_0(x) = v_0^h(x) + v_0^p(x)$$

과 같고, 여기서 제차해 $v_0^h(x)$는 다음과 같다.

$$EI\frac{d^4v_0(x)}{dx^4} = 0$$

$$v_0^h(x) = C_1 + C_2x + C_3x^2 + C_4x^3$$

그리고 특수해 $v_0^p(x)$는 아래와 같이 구해진다.

$$EI\frac{d^4v_0(x)}{dx^4} = w_y(x) = -w_{y0}$$

$$v_0^p(x) = -\frac{w_{y0}}{24EI}x^4$$

그러므로 일반해 $v_0(x)$는 다음과 같다.

$$v_0(x) = C_1 + C_2 x + C_3 x^2 + C_4 x^3 - \frac{w_{y0}}{24EI} x^4$$

상수 C_1, C_2, C_3, C_4는 경계조건으로부터 결정된다.

(1) $v_0(0) = 0: \quad C_1 = 0$

(2) $\theta(0) = \left.\frac{dv_0}{dx}\right|_{x=0} = 0: \quad C_2 = 0$

(3) $\left.\frac{d^2 v_0}{dx^2}\right|_{x=L} = 0: \quad 2C_3 + 6C_4 L - \frac{w_{y0}}{2EI} L^2 = 0$

(4) $\left.\frac{d^3 v_0}{dx^3}\right|_{x=L} = 0: \quad 6C_4 - \frac{w_{y0}}{EI} L = 0$

위의 (3)과 (4)로부터 $C_3 = -\frac{w_{y0} L^2}{4EI}$ 와 $C_4 = \frac{w_{y0} L}{6EI}$ 가 계산되고, 따라서 이 미분방정식에 대한 전체 해는 다음과 같다.

$$v_0(x) = -\frac{w_{y0} L^2}{4EI} x^2 + \frac{w_{y0} L}{6EI} x^3 - \frac{w_{y0}}{24EI} x^4$$

캔틸레버 끝단($x = L$)에서 수직 처짐은

$$v_0(L) = -\frac{w_{y0} L^4}{8EI}$$

이다.

보 길이 방향으로의 휨모멘트[10] 분포는 다음과 같다.

$$M(x) = EI \frac{d^2 v_0(x)}{dx^2} = w_{y0} \left(-\frac{x^2}{2} + Lx - \frac{L^2}{2} \right)$$

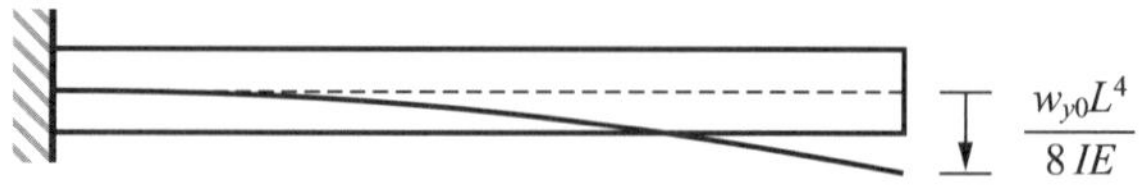

10) 휨모멘트 $M(x)$의 부호는 두 가지 방법으로 정의되는데, 하나는 재료역학에서 사용되는 방법이고 다른 하나는 매트릭스 구조해석에 사용되는 방법이다

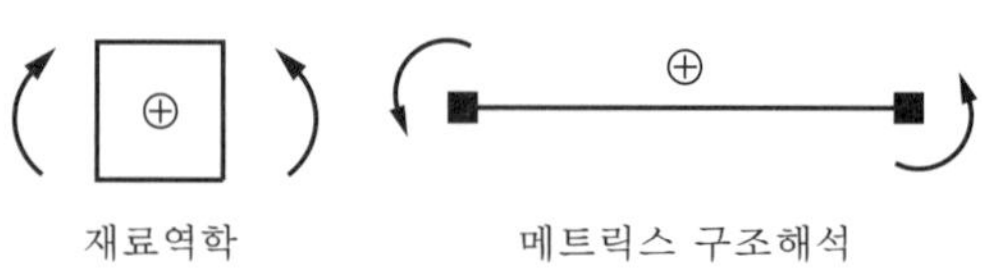

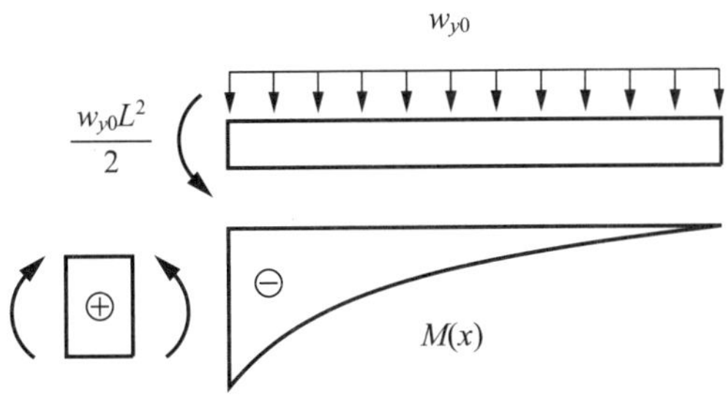

$$M(0) = -\frac{w_{y0}L^2}{2}$$

보 길이 방향으로의 전단력 분포는 아래 식과 같이 정리된다.

$$V(x) = -EI\frac{d^3v_0(x)}{dx^3} = w_{y0}(x-L)$$

$$V(0) = -w_{y0}L$$

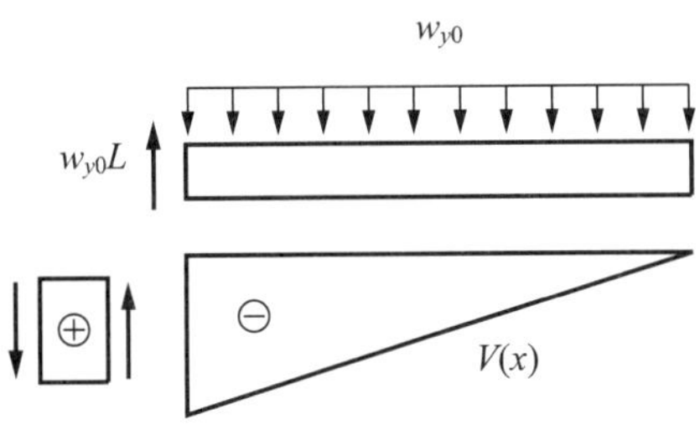

전체 및 국부 평형조건을 검토해보자.

전체 평형조건:

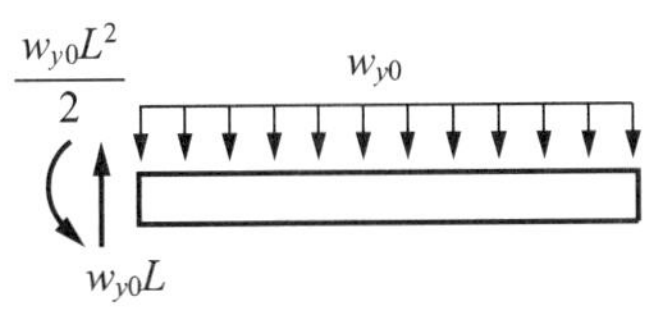

$\sum F_y = 0;$

$$w_{y0}L - w_{y0}L = 0 \;\; ➡ \text{ 만족함}$$

$\sum M_z = 0;$

$$\frac{w_{y0}L^2}{2} - w_{y0}L\left(\frac{L}{2}\right) = 0 \;\; ➡ \text{ 만족함}$$

국부 평형조건:

$$\frac{d^2M(x)}{dx^2}=\frac{d^2\left[w_{y0}\left(-\frac{x^2}{2}+Lx-\frac{L^2}{2}\right)\right]}{dx^2}=-w_{y0} \quad \Rightarrow \text{ 만족함}$$

Example 2-5

등단면을 갖고 단순지지된 Euler－Bernoulli 보 요소의 강성도 행렬 $\mathbf{K}_{EB-Beam}$을 지배 미분방정식으로부터 유도하시오.

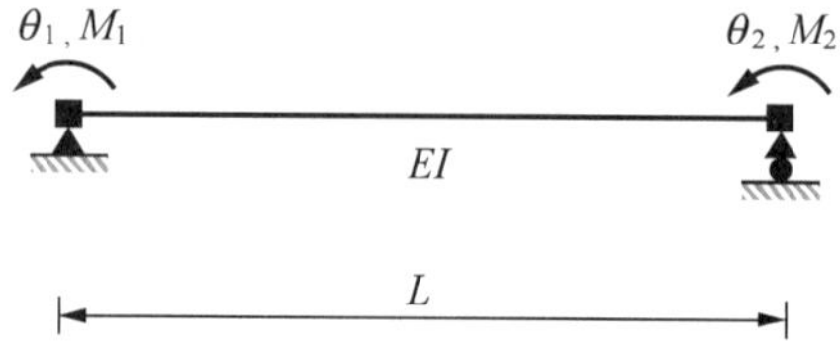

Figure 2-20 두 개의 절점을 갖는 Euler－Bernoulli 보 요소 : 단순보

Solution

Figure 2-20에서와 같이 일정한 휨 강성 EI를 갖는 Euler－Bernoulli 보 요소의 변위는 양쪽 끝단 절점 변위에 의해서 정의되고, 보의 힘은 양 끝단의 절점력에 의해서 정의된다. 이는 기지의 절점 변위와 절점력으로 전체 보의 거동을 완전히 나타낼 수 있음을 의미한다. Euler－Bernoulli 보 요소의 강성행렬 $\mathbf{K}_{EB-Beam}$은 절점 변위와 절점력의 관계를 나타낸다. 즉,

$$\mathbf{P}=\mathbf{K}_{EB-Beam}\mathbf{U}$$

$$\mathbf{P}=\begin{bmatrix}M_1 & M_2\end{bmatrix}^T;\ \ \mathbf{U}=\begin{bmatrix}\theta_1 & \theta_2\end{bmatrix}^T$$

$$\mathbf{K}_{EB-Beam}=\begin{bmatrix}K_{11} & K_{12}\\ K_{21} & K_{22}\end{bmatrix}=\frac{2EI}{L}\begin{bmatrix}2 & 1\\ 1 & 2\end{bmatrix}\text{: 단순보}$$

보 요소의 강성행렬은 지배 미분방정식을 이용하여 유도한다. 본 예제에서는 외부에서 작용하는 하중이 없으므로 제차해만 고려한다.

앞에서 언급한 것처럼 강성행렬의 각 요소인 k_{ij}는 강성영향계수라고도 불리며, 이는 j자유도에 작용하는 단위 변위에 의한 i자유도에서의 반력을 의미한다.

$\mathbf{K}_{EB-Beam}$의 첫 번째 열벡터는 Figure 2-21과 같이 필수경계조건을 적용하여 계산한다.

$$v_0(0)=0,\ \theta(0)=1,\ v_0(L)=0,\ \theta(L)=0$$

지배 미분방정식으로부터

$$EI\frac{d^4v_0(x)}{dx^4}=0\Rightarrow v_0(x)=v_0^h(x)=C_1+C_2x+C_3x^2+C_4x^3$$

과 같다.

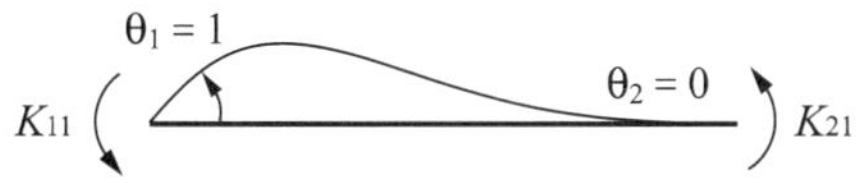

Figure 2-21 절점 1에 단위 회전각이 작용하는 단순보

상수항을 결정하기 위하여 경계조건을 대입한다.

(1) $v_0(0) = 0: \quad C_1 = 0$

(2) $\theta(0) = \left.\dfrac{dv_0}{dx}\right|_{x=0} = 1: \quad C_2 = 1$

(3) $v_0(L) = 0: \quad L + C_3 L^2 + C_4 L^3 = 0$

(4) $\theta(L) = \left.\dfrac{dv_0}{dx}\right|_{x=0} = 0: \quad 1 + 2C_3 L + 3C_4 L^2 = 0$

$$\Rightarrow \quad C_3 = -\frac{2}{L} \qquad C_4 = \frac{1}{L^2}$$

위의 지배 미분방정식에 경계조건으로부터 결정된 상수항을 포함하면 다음과 같다.

$$v_0(x) = x\left(1 - \frac{x}{L}\right)^2$$

또한 휨모멘트 분포는 다음과 같다.

$$M(x) = EI\frac{d^2 v_0(x)}{dx^2} = EI\left(-\frac{4}{L} + \frac{6}{L^2}x\right)$$

$$M(0) = -\frac{4EI}{L}, \quad M(L) = \frac{2EI}{L}$$

$$\Downarrow$$

$$K_{11} = \frac{4EI}{L}, \quad K_{21} = \frac{2EI}{L}$$

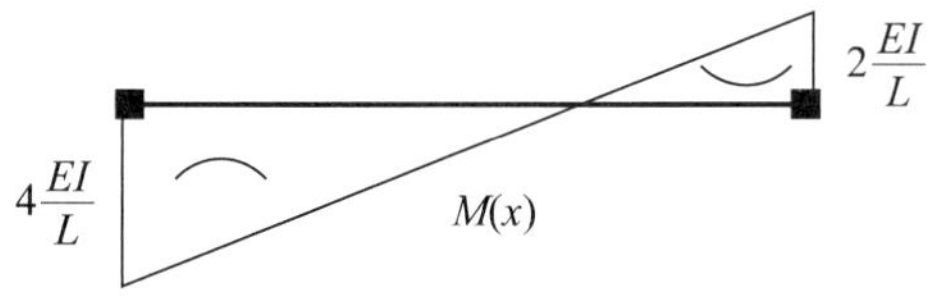

$\mathbf{K}_{EB-Beam}$의 두 번째 열벡터는 Figure 2-22와 같이 필수 경계조건을 적용시켜서 유도한다.

$$v_0(0) = 0, \quad \theta(0) = 0, \quad v_0(L) = 0, \quad \theta(L) = 1$$

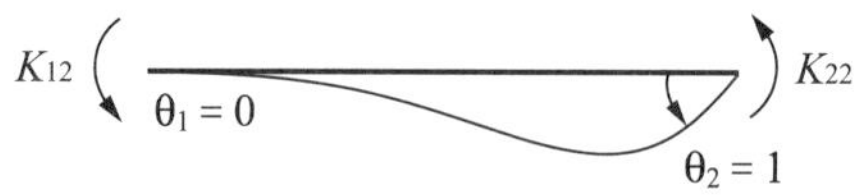

Figure 2-22 절점 2에 단위 회전각이 작용하는 단순보

이 경우는 첫 번째 열벡터와 대칭인 경우이다.

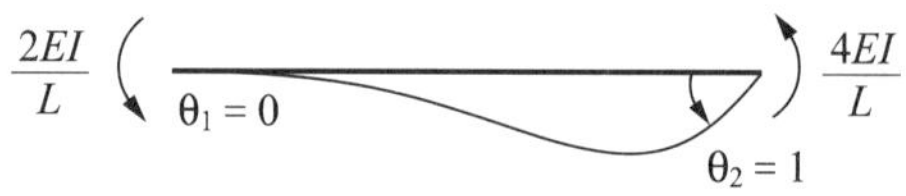

$\mathbf{K}_{EB-Beam}$의 두 번째 열벡터의 나머지 부분은 여러분들이 연습 삼아 유도해보기 바란다.

Example 2-6

등단면을 갖는 Euler−Bernoulli 보가 Figure 2-23과 같이 탄성지반 위에 놓여있을 때, 보의 지배 미분방정식을 유도하시오. 지반은 Winker 지반모델[11]로 모델하시오.

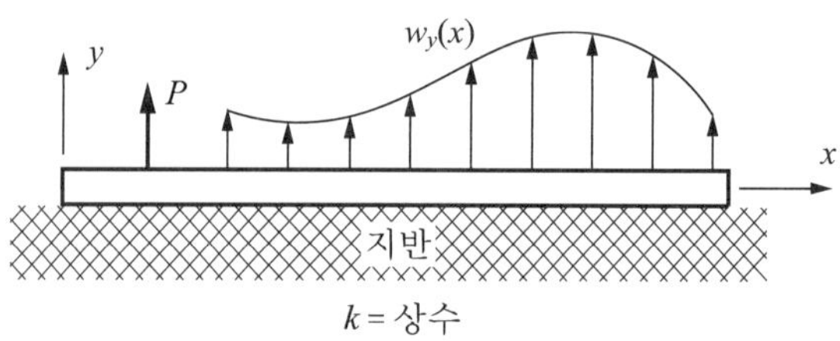

Figure 2-23 Winkler 지반 위의 Euler−Bernoulli 보

Solution

Winkler는 임의의 위치에서 지반 지지력 $p(x)$는 보의 변위 $v_0(x)$에 비례한다고 가정하였다. 즉,

$$p(x) = kv_0(x)$$

이다. 여기서, $k(x)$는 지반반력계수이다.
Figure 2-24의 미소구간에서 수직 평형조건을 세우면

$$\frac{dV(x)}{dx} = kv_0(x) - w_y(x) \tag{a}$$

11) E. Winkler (1835~1888)는 독일 작센(Saxony) 지방의 Torgau 근처에서 태어났다. Dresden Polytechnicuum에 입학한 그는 구조공학을 전공하였고, 1860년에 Leipzig University에서 박사학위를 받았다. 1863년에는 같은 대학에서 교량공학과에서 강의를 시작하였고, 1865년에는 Polytechnical Institute of Prague로 옮겨 교량 및 철도공학과의 학장이 된다. 탄성지반 보의 휨에 대한 연구와 더불어 곡선 봉 이론이 그의 주요한 연구업적이다.

이고, 모멘트 평형에 의해서 다음 식이 구해진다.

$$\frac{dM(x)}{dx}+V=0 \tag{b}$$

Euler−Bernoulli 보의 가정에 따라서 보의 거동에 대한 전단력 $V(x)$에 의한 영향은 고려하지 않는다. 따라서 식 (b)를 x에 대하여 미분하고 이를 식 (a)에서 대입하여 전단력 $V(x)$항을 제거한다. 그러면 다음의 평형방정식이 유도된다.

평형방정식:

$$\frac{d^2M(x)}{dx^2}+kv_0(x)-w_y(x)=0 \tag{c}$$

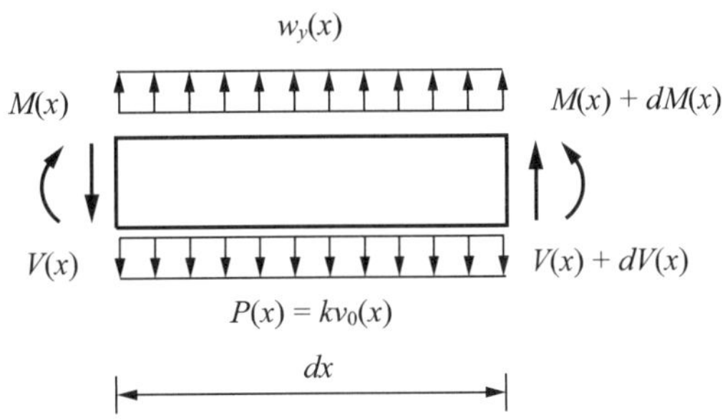

Figure 2–24 Winkler 지반 위의 Euler−Bernoulli 보의 미소구간

미소변위 가정에 의해서 유도되는 적합방정식을 이용하면 단면 곡률 $\kappa(x)$와 횡변위 $v_0(x)$는 다음과 같은 관계에 있다.

적합방정식:

$$\kappa(x)=\frac{d^2v_0(x)}{dx^2} \tag{d}$$

단면모멘트와 단면곡률 간의 관계는 구성방정식에 의해서 다음과 같다.

구성방정식:

$$M(x)=EI(x)\kappa(x) \tag{e}$$

식 (d)와 식 (e)를 식 (c)에 대입하면 지배 미분방정식이 유도된다.

지배 미분방정식:

$$EI(x)\frac{d^4v_0(x)}{dx^4}=-kv_0(x)+w_y(x) \tag{f}$$

위 식은 탄성지반 위에 위치한 Euler−Bernoulli 보의 횡변 위에 대한 지배 미분방정식이다. 부재하중이 없을 때[$w_y(x)=0$], 제차해는 다음 형태로 구해진다.

$$v_0^h(x) = e^{mx} \tag{g}$$

식 (g)를 식 (f)에 대입하면 다음의 특성방정식이 구해진다.

$$m^4 = -\frac{k}{EI} \tag{h}$$

식 (h)는 4개의 근을 가지고, 이는 식 (i)와 같다.

$$\begin{aligned} m_1 &= -m_3 = \sqrt[4]{\frac{k}{4EI}}(1+i) = \lambda(1+i) \\ m_2 &= -m_4 = \sqrt[4]{\frac{k}{4EI}}(-1+i) = \lambda(-1+i) \end{aligned} \tag{i}$$

제차 미분방정식의 일반해는 다음과 같다.

$$v_0^h(x) = A_1 e^{m_1 x} + A_2 e^{m_2 x} + A_3 e^{m_3 x} + A_4 e^{m_4 x} \tag{j}$$

지수함수는 Euler의 공식을 사용하여 삼각함수로 나타낼 수 있으며, Euler 공식은

$$\begin{aligned} e^{i\lambda x} &= \cos\lambda x + i\sin\lambda x \\ e^{-i\lambda x} &= \cos\lambda x - i\sin\lambda x \end{aligned} \tag{k}$$

이다. 그리고 새로운 상수 C_1, C_2, C_3, C_4를 다음과 같이 정의하면

$$\begin{aligned} C_1 &= (A_1 + A_4) \\ C_2 &= i(A_1 - A_4) \\ C_3 &= (A_2 + A_3) \\ C_4 &= i(A_2 - A_3) \end{aligned} \tag{l}$$

식 (k)는 간단히 식 (m)과 같이 정리된다.

$$v_0^h(x) = e^{\lambda x}(C_1\cos\lambda x + C_2\sin\lambda x) + e^{-\lambda x}(C_3\cos\lambda x + C_4\sin\lambda x) \tag{m}$$

여기서, 상수 C_1, C_2, C_3, C_4는 경계조건으로부터 계산되고, 매개변수 λ는 보의 휨강성과 보 주변의 지반의 반력계수를 포함하고 있다. 매개변수 λ는 탄성 상태 보의 변형 형태를 나타낸다. 탄성지반 위의 보에 대한 좀 더 세부적인 사항은 Hetenyi(1946)ff 참고하라.

Example 2-7

단면2차모멘트가 일정하지 않은 캔틸레버보의 자유단에서 수직변위를 지배 미분방정식을 이용하여 계산하시오. 단, 단면2차모멘트는 $I(x) = \dfrac{1}{c_1 x + c_2}$ 과 같다(계산 편의를 위하여 $c_1 = c_2 = 1$로 가정하시오).

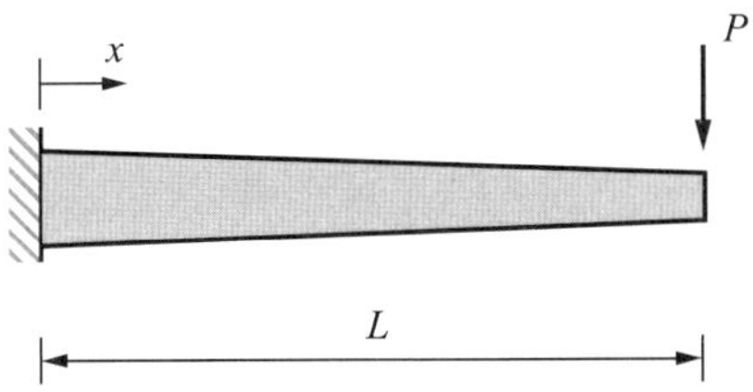

Solution

보의 지배 미분방정식은

$$\frac{d^2}{dx^2}\left[EI(x)\frac{d^2v(x)}{dx^2}\right] = w_y(x)$$

이다. 위 식에서 모멘트-곡률 관계는 $M(x) = EI(x)\dfrac{d^2v(x)}{dx^2}$ 와 같고, 등분포하중 $w_y(x)$가 없을 때 다음과 같다.

$$\frac{d^2}{dx^2}\left[M(x)\right] = 0$$

이 미분방정식의 제차해는 다음과 같다.

$$M(x) = ax + b$$

여기에 경계조건을 대입해보자.

자연 경계조건

$$M(L) = 0 \quad \rightarrow \quad b = -aL$$
$$V(L) = P \quad \rightarrow \quad a = P$$

$M(x)$에 대한 제차해는

$$M(x) = Px - PL$$

이다. 적합방정식으로부터 곡률은 다음과 같이 표현된다.

$$\kappa(x) = \frac{M(x)}{EI(x)} = \frac{d^2v(x)}{dx^2}$$

$$EI(x) = \frac{E}{x+1} \;, \quad M(x) = Px - PL$$

따라서,

$$\frac{d^2v(x)}{dx^2} = \frac{P}{E}(x-L)(x+1)$$

$v(x)$에 대한 제차해는 다음과 같다.

$$\frac{d^2v^h(x)}{dx^2} = 0$$
$$v^h(x) = c_1x + c_2$$

$v(x)$에 대한 특수해는 다음과 같이 유도된다.

$$\frac{d^2 v^p(x)}{dx^2} = \frac{P}{E}(x-L)(x+1)$$

따라서 일반해는 다음과 같다.

$$v(x) = v^h(x) + v^p(x) =$$
$$= \frac{P}{E}\left[\frac{x^4}{12} - \frac{x^3}{6}(L-1) - L\frac{x^2}{2}\right] + c_1 x + c_2$$

위의 식에 경계조건을 대입해보자:

필수 경계조건

$$v(0) = 0 \quad \rightarrow \quad c_2 = 0$$
$$v'(0) = 0 \quad \rightarrow \quad c_1 = 0$$

위의 경계조건에 의해서 결정된 상수를 대입하면 수직변위는 다음과 같이 구해진다.

$$v(x) = v^h(x) + v^p(x) = \frac{P}{E}\left[\frac{x^4}{12} - \frac{x^3}{6}(L-1) - L\frac{x^2}{2}\right]$$

끝단($x = L$) 수직변위는 다음과 같다.

$$v_L = \frac{P}{E}\left[\frac{L^4}{12} - \frac{L^3}{6}(L-1) - \frac{L^3}{2}\right]$$

2.3.2 Timoshenko[12] 보 이론

2.3.2.1 이론적 배경

Timoshenko 보 이론은 전단 변형 효과를 고려한 좀 더 정밀한 보 이론이다. Timoshenko

12) Stephen Prokofyevich Timoshenko (1878~1972)는 Chernigov지역(우크라이나)의 Shpotovka의 측지기사 집안에서 태어났다. Romny에서 학교를 졸업하고 1901년에는 St. Petersburg Railway Engineering Institute를 졸업하였다. 1903년부터 그는 St. Petersburg Polytechnical Institute의 응용역학 분야에서 선임연구 보조원으로 일하였고 정역학을 가르쳤다. 1920년 소련 우크라이나를 떠나 유고슬라비아로 갔고, 그곳의 Zagreb Polytechnical Institute에서 재료공학과의 학장이 되었다. 1922년에는 미국으로 이사했고, "Westinghaus"이라는 회사의 엔지니어로 일하다가 나중에 University of Michigan의 교수가 된다. Timoshenko는 전단변형률을 고려한 보 이론과 평판 이론을 개발했다(현대 구조역학에서 "Timoshenko 평판", "Timoshenko 요소"라는 용어로 널리 사용된다). 또한 비틀림, 추력, 피봇 진동에 대하여 수많은 저서를 남겼고 구멍 근처에서 발생하는 응력 집중 문제(Timoshenko 문제)의 해를 구하였다. Timoshenko는 미국 과학 아카데미, 영국 왕립과학회, 소련 과학아카데미의 위원(1918년 이후 -교신회원, 1968년 이후- 외국인 회원)으로 선출되었으며 다수의 대학으로부터 명예박사학위를 받았다. Standford 대학에는 그의 이름으로 명명된 실험실이 있으며 ASCE 메달을 수여하였다.

보 이론의 기본 전제는 "단면은 변형 후 평면을 유지하지만 전단 변형 때문에 보의 종방향 축에 수직하지 않는다"는 것이다. 이 가정은 평판 이론에서 Mindlin[13] and Reissner[14]의 가정과 같고, 쉘 이론에서 Naghdi[15]의 가정과 같다. 이 가정을 Figure 2-25에서 도식화하여 나타내었다(Jourawsky[16]의 이론에 따라서 발생하는 것과는 다르게). 단면은 평면을 유지하고 전단변형 γ은 단면에서 일정하다고 가정한다. Figure 2-26에서 합 응력 분포를 Jourawsky 이론으로 구한 결과와 비교하였다(그림에서 Jourawsky의 결과는 "정밀해"로 표시하였다).

Timoshenko 보 이론에서, 전단력 V는 단면에서의 전단응력을 적분하여 구한다.

선형 탄성의 경우,

$$\begin{gathered} V = \int_A \tau_{xy} dA = \int_A G\gamma dA \\ If\ G = Const \Rightarrow V = G\int_A \gamma dA \end{gathered} \tag{2.21}$$

만약, γ_0가 단면 중심축에서 전단변형율이면 전단력은 다음과 같다.

$$V \le GA\gamma_0 \tag{2.22}$$

13) Raymond David Mindlin (1906~1987)은 미국 뉴욕시에서 태어났다. 1924년에 콜롬비아 대학에 입학하였고 1936년에 박사학위를 받았다. 콜롬비아 대학에서 대학원 과정 중인 1933년, 1934년, 1935년에 Mindlin은 미시간 대학(Ann Arbor)에서 Timoshenko가 주관하는 일련의 여름 코스에 참석하였다. Mindlin의 박사학위 논문은 표면 아래에서 집중하중을 받는 무한 탄성체에서의 응력 결정에 관한 것이었다. 그 후 Mindlin은 콜롬비아 대학 토목공학과에서 시간강사로 일하였고 1967년에 교수로 승진하였다. Mindlin은 20세기의 위대한 역학자 중 한 명으로 응용역학, 응용물리학, 공학과학의 여러 분야에 상당한 기여를 하였다.

14) Max Erich Reissner는 1913년에 태어났고 초기에 독일에서 학교를 다녔다. 1936년 Berlin의 Techische Hochschule에서 공학사학위를 취득하였고, 1938년 MIT에서 박사학위를 취득한 후 그가 제안한 평판 이론과 변분원리 등의 몇몇 아이디어가 널리 인정되기 시작하였다. 그는 대부분의 연구활동을 MIT와 UCSD 기계공학과에서 수행하였다. 그의 아들도 고체역학 중 비슷한 분야에서 일했다.

15) Paul M. Naghdi (1924~1994)는 UC-Berkeley의 기계공학과 교수로 재직했다. 쉘 이론과 더불어 그는 소성론에 많은 기여를 하였다.

16) Dimitrii Ivanivich Jourawsky (1821~1891)는 유명한 철도 기술자였다. 21세의 나이로 St. Petersburg에 위치한 Institute of Engineers of Ways of Communication에서 공학사 학위를 받았다. 유명한 러시아 수학자인 M.V Ostrogradsky교수에게 수학을 배웠고, 탁월한 러시아 물리학자인 A.T Kupffer의 지도 아래서 재료역학을 공부하였다. 이때 Jourawsky는 수학 및 물리학 기초를 확실하게 배웠다. 1842년 졸업과 동시에 St. Petersburg와 Moscow를 연결하는 철도건설의 중요한 프로젝터에 참여하게 된다. 이 프로젝트에서 Jorawsky는 Werebia강을 넘어가는 교량 설계와 건설에 중요한 기여를 하였다. 그 당시 이 교량의 건설 재료로 깊이가 깊은 나무거더를 제작하여 사용할 것을 강요받았지만, Jourawsky는 그런 형태의 거더에서 전단효과가 아주 중요한 요소이며 장차 문제를 유발할 것임을 알았다. 하지만, 그 당시 현존하던 문헌에서 전단 응력과 변형을 계산할 수 있는 방법을 찾을 수 없었다. 따라서 Jourawsky는 스스로 전단효과를 고려한 단순한 접근법을 개발하여 이 문제를 해결하였다[Timoshenko (1953)].

만약 합 전단력을 전단력과 같게 하기 위해서 전단 수정계수 k를 사용하면 위 식은 다음과 같이 된다.

$$V = \int_A G\gamma dA = (GA\gamma_0)k; \quad 단, \quad k \le 1 \tag{2.23}$$

여기서, 전단수정계수 k는 Timoshenko 전단계수라 하고 단면의 형상에 의해서 결정된다(보통 응력해석에 의해서 결정된다). 만약 $A_s = kA$를 전단 단면이라고 하면

$$V = GA_s\gamma_0 \tag{2.24}$$

이다. 기본적인 단면에 대하여 계산된 k는 다음과 같다.

$$k = \frac{5}{6}: \quad 직사각형\ 단면$$

$$k = \frac{9}{10}: \quad 원형\ 단면$$

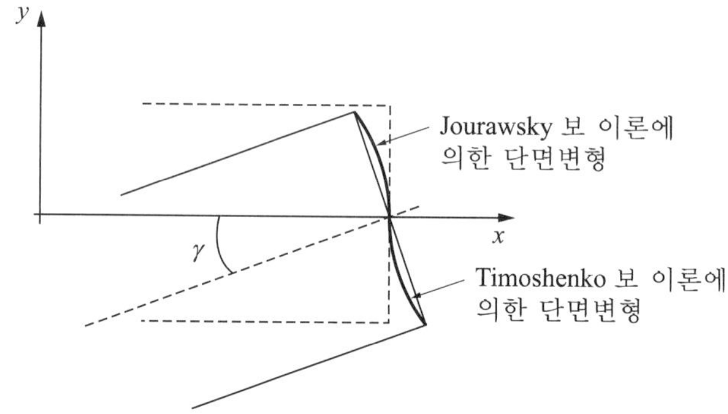

Figure 2-25 단면 변형

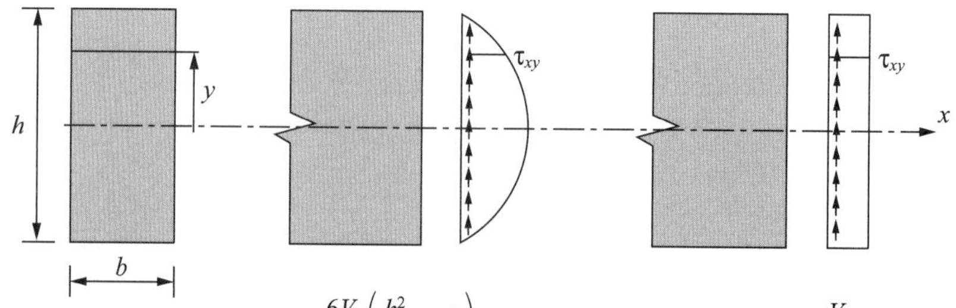

$$\tau_{xy} = \frac{6V}{bh^3}\left(\frac{h^2}{4} - y^2\right) \qquad \tau_{xy} = const = \frac{V}{GA_s}$$

Figure 2-26 직사각형 단면에서 전단응력 : "정밀해" vs. Timoshenko 보 이론

보의 참조축에서 총 수직 변위는 Figure 2-27에서와 같이 휨 변형과 전단변형으로 분리할 수 있다.

$$v_0(x) = v_f(x) + v_s(x) \tag{2.25}$$

여기서, $v_f(x)$는 휨모멘트에 의한 변위이고 $v_s(x)$은 전단력에 의한 변위이다.

이에 따라 회전각도 다음과 같이 두 부분으로 분리할 수 있다.

$$\theta(x) = \frac{dv_0(x)}{dx} = \frac{dv_f(x)}{dx} + \frac{dv_s(x)}{dx}$$
$$\theta(x) = \alpha_0(x) + \gamma(x) \tag{2.26}$$

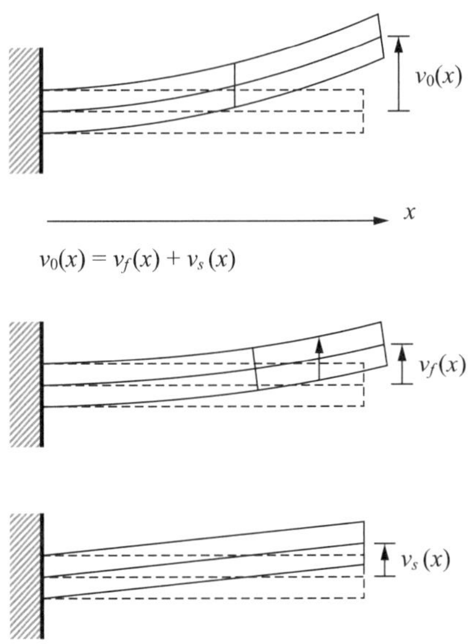

Figure 2-27 Timoshenko 보의 변위

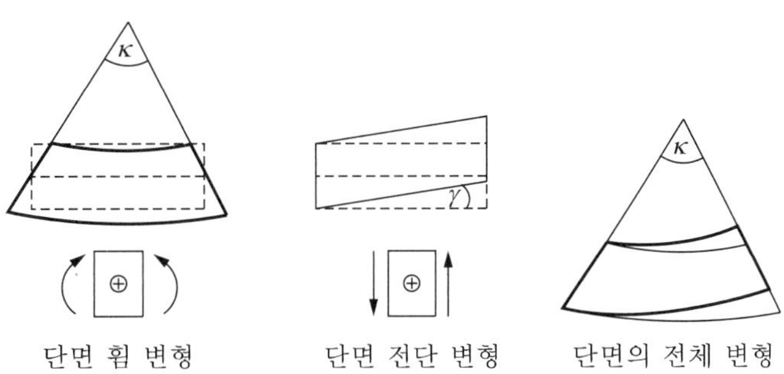

Figure 2-28 휨모멘트와 전단변형의 부호

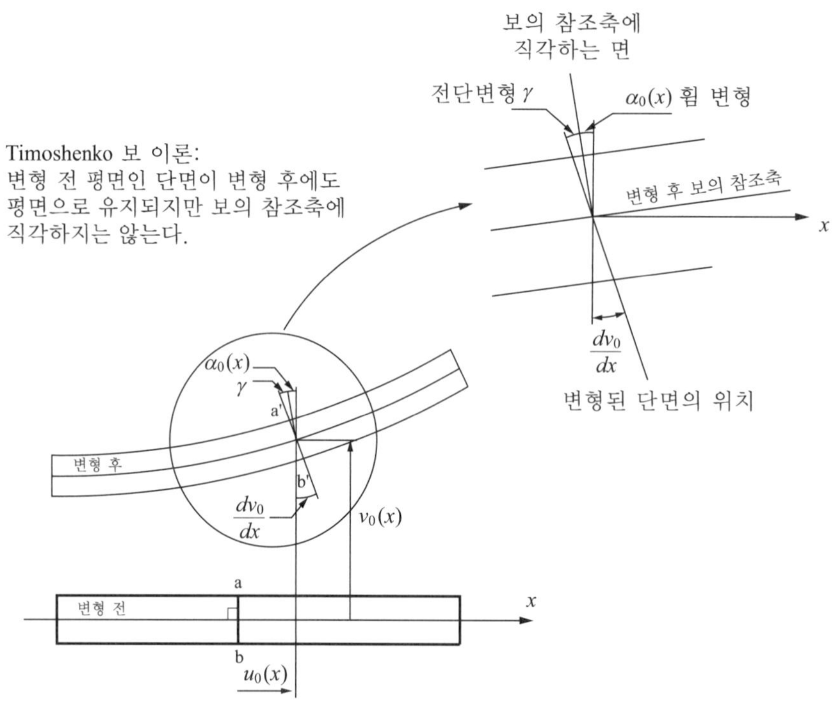

Figure 2-29 Timoshenko 보 단면의 임의점에서 변위 및 변형

즉, 단면의 회전각은 휨 회전각 $\alpha_0(x) = \dfrac{dv_f(x)}{dx}$ 과 전단 회전각 $\gamma(x) = \dfrac{dv_s(x)}{dx}$ 으로 분해된다. 휨모멘트와 전단변형의 부호는 Figure 2-28에 표시하였고, 이에 대응하는 힘에 대한 부호는 앞서 Figure 2-14에서 언급하였다.

Figure 2-29에서와 같이 변형된 형상에서, 변형된 단면 a′b′는 평면을 유지한 채 $\dfrac{dv_f(x)}{dx}$ 각 만큼 회전한다. 이 회전각은 전단변형을 무시한 Euler−Bernoulli 보에 휨모멘트에 의한 발생하는 회전각 α_0와는 다르다.

그러므로 변형 후 보의 참조축은

$$
\begin{aligned}
\gamma(x) &= \frac{V(x)}{GA_s(x)} \\
u(x) &= u_0(x) - y\alpha_0(x) \\
v(x) &= v_0(x)
\end{aligned}
\tag{2.27}
$$

과 같다. 따라서 축방향 변형률과 전단변형률은

$$\begin{aligned} \varepsilon(x) &= \frac{du(x)}{dx} = \frac{du_0(x)}{dx} - y\frac{d\alpha_0(x)}{dx} \\ \gamma(x) &= \frac{du(x)}{dy} + \frac{dv(x)}{dx} = -\alpha_0(x) + \frac{dv_0(x)}{dx} \end{aligned} \tag{2.28}$$

로 정의되며, 단면의 단면 변형은 다음과 같이 결정된다.

참조축에서 단면 축변형률

$$\varepsilon_0(x) = \frac{du_0(x)}{dx} \tag{2.29}$$

단면곡률

$$\kappa(x) = \frac{d\alpha_0(x)}{dx} \tag{2.30}$$

단면 전단변형률

$$\gamma(x) = \frac{dv_0(x)}{dx} - \alpha_0(x) \tag{2.31}$$

수직 및 전단응력에 대한 구성방정식

$$\sigma(x) = E(x)\varepsilon(x); \quad \tau(x) = G(x)\gamma(x) \tag{2.32}$$

이로부터 구해지는 단면의 단면력은 다음과 같다.

참조축에서 단면 축력

$$N(x) = \int_A \sigma(x)\,dA = EA(x)\frac{du_0(x)}{dx} = EA(x)\varepsilon_0(x) \tag{2.33}$$

단면 휨모멘트

$$M(x) = -\int_A \sigma(x)\,y\,dA = EI(x)\frac{d\alpha_0(x)}{dx} = EI(x)\kappa(x) \tag{2.34}$$

단면 전단력

$$V(x) = \int_A \tau(x)\,dA = GA_s(x)\gamma(x) \tag{2.35}$$

가상일에 원리에 따라서 단면 변형[식 (2.29), 식 (2.30), 식 (2.31)]은 단면력[식 (2.33), 식 (2.34), 식 (2.35)]과 서로 쌍을 이루고 있다. 이에 대하여 뒷장에서 좀 더 살펴볼 것이다.

2.3.2.2 지배 미분방정식

횡방향 하중을 받는 골조(뼈대) 부재의 미소부분의 자유물체도를 Figure 2-14에 나타내었다. 수직 및 모멘트 평형조건에 따라서 다음 방정식이 유도된다.

평형방정식

$$\begin{aligned} &\frac{dV(x)}{dx}+w_y(x)=0 \\ &\frac{dM(x)}{dx}+V(x)=0 \end{aligned} \tag{2.36}$$

Timoshenko 보 이론의 기하학적 가정에 의한 적합방정식에 따라서 단면 변형 $[\kappa(x),\ \gamma(x)]$은 횡변위 $v_0(x)$와 단면 휨 회전각 $\alpha_0(x)$와 연결된다.

적합방정식

$$\begin{aligned} &\kappa(x)=\frac{d\alpha_0(x)}{dx} \\ &\gamma(x)=\frac{dv_0(x)}{dx}-\alpha_0(x) \end{aligned} \tag{2.37}$$

휨모멘트와 전단력에 대한 단면의 구성방정식은 다음과 같다.

구성방정식

$$M(x)=EI(x)\kappa(x) \text{과 } V(x)=GA_s(x)\gamma(x) \tag{2.37}$$

식 (2.37)과 식 (2.38)을 식 (2.36)에 대입하면 지배 미분방정식이 유도된다.

지배 미분방정식

$$\begin{aligned} &\frac{d}{dx}\left[GA_s(x)\left[\frac{dv_0(x)}{dx}-\alpha_0(x)\right]\right]+w_y(x)=0 \\ &GA_s(x)\left[\frac{dv_0(x)}{dx}-\alpha_0(x)\right]+\frac{d}{dx}\left[IE(x)\frac{d\alpha_0(x)}{dx}\right]=0 \end{aligned} \tag{2.39}$$

Timoshenko 보의 지배방정식으로 두 개의 연결된 미분방정식이 유도되었다. 두 미분방정식은 각각 $v_0(x)$와 $\alpha_0(x)$를 미지수로 하는 2계 미분방정식이다. Figure 2-30의 Tonti 도표를 이용하여 서로 다른 물리량 간의 상호 관계를 나타내었다.

휨강성 EI과 전단강성 GA_s가 상수인 경우, 식의 지배 미분방정식은 다음과 같이 간략하게 표현된다.

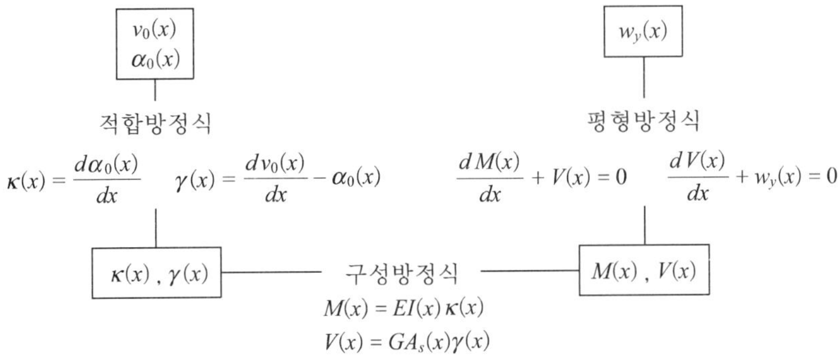

Figure 2–30 Timoshenko 보의 Tonti 도표

$$
\begin{aligned}
&GA_s\left[\frac{d^2v_0(x)}{dx^2} - \frac{d\alpha_0(x)}{dx}\right] + w_y(x) = 0 \\
&GA_s\left[\frac{dv_0(x)}{dx} - \alpha_0(x)\right] + IE\frac{d^2\alpha_0(x)}{dx^2} = 0
\end{aligned}
\tag{2.40}
$$

Euler－Bernoulli 보에서처럼 위의 지배방정식의 해를 구하기 위해서는 경계조건이 필요하다. 물리적으로 필수 경계조건은 요소 양끝단에서 변위(횡변위와 휨 회전)에 대한 구속조건을 나타내고 자연 경계조건은 요소 양 끝단에서 하중(전단력과 모멘트)을 나타낸다.

지배방정식[식 (2.36), 식 (2.37), 식 (2.38)]에 경계조건을 포함하면 보의 수직변위와 회전각에 대한 경계조건 문제가 된다.

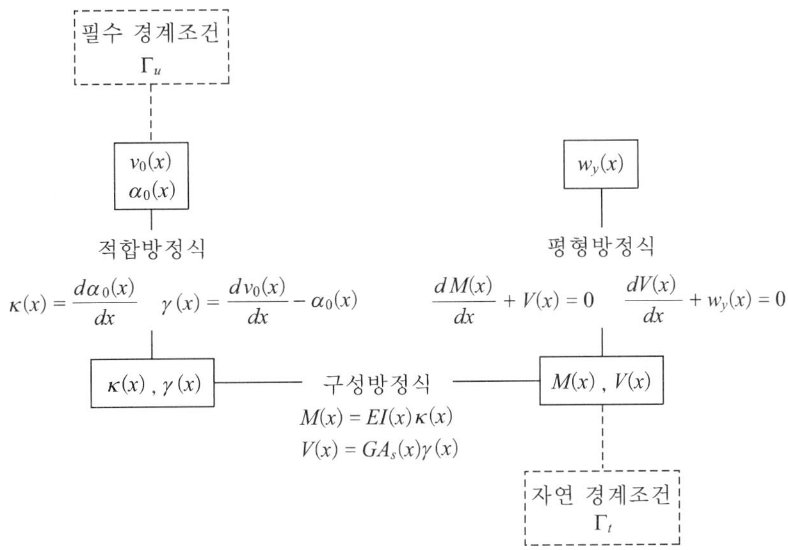

Figure 2–31 경계조건을 포함하는 Timoshenko 보의 Tonti 도표

이를 Figure 2-31에 도식화하였다. 따라서 수학적으로 말하면 아래의 특징을 가지는 $v_0(x)$, $\alpha_0(x)$ 함수를 구하는 것이다.

1. 변위함수$[v_0(x),\ \alpha_0(x)]$로부터 적합방정식 (2.37)과 구성방정식 (2.38)을 이용하여 계산된 단면력$[M(x),\ V(x)]$이 해석영역 $\Omega(0 < x < L)$ 안에 있는 임의의 모든 점에서 평형방정식 (2.36)을 만족하여야 한다.
2. 변위함수는 요소의 끝단($x = 0$ and $x = L$)에서 경계조건을 만족하여야 한다.

Euler－Bernoulli 보처럼 필수 경계조건과 자연 경계조건을 동시에 설정할 수 있다(예, Figure 2-32).

왼쪽 끝단($x = 0$)에서 경계조건을 다음과 같이 설정하였다.

$$v_0(0) = 0 \quad \Rightarrow \text{ 필수 경계조건}$$

그리고

$$M(0) = M_0 \quad \Rightarrow \text{ 자연 경계조건}$$

이와 유사하게 오른쪽 끝단($x = L$)에서 다음과 같이 설정되었다.

$$\alpha_0(L) = 0 \quad \Rightarrow \text{ 필수 경계조건}$$

그리고

$$V(L) = V_0 \quad \Rightarrow \text{ 자연 경계조건}$$

그러나 오직 주어진 자유도에 대하여 두 개의 경계조건 중 한 개만 설정가능하다(필수 경계조건인 변위와 자연 경계조건인 힘을 동시에 설정 가능한 것은 설정된 자유도가 서로 다르기 때문이다).

Figure 2-33은 설정 가능한 모든 경계조건들을 보여주고 있다. 이 경계조건들은 보의 강체회전(이동과 회전)을 방지하고 있다. 주어진 부재의 해를 구하기 위해서 적어도 4개의 경계

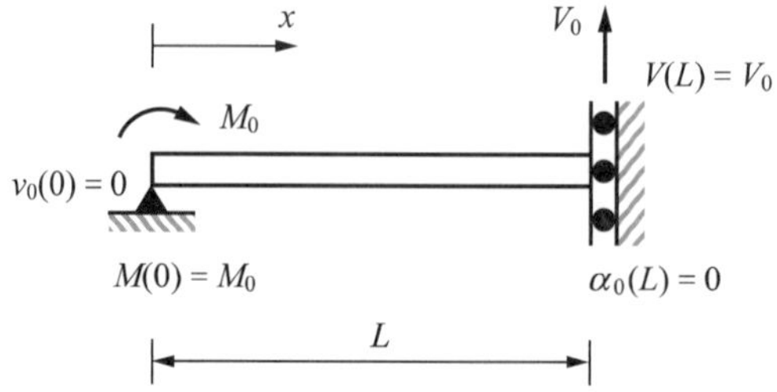

Figure 2-32 Timoshenko 보에서 혼합된 경계조건의 예

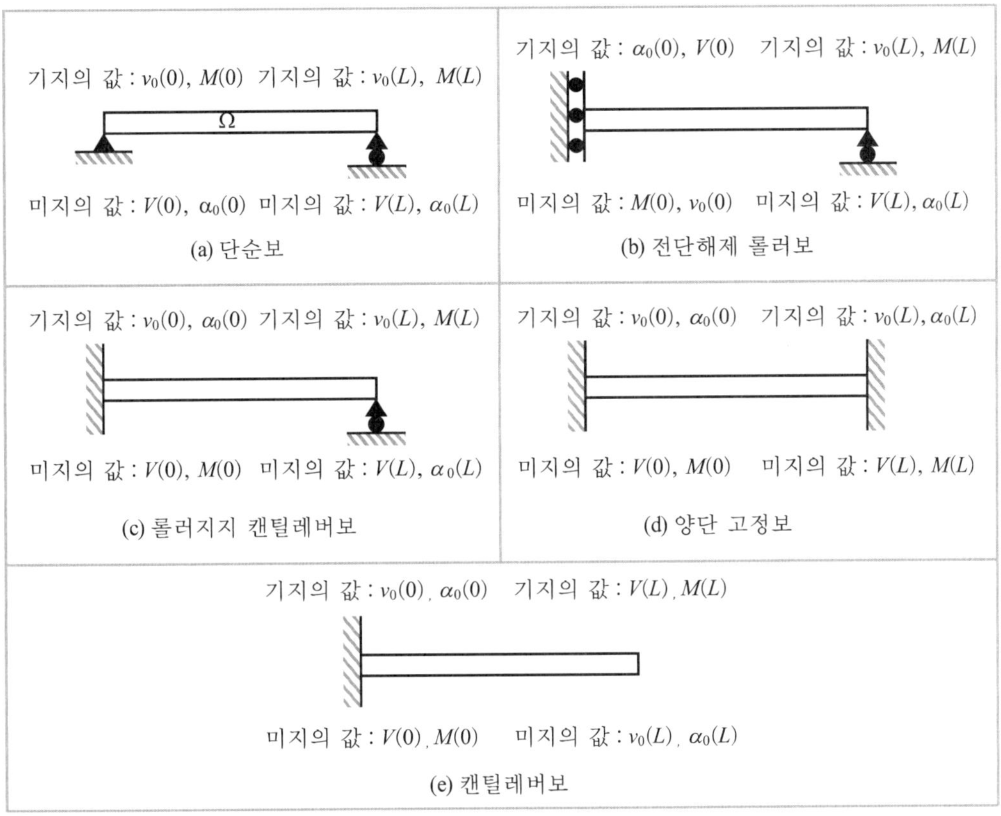

Figure 2–33 가능한 경계조건들: Timoshenko Beam

조건(필수 및 자연)이 필요하다. 그리고 4개의 경계조건 중 적어도 두 개는 필수 경계조건이어야 한다.

Example 2-8

일정한 단면으로 이루어진 캔틸레버 Timoshenko 보의 끝단에 아래 그림과 같은 집중 하중을 받을 때, 미분방정식으로부터 보 길이 방향으로의 횡변위와 내력 분포를 구하시오.

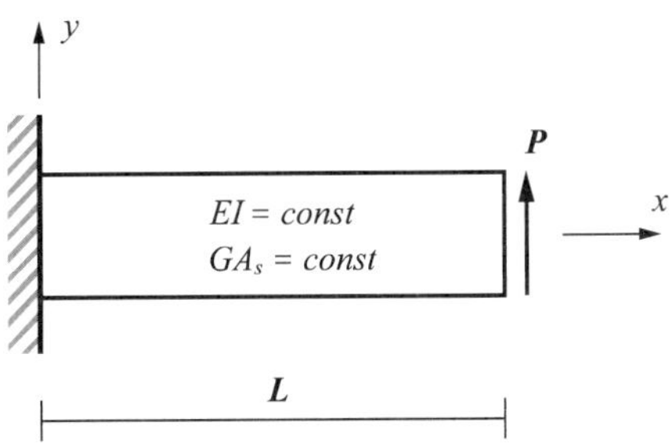

Figure 2–34 끝단 하중을 받는 Timoshenko 보

Solution

단면이 일정한 휨강성 EI와 전단강성이 GA_s를 갖고 있을 때 지배 미분방정식은 다음과 같이 된다.

$$GA_s\left[\frac{d^2v_0(x)}{dx^2}-\frac{d\alpha_0(x)}{dx}\right]=0 \tag{a}$$

$$GA_s\left[\frac{dv_0(x)}{dx}-\alpha_0(x)\right]+EI\frac{d^2\alpha_0(x)}{dx^2}=0 \tag{b}$$

경계조건:

(1) $v_0(0)=0$: 필수경계조건

(2) $\alpha_0(0)=0$: 필수경계조건

(3) $M(L)=0$: 자연경계조건

$$EI\left.\frac{d\alpha_0}{dx}\right|_{x=L}=0 \Rightarrow \left.\frac{d\alpha_0}{dx}\right|_{x=L}=0$$

(4) $V(L)=P$: 자연경계조건

$$GA_s\gamma(L)=GA_s\left[\left.\frac{dv_0}{dx}\right|_{x=L}-\alpha_0(L)\right]=P$$

두 번째 지배방정식 (b)는 다음과 같고,

$$\frac{dv_0(x)}{dx}=\alpha_0(x)-\frac{EI}{GA_s}\frac{d^2\alpha_0(x)}{dx^2} \tag{c}$$

첫 번째 지배방정식 (a)에 식 (c)를 대입하면 다음과 같다.

$$\frac{d^3\alpha_0(x)}{dx^3}=0 \tag{d}$$

식 (d)를 x에 대하여 세 번 적분하면 $\alpha_0(x)$는

$$\alpha_0(x)=C_1+C_2x+C_3x^2 \tag{e}$$

이다.
식 (e)를 식 (c)에 대입하여 정리하면

$$\frac{dv_0(x)}{dx}=-\frac{2EI}{GA_s}C_3+C_1+C_2x+C_3x^2 \tag{f}$$

이다. 식 (f)를 x에 대하여 적분하면 $v_0(x)$는 다음과 같이 유도된다.

$$v_0(x) = C_4 + \left(C_1 - \frac{2EI}{GA_s}C_3\right)x + \frac{C_2x^2}{2} + \frac{C_3x^3}{3} \tag{g}$$

경계조건을 대입하면 식 (g)의 상수가 결정된다.

(1) $v_0(0) = 0 \quad \Rightarrow \; C_4 = 0$

(2) $\alpha_0(0) = 0 \quad \Rightarrow \; C_1 = 0$

(3) $\left.\dfrac{d\alpha_0}{dx}\right|_{x=L} = 0 \;\Rightarrow\; C_2 + 2C_3L = 0$

(4) $GA_s\left[\left.\dfrac{dv_0}{dx}\right|_{x=L} - \alpha_0(L)\right] = P \;\Rightarrow\; -2EIC_3 = P \;\Rightarrow\; C_3 = -\dfrac{P}{2EI} \;\Rightarrow\; C_2 = \dfrac{PL}{EI}$

수직변위는 다음과 같이 계산되고,

$$v_0(x) = \frac{P}{GA_s}x + \frac{PL}{2EI}x^2 - \frac{P}{6EI}x^3 \tag{h}$$

휨 회전각은 식 (i)와 같이 계산된다.

$$\alpha_0(x) = \frac{PL}{EI}x - \frac{P}{2EI}x^2 \tag{i}$$

식 (h)에서 전단변형이 수직변위에 기여하는 부분은 식 (j)와 같고

$$v_s(x) = \frac{P}{GA_s}x \tag{j}$$

이고 전단변형이 휨변형에 기여하는 부분은 식 (k)와 같다.

$$v_f(x) = \frac{PL}{2EI}x^2 - \frac{P}{6EI}x^3 \tag{k}$$

캔틸레버의 끝단 변위는 다음과 같이 구해진다.

$$v_0(L) = \underbrace{\frac{PL}{GA_s}}_{Shear} + \underbrace{\frac{PL^3}{3EI}}_{Flexure} \quad \uparrow$$

보의 끝단에서 휨모멘트에 의한 회전각은 다음 식과 같다.

$$\alpha_0(0) = 0, \quad \alpha_0(L) = \frac{PL^2}{2EI}$$

따라서 총 회전각은 식 (l)과 같이 계산된다.

$$\theta(x) = \frac{dv_0(x)}{dx} = \frac{P}{GA_s} + \frac{PLx}{EI} - \frac{Px^2}{2EI} \tag{l}$$

따라서 보의 양 끝단에서 총 회전각은 다음과 같다.

$$\theta(0) = \underbrace{\frac{P}{GA_s}}_{Shear} \quad \text{과} \quad \theta(L) = \underbrace{\frac{P}{GA_s}}_{Shear} + \underbrace{\frac{PL^2}{2EI}}_{Flexure}$$

고정단에서 회전각을 조사해보면 흥미로운데, 휨 회전각 α_0만 0(zero)이 되고 전단에 의한 회전각은 여전히 존재한다는 사실이다. 이에 대하여 이미 Figure 2-27에 나타내었다.
전단 변형률은 다음 식과 같다.

$$\gamma(x) = \frac{dv_0(x)}{dx} - \alpha_0(x) = \frac{P}{GA_s} + \frac{PLx}{EI} - \frac{Px^2}{2EI} - \left(\frac{PLx}{EI} - \frac{Px^2}{2EI}\right) = \frac{P}{GA_s} \tag{m}$$

보의 휨 모멘트 분포는

$$M(x) = EI\frac{d\alpha_0(x)}{dx} = P(L-x) \tag{n}$$

이다. 고정단에서 휨모멘트는

$$M(0) = P(L-0) = PL$$

이다. 보의 전단력 분포는 다음과 같고

$$V(x) = GA_s\left(\frac{dv_0(x)}{dx} - \alpha_0(x)\right) = P \tag{o}$$

고정단에서 전단력은 다음과 같다.

$$V(0) = P$$

전체 및 국부 평형조건을 검토해보자.

전체 평형조건:

$\sum F_y = 0;$

$$-P + P = 0 \ \Rightarrow \ \text{만족함}$$

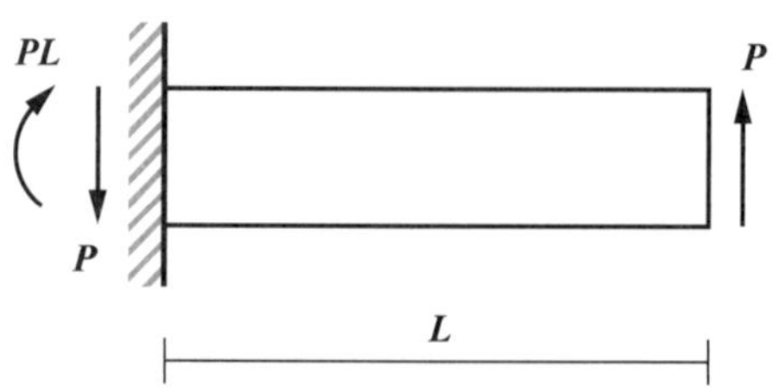

$\sum M_z = 0;$

$$-PL + PL = 0 \ \text{만족함}$$

국부 평형조건:

$$\begin{aligned}&\frac{dV}{dx}+w_y(x)=0 \\ &\frac{dM}{dx}+V(x)=0\end{aligned} \quad \Rightarrow \quad \begin{aligned}&\frac{dP}{dx}=0 \\ &\frac{d(PL-Px)}{dx}+P=0\end{aligned} \quad \text{➡ 만족함}$$

휨 변형과 전단변형이 어떤 관계가 있는지 조사해보자. 이를 위해 계산된 변위 함수를 사용한다. 단면이 $b\times h$인 직사각형 단면일 때, 보의 지간 길이와 단면 깊이 비를 f라 하면 단면 깊이는 $h=fL$로 표현된다. f가 1에 근접할수록 보 이론을 적용할 수 없게 된다. 이 경우를 앞서 언급한 것처럼 불연속 영역(D영역)이라 한다. 직사각형 단면에서 전단면적은 $A_s=kbh$이고 단면2차모멘트는 $I=\frac{bh^3}{12}$이다. 그러므로 수직 변위는

$$v_0(L)=\frac{P}{E}\left(\frac{2(1+\nu)}{kbf}+\frac{4}{bf^3}\right)=\frac{P}{E}\left(\frac{c_1}{f}+\frac{c_2}{f^3}\right)$$

이다. 여기서 $c_1=\frac{2(1+v)}{kb}$, $c_2=\frac{4}{f^3}$는 상수이고 v는 Poisson 비[17]이다. 보가 길 때 f는 아주 작은 값이 되고 전단변형은 무시해도 된다. 이런 경우 Timoshenko 보에 의한 해는 Euler−Bernoulli 보의 해에 근접하게 된다.

Example 2-9

일정한 단면을 갖고 단순지지된 Timoshenko 보 요소의 강성도 행렬 $\mathbf{K}_{T-Beam}$을 지배 미분방정식으로부터 유도하시오.

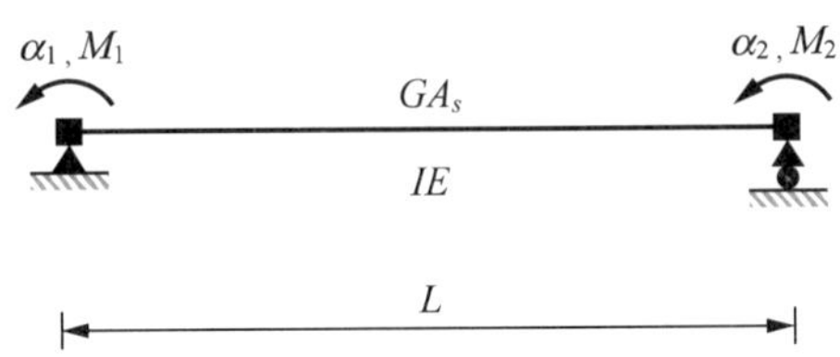

Figure 2-35 두 개의 절점을 갖는 Timoshenko 보 요소 : 단순보

Solution

Figure 2-35에서와 같이 일정한 휨 강성 EI와 전단강성 GA_s를 갖는 Timoshenko 보 요소의 변위는

17) Sime'on−Denis Poisson (1781~1840)은 실제적으로 중요한 역학문제들을 해결한 프랑스 수학자이다. 외과 의술을 배우는데 실패한 후 그는 École Polytechnique에 입학하게 되고, 그곳에서 Lagrange와 Laplace의 주목을 받게 된다. 기본적인 아이디어에서 그는 횡압축에 의해서 인장을 받는 봉의 개념을 소개하였다. 그는 수리물리에서 중요한 업적을 남겼다.

양쪽 끝단 절점 변위에 의해서 정의되고, 보의 힘은 양 끝단의 절점력에 의해서 정의된다. 이는 기지의 절점 변위와 절점력으로 전체 보의 거동을 완전히 나타낼 수 있음을 의미한다. Timoshenko 보 요소의 강성행렬 $\mathbf{K}_{T-Beam}$은 절점 변위와 절점력의 관계를 나타낸다. 즉,

$$\mathbf{P} = \mathbf{K}_{T-Beam}\mathbf{U}$$

$$\mathbf{P} = \begin{bmatrix} M_1 & M_2 \end{bmatrix}^T; \quad \mathbf{U} = \begin{bmatrix} \alpha_1 & \alpha_2 \end{bmatrix}^T$$

$$\begin{Bmatrix} M_1 \\ M_2 \end{Bmatrix} = \begin{bmatrix} K_{11} & K_{12} \\ K_{21} & K_{22} \end{bmatrix} \begin{Bmatrix} \alpha_1 \\ \alpha_2 \end{Bmatrix}$$

보 요소의 강성행렬은 지배 미분방정식를 이용하여 유도한다.

앞에서 언급한 것처럼 강성행렬의 각 요소인 k_{ij}는 강성영향계수라고도 불리며, 이는 j자유도에 작용하는 단위변위에 의한 i자유도에서의 반력을 의미한다.

$\mathbf{K}_{T-Beam}$의 첫 번째 열벡터는 Figure 2-36처럼 필수 경계조건을 적용하여 구한다.

$$v_0(0) = 0, \quad \alpha_0(0) = 1, \quad v_0(L) = 0, \text{ and } \alpha_0(L) = 0$$

보의 지배 미분방정식은

$$GA_s\left[\frac{d^2 v_0(x)}{dx^2} - \frac{d\alpha_0(x)}{dx}\right] = 0 \tag{a}$$

$$GA_s\left[\frac{dv_0(x)}{dx} - \alpha_0(x)\right] + EI\frac{d^2\alpha_0(x)}{dx^2} = 0 \tag{b}$$

과 같다. 여기서 두 번째 지배 미분방정식 (b)로부터 수직변위에 대한 미분식을 정리하면 식 (c)와 같다.

$$\frac{dv_0(x)}{dx} = \alpha_0(x) - \frac{EI}{GA_s}\frac{d^2\alpha_0(x)}{dx^2} \tag{c}$$

식 (c)를 지배 미분방정식 (a)에 대입하면

$$\frac{d^3\alpha_0(x)}{dx^3} = 0 \tag{d}$$

과 같다. 식 (d)를 세 번 적분하면 회전각 $\alpha_0(x)$이 다음과 같이 유도된다.

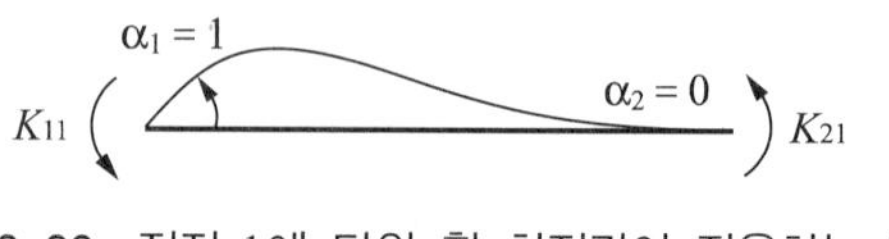

Figure 2-36 절점 1에 단위 휨 회전각이 작용하는 단순보

$$\alpha_0(x) = C_1 + C_2 x + C_3 x^2 \tag{e}$$

식 (e)를 식 (c)에 대입하면 수직변위가 상수를 포함한 1차 미분형태로 정리된다.

$$\frac{dv_0(x)}{dx} = -\frac{2EI}{GA_s}C_3 + C_1 + C_2 x + C_3 x^2 \tag{f}$$

이를 x에 대하여 적분하면 다음과 같이 수직변위 $v_0(x)$가 계산된다.

$$v_0(x) = C_4 + \left(C_1 - \frac{2EI}{GA_s}C_3\right)x + \frac{C_2 x^2}{2} + \frac{C_3 x^3}{3} \tag{g}$$

경계조건을 적용하여 위 식에서 상수항을 결정하자.

(1) $v_0(0) = 0 \;\Rightarrow\; C_4 = 0$: 필수 경계조건

(2) $\alpha_0(0) = 0 \;\Rightarrow\; C_1 = 0$: 필수 경계조건

(3) $v_0(L) = 0 \;\Rightarrow\; \left(-\frac{2EI}{GA_s}C_3 + 1\right) + \frac{C_2 L^2}{2} + \frac{C_3 L^3}{3} = 0$: 필수 경계조건

(4) $\alpha_0(L) = 0 \;\Rightarrow\; 1 + C_2 L + C_3 L^2 = 0$: 필수 경계조건

$$\Rightarrow\; C_3 = \frac{1}{2\left(\frac{L^2}{6} + \frac{2EI}{GA_s}\right)}$$

$$\Rightarrow\; C_2 = -\frac{1}{L} - \frac{L}{2\left(\frac{L^2}{6} + \frac{2EI}{GA_s}\right)}$$

유도된 수직변위인 식 (g)에 경계조건으로부터 결정된 상수항을 포함하면 다음과 같다.

$$\alpha_0(x) = 1 - \left(\frac{1}{L} + \frac{L}{2\left(\frac{L^2}{6} + \frac{2EI}{GA_s}\right)}\right)x + \frac{1}{2\left(\frac{L^2}{6} + \frac{2EI}{GA_s}\right)}x^2$$

이로부터 휨모멘트 분포는 다음과 같이 유도된다.

$$M(x) = EI\frac{d\alpha_0(x)}{dx} = EI\left[-\frac{1}{L} - \frac{L}{2\left(\frac{L^2}{6} + \frac{2EI}{GA_s}\right)} + \frac{1}{\frac{L^2}{6} + \frac{2EI}{GA_s}}x\right] \tag{h}$$

그러므로 강성도 행렬의 첫 번째 열은 아래와 같이 정리된다.

$$K_{11} = M_1 = -M(0) = EI\left[\frac{1}{L} + \frac{L}{2\left(\frac{L^2}{6} + \frac{2EI}{GA_s}\right)}\right] \tag{i}$$

$$K_{21} = M_2 = M(L) = EI\left[-\frac{1}{L} + \frac{L}{2\left(\frac{L^2}{6} + \frac{2EI}{GA_s}\right)}\right] \tag{j}$$

휨과 전단 강성의 비를 나타내는 무차원 변수 Φ를 도입하고 이를 $\Phi = \frac{12EI}{GA_s L^2}$로 정의하면, 식 (j)는 다음 식처럼 단순하게 정리된다.

$$K_{11} = \frac{(4+\Phi)EI}{L(1+\Phi)}$$
$$K_{21} = \frac{(2-\Phi)EI}{L(1+\Phi)}$$

$\mathbf{K}_{T-Beam}$의 두 번째 열벡터는 Figure 2-37과 같이 필수 경계조건을 적용시켜서 유도한다.

$$v_0(0) = 0,\ \alpha_0(0) = 0,\ v_0(L) = 0,\ \alpha_0(L) = 1$$

이 경우는 첫 번째 열벡터와 대칭인 경우이다.

$$K_{11} = \frac{(4+\Phi)EI}{L(1+\Phi)}$$
$$K_{21} = \frac{(2-\Phi)EI}{L(1+\Phi)}$$

따라서 강성행렬은 다음과 같다.

$$\mathbf{K}_{T-Beam} = \frac{EI}{L(1+\Phi)}\begin{bmatrix}(4+\Phi) & (2-\Phi)\\(2-\Phi) & (4+\Phi)\end{bmatrix}$$

위에 구한 강성행렬 $\mathbf{K}_{T-Beam}$을 바탕으로 Example 2-5에서 유도된 결과와 비슷한 강성행렬을 만들 수 있다. 즉, 보가 단면에 비하여 길고 전단강성이 휨강성에 비하여 매우 작을 경우, Φ는 0(zero)에

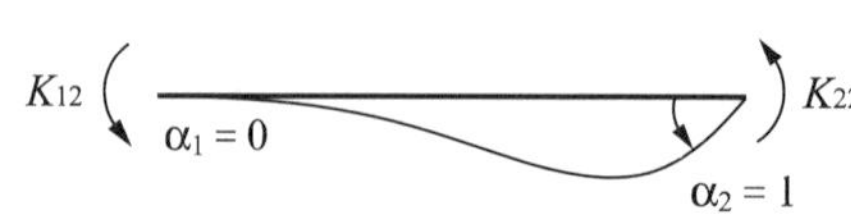

Figure 2-37 절점 2에 단위 휨 회전각이 작용하는 단순보

근접하게 되고 Timoshenko 보의 강성행렬은 Euler－Bernoulli 보의 강성행렬(Example 2-5 참조)에 근접하게 된다.

$$\Phi = 0 \quad \Rightarrow \quad \mathbf{K}_{EB-Beam} = \mathbf{K}_{T-Beam} = \frac{EI}{L}\begin{bmatrix} 4 & 2 \\ 2 & 4 \end{bmatrix}$$

Example 2-10

아래 그림과 같은 캔틸레버 보에서, 보의 지간 길이 L을 0에서 50cm로 변화시키면서 보의 끝단 변위 Δ와 지간길이 L곡선($\Delta - L$)을 그리시오. 계산에서 두 이론 : (a) Euler－Bernoulli 보 이론 (b) Timoshenko 보 이론을 사용하시오. Timoshenko 보 이론에서 전단변형에 의한 끝단 변위와 휨변형에 의한 끝단 변위를 동시에 그려서 비교하고, 이 예제를 풀면서 발견한 것에 대하여 설명하시오.

(단면의 치수와 물성치는 $A = 6\,\text{cm}^2$, $I = 18\,\text{cm}^4$, $E = 2\times 10^4 \dfrac{\text{kN}}{\text{cm}^2}$, $v = 0.3$, $w = 0.01\dfrac{\text{kN}}{\text{cm}}$ 이다)

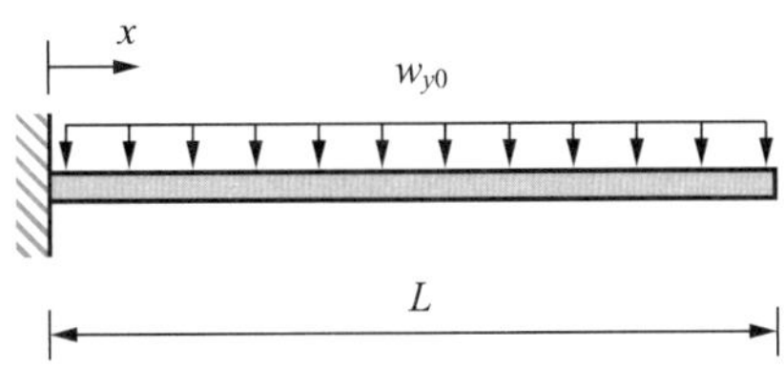

Solution

Timoshenko 보의 지배방정식을 다시 적어보면 다음과 같다.

$$\frac{\partial^2 v_0(x)}{\partial x^2} - \frac{\partial \alpha_0(x)}{\partial x} = \frac{w_y(x)}{GA_s} \tag{a}$$

$$GA_s\left[\frac{\partial v_0(x)}{\partial x} - \alpha_0(x)\right] + EI\frac{\partial^2 \alpha_0(x)}{\partial x^2} = 0 \tag{b}$$

식 (b)를 정리하면 식 (c)와 같이 되고, 이를 x에 대하여 미분하면 식 (d)가 된다.

$$\frac{\partial v_0(x)}{\partial x} = -\frac{EI}{GA_s}\frac{\partial^2 \alpha_0(x)}{\partial x^2} + \alpha_0(x) \tag{c}$$

$$\frac{\partial^2 v_0(x)}{\partial x^2} = -\frac{EI}{GA_s}\frac{\partial^3 \alpha_0(x)}{\partial x^3} + \frac{\partial \alpha_0(x)}{\partial x} \tag{d}$$

식 (d)를 식 (a)에 대입하면 다음과 같이 정리된다.

$$\frac{\partial^3 \alpha_0(x)}{\partial x^3} = -\frac{w_{y0}}{EI}$$

이를 x에 대하여 적분하면 다음과 같다.

$$\alpha_0(x) = C_1 + C_2 x + C_3 x^2 - \frac{w_{y0} x^3}{6EI}$$
$$\frac{\partial \alpha_0(x)}{\partial x} = C_2 + 2C_3 x - \frac{w_{y0} x^2}{2EI}$$
$$\frac{\partial^2 \alpha_0(x)}{\partial x^2} = 2C_3 - \frac{w_{y0} x}{EI}$$

위 식을 식 (c)에 대입하면 변위식이 구해진다.

$$\frac{\partial v_0(x)}{\partial x} = -\frac{2EIC_3}{GA_s} + \frac{w_{y0} x}{GA_s} + C_1 + C_2 x + C_3 x^2 - \frac{w_{y0} x^3}{6EI}$$
$$v_0(x) = \left[C_1 - \frac{2EIC_3}{GA_s}\right]x + \frac{x^2}{2}\left[C_2 + \frac{w_{y0}}{GA_s}\right] + C_3 \frac{x^2}{3} - \frac{w_{y0} x^4}{24EI} + C_4$$

경계조건을 사용하여 상수항을 결정해보자.
필수 경계조건은 아래와 같다.

(1) $v_0(0) = 0 \quad \rightarrow \quad C_4 = 0$

(2) $\alpha_0(0) = 0 \quad \rightarrow \quad C_1 = 0$

자연 경계조건은 아래와 같다.

(3) $M(L) = 0$

$$M(L) = EI \left.\frac{\partial \alpha_0}{\partial x}\right|_{x=L} = 0 \Rightarrow \left.\frac{\partial \alpha_0}{\partial x}\right|_{x=L} = 0 \Rightarrow C_2 + 2C_3 L = \frac{w_{y0} L^2}{2EI}$$

(4) $V(L) = 0$

$$V(L) = GA_s \gamma(L) = GA_s \left.\left(\frac{\partial v_0}{\partial x} - \alpha_0\right)\right|_{x=L} = 0 \Rightarrow \left.\left(\frac{\partial v_0}{\partial x} - \alpha_0\right)\right|_{x=L} = 0$$

$$C_3 = \frac{w_{y0} L}{2EI} \qquad C_2 = -\frac{w_{y0} L^2}{2EI}$$

위의 경계조건을 이용하여 결정된 상수항을 유도된 수직변위와 회전각 식에 대입하면 다음과 같이 정리된다.

$$v_0(x) = -\frac{2EI}{GA_s}\left(\frac{w_{y0} L}{2EI}\right)x + \frac{x^2}{2}\left[-\frac{w_{y0} L^2}{2EI} + \frac{w_{y0}}{GA_s}\right] + \frac{w_{y0} L x^3}{6EI} - \frac{w_{y0} x^4}{24EI}$$
$$v_0(x) = v_f(x) + v_s(x)$$
$$v_f(x) = \frac{w_{y0} L x^3}{6EI} - \frac{w_{y0} L^2}{2EI}\frac{x^2}{2} - \frac{w_{y0} x^4}{24EI}$$
$$v_s(x) = -\frac{w_{y0} L}{GA_s} x + \frac{w_{y0}}{GA_s}\frac{x^2}{2}$$
$$\alpha_0(x) = -\frac{w_{y0} L^2}{2EI} x + \frac{w_{y0} L x^2}{2EI} - \frac{w_{y0} x^3}{6EI}$$

유도된 수직변위 함수와 회전각 함수를 이용하여 $\Delta - L$그래프를 작도하였다. 보의 길이가 짧은 경우 변위의 크기가 크지 않고 따라서 각 변형의 차이가 구분되지 않았다. 따라서 그래프를 두 부분으로 나누어 표시하였다. 첫 번째 그래프는 보의 지간길이가 10cm보다 짧을 때이고, 두 번째 그래프는 보의 지간길이를 50cm까지 나타내었다. 그래프에서 확인할 수 있듯이, 보의 지간 길이가 짧은 경우 수직변위에 전단변형이 미치는 영향이 상당히 큼을 알 수 있다.

보 길이에 따른 전단변형(짧은 지간)

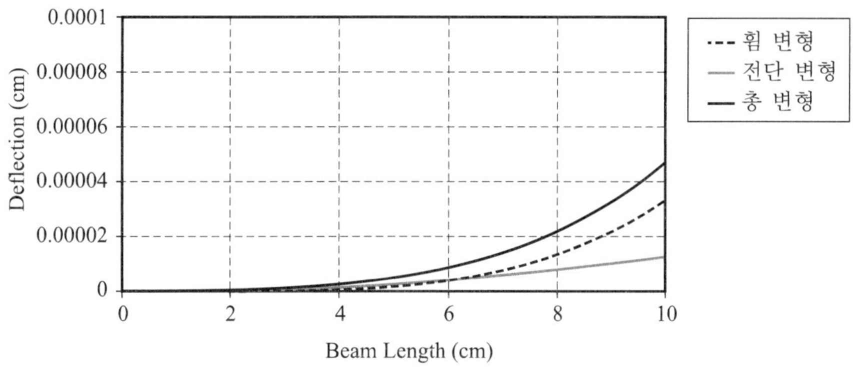

보 길이에 따른 전단변형(긴 지간)

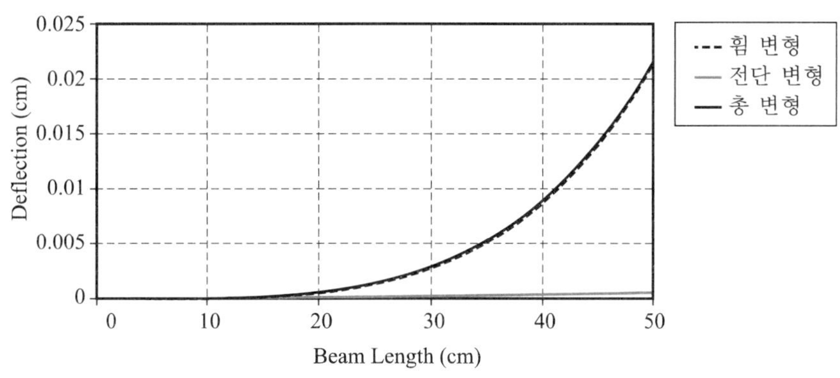

Table 2-1 Euler－Bernoulli 보 이론과 Timoshenko 보 이론 요약

	Euler－Bernoulli 보 이론	Timoshenko 보 이론
	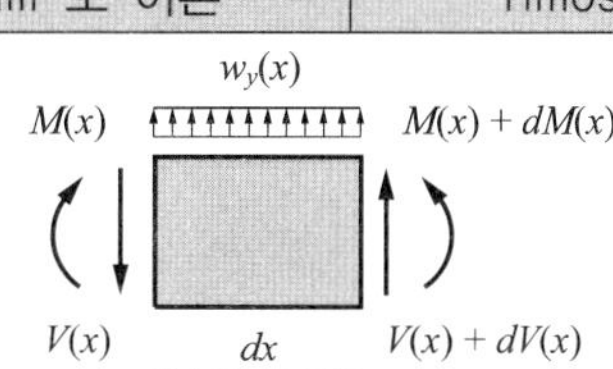	

평형방정식	$\frac{dV(x)}{dx} = -w_y(x)$ $\frac{dM(x)}{dx} = -V(x) \quad \Rightarrow \quad \frac{d^2M}{dx^2} = w_y(x)$	
구성방정식	$M = EI(x)\kappa$	$M = EI(x)\kappa$ $V = GA_s(x)\gamma$
적합방정식	$\kappa = \frac{d^2v_0}{dx^2}$	$\kappa = \frac{d\alpha_0}{dx}$ $\gamma = \alpha_0 - \frac{dv_0}{dx}$
지배 미분방정식	$\frac{d^2}{dx^2}\left(EI(x)\frac{d^2v_0}{dx^2}\right) = w_y(x)$	$\frac{d}{dx}\left(GA_s\left(\alpha_0 - \frac{dv_0}{dx}\right)\right) = w_y(x)$ $GA_s\left(\alpha_0 - \frac{dv_0}{dx}\right) = \frac{d}{dx}\left(EI\frac{d\alpha_0}{dx}\right)$
	$EI = \text{상수} \quad \Rightarrow \quad EI\frac{d^4v_0}{dx^4} = w_y(x)$	$EI = \text{상수} \qquad GA_s = \text{상수}$ $GA_s\left(\frac{d\alpha_0}{dx} - \frac{d^2v_0}{dx^2}\right) = w_y(x)$ $GA_s\left(\alpha_0 - \frac{dv_0}{dx}\right) = EI\frac{d^2\alpha_0}{dx^2}$
해	$v_0(x)$	$v_0(x),\ \alpha_0(x)$

4 불연속인 요소하중

지금까지 요소하중은 요소길이 위에 연속적으로 분포해있던지 아니면 요소하중이 없는 경우로 가정하였다. 하지만 불연속인 요소하중을 받는 경우(집중하중, 불연속 등분포 하중) 불연속 함수를 사용하여 수학적으로 나타낼 수 있다. 그러면 앞서 언급된 지배 미분방정식의 해를 구하는 방법을 그대로 적용하여 유도하면 된다. Table 2-2는 일반적인 불연속 함수와 그 함수의 적분값을 나타내었다. 적분에 대한 자세한 수학적 유도과정은 Armenakas (2006)의 교재를 참고하라.

Table 2-2 일반적인 불연속 함수와 적분

명칭	도표	수학식
Dirac Delta Function	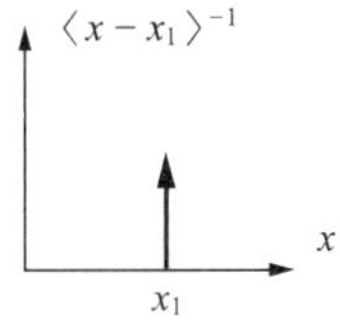	$\langle x-x_i\rangle^{-1}=0 \;\text{ if }\; x\neq x_i$ $\int_0^x \langle x-x_i\rangle^{-1}dx = \langle x-x_i\rangle^{0}$
Unit Step Fuction	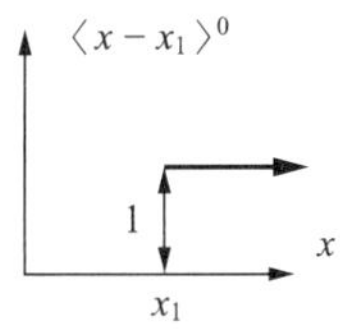	$\langle x-x_i\rangle^{0}=\begin{cases}0 & \text{if } x<x_i\\ 1 & \text{if } x\geq x_i\end{cases}$ $\int_0^x \langle x-x_i\rangle^{-1}dx = \langle x-x_i\rangle^{1}$
Linear Ramp Function	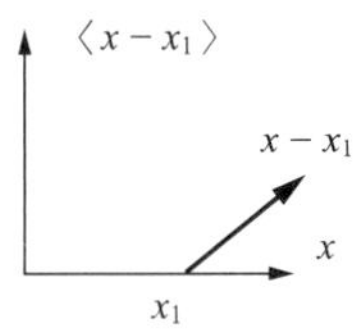	$\langle x-x_i\rangle^{0}=\begin{cases}0 & \text{if } x<x_i\\ x-x_i & \text{if } x\geq x_i\end{cases}$ $\int_0^x \langle x-x_i\rangle^{0}dx = \dfrac{\langle x-x_i\rangle^{2}}{2}$
General Macaulay Function	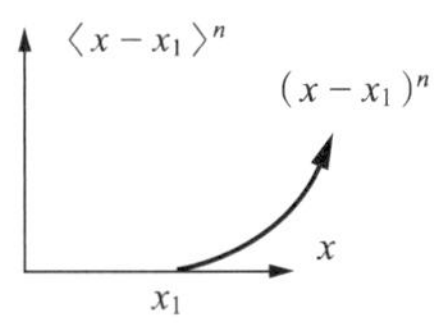	$\langle x-x_i\rangle^{n}=\begin{cases}0 & \text{if } x<x_i\\ (x-x_i)^n & \text{if } x\geq x_i\end{cases}$ $\int_0^x \langle x-x_i\rangle^{n}dx = \dfrac{\langle x-x_i\rangle^{n+1}}{n+1}$

Table 2-2에서 Direc－Delta 함수는 집중하중을 나타내는데 사용하고, 단위계단 함수(unit step function)는 불연속 등분포 하중을 나타내는데 사용한다. 참고적으로 독일 수학자 Clebsch[18]가 처음으로 불연속 요소하중을 다루기 위해서 불연속 함수의 사용을 제안하였다. 하지만 불연속 함수에서 H.W. Macaulay W.H.[19]가 주로 언급되는데, 이는 그가 불연속함수

18) Rudolf Friedrich Alfred Clebsch (1833~1872)는 독일의 Königsberg에서 태어났다(현재 러시아의 Kaliningrad). 1850년 University of Königsberg의 수학과에 입학하였고 그곳에서 Franz Neuman 교수의 지도 아래 비압축성 유체의 타원 운동에 대한 연구로 박사학위를 받았다. 1854년 졸업 후에 Clebsch는 베를린으로 가서 여러 대학에서 강의를 하였고, 1858년에 베를린 대학에 교수가 되었지만 같은 해에 당시 유명한 공대인 Karlsruhe Polytechnicum의 이론역학분야의 학장으로 임명되었다. 그는 1863년까지 Karlsruhe에 머물다가 그의 연구 방향이 바뀜에 따라 Karlsruhe를 떠나게 된다. 응용수학분야에서 그의 마지막 연구는 탄성론 분야로 1962년 출판된 *Theorie der Elastizität fester Körper*에 그 내용이 수록되어 있다. 변분법과 편미분방정식에 대하여 공부하기 시작하면서 순수 수학분야가 Clebsch의 주요 연구주제가 되었다. 1868년 그는 직장을 University of Göttingen로 옮기고 그곳에서 University of Königsberg의 지도교수의 아들과 더불어 중요한 수학 논문집인 *Mathematische Annalen*를 창간하지만, 불행하게도 39세에 디프테리아 진단을 받아 그의 뛰어난 연구 능력을 더 이상 발휘할 수 없었다 [Timoshenko (1953)].

를 나타내는 기호인 Macaulay 브라켓 $\langle \quad \rangle$을 제시했기 때문이다.

Example 2-11

아래 그림과 같이 외부 축력이 지간 중간부분에 작용하고 있는 일정한 단면을 갖는 봉의 축변위 $u(x)$와 축력 $N(x)$ 대한 식을 유도하시오(축력은 단면 중앙에 작용한다).

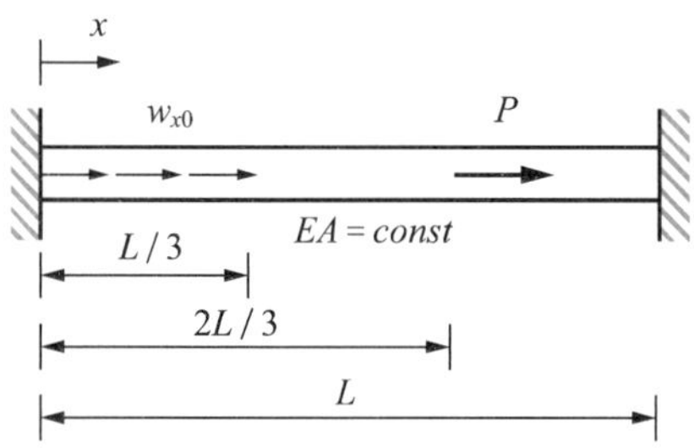

Solution

불연속 함수를 이용하여 등분포 하중은 다음과 같이 표현된다.

$$w_x(x) = w_{x0}\left(1 - \left\langle x - \frac{L}{3} \right\rangle^0\right)$$

그리고 집중하중은 다음과 같다.

$$w_x(x) = P\left\langle x - \frac{2L}{3} \right\rangle^{-1}$$

그러면 지배 미분방정식은 다음과 같이 정리된다.

$$EA\frac{d^2u(x)}{dx^2} = -w_{x0}\left(1 - \left\langle x - \frac{L}{3} \right\rangle^0\right) - P\left\langle x - \frac{2L}{3} \right\rangle^{-1} \tag{a}$$

필수 경계조건은

$$u(0) = 0 \text{과 } u(L) = 0 \tag{b}$$

이다.

Table2-2의 적분값을 이용해서 식 (a)를 적분하면 다음과 같다.

$$N(x) = EA\frac{du(x)}{dx} = -w_{x0}\left(x - \left\langle x - \frac{L}{3} \right\rangle^1\right) - P\left\langle x - \frac{2L}{3} \right\rangle^0 + C_1 \tag{c}$$

---

19) Macaulay (1853~1936)는 영국 수학자이자 공학자이다. 보 변형에 대한 그의 연구결과인 "Note on the Deflection of Beams"는 1919년 논문집 Messenger of Mathematics, 48권, pp.129～130에 발표되었다.

$$EAu(x) = -w_{x0}\left(\frac{x^2}{2} - \frac{1}{2}\left\langle x - \frac{L}{3}\right\rangle^2\right) - P\left\langle x - \frac{2L}{3}\right\rangle^1 + C_1 x + C_2 \tag{d}$$

이 필수 경계조건을 위의 식에 대입하면 상수 C_1과 C_2가 아래와 같이 구해진다.

$$u(0) = 0 \quad \Rightarrow \quad C_2 = 0$$

$$u(L) = 0 \quad \Rightarrow \quad C_1 = \frac{5}{18}w_{x0}L + \frac{P}{3}$$

따라서 축력 분포는 다음과 같다.

$$N(x) = EA\frac{du(x)}{dx} = -w_{x0}\left(x - \left\langle x - \frac{L}{3}\right\rangle^1\right) - P\left\langle x - \frac{2L}{3}\right\rangle^0 + \frac{5}{18}w_{x0}L + \frac{P}{3} \tag{e}$$

$$N(0) = \frac{5}{18}w_{x0}L + \frac{P}{3}, \quad N(L) = -\frac{1}{18}w_{x0}L - \frac{2P}{3}$$

전체 평형조건을 검토해보자.

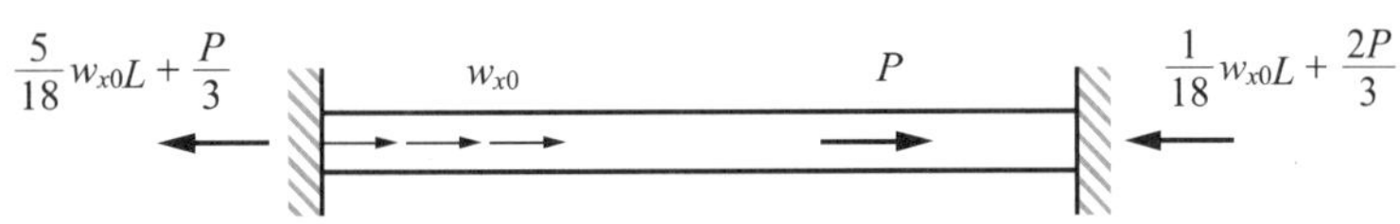

축변위 분포는 다음과 같다.

$$EAu(x) = -w_{x0}\left(\frac{x^2}{2} - \frac{1}{2}\left\langle x - \frac{L}{3}\right\rangle^2\right) - P\left\langle x - \frac{2L}{3}\right\rangle^1 + \left(\frac{5}{18}w_{x0}L + \frac{P}{3}\right)x \tag{f}$$

Example 2-12

지배 미분방정식으로부터 지간의 절반만 등분포 하중을 받고 일정한 단면으로 이루어진 단순보(Euler – Bernoulli 보)의 횡변위, 회전각, 휨모멘트, 전단력 분포를 구하시오.

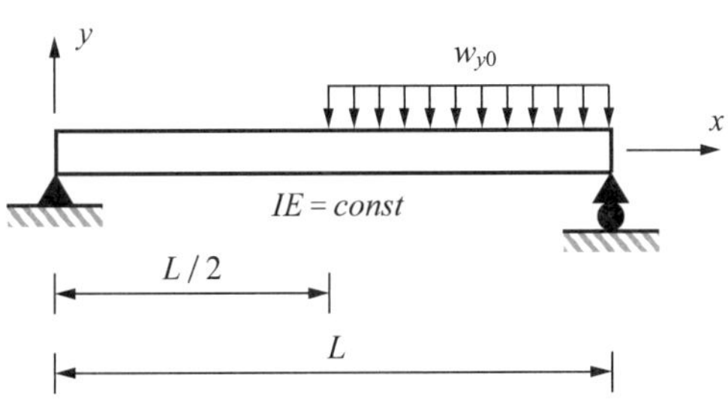

Solution

불연속함수를 이용하면 등분포하중은 다음과 같이 표현된다.

$$w_y(x) = -w_{y0}\left\langle x - \frac{L}{2}\right\rangle^0 \tag{a}$$

이를 지배 미분방정식에 대입하면 지배 미분방정식은 식 (b)와 같이 된다.

$$EI\frac{d^4 v_0(x)}{dx^4} = w_y(x) = -w_{y0}\left\langle x - \frac{L}{2}\right\rangle^0 \tag{b}$$

필수 경계조건과 자연 경계조건은 아래와 같다.

$$v_0(0) = 0 \text{ 과 } v_0(L) = 0 \tag{c}$$

$$M(0) = 0 \text{ 과 } M(L) = 0 \tag{d}$$

불연속 함수의 적분공식에 의하여 식 (b)를 적분하면

$$EI\frac{d^3 v_0(x)}{dx^3} = -w_{y0}\left\langle x - \frac{L}{2}\right\rangle^1 + C_1 \tag{e}$$

다시 식 (e)를 적분하면 다음 식이 된다.

$$EI\frac{d^2 v_0(x)}{dx^2} = -\frac{w_{y0}}{2}\left\langle x - \frac{L}{2}\right\rangle^2 + C_1 x + C_2 \tag{f}$$

식 (f)를 다시 한 번 더 적분하면

$$EI\frac{dv_0(x)}{dx} = -\frac{w_{y0}}{6}\left\langle x - \frac{L}{2}\right\rangle^3 + C_1\frac{x^2}{2} + C_2 x + C_3 \tag{g}$$

이고, 이를 또 적분하면 식 (h)와 같이 된다.

$$EI\,v_0(x) = -\frac{w_{y0}}{24}\left\langle x - \frac{L}{2}\right\rangle^4 + C_1\frac{x^3}{6} + C_2\frac{x^2}{2} + C_3 x + C_4 \tag{h}$$

위 식의 상수를 결정하기 위하여 경계조건을 고려해보자.

(1) $v_0(0) = 0$: 필수 경계조건

(2) $M(0) = 0 \quad \Rightarrow \quad EI\left.\frac{d^2 v_0}{dx^2}\right|_{x=0} = 0 \Rightarrow \left.\frac{d^2 v_0}{dx^2}\right|_{x=0} = 0$: 자연 경계조건

(3) $v_0(L) = 0$: 필수 경계조건

(4) $M(L)=0 \quad \Rightarrow \quad EI\left.\frac{d^2v_0}{dx^2}\right|_{x=L}=0 \Rightarrow \left.\frac{d^2v_0}{dx^2}\right|_{x=L}=0$: 자연 경계조건

위의 4개의 경계조건으로부터 다음과 같이 상수 C_1, C_2, C_3, C_4가 결정된다.

(1) $v_0(0)=0$: $C_4=0$

(2) $M(0)=0 \quad \Rightarrow \quad EI\left.\frac{d^2v_0}{dx^2}\right|_{x=0}=0 \Rightarrow \left.\frac{d^2v_0}{dx^2}\right|_{x=0}=0$: $C_2=0$

(3) $v_0(L)=0 \Rightarrow EIv_0(L)=-\frac{w_{y0}L^4}{384}+C_1\frac{L^3}{6}+C_3L=0$

(4) $M(L)=0 \quad \Rightarrow \quad \left.\frac{d^2v_0}{dx^2}\right|_{x=L}=0$: $EI\frac{d^2v_0(x)}{dx^2}=-\frac{w_{y0}L^2}{8}+C_1L=0$

(3)과 (4)로부터

$$C_1=\frac{w_{y0}L}{8} \ , \ C_3=-\frac{7}{192}w_{y0}L^2$$

이다. 따라서 수직변위(횡변위)는 다음과 같다.

$$EI\,v_0(x)=-\frac{w_{y0}}{24}\left\langle x-\frac{L}{2}\right\rangle^4+\frac{w_{y0}L}{48}x^3-\frac{7}{192}w_{y0}L^2x$$

회전각은 다음과 같고,

$$\theta(x)=EI\,v_0'(x)=-\frac{w_{y0}}{6}\left\langle x-\frac{L}{2}\right\rangle^3+\frac{w_{y0}Lx^2}{16}-\frac{7w_{y0}L^2}{192}$$

전단력은 다음과 같다.

$$V(x)=-EI\frac{d^3v_0(x)}{dx^3}=w_{y0}\left\langle x-\frac{L}{2}\right\rangle^1-\frac{w_{y0}L}{8}$$

끝단 전단력은

$$V(0)=-\frac{w_{y0}L}{8}, \ V(L)=\frac{3}{8}w_{y0}L$$

이고, 휨모멘트 식은 다음과 같다.

$$M(x)=EI\frac{d^2v_0(x)}{dx^2}=-\frac{w_{y0}}{2}\left\langle x-\frac{L}{2}\right\rangle^2+\frac{w_{y0}L}{8}x$$

끝단 전단력은

$$M(0)=0, \ M(L)=-\frac{w_{y0}}{2}\left\langle L-\frac{L}{2}\right\rangle^2+\frac{w_{y0}L}{8}L=0$$

이다. 전체 평형조건을 검토해보자.

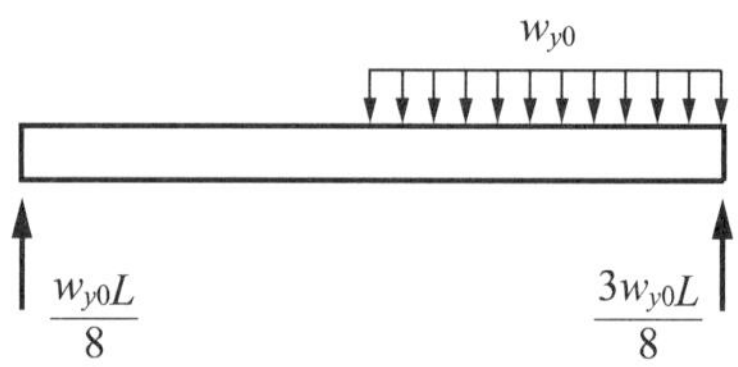

$\sum F_y = 0$

$$-w_{y0}\frac{L}{2}+\frac{w_{y0}L}{8}+\frac{3w_{y0}L}{8}=0 \qquad \text{만족함}$$

$\sum M_z = 0$

$$\left(\frac{3w_{y0}L}{8}\right)(L)-\left(\frac{w_{y0}L}{2}\right)\left(\frac{3L}{4}\right)=0 \quad \text{만족함}$$

Example 2-13

그림과 같은 변단면 보(두께가 t로 일정함)의 깊이가 선형적으로 변할 때, 보의 탄성변위 곡선을 식으로 유도하시오.

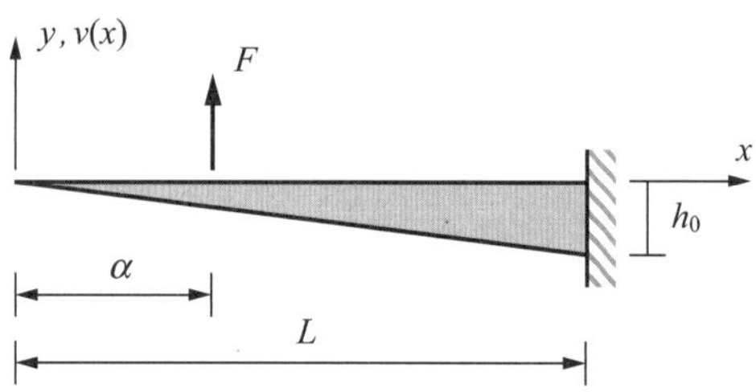

Solution

집중하중은 불연속 함수에 의해서 다음과 같다.

$$w_y(x)=F\langle x-\alpha\rangle^{-1} \tag{a}$$

그러면 보의 지배 미분방정식은 식 (b)와 같다.

$$\frac{d^2}{dx^2}\left(EI(x)\frac{d^2v(x)}{dx^2}\right)=w_y(x)=F\langle x-\alpha\rangle^{-1} \tag{b}$$

식 (b)를 연속으로 두 번 적분하면

$$\frac{d}{dx}\left(EI(x)\frac{d^2v(x)}{dx^2}\right)=V(x)=F\langle x-\alpha\rangle^{0} \tag{c}$$

$$EI(x)\frac{d^2v(x)}{dx^2} = M(x) = F\langle x-\alpha\rangle^1 \tag{d}$$

이다. 주어진 보의 깊이는 x방향으로 $h(x) = \dfrac{x}{L}h_0$ 값으로 변하므로 임의의 점에서 단면2차모멘트는 다음과 같다.

$$I(x) = \frac{th(x)^3}{12} = \frac{th_0^3x^3}{12L^3} = \frac{x^3}{L^3}I_0 \tag{e}$$

여기서, $I_0 = \dfrac{th_0^3}{12}$ 이다.

식 (e)를 식 (d)에 대입하면 식 (f)와 같다.

$$EI_0\frac{x^3}{L^3}\frac{d^2v(x)}{dx^2} = M(x) = F\langle x-\alpha\rangle^1 \tag{f}$$

또는

$$\frac{EI_0}{L^3}\frac{d^2v(x)}{dx^2} = \frac{F\langle x-\alpha\rangle^1}{x^3} \tag{g}$$

위 식 중에서 브라켓을 다음과 같이 정의하면

$$\langle x-\alpha\rangle^1 = \langle x-\alpha\rangle^0(x-\alpha) \tag{h}$$

식 (g)는 다음과 같이 정리된다.

$$\frac{EI_0}{L^3}\frac{d^2v(x)}{dx^2} = F\langle x-\alpha\rangle^0\frac{(x-\alpha)}{x^3} \tag{i}$$

식 (g)를 두 번 적분하면 식 (k)가 된다.

$$\frac{EI_0}{L^3}\frac{dv(x)}{dx} = \frac{F\langle x-\alpha\rangle^2}{2\alpha x^3} + a_1 \tag{j}$$

$$\frac{EI_0}{L^3}v(x) = F\langle x-\alpha\rangle^0\left(\frac{x^2-\alpha^2}{2\alpha x} - \log\frac{x}{\alpha}\right) + a_1x + a_2 \tag{k}$$

필수 경계조건을 적용하면 식은 상수 a_1와 a_2로 정리된다.

$$v(L)=0 \quad\Rightarrow\quad \frac{EI_0}{L^3}v(L) = 0 = F\left(\frac{L^2-\alpha^2}{2\alpha L} - \log\frac{L}{\alpha}\right) + a_1L + a_2 \tag{l}$$

$$v'(L)=0 \quad\Rightarrow\quad \frac{EI_0}{L^3}v'(L) = 0 = F\frac{(L-\alpha)^2}{2\alpha L^2} + a_1 \tag{m}$$

식 (l)과 식 (m)으로부터 상수 α_1, α_2는 아래와 같이 유도된다.

$$a_1 = -\frac{F(L-\alpha)^2}{2\alpha L^2} \quad , \quad a_2 = -\frac{F(L-\alpha)}{2L} + F\log\frac{L}{\alpha} \tag{n}$$

따라서 탄성변위 곡선식은 다음과 같다.

$$v(x) = \frac{FL^3}{EI_0}\left(\langle x-\alpha\rangle^0\left(\frac{x^2-\alpha^2}{2\alpha x} - \log\frac{x}{\alpha}\right) - \frac{x(L-\alpha)^2}{2\alpha L^2} - \frac{(L-2)}{L} + \log\frac{L}{\alpha}\right)$$

exercise

Problem 1 : 아래 그림에 나타낸 두 구조물에서 축력 분포와 수직 변위 분포를 미분방정식을 이용하여 유도하시오. 구조물 (a)의 경우 중공 단면으로 이루어져 있고 단면의 두께는 t이다. 그리고 단면의 직경은 높이에 따라 선형적으로 변한다. 그리고 재료의 단위 중량(단위 부피당)은 ρ이다. 구조물 (b)의 경우 단면은 일정하다고 가정한다.

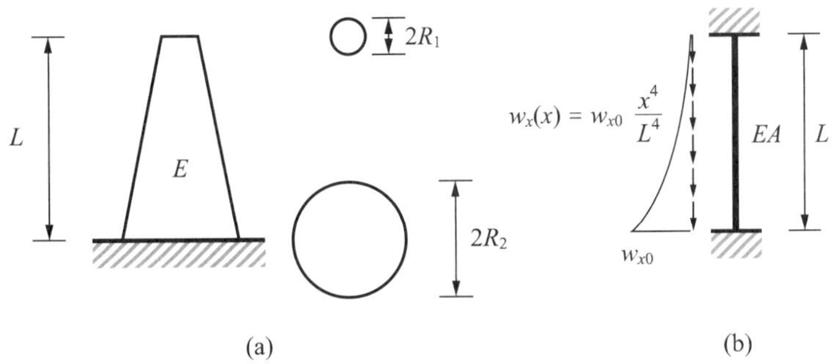

Problem 2 : 미분방정식을 이용하여, 강성 k_s인 스프링이 끝단에 달린 봉의 축력과 축변위 식을 유도하시오.

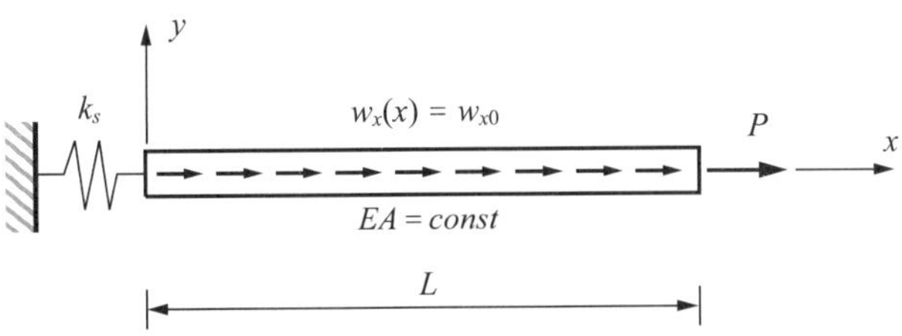

Problem 3 : 아래 그림과 같이 단면의 폭이 b로 일정한 변단면 봉이 외력(축력)을 받고 있을 때 축력 $N(x)$와 축변위 $u(x)$를 유도하시오. 봉은 탄성계수 E인 선형 탄성 재료로 만들어졌다.

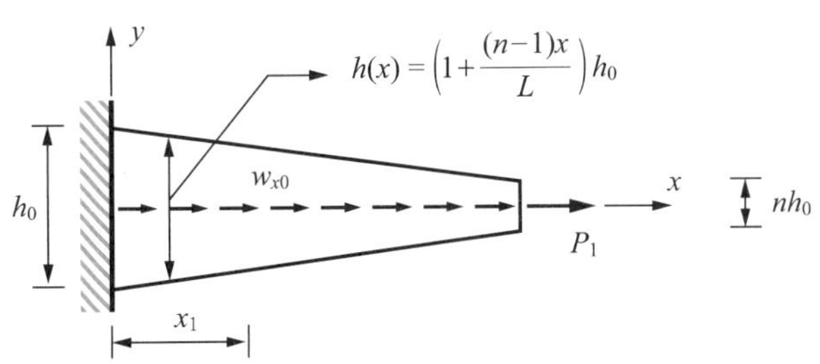

Problem 4 : 아래의 봉에 대한 지배 미분방정식을 적으시오(미분방정식의 해를 구하지 않아도 된다).

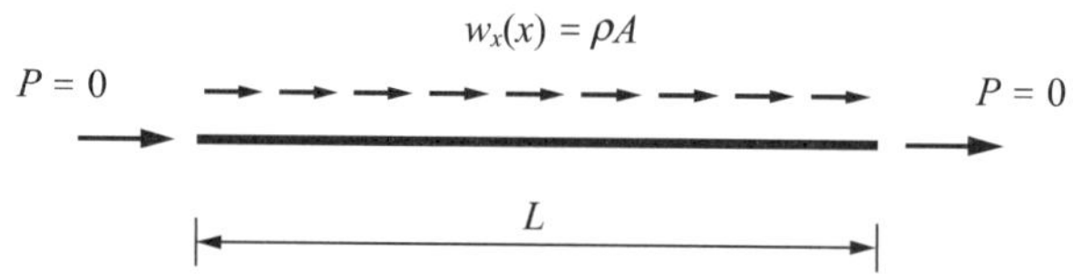

Problem 5 : 미분방정식을 이용하여 아래와 같이 단면이 일정한 봉의 절점력을 계산하시오.

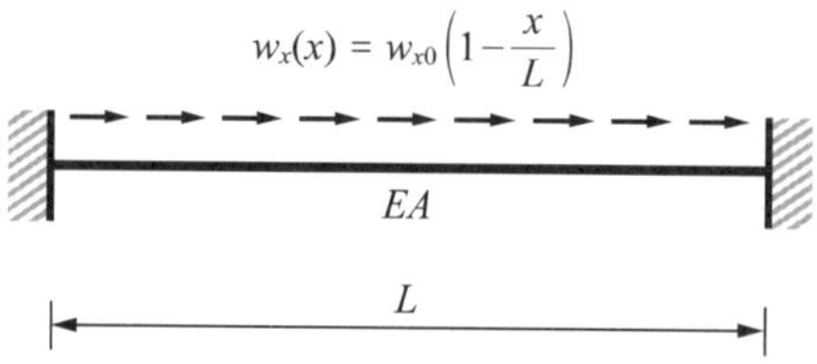

Problem 6 : 본 장의 지배 미분방정식을 수정하여 콘크리트 속의 철근의 부착 거동을 나타낼 수 있는 지배방정식을 세우면 다음과 같다.

$$EA\frac{d^2u(x)}{dx^2} = p\tau_b(x)$$

여기서 p는 철근의 둘레길이이고 부착응력 $\tau_b(x)$은 다음과 같이 정의된다.

$$\tau_b(x) = \tau_{b0}x^3$$

철근의 항복응력이 σ_y일 때, 위의 미분방정식을 풀어 정착길이 L_d를 구하시오.

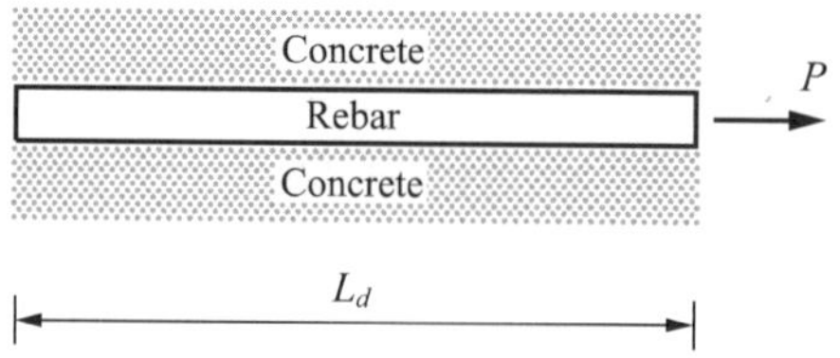

Problem 7 : 캔틸레버 Euler−Bernoulli 보의 단면2차모멘트가 $I(x)=\dfrac{1}{c_1x^2+c_2}$ 로 주어질 때, 자유단에서 수직처짐을 구하시오. 계산을 쉽게 하기 위해서 단면2차모멘트 식에서 $c_1=c_2=1$로 가정하시오. 보의 재료는 선형탄성이고 탄성계수는 E이다.

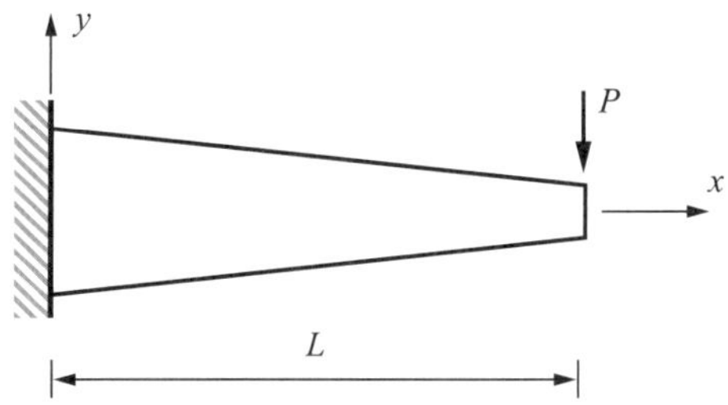

Problem 8 : 단면이 일정한 Euler−Bernoulli 보가 아래 그림과 같은 수직 삼각형 분포하중을 받을 때 휨모멘트 $M(x)$, 전단력 $V(x)$, 횡변위 $v(x)$, 회전각 $\theta(x)$의 식을 유도하시오.

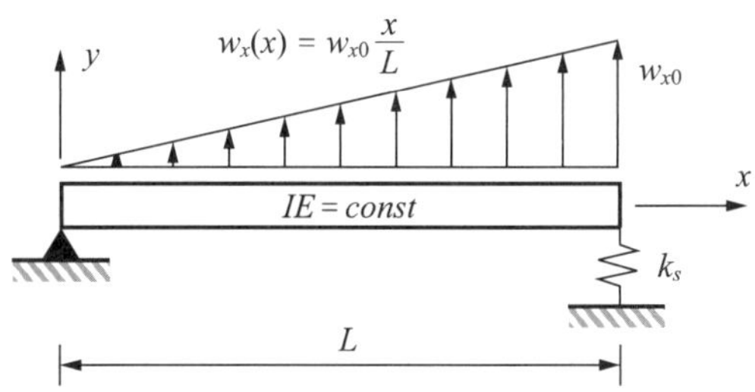

Problem 9 : 아래 그림처럼 기초지반 위에 단면이 일정한 Euler−Bernoulli 보의 휨모멘트 $M(x)$, 전단력 $V(x)$, 횡변위 $v(x)$, 회전각 $\theta(x)$의 식을 유도하시오.

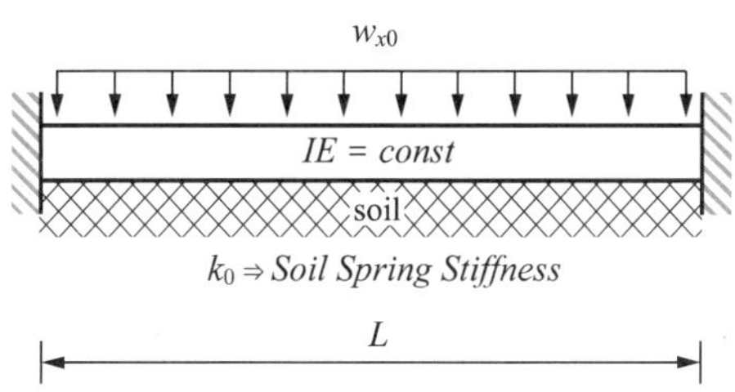

Problem 10 : Example 2-6과 유사하게 Figure 2-23에 그려진 탄성 지반위에 일정한 단면을 갖는 Timoshenko 보의 지배 미분방정식을 유도하시오. 지반은 Winkler의 기초모델로 모델하시오.

Problem 11 : 단면의 휨강성(EI)과 전단강성(GA_s)이 일정한 Timoshenko 보의 요소 강성행렬을 지배 미분방정식과 경계조건을 이용하여 유도하시오.

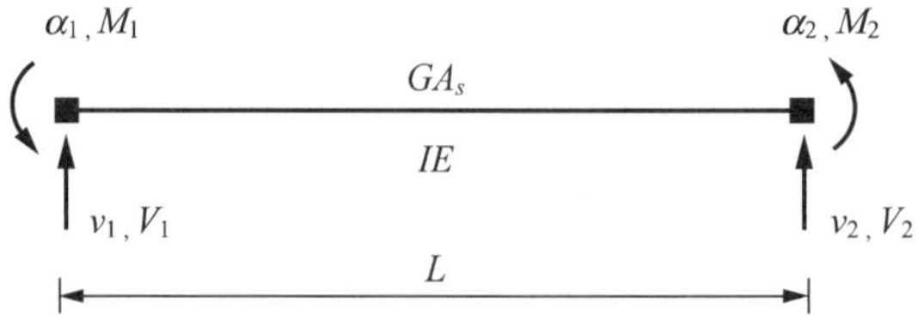

Problem 12 : 등분포 하중을 받는 캔틸레버 Timoshenko 보의 우측단이 롤러로 지지되어 있을 때 보의 횡변위 $v_0(x)$, 회전각 $\alpha_0(x)$, 휨모멘트 $M(x)$, 전단력 $V(x)$를 미분방정식으로부터 유도하시오.

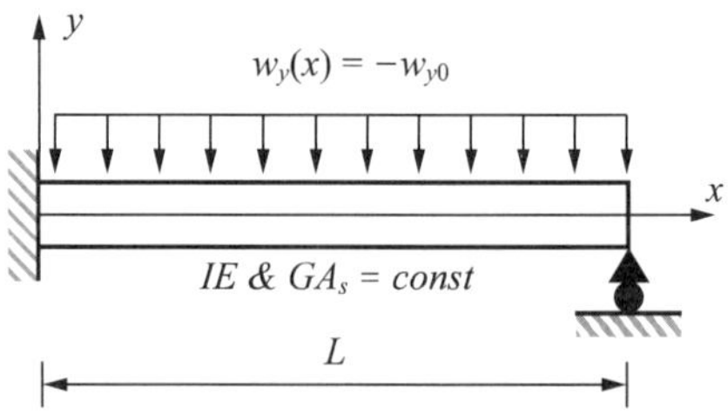

Problem 13 : 아래 그림처럼 기초지반 위에 단면이 일정한 Timoshenko 보가 왼쪽 끝단에 모멘트 하중을 받고 있을 때, 이 보의 횡변위 $v_0(x)$, 휨회전각 $\alpha_0(x)$, 전단력 $V(x)$, 휨 모멘트 $M(x)$를 구하시오.

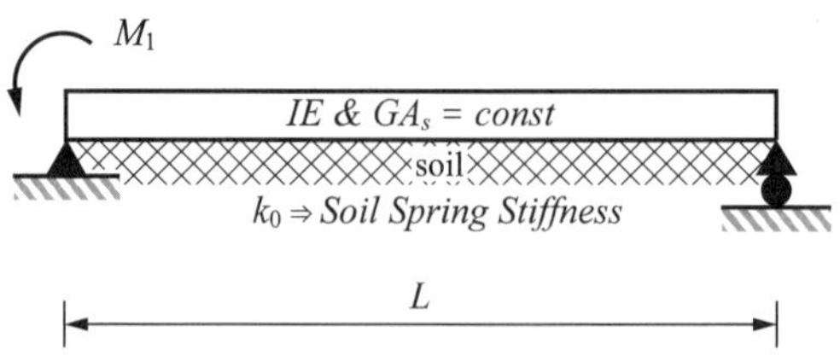

Problem 14 : 단면이 일정한 보에 아래 그림과 같이 외부 축하중이 작용하고 있을 때 축력 $N(x)$와 축변위 $u(x)$에 대한 식을 유도하시오.

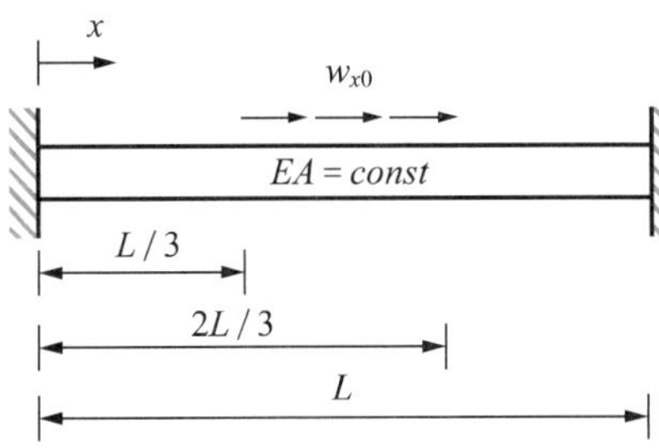

Problem 15 : 다음의 Euler−Bernoulli 보가 지간 일부분에 등분포하중이 작용할 때, 이 보의 횡변위 $v(x)$, 회전각 $\theta(x)$, 전단력 $V(x)$, 휨모멘트 $M(x)$에 대한 식을 유도하시오.

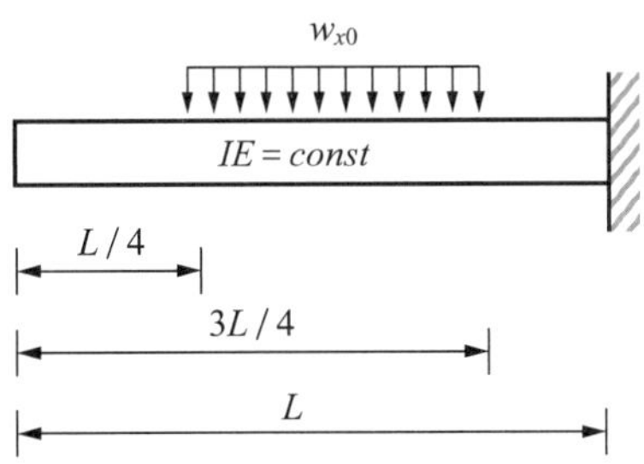

Problem 16 : 그림과 같이 보의 단면 휨강성이 급작스럽게 변화하는 Euler−Bernoulli 보가 있다. 두 개의 집중하중이 보에 작용하고 있을 때, 보의 탄성처짐 곡선을 유도하시오.

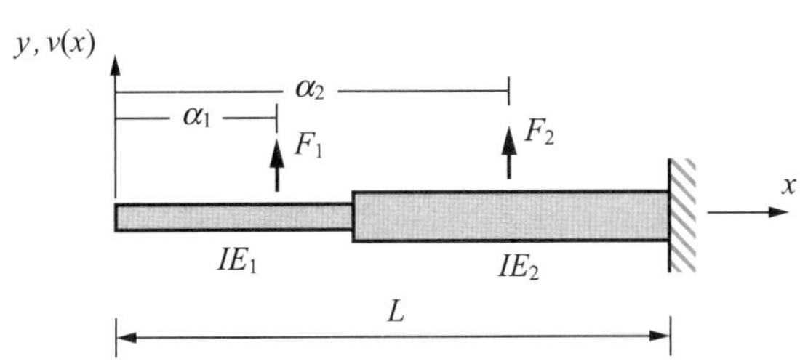

03

평형방정식

1 들어가기

1장에서 언급하였듯이, 평형방정식은 구조해석에서 필수적인 세 기본 방정식 중 하나이다. 본 장에서는 구조해석에서 가장 기본이 되는 정적 평형상태의 여러 관점들에 대하여 중점으로 살펴보자. 평형상태를 나타내는 방법은 다양한데, 대부분 응력 또는 합응력(또는 힘)의 형태로 표현된다. 응력 형태의 평형방정식은 연속체 역학에서 주로 다루고, 본 장에서는 재료역학 또는 구조해석과 같이 힘(또는 합응력)의 형태로 평형방정식을 다루는 것이 일반적이다. 평형방정식은 미소 요소, 요소, 구조물의 한 부분 또는 전체 구조물의 자유물체도에서 반드시 만족하여야 한다. 보 요소가 아닌 고체 요소, 쉘 요소 등과 같은 요소의 평형방정식은 일반적으로 유한요소법과 같은 고급강좌에서 다룬다.

2 국부좌표계에서 평형방정식 : 골조 요소

Figure 3-1처럼 일반적인 하중을 받는 평면 골조구조물에서, 전역좌표계 X－Y－Z를 이용하여 기하학적 형상과 전체 물리량을 정의한다. 이 좌표계에서 Z축은 구조물 평면과 수직을 이루고 있다. 3층의 거더에서 양쪽 기둥에 인접한 부분을 가상의 절단면으로 절단하고 그 절단면 사이의 부재를 골조 요소로 본다면 가상 절단면에 세 쌍의 단면력이 발생하게 된다. 이 세 쌍의 힘은 요소축에 평행한 힘과 요소축에 수직한 힘과 모멘트로 구성된다. 요소하중이 작용하는 거더에는 Figure 3-2처럼 요소하중에 의하여 단부 절점력이 발생된다. 단면에서 요소의 국부좌표계를 기준으로 골조 요소의 평형관계식을 세워보자. 각 요소의 국부좌표계는 $x-y-z$좌표계이다. 일반적으로 요소의 시작 절점은 i, 끝 절점은 j로 표기한다. 국부좌표계에서 절점 i에서 절점 j로 향하는 방향이 x－축의 양의 방향이고, 평면 구조물에서 편의상 국부 z－축은 전역좌표계의 Z－축과 일치한다고 가정한다. 따라서, 국부 y－축은 요소의 길이에 직각 방향으로 정의된다. 요소의 각 절단면에 작용하는 힘은 국부좌표계의 양의 방향으로 작용한다고 가정한다. 또한 절단면의 절점면에 작용하는 힘의 방향은 뉴턴의 제3운동법칙(작용 반작용)을 만족한다.

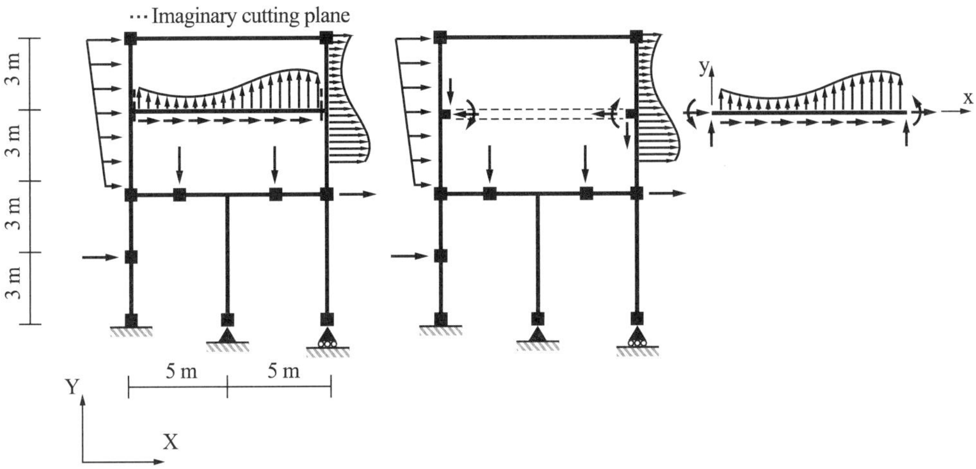

Figure 3-1 평면골조 구조물

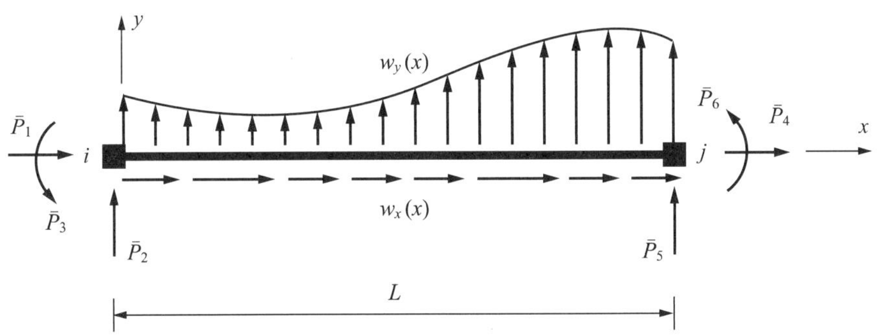

Figure 3-2 평면골조 요소

국부좌표계에서 요소 단부의 절점력을 벡터 $\bar{\mathbf{P}}$로 묶으면 다음과 같다.

$$\bar{\mathbf{P}} = \begin{Bmatrix} \bar{\mathbf{P}}_1 \\ \bar{\mathbf{P}}_2 \end{Bmatrix} = \begin{Bmatrix} \bar{P}_1 \\ \bar{P}_2 \\ \bar{P}_3 \\ \bar{P}_4 \\ \bar{P}_5 \\ \bar{P}_6 \end{Bmatrix} \tag{3.1}$$

절점력 벡터 $\bar{\mathbf{P}}$의 각 요소는 절점-자유도 순서로 정리한다. 즉, 먼저 절점 i에서 시작하고 국부 x축 방향의 자유도(DOF)를 먼저 배치한 후, 국부 y축 방향의 자유도, z축 방향의 자유도 순서로 배치하고, 절점 j의 자유도도 동일한 순서로 배치한다. 이 6개의 벡터 요소가 국부좌표계에서 요소 자유물체의 양단부 절점력이 된다. 그러나 6개의 힘 벡터 중 3개만 서로 독립이다. 그리고 이렇게 서로 독립인 힘 벡터를 "**기본요소력**"이라고 부른다. 나머지 3개 힘은 서로 종속적이며 기본요소력의 항으로 표현된다. 이 두 힘들 간의 상호관계는 요소의 자유물체에 대한 평형조건으로부터 결정된다.

기본 시스템으로 사용 가능한 구조물 형태는 정정 구조물로 단순 보, 캔틸레버 보, 전단 해제 롤러 보 시스템 등을 사용할 수 있다. 본 교재에서는 이 세 가지 중 단순 보 시스템을 기본 시스템으로 사용하여 평형방정식을 유도하도록 한다.

단순 보 시스템

Figure 3-3(a)와 같은 골조 시스템에 평형 조건을 세워보자.

국부 x−축 방향으로 힘의 합은 다음과 같다.

$\sum F_x = 0;$

$$\bar{P}_1 + \bar{P}_4 + \int_0^L w_x(x)\,dx = 0 \quad \Rightarrow \quad \bar{P}_1 = -\bar{P}_4 - N_0 \tag{3.2}$$

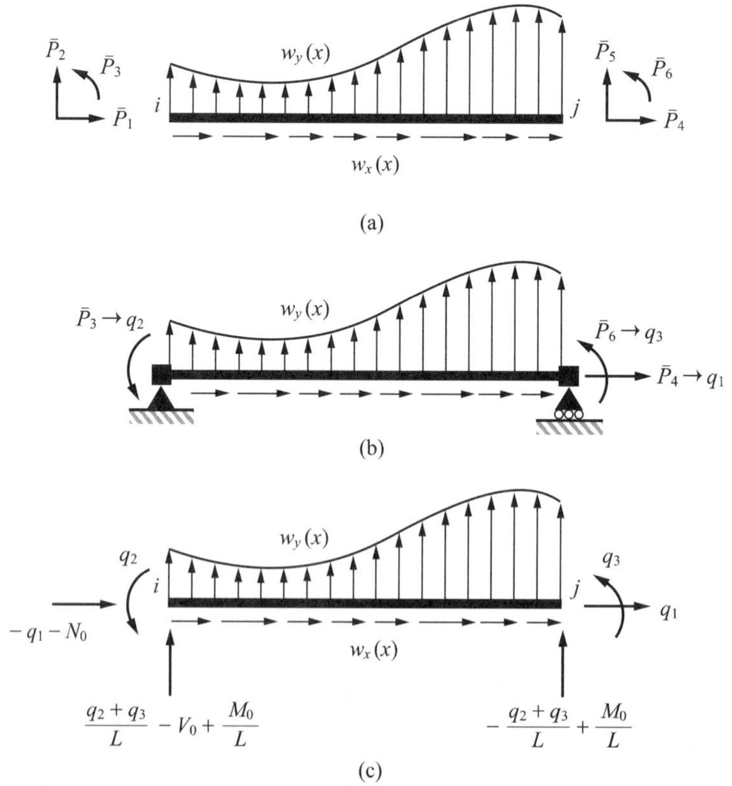

Figure 3-3 단순 보 모델 (a) 전체 시스템 (b) 기본 시스템 (c) 기본 시스템과 반력

요소의 절점 j에 대하여 모멘트 합을 구하면 다음과 같다.

$$\sum_j M_z = 0;$$

$$\begin{aligned} &\bar{P}_3 - \bar{P}_2 L + \bar{P}_6 - \int_0^L (L-x) w_y(x)\,dx = 0 \\ &\bar{P}_3 - \bar{P}_2 L + \bar{P}_6 - L\int_0^L w_y(x)\,dx + \int_0^L w_y(x)\,x dx = 0 \;\Rightarrow\; \bar{P}_2 = \frac{\bar{P}_3}{L} + \frac{\bar{P}_6}{L} - V_0 + \frac{M_0}{L} \end{aligned} \tag{3.3}$$

요소의 절점 i에 대하여 모멘트 합을 구하면 다음과 같다.

$$\sum_i M_z = 0;$$

$$\bar{P}_3 + \bar{P}_5 L + \bar{P}_6 + \int_0^L w_y(x)\,x dx = 0 \;\Rightarrow\; \bar{P}_5 = -\frac{\bar{P}_3}{L} - \frac{\bar{P}_6}{L} - \frac{M_0}{L} \tag{3.4}$$

여기서 N_0, V_0, M_0는 다음과 같다.

$$N_0 = \int_0^L w_x(x)\,dx \quad V_0 = \int_0^L w_y(x)\,dx \quad M_0 = \int_0^L w_y(x)\,x dx \tag{3.5}$$

세 개의 평형방정식[식 (3.2), 식 (3.3), 식 (3.4)]으로부터 단부 독립 절점력으로 $\bar{P}_3$, $\bar{P}_4$, $\bar{P}_6$를 선택하면, $\bar{P}_1$, $\bar{P}_2$, $\bar{P}_5$는 단부 종속 절점력이 된다. 평형조건을 이용하여 종속 절점력을 독립 절점력의 항으로 나타내었다. 독립 절점력을 식 (3.6)과 같이 이름한다.

$$\begin{aligned} &\bar{P}_4 \rightarrow q_1; \\ &\bar{P}_3 \rightarrow q_2; \\ &\bar{P}_6 \rightarrow q_3; \end{aligned} \tag{3.6}$$

따라서 기본요소력 벡터 **q**는 다음과 같이 정의된다.

$$\mathbf{q} = \begin{Bmatrix} q_1 \\ q_2 \\ q_3 \end{Bmatrix} = \begin{Bmatrix} \bar{P}_4 \\ \bar{P}_3 \\ \bar{P}_6 \end{Bmatrix} \tag{3.7}$$

이 기본시스템을 독립 절점력으로만 표현하여 나타내었다[Figure 3-3(b)]. 식 (3.2), 식 (3.3), 식 (3.4)를 이용하여 단순 보의 평형방정식을 행렬 형태로 정리하면 다음과 같다.

$$\begin{Bmatrix} \bar{P}_1 \\ \bar{P}_2 \\ \bar{P}_5 \end{Bmatrix} = \begin{bmatrix} -1 & 0 & 0 \\ 0 & \frac{1}{L} & \frac{1}{L} \\ 0 & -\frac{1}{L} & -\frac{1}{L} \end{bmatrix} \begin{Bmatrix} q_1 \\ q_2 \\ q_3 \end{Bmatrix} + \begin{Bmatrix} -N_0 \\ -V_0 + \frac{M_0}{L} \\ -\frac{M_0}{L} \end{Bmatrix} \tag{3.8}$$

$$\begin{Bmatrix} \bar{P}_4 \\ \bar{P}_3 \\ \bar{P}_6 \end{Bmatrix} = \begin{bmatrix} 1 & 0 & 0 \\ 0 & 1 & 0 \\ 0 & 0 & 1 \end{bmatrix} \begin{Bmatrix} q_1 \\ q_2 \\ q_3 \end{Bmatrix} + \begin{Bmatrix} 0 \\ 0 \\ 0 \end{Bmatrix} \tag{3.9}$$

그리고 전체 시스템에 대한 평형방정식은 다음과 같다[Figure 3-3(a)와 (c)]:

$$\begin{Bmatrix} \bar{P}_1 \\ \bar{P}_2 \\ \bar{P}_3 \\ \bar{P}_4 \\ \bar{P}_5 \\ \bar{P}_6 \end{Bmatrix} = \begin{bmatrix} -1 & 0 & 0 \\ 0 & \frac{1}{L} & \frac{1}{L} \\ 0 & 1 & 0 \\ 1 & 0 & 0 \\ 0 & -\frac{1}{L} & -\frac{1}{L} \\ 0 & 0 & 1 \end{bmatrix} \begin{Bmatrix} q_1 \\ q_2 \\ q_3 \end{Bmatrix} + \begin{Bmatrix} -N_0 \\ -V_0 + \frac{M_0}{L} \\ 0 \\ 0 \\ -\frac{M_0}{L} \\ 0 \end{Bmatrix} \tag{3.10}$$

또는 행렬표기를 사용하여 간단히 표현하면 다음과 같다.

$$\begin{Bmatrix} \bar{\mathbf{P}}_1 \\ \bar{\mathbf{P}}_2 \end{Bmatrix} = \begin{bmatrix} \bar{\mathbf{b}}_{1B} \\ \bar{\mathbf{b}}_{2B} \end{bmatrix} \mathbf{q} + \begin{Bmatrix} \bar{\mathbf{P}}_{10} \\ \bar{\mathbf{P}}_{20} \end{Bmatrix} \quad \text{또는} \quad \bar{\mathbf{P}} = \bar{\mathbf{b}}_B \mathbf{q} + \bar{\mathbf{P}}_0 \tag{3.11}$$

여기서, 벡터 $\bar{\mathbf{P}}_{10}$와 $\bar{\mathbf{P}}_{20}$는 요소하중에 의한 요소 단부 절점력이며 $\bar{\mathbf{b}}_B$는 단순보 모델의 요소평형행렬이다. 종속 절점력에만 요소하중이 영향을 미치는 것을 알 수 있다.

등분포 하중을 요소하중으로 작용하는 경우(Figure 3-4), 요소하중벡터 $\bar{\mathbf{P}}_0$는 다음과 같이 구성된다.

$$\bar{P}_{10} = -w_{x0}L;\ \bar{P}_{20} = -\frac{w_{y0}L}{2};\ \bar{P}_{30} = 0;\ \bar{P}_{40} = 0;\ \bar{P}_{50} = -\frac{w_{y0}L}{2};\ \bar{P}_{60} = 0 \tag{3.12}$$

요소하중벡터 $\bar{\mathbf{P}}_0$는 등분포 요소하중과 평형을 이루는 단부 절점력으로 구성되어 있다. Figure 3-5와 같이 선형분포 하중이 작용하는 경우, 요소하중벡터 $\bar{\mathbf{P}}_0$는 다음과 같이 구성된다.

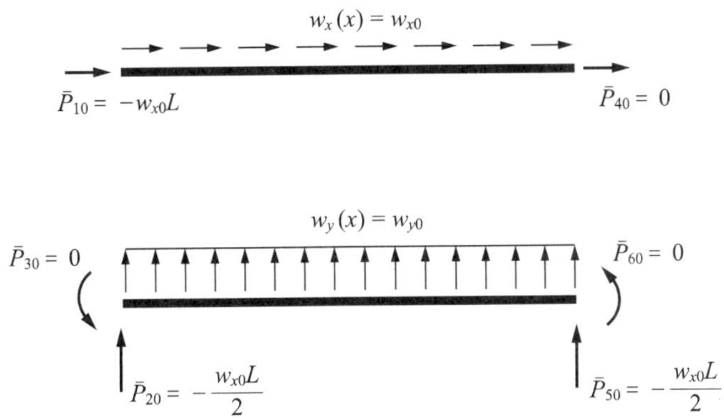

Figure 3-4 등분포 하중 : 단순 보 모델

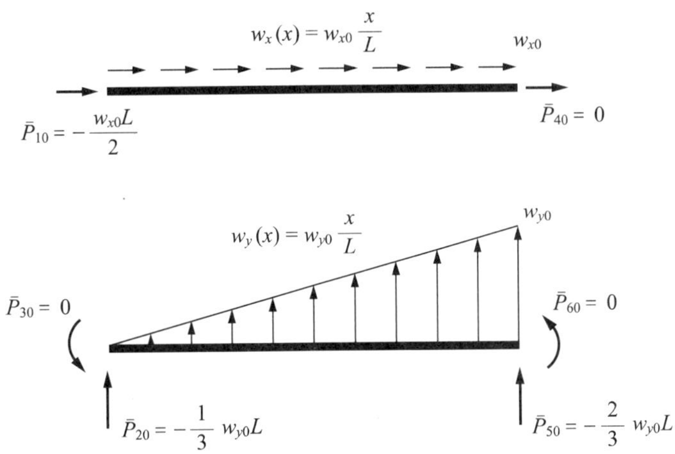

Figure 3-5 선형 분포하중 : 단순 보 모델

$$\bar{P}_{10} = -w_{x0}L;\ \bar{P}_{20} = -\frac{w_{y0}L}{3};\ \bar{P}_{30} = 0;\ \bar{P}_{40} = 0;\ \bar{P}_{50} = -\frac{2w_{y0}L}{3};\ \bar{P}_{60} = 0 \tag{3.13}$$

앞의 경우와 마찬가지로 요소하중벡터 $\bar{\mathbf{P}}_0$는 선형 분포 요소하중과 평형을 이루는 단부 절점력이다.

Figure 3-6과 같이 집중 하중이 요소 내에 작용하는 경우, 요소하중벡터 $\bar{\mathbf{P}}_0$는 다음과 같이 구성된다.

$$\bar{P}_{10} = -P_x;\ \bar{P}_{20} = -P_y\frac{L_2}{L};\ \bar{P}_{30} = 0;\ \bar{P}_{40} = 0;\ \bar{P}_{50} = -P_y\frac{L_1}{L};\ \bar{P}_{60} = 0 \tag{3.14}$$

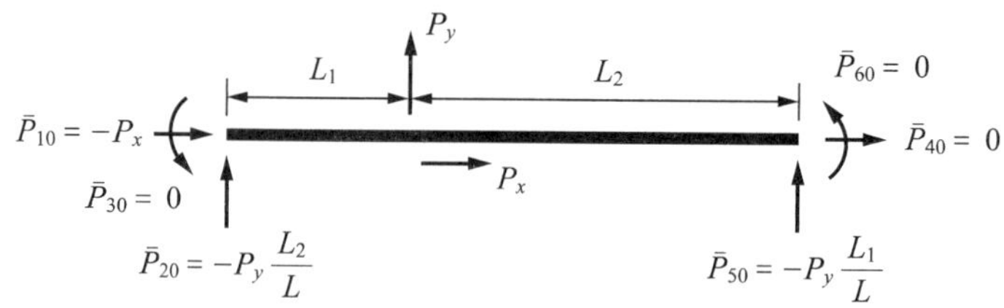

Figure 3-6 집중하중 : 단순 보 모델

3 하중벡터의 좌표 변환

앞 절에서 기본 구조 시스템의 평형방정식(식 3.11)은 국부좌표계(x, y, z)에서 유도되었다. 이 방정식을 전역 구조물의 평형조건에 사용하기 위해서는 전역좌표계(X, Y, Z)로 변환하여야 한다. 다시 말해서 국부좌표계의 요소 절점력이 전역좌표계로 변환되어야 하며, 이는 벡터 좌표 변환을 통해서 이루어진다.

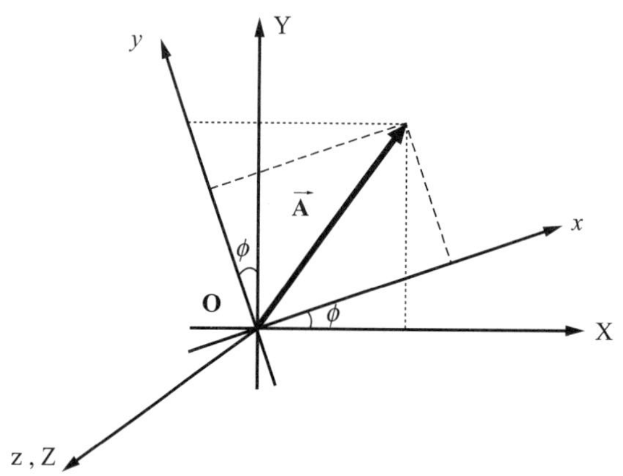

Figure 3-7 평면벡터의 좌표 변환

Figure 3-7에서 국부좌표계가 전역좌표계에 대하여 각 ϕ만큼 기울어져 있다. 각 ϕ는 전역좌표계에서 국부좌표계로 측정한 값이다. 각 ϕ의 부호는 오른손 법칙을 따른다. Figure 3-7에서 벡터 $\vec{\mathbf{A}}$는 x−y 요소와 X−Y 요소로 분해할 수 있다. 벡터 $\vec{\mathbf{A}}$는 절점 i 또는 절점 j 에 작용하는 힘 벡터 또는 변위벡터이다. 전역좌표계와 국부좌표계에 의해서 정의되는 벡터 구성성분 사이의 관계를 유도해보자.

Figure 3-7의 벡터 $\vec{\mathbf{A}}$로부터 x−y좌표계에서 X−Y좌표계로 벡터 성분의 변환은 다음과 같다.

$$\begin{aligned} A_X &= A_x \cos\phi - A_y \sin\phi \\ A_Y &= A_x \sin\phi + A_y \cos\phi \end{aligned} \tag{3.15}$$

행렬로 정리하면

$$\begin{Bmatrix} A_X \\ A_Y \end{Bmatrix} = \begin{bmatrix} \cos\phi & -\sin\phi \\ \sin\phi & \cos\phi \end{bmatrix} \begin{Bmatrix} A_x \\ A_y \end{Bmatrix} \text{ 또는 } \mathbf{A}_{XY} = \mathbf{T}_{ROT}^T \mathbf{A}_{xy} \tag{3.16}$$

이다. 여기서 A_X와 A_Y는 각각 벡터 $\overrightarrow{\mathbf{A}}$의 X, Y 구성요소이고 행렬 $\mathbf{T}_{ROT}$는 "회전행렬"이라 한다. 이와는 반대로 X－Y좌표계에서 $x-y$좌표계로 벡터 성분의 변환은 다음과 같다

$$\begin{aligned} A_x &= A_X \cos\phi + A_Y \sin\phi \\ A_y &= -A_X \sin\phi + A_Y \cos\phi \end{aligned} \tag{3.17}$$

행렬로 정리하면

$$\begin{Bmatrix} A_x \\ A_y \end{Bmatrix} = \begin{bmatrix} \cos\phi & \sin\phi \\ -\sin\phi & \cos\phi \end{bmatrix} \begin{Bmatrix} A_X \\ A_Y \end{Bmatrix} \text{ 또는 } \mathbf{A}_{xy} = \mathbf{T}_{ROT} \mathbf{A}_{XY} \tag{3.18}$$

이다. 식 (3.16)과 식 (3.18)로부터 $\mathbf{T}_{ROT}$는 직교행렬임을 알 수 있다. 직교행렬은 다음과 같은 특징을 갖는다.

$$\mathbf{T}_{ROT}^T = \mathbf{T}_{ROT}^{-1}, \quad |\mathbf{T}_{ROT}| = 1 \tag{3.19}$$

본 교재에서는 평면 구조물의 국부 z－축과 전역좌표계의 Z－축이 일치하는 것으로 가정하였다. 따라서 벡터 $\overrightarrow{\mathbf{A}}$의 z－축 방향으로의 투영은 Z－축 방향으로의 투영과 같다. 그러므로 식 (3.16)과 식 (3.18)의 변환관계는 다음과 같이 확장된다.

$$\begin{Bmatrix} A_X \\ A_Y \\ A_Z \end{Bmatrix} = \begin{bmatrix} \cos\phi & -\sin\phi & 0 \\ \sin\phi & \cos\phi & 0 \\ 0 & 0 & 1 \end{bmatrix} \begin{Bmatrix} A_x \\ A_y \\ A_z \end{Bmatrix} \text{ 또는 } \mathbf{A}_{XY} = \mathbf{T}_{ROT}^T \mathbf{A}_{xy} \tag{3.20}$$

그리고

$$\begin{Bmatrix} A_x \\ A_y \\ A_z \end{Bmatrix} = \begin{bmatrix} \cos\phi & \sin\phi & 0 \\ -\sin\phi & \cos\phi & 0 \\ 0 & 0 & 1 \end{bmatrix} \begin{Bmatrix} A_X \\ A_Y \\ A_Z \end{Bmatrix} \text{ 또는 } \mathbf{A}_{xy} = \mathbf{T}_{ROT} \mathbf{A}_{XY} \tag{3.21}$$

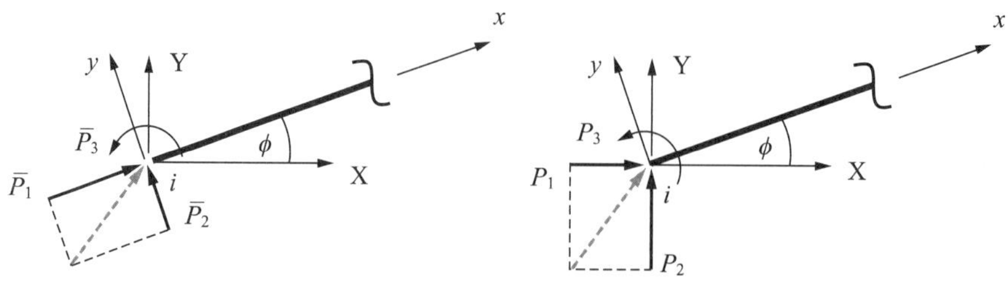

Figure 3-8 절점 i에서 요소단부력의 변환

확장된 회전행렬 $\mathbf{T}_{ROT}$ 또한 직교행렬이다.

국부 및 전역좌표계에서 작용하는 단부력 사이의 변환관계를 구해야 하므로 Figure 3-8의 절점 i에 작용하는 힘을 예로 들어보자. Figure 3-8(a)는 국부좌표계에서, Figure 3-8(b)는 전역좌표계에서 힘 벡터의 구성성분을 나타내고 있다. 두 힘은 식 (3.20)의 좌표 변환행렬에 의해서 다음과 같이 연결된다.

$$\begin{Bmatrix} P_1 \\ P_2 \\ P_3 \end{Bmatrix} = \begin{bmatrix} \cos\phi & -\sin\phi & 0 \\ \sin\phi & \cos\phi & 0 \\ 0 & 0 & 1 \end{bmatrix} \begin{Bmatrix} \bar{P}_1 \\ \bar{P}_2 \\ \bar{P}_3 \end{Bmatrix} \text{ 또는 } \mathbf{P}_1 = \mathbf{T}_{ROT}^T \bar{\mathbf{P}}_1 \tag{3.22}$$

반대로 나타내면

$$\begin{Bmatrix} \bar{P}_1 \\ \bar{P}_2 \\ \bar{P}_3 \end{Bmatrix} = \begin{bmatrix} \cos\phi & \sin\phi & 0 \\ -\sin\phi & \cos\phi & 0 \\ 0 & 0 & 1 \end{bmatrix} \begin{Bmatrix} P_1 \\ P_2 \\ P_3 \end{Bmatrix} \text{ 또는 } \bar{\mathbf{P}}_1 = \mathbf{T}_{ROT} \mathbf{P}_1 \tag{3.23}$$

이다.

이와 유사하게 절점 j에 작용하는 힘(Figure 3-9)에 대하여 정리해보면 다음과 같다.

$$\begin{Bmatrix} P_4 \\ P_5 \\ P_6 \end{Bmatrix} = \begin{bmatrix} \cos\phi & -\sin\phi & 0 \\ \sin\phi & \cos\phi & 0 \\ 0 & 0 & 1 \end{bmatrix} \begin{Bmatrix} \bar{P}_4 \\ \bar{P}_5 \\ \bar{P}_6 \end{Bmatrix} \text{ 또는 } \mathbf{P}_2 = \mathbf{T}_{ROT}^T \bar{\mathbf{P}}_2 \tag{3.24}$$

이를 반대로 나타내면

$$\begin{Bmatrix} \bar{P}_4 \\ \bar{P}_5 \\ \bar{P}_6 \end{Bmatrix} = \begin{bmatrix} \cos\phi & \sin\phi & 0 \\ -\sin\phi & \cos\phi & 0 \\ 0 & 0 & 1 \end{bmatrix} \begin{Bmatrix} P_4 \\ P_5 \\ P_6 \end{Bmatrix} \text{ 또는 } \bar{\mathbf{P}}_2 = \mathbf{T}_{ROT} \mathbf{P}_2 \tag{3.25}$$

이다.

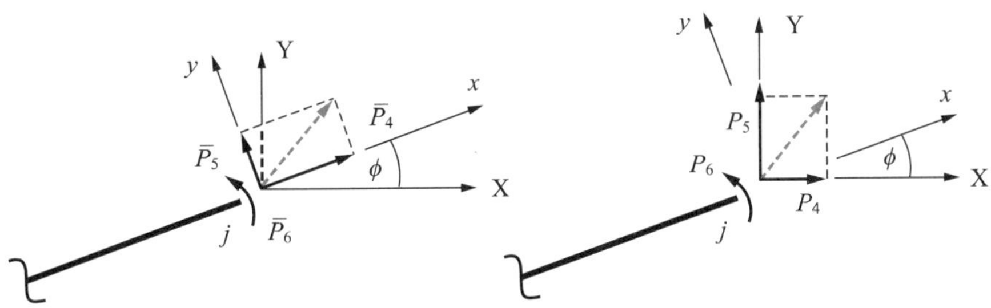

Figure 3-9 절점 j 에서 요소단부력의 변환

식 (3.22)와 식 (3.24)를 결합하여 요소단부력에 대한 변환을 정리하면 다음과 같다.

$$\begin{Bmatrix} P_1 \\ P_2 \\ P_3 \\ P_4 \\ P_5 \\ P_6 \end{Bmatrix} = \begin{bmatrix} \cos\phi & -\sin\phi & 0 & 0 & 0 & 0 \\ \sin\phi & \cos\phi & 0 & 0 & 0 & 0 \\ 0 & 0 & 1 & 0 & 0 & 0 \\ 0 & 0 & 0 & \cos\phi & -\sin\phi & 0 \\ 0 & 0 & 0 & \sin\phi & \cos\phi & 0 \\ 0 & 0 & 0 & 0 & 0 & 1 \end{bmatrix} \begin{Bmatrix} \bar{P}_1 \\ \bar{P}_2 \\ \bar{P}_3 \\ \bar{P}_4 \\ \bar{P}_5 \\ \bar{P}_6 \end{Bmatrix} \quad \text{또는} \quad \mathbf{P} = \mathbf{\Gamma}_{ROT}^{T} \bar{\mathbf{P}} \tag{3.26}$$

이를 반대로 나타내면

$$\begin{Bmatrix} \bar{P}_1 \\ \bar{P}_2 \\ \bar{P}_3 \\ \bar{P}_4 \\ \bar{P}_5 \\ \bar{P}_6 \end{Bmatrix} = \begin{bmatrix} \cos\phi & \sin\phi & 0 & 0 & 0 & 0 \\ -\sin\phi & \cos\phi & 0 & 0 & 0 & 0 \\ 0 & 0 & 1 & 0 & 0 & 0 \\ 0 & 0 & 0 & \cos\phi & \sin\phi & 0 \\ 0 & 0 & 0 & -\sin\phi & \cos\phi & 0 \\ 0 & 0 & 0 & 0 & 0 & 1 \end{bmatrix} \begin{Bmatrix} P_1 \\ P_2 \\ P_3 \\ P_4 \\ P_5 \\ P_6 \end{Bmatrix} \quad \text{또는} \quad \bar{\mathbf{P}} = \mathbf{\Gamma}_{ROT} \mathbf{P} \tag{3.27}$$

이다. 여기서

$$\mathbf{\Gamma}_{ROT} = \begin{bmatrix} \mathbf{T}_{ROT} & \mathbf{0} \\ \mathbf{0} & \mathbf{T}_{ROT} \end{bmatrix} \tag{3.28}$$

행렬 $\boldsymbol{\Gamma}_{ROT}$에서 대각 성분 이외의 항은 “0”(zero)이다. 이는 절점 i와 절점 j의 단부력이 독립적으로 변환됨을 보여준다. 벡터 $\mathbf{P}$와 벡터 $\bar{\mathbf{P}}$의 성분 배치는 비슷하다. 절점 i에서 시작해서 전역좌표계 X－축방향의 자유도의 번호를 부여하고 난 후 Y－축방향의 자유도를 부여한다. 그리고 마지막으로 Z－축방향의 자유도를 부여한다. 그리고 요소의 절점 j에 대해서 동일한 순서로 번호를 부여한다.

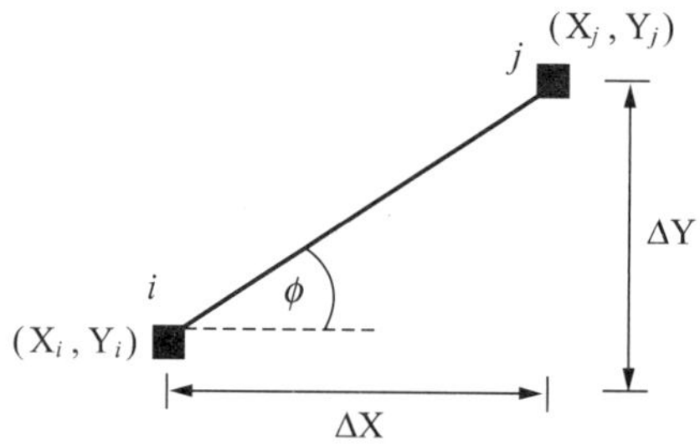

Figure 3-10 방향 코사인의 계산

매트릭스 해석 프로그램 개발에서는 각 요소가 좌표계와 이루는 각 ϕ를 따로 입력할 필요가 없는데, 이는 방향 코사인($\cos\phi$, $\sin\phi$) 계산에서 각을 사용하지 않고 절점 i와 절점 j의 좌표값을 사용하여 계산하면 되기 때문이다[Figure 3-10, 식 (3.29)와 식 (3.30)].

$$\Delta X = X_j - X_i$$
$$\Delta Y = Y_j - Y_i \tag{3.29}$$
$$L = \sqrt{(\Delta X)^2 + (\Delta Y)^2}$$

$$\cos\phi = \frac{\Delta X}{L}; \quad \sin\phi = \frac{\Delta Y}{L} \tag{3.30}$$

4 전역좌표계에서 평형방정식 : 골조 요소

지금까지 기본 시스템의 평형방정식(식 3.11)을 국부좌표계에서 구성해 보았다. 또한 국부좌표계와 전역좌표계에서 요소단부력 간의 변환관계(식 3.26)도 유도하였다. 이 변환관계를 이용하여 여러 기본 시스템의 평형방정식을 전역좌표계로 간단하게 변환해보자.

단순보 모델

식 (3.10)을 식 (3.26)에 대입하여 전역좌표계의 평형방정식을 구하면 다음과 같다.

$$\begin{Bmatrix} P_1 \\ P_2 \\ P_3 \\ P_4 \\ P_5 \\ P_6 \end{Bmatrix} = \begin{bmatrix} -\cos\phi & -\dfrac{\sin\phi}{L} & -\dfrac{\sin\phi}{L} \\ -\sin\phi & \dfrac{\cos\phi}{L} & \dfrac{\cos\phi}{L} \\ 0 & 1 & 0 \\ \cos\phi & \dfrac{\sin\phi}{L} & \dfrac{\sin\phi}{L} \\ \sin\phi & -\dfrac{\cos\phi}{L} & -\dfrac{\cos\phi}{L} \\ 0 & 0 & 1 \end{bmatrix} \begin{Bmatrix} q_1 \\ q_2 \\ q_3 \end{Bmatrix} + \begin{Bmatrix} -\cos\phi N_0 - \sin\phi\left(\dfrac{M_0}{L} - V_0\right) \\ \cos\phi\left(\dfrac{M_0}{L} - V_0\right) - \sin\phi N_0 \\ 0 \\ \sin\phi \dfrac{M_0}{L} \\ -\cos\phi \dfrac{M_0}{L} \\ 0 \end{Bmatrix} \tag{3.31}$$

이를 간략하게 나타내면

$$\begin{Bmatrix} \mathbf{P}_1 \\ \mathbf{P}_2 \end{Bmatrix} = \begin{bmatrix} \mathbf{b}_{1B} \\ \mathbf{b}_{2B} \end{bmatrix} \mathbf{q} + \begin{Bmatrix} \mathbf{P}_{10} \\ \mathbf{P}_{20} \end{Bmatrix} \text{ 또는 } \mathbf{P} = \mathbf{b}_B \mathbf{q} + \mathbf{P}_0 \tag{3.32}$$

이다. 여기서, $\mathbf{b}_B$는 전역좌표계에서 단순보의 평형방정식이다. 변환과정을 Figure 3-11에 나타내었다.

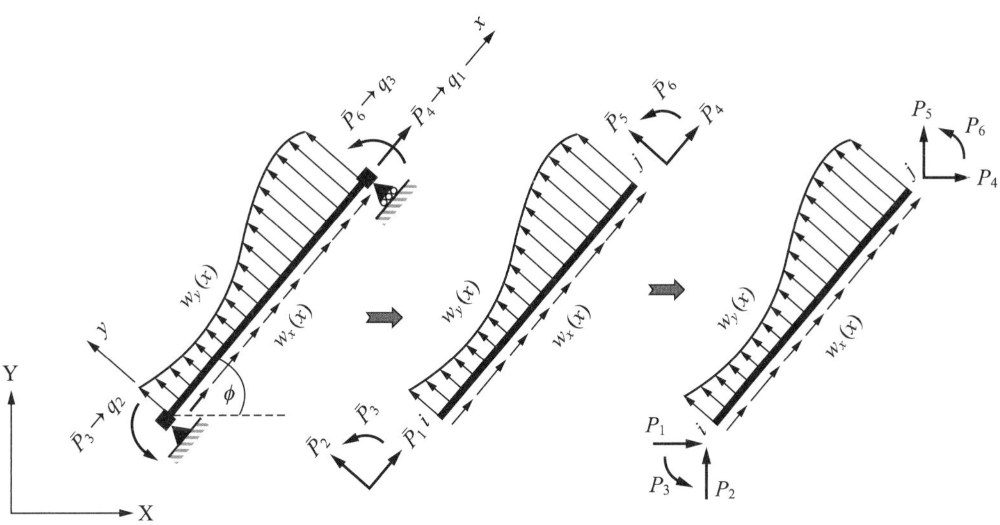

(a) 기본 시스템 (b) 국부좌표계에서 전체 시스템 (c) 전역좌표계에서 전체 시스템

Figure 3-11 단순 보 모델

5 평형방정식 : 골조 구조물

이 절에서는 골조 구조물의 평형방정식을 유도해보자. 이 행렬방정식을 통해서 기본요소력과 구조물에 작용하는 외부 $\mathbf{Q}$하중이 연결된다. 외부 하중은 요소하중과 절점 하중으로 분류되며, 요소하중은 앞 절의 설명처럼 이미 요소 평형방정식에 포함되어 있다. 절점 하중은 자유도의 구속조건에 따라서 두 가지로 나뉜다. 첫 번째는 비구속 자유도와 연관된 것으로 기지력(known force)이라고 한다. 두 번째는 미지력(unknown force) 또는 지점 반력이라고 하며 이는 구속된 자유도와 관련되어 있다. 구조물의 평형방정식은 모든 자유도의 평형조건을 모아서 구성한다.

전체 골조 구조물에서 확장된 벡터 $\mathbf{Q}$는 모든 요소의 기본력을 포함하여 다음과 같이 정의한다.

$$\mathbf{Q} = \begin{Bmatrix} \mathbf{Q}_1 \\ \mathbf{Q}_2 \\ \vdots \\ \mathbf{Q}_k \\ \vdots \\ \mathbf{Q}_m \end{Bmatrix}_{3m\times 1} \tag{3.33}$$

여기서, m은 총 요소의 개수이며 부벡터 $\mathbf{Q}_k$는 요소 k의 기본력으로 구성된다. 그러므로 벡터 $\mathbf{Q}$의 크기는 $3m\times 1$이다.

비슷하게 절점력을 벡터 $\mathbf{F}$라 하고 다음과 같이 정의한다.

$$\mathbf{F} = \begin{Bmatrix} \mathbf{F}_1 \\ \mathbf{F}_2 \\ \vdots \\ \mathbf{F}_k \\ \vdots \\ \mathbf{F}_n \end{Bmatrix}_{3n\times 1} \tag{3.34}$$

여기서, n은 총 절점수이고 부벡터 $\mathbf{F}_k$는 절점 k에 작용하는 하중으로 구성된다. 따라서 $\mathbf{F}$의 크기는 $3n\times 1$이다.

전체 자유도에서 구해진 평형조건을 취합하면 평형방정식 행렬은 식 (3.35)와 같이 된다.

$$\begin{bmatrix} \mathbf{b}_1^{(1)} & \mathbf{b}_1^{(2)} & \cdots & \cdots \\ \mathbf{b}_2^{(1)} & \mathbf{b}_2^{(2)} & \cdots & \cdots \\ \vdots & \vdots & & \\ \vdots & \vdots & & \end{bmatrix}_{3n\times 3m} \begin{Bmatrix} \mathbf{Q}_1 \\ \mathbf{Q}_2 \\ \vdots \\ \mathbf{Q}_m \end{Bmatrix}_{3m\times 1} + \begin{Bmatrix} \mathbf{F}_1^0 \\ \mathbf{F}_2^0 \\ \vdots \\ \mathbf{F}_n^0 \end{Bmatrix}_{3n\times 1} = \begin{Bmatrix} \mathbf{F}_1 \\ \mathbf{F}_2 \\ \vdots \\ \mathbf{F}_n \end{Bmatrix}_{3n\times 1} \tag{3.35}$$

이를 간략하게 나타내면

$$\mathbf{BQ} + \mathbf{F}^0 = \mathbf{F} \quad \text{또는} \quad \mathbf{BQ} = \mathbf{F} - \mathbf{F}^0 \tag{3.36}$$

이다. 여기서 벡터 $\mathbf{F}^0$는 요소하중에 의한 등가 절점력을 의미한다.

또한 평형방정식 행렬인 식 (3.36)을 기지력과 미지력으로 분할하면 이는 식 (3.37)과 같다.

$$\mathbf{F} = \begin{Bmatrix} \mathbf{F}_{free} \\ \hline \mathbf{F}_{constr} \end{Bmatrix} = \begin{bmatrix} \mathbf{B}_{free} \\ \hline \mathbf{B}_{constr} \end{bmatrix} \mathbf{Q} + \begin{Bmatrix} \mathbf{F}^0_{free} \\ \hline \mathbf{F}^0_{constr} \end{Bmatrix} \quad \text{또는} \quad \mathbf{F}^* = \begin{Bmatrix} \mathbf{F}_{free} \\ \hline \mathbf{F}_{constr} \end{Bmatrix} - \begin{Bmatrix} \mathbf{F}^0_{free} \\ \hline \mathbf{F}^0_{constr} \end{Bmatrix} = \begin{bmatrix} \mathbf{B}_{free} \\ \hline \mathbf{B}_{constr} \end{bmatrix} \mathbf{Q} \tag{3.37}$$

여기서 $\mathbf{F}_{free}$과 $\mathbf{F}_{constr}$는 각각 비구속 자유도와 구속 자유도의 절점력이고, $\mathbf{B}_{free}$와 $\mathbf{B}_{free}$는 각각 비구속 자유도와 구속 자유도와 연결되는 평형방정식 행렬이며, $\mathbf{F}^0_{free}$와 $\mathbf{F}^0_{constr}$는 각각 비구속 자유도와 구속 자유도에 대응하는 요소 등가 하중이다. 요소하중 항을 왼쪽으로 이항하여 절점력에 포함시켜 등가 절점 하중 $\mathbf{F}^*$로 표기하여 간략화 하기도 한다.

앞서 설명한 구조물의 평형방정식을 세우는 개념을 설명하기 위해 Figure 3-12와 같은 전형적인 골조에 대하여 이를 적용해보자. Figure 3-12는 골조 구조물의 국부좌표계, 절점 번호, 자유도 번호를 나타내고 있다. Figure 3-14의 절점 평형조건으로부터 절점 1의 평형조건은 다음과 같다.

$$\begin{Bmatrix} \sum F_X = 0 \\ \sum F_Y = 0 \\ \sum M_Z = 0 \end{Bmatrix} \Rightarrow \begin{Bmatrix} F_1 \\ F_2 \\ F_3 \end{Bmatrix} = \begin{Bmatrix} P_4^{(1)} \\ P_5^{(1)} \\ P_6^{(1)} \end{Bmatrix} + \begin{Bmatrix} P_1^{(2)} \\ P_2^{(2)} \\ P_3^{(2)} \end{Bmatrix} \quad \text{또는} \quad \mathbf{F}_1 = \mathbf{P}_2^{(1)} + \mathbf{P}_1^{(2)} \tag{3.38}$$

기본 요소 시스템으로 단순 보 모델(Figure 3-3)을 사용한다. 따라서 단부력 $\mathbf{P}_2^{(1)}$과 $\mathbf{P}_1^{(2)}$는 기본요소력 $\mathbf{Q}_1$와 $\mathbf{Q}_2$의 항으로 다음과 같이 표현된다.

$$\mathbf{P}_2^{(1)} = \mathbf{b}_{2B}^{(1)}\mathbf{Q}_1 + \mathbf{P}_{20}^{(1)} \quad \text{그리고} \quad \mathbf{P}_1^{(2)} = \mathbf{b}_{1B}^{(2)}\mathbf{Q}_2 + \mathbf{P}_{10}^{(2)} \tag{3.39}$$

식 (3.39)를 식 (3.38)에 대입하면 절점 1의 평형방정식이 기본요소력의 항으로 표현된다.

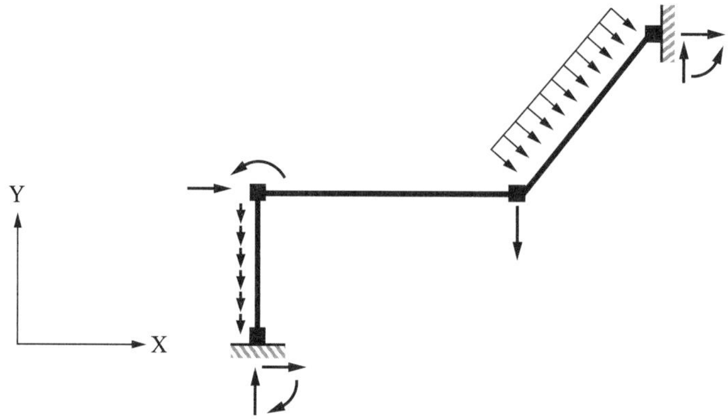

Figure 3-12 전형적인 골조 구조물 : 절점하중, 요소하중 그리고 지점 반력

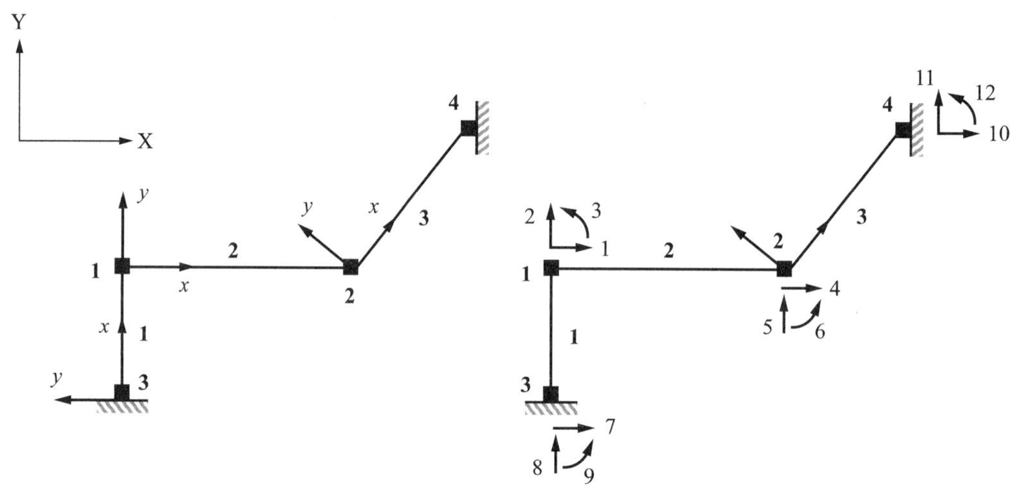

(a) 국부좌표계 (b) 절점번호, 요소번호, 자유도 번호

Figure 3-13 전형적인 골조 구조물

$$\mathbf{F}_1 = \mathbf{b}_{2B}^{(1)}\mathbf{Q}_1 + \mathbf{b}_{1B}^{(2)}\mathbf{Q}_2 + \mathbf{P}_{20}^{(1)} + \mathbf{P}_{10}^{(2)} \tag{3.40}$$

각 절점에 대하여 유사하게 계산하면 요소력과 단부력 사이의 평형방정식은 다음과 같이 계산된다.

절점 2;

$$\mathbf{F}_2 = \mathbf{b}_{2B}^{(2)}\mathbf{Q}_2 + \mathbf{b}_{1B}^{(3)}\mathbf{Q}_3 + \mathbf{P}_{20}^{(2)} + \mathbf{P}_{10}^{(3)} \tag{3.41}$$

절점 3;

$$\mathbf{F}_3 = \mathbf{b}_{1B}^{(1)}\mathbf{Q}_1 + \mathbf{P}_{10}^{(1)} \tag{3.42}$$

절점 4;

$$\mathbf{F}_4 = \mathbf{b}_{2B}^{(3)}\mathbf{Q}_3 + \mathbf{P}_{20}^{(3)} \tag{3.43}$$

식 (3.40), 식 (3.41), 식 (3.42), 식 (3.43)을 취합하여 행렬식으로 표현하면 구조물의 평형방정식 행렬이 다음과 같이 구해진다.

$$\begin{Bmatrix} \mathbf{F}_1 \\ \mathbf{F}_2 \\ \mathbf{F}_3 \\ \mathbf{F}_4 \end{Bmatrix}_{12\times1} = \begin{bmatrix} \mathbf{b}_{2B}^{(1)} & \mathbf{b}_{1B}^{(2)} & \mathbf{0} \\ \mathbf{0} & \mathbf{b}_{2B}^{(2)} & \mathbf{b}_{1B}^{(3)} \\ \mathbf{b}_{1B}^{(1)} & \mathbf{0} & \mathbf{0} \\ \mathbf{0} & \mathbf{0} & \mathbf{b}_{2B}^{(3)} \end{bmatrix}_{12\times9} \begin{Bmatrix} \mathbf{Q}_1 \\ \mathbf{Q}_2 \\ \mathbf{Q}_3 \end{Bmatrix}_{9\times1} + \begin{Bmatrix} \mathbf{P}_{20}^{(1)} + \mathbf{P}_{10}^{(2)} \\ \mathbf{P}_{20}^{(2)} + \mathbf{P}_{10}^{(3)} \\ \mathbf{P}_{10}^{(1)} \\ \mathbf{P}_{20}^{(3)} \end{Bmatrix}_{12\times1} \tag{3.44}$$

이를 간략하게 행렬식으로 나타내면

$$\mathbf{BQ} + \mathbf{F}^0 = \mathbf{F} \quad \text{또는} \quad \mathbf{BQ} = \mathbf{F} - \mathbf{F}^0 \tag{3.45}$$

이다. 또는 부분행렬로 표현하면

$$\mathbf{F}^* = \begin{Bmatrix} \mathbf{F}_{free} \\ \hline \mathbf{F}_{constr} \end{Bmatrix} - \begin{Bmatrix} \mathbf{F}_{free}^0 \\ \hline \mathbf{F}_{constr}^0 \end{Bmatrix} = \begin{bmatrix} \mathbf{B}_{free} \\ \hline \mathbf{B}_{constr} \end{bmatrix} \mathbf{Q} \tag{3.46}$$

이 된다. 여기서

$$\mathbf{F}_{free} = \begin{Bmatrix} \mathbf{F}_1 \\ \mathbf{F}_2 \end{Bmatrix}, \quad \mathbf{F}_{constr} = \begin{Bmatrix} \mathbf{F}_3 \\ \mathbf{F}_4 \end{Bmatrix} \tag{3.47}$$

$$\mathbf{B}_{free} = \begin{bmatrix} \mathbf{b}_{2B}^{(1)} & \mathbf{b}_{1B}^{(2)} & \mathbf{0} \\ \mathbf{0} & \mathbf{b}_{2B}^{(2)} & \mathbf{b}_{1B}^{(3)} \end{bmatrix}, \quad \mathbf{B}_{constr} = \begin{bmatrix} \mathbf{b}_{1B}^{(1)} & \mathbf{0} & \mathbf{0} \\ \mathbf{0} & \mathbf{0} & \mathbf{b}_{2B}^{(3)} \end{bmatrix} \tag{3.48}$$

$$\mathbf{F}_{free}^0 = \begin{Bmatrix} \mathbf{P}_{20}^{(1)} + \mathbf{P}_{10}^{(2)} \\ \mathbf{P}_{20}^{(2)} + \mathbf{P}_{10}^{(3)} \end{Bmatrix}, \quad \mathbf{F}_{constr}^0 = \begin{Bmatrix} \mathbf{P}_{10}^{(1)} \\ \mathbf{P}_{20}^{(3)} \end{Bmatrix} \tag{3.49}$$

식 (3.44)의 평형방정식 행렬에서 15개의 미지력이 있다. 즉, 9개의 기본요소력 $\mathbf{Q}$와 6개의 구속 자유단의 절점력(반력) $\mathbf{F}_{constr}$이 존재하지만 평형방정식은 12개뿐이다. 그러므로 이 구조물은 정적 부정정 구조물이고 무한개의 평형해가 존재한다. 이 구조물의 부정정 차수는 15 − 12 = 3이다.

위 식에서 주목할 것은 평형방정식 행렬 중 $\mathbf{B}_{free}$의 크기로 쉽게 부정정 차수를 구할 수 있다는 점이다. 식 (3.48)에서 행렬 $\mathbf{B}_{free}$는 6 × 9크기이다. 이는 비구속 자유도에서 6개의 평형방정식이 있고 9개의 기본요소력이 있음을 의미한다. 그러므로 부정정 차수는 9 − 6 = 3

이 되며 이는 전체구조물의 평형방정식으로 구한 값과 같다. 즉, 구속 자유도에서 평형방정식은 기본요소력을 결정하는데 영향을 미치지 않음을 보여준다. 이는 구속 자유도의 평형방정식 수만큼 미지력(반력)의 수가 늘어나기 때문이다.

이를 일반화하여 보면, 평형행렬 $\mathbf{B}_{free}$는 비구속 자유도에서 평형방정식 수만큼의 "행"을 갖고 시스템의 기본미지력 수만큼의 "열"을 가진다. 따라서 정적 부정정 차수는 열의 개수

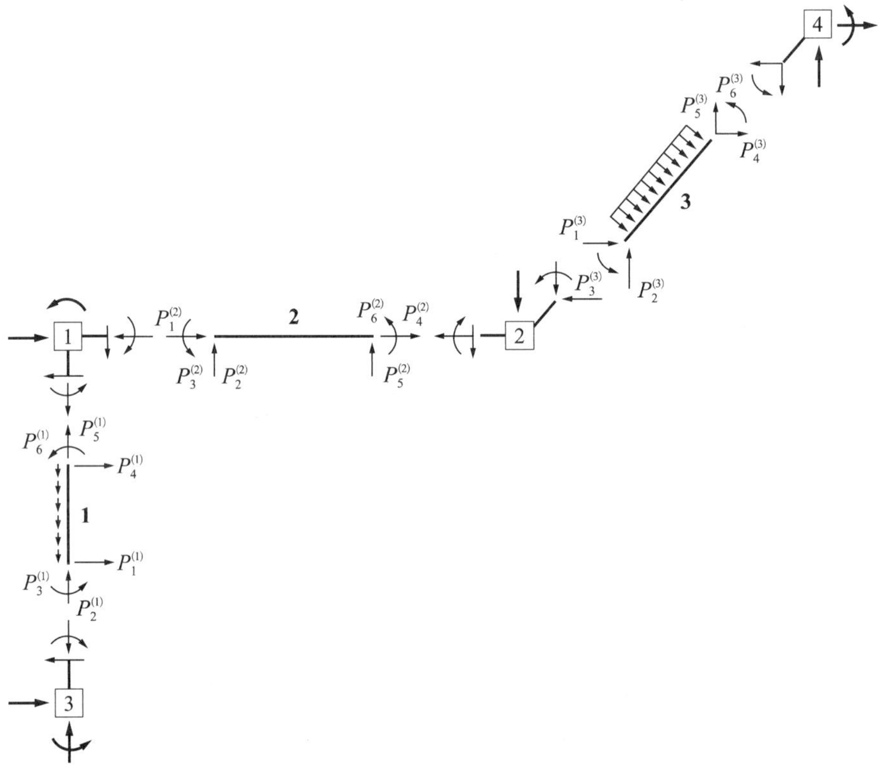

Figure 3-14 절점 평형조건

Table 3-1 정적 부정정 차수와 평형행렬 $\mathbf{B}_{free}$의 계급

종류	행렬 $\mathbf{B}_{free}$: $n_{row} \times n$	행렬 $\mathbf{B}_{free}$의 계급 : r	구조물 종류
1	$n_{row} = n$	$r = n_{row}$	정정 구조물(안정)
2	$n_{row} < n$	$r = n_{row}$	부정정 구조물(안정)
3	$n_{row} \leq n$	$r = n_{row}$	지점에 의해서 적절히 지지되지 않아 구조물의 한 부분에 강체회전이 발생함.
4	$n_{row} > n$	$r \leq n$	

n_{column}과 행의 개수 n_{row}의 차가 된다.

$$SI = n_{column} - n_{row} \tag{3.50}$$

수학적으로 부정정 차수는 평형행렬 $\mathbf{B}_{free}$의 계급과 관계된다. 이에 대한 다양한 경우를 Table 3-1에 요약하였다.

Example 3-1

그림의 골조 구조물에 대하여 답하시오.

(a) 구속 및 비구속 자유도 수와 단순보 모델에 의한 기본 요소력을 구하시오.

(b) 단순보 모델을 이용하여 구속 및 비구속 자유도에서의 평형방정식 행렬을 구하시오.

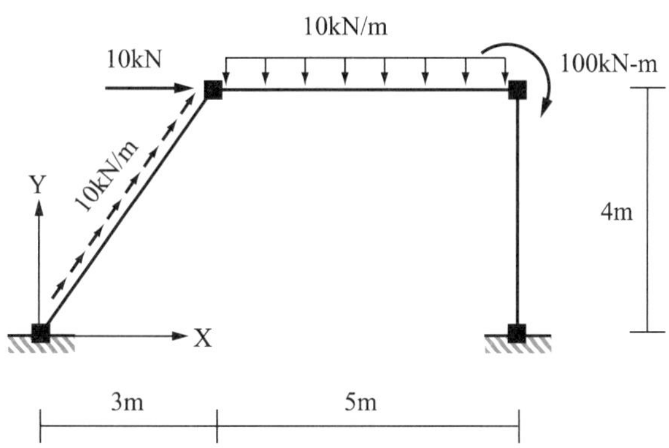

Solution

요소, 절점 및 자유도 번호는 다음과 같다.

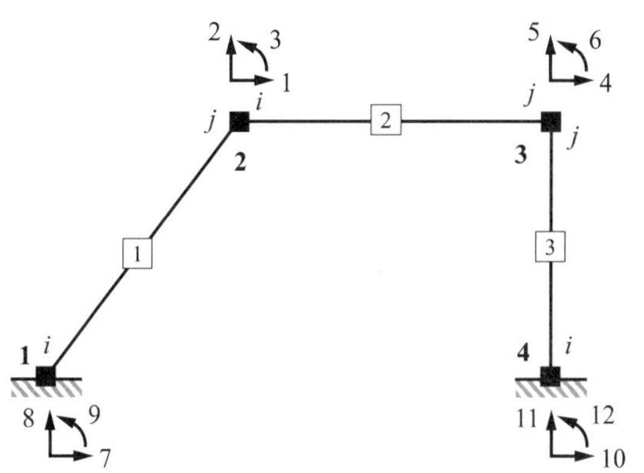

요소, 절점 및 자유도 번호

위의 자유도 번호로부터 각 요소의 사상 벡터를 구성하면 다음과 같다.

Element 1 Element 2 Element 3

$$LM_1 = \begin{Bmatrix} 7 \\ 8 \\ 9 \\ 1 \\ 2 \\ 3 \end{Bmatrix}_1 \qquad LM_2 = \begin{Bmatrix} 1 \\ 2 \\ 3 \\ 4 \\ 5 \\ 6 \end{Bmatrix}_2 \qquad LM_3 = \begin{Bmatrix} 10 \\ 11 \\ 12 \\ 4 \\ 5 \\ 6 \end{Bmatrix}_3$$

기본 요소력(서로 독립임)의 번호를 다음과 같이 정한다.

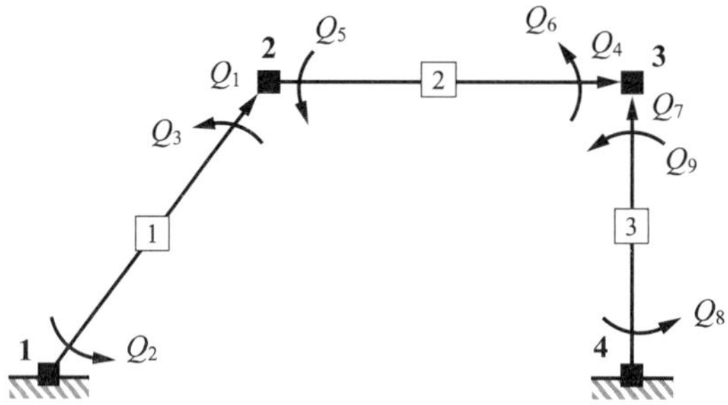

기본 요소력

요소의 길이와 방향 코사인을 계산해보자.

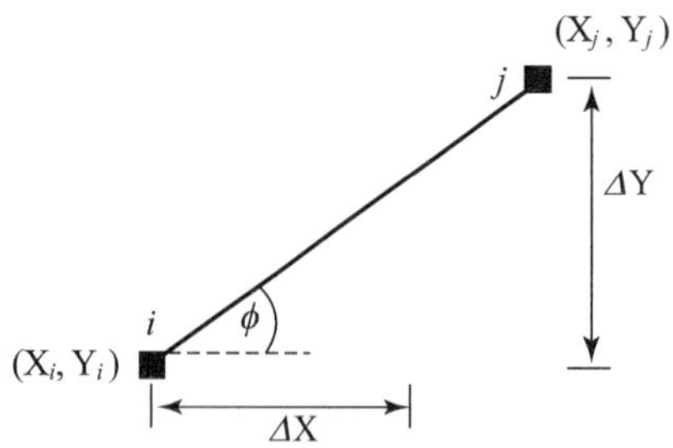

$$\Delta X = X_j - X_i$$

$$\Delta Y = Y_j - Y_i$$

$$L = \sqrt{(\Delta X)^2 + (\Delta Y)^2}$$

$$\cos\phi = \frac{\Delta X}{L} \quad \sin\phi = \frac{\Delta Y}{L}$$

각 요소의 길이와 방향 코사인을 아래 표에 정리하였다.

Node i	Node j	X_i	Y_i	X_j	Y_j	ΔX	ΔY	L	$\cos\phi$	$\sin\phi$
1	2	0	0	3	4	3	4	5.00	0.600	0.800
2	3	3	4	8	4	5	0	5.00	1.000	0.000
4	3	8	0	8	4	0	4	4.00	0.000	1.000

국부좌표계에서 단순보의 평형방정식 행렬은 다음과 같다.

$$\begin{Bmatrix} \bar{P}_1 \\ \bar{P}_2 \\ \bar{P}_3 \\ \bar{P}_4 \\ \bar{P}_5 \\ \bar{P}_6 \end{Bmatrix} = \begin{bmatrix} -1 & 0 & 0 \\ 0 & \frac{1}{L} & \frac{1}{L} \\ 0 & 1 & 0 \\ 1 & 0 & 0 \\ 0 & -\frac{1}{L} & -\frac{1}{L} \\ 0 & 0 & 1 \end{bmatrix} \begin{Bmatrix} q_1 \\ q_2 \\ q_3 \end{Bmatrix} + \begin{Bmatrix} -N_0 \\ -V_0 + \frac{M_0}{L} \\ 0 \\ 0 \\ -\frac{M_0}{L} \\ 0 \end{Bmatrix}$$

위 식을 전역좌표계로 나타내면 다음과 같다.

$$\begin{Bmatrix} P_1 \\ P_2 \\ P_3 \\ P_4 \\ P_5 \\ P_6 \end{Bmatrix} = \begin{bmatrix} -\cos\phi & -\frac{\sin\phi}{L} & -\frac{\sin\phi}{L} \\ -\sin\phi & \frac{\cos\phi}{L} & \frac{\cos\phi}{L} \\ 0 & 1 & 0 \\ \cos\phi & \frac{\sin\phi}{L} & \frac{\sin\phi}{L} \\ \sin\phi & -\frac{\cos\phi}{L} & -\frac{\cos\phi}{L} \\ 0 & 0 & 1 \end{bmatrix} \begin{Bmatrix} q_1 \\ q_2 \\ q_3 \end{Bmatrix} + \begin{Bmatrix} -\cos\phi N_0 - \sin\phi\left(\frac{M_0}{L} - V_0\right) \\ \cos\phi\left(\frac{M_0}{L} - V_0\right) - \sin\phi N_0 \\ 0 \\ \sin\phi \frac{M_0}{L} \\ -\cos\phi \frac{M_0}{L} \\ 0 \end{Bmatrix}$$

각 요소의 평형방정식을 세워보면 아래와 같다.

<u>요소 1</u>

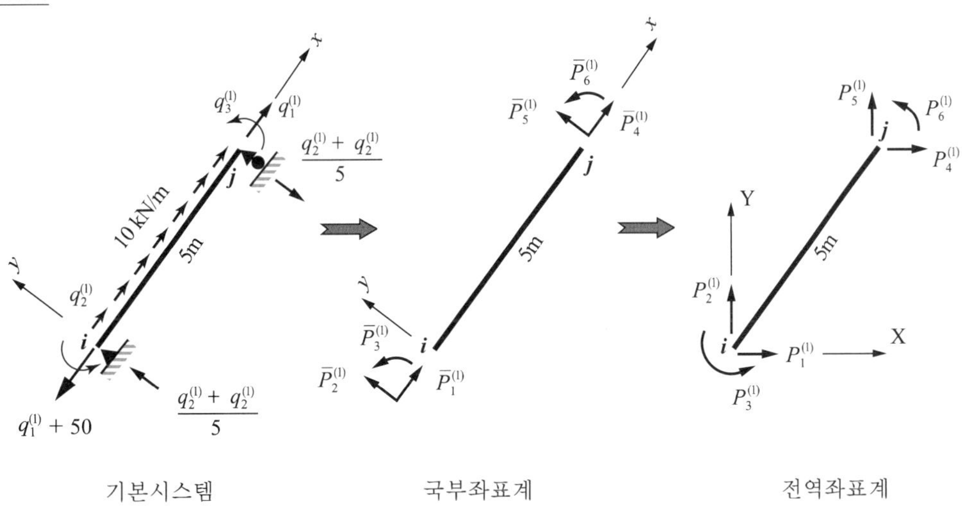

기본시스템에서 국부좌표계로 변환

$$\begin{Bmatrix} \bar{P}_1^{(1)} \\ \bar{P}_2^{(1)} \\ \bar{P}_3^{(1)} \\ \bar{P}_4^{(1)} \\ \bar{P}_5^{(1)} \\ \bar{P}_6^{(1)} \end{Bmatrix} = \begin{bmatrix} -1 & 0 & 0 \\ 0 & \frac{1}{5} & \frac{1}{5} \\ 0 & 1 & 0 \\ 1 & 0 & 0 \\ 0 & -\frac{1}{5} & -\frac{1}{5} \\ 0 & 0 & 1 \end{bmatrix} \begin{Bmatrix} q_1^{(1)} \\ q_2^{(1)} \\ q_3^{(1)} \end{Bmatrix} + \begin{Bmatrix} -50 \\ 0 \\ 0 \\ 0 \\ 0 \\ 0 \end{Bmatrix}$$

$\left[q_1^{(1)} \quad q_2^{(1)} \quad q_3^{(1)}\right]^T$를 기본요소력 $\left[Q_1 \quad Q_2 \quad Q_3\right]^T$로 바꾸면 다음과 같다.

$$\begin{Bmatrix} \bar{P}_1^{(1)} \\ \bar{P}_2^{(1)} \\ \bar{P}_3^{(1)} \\ \bar{P}_4^{(1)} \\ \bar{P}_5^{(1)} \\ \bar{P}_6^{(1)} \end{Bmatrix} = \begin{bmatrix} -1 & 0 & 0 \\ 0 & \frac{1}{5} & \frac{1}{5} \\ 0 & 1 & 0 \\ 1 & 0 & 0 \\ 0 & -\frac{1}{5} & -\frac{1}{5} \\ 0 & 0 & 1 \end{bmatrix} \begin{Bmatrix} Q_1 \\ Q_2 \\ Q_3 \end{Bmatrix} + \begin{Bmatrix} -50 \\ 0 \\ 0 \\ 0 \\ 0 \\ 0 \end{Bmatrix}$$

국부좌표계에서 전역좌표계로 변환

$$\begin{Bmatrix} P_1^{(1)} \\ P_2^{(1)} \\ P_3^{(1)} \\ P_4^{(1)} \\ P_5^{(1)} \\ P_6^{(1)} \end{Bmatrix} = \begin{bmatrix} -0.6 & -0.16 & -0.16 \\ -0.8 & 0.12 & 0.12 \\ 0 & 1 & 0 \\ 0.6 & 0.16 & 0.16 \\ 0.8 & -0.12 & -0.12 \\ 0 & 0 & 1 \end{bmatrix} \begin{Bmatrix} Q_1 \\ Q_2 \\ Q_3 \end{Bmatrix} + \begin{Bmatrix} -30 \\ -40 \\ 0 \\ 0 \\ 0 \\ 0 \end{Bmatrix}$$

<u>요소 2</u>

기본시스템에서 국부좌표계로 변환

$$\begin{Bmatrix} \bar{P}_1^{(2)} \\ \bar{P}_2^{(2)} \\ \bar{P}_3^{(2)} \\ \bar{P}_4^{(2)} \\ \bar{P}_5^{(2)} \\ \bar{P}_6^{(2)} \end{Bmatrix} = \begin{bmatrix} -1 & 0 & 0 \\ 0 & 0.2 & 0.2 \\ 0 & 1 & 0 \\ 1 & 0 & 0 \\ 0 & -0.2 & -0.2 \\ 0 & 0 & 1 \end{bmatrix} \begin{Bmatrix} q_1^{(2)} \\ q_2^{(2)} \\ q_3^{(2)} \end{Bmatrix} + \begin{Bmatrix} 0 \\ 25 \\ 0 \\ 0 \\ 25 \\ 0 \end{Bmatrix}$$

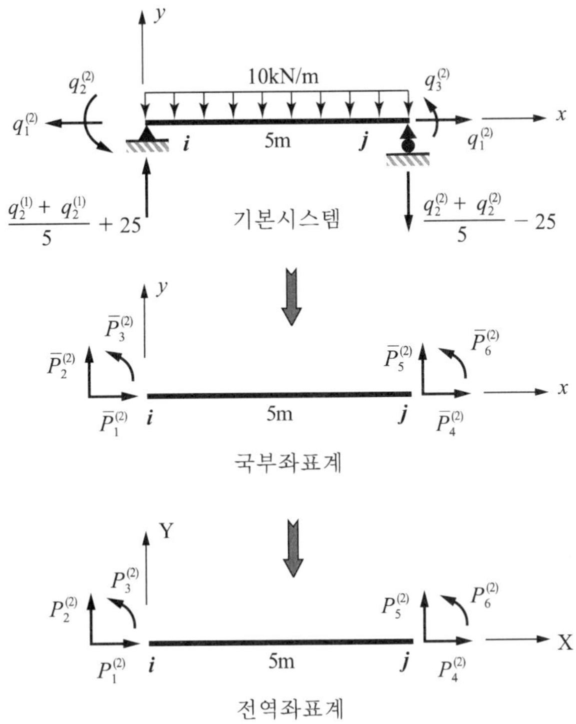

$\begin{bmatrix} q_1^{(2)} & q_2^{(2)} & q_3^{(2)} \end{bmatrix}^T$를 기본요소력 $\begin{bmatrix} Q_4 & Q_5 & Q_6 \end{bmatrix}^T$으로 바꾸어 대입하면 다음과 같다.

$$\begin{Bmatrix} \bar{P}_1^{(2)} \\ \bar{P}_2^{(2)} \\ \bar{P}_3^{(2)} \\ \bar{P}_4^{(2)} \\ \bar{P}_5^{(2)} \\ \bar{P}_6^{(2)} \end{Bmatrix} = \begin{bmatrix} -1 & 0 & 0 \\ 0 & 0.2 & 0.2 \\ 0 & 1 & 0 \\ 1 & 0 & 0 \\ 0 & -0.2 & -0.2 \\ 0 & 0 & 1 \end{bmatrix} \begin{Bmatrix} Q_4 \\ Q_5 \\ Q_6 \end{Bmatrix} + \begin{Bmatrix} 0 \\ 25 \\ 0 \\ 0 \\ 25 \\ 0 \end{Bmatrix}$$

국부좌표계에서 전역좌표계로 변환

$$\begin{Bmatrix} P_1^{(2)} \\ P_2^{(2)} \\ P_3^{(2)} \\ P_4^{(2)} \\ P_5^{(2)} \\ P_6^{(2)} \end{Bmatrix} = \begin{bmatrix} -1 & 0 & 0 \\ 0 & 0.2 & 0.2 \\ 0 & 1 & 0 \\ 1 & 0 & 0 \\ 0 & -0.2 & -0.2 \\ 0 & 0 & 1 \end{bmatrix} \begin{Bmatrix} Q_4 \\ Q_5 \\ Q_6 \end{Bmatrix} + \begin{Bmatrix} 0 \\ 25 \\ 0 \\ 0 \\ 25 \\ 0 \end{Bmatrix}$$

요소 3

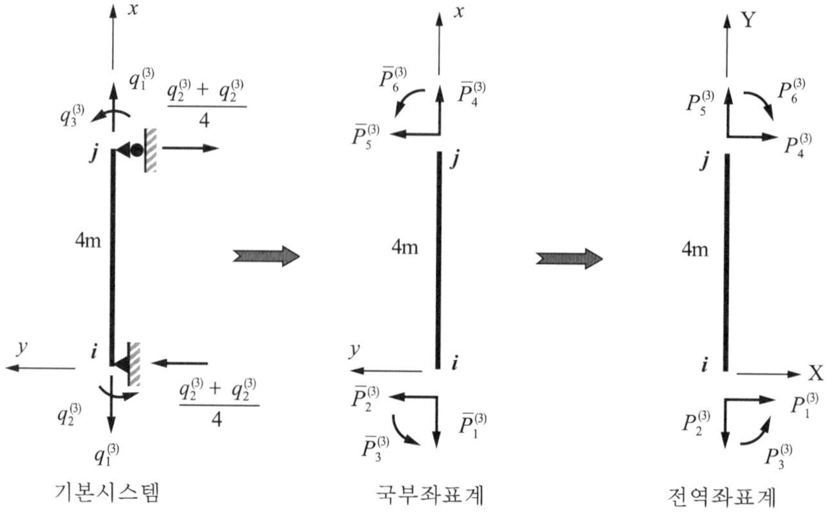

기본시스템에서 국부좌표계로 변환

$$\begin{Bmatrix} \bar{P}_1^{(3)} \\ \bar{P}_2^{(3)} \\ \bar{P}_3^{(3)} \\ \bar{P}_4^{(3)} \\ \bar{P}_5^{(3)} \\ \bar{P}_6^{(3)} \end{Bmatrix} = \begin{bmatrix} -1 & 0 & 0 \\ 0 & 0.25 & 0.25 \\ 0 & 1 & 0 \\ 1 & 0 & 0 \\ 0 & -0.25 & -0.25 \\ 0 & 0 & 1 \end{bmatrix} \begin{Bmatrix} q_1^{(3)} \\ q_2^{(3)} \\ q_3^{(3)} \end{Bmatrix}$$

$\left[q_1^{(3)} \quad q_2^{(3)} \quad q_3^{(3)}\right]^T$를 기본요소력 $\left[Q_7 \quad Q_8 \quad Q_9\right]^T$으로 바꾸어 대입하면 다음과 같다.

$$\begin{Bmatrix} \bar{P}_1^{(3)} \\ \bar{P}_2^{(3)} \\ \bar{P}_3^{(3)} \\ \bar{P}_4^{(3)} \\ \bar{P}_5^{(3)} \\ \bar{P}_6^{(3)} \end{Bmatrix} = \begin{bmatrix} -1 & 0 & 0 \\ 0 & 0.25 & 0.25 \\ 0 & 1 & 0 \\ 1 & 0 & 0 \\ 0 & -0.25 & -0.25 \\ 0 & 0 & 1 \end{bmatrix} \begin{Bmatrix} Q_7 \\ Q_8 \\ Q_9 \end{Bmatrix}$$

국부좌표계에서 전역좌표계로 변환

$$\begin{Bmatrix} P_1^{(3)} \\ P_2^{(3)} \\ P_3^{(3)} \\ P_4^{(3)} \\ P_5^{(3)} \\ P_6^{(3)} \end{Bmatrix} = \begin{bmatrix} 0 & -0.25 & -0.25 \\ -1 & 0 & 0 \\ 0 & 1 & 0 \\ 0 & 0.25 & 0.25 \\ 1 & 0 & 0 \\ 0 & 0 & 1 \end{bmatrix} \begin{Bmatrix} Q_7 \\ Q_8 \\ Q_9 \end{Bmatrix}$$

자유 절점(비구속 절점)에서 평형조건을 세워보자.

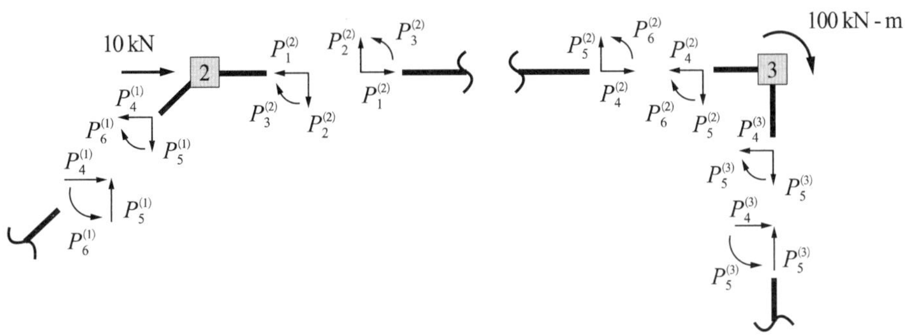

절점 2

$\sum F_X = 0;$

$$10 - P_4^{(1)} - P_1^{(2)} = 0 \;\rightarrow\; 10 = P_4^{(1)} + P_1^{(2)} \;\rightarrow\; 10 = 0.6Q_1 + 0.16Q_2 + 0.16Q_3 - Q_4$$

$\sum F_Y = 0;$

$$-P_5^{(1)} - P_2^{(2)} = 0 \;\rightarrow\; 0 = P_5^{(1)} + P_2^{(2)} \;\rightarrow$$

$$0 = 0.8Q_1 - 0.12Q_2 - 0.2Q_3 + 0.2Q_4 + 0.2Q_5 + 25$$

$\sum M_Z = 0;$

$$-P_6^{(1)} - P_3^{(2)} = 0 \;\rightarrow\; P_6^{(1)} + P_3^{(2)} = 0 \;\rightarrow\; 0 = Q_3 + Q_5$$

절점 3

$\sum F_X = 0;$

$$-P_4^{(2)} - P_4^{(3)} = 0 \;\rightarrow\; 0 = P_4^{(2)} + P_4^{(3)} \;\rightarrow\; 0 = Q_4 + 0.25Q_8 + 0.25Q_9$$

$\sum F_Y = 0;$

$$-P_5^{(2)} - P_5^{(3)} = 0 \;\rightarrow\; 0 = P_5^{(2)} + P_5^{(3)} \;\rightarrow\; 0 = -0.2Q_5 - 0.2Q_6 + Q_7 + 25$$

$\sum M_Z = 0;$

$$-100 - P_6^{(2)} - P_6^{(3)} = 0 \quad \rightarrow \quad -100 = P_6^{(2)} + P_6^{(3)} \quad \rightarrow \quad -100 = Q_6 + Q_9$$

구속 절점에서 평형조건을 세워보자.

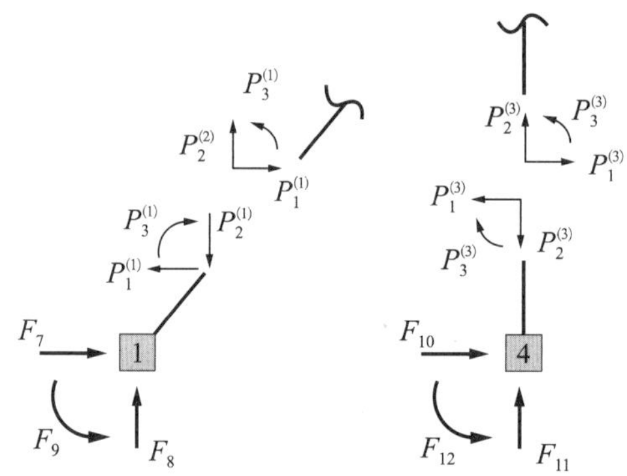

절점 1

$\sum F_X = 0;$

$$F_7 - P_1^{(1)} = 0 \quad \rightarrow \quad F_7 = P_1^{(1)} \quad \rightarrow \quad F_7 = -0.6Q_1 - 0.16Q_2 - 0.16Q_3 - 30$$

$\sum F_Y = 0;$

$$F_8 - P_2^{(1)} = 0 \quad \rightarrow \quad F_8 = P_2^{(1)} \quad \rightarrow \quad F_8 = -0.8Q_1 + 0.12Q_2 + 0.12Q_3 - 40$$

$\sum M_Z = 0;$

$$F_9 - P_3^{(1)} = 0 \quad \rightarrow \quad F_9 = P_3^{(1)} \quad \rightarrow \quad F_9 = Q_2$$

절점 4

$\sum F_X = 0;$

$$F_{10} - P_1^{(3)} = 0 \quad \rightarrow \quad F_{10} = P_1^{(3)} \quad \rightarrow \quad F_{10} = -0.25Q_8 - 0.25Q_9$$

$\sum F_Y = 0;$

$$F_{11} - P_2^{(3)} = 0 \quad \rightarrow \quad F_{11} = P_2^{(3)} \quad \rightarrow \quad F_{11} = -Q_7$$

$\sum M_Z = 0;$

$$F_{12} - P_3^{(3)} = 0 \quad \rightarrow \quad F_{12} = P_3^{(3)} \quad \rightarrow \quad F_{12} = Q_8$$

모든 절점에서 평형 조건을 모아서 행렬 형태로 나타내면 다음과 같다.

$$\begin{Bmatrix} 10 \\ 0 \\ 0 \\ 0 \\ 0 \\ -100 \\ F_7 \\ F_8 \\ F_9 \\ F_{10} \\ F_{11} \\ F_{12} \end{Bmatrix} = \begin{bmatrix} 0.6 & 0.16 & 0.16 & -1 & 0 & 0 & 0 & 0 & 0 \\ 0.8 & -0.12 & -0.12 & 0 & 0.2 & 0.2 & 0 & 0 & 0 \\ 0 & 0 & 1 & 0 & 1 & 0 & 0 & 0 & 0 \\ 0 & 0 & 0 & 1 & 0 & 0 & 0 & 0.25 & 0.25 \\ 0 & 0 & 0 & 0 & -0.2 & -0.2 & 1 & 0 & 0 \\ 0 & 0 & 0 & 0 & 0 & 1 & 0 & 0 & 1 \\ -0.6 & -0.16 & -0.16 & 0 & 0 & 0 & 0 & 0 & 0 \\ -0.8 & 0.12 & 0.12 & 0 & 0 & 0 & 0 & 0 & 0 \\ 0 & 1 & 0 & 0 & 0 & 0 & 0 & 0 & 0 \\ 0 & 0 & 0 & 0 & 0 & 0 & 0 & -0.25 & -0.25 \\ 0 & 0 & 0 & 0 & 0 & 0 & -1 & 0 & 0 \\ 0 & 0 & 0 & 0 & 0 & 0 & 0 & 1 & 0 \end{bmatrix} \begin{Bmatrix} Q_1 \\ Q_2 \\ Q_3 \\ Q_4 \\ Q_5 \\ Q_6 \\ Q_7 \\ Q_8 \\ Q_9 \end{Bmatrix} + \begin{Bmatrix} 0 \\ 25 \\ 0 \\ 0 \\ 25 \\ 0 \\ -30 \\ -40 \\ 0 \\ 0 \\ 0 \\ 0 \end{Bmatrix}$$

이를 간단하게 행렬로 표현하면 다음과 같다.

$$\mathbf{F} = \mathbf{BQ} + \mathbf{F}^0 \quad \text{또는} \quad \begin{Bmatrix} \mathbf{F}_{free} \\ \hline \mathbf{F}_{constr} \end{Bmatrix} = \begin{bmatrix} \mathbf{B}_{free} \\ \hline \mathbf{B}_{constr} \end{bmatrix} \mathbf{Q} + \begin{Bmatrix} \mathbf{F}^0_{free} \\ \hline \mathbf{F}^0_{constr} \end{Bmatrix}$$

비구속 자유도와 구속 자유도에서의 평형방정식을 분리하여 표현하면 다음과 같다.

$$\mathbf{F}_{free} = \mathbf{B}_{free}\mathbf{Q} + \mathbf{F}^0_{free}, \quad \mathbf{F}_{constr} = \mathbf{B}_{constr}\mathbf{Q} + \mathbf{F}^0_{constr}$$

요소하중을 왼쪽 항으로 이동시켜 요소 하중 효과를 등가 절점 하중 형태로 포함되도록 하면

$$\mathbf{F}_{free} - \mathbf{F}^0_{free} = \mathbf{B}_{free}\mathbf{Q}, \quad \mathbf{F}_{constr} - \mathbf{F}^0_{constr} = \mathbf{B}_{constr}\mathbf{Q}$$

이 된다.

비구속(자유) 자유도의 평형방정식은 다음과 같다.

$$\begin{Bmatrix} 10 \\ -25 \\ 0 \\ 0 \\ -25 \\ -100 \end{Bmatrix} = \begin{bmatrix} 0.6 & 0.16 & 0.16 & -1 & 0 & 0 & 0 & 0 & 0 \\ 0.8 & -0.12 & -0.12 & 0 & 0.2 & 0.2 & 0 & 0 & 0 \\ 0 & 0 & 1 & 0 & 1 & 0 & 0 & 0 & 0 \\ 0 & 0 & 0 & 1 & 0 & 0 & 0 & 0.25 & 0.25 \\ 0 & 0 & 0 & 0 & -0.2 & -0.2 & 1 & 0 & 0 \\ 0 & 0 & 0 & 0 & 0 & 1 & 0 & 0 & 1 \end{bmatrix} \begin{Bmatrix} Q_1 \\ Q_2 \\ Q_3 \\ Q_4 \\ Q_5 \\ Q_6 \\ Q_7 \\ Q_8 \\ Q_9 \end{Bmatrix}$$

위의 평형방정식에서 6개의 평형방정식과 9개의 미지력(기본 요소력)이 있기 때문에 이는 3차(9－6＝3) 부정정 구조물이다.

다음 그림처럼 3개의 힌지(모멘트 해제)를 요소에 대입하면 구조물은 정정 구조물이 된다.

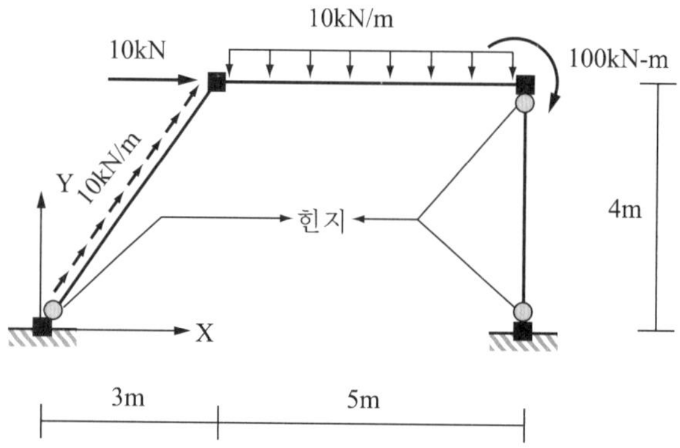

구조물의 평형방정식 행렬에서 $Q_2 = Q_8 = Q_9 = 0$ 으로 놓으면 수정된 평형방정식이 유도된다. 기본 시스템으로 단순보를 사용했기 때문에 모멘트 해제(3개의 힌지) 조건을 간단하게 모델에 포함할 수 있다.

$$\begin{Bmatrix} 10 \\ -25 \\ 0 \\ 0 \\ -25 \\ -100 \end{Bmatrix} = \begin{bmatrix} 0.6 & 0.16 & 0.16 & -1 & 0 & 0 & 0 & 0 & 0 \\ 0.8 & -0.12 & -0.12 & 0 & 0.2 & 0.2 & 0 & 0 & 0 \\ 0 & 0 & 1 & 0 & 1 & 0 & 0 & 0 & 0 \\ 0 & 0 & 0 & 1 & 0 & 0 & 0 & 0.25 & 0.25 \\ 0 & 0 & 0 & 0 & -0.2 & -0.2 & 1 & 0 & 0 \\ 0 & 0 & 0 & 0 & 0 & 1 & 0 & 0 & 1 \end{bmatrix} \begin{Bmatrix} Q_1 \\ 0 \\ Q_3 \\ Q_4 \\ Q_5 \\ Q_6 \\ Q_7 \\ 0 \\ 0 \end{Bmatrix}$$

$$\Downarrow$$

$$\begin{Bmatrix} 10 \\ -25 \\ 0 \\ 0 \\ -25 \\ -100 \end{Bmatrix} = \begin{bmatrix} 0.6 & 0.16 & -1 & 0 & 0 & 0 \\ 0.8 & -0.12 & 0 & 0.2 & 0.2 & 0 \\ 0 & 1 & 0 & 1 & 0 & 0 \\ 0 & 0 & 1 & 0 & 0 & 0 \\ 0 & 0 & 0 & -0.2 & -0.2 & 1 \\ 0 & 0 & 0 & 0 & 1 & 0 \end{bmatrix} \begin{Bmatrix} Q_1 \\ Q_3 \\ Q_4 \\ Q_5 \\ Q_6 \\ Q_7 \end{Bmatrix}$$

따라서 7개의 미지력과 6개의 평형조건으로부터 정정 구조물의 미지수를 구해보면

$$Q_1 = 7.5\ kN;\ Q_3 = 34.375\ kN-m;\ Q_4 = 0$$

$$Q_5 = -34.375\ kN-m;\ Q_6 = -100\ kN-m;\ Q_7 = -51.875\ kN$$

과 같다. 따라서 모멘트 해제(힌지 조건, $Q_2 = Q_8 = Q_9 = 0$)를 포함한 기본 요소력 벡터는 다음과 같다.

$$\mathbf{Q}=\begin{Bmatrix}Q_1\\Q_2\\Q_3\\Q_4\\Q_5\\Q_6\\Q_7\\Q_8\\Q_9\end{Bmatrix}=\begin{Bmatrix}7.5\\0\\34.375\\0\\-34.375\\-100\\-51.875\\0\\0\end{Bmatrix}$$

이로부터 반력을 계산하면

$$\mathbf{F}_{constr}=\mathbf{B}_{constr}\mathbf{Q}+\mathbf{F}^0_{constr}$$

$$\begin{Bmatrix}F_7\\F_8\\F_9\\F_{10}\\F_{11}\\F_{12}\end{Bmatrix}=\begin{bmatrix}-0.6&-0.16&-0.16&0&0&0&0&0&0\\-0.8&0.12&0.12&0&0&0&0&0&0\\0&1&0&0&0&0&0&0&0\\0&0&0&0&0&0&0&-0.25&-0.25\\0&0&0&0&0&0&-1&0&0\\0&0&0&0&0&0&0&1&0\end{bmatrix}\begin{Bmatrix}7.5\\0\\34.375\\0\\-34.375\\-100\\-51.875\\0\\0\end{Bmatrix}+\begin{Bmatrix}-30\\-40\\0\\0\\0\\0\end{Bmatrix}$$

$$F_7=-40\,kN;\ F_8=-41.875\,kN;\ F_9=0;\ F_{10}=0;\ F_{11}=51.875kN;\ F_{12}=0$$

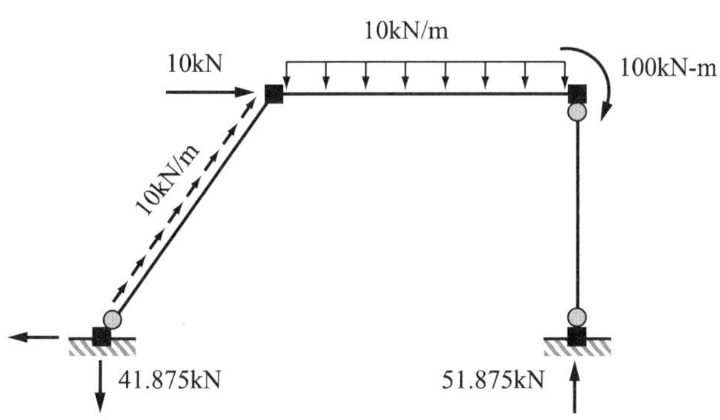

이다.

전체 평형조건을 검토해보면

$\sum F_X=0$ ➔ $-40+10+50\times0.6=0$ ➔ Correct

$$\sum F_Y = 0 \quad \rightarrow \quad 50\times0.8+51.875-41.87510-5\times10=0 \quad \rightarrow \quad \text{Correct}$$

$$\sum_1 M_Z = 0 \quad \rightarrow \quad -100-10\times4-10\times5\times5.5+51.875\times8=0 \quad \rightarrow \quad \text{Correct}$$

요소 단부력은 해당되는 기본 요소력을 요소방정식에 대입하여 구한다.
예를 들어, 요소 1의 경우:

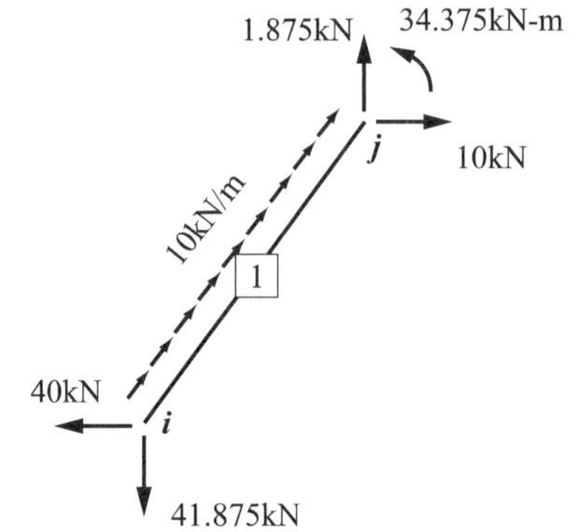

$$\begin{Bmatrix} P_1^{(1)} \\ P_2^{(1)} \\ P_3^{(1)} \\ P_4^{(1)} \\ P_5^{(1)} \\ P_6^{(1)} \end{Bmatrix} = \begin{bmatrix} -0.6 & -0.16 & -0.16 \\ -0.8 & 0.12 & 0.12 \\ 0 & 1 & 0 \\ 0.6 & 0.16 & 0.16 \\ 0.8 & -0.12 & -0.12 \\ 0 & 0 & 1 \end{bmatrix} \begin{Bmatrix} 7.5 \\ 0 \\ 34.375 \end{Bmatrix} + \begin{Bmatrix} -30 \\ -40 \\ 0 \\ 0 \\ 0 \\ 0 \end{Bmatrix} = \begin{Bmatrix} -40 \\ -41.875 \\ 0 \\ 10 \\ 1.875 \\ 34.375 \end{Bmatrix}$$

이다.
이 예제에서 추가적으로 힌지 한 개를 구조물에 대입하게 되면 어떻게 되는지 살펴보자. 힌지 한 개가 더 추가된 수정된 구조물은 아래 그림과 같다.

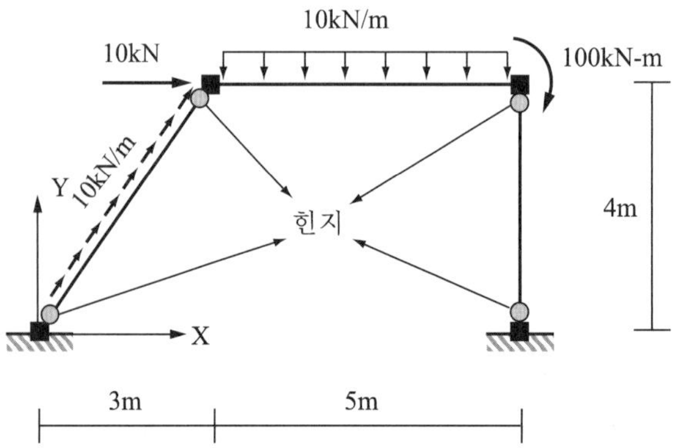

따라서 한 개의 해제 조건이 구해진다.

$$Q_3 = 0$$

비구속 자유도의 평형방정식 행렬은 다음과 같다.

$$\begin{Bmatrix} 10 \\ -25 \\ 0 \\ 0 \\ -25 \\ -100 \end{Bmatrix} = \begin{bmatrix} 0.6 & -1 & 0 & 0 & 0 \\ 0.8 & 0 & 0.2 & 0.2 & 0 \\ 0 & 0 & 1 & 0 & 0 \\ 0 & 1 & 0 & 0 & 0 \\ 0 & 0 & -0.2 & -0.2 & 1 \\ 0 & 0 & 0 & 1 & 0 \end{bmatrix} \begin{Bmatrix} Q_1 \\ Q_4 \\ Q_5 \\ Q_6 \\ Q_7 \end{Bmatrix}$$

이 행렬 시스템은 5개의 미지력과 6개의 평형 방정식을 가지며, 따라서 "부정(under-determinate)" 형태의 행렬 시스템이 된다. 이는 구조물이 불안정하다는 것을 의미하며 평형을 이루는 하중 경로가 존재하지 않는 것을 나타낸다. 구조물이 횡 하중을 받을 경우 쉽게 붕괴되는 형태이며 "연층현상(soft-story)"이라고 부른다. 지진을 받는 구조물에서는 이런 형태의 파괴가 일어나지 않도록 설계해야 한다. 이에 대한 자세한 내용은 일반적으로 지진공학과 같은 강의에서 좀 더 심도 있게 다룬다. 아래처럼 간단하게 브레이스를 설치하면 연층현상이 방지된다.

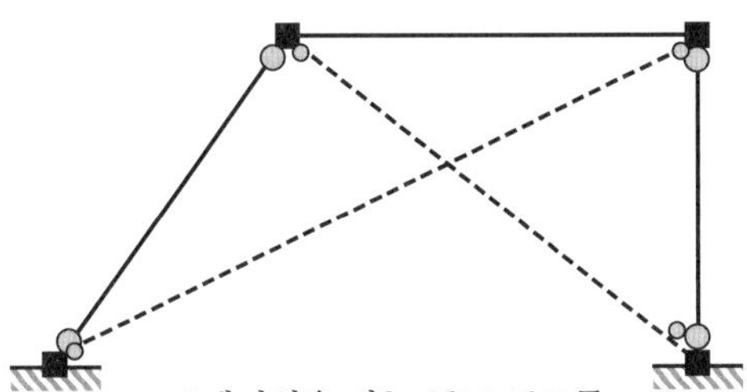

브레이싱을 갖는 골조 구조물

6 평형방정식 : 트러스 요소

지금까지 골조 구조물에 대한 평형방정식을 다루었다. 이 절에서는 핀으로 연결된 트러스 구조물에 대하여 다루어보자. 앞 절에서 유도된 평형방정식 행렬은 간단하게 트러스 구조물에 적용 가능한데, 이는 트러스 요소가 골조 요소의 특수한 형태이기 때문이다. 요소하중이 없는 경우 골조 요소의 기본 시스템[Figure 3-3(b)]에서 모멘트를 제거하면 트러스 요소가 된다. 물리적으로 요소 단부를 힌지로 만든 것과 동일하며 수학적으로는 식 (3.51)과 같다.

$$q_2 = 0, \quad q_3 = 0 \tag{3.51}$$

식 (3.51)을 식 (3.10)에 대입하고 단부력 벡터 $\overline{\mathbf{P}}$에서 모멘트를 제거하면 다음과 같이 된다.

$$\begin{Bmatrix} \bar{P}_1 \\ \bar{P}_2 \end{Bmatrix} = \begin{bmatrix} -1 \\ 1 \end{bmatrix} q_1 \ \text{ 또는 } \ \overline{\mathbf{P}} = \overline{\mathbf{b}}^{truss} q_1 \tag{3.52}$$

여기서, $\overline{\mathbf{b}}^{truss}$는 국부좌표계에서 기본 트러스 시스템의 평형행렬이다. 전 과정을 모식화하여 Figure 3-15에 나타내었다.

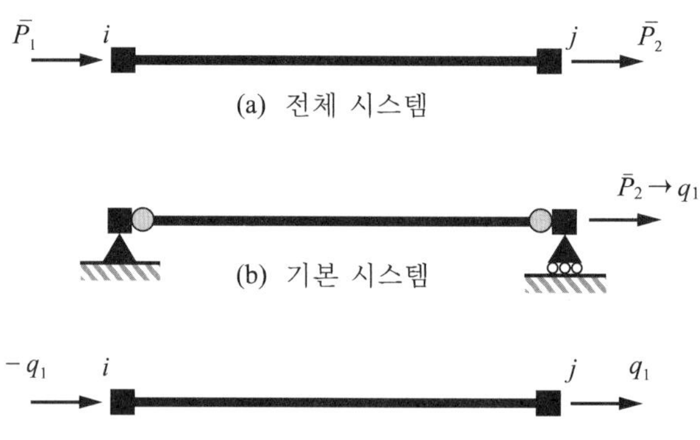

Figure 3-15 국부좌표계에서 트러스 요소

전역좌표계에서 트러스 요소의 평형방정식 행렬을 구해보자. 식 (3.51)을 식 (3.31)에 대입하고 모멘트를 단부력 벡터 $\overline{\mathbf{P}}$에서 제거하면

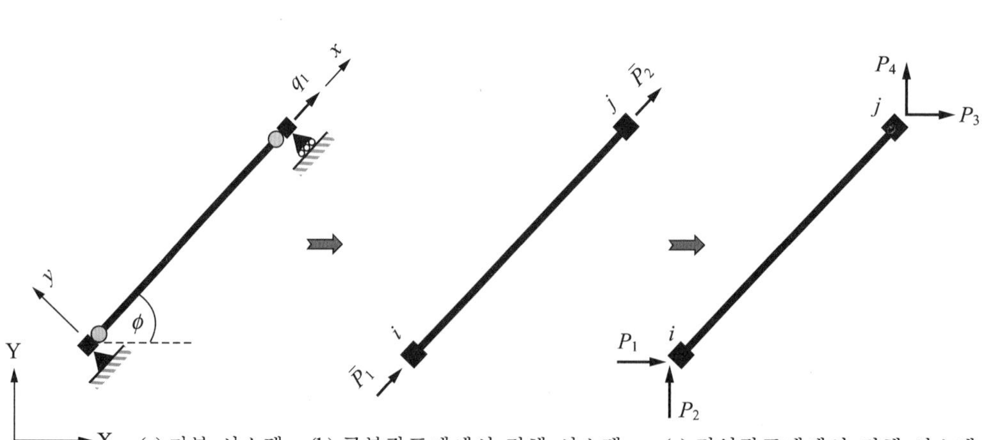

Figure 3-16 전역좌표계의 트러스 요소

$$\begin{Bmatrix} P_1 \\ P_2 \\ P_3 \\ P_4 \end{Bmatrix} = \begin{bmatrix} -\cos\phi \\ -\sin\phi \\ \cos\phi \\ \sin\phi \end{bmatrix} q_1 \quad \text{또는} \quad \mathbf{P} = \mathbf{b}^{truss} q_1 \tag{3.53}$$

과 같이 된다. 여기서 $\mathbf{b}^{truss}$는 전역좌표계에서 기본 트러스 시스템의 평형행렬이다. 이 과정을 Figure 3-16에 모식화하여 나타내었다.

Example 3-2

그림과 같은 트러스 구조물을 다음 단계를 따라 해석하여 내력과 지점 반력을 구하라.
(a) 기본요소력과 구속 및 비구속 자유도 수를 구하라.
(b) 비구속 자유도의 평형방정식을 구하라.
(c) 기본 요소력을 계산하라.
(d) 구속 자유도의 평형방정식을 이용하여 지점 반력을 계산하라.

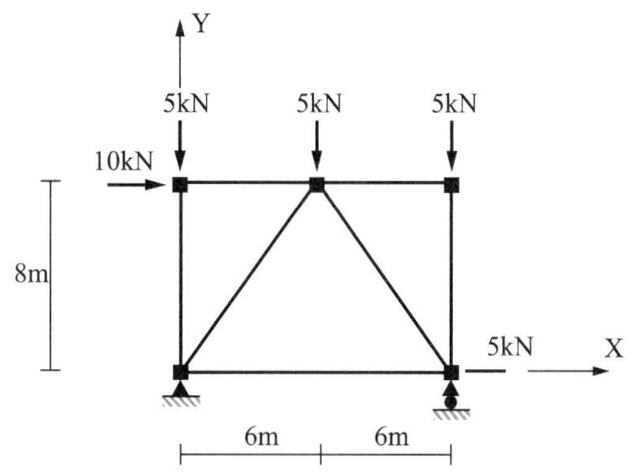

Solution

요소, 절점, 자유도 번호는 다음 그림과 같다.

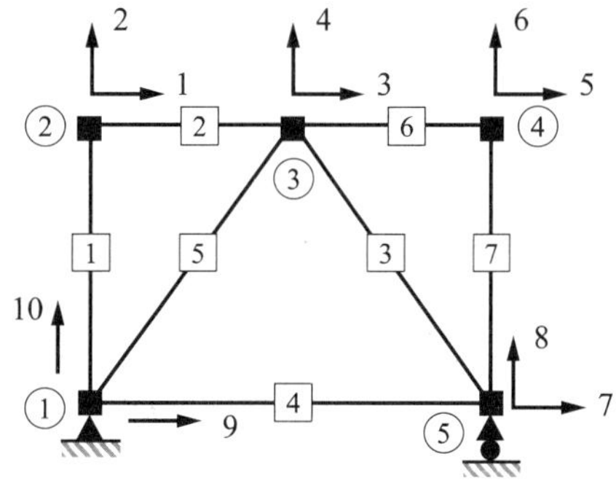

위의 자유도번호로부터 각 요소의 사상벡터를 구성하면 다음과 같다.

Element 1 Element 2 Element 3 Element 4

$$LM_1 = \begin{Bmatrix} 9 \\ 10 \\ 1 \\ 2 \end{Bmatrix}_1 \quad LM_2 = \begin{Bmatrix} 1 \\ 2 \\ 3 \\ 4 \end{Bmatrix}_2 \quad LM_3 = \begin{Bmatrix} 3 \\ 4 \\ 7 \\ 8 \end{Bmatrix}_3 \quad LM_4 = \begin{Bmatrix} 9 \\ 10 \\ 7 \\ 8 \end{Bmatrix}_4$$

Element 5 Element 6 Element 7

$$LM_5 = \begin{Bmatrix} 9 \\ 10 \\ 3 \\ 4 \end{Bmatrix}_5 \quad LM_6 = \begin{Bmatrix} 3 \\ 4 \\ 5 \\ 6 \end{Bmatrix}_6 \quad LM_7 = \begin{Bmatrix} 7 \\ 8 \\ 5 \\ 6 \end{Bmatrix}_7$$

기본요소력의 번호를 다음과 같이 정한다.

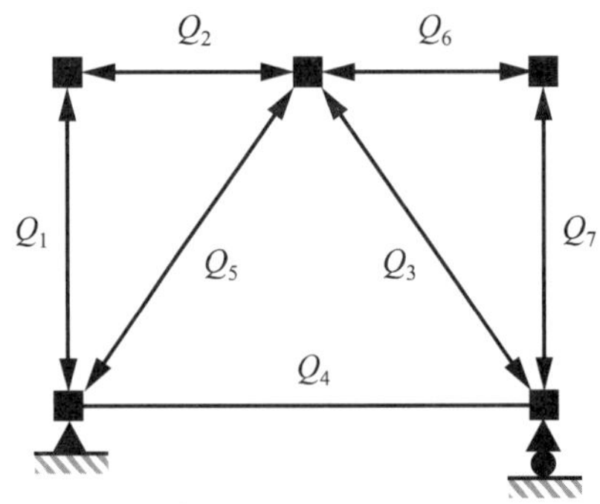

각 요소의 길이와 방향 코사인을 아래 표에 정리하였다.

Element	Node i	Node j	X_i	Y_i	X_j	Y_j	ΔX	ΔY	L	$\cos\phi$	$\sin\phi$
1	1	2	0	0	0	8	0	8	8.00	0.000	1.000
2	2	3	0	8	6	8	6	0	6.00	1.000	0.000
3	3	5	6	8	12	0	6	−8	10.00	0.600	−0.800
4	1	5	0	0	12	0	12	0	12.00	1.000	0.000
5	1	3	0	0	6	8	6	8	10.00	0.600	0.800
6	3	4	6	8	12	8	6	0	6.00	1.000	0.000
7	5	4	12	0	12	8	0	8	8.00	0.000	1.000

국부좌표계에서 트러스의 평형방정식 행렬은 다음과 같다.

$$\begin{Bmatrix} \overline{P}_1 \\ \overline{P}_2 \end{Bmatrix} = \begin{bmatrix} -1 \\ 1 \end{bmatrix} q_1$$

위 식을 전역좌표계로 나타내면 다음과 같다.

$$\begin{Bmatrix} P_1 \\ P_2 \\ P_3 \\ P_4 \end{Bmatrix} = \begin{bmatrix} -\cos\phi \\ -\sin\phi \\ \cos\phi \\ \sin\phi \end{bmatrix} q_1$$

각 요소의 평형시스템을 구하면 아래와 같다.

요소 1

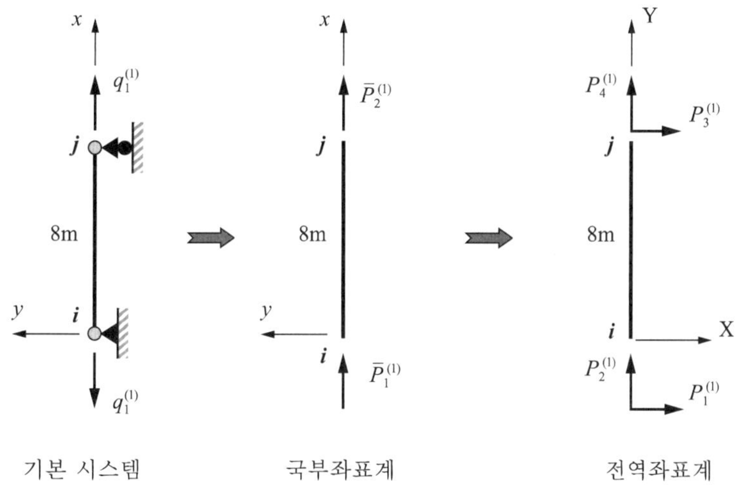

기본 시스템에서 국부좌표계로 변환:

$$\begin{Bmatrix} \bar{P}_1^{(1)} \\ \bar{P}_2^{(1)} \end{Bmatrix} = \begin{bmatrix} -1 \\ 1 \end{bmatrix} q_1^{(1)} \Rightarrow Q_1 = q_1^{(1)} \Rightarrow \begin{Bmatrix} \bar{P}_1^{(1)} \\ \bar{P}_2^{(1)} \end{Bmatrix} = \begin{bmatrix} -1 \\ 1 \end{bmatrix} Q_1$$

국부좌표계에서 전역좌표계로 변환:

$$\begin{Bmatrix} P_1^{(1)} \\ P_2^{(1)} \\ P_3^{(1)} \\ P_4^{(1)} \end{Bmatrix} = \begin{bmatrix} 0 \\ -1 \\ 0 \\ 1 \end{bmatrix} Q_1$$

요소 2

기본 시스템에서 국부좌표계로 변환:

$$\begin{Bmatrix} \bar{P}_1^{(2)} \\ \bar{P}_2^{(2)} \end{Bmatrix} = \begin{bmatrix} -1 \\ 1 \end{bmatrix} q_1^{(2)} \Rightarrow Q_2 = q_1^{(2)} \Rightarrow \begin{Bmatrix} \bar{P}_1^{(2)} \\ \bar{P}_2^{(2)} \end{Bmatrix} = \begin{bmatrix} -1 \\ 1 \end{bmatrix} Q_2$$

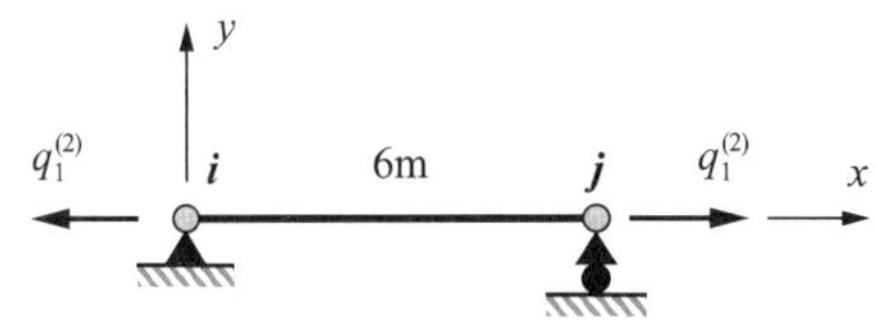

기본 시스템

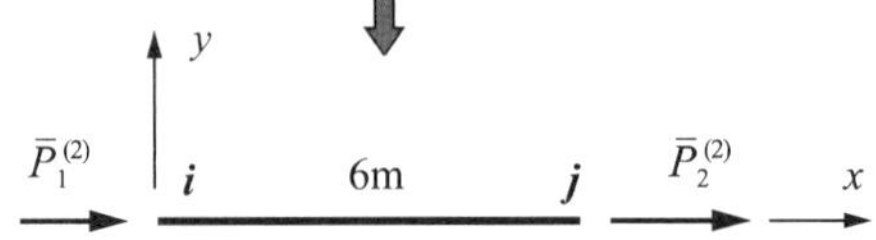

국부좌표계

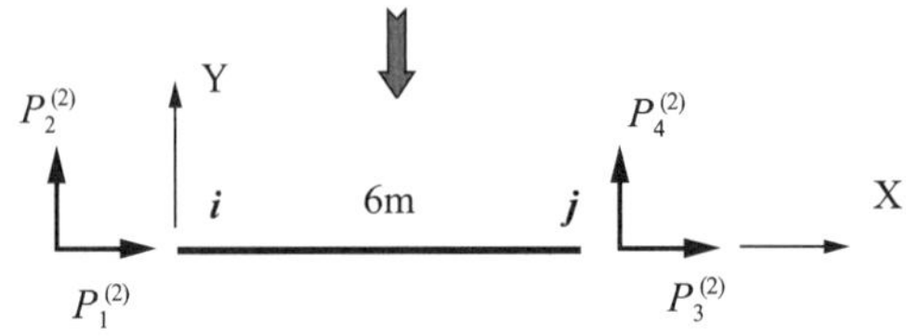

전역좌표계

국부좌표계에서 전역좌표계로 변환:

$$\begin{Bmatrix} P_1^{(2)} \\ P_2^{(2)} \\ P_3^{(2)} \\ P_4^{(2)} \end{Bmatrix} = \begin{bmatrix} -1 \\ 0 \\ 1 \\ 0 \end{bmatrix} Q_2$$

요소 3
기본 시스템에서 국부좌표계로 변환:

$$\begin{Bmatrix} \bar{P}_1^{(3)} \\ \bar{P}_2^{(3)} \end{Bmatrix} = \begin{bmatrix} -1 \\ 1 \end{bmatrix} q_1^{(3)} \quad Q_3 = q_1^{(3)} \quad \begin{Bmatrix} \bar{P}_1^{(3)} \\ \bar{P}_2^{(3)} \end{Bmatrix} = \begin{bmatrix} -1 \\ 1 \end{bmatrix} Q_3$$

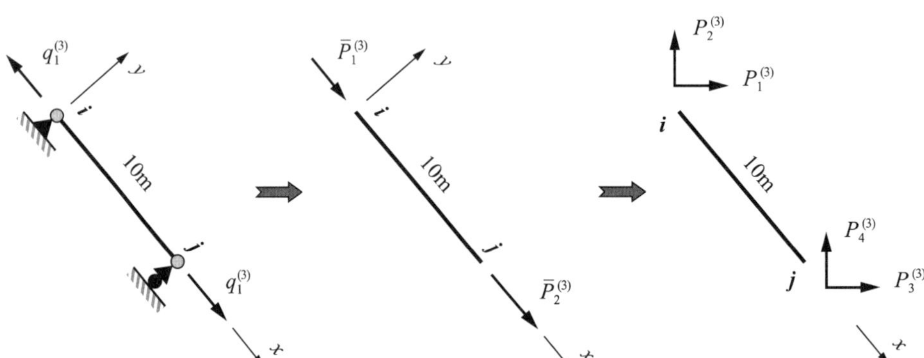

기본 시스템 국부좌표계 전역좌표계

국부좌표계에서 전역좌표계로 변환:

$$\begin{Bmatrix} P_1^{(3)} \\ P_2^{(3)} \\ P_3^{(3)} \\ P_4^{(3)} \end{Bmatrix} = \begin{bmatrix} -0.6 \\ 0.8 \\ 0.6 \\ -0.8 \end{bmatrix} Q_3$$

요소 4

기본 시스템에서 국부좌표계로 변환:

$$\begin{Bmatrix} \bar{P}_1^{(4)} \\ \bar{P}_2^{(4)} \end{Bmatrix} = \begin{bmatrix} -1 \\ 1 \end{bmatrix} q_1^{(4)} \Rightarrow Q_4 = q_1^{(4)} \Rightarrow \begin{Bmatrix} \bar{P}_1^{(4)} \\ \bar{P}_2^{(4)} \end{Bmatrix} = \begin{bmatrix} -1 \\ 1 \end{bmatrix} Q_4$$

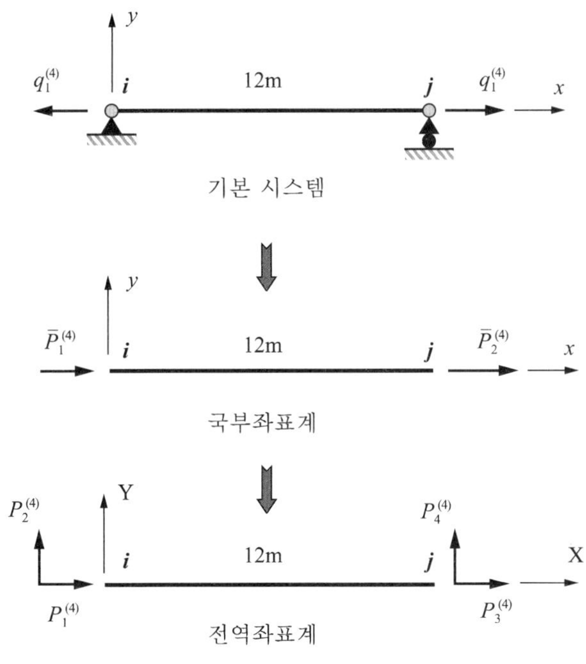

국부좌표계에서 전역좌표계로 변환:

$$\begin{Bmatrix} P_1^{(4)} \\ P_2^{(4)} \\ P_3^{(4)} \\ P_4^{(4)} \end{Bmatrix} = \begin{bmatrix} -1 \\ 0 \\ 1 \\ 0 \end{bmatrix} Q_4$$

요소 5

기본 시스템에서 국부좌표계로 변환:

$$\begin{Bmatrix} \overline{P}_1^{(5)} \\ \overline{P}_2^{(5)} \end{Bmatrix} = \begin{bmatrix} -1 \\ 1 \end{bmatrix} q_1^{(5)} \Rightarrow Q_5 = q_1^{(5)} \Rightarrow \begin{Bmatrix} \overline{P}_1^{(5)} \\ \overline{P}_2^{(5)} \end{Bmatrix} = \begin{bmatrix} -1 \\ 1 \end{bmatrix} Q_5$$

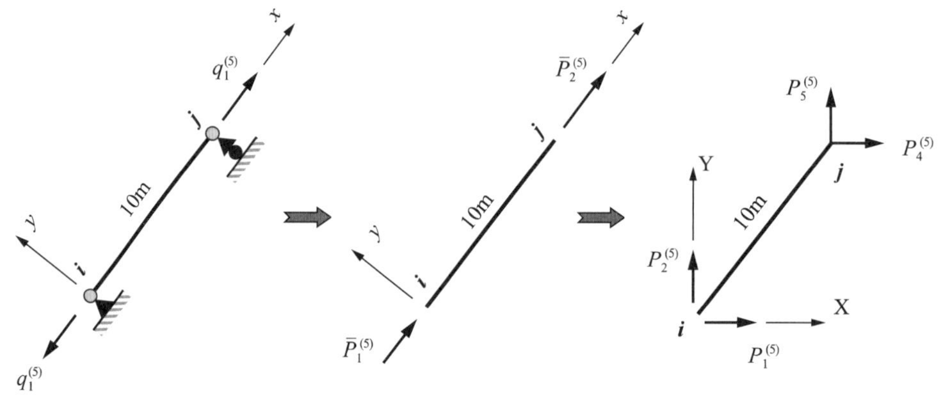

기본 시스템　　　　국부좌표계　　　　전역좌표계

국부좌표계에서 전역좌표계로 변환:

$$\begin{Bmatrix} P_1^{(5)} \\ P_2^{(5)} \\ P_3^{(5)} \\ P_4^{(5)} \end{Bmatrix} = \begin{bmatrix} -0.6 \\ -0.8 \\ 0.6 \\ 0.8 \end{bmatrix} Q_5$$

요소 6

기본 시스템에서 국부좌표계로 변환:

$$\begin{Bmatrix} \overline{P}_1^{(6)} \\ \overline{P}_2^{(6)} \end{Bmatrix} = \begin{bmatrix} -1 \\ 1 \end{bmatrix} q_1^{(6)} \Rightarrow Q_6 = q_1^{(6)} \Rightarrow \begin{Bmatrix} \overline{P}_1^{(6)} \\ \overline{P}_2^{(6)} \end{Bmatrix} = \begin{bmatrix} -1 \\ 1 \end{bmatrix} Q_6$$

국부좌표계에서 전역좌표계로 변환:

$$\begin{Bmatrix} P_1^{(6)} \\ P_2^{(6)} \\ P_3^{(6)} \\ P_4^{(6)} \end{Bmatrix} = \begin{bmatrix} -1 \\ 0 \\ 1 \\ 0 \end{bmatrix} Q_6$$

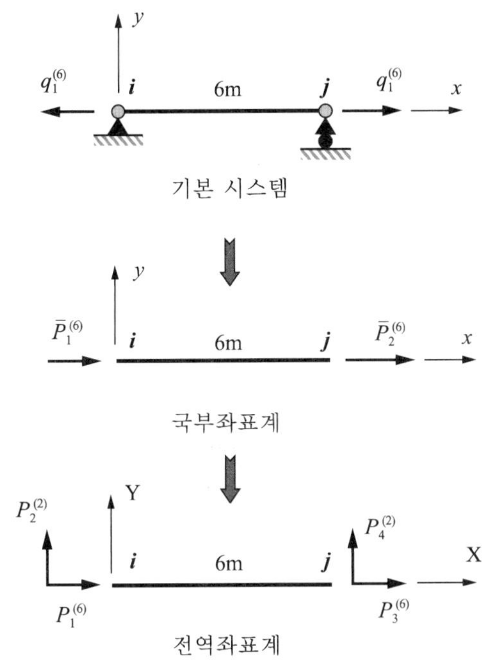

요소 7

기본 시스템에서 국부좌표계로 변환:

$$\begin{Bmatrix} \bar{P}_1^{(7)} \\ \bar{P}_2^{(7)} \end{Bmatrix} = \begin{bmatrix} -1 \\ 1 \end{bmatrix} q_1^{(7)} \quad Q_7 = q_1^{(7)} \quad \begin{Bmatrix} \bar{P}_1^{(7)} \\ \bar{P}_2^{(7)} \end{Bmatrix} = \begin{bmatrix} -1 \\ 1 \end{bmatrix} Q_7$$

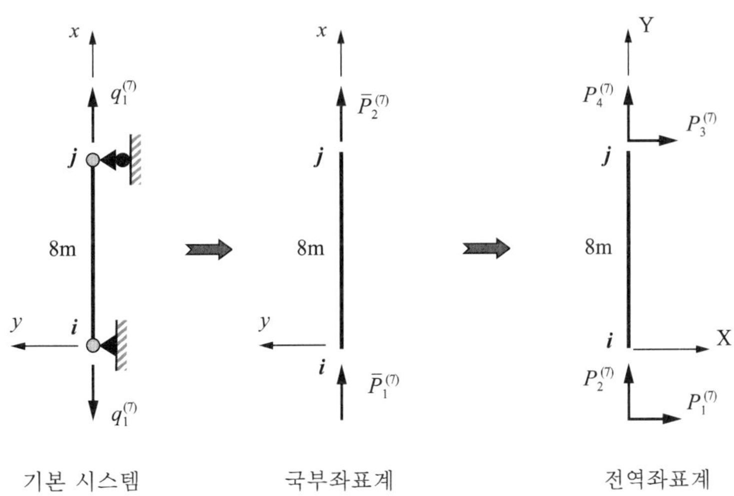

국부좌표계에서 전역좌표계로 변환:

$$\begin{Bmatrix} P_1^{(7)} \\ P_2^{(7)} \\ P_3^{(7)} \\ P_4^{(7)} \end{Bmatrix} = \begin{bmatrix} 0 \\ -1 \\ 0 \\ 1 \end{bmatrix} Q_7$$

전체 절점의 평형조건은 다음 그림과 같다.

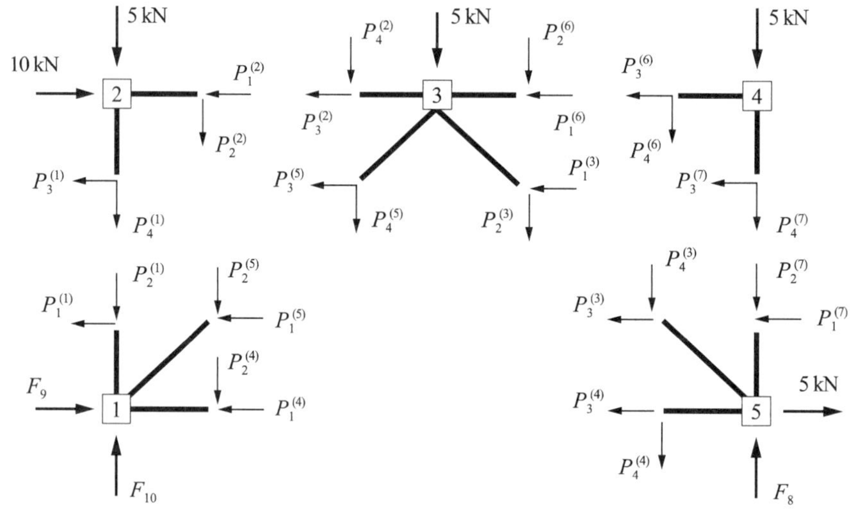

절점 1

$\sum F_X = 0;$

$$F_9 - P_1^{(1)} - P_1^{(4)} - P_1^{(5)} = 0 \;\Rightarrow\; F_9 = P_1^{(1)} + P_1^{(4)} + P_1^{(5)} \;\Rightarrow\; F_9 = -Q_4 - 0.6Q_5$$

$\sum F_Y = 0;$

$$F_{10} - P_2^{(1)} - P_2^{(4)} - P_2^{(5)} = 0 \;\Rightarrow\; F_{10} = P_2^{(1)} + P_2^{(4)} + P_2^{(5)} \;\Rightarrow\; F_{10} = -Q_1 - 0.8Q_5$$

절점 2

$\sum F_X = 0;$

$$10 - P_1^{(2)} - P_3^{(1)} = 0 \;\Rightarrow\; 10 = P_1^{(2)} + P_3^{(1)} \;\Rightarrow\; 10 = -Q_2$$

$\sum F_Y = 0;$

$$-5 - P_2^{(2)} - P_4^{(1)} = 0 \;\Rightarrow\; -5 = P_2^{(2)} + P_4^{(1)} \;\Rightarrow\; -5 = Q_1$$

절점 3

$\sum F_X = 0;$

$$-P_3^{(2)} - P_1^{(3)} - P_3^{(5)} - P_1^{(6)} = 0 \;\Rightarrow\; 0 = P_3^{(2)} + P_1^{(3)} + P_3^{(5)} + P_1^{(6)} \;\Rightarrow\; 0 = Q_2 - 0.6Q_3 + 0.6Q_5 - Q_6$$

$\sum F_Y = 0;$

$$-5 - P_4^{(2)} - P_2^{(3)} - P_4^{(5)} - P_2^{(6)} = 0 \;\Rightarrow\; -5 = P_4^{(2)} + P_2^{(3)} + P_4^{(5)} + P_2^{(6)} \;\Rightarrow\; -5 = 0.8Q_3 + 0.8Q_5$$

절점 4

$\sum F_X = 0;$

$$-P_3^{(6)} - P_3^{(7)} = 0 \;\Rightarrow\; 0 = P_3^{(6)} + P_3^{(7)} \;\Rightarrow\; 0 = Q_6$$

$\sum F_Y = 0;$

$$-5 - P_4^{(6)} - P_4^{(7)} = 0 \;\Rightarrow\; -5 = P_4^{(6)} + P_4^{(7)} \;\Rightarrow\; -5 = Q_7$$

절점 5

$\sum F_X = 0;$

$$-5 - P_3^{(3)} - P_3^{(4)} - P_1^{(7)} = 0 \;\Rightarrow\; -5 = P_3^{(3)} + P_3^{(4)} + P_1^{(7)} \;\Rightarrow\; -5 = 0.6Q_3 + Q_4$$

$\sum F_Y = 0;$

$$F_8 - P_4^{(3)} - P_4^{(4)} - P_2^{(7)} = 0 \;\Rightarrow\; F_8 = P_4^{(3)} + P_4^{(4)} + P_2^{(7)} \;\Rightarrow\; F_8 = -0.8Q_3 - Q_7$$

모든 절점에서 평형조건을 모아서 행렬 형태로 나타내면 다음과 같다.

$$\begin{Bmatrix} 10 \\ -5 \\ 0 \\ -5 \\ 0 \\ -5 \\ 5 \\ F_8 \\ F_9 \\ F_{10} \end{Bmatrix} = \begin{bmatrix} 0 & -1 & 0 & 0 & 0 & 0 & 0 \\ 1 & 0 & 0 & 0 & 0 & 0 & 0 \\ 0 & 1 & -0.6 & 0 & 0.6 & -1 & 0 \\ 0 & 0 & 0.8 & 0 & 0.8 & 0 & 0 \\ 0 & 0 & 0 & 0 & 0 & 1 & 0 \\ 0 & 0 & 0 & 0 & 0 & 0 & 1 \\ 0 & 0 & 0.6 & 1 & 0 & 0 & 0 \\ 0 & 0 & -0.8 & 0 & 0 & 0 & -1 \\ 0 & 0 & 0 & -1 & -0.6 & 0 & 0 \\ -1 & 0 & 0 & 0 & -0.8 & 0 & 0 \end{bmatrix} \begin{Bmatrix} Q_1 \\ Q_2 \\ Q_3 \\ Q_4 \\ Q_5 \\ Q_6 \\ Q_7 \end{Bmatrix}$$

분할행렬로 나타내면 다음과 같다.

$$\mathbf{F} = \mathbf{BQ} \quad \text{또는} \quad \begin{Bmatrix} \mathbf{F}_{free} \\ \hline \mathbf{F}_{constr} \end{Bmatrix} = \begin{bmatrix} \mathbf{B}_{free} \\ \hline \mathbf{B}_{constr} \end{bmatrix} \mathbf{Q}$$

비구속 및 구속 자유도 평형방정식 행렬을 분리해서 나타내면 다음과 같다.

$$\mathbf{F}_{free} = \mathbf{B}_{free}\mathbf{Q}\,,\ \ \mathbf{F}_{constr} = \mathbf{B}_{constr}\mathbf{Q}$$

평형방정식 행렬에서 10개의 미지력, 즉 7개의 기본요소력 $\mathbf{Q}$와 3개의 구속 자유도의 미지력(반력) $\mathbf{F}_{constr}$가 있는 반면에, 사용가능한 평형방정식의 수는 10개뿐이다. 그러므로 이 구조물은 정정 구조물이 된다.

비구속 자유도의 평형방정식은 다음과 같다.

$$\mathbf{F}_{free} = \mathbf{B}_{free}\mathbf{Q}$$

$$\begin{Bmatrix} 10 \\ -5 \\ 0 \\ -5 \\ 0 \\ -5 \\ 5 \end{Bmatrix} = \begin{bmatrix} 0 & -1 & 0 & 0 & 0 & 0 & 0 \\ 1 & 0 & 0 & 0 & 0 & 0 & 0 \\ 0 & 1 & -0.6 & 0 & 0.6 & -1 & 0 \\ 0 & 0 & 0.8 & 0 & 0.8 & 0 & 0 \\ 0 & 0 & 0 & 0 & 0 & 1 & 0 \\ 0 & 0 & 0 & 0 & 0 & 0 & 1 \\ 0 & 0 & 0.6 & 1 & 0 & 0 & 0 \end{bmatrix} \begin{Bmatrix} Q_1 \\ Q_2 \\ Q_3 \\ Q_4 \\ Q_5 \\ Q_6 \\ Q_7 \end{Bmatrix}$$

위의 식에서 7개의 평형방정식과 7개의 기본요소력(미지력)이 있다. 그러므로 위의 행렬을 기본요소력의 항으로 풀면 다음과 같다.

$$Q_1 = -5\ kN; Q_2 = -10\ kN; Q_3 = -11.45\ kN; Q_4 = 11.88\ kN;$$

$$Q_5 = 5.21\ kN; Q_6 = 0\ kN; Q_7 = -5\ kN;$$

기본요소력의 (+)부호는 인장, (−)부호는 압축을 의미한다.

기본요소력을 구속 자유도의 평형방정식에 대입하여 반력을 계산하면

$$\mathbf{F}_{constr} = \mathbf{B}_{constr}\mathbf{Q}$$

$$\begin{Bmatrix} F_8 \\ F_9 \\ F_{10} \end{Bmatrix} = \begin{bmatrix} 0 & 0 & -0.8 & 0 & 0 & 0 & -1 \\ 0 & 0 & 0 & -1 & -0.6 & 0 & 0 \\ -1 & 0 & 0 & 0 & -0.8 & 0 & 0 \end{bmatrix} \begin{Bmatrix} -5 \\ -10 \\ -11.45 \\ 11.88 \\ 5.21 \\ 0 \\ -5 \end{Bmatrix} = \begin{Bmatrix} 14.17 \\ -15 \\ 0.83 \end{Bmatrix} kN$$

과 같다.

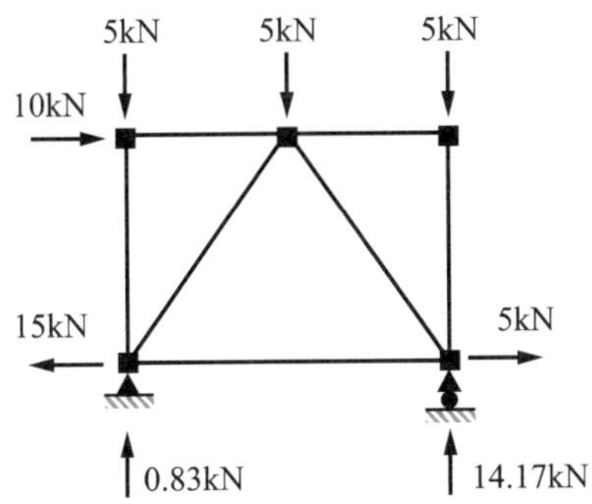

전체 평형조건을 검증해보면 다음과 같다.

$\sum F_X = 0$ $\quad -15+10+5=0$ ➡ 만족함

$\sum F_Y = 0$ $\quad -15+14.17+0.83=0$ ➡ 만족함

$\sum_1 M_Z = 0$ $\quad 14.17\times12-5\times6-5\times12-10\times8=0$ ➡ 만족함

요소단부력은 기본요소력을 요소 평형방정식에 대입하면 간단하게 결정된다. 예를 들어, 요소 5의 경우

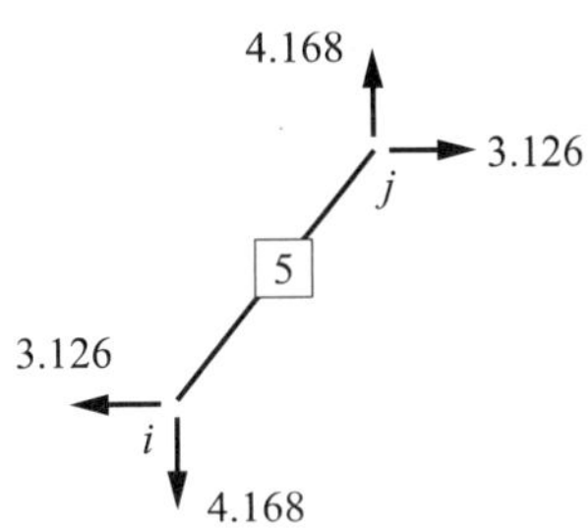

$$\begin{Bmatrix} P_1^{(5)} \\ P_2^{(5)} \\ P_3^{(5)} \\ P_4^{(5)} \end{Bmatrix} = \begin{bmatrix} -0.6 \\ -0.8 \\ 0.6 \\ 0.8 \end{bmatrix} 5.21 = \begin{Bmatrix} -3.126 \\ -4.168 \\ 3.126 \\ 4.168 \end{Bmatrix} kN$$

과 같다.

7 시스템 평형방정식의 산정

앞 절에서 구조물의 평형방정식 행렬을 다음 순서에 따라 구성하였다.

(1) 기본요소력 q의 항으로 각 요소의 국부단부력 $\overline{\mathbf{P}}$를 나타내었다.

(2) 변환행렬을 이용하여 요소의 단부력 $\overline{\mathbf{P}}$를 전역좌표계의 요소단부력 $\mathbf{P}$로 변환하였다.

(3) 그리고 모든 자유도의 평형방정식을 조립하여 행렬로 나타내었다.

구조물이 대형일 경우, 이상 언급한 과정은 많은 시간과 노력이 소요되고 복잡하다. 따라서 본 절에서는 구조물의 평형방정식을 조립하는 좀 더 체계적인 방법에 대하여 다루고 이를 컴퓨터에 전산화하기 용이하도록 개선해보기로 하자.

이를 위해서 Example 3-1을 사용하도록 한다. 각 요소의 요소단부력은 사상벡터에 의해서 구조물의 자유도와 일대일로 연결된다(1장 참조). 이 예제의 요소 1, 2, 3의 사상벡터는 다음과 같다.

$$\text{Element 1}\quad \begin{Bmatrix}7\\8\\9\\1\\2\\3\end{Bmatrix}_{structure} \rightarrow \begin{Bmatrix}1\\2\\3\\4\\5\\6\end{Bmatrix}_{element} \qquad \text{Element 2}\quad \begin{Bmatrix}1\\2\\3\\4\\5\\6\end{Bmatrix}_{structure} \rightarrow \begin{Bmatrix}1\\2\\3\\4\\5\\6\end{Bmatrix}_{element} \qquad \text{Element 3}\quad \begin{Bmatrix}10\\11\\12\\4\\5\\6\end{Bmatrix}_{structure} \rightarrow \begin{Bmatrix}1\\2\\3\\4\\5\\6\end{Bmatrix}_{element} \tag{3.54}$$

모든 자유도에서 평형방정식(전역좌표계)을 요소단부력으로 나타내면 다음과 같다.

$$\begin{Bmatrix}10\\-10\\0\\10\\-5\\-100\\F_7\\F_8\\F_9\\F_{10}\\F_{11}\\F_{12}\end{Bmatrix} = \begin{bmatrix}0&0&0&1&0&0\\0&0&0&0&1&0\\0&0&0&0&0&1\\0&0&0&0&0&0\\0&0&0&0&0&0\\0&0&0&0&0&0\\1&0&0&0&0&0\\0&1&0&0&0&0\\0&0&1&0&0&0\\0&0&0&0&0&0\\0&0&0&0&0&0\\0&0&0&0&0&0\end{bmatrix}\begin{Bmatrix}P_1^{(1)}\\P_2^{(1)}\\P_3^{(1)}\\P_4^{(1)}\\P_5^{(1)}\\P_6^{(1)}\end{Bmatrix} + \begin{bmatrix}1&0&0&0&0&0\\0&1&0&0&0&0\\0&0&1&0&0&0\\0&0&0&1&0&0\\0&0&0&0&1&0\\0&0&0&0&0&1\\0&0&0&0&0&0\\0&0&0&0&0&0\\0&0&0&0&0&0\\0&0&0&0&0&0\\0&0&0&0&0&0\\0&0&0&0&0&0\end{bmatrix}\begin{Bmatrix}P_1^{(2)}\\P_2^{(2)}\\P_3^{(2)}\\P_4^{(2)}\\P_5^{(2)}\\P_6^{(2)}\end{Bmatrix} + \begin{bmatrix}0&0&0&0&0&0\\0&0&0&0&0&0\\0&0&0&0&0&0\\0&0&0&1&0&0\\0&0&0&0&1&0\\0&0&0&0&0&1\\0&0&0&0&0&0\\0&0&0&0&0&0\\0&0&0&0&0&0\\1&0&0&0&0&0\\0&1&0&0&0&0\\0&0&1&0&0&0\end{bmatrix}\begin{Bmatrix}P_1^{(3)}\\P_2^{(3)}\\P_3^{(3)}\\P_4^{(3)}\\P_5^{(3)}\\P_6^{(3)}\end{Bmatrix} \tag{3.55}$$

이를 간단히 표현하면

$$\mathbf{F} = \mathbf{H}^{(1)}\mathbf{P}^{(1)} + \mathbf{H}^{(2)}\mathbf{P}^{(2)} + \mathbf{H}^{(3)}\mathbf{P}^{(3)} \tag{3.56}$$

과 같다. 전역좌표계의 평형방정식에서 요소단부력에 곱해지는 행렬 **H** 는 "사상행렬"로 불리며 오로지 1과 0으로 구성되므로 "논리행렬" [1]이라고도 불린다. 이 사상행렬은 각 요소의 사상벡터를 구성하는데 사용된다. 예를 들면, 요소 1의 사상행렬에서 "1"로 채워진 부분의 위치는 전역좌표계 행렬에서 아래의 위치를 나타낸다.

$$(\underbrace{1}_{\text{Structure}},\ \underbrace{4}_{\text{Element}}),\ (2, 5),\ (3, 6),\ (7, 1),\ (8, 2),\ (9, 3)$$

즉, 평형방정식 행렬의 "행"은 구조계의 자유도와 연결되고 "열"은 요소 자유도에 대응됨을 알 수 있다. 이는 식의 구조계 자유도와 요소 자유도 사이의 대응관계를 통해 확인할 수 있다.

다음 단계는 기본요소력 식 (3.32)를 식 (3.56)에 대입하여 요소단부력을 기본요소력의 항으로 표현하는 것이다. 식 (3.55)에서 평형방정식은 요소단부벡터에 요소사상행렬로 곱해진다. 그러나 실제로는 직접 인덱싱 하게 되면 이 과정은 필요 없다. 예를 들어, 식 (3.55)의 첫 번째 방정식은 요소 1의 단부력 $P_4^{(1)}$을 포함하고 있다. Example 3-1의 식을 다시 적어보면

$$P_4^{(1)} = b_{41}^{(1)} Q_1 + b_{42}^{(1)} Q_2 + b_{43}^{(1)} Q_3 = 0.6\,Q_1 + 0.16\,Q_2 + 0.16\,Q_3 \tag{3.57}$$

이다. 기본요소력의 항으로 표현된 요소단부력에 사상벡터를 곱한 후 Q_1, Q_2, Q_3의 계수는 각각 구조계 평형행렬 **B** 의 첫 번째 행의 첫 번째, 두 번째, 세 번째 열에 대입된다. 일반적으로 요소 1의 **b**행렬의 i 번째 행은 요소 1의 사상벡터의 i 번째 행에 저장된 구조계 자유도에 대응하는 구조계 평형행렬 **B** 의 해당 행에 대입된다.

평형행렬 **b**의 "열"은 Q_1, Q_2, Q_3와 연결되어 있다. 이 과정은 요소 2에서도 동일하며, 단지 행의 번호만 달라진다. 요소 2의 평형행렬 **b**의 "열"은 기본요소력 Q_4, Q_5, Q_6에 연결된다. 따라서 이들 값은 각각 구조계 평형행렬 **B** 의 4, 5, 6열에 대입된다. 구조계 평형행렬 **B** 의 첫 번째 행을 채워가는 과정을 모식화하여 Figure 3-17에 나타내었다. 다른 자유도에 대해서도 동일한 과정을 반복하면 된다.

---

1) George Boole (1815~1864)는 영국인으로서 독학으로 공부하여 수학자와 철학자가 된 사람이다. 영국의 Lincolnshire에서 태어나 아일랜드 Cork County에서 사망했다. Boole은 주로 유한 차분학, 확률론 분야에 업적을 남겼으며, "논리대수학"이라 부르는 분야를 창시했고, 이는 주로 컴퓨터 연산의 기본이 되는 학문이다.

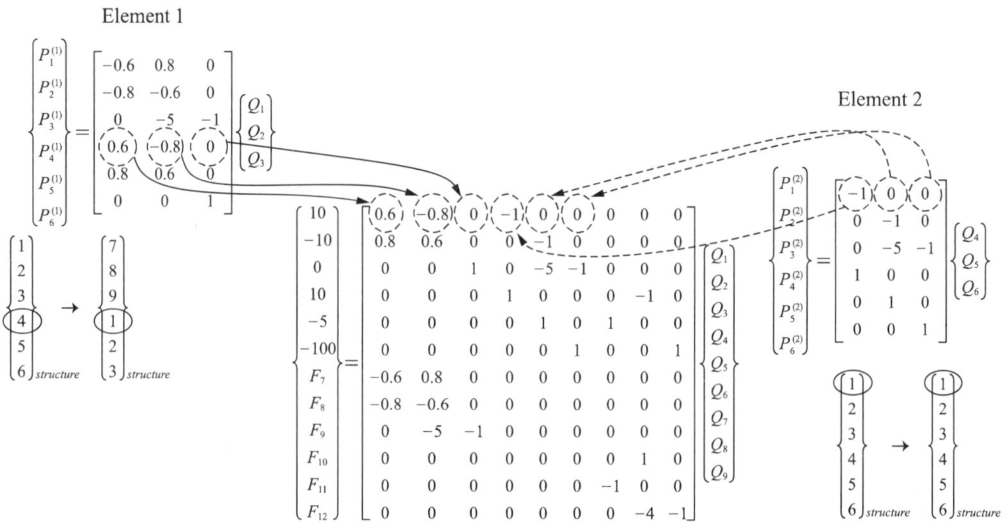

Figure 3-17 구조계 평형행렬의 자동화된 평형방정식 조립 모식도 : 첫 번째 행렬

Example 3-3

다음의 복합 트러스 구조물을 아래 순서에 따라서 해석하여 내력과 지점 반력을 구하라.

(a) 구속 및 비구속 자유도의 수와 단순보를 바탕으로 한 기본요소력을 결정하라.

(b) 비구속 자유도에 대한 평형방정식을 유도하라.

(c) 기본요소력을 계산하고, 구속 자유도에 대한 평형방정식을 사용하여 지점 반력을 계산하라.

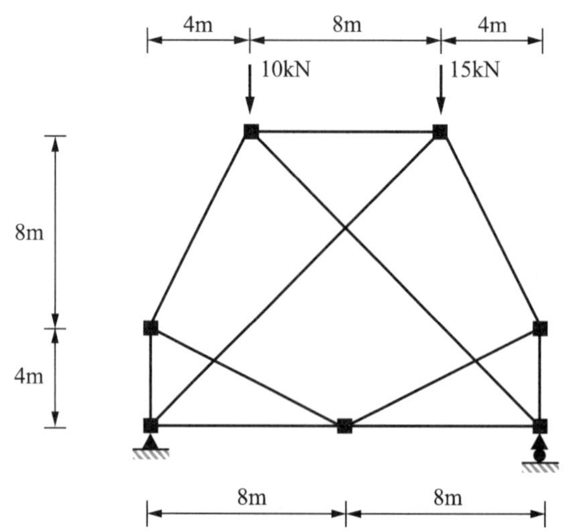

Solution

본 예제는 고전적인 방법을 사용해서 해를 구할 수 없는 구조물을 평형방정식 행렬을 사용하여 해석할 수 있음을 보여주는 예제이다. 이런 구조물을 "복합" 트러스라고 한다. 정정 구조물임에도 절점법과 단면법으로 이 트러스를 해석할 수 없다. "복합 트러스"라는 말은 Stephen P. Timoshenko교수의 유명한 저서인 "구조이론, Theory of Structures" (Timoshenko & Young, 1965)에서 복합 트러스에 대한 Henneberg의 해석법(1886)을 다루면서 등장하였다. 이 복합 트러스의 요소, 절점, 자유도 번호는 다음과 같이 정하였다.

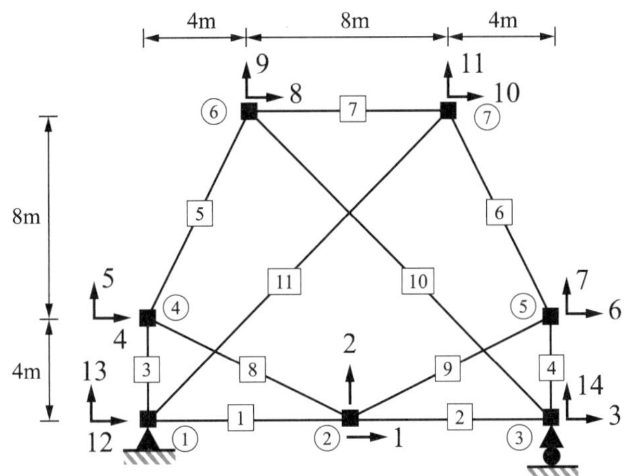

요소, 절점, 자유도 번호

위의 자유도 번호로부터 각 요소의 사상벡터를 결정하면 다음과 같다.

Element 1 $LM_1 = \begin{Bmatrix} 12 \\ 13 \\ 1 \\ 2 \end{Bmatrix}_1$

Element 2 $LM_2 = \begin{Bmatrix} 1 \\ 2 \\ 3 \\ 14 \end{Bmatrix}_2$

Element 3 $LM_3 = \begin{Bmatrix} 12 \\ 13 \\ 4 \\ 5 \end{Bmatrix}_3$

Element 4 $LM_4 = \begin{Bmatrix} 3 \\ 14 \\ 6 \\ 7 \end{Bmatrix}_4$

Element 5 $LM_5 = \begin{Bmatrix} 4 \\ 5 \\ 8 \\ 9 \end{Bmatrix}_5$

Element 6 $LM_6 = \begin{Bmatrix} 6 \\ 7 \\ 10 \\ 11 \end{Bmatrix}_6$

Element 7 $LM_7 = \begin{Bmatrix} 8 \\ 9 \\ 10 \\ 11 \end{Bmatrix}_7$

Element 8 $LM_8 = \begin{Bmatrix} 1 \\ 2 \\ 4 \\ 5 \end{Bmatrix}_8$

$$
\underline{\text{Element 9}} \qquad \underline{\text{Element 10}} \qquad \underline{\text{Element 11}}
$$

$$
LM_9 = \begin{Bmatrix} 1 \\ 2 \\ 6 \\ 7 \end{Bmatrix}_9 \qquad LM_{10} = \begin{Bmatrix} 3 \\ 14 \\ 8 \\ 9 \end{Bmatrix}_{10} \qquad LM_{11} = \begin{Bmatrix} 12 \\ 13 \\ 10 \\ 11 \end{Bmatrix}_{11}
$$

구조물의 기본요소력 번호를 다음과 같이 정하였다.

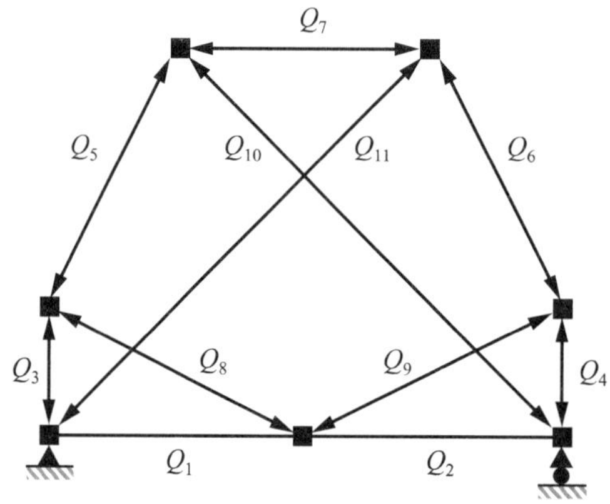

기본요소력

모든 요소에 대한 요소길이와 방향 코사인을 계산하면 아래 표와 같다.

Element	Node i	Node j	X_i	Y_i	X_j	Y_j	ΔX	ΔY	L	$\cos\phi$	$\sin\phi$
1	1	2	0	0	0	8	0	8	8.00	0.000	1.000
2	2	3	0	8	6	8	6	0	6.00	1.000	0.000
3	3	5	6	8	12	0	6	−8	10.00	0.600	−0.800
4	3	5	16	0	16	4	0	4	4.00	0.000	1.000
5	4	6	0	4	4	12	4	8	8.94	0.447	0.894
6	5	7	16	4	12	12	−4	8	8.94	−0.447	0.894
7	6	7	4	12	12	12	8	0	8.00	1.000	0.000
8	2	4	8	0	0	4	−5	4	8.94	−0.894	0.447
9	2	5	8	0	16	4	8	4	8.94	0.894	0.447
10	3	6	16	0	4	12	−12	12	16.97	−0.707	0.707
11	1	7	0	0	12	12	12	12	16.97	−0.707	0.707

각 요소의 기본요소력과 요소단부력과의 관계는 다음과 같다.

$$
\underline{\text{Element 1}} \qquad\qquad \underline{\text{Element 2}} \qquad\qquad \underline{\text{Element 3}}
$$

$$
\begin{Bmatrix} 12 \\ 13 \\ 1 \\ 2 \end{Bmatrix}_{LM_1} : \begin{Bmatrix} P_1^{(1)} \\ P_2^{(1)} \\ P_3^{(1)} \\ P_4^{(1)} \end{Bmatrix} = \begin{bmatrix} -1 \\ 0 \\ 1 \\ 0 \end{bmatrix} Q_1 \qquad \begin{Bmatrix} 1 \\ 2 \\ 3 \\ 14 \end{Bmatrix}_{LM_2} : \begin{Bmatrix} P_1^{(2)} \\ P_2^{(2)} \\ P_3^{(2)} \\ P_4^{(2)} \end{Bmatrix} = \begin{bmatrix} -1 \\ 0 \\ 1 \\ 0 \end{bmatrix} Q_2 \qquad \begin{Bmatrix} 0 \\ -1 \\ 0 \\ 1 \end{Bmatrix}_{LM_1} : \begin{Bmatrix} P_1^{(3)} \\ P_2^{(3)} \\ P_3^{(3)} \\ P_4^{(3)} \end{Bmatrix} = \begin{bmatrix} -1 \\ 0 \\ 1 \\ 0 \end{bmatrix} Q_3
$$

Element 4

$$\begin{Bmatrix} 3 \\ 14 \\ 6 \\ 7 \end{Bmatrix}_{LM_4} : \begin{Bmatrix} P_1^{(4)} \\ P_2^{(4)} \\ P_3^{(4)} \\ P_4^{(4)} \end{Bmatrix} = \begin{bmatrix} -1 \\ 0 \\ 1 \\ 0 \end{bmatrix} Q_4$$

Element 5

$$\begin{Bmatrix} 4 \\ 5 \\ 8 \\ 9 \end{Bmatrix}_{LM_5} : \begin{Bmatrix} P_1^{(5)} \\ P_2^{(5)} \\ P_3^{(5)} \\ P_4^{(5)} \end{Bmatrix} = \begin{bmatrix} -1 \\ 0 \\ 1 \\ 0 \end{bmatrix} Q_5$$

Element 6

$$\begin{Bmatrix} 6 \\ 6 \\ 10 \\ 11 \end{Bmatrix}_{LM_6} : \begin{Bmatrix} P_1^{(6)} \\ P_2^{(6)} \\ P_3^{(6)} \\ P_4^{(6)} \end{Bmatrix} = \begin{bmatrix} -1 \\ 0 \\ 1 \\ 0 \end{bmatrix} Q_6$$

Element 7

$$\begin{Bmatrix} 8 \\ 9 \\ 10 \\ 11 \end{Bmatrix}_{LM_7} : \begin{Bmatrix} P_1^{(7)} \\ P_2^{(7)} \\ P_3^{(7)} \\ P_4^{(7)} \end{Bmatrix} = \begin{bmatrix} -1 \\ 0 \\ 1 \\ 0 \end{bmatrix} Q_7$$

Element 8

$$\begin{Bmatrix} 1 \\ 2 \\ 3 \\ 4 \end{Bmatrix}_{LM_8} : \begin{Bmatrix} P_1^{(8)} \\ P_2^{(8)} \\ P_3^{(8)} \\ P_4^{(8)} \end{Bmatrix} = \begin{bmatrix} -1 \\ 0 \\ 1 \\ 0 \end{bmatrix} Q_8$$

Element 9

$$\begin{Bmatrix} 1 \\ 2 \\ 6 \\ 7 \end{Bmatrix}_{LM_9} : \begin{Bmatrix} P_1^{(9)} \\ P_2^{(9)} \\ P_3^{(9)} \\ P_4^{(9)} \end{Bmatrix} = \begin{bmatrix} -1 \\ 0 \\ 1 \\ 0 \end{bmatrix} Q_9$$

Element 10

$$\begin{Bmatrix} 3 \\ 14 \\ 8 \\ 9 \end{Bmatrix}_{LM_{10}} : \begin{Bmatrix} P_1^{(10)} \\ P_2^{(10)} \\ P_3^{(10)} \\ P_4^{(10)} \end{Bmatrix} = \begin{bmatrix} -1 \\ 0 \\ 1 \\ 0 \end{bmatrix} Q_{10}$$

Element 11

$$\begin{Bmatrix} 12 \\ 13 \\ 10 \\ 11 \end{Bmatrix}_{LM_{11}} : \begin{Bmatrix} P_1^{(11)} \\ P_2^{(11)} \\ P_3^{(11)} \\ P_4^{(11)} \end{Bmatrix} = \begin{bmatrix} -1 \\ 0 \\ 1 \\ 0 \end{bmatrix} Q_{11}$$

다음 그림은 구조계의 평형방정식 행렬을 자동으로 조립하는 과정이다.

Element 8

$$\begin{Bmatrix} 1 \\ 2 \\ 4 \\ 5 \end{Bmatrix}_{LM_8} ; \begin{Bmatrix} P_1^{(8)} \\ P_2^{(8)} \\ P_3^{(8)} \\ P_4^{(8)} \end{Bmatrix} = \begin{bmatrix} 0.894 \\ -0.447 \\ -0.894 \\ 0.447 \end{bmatrix} Q_8$$

$$\begin{Bmatrix} 0 \\ 0 \\ 0 \\ 0 \\ 0 \\ 0 \\ 0 \\ 0 \\ -10 \\ 0 \\ -15 \\ F_{12} \\ F_{13} \\ F_{14} \end{Bmatrix} = \begin{bmatrix} 1 & -1 & 0 & 0 & 0 & 0 & 0 & 0.894 & -0.894 & 0 & 0 \\ 0 & 0 & 0 & 0 & 0 & 0 & 0 & -0.447 & -0.447 & 0 & 0 \\ 0 & 1 & 0 & 0 & 0 & 0 & 0 & 0 & 0 & 0.707 & 0 \\ 0 & 0 & 0 & 0 & -0.447 & 0 & 0 & -0.894 & 0 & 0 & 0 \\ 0 & 0 & 1 & 0 & -0.894 & 0 & 0 & 0.447 & 0 & 0 & 0 \\ 0 & 0 & 0 & 0 & 0 & 0.447 & 0 & 0 & 0.894 & 0 & 0 \\ 0 & 0 & 0 & 1 & 0 & -0.894 & 0 & 0 & 0.447 & 0 & 0 \\ 0 & 0 & 0 & 0 & 0.447 & 0 & -1 & 0 & 0 & -0.707 & 0 \\ 0 & 0 & 0 & 0 & 0.894 & 0 & 0 & 0 & 0 & 0.707 & 0 \\ 0 & 0 & 0 & 0 & 0 & -0.447 & 1 & 0 & 0 & 0 & 0.707 \\ 0 & 0 & 0 & 0 & 0 & 0.894 & 0 & 0 & 0 & 0 & 0.707 \\ -1 & 0 & 0 & 0 & 0 & 0 & 0 & 0 & 0 & 0 & -0.707 \\ 0 & 0 & -1 & 0 & 0 & 0 & 0 & 0 & 0 & 0 & -0.707 \\ 0 & 0 & 0 & -1 & 0 & 0 & 0 & 0 & 0 & -0.707 & 0 \end{bmatrix} \begin{Bmatrix} Q_1 \\ Q_2 \\ Q_3 \\ Q_4 \\ Q_5 \\ Q_6 \\ Q_7 \\ Q_8 \\ Q_9 \\ Q_{10} \\ Q_{11} \end{Bmatrix}$$

위의 행렬을 간단한 형태로 나타내면

$$\mathbf{F} = \mathbf{BQ} \quad \text{또는} \quad \left\{ \frac{\mathbf{F}_{free}}{\mathbf{F}_{constr}} \right\} = \left[\frac{\mathbf{B}_{free}}{\mathbf{B}_{constr}} \right] \mathbf{Q}$$

이다. 이 행렬 시스템에서 비구속 자유도와 자유도에 관한 항으로 행렬을 분리하여 다시 적으면 다음과 같다.

$$\mathbf{F}_{free} = \mathbf{B}_{free}\mathbf{Q}, \quad \mathbf{F}_{constr} = \mathbf{B}_{constr}\mathbf{Q}$$

평형방정식 행렬에서, 14개의 미지력[11개의 기본요소력 $\mathbf{Q}$와 구속 자유도에서 3개의 미지력(반력)] $\mathbf{F}_{constr}$가 있고 14개의 평형방정식이 있다. 따라서 이 구조물은 정정 구조물이다.
비구속 자유도에 대한 평형방정식은 다음과 같다.

$$\mathbf{F}_{free} = \mathbf{B}_{free}\mathbf{Q}$$

$$\begin{Bmatrix} 0 \\ 0 \\ 0 \\ 0 \\ 0 \\ 0 \\ 0 \\ 0 \\ -10 \\ 0 \\ -15 \end{Bmatrix} = \begin{bmatrix} 1 & -1 & 0 & 0 & 0 & 0 & 0 & 0.894 & -0.894 & 0 & 0 \\ 0 & 0 & 0 & 0 & 0 & 0 & 0 & -0.447 & -0.447 & 0 & 0 \\ 0 & 1 & 0 & 0 & 0 & 0 & 0 & 0 & 0 & 0.707 & 0 \\ 0 & 0 & 0 & 0 & -0.447 & 0 & 0 & -0.894 & 0 & 0 & 0 \\ 0 & 0 & 1 & 0 & -0.894 & 0 & 0 & 0.447 & 0 & 0 & 0 \\ 0 & 0 & 0 & 0 & 0 & 0.447 & 0 & 0 & 0.894 & 0 & 0 \\ 0 & 0 & 0 & 1 & 0 & -0.894 & 0 & 0 & 0.447 & 0 & 0 \\ 0 & 0 & 0 & 0 & 0.447 & 0 & -1 & 0 & 0 & -0.707 & 0 \\ 0 & 0 & 0 & 0 & 0.894 & 0 & 0 & 0 & 0 & 0.707 & 0 \\ 0 & 0 & 0 & 0 & 0 & -0.447 & 1 & 0 & 0 & 0 & 0.707 \\ 0 & 0 & 0 & 0 & 0 & 0.894 & 0 & 0 & 0 & 0 & 0.707 \end{bmatrix} \begin{Bmatrix} Q_1 \\ Q_2 \\ Q_3 \\ Q_4 \\ Q_5 \\ Q_6 \\ Q_7 \\ Q_8 \\ Q_9 \\ Q_{10} \\ Q_{11} \end{Bmatrix}$$

이 평형행렬식은 11개의 평형방정식과 11개의 기본요소력(미지력)으로 구성되어 있다. 이 행렬식의 해인 기본요소력을 구해보면 다음과 같다.

$$Q_1 = 13.33\text{ kN}; Q_2 = 11.67\text{ kN}; Q_3 = 2.08\text{ kN}; Q_4 = -2.08\text{ kN}; Q_5 = 1.86\text{ kN}; Q_6 = -1.86\text{ kN};$$
$$Q_7 = 12.5\text{ kN}; Q_8 = -0.932\text{ kN}; Q_9 = 0.932\text{ kN}; Q_{10} = -16.5\text{ kN}; Q_{11} = -18.86\text{ kN}$$

위의 요소기본력을 구속 자유도에 대한 평형방정식에 대입하면 지점 반력이 계산된다.

$$\mathbf{F}_{constr} = \mathbf{B}_{constr}\mathbf{Q}$$

$$\begin{Bmatrix} F_{12} \\ F_{13} \\ F_{14} \end{Bmatrix} = \begin{bmatrix} -1 & 0 & 0 & 0 & 0 & 0 & 0 & 0 & 0 & 0 & -0.707 \\ 0 & 0 & -1 & 0 & 0 & 0 & 0 & 0 & 0 & 0 & -0.707 \\ 0 & 0 & 0 & -1 & 0 & 0 & 0 & 0 & 0 & -0.707 & 0 \end{bmatrix} \begin{Bmatrix} 13.33 \\ 11.67 \\ 2.08 \\ -2.08 \\ 1.86 \\ -1.86 \\ 12.5 \\ -0.932 \\ 0.932 \\ -16.5 \\ -18.86 \end{Bmatrix} = \begin{Bmatrix} 0 \\ 11.25 \\ 13.75 \end{Bmatrix} \text{kN}$$

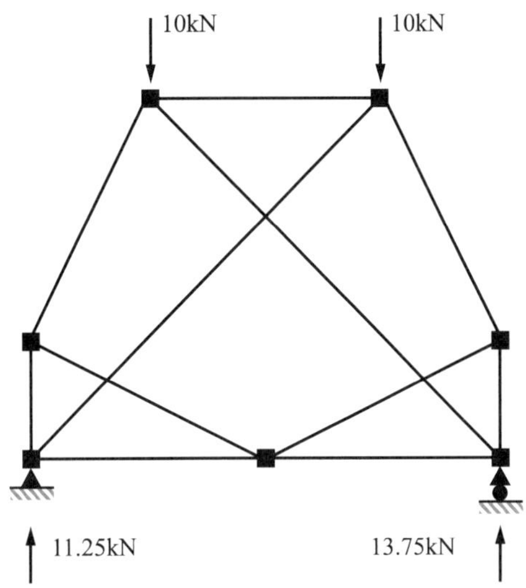

계산 결과를 이용하여 전체 구조물의 평형조건을 만족하는지 검토해보자.

$\sum F_X = 0$ ➡ $0 = 0$ ➡ 만족함

$\sum F_Y = 0$ ➡ $-25 + 11.25 + 13.75 = 0$ ➡ 만족함

$\sum_{1} M_Z = 0$ ➡ $13.75 \times 16 - 10 \times 4 - 15 \times 12 = 0$ ➡ 만족함

요소단부력은 요소기본력을 요소 평형방정식에 대입하여 구한다.
예를 들어, 요소 5의 요소단부력을 구해보자.

$$\begin{Bmatrix} P_1^{(5)} \\ P_2^{(5)} \\ P_3^{(5)} \\ P_4^{(5)} \end{Bmatrix} = \begin{bmatrix} -0.447 \\ -0.894 \\ 0.447 \\ 0.894 \end{bmatrix} 1.86 = \begin{Bmatrix} -0.831 \\ -1.66 \\ 0.831 \\ 1.66 \end{Bmatrix} \text{kN}$$

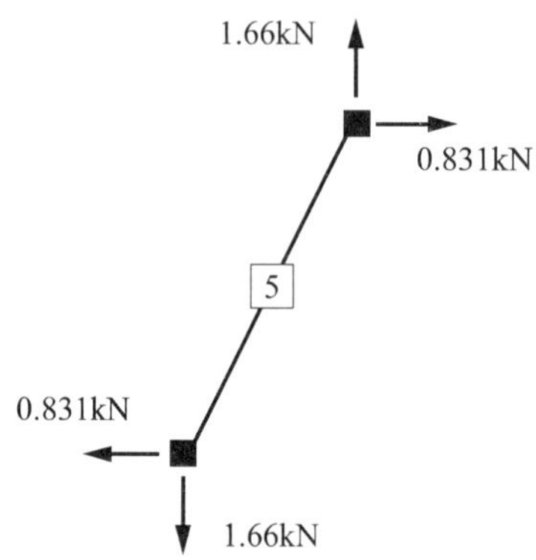

8 지점 장치법(Method Of Support Devices)

평형방정식 행렬 식 (3.37)에서 미지력은 기본요소력 $\mathbf{Q}$와 구속 자유도에서 절점력 $\mathbf{F}_{constr}$으로 구성된다. 구속 자유도에서 절점력 $\mathbf{F}_{constr}$은 일반적으로 지점 반력을 나타내며, 기본요소력 $\mathbf{Q}$가 결정된 후 구속 자유도에서 평형조건을 적용하여 계산한다. 그러나 지점 반력을 계산하는 과정은 "지점 장치법"을 통해 생략 가능하다. 이 방법의 주요특징은 기본요소력과 지점 반력 전부를 포함하는 미지력 벡터 $\mathbf{Q}$로 나타내는 것이다. 이 벡터 $\mathbf{Q}$에 반력을 모두 포함하더라도 $\mathbf{Q}$의 내부구조는 바뀌지 않는다. 이는 실제 지점을 지점의 절점에 연결된 요소로 치환하여 기본요소력과 지점 반력을 합치기 때문이다. 이렇게 연결된 요소의 절점은 실제 지점과 동일한 거동을 한다.

Figure 3-18(a)의 트러스 구조물을 예를 들어 살펴보자. 절점 1과 4가 각각 핀과 롤러 지점으로 되어 있다. 이 지점들은 Figure 3-18(b)의 원형 안의 요소로 치환해도 같은 역할을 수행한다. 절점 1의 핀 지점은 상단부에 힌지가 있는 캔틸레버(요소 10)로 치환 가능하다. 절점 1의 수평, 수직 반력은 각각 요소 10의 기본요소력 Q_{11}, Q_{10}과 같다. 절점 4의 롤러도 이와 유사하게 상단부가 힌지에 전단해제 된 캔틸레버 보(요소 11)로 치환 가능하다. 따라서 절

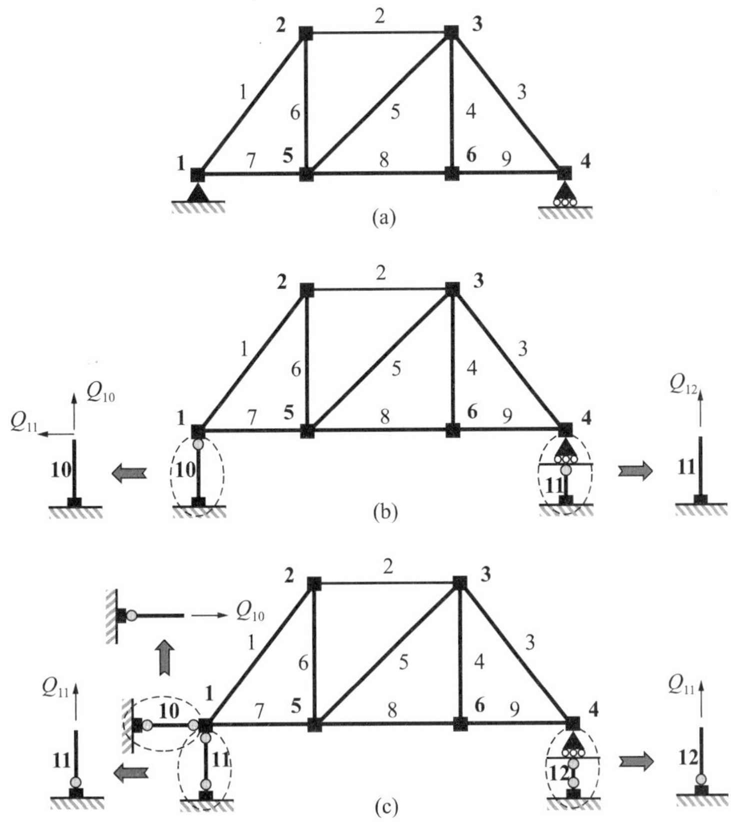

Figure 3-18 지점 장치법: 트러스

점 4의 반력은 요소 11의 기본요소력 Q_{12}와 같다. 즉, 미지의 반력을 포함하더라도 **Q**벡터의 내용은 변하지 않는다. 전체 절점에 대한 평형방정식을 세우면 이 방정식은 미지력 **Q**의 항으로 나타나게 된다. 주의해야 할 것은 이 방법을 사용하면 부가적으로 두 개의 요소가 추가되어야 한다는 점이다.

또 다른 방법으로 Figure 3-18(a)의 트러스 지점은 Figure 3-18(c)와 같이 모델할 수 있다. 절점 1의 핀 지점은 2개의 봉 요소(요소 10과 11)로 치환하였고, 따라서 절점 1의 수직 및 수평 반력은 각각 기본요소력 Q_{10}, Q_{11}로 대치된다. 절점 4의 롤러 지점은 한 개의 봉 요소(요소 12)로 치환하였고, 여기서 절점 4의 수직 반력은 기본요소력 Q_{12}로 대치된다. 전체 절점에 대한 평형방정식을 세우면 이 방정식은 미지력 **Q**의 항으로 나타나게 된다. **Q**에 대하여 방정식을 풀 때, Q_{10}이 양수이면 인장력을 나타내며 이는 절점 1에서 수평반력이 왼쪽으로 작용하는 것을 의미한다. Q_{11}, Q_{12}도 이와 유사하게 반력의 방향을 결정하면 된다. Figure 3-18(c)와 같이 모델링 할 때, 기하학적으로 선형일 경우에만 이 경우가 성립된다는 점에 주의하자. 왜냐하면 절점 4에 발생한 수평 변위에 의한 봉의 늘어남(줄어듦)에 따른 하중의 작용방향에 대한 변위 효과를 무시하였기 때문이다. 이 방법을 사용하게 되면 추가적으로 세 개의 요소가 더 사용된다.

트러스 구조물에 적용한 지점 장치의 개념을 골조 구조물 Figure 3-19(a)에 확장해서 적용해보자. 절점 1은 고정단이며 절점 4는 핀 지점이다. 이 골조의 지점은 캔틸레버 보(요소 4)로 치환할 수 있다(Figure 3-19 b). 절점 1의 수평, 수직 반력과 모멘트 반력은 각각 요소 4의 기본요소력 Q_{11}, Q_{10}, Q_{12}와 대응된다. 4번 절점의 핀 지점은 상단부에 힌지를 갖는

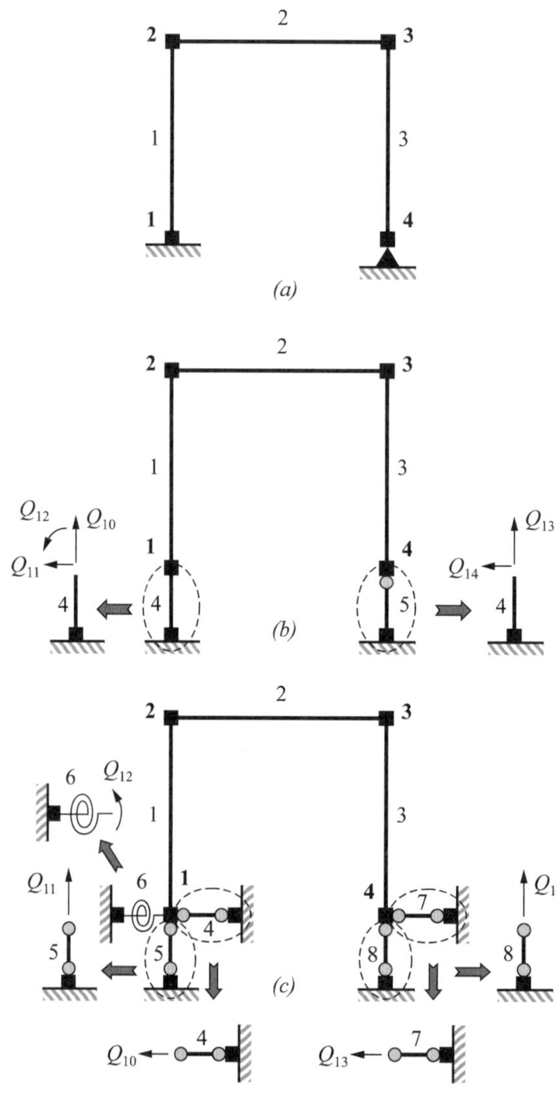

Figure 3-19 지점 장치법 : 골조

캔틸레버 보(요소 5)로 치환가능하다. 따라서 절점 4의 수평, 수직 반력은 요소 5의 기본요소력 Q_{14}, Q_{13}에 대응된다. 모든 절점에서 평형조건을 세우면 미지력은 **Q**로 표현된다. 이 방법을 사용하면 두 개의 요소가 추가된다. 이와는 다른 방법으로 Figure 3-19(a)의 지점을 Figure 3-19(c)와 같이 모델해보자. 절점 1의 고정 지점은 연결된 두 개의 봉(요소 4, 5)과 1개의 회전 스프링(요소 6)으로 치환 가능하다. 절점 1의 수평, 수직 반력과 모멘트 반력은 각각 요소 4, 5, 6의 기본요소력인 Q_{10}, Q_{11}, Q_{12}에 대응된다. 절점 4의 핀 지점은 연결된 두개의 봉(요소 7, 8)으로 모델할 수 있고, 절점 4의 수평/수직 반력은 각각 요소 7, 8의 기본요소력 Q_{13}, Q_{14}에 대응된다.

지점 장치에 의해서 지점을 나타내는 방법은 유연도법에서 탄성지반에 의해 지지된 구조물이나 "0"이 아닌 변위를 갖는 문제를 다룰 때(변위하중이 작용할 때) 유용하다.

Example 3-4

Example 3-2의 트러스 구조물에서 아래와 같이 지점을 지점 장치법을 이용하여 모델하였다.

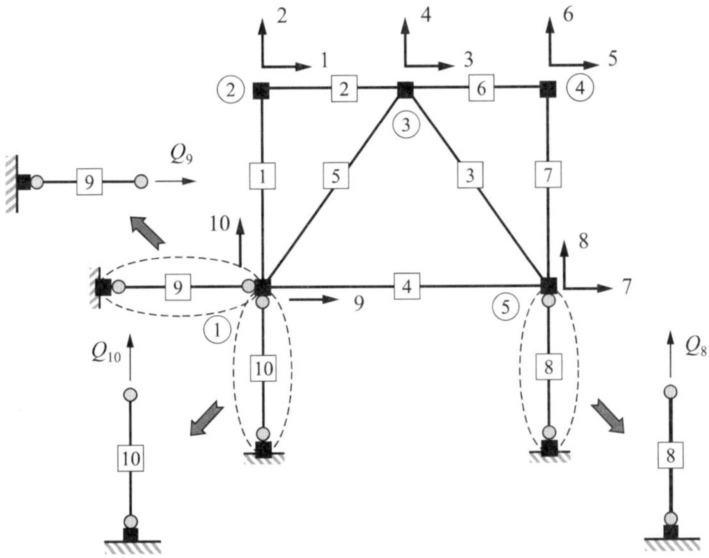

절점 1의 핀 지점은 연결된 수평 봉(요소 9)과 수직 봉(요소 10)으로 모델하였고, 절점 1의 수평 수직 반력은 요소 9, 10의 기본요소력 Q_9, Q_{10}과 같다. 절점 5의 롤러는 수직 봉 요소(요소 8)로 모델하였다. 절점 5의 수직 반력은 요소 8의 기본요소력 Q_8로 나타난다.

지점 장치의 평형방정식은 다음과 같다.

Element 8

$$\begin{Bmatrix} P_1^{(8)} \\ P_2^{(8)} \\ P_3^{(8)} \\ P_4^{(8)} \end{Bmatrix} = \begin{bmatrix} 0 \\ -1 \\ 0 \\ 1 \end{bmatrix} Q_8$$

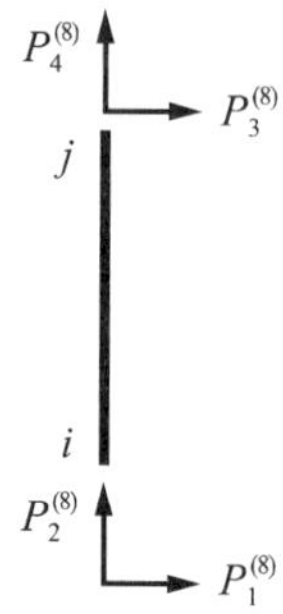

Element 9

$$\begin{Bmatrix} P_1^{(9)} \\ P_2^{(9)} \\ P_3^{(9)} \\ P_4^{(9)} \end{Bmatrix} = \begin{bmatrix} -1 \\ 0 \\ 0 \\ 1 \end{bmatrix} Q_9$$

Element 10

$$\begin{Bmatrix} P_1^{(10)} \\ P_2^{(10)} \\ P_3^{(10)} \\ P_4^{(10)} \end{Bmatrix} = \begin{bmatrix} 0 \\ -1 \\ 0 \\ 1 \end{bmatrix} Q_{10}$$

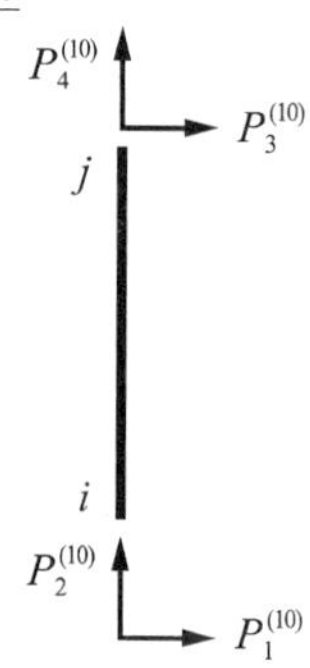

절점 1과 절점 5에서 평형방정식을 세워보자.

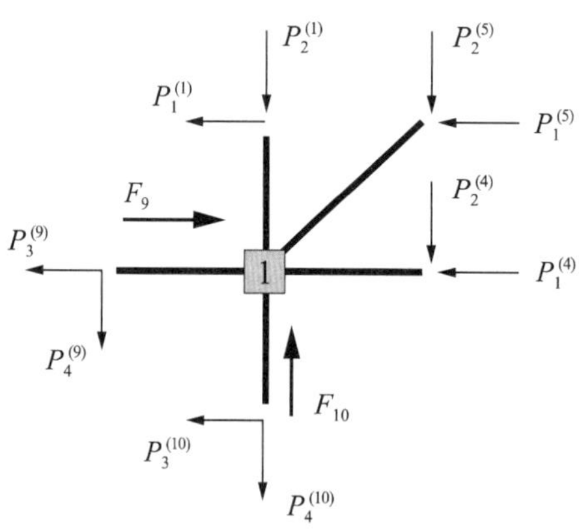

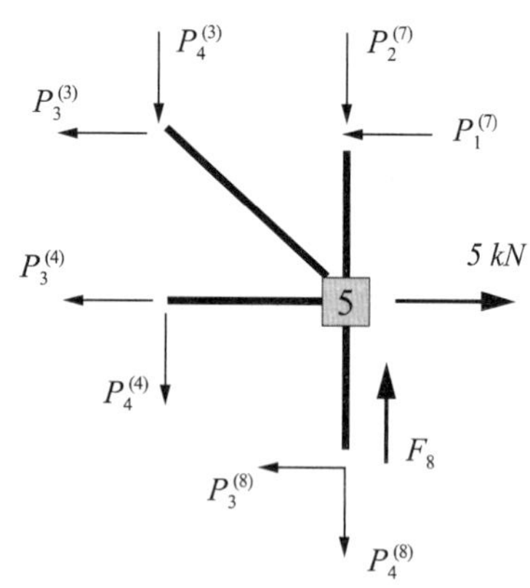

Solution

절점 1

$\sum F_X = 0;$

$$F_9 - P_1^{(1)} - P_1^{(4)} - P_1^{(5)} - P_3^{(9)} - P_3^{(10)} = 0 \;\Rightarrow\; F_9 = P_1^{(1)} + P_1^{(4)} + P_1^{(5)} + P_3^{(9)} - P_3^{(10)}$$

$$\Rightarrow\; 0 = F_9 = -Q_4 - 0.6Q_5 + Q_9$$

$\sum F_Y = 0;$

$$F_{10} - P_2^{(1)} - P_2^{(4)} - P_2^{(5)} - P_4^{(9)} - P_4^{(10)} = 0 \Rightarrow F_{10} = P_2^{(1)} + P_2^{(4)} + P_2^{(5)} + P_4^{(9)} + P_4^{(10)} \Rightarrow$$

$$0 = F_{10} = -Q_1 - 0.8Q_5 + Q_{10}$$

절점 5

$\sum F_X = 0;$

$$5 - P_3^{(3)} - P_3^{(4)} - P_1^{(7)} - P_3^{(8)} = 0 \Rightarrow 5 = P_3^{(3)} + P_3^{(4)} + P_1^{(7)} + P_3^{(8)} \Rightarrow 5 = 0.6Q_3 + Q_4$$

$\sum F_Y = 0;$

$$F_8 - P_4^{(3)} - P_4^{(4)} - P_2^{(7)} - P_4^{(8)} = 0 \Rightarrow F_8 = P_4^{(3)} + P_4^{(4)} + P_2^{(7)} + P_4^{(8)} \Rightarrow 0 = F_8 = -0.8Q_3 - Q_7 + Q_8$$

각 절점의 평형방정식을 모아서 행렬식으로 나타내면 다음과 같다.

$$\begin{Bmatrix} 10 \\ -5 \\ 0 \\ -5 \\ 0 \\ -5 \\ 5 \\ 0 \\ 0 \\ 0 \end{Bmatrix} = \begin{bmatrix} 0 & -1 & 0 & 0 & 0 & 0 & 0 & 0 & 0 & 0 \\ 1 & 0 & 0 & 0 & 0 & 0 & 0 & 0 & 0 & 0 \\ 0 & 1 & -0.6 & 0 & 0.6 & -1 & 0 & 0 & 0 & 0 \\ 0 & 0 & 0.8 & 0 & 0.8 & 0 & 0 & 0 & 0 & 0 \\ 0 & 0 & 0 & 0 & 0 & 1 & 0 & 0 & 0 & 0 \\ 0 & 0 & 0 & 0 & 0 & 0 & 1 & 0 & 0 & 0 \\ 0 & 0 & 0.6 & 1 & 0 & 0 & 0 & 0 & 0 & 0 \\ 0 & 0 & -0.8 & 0 & 0 & 0 & -1 & 1 & 0 & 0 \\ 0 & 0 & 0 & -1 & -0.6 & 0 & 0 & 0 & 1 & 0 \\ -1 & 0 & 0 & 0 & -0.8 & 0 & 0 & 0 & 0 & 1 \end{bmatrix} \begin{Bmatrix} Q_1 \\ Q_2 \\ Q_3 \\ Q_4 \\ Q_5 \\ Q_6 \\ Q_7 \\ Q_8 \\ Q_9 \\ Q_{10} \end{Bmatrix}$$

이 행렬식은 10개의 미지력인 기본요소력과 10개의 평형방정식으로 구성된다. 따라서 이 구조물은 정정 구조물이며, 기본요소력에 대하여 풀면 다음과 같다.

$$Q_1 = -5\ kN; Q_2 = -10\ kN; Q_3 = -11.45\ kN; Q_4 = 11.88\ kN; Q_5 = 5.21\ kN; Q_6 = 0\ kN;$$
$$Q_7 = -5\ kN; Q_8 = -14.17\ kN; Q_9 = -0.83\ kN; Q_{10} = 15\ kN;$$

$Q_1 \sim Q_7$은 요소력이고 $Q_8 \sim Q_{10}$은 반력이다. Q_8와 Q_{10}는 음수이며 압축력을 의미하고 절점 1과 절점 5에서 윗방향으로 작용하는 수직 반력이다. 양수인 Q_9는 인장력이고 절점 1에서 왼쪽으로 작용하는 수평 반력을 나타낸다. 위의 해석 결과는 Example 3-2의 것과 동일하다.

exercise

Problem 1 : 다음 구조모델에 대하여 정적 부정정 차수를 결정하고, 필요한 수만큼의 요소력을 해제시켜 안정적인 정적 정정 구조물로 변환하라.

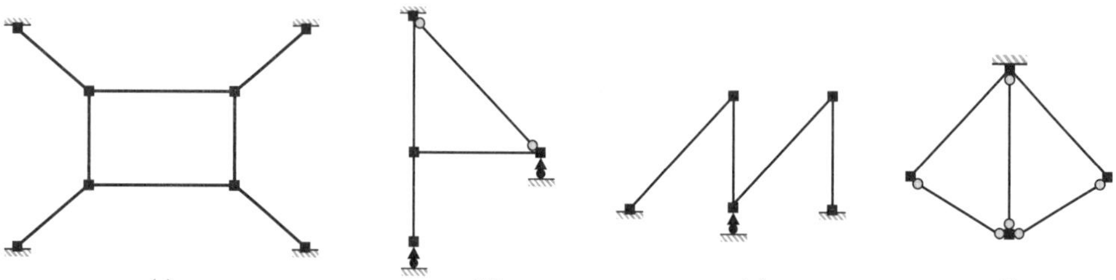

(a) (b) (c) (d)

Problem 2 : 아래 그림처럼 가운데 타이로 연결된 박공구조물에 대하여 다음에 답하라.

(a) 구속 및 비구속 자유도의 수를 구하고 단순보 모델에 따른 기본요소력(서로 독립)을 구하라.

(b) 비구속 자유도에 대한 평형방정식을 유도하라.

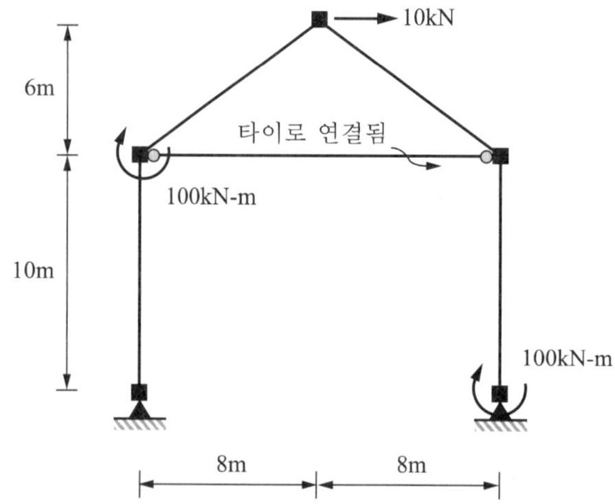

Problem 3 : 다음 트러스 구조물을 아래 절차에 따라 해석하여 내력과 지점 반력을 계산하라.

(a) 자유도 번호(구속 및 비구속 자유도)와 기본요소력 번호를 부여하라.

(b) 비구속 자유도 평형방정식을 유도하라.

(c) 기본요소력을 구하라.

(d) 구속 자유도 평형방정식을 사용하여 지점 반력을 계산하라.

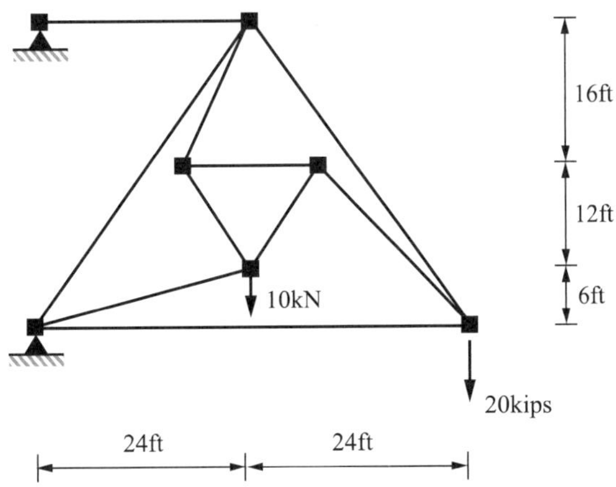

Problem 4 : 다음 그림과 같은 퀸 포스트 교량 구조물에 대하여 다음에 답하라.

(a) 자유도번호(구속 및 비구속 자유도)와 기본 시스템으로 단순보 시스템을 사용할 때 기본요소력 번호를 부여하라.

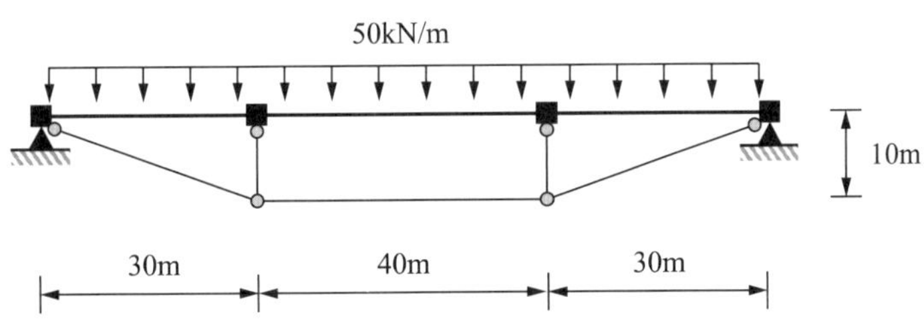

(b) 비구속 자유도 평형방정식을 유도하라. 기본 미지력 개수보다 평형방정식의 개수가 4개 적다. 따라서 이 교량은 정적 부정정 구조물이다.

(c) 아래 그림에 주어진 기본요소력을 이용하여 미지의 힘과 지점 반력을 구하라.

(d) 계산된 결과를 바탕으로 축력도, 전단력도, 모멘트도를 작도하라.

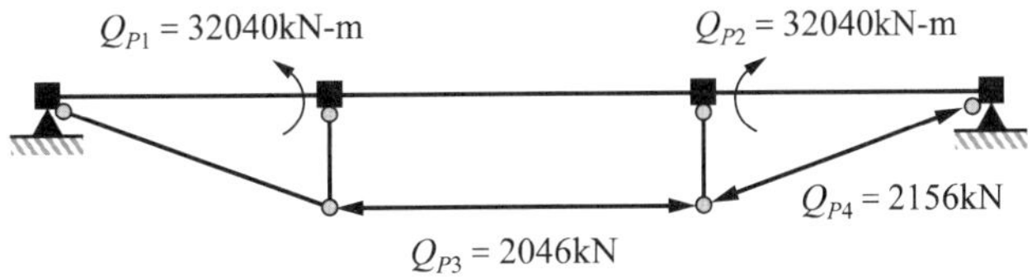

기지의 기본 요소력

Problem 5 : 다음과 같은 골조 구조물에서

(a) 구속 및 비구속 자유도 번호를 정하고 기본 시스템으로 단순보 시스템을 사용할 때 기본요소력 번호를 명명하라.

(b) 모든 자유도에서 평형방정식을 유도하고 지점 조건의 모델링에는 지점 장치법을 사용하라.

(c) 내력과 지점 반력을 계산하라.

(d) 계산된 내력을 바탕으로 축력도, 전단력도, 모멘트도를 작도하라.

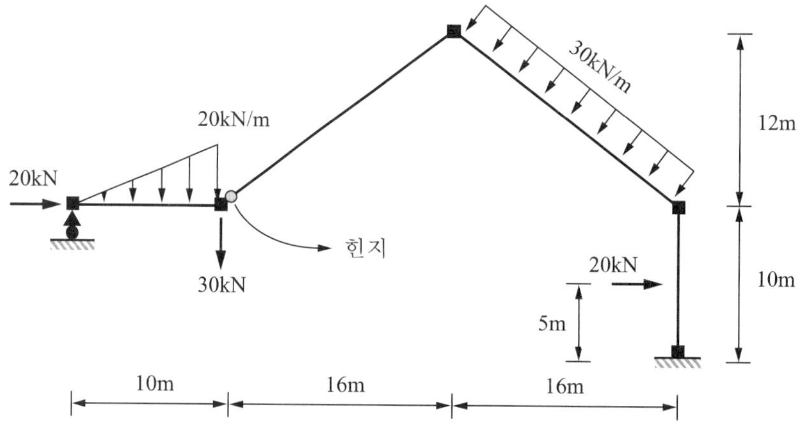

Problem 6 : 아래 그림과 같은 복합 트러스 구조물을 다음 순서대로 해석하여 내력과 지점반력을 구하라.

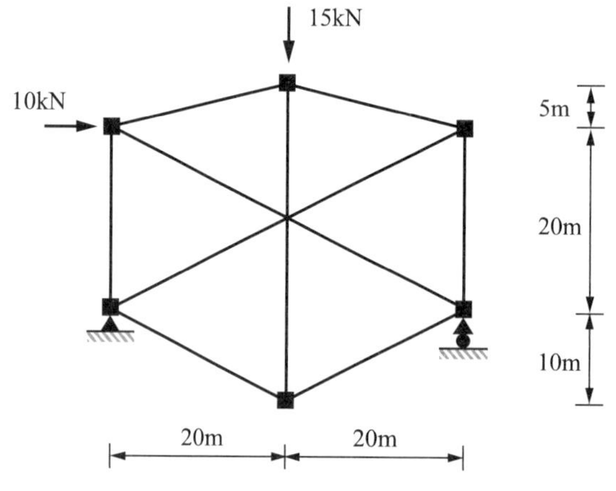

(a) 모든 자유도에서 평형방정식을 유도하라. 이 구조물의 자유도 번호, 요소 번호, 기본요소력 번호는 1장의 문제 4에 주어진 것과 같다.

(b) 기본요소력을 구하라.

(c) 구속 자유도 평형방정식을 사용하여 지점 반력을 계산하라.

Problem 7 : 아래 그림과 같은 사장교에서

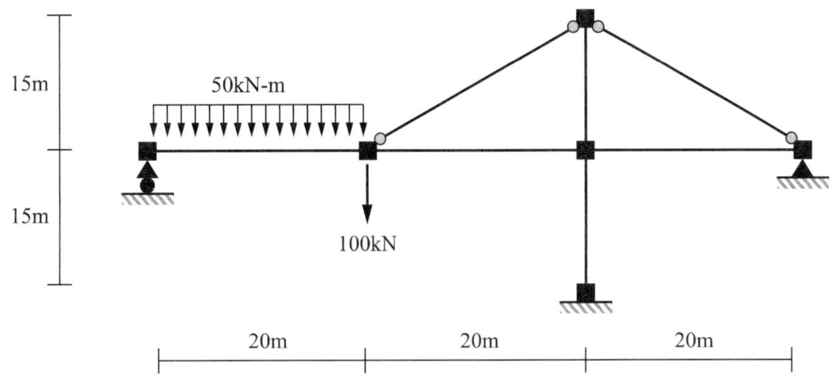

모든 자유도에서 평형방정식을 유도하라. 이 구조물의 자유도 번호, 요소 번호와 기본요소력 번호는 1장의 문제 4와 동일하다.

04

기하학적 적합조건

1 들어가기

1장에서 살펴보았듯이 구조해석을 위한 3가지 기본 원리 중 하나가 바로 적합조건이다. 본 장에서는 구조해석에서 일반적으로 직면하게 되는 다양한 형태의 적합조건(기구학적 조건)을 살펴보도록 한다. 적합조건은 변형률 또는 변형(합 변형률) 등 다양한 형태로 다루어지는데, 변형률의 경우는 주로 연속체 역학에서 많이 사용되고, 2장에서 다룬 변형의 경우 재료역학과 구조해석 등의 기본 교육과정에서 많이 사용된다. 적합관계는 미소 요소, 요소, 구조물의 부 부재, 구조물 전체 등의 자유물체도에 대하여 만족하여야 한다. 본 장에서는 골조 요소와 골조 구조물의 적합조건만을 다루도록 한다.

2 국부좌표계에서의 적합관계 : 골조 요소

Figure 4-1은 전역좌표계(X－Y－Z)에서 2차원 골조 구조물이다. Z－축은 구조물의 평면에 수직하게 놓여 있다. 연결된 각 요소의 국부좌표계를 $(x-y-z)$라 하고, 일반적 관례를 따라 요소의 시작 절점을 i라 하고 끝 절점을 j라 하였다. 평면 구조물에서 국부 z-축은 전역좌표계의 Z－축과 평행한 것으로 가정하고, 국부 x－축은 요소의 길이 방향으로 가정하였다. Figure 4-1 구조물의 구조 요소는 절점을 통해 서로 연결되어 독립적으로 변형하지 않

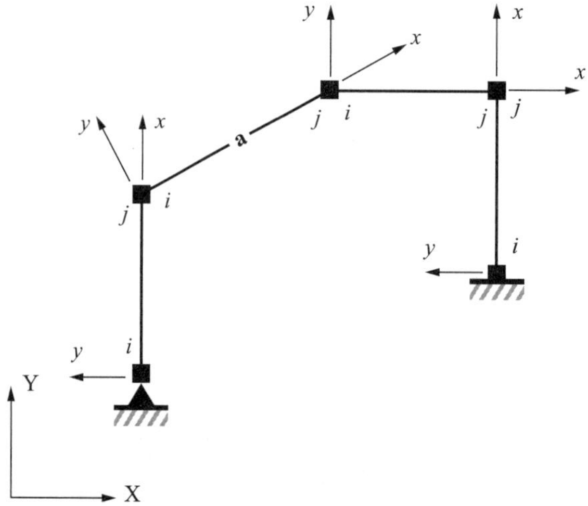

Figure 4-1 2차원 골조 구조물 : 전역 및 국부좌표계

으며, 지점 조건과 요소 연결상태에 따라서 구조물 전체로 변형을 일으킨다. Figure 4-1의 요소 a는 일반적인 골조 요소의 형태이고, 요소의 변형은 국부좌표계에서의 단부변위로 표현된다(Figure 4-2). 요소 단부변위를 벡터 $\overline{\mathbf{U}}$로 정의하면 다음과 같다.

$$\overline{\mathbf{U}} = \begin{Bmatrix} \overline{\mathbf{U}}_1 \\ \overline{\mathbf{U}}_2 \end{Bmatrix} = \begin{Bmatrix} \bar{U}_1 \\ \bar{U}_2 \\ \bar{U}_3 \\ \bar{U}_4 \\ \bar{U}_5 \\ \bar{U}_6 \end{Bmatrix} \tag{4.1}$$

$\overline{\mathbf{U}}$ 벡터의 구성성분은 절점 i에서 시작해서 국부 $x-$축의 자유도(첫 번째 벡터 성분), 국부 $y-$축 자유도(두 번째 벡터 성분), 국부 $z-$축의 자유도(세 번째 벡터 성분)의 순서로 배치하고, 요소의 j의 변위도 동일한 순서로 배치하였다.

기본요소 변형과 요소 단부변위와의 기하학적 적합 관계를 유도해보자. 기본요소 변형과 기본요소력(3장에서 다룬)은 서로 공액 일 쌍이다. 그러므로 3장에 다루었던 단순보 기본 시스템에 대한 기하학적 적합관계를 구성해보자.

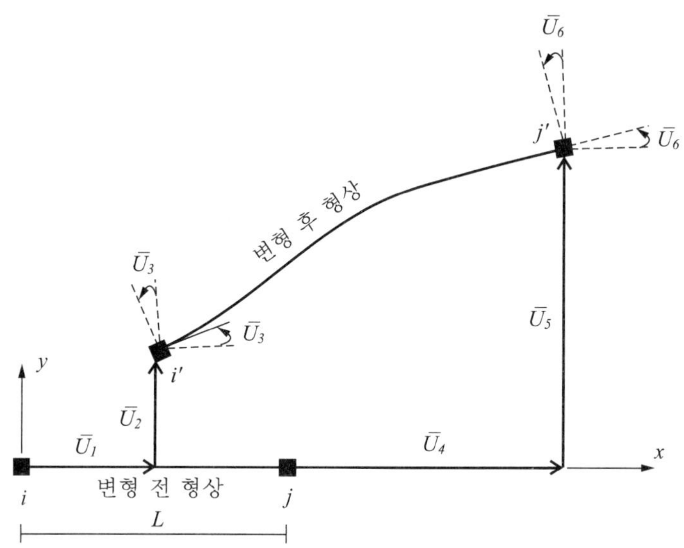

Figure 4-2 국부좌표계에서 요소 단부변위

단순보 시스템

기본 요소변형은 국부좌표계($x-y-z$)와 일치하는 "동시회전 참조축(corotational reference axes)[1]"에 대한 상대 변위로 정의된다. 만약 요소가 강체로서 변형을 일으키면 동시회전 좌표계는 요소와 같이 움직이게 되고, 따라서 요소변형이 발생하지 않는다.

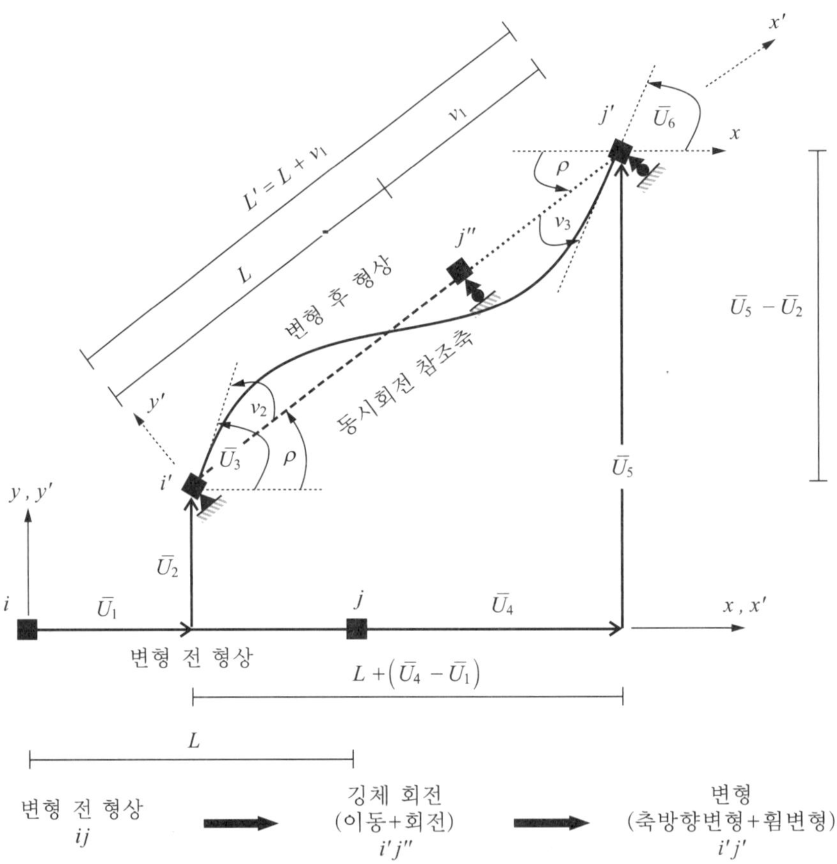

Figure 4-3 단순보 모델의 변형과 변위 : 정밀한 적합관계

1) 미국 Northewstern 대학의 Ted Belytschko 교수가 처음으로 구조물의 비선형 변형을 설명하는데 동시회전 좌표계를 사용하였다. 이에 따라서 기하학적 비선형 구조요소의 "동시회전" 정식화(corotational formulation)가 개발되었다. 이 방법은 Belytschko, T. and Hseih, B.J. (1973)의 논문인 "Nonlinear Transient Finite Element Analysis with Convected Coordinates, International Journal for Numerical Methods in Engineering, 7, pp.255~271."에 처음 수록되었다.

변형 전 형상에서 동시회전 참조축($x'-y'-z'$)이 i단에 고정되어 있고 변형 후 형상에서는 i'단에서 고정되어 있는 것으로 가정한다. 변형 전에는 동시회전 참조축과 국부 참조축이 일치한다. 만약 요소가 강체로 변형되면 동시회전축이 요소와 같이 움직이며, 따라서 요소변형이 발생하지 않는다. Figure 4-3에서와 같이 기본 요소 변형은 동시회전 참조축에 대한 상대변위로 정의된다. 동시회전 축에서 요소의 i'은 핀 지점, j'와 j''단은 힌지로 이루어진 단순보이다. 이 가상 지점 시스템은 강체 회전을 막아주는 역할을 한다. 기본 요소변형은, j'단에서 상대변위 v_1, i'단에서 회전 변형 v_2, j'단에서 회전변형 v_3으로 구성된다. 이를 벡터 형태로 표현하면 다음과 같다.

$$\mathbf{v} = \begin{Bmatrix} v_1 \\ v_2 \\ v_3 \end{Bmatrix} \tag{4.2}$$

기본 요소변형은 다음과 같이 정의된다.

$$\begin{aligned} v_1 &= L' - L \\ v_2 &= \bar{U}_3 - \rho \\ v_3 &= \bar{U}_6 - \rho \end{aligned} \tag{4.3}$$

여기서, L은 변형 전 형상에 대한 요소 길이이며, L'는 피타고라스의 정리[2)]로부터 계산되는 변형된 마지막 위치에서 요소 길이로서 다음과 같다.

$$L' = \sqrt{\left(L + \left(\bar{U}_4 - \bar{U}_1\right)\right)^2 + \left(\bar{U}_5 - \bar{U}_2\right)^2} = \sqrt{\left(L + \Delta\bar{U}_x\right)^2 + \left(\Delta\bar{U}_y\right)^2} \tag{4.4}$$

L로 묶어 내고 정리하면 다음과 같다.

$$L' = L\sqrt{\left(1 + \frac{\Delta\bar{U}_x}{L}\right)^2 + \left(\frac{\Delta\bar{U}_y}{L}\right)^2} \tag{4.5}$$

$$L' = L\sqrt{1 + 2\frac{\Delta\bar{U}_x}{L} + \left(\frac{\Delta\bar{U}_x}{L}\right)^2 + \left(\frac{\Delta\bar{U}_y}{L}\right)^2} \tag{4.6}$$

2) Samos의 피타고라스(약 569 BC ~ 475 BC)는 그리스 철학자로 수학과 음악 이론에 많은 기여를 하였다. 피타고라스의 정리로 알려진 이 이론은 파타고라스가 살았던 때보다 1,000여 년 일찍이 바벨론인들이 사용하였지만 그것을 처음으로 증명한 사람은 피타고라스였다.

$$L' = L\sqrt{1+2\frac{\bar{U}_4-\bar{U}_1}{L}+\left(\frac{\bar{U}_4-\bar{U}_1}{L}\right)^2+\left(\frac{\bar{U}_5-\bar{U}_2}{L}\right)^2} \tag{4.7}$$

ρ는 요소의 회전각으로 아래와 같이 정의된다.

$$\rho = \arctan\frac{\left(\bar{U}_5-\bar{U}_2\right)}{L+\left(\bar{U}_4-\bar{U}_1\right)} = \arctan\frac{\left(\frac{\left(\bar{U}_5-\bar{U}_2\right)}{L}\right)}{\left(1+\frac{\left(\bar{U}_4-\bar{U}_1\right)}{L}\right)} = \arctan\frac{\frac{\Delta\bar{U}_y}{L}}{1+\frac{\Delta\bar{U}_x}{L}} \tag{4.8}$$

$$\cos\rho = \frac{L+\left(\bar{U}_4-\bar{U}_1\right)}{L'} = \frac{L+\Delta\bar{U}_x}{L'}, \quad \sin\rho = \frac{\left(\bar{U}_5-\bar{U}_2\right)}{L'} = \frac{\Delta\bar{U}_y}{L'} \tag{4.9}$$

식 (4.3)은 Figure 4-3의 골조 요소의 기하학적 적합관계에 대한 정밀식이다. 즉, 강체회전에 대한 기하학적 관계를 나타내는데 어떤 가정도 사용되지 않았다. 따라서 이 식은 비선형 함수이며 구조물의 기하학적 비선형 해석에 사용하기에 적합한 형태이다.

만약 축변형 v_1이 요소길이 L에 비해 상당히 작다고 가정하면, 앞의 기하학적 관계식 (4.3)은 아래와 같이 단순화 할 수 있다.

먼저 식 (4.6)을 멱급수를 사용하여 전개하면

$$L' = L\left(1+\frac{\Delta\bar{U}_x}{L}+\frac{1}{2}\left(\frac{\Delta\bar{U}_x}{L}\right)^2+\frac{1}{2}\left(\frac{\Delta\bar{U}_y}{L}\right)^2-\frac{1}{8}\left(\frac{2\Delta\bar{U}_x}{L}\right)^2+higher\ order\ terms\right) \tag{4.10}$$

과 같다. 여기에 사용된 제곱근에 대한 멱급수 공식(Kreyszig, 1993)은 다음과 같다.

$$\sqrt{1+\alpha} = 1+\frac{1}{2}\alpha-\frac{1}{8}\alpha^2+higher\ \ order\ \ terms \tag{4.11}$$

식 (4.6)을 단순화하고 고차항을 무시하면 축방향 변형에 대한 1차 근사식이 다음과 같이 유도된다. 여기서 $\left(\frac{\Delta\bar{U}_y}{L}\right)^2$ 항은 $\left(\frac{\Delta\bar{U}_x}{L}\right)^2$ 항보다 상대적으로 크기 때문에 무시하지 않는다.

$$v_1 = \left(\bar{U}_4-\bar{U}_1\right)+\frac{\left(\bar{U}_5-\bar{U}_2\right)^2}{2L} \tag{4.12}$$

$$L' = L\left(1+\frac{\Delta\bar{U}_x}{L}+\frac{1}{2}\left(\frac{\Delta\bar{U}_y}{L}\right)^2\right) \tag{4.13}$$

두 번째로 식 (4.8)의 $\left(1+\frac{\Delta\bar{U}_x}{L}\right)^{-1}$ 항을 멱급수 전개를 해보면

$$\left(1+\frac{\Delta\bar{U}_x}{L}\right)^{-1}=1-\frac{\Delta\bar{U}_x}{L}+\left(\frac{\Delta\bar{U}_x}{L}\right)^2+higher\ order\ terms \tag{4.14}$$

여기에 사용된 공식(Kreyszig, 1993)은 아래와 같다.

$$(1+\alpha)^{-1}=1-\alpha+\alpha^2+higher\ order\ terms \tag{4.15}$$

식 (4.14)를 식 (4.8)에 대입하면 요소 회전각은 다음과 같이 근사화된다.

$$\rho=\arctan\left[\frac{\Delta\bar{U}_y}{L}\left(1-\frac{\Delta\bar{U}_x}{L}+\left(\frac{\Delta\bar{U}_x}{L}\right)^2+higher\ order\ terms\right)\right] \tag{4.16}$$

식 (4.16)을 Taylor 급수[3])로 전개하면

$$\rho=\left(\frac{\Delta\bar{U}_y}{L}-\frac{\Delta\bar{U}_x}{L}\frac{\Delta\bar{U}_y}{L}+\left(\frac{\Delta\bar{U}_x}{L}\right)^2\right)+higher\ order\ terms \tag{4.17}$$

과 같다. 여기에 사용된 arctan에 대한 Taylor 급수 공식(Kreyszig, 1993)은 아래 식과 같다.

$$\arctan\alpha=\alpha-\frac{\alpha^3}{3}+\frac{\alpha^5}{5}+higher\ order\ terms \tag{4.18}$$

식 (4.17)의 $\Delta\bar{U}_x$항은 v_1보다 작고 또한 요소 길이에 대해서도 상대적으로 작은 값이므로, 이 가정에 따라 요소의 회전각을 근사화하면 다음과 같다.

$$\rho=\frac{\Delta\bar{U}_y}{L}=\frac{\bar{U}_5-\bar{U}_2}{L} \tag{4.19}$$

식 (4.19)를 식 (4.3)에 대입하여 회전변형에 대한 1차 근사식을 유도하면 다음과 같다.

$$\begin{aligned} v_2&=\bar{U}_3-\frac{\left(\bar{U}_5-\bar{U}_2\right)}{L}\\ v_3&=\bar{U}_6-\frac{\left(\bar{U}_5-\bar{U}_2\right)}{L}\end{aligned} \tag{4.20}$$

3) Brook Taylor (1685~1731)는 영국 수학자로 '유한 차분학'이라는 새로운 수학 분야를 개척하였다. 또한 부분구적분법과 유명한 Taylor 급수를 개발하였다.

식 (4.19)에서 요소 회전각 ρ는 요소의 단부 $x-$방향 변위와 무관함을 알 수 있다. 따라서 요소단부 회전은 단부 회전변형 v_2, v_3와 연관되며 요소 길이에 따라 변하지 않는다. 달리 표현하면 축방향 변형 v_1은 요소단부 회전변형 v_2와 v_3에 영향을 받지 않음을 의미한다.

식 (4.12)와 식 (4.20)을 기하학적 적합관계식의 1차 근사식으로 같이 모아서 나타내면 다음과 같다.

$$\begin{aligned} v_1 &= \left(\bar{U}_4 - \bar{U}_1\right) + \frac{\left(\bar{U}_5 - \bar{U}_2\right)^2}{2L} \\ v_2 &= \bar{U}_3 - \frac{\left(\bar{U}_5 - \bar{U}_2\right)}{L} \\ v_3 &= \bar{U}_6 - \frac{\left(\bar{U}_5 - \bar{U}_2\right)}{L} \end{aligned} \tag{4.21}$$

위의 기하학적 적합관계는 $P-\Delta$ 효과를 고려한 2계 구조해석에 적합한 형태이며, 축변형에 대한 기하학적 관계만 비선형이고 휨변형은 선형임을 알 수 있다. 그러나 본 교재에서는 기하학적 선형 구조물만을 다루기 때문에 기본 요소변형 $\mathbf{v}$를 요소단부변위 $\overline{\mathbf{U}}$의 선형 조합으로 나타내야 한다. 따라서 식 (4.21)의 모든 비선형 항을 무시하면 Figure 4-3의 골조 구조물에 대한 선형 기하학적 적합관계가 유도되며 다음과 같다.

$$\begin{aligned} v_1 &= \left(\bar{U}_4 - \bar{U}_1\right) \\ v_2 &= \bar{U}_3 - \frac{\left(\bar{U}_5 - \bar{U}_2\right)}{L} \\ v_3 &= \bar{U}_6 - \frac{\left(\bar{U}_5 - \bar{U}_2\right)}{L} \end{aligned} \tag{4.22}$$

이를 행렬로 나타내면

$$\begin{Bmatrix} v_1 \\ v_2 \\ v_3 \end{Bmatrix} = \begin{bmatrix} -1 & 0 & 0 & 1 & 0 & 0 \\ 0 & \dfrac{1}{L} & 1 & 0 & -\dfrac{1}{L} & 0 \\ 0 & \dfrac{1}{L} & 0 & 0 & -\dfrac{1}{L} & 1 \end{bmatrix} \begin{Bmatrix} \bar{U}_1 \\ \bar{U}_2 \\ \bar{U}_3 \\ \bar{U}_4 \\ \bar{U}_5 \\ \bar{U}_6 \end{Bmatrix} \tag{4.23}$$

과 같고, 행렬식으로 표현하면

$$\mathbf{v} = \left[\bar{\mathbf{a}}_{1B} \quad \bar{\mathbf{a}}_{2B}\right] \begin{Bmatrix} \bar{\mathbf{U}}_1 \\ \bar{\mathbf{U}}_2 \end{Bmatrix} \text{ 또는 } \mathbf{v} = \bar{\mathbf{a}}_B \bar{\mathbf{U}} \tag{4.24}$$

이다. 여기서 $\bar{\mathbf{a}}_B$는 국부좌표계에서 단순 보 시스템에 대한 적합행렬이다. 적합행렬 $\bar{\mathbf{a}}_B$에 따라 축 변형 v_1는 x − 축방향 요소단부변위 $(\bar{U}_1,\ \bar{U}_4)$로부터 결정되며, 요소단부 회전변형 v_2와 v_3는 y − 축방향 요소단부변위 $(\bar{U}_2,\ \bar{U}_5)$로부터 결정된다.

기하학적 적합관계를 선형화하였기 때문에 한편으로는 국부 축변위 구성성분 사이의 상호 연결성이 약화되었고, 다른 한편으로는 국부 횡변위 구성성분과 회전변위 사이의 상호 연결성이 약화되었다.

또한 행렬 $\bar{\mathbf{a}}_B$는 3장에서 정의된 단순보 시스템의 평형방정식 행렬 $\bar{\mathbf{b}}_B$ [3장 식 (3.23)]의 전치행렬과 동일하다.

$$\bar{\mathbf{P}} - \bar{\mathbf{P}}_0 = \bar{\mathbf{b}}_B \mathbf{q} \qquad (3장\ 3.23)$$

이로부터 요소의 선형화된 적합관계가 변형 전 형상에 대한 평형조건과 관계가 있음을 알 수 있다.

결론적으로

1. 식의 기본 요소변형 $\mathbf{v}$와 기본요소력 $\mathbf{q}$(3장, 식 3.23)은 공액 가상일 쌍이다. 달리 말하면 이 두 물리량의 곱은 시스템에 저장된 "일"이 된다.
2. 식의 요소단부변위 $\bar{\mathbf{U}}$와 식 (3.23)의 요소단부력 $\bar{\mathbf{P}} - \bar{\mathbf{P}}_0$은 공액 가상일 쌍이다. 이 두 물리량의 곱은 시스템에 가해진 "일"이 된다.

평형방정식과 적합방정식 변환행렬의 이런 관계는 일반적이며, 이에 대한 증명은 5장 가상일의 원리에서 하도록 한다.

요약하자면, 골조 요소에는 세 가지 기본 요소 변형, 즉 축변형 v_1, 단부 i의 회전변형 v_2, 단부 j의 회전변형 v_3이 있다. 6개의 단부변위가 있기 때문에 변형을 일으키지 않는 3개의 강체 회전이 존재한다. 이들 강체 변형 모드는 기본 요소변형을 일으키지 않기 때문에 식 (4.23)에서 기본 요소변형을 "0"으로 대입하여 풀면 강체변형을 구할 수 있다.

$$\begin{Bmatrix} v_1 \\ v_2 \\ v_3 \end{Bmatrix} = \begin{Bmatrix} 0 \\ 0 \\ 0 \end{Bmatrix} = \begin{bmatrix} -1 & 0 & 0 & 1 & 0 & 0 \\ 0 & \dfrac{1}{L} & 1 & 0 & -\dfrac{1}{L} & 0 \\ 0 & \dfrac{1}{L} & 0 & 0 & -\dfrac{1}{L} & 1 \end{bmatrix} \begin{Bmatrix} \bar{U}_1 \\ \bar{U}_2 \\ \bar{U}_3 \\ \bar{U}_4 \\ \bar{U}_5 \\ \bar{U}_6 \end{Bmatrix} \qquad (4.25)$$

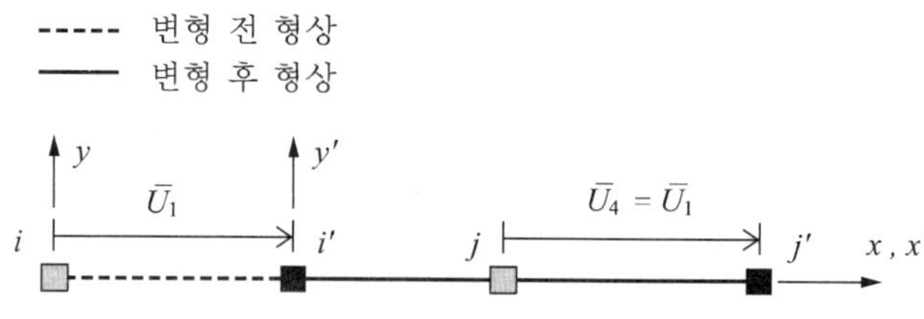

(a)

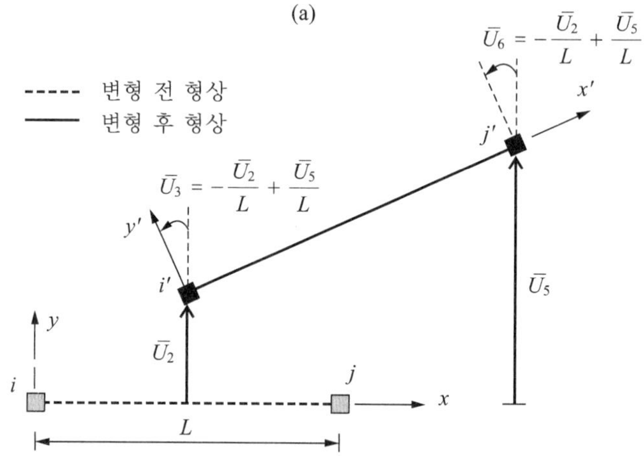

(b)

Figure 4-4 강체 변형 모드 : 단순 보 모델

식 (4.25)로부터 강체 변형 모드는 다음과 같이 계산되며, 이를 Figure 4-4에 나타내었다.

$$
\begin{aligned}
v_1 = 0 \;&\Rightarrow\; -\bar{U}_1 + \bar{U}_4 = 0 &&\Rightarrow\; \bar{U}_4 = \bar{U}_1 \\
v_2 = 0 \;&\Rightarrow\; \frac{\bar{U}_2}{L} + \bar{U}_3 - \frac{\bar{U}_5}{L} = 0 &&\Rightarrow\; \bar{U}_3 = -\frac{\bar{U}_2}{L} + \frac{\bar{U}_5}{L} \\
v_3 = 0 \;&\Rightarrow\; \frac{\bar{U}_2}{L} - \frac{\bar{U}_5}{L} + \bar{U}_6 = 0 &&\Rightarrow\; \bar{U}_6 = -\frac{\bar{U}_2}{L} + \frac{\bar{U}_5}{L}
\end{aligned}
\tag{4.26}
$$

식 (4.26)의 강체 변형에서 $\overline{U}_1$, $\overline{U}_2$, $\overline{U}_5$를 강체 모드를 방지하는 변위로 선택하여 이를 벡터형태로 나타내면

$$
\bar{\mathbf{U}}_w = \begin{Bmatrix} \bar{U}_1 \\ \bar{U}_2 \\ \bar{U}_5 \end{Bmatrix}
\tag{4.27}
$$

과 같다. 그리고 나머지 변위 $\overline{U}_3$, $\overline{U}_4$, $\overline{U}_6$는 벡터로 모아서 다음과 같이 정리한다.

$$\bar{\mathbf{U}}_r = \begin{Bmatrix} \bar{U}_3 \\ \bar{U}_4 \\ \bar{U}_6 \end{Bmatrix} \tag{4.28}$$

그러므로 요소단부변위 $\bar{\mathbf{U}}$는 식 (4.29)와 같이 정리된다.

$$\bar{\mathbf{U}} = \begin{Bmatrix} \bar{\mathbf{U}}_w \\ \bar{\mathbf{U}}_r \end{Bmatrix} \tag{4.29}$$

마찬가지로 요소단부력도 $\bar{\mathbf{P}}$ 부분행렬로 다음과 같이 표현한다.

$$\bar{\mathbf{P}} = \begin{Bmatrix} \bar{\mathbf{P}}_w \\ \bar{\mathbf{P}}_r \end{Bmatrix} \tag{4.30}$$

여기서, $\bar{\mathbf{P}}_w = \begin{bmatrix} \bar{P}_1 & \bar{P}_2 & \bar{P}_5 \end{bmatrix}^T$와 $\bar{\mathbf{P}}_r = \begin{bmatrix} \bar{P}_3 & \bar{P}_4 & \bar{P}_6 \end{bmatrix}^T$는 각각 변위벡터 $\bar{\mathbf{U}}_w$, $\bar{\mathbf{U}}_r$와 연결된 단부력 벡터이다.

강체 운동의 경우($\mathbf{v} = \mathbf{0}$), $\bar{\mathbf{U}}_r$와 $\bar{\mathbf{U}}_w$는 다음 변환관계를 통해 서로 연결된다.

$$\begin{Bmatrix} \bar{U}_3 \\ \bar{U}_4 \\ \bar{U}_6 \end{Bmatrix} = \begin{bmatrix} 0 & -\dfrac{1}{L} & \dfrac{1}{L} \\ 1 & 0 & 0 \\ 0 & -\dfrac{1}{L} & \dfrac{1}{L} \end{bmatrix} \begin{Bmatrix} \bar{U}_1 \\ \bar{U}_2 \\ \bar{U}_5 \end{Bmatrix} \quad \text{또는} \quad \bar{\mathbf{U}}_r = \bar{\mathbf{T}}_B \bar{\mathbf{U}}_w \tag{4.31}$$

요소변형이 있는 경우($\mathbf{v} \neq \mathbf{0}$), 골조요소의 기구학적 관계는 다음과 같다.

$$\begin{Bmatrix} \bar{U}_3 \\ \bar{U}_4 \\ \bar{U}_6 \end{Bmatrix} = \begin{Bmatrix} v_1 \\ v_2 \\ v_3 \end{Bmatrix} + \begin{bmatrix} 0 & -\dfrac{1}{L} & \dfrac{1}{L} \\ 1 & 0 & 0 \\ 0 & -\dfrac{1}{L} & \dfrac{1}{L} \end{bmatrix} \begin{Bmatrix} \bar{U}_1 \\ \bar{U}_2 \\ \bar{U}_5 \end{Bmatrix} \quad \text{또는} \quad \bar{\mathbf{U}}_r = \mathbf{v} + \bar{\mathbf{T}}_B \bar{\mathbf{U}}_w \tag{4.32}$$

식 (4.32)의 선형 요소 기구학적 관계(변형+강체 운동)를 Figure 4-5에 나타내었다. 요소 평형조건은 식 (4.32)의 적합조건으로부터 가상변위 원리를 이용하여 구한다. 임의의 가상변위 $\delta\bar{\mathbf{U}}_w$가 작용할 경우, 식 (4.32)는 다음과 같이 된다.

$$\delta\bar{\mathbf{U}}_r = \bar{\mathbf{T}}_B \delta\bar{\mathbf{U}}_w \tag{4.33}$$

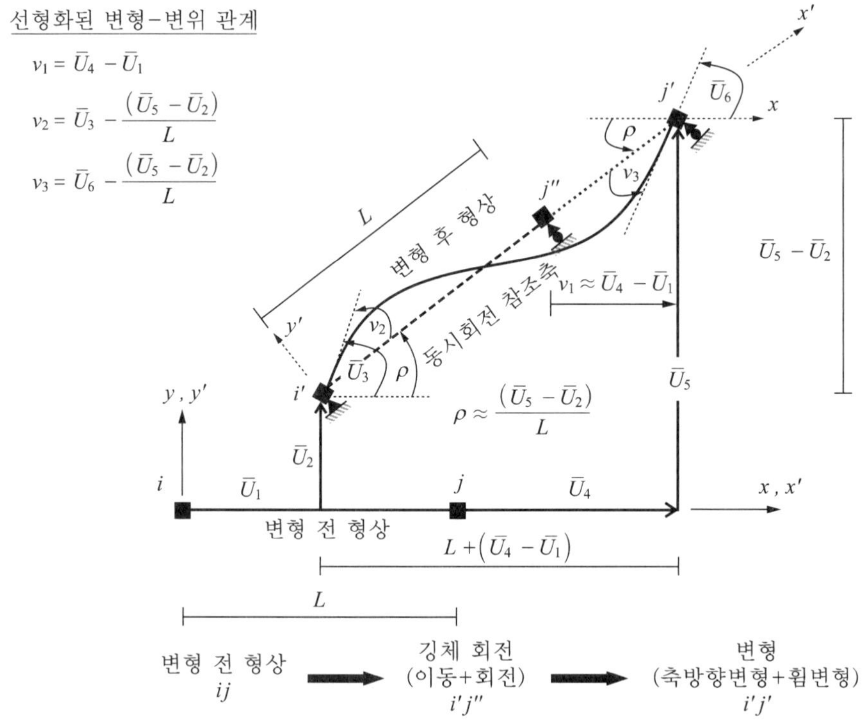

Figure 4-5 단순 보 모델의 변형과 변위 : 선형화된 적합관계

외부 가상일은 다음과 같다.

$$\delta W_{ext} = \delta \bar{\mathbf{U}}^T \bar{\mathbf{P}} = \delta \bar{\mathbf{U}}_w{}^T \bar{\mathbf{P}}_w + \delta \bar{\mathbf{U}}_r{}^T \bar{\mathbf{P}}_r = 0 \tag{4.34}$$

식 (4.33)을 식 (4.34)에 대입하면

$$\delta W_{ext} = \delta \bar{\mathbf{U}}_w{}^T \left(\bar{\mathbf{P}}_w + \bar{\mathbf{T}}_B{}^T \bar{\mathbf{P}}_r \right) = 0 \tag{4.35}$$

와 같다. 가상변위 $\delta \bar{\mathbf{U}}_w$는 임의의 값이므로 위 식을 만족하려면 다음이 성립되어야 한다.

$$\bar{\mathbf{P}}_w + \bar{\mathbf{T}}_B{}^T \bar{\mathbf{P}}_r = \mathbf{0} \tag{4.36}$$

위의 행렬식을 풀어서 적으면 다음과 같다.

$$\begin{Bmatrix} \bar{P}_1 \\ \bar{P}_2 \\ \bar{P}_5 \end{Bmatrix} + \begin{bmatrix} 0 & 1 & 0 \\ -\frac{1}{L} & 0 & -\frac{1}{L} \\ \frac{1}{L} & 0 & \frac{1}{L} \end{bmatrix} \begin{Bmatrix} \bar{P}_3 \\ \bar{P}_4 \\ \bar{P}_6 \end{Bmatrix} = \begin{Bmatrix} 0 \\ 0 \\ 0 \end{Bmatrix} \tag{4.37}$$

식 (4.37)은 전체(강체) 요소 평형조건을 보여주고 있다. 즉,

$$\bar{P}_4 + \bar{P}_1 = 0 \quad \Rightarrow \text{ 수평 평형조건} \tag{4.38}$$

$$\bar{P}_2 - \frac{\bar{P}_3}{L} - \frac{\bar{P}_6}{L} = 0 \quad \Rightarrow \; j\text{단부에서 모멘트 평형} \tag{4.39}$$

$$\bar{P}_5 - \frac{\bar{P}_3}{L} - \frac{\bar{P}_6}{L} = 0 \quad \Rightarrow \; i\text{단부에서 모멘트 평형} \tag{4.40}$$

3 변위벡터의 좌표변환

3.3절에서 하중벡터에 대한 국부좌표계와 전역좌표계에서의 변환에 대하여 다루었고, 이 변환 행렬은 변위벡터의 변환에서도 동일하다. 그러므로 이를 바탕으로 하여 국부좌표계에서 유도된 방정식을 전역좌표계(X, Y, Z)에 대한 방정식으로 변환한다.

Figure 4-6의 절점 i에서 변위벡터 $\vec{\mathbf{U}}_i$를 사용하여 국부좌표계와 전역좌표계에서의 단부변위 사이의 변환관계를 유도해보자. Figure 4-6(a)는 국부좌표계에서의 변위벡터를 나타내는 반면 Figure 4-6(b)는 전역좌표계에서의 변위벡터를 나타낸다. 식 (3.20)의 변환관계로부터 Figure 4-6(a)와 Figure 4-6(b)의 변위벡터 사이의 관계는

$$\begin{Bmatrix} U_1 \\ U_2 \\ U_3 \end{Bmatrix} = \begin{bmatrix} \cos\phi & -\sin\phi & 0 \\ \sin\phi & \cos\phi & 0 \\ 0 & 0 & 1 \end{bmatrix} \begin{Bmatrix} \bar{U}_1 \\ \bar{U}_2 \\ \bar{U}_3 \end{Bmatrix} \quad \text{또는} \quad \mathbf{U}_1 = \mathbf{T}_{ROT}^T \bar{\mathbf{U}}_1 \tag{4.41}$$

과 같고, 반대 방향으로의 변환 관계는 다음과 같다.

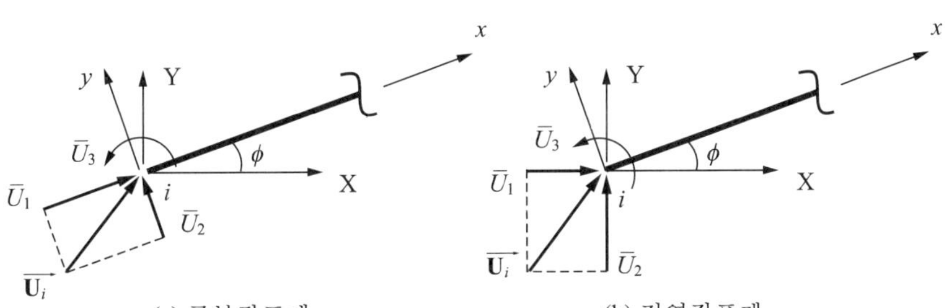

Figure 4-6 절점 i에서 요소 변위벡터의 변환

$$\begin{Bmatrix} \bar{U}_1 \\ \bar{U}_2 \\ \bar{U}_3 \end{Bmatrix} = \begin{bmatrix} \cos\phi & \sin\phi & 0 \\ -\sin\phi & \cos\phi & 0 \\ 0 & 0 & 1 \end{bmatrix} \begin{Bmatrix} U_1 \\ U_2 \\ U_3 \end{Bmatrix} \text{ 또는 } \bar{\mathbf{U}}_1 = \mathbf{T}_{ROT}\mathbf{U}_1 \tag{4.42}$$

이와 유사하게 절점 j의 변위벡터 $\vec{\mathbf{U}}_j$ (Figure 4-7)에 대해서 적용하면 다음과 같은 변환 관계가 구해진다.

$$\begin{Bmatrix} U_4 \\ U_5 \\ U_6 \end{Bmatrix} = \begin{bmatrix} \cos\phi & -\sin\phi & 0 \\ \sin\phi & \cos\phi & 0 \\ 0 & 0 & 1 \end{bmatrix} \begin{Bmatrix} \bar{U}_4 \\ \bar{U}_5 \\ \bar{U}_6 \end{Bmatrix} \text{ 또는 } \mathbf{U}_2 = \mathbf{T}_{ROT}^T\bar{\mathbf{U}}_2 \tag{4.43}$$

반대 방향으로의 변환 관계는 다음과 같다.

$$\begin{Bmatrix} \bar{U}_4 \\ \bar{U}_5 \\ \bar{U}_6 \end{Bmatrix} = \begin{bmatrix} \cos\phi & \sin\phi & 0 \\ -\sin\phi & \cos\phi & 0 \\ 0 & 0 & 1 \end{bmatrix} \begin{Bmatrix} U_4 \\ U_5 \\ U_6 \end{Bmatrix} \text{ 또는 } \bar{\mathbf{U}}_2 = \mathbf{T}_{ROT}\mathbf{U}_2 \tag{4.44}$$

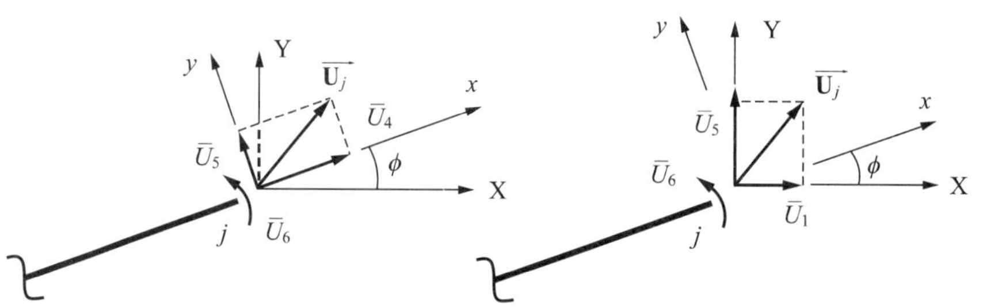

Figure 4-7 절점 j에서 요소 변위벡터의 변환

식 (4.41)과 식 (4.43)을 결합하면 요소 단부변위에 대한 전체 변환 관계가 구해진다.

$$\begin{Bmatrix} U_1 \\ U_2 \\ U_3 \\ U_4 \\ U_5 \\ U_6 \end{Bmatrix} = \begin{bmatrix} \cos\phi & -\sin\phi & 0 & 0 & 0 & 0 \\ \sin\phi & \cos\phi & 0 & 0 & 0 & 0 \\ 0 & 0 & 1 & 0 & 0 & 0 \\ 0 & 0 & 0 & \cos\phi & -\sin\phi & 0 \\ 0 & 0 & 0 & \sin\phi & \cos\phi & 0 \\ 0 & 0 & 0 & 0 & 0 & 1 \end{bmatrix} \begin{Bmatrix} \bar{U}_1 \\ \bar{U}_2 \\ \bar{U}_3 \\ \bar{U}_4 \\ \bar{U}_5 \\ \bar{U}_6 \end{Bmatrix} \text{ 또는 } \mathbf{U} = \mathbf{\Gamma}_{ROT}^T\bar{\mathbf{U}} \tag{4.45}$$

반대 방향으로의 변환 관계는 다음과 같다.

$$\begin{Bmatrix} \bar{U}_1 \\ \bar{U}_2 \\ \bar{U}_3 \\ \bar{U}_4 \\ \bar{U}_5 \\ \bar{U}_6 \end{Bmatrix} = \begin{bmatrix} \cos\phi & \sin\phi & 0 & 0 & 0 & 0 \\ -\sin\phi & \cos\phi & 0 & 0 & 0 & 0 \\ 0 & 0 & 1 & 0 & 0 & 0 \\ 0 & 0 & 0 & \cos\phi & \sin\phi & 0 \\ 0 & 0 & 0 & -\sin\phi & \cos\phi & 0 \\ 0 & 0 & 0 & 0 & 0 & 1 \end{bmatrix} \begin{Bmatrix} U_1 \\ U_2 \\ U_3 \\ U_4 \\ U_5 \\ U_6 \end{Bmatrix} \quad \text{또는} \quad \bar{\mathbf{U}} = \mathbf{\Gamma}_{ROT}\mathbf{U} \tag{4.46}$$

여기서

$$\mathbf{\Gamma}_{ROT} = \begin{bmatrix} \mathbf{T}_{ROT} & \mathbf{0} \\ \mathbf{0} & \mathbf{T}_{ROT} \end{bmatrix} \tag{4.47}$$

이다. $\mathbf{\Gamma}_{ROT}$의 대각 성분 이외에는 "0"이며 이는 절점 i와 j의 단부변위가 서로 독립적으로 변환된다는 것을 의미한다. $\mathbf{\Gamma}_{ROT}$ 또한 직교행렬이다.

$\mathbf{U}$ 벡터를 구성하는 단부변위의 순서는 $\bar{\mathbf{U}}$ 벡터의 것과 비슷하게 정리하였다. 절점 i로 시작하여 먼저 전역좌표계의 X-축 방향의 자유도의 값을 맨 위에 배치하고(1번째 구성요소), 다음에는 Y-축 방향 자유도 값을 배치한다(2번째 구성요소). 그런 후 Z-축 방향 자유도 값을 배치한다(3번째 구성요소). 그리고 절점 j에 대하여서도 같은 방법으로 정리한다.

4 전역좌표계에서의 적합관계 : 골조 요소

본절에서는 4.2절에서 유도한 국부좌표계에서의 적합방정식 4.3절의 좌표변환 관계를 사용하여 전역좌표계에서의 적합방정식을 유도해보자.

단순 보 모델

식 (4.46)을 식 (4.23)에 대입하면 전역좌표계에서의 단순 보 모델의 적합방정식이 유도된다.

$$\begin{Bmatrix} v_1 \\ v_2 \\ v_3 \end{Bmatrix} = \begin{bmatrix} -\cos\phi & -\sin\phi & 0 & \cos\phi & \sin\phi & 0 \\ -\dfrac{\sin\phi}{L} & \dfrac{\cos\phi}{L} & 1 & \dfrac{\sin\phi}{L} & -\dfrac{\cos\phi}{L} & 0 \\ -\dfrac{\sin\phi}{L} & \dfrac{\cos\phi}{L} & 0 & \dfrac{\sin\phi}{L} & -\dfrac{\cos\phi}{L} & 1 \end{bmatrix} \begin{Bmatrix} U_1 \\ U_2 \\ U_3 \\ U_4 \\ U_5 \\ U_6 \end{Bmatrix} \tag{4.48}$$

위 식을 간략하게 나타내면 다음과 같다.

$$\mathbf{v} = \begin{bmatrix} \mathbf{a}_{1B} & \mathbf{a}_{2B} \end{bmatrix} \begin{Bmatrix} \mathbf{U}_1 \\ \mathbf{U}_2 \end{Bmatrix} \quad \text{또는} \quad \mathbf{v} = \mathbf{a}_B \mathbf{U} \tag{4.49}$$

여기서, $\mathbf{a}_B$는 전역좌표계에서 단순 보의 적합행렬이다. 또한 행렬 $\mathbf{a}_B$는 단순 보의 평형 행렬(3장 식 3.60)의 전치행렬과 같다.

$$\mathbf{P} - \mathbf{P}_0 = \mathbf{b}_B \mathbf{q} \tag{4.50}$$

따라서 다음과 같은 결론이 도출된다.

1. 식 (4.49)의 기본 요소변형 $\mathbf{v}$와 기본요소력 $\mathbf{q}$ (3장, 식 3.60)는 공액 가상일 쌍이고, 이 두 물리량의 곱은 시스템에 저장되는 "일"을 의미한다.
2. 식의 요소단부변위 $\mathbf{U}$ 와 식 (3.60)의 요소단부력 $\overline{\mathbf{P}} - \overline{\mathbf{P}}_0$은 공액 가상일 쌍이고, 이 두 물리량의 곱은 시스템에 가해지는 "일"을 의미한다.

또한 적합행렬의 각 열은 전역좌표계에서 "열"의 위치에 해당하는 자유도에 크기 "1"인 단위변위가 작용할 때 발생하는 요소변형을 나타낸다. 적합행렬 $\mathbf{a}_B$의 각 "열"의 기하학적 의미를 Figure 4-8에 나타내었다.

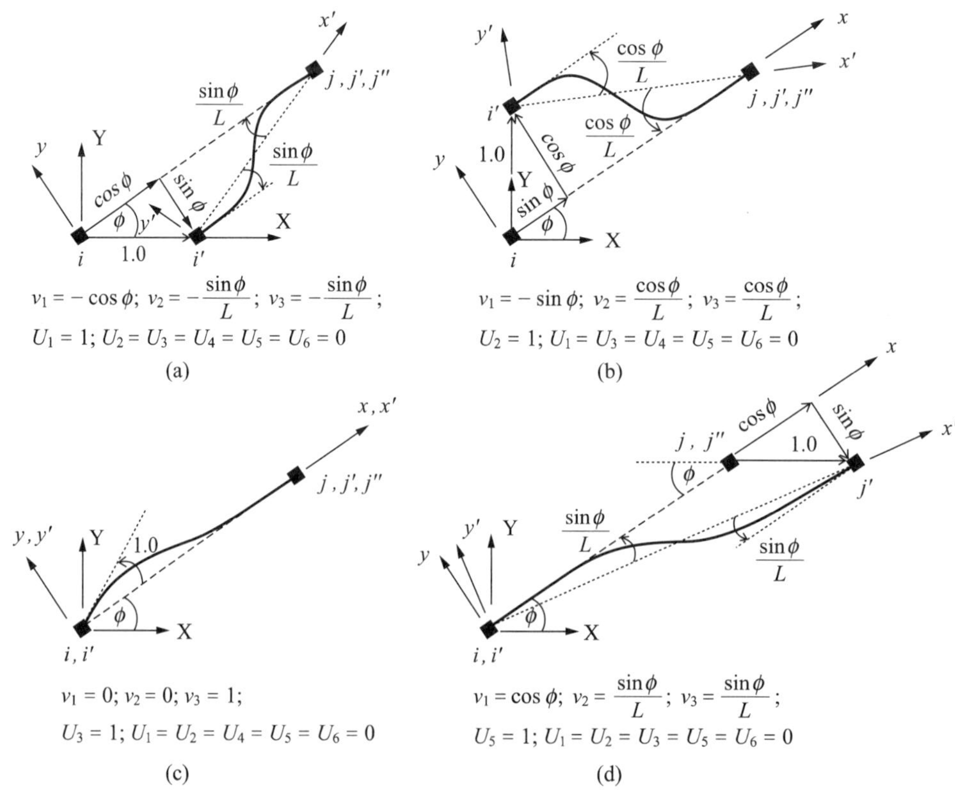

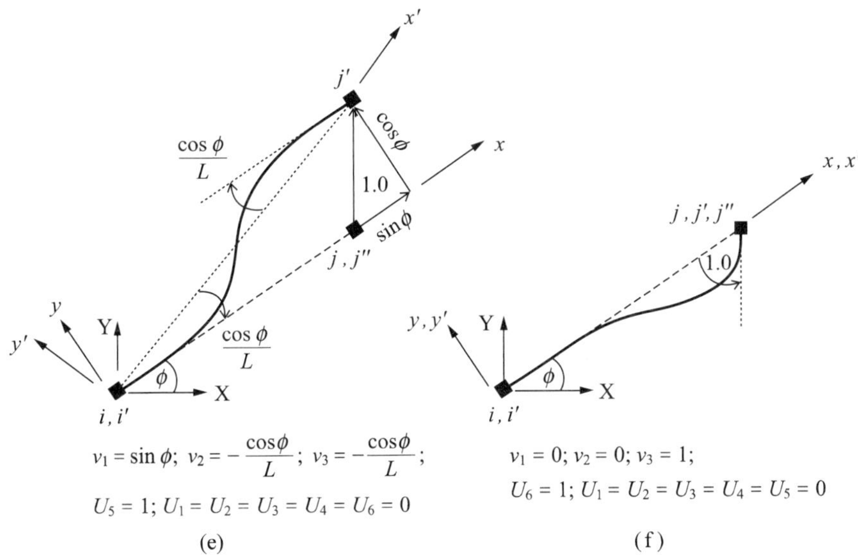

Figure 4-8 단순 보 모델의 독립 변형 모드

5 전체 구조물의 적합관계 : 골조 구조물

본 절에서 골조 구조물의 적합방정식 행렬을 유도해보자. 이 행렬은 기본 요소변형과 전체 자유도에서 절점 변위와의 관계를 나타낸다. 구조물의 적합방정식 행렬은 모든 요소의 적합행렬을 결합하여 구한다.

골조 구조물에서 벡터 $\mathbf{V}$는 각 요소의 기본변형을 모은 것으로 다음과 같이 정의한다.

$$\mathbf{V} = \begin{Bmatrix} \mathbf{V}_1 \\ \mathbf{V}_2 \\ \vdots \\ \mathbf{V}_k \\ \vdots \\ \mathbf{V}_m \end{Bmatrix}_{3m\times 1} \tag{4.51}$$

여기서, m은 총 요소의 수이며, 부 벡터 $\mathbf{V}_k$는 요소 k의 기본변형으로 구성된다. 그러므로 벡터 $\mathbf{V}$의 크기는 $3m \times 1$이 된다.

마찬가지로 절점 변위를 벡터 $\mathbf{U}$로 나타내면 다음과 같다.

$$\mathbf{U} = \begin{Bmatrix} \mathbf{U}_1 \\ \mathbf{U}_2 \\ \vdots \\ \mathbf{U}_k \\ \vdots \\ \mathbf{U}_n \end{Bmatrix}_{3n\times 1} \tag{4.52}$$

여기서, n은 총 절점 수이며, 부벡터 $\mathbf{U}_k$는 절점 k의 변위로 구성된다. 따라서, 벡터 $\mathbf{U}$의 크기는 $3n \times 1$이다.

모든 요소에 대한 적합조건을 위의 벡터 정의에 따라서 결합하면 적합방정식 행렬이 아래와 같이 표현된다.

$$\begin{Bmatrix} \mathbf{V}_1 \\ \mathbf{V}_2 \\ \vdots \\ \mathbf{V}_n \end{Bmatrix}_{3m\times 1} = \begin{bmatrix} \mathbf{a}_1^{(1)} & \mathbf{a}_2^{(1)} & \cdots & \cdots \\ \mathbf{a}_1^{(2)} & \mathbf{a}_2^{(2)} & \cdots & \cdots \\ \vdots & \vdots & & \\ \vdots & \vdots & & \end{bmatrix}_{3m\times 3n} \begin{Bmatrix} \mathbf{U}_1 \\ \mathbf{U}_2 \\ \vdots \\ \mathbf{U}_n \end{Bmatrix}_{3n\times 1} \tag{4.53}$$

간단히 나타내면

$$\mathbf{V} = \mathbf{A}\mathbf{U} \tag{4.54}$$

이다. 여기서, $\mathbf{A}$는 구조 적합행렬이다. 행렬 $\mathbf{A}$는 요소 적합방정식(식 4.49)에 있는 $\mathbf{a}$행렬의 항으로 구성된다. 요소 절점 번호는 요소 절점의 구성에 따라서 구조물의 절점 번호로 치환된다.

예를 들면, Figure 4-9의 요소 a는 단부 i, j로 구성되는데 이 단부는 구조물의 절점 I, J와 같다. 요소 a의 적합방정식 행렬은 다음과 같다.

$$\mathbf{V}_a = \mathbf{a}_1^{(a)}\mathbf{U}_1^{(a)} + \mathbf{a}_2^{(a)}\mathbf{U}_2^{(a)} \tag{4.55}$$

요소 a의 단부는 구조물의 절점 1과 2에 대응하므로

$$\mathbf{U}_I = \mathbf{U}_1^{(a)}, \quad \mathbf{U}_J = \mathbf{U}_2^{(a)} \tag{4.56}$$

이 된다. 따라서 요소 a의 적합방정식은 식 (4.57)과 같이 표현된다.

$$\mathbf{V}_a = \mathbf{a}_1^{(a)}\mathbf{U}_I + \mathbf{a}_2^{(a)}\mathbf{U}_J \tag{4.57}$$

이와 같은 과정을 모든 요소에 대하여 수행하면, 구조물의 적합방정식인 식 (4.54)가 유도된다. 요소변형 벡터 $\mathbf{V}$는 기지의 자유도 변위벡터 $\mathbf{U}$로부터 결정된다.

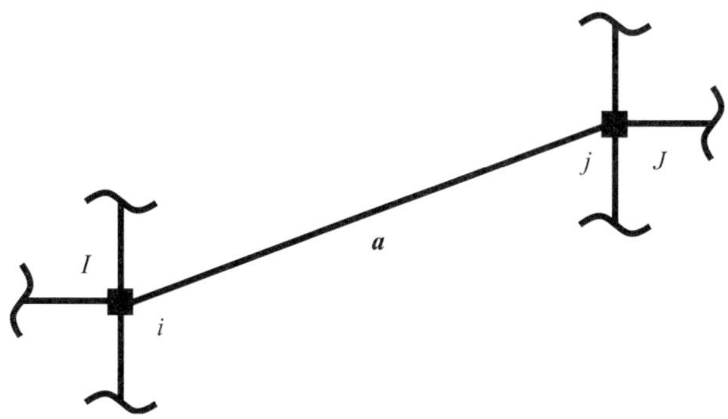

Figure 4-9 구조물의 절점 I, J와 연결되는 i와 j로 구성된 전형적인 골조요소 a

식 (4.54)의 적합방정식을 기지의 변위와 미지의 변위 항으로 분할하여 나타내면 다음과 같다.

$$\mathbf{V} = \left[\mathbf{A}_{free} \vdots \mathbf{A}_{constr} \right] \left\{ \frac{\mathbf{U}_{free}}{\mathbf{U}_{constr}} \right\} \tag{4.58}$$

여기서, $\mathbf{U}_{free}$ 와 $\mathbf{U}_{constr}$ 는 각각 비구속 자유도와 구속 자유도의 절점변위이고, $\mathbf{A}_{free}$ 와 $\mathbf{A}_{constr}$ 는 각각 비구속 자유도와 구속 자유도에 대한 적합행렬이다. $\mathbf{U}_{constr}$ 는 기지의 값이며 주로 지점조건과 연결되어 있다. 지점 이동이 없는 경우($\mathbf{U}_{constr} = \mathbf{0}$)에 대하여 식은 다음과 같이 된다.

$$\mathbf{V} = \mathbf{V}_{free} = \mathbf{A}_{free}\mathbf{U}_{free} \tag{4.59}$$

적합행렬 $\mathbf{A}_{free}$ 의 "행"의 수는 기본 요소변형의 수와 같고, 3장에서 다루었던 기본요소력의 수와 같다. 적합행렬 $\mathbf{A}_{free}$ 의 "열"의 수는 비구속 자유도의 수이다. 그러므로 행의 개수와 열의 개수의 차이가 부정정 차수(SI)가 된다. 즉, 부정정 차수는 행렬 $\mathbf{A}_{free}$ 의 크기로 부터 결정된다.

$$SI = n_{row} - n_{column} \tag{4.60}$$

앞서 언급한 구조물의 적합방정식 행렬에 대한 개념을 설명하기 위하여 Figure 4-10과 같은 임의의 골조 구조물을 생각해보자. 기본 요소 시스템으로 단순 보 모델(Figure 4-3)을 사용하였고 구조물의 기본 요소변형은 Figure 4-11과 같다.

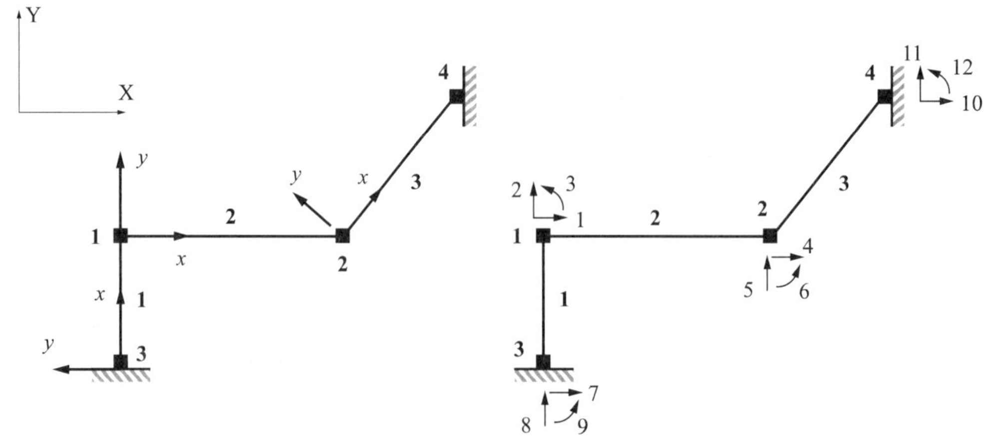

Figure 4-10 프로토타입 골조 구조물

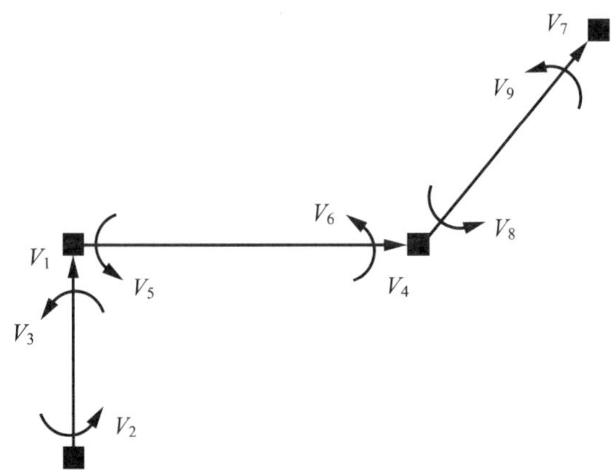

Figure 4-11 프로토타입 골조 구조물 : 기본 요소변형

요소 1의 적합방정식을 살펴보자.

식 (4.49)에 따라서 요소의 적합관계는 다음과 같다.

$$\mathbf{v}^{(1)} = \mathbf{a}_{1B}^{(1)}\mathbf{U}_1^{(1)} + \mathbf{a}_{2B}^{(1)}\mathbf{U}_2^{(1)} \tag{4.61}$$

요소와 연결된 절점 번호를 부여한 변형벡터는 다음과 같다.

$$\mathbf{U}_1^{(1)} \Rightarrow \mathbf{U}_3 \quad \text{그리고} \quad \mathbf{U}_2^{(1)} \Rightarrow \mathbf{U}_1 \tag{4.62}$$

$$\mathbf{v}^{(1)} \Rightarrow \mathbf{V}_1 \tag{4.63}$$

식 (4.61)을 구조물 변위의 항으로 표현하면

$$\mathbf{V}_1 = \mathbf{a}_{1B}^{(1)}\mathbf{U}_3 + \mathbf{a}_{2B}^{(1)}\mathbf{U}_1 \tag{4.64}$$

이다. 이를 구조물의 적합방정식 행렬에 대입하면

$$\begin{Bmatrix} \mathbf{V}_1 \\ \bullet \\ \bullet \end{Bmatrix} = \begin{bmatrix} \mathbf{a}_{2B}^{(1)} & \mathbf{0} & \mathbf{a}_{1B}^{(1)} & \mathbf{0} \\ \bullet & \bullet & \bullet & \bullet \\ \bullet & \bullet & \bullet & \bullet \end{bmatrix} \begin{Bmatrix} \mathbf{U}_1 \\ \mathbf{U}_2 \\ \mathbf{U}_3 \\ \mathbf{U}_4 \end{Bmatrix} \tag{4.65}$$

과 같다. 이 과정을 Figure 4-12에 도식화하여 나타내었다.

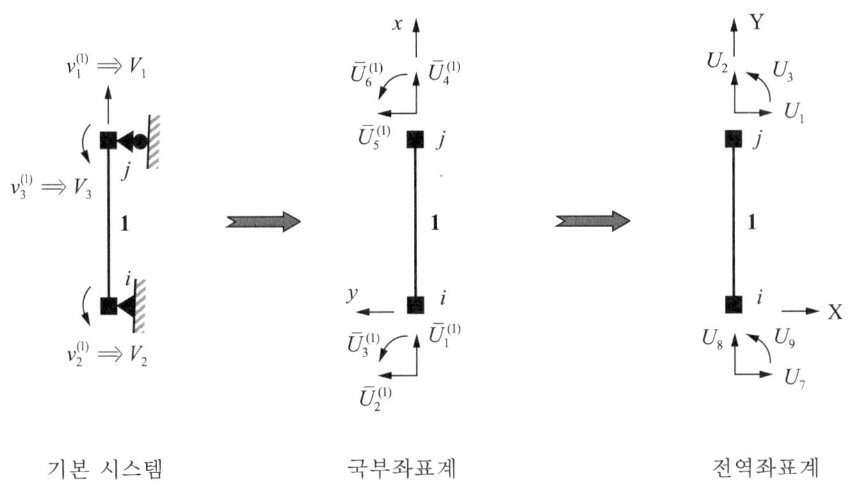

Figure 4-12 요소 1의 변형-변위 변환 : 기본 시스템에서 전역좌표계로 변환

이 과정을 요소 2와 요소 3에 대하여 반복하여 요소 적합방정식을 세우면 다음과 같다.

$$\mathbf{V}_2 = \mathbf{a}_{1B}^{(2)}\mathbf{U}_1 + \mathbf{a}_{2B}^{(2)}\mathbf{U}_2 \tag{4.66}$$

$$\mathbf{V}_3 = \mathbf{a}_{1B}^{(3)}\mathbf{U}_2 + \mathbf{a}_{2B}^{(3)}\mathbf{U}_4 \tag{4.67}$$

이를 구조물의 적합방정식 행렬에 대입하면 다음과 같다.

$$\begin{Bmatrix} \mathbf{V}_1 \\ \mathbf{V}_2 \\ \mathbf{V}_3 \end{Bmatrix}_{9\times1} = \begin{bmatrix} \mathbf{a}_{2B}^{(1)} & \mathbf{0} & \mathbf{a}_{1B}^{(1)} & \mathbf{0} \\ \mathbf{a}_{1B}^{(2)} & \mathbf{a}_{2B}^{(2)} & \mathbf{0} & \mathbf{0} \\ \mathbf{0} & \mathbf{a}_{1B}^{(3)} & \mathbf{0} & \mathbf{a}_{2B}^{(3)} \end{bmatrix}_{9\times12} \begin{Bmatrix} \mathbf{U}_1 \\ \mathbf{U}_2 \\ \mathbf{U}_3 \\ \mathbf{U}_4 \end{Bmatrix}_{12\times1} \tag{4.68}$$

전체 구조물에 대한 적합방정식을 행렬기호로 나타내면

$$\mathbf{V} = \mathbf{A}\mathbf{U} \tag{4.69}$$

과 같다. 동일한 구조물에서 적합행렬과 평형행렬(식 3.75)의 전치행렬은 같다. 즉,

$$\mathbf{A} = \mathbf{B}^T \tag{4.70}$$

여기서

$$\mathbf{B} = \begin{bmatrix} \mathbf{b}_{2B}^{(1)} & \mathbf{b}_{1B}^{(2)} & \mathbf{0} \\ \mathbf{0} & \mathbf{b}_{2B}^{(2)} & \mathbf{b}_{1B}^{(3)} \\ \mathbf{b}_{1B}^{(1)} & \mathbf{0} & \mathbf{0} \\ \mathbf{0} & \mathbf{0} & \mathbf{b}_{2B}^{(3)} \end{bmatrix}_{12\times 9} \qquad \text{(3장 3.75)}$$

$$\mathbf{a}_{1B} = \mathbf{b}_{1B}^T \quad \text{그리고} \quad \mathbf{a}_{2B} = \mathbf{b}_{2B}^T \tag{4.71}$$

위의 관계는 가상일의 원리를 사용하면 쉽게 증명된다. 이는 다음 장에서 다루도록 한다.

골조 구조물의 경계조건은

$$\mathbf{U}_{constr} = \begin{Bmatrix} \mathbf{U}_3 \\ \mathbf{U}_4 \end{Bmatrix} = \mathbf{0} \ \text{(지점 침하 없음)} \tag{4.72}$$

과 같다. 식 (4.72)를 식 (4.68)에 대입하면 비구속 자유도에 대한 적합방정식이 유도된다.

$$\begin{Bmatrix} \mathbf{V}_1 \\ \mathbf{V}_2 \\ \mathbf{V}_3 \end{Bmatrix}_{9\times 1} = \begin{bmatrix} \mathbf{a}_{2B}^{(1)} & \mathbf{0} \\ \mathbf{a}_{1B}^{(2)} & \mathbf{a}_{2B}^{(2)} \\ \mathbf{0} & \mathbf{a}_{1B}^{(3)} \end{bmatrix}_{9\times 6} \begin{Bmatrix} \mathbf{U}_1 \\ \mathbf{U}_2 \end{Bmatrix}_{6\times 1} \quad \text{또는} \quad \mathbf{V} = \mathbf{V}_{free} = \mathbf{A}_{free}\mathbf{U}_{free} \tag{4.73}$$

여기서, 행렬 $\mathbf{A}_{free}$ 의 "열"은 Figure 4-13에서처럼 "열" 번호에 해당하는 자유도에 단위변위가 작용할 때 요소변형을 의미한다.

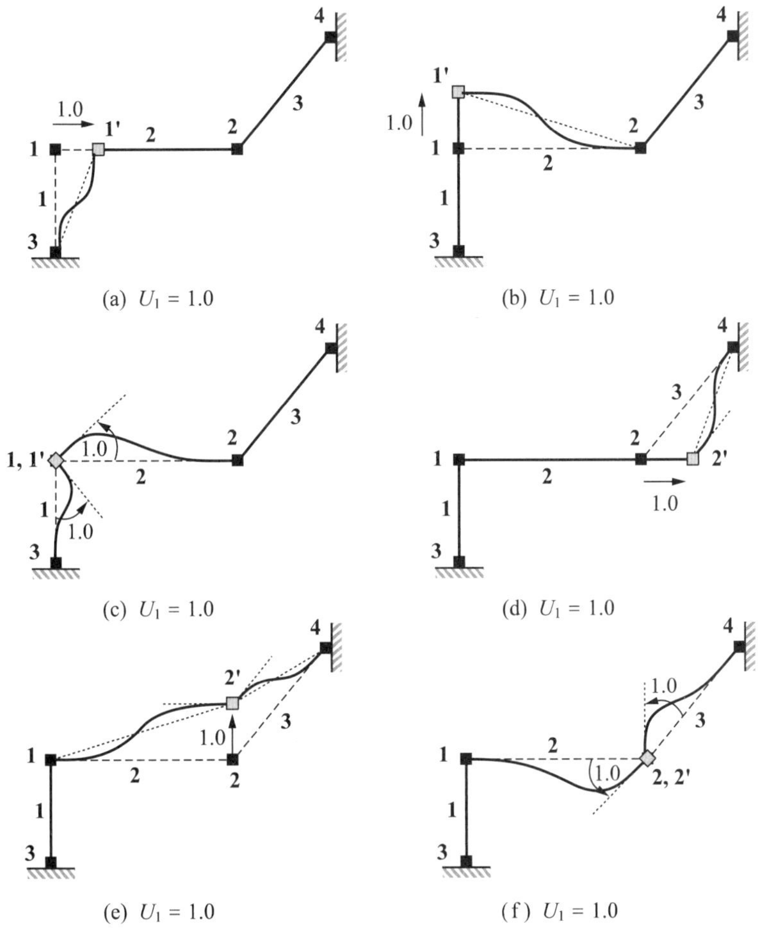

Figure 4–13 각 자유도에 단위변위가 작용할 때 요소변형

Example 4-1

Example 3-1의 골조 구조물에 대하여 다음에 답하라.

(a) 기본 요소변형으로 단순 보 모델을 사용할 때 구조물의 비구속 및 구속 자유도의 번호를 부여하라.

(b) 전체 구조물의 비구속 자유도와 요소변형의 관계를 나타내는 적합방정식을 유도하라.

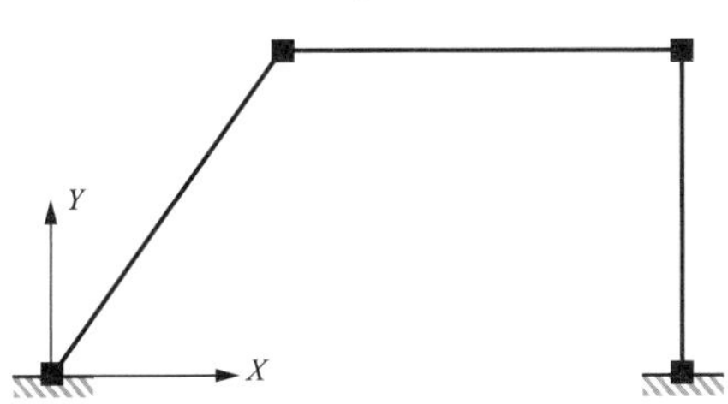

Solution

구조물의 요소 번호, 절점 번호, 자유도 번호는 다음과 같다.

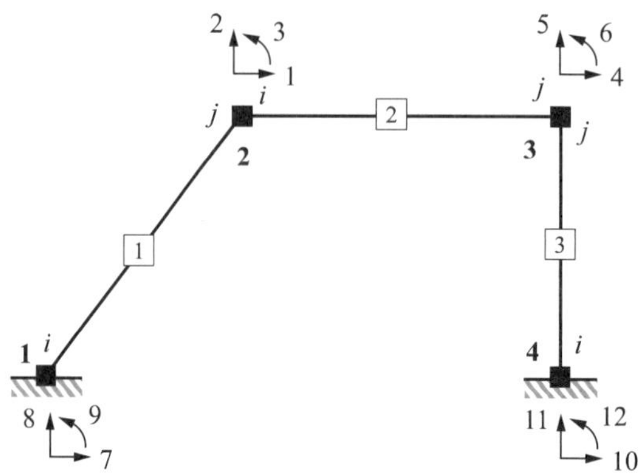

요소, 절점, 자유도 번호

구조물에서 전역 및 국부좌표계

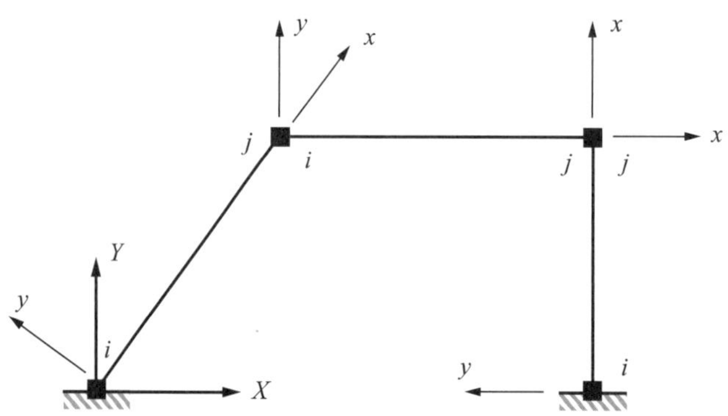

자유도 번호로부터 각 요소의 사상벡터를 구성하면 다음과 같다.

Element 1

$$LM_1 = \begin{Bmatrix} 7 \\ 8 \\ 9 \\ 1 \\ 2 \\ 3 \end{Bmatrix}_1$$

Element 2

$$LM_2 = \begin{Bmatrix} 1 \\ 2 \\ 3 \\ 4 \\ 5 \\ 6 \end{Bmatrix}_2$$

Element 3

$$LM_3 = \begin{Bmatrix} 10 \\ 11 \\ 12 \\ 4 \\ 5 \\ 6 \end{Bmatrix}_3$$

구조계 기본 요소변형은 다음과 같다.

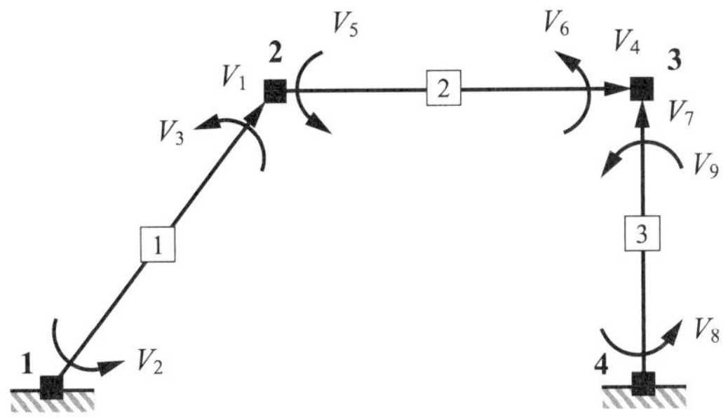

각 요소의 길이와 방향 코사인을 계산하여 다음 표로 나타내었다.

Element	Node i	Node j	X_i	Y_i	X_j	Y_j	ΔX	ΔY	L	$\cos\phi$	$\sin\phi$
1	1	2	0	0	3	4	3	4	5.00	0.600	0.800
2	2	3	3	4	8	4	5	0	5.00	1.000	0.000
3	4	3	8	0	8	4	0	4	4.00	0.000	1.000

각 요소의 적합방정식을 세워보자.

<u>요소 1</u>

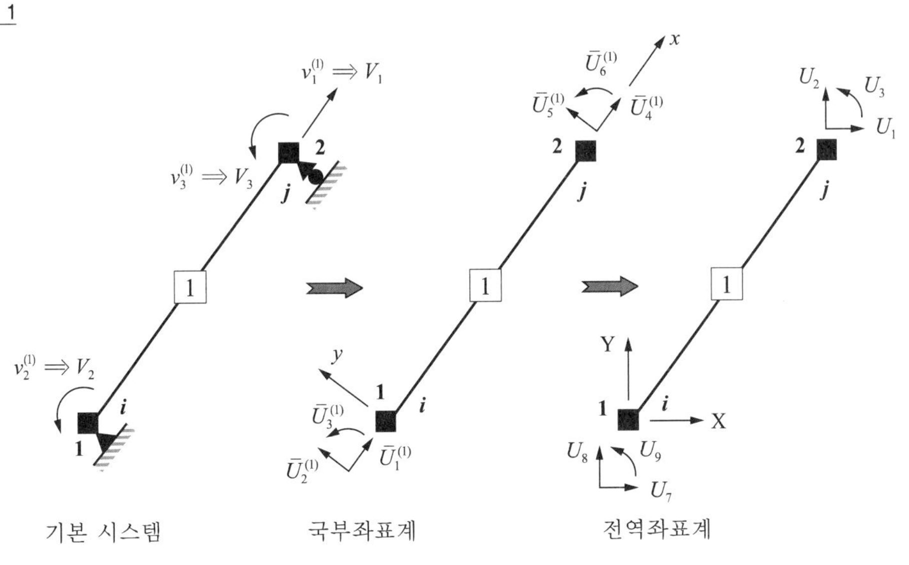

기본 시스템에서 국부좌표계로

$$\begin{Bmatrix} v_1^{(1)} \\ v_2^{(1)} \\ v_3^{(1)} \end{Bmatrix} = \begin{bmatrix} -1 & 0 & 0 & 1 & 0 & 0 \\ 0 & 0.2 & 1 & 0 & -0.2 & 0 \\ 0 & 0.2 & 0 & 0 & -0.2 & 1 \end{bmatrix} \begin{Bmatrix} \bar{U}_1^{(1)} \\ \bar{U}_2^{(1)} \\ \bar{U}_3^{(1)} \\ \bar{U}_4^{(1)} \\ \bar{U}_5^{(1)} \\ \bar{U}_6^{(1)} \end{Bmatrix}$$

요소의 구조계 자유도 번호와 요소변형

$$LM_1 = \begin{Bmatrix} 7 \\ 8 \\ 9 \\ 1 \\ 2 \\ 3 \end{Bmatrix}_1 ; \begin{Bmatrix} U_1^{(1)} \\ U_2^{(1)} \\ U_3^{(1)} \\ U_4^{(1)} \\ U_5^{(1)} \\ U_6^{(1)} \end{Bmatrix} \Rightarrow \begin{Bmatrix} U_7 \\ U_8 \\ U_9 \\ U_1 \\ U_2 \\ U_3 \end{Bmatrix} \text{ 그리고 } \begin{Bmatrix} v_1^{(1)} \\ v_2^{(1)} \\ v_3^{(1)} \end{Bmatrix} = \begin{Bmatrix} V_1 \\ V_2 \\ V_3 \end{Bmatrix}$$

구조계 적합관계

$$\begin{Bmatrix} V_1 \\ V_2 \\ V_3 \end{Bmatrix} = \begin{bmatrix} -0.6 & -0.8 & 0 & 0.6 & 0.8 & 0 \\ -0.16 & 0.12 & 1 & 0.16 & -0.12 & 0 \\ -0.16 & 0.12 & 0 & 0.16 & -0.12 & 1 \end{bmatrix} \begin{Bmatrix} U_7 \\ U_8 \\ U_9 \\ U_1 \\ U_2 \\ U_3 \end{Bmatrix}$$

요소 1의 적합방정식 행렬을 구조물의 적합방정식 행렬에 대입하면 다음과 같다.

$$\begin{Bmatrix} V_1 \\ V_2 \\ V_3 \\ \bullet \\ \bullet \\ \bullet \\ \bullet \\ \bullet \\ \bullet \end{Bmatrix} = \begin{bmatrix} 0.6 & 0.8 & 0 & 0 & 0 & 0 & -0.6 & -0.8 & 0 & 0 & 0 & 0 \\ 0.16 & -0.12 & 0 & 0 & 0 & 0 & -0.16 & 0.12 & 1 & 0 & 0 & 0 \\ 0.16 & -0.12 & 1 & 0 & 0 & 0 & -0.16 & 0.12 & 0 & 0 & 0 & 0 \\ \bullet & \bullet & \bullet & \bullet & \bullet & \bullet & \bullet & \bullet & \bullet & \bullet & \bullet & \bullet \\ \bullet & \bullet & \bullet & \bullet & \bullet & \bullet & \bullet & \bullet & \bullet & \bullet & \bullet & \bullet \\ \bullet & \bullet & \bullet & \bullet & \bullet & \bullet & \bullet & \bullet & \bullet & \bullet & \bullet & \bullet \\ \bullet & \bullet & \bullet & \bullet & \bullet & \bullet & \bullet & \bullet & \bullet & \bullet & \bullet & \bullet \\ \bullet & \bullet & \bullet & \bullet & \bullet & \bullet & \bullet & \bullet & \bullet & \bullet & \bullet & \bullet \\ \bullet & \bullet & \bullet & \bullet & \bullet & \bullet & \bullet & \bullet & \bullet & \bullet & \bullet & \bullet \end{bmatrix} \begin{Bmatrix} U_1 \\ U_2 \\ U_3 \\ U_4 \\ U_5 \\ U_6 \\ U_7 \\ U_8 \\ U_9 \\ U_{10} \\ U_{11} \\ U_{12} \end{Bmatrix}$$

<u>요소 2</u>

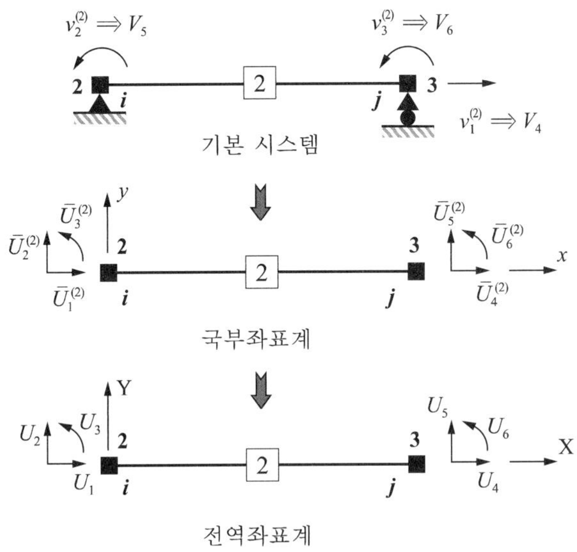

기본 시스템에서 국부좌표계로

$$\begin{Bmatrix} v_1^{(2)} \\ v_2^{(2)} \\ v_3^{(2)} \end{Bmatrix} = \begin{bmatrix} -1 & 0 & 0 & 1 & 0 & 0 \\ 0 & 0.2 & 1 & 0 & -0.2 & 0 \\ 0 & 0.2 & 0 & 0 & -0.2 & 1 \end{bmatrix} \begin{Bmatrix} \bar{U}_1^{(2)} \\ \bar{U}_2^{(2)} \\ \bar{U}_3^{(2)} \\ \bar{U}_4^{(2)} \\ \bar{U}_5^{(2)} \\ \bar{U}_6^{(2)} \end{Bmatrix}$$

구조계 적합관계

$$LM_2 = \begin{Bmatrix} 1 \\ 2 \\ 3 \\ 4 \\ 5 \\ 6 \end{Bmatrix}_2 ; \begin{Bmatrix} U_1^{(2)} \\ U_2^{(2)} \\ U_3^{(2)} \\ U_4^{(2)} \\ U_5^{(2)} \\ U_6^{(2)} \end{Bmatrix} \Rightarrow \begin{Bmatrix} U_1 \\ U_2 \\ U_3 \\ U_4 \\ U_5 \\ U_6 \end{Bmatrix} \quad \text{그리고} \quad \begin{Bmatrix} v_1^{(2)} \\ v_2^{(2)} \\ v_3^{(2)} \end{Bmatrix} = \begin{Bmatrix} V_4 \\ V_5 \\ V_6 \end{Bmatrix}$$

구조계 적합관계

$$\begin{Bmatrix} V_4 \\ V_5 \\ V_6 \end{Bmatrix} = \begin{bmatrix} -1 & 0 & 0 & 1 & 0 & 0 \\ 0 & 0.2 & 1 & 0 & -0.2 & 0 \\ 0 & 0.2 & 0 & 0 & -0.2 & 1 \end{bmatrix} \begin{Bmatrix} U_1 \\ U_2 \\ U_3 \\ U_4 \\ U_5 \\ U_6 \end{Bmatrix}$$

요소 2의 적합방정식 행렬을 구조물의 적합방정식 행렬에 대입하면 다음과 같다.

$$\begin{Bmatrix} V_1 \\ V_2 \\ V_3 \\ V_4 \\ V_5 \\ V_6 \\ \bullet \\ \bullet \\ \bullet \end{Bmatrix} = \begin{bmatrix} 0.6 & 0.8 & 0 & 0 & 0 & 0 & -0.6 & -0.8 & 0 & 0 & 0 & 0 \\ 0.16 & -0.12 & 0 & 0 & 0 & 0 & -0.16 & 0.12 & 1 & 0 & 0 & 0 \\ 0.16 & -0.12 & 1 & 0 & 0 & 0 & -0.16 & 0.12 & 0 & 0 & 0 & 0 \\ -1 & 0 & 0 & 1 & 0 & 0 & 0 & 0 & 0 & 0 & 0 & 0 \\ 0 & 0.2 & 1 & 0 & -0.2 & 0 & 0 & 0 & 0 & 0 & 0 & 0 \\ 0 & 0.2 & 0 & 0 & -0.2 & 1 & 0 & 0 & 0 & 0 & 0 & 0 \\ \bullet & \bullet & \bullet & \bullet & \bullet & \bullet & \bullet & \bullet & \bullet & \bullet & \bullet & \bullet \\ \bullet & \bullet & \bullet & \bullet & \bullet & \bullet & \bullet & \bullet & \bullet & \bullet & \bullet & \bullet \\ \bullet & \bullet & \bullet & \bullet & \bullet & \bullet & \bullet & \bullet & \bullet & \bullet & \bullet & \bullet \end{bmatrix} \begin{Bmatrix} U_1 \\ U_2 \\ U_3 \\ U_4 \\ U_5 \\ U_6 \\ U_7 \\ U_8 \\ U_9 \\ U_{10} \\ U_{11} \\ U_{12} \end{Bmatrix}$$

<u>요소 3</u>

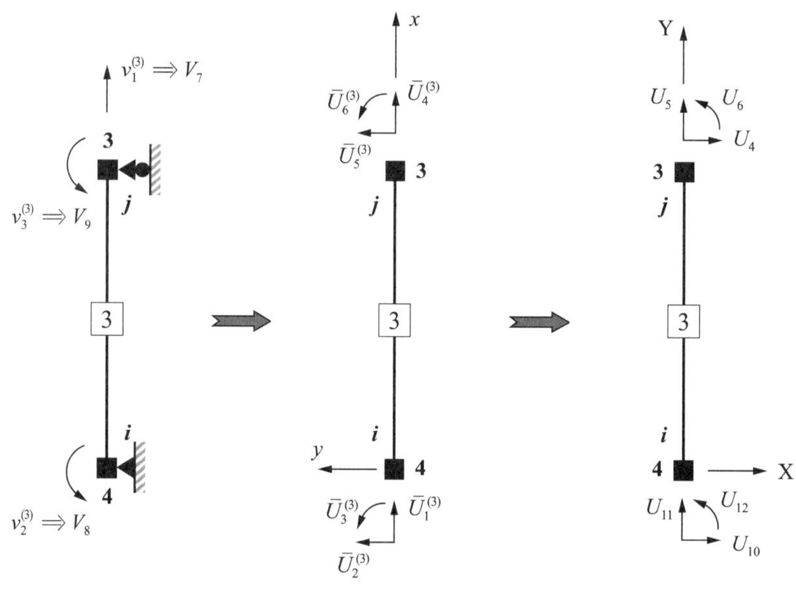

기본 시스템에서 국부좌표계로

$$\begin{Bmatrix} v_1^{(3)} \\ v_2^{(3)} \\ v_3^{(3)} \end{Bmatrix} = \begin{bmatrix} -1 & 0 & 0 & 1 & 0 & 0 \\ 0 & 0.25 & 1 & 0 & -0.25 & 0 \\ 0 & 0.25 & 0 & 0 & -0.25 & 1 \end{bmatrix} \begin{Bmatrix} \bar{U}_1^{(3)} \\ \bar{U}_2^{(3)} \\ \bar{U}_3^{(3)} \\ \bar{U}_4^{(3)} \\ \bar{U}_5^{(3)} \\ \bar{U}_6^{(3)} \end{Bmatrix}$$

요소의 구조계 자유도 번호와 요소변형

$$LM_3 = \begin{Bmatrix} 10 \\ 11 \\ 12 \\ 4 \\ 5 \\ 6 \end{Bmatrix}_3 ; \begin{Bmatrix} U_1^{(3)} \\ U_2^{(3)} \\ U_3^{(3)} \\ U_4^{(3)} \\ U_5^{(3)} \\ U_6^{(3)} \end{Bmatrix} \Rightarrow \begin{Bmatrix} U_{10} \\ U_{11} \\ U_{12} \\ U_4 \\ U_5 \\ U_6 \end{Bmatrix} \quad \text{그리고} \quad \begin{Bmatrix} v_1^{(3)} \\ v_2^{(3)} \\ v_3^{(3)} \end{Bmatrix} = \begin{Bmatrix} V_7 \\ V_8 \\ V_9 \end{Bmatrix}$$

구조계 적합관계

$$\begin{Bmatrix} V_7 \\ V_8 \\ V_9 \end{Bmatrix} = \begin{bmatrix} 0 & -1 & 0 & 0 & 1 & 0 \\ -0.25 & 0 & 1 & 0.25 & 0 & 0 \\ -0.25 & 0 & 0 & 0.25 & 0 & 1 \end{bmatrix} \begin{Bmatrix} U_{10} \\ U_{11} \\ U_{12} \\ U_4 \\ U_5 \\ U_6 \end{Bmatrix}$$

요소 3의 적합방정식 행렬을 구조물의 적합방정식 행렬에 대입하면 다음과 같다.

$$\begin{Bmatrix} V_1 \\ V_2 \\ V_3 \\ V_4 \\ V_5 \\ V_6 \\ V_7 \\ V_8 \\ V_9 \end{Bmatrix} = \begin{bmatrix} 0.6 & 0.8 & 0 & 0 & 0 & 0 & -0.6 & -0.8 & 0 & 0 & 0 & 0 \\ 0.16 & -0.12 & 0 & 0 & 0 & 0 & -0.16 & 0.12 & 1 & 0 & 0 & 0 \\ 0.16 & -0.12 & 1 & 0 & 0 & 0 & -0.16 & 0.12 & 0 & 0 & 0 & 0 \\ -1 & 0 & 0 & 1 & 0 & 0 & 0 & 0 & 0 & 0 & 0 & 0 \\ 0 & 0.2 & 1 & 0 & -0.2 & 0 & 0 & 0 & 0 & 0 & 0 & 0 \\ 0 & 0.2 & 0 & 0 & -0.2 & 1 & 0 & 0 & 0 & 0 & 0 & 0 \\ 0 & 0 & 0 & 0 & 1 & 0 & 0 & 0 & 0 & 0 & -1 & 0 \\ 0 & 0 & 0 & 0.25 & 0 & 0 & 0 & 0 & 0 & -0.25 & 0 & 1 \\ 0 & 0 & 0 & 0.25 & 0 & 1 & 0 & 0 & 0 & -0.25 & 0 & 0 \end{bmatrix} \begin{Bmatrix} U_1 \\ U_2 \\ U_3 \\ U_4 \\ U_5 \\ U_6 \\ U_7 \\ U_8 \\ U_9 \\ U_{10} \\ U_{11} \\ U_{12} \end{Bmatrix}$$

위의 식은 전체 구조물에 대한 적합방정식 행렬이며 간단히 나타내면 다음과 같다.

$$\mathbf{V} = \mathbf{AU} \quad \text{또는} \quad \mathbf{V} = \left[\mathbf{A}_{free} : \mathbf{A}_{constr} \right] \left\{ \frac{\mathbf{U}_{free}}{\mathbf{U}_{constr}} \right\}$$

행렬 $\mathbf{A}$는 구조 적합행렬이며 절점변위 $\mathbf{U}$와 요소변형 $\mathbf{V}$의 관계를 나타내고 있다. 앞서 살펴보았듯이 적합행렬은 평형행렬의 전치행렬임을 확인할 수 있다(Example 3-2 참조).

$$\mathbf{A} = \mathbf{B}^T$$

여기서

$$\mathbf{B} = \begin{bmatrix} 0.6 & 0.16 & 0.16 & -1 & 0 & 0 & 0 & 0 & 0 \\ 0.8 & -0.12 & -0.12 & 0 & 0.2 & 0.2 & 0 & 0 & 0 \\ 0 & 0 & 1 & 0 & 1 & 0 & 0 & 0 & 0 \\ 0 & 0 & 0 & 1 & 0 & 0 & 0 & 0.25 & 0.25 \\ 0 & 0 & 0 & 0 & -0.2 & -0.2 & 1 & 0 & 0 \\ 0 & 0 & 0 & 0 & 0 & 1 & 0 & 0 & 1 \\ -0.6 & -0.16 & -0.16 & 0 & 0 & 0 & 0 & 0 & 0 \\ -0.8 & 0.12 & 0.12 & 0 & 0 & 0 & 0 & 0 & 0 \\ 0 & 1 & 0 & 0 & 0 & 0 & 0 & 0 & 0 \\ 0 & 0 & 0 & 0 & 0 & 0 & 0 & -0.25 & -0.25 \\ 0 & 0 & 0 & 0 & 0 & 0 & -1 & 0 & 0 \\ 0 & 0 & 0 & 0 & 0 & 0 & 0 & 1 & 0 \end{bmatrix} \Rightarrow \text{평형행렬}$$

기본 요소변형을 다음과 같이 분리하여 나타내면

$$\mathbf{V} = \mathbf{V}_{free} + \mathbf{V}_{constr}$$

여기서 $\mathbf{V}_{free} = \mathbf{A}_{free}\mathbf{U}_{free}$ 는 비구속 자유도 변위에 대한 기본 요소변형이고, $\mathbf{V}_{constr} = \mathbf{A}_{constr}\mathbf{U}_{constr}$ 는 구속 자유도 변위에 대한 기본 요소변형이다.
이 예제에서 지점 이동은 없으므로 ($\mathbf{U}_{constr} = \mathbf{0}$), 적합방정식은 다음과 같이 정리된다.

$$\mathbf{V} = \mathbf{V}_{free} = \mathbf{A}_{free}\mathbf{U}_{free}$$

이를 풀어서 적어보면

$$\begin{Bmatrix} V_1 \\ V_2 \\ V_3 \\ V_4 \\ V_5 \\ V_6 \\ V_7 \\ V_8 \\ V_9 \end{Bmatrix} = \begin{bmatrix} 0.6 & 0.8 & 0 & 0 & 0 & 0 \\ 0.16 & -0.12 & 0 & 0 & 0 & 0 \\ 0.16 & -0.12 & 1 & 0 & 0 & 0 \\ -1 & 0 & 0 & 1 & 0 & 0 \\ 0 & 0.2 & 1 & 0 & -0.2 & 0 \\ 0 & 0.2 & 0 & 0 & -0.2 & 1 \\ 0 & 0 & 0 & 0 & 1 & 0 \\ 0 & 0 & 0 & 0.25 & 0 & 0 \\ 0 & 0 & 0 & 0.25 & 0 & 1 \end{bmatrix} \begin{Bmatrix} U_1 \\ U_2 \\ U_3 \\ U_4 \\ U_5 \\ U_6 \end{Bmatrix}$$

과 같다. 또한 적합행렬 $\mathbf{A}_{free}$ 는 동일한 구조물의 평형행렬(Example 3-1)의 전치행렬과 같다. 따라서 비구속 자유도에 대해서도 다음 관계가 성립된다.

$$\mathbf{A}_{free} = \mathbf{B}^{T}_{free}$$

여기서

$$\mathbf{B}_{free} = \begin{bmatrix} 0.6 & 0.16 & 0.16 & -1 & 0 & 0 & 0 & 0 & 0 \\ 0.8 & -0.12 & -0.12 & 0 & 0.2 & 0.2 & 0 & 0 & 0 \\ 0 & 0 & 1 & 0 & 1 & 0 & 0 & 0 & 0 \\ 0 & 0 & 0 & 1 & 0 & 0 & 0 & 0.25 & 0.25 \\ 0 & 0 & 0 & 0 & -0.2 & -0.2 & 1 & 0 & 0 \\ 0 & 0 & 0 & 0 & 0 & 1 & 0 & 0 & 1 \end{bmatrix} \Rightarrow \text{평형행렬}$$

비구속 자유도에 대한 적합행렬 $\mathbf{A}_{free}$ 의 행의 수는 기본 요소변형의 수(또는 기본요소력 수)와 같고 행렬 $\mathbf{A}_{free}$ 의 열의 수는 비구속 자유도의 수와 같다. 따라서 행과 열 개수의 차이는 구조물의 부정정 차수(SI)와 동일하다.

$$SI = 9 - 6 = 3$$

행렬 $\mathbf{A}_{free}$ 의 각 열은 각 자유도에 단위변위를 작용할 때 발생하는 요소변형을 나타내고 있음을 주목하자.

행렬 $\mathbf{A}_{free}$ 의 첫 번째 열

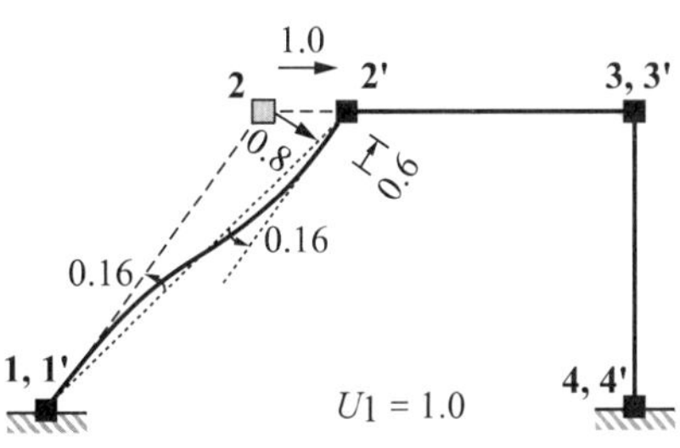

행렬 $\mathbf{A}_{free}$ 의 두 번째 열

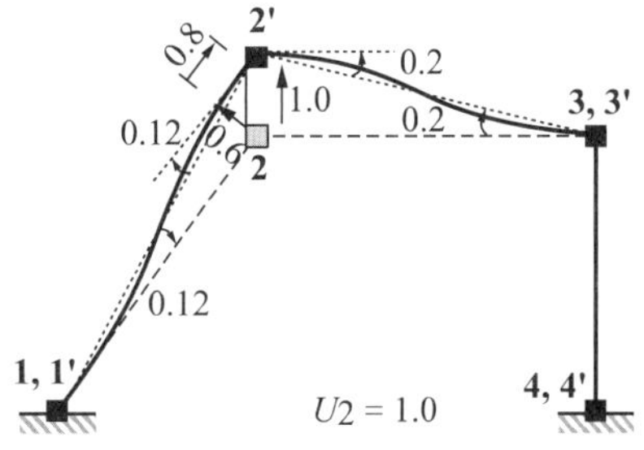

행렬 $\mathbf{A}_{free}$ 의 세 번째 열

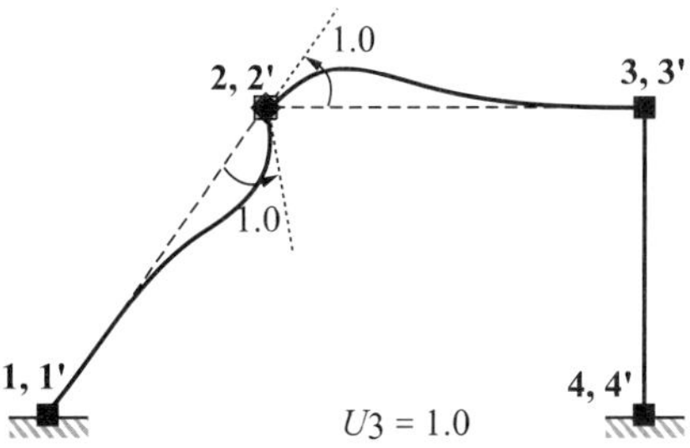

행렬 $\mathbf{A}_{free}$ 의 네 번째 열

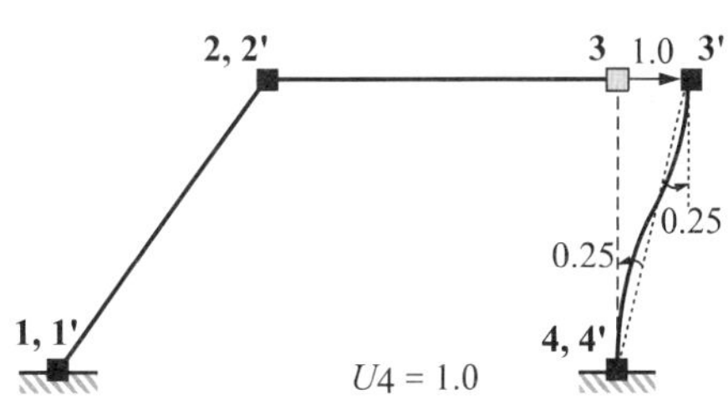

행렬 $\mathbf{A}_{free}$ 의 다섯 번째 열

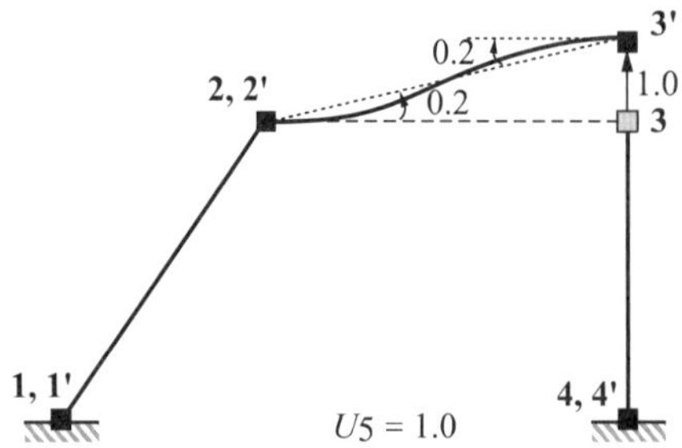

행렬 $\mathbf{A}_{free}$ 의 여섯 번째 열

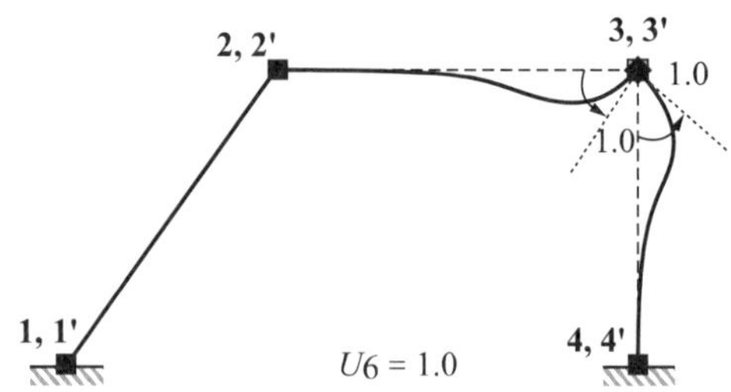

6 트러스 요소의 적합방정식

지금까지 골조(뼈대) 요소로 구성된 구조물에 대해서만 살펴보았다. 이 절에서는 트러스 구조물로 잘 알려진 핀으로 연결된 구조물에 대해서 알아보도록 하자. 트러스 요소는 골조 요소의 특별한 경우이기 때문에, 앞 절에서 유도된 적합방정식 행렬을 간단하게 트러스 구조물에 대한 것으로 전환할 수 있다. 기하하적 적합관계를 선형으로 가정하게 되면 축변형을 회전변형과 횡변형으로 분리할 수 있는데, 이런 축변형 모드의 독립성은 Figure 4-14에 음영으로 표시한 것처럼 요소 적합방정식을 살펴보면 명확하게 알 수 있다. 그러므로 트러스 요소에 대한 국부좌표계에서 기하학적 적합방정식은 다음과 같다.

$$v_1 = \begin{bmatrix} -1 & 1 \end{bmatrix} \begin{Bmatrix} \bar{U}_1 \\ \bar{U}_2 \end{Bmatrix} \quad \text{또는} \quad v_1 = \bar{\mathbf{a}}^{truss} \bar{\mathbf{U}} \tag{4.74}$$

여기서, $\bar{\mathbf{a}}^{truss}$ 는 국부좌표계에서 기본 트러스 시스템의 적합행렬이다(Figure 4-15).

$$\begin{Bmatrix} v_1 \\ v_2 \\ v_3 \end{Bmatrix} = \begin{bmatrix} -1 & 0 & 0 & 1 & 0 & 0 \\ 0 & \dfrac{1}{L} & 1 & 0 & -\dfrac{1}{L} & 0 \\ 0 & \dfrac{1}{L} & 0 & 0 & -\dfrac{1}{L} & 1 \end{bmatrix} \begin{Bmatrix} \bar{U}_1 \\ \bar{U}_2 \\ \bar{U}_3 \\ \bar{U}_4 \\ \bar{U}_5 \\ \bar{U}_6 \end{Bmatrix}$$

Figure 4-14 미소 변위 가정에 따른 골조 요소에서 축변형과 횡변형의 분리

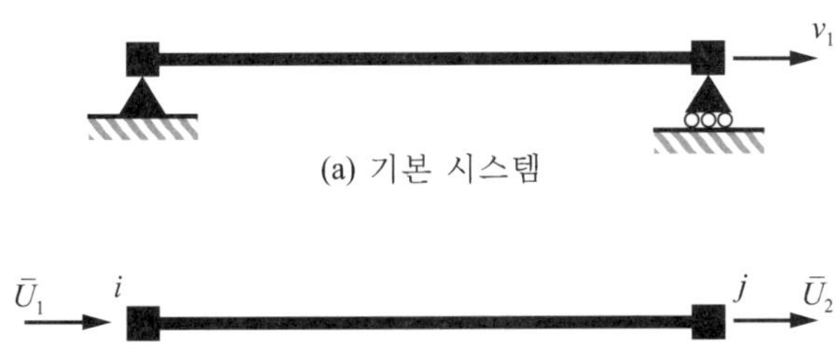

Figure 4-15 국부좌표계에서 트러스 요소

요소 단부변위를 국부좌표계에서 전역좌표계로 변환하면 전역좌표계에서 트러스 요소 적합방정식이 유도된다.

$$v_1 = \begin{bmatrix} -\cos\phi & -\sin\phi & \cos\phi & \sin\phi \end{bmatrix} \begin{Bmatrix} U_1 \\ U_2 \\ U_3 \\ U_4 \end{Bmatrix} \text{ 또는 } v_1 = \mathbf{a}^{truss}\mathbf{U} \tag{4.75}$$

여기서, $\mathbf{a}^{truss}$ 는 전역좌표계에서 기본 트러스 시스템의 적합행렬이다. 트러스 요소의 변형 - 변위 관계를 Figure 4-16에 도식화하여 나타내었다.

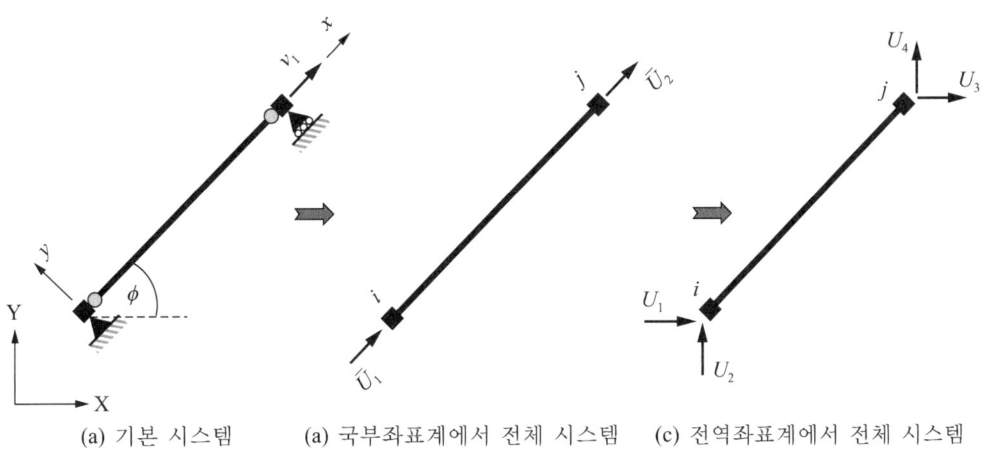

Figure 4-16 전역좌표계에서 트러스 요소

7 적합방정식의 자동화 조립 과정

앞 절에서 다루었던 구조물의 적합방정식 행렬을 구성하는 절차를 정리하면 다음과 같다. 먼저 각 요소의 기본변형 $\mathbf{v}$을 국부요소 단부변위 $\bar{\mathbf{U}}$의 항으로 나타낸 후 회전행렬을 이용하여 국부요소 단부변위 $\bar{\mathbf{U}}$를 전역좌표계의 요소 단부변위 $\mathbf{U}$로 변환하였다. 그리고 각 요소의 절점에 따라서 전체 적합방정식을 조립하였다. 대형 구조물의 경우에는 이런 과정을 따라 적합방정식을 구성하는데 많은 시간과 노력이 들게 된다. 따라서 본 절에서는 구조물의 적합방정식을 조립하는 좀 더 체계화된 방법에 대하여 설명하고 이를 전산화에 적용할 수 있도록 확장해보자.

Example 4-1의 골조 구조물을 사용하여 자동화된 조립과정을 설명하도록 한다. 각 요소 레벨에서 단부의 자유도만 구조계의 자유도와 연결된다. 이런 일대일 대응은 1장에서 다루었던 사상벡터에 의해서 이루어지며 요소 1, 2, 3의 사상벡터는 다음과 같다.

$$\underline{\text{Element 1}}\quad \begin{Bmatrix}1\\2\\3\\4\\5\\6\end{Bmatrix}_{element} \rightarrow \begin{Bmatrix}7\\8\\9\\1\\2\\3\end{Bmatrix}_{structure} \qquad \underline{\text{Element 2}}\quad \begin{Bmatrix}1\\2\\3\\4\\5\\6\end{Bmatrix}_{element} \rightarrow \begin{Bmatrix}1\\2\\3\\4\\5\\6\end{Bmatrix}_{structure} \qquad \underline{\text{Element 3}}\quad \begin{Bmatrix}1\\2\\3\\4\\5\\6\end{Bmatrix}_{element} \rightarrow \begin{Bmatrix}10\\11\\12\\4\\5\\6\end{Bmatrix}_{structure} \tag{4.76}$$

각 요소의 사상벡터로부터 사상행렬을 다음과 같이 구성한다.

요소 1:

$$\begin{Bmatrix}U_1^{(1)}\\U_2^{(1)}\\U_3^{(1)}\\U_4^{(1)}\\U_5^{(1)}\\U_6^{(1)}\end{Bmatrix} = \begin{bmatrix}0&0&0&0&0&0&1&0&0&0&0&0\\0&0&0&0&0&0&0&1&0&0&0&0\\0&0&0&0&0&0&0&0&1&0&0&0\\1&0&0&0&0&0&0&0&0&0&0&0\\0&1&0&0&0&0&0&0&0&0&0&0\\0&0&1&0&0&0&0&0&0&0&0&0\end{bmatrix} \begin{Bmatrix}U_1\\U_2\\U_3\\U_4\\U_5\\U_6\\U_7\\U_8\\U_9\\U_{10}\\U_{11}\\U_{12}\end{Bmatrix} \quad \text{또는} \quad \mathbf{U}^{(1)} = \mathbf{G}^{(1)}\mathbf{U} \tag{4.77}$$

요소 2:

$$\begin{Bmatrix} U_1^{(2)} \\ U_2^{(2)} \\ U_3^{(2)} \\ U_4^{(2)} \\ U_5^{(2)} \\ U_6^{(2)} \end{Bmatrix} = \begin{bmatrix} 1 & 0 & 0 & 0 & 0 & 0 & 0 & 0 & 0 & 0 & 0 & 0 \\ 0 & 1 & 0 & 0 & 0 & 0 & 0 & 0 & 0 & 0 & 0 & 0 \\ 0 & 0 & 1 & 0 & 0 & 0 & 0 & 0 & 0 & 0 & 0 & 0 \\ 0 & 0 & 0 & 1 & 0 & 0 & 0 & 0 & 0 & 0 & 0 & 0 \\ 0 & 0 & 0 & 0 & 1 & 0 & 0 & 0 & 0 & 0 & 0 & 0 \\ 0 & 0 & 0 & 0 & 0 & 1 & 0 & 0 & 0 & 0 & 0 & 0 \end{bmatrix} \begin{Bmatrix} U_1 \\ U_2 \\ U_3 \\ U_4 \\ U_5 \\ U_6 \\ U_7 \\ U_8 \\ U_9 \\ U_{10} \\ U_{11} \\ U_{12} \end{Bmatrix} \text{ 또는 } \mathbf{U}^{(2)} = \mathbf{G}^{(2)}\mathbf{U} \qquad (4.78)$$

요소 3:

$$\begin{Bmatrix} U_1^{(3)} \\ U_2^{(3)} \\ U_3^{(3)} \\ U_4^{(3)} \\ U_5^{(3)} \\ U_6^{(3)} \end{Bmatrix} = \begin{bmatrix} 0 & 0 & 0 & 0 & 0 & 0 & 0 & 0 & 0 & 1 & 0 & 0 \\ 0 & 0 & 0 & 0 & 0 & 0 & 0 & 0 & 0 & 0 & 1 & 0 \\ 0 & 0 & 0 & 0 & 0 & 0 & 0 & 0 & 0 & 0 & 0 & 1 \\ 0 & 0 & 0 & 1 & 0 & 0 & 0 & 0 & 0 & 0 & 0 & 0 \\ 0 & 0 & 0 & 0 & 1 & 0 & 0 & 0 & 0 & 0 & 0 & 0 \\ 0 & 0 & 0 & 0 & 0 & 1 & 0 & 0 & 0 & 0 & 0 & 0 \end{bmatrix} \begin{Bmatrix} U_1 \\ U_2 \\ U_3 \\ U_4 \\ U_5 \\ U_6 \\ U_7 \\ U_8 \\ U_9 \\ U_{10} \\ U_{11} \\ U_{12} \end{Bmatrix} \text{ 또는 } \mathbf{U}^{(3)} = \mathbf{G}^{(3)}\mathbf{U} \qquad (4.79)$$

위 식을 식 (3.87)과 비교해보면 사상행렬 $\mathbf{G}$는 3장에서 다루었던 평형 사상행렬 $\mathbf{H}$의 전치행렬과 동일함을 알 수 있다.

$$\mathbf{G}^{(1)} = \mathbf{H}^{(1)T} \quad \mathbf{G}^{(2)} = \mathbf{H}^{(2)T} \quad \mathbf{G}^{(3)} = \mathbf{H}^{(3)T} \qquad (4.80)$$

여기서

$$\mathbf{H}^{(1)}=\begin{bmatrix}0&0&0&1&0&0\\0&0&0&0&1&0\\0&0&0&0&0&1\\0&0&0&0&0&0\\0&0&0&0&0&0\\0&0&0&0&0&0\\1&0&0&0&0&0\\0&1&0&0&0&0\\0&0&1&0&0&0\\0&0&0&0&0&0\\0&0&0&0&0&0\\0&0&0&0&0&0\end{bmatrix};\mathbf{H}^{(2)}=\begin{bmatrix}1&0&0&0&0&0\\0&1&0&0&0&0\\0&0&1&0&0&0\\0&0&0&1&0&0\\0&0&0&0&1&0\\0&0&0&0&0&1\\0&0&0&0&0&0\\0&0&0&0&0&0\\0&0&0&0&0&0\\0&0&0&0&0&0\\0&0&0&0&0&0\\0&0&0&0&0&0\end{bmatrix};\mathbf{H}^{(3)}=\begin{bmatrix}0&0&0&0&0&0\\0&0&0&0&0&0\\0&0&0&0&0&0\\0&0&0&1&0&0\\0&0&0&0&1&0\\0&0&0&0&0&1\\0&0&0&0&0&0\\0&0&0&0&0&0\\0&0&0&0&0&0\\1&0&0&0&0&0\\0&1&0&0&0&0\\0&0&1&0&0&0\end{bmatrix} \tag{4.81}$$

요소 적합방정식 (4.49)로부터 기본 요소변형은 전역좌표계에서의 요소 단부변위의 항으로 표현되며 다음과 같다.

$$\mathbf{v}^{(1)}=\mathbf{a}_B^{(1)}\mathbf{U}^{(1)}:\ \text{요소 1} \tag{4.82}$$

$$\mathbf{v}^{(2)}=\mathbf{a}_B^{(2)}\mathbf{U}^{(2)}:\ \text{요소 2} \tag{4.83}$$

$$\mathbf{v}^{(3)}=\mathbf{a}_B^{(3)}\mathbf{U}^{(3)}:\ \text{요소 3} \tag{4.84}$$

다시 강조하지만 위의 적합관계는 기본 요소변형 ($\mathbf{v}^{(1)}$, $\mathbf{v}^{(2)}$, $\mathbf{v}^{(3)}$)을 요소변위 ($\mathbf{U}^{(1)}$, $\mathbf{U}^{(2)}$, $\mathbf{U}^{(3)}$)의 항으로 표현한 것이다.

기본 요소변형을 구조계 변위 $\mathbf{U}$의 항으로 나타내기 위해서 식 (4.77), (4.78), (4.79)를 각각 식 (4.82), (4.83), (4.84)에 대입하면 다음과 같이 정리된다.

$$\mathbf{v}^{(1)}=\mathbf{a}_B^{(1)}\mathbf{G}^{(1)}\mathbf{U} \tag{4.85}$$

$$\mathbf{v}^{(2)}=\mathbf{a}_B^{(2)}\mathbf{G}^{(2)}\mathbf{U} \tag{4.86}$$

$$\mathbf{v}^{(3)}=\mathbf{a}_B^{(3)}\mathbf{G}^{(3)}\mathbf{U} \tag{4.87}$$

모든 요소의 기본변형을 한 개의 벡터 $\mathbf{V}$로 모으면 아래와 같이 구조물의 적합관계가 구해진다.

$$\begin{Bmatrix}\mathbf{v}^{(1)}\\\mathbf{v}^{(2)}\\\mathbf{v}^{(3)}\end{Bmatrix}=\begin{bmatrix}\mathbf{a}_B^{(1)}\mathbf{G}^{(1)}\\\mathbf{a}_B^{(2)}\mathbf{G}^{(2)}\\\mathbf{a}_B^{(3)}\mathbf{G}^{(3)}\end{bmatrix}\mathbf{U}\quad\text{또는}\quad\mathbf{V}=\mathbf{AU} \tag{4.88}$$

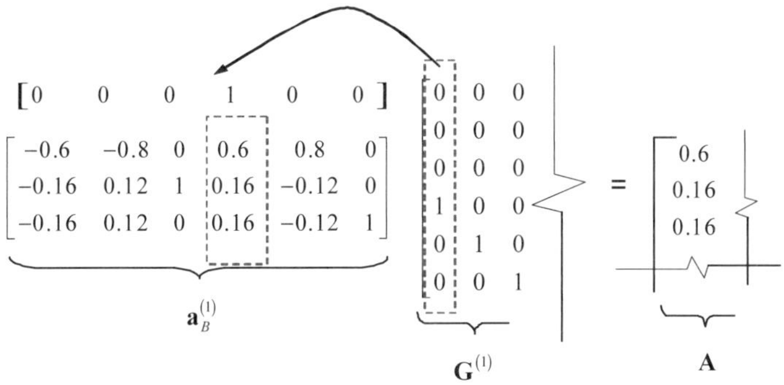

Figure 4-17 $\mathbf{a}_B^{(1)}\mathbf{G}^{(1)}$ 의 계산과정

적합 사상행렬은 "논리" 행렬이므로 실제로 $\mathbf{a}_B\mathbf{G}$ 의 곱을 직접적으로 수행할 필요는 없다. 즉, 행렬 $\mathbf{a}_B$ 의 각 항을 "열"의 위치에 따라 행렬 $\mathbf{A}$ 에 대입하면 된다. 이는 행렬 $\mathbf{a}_B^{(1)}$ 을 행렬 $\mathbf{G}^{(1)}$ 의 첫 번째 열과 곱하는 것과 같다. 주의할 것은 이 계산의 결과가 행렬 $\mathbf{A}$ 의 첫 번째 열의 일부분이 된다는 점이다. 즉, 행렬 $\mathbf{a}_B^{(1)}$ 의 4번째 열은 Figure 4-17에서와 같이 행렬 $\mathbf{A}$ 의 첫 번째 열에 대입됨을 의미한다. 행렬 $\mathbf{a}_B$ 의 다른 열도 이와 유사한 방법으로 행렬 $\mathbf{A}$ 에 대입한다. 예를 들면, 행렬 $\mathbf{a}_B$ 의 5번째 열은 행렬 $\mathbf{A}$ 의 2번째 열에 대입하고 행렬 $\mathbf{a}_B$ 의 6번째 열은 행렬 $\mathbf{A}$ 의 3번째 열에 대입한다. 이 과정을 나머지 요소에 대해서 진행하면 된다.

구조계의 적합행렬을 이와 같이 조립하는 방법은 전산화하기에 유용하다.

Example 4-2

연습문제 problem 3-10의 사장교에서, 비구속 자유도 변위와 구조계의 기본변형을 연결하는 적합방정식을 유도하라.

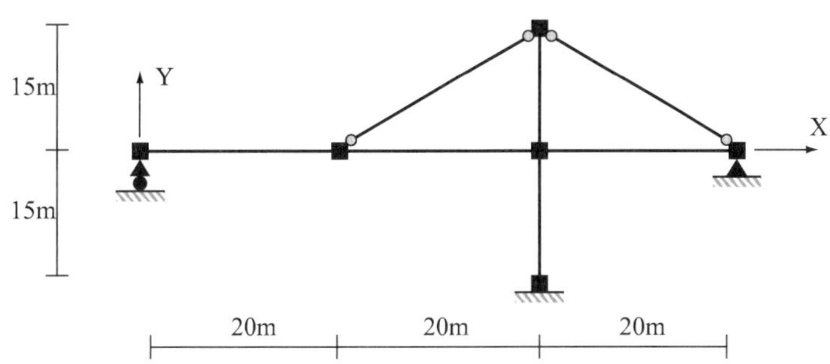

Solution

요소, 절점, 자유도 번호를 다음과 같이 정하였다.

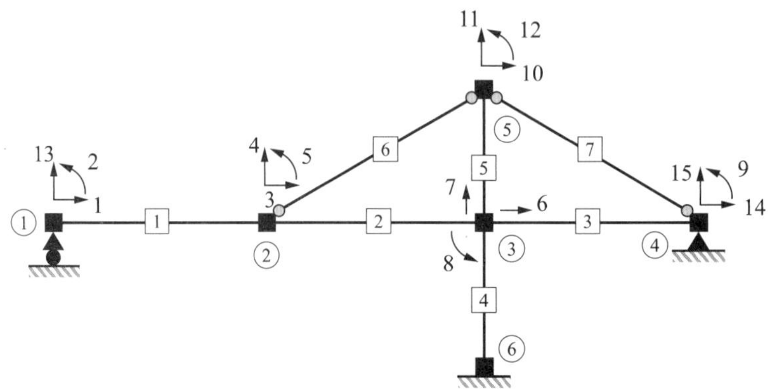

위의 자유도 번호로부터 각 요소의 사상벡터를 세우면

Element 1

$$LM_1 = \begin{Bmatrix} 1 \\ 13 \\ 2 \\ 3 \\ 4 \\ 5 \end{Bmatrix}_1$$

Element 2

$$LM_2 = \begin{Bmatrix} 3 \\ 4 \\ 5 \\ 6 \\ 7 \\ 8 \end{Bmatrix}_2$$

Element 3

$$LM_3 = \begin{Bmatrix} 6 \\ 7 \\ 8 \\ 14 \\ 15 \\ 9 \end{Bmatrix}_3$$

Element 4

$$LM_4 = \begin{Bmatrix} 16 \\ 17 \\ 18 \\ 6 \\ 7 \\ 8 \end{Bmatrix}_4$$

Element 5

$$LM_5 = \begin{Bmatrix} 6 \\ 7 \\ 8 \\ 10 \\ 11 \\ 12 \end{Bmatrix}_5$$

Element 6

$$LM_6 = \begin{Bmatrix} 3 \\ 4 \\ 10 \\ 11 \end{Bmatrix}_6$$

Element 7

$$LM_7 = \begin{Bmatrix} 10 \\ 11 \\ 14 \\ 15 \end{Bmatrix}_7$$

과 같다.

구조계 기본 요소변형을 아래와 같이 명명하였다.

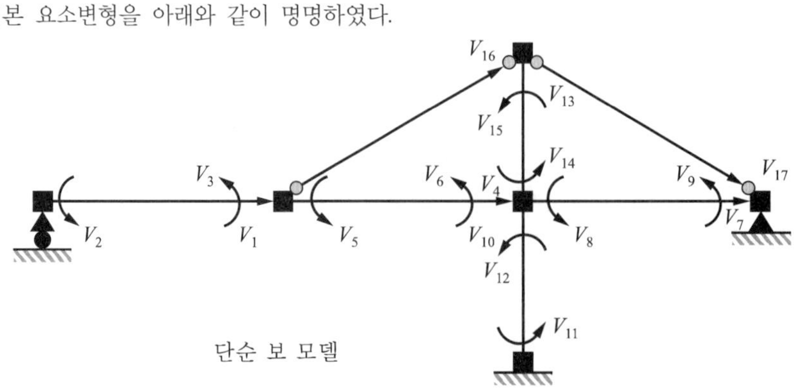

단순 보 모델

각 요소의 길이와 방향 코사인 값을 계산하여 다음 표로 정리하였다.

Element	Node i	Node j	X_i	Y_i	X_j	Y_j	ΔX	ΔY	L	$\cos\phi$	$\sin\phi$
1	1	2	0	0	20	0	20	0	20.00	1.000	0.000
2	2	3	20	0	20	0	20	0	20.00	1.000	0.000
3	3	4	40	0	60	0	20	0	20.00	1.000	0.000
4	6	3	40	−15	40	0	0	15	15.00	0.000	1.000
5	3	5	40	0	40	15	0	15	15.00	0.000	1.000
6	2	5	20	0	40	15	20	15	25.00	0.800	0.600
7	5	4	40	15	60	0	20	−15	25.00	0.800	−0.600

앞의 전역좌표계에서 단순 보 모델의 적합방정식 행렬은 다음과 같이 유도되었다.

$$\begin{Bmatrix} v_1 \\ v_2 \\ v_3 \end{Bmatrix} = \begin{bmatrix} -\cos\phi & -\sin\phi & 0 & \cos\phi & \sin\phi & 0 \\ -\dfrac{\sin\phi}{L} & \dfrac{\cos\phi}{L} & 1 & \dfrac{\sin\phi}{L} & -\dfrac{\cos\phi}{L} & 0 \\ -\dfrac{\sin\phi}{L} & \dfrac{\cos\phi}{L} & 0 & \dfrac{\sin\phi}{L} & -\dfrac{\cos\phi}{L} & 1 \end{bmatrix} \begin{Bmatrix} U_1 \\ U_2 \\ U_3 \\ U_4 \\ U_5 \\ U_6 \end{Bmatrix}$$

각 요소의 적합방정식을 세워보자.

<u>요소 1:</u>

요소레벨

$$\begin{Bmatrix} v_1^{(1)} \\ v_2^{(1)} \\ v_3^{(1)} \end{Bmatrix} = \begin{bmatrix} -1 & 0 & 0 & 1 & 0 & 0 \\ 0 & 0.05 & 1 & 0 & -0.05 & 0 \\ 0 & 0.05 & 0 & 0 & -0.05 & 1 \end{bmatrix} \begin{Bmatrix} U_1^{(1)} \\ U_2^{(1)} \\ U_3^{(1)} \\ U_4^{(1)} \\ U_5^{(1)} \\ U_6^{(1)} \end{Bmatrix}$$

요소의 구조계 자유도 번호와 요소변형

$$LM_1 = \begin{Bmatrix} 1 \\ 13 \\ 2 \\ 3 \\ 4 \\ 5 \end{Bmatrix}_1 ; \begin{Bmatrix} U_1^{(1)} \\ U_2^{(1)} \\ U_3^{(1)} \\ U_4^{(1)} \\ U_5^{(1)} \\ U_6^{(1)} \end{Bmatrix} \Rightarrow \begin{Bmatrix} U_1 \\ U_{13} \\ U_2 \\ U_3 \\ U_4 \\ U_5 \end{Bmatrix} \text{ 그리고 } \begin{Bmatrix} v_1^{(1)} \\ v_2^{(1)} \\ v_3^{(1)} \end{Bmatrix} \Rightarrow \begin{Bmatrix} V_1 \\ V_2 \\ V_3 \end{Bmatrix}$$

구조레벨

$$\begin{Bmatrix} V_1 \\ V_2 \\ V_3 \end{Bmatrix} = \begin{bmatrix} -1 & 0 & 0 & 1 & 0 & 0 \\ 0 & 0.05 & 1 & 0 & -0.05 & 0 \\ 0 & 0.05 & 0 & 0 & -0.05 & 1 \end{bmatrix} \begin{Bmatrix} U_1 \\ U_{13} \\ U_2 \\ U_3 \\ U_4 \\ U_5 \end{Bmatrix}$$

<u>요소 2:</u>

요소레벨

$$\begin{Bmatrix} v_1^{(2)} \\ v_2^{(2)} \\ v_3^{(2)} \end{Bmatrix} = \begin{bmatrix} -1 & 0 & 0 & 1 & 0 & 0 \\ 0 & 0.05 & 1 & 0 & -0.05 & 0 \\ 0 & 0.05 & 0 & 0 & -0.05 & 1 \end{bmatrix} \begin{Bmatrix} U_1^{(2)} \\ U_2^{(2)} \\ U_3^{(2)} \\ U_4^{(2)} \\ U_5^{(2)} \\ U_6^{(2)} \end{Bmatrix}$$

요소의 구조계 자유도 번호와 요소변형

$$LM_2 = \begin{Bmatrix} 3 \\ 4 \\ 5 \\ 6 \\ 7 \\ 8 \end{Bmatrix}_2 \; ; \begin{Bmatrix} U_1^{(2)} \\ U_2^{(2)} \\ U_3^{(2)} \\ U_4^{(2)} \\ U_5^{(2)} \\ U_6^{(2)} \end{Bmatrix} \Rightarrow \begin{Bmatrix} U_3 \\ U_4 \\ U_5 \\ U_6 \\ U_7 \\ U_8 \end{Bmatrix} \text{ 그리고 } \begin{Bmatrix} v_1^{(2)} \\ v_2^{(2)} \\ v_3^{(2)} \end{Bmatrix} \Rightarrow \begin{Bmatrix} V_4 \\ V_5 \\ V_6 \end{Bmatrix}$$

구조레벨

$$\begin{Bmatrix} V_4 \\ V_5 \\ V_6 \end{Bmatrix} = \begin{bmatrix} -1 & 0 & 0 & 1 & 0 & 0 \\ 0 & 0.05 & 1 & 0 & -0.05 & 0 \\ 0 & 0.05 & 0 & 0 & -0.05 & 1 \end{bmatrix} \begin{Bmatrix} U_3 \\ U_4 \\ U_5 \\ U_6 \\ U_7 \\ U_8 \end{Bmatrix}$$

<u>요소 3:</u>

요소레벨

$$\begin{Bmatrix} v_1^{(3)} \\ v_2^{(3)} \\ v_3^{(3)} \end{Bmatrix} = \begin{bmatrix} -1 & 0 & 0 & 1 & 0 & 0 \\ 0 & 0.05 & 1 & 0 & -0.05 & 0 \\ 0 & 0.05 & 0 & 0 & -0.05 & 1 \end{bmatrix} \begin{Bmatrix} U_1^{(3)} \\ U_2^{(3)} \\ U_3^{(3)} \\ U_4^{(3)} \\ U_5^{(3)} \\ U_6^{(3)} \end{Bmatrix}$$

요소의 구조계 자유도 번호와 요소변형

$$LM_3 = \begin{Bmatrix} 6 \\ 7 \\ 8 \\ 14 \\ 15 \\ 9 \end{Bmatrix}_3 ; \begin{Bmatrix} U_1^{(3)} \\ U_2^{(3)} \\ U_3^{(3)} \\ U_4^{(3)} \\ U_5^{(3)} \\ U_6^{(3)} \end{Bmatrix} \Rightarrow \begin{Bmatrix} U_6 \\ U_7 \\ U_8 \\ U_{14} \\ U_{15} \\ U_9 \end{Bmatrix} \text{ 그리고 } \begin{Bmatrix} v_1^{(3)} \\ v_2^{(3)} \\ v_3^{(3)} \end{Bmatrix} \Rightarrow \begin{Bmatrix} V_7 \\ V_8 \\ V_9 \end{Bmatrix}$$

구조레벨

$$\begin{Bmatrix} V_7 \\ V_8 \\ V_9 \end{Bmatrix} = \begin{bmatrix} -1 & 0 & 0 & 1 & 0 & 0 \\ 0 & 0.05 & 1 & 0 & -0.05 & 0 \\ 0 & 0.05 & 0 & 0 & -0.05 & 1 \end{bmatrix} \begin{Bmatrix} U_6 \\ U_7 \\ U_8 \\ U_{14} \\ U_{15} \\ U_9 \end{Bmatrix}$$

<u>요소 4:</u>

요소레벨

$$\begin{Bmatrix} v_1^{(4)} \\ v_2^{(4)} \\ v_3^{(4)} \end{Bmatrix} = \begin{bmatrix} 0 & -1 & 0 & 0 & 1 & 0 \\ -0.0667 & 0 & 1 & 0.0667 & 0 & 0 \\ -0.0667 & 0 & 0 & 0.0667 & 0 & 1 \end{bmatrix} \begin{Bmatrix} U_1^{(4)} \\ U_2^{(4)} \\ U_3^{(4)} \\ U_4^{(4)} \\ U_5^{(4)} \\ U_6^{(4)} \end{Bmatrix}$$

요소의 구조계 자유도 번호와 요소변형

$$LM_4 = \begin{Bmatrix} 16 \\ 17 \\ 18 \\ 6 \\ 7 \\ 8 \end{Bmatrix}_4 ; \begin{Bmatrix} U_1^{(4)} \\ U_2^{(4)} \\ U_3^{(4)} \\ U_4^{(4)} \\ U_5^{(4)} \\ U_6^{(4)} \end{Bmatrix} \Rightarrow \begin{Bmatrix} U_{16} \\ U_{17} \\ U_{18} \\ U_6 \\ U_7 \\ U_8 \end{Bmatrix} \text{ 그리고 } \begin{Bmatrix} v_1^{(4)} \\ v_2^{(4)} \\ v_3^{(4)} \end{Bmatrix} \Rightarrow \begin{Bmatrix} V_{10} \\ V_{11} \\ V_{12} \end{Bmatrix}$$

구조레벨

$$\begin{Bmatrix} V_{10} \\ V_{11} \\ V_{12} \end{Bmatrix} = \begin{bmatrix} 0 & -1 & 0 & 0 & 1 & 0 \\ -0.0667 & 0 & 1 & 0.0667 & 0 & 0 \\ -0.0667 & 0 & 0 & 0.0667 & 0 & 1 \end{bmatrix} \begin{Bmatrix} U_{16} \\ U_{17} \\ U_{18} \\ U_6 \\ U_7 \\ U_8 \end{Bmatrix}$$

<u>요소 5:</u>

요소레벨

$$\begin{Bmatrix} v_1^{(5)} \\ v_2^{(5)} \\ v_3^{(5)} \end{Bmatrix} = \begin{bmatrix} 0 & -1 & 0 & 0 & 1 & 0 \\ -0.0667 & 0 & 1 & 0.0667 & 0 & 0 \\ -0.0667 & 0 & 0 & 0.0667 & 0 & 1 \end{bmatrix} \begin{Bmatrix} U_1^{(5)} \\ U_2^{(5)} \\ U_3^{(5)} \\ U_4^{(5)} \\ U_5^{(5)} \\ U_6^{(5)} \end{Bmatrix}$$

요소의 구조계 자유도 번호와 요소변형

$$LM_5 = \begin{Bmatrix} 6 \\ 7 \\ 8 \\ 10 \\ 11 \\ 12 \end{Bmatrix}_5 ; \begin{Bmatrix} U_1^{(5)} \\ U_2^{(5)} \\ U_3^{(5)} \\ U_4^{(5)} \\ U_5^{(5)} \\ U_6^{(5)} \end{Bmatrix} \Rightarrow \begin{Bmatrix} U_6 \\ U_7 \\ U_8 \\ U_{10} \\ U_{11} \\ U_{12} \end{Bmatrix} \text{ 그리고 } \begin{Bmatrix} v_1^{(5)} \\ v_2^{(5)} \\ v_3^{(5)} \end{Bmatrix} \Rightarrow \begin{Bmatrix} V_{13} \\ V_{14} \\ V_{15} \end{Bmatrix}$$

구조레벨

$$\begin{Bmatrix} V_{13} \\ V_{14} \\ V_{15} \end{Bmatrix} = \begin{bmatrix} 0 & -1 & 0 & 0 & 1 & 0 \\ -0.0667 & 0 & 1 & 0.0667 & 0 & 0 \\ -0.0667 & 0 & 0 & 0.0667 & 0 & 1 \end{bmatrix} \begin{Bmatrix} U_6 \\ U_7 \\ U_8 \\ U_{10} \\ U_{11} \\ U_{12} \end{Bmatrix}$$

<u>요소 6:</u>

요소레벨

$$v_1^{(6)} = \begin{bmatrix} -0.8 & -0.6 & 0.8 & 0.6 \end{bmatrix} \begin{Bmatrix} U_1^{(6)} \\ U_2^{(6)} \\ U_3^{(6)} \\ U_4^{(6)} \end{Bmatrix}$$

요소의 구조계 자유도 번호와 요소변형

$$LM_6 = \begin{Bmatrix} 3 \\ 4 \\ 10 \\ 11 \end{Bmatrix}_6 ; \begin{Bmatrix} U_1^{(6)} \\ U_2^{(6)} \\ U_3^{(6)} \\ U_4^{(6)} \end{Bmatrix} \Rightarrow \begin{Bmatrix} U_3 \\ U_4 \\ U_{10} \\ U_{11} \end{Bmatrix} \text{ 그리고 } v_1^{(6)} \Rightarrow V_{16}$$

구조레벨

$$V_{16} = [-0.8 \quad -0.6 \quad 0.8 \quad 0.6]\begin{Bmatrix} U_3 \\ U_4 \\ U_{10} \\ U_{11} \end{Bmatrix}$$

<u>요소 7:</u>
요소레벨

$$v_1^{(7)} = [-0.8 \quad 0.6 \quad 0.8 \quad -0.6]\begin{Bmatrix} U_1^{(7)} \\ U_2^{(7)} \\ U_3^{(7)} \\ U_4^{(7)} \end{Bmatrix}$$

요소의 구 조계 자유도 번호와 요소변형

$$LM_7 = \begin{Bmatrix} 10 \\ 11 \\ 14 \\ 15 \end{Bmatrix}_7 ; \begin{Bmatrix} U_1^{(7)} \\ U_2^{(7)} \\ U_3^{(7)} \\ U_4^{(7)} \end{Bmatrix} \Rightarrow \begin{Bmatrix} U_{10} \\ U_{11} \\ U_{14} \\ U_{15} \end{Bmatrix} \text{ 그리고 } v_1^{(7)} \Rightarrow V_{17}$$

구조레벨

$$V_{17} = [-0.8 \quad 0.6 \quad 0.8 \quad -0.6]\begin{Bmatrix} U_{10} \\ U_{11} \\ U_{14} \\ U_{15} \end{Bmatrix}$$

구조 적합행렬의 자동화된 조립과정을 설명하기 위하여 요소 1에 대한 조립과정을 다음 그림에 표시하였다.

요소 1: 첫 번째 세 행

$$LM_1 = \begin{Bmatrix} 1 \\ 13 \\ 2 \\ 3 \\ 4 \\ 5 \end{Bmatrix}_1 ; \quad \begin{Bmatrix} V_1 \\ V_2 \\ V_3 \end{Bmatrix} = \begin{bmatrix} -1 & 0 & 0 & 1 & 0 & 0 \\ 0 & 0.05 & 1 & 0 & -0.05 & 0 \\ 0 & 0.05 & 0 & 0 & -0.05 & 1 \end{bmatrix} \begin{Bmatrix} U_1 \\ U_{13} \\ U_2 \\ U_3 \\ U_4 \\ U_5 \end{Bmatrix}$$

$$\begin{Bmatrix} V_1 \\ V_2 \\ V_3 \\ V_4 \\ V_5 \\ V_6 \\ V_7 \\ V_8 \\ V_9 \\ V_{10} \\ V_{11} \\ V_{12} \\ V_{13} \\ V_{14} \\ V_{15} \\ V_{16} \\ V_{17} \end{Bmatrix} = \begin{bmatrix}
-1 & 0 & 1 & 0 & 0 & 0 & 0 & 0 & 0 & 0 & 0 & 0 & 0 & 0 & 0 & 0 & 0 & 0 \\
0 & 1 & 0 & -0.05 & 0 & 0 & 0 & 0 & 0 & 0 & 0 & 0 & 0.05 & 0 & 0 & 0 & 0 & 0 \\
0 & 0 & 0 & -0.05 & 1 & 0 & 0 & 0 & 0 & 0 & 0 & 0 & 0.05 & 0 & 0 & 0 & 0 & 0 \\
0 & 0 & -1 & 0 & 0 & 1 & 0 & 0 & 0 & 0 & 0 & 0 & 0 & 0 & 0 & 0 & 0 & 0 \\
0 & 0 & 0 & 0.05 & 1 & 0 & -0.05 & 0 & 0 & 0 & 0 & 0 & 0 & 0 & 0 & 0 & 0 & 0 \\
0 & 0 & 0 & 0.05 & 0 & 0 & -0.05 & 1 & 0 & 0 & 0 & 0 & 0 & 0 & 0 & 0 & 0 & 0 \\
0 & 0 & 0 & 0 & 0 & -1 & 0 & 0 & 0 & 0 & 0 & 0 & 0 & 1 & 0 & 0 & 0 & 0 \\
0 & 0 & 0 & 0 & 0 & 0 & 0.05 & 1 & 0 & 0 & 0 & 0 & 0 & 0 & -0.05 & 0 & 0 & 0 \\
0 & 0 & 0 & 0 & 0 & 0 & 0.05 & 0 & 1 & 0 & 0 & 0 & 0 & 0 & -0.05 & 0 & 0 & 0 \\
0 & 0 & 0 & 0 & 0 & 0 & 1 & 0 & 0 & 0 & 0 & 0 & 0 & 0 & 0 & 0 & -1 & 0 \\
0 & 0 & 0 & 0 & 0 & 0.0667 & 0 & 0 & 0 & 0 & 0 & 0 & 0 & 0 & 0 & -0.0667 & 0 & 1 \\
0 & 0 & 0 & 0 & 0 & 0.0667 & 0 & 1 & 0 & 0 & 0 & 0 & 0 & 0 & 0 & -0.0667 & 0 & 0 \\
0 & 0 & 0 & 0 & 0 & 0 & -1 & 0 & 0 & 0 & 1 & 0 & 0 & 0 & 0 & 0 & 0 & 0 \\
0 & 0 & 0 & 0 & 0 & -0.0667 & 0 & 1 & 0 & 0.0667 & 0 & 0 & 0 & 0 & 0 & 0 & 0 & 0 \\
0 & 0 & 0 & 0 & 0 & -0.0667 & 0 & 0 & 0 & 0.0667 & 0 & 1 & 0 & 0 & 0 & 0 & 0 & 0 \\
0 & 0 & -0.8 & -0.6 & 0 & 0 & 0 & 0 & 0 & 0.8 & 0.6 & 0 & 0 & 0 & 0 & 0 & 0 & 0 \\
0 & 0 & 0 & 0 & 0 & 0 & 0 & 0 & 0 & -0.8 & 0.6 & 0 & 0 & 0.8 & -0.6 & 0 & 0 & 0
\end{bmatrix} \begin{Bmatrix} U_1 \\ U_2 \\ U_3 \\ U_4 \\ U_5 \\ U_6 \\ U_7 \\ U_8 \\ U_9 \\ U_{10} \\ U_{11} \\ U_{12} \\ U_{13} \\ U_{14} \\ U_{15} \\ U_{16} \\ U_{17} \\ U_{18} \end{Bmatrix}$$

사장교의 적합방정식행렬을 단순히 나타내면 다음과 같다.

$$\mathbf{V} = \mathbf{AU} \quad \text{또는} \quad \mathbf{V} = \left[\mathbf{A}_{free} \middle| \mathbf{A}_{constr} \right] \begin{Bmatrix} \mathbf{U}_{free} \\ \hline \mathbf{U}_{constr} \end{Bmatrix}$$

기본 구조변형은 다음과 같이 두 부분으로 나눌 수 있다.

$$\mathbf{V} = \mathbf{V}_{free} + \mathbf{V}_{constr}$$

여기서, $\mathbf{V}_{free} = \mathbf{A}_{free}\mathbf{U}_{free}$ 는 비구속 자유도 변위에 대한 기본변형이며 $\mathbf{V}_{constr} = \mathbf{A}_{constr}\mathbf{U}_{constr}$ 는 구속 자유도 변위에 대한 기본변형이다.

이 예제에서 지점 이동은 없으므로($\mathbf{U}_{constr} = \mathbf{0}$) 적합방정식은 다음과 같이 정리된다.

$$\mathbf{V} = \mathbf{V}_{free} = \mathbf{A}_{free}\mathbf{U}_{free}$$

이를 풀어서 적어보면 다음과 같다.

$$
\begin{Bmatrix} V_1 \\ V_2 \\ V_3 \\ V_4 \\ V_5 \\ V_6 \\ V_7 \\ V_8 \\ V_9 \\ V_{10} \\ V_{11} \\ V_{12} \\ V_{13} \\ V_{14} \\ V_{15} \\ V_{16} \\ V_{17} \end{Bmatrix} =
\begin{bmatrix}
-1 & 0 & 1 & 0 & 0 & 0 & 0 & 0 & 0 & 0 & 0 & 0 \\
0 & 1 & 0 & -0.05 & 0 & 0 & 0 & 0 & 0 & 0 & 0 & 0 \\
0 & 0 & 0 & -0.05 & 1 & 0 & 0 & 0 & 0 & 0 & 0 & 0 \\
0 & 0 & -1 & 0 & 0 & 1 & 0 & 0 & 0 & 0 & 0 & 0 \\
0 & 0 & 0 & 0.05 & 1 & 0 & -0.05 & 0 & 0 & 0 & 0 & 0 \\
0 & 0 & 0 & 0.05 & 0 & 0 & -0.05 & 1 & 0 & 0 & 0 & 0 \\
0 & 0 & 0 & 0 & 0 & -1 & 0 & 0 & 0 & 0 & 0 & 0 \\
0 & 0 & 0 & 0 & 0 & 0 & 0.05 & 1 & 0 & 0 & 0 & 0 \\
0 & 0 & 0 & 0 & 0 & 0 & 0.05 & 0 & 1 & 0 & 0 & 0 \\
0 & 0 & 0 & 0 & 0 & 0 & 1 & 0 & 0 & 0 & 0 & 0 \\
0 & 0 & 0 & 0 & 0 & 0.0667 & 0 & 0 & 0 & 0 & 0 & 0 \\
0 & 0 & 0 & 0 & 0 & 0.0667 & 0 & 1 & 0 & 0 & 0 & 0 \\
0 & 0 & 0 & 0 & 0 & 0 & -1 & 0 & 0 & 0 & 1 & 0 \\
0 & 0 & 0 & 0 & 0 & -0.0667 & 0 & 1 & 0 & 0.0667 & 0 & 0 \\
0 & 0 & 0 & 0 & 0 & -0.0667 & 0 & 0 & 0 & 0.0667 & 0 & 1 \\
0 & 0 & -0.8 & -0.6 & 0 & 0 & 0 & 0 & 0 & 0.8 & 0.6 & 0 \\
0 & 0 & 0 & 0 & 0 & 0 & 0 & 0 & 0 & -0.8 & 0.6 & 0
\end{bmatrix}
\begin{Bmatrix} U_1 \\ U_2 \\ U_3 \\ U_4 \\ U_5 \\ U_6 \\ U_7 \\ U_8 \\ U_9 \\ U_{10} \\ U_{11} \\ U_{12} \end{Bmatrix}
$$

8 다 자유도 구속 : 지배-종속 방법(Master-Slave Approach)

지금까지 한 개의 자유도에 변위 구속조건을 부여하는 경우만 다루었다. 예를 들면,

- Figure 4-10의 골조 구조물의 지점조건에 따른 변위 구속조건은 다음과 같다.

$$U_7 = 0; \quad U_8 = 0; \quad U_9 = 0; \quad U_{10} = 0; \quad U_{11} = 0; \quad U_{12} = 0; \tag{4.89}$$

- 각 자유도에 단위변위를 주어 구조물의 적합행렬 **A** 의 각 열에 대응하는 변형 모드를 유도했다(Example 4-1).

$$
\begin{gathered}
U_1 = 1.0 \\
\Downarrow \\
V_1 = 0.6; \quad V_2 = 0.16; \quad V_3 = 0.16; \quad V_4 = -1; \quad V_5 = V_6 = V_7 = V_8 = V_9 = 0;
\end{gathered} \tag{4.90}
$$

이를 "단자유도 구속"라고 하며 손쉽게 적용할 수 있다. 좀 더 명확히 말하자면 식 (4.89)의 구속조건은 제차의 단자유도 구속인 반면, 식 (4.90)의 구속조건은 비제차 단자유도 구속

이다.

이를 다자유도에 대한 것으로 확대한 것을 "다자유도 구속"이라 한다. 이런 형태의 구속조건은 1개 이상의 독립된 자유도가 서로 연결되어 있는 형태이며, 다자유도 구속조건은 경사 지점, 비신장(inextensibility) 요소, 불변형(inflexibility) 요소를 갖는 골조구조물 해석에 활용된다.

다자유도 구속조건의 일반적인 형태는 다음과 같다.

$$\Psi(\text{절점변위}) = \text{주어진 변위 값} \tag{4.91}$$

만약 모든 함수의 절점변위가 각 절점에서 독립되게 주어진 경우를 "단절점" 구속이라 하고, 그렇지 않은 경우를 "다절점" 구속이라 한다. 만약 모든 변위에 종속적인 항을 좌항으로 이동 가능하다면 식 (4.91)의 "주어진 값"이 "0"일 때를 "제차", 그렇지 않은 경우를 "비제차"라 한다. 또한 식 (4.91)의 구속함수 Ψ가 선형의 절점변위이면 "선형 구속", 그렇지 않으면 "비선형 구속"이라 한다.

Example 4-3

다음은 다자유도 구속의 예들이다.

1. $v - \tan\alpha\, u = 0$
2. $U_1 - U_6 = 0.2$
3. $(X_8 - X_3)(U_{16} - U_4) + (Y_8 - Y_3)(U_{17} - U_5) = 0$
4. $U_6 - U_3 = 0$ 그리고 $(U_4 - U_1) + 4U_3 = 0$
5. $(X_8 + U_{16} - X_3 - U_4)^2 + (Y_{17} + U_5 - Y_3 - U_5)^2 = 0$

Solution

첫 번째는 단절점, 선형, 제차 구속이고 Figure 1-7의 경사지점으로 인해 발생한 구속조건이다. 두 번째의 경우는 다절점, 선형, 비제차 구속이다. U_1와 U_6 사이의 간격을 0.2로 유지하는 구속조건이다. 세 번째, 네 번째는 다절점, 선형, 재차구속조건이며, 다섯 번째는 다절점, 비선형, 재차 구속조건이다.

일반적으로 다자유도 구속을 다루는 방법은 세 가지가 있다(Felippa, 2006).

1. 지배–종속 제거법(Master–Slave Elimination) : 가장 직접적인 방법이다. 각 구속조건 방정식에서 모든 변위 자유도를 "지배"와 "종속" 변위로 분류한다. 종속 자유도는 지

배 자유도의 선형 함수로 변환하여 제거시킨다. 따라서 수정된 방정식은 지배 자유도의 항만 포함하게 된다.

2. **벌칙 매개변수법 또는 벌칙 함수법**(Penalty Augmentation or Penalty Function) : 이 방법에서는 각 다자유도 구속조건을 가상의 탄성 연결요소를 사용해서 근사적으로 나타낸다. 이 가상 연결요소가 모든 변위 자유도를 함께 연결하여 구속조건 방정식에 포함되도록 한다. 구속조건 방정식의 정확도는 연결요소의 수치 가중치에 의해서 조절된다. 이 수치 가중치가 무한대로 가까이 가면 "정밀한" 구속조건이 되지만 이로 인해 강성도 행렬은 불량(ill conditioned) 행렬이 된다.
3. **라그랑즈[4] 승수법**(Lagrange Multiplier Adjunction) : 이 방법은 추가적인 미지값을 강성도 행렬식에 대입하여 각각의 다자유도 구속조건을 나타내는 방법이다. 이 미지값을 라그랑즈 승수(λ)라 한다. 라그랑즈 승수는 물리적으로 설명하면 비구속 시스템이 구속조건을 정확하게 만족하게 만드는 구속력이다. 이에 대한 증명에는 변분법을 이용한다.

이상의 다자유도 구속조건을 다루는 세 가지 방법의 장·단점은 여러 문헌에서 확인할 수 있다(예를 들어 Felippa, 2006). 본 교재에서는 세 가지 방법 중에서 간단하고 직접적인 방법인 지배-종속법만 다루도록 한다.

지배-종속법(Master-Slave Approach)

이 방법에서는 각 다자유도 구속조건에 대하여 한 개의 자유도를 종속 자유도로 선택하면 나머지 변위 자유도는 지배 자유도가 된다. 여기서 종속/지배라는 말은 각각 종속성과 독립성을 의미한다. 그러므로 새로운 절점 변위벡터 $\tilde{\mathbf{U}}$ 는 변위벡터 $\mathbf{U}$ 에서 모든 종속 변위자유도를 제거하여 구성한다. 벡터 $\mathbf{U}$ 를 벡터 $\tilde{\mathbf{U}}$ 로 변환하는 행렬은 다음과 같다.

---

4) Joseph-Louis Lagrange (1736~1813)는 이탈리아의 Turin에서 태어나고 프랑스 파리에서 사망했다. 따라서 라그랑즈는 보통 프랑스 수학자로 불리지만 이탈리아 백과사전에는 이탈리아 수학자로 쓰고 있다. 라그랑즈의 아버지는 부유했지만 시세를 잘못 예측하여 많은 액수의 돈을 잃게 된다. 아마도 세계 수학자들은 라그랑즈 아버지의 재정적인 실패에 감사해야할 지도 모르겠다. 왜냐하면 라그랑즈는 나중에 "만약에 내가 부자였다면 아마도 나는 수학에 이렇게 몰두하지 않았을 것이다"라고 말했기 때문이다. 일찍이 라그랑즈는 수학에 재능을 보였고 19세에 Turin의 Royal Artillery School에서 수학 교수로 지명되었다. 라그랑즈의 주요업적 중 하나는 변분수학이었다. 이 업적으로 그는 Euler와 대등한 위치에 서게 되고, 1766년 Euler와 D'Alembert의 추천으로 Berlin Academy에서 Euler의 뒤를 잇게 된다. Berlin의 좋은 환경에서 연구를 하게 된 라그랑즈는 곧이어 중요한 업적들을 발표하게 된다. 프레드릭 대제의 사망 후 Berlin에서의 연구 상황이 나빠지게 되자 1787년 École Polytechnique의 교수직을 수락하기 위해 프랑스 파리로 갔으며, 1808년에는 나폴레옹에 의해서 프랑스 최고의 훈장인 레지옹도뇌르훈장 수여자 이며 백작으로 지명되었다. 1813년 그가 죽기 한 주 전, the Grand Croix of the Ordre Impérial de la Réunion를 수여받았다. 라그랑즈는 18세기의 가장 위대한 수학자로 불리고 고전역학의 아버지라 할 만큼 뛰어났다.

$$\mathbf{U} = \mathbf{A}_c\tilde{\mathbf{U}} \tag{4.92}$$

여기서, $\mathbf{A}_c$ 는 다자유도 구속조건을 고려한 변환 행렬이다.

지배-종속 제거과정을 설명하기 위해서 Figure 4-18의 트러스 구조물에 적용해보자. 이 트러스 구조물은 4개의 절점으로 연결된 3개의 요소로 구성되어 있고, x-방향으로 움직일 수 있다. 4개의 변위자유도는 다음과 같다.

$$\mathbf{U} = \begin{bmatrix} U_1 & U_2 & U_3 & U_4 \end{bmatrix}^T \tag{4.93}$$

변위에 대한 절점력은 다음과 같다.

$$\mathbf{P} = \begin{bmatrix} P_1 & P_2 & P_3 & P_4 \end{bmatrix}^T \tag{4.94}$$

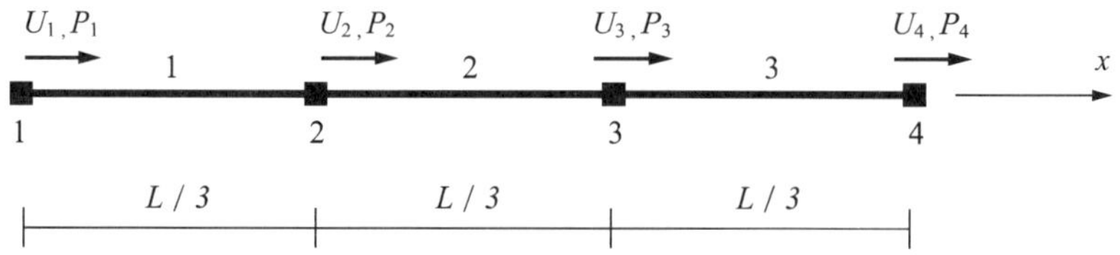

Figure 4-18 직렬로 연결된 트러스 요소

절점 2와 4의 변위가 같도록 다자유도 구속조건을 부여해보자. 그러면 이 조건은 다음 식과 같다.

$$U_2 - U_4 = 0 \Rightarrow U_4 = U_2 \tag{4.95}$$

식 (4.95)의 구속조건은 절점 2와 절점 4가 같이 움직이므로 두 절점을 강체 요소로 연결한 것으로 볼 수 있다. 여기서, U_4 를 종속자유도로 U_2 를 지배자유도로 선택하였다. 따라서 새로운 절점벡터 $\tilde{\mathbf{U}}$ 는 다음과 같다.

$$\tilde{\mathbf{U}} = \begin{bmatrix} \tilde{U}_1 & \tilde{U}_2 & \tilde{U}_3 \end{bmatrix}^T = \begin{bmatrix} U_1 & U_2 & U_3 \end{bmatrix}^T \tag{4.96}$$

$\tilde{\mathbf{U}}$ 를 $\mathbf{U}$ 로 변환하는 변환행렬은 식과 같다.

$$\begin{Bmatrix} U_1 \\ U_2 \\ U_3 \\ U_4 \end{Bmatrix} = \begin{bmatrix} 1 & 0 & 0 \\ 0 & 1 & 0 \\ 0 & 0 & 1 \\ 0 & 1 & 0 \end{bmatrix} \begin{Bmatrix} \tilde{U}_1 \\ \tilde{U}_2 \\ \tilde{U}_3 \end{Bmatrix} \quad \text{또는} \quad \mathbf{U} = \mathbf{A}_c\tilde{\mathbf{U}} \tag{4.97}$$

이제 변위자유도 수가 Figure 4-19에서처럼 한 개 감소하여 3개가 된다.

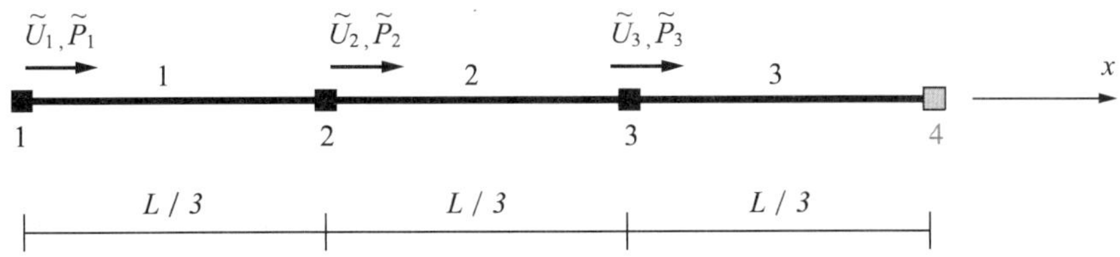

Figure 4-19 구속조건(식 4.95)에 의해 자유도가 감소된 구조물

평형행렬과 적합행렬은 서로 상호변환 가능하므로 $\mathbf{P}$를 $\tilde{\mathbf{P}}$로 변환하는 변환행렬은 다음과 같다.

$$\begin{Bmatrix} \tilde{P}_1 \\ \tilde{P}_2 \\ \tilde{P}_3 \end{Bmatrix} = \begin{bmatrix} 1 & 0 & 0 & 0 \\ 0 & 1 & 0 & 1 \\ 0 & 0 & 1 & 0 \end{bmatrix} \begin{Bmatrix} P_1 \\ P_2 \\ P_3 \\ P_4 \end{Bmatrix} \text{ 또는 } \tilde{\mathbf{P}} = \mathbf{A}_c^T \mathbf{P} = \mathbf{B}_c \mathbf{P} \tag{4.98}$$

다자유도 구속조건의 다른 경우에 대하여 다루어보자.

$$U_2 = \frac{2}{3} U_1 + \frac{1}{3} U_4 \tag{4.99}$$

$$U_3 = \frac{1}{3} U_1 + \frac{2}{3} U_4 \tag{4.100}$$

위의 구속조건은 모든 구조절점이 선형적으로 이동하도록 구속하고 있다.

식 (4.99)에서 U_2를 종속자유도로, U_1를 지배자유도로 선택하였다. 이와 동일하게 식 (4.100)에서도 U_3를 종속자유도로, U_1와 U_4를 지배자유도로 선택하였다.

따라서, 새로운 절점변위 $\tilde{\mathbf{U}}$는 다음과 같다.

$$\tilde{\mathbf{U}} = \begin{bmatrix} \tilde{U}_1 & \tilde{U}_2 \end{bmatrix}^T = \begin{bmatrix} U_1 & U_4 \end{bmatrix}^T \tag{4.101}$$

$\tilde{\mathbf{U}}$를 $\mathbf{U}$로 변환하는 변환행렬은 다음과 같다.

$$\begin{Bmatrix} U_1 \\ U_2 \\ U_3 \\ U_4 \end{Bmatrix} = \begin{bmatrix} 1 & 0 \\ \frac{2}{3} & \frac{1}{3} \\ \frac{1}{3} & \frac{2}{3} \\ 0 & 1 \end{bmatrix} \begin{Bmatrix} \tilde{U}_1 \\ \tilde{U}_2 \end{Bmatrix} \text{ 또는 } \mathbf{U} = \mathbf{A}_c \tilde{\mathbf{U}} \tag{4.102}$$

그러면 변위자유도의 수가 Figure 4-20과 같이 2개로 감소된다.

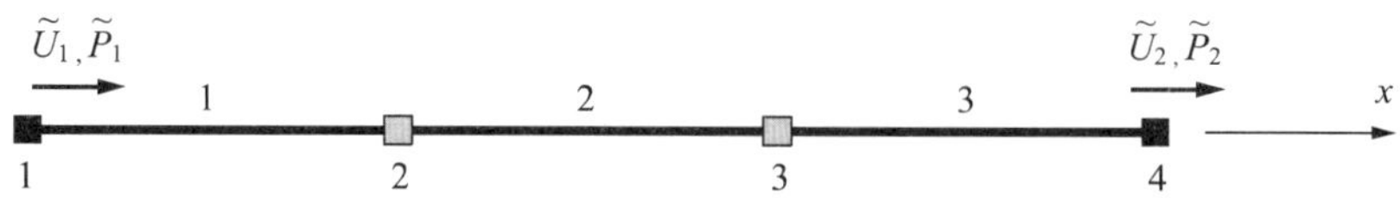

Figure 4-20 구속조건(식 4.99, 식 4.100)에 의해 자유도가 감소된 구조물

평형행렬과 적합행렬은 서로 상호변환 가능하므로 $\mathbf{P}$를 $\tilde{\mathbf{P}}$로 변환하는 변환행렬은 다음과 같다.

$$\begin{Bmatrix} \tilde{P}_1 \\ \tilde{P}_2 \end{Bmatrix} = \begin{bmatrix} 1 & \frac{2}{3} & \frac{1}{3} & 0 \\ 0 & \frac{1}{3} & \frac{2}{3} & 1 \end{bmatrix} \begin{Bmatrix} P_1 \\ P_2 \\ P_3 \\ P_4 \end{Bmatrix} \quad \text{또는} \quad \tilde{\mathbf{P}} = \mathbf{A}_c^T \mathbf{P} = \mathbf{B}_c \mathbf{P} \tag{4.103}$$

Example 4-4

Example 3-2의 트러스 구조물이 아래 그림처럼 경사 롤러 지점으로 지지되고 있을 때, 이를 고려한 적합방정식행렬을 유도하라.

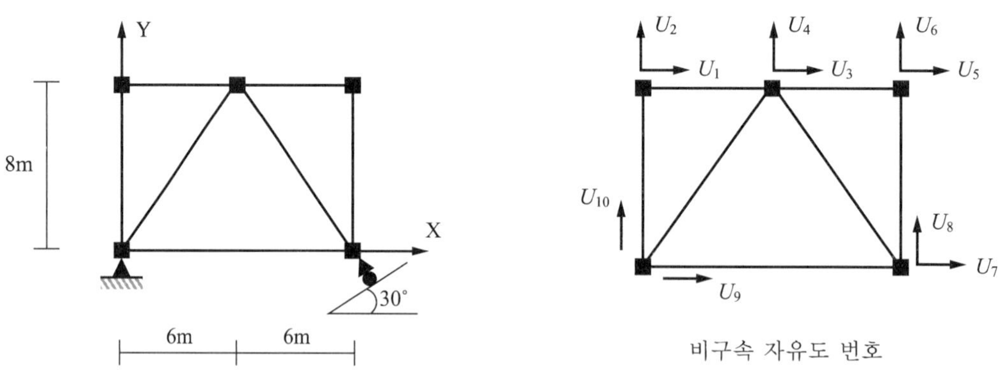

비구속 자유도 번호

단, 구속조건이 없는 경우 이 구조물의 적합방정식은 다음과 같이 유도되었다.

$$\begin{Bmatrix} V_1 \\ V_2 \\ V_3 \\ V_4 \\ V_5 \\ V_6 \\ V_7 \end{Bmatrix} = \begin{bmatrix} 0 & 1 & 0 & 0 & 0 & 0 & 0 & 0 & 0 & -1 \\ -1 & 0 & 1 & 0 & 0 & 0 & 0 & 0 & 0 & 0 \\ 0 & 0 & -0.6 & 0.8 & 0 & 0 & 0.6 & -0.8 & 0 & 0 \\ 0 & 0 & 0 & 0 & 0 & 0 & 1 & 0 & -1 & 0 \\ 0 & 0 & 0.6 & 0.8 & 0 & 0 & 0 & 0 & -0.6 & -0.8 \\ 0 & 0 & -1 & 0 & 1 & 0 & 0 & 0 & 0 & 0 \\ 0 & 0 & 0 & 0 & 0 & 1 & 0 & -1 & 0 & 0 \end{bmatrix} \begin{Bmatrix} U_1 \\ U_2 \\ U_3 \\ U_4 \\ U_5 \\ U_6 \\ U_7 \\ U_8 \\ U_9 \\ U_{10} \end{Bmatrix}$$

Solution

위 구조물의 경사 롤러 지점에 의한 구속조건은 다음과 같다.

$$U_8 = \frac{1}{\sqrt{3}} U_7$$

이 식에서 U_8을 종속, U_7을 지배 자유도로 선택하면 구속 시스템의 자유도 번호는 다음과 같다.

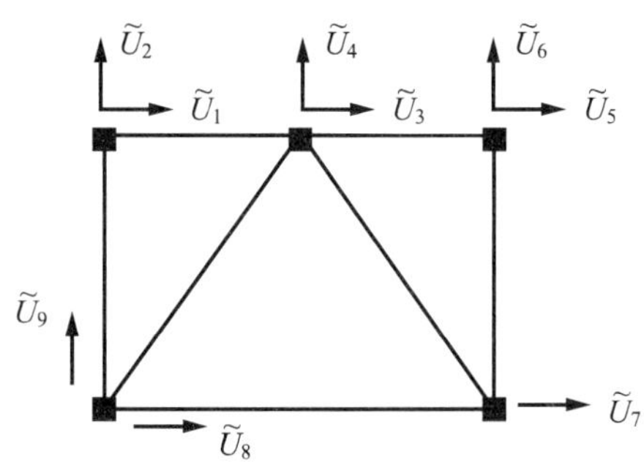

비구속 자유도 번호

$\tilde{\mathbf{U}}$ (Figure b)를 $\mathbf{U}$ (Figure a)로 변환하는 변환행렬은 다음과 같다.

$$\begin{Bmatrix} U_1 \\ U_2 \\ U_3 \\ U_4 \\ U_5 \\ U_6 \\ U_7 \\ U_8 \\ U_9 \\ U_{10} \end{Bmatrix} = \begin{bmatrix} 1 & 0 & 0 & 0 & 0 & 0 & 0 & 0 & 0 \\ 0 & 1 & 0 & 0 & 0 & 0 & 0 & 0 & 0 \\ 0 & 0 & 1 & 0 & 0 & 0 & 0 & 0 & 0 \\ 0 & 0 & 0 & 1 & 0 & 0 & 0 & 0 & 0 \\ 0 & 0 & 0 & 0 & 1 & 0 & 0 & 0 & 0 \\ 0 & 0 & 0 & 0 & 0 & 1 & 0 & 0 & 0 \\ 0 & 0 & 0 & 0 & 0 & 0 & 1 & 0 & 0 \\ 0 & 0 & 0 & 0 & 0 & 0 & \frac{1}{\sqrt{3}} & 0 & 0 \\ 0 & 0 & 0 & 0 & 0 & 0 & 0 & 1 & 0 \\ 0 & 0 & 0 & 0 & 0 & 0 & 0 & 0 & 1 \end{bmatrix} \begin{Bmatrix} \tilde{U}_1 \\ \tilde{U}_2 \\ \tilde{U}_3 \\ \tilde{U}_4 \\ \tilde{U}_5 \\ \tilde{U}_6 \\ \tilde{U}_7 \\ \tilde{U}_8 \\ \tilde{U}_9 \end{Bmatrix} \quad \text{또는} \quad \mathbf{U} = \mathbf{A}_c \tilde{\mathbf{U}} \qquad \text{(a)}$$

구속조건이 없는 경우에 대한 구조계 적합방정식은 다음과 같고(예제에서 주어짐),

$$\begin{Bmatrix} V_1 \\ V_2 \\ V_3 \\ V_4 \\ V_5 \\ V_6 \\ V_7 \end{Bmatrix} = \begin{bmatrix} 0 & 1 & 0 & 0 & 0 & 0 & 0 & 0 & 0 & -1 \\ -1 & 0 & 1 & 0 & 0 & 0 & 0 & 0 & 0 & 0 \\ 0 & 0 & -0.6 & 0.8 & 0 & 0 & 0.6 & -0.8 & 0 & 0 \\ 0 & 0 & 0 & 0 & 0 & 0 & 1 & 0 & -1 & 0 \\ 0 & 0 & 0.6 & 0.8 & 0 & 0 & 0 & 0 & -0.6 & -0.8 \\ 0 & 0 & -1 & 0 & 1 & 0 & 0 & 0 & 0 & 0 \\ 0 & 0 & 0 & 0 & 0 & 1 & 0 & -1 & 0 & 0 \end{bmatrix} \begin{Bmatrix} U_1 \\ U_2 \\ U_3 \\ U_4 \\ U_5 \\ U_6 \\ U_7 \\ U_8 \\ U_9 \\ U_{10} \end{Bmatrix} \quad \text{또는} \quad \mathbf{V} = \mathbf{A}\mathbf{U} \qquad \text{(b)}$$

식 (a)를 식 (b)에 대입하면 다음과 같이 경사 롤러 지점을 갖는 트러스 구조물의 적합방정식이 구해진다.

$$\begin{Bmatrix} V_1 \\ V_2 \\ V_3 \\ V_4 \\ V_5 \\ V_6 \\ V_7 \end{Bmatrix} = \begin{bmatrix} 0 & 1 & 0 & 0 & 0 & 0 & 0 & 0 & -1 \\ -1 & 0 & 1 & 0 & 0 & 0 & 0 & 0 & 0 \\ 0 & 0 & -0.6 & 0.8 & 0 & 0 & 0.13812 & 0 & 0 \\ 0 & 0 & 0 & 0 & 0 & 0 & 1 & -1 & 0 \\ 0 & 0 & 0.6 & 0.8 & 0 & 0 & 0 & -0.6 & -0.8 \\ 0 & 0 & -1 & 0 & 1 & 0 & 0 & 0 & 0 \\ 0 & 0 & 0 & 0 & 0 & 1 & -0.57735 & 0 & 0 \end{bmatrix} \begin{Bmatrix} \tilde{U}_1 \\ \tilde{U}_2 \\ \tilde{U}_3 \\ \tilde{U}_4 \\ \tilde{U}_5 \\ \tilde{U}_6 \\ \tilde{U}_7 \\ \tilde{U}_8 \\ \tilde{U}_9 \end{Bmatrix}$$

간략하게 나타내면

$$\mathbf{V} = \mathbf{A}\mathbf{A}_c \tilde{\mathbf{U}} = \tilde{\mathbf{A}} \tilde{\mathbf{U}}$$

과 같다. 지점조건은

$$\tilde{U}_8 = 0 \quad \text{그리고} \quad \tilde{U}_9 = 0$$

이다. 그러므로 적합방정식 행렬은 아래 식과 같이 정리된다.

$$\mathbf{V}_{free} = \tilde{\mathbf{A}}_{free}\tilde{\mathbf{U}}$$

이를 풀어서 적어보면,

$$\begin{Bmatrix} V_1 \\ V_2 \\ V_3 \\ V_4 \\ V_5 \\ V_6 \\ V_7 \end{Bmatrix} = \begin{bmatrix} 0 & 1 & 0 & 0 & 0 & 0 & 0 \\ -1 & 0 & 1 & 0 & 0 & 0 & 0 \\ 0 & 0 & -0.6 & 0.8 & 0 & 0 & 0.13812 \\ 0 & 0 & 0 & 0 & 0 & 0 & 1 \\ 0 & 0 & 0.6 & 0.8 & 0 & 0 & 0 \\ 0 & 0 & -1 & 0 & 1 & 0 & 0 \\ 0 & 0 & 0 & 0 & 0 & 1 & -0.57735 \end{bmatrix} \begin{Bmatrix} \tilde{U}_1 \\ \tilde{U}_2 \\ \tilde{U}_3 \\ \tilde{U}_4 \\ \tilde{U}_5 \\ \tilde{U}_6 \\ \tilde{U}_7 \end{Bmatrix}$$

과 같다.

9 구조 적합방정식 : 비신축 및 불변형 구속조건

구속조건이 없는 경우, 골조구조물의 독립 자유도의 개수를 결정하는 것은 상대적으로 간단하지만 구속조건이 있는 경우 종속 자유도와 독립 자유도를 구분하는 것은 쉽지 않다. 골조구조물의 해석에서 일반적으로 구속조건은 다음과 같은 조건에 의해서 발생하게 된다.

- 경사 지점 조건
- 비신축(inextensibility) 요소
- 불변형(inflexibility) 요소
- 3차원 구조모델에서 강체 층 칸막이
- 강체단부

앞 절에서 지배-종속법을 이용하여 경사지점에 의해서 발생하는 구속조건 문제를 다루었다. 이 절에서는 지배-종속법을 구조요소의 비신축성과 불변형성에 의해 발생하는 다자유도 구속조건에 적용할 것이다. 강체단부와 강체 층 칸막이 등에 의해서 발생하는 구속조건은 고급과정에서 다루도록 한다.

전형적인 골조구조물의 해석에서, 골조요소의 축강성이 휨강성에 비해 상대적으로 크다고 가정하면 독립된 자유도 수를 줄일 수 있기 때문에, 자유도가 많은 구조물해석에서는 골조 요소의 축강성을 강체로 가정하여 축변형을 무시한다. 일반적으로 축 강체 요소는 변위 자유도에 한 개의 독립 구속조건을 제공한다. 즉, 독립된 구조계 자유도수는 구조모델의 비신축요소 수만큼 감소된다.

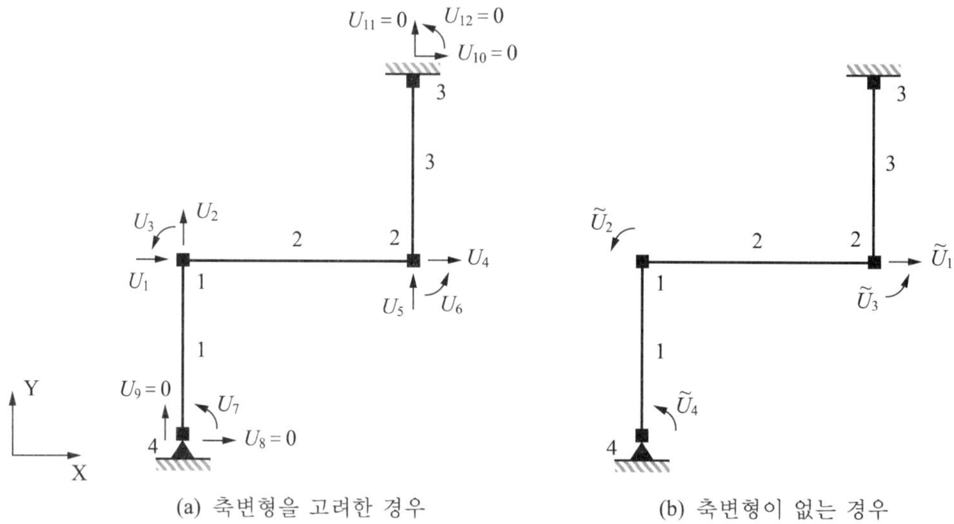

Figure 4-21 직사각형 골조의 변위 자유도

비신축 구속조건의 개념을 이해하기 위하여 Figure 4-21과 같은 직사각형 골조구조물을 예로 살펴보자. 이 구조물에서 축변형을 포함하는 경우 6개의 자유 독립 변위 자유도[Figure 4-21(a)]가 있다. 만약 구조물의 모든 요소가 비신축성 요소일 때(축 변형을 무시할 때) 구속조건은 다음과 같다.

$$U_2 - \underbrace{U_9}_{0} = 0 \;\Rightarrow\; U_2 = U_9 = 0 \tag{4.104}$$

$$U_5 - \underbrace{U_{11}}_{0} = 0 \;\Rightarrow\; U_5 = U_{11} = 0 \tag{4.105}$$

$$U_4 - U_1 = 0 \;\Rightarrow\; U_1 = U_4 \tag{4.106}$$

식 (4.104)와 식 (4.105)에는 지배 자유도가 없음을 주목하라. 식 (4.106)에서 U_1를 종속자유도로 U_4를 지배 자유도로 선택하면, 새로운 변위벡터 $\tilde{\mathbf{U}}$는 다음과 같다.

$$\tilde{\mathbf{U}} = \left[\tilde{U}_1 \quad \tilde{U}_2 \quad \tilde{U}_3 \quad \tilde{U}_4\right]^T = \left[U_4 \quad U_3 \quad U_6 \quad U_7\right]^T \tag{4.107}$$

그러므로 변위 자유도의 수는 Figure 4-21(b)처럼 7－3＝4로 감소한다. $\tilde{\mathbf{U}}$ 를 $\mathbf{U}$ 로 변환하는 변환행렬은 다음과 같다.

$$\begin{Bmatrix} U_1 \\ U_2 \\ U_3 \\ U_4 \\ U_5 \\ U_6 \\ U_7 \end{Bmatrix} = \begin{bmatrix} 1 & 0 & 0 & 0 \\ 0 & 0 & 0 & 0 \\ 0 & 1 & 0 & 0 \\ 1 & 0 & 0 & 0 \\ 0 & 0 & 0 & 0 \\ 0 & 0 & 1 & 0 \\ 0 & 0 & 0 & 1 \end{bmatrix} \begin{Bmatrix} \tilde{U}_1 \\ \tilde{U}_2 \\ \tilde{U}_3 \\ \tilde{U}_4 \end{Bmatrix} \quad \text{또는} \quad \mathbf{U} = \mathbf{A}_c \tilde{\mathbf{U}} \tag{4.108}$$

평형행렬과 적합행렬은 서로 상호변환 가능하므로 $\mathbf{P}$ 를 $\tilde{\mathbf{P}}$ 로 변환하는 변환행렬은 다음과 같다.

$$\begin{Bmatrix} \tilde{P}_1 \\ \tilde{P}_2 \\ \tilde{P}_3 \\ \tilde{P}_4 \end{Bmatrix} = \begin{bmatrix} 1 & 0 & 0 & 1 & 0 & 0 & 0 \\ 0 & 0 & 1 & 0 & 0 & 0 & 0 \\ 0 & 0 & 0 & 0 & 0 & 1 & 0 \\ 0 & 0 & 0 & 0 & 0 & 0 & 1 \end{bmatrix} \begin{Bmatrix} P_1 \\ P_2 \\ P_3 \\ P_4 \\ P_5 \\ P_6 \\ P_7 \end{Bmatrix} \quad \text{또는} \quad \tilde{\mathbf{P}} = \mathbf{B}_c \mathbf{P} \tag{4.109}$$

식 (4.109)의 첫 행을 따로 풀어서 적으면 다음과 같다.

$$\tilde{P}_1 = P_1 + P_4 \tag{4.110}$$

식 (4.110)은 평형방정식을 절점 1과 절점 2의 X방향(전역좌표계)으로 독립적으로 다룰 수 없음을 보여준다. 요소 2는 늘어나거나 줄어들지 못하도록 구속되었고, 따라서 X축을 따라서 강체 운동을 하게 된다. 위에 언급한 방법은 Figure 4-21의 골조구조물의 비신축 구속조건을 고려하는 다소 직접적인 방법임을 알 수 있다. 이 방법은 모든 요소가 X축 또는 Y축과 평행하게 배치되어 있다고 가정하고 있으므로 경사 부재를 가지고 있는 골조구조물에서는 이 방법이 성립되지 않는다.

Figure 4-22의 골조구조물을 살펴보자. 이 구조물은 축변형을 포함하는 경우 12개의 독립된 비구속 자유도(8개 이동, 4개 회전)를 가진다. 모든 골조가 비신축성이라고 가정하면(축변형을 무시하면) 5개의 독립된 구속조건이 발생한다(각 비신축 부재당 한 개씩). 따라서 축변형이 없는 경우, 독립된 비구속 자유도의 수는 12－5＝7로 감소하게 된다. 앞서 언급한 것처럼 X축 또는 Y축과 평행한 요소(요소 1, 3, 5)에 비신축 구속조건을 부여하는 것은 어렵지 않다. 그러나 경사요소(요소 2, 4)의 경우 다소 복잡하다.

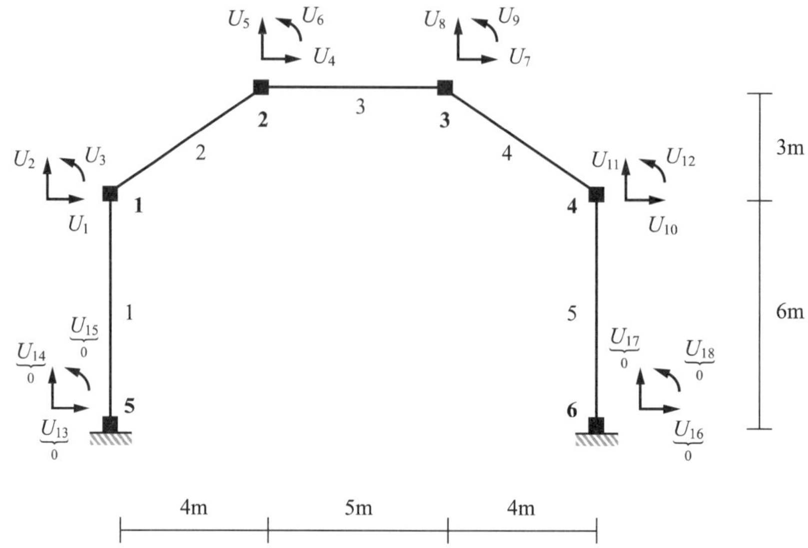

Figure 4–22 축변형과 경사 부재를 갖는 골조

골조요소(수평, 수직, 경사 요소)의 비신축 구속조건에 대한 일반적인 식을 유도하기 위해 Figure 4-22의 구조물 요소 2를 일반적인 요소로 선택하고 이를 Figure 4-23에 나타내었다. Figure 4-23에서 변형 전 부재길이를 L_0 라고 하고 변형된 부재길이를 L' 라 하여 다음과 같이 정의한다.

$$L_0 = \sqrt{(\Delta X)^2 + (\Delta Y)^2} \tag{4.111}$$

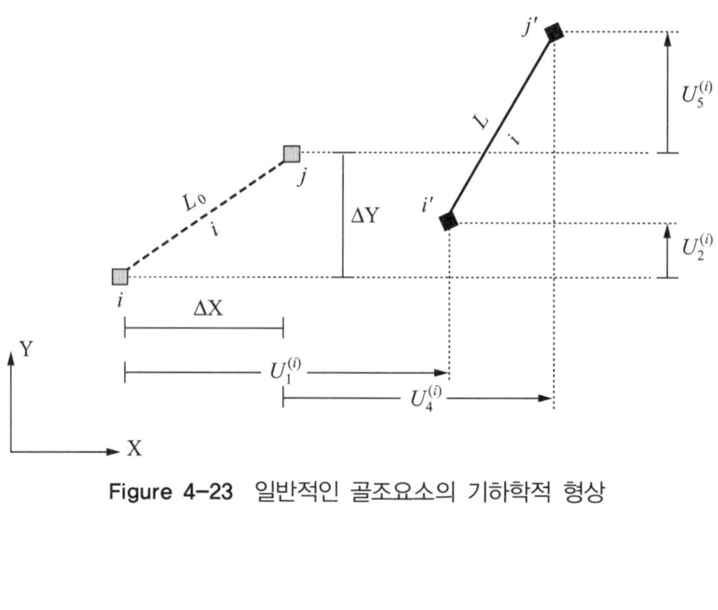

Figure 4–23 일반적인 골조요소의 기하학적 형상

$$L' = \sqrt{\left(\Delta X + U_4^{(i)} - U_1^{(i)}\right)^2 + \left(\Delta Y + U_5^{(i)} - U_2^{(i)}\right)^2} \tag{4.112}$$

골조요소를 비신축성으로 가정하면 요소길이는 요소단부에 변위 $\mathbf{U}^{(i)}$가 발생해도 일정하게 유지된다. 그러므로 비신축 구속정의 식 (4.113)과 같이 정의된다.

$$L' = \sqrt{\left(\Delta X + U_4^{(i)} - U_1^{(i)}\right)^2 + \left(\Delta Y + U_5^{(i)} - U_2^{(i)}\right)^2} = L_0 = \sqrt{(\Delta X)^2 + (\Delta Y)^2} \tag{4.113}$$

식 (4.113)을 단순화하면

$$\sqrt{L_0^2\left(1 + 2\left(\frac{\Delta X}{L_0}\right)\left(\frac{U_4^{(i)} - U_1^{(i)}}{L_0}\right) + \left(\frac{U_4^{(i)} - U_1^{(i)}}{L_0}\right)^2 + 2\left(\frac{\Delta Y}{L_0}\right)\left(\frac{U_5^{(i)} - U_2^{(i)}}{L_0}\right) + \left(\frac{U_5^{(i)} - U_2^{(i)}}{L_0}\right)^2\right)} = L_0 \tag{4.114}$$

과 같다. 식 (4.114)는 “정밀한” 골조요소의 비신축 구속조건식이다. 이 식은 비선형 다자유도 구속조건식으로 전혀 가정조건을 포함하지 않았다. 그러므로 이 식은 대변형 문제에 적용가능한 형태이지만, 본 교재에서는 골조요소의 선형화된 비신축 구속조건만 다루도록 한다. 선형화된 비신축 구속조건은 식의 제곱근을 멱급수로 나타내고 모든 비선형 항을 무시하여 구한다. 이는 식 (4.115)와 같다.

$$\Delta X\left(U_4^{(i)} - U_1^{(i)}\right) + \Delta Y\left(U_5^{(i)} - U_2^{(i)}\right) = 0 \tag{4.115}$$

식 (4.115)는 골조요소의 비신축에 따른 선형화된 다자유도 구속조건이다. 여기서 비신축 구속조건은 이동 자유도에만 영향을 미친다.

이제 식 (4.115)에 의해 Figure 4-23의 골조 구조물의 비신축 구속조건을 나타내면 아래와 같다.

요소 1:
$$6\left(U_2 - \underbrace{U_{14}}_{0}\right) = 0 \quad \Rightarrow \quad U_2 = 0 \tag{4.116}$$

요소 5:
$$6\left(U_{11} - \underbrace{U_{17}}_{0}\right) = 0 \quad \Rightarrow \quad U_{11} = 0 \tag{4.117}$$

요소 2:
$$4(U_4 - U_1) + 3\left(U_5 - \underbrace{U_2}_{0}\right) = 0 \quad \Rightarrow \quad U_5 = \frac{4}{3}U_1 - \frac{4}{3}U_4 \tag{4.118}$$

요소 3:
$$5(U_7 - U_4) + (0)(U_8 - U_5) = 0 \quad \Rightarrow \quad U_7 = U_4 \tag{4.119}$$

요소 4:

$$4(U_{10}-U_7)+(-3)\left(\underbrace{U_{11}}_{0}-U_8\right)=0 \;\Rightarrow\; U_8=\frac{4}{3}U_7-\frac{4}{3}U_{10}$$
$$\Rightarrow\; U_8=\frac{4}{3}U_4-\frac{4}{3}U_{10} \qquad (4.120)$$

식 (4.116)과 식 (4.117)에는 지배 자유도가 없으므로 식 (4.118), 식 (4.119), 식 (4.120)에서 U_1, U_4, U_{10}을 지배 자유도로 선택하고 U_5, U_7, U_8을 종속 자유도로 선택한다. 그러므로 새로운 독립 비구속 절점 변위벡터 $\tilde{\mathbf{U}}$는 식 (4.121)과 같다. 이를 Figure 4-24에 나타내었다.

$$\tilde{\mathbf{U}}=\begin{bmatrix}\tilde{U}_1 & \tilde{U}_2 & \tilde{U}_3 & \tilde{U}_4 & \tilde{U}_5 & \tilde{U}_6 & \tilde{U}_7\end{bmatrix}^T=\begin{bmatrix}U_1 & U_4 & U_{10} & U_3 & U_6 & U_9 & U_{12}\end{bmatrix}^T \qquad (4.121)$$

$\tilde{\mathbf{U}}$를 $\mathbf{U}$로 변환하는 변환행렬은 다음과 같다.

$$\begin{Bmatrix}U_1\\U_2\\U_3\\U_4\\U_5\\U_6\\U_7\\U_8\\U_9\\U_{10}\\U_{11}\\U_{12}\end{Bmatrix}=\begin{bmatrix}1&0&0&0&0&0&0\\0&0&0&0&0&0&0\\0&0&0&1&0&0&0\\0&1&0&0&0&0&0\\\frac{4}{3}&-\frac{4}{3}&0&0&0&0&0\\0&0&0&0&1&0&0\\0&1&0&0&0&0&0\\0&\frac{4}{3}&-\frac{4}{3}&0&0&0&0\\0&0&0&0&0&1&0\\0&0&1&0&0&0&0\\0&0&0&0&0&0&0\\0&0&0&0&0&0&1\end{bmatrix}\begin{Bmatrix}\tilde{U}_1\\\tilde{U}_2\\\tilde{U}_3\\\tilde{U}_4\\\tilde{U}_5\\\tilde{U}_6\\\tilde{U}_7\end{Bmatrix} \quad \text{또는} \quad \mathbf{U}=\mathbf{A}_c\tilde{\mathbf{U}} \qquad (4.122)$$

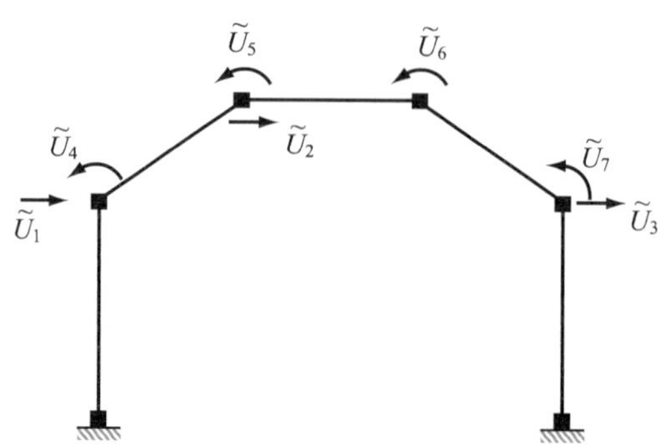

Figure 4-24 축변형이 무시된 경사요소를 갖는 골조구조물

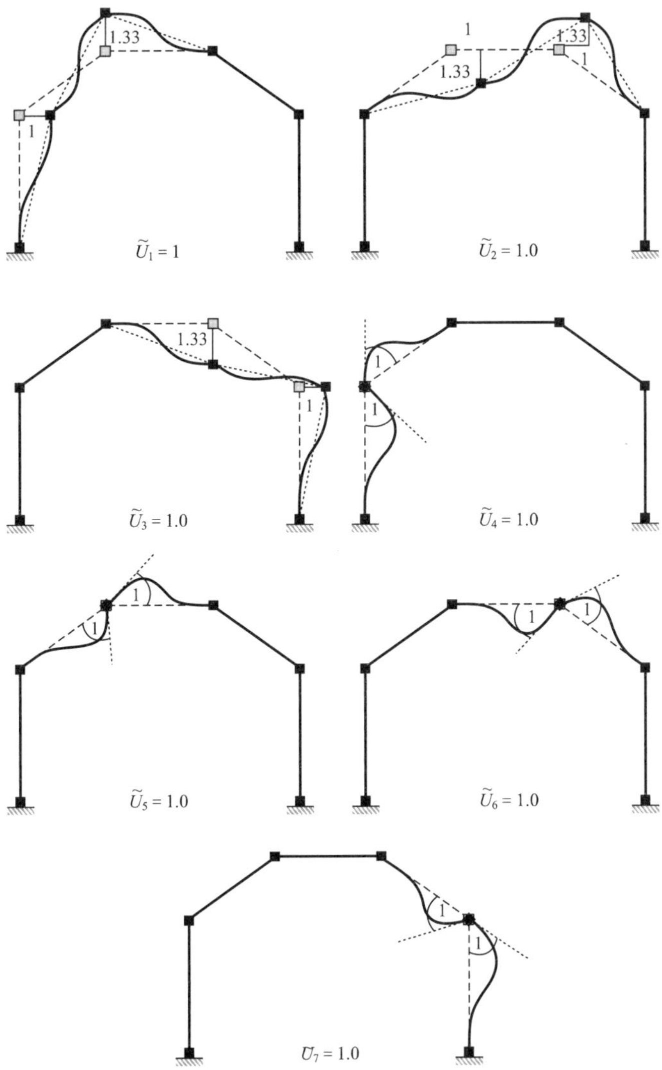

Figure 4-25 단위 지배 변위 자유도에 의한 구조물의 변형 형상

구속행렬 $\mathbf{A}_c$ 의 각 열은 Figure 4-26처럼 단위 지배 변위에 대한 골조구조물의 변형 형상을 나타낸다.

또한 식 (4.118), 식 (4.119), 식 (4.120)의 세 개의 선형 구속조건에서 지배 자유도를 선택하는 방법이 한 가지만 존재하지 않는다. 선택 가능한 지배 자유도를 Figure 4-26에 나타내었다.

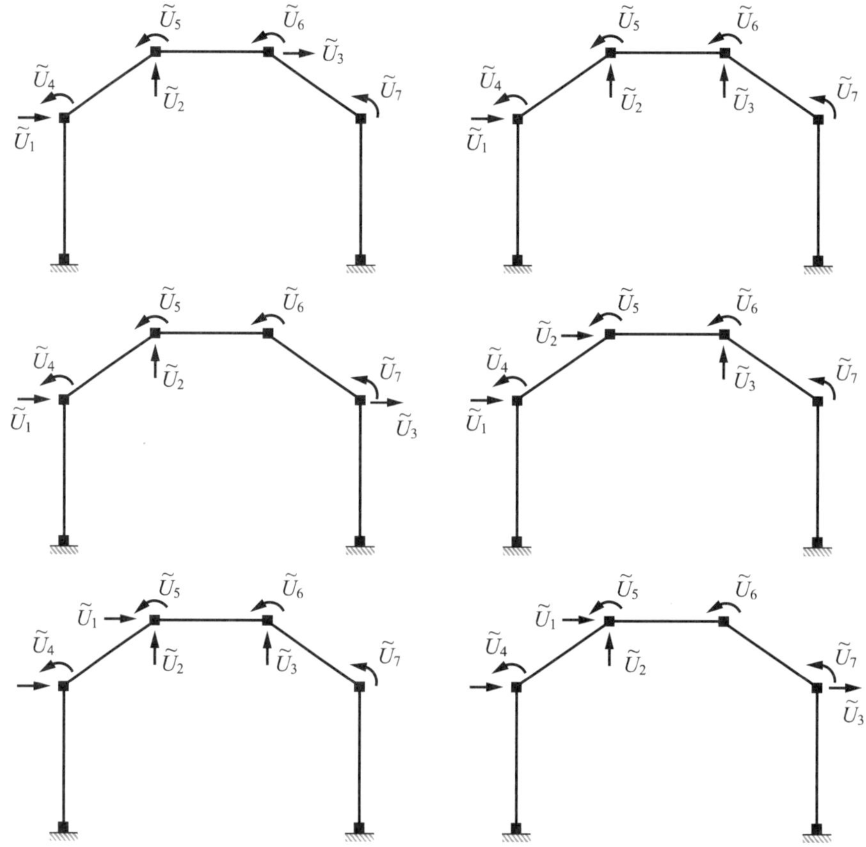

Figure 4-26 다른 형태의 지배 자유도

또 다른 흥미로운 구속조건은 강체 골조요소가 구조모델에 있는 경우이다. 강체로 간주되는 골조요소는 모델의 다른 요소와 비교해서 아주 강한 축강성(EA)과 휨강성(EI)을 가지고 있으며 이 구속조건은 이동과 회전 자유도 모두를 포함한다. 이런 경우는 Figure 4-27의 강체 골조요소의 기구하적 관계를 고려하여 유도하면 된다.

강체요소에 의한 구속조건은

$$\begin{aligned} U_4^{(i)} - U_1^{(i)} &= -\left(L_i \cos\phi - L_i \cos\left(\phi + U_3^{(i)}\right)\right) \\ U_5^{(i)} - U_2^{(i)} &= \left(-L_i \sin\phi + L_i \sin\left(\phi + U_3^{(i)}\right)\right) \\ U_6^{(i)} &= U_3^{(i)} \end{aligned} \tag{4.123}$$

과 같다. 식 (4.123)은 강체 골조요소의 “정밀한” 구속조건식이다. 그러므로 이는 대변형 문제에 적용할 수 있는 형태이다. 이 식을 선형화하기 위하여 식 (4.123)에 있는 삼각함수를

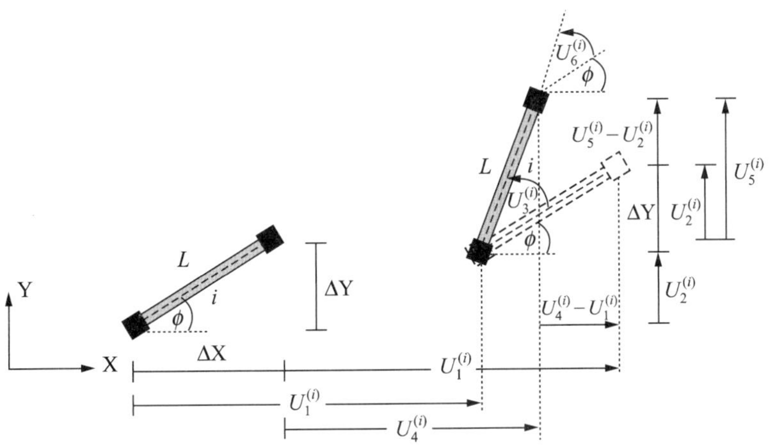

Figure 4-27 강체 골조요소의 기구학적 관계

다음과 같이 가정한다.

$$\cos U_3^{(i)} \approx 1, \ \sin U_3^{(i)} \approx U_3^{(i)} \tag{4.124}$$

식 (4.124)를 식 (4.123)에 대입하면

$$\begin{aligned} U_4^{(i)} - U_1^{(i)} &= -(L_i \sin\phi)U_3^{(1)} \\ U_5^{(i)} - U_2^{(i)} &= \ \ (L_i \cos\phi)U_3^{(1)} \\ U_6^{(1)} &= U_3^{(1)} \end{aligned} \tag{4.125}$$

와 같다. 위 식은 강체 골조요소의 변위 자유도에 대한 선형화된 다자유도 구속조건이다. 일반적으로 각 골조요소는 6개의 변위 자유도 중에서 3개의 독립적인 구속조건을 갖는다. 결과적으로 구조모델에 존재하는 각 강체 골조요소는 구조물의 자유도를 3개 감소시켜준다. 여기서 식 (4.125)의 첫 번째와 두 번째 구속조건을 합치면 식 (4.115)의 비신축 구속조건이 유도된다. 즉, 이것을 식으로 표현하면

$$\frac{\left(U_4^{(i)} - U_1^{(i)}\right)}{\left(U_5^{(i)} - U_2^{(i)}\right)} = -\frac{\Delta Y}{\Delta X} \Rightarrow \Delta X\left(U_4^{(i)} - U_1^{(i)}\right) + \Delta Y\left(U_5^{(i)} - U_2^{(i)}\right) = 0 \tag{4.126}$$

여기서

$$\frac{\Delta X}{L_i} = \cos\phi, \ \frac{\Delta Y}{L_i} = \sin\phi \tag{4.127}$$

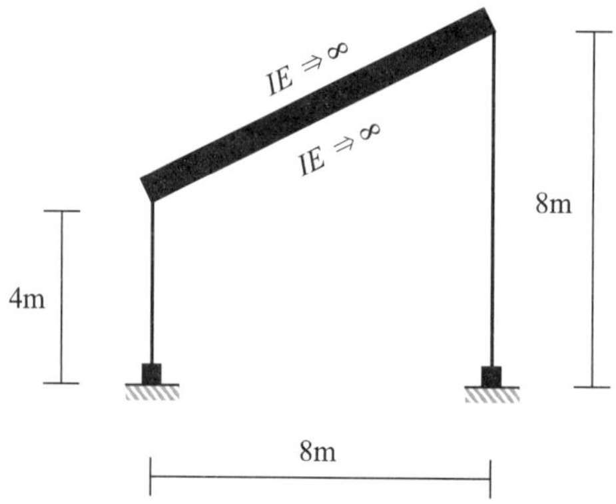

Figure 4-28 경사진 강체 지붕을 갖는 1층 골조

Figure 4-28의 경사진 강체 지붕을 갖는 1층 골조구조물을 생각해보자. 다자유도 구속조건이 없는 경우 Figure 4-29(b)에서와 같이 6개의 자유도를 갖는다. 식 (4.125)으로부터 경사 강체 지붕에 의한 구속조건은 다음과 같다.

$$\begin{aligned} U_4 &= U_1 - 4U_3 \\ U_5 &= U_2 + 8U_3 \\ U_6 &= U_3 \end{aligned} \tag{4.128}$$

U_1, U_2, U_3을 지배 자유도로 U_4, U_5, U_6을 종속 자유도로 선택한다. 그러므로 새로운 독립 비구속 절점변위 $\tilde{\mathbf{U}}$는 다음과 같으며 이를 Figure 4-29(a)에 나타내었다.

$$\tilde{\mathbf{U}} = \begin{bmatrix} \tilde{U}_1 & \tilde{U}_2 & \tilde{U}_3 \end{bmatrix}^T = \begin{bmatrix} U_1 & U_2 & U_3 \end{bmatrix}^T \tag{4.129}$$

$\tilde{\mathbf{U}}$를 $\mathbf{U}$로 변환하는 변환행렬은 다음과 같다.

$$\begin{Bmatrix} U_1 \\ U_2 \\ U_3 \\ U_4 \\ U_5 \\ U_6 \end{Bmatrix} = \begin{bmatrix} 1 & 0 & 0 \\ 0 & 1 & 0 \\ 0 & 0 & 1 \\ 1 & 0 & -4 \\ 0 & 1 & 8 \\ 0 & 0 & 1 \end{bmatrix} \begin{Bmatrix} \tilde{U}_1 \\ \tilde{U}_2 \\ \tilde{U}_3 \end{Bmatrix} \quad \text{또는} \quad \mathbf{U} = \mathbf{A}_c \tilde{\mathbf{U}}$$

평형행렬과 적합행렬은 서로 상호변환 가능하므로 $\mathbf{P}$를 $\tilde{\mathbf{P}}$로 변환하는 변환행렬은 다음과 같다.

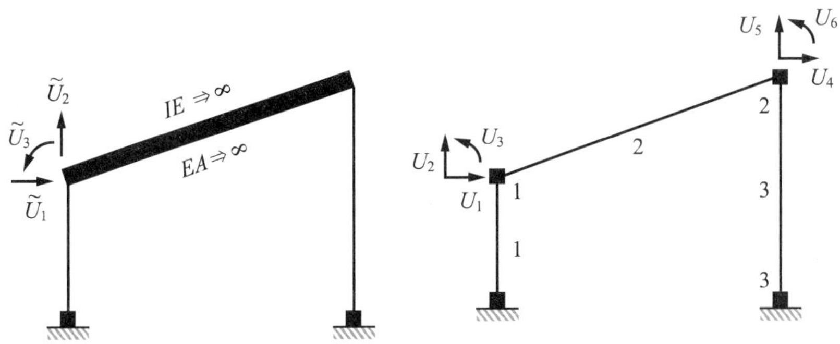

(a) 식 (4.129)의 다자유도 구속조건 (b) 다자유도 구속조건이 없는 경우

Figure 4-29 자유도 시스템

$$\begin{Bmatrix} \tilde{P}_1 \\ \tilde{P}_2 \\ \tilde{P}_3 \end{Bmatrix} = \begin{bmatrix} 1 & 0 & 0 & 1 & 0 & 0 \\ 0 & 1 & 0 & 0 & 1 & 0 \\ 0 & 0 & 1 & -4 & 8 & 1 \end{bmatrix} \begin{Bmatrix} P_1 \\ P_2 \\ P_3 \\ P_4 \\ P_5 \\ P_6 \end{Bmatrix} \text{ 또는 } \tilde{\mathbf{P}} = \mathbf{A}_c^T \mathbf{P} = \mathbf{B}_c \mathbf{P} \tag{4.130}$$

위 식을 풀어서 나타내면

$$\begin{aligned} \tilde{P}_1 &= P_1 + P_4 \\ \tilde{P}_2 &= P_2 + P_5 \\ \tilde{P}_3 &= P_3 - 4P_4 + 8P_5 + P_6 \end{aligned} \tag{4.131}$$

과 같다. 식에서 절점력 $\tilde{\mathbf{P}}$는 단지 정적 구속조건이 있는 절점력 $\mathbf{P}$의 등가력이다. 그러므로 행렬 $\mathbf{B}_c$을 "정적 구속행렬"이라 한다.

Example 4-5

모든 골조요소가 비신축성 요소라고 할 때, 다음 그림의 구조물은 한 개의 독립 자유변위 자유도 $\tilde{U}_1$을 가진다. $\tilde{U}_1$이 단위변위일 때 모든 절점의 전역좌표계 변위를 구하라.

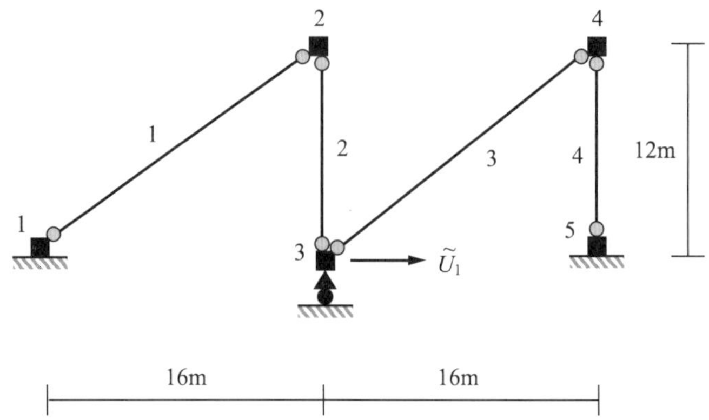

Solution

축변형을 포함한 자유도 번호를 다음과 같이 정하였다.

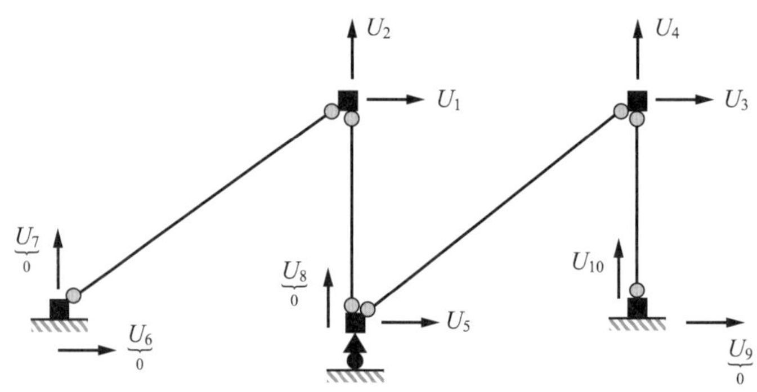

각 요소의 비신축 구속조건을 고려해보자.

<u>요소 1</u>

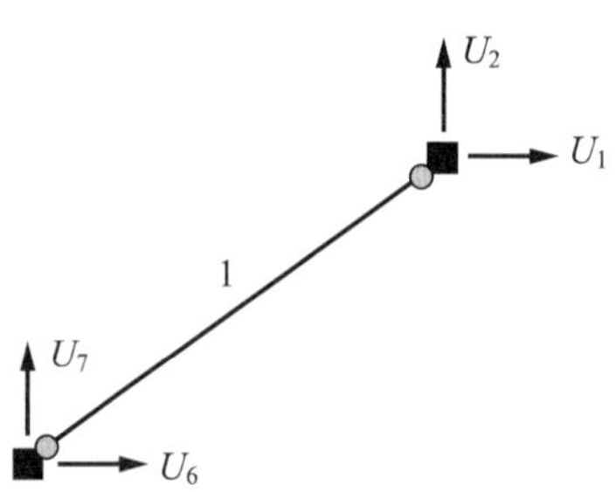

$$\left(U_1 - \underbrace{U_6}_{0}\right)(16) + \left(U_2 - \underbrace{U_7}_{0}\right)(12) = 0$$

$$16U_1 + 12U_2 = 0 \tag{a}$$

요소 2

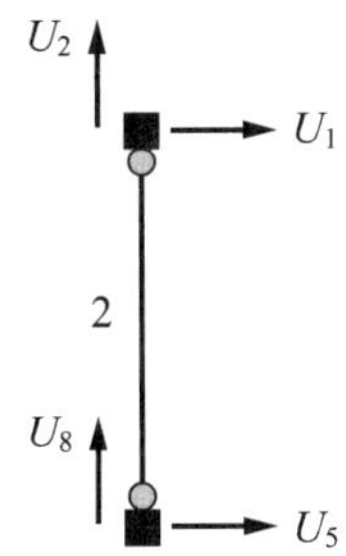

$$\left(U_2 - \underbrace{U_8}_{0}\right)(12) = 0$$

$$U_2 = U_8 = 0 \tag{b}$$

요소 3

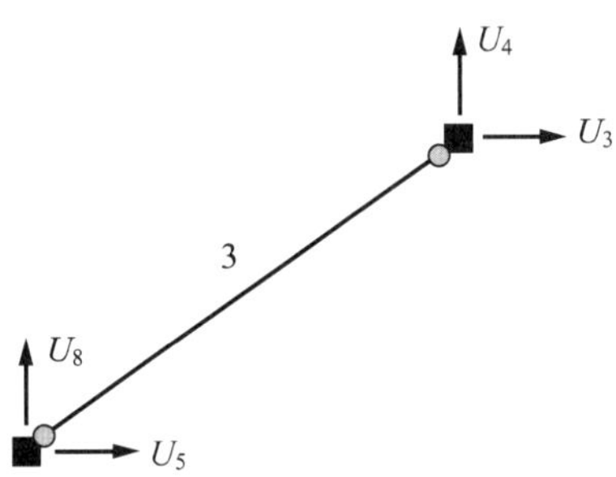

$$(U_3 - U_5)(16) + \left(U_4 - \underbrace{U_8}_{0}\right)(12) = 0$$

$$16U_3 - 16U_5 + 12U_4 = 0 \tag{c}$$

요소 4

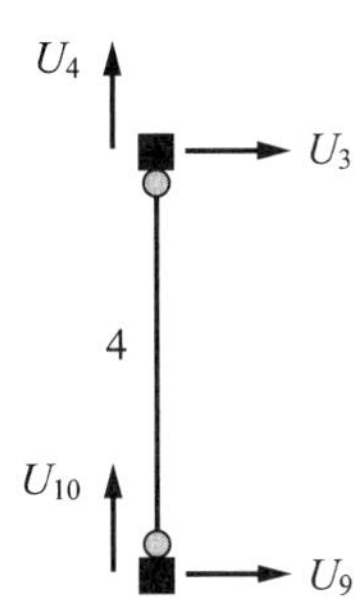

$$\Big(U_4 - \underbrace{U_{10}}_{0}\Big)(12) = 0$$

$$U_4 = U_{10} = 0 \tag{d}$$

식 (a), (b), (c), (d)로부터 다음이 구해진다.

$$U_1 = 0;\quad U_2 = 0;\quad U_4 = 0;\quad U_3 = U_5;$$

U_5 를 지배 자유도로 정하고

$$U_5 \Rightarrow \tilde{U}_1$$

U_1, U_2, U_3,와 U_4 를 종속 자유도로 정한다.
비신축 구속조건에 대응하는 기구학적 관계를 행렬식으로 나타내면 다음과 같다.

$$\begin{Bmatrix} U_1 \\ U_2 \\ U_3 \\ U_4 \\ U_5 \end{Bmatrix} = \begin{bmatrix} 0 \\ 0 \\ 1 \\ 0 \\ 1 \end{bmatrix} \tilde{U}_1$$

단순하게 표현하면

$$\mathbf{U}_{free} = \mathbf{A}_c \tilde{\mathbf{U}}$$

와 같다. $\tilde{U}_1$ 의 단위변위에 대한 각 절점의 전역좌표계 변위는

$$U_1 = 0;\quad U_2 = 0;\quad U_4 = 0;\quad U_3 = U_5 = 1;$$

과 같다.
이 구조물의 변형 형상을 그려보면 다음과 같다.

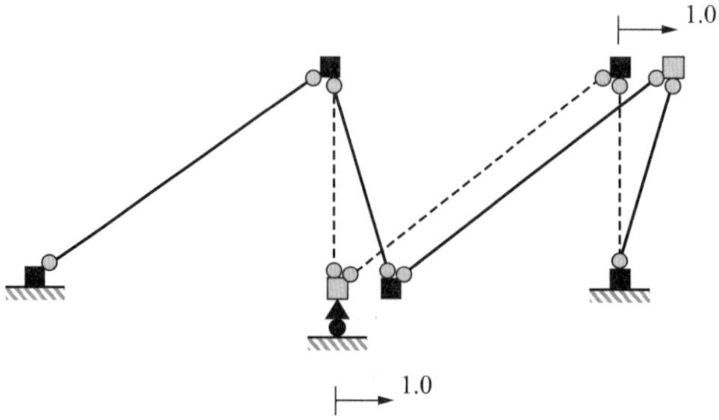

Example 4-6

모든 요소가 비신축 요소라고 가정할 때, 아래 그림의 구조물은 두 개의 독립 자유변위 자유도 $\tilde{U}_1$ 와 $\tilde{U}_2$ 를 가진다. $\tilde{U}_1$ 와 $\tilde{U}_2$ 에 단위변위가 발생할 때 모든 절점에서 전역좌표계 변위를 구하라.

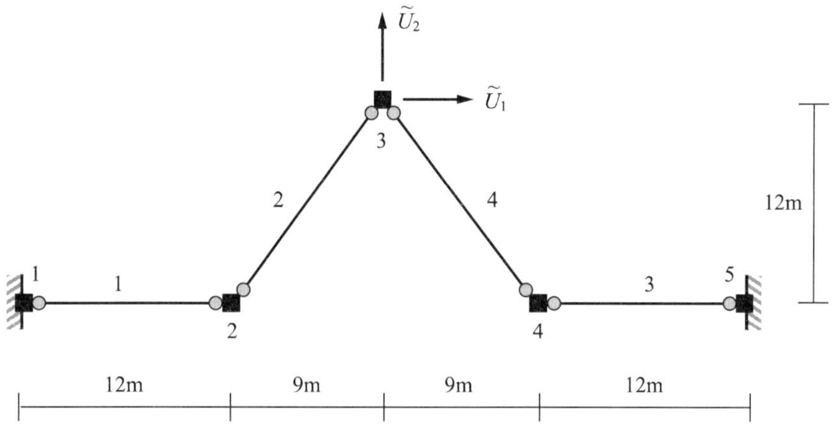

Solution

축변형을 포함한 자유도 번호를 다음과 같이 정하였다.

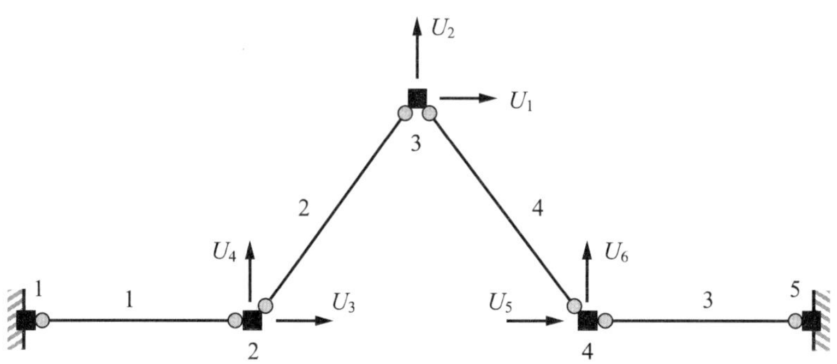

각 요소의 비신축 구속조건을 고려해보자.

<u>요소 1</u>

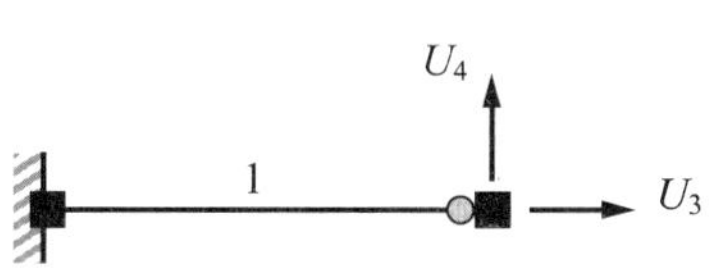

$$(U_4-0)(0)+(U_3-0)(12)=0$$

$$U_3=0 \tag{a}$$

요소 2

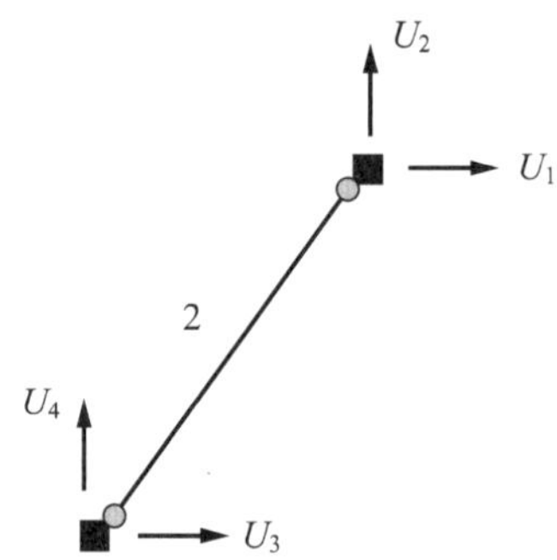

$$(U_1-U_3)(9)+(U_2-U_3)(12)=0$$

$$3U_1-3\underbrace{U_3}_{0}+4U_2-4U_4=0$$

$$U_4=\frac{3}{4}U_1+U_2 \tag{b}$$

요소 3

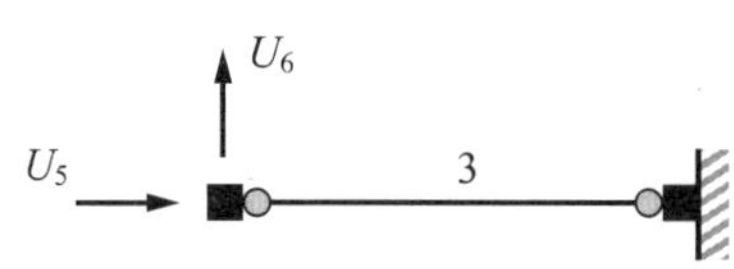

$$(U_6-0)(0)+(U_5-0)(12)=0$$

$$U_5=0 \tag{c}$$

요소 4

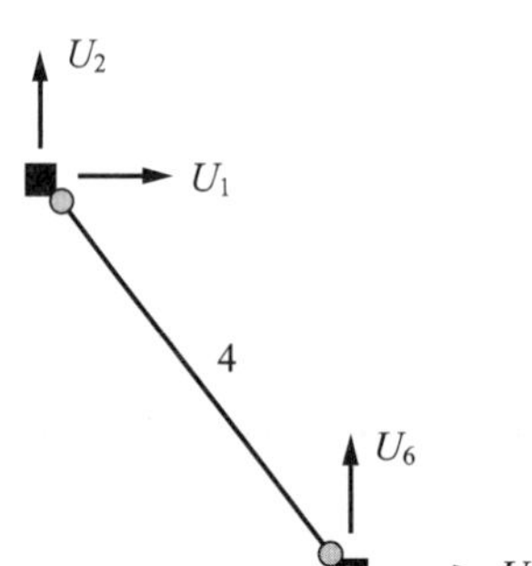

$$(U_5 - U_1)(9) + (U_6 - U_2)(-12) = 0$$

$$3\underbrace{U_5}_{0} - 3U_1 - 4U_6 + 4U_2 = 0$$

$$U_6 = -\frac{3}{4}U_1 + U_2 \qquad \text{(d)}$$

식 (a), (b), (c), (d)로부터, U_1와 U_2를 지배 자유도로

$$U_1 \Rightarrow \tilde{U}_1,\ \ U_2 \Rightarrow \tilde{U}_2$$

라고 정하고 U_3, U_4, U_5, U_6는 종속 자유도로 정한다.
비신축 구속조건에 의한 기구학적 관계를 행렬로 나타내면 다음과 같다.

$$\begin{Bmatrix} U_1 \\ U_2 \\ U_3 \\ U_4 \\ U_5 \\ U_6 \end{Bmatrix} = \begin{bmatrix} 1 & 0 \\ 0 & 1 \\ 0 & 0 \\ \frac{3}{4} & 1 \\ 0 & 0 \\ -\frac{3}{4} & 1 \end{bmatrix} \begin{Bmatrix} \tilde{U}_1 \\ \tilde{U}_2 \end{Bmatrix}$$

간략하게

$$\mathbf{U}_{free} = \mathbf{A}_c \tilde{\mathbf{U}}$$

로 나타낼 수 있다. $\tilde{U}_1$의 단위변위에 대한 각 절점의 전역좌표계 변위는

$$U_1 = 1;\ \ U_2 = 0;\ \ U_3 = 0;\ \ U_4 = \frac{3}{4};\ \ U_5 = 0;\ \ U_6 = -\frac{3}{4};$$

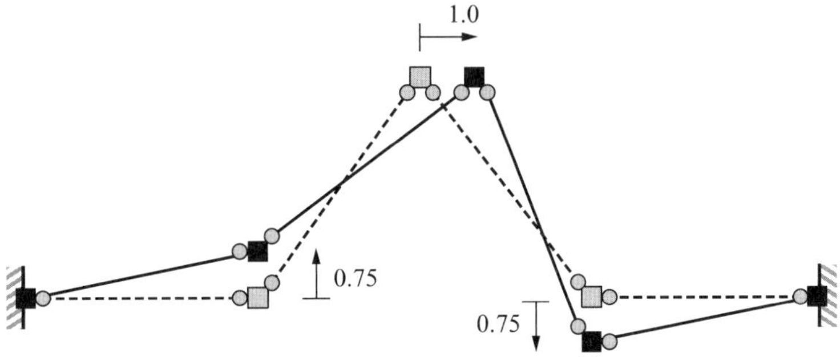

$\tilde{U}_2$ 의 단위변위에 대한 각 절점의 전체 좌표계 변위는

$$U_1 = 0; \quad U_2 = 1; \quad U_3 = 0; \quad U_4 = 1; \quad U_5 = 0; \quad U_6 = 1;$$

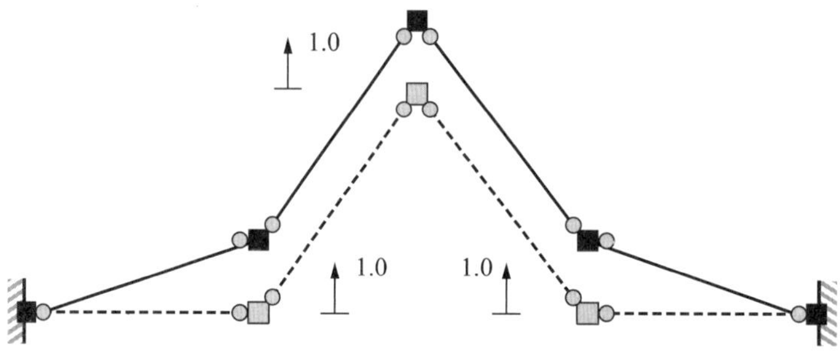

exercise

Problem 1 : 전단 해제－롤러 보 시스템(Figure 3-11)에서

(a) 정밀한 기하학적 적합관계식을 유도하고 1계(선형), 2계 구조해석 이론에 따라 근사화하라.

(b) 요소 적합방정식 행렬이 요소 평형방정식 행렬의 전치행렬됨을 증명하라.

$$\bar{\mathbf{b}}_C = \bar{\mathbf{a}}_C{}^T$$

여기서

$$\bar{\mathbf{a}}_C = \begin{bmatrix} -1 & 0 & 0 \\ 0 & 1 & 0 \\ 0 & L & -1 \\ 1 & 0 & 0 \\ 0 & -1 & 0 \\ 0 & 0 & 1 \end{bmatrix}$$

Problem 2 : 아래 그림에 있는 트러스 구조물들의 부정정 차수를 결정하고, 기구학적으로 안정(stable)한지 검토하라.

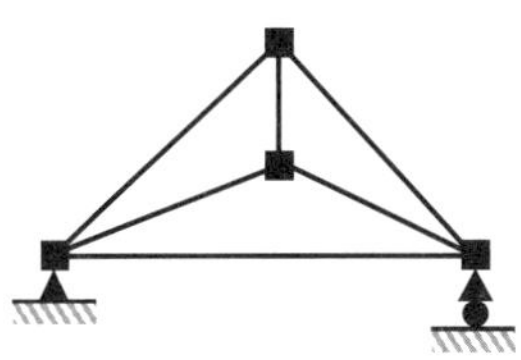

(a)

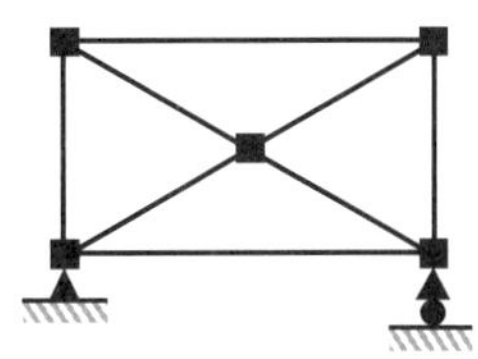

(b)

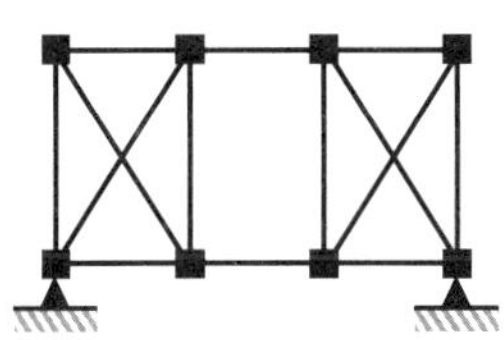

(c)

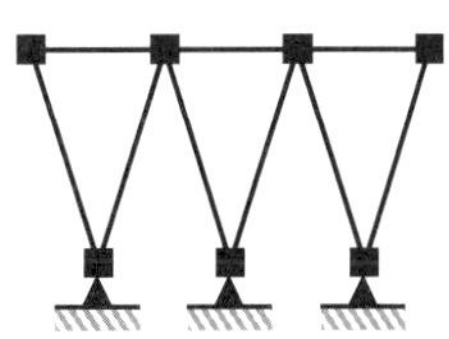

(d)

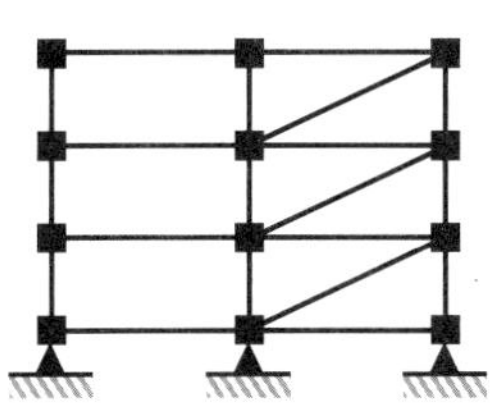

(e)

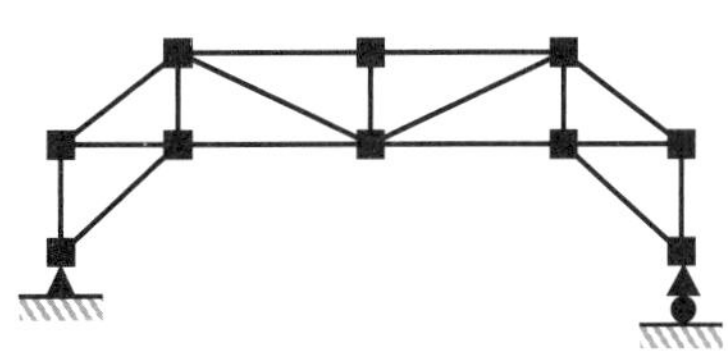

(f)

Problem 3 : 다음 그림의 골조구조물의 부정정 차수를 결정하고, 기구학적으로 안정(stable)한지 검토하라.

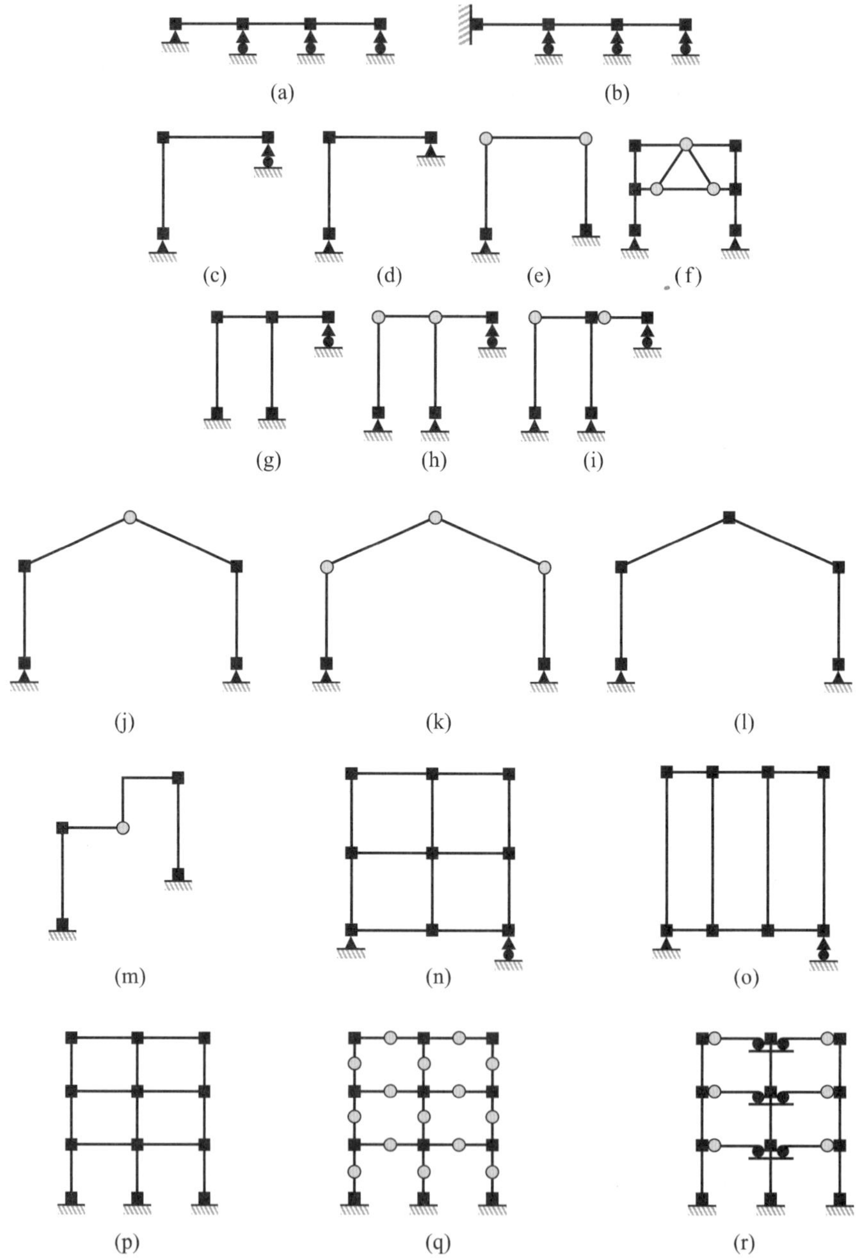

Problem 4 : 다음의 골조구조물을 해석하기 위해 필요한 자유도를 표시하고 변형 형상을 스케치하라. 모든 요소는 비신축성 요소로 가정한다.

(a)

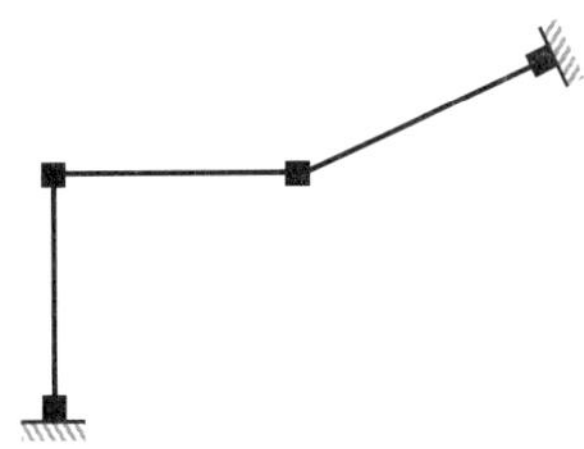

(b)

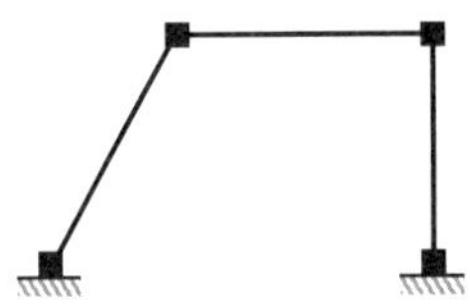

(c)

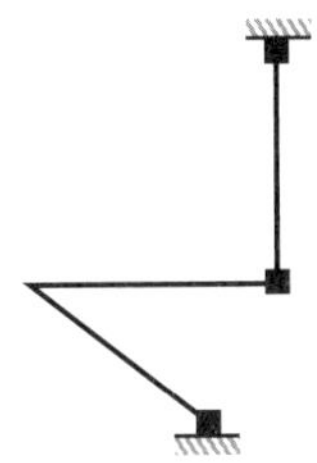

(d)

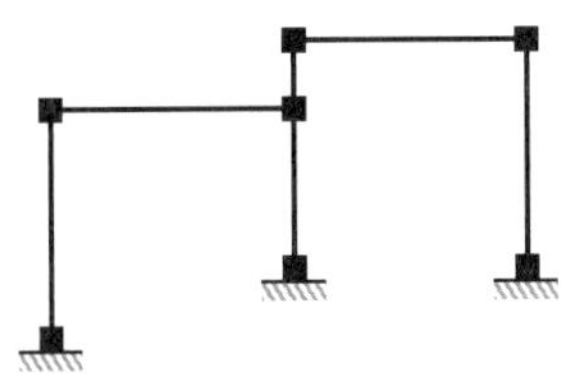

(e)

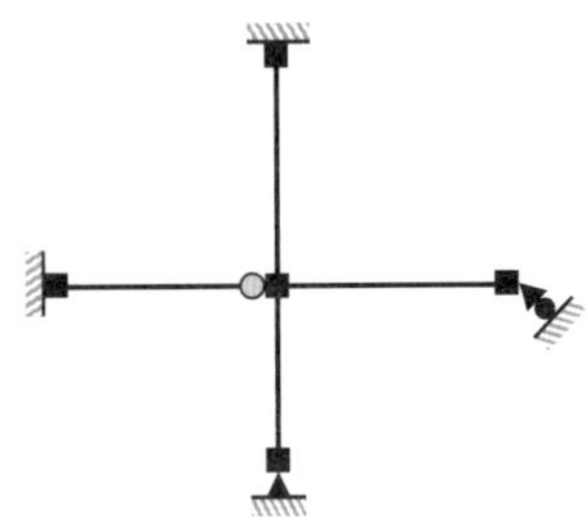

(f)

Problem 5 : 퀸포스트 교량구조물에 대하여 다음에 답하라.

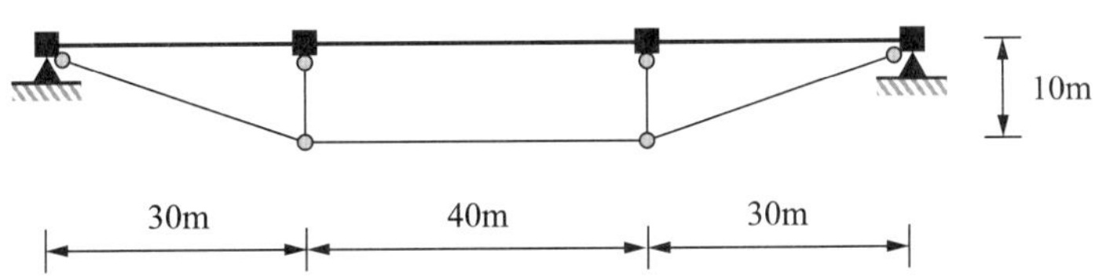

(a) 자유도 번호(구속 및 비구속)와 단순 보 모델에 의한 기본요소 변형번호를 부여하라.

(b) 비구속 자유도의 적합방정식을 유도하라($\mathbf{V}_{free} = \mathbf{A}_{free}\mathbf{U}_{free}$).

Problem 6 : 연약한 지층 위에 확대기초로 지지되는 트러스 구조물에서, 지반의 수직 강성을 수직 압축력만 지지할 수 있는 스프링으로 모델하였다. 수평 토압은 트러스의 수평방향 이동을 방지하고 있다고 할 때 다음에 답하라.

(a) 트러스의 적합방정식 행렬을 구하고, 구조 적합행렬이 구조 평형행렬의 전치행렬임을 증명하라.

(b) 우측 기초(절점 5)에 지점 침하가 10mm 발생할 때, 트러스의 변형도를 스케치하라.

(c) 트러스의 하단 현재에 열을 가해서 온도가 30℃ 상승하였을 때, 절점변위를 구하고 트러스의 변형도를 스케치하라. 모든 요소의 열팽창 계수는 6.5 $\times 10^{-6}$℃$^{-1}$이다.

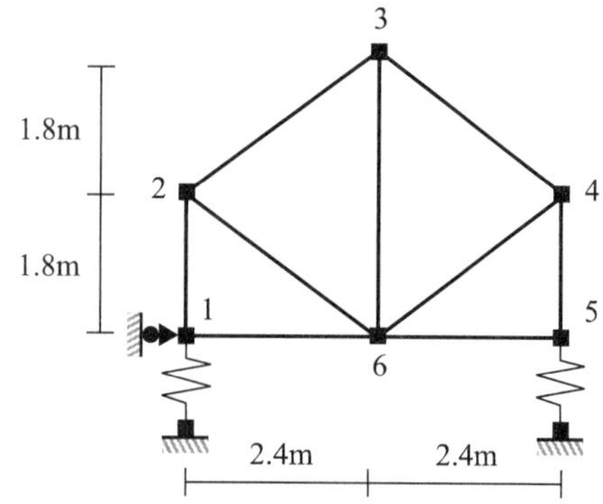

Problem 7 : 다음의 골조구조물에서

(a) 자유도 번호(구속 및 비구속)와 단순 보 모델에 의한 기본요소 변형번호를 부여하라.

(b) 비구속 자유도의 적합방정식을 유도하라 ($\mathbf{V}_{free} = \mathbf{A}_{free}\mathbf{U}_{free}$). 단, 모든 요소를 비신축성 요소로 가정하라. 또한 요소 1, 2, 3은 휨변형에 대하여 무한 강성을 가지는 것으로 가정하라.

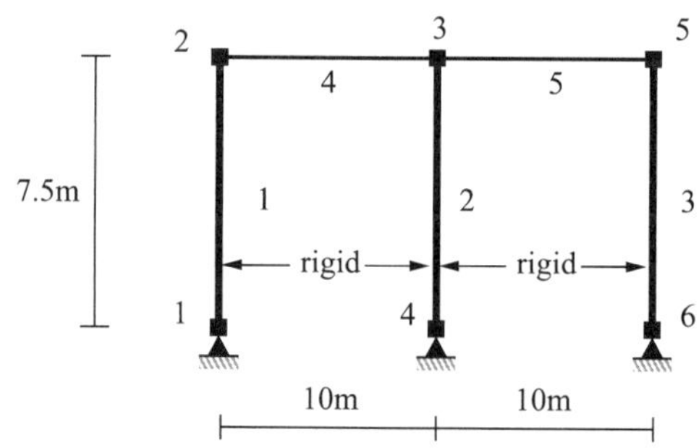

Problem 8 : 다음의 골조구조물에서

(a) 자유도 번호(구속 및 비구속)와 단순 보 모델에 의한 기본요소 변형번호를 부여하라.

(b) 비구속 자유도의 적합방정식을 유도하라 ($\mathbf{V}_{free} = \mathbf{A}_{free}\mathbf{U}_{free}$). 단, 모든 요소를 비신축성 요소로 가정하라. 또한 요소 4의 휨강성은 무한 강성을 가지는 것으로 가정하라.

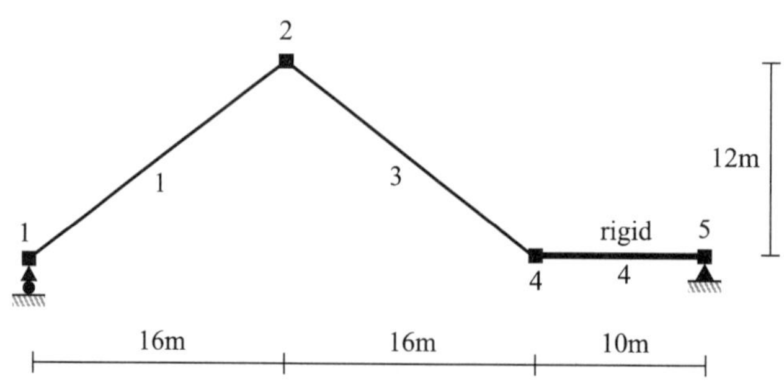

Problem 9 : 다음의 골조구조물에서

(a) 자유도 번호(구속 및 비구속)와 단순 보 모델에 의한 기본요소 변형번호를 부여하라.

(b) 비구속 자유도의 적합방정식을 유도하라($\mathbf{V}_{free} = \mathbf{A}_{free}\mathbf{U}_{free}$). 단, 모든 요소를 비신축성 요소로 가정하라. 또한 요소 2와 요소 6의 휨강성은 무한 강성을 가지는 것으로 가정하라.

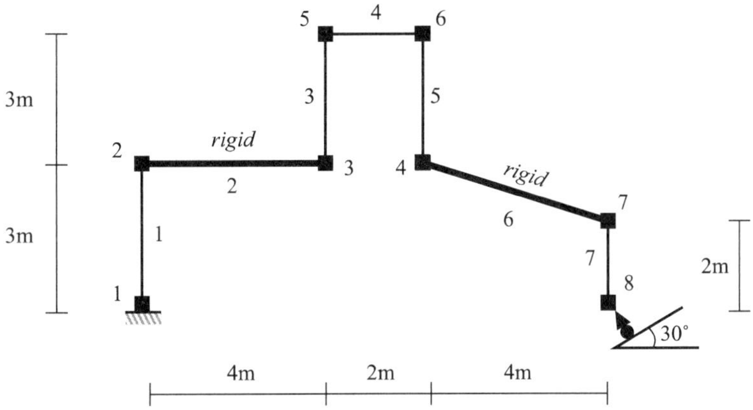

Problem 10 : 다음의 골조구조물에서

(a) 자유도 번호(구속 및 비구속)와 단순 보 모델에 의한 기본요소 변형번호를 부여하라.

(b) 비구속 자유도의 적합방정식을 유도하라($\mathbf{V}_{free} = \mathbf{A}_{free}\mathbf{U}_{free}$). 단, 모든 요소를 비신축성 요소로 가정하라. 또한 요소 1과 요소 2의 휨강성은 무한 강성을 가지는 것으로 가정하라.

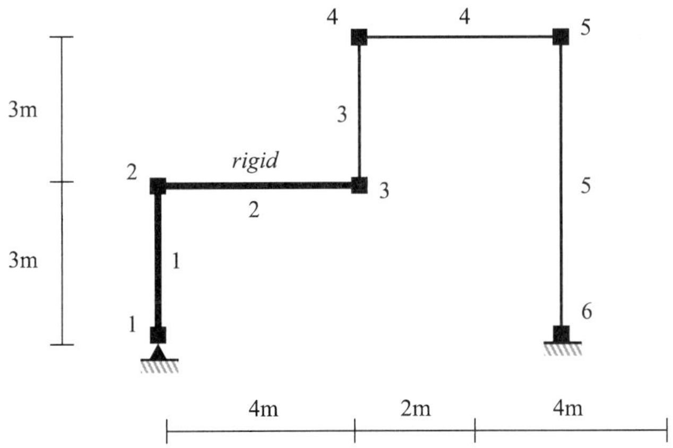

Problem 11 : 아래 구조물에서 모든 골조요소가 비신축성 요소라고 가정할 때, 이 구조물은 두 개의 독립 자유변위 자유도 $\tilde{U}_1$, $\tilde{U}_2$를 가진다. $\tilde{U}_1$, $\tilde{U}_2$에 단위 변위가 발생할 때, 전역 좌표계에서 모든 절점의 변위를 구하라.

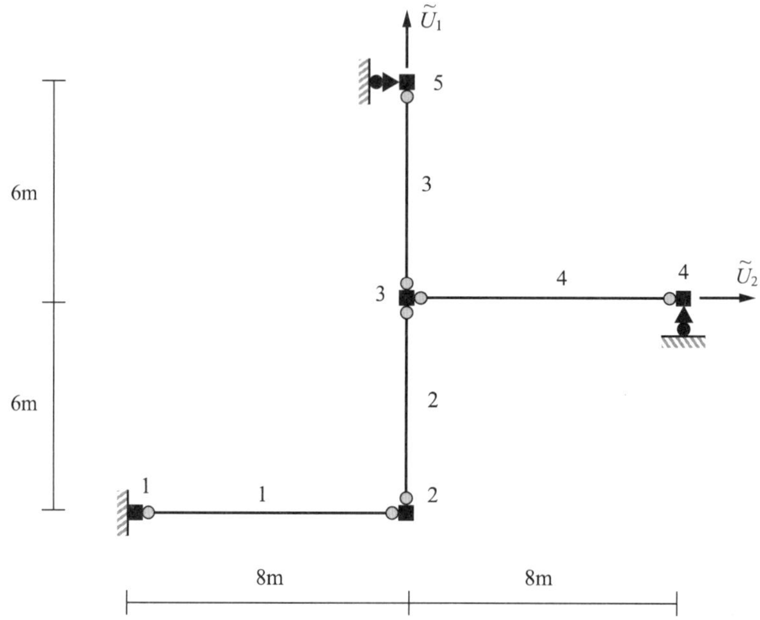

Problem 12 : 아래 구조물에서 모든 골조요소가 비신축성 요소라고 가정할 때, 이 구조물은 두 개의 독립 자유변위 자유도 $\tilde{U}_1$, $\tilde{U}_2$를 가진다. $\tilde{U}_1$, $\tilde{U}_2$에 단위 변위가 발생할 때, 전역좌표계에서 모든 절점의 변위를 구하라.

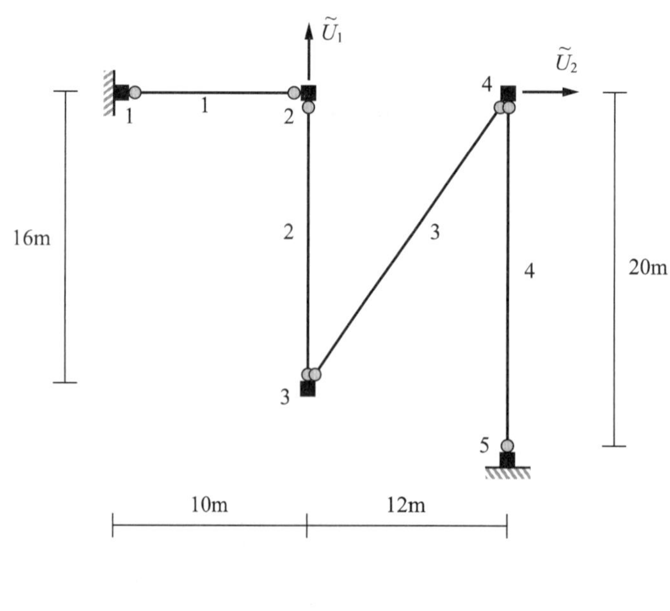

05

가상일의 원리 : 기본 개념

1. 들어가기
2. 가상일의 원리 : 입자와 강체
3. 가상일의 원리 : 변형체
4. 내부 가상일과 변형에너지 : 골조 요소
5. 외부 가상일 : 골조요소
6. 가상변위 원리 : 골조요소
7. 가상일 원리 : 골조구조물
8. 가상변위 $\delta u(x)$에 대한 이론적 고찰

1 들어가기

1장에 언급했듯이 구조물을 해석하기 위해서는 평형방정식, 적합방정식, 구성방정식이 필요하다. 3장에서 구조물과 구조물을 이루는 요소들이 평형상태에 있으며 또한 하중 경계조건(자연 경계조건)을 만족하는 평형방정식에 대하여 다루었다. 그리고 4장에서는 변형이 구조물 전체에서 연속이며 또한 기하학적 경계조건(필수 경계조건)을 만족하는 기하학적 적합조건에 대하여 자세히 다루었다. 이제 세 번째 기본원리인 구성방정식을 살펴볼 차례이지만, 구성방정식(강성도와 유연도)에서 가상일의 원리가 사용되므로 구성방정식을 다루기 전에 우선 가상일의 원리를 살펴보자. 3장과 4장에서 살펴보았듯이 평형행렬과 적합행렬은 서로 전치(transpose) 관계로 연결되어 있다. 5장에서는 가상일의 원리를 먼저 다루고 이를 이용하여 평형행렬과 적합행렬의 관계를 증명하도록 한다.

일반적으로 가상일의 원리는 가상변위와 가상 힘 원리로 분류된다. 가상변위 원리는 평형조건을 이용하고 가상 힘 원리는 적합조건을 이용한다. 두 방법 모두 구조해석의 세 가지 기본 방정식을 만족하지만 이를 적용하는 단계는 서로 다르다. 구조해석의 기본 과정을 배운 사람은 어떤 형태이든 가상일의 원리를 다루었다. 예를 들면 요각법, 모멘트 분배법, 단위변위법, 카스틸리아노 제1정리[1] 등은 가상변위 원리의 다른 형태이다. 또한 변형일치법, 최소 일의 법칙, 단위하중법, 3연속 모멘트법, 그리고 카스틸리아노 제2정리는 가상 힘의 원리에 바탕을 두고 있다.

가상일의 원리의 발견은 고전역학분야로부터 시작되었다. 일반적으로 고전역학의 발전은 두 갈래로 이루어지는데, 한 갈래는 뉴턴[2]의 운동법칙($\vec{\mathbf{F}} = m\vec{\mathbf{a}}$)을 따르는 "벡터 역학"이고 다른 한 갈래는 "가상일의 원리" 또는 "스칼라 역학"이다. 가상일의 원리의 기원은 아리스토텔레스[3]까지 거슬러 올라간다. 레오나르도 다빈치[4]는 이 원리를 기본적인 형태로 사

1) Carlo Alberto Castigliano (1847~1884)는 이탈리아 수학자이자 공학자이며 물리학자였다. 이탈리아 북서부 지역에 있는 Pedmont에서 태어났고, 비록 가정이 가난했지만 1866년에 Technical Institute of Terni 그리고 1873년 Polytechnic of Turin에서 정식 학위를 수여하였다. 그의 박사학위 논문인 "Intorno ai sistemi elastici(탄성계의 응력)"로 유명해지게 되었다. 이 논문으로 최소 일의 원리는 확고해지게 된다. Polytechnic of Turin를 졸업한 후 Castigliano는 북부 이탈리아 철도에 취업하였다. 그는 37세의 나이로 죽을 때까지 이곳에서 도면, 유지보수, 서비스 부서를 총괄하였다.

2) Sir Isaac Newton (1642~1727)은 영국의 물리학자, 수학자, 천문학자, 자연철학자, 연금술사였다. 공교롭게도 1642년 뉴턴이 태어나던 날 갈릴레오가 죽었고 그날은 크리스마스였다. 뉴턴은 마을 학교에서 공부를 시작했고 나중에 Grantham에 있는 The King's School로 진학하여 그곳에서 최고의 학생으로 뽑혔다. 19세의 나이로 캠브리지 대학에 입학한 뉴턴은 수학, 역학, 광학 등의 여러 과학 분야에 많은 업적을 이루었는데 특히 수학에 많은 기여를 하였다. 2005년 영국 왕립협회에서 과학역사에 아인슈타인보다 더 많은 영향을 끼친 과학자로 뽑히기도 하였다.

용했고, 갈릴레오[5]는 단순한 구조물(레버 또는 풀리 등)의 역학 문제에 적용할 수 있음을 발견했다. 하지만 모든 역학 문제에 적용 가능한 일반적인 형태로 제안한 사람은 Johann Bernoulli[6] [7]였다. Bernoulli가 Vargnon[8]에게 보낸 유명한 편지(1717년 1월 26일)에서 가상

3) 아리스토텔레스(384 BC ~ 322 BC)는 그리스 철학자이다. 물리학, 형이상학, 시문학(연극 포함), 논리학, 수사학, 정치학, 행정학, 윤리학, 생물학, 동물학 등 많은 분야에 영향을 끼쳤다. 소크라테스 이전 그리스 철학을 오늘날 알려진 서구 철학의 기초로 발전시킨 플라톤, 소크라테스와 더불어 가장 영향력 높은 고대 그리스 철학자 중 한 명이다. 그는 북부 그리스의 Chalcidic 반도에 있는 Stageirus에서 태어났다. BC 367년 아리스토텔레스는 17세의 나이로 아테네에 있는 플라톤 아카데미의 학생이 되었고, BC 347년 플라톤이 죽을 때까지 그곳에 남아 있었다. BC 342년 마케도니아의 필립왕의 초대로 알렉산더 대왕의 개인교사가 되었다가 BC 323년 알렉산더의 죽음과 더불어 불경건죄로 고발당하여 아테네에서 추방되었고, 몇 달 후 사망하였다.

4) 레오나르도 다빈치(1452 ~ 1519)는 이탈리아 출신의 위대한 학자이다(과학자, 수학자, 공학자, 발명가, 해부학자, 조각가, 건축가, 음악가, 그리고 작가). 다빈치는 이탈리아 피렌체에서 태어났고 그림뿐만 아니라 공학(글라이더, 낙하산, 엘리베이터, 운하, 관개시스템, 대성당, 아치 등을 설계했음)에도 뛰어나 당대를 뛰어넘는 새로운 아이디어[헬리콥터의 개념, 탱크, 태양 에너지(열광기), 계산기, 이중선체, 원시판구조이론]를 고안했다. 역학에 많은 관심을 갖고 있었으며 노트에 "역학은 수학적 과학의 파라다이스이다. 왜냐하면 바로 역학에서 수학의 열매를 볼 수 있기 때문이다."라는 글을 남겼다.

5) 갈릴레이 갈릴레오(1564~1642)는 이탈리아 물리학자, 수학자, 천문학자, 철학자로서 과학혁명에 주도적 역할을 했다. 그는 피렌체의 귀족 피사에서 태어났다. 초창기에 라틴어, 그리스어와 논리학을 공부하였다. 아버지의 간청에 따라 1581년 Pisa 대학의 의과대학에 등록하지만 학위를 취득하지 않고 대신 그의 모든 전력을 유클리드와 아르키메데스의 연구를 공부하는데 쏟아 부었다. 갈릴레오의 주요업적은 등가속 운동에 대한 첫 번째 체계적 연구, 망원경 개량, 다양한 천체관측, 코페르니쿠스 지동설 지지 등이다. 갈릴레오의 실험을 기반으로 한 업적은 아리스토텔레스의 추상적 접근법과는 중요한 차이점을 보여주었고, 따라서 종종 갈릴레오를 "현대 관측 천문학의 아버지", "현대 물리학의 아버지", "과학의 아버지"라 부른다.

6) 요한 베르누이(1667 ~ 1748)는 위대한 스위스/네덜란드 수학자이다. 가끔 그의 아들(요한 베르누이 2세)과 손자(요한 베르누이 3세)와 구별하기 위해 요한 베르누이 1세라 부르기도 한다. 그의 아들과 손자도 수학과 물리학에 기여를 하였다. 요한 베르누이는 당대의 아르키메데스라 불렸고, 그의 12살 위 형인 야곱 베르누이도 스위스/네덜란드 수학자였다. 이 두 형제는 수학적 업적에서 서로 중요한 영향을 주고 받았다. 특히 어릴 때 요한은 야곱의 영향을 많이 받았다. 부모는 요한이 사업가로 성장하기를 바랐지만 요한은 수학자로서의 길을 걸었다. 불행하게도 이들 형제는 질투가 강한 성격 탓에 나중에 서로 경쟁적 관계가 된다. 요한 베르누이는 미적분학과 변분학에 많은 기여를 하였다. 베르누이의 강의로부터 de L'Hôpital는 1696년에 수학에서 첫 번째 책을 출판하였다. 베르누이는 역학의 운동에너지 분야에 많은 기여를 하였다. Varignon에게 쓴 유명한 편지로, 베르누이는 가상일의 원리의 발명가로 불린다. 비록 재료의 탄성체 연구에 관심이 있었지만 그 분야에서는 별로 영향을 미치지 못했고 이상하게도 재료역학 분야에 대해서는 그의 아들 다니엘과 그의 제자 Euler가 많은 기여를 하게 된다. 베르누이는 생전에 큰 명성을 얻지만 그의 사생활과 직업적 언쟁 등으로 여러 오점을 남겼다. 예를 들면, 그의 출판물 "Hydraulica"는 그의 시기심에 따른 결과이다. 이 책은 1732년에 출판되었다고 쓰여 있지만 이는 사실이 아니었고 아들 다니엘보다 먼저 출판했다는 것을 나타내기 위해 조작되었다. 다니엘 베르누이는 1734년 Hdrodynamica를 완성했고 1738년 출판했다(요한이 Hydraulica를 출판한 해와 비슷하다). 요한은 먼저 형 야곱과 경쟁했으나 이제는 아들 다니엘과 경쟁하고 질투하면서 벌어진 일이다. 역사적 자료에 따르면 요한이 de L'Hôpital의 수학책의 저자인 것임이 밝혀졌다. 또한 다니엘이 Hydrodynamica를 출판하기 전에 Hydraulica를 출판했다는 주장도 거짓임이 밝혀졌다.

변위 원리가 탄생하였다. 가상일의 원리를 수학적으로 정식화한 사람은 Lagrange[9])였다(1788년 출판된 논문 *Me' canique analttique*). 이 논문의 서문에서 Lagrange는 다음과 같이 말하고 있다.

> *"기하학적 또는 역학적으로 고려할 것이 없기 때문에 이 책에는 그림이 없고 단지 기술된 순서를 따라가는 대수학적 연산 뿐입니다."*

가상일의 원리는 Lagrange, d'Alembert[10]), 그리고 Hamilton[11])의 연구를 바탕으로 그 적용

---

7) 베르누이 가계도 : 베르누이 가족은 네덜란드 Antwerp에서 이주한다. Alba공작의 종교 박해 때문에 베르누이 가족은 네덜란드를 탈출하여 스위스 Basel에 정착한다. 베르누이 가족이 정착한 17세기 말에서부터 100년 동안 저명한 수학자들이 탄생하게 되는데, 1699년 프랑스 과학 아카데미는 서로 경쟁관계에 있는 야곱과 요한을 첫 외국 멤버로 동시에 선출하였다.

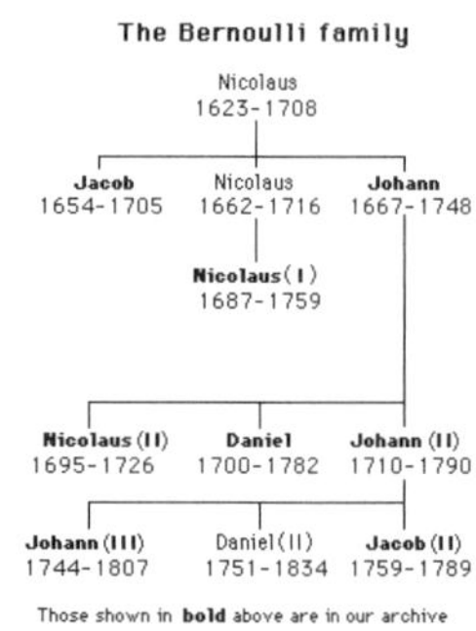

8) 피에르 바리뇽(Pierre Varignon) (1654~1722)은 도해 정역학과 역학 분야를 연구한 프랑스 수학자이다. Caen에 있는 Jesuit College에서 신학과 철학을 공부하였고 그곳에서 사제로 훈련받아 1676년 12월 19일에 사제가 되었다. 1682년 9월 그는 University of Caen에서 석사학위를 받는다. 그리고 Varignon은 1688년 파리에 있는 Collège Mazarin에서 수학과 교수가 되고 같은 해에 Académie Royale des Sciences에 선출된다. 1704년에는 Collège Mazarin의 수학과 학과장이 되고 동시에 Collège Royal의 수학과 교수가 된다. Varignon은 뉴턴, 라이프니찌, 베르누이(야곱, 요한)의 친구였다. Varignon의 원리는 도해 정역학 분야에 많은 기여를 하였다. L'Hôpital을 제외하면 Varignon가 최초의 그리고 가장 뛰어난 프랑스인 미분학의 주창자였을 것이다. 급수의 수렴성 검증의 중요성을 인식하였지만, 해석학적 어려움 때문에 해결하지 못했다.

9) 라그랑즈(Joseph-Louis Lagrange) (1736~1813)는 이탈리아의 Turin에서 태어나고 프랑스 파리에서 사망했다. 따라서 라그랑즈는 보통 프랑스 수학자로 불리지만 이탈리아 백과사전에서는 이탈리아 수학자로 쓰고 있다. 라그랑즈의 아버지는 부유했지만 시세를 잘못 예측하여 많은 액수의 돈을 잃게 된다. 아마도 세계 수학자들은 라그랑지 아버지의 재정적인 실패에 감사해야 할지도 모르겠다. 왜냐하면 라그랑지는 나중에 "만약에 내가 부자였다면 아마도 나는 수학에 이렇게 몰두하지 않았을 것이다"라고 말했기 때문이다. 일찍이 라그랑즈는 수학에 재능을 보였고 19세에 Turin의 Royal Artillery School에서 수학 교수로 지명되었다. 라그랑즈의 주요업적 중 하나는 변분 수학이었다. 이 업적으로 그는 Euler와 대등한 위치에 서게 되고, 1766년 Euler와 D'Alembert의 추천으로 Berlin Academy에서 Euler의 뒤를 잇게 된다. Berlin의 좋은 환경에서 연구를 하게 된 라그랑지는 곧이어 중요한 업적들을 발표하게 된다. 프레드릭 대제의 사망 후 Berlin에서의 연구 상황이 나빠지게 되자, 1787년 École Polytechnique의 교수직을 수락하기 위해 프랑스 파리로 갔다. 1808년에는 나폴레옹에 의해서 프랑스 최고의 훈장인 레지옹도뇌르 훈장 수여자 및 백작으로 지명되었다. 1813년 그가 죽기 한 주 전, the Grand Croix of the Ordre Impérial de la Réunion를 수여받았다. 라그랑지는 18세기의 가장 위대한 수학자로 불리고 고전 역학의 아버지라 할 만큼 뛰어났다.

10) 달랑베르(Jean Le Rond d'Alembert) (1717~1783)는 프랑스 수학자로 미분방정식의 연구와 이를 물리학에 적용한 선구자였다. 유체의 평형과 운동에 대하여 연구했다. 그는 1735년 Mazarin College를 졸업

영역이 확장되었고, 운동학에 적용할 수 있는 Lagrange와 Hamilton의 운동방정식이 탄생하게 된다.

2 가상일의 원리 : 입자와 강체

먼저 강성체인 입자에 대한 가상변위 원리를 유도해보자. Figure 5-1과 같이 힘 $(P_1, P_2, \cdots, P_i, \cdots, P_n)$을 받고 있는 입자 A가 평형상태에 있다고 하자. 이때 평형방정식은 다음과 같다.

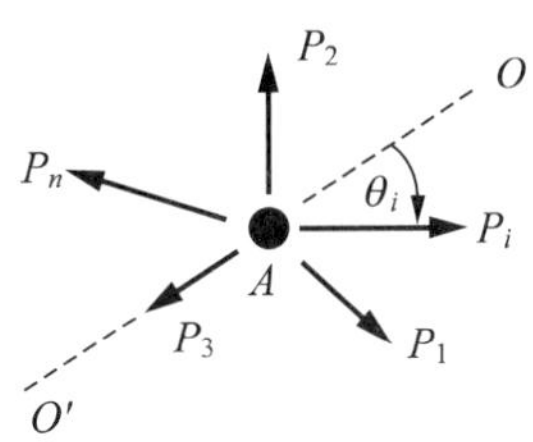

Figure 5-1 하중을 받고 있는 입자

하고 1743년에 "Traité de dynamique"를 출판하게 되는데, 이 책에는 유명한 d'Alembert 원리가 실려 있다. 1740년대 후반에 프랑스 백과사전이 저술될 때, d'Alembert는 수학과 과학분야의 Diderot와 함께 공동저자로 참여하였고, 1757년 연속된 국내 위기상황으로 출판이 잠시 중단될 때까지 참여했다. d'Alembert는 유명한 논문인 "Preliminary Discourse"를 포함하여 수천 편이 넘는 논문을 작성했다. 또한 d'Alembert는 편미분방정식의 연구에도 선구자였고 이를 물리학에 적용하였다. 편미분방정식 연구는 1747년 프러시아 아카데미상인 Réflexions sur la cause générale des vents를 위해 제출한 논문에 처음으로 등장하였다. 나중에 그는 이 논문으로 프러시아 아카데미상을 수상하게 된다.

11) 해밀턴(Sir William Rowan Hamilton) (1805~1865)은 Irish의 수학자, 물리학자, 천문학자로 광학, 동역학, 대수학에 중요한 기여를 하였다. 해밀턴이 수학을 처음 배운 것은 Clairaut의 대수학을 공부하던 13세 때였고, 15세에 뉴턴과 라플라스의 연구를 공부하기 시작했으며 1822년 라플라스의 Mécanique céleste에 오류가 있음을 발견하였다. 이 일로 해밀턴은 아일랜드의 왕립 천문대장인 John Brinkley 박사의 눈에 띄게 되어 18세의 나이로 Dublin에 있는 Trinity College에 입학하게 되어 1827년 대학에 재학 중에 Trinity College의 천문대장으로 임명되었다. 해밀턴의 수학분야의 업적을 정리하면 기하광학 분야, 광학계에 동역학의 적용, 사원수와 벡터를 역학과 기하학 문제에 적용, 공액 대수 쌍 이론(복소수는 실수의 순서쌍으로 나타남)의 개발, 다항식의 해에 대한 연구, 변동 함수 해석(이 아이디어는 퓨리에 해석에서 왔다) 등이 있다.

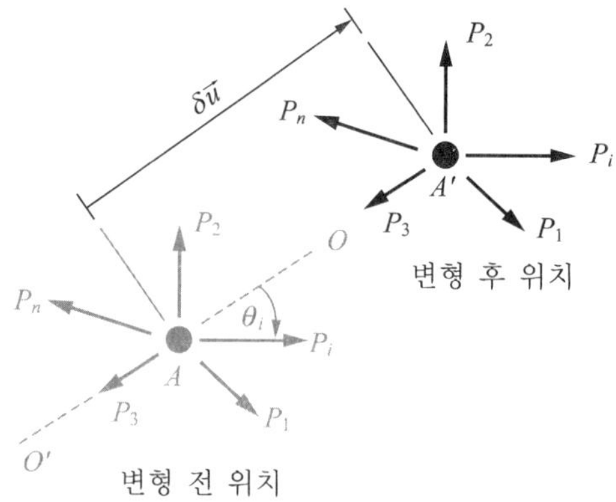

Figure 5-2 가상일에 대한 정의

$$\vec{\mathbf{P}} = \sum_{i=1}^{n} \vec{\mathbf{P}}_i = \mathbf{0} \tag{5.1}$$

만약 평형상태의 입자 A가 임의의 미소 변위벡터 $\delta\vec{\mathbf{u}}$만큼 Figure 5-2와 같이 $O'O$방향으로 이동되었다고 가정하자. 즉, 가상적으로 원래 위치에서 변형 후 위치로 옮겨졌다고 하자.

이와 같이 실제 존재하지 않는 상상의 변위를 "가상변위"라고 한다. 가상변위 $\delta\vec{\mathbf{u}}$는 실제 하중의 작용에 따른 입자의 실제변위와는 전혀 관계가 없는 변위이다. 가상의 움직임이 일어날 동안 작용하중이 변하지 않는다고 가정하면 이 가상변위는 미소 변형 상태가 된다. 즉, 이는 평형방정식을 변형 전의 위치에서 세우는 것을 의미한다. 만약 가상변위가 유한하다면 대변형 문제가 되며 이를 가상일의 원리에 적절하게 고려해야 한다.

가상변위에 대하여 실제 힘에 의해서 발생하는 가상일을 δW, 또는 정확하게 표현하여 외부 가상일 δW_{ext}이라고 한다. 외부 가상일은 가상변위 $\delta\vec{\mathbf{u}}$와 모든 작용하중 $\vec{\mathbf{P}}$의 스칼라 곱의 합으로 정의된다.

$$\delta W_{ext} = \delta\vec{\mathbf{u}}.\left(\sum_{i=1}^{n}\vec{\mathbf{P}}_i\right) = \delta u_{\dot{O}O} P_1 \cos\theta_1 + \ldots + \delta u_{\dot{O}O} P_n \cos\theta_n = \delta u_{\dot{O}O}\left(\sum_{i=1}^{n} P_i \cos\theta_i\right) \tag{5.2}$$

여기서, θ_i는 하중 $\vec{\mathbf{P}}_i$의 작용선과 가상변위의 방향($O'O$) 사이의 각이다. 가상일의 식에 1/2이 없는 것을 주목하자. 이는 가상변위가 발생하는 동안 하중 $\vec{\mathbf{P}}_i$가 일정하게 작용한다고 가정하기 때문이다. 이는 P_i의 하중-변위 곡선(Figure 5-3)에서 명확하게 알 수 있다. 이 곡선에서 하중 P_i가 초기상태(O점)에서 점진적으로 증가할 때 이에 대응하는 변위 u_i도 평형상태(점 E)에 도달할 때까지 증가한다. 이 평형상태가 가상변위 δu_i에 의해 교란되면서 가상일이 발생하게 된다. 따라서 총 가상일은 다음과 같이 정의된다.

$$\begin{aligned}\Delta W_{ext} &= \delta W_{ext} + \delta^2 W_{ext} + \ldots + higher\ order\ terms \\ &= P_i \delta u_i + \delta^2 W_{ext} + \ldots + higher\ order\ terms\end{aligned} \tag{5.3}$$

수학적으로 δW_{ext} 는 W_{ext} 함수(또는 범함수)의 첫 번째 변분이고 $\delta^2 W_{ext}$ 는 W_{ext} 의 두 번째 변분이다. δP_i 와 δu_i 를 미소하다고 가정하면 총 가상일은 다음과 같이 근사화된다.

$$\Delta W_{ext} \approx \delta W_{ext} = P_i \delta u_i \tag{5.4}$$

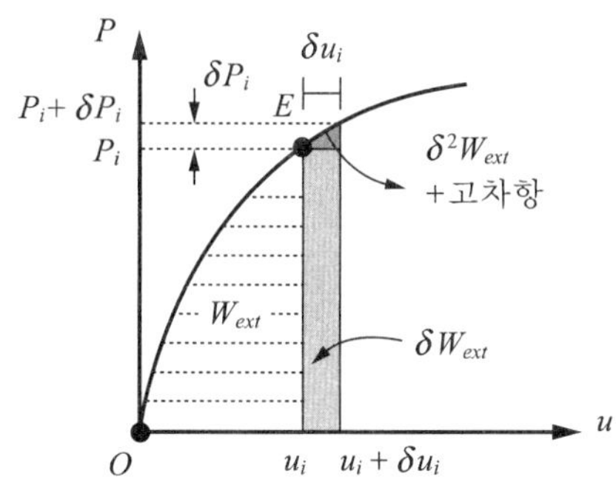

Figure 5-3 외부 가상일 δW_{ext} 의 정의

그러나 기하학적 비선형 해석에서는 고차의 항을 무시할 수 없으므로 첫 번째 변분항 이외의 항도 총 가상일 ΔW_{ext} 에 반드시 포함시켜야 한다.

이제 본론으로 돌아와서 식 (5.2)의 우측 항을 살펴보자. 우측 끝의 괄호 안은 하중 평형조건 식 (5.5)에 따라서 "0"이 되고, 따라서 식 (5.2)는 다음과 같다.

$$\delta W = \delta W_{ext} = 0 \tag{5.5}$$

이것이 가상변위 원리의 방정식이고 풀어서 설명하면 다음과 같다.

만약 실제하중이 작용하는 구조계에서 어떤 한 입자가 평형상태에 있다면, 임의의 가상변위가 발생하는 동안 실제하중에 의한 일은 발생하지 않는다.

위의 문장의 반대 표현도 유효한지 조사해보자.

가상변위 $\delta \vec{\mathbf{u}}$ 를 x, y 좌표계에서 표현해보면

$$\delta \vec{\mathbf{u}} = \delta u_x \vec{\mathbf{i}} + \delta u_y \vec{\mathbf{j}} \tag{5.6}$$

이다. 여기서 $\vec{\mathbf{i}}$ 와 $\vec{\mathbf{j}}$ 는 x, y 좌표 축을 따라 작용하는 단위벡터이다. δu_x 와 δu_y 는 서로 독립이며 임의의 가상 변위의 x, y 좌표 축 성분이다.

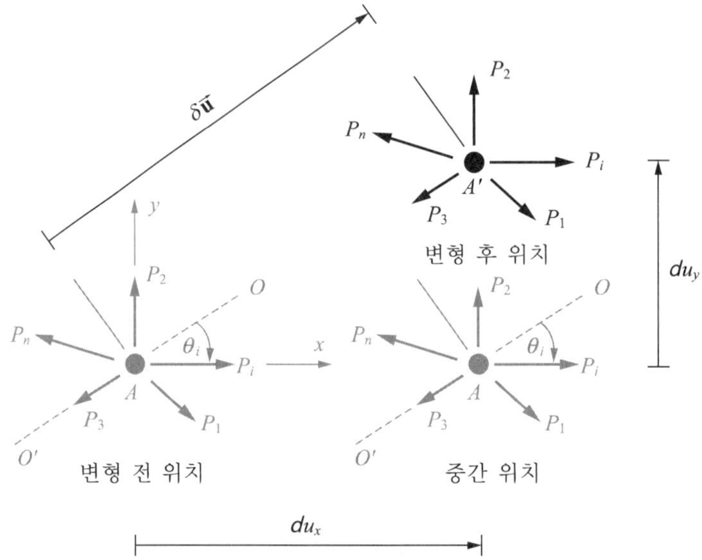

Figure 5–4 가상변위벡터 $\delta\vec{\mathbf{u}}$ 의 분해

비슷하게 입자 A에 작용하는 하중벡터는 각 좌표축의 성분으로 나타내면 다음과 같다.

$$\sum_{i=1}^{n}\vec{\mathbf{P}}_i = \left(\sum_{i=1}^{n}P_{xi}\right)\vec{\mathbf{i}} + \left(\sum_{i=1}^{n}P_{yi}\right)\vec{\mathbf{j}} \tag{5.7}$$

여기서, $\sum_{i=1}^{n}P_{xi}$ 는 힘의 x성분의 합력이고 $\sum_{i=1}^{n}P_{yi}$ 는 힘의 y성분의 합력이다.

가상일은 벡터 $\sum_{i=1}^{n}\vec{\mathbf{P}}_i$ 와 $\delta\vec{\mathbf{u}}$ 의 스칼라 곱이고 다음과 같다.

$$\vec{\mathbf{i}}.\vec{\mathbf{i}} = 1,\ \ \vec{\mathbf{i}}.\vec{\mathbf{j}} = 0$$

$$\delta W = \delta W_{ext} = \left(\sum_{i=1}^{n}P_{xi}\right)\delta u_x + \left(\sum_{i=1}^{n}P_{yi}\right)\delta u_y \tag{5.8}$$

δu_x 와 δu_y 는 임의의 값이기 때문에 δW 가 소멸되기 위해서는 식 (5.8)에서 δu_x 와 δu_y 의 계수가 "0"이 되어야 한다. 그러므로 힘의 각 성분의 합은 다음과 같다.

$$\sum_{i=1}^{n} P_{xi} = 0 \tag{5.9}$$

$$\sum_{i=1}^{n} P_{yi} = 0 \tag{5.10}$$

식 (5.9)와 (5.10)은 x와 y축 방향으로의 입자의 평형방정식과 동일하다. 앞에서 언급한 가상변위 원리를 반대로 설명하면 다음과 같다.

모든 임의의 그리고 서로 독립인 가상변위가 발생하는 동안 실제하중에 의해서 일이 발생하지 않는다면 구조계에서 입자는 평형상태에 있다.

위의 문장은 가상변위 원리가 평형방정식을 표현하는 다른 한 방법임을 보여주는 중요한 결론이다. 강체는 단순히 강체 연결에 의해서 서로 연결된 강체 입자의 합으로 다룰 수 있기 때문에 강체 입자에 대한 가상일의 원리를 자연스럽게 강체에 대한 것으로 확대할 수 있다(Figure 5-5).

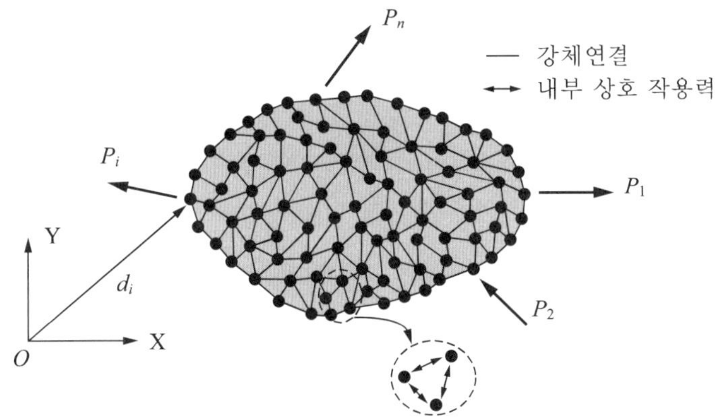

Figure 5-5 강체 연결로 연결된 강체 입자의 합으로 구성된 강체

하중계는 입자에 작용하는 외력과 강체 연결 요소에서 입자 사이에 작용하는 상호입자력을 포함한다. 우선 하중을 받는 강체(입자+강체연결)가 평형상태에 있다고 하자. 다른 말로, 입자들은 전부 외력과 상호입자력에 대하여 평형상태에 있다. 따라서 전체 강체에 대한 평형방정식은 다음과 같다.

하중 평형

$$\sum_{i=1}^{n} \vec{\mathbf{P}}_i = \mathbf{0} \tag{5.11}$$

참조점 O에서 모멘트 평형

$$\sum_{i=1}^{n} \vec{\mathbf{P}}_i \times \vec{\mathbf{d}}_i = \mathbf{0} \tag{5.12}$$

여기서, $\vec{\mathbf{d}}_i$는 참조점 O에서부터 하중 $\vec{\mathbf{P}}_i$의 작용점까지를 나타내는 위치벡터이다. 입자가 외력과 내력의 평형 상태에 있을 때, 임의의 가상 움직임을 주어 흔들어보자. 가상 움직임은 가상이동 $\delta\vec{\mathbf{u}}$과 가상회전 $\delta\vec{\boldsymbol{\omega}}$으로 구성된다. 가상 움직임에 의해서 발생하는 가상일은 가상이동벡터, 가상회전벡터와 합력의 스칼라 곱으로 정의된다.

$$\delta W = \delta W_{ext} = \delta\vec{\mathbf{u}}.\left(\sum_{i=1}^{n} \vec{\mathbf{P}}_i\right) + \delta\vec{\boldsymbol{\omega}}.\left(\sum_{i=1}^{n} \vec{\mathbf{P}}_i \times \vec{\mathbf{d}}_i\right) \tag{5.13}$$

식 (5.13)에서 스칼라 곱을 풀어보면 다음과 같다.

$$\delta W = \delta W_{ext} = \left(\sum_{i=1}^{n} P_i\right)\delta u \cos\theta_i + \left(\sum_{i=1}^{n} P_i \times d_i\right)\delta\omega \cos\psi_i \tag{5.14}$$

여기서, θ_i는 합력과 가상이동벡터 사이 각이며, ψ_i 는 합력 모멘트와 가상회전벡터 사이의 각이다. 만약 식 (5.14)에서 괄호 안의 부분이 "0"이 되면 $\delta\vec{\mathbf{u}}$와 $\delta\vec{\boldsymbol{\omega}}$가 어떤 값을 가지든지 상관없이 가상일은 "0"이 된다. 그러므로 괄호 안의 부분이 강체에 대한 평형방정식이 된다. 따라서 강체의 가상변위 원리에 대하여 다음과 같이 요약된다.

강체가 평형상태에 있기 위한 필요충분조건은
임의의 가상변위에서 실제하중에 의한 가상일이 "0"일 때이다.

가상변위에 따른 강체 연결에서 각 상호 입자력에 의한 가상일은 서로 소멸된다는 것을 기억하자. 이 때문에 강체 문제에서 내부 가상일은 존재하지 않는다.

또한 강체를 강체 입자와 강체 연결의 합으로 시각화한 방법을 그대로 이용하면, 지금까지 유도된 강체에 대한 가상일의 원리를 변형체(deformable body)에 적용할 수 있다. 즉, 강체 연결 대신에 변형 가능한 요소로 대치하면 된다. 예를 들면, 골조구조물의 변형 가능한 골조요소가 강체 연결부(입자)로 연결되어 구성된다. 연속체 구조물(예를 들어, 댐)은 변형 가능한 면적 또는 입체 요소가 강체 연결부로 연결되어 구성되어 있다. 이런 경우에 내부 가상일이 소멸되지 않고 총 가상일에 영향을 미친다. 이 부분에 대하여 다음 절에서 살펴보도록 하자.

Example 5-1

가상변위의 원리를 이용하여 아래 그림과 같은 강체의 반력을 구하시오.

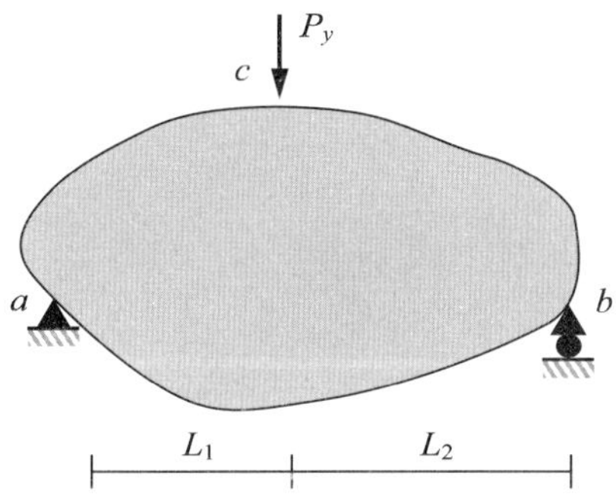

Solution

이 예제에서 주어진 강체는 정정 구조물이다. 겉으로 보기에 변위를 하중으로 줄 여분의 자유도가 없기 때문에 가상변위를 적용할 방법이 없다. 이 구조물의 지점을 반력으로 바꾸면 다음과 같다.

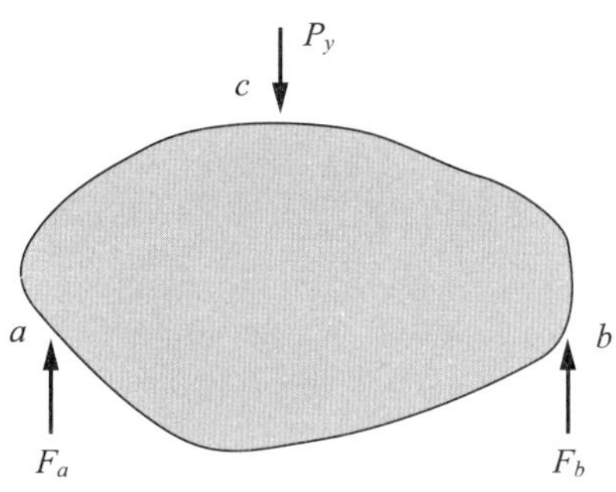

구조해석의 관점에서 위의 두 개의 시스템은 동일하다. 이 평형 시스템(F_a, F_b, P_y)을 다음의 가상변위를 주어서 흔들어 보자.

$$\delta v(x)=\left(1-\frac{x}{L}\right)\delta v_a+\frac{x}{L}\delta v_b$$

이 가상변위는 적절히 강체운동을 표현할 수 있기 때문에 기구학적으로 적합한 변위이다.
그러므로 가상일의 방정식은 다음과 같고,

$$\delta W=F_a\delta v_a+F_b\delta v_b-P_y\delta v_c=0$$

하중점 c에서 가상변위는

$$\delta v_c=\left(1-\frac{L_1}{L}\right)\delta v_a+\frac{L_1}{L}\delta v_b$$

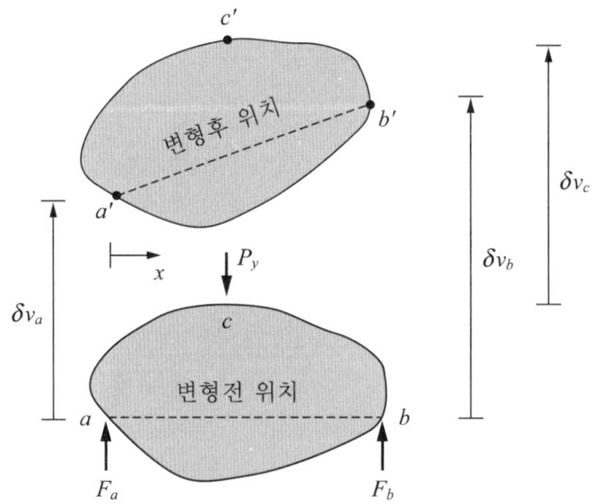

이다. 가상변위가 지점 조건을 위반하고 있음을 주목하자(지점에서의 변위 δv_a 와 δv_b 는 "0"이어야 한다). 그러나 지점 조건을 만족하지 못한데 따른 가상일을 적절히 처리해 준다면 이 가상변위들이 반드시 "0"이 될 필요는 없다. 위 식을 가상일의 식에 대입하면

$$\delta W = F_a \delta v_a + F_b \delta v_b - P_y \left(\left(1 - \frac{L_1}{L} \right) \delta v_a + \frac{L_1}{L} \delta v_b \right) = 0$$

$$\delta W = \left(F_a - P_y \left(1 - \frac{L_1}{L} \right) \right) \delta v_a + \left(F_b - P_y \frac{L_1}{L} \right) \delta v_b = 0$$

과 같다. δv_a 와 δv_b 는 임의의 값이기 때문에 위 식을 만족하는 조건은 다음과 같다.

$$F_a - P_y \left(1 - \frac{L_1}{L} \right) = 0 \;\Rightarrow\; F_a = P_y \left(1 - \frac{L_1}{L} \right)$$

$$F_b - P_y \frac{L_1}{L} = 0 \;\Rightarrow\; F_b = P_y \frac{L_1}{L}$$

위의 두 식은 주어진 강체에 대한 두 개의 평형방정식이다.

Example 5-2

아래 트러스 구조물에서 가상변위의 원리를 이용하여 요소 a의 부재력을 계산하시오.

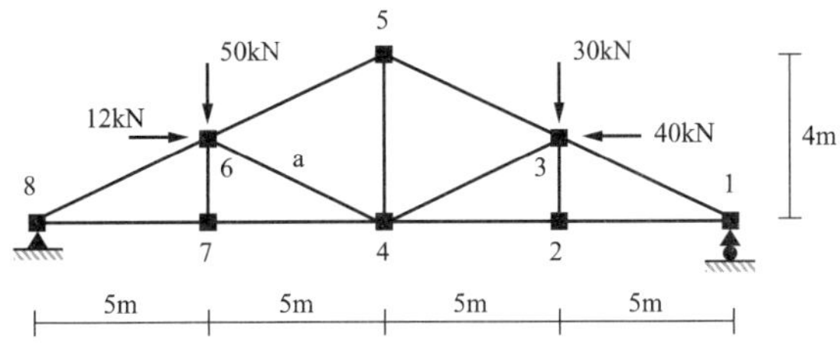

Solution

먼저 요소 a의 부재력을 해제시켜보자. 즉, 요소 a를 제거하고 그곳에 부재력과 크기는 같고 방향은 반대인 힘 F_a로 대치시킨다. 요소 a의 부재력이 없을 때 트러스의 가상변형 상태는 아래 그림과 같다.

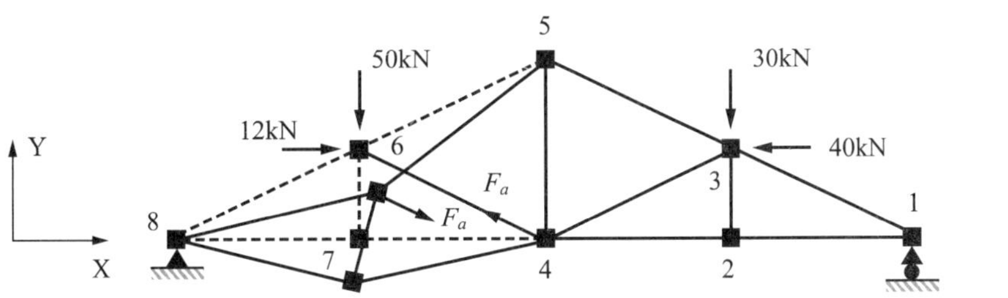

이 트러스 구조물은 정정 구조물이고, 따라서 한 개의 내부 부재력을 제거(요소 a)하면 구조물은 무너지게 된다(즉, 강체운동을 하게 된다).
위의 가상변위와 관련한 가상일은 다음과 같이 정의된다.

$$\delta W = 50(\delta U_{6Y}) + 12(\delta U_{6X}) + \frac{5}{\sqrt{29}} F_a(\delta U_{6X}) + \frac{2}{\sqrt{29}} F_a(\delta U_{6Y}) = 0$$

위의 가상변형은 강체 운동의 경우이므로 다른 부재 내에 변형을 발생시키지 않는다. 그러므로 위의 변형도로부터 기하학적으로 유도되는 절점 6의 수직 및 수평 변위의 관계는 다음과 같다.

$$\delta U_{6X} = \frac{2}{5}\delta U_{6Y}$$

위 식은 기구학적으로 적절하며 이 관계식을 가상일의 식에 대입하면 다음 식과 같이 정리된다.

$$\delta W = 50(\delta U_{6Y}) + 12\left(\frac{2}{5}\delta U_{6Y}\right) + \frac{5}{\sqrt{29}} F_a\left(\frac{2}{5}\delta U_{6Y}\right) + \frac{2}{\sqrt{29}} F_a(\delta U_{6Y}) = 0$$

$$\delta W = \delta U_{6Y}\left(\left(50+12\frac{2}{5}\right)+\left(\frac{5}{\sqrt{29}}\frac{2}{5}+\frac{2}{\sqrt{29}}\right)F_a\right)=0$$

임의의 값 δU_{6Y} 에 대하여 위 식은 만족하여야 하고, 따라서 요소 a의 부재력은 다음과 같이 결정된다.

$$F_a = -73.78\text{kN} = 73.78\text{kN}\ \text{압축}$$

여러분이 위의 결과를 절점법 또는 단면법 등을 이용하여 검증해보라.

3 가상일의 원리 : 변형체

앞서 가상일의 원리를 유도하였고 이를 강체와 강체 입자에 적용하였다. 가상변위의 원리는 평형방정식의 또다른 형태이며 이를 사용하여 정정 구조물의 지점 반력과 내부 부재력을 계산할 수 있었다. 하지만 매트릭스 구조해석의 중요한 적용분야는 정적 부정정 구조물이다. 따라서 간단히 구조물의 변형에 대한 부분을 포함시키면 매트릭스 가상변위의 원리로부터 정적 부정정 구조물을 해석할 수 있다.

변형에 대한 부분을 고려하기 앞서 내부 일과 외부 일을 분류해보자. Figure 5-6(a)는 두 개의 변형 가능한 연결부를 갖는 강체 입자를 나타내고 있다. 여기서 세 개의 강체 입자는 두 개의 스프링으로 연결되어 있다. 가상변위 δu_a, δu_b, δu_c를 절점 a, b, c에 가하면 이들 입자의 가상일은 다음과 같다.

$$\delta W = \left(F_a + N'_{ab}\right)\delta u_a + \left(F_b + N'_{ba} + N'_{bc}\right)\delta u_b + \left(F_c + N'_{cb}\right)\delta u_c \tag{5.15}$$

이들 입자들은 강체이고 평형상태에 있다고 가정하면 식 (5.15)의 가상일은 "0"이 된다.

$$\delta W = \left(F_a + N'_{ab}\right)\delta u_a + \left(F_b + N'_{ba} + N'_{bc}\right)\delta u_b + \left(F_c + N'_{cb}\right)\delta u_c = 0 \tag{5.16}$$

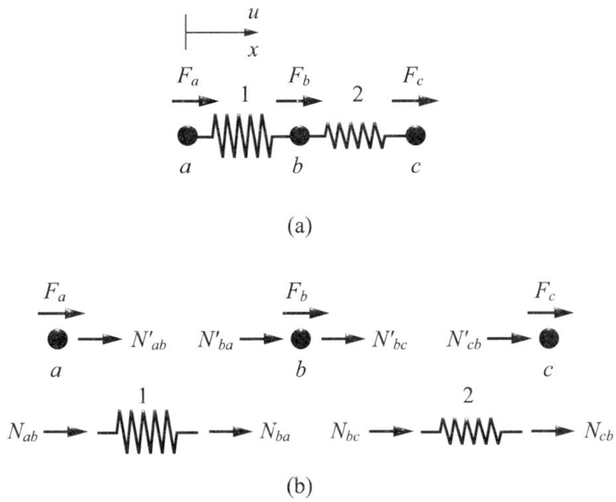

Figure 5-6 변형 가능한 연결부로 연결된 강체의 절점

가상변위 δu_a, δu_b, δu_c 는 서로 독립이고 임의의 값이기 때문에 식 (5.16)을 만족하려면 괄호 안의 값이 전부 "0"이 되어야 한다. 이로부터 평형관계식을 도출하면 다음과 같다.

$$\begin{aligned} F_a + N'_{ab} = 0 \quad &\Rightarrow \quad F_a = -N'_{ab} \\ F_b + N'_{ba} + N'_{bc} = 0 \quad &\Rightarrow \quad F_b = -N'_{ba} - N'_{bc} \\ F_c + N'_{cb} = 0 \quad &\Rightarrow \quad F_c = -N'_{cb} \end{aligned} \tag{5.17}$$

뉴턴의 제3운동법칙에 따라서

$$\begin{aligned} N'_{ab} &= -N_{ab} \\ N'_{ba} &= -N_{ba} \\ N'_{bc} &= -N_{bc} \\ N'_{cb} &= -N_{cb} \end{aligned} \tag{5.18}$$

과 같고 이 식을 식 (5.16)에 대입하면 다음과 같이 정리된다.

$$\delta W = \left(F_a - N_{ab}\right)\delta u_a + \left(F_b - N_{ba} - N_{bc}\right)\delta u_b + \left(F_c - N_{cb}\right)\delta u_c = 0 \tag{5.19}$$

$$\delta W = \left(F_a \delta u_a + F_b \delta u_b + F_c \delta u_c\right) - \left(N_{ab}\delta u_a + N_{ba}\delta u_b + N_{bc}\delta u_b + N_{cb}\delta u_c\right) = 0 \tag{5.20}$$

각각의 스프링에 대한 평형방정식을 적용하면

$$N_1 = N_{ba} = -N_{ab} \quad N_2 = N_{cb} = -N_{bc} \tag{5.21}$$

이다. 식 (5.21)을 식 (5.20)에 대입하여 정리하면 가상일은 다음과 같다.

$$\delta W = \left(F_a \delta u_a + F_b \delta u_b + F_c \delta u_c\right) + \left(-\left(N_1\left(\delta u_b - \delta u_a\right) + N_2\left(\delta u_c - \delta u_b\right)\right)\right) = 0 \tag{5.22}$$

식의 우측항의 첫 번째 식은 외부 가상일로서 δW_{ext} 로 표시하고, 우측항의 두 번째 식은 내부 가상일로서 δW_{int} 로 표시한다. 스프링의 변형은 스프링 단부변위에 의해서 발생하며 다음과 같다.

$$\Delta_i = u_2^i - u_1^i \tag{5.23}$$

따라서 가상변위는 가상단부변위로 표현할 수 있으며, 이는

$$\delta\Delta_1 = \delta u_b - \delta u_a \ \ : \ \text{스프링 } 1 \tag{5.24}$$

$$\delta\Delta_2 = \delta u_c - \delta u_b \ \ : \ \text{스프링 } 2 \tag{5.25}$$

과 같다. 그리고 내부 가상일은 이들 단부변위에 의해서 다음과 같이 표현된다.

$$\delta W_{int} = -\left(N_1 \delta\Delta_1 + N_2 \delta\Delta_2\right) \tag{5.26}$$

식 (5.26)의 음수 부호는 내부 가상일이 내력에 의해서 발생했다는 것을 의미한다. 내부 가상일의 크기는 외부 가상일과 같고 부호는 반대이기 때문에 "가상 변형에너지, δU_{int}" 라고도 부른다.

$$\delta W_{int} = -\delta U_{int} = -\left(N_1 \delta\Delta_1 + N_2 \delta\Delta_2\right) = -\sum_{i=1}^{2} N_i \delta\Delta_i \tag{5.27}$$

내부 일과 가상 변형에너지 식에서 1/2 계수가 없는 이유는 가상변위가 발생하는 동안 작용하는 내력 N_i 이 일정하다고 가정하기 때문이다. 이는 Figure 5-7의 스프링 요소의 하중-

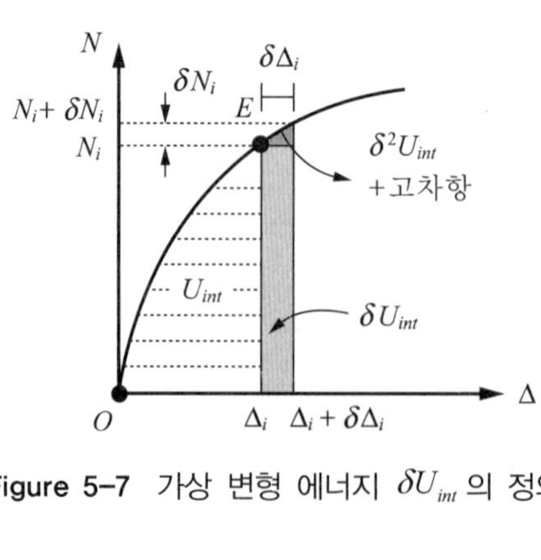

Figure 5-7 가상 변형 에너지 δU_{int} 의 정의

변형 곡선에서 확인된다. 그림의 곡선에서 내력 N_i 은 초기상태(Point O)로부터 점진적으로 증가한다. 따라서 이에 대응하는 변형 Δ_i 도 평형상태(Point E)에 도달할 때까지 증가한다. 가상변위 δu_i 에 의한 가상변형 $\delta\Delta_i$ 로 인하여 평형상태를 교란하게 되면 이에 따른 총 변형에너지는 다음과 같다.

$$\begin{aligned}\Delta U_{int} &= \delta U_{int} + \delta^2 U_{int} + \ldots + higher\ order\ terms \\ &= N_i \delta\Delta_i + \delta^2 U_{int} + \ldots + higher\ order\ terms\end{aligned} \tag{5.28}$$

수학적으로 δU_{int} 는 U_{int} 함수(일반적으로 범함수)의 첫 번째 변분이며 $\delta^2 U_{int}$ 는 U_{int} 함수의 두 번째 변분이다. δN_i 와 $\delta\Delta_i$ 가 미소변형이라고 하면 총 가상변위에너지는

$$\Delta U_{int} \approx \delta U_{int} = N_i \delta\Delta_i \tag{5.29}$$

이다.

대변형과 같은 비선형 시스템에서는 가상변위에너지 ΔU_{int} 의 일차 변분 이외의 항도 포함되어야 한다.

이때 가상일의 원리는 다음과 같다.

$$\delta W = \delta W_{ext} + \delta W_{int} = 0 \tag{5.30}$$

또는

$$\delta W = \delta W_{ext} - \delta U_{int} = 0 \tag{5.31}$$

이 가상일의 원리를 글로 요약하면 다음과 같다.

만약 기구학적으로 적합한 가상변위가 작용하는 동안 모든 외부하중과 내력에 의해서 발생하는 가상일이 "0"이라면 이 때 변형체는 평형상태에 있다.

위 문장에서 가상변위는 "기구학적으로 적합한" 가상변위로 제한하였다. 이것은 가상변위가 완전히 임의의 변위가 아님을 의미한다. 일반적으로 가상변위는 시스템의 모든 부분에서 연속이 되어야 하고 불연속 부분[12)]이 없어야 한다는 것을 의미한다.

등분포하중을 받는 변단면 봉을 예제로 해서 가상변위에서 이러한 제약조건이 물리적으로 어떤 의미가 있는지 더 생각해보자.

12) 가상변위의 필수조건은 균열을 나타내기 위해서 "불연속 영역"이 요소 내에 포함되는 계산 파괴역학 분야에서는 적용되지 않는다. 이 분야에서 유명한 학자들로 Javier Oliver 교수(Catalonia 공대, 스페인 바르셀로나), Ted Belytschko 교수(미국 Northwestern 대학, 미국), Michel Ortiz교수(California 공대, 미국) 등이 있다.

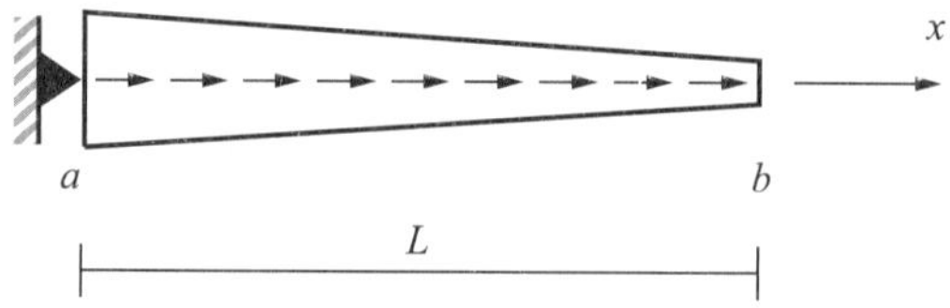

Figure 5-8 등분포하중을 받는 변단면 봉

변단면 봉에 적용할 수 있는 가상변위 형태를 Figure 5-9에 나타내었다. Figure 5-9(a), (b), (c)의 가상변위들은 기구학적으로 적합한 변위들이지만 서로 다른 성격을 가진다. Figure 5-9(a)의 경우 x−축 방향으로의 강체 이동을 나타내며 점 a에서 기하학적 경계조건을 위반하고 있다. 따라서 이 가상변위를 사용하면 점 a에서 지점 반력만 계산될 것이다. Figure 5-9(b)의 가상변위는 점 a에서 기하학적 경계조건을 만족하고 강체 이동이 없는 변형모드만을 나타낸다. 이 가상변위를 사용하면 봉 문제의 근사해가 구해진다. 이에 대해서는 다음 절에서 좀 더 살펴볼 것이다. Figure 5-9(c)의 가상변위는 강체 운동과 변형상태 모두를 나타내고 있다. 또한 점 a에서 기하학적 경계조건을 위반하고 있다. 이 가상변위를 사용하면 봉 문제에 대한 근사해와 점 a에서 지점반력을 구할 수 있다. Figure 5-9(d)의 가상변위는 점 c에서 변형이 정의되지 않았기 때문에, 즉 불연속구간을 가지기 때문에 기구학적으로 적합하지 않다. 가상변위를 선택하는 이론적 근거에 대하여 고급과정의 변분법에서 좀 더 자세히 다루도록 한다.

지금까지 가상일의 원리를 유도하는 과정에서 응력(또는 합응력)과 변형률(또는 합 변형률)의 관계(구성방정식)가 언급되지 않았다. 따라서 가상일의 원리는 탄성 시스템뿐 아니라 비탄성 시스템에도 적용가능하다. 하지만 본 교재에서는 탄성 시스템만 다루도록 한다.

지금까지 가상변위 원리를 강체 입자와 스프링 연결요소로 이루어진 변형체에 대하여 유도하고 적용하였다. 이 원리는 축변형 구조물(예를 들면, 트러스 구조물)에 적용될 수 있고,

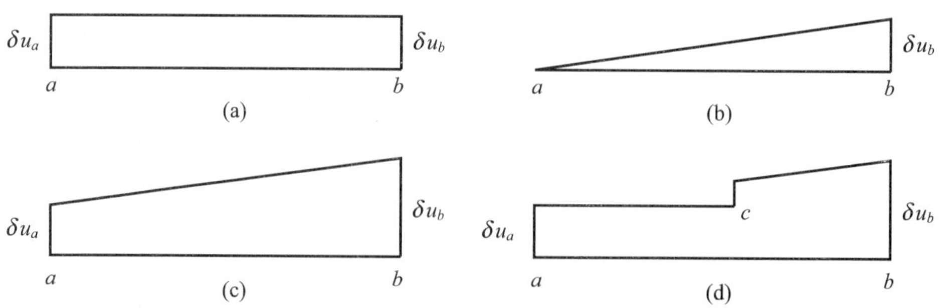

Figure 5-9 사용가능한 가상변위들

위의 절차를 따르면 어떤 구조물에든 이 가상일의 원리를 적용할 수 있다. 그러므로 다음 절부터는 구조물의 특별한 거동(축력, 휨모멘트, 비틀림 등)의 내부 가상일(가상 변형 에너지)의 식을 유도하고 가상일의 원리를 적용해보자.

4 내부 가상일과 변형에너지 : 골조 요소

본 교재에서는 2차원 평면 골조요소가 주된 대상이기에 때문에 주로 내력과 연관된 거동(내부거동, 단면변형)은 축력, 전단, 휨에 대하여 관련되어 있다. 이 내부거동에 대한 각각의 가상 변형에너지를 유도해보자.

축방향 거동

축방향 하중을 받고 있는 길이 L인 요소의 미소구간을 Figure 5-10에 나타내었다. 이 미소구간의 내력 $N(x)$과 $N(x)+\dfrac{\partial N(x)}{\partial x}dx$는 외부 등분포 하중 $w_x(x)$과 평형을 이루고 있다. 이 힘들과 연관된 변형와 변위가 요소에 발생하는 실제 변형와 변위가 된다.

이 미소구간을 자유물체로 보고 왼쪽 단부에 가상변위 $\delta u(x)$를 주고, 오른쪽 단부에 가상변위 $\delta u(x)+\dfrac{\partial \delta u(x)}{\partial x}dx$를 주어 평형을 이루고 있는 시스템을 교란시켜보자. 그러면 이에 따른 가상일은 다음과 같다.

$$\delta W_{ext}=\left(w_x(x)dx\right)\delta u(x)-N(x)\delta u(x)+\left(N(x)+\frac{\partial N(x)}{\partial x}dx\right)\left(\delta u(x)+\frac{\partial \delta u(x)}{\partial x}dx\right) \tag{5.32}$$

$$\delta W_{ext}=\left(w_x(x)dx\right)\delta u(x)-N(x)\delta u(x)+N(x)\delta u(x)+N(x)\frac{\partial \delta u(x)}{\partial x}dx+\left(\underbrace{\frac{\partial N(x)}{\partial x}}_{-w_x(x)}dx\right)\delta u(x)+\underbrace{\left(\frac{\partial N(x)}{\partial x}dx\right)\left(\frac{\partial \delta u(x)}{\partial x}dx\right)}_{2^{nd}\ order\ term} \tag{5.33}$$

식 (2.1)의 미분 평형방정식을 적용하고 2차항을 무시하면 식 (5.33)은 다음과 같이 정리된다.

$$\delta W_{ext} = N(x)\frac{\partial \delta u(x)}{\partial x}dx \tag{5.34}$$

식 (5.31)에 의해서

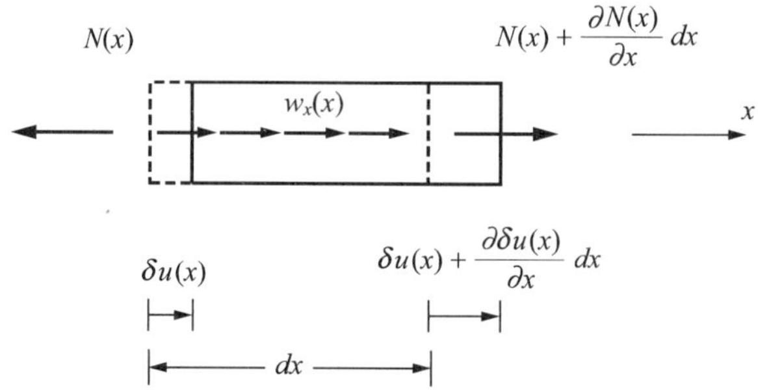

Figure 5-10 미소구간의 가상 변형에너지 $\delta\bar{U}_{int}$: 축방향 거동

$$\delta\bar{U}_{int} = N(x)\frac{\partial \delta u(x)}{\partial x}dx \tag{5.35}$$

이다. 여기서, $\delta\bar{U}_{int}$ 는 미소구간 dx 의 가상 변형에너지이다. 2장에서 축좌표계에서 축변위의 변화율은 축변형률로 다음과 같이 정의하였다.

$$\varepsilon(x) = \frac{\partial u(x)}{\partial x} \tag{5.36}$$

이와 유사한 형태로 다음과 같이 가상 축변위 $\delta u(x)$ 를 가상 축변형률로 정의하면

$$\delta\varepsilon(x) = \frac{\partial \delta u(x)}{\partial x} \tag{5.37}$$

과 같다. 이 정의를 적용하면 식 (5.35)는 식 (5.38)과 같이 표현된다.

$$\delta\bar{U}_{int} = N(x)\delta\varepsilon(x)dx \tag{5.38}$$

축력을 받는 요소 길이에 대하여 적분하면 이 요소의 가상 변형에너지 δU_{int} 는 식 (5.39)와 같다.

$$\delta U_{int} = \int_L \delta\bar{U}_{int} = \int_L N(x)\delta\varepsilon(x)dx \tag{5.39}$$

재료가 선형 탄성인 경우 단면력과 단면 변형의 관계는 다음과 같고,

$$N(x) = EA(x)\varepsilon(x) \tag{5.40}$$

이를 식 (5.39)에 대입하면 가상 변형에너지는 다음과 같이 변형률(변형)의 항으로 정리된다.

$$\delta U_{int} = \int_L \varepsilon(x) EA(x) \delta\varepsilon(x) dx \tag{5.41}$$

주의할 것은 $\varepsilon(x)$은 실제 변형률로 실제 축력 $N(x)$과 구성방정식을 통하여 연결되어 있다는 점이다. 식 (5.36)과 식 (5.37)의 축변형률－변위 관계식을 사용하면 가상 변형에너지는 축변위 항으로 표현된다.

$$\delta U_{int} = \int_L \frac{\partial u(x)}{\partial x} EA(x) \frac{\partial \delta u(x)}{\partial x} dx \tag{5.42}$$

식 (5.42)의 형태는 요소강성도 행렬을 유도하는데 유용하며 이에 대해서는 다음 장에서 자세히 다룬다. 식 (5.30)으로부터 내부 가상일은 다음과 같다.

$$\delta W_{int} = -\int_L N(x) \delta\varepsilon(x) dx \tag{5.43}$$

변형(합 변형률)과 변위의 관계를 나타내는 적합조건식에 의하여 "기구학적으로 적합한" 가상변위는 아래 언급된 필수조건을 만족해야 한다.

1. 가상변위는 연속이어야 하고, 요소 내의 모든 점에서 1차 미분식이 연속이어야 한다. 다르게 표현하면 C^0 연속성을 가지고 있어야 한다.
2. 가상변위의 크기는 미소변형이론에 적합한 범위 내에 있어야 한다.

만약 가상변위가 위의 조건들과 기하학적 경계조건(필수 경계조건)을 만족하면, 이 가상변위는 "기하학적으로 적합한" 가상변위가 된다. 이 변위로부터 적합방정식을 통하여 "기구학적으로 적합"하고 "기하학적으로 적합"한 가상변형이 정의된다.

전단 거동:

수직 하중을 받고 있는 길이 L인 요소의 미소구간을 Figure 5-11에 나타내었다. 이 미소구간은 내력 전단력 $V(x)$과 $V(x)+\dfrac{\partial V(x)}{\partial x}dx$은 외부 등분포 하중 $w_y(x)$과 평형을 이루고 있다. 미소구간을 자유물체로 보고, 왼쪽 단부에 가상수직변위 $\delta v(x)$와 오른쪽 단부에

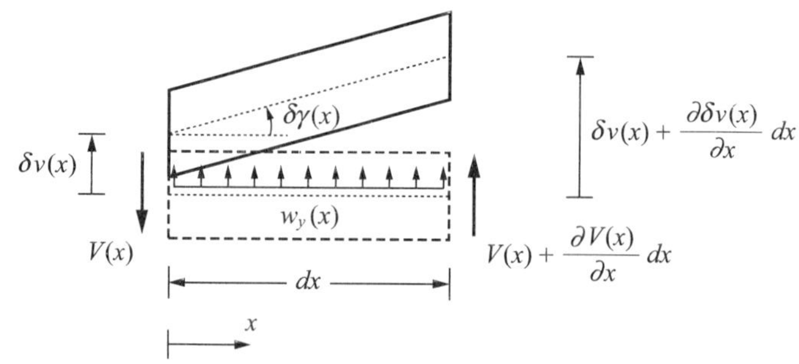

Figure 5-11 미소구간의 가상 변형에너지 $\delta\bar{U}_{int}$: 전단 거동

가상수직변위 $\delta v(x)+\dfrac{\partial\delta v(x)}{\partial x}dx$를 주어 평형을 이루고 있는 시스템을 교란시켜보자. 그러면 이에 따른 가상일은 다음과 같다.

$$\delta W=\left(w_y(x)dx\right)\delta v(x)-V(x)\delta v(x)+\left(V(x)+\frac{\partial V(x)}{\partial x}dx\right)\left(\delta v(x)+\frac{\partial\delta v(x)}{\partial x}dx\right) \tag{5.44}$$

$$\delta W_{ext}=\left(w_y(x)dx\right)\delta v(x)-V(x)\delta v(x)+V(x)\delta v(x)+V(x)\frac{\partial\delta v(x)}{\partial x}dx+\left(\underbrace{\frac{\partial V(x)}{\partial x}}_{-w_y(x)}dx\right)\delta v(x)+\underbrace{\left(\frac{\partial V(x)}{\partial x}dx\right)\left(\frac{\partial\delta v(x)}{\partial x}dx\right)}_{2^{nd}\ order\ term} \tag{5.45}$$

식 (2.19)의 미분 평형방정식을 적용하고 2차항을 무시하면 식 (5.45)는 다음과 같이 정리된다.

$$\delta W_{ext}=V(x)\frac{\partial\delta v(x)}{\partial x}dx \tag{5.46}$$

식 (5.31)에 의해서

$$\delta\bar{U}_{int}=V(x)\frac{\partial\delta v(x)}{\partial x}dx \tag{5.47}$$

여기서, $\delta\bar{U}_{int}$ 미소구간 dx에 대한 가상 변형에너지이다. 2장에서 축좌표계에서 수직변위의 변화율을 전단 변형률로 정의하였다.

$$\gamma(x)=\frac{\partial v(x)}{\partial x} \tag{5.48}$$

이와 유사하게 가상 전단 변형률 $\delta v(x)$을 다음과 같이 정의하자

$$\delta\gamma(x) = \frac{\partial \delta v(x)}{\partial x} \tag{5.49}$$

가상 전단 변형률을 식 (5.47)에 적용하면 식 (5.50)과 같이 되고

$$\delta\bar{U}_{int} = V(x)\delta\gamma(x)dx \tag{5.50}$$

수직하중을 받는 요소 전체 길이에 대한 가상 변형에너지 δU_{int}는 식 (5.51)과 같다.

$$\delta U_{int} = \int_L \delta\bar{U}_{int} = \int_L V(x)\delta\gamma(x)dx \tag{5.51}$$

재료가 선형 탄성인 경우 단면 전단력과 단면 전단 변형률의 관계는 다음과 같고,

$$V(x) = GA_s(x)\gamma(x) \tag{5.52}$$

이를 식 (5.51)에 대입하면 가상 변형에너지는 변형률(변형)의 항으로 식 (5.53)과 같이 정리된다.

$$\delta U_{int} = \int_L \delta\bar{U}_{int} = \int_L \gamma(x)GA_s(x)\delta\gamma(x)dx \tag{5.53}$$

$\gamma(x)$은 실제 전단 변형률로 실제 전단력 $V(x)$과 구성방정식을 통하여 연결되어 있다. 식 (5.48)과 식 (5.49)의 적합 관계식을 사용하면, 가상 변형에너지는 수직변위의 항으로 표현된다.

$$\delta U_{int} = \int_L \frac{\partial v(x)}{\partial x} GA_s(x) \frac{\partial \delta v(x)}{\partial x} dx \tag{5.54}$$

식 (5.30)으로부터 내부 가상일은 다음과 같다.

$$\delta W_{int} = -\int_L V(x)\delta\gamma(x)dx \tag{5.55}$$

변형(합 변형률)과 변위의 관계를 나타내는 적합조건식에 의하여 "기구학적으로 적합한" 가상변위는 아래 언급된 필수조건을 만족해야 한다.

1. 가상변위는 연속이어야 하고 요소 내의 모든 점에서 1차 미분식이 연속이어야 한다. 다르게 표현하면 C^0 연속성을 가지고 있어야 한다.

2. 가상변위의 크기는 미소변형이론에 적합한 범위 내에 있어야 한다.

만약 가상변위가 위의 조건들과 기하학적 경계조건(필수 경계조건)을 만족하면, 이 가상변위는 "기하학적으로 적합한" 가상변위가 된다. 이 변위와 적합방정식 (5.48)로부터 "기구학적으로 적합"하고 "기하학적으로 적합"한 가상변형이 정의된다.

휨 모멘트 거동

수직 하중을 받고 있는 길이 L인 요소의 미소구간을 Figure 5-12에 나타내었다. 이 미소구간에 두 개의 전단력 $V(x)$, $V(x)+\frac{\partial V(x)}{\partial x}dx$와 두 개의 모멘트 $M(x)$, $M(x)+\frac{\partial M(x)}{\partial x}dx$가 작용하고 있고, 이들은 외부 등분포 하중 $w_y(x)$과 평형을 이루고 있다. 미소구간을 자유물체로 보고 왼쪽 단부에 가상수직변위 $\delta v(x)$와 가상회전각 $\delta\theta_z(x)$를 주고, 오른쪽 단부에 가상수직변위 $\delta v(x)+\frac{\partial \delta v(x)}{\partial x}dx$와 가상회전각 $\delta\theta_z(x)+\frac{\partial \delta\theta_z(x)}{\partial x}dx$를 주어 평형을 이루고 있는 시스템을 교란시켜보자. 그러면 이에 따른 가상일은 다음과 같다.

$$\begin{aligned}\delta W &= \left(w_y(x)dx\right)\delta v(x) - V(x)\delta v(x) + \\ &\left(V(x)+\frac{\partial V(x)}{\partial x}dx\right)\left(\delta v(x)+\frac{\partial \delta v(x)}{\partial x}dx\right) + \\ &\left(M(x)+\frac{\partial M(x)}{\partial x}dx\right)\left(\delta\theta_z(x)+\frac{\partial \delta\theta_z(x)}{\partial x}dx\right)\end{aligned} \tag{5.56}$$

$$\delta W_{ext} = \left(\begin{aligned} &\left(w_y(x)dx\right)\delta v(x) - V(x)\delta v(x) - M(x)\delta\theta_z(x) + V(x)\delta v(x) && + \\ &V(x)\underbrace{\frac{\partial \delta v(x)}{\partial x}}_{\delta\theta_z(x)}dx + \left(\underbrace{\frac{\partial V(x)}{\partial x}}_{-w_y(x)}dx\right)\delta v(x) + \underbrace{\left(\frac{\partial V(x)}{\partial x}dx\right)\left(\frac{\partial \delta v(x)}{\partial x}dx\right)}_{2^{nd}\ order\ term} && + \\ &M(x)\delta\theta_z(x) + M(x)\frac{\partial \delta\theta_z(x)}{\partial x}dx + \left(\underbrace{\frac{\partial M(x)}{\partial x}}_{-V(x)}dx\right)\delta\theta_z(x) && + \\ &\underbrace{\left(\frac{\partial M(x)}{\partial x}dx\right)\left(\frac{\partial \delta\theta_z(x)}{\partial x}dx\right)}_{2^{nd}\ order\ term} && \end{aligned}\right) \tag{5.57}$$

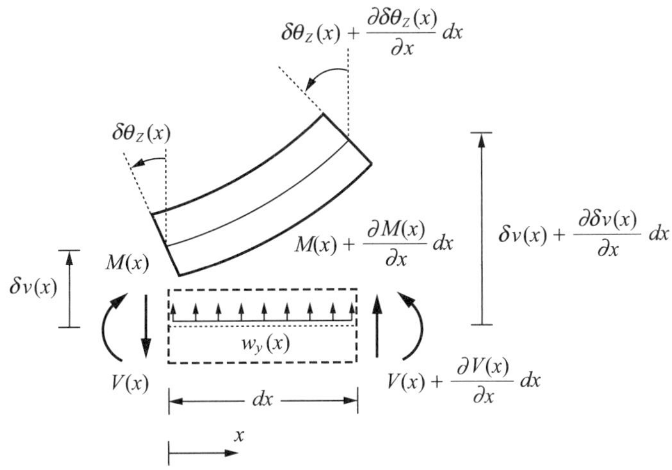

Figure 5-12 미소구간의 가상 변형에너지 $\delta\overline{U}_{int}$: 휨 모멘트 거동

식 (2.31)부터 식 (2.32)까지 Euler-Bernoulli 보의 미분 평형방정식을 적용하고 가상회전각을 $\delta\theta_z(x) = \dfrac{\partial\delta v(x)}{\partial x}$로 정의한 후 2차항을 무시하면 식 (5.57)은 다음과 같이 정리된다.

$$\delta W_{ext} = M(x)\frac{\partial\delta\theta_z(x)}{\partial x}dx \tag{5.58}$$

식 (5.31)에 의해서

$$\delta\overline{U}_{int} = M(x)\frac{\partial\delta\theta_z(x)}{\partial x}dx \tag{5.59}$$

여기서, $\delta\overline{U}_{int}$ 미소구간 dx에 대한 가상 변형에너지이다. 2장에서 축좌표계에서 회전각의 변화율을 휨 변형률(곡률)로 정의하였다.

$$\kappa(x) = \frac{\partial\theta_z(x)}{\partial x} \tag{5.60}$$

회전각은 수직변위의 1차 미분식으로 정의되기 때문에 $\left(\theta_z(x) = \dfrac{\partial v(x)}{\partial x}\right)$, 곡률은 수직변위의 항으로 다음과 같이 정의된다.

$$\kappa(x) = \frac{\partial^2 v(x)}{\partial x^2} \tag{5.61}$$

이와 유사하게 수직변위 $\delta v(x)$의 항으로 표현되는 가상곡률 $\delta\kappa(x)$을 다음과 같이 정의한다.

$$\delta\kappa(x) = \frac{\partial^2 \delta v(x)}{\partial x^2} \tag{5.62}$$

가상 비틀림 변형률을 식 (5.59)에 적용하면 식 (5.63)과 같이 되고

$$\delta\bar{U}_{int} = M(x)\,\delta\kappa(x)\,dx \tag{5.63}$$

비틀림을 받는 요소 전체길이에 대한 가상 변형에너지 δU_{int}는 식 (5.64)와 같다.

$$\delta U_{int} = \int_L \delta\bar{U}_{int} = \int_L M(x)\,\delta\kappa(x)\,dx \tag{5.64}$$

재료가 선형 탄성인 경우 단면 모멘트와 곡률의 관계는 다음과 같고,

$$M(x) = IE(x)\,\kappa(x) \tag{5.65}$$

이를 식 (5.51)에 대입하면 가상 변형에너지는 변형률(변형)의 항으로 식 (5.66)과 같이 정리된다.

$$\delta U_{int} = \int_L \delta\bar{U}_{int} = \int_L \kappa(x)\,IE(x)\,\delta\kappa(x)\,dx \tag{5.66}$$

주의할 것은 $\kappa(x)$은 실제 변형률로 구성방정식을 통하여 실제 모멘트 $M(x)$와 연결된다는 점이다. 식 (5.61)과 식 (5.62)의 적합 관계식을 사용하면 가상 변형에너지는 수직변위의 항으로 다음과 같이 표현된다.

$$\delta U_{int} = \int_L \delta\bar{U}_{int} = \int_L \frac{\partial^2 v(x)}{\partial x^2} IE(x) \frac{\partial^2 \delta v(x)}{\partial x^2}\,dx \tag{5.67}$$

식 (5.30)으로부터 내부 가상일은 다음과 같다.

$$\delta W_{int} = -\int_L M(x)\,\delta\kappa(x)\,dx \tag{5.68}$$

변형(합 변형률)과 변위의 관계를 나타내는 적합조건식에 의하여 "기구학적으로 적합한" 가상변위는 아래 언급된 필수조건을 만족해야 한다.

1. 가상변위는 연속이어야 하고, 요소 내의 모든 점에서 2차 미분식이 연속이어야 한다. 다르게 표현하면 C^1 연속성을 가지고 있어야 한다.
2. 가상변위의 크기는 미소변형이론에 적합한 범위 내에 있어야 한다.

만약 가상변위가 위의 조건들과 기하학적 경계조건(필수 경계조건)을 만족하면 이 가상변

위는 "기하학적으로 적합한" 가상변위가 된다. 이 변위와 적합방정식으로부터 "기구학적으로 적합"하고 "기하학적으로 적합"한 가상변형이 정의된다.

식 (5.41), 식 (5.51), 식 (5.64)로부터 평면 Timoshenko[13] 골조요소의 가상 변형에너지 식을 유도할 수 있고, 이를 행렬식 형태로 표현하면 다음과 같다.

$$\delta U_{int} = \int_L \delta\boldsymbol{\varepsilon}_{TB}(x)^T \boldsymbol{\sigma}_{TB}(x)\,dx \tag{5.69}$$

여기서, 벡터 $\delta\boldsymbol{\varepsilon}_{TB}(x)$는 가상변형률이며 다음과 같이 정의된다.

$$\delta\boldsymbol{\varepsilon}_{TB}(x) = \left[\delta\varepsilon(x) \quad \delta\kappa(x) \quad \delta\gamma(x)\right]^T \tag{5.70}$$

그리고 벡터 $\boldsymbol{\sigma}_{TB}(x)$는 합 응력(가상 값이 아닌 실제 응력)으로 다음과 같다.

$$\boldsymbol{\sigma}_{TB}(x) = \left[N(x) \quad M(x) \quad V(x)\right]^T \tag{5.71}$$

선형 탄성재료에 대한 단면 구성관계는 다음과 같이 정리되고

$$\begin{Bmatrix} N(x) \\ M(x) \\ V(x) \end{Bmatrix} = \begin{bmatrix} EA(x) & 0 & 0 \\ 0 & EI(x) & 0 \\ 0 & 0 & GA_s(x) \end{bmatrix} \begin{Bmatrix} \varepsilon(x) \\ \kappa(x) \\ \gamma(x) \end{Bmatrix} \quad \text{또는} \quad \boldsymbol{\sigma}_{TB}(x) = \mathbf{E}_{TB}(x)\boldsymbol{\varepsilon}_{TB}(x) \tag{5.72}$$

이를 식 (5.69)에 대입하면 변형률의 항으로 가상 변형에너지식이 식 (5.73)과 같이 유도된다.

$$\delta U_{int} = \int_L \begin{Bmatrix} \delta\varepsilon(x) \\ \delta\kappa(x) \\ \delta\gamma(x) \end{Bmatrix}^T \begin{bmatrix} EA(x) & 0 & 0 \\ 0 & EI(x) & 0 \\ 0 & 0 & GA_s(x) \end{bmatrix} \begin{Bmatrix} \varepsilon(x) \\ \kappa(x) \\ \gamma(x) \end{Bmatrix} dx \tag{5.73}$$

이를 행렬기호를 이용하여 간단히 표현하면

$$\delta U_{int} = \int_L \delta\boldsymbol{\varepsilon}_{TB}(x)^T \mathbf{E}_{TB}(x)\boldsymbol{\varepsilon}_{TB}(x)\,dx \tag{5.74}$$

이다. 단면 변형(합 변형률)과 단면 변위의 관계를 나타내는 식 (2.47), 식 (2.48), 식 (2.49)를 행렬로 정리하면 다음과 같다.

13) Stephen Prokofyevich Timoshenko (1878~1972)에 대하여는 2장 참조

$$\begin{Bmatrix} \varepsilon(x) \\ \kappa(x) \\ \gamma(x) \end{Bmatrix} = \begin{bmatrix} \frac{\partial}{\partial x} & 0 & 0 \\ 0 & \frac{\partial}{\partial x} & 0 \\ 0 & -1 & \frac{\partial}{\partial x} \end{bmatrix} \begin{Bmatrix} u(x) \\ \alpha(x) \\ v(x) \end{Bmatrix} \text{ 또는 } \boldsymbol{\varepsilon}_{TB}(x) = \mathbf{L}_{TB}\mathbf{u}_{TB}(x) \tag{5.75}$$

이와 유사하게 가상단면변형과 가상단면변위와의 관계는 다음과 같이 정의한다.

$$\begin{Bmatrix} \delta\varepsilon(x) \\ \delta\kappa(x) \\ \delta\gamma(x) \end{Bmatrix} = \begin{bmatrix} \frac{\partial}{\partial x} & 0 & 0 \\ 0 & \frac{\partial}{\partial x} & 0 \\ 0 & -1 & \frac{\partial}{\partial x} \end{bmatrix} \begin{Bmatrix} \delta u(x) \\ \delta\alpha(x) \\ \delta v(x) \end{Bmatrix} \text{ 또는 } \delta\boldsymbol{\varepsilon}_{TB}(x) = \mathbf{L}_{TB}\delta\mathbf{u}_{TB}(x) \tag{5.76}$$

식 (5.75)와 식 (5.76)을 식 (5.74)에 대입하면 변위의 항으로 가상 변형에너지 식이 유도된다.

$$\delta U_{int} = \int_L \begin{Bmatrix} \delta u(x) \\ \delta\alpha(x) \\ \delta v(x) \end{Bmatrix}^T \begin{bmatrix} \frac{\partial}{\partial x} & 0 & 0 \\ 0 & \frac{\partial}{\partial x} & 0 \\ 0 & -1 & \frac{\partial}{\partial x} \end{bmatrix}^T \begin{bmatrix} EA(x) & 0 & 0 \\ 0 & EI(x) & 0 \\ 0 & 0 & GA_s(x) \end{bmatrix} \begin{bmatrix} \frac{\partial}{\partial x} & 0 & 0 \\ 0 & \frac{\partial}{\partial x} & 0 \\ 0 & -1 & \frac{\partial}{\partial x} \end{bmatrix} \begin{Bmatrix} u(x) \\ \alpha(x) \\ v(x) \end{Bmatrix} dx \tag{5.77}$$

또는 간단히 나타내면 다음과 같다.

$$\delta U_{int} = \int_L \delta\mathbf{u}_{TB}(x)^T \mathbf{L}_{TB}^T \mathbf{E}_{TB}(x) \mathbf{L}_{TB}\mathbf{u}_{TB}(x)\,dx \tag{5.78}$$

Euler－Bernoulli 골조요소에서는 전단 변형이 무시되었다. 그러므로 Euler－Bernoulli 골조요소의 가상 변형에너지는 Timoshenko 골조요소로부터 다음과 같이 정리된다.

$$\delta U_{int} = \int_L \delta\boldsymbol{\varepsilon}_{EB}(x)^T \boldsymbol{\sigma}_{EB}(x)\,dx = \int_L \begin{Bmatrix} \delta\varepsilon(x) \\ \delta\kappa(x) \end{Bmatrix}^T \begin{Bmatrix} N(x) \\ M(x) \end{Bmatrix} dx \tag{5.79}$$

여기서, 벡터 $\delta\boldsymbol{\varepsilon}_{EB}(x)$는 가상 합 변형률로 식 (5.80)과 같이 정의된다.

$$\delta\boldsymbol{\varepsilon}_{EB}(x) = \left[\delta\varepsilon(x) \quad \delta\kappa(x)\right]^T \tag{5.80}$$

그리고 벡터 $\boldsymbol{\sigma}_{EB}(x)$는 실제 합 응력으로 식 (5.81)과 같다.

$$\boldsymbol{\sigma}_{EB}(x) = \begin{bmatrix} N(x) & M(x) \end{bmatrix}^T \tag{5.81}$$

선형 탄성재료에 대하여 단면 강성도 행렬은 다음과 같고,

$$\begin{Bmatrix} N(x) \\ M(x) \end{Bmatrix} = \begin{bmatrix} EA(x) & 0 \\ 0 & EI(x) \end{bmatrix} \begin{Bmatrix} \varepsilon(x) \\ \kappa(x) \end{Bmatrix} \quad \text{또는} \quad \boldsymbol{\sigma}_{EB}(x) = \mathbf{E}_{EB}(x)\boldsymbol{\varepsilon}_{EB}(x) \tag{5.82}$$

이를 식 (5.79)에 대입하면 변형률의 항으로 가상 변위에너지가 표현된다.

$$\delta U_{int} = \int_L \delta\boldsymbol{\varepsilon}_{EB}(x)^T \mathbf{E}_{EB}(x)\boldsymbol{\varepsilon}_{EB}(x)\,dx = \int_L \begin{Bmatrix} \delta\varepsilon(x) \\ \delta\kappa(x) \end{Bmatrix}^T \begin{bmatrix} EA(x) & 0 \\ 0 & EI(x) \end{bmatrix} \begin{Bmatrix} \varepsilon(x) \\ \kappa(x) \end{Bmatrix} dx \tag{5.83}$$

식 (2.47)과 식 (2.35)의 적합 관계를 적용하면, 변형률은 변위로부터 다음과 같이 정의된다.

$$\begin{Bmatrix} \varepsilon(x) \\ \kappa(x) \end{Bmatrix} = \begin{bmatrix} \dfrac{\partial}{\partial x} & 0 \\ 0 & \dfrac{\partial^2}{\partial x^2} \end{bmatrix} \begin{Bmatrix} u(x) \\ v(x) \end{Bmatrix} \quad \text{또는} \quad \boldsymbol{\varepsilon}_{EB}(x) = \mathbf{L}_{EB}\mathbf{u}_{EB}(x) \tag{5.84}$$

이와 유사하게, 가상 단면변형과 가상 단면변위의 관계를 식 (5.85)와 같이 정의하고

$$\begin{Bmatrix} \delta\varepsilon(x) \\ \delta\kappa(x) \end{Bmatrix} = \begin{bmatrix} \dfrac{\partial}{\partial x} & 0 \\ 0 & \dfrac{\partial^2}{\partial x^2} \end{bmatrix} \begin{Bmatrix} \delta u(x) \\ \delta v(x) \end{Bmatrix} \quad \text{또는} \quad \delta\boldsymbol{\varepsilon}_{EB}(x) = \mathbf{L}_{EB}\delta\mathbf{u}_{EB}(x) \tag{5.85}$$

식 (5.84)와 식 (5.85)를 식 (5.83)에 대입하면 가상 변형에너지가 변위의 항으로 다음과 같이 표현된다.

$$\delta U_{int} = \int_L \begin{Bmatrix} \delta u(x) \\ \delta v(x) \end{Bmatrix}^T \begin{bmatrix} \dfrac{\partial}{\partial x} & 0 \\ 0 & \dfrac{\partial^2}{\partial x^2} \end{bmatrix}^T \begin{bmatrix} EA(x) & 0 \\ 0 & EI(x) \end{bmatrix} \begin{bmatrix} \dfrac{\partial}{\partial x} & 0 \\ 0 & \dfrac{\partial^2}{\partial x^2} \end{bmatrix} \begin{Bmatrix} \delta u(x) \\ \delta v(x) \end{Bmatrix} dx \tag{5.86}$$

이를 간단하게 행렬기호로 표현하면 다음과 같다.

$$\delta U_{int} = \int_L \delta\mathbf{u}_{EB}(x)^T \mathbf{L}_{EB}^T \mathbf{E}_{EB}(x)\mathbf{L}_{EB}\mathbf{u}_{EB}(x)\,dx \tag{5.87}$$

5 외부 가상일 : 골조요소

앞 절에서 몇몇 구조물 거동에 대한 가상 변형에너지 식을 유도하였다. 이번 절에서는 외부 하중에 따른 외부 가상일의 식을 유도해보자.

Figure 5-13과 같이 축력을 받는 요소(봉)가 실제 하중인 단부 외력($\bar{P}_1$, $\bar{P}_4$)과 요소하중 $w_x(x)$에 대하여 평형을 이루고 있다. 가상단부변위($\delta\bar{U}_1$, $\delta\bar{U}_4$)와 가상변위 $\delta u(x)$에 대한 실제하중에 의한 외부 가상일은

$$\delta W_{ext} = \delta\bar{U}_1\bar{P}_1 + \delta\bar{U}_4\bar{P}_4 + \int_L \delta u(x)\, w_x(x)\, dx \tag{5.88}$$

이다.

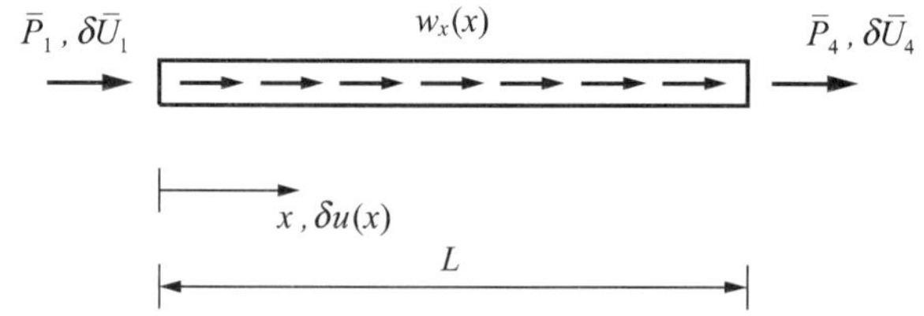

Figure 5-13 외부 가상일 : 봉

Figure 5-14는 수직력을 받는 요소를 나타내었다. 이 요소의 외부 단부 힘($\bar{P}_2$, $\bar{P}_5$)과 외부 단부 모멘트($\bar{P}_3$, $\bar{P}_6$), 그리고 요소하중 $w_y(x)$는 평형을 이루고 있다. 실제하중과 가상단부변위($\delta\bar{U}_2$, $\delta\bar{U}_5$)와 가상단부회전각($\delta\bar{U}_3$, $\delta\bar{U}_6$) 그리고 가상변위 $\delta v(x)$에 의한 외부 가상일은 다음과 같다.

$$\delta W_{ext} = \delta\bar{U}_2\bar{P}_2 + \delta\bar{U}_5\bar{P}_5 + \delta\bar{U}_3\bar{P}_3 + \delta\bar{U}_6\bar{P}_6 + \int_L \delta v(x)\, w_y(x)\, dx \tag{5.89}$$

식 (5.88)과 식 (5.89)는 평면 골조요소에 대한 외부 가상일이며 이를 모아서 정리하면 다음과 같다.

$$\delta W_{ext} = \begin{bmatrix} \delta\bar{U}_1\bar{P}_1 + \delta\bar{U}_2\bar{P}_2 + \delta\bar{U}_3\bar{P}_3 + \delta\bar{U}_4\bar{P}_4 + \delta\bar{U}_5\bar{P}_5 + \delta\bar{U}_6\bar{P}_6 + \\ \int_L \delta u(x)\, w_x(x)\, dx + \int_L \delta v(x)\, w_y(x)\, dx \end{bmatrix} \tag{5.90}$$

이를 행렬기호를 이용하여 나타내면 다음과 같다.

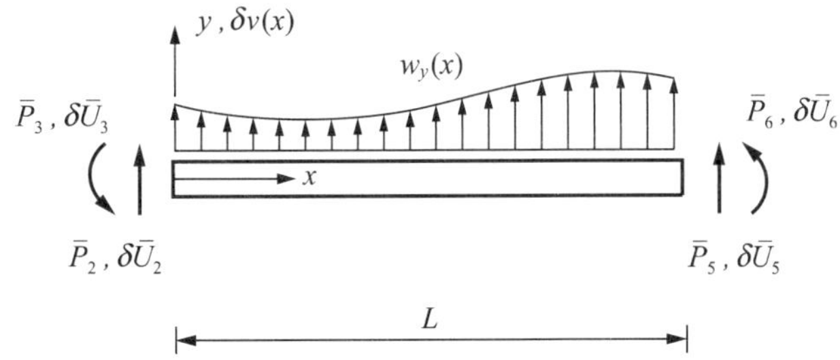

Figure 5-14 외부 가상일 : 보

$$\delta W_{ext} = \delta\bar{\mathbf{U}}^T \bar{\mathbf{P}} + \int_L \delta\mathbf{u}(x)^T \mathbf{w}(x)\,dx \tag{5.91}$$

여기서, 요소단부 변위벡터 $\bar{\mathbf{U}}$는 $\left[\bar{U}_1 \;\; \bar{U}_2 \;\; \bar{U}_3 \;\; \bar{U}_4 \;\; \bar{U}_5 \;\; \bar{U}_6\right]^T$와 같고 요소단부 하중벡터 $\bar{\mathbf{P}}$는 $\left[\bar{P}_1 \;\; \bar{P}_2 \;\; \bar{P}_3 \;\; \bar{P}_4 \;\; \bar{P}_5 \;\; \bar{P}_6\right]^T$이고 요소 변위벡터 $\mathbf{u}(x)$는 $\left[u(x) \;\; v(x)\right]^T$로 정의된다. 그리고 요소 하중벡터 $\mathbf{w}(x)$는 $\left[w_x(x) \;\; w_y(x)\right]^T$로 정의된다.

6 가상변위 원리 : 골조요소

앞의 두 절에서 여러 하중조건에 대한 골조요소의 가상 변형에너지에 대한 식과 외부 가상일에 대한 식을 살펴보았다. 이 절에서는 몇몇 종류의 골조요소에 대한 가상 변위방정식을 유도하도록 한다. 가상 변위방정식은 평형방정식의 또 다른 한 형태임을 유의하자.

봉 요소

식 (5.88)과 식 (5.39)로부터 봉 요소에 대한 총 가상일은 다음과 같다.

$$\delta W = \underbrace{\delta\bar{U}_1\bar{P}_1 + \delta\bar{U}_4\bar{P}_4 + \int_L \delta u(x)\, w_x(x)\,dx}_{\delta W_{ext}} - \underbrace{\int_L N(x)\,\delta\varepsilon(x)\,dx}_{\delta U_{int}} = 0 \tag{5.92}$$

Timoshenko 보 요소

식 (5.89), 식 (5.63), 식 (5.51)으로부터 Timoshenko 보 요소의 총 가상일은 식 (5.31)에 의하여 다음과 같다.

$$\delta W = \begin{bmatrix} \underbrace{\delta \bar{U}_2 \bar{P}_2 + \delta \bar{U}_5 \bar{P}_5 + \delta \bar{U}_3 \bar{P}_3 + \delta \bar{U}_6 \bar{P}_6 + \int_L \delta v(x) w_y(x) dx}_{\delta W_{ext}} \\ -\underbrace{\left(\int_L V(x) \delta \gamma(x) dx + \int_L M(x) \delta \kappa(x) dx \right)}_{\delta U_{int}} \end{bmatrix} = 0 \tag{5.93}$$

Euler－Bernoulli 보 요소

식 (5.89)와 식 (5.63)으로부터 Euler－Bernoulli 보 요소의 총 가상일은 다음과 같이 표현된다.

$$\delta W = \underbrace{\delta \bar{U}_2 \bar{P}_2 + \delta \bar{U}_5 \bar{P}_5 + \delta \bar{U}_3 \bar{P}_3 + \delta \bar{U}_6 \bar{P}_6 + \int_L \delta v(x) w_y(x) dx}_{\delta W_{ext}} - \underbrace{\left(\int_L M(x) \delta \kappa(x) dx \right)}_{\delta U_{int}} = 0 \tag{5.94}$$

Timoshenko 골조요소

식 (5.90), 식 (5.39), 식 (5.51), 식 (5.63)으로부터 Timoshenko 골조요소의 총 가상일은 다음과 같이 정리된다.

$$\delta W = \begin{bmatrix} \underbrace{\begin{bmatrix} \delta \bar{U}_1 \bar{P}_1 + \delta \bar{U}_2 \bar{P}_2 + \delta \bar{U}_3 \bar{P}_3 + \delta \bar{U}_4 \bar{P}_4 + \delta \bar{U}_5 \bar{P}_5 + \delta \bar{U}_6 \bar{P}_6 + \\ \int_L \delta u(x) w_x(x) dx + \int_L \delta v(x) w_y(x) dx \end{bmatrix}}_{\delta W_{ext}} \\ -\underbrace{\left[\int_L N(x) \delta \varepsilon(x) dx + \int_L V(x) \delta \gamma(x) dx + \int_L M(x) \delta \kappa(x) dx \right]}_{\delta U_{int}} \end{bmatrix} = 0 \tag{5.95}$$

행렬식 기호를 사용하면 다음과 같이 단순하게 나타낼 수 있다.

$$\delta W = \underbrace{\delta \bar{\mathbf{U}}^T \bar{\mathbf{P}} + \int_L \delta \mathbf{u}(x)^T \mathbf{w}(x) dx}_{\delta W_{ext}} - \underbrace{\int_L \delta \boldsymbol{\varepsilon}_{TB}(x)^T \boldsymbol{\sigma}_{TB}(x) dx}_{\delta U_{int}} = 0 \tag{5.96}$$

Euler－Bernoulli 골조요소

식 (5.90), 식 (5.39), 식 (5.63)으로부터 Euler－Bernoulli 골조요소의 총 가상일은 다음과 같이 정리된다.

$$\delta W = \left[\underbrace{\left[\begin{array}{c} \delta\bar{U}_1\bar{P}_1 + \delta\bar{U}_2\bar{P}_2 + \delta\bar{U}_3\bar{P}_3 + \delta\bar{U}_4\bar{P}_4 + \delta\bar{U}_5\bar{P}_5 + \delta\bar{U}_6\bar{P}_6 + \\ \int_L \delta u(x)\, w_x(x)\, dx + \int_L \delta v(x)\, w_y(x)\, dx \end{array} \right]}_{\delta W_{ext}} - \underbrace{\left[\int_L N(x)\,\delta\varepsilon(x)\, dx + \int_L M(x)\,\delta\kappa(x)\, dx \right]}_{\delta U_{int}} \right] = 0 \tag{5.97}$$

이를 행렬식 기호를 사용하여 나타내면 다음과 같다.

$$\delta W = \underbrace{\delta\bar{\mathbf{U}}^T\bar{\mathbf{P}} + \int_L \delta\mathbf{u}(x)^T\,\mathbf{w}(x)\,dx}_{\delta W_{ext}} - \underbrace{\int_L \delta\boldsymbol{\varepsilon}_{EB}(x)^T\,\boldsymbol{\sigma}_{EB}(x)\,dx}_{\delta U_{int}} = 0 \tag{5.98}$$

Example 5-3

아래와 같은 트러스 구조물에서, 다음의 두 가정에 근거한 가상변위 원리를 이용하여 c 절점에서의 평형방정식을 세우시오. (a) 대변형(수직변위), (b) 미소변형(수직변위)

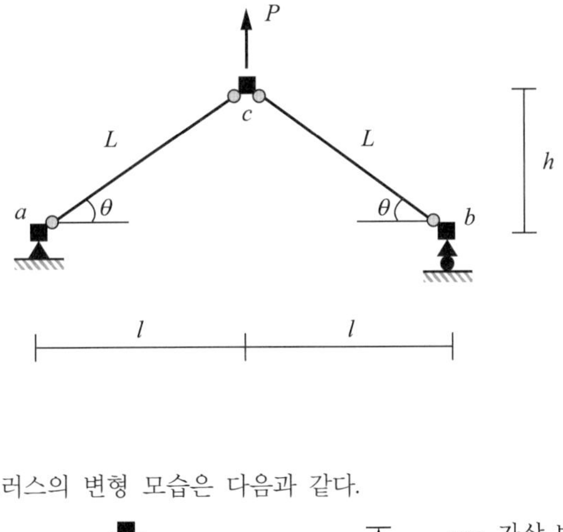

Solution

하중 P가 작용할 때 트러스의 변형 모습은 다음과 같다.

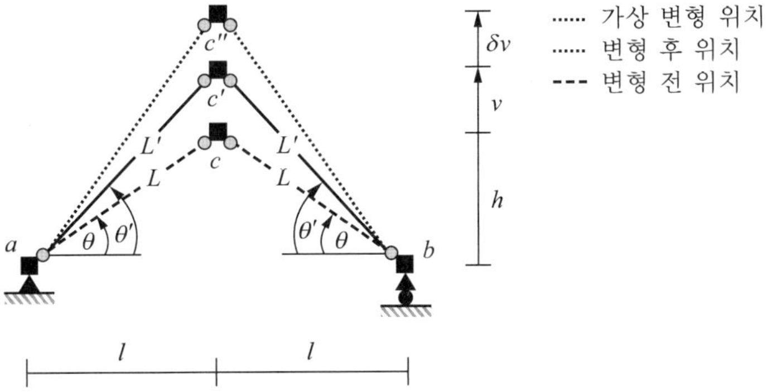

기하학적 관계로부터 절점 c에서 트러스의 늘어난 길이 e(변형)와 수직변위와의 관계는 다음과 같다.

$$\left(L'\right)^2 = \left(L+e\right)^2 = l^2 + \left(h+v\right)^2$$

위의 식은 기하학적 비선형 적합방정식이 된다. 이 식의 1차 근사식, 즉 e에 비하여 e^2가 작다고 가정하면 다음과 같다.

$$e = \frac{1}{2L}\left(v^2 + 2hv\right)$$

가상늘어남 δe는 가상변위 δv의 항으로 다음과 같이 정의된다.

$$\delta e = \frac{\partial e}{\partial v}\delta v = \frac{\left(2v+2h\right)}{2L}\delta v = \frac{\left(v+h\right)}{L}\delta v$$

내부 가상일은

$$\delta W_{int} = -2N\delta e = -2N\frac{\left(v+h\right)}{L}\delta v$$

와 같다. 여기서, N는 봉에서 내부 축력이다. 외부 가상일은

$$\delta W_{ext} = P\delta v$$

와 같다. 따라서 총 가상일은 다음과 같다.

$$\delta W = \delta W_{ext} + \delta W_{int} = 0$$

$$\delta W = P\delta v - 2N\frac{\left(v+h\right)}{L}\delta v = \left(P - 2N\frac{\left(v+h\right)}{L}\right)\delta v$$

δv는 임의의 값이므로 따라서 위 식에서 다음을 만족하여야 한다.

$$P - 2N\frac{\left(v+h\right)}{L} = 0 \quad \text{또는} \quad P = 2N\frac{\left(v+h\right)}{L}$$

위 식은 변형된 상태의 절점 c에서 세운 비선형 평형방정식이다.
늘어난 길이가 상대적으로 작을 때

$$\frac{e}{L} << 1$$

다음 식이 성립한다.

$$\sin\theta' = \frac{\left(v+h\right)}{L+e} \approx \frac{\left(v+h\right)}{L}$$

그러므로 절점 c에서 평형방정식은 다음과 같이 표현 가능하다.

$$P = 2N\sin\theta'$$

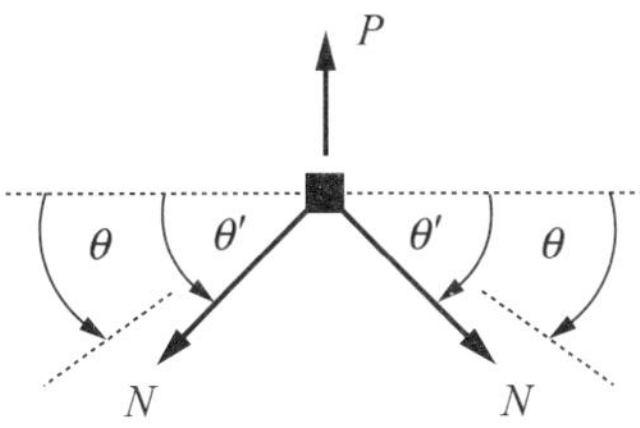

변형과 변위가 아주 작은 값일 때 $\sin\theta'$에 대하여 다음 관계가 성립한다.

$$\sin\theta' \approx \sin\theta = \frac{h}{L}$$

그러므로 절점 c의 평형방정식은 다음과 같다.

$$P = 2N\sin\theta = 2N\frac{h}{L}$$

위의 식은 변형 전 상태의 절점 c에서 취한 평형방정식이다.

Example 5-4

다음 그림처럼 지간 중앙에 집중하중 P가 작용하고 있는 단순보에서

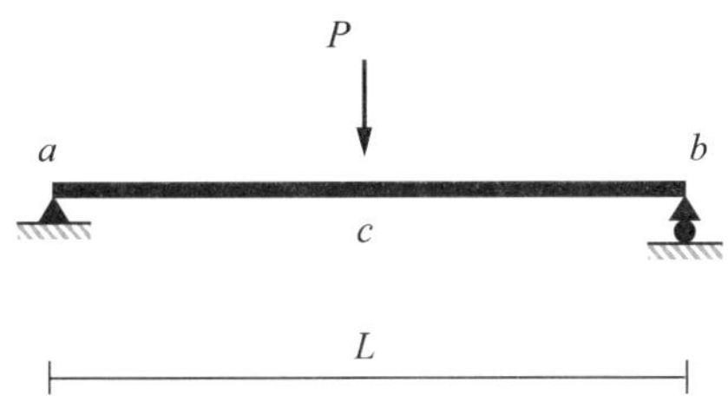

평형상태를 이루는 외력과 내력이 아래와 같을 때

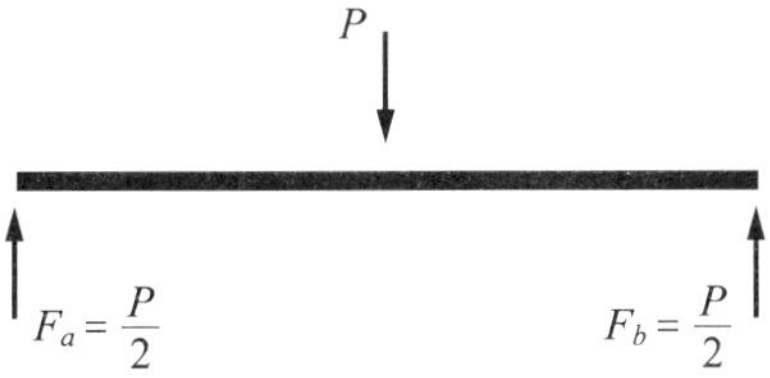

외부하중 시스템

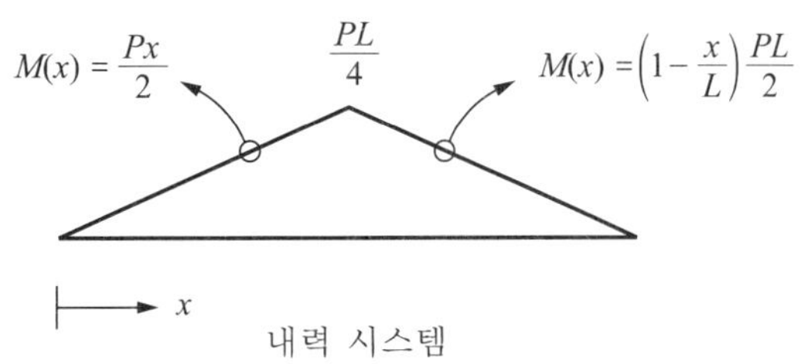

내력 시스템

다음 가상변위에 의한 가상변위 원리로부터 집중하중 P가 계산됨을 증명하시오.

(a) $\delta v(x)=-\dfrac{16}{5L^4}\left(L^3x-2Lx^3+x^4\right)$

(b) $\delta v(x)=-\sin\left(\dfrac{\pi x}{L}\right)$

(c) $\delta v(x)=-\left(\dfrac{1}{2}-\cos\left(\dfrac{\pi x}{2L}\right)\right)$

Solution

(a) $\delta v(x)=-\dfrac{16}{5L^4}\left(L^3x-2Lx^3+x^4\right)$

위의 가상변위는 다음 조건을 만족하기 때문에 기구학적으로 적합한 변위이다.

1. 가상변위와 가상변위의 첫 번째 미분식은 요소 내의 모든 점에서 연속이어야 한다.
2. 수직변위의 크기는 미소변형 이론에 적합한 범위 내에 발생해야 한다.

또한 가상변위는 기하학적 경계조건(필수 경계조건)을 만족해야 한다.

$$\delta v(0)=0,\ \delta v(L)=0\ \ \delta v_a=0,\ \delta v_b=0$$

위의 조건들을 만족하면 가상변위는 기하학적으로 적합한 변위가 된다.

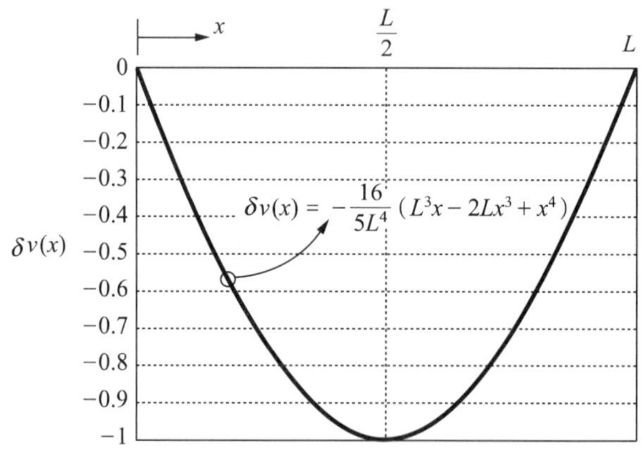

가상 휨 곡률(합 변형률)은 아래 식과 같이 수직변위로 정의된다.

$$\delta\kappa(x)=\frac{\partial^2\delta v(x)}{\partial x^2}=-16\frac{\left(-12Lx+12x^2\right)}{5L^4}$$

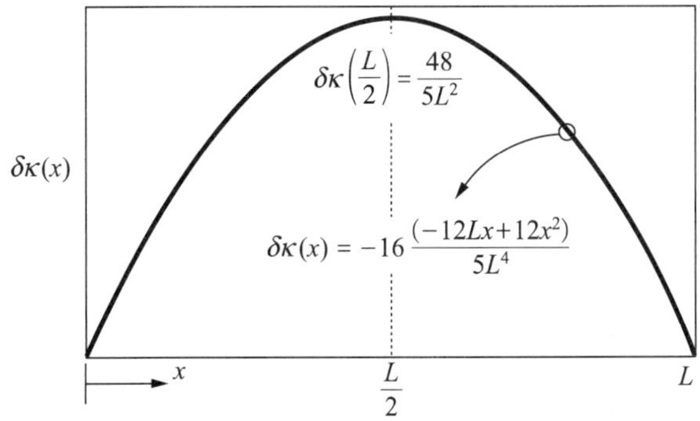

외부 가상일은

$$\delta W_{ext}=F_c\underbrace{\delta v_c}_{-1}+F_a\underbrace{\delta v_a}_{0}+F_b\underbrace{\delta v_b}_{0}$$

과 같고, 내부 가상일은

$$\delta W_{int}=-\int_L M(x)\delta\kappa(x)dx$$

$$\delta W_{int}=-\delta U_{int}=-\left[\int_0^{\frac{L}{2}}\frac{Px}{2}\left(-16\frac{\left(-12Lx+12x^2\right)}{5L^4}\right)dx+\int_{\frac{L}{2}}^{L}\left(1-\frac{x}{L}\right)\frac{PL}{2}\left(-16\frac{\left(-12Lx+12x^2\right)}{5L^4}\right)\right]dx=-P$$

과 같다. 따라서 가상변위식은 아래와 같다.

$$\delta W=\delta W_{ext}+\delta W_{int}=-F_c-P=0$$

$$F_c=-P=P\ \downarrow\ \Rightarrow\ \text{만족함}$$

(b) $\delta v(x)=-\sin\left(\frac{\pi x}{L}\right)$

위의 가상변위 또한 앞서 언급한 조건들과 기하학적 경계조건을 만족하기 때문에 기구학적으로 적합한 변위이다. 기하학적 경계조건은 다음과 같다.

$$\delta v(0)=0,\ \delta v(L)=0\ \Rightarrow\ \delta v_a=0,\ \delta v_b=0$$

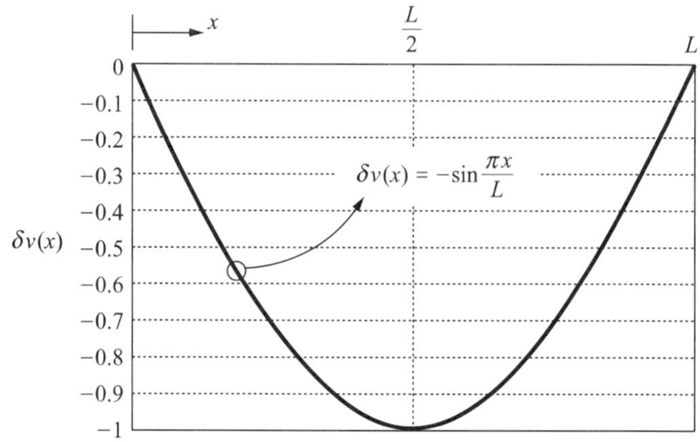

가상 휨 곡률은 아래 식과 같이 수직변위로 정의된다.

$$\delta\kappa\left(x\right)=\frac{\partial^2\delta v\left(x\right)}{\partial x^2}=\frac{\pi^2}{L^2}\sin\frac{\pi x}{L}$$

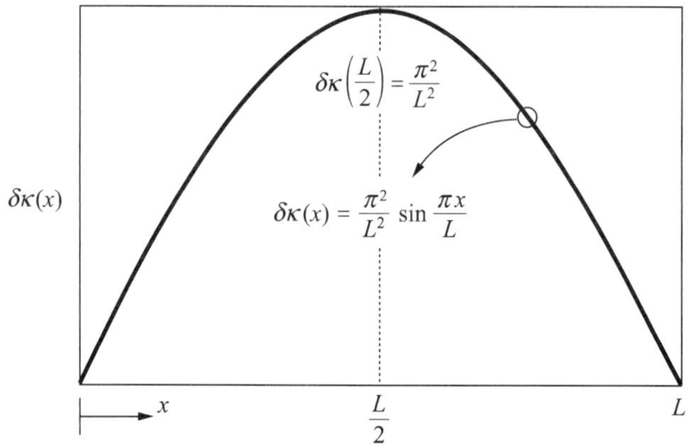

외부 가상일은

$$\delta W_{ext}=F_c\underbrace{\delta v_c}_{-1}+F_a\underbrace{\delta v_a}_{0}+F_b\underbrace{\delta v_b}_{0}$$

과 같고, 내부 가상일은

$$\delta W_{int}=-\int_L M\left(x\right)\delta\kappa\left(x\right)dx$$

$$\delta W_{int}=-\delta U_{int}=-\left[\int_0^{\frac{L}{2}}\frac{Px}{2}\left(\frac{\pi^2}{L^2}\sin\frac{\pi x}{L}\right)dx+\int_{\frac{L}{2}}^{L}\left(1-\frac{x}{L}\right)\frac{PL}{2}\left(\frac{\pi^2}{L^2}\sin\frac{\pi x}{L}\right)\right]dx=-P$$

와 같다. 그리고 가상변위식은 아래와 같다.

$$\delta W = \delta W_{ext} + \delta W_{int} = -F_c - P = 0$$

$$F_c = -P = P \ \downarrow \ \Rightarrow \text{ 만족함}$$

(a) 와 (b)의 결과 고찰 : 지간 중앙에 작용하는 하중 P의 "정밀한" 값을 계산하기 위해서는 단순히 "기구학적으로 적합한" 가상변위만 정의되면 된다. 이것은 실제하중(외력과 내력)이 지배 미분방정식과 하중 경제조건을 만족하는 한 성립된다.

$$\frac{d^2M(x)}{dx^2} - w_y(x) = 0$$

가상변위 방정식이 평형방정식의 또 다른 형태임을 기억하자. 또한 (a)와 (b)의 가상변위를 사용하면 지점 반력에 의한 외부 가상일을 포함하지 않아도 된다. 그러므로 미리 지점 반력을 결정할 필요가 없다.

(c) $\delta v(x) = -\left(\frac{1}{2} - \cos\left(\frac{\pi x}{2L}\right)\right)$

위의 가상변위는 앞의 조건들을 만족하기 때문에 기구학적으로 적합하다.
그러나 이 가상변위는 기하학적 경계조건(필수경계조건)을 위반하고 있다.

$$\delta v(0) = 0.5, \ \delta v(L) = -0.5 \ \Rightarrow \ \delta v_a = 0.5, \ \delta v_b = -0.5$$

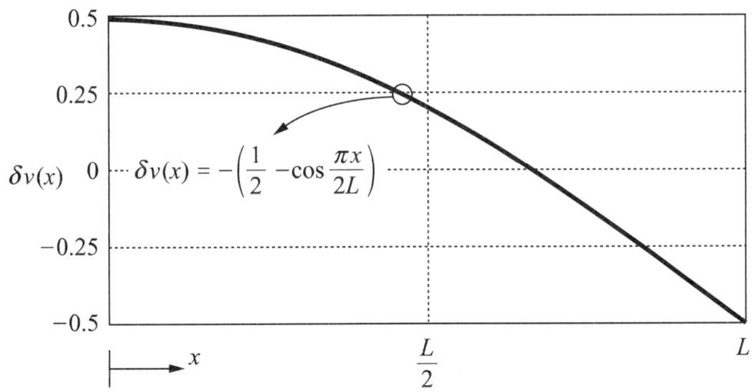

가상 휨 곡률은 아래 식과 같이 수직변위로 정의된다.

$$\delta\kappa(x) = \frac{\partial^2 \delta v(x)}{\partial x^2} = -\frac{\pi^2 \cos\left(\frac{\pi x}{2L}\right)}{4L^2}$$

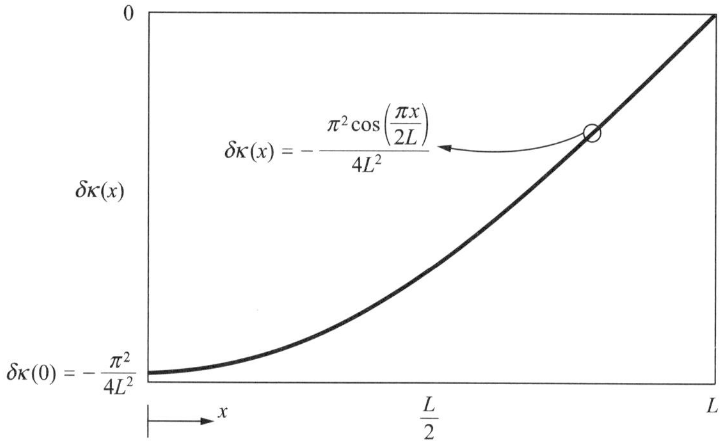

외부 가상일은

$$\delta W_{ext} = F_c\delta v_c + F_a\delta v_a + F_b\delta v_b$$

$$\delta v_c = 0.207107$$

$$\delta W_{ext} = (0.207107)F_c + (0.5)\frac{P}{2} + (-0.5)\frac{P}{2} = 0.207107F_c$$

과 같고, 내부 가상일은

$$\delta W_{int} = -\int_L M(x)\delta\kappa(x)dx$$

$$\delta W_{int} = -\delta U_{int} = -\left[\int_0^{\frac{L}{2}}\frac{Px}{2}\left(-\frac{\pi^2\cos\left(\dfrac{\pi x}{2L}\right)}{4L^2}\right)dx + \int_{\frac{L}{2}}^{L}\left(1-\frac{x}{L}\right)\frac{PL}{2}\left(-\frac{\pi^2\cos\left(\dfrac{\pi x}{2L}\right)}{4L^2}\right)\right]dx = 0.207107P$$

과 같다. 가상변위식은 아래와 같이 정리된다.

$$\delta W = \delta W_{ext} + \delta W_{int} = 0.207107F_c + 0.207107P = 0$$

$$F_c = -P = P \ \downarrow \ \Rightarrow \ \text{만족함}$$

(c)의 결과 고찰 : 이 경우, 비록 가상변위가 기하학적 경계조건을 위반하고 있지만 실제하중(외력과 내력)이 지배 미분방정식과 하중 경계조건을 만족하는 한 여전히 지간 중앙에 작용하는 하중 P 의 "정밀한" 값을 예측하고 있다.

$$\frac{d^2M(x)}{dx^2} - w_y(x) = 0$$

그러나 이와 같은 변위의 선택은 지점 반력을 사전에 계산해야 하기 때문에 현명한 선택이 되지 못한다.

Example 5-5

다음 그림과 같이 우측단이 롤러로 지지되는 캔틸레버보가 등분포하중 w_{y0}를 받고 있다.

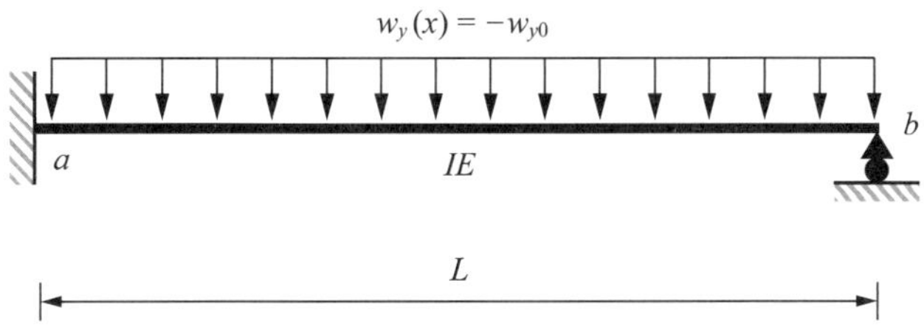

이 보의 자유 물체도는 아래와 같다.

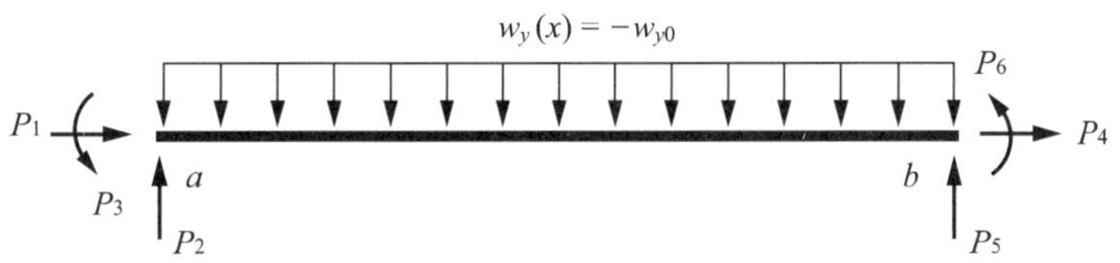

주어진 구조물은 부정정이므로 내력과 지점 반력을 평형방정식만을 사용해서는 계산할 수 없다. 자유 물체도에서 경계조건에 의해서 우측 단부의 모멘트와 수평력은 “0”이다.

$$P_4 = P_6 = 0$$

그리고 나머지 네 개의 반력은 미지수이다. 개념적으로는 반력 P_5와 등분포하중 w_{y0}의 관계식을 세우기 위하여 다음 그림과 같은 가상 변형을 사용할 수 있지만, 이 경우 곡률이 발생된다(곡률이 “0”이 아니다).

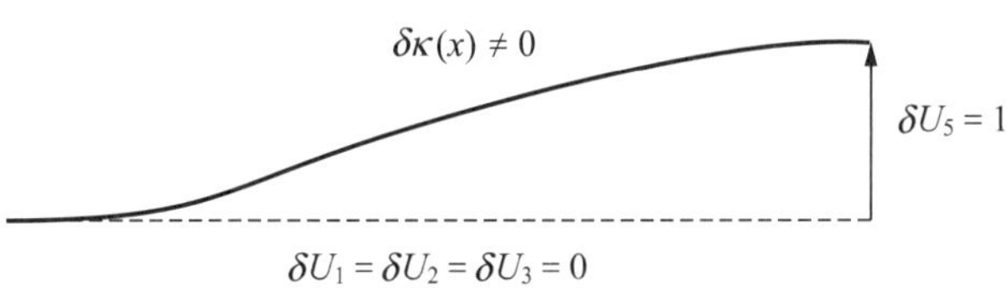

따라서 이와 같은 가상변위를 선택하게 되면 내부 가상일을 계산하는 과정에서 보의 길이 방향으로의 휨 모멘트 분포를 구해야 하는 어려움이 있기 때문에 이 가상변위는 적절하지 않다.

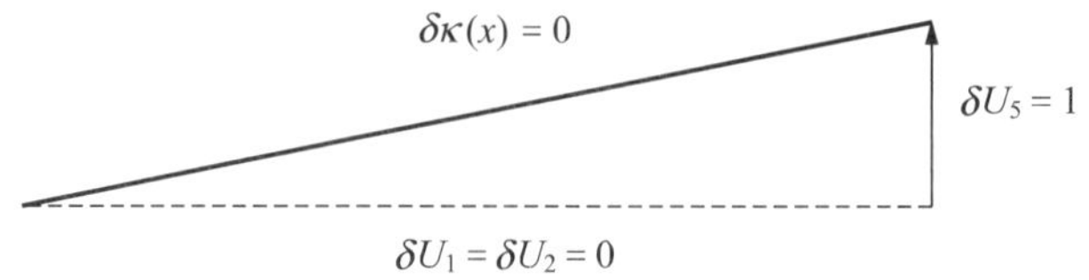

이와는 다르게, 위의 그림과 같이 가상변위를 선택해보자. 이 가상변위는 a단부에서 강체회전을 나타내고 있고, 또한 δU_3와 δU_6는 "0"가 아니며, 이들은 δU_5의 항으로 표현된다.

$$\delta U_3 = \frac{\delta U_5}{L} \quad \text{그리고} \quad \delta U_6 = \frac{\delta U_5}{L}$$

그러므로 가상일은 다음과 같이 정리된다.

$$\delta W = \frac{1}{L}P_3 + \frac{1}{L}\underbrace{P_6}_{0} + P_5 + \int_L \left(-w_{y0}\right)\left(\frac{x}{L}\right)dx - \int_L \underbrace{M\left(x\right)}_{?}\underbrace{\delta\kappa\left(x\right)}_{0}dx = 0$$

$$\delta W = \frac{1}{L}P_3 + P_5 - \frac{w_{y0}L}{2} = 0 \quad \Rightarrow \quad P_5 = \frac{w_{y0}L}{2} - \frac{P_3}{L}$$

이 보의 "정밀한" 변위는 지배 미분방정식을 풀면 계산되는데, 계산된 보의 정밀한 변위식은 다음과 같다.

$$v_{exact}\left(x\right) = -\frac{w_{y0}x^4}{24IE} + \frac{5}{48}\frac{w_{y0}Lx^3}{IE} - \frac{w_{y0}L^2}{16IE}x^2$$

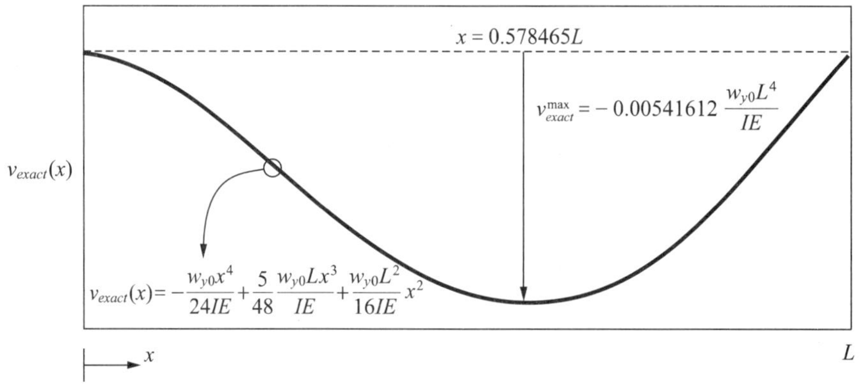

보의 정밀한 곡률식

$$\kappa_{exact}\left(x\right) = \frac{\partial^2 v_{exact}\left(x\right)}{\partial x^2} - \frac{w_{y0}x^2}{2IE} + \frac{5}{8IE}w_{y0}Lx - \frac{w_{y0}L^2}{8IE}$$

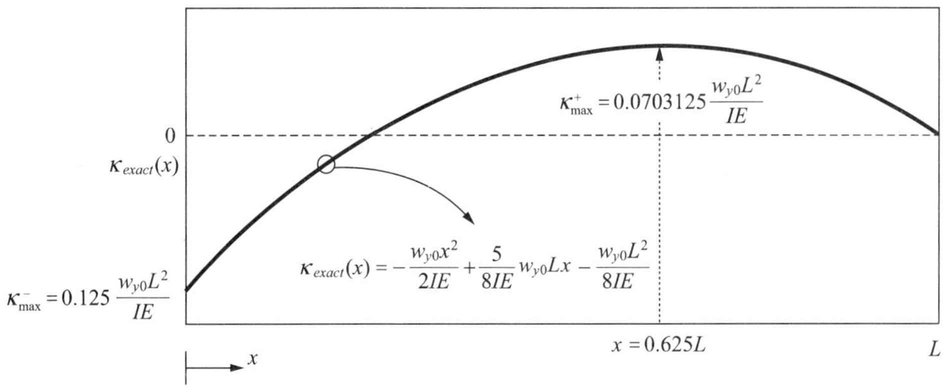

보의 정밀한 모멘트식

$$M_{exact}\left(x\right) = IE\kappa_{exact}\left(x\right) = IE\frac{\partial^2 v_{exact}\left(x\right)}{\partial x^2} = -\frac{w_{y0}x^2}{2} + \frac{5}{8}w_{y0}Lx - \frac{w_{y0}L^2}{8}$$

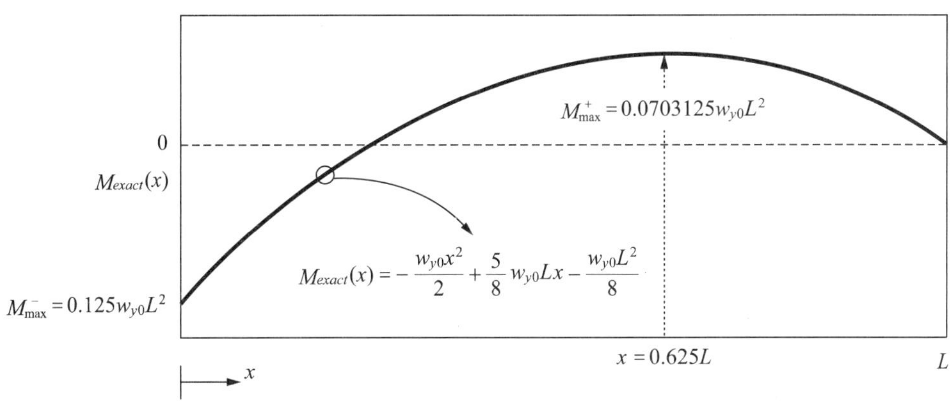

지점 반력은 아래와 같다.

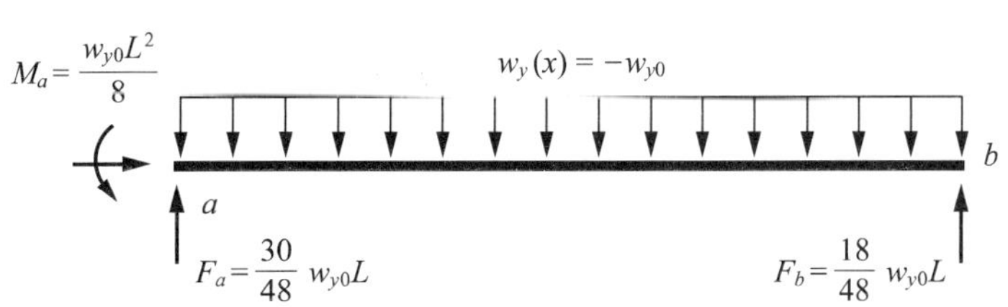

가상변위 원리를 이용하여 $w_y\left(x\right)$ 의 크기가 w_{y0} 와 같음을 증명해보자.

먼저 가상변위를 $\delta v\left(x\right) = -\left(\frac{1}{2} - \cos\left(\frac{\pi x}{2L}\right)\right)$를 사용하도록 한다.

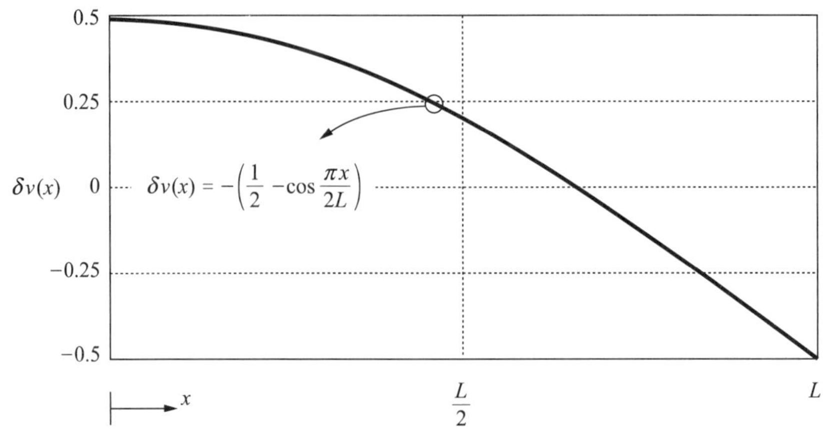

보의 가상회전각

$$\delta\theta(x) = -\frac{\pi}{2L}\sin\left(\frac{\pi x}{2L}\right)$$

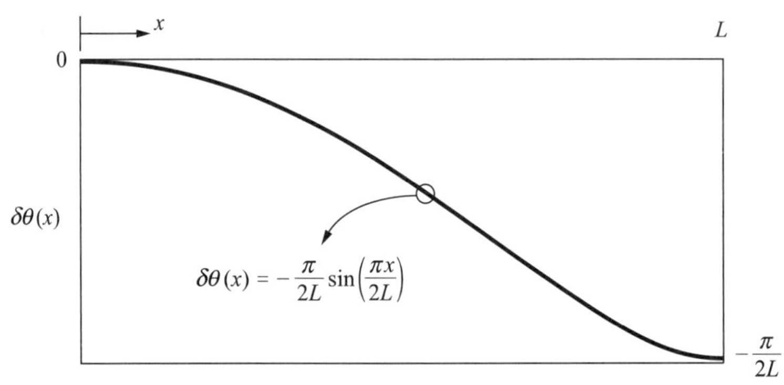

가상 휨 곡률(합 변형률)은 수직변위와 다음 관계로 정의된다.

$$\delta\kappa(x) = \frac{\partial^2 \delta v(x)}{\partial x^2} = -\frac{\pi^2 \cos\left(\frac{\pi x}{2L}\right)}{4L^2}$$

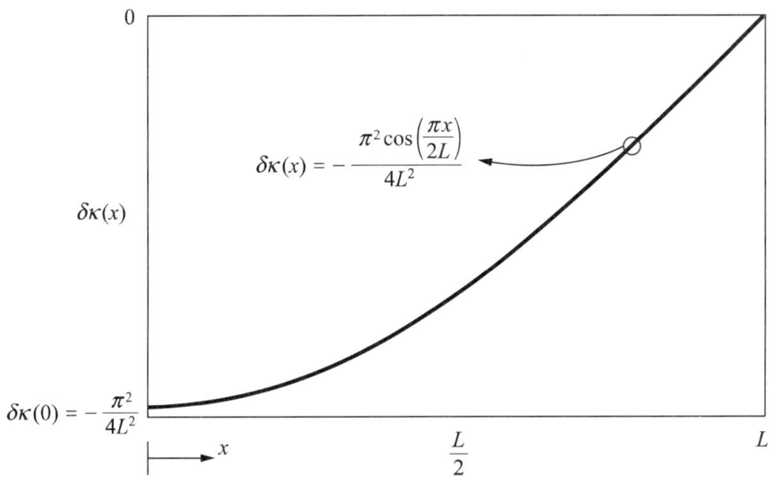

이 가상변위는 기하학적 경계조건을 위반하고 있다.

$$\delta U_2 = \delta v(0) = 0.5, \quad \delta U_5 = \delta v(L) = -0.5$$

외부 가상일은 다음과 같고

$$\delta W_{ext} = \delta U_1 P_1 + \delta U_2 P_2 + \delta U_3 P_3 + \delta U_4 P_4 + \delta U_5 P_5 + \delta U_6 P_6 + \int_L w_y(x)\delta v(x)\,dx$$

$$\delta W_{ext} = (0.5)\left(\frac{30}{48} w_{y0} L\right) + (-0.5)\left(\frac{18}{48} w_{y0} L\right) + \int_L w_y \left(-\left(\frac{1}{2} - \cos\frac{\pi x}{2L}\right)\right) dx$$

$$\delta W_{ext} = \frac{6}{48} w_{y0} L - \frac{w_y L}{2\pi}(\pi - 4)$$

내부 가상일은 다음과 같다.

$$\delta W_{int} = -\int_L M(x)\delta\kappa(x)\,dx = -\int_L \left(-\frac{w_{y0}x^2}{2} + \frac{5}{8} w_{y0} L x - \frac{w_{y0} L^2}{8}\right)\left(-\frac{\pi^2 \cos\left(\dfrac{\pi x}{2L}\right)}{4L^2}\right) dx$$

$$\delta W_{int} = -w_{y0} L \left(\frac{5}{8} - \frac{2}{\pi}\right)$$

따라서 가상일의 방정식은 다음과 같이 정리된다.

$$\delta W = \delta W_{ext} + \delta W_{int} = \frac{6}{48} w_{y0} L - \frac{w_y L}{2\pi}(\pi - 4) - w_{y0} L \left(\frac{5}{8} - \frac{2}{\pi}\right) = 0$$

$w_y = -w_{y0}$ ➡ 만족함

7 가상일 원리 : 골조구조물

지금까지 골조요소에 대한 가상일의 원리를 설명하였다. 가상일의 원리를 정리하면 다음과 같다.

- 입자와 강체에 대한 가상변위 원리
- 외부 및 내부 가상일을 포함하는 골조요소(변형체)의 가상변위 원리
- 두 힘 시스템 간의 상호변환 관계

이 절에서 골조구조물에 대한 가상일의 원리를 세워보도록 하자. 앞서 언급한 것처럼 골조구조물은 절점(강성 입자)과 골조요소(변형가능한 요소)로 구성된다. 전체 골조구조물은 기지(known)의 외부 절점하중 $\mathbf{F}_{free}$ 와 등분포 요소하중 $\mathbf{w}(x)$ 를 받고 있다. 뿐만 아니라 지점에서 발생한 반력(미지의 값, unknown)을 받고 있다. 골조구조물에서 전체와 국부 평형관계를 만족하기 위해서 절점하중($\mathbf{F}_{free}$ 와 $\mathbf{F}_{constr}$), 요소하중[$\mathbf{w}(x)$], 내력[$\boldsymbol{\sigma}(x)$]은 평형 상태를 이루어야 한다. 그러므로 변형체에 대한 가상일의 원리는 전체 골조 구조물에 대하여 적용된다. 외부 및 내부 가상일의 합은 소멸하기 때문이다.

이 경우 외부 가상일은 "전역좌표계 자유도의 가상변위에 대한 절점하중과 요소하중에 의한 일"로 정의된다. 그리고 내부 가상일은 "가상요소 변형에 대한 내력의 일"로 정의된다. 기억해야 할 것은 가상요소 변형은 전역좌표계 자유도의 가상변위와 적합관계를 만족해야 한다는 사실이다. 즉, 가상요소 변형과 가상변위는 기구학적으로 적합해야 한다.

따라서 외부 가상일은 다음과 같이 표현된다.

$$\delta W_{ext} = \delta\mathbf{U}^T_{free}\mathbf{F}_{free} + \delta\mathbf{U}^T_{constr}\mathbf{F}_{constr} + \sum_{i=1}^{N}\left(\int_{L_i}\delta\mathbf{u}(x)^T\,\mathbf{w}(x)\,dx\right) \tag{5.99}$$

여기서, L_i는 요소 i의 길이이고 N은 골조요소의 개수다. "가상일"은 스칼라량이기 때문에 전체 요소의 가상요소변위 $\delta\mathbf{u}(x)$에 대하여 요소하중 $\mathbf{w}(x)$에 의한 외부 가상일을 추가하여 계산하면 된다.

이와 유사하게, 총 내부 가상일도 각 요소의 내부 가상일의 합으로 구하면 식 (5.100)과 같다.

$$\delta W_{int} = -\delta U_{int} = -\sum_{i=1}^{N}\left(\int_{L_i}\delta\boldsymbol{\varepsilon}(x)^T\,\boldsymbol{\sigma}(x)\,dx\right) \tag{5.100}$$

변형체인 전체 골조 구조물의 가상일 식 (5.30)은

$$\delta W = \delta W_{ext} + \delta W_{int}$$
$$= \underbrace{\delta \mathbf{U}_{free}^T \mathbf{F}_{free} + \delta \mathbf{U}_{constr}^T \mathbf{F}_{constr} + \sum_{i=1}^{N} \left(\int_{L_i} \delta \mathbf{u}(x)^T \mathbf{w}(x) dx \right)}_{\delta W_{ext}} \underbrace{- \sum_{i=1}^{N} \left(\int_{L_i} \delta \boldsymbol{\varepsilon}(x)^T \boldsymbol{\sigma}(x) dx \right)}_{\delta W_{int}} = 0 \quad (5.101)$$

이다. 식 (5.101)의 가상일의 원리는 평형방정식의 한 형태이다. 식 (5.101)의 적분항을 우측으로 이항하여 정리하면 식 (5.102)와 같다.

$$\delta \mathbf{U}_{free}^T \mathbf{F}_{free} + \delta \mathbf{U}_{constr}^T \mathbf{F}_{constr} = \sum_{i=1}^{N} \left(\int_{L_i} \delta \boldsymbol{\varepsilon}(x)^T \boldsymbol{\sigma}(x) dx \right) - \sum_{i=1}^{N} \left(\int_{L_i} \delta \mathbf{u}(x)^T \mathbf{w}(x) dx \right) \quad (5.102)$$

식 (5.102)의 우측항을 식 (5.96), 식 (5.98)과 비교하면 다음 관계가 성립한다.

$$\sum_{i=1}^{N} \left(\int_{L_i} \delta \boldsymbol{\varepsilon}(x)^T \boldsymbol{\sigma}(x) dx - \int_{L_i} \delta \mathbf{u}(x)^T \mathbf{w}(x) dx \right) = \sum_{i=1}^{N} \left(\delta \overline{\mathbf{U}}^{(i)^T} \overline{\mathbf{P}}^{(i)} \right) \quad (5.103)$$

여기서, 첨자 i는 요소번호이다. 요소하중이 없는 경우의 "일"은 참조 좌표계와 상관없이 일정하다.

$$\delta \overline{\mathbf{U}}^{(i)^T} \overline{\mathbf{P}}^{(i)} = \delta \mathbf{v}^{(i)^T} \mathbf{q}^{(i)} \quad (5.104)$$

식 (5.104)를 식 (5.103)과 식 (5.102)에 대입하면 식 (5.105)로 정리된다.

$$\delta \mathbf{U}_{free}^T \mathbf{F}_{free} + \delta \mathbf{U}_{constr}^T \mathbf{F}_{constr} = \sum_{i=1}^{N} \delta \mathbf{v}^{(i)^T} \mathbf{q}^{(i)} \quad (5.105)$$

3장에서 구조물의 기본 힘 벡터 $\mathbf{Q}$와 구조물의 기본 변형벡터 $\mathbf{V}$를 다음과 같이 정의하였다.

$$\mathbf{Q} = \begin{Bmatrix} \mathbf{q}^{(1)} \\ \mathbf{q}^{(2)} \\ \vdots \\ \mathbf{q}^{(k)} \\ \vdots \\ \mathbf{q}^{(N)} \end{Bmatrix}_{Element} = \begin{Bmatrix} \mathbf{Q}_1 \\ \mathbf{Q}_2 \\ \vdots \\ \mathbf{Q}_k \\ \vdots \\ \mathbf{Q}_N \end{Bmatrix}_{Structure} \quad (5.106)$$

$$\mathbf{V} = \begin{Bmatrix} \mathbf{v}^{(1)} \\ \mathbf{v}^{(2)} \\ \vdots \\ \mathbf{v}^{(k)} \\ \vdots \\ \mathbf{v}^{(N)} \end{Bmatrix}_{Element} = \begin{Bmatrix} \mathbf{V}_1 \\ \mathbf{V}_2 \\ \vdots \\ \mathbf{V}_k \\ \vdots \\ \mathbf{V}_N \end{Bmatrix}_{Structure} \tag{5.107}$$

따라서 식 (5.105)의 우측항은 $\delta\mathbf{V}$ 와 $\mathbf{Q}$ 의 스칼라 곱으로 표현된다(식 5.108).

$$\sum_{i=1}^{N} \delta\mathbf{v}^{(i)^T}\mathbf{q}^{(i)} = \delta\mathbf{V}^T\mathbf{Q} \tag{5.108}$$

식 (5.108)을 식 (5.105)에 대입하면 다음 식이 유도된다.

$$\delta\mathbf{U}_{free}^T\mathbf{F}_{free} + \delta\mathbf{U}_{constr}^T\mathbf{F}_{constr} = \delta\mathbf{V}^T\mathbf{Q} \tag{5.109}$$

가상변형 $\delta\mathbf{V}$ 가 가상변위($\delta\mathbf{U}_{free}$, $\delta\mathbf{U}_{constr}$)와 적합관계를 만족할 경우에 식 (5.109)는 외부 절점하중($\mathbf{F}_{free}$, $\mathbf{F}_{constr}$)과 내력($\mathbf{Q}$) 사이의 구조 평형 관계를 나타낸다. 이 관계는 요소하중이 없을 때 유효함을 주목하자. 그러나 요소하중 효과는 단순하게 등가 절점하중으로 다룰 수 있지만, 이때에는 가상요소변위 $\delta\mathbf{u}(x)$ 를 정의해야 하므로 이 부분은 나중에 다시 다루도록 한다.

Example 5-6

아래 그림처럼 집중하중을 받는 가새를 갖는 골조구조물에서

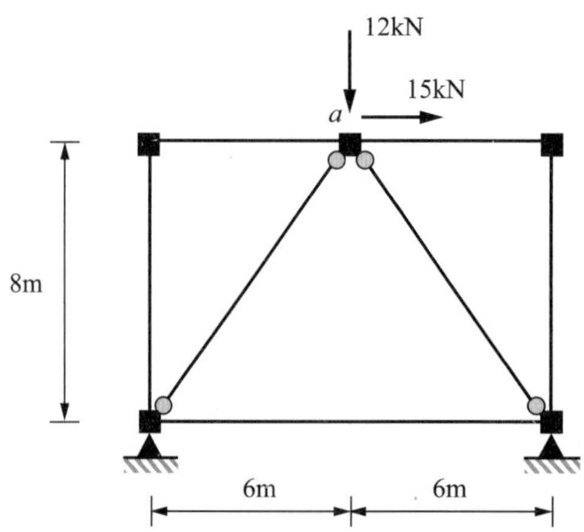

구조물의 기본하중이 다음과 같을 때

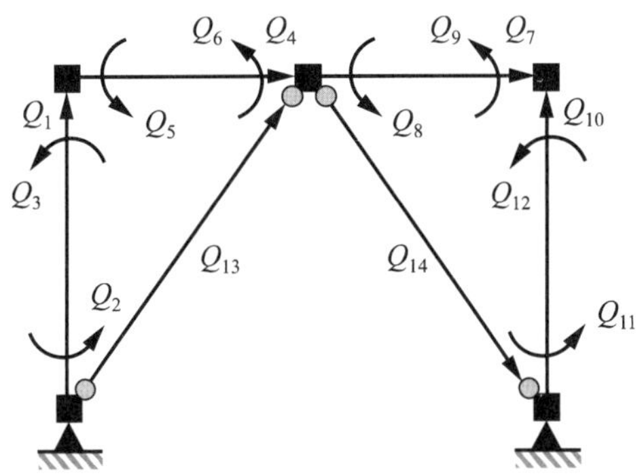

$$Q=\begin{Bmatrix}Q_1\\Q_2\\Q_3\\Q_4\\Q_5\\Q_6\\Q_7\\Q_8\\Q_9\\Q_{10}\\Q_{11}\\Q_{12}\\Q_{13}\\Q_{14}\end{Bmatrix}=\begin{Bmatrix}-0.4\\0\\15.69\\1.961\\-15.69\\18.089\\-4.340\\-18.089\\-34.724\\-8.804\\0\\34.724\\5.501\\-8.996\end{Bmatrix}$$

가상변위의 원리를 사용하여 절점에 작용하는 수평 수직 하중이 각각 15kN(→) 12kN(↓)임을 증명하시오.

Solution

구조물의 절점, 요소 번호와 자유도 번호를 다음과 같이 설정한다.

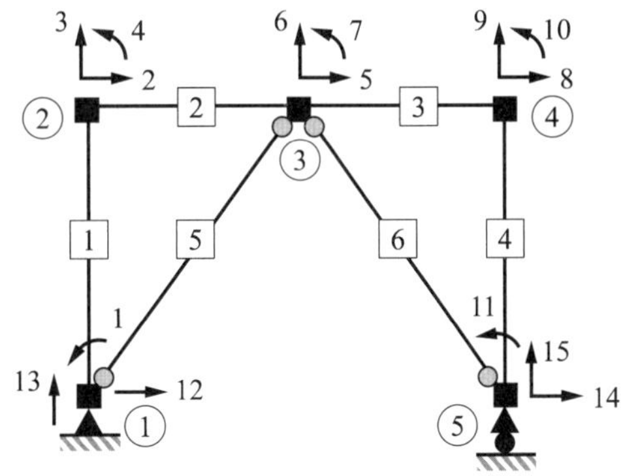

자유도 번호에 대한 요소의 사상벡터

Element 1 / Element 2 / Element 3 / Element 4

$$LM_1=\begin{Bmatrix}12\\13\\1\\2\\3\\4\end{Bmatrix}_1 \quad LM_2=\begin{Bmatrix}2\\3\\4\\5\\6\\7\end{Bmatrix}_2 \quad LM_3=\begin{Bmatrix}5\\6\\7\\8\\9\\10\end{Bmatrix}_3 \quad LM_4=\begin{Bmatrix}14\\15\\11\\8\\9\\10\end{Bmatrix}_4$$

Element 5 $\quad$ Element 6

$$LM_5 = \begin{Bmatrix} 12 \\ 13 \\ 5 \\ 6 \end{Bmatrix}_5 \qquad LM_6 = \begin{Bmatrix} 5 \\ 6 \\ 14 \\ 15 \end{Bmatrix}_6$$

계산된 각 요소의 길이와 방향 코사인을 다음과 같이 표로 정리하였다.

Element	Node i	Node j	X_i	Y_i	X_j	Y_j	ΔX	ΔY	L	$\cos\phi$	$\sin\phi$
1	1	2	0	0	0	8	0	8	8.00	0.000	1.000
2	2	3	0	8	6	8	6	0	6.00	1.000	0.000
3	3	4	6	8	12	8	6	0	6.00	1.000	0.000
4	5	4	16	0	16	8	0	8	8.00	0.000	1.000
5	1	3	0	0	6	8	6	8	10.00	0.600	0.800
6	3	5	6	8	12	0	6	−8	10.00	0.600	−0.800

단순 보의 전체 좌표계에서 적합방정식은

$$\begin{Bmatrix} v_1^{(i)} \\ v_2^{(i)} \\ v_3^{(i)} \end{Bmatrix} = \begin{bmatrix} -\cos\phi & -\sin\phi & 0 & \cos\phi & \sin\phi & 0 \\ -\dfrac{\sin\phi}{L} & \dfrac{\cos\phi}{L} & 1 & \dfrac{\sin\phi}{L} & -\dfrac{\cos\phi}{L} & 0 \\ -\dfrac{\sin\phi}{L} & \dfrac{\cos\phi}{L} & 0 & \dfrac{\sin\phi}{L} & -\dfrac{\cos\phi}{L} & 1 \end{bmatrix} \begin{Bmatrix} U_1^{(i)} \\ U_2^{(i)} \\ U_3^{(i)} \\ U_4^{(i)} \\ U_5^{(i)} \\ U_6^{(i)} \end{Bmatrix}$$

과 같고, 트러스 요소의 전역좌표계에서 적합방정식은

$$v_1^{(i)} = [-\cos\phi \quad -\sin\phi \quad \cos\phi \quad \sin\phi] \begin{Bmatrix} U_1^{(i)} \\ U_2^{(i)} \\ U_3^{(i)} \\ U_4^{(i)} \end{Bmatrix}$$

과 같다. 각 요소의 기본 요소변형을 다음과 같이 정하였다.

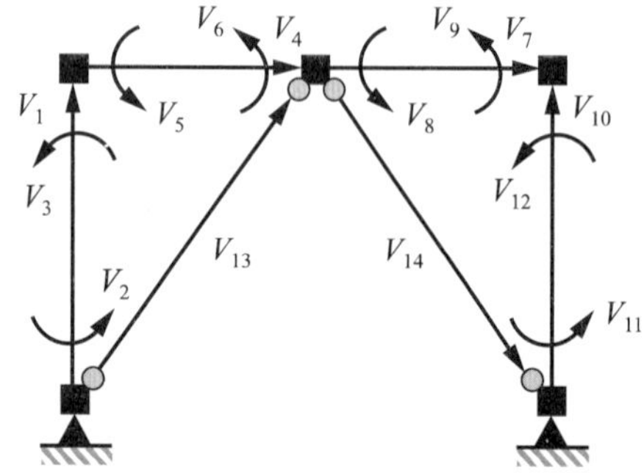

각 요소의 적합방정식을 구하면 다음과 같다.

요소 1

요소좌표계에서 적합관계

$$\begin{Bmatrix} v_1^{(1)} \\ v_2^{(1)} \\ v_3^{(1)} \end{Bmatrix} = \begin{bmatrix} 0 & -1 & 0 & 0 & 1 & 0 \\ -0.125 & 0 & 1 & 0.125 & 0 & 0 \\ -0.125 & 0 & 0 & 0.125 & 0 & 1 \end{bmatrix} \begin{Bmatrix} U_1^{(1)} \\ U_2^{(1)} \\ U_3^{(1)} \\ U_4^{(1)} \\ U_5^{(1)} \\ U_6^{(1)} \end{Bmatrix}$$

전역좌표계 자유도와 요소 자유도 연결 정보

$$LM_1 = \begin{Bmatrix} 12 \\ 13 \\ 1 \\ 2 \\ 3 \\ 4 \end{Bmatrix}_1 ; \begin{Bmatrix} U_1^{(1)} \\ U_2^{(1)} \\ U_3^{(1)} \\ U_4^{(1)} \\ U_5^{(1)} \\ U_6^{(1)} \end{Bmatrix} \Rightarrow \begin{Bmatrix} U_{12} \\ U_{13} \\ U_1 \\ U_2 \\ U_3 \\ U_4 \end{Bmatrix} \text{ 그리고 } \begin{Bmatrix} v_1^{(1)} \\ v_2^{(1)} \\ v_3^{(1)} \end{Bmatrix} \Rightarrow \begin{Bmatrix} V_1 \\ V_2 \\ V_3 \end{Bmatrix}$$

구조물 좌표계에서 적합관계

$$\begin{Bmatrix} V_1 \\ V_2 \\ V_3 \end{Bmatrix} = \begin{bmatrix} 0 & -1 & 0 & 0 & 1 & 0 \\ -0.125 & 0 & 1 & 0.125 & 0 & 0 \\ -0.125 & 0 & 0 & 0.125 & 0 & 1 \end{bmatrix} \begin{Bmatrix} U_{12} \\ U_{13} \\ U_1 \\ U_2 \\ U_3 \\ U_4 \end{Bmatrix}$$

요소 2

요소 좌표계에서 적합관계

$$\begin{Bmatrix} v_1^{(2)} \\ v_2^{(2)} \\ v_3^{(2)} \end{Bmatrix} = \begin{bmatrix} -1 & 0 & 0 & 1 & 0 & 0 \\ 0 & 0.1667 & 1 & 0 & -0.1667 & 0 \\ 0 & 0.1667 & 0 & 0 & -0.1667 & 1 \end{bmatrix} \begin{Bmatrix} U_1^{(2)} \\ U_2^{(2)} \\ U_3^{(2)} \\ U_4^{(2)} \\ U_5^{(2)} \\ U_6^{(2)} \end{Bmatrix}$$

전역좌표계 자유도와 요소 자유도 연결 정보

$$LM_2 = \begin{Bmatrix} 2 \\ 3 \\ 4 \\ 5 \\ 6 \\ 7 \end{Bmatrix}_2 ; \begin{Bmatrix} U_1^{(2)} \\ U_2^{(2)} \\ U_3^{(2)} \\ U_4^{(2)} \\ U_5^{(2)} \\ U_6^{(2)} \end{Bmatrix} \Rightarrow \begin{Bmatrix} U_2 \\ U_3 \\ U_4 \\ U_5 \\ U_6 \\ U_7 \end{Bmatrix} \text{ 그리고 } \begin{Bmatrix} v_1^{(2)} \\ v_2^{(2)} \\ v_3^{(2)} \end{Bmatrix} \Rightarrow \begin{Bmatrix} V_4 \\ V_5 \\ V_6 \end{Bmatrix}$$

구조물 좌표계에서 적합관계

$$\begin{Bmatrix} V_4 \\ V_5 \\ V_6 \end{Bmatrix} = \begin{bmatrix} -1 & 0 & 0 & 1 & 0 & 0 \\ 0 & 0.1667 & 1 & 0 & -0.1667 & 0 \\ 0 & 0.1667 & 0 & 0 & -0.1667 & 1 \end{bmatrix} \begin{Bmatrix} U_2 \\ U_3 \\ U_4 \\ U_5 \\ U_6 \\ U_7 \end{Bmatrix}$$

<u>요소 3</u>

요소 좌표계에서 적합관계

$$\begin{Bmatrix} v_1^{(3)} \\ v_2^{(3)} \\ v_3^{(3)} \end{Bmatrix} = \begin{bmatrix} -1 & 0 & 0 & 1 & 0 & 0 \\ 0 & 0.1667 & 1 & 0 & -0.1667 & 0 \\ 0 & 0.1667 & 0 & 0 & -0.1667 & 1 \end{bmatrix} \begin{Bmatrix} U_1^{(3)} \\ U_2^{(3)} \\ U_3^{(3)} \\ U_4^{(3)} \\ U_5^{(3)} \\ U_6^{(3)} \end{Bmatrix}$$

전역좌표계 자유도와 요소 자유도 연결 정보

$$LM_3 = \begin{Bmatrix} 5 \\ 6 \\ 7 \\ 8 \\ 9 \\ 10 \end{Bmatrix}_3 ; \begin{Bmatrix} U_1^{(3)} \\ U_2^{(3)} \\ U_3^{(3)} \\ U_4^{(3)} \\ U_5^{(3)} \\ U_6^{(3)} \end{Bmatrix} \Rightarrow \begin{Bmatrix} U_5 \\ U_6 \\ U_7 \\ U_8 \\ U_9 \\ U_{10} \end{Bmatrix} \text{ 그리고 } \begin{Bmatrix} v_1^{(3)} \\ v_2^{(3)} \\ v_3^{(3)} \end{Bmatrix} \Rightarrow \begin{Bmatrix} V_7 \\ V_8 \\ V_9 \end{Bmatrix}$$

구조물 좌표계에서 적합관계

$$\begin{Bmatrix} V_7 \\ V_8 \\ V_9 \end{Bmatrix} = \begin{bmatrix} -1 & 0 & 0 & 1 & 0 & 0 \\ 0 & 0.1667 & 1 & 0 & -0.1667 & 0 \\ 0 & 0.1667 & 0 & 0 & -0.1667 & 1 \end{bmatrix} \begin{Bmatrix} U_5 \\ U_6 \\ U_7 \\ U_8 \\ U_9 \\ U_{10} \end{Bmatrix}$$

요소 4

요소 좌표계에서 적합관계

$$\begin{Bmatrix} v_1^{(4)} \\ v_2^{(4)} \\ v_3^{(4)} \end{Bmatrix} = \begin{bmatrix} 0 & -1 & 0 & 0 & 1 & 0 \\ -0.125 & 0 & 1 & 0.125 & 0 & 0 \\ -0.125 & 0 & 0 & 0.125 & 0 & 1 \end{bmatrix} \begin{Bmatrix} U_1^{(4)} \\ U_2^{(4)} \\ U_3^{(4)} \\ U_4^{(4)} \\ U_5^{(4)} \\ U_6^{(4)} \end{Bmatrix}$$

전역좌표계 자유도와 요소 자유도 연결 정보

$$LM_4 = \begin{Bmatrix} 14 \\ 15 \\ 11 \\ 8 \\ 9 \\ 10 \end{Bmatrix}_4 ; \quad \begin{Bmatrix} U_1^{(4)} \\ U_2^{(4)} \\ U_3^{(4)} \\ U_4^{(4)} \\ U_5^{(4)} \\ U_6^{(4)} \end{Bmatrix} \Rightarrow \begin{Bmatrix} U_{14} \\ U_{15} \\ U_{11} \\ U_8 \\ U_9 \\ U_{10} \end{Bmatrix} \text{ 그리고 } \begin{Bmatrix} v_1^{(4)} \\ v_2^{(4)} \\ v_3^{(4)} \end{Bmatrix} \Rightarrow \begin{Bmatrix} V_{10} \\ V_{11} \\ V_{12} \end{Bmatrix}$$

구조물 좌표계에서 적합관계

$$\begin{Bmatrix} V_{10} \\ V_{11} \\ V_{12} \end{Bmatrix} = \begin{bmatrix} 0 & -1 & 0 & 0 & 1 & 0 \\ -0.125 & 0 & 1 & 0.125 & 0 & 0 \\ -0.125 & 0 & 0 & 0.125 & 0 & 1 \end{bmatrix} \begin{Bmatrix} U_{14} \\ U_{15} \\ U_{11} \\ U_8 \\ U_9 \\ U_{10} \end{Bmatrix}$$

요소 5

요소 좌표계에서 적합관계

$$v_1^{(5)} = \begin{bmatrix} -0.6 & -0.8 & 0.6 & 0.8 \end{bmatrix} \begin{Bmatrix} U_1^{(5)} \\ U_2^{(5)} \\ U_3^{(5)} \\ U_4^{(5)} \end{Bmatrix}$$

전역좌표계 자유도와 요소 자유도 연결 정보

$$LM_5 = \begin{Bmatrix} 12 \\ 13 \\ 5 \\ 6 \end{Bmatrix}_5 ; \begin{Bmatrix} U_1^{(5)} \\ U_2^{(5)} \\ U_3^{(5)} \\ U_4^{(5)} \end{Bmatrix} \Rightarrow \begin{Bmatrix} U_{12} \\ U_{13} \\ U_5 \\ U_6 \end{Bmatrix} \text{ 그리고 } v_1^{(5)} \Rightarrow V_{13}$$

구조물좌표계에서 적합관계

$$V_{13} = [-0.6 \quad -0.8 \quad 0.6 \quad 0.8] \begin{Bmatrix} U_{12} \\ U_{13} \\ U_5 \\ U_6 \end{Bmatrix}$$

<u>요소 6</u>

요소좌표계에서 적합관계

$$v_1^{(6)} = [-0.6 \quad 0.8 \quad 0.6 \quad -0.8] \begin{Bmatrix} U_1^{(6)} \\ U_2^{(6)} \\ U_3^{(6)} \\ U_4^{(6)} \end{Bmatrix}$$

전역좌표계 자유도와 요소 자유도 연결 정보

$$LM_6 = \begin{Bmatrix} 5 \\ 6 \\ 14 \\ 15 \end{Bmatrix}_6 ; \begin{Bmatrix} U_1^{(6)} \\ U_2^{(6)} \\ U_3^{(6)} \\ U_4^{(6)} \end{Bmatrix} \Rightarrow \begin{Bmatrix} U_5 \\ U_6 \\ U_{14} \\ U_{15} \end{Bmatrix} \text{ 그리고 } v_1^{(6)} \Rightarrow V_{14}$$

구조물좌표계에서 적합관계

$$V_{14} = [-0.6 \quad 0.8 \quad 0.6 \quad -0.8] \begin{Bmatrix} U_5 \\ U_6 \\ U_{14} \\ U_{15} \end{Bmatrix}$$

전체구조물의 비구속 자유도에 대한 적합방정식은 다음과 같다.

$$\mathbf{V} = \mathbf{V}_{free} = \mathbf{A}_{free} \mathbf{U}_{free}$$

이를 풀어서 나타내면 아래 식과 같다.

$$\begin{Bmatrix} V_1 \\ V_2 \\ V_3 \\ V_4 \\ V_5 \\ V_6 \\ V_7 \\ V_8 \\ V_9 \\ V_{10} \\ V_{11} \\ V_{12} \\ V_{13} \\ V_{14} \end{Bmatrix} = \begin{bmatrix} 0 & 0 & 1 & 0 & 0 & 0 & 0 & 0 & 0 & 0 & 0 \\ 1 & 0.125 & 0 & 0 & 0 & 0 & 0 & 0 & 0 & 0 & 0 \\ 0 & 0.125 & 0 & 1 & 0 & 0 & 0 & 0 & 0 & 0 & 0 \\ 0 & -1 & 0 & 0 & 1 & 0 & 0 & 0 & 0 & 0 & 0 \\ 0 & 0 & 0.1667 & 1 & 0 & -0.1667 & 0 & 0 & 0 & 0 & 0 \\ 0 & 0 & 0.1667 & 0 & 0 & -0.1667 & 1 & 0 & 0 & 0 & 0 \\ 0 & 0 & 0 & 0 & -1 & 0 & 0 & 1 & 0 & 0 & 0 \\ 0 & 0 & 0 & 0 & 0 & 0.1667 & 1 & 0 & -0.1667 & 0 & 0 \\ 0 & 0 & 0 & 0 & 0 & 0.1667 & 0 & 0 & -0.1667 & 1 & 0 \\ 0 & 0 & 0 & 0 & 0 & 0 & 0 & 0 & 1 & 0 & 0 \\ 0 & 0 & 0 & 0 & 0 & 0 & 0 & 0.125 & 0 & 0 & 1 \\ 0 & 0 & 0 & 0 & 0 & 0 & 0 & 0.125 & 0 & 1 & 0 \\ 0 & 0 & 0 & 0 & 0.6 & 0.8 & 0 & 0 & 0 & 0 & 0 \\ 0 & 0 & 0 & 0 & -0.6 & 0.8 & 0 & 0 & 0 & 0 & 0 \end{bmatrix} \begin{Bmatrix} U_1 \\ U_2 \\ U_3 \\ U_4 \\ U_5 \\ U_6 \\ U_7 \\ U_8 \\ U_9 \\ U_{10} \\ U_{11} \end{Bmatrix}$$

절점 a에 작용하는 수평하중을 결정하기 위해서 아래와 같은 가상변위로 평형을 이루는 시스템을 교란시켜보자.

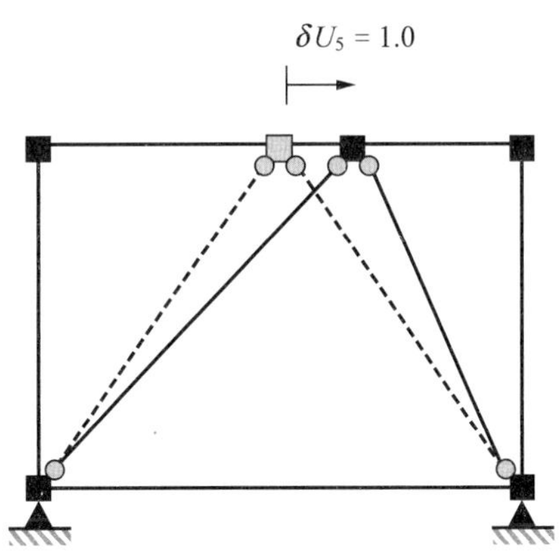

$$\delta\mathbf{U} = \begin{Bmatrix} 0 \\ 0 \\ 0 \\ 0 \\ 1 \\ 0 \\ 0 \\ 0 \\ 0 \\ 0 \\ 0 \end{Bmatrix} \Rightarrow \delta\mathbf{V} = \begin{Bmatrix} \delta V_1 \\ \delta V_2 \\ \delta V_3 \\ \delta V_4 \\ \delta V_5 \\ \delta V_6 \\ \delta V_7 \\ \delta V_8 \\ \delta V_9 \\ \delta V_{10} \\ \delta V_{11} \\ \delta V_{12} \\ \delta V_{13} \\ \delta V_{14} \end{Bmatrix} = \begin{Bmatrix} 0 \\ 0 \\ 0 \\ 1 \\ 0 \\ 0 \\ -1 \\ 0 \\ 0 \\ 0 \\ 0 \\ 0 \\ 0.6 \\ -0.6 \end{Bmatrix}$$

가상변위에 의한 외부 가상일은

$$\delta W_{ext} = \delta\mathbf{U}^T\mathbf{F} = F_5$$

와 같고,

내부 가상일은

$$\delta W_{int} = -\delta \mathbf{V}^T \mathbf{Q} = -\begin{Bmatrix} 0 \\ 0 \\ 0 \\ 1 \\ 0 \\ 0 \\ -1 \\ 0 \\ 0 \\ 0 \\ 0 \\ 0 \\ 0.6 \\ -0.6 \end{Bmatrix}^T \begin{Bmatrix} -0.4 \\ 0 \\ 15.69 \\ 1.961 \\ -15.69 \\ 18.089 \\ -4.340 \\ -18.089 \\ -34.724 \\ -8.804 \\ 0 \\ 34.724 \\ 5.501 \\ -8.996 \end{Bmatrix} = -15$$

와 같다.

총 가상일로부터 수평하중을 계산하면 다음과 같다.

$$\delta W = \delta W_{ext} + \delta W_{int} = F_5 - 15 = 0 \quad \Rightarrow \quad F_5 = 15\,\text{kN} \quad \rightarrow$$

절점 a에 작용하는 수직하중을 계산하기 위해서 아래와 같은 가상변위로 평형을 이루는 시스템을 교란시켜보자.

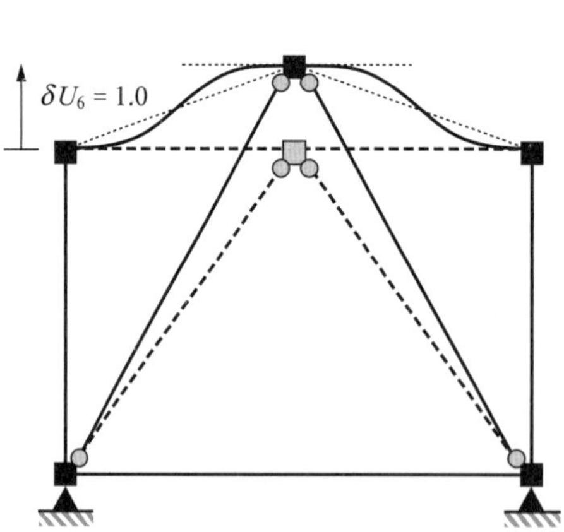

$$\delta \mathbf{U} = \begin{Bmatrix} 0 \\ 0 \\ 0 \\ 0 \\ 0 \\ 1 \\ 0 \\ 0 \\ 0 \\ 0 \\ 0 \end{Bmatrix} \Rightarrow \delta \mathbf{V} = \begin{Bmatrix} \delta V_1 \\ \delta V_2 \\ \delta V_3 \\ \delta V_4 \\ \delta V_5 \\ \delta V_6 \\ \delta V_7 \\ \delta V_8 \\ \delta V_9 \\ \delta V_{10} \\ \delta V_{11} \\ \delta V_{12} \\ \delta V_{13} \\ \delta V_{14} \end{Bmatrix} = \begin{Bmatrix} 0 \\ 0 \\ 0 \\ 0 \\ -0.1667 \\ -0.1667 \\ 0 \\ 0.1667 \\ 0.1667 \\ 0 \\ 0 \\ 0 \\ 0.8 \\ 0.8 \end{Bmatrix}$$

이때 외부 가상일은

$$\delta W_{ext} = \delta \mathbf{U}^T \mathbf{F} = F_6$$

과 같고,

내부 가상일은

$$\delta W_{int} = -\delta\mathbf{V}^T\mathbf{Q} = -\begin{Bmatrix} 0 \\ 0 \\ 0 \\ 0 \\ -0.1667 \\ -0.1667 \\ 0 \\ 0.1667 \\ 0.1667 \\ 0 \\ 0 \\ 0 \\ 0.8 \\ 0.8 \end{Bmatrix}^T \begin{Bmatrix} -0.4 \\ 0 \\ 15.69 \\ 1.961 \\ -15.69 \\ 18.089 \\ -4.340 \\ -18.089 \\ -34.724 \\ -8.804 \\ 0 \\ 34.724 \\ 5.501 \\ -8.996 \end{Bmatrix} = 12$$

와 같다.
총 가상일로부터 수직하중을 계산하면 다음과 같다.

$$\delta W = \delta W_{ext} + \delta W_{int} = F_6 + 12 = 0 \quad \Rightarrow \quad F_5 = -12\ \text{kN} = 12\ \text{kN}\ \downarrow$$

8 가상변위 $\delta\mathbf{u}(x)$에 대한 이론적 고찰

앞 절에서 가상변위 $\delta\mathbf{u}(x)$는 단지 구조적 거동에 대하여 연속성을 가지고 있어야 한다고 언급하였다. 이에 대한 이론적 배경을 살펴보자. 가상변위/힘은 식 (5.101)에 있는 요소하중 $\mathbf{w}(x)$에 의한 외부 가상일을 결정하는데 필수적인 역할을 하고 있다. 일반적으로 구조물의 구조 거동에 대한 가상변위는 2장에서 정의한 미분 적합방정식과 변위 경계조건을 만족해야 한다. 실제변위 $\mathbf{u}(x)$도 가상변위와 동일한 조건을 충족해야 한다.
이에 대하여 각 골조요소의 형태에 따라 각각 논의해보자. 그리고 변위에 대한 좀더 체계적인 접근방법은 이 절 후반부에서 다루도록 한다.

봉 요소

2장에서와 같이 봉의 미소구간에 대한 미분 적합방정식은

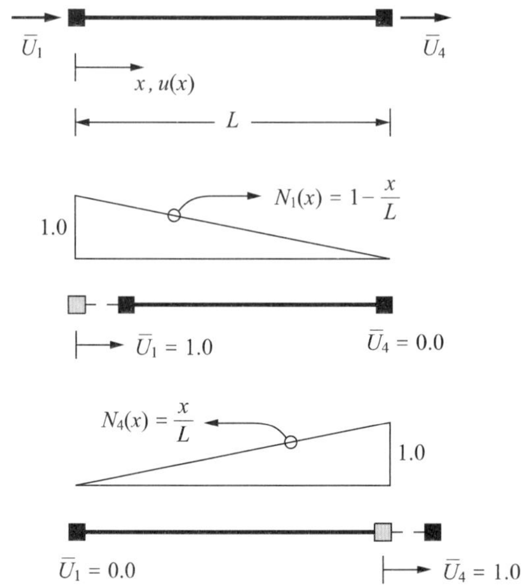

Figure 5–15 2－절점 봉요소의 변위 함수

$$\varepsilon(x) = \frac{du(x)}{dx} \tag{2장 2.3}$$

과 같다. 가상변위 $\delta u(x)$ 또한 이 관계를 만족하여야 한다. 그러므로 가상변위는 연속이어야 하고, 적어도 요소 내의 모든 점에서 1차 미분도 연속이어야 한다. 따라서 수치적으로 해석적으로 미분과 적분이 용이한 다항식을 주로 가상변위로 사용한다. 2－절점 봉 요소(Figure 5-15)의 변위함수는 1차식이고, 따라서 Lagrange 보간법을 사용하여 변위를 단부변위의 항으로 표현하면 다음과 같다.

$$u(x) = \left(1 - \frac{x}{L}\right)\bar{U}_1 + \frac{x}{L}\bar{U}_4 \tag{5.110}$$

Euler－Bernoulli 보 요소

2장에서 Euler－Bernoulli 보의 미소구간에 대한 미분 적합방정식이 다음과 같음을 살펴보았다.

$$\kappa(x) = \frac{d^2 v(x)}{dx^2} \tag{2장 2.17}$$

가상변위 $\delta v(x)$ 도 미분 적합관계를 만족하므로 가상변위와 2차 미분식도 연속이어야 한다. 2－절점 Euler－Bernoulli 보 요소(Figure 5-16)는 각 절점에서 두 개의 경계조건(수직 변위와 회전각)을 가진다. 따라서 변위함수는 3차의 다항식이 된다. 단부에서 경계조건을 만족하는 3차의 다항식을 “Hermitian” 보간함수[14)]라고 하며 다음과 같다.

$$v(x)=\left[1-3\left(\frac{x}{L}\right)^2+2\left(\frac{x}{L}\right)^3\right]\bar{U}_2+\left[L\left(\frac{x}{L}-2\left(\frac{x}{L}\right)^2+\left(\frac{x}{L}\right)^3\right)\right]\bar{U}_3+$$
$$\left[3\left(\frac{x}{L}\right)^2-2\left(\frac{x}{L}\right)^3\right]\bar{U}_5+\left[L\left(-\left(\frac{x}{L}\right)^2+\left(\frac{x}{L}\right)^3\right)\right]\bar{U}_6 \tag{5.111}$$

이런 형태의 요소를 C^1 요소라고 한다.

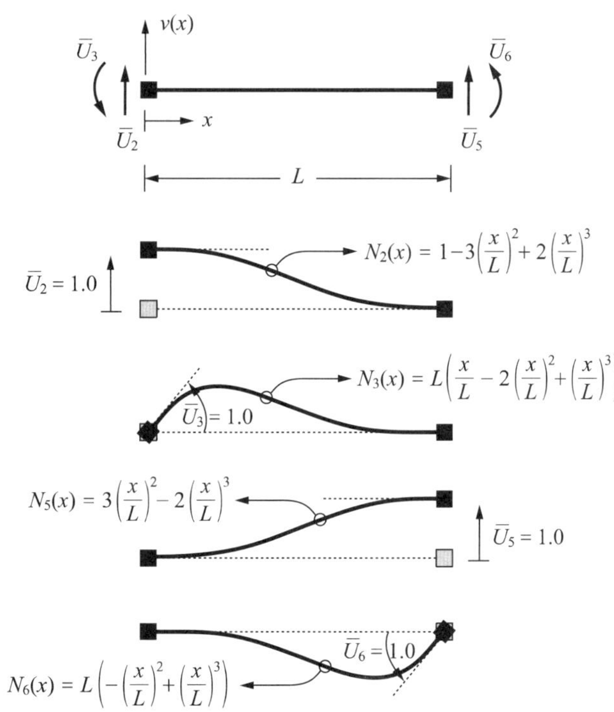

Figure 5–16 2 절점 Euler－Bernoulli보 요소의 변위 함수

14) Charles Hermite (1822~1901)는 19세기 후반에 활동했던 저명한 프랑스 수학자로서 대수학을 연구하였다. 1869년 Sorbonne대학의 수학과 교수가 되었으며, Herman과 그의 제자들은 현대 수학에 많은 영향을 끼쳤다.

Timoshenko 보 요소

2장에서와 같이 Timoshenko 보의 미소구간에서 미분 적합방정식은 다음과 같다.

$$\kappa(x) = \frac{d\alpha(x)}{dx}$$
$$\gamma(x) = \frac{dv(x)}{dx} - \alpha(x) \tag{2장 2.37}$$

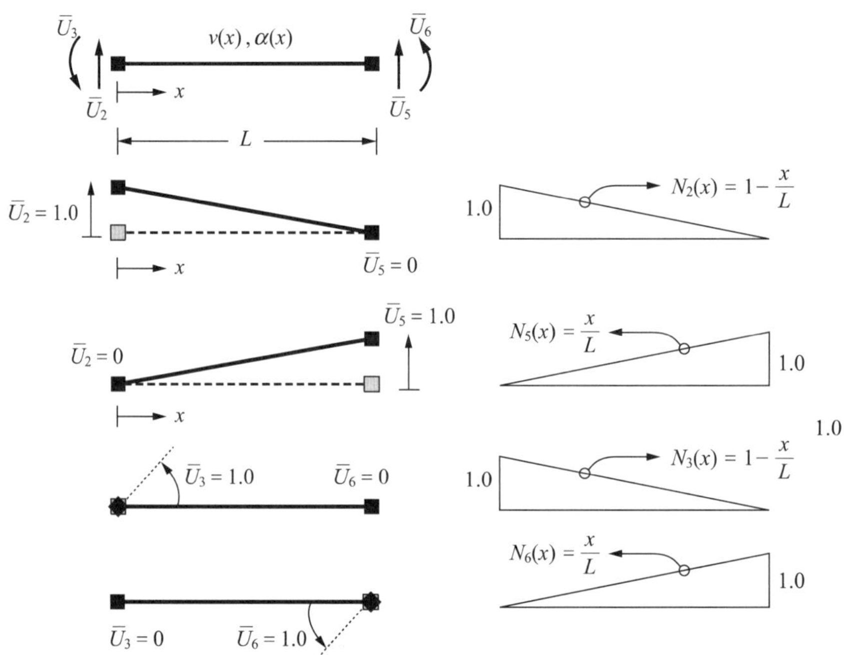

Figure 5-17 2절점 Timoshenko 보 요소의 변위함수

하나의 변위 $v(x)$를 갖는 Euler−Bernoulli 보와는 다르게 Timoshenko 보는 두 개의 독립적인 변위함수[변위 $v(x)$, 회전각 변위 $\alpha(x)$]를 가진다. 변위함수로 사용되는 다항식은 요소 단부의 경계조건을 만족해야 한다. 따라서 2−절점 Timoshenko 보(Figure 5-17)의 변위함수는 1차의 다항식이 되며, 이를 따라서 Lagrange 보간법을 사용하여 변위를 단부변위의 항으로 표현하면 다음과 같다.

$$v(x) = \left(1 - \frac{x}{L}\right)\bar{U}_2 + \frac{x}{L}\bar{U}_5 \tag{5.112}$$

$$\alpha(x)=\left(1-\frac{x}{L}\right)\bar{U}_3+\frac{x}{L}\bar{U}_6 \tag{5.113}$$

이런 형태의 보요소를 C^0 요소라고 한다.

가상변위[$\delta v(x)$]에서도 동일한 변위함수를 사용한다.

Example 5-7

축방향 변위가 발생하지 않는 그림과 같은 골조구조물의 경사요소가 등분포 하중 w를 받고 있다.

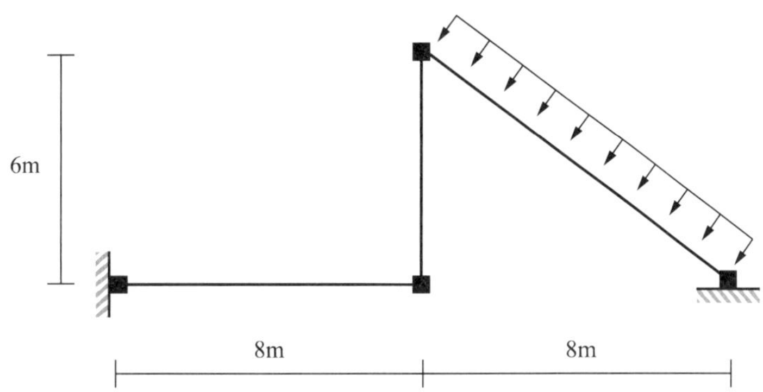

단부 모멘트가 아래와 같을 때, 가상변위 원리를 사용하여 등분포 하중 w의 크기를 계산하라.

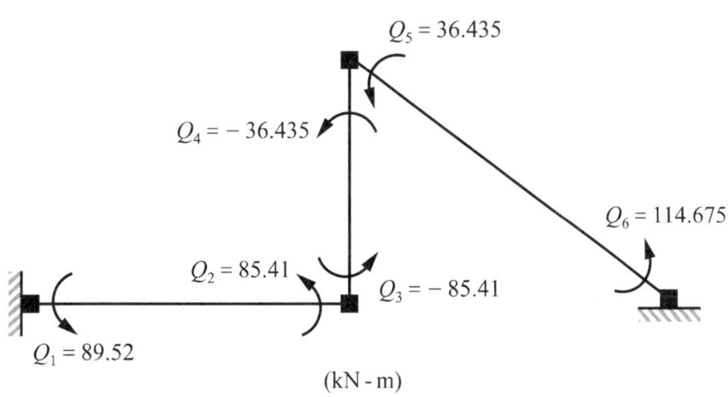

Solution

먼저 이 구조물의 적합방정식을 세우기에 앞서 구조물의 요소와 절점, 자유도를 다음 그림과 같이 결정한다.

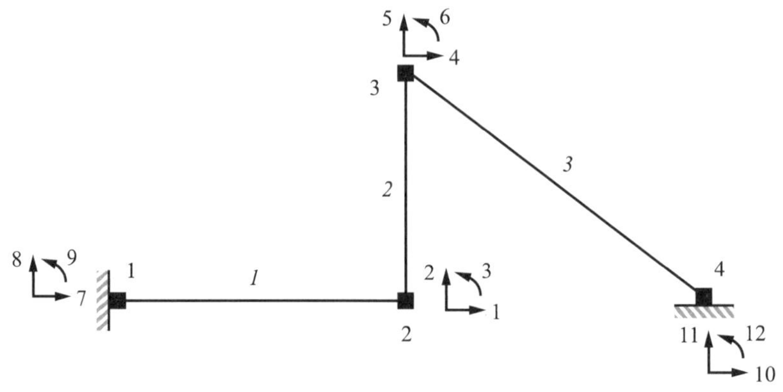

위 그림의 전역 자유도에 대한 국부좌표계 자유도 간의 사상벡터는 다음과 같다.

$$\underline{\text{Element 1}} \qquad \underline{\text{Element 2}} \qquad \underline{\text{Element 3}}$$

$$LM_1 = \begin{Bmatrix} 7 \\ 8 \\ 9 \\ 1 \\ 2 \\ 3 \end{Bmatrix}_1 \qquad LM_2 = \begin{Bmatrix} 1 \\ 2 \\ 3 \\ 4 \\ 5 \\ 6 \end{Bmatrix}_2 \qquad LM_3 = \begin{Bmatrix} 4 \\ 5 \\ 6 \\ 10 \\ 11 \\ 12 \end{Bmatrix}_3$$

기본요소 변형은 아래와 같다.

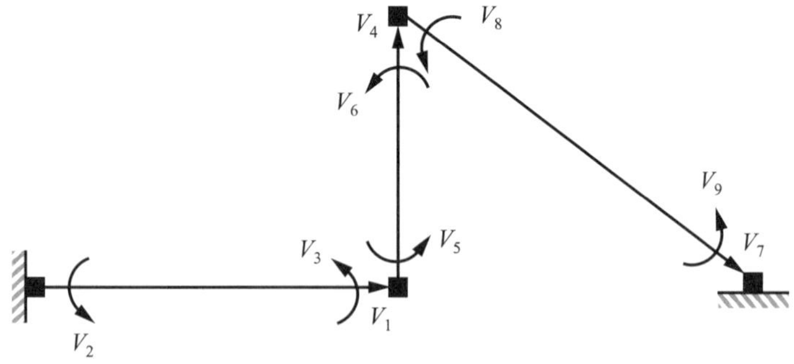

주어진 단부 모멘트로부터 실제 기본 힘 벡터는 다음과 같이 정리된다.

$$\mathbf{Q} = \begin{Bmatrix} Q_1 \\ Q_2 \\ Q_3 \\ Q_4 \\ Q_5 \\ Q_6 \\ Q_7 \\ Q_8 \\ Q_9 \end{Bmatrix} = \begin{Bmatrix} N.A. \\ 89.52 \\ 85.41 \\ N.A. \\ -85.41 \\ -36.435 \\ N.A. \\ 36.435 \\ -114.675 \end{Bmatrix} \text{kN-m}$$

각 요소의 길이와 방향 코사인을 아래 표에 정리하였다.

Element	Node i	Node j	X_i	Y_i	X_j	Y_j	ΔX	ΔY	L	$\cos\phi$	$\sin\phi$
1	1	2	0	0	8	0	8	0	8.00	1.000	0.000
2	2	3	8	0	8	6	0	6	6.00	0.000	1.000
3	3	4	8	6	16	0	8	− 6	10.00	0.800	− 0.600

각 요소의 적합방정식을 세워보자.

<u>요소 1</u>

요소 좌표계에서 적합관계

$$\begin{Bmatrix} v_1^{(1)} \\ v_2^{(1)} \\ v_3^{(1)} \end{Bmatrix} = \begin{bmatrix} -1 & 0 & 0 & 1 & 0 & 0 \\ 0 & 0.125 & 1 & 0 & -0.125 & 0 \\ 0 & 0.125 & 0 & 0 & -0.125 & 1 \end{bmatrix} \begin{Bmatrix} U_1^{(1)} \\ U_2^{(1)} \\ U_3^{(1)} \\ U_4^{(1)} \\ U_5^{(1)} \\ U_6^{(1)} \end{Bmatrix}$$

전역좌표계 자유도와 요소 자유도 연결 정보

$$LM_1 = \begin{Bmatrix} 7 \\ 8 \\ 9 \\ 1 \\ 2 \\ 3 \end{Bmatrix}_1 ; \quad \begin{Bmatrix} U_1^{(1)} \\ U_2^{(1)} \\ U_3^{(1)} \\ U_4^{(1)} \\ U_5^{(1)} \\ U_6^{(1)} \end{Bmatrix} \Rightarrow \begin{Bmatrix} U_7 \\ U_8 \\ U_9 \\ U_1 \\ U_2 \\ U_3 \end{Bmatrix} \text{ 그리고 } \begin{Bmatrix} v_1^{(1)} \\ v_2^{(1)} \\ v_3^{(1)} \end{Bmatrix} \Rightarrow \begin{Bmatrix} V_1 \\ V_2 \\ V_3 \end{Bmatrix}$$

구조물 좌표계에서 적합관계

$$\begin{Bmatrix} V_1 \\ V_2 \\ V_3 \end{Bmatrix} = \begin{bmatrix} -1 & 0 & 0 & 1 & 0 & 0 \\ 0 & 0.125 & 1 & 0 & -0.125 & 0 \\ 0 & 0.125 & 0 & 0 & -0.125 & 1 \end{bmatrix} \begin{Bmatrix} U_7 \\ U_8 \\ U_9 \\ U_1 \\ U_2 \\ U_3 \end{Bmatrix}$$

요소 2

요소 좌표계에서 적합관계

$$\begin{Bmatrix} v_1^{(2)} \\ v_2^{(2)} \\ v_3^{(2)} \end{Bmatrix} = \begin{bmatrix} 0 & -1 & 0 & 0 & 1 & 0 \\ -0.1667 & 0 & 1 & 0.1667 & 0 & 0 \\ -0.1667 & 0 & 0 & 0.1667 & 0 & 1 \end{bmatrix} \begin{Bmatrix} U_1^{(2)} \\ U_2^{(2)} \\ U_3^{(2)} \\ U_4^{(2)} \\ U_5^{(2)} \\ U_6^{(2)} \end{Bmatrix}$$

전역좌표계 자유도와 요소 자유도 연결 정보

$$LM_2 = \begin{Bmatrix} 1 \\ 2 \\ 3 \\ 4 \\ 5 \\ 6 \end{Bmatrix}_2 ; \begin{Bmatrix} U_1^{(2)} \\ U_2^{(2)} \\ U_3^{(2)} \\ U_4^{(2)} \\ U_5^{(2)} \\ U_6^{(2)} \end{Bmatrix} \Rightarrow \begin{Bmatrix} U_1 \\ U_2 \\ U_3 \\ U_4 \\ U_5 \\ U_6 \end{Bmatrix} \text{ 그리고 } \begin{Bmatrix} v_1^{(2)} \\ v_2^{(2)} \\ v_3^{(2)} \end{Bmatrix} \Rightarrow \begin{Bmatrix} V_4 \\ V_5 \\ V_6 \end{Bmatrix}$$

구조물좌표계에서 적합관계

$$\begin{Bmatrix} V_4 \\ V_5 \\ V_6 \end{Bmatrix} = \begin{bmatrix} 0 & -1 & 0 & 0 & 1 & 0 \\ -0.1667 & 0 & 1 & 0.1667 & 0 & 0 \\ -0.1667 & 0 & 0 & 0.1667 & 0 & 1 \end{bmatrix} \begin{Bmatrix} U_1 \\ U_2 \\ U_3 \\ U_4 \\ U_5 \\ U_6 \end{Bmatrix}$$

요소 3

요소좌표계에서 적합관계

$$\begin{Bmatrix} v_1^{(3)} \\ v_2^{(3)} \\ v_3^{(3)} \end{Bmatrix} = \begin{bmatrix} -0.8 & 0.6 & 0 & 0.8 & -0.6 & 0 \\ 0.06 & 0.08 & 1 & -0.06 & -0.08 & 0 \\ 0.06 & 0.08 & 0 & -0.06 & -0.08 & 1 \end{bmatrix} \begin{Bmatrix} U_1^{(3)} \\ U_2^{(3)} \\ U_3^{(3)} \\ U_4^{(3)} \\ U_5^{(3)} \\ U_6^{(3)} \end{Bmatrix}$$

전역좌표계 자유도와 요소 자유도 연결 정보

$$LM_3 = \begin{Bmatrix} 4 \\ 5 \\ 6 \\ 10 \\ 11 \\ 12 \end{Bmatrix}_3 \; ; \; \begin{Bmatrix} U_1^{(3)} \\ U_2^{(3)} \\ U_3^{(3)} \\ U_4^{(3)} \\ U_5^{(3)} \\ U_6^{(3)} \end{Bmatrix} \Rightarrow \begin{Bmatrix} U_4 \\ U_5 \\ U_6 \\ U_{10} \\ U_{11} \\ U_{12} \end{Bmatrix} \text{ 그리고 } \begin{Bmatrix} v_1^{(3)} \\ v_2^{(3)} \\ v_3^{(3)} \end{Bmatrix} \Rightarrow \begin{Bmatrix} V_7 \\ V_8 \\ V_9 \end{Bmatrix}$$

구조물좌표계에서 적합관계

$$\begin{Bmatrix} V_7 \\ V_8 \\ V_9 \end{Bmatrix} = \begin{bmatrix} -0.8 & 0.6 & 0 & 0.8 & -0.6 & 0 \\ 0.06 & 0.08 & 1 & -0.06 & -0.08 & 0 \\ 0.06 & 0.08 & 0 & -0.06 & -0.08 & 1 \end{bmatrix} \begin{Bmatrix} U_4 \\ U_5 \\ U_6 \\ U_{10} \\ U_{11} \\ U_{12} \end{Bmatrix}$$

전체 구조물의 비구속 자유도에 대한 적합방정식은 다음과 같다.

$$\mathbf{V} = \mathbf{V}_{free} = \mathbf{A}_{free}\mathbf{U}_{free}$$

이를 풀어서 나타내면 아래와 같다.

$$\begin{Bmatrix} V_1 \\ V_2 \\ V_3 \\ V_4 \\ V_5 \\ V_6 \\ V_7 \\ V_8 \\ V_9 \end{Bmatrix} = \begin{bmatrix} 1 & 0 & 0 & 0 & 0 & 0 \\ 0 & -0.125 & 0 & 0 & 0 & 0 \\ 0 & -0.125 & 1 & 0 & 0 & 0 \\ 0 & -1 & 0 & 0 & 1 & 0 \\ -0.1667 & 0 & 1 & 0.1667 & 0 & 0 \\ -0.1667 & 0 & 0 & 0.1667 & 0 & 1 \\ 0 & 0 & 0 & -0.8 & 0.6 & 0 \\ 0 & 0 & 0 & 0.06 & 0.08 & 1 \\ 0 & 0 & 0 & 0.06 & 0.08 & 0 \end{bmatrix} \begin{Bmatrix} U_1 \\ U_2 \\ U_3 \\ U_4 \\ U_5 \\ U_6 \end{Bmatrix}$$

구조물에 축방향 변위가 발생하지 않으므로 각 요소에서 구속조건은 다음과 같다.

요소 1

$$U_1 - \underbrace{U_7}_{0} = 0 \quad \Rightarrow \quad U_1 = U_7 = 0$$

요소 2

$$U_5 - U_2 = 0 \quad \Rightarrow \quad U_2 = U_5$$

요소 3

$$\left(\underbrace{U_{10}}_{0} - U_4\right)(8) + \left(\underbrace{U_{11}}_{0} - U_5\right)(-6) = 0 \quad \Rightarrow \quad U_4 = \frac{3}{4}U_5$$

위의 구속조건에서 U_5 를 주변위로 하고, 이를 포함하는 요소의 변위를 $\tilde{U}$ 라 하여 각각을 다음과 같이 이름한다.

$$U_5 \Rightarrow \tilde{U}_1 \quad U_3 \Rightarrow \tilde{U}_2 \quad U_6 \Rightarrow \tilde{U}_3$$

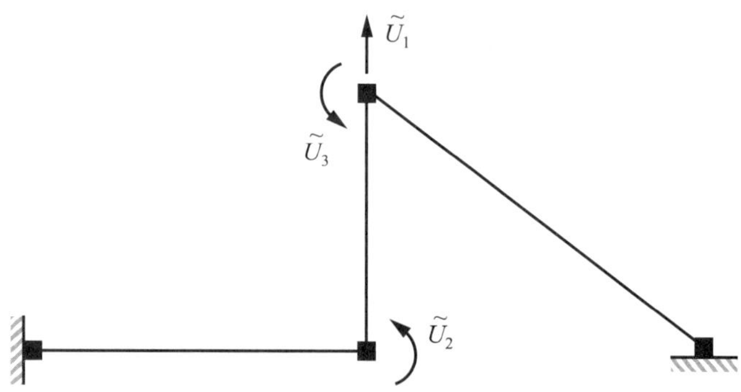

축방향으로 확장하지 않는다는 구속조건을 행렬로 나타내면 다음과 같다.

$$\begin{Bmatrix} U_1 \\ U_2 \\ U_3 \\ U_4 \\ U_5 \\ U_6 \end{Bmatrix} = \begin{bmatrix} 0 & 0 & 0 \\ 1 & 0 & 0 \\ 0 & 1 & 0 \\ \frac{3}{4} & 0 & 0 \\ 1 & 0 & 0 \\ 0 & 0 & 1 \end{bmatrix} \begin{Bmatrix} \tilde{U}_1 \\ \tilde{U}_2 \\ \tilde{U}_3 \end{Bmatrix} \quad \text{또는} \ \mathbf{U}_{free} = \mathbf{A}_c \tilde{\mathbf{U}}$$

구속된 구조물의 적합방정식은 아래와 같다.

$$\mathbf{V} = \mathbf{V}_{free} = \mathbf{A}_{free} \mathbf{U}_{free} = \mathbf{A}_{free} \mathbf{A}_c \tilde{\mathbf{U}} = \tilde{\mathbf{A}}_{free} \tilde{\mathbf{U}}$$

이를 풀어 적으면 다음과 같다.

$$\begin{Bmatrix} V_1 \\ V_2 \\ V_3 \\ V_4 \\ V_5 \\ V_6 \\ V_7 \\ V_8 \\ V_9 \end{Bmatrix} = \begin{bmatrix} 0 & 0 & 0 \\ -0.125 & 0 & 0 \\ -0.125 & 1 & 0 \\ 0 & 0 & 0 \\ 0.125 & 1 & 0 \\ 0.125 & 0 & 1 \\ 0 & 0 & 0 \\ 0.125 & 0 & 1 \\ 0.125 & 0 & 0 \end{bmatrix} \begin{Bmatrix} U_1 \\ U_2 \\ U_3 \\ U_4 \\ U_5 \\ U_6 \end{Bmatrix}$$

주어진 구속조건 때문에 축방향 변형은 전부 “0”이 된다.
구속된 구조물에 다음과 같은 가상절점변위를 작용시킨다.

$$\delta\tilde{U}_1 = 1; \quad \delta\tilde{U}_2 = \delta\tilde{U}_3 = 0;$$

이에 대응하는 비구속 구조물의 절점변위는 아래 그림과 같다.

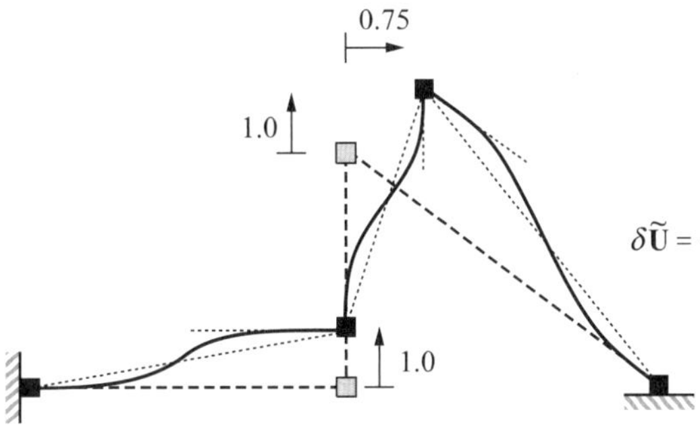

$$\delta\tilde{\mathbf{U}} = \begin{Bmatrix} 1 \\ 0 \\ 0 \end{Bmatrix} \Rightarrow \delta\mathbf{U}_{free} = \begin{Bmatrix} 0 \\ 1 \\ 0 \\ \frac{3}{4} \\ 1 \\ 0 \end{Bmatrix}$$

가상기본 변형은

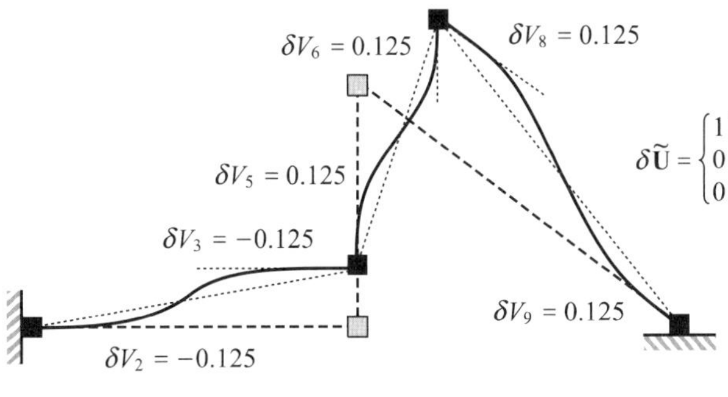

$$\delta\tilde{\mathbf{U}} = \begin{Bmatrix} 1 \\ 0 \\ 0 \end{Bmatrix} \Rightarrow \delta\mathbf{V} = \begin{Bmatrix} V_1 \\ V_2 \\ V_3 \\ V_4 \\ V_5 \\ V_6 \\ V_7 \\ V_8 \\ V_9 \end{Bmatrix} = \begin{Bmatrix} 0 \\ -0.125 \\ -0.125 \\ 0 \\ 0.125 \\ 0.125 \\ 0 \\ 0.125 \\ 0.125 \end{Bmatrix}$$

과 같고 이에 따른 내부 가상일은

$$\delta W_{int} = -\delta \mathbf{V}^T \mathbf{Q} = -\begin{Bmatrix} 0 \\ -0.125 \\ -0.125 \\ 0 \\ 0.125 \\ 0.125 \\ 0 \\ 0.125 \\ 0.125 \end{Bmatrix}^T \begin{Bmatrix} N.A. \\ 89.52 \\ 85.41 \\ N.A. \\ -85.41 \\ -36.435 \\ N.A. \\ 36.435 \\ -114.675 \end{Bmatrix} = 46.8769$$

와 같다. 외부 가상일은

$$\delta W_{ext} = \delta \mathbf{U}^T_{free} \underbrace{\mathbf{F}_{free}}_{\mathbf{0}} + \sum_{i=1}^{3} \int_{L_i} \delta \mathbf{u}(x) \mathbf{w}_i(x) dx = -\int_{L_3} \delta v(x) w \, dx$$

와 같다. 요소3의 외부 가상일을 계산할 때 등분포하중이 있음을 유의하자. 식 (5.111)에 의해 요소 3의 가상변위 $\delta v(x)$는 아래와 같다.

$$\delta v^{(3)}(x) = \left[1 - 3\left(\frac{x}{L}\right)^2 + 2\left(\frac{x}{L}\right)^3\right] \delta \bar{U}_2^{(3)} + \left[L\left(\frac{x}{L} - 2\left(\frac{x}{L}\right)^2 + \left(\frac{x}{L}\right)^3\right)\right] \underbrace{\delta \bar{U}_3^{(3)}}_{0} + \left[3\left(\frac{x}{L}\right)^2 - 2\left(\frac{x}{L}\right)^3\right] \underbrace{\delta \bar{U}_5^{(3)}}_{0} + \left[L\left(-\left(\frac{x}{L}\right)^2 + \left(\frac{x}{L}\right)^3\right)\right] \underbrace{\delta \bar{U}_6^{(3)}}_{0}$$

4장의 식 (4.42)로부터 다음 관계가 성립된다.

$$\delta \bar{U}_2^{(3)} = -\sin\phi \, \delta U_1^{(3)} + \cos\phi \, \delta U_2^{(3)} = -(-0.6) \times 0.75 + 0.8 \times 1 = 1.25$$

따라서,

$$\delta v^{(3)}(x) = \left[1 - 3\left(\frac{x}{L}\right)^2 + 2\left(\frac{x}{L}\right)^3\right](1.25)$$

$$\delta W_{ext} = -\int_{L_3} \delta v(x) w \, dx = -1.25 w \int_{L_3} \left(1 - 3\left(\frac{x}{L}\right)^2 + 2\left(\frac{x}{L}\right)^3\right) dx = -6.25 w$$

총 가상일로부터 등분포 하중을 계산하면 다음과 같다.

$$\delta W = \delta W_{ext} + \delta W_{int} = -6.25 w + 46.8769 = 0 \quad \Rightarrow \quad w = 7.5 \text{ kN/m}$$

exercise

Problem 1 : 그림과 같이 축방향으로 변위가 발생하지 않는(강체) 두 개의 봉이 연결되어 마찰이 없는 힌지에 연결되어 있다. 각 봉의 길이는 a이고 자중은 Q이다. 가상변위 원리를 이용하여 평형상태의 회전각 θ_1, θ_2를 계산하라.

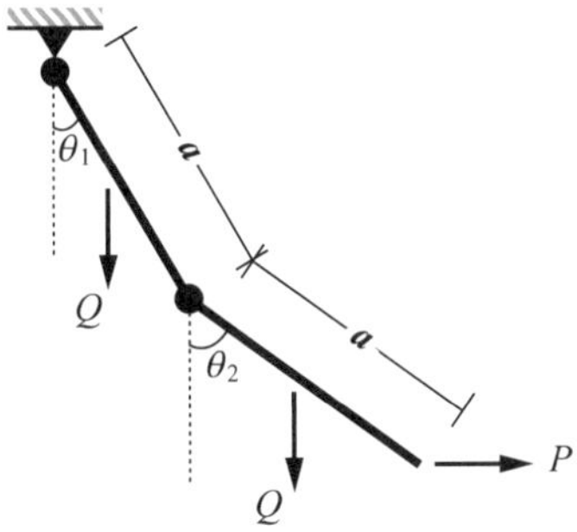

Problem 2 : 그림처럼 길이가 a이고 자중이 Q인 강체의 봉이 마찰이 없는 벽과 바닥에 놓여있다. 봉의 양 끝단의 반력이 평형을 이룰 때 가상변위 원리를 사용하여 각 θ를 구하라.

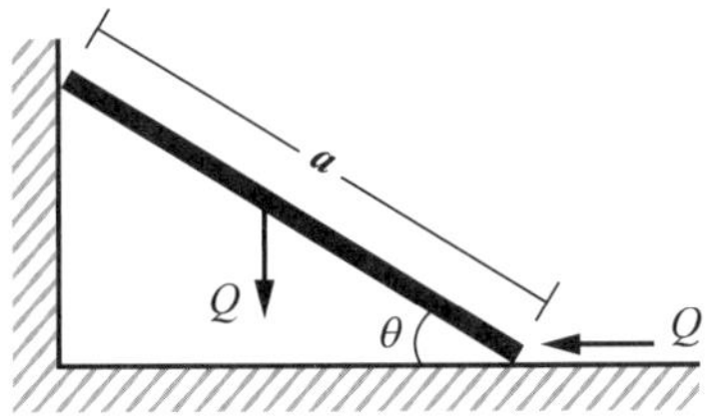

Problem 3 : 그림과 같은 강체 보가 선형탄성체의 동일한 단면으로 이루어진 세 개의 철선으로 매달려 있다. 철선의 탄성계수가 7,000kN/cm^{2}이고 단면적이 0.65cm^2 일 때, 가상변위 원리를 이용하여 각 철선의 단면력과 평형을 이룰 때 보의 경사를 계산하라.

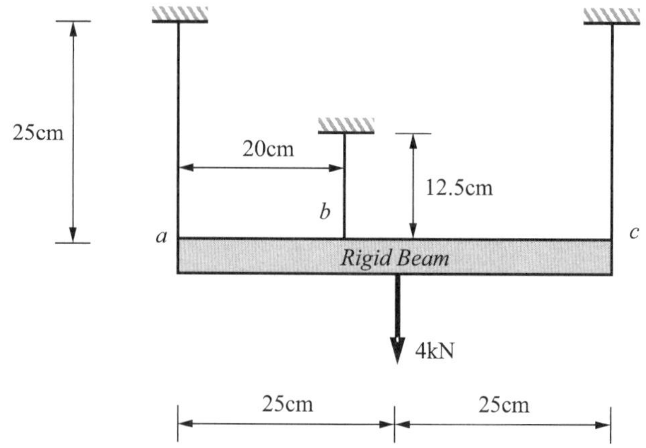

Problem 4 : 그림 (a) ~ (c)의 트러스 구조물에서 요소 a의 요소력을 가상변위 원리로 구하라.

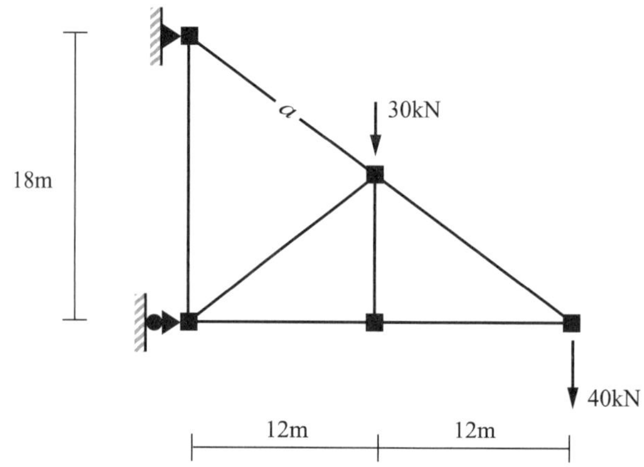

(a)

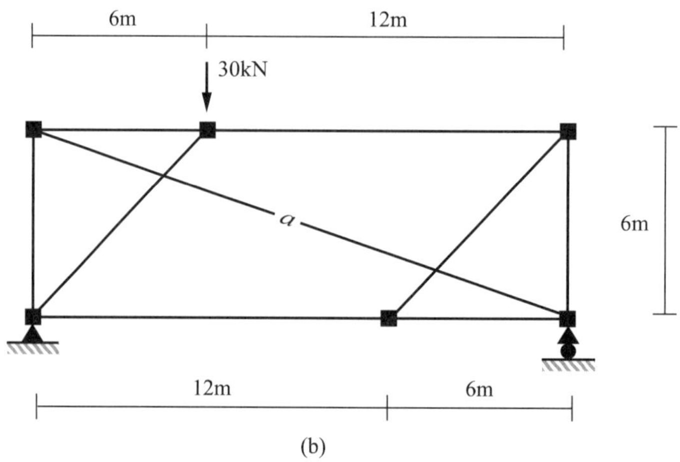

(b)

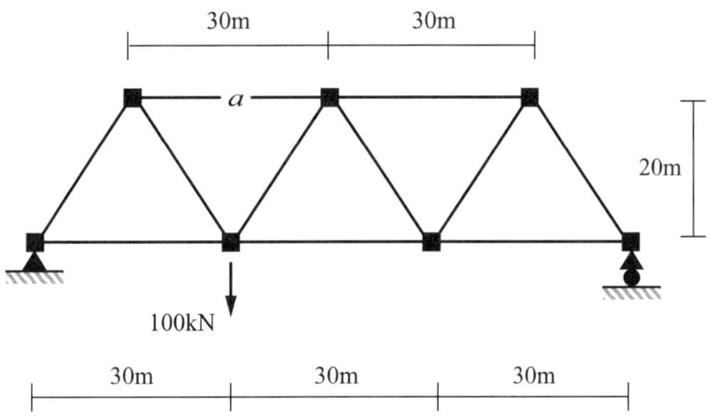

(c)

Problem 5 : 그림과 같이 강체의 보가 동일한 단면적으로 이루어진 선형 탄성체인 3개의 철선에 의해서 매달려 있다. 철선의 단면적은 0.3cm^2이고 탄성계수는 $20\times10^3\text{kN/cm}^2$이다. 가상변위 원리를 이용하여 각 철선의 단면력과 점 a의 수직변위를 계산하라.

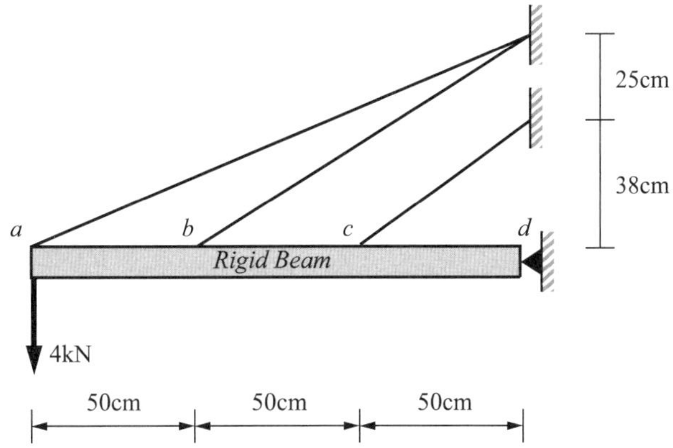

Problem 6 : 캔틸레버 보가 그림과 같이 선형 분포하중 $w_y(x)$를 받고 있다.

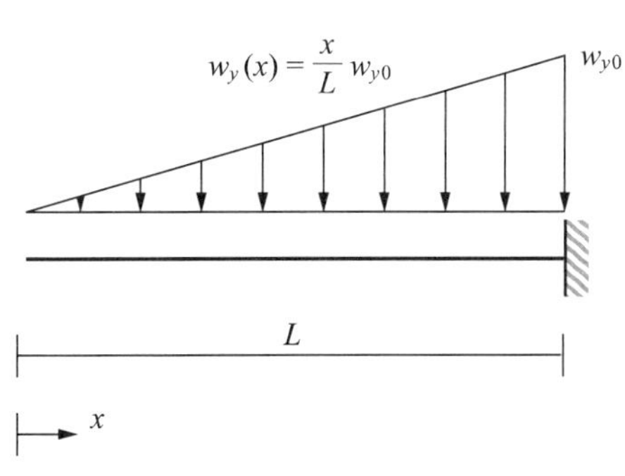

이 캔틸레버 보의 평형상태의 외부와 내부 힘 시스템이 아래와 같이 주어질 때

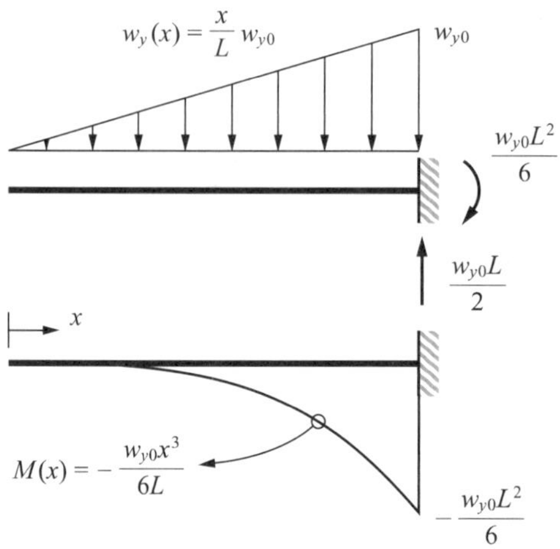

다음의 가상변위 함수에 근거한 가상변위 원리를 이용하여 $w_y(L)$의 크기가 w_{y0}와 같음을 증명하라.

(a) $\delta v(x) = -\frac{16}{5L^4}\left(L^3x - 2Lx^3 + x^4\right)$

(b) $\delta v(x) = -\sin\left(\frac{\pi x}{L}\right)$

(c) $\delta v(x) = -\left(\frac{1}{2} - \cos\left(\frac{\pi x}{2L}\right)\right)$

Problem 7 : 그림처럼 단순 보가 삼각함수 형태의 분포하중 $w_y(x)$를 받고 있다.

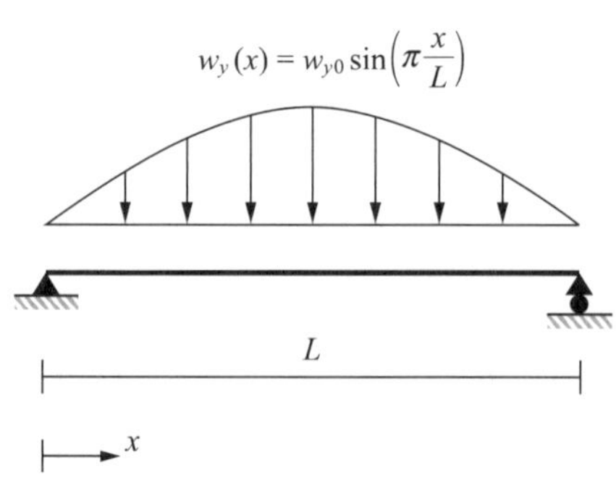

평형을 이루고 있는 외부 및 내부 힘 시스템이 다음 그림과 같을 때

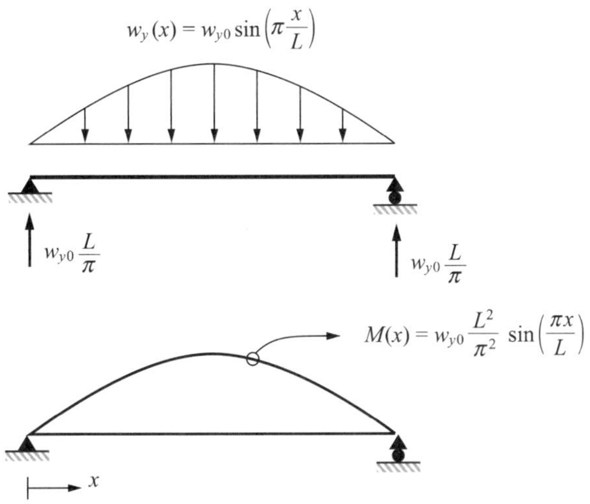

다음의 가상변위 함수에 의한 가상변위 원리를 이용하여 $w_y\left(\frac{L}{2}\right)$의 크기가 w_{y0}임을 증명하시오.

(a) $\delta v(x) = -\frac{16}{5L^4}\left(L^3x - 2Lx^3 + x^4\right)$

(b) $\delta v(x) = -\sin\left(\frac{\pi x}{L}\right)$

(c) $\delta v(x) = -\left(\frac{1}{2} - \cos\left(\frac{\pi x}{2L}\right)\right)$

Problem 8 : 그림처럼 1차 부정정 캔틸레버 보의 지간 중앙에 집중모멘트 M_0가 작용하고 있다.

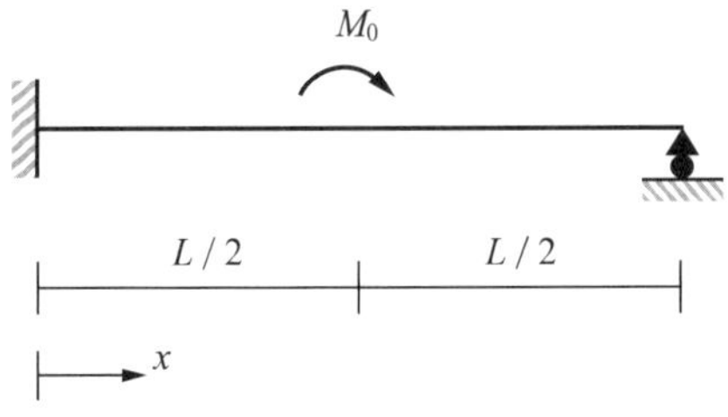

평형을 이루고 있는 외부 및 내부 힘 시스템이 다음 그림과 같을 때

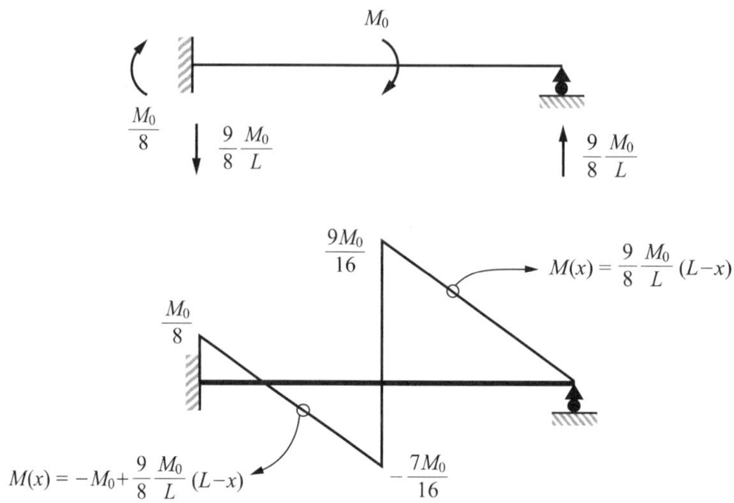

다음의 가상변위 함수에 의한 가상변위 원리를 이용하여 집중모멘트의 크기가 M_0 임을 증명하시오.

(a) $\delta v(x)=-\frac{16}{5L^4}\left(L^3x-2Lx^3+x^4\right)$

(b) $\delta v(x)=-\sin\left(\frac{\pi x}{L}\right)$

(c) $\delta v(x)=-\left(\frac{1}{2}-\cos\left(\frac{\pi x}{2L}\right)\right)$

Problem 9 : 다음과 같은 “퀸 포스트” 교량의 절점 a에 수직하중이 작용하고 있다.

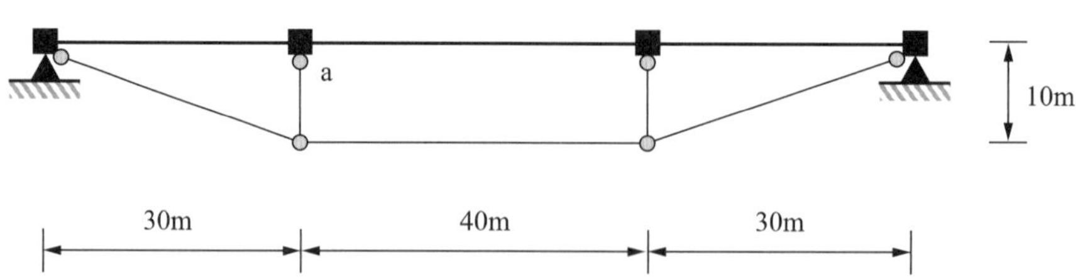

기본요소력이 다음 그림과 같이 주어졌을 때, 가상변위 원리를 사용하여 절점 a에 작용하는 힘의 크기가 1000kN(아래방향)임을 증명하라.

Note: 모든 요소에서 축방향 변위는 발생하지 않는 것으로 가정하라.

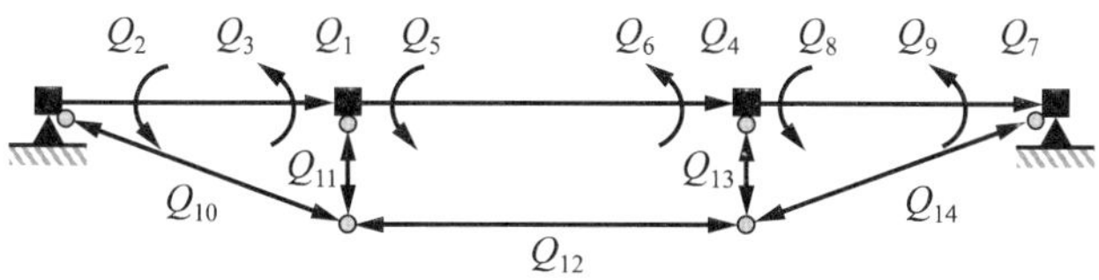

$$
Q = \begin{Bmatrix} Q_1 \\ Q_2 \\ Q_3 \\ Q_4 \\ Q_5 \\ Q_6 \\ Q_7 \\ Q_8 \\ Q_9 \\ Q_{10} \\ Q_{11} \\ Q_{12} \\ Q_{13} \\ Q_{14} \end{Bmatrix} \begin{Bmatrix} N.A. \\ 0 \\ 1.5782\text{X}10^4 \\ N.A. \\ -1.5782\text{X}10^4 \\ 3.7825\text{X}10^3 \\ N.A. \\ -3.7825\text{X}10^3 \\ 0 \\ 5.4998\text{X}10^2 \\ -1.7392\text{X}10^2 \\ 5.2175\text{X}10^2 \\ -1.7392\text{X}10^2 \\ 5.4998\text{X}10^2 \end{Bmatrix}
$$

Problem 10 : 그림과 같은 골조구조물이 절점 2에서 집중하중 F_{2Y} 와 절점 3에서 집중모멘트 M_{3Z} 를 받고 있다.

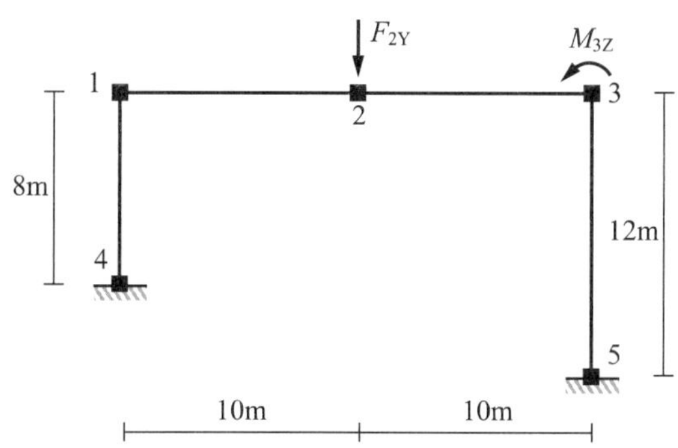

이 구조물의 기본요소력이 아래 그림과 같을 때, F_{2Y} 와 M_{3Z} 가 각각 50kN, 100kN-m과 같음을 가상변위 원리로 증명하시오.

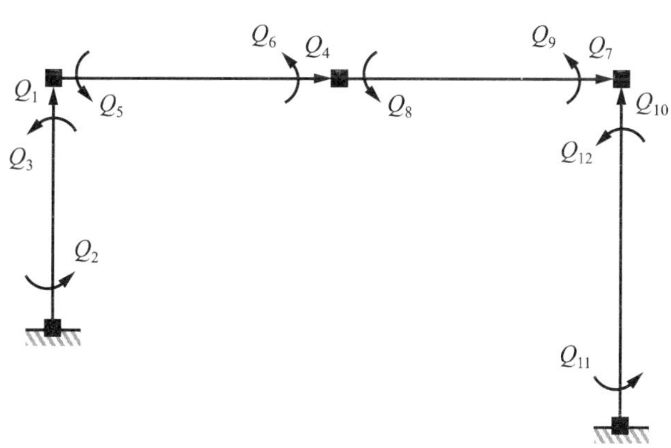

$$
\mathbf{Q} = \begin{Bmatrix} Q_1 \\ Q_2 \\ Q_3 \\ Q_4 \\ Q_5 \\ Q_6 \\ Q_7 \\ Q_8 \\ Q_9 \\ Q_{10} \\ Q_{11} \\ Q_{12} \end{Bmatrix} = \begin{Bmatrix} -27.7 \\ -47.4 \\ -115.8 \\ -20.5 \\ 115.8 \\ 161.5 \\ -20.5 \\ -161.5 \\ -61.2 \\ -22.3 \\ 85.3 \\ 161.2 \end{Bmatrix}
$$

Problem 11 : 그림과 같은 사장교의 요소 1과 요소 2에 등분포하중 w_{y0}가 작용하고 있다.

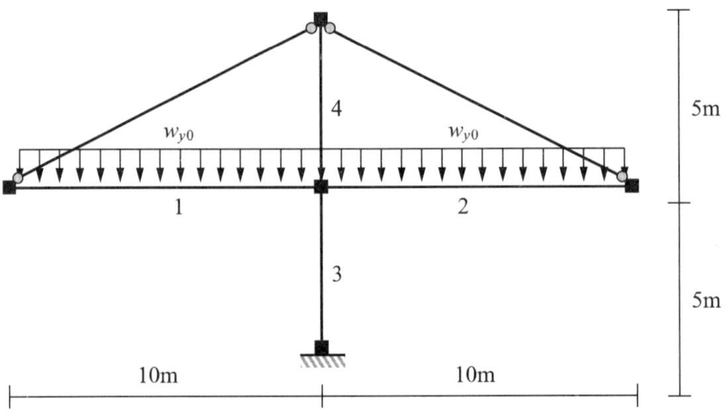

이에 대한 기본요소력이 아래 그림과 같을 때, 가상변위 원리를 이용하여 w_{y0}가 100kN/m임을 증명하라.

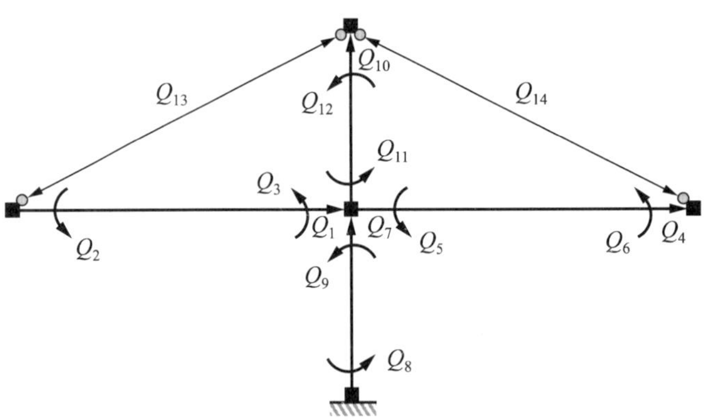

$$\mathbf{Q}=\begin{Bmatrix} Q_1 \\ Q_2 \\ Q_3 \\ Q_4 \\ Q_5 \\ Q_6 \\ Q_7 \\ Q_8 \\ Q_9 \\ Q_{10} \\ Q_{11} \\ Q_{12} \\ Q_{13} \\ Q_{14} \end{Bmatrix}=\begin{Bmatrix} -748.217 \\ 0 \\ 1259 \\ -748.217 \\ 1259 \\ 0 \\ -2000 \\ 0 \\ 0 \\ -748.217 \\ 0 \\ 0 \\ 836.532 \\ 836.532 \end{Bmatrix}$$

06

강성도법 : 기본 요소와 구조계 방정식

1 서 론

지금까지 본 교재의 주제인 행렬을 이용한 구조해석을 위해서 필요한 행렬을 유도하지 않고, 일반적인 구조해석법에서 요구되는 필수 사항들에 대하여 다루었다. 지금까지 다룬 내용을 정리해보자.

- 2장 : 골조요소의 미분방정식과 해
- 3장 : 평형조건
- 4장 : 기하학적 적합조건
- 5장 : 가상변위와 가상 힘의 원리

위의 내용 중 첫 세 가지(평형조건, 적합조건, 미분방정식해)는 구조해석에서 필수적인 부분이며 이 세 가지 조건을 하나로 묶어서 정리해주는 도구가 가상변위/힘의 원리라고 할 수 있다.

일반적으로 구조해석에서는 두 가지 행렬법이 있는데, 하나는 "강성도법"이고 다른 하나는 "유연도법"이다. 이 두 방법에 대하여서는 1장에서 짧게 소개하였다.

본 장에서는 평형방정식을 구조계 자유도 항의 행렬식으로 유도하도록 한다. 이를 "기본 강성도 방정식" 또는 "강성도 방정식"이라 한다. 여기서 "기본"이라는 말은 행렬방정식을 강체 운동이 제거된 기본 시스템(예를 들면 단순 보, 캔틸레버 보 등)으로부터 유도한 것을 의미한다. 컴퓨터 전산화를 위한 강성도법은 다음 장에서 다루도록 한다. 강성도 방정식을 풀어서 일차적으로 계산되는 기본 해는 하중에 의해서 발생하는 절점변위이므로 강성도법은 "변위법"으로도 불린다.

2 기본 강성도 행렬("정밀해") : 미분방정식에 의한 방법

2장에서 골조구조물의 몇 가지 형태에 대한 기본 강성도 행렬을 유도하였다. 이 강성도 행렬은 지배 미분방정식을 풀어서 유도되었기 때문에 "정밀한" 강성도 행렬이라 한다. 여기서 이 유도과정을 잠시 언급해보자. 구조해석 기본 과정에 따르면 모든 강성도 행렬은 양정치(positive definite) 행렬[1]이며 따라서 시스템에 변형을 일으키는 일은 항상 양수이다.

---

1) 실수이며 대칭행렬인 $\mathbf{A}$가 다음 성질을 만족하면 양정치 행렬이다.

① 모든 "영"이 아닌 벡터 $\mathbf{x}$에 대하여 $\mathbf{x}^T\mathbf{A}\mathbf{x} > 0$를 만족한다.

등단면의 봉 요소

봉 요소(Figure 6-1)의 기본 강성도 식은 다음과 같다.

$$q_1 = \frac{EA}{L} v_1 \quad \text{또는} \quad \mathbf{q} = \mathbf{k}_{Bar} \mathbf{v} \tag{6.1}$$

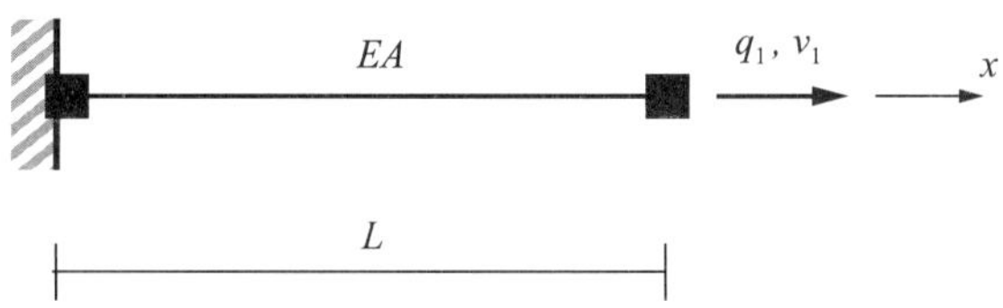

Figure 6-1 균일단면의 봉 요소 : 기본 시스템

등단면의 Euler-Bernoulli 골조 요소: 단순보 시스템

Euler-Bernoulli 골조요소(단순 보, Figure 6-2)의 기본 강성도 식은 다음과 같다.

$$\begin{Bmatrix} q_1 \\ q_2 \\ q_3 \end{Bmatrix} = \begin{bmatrix} \frac{EA}{L} & 0 & 0 \\ 0 & \frac{4IE}{L} & \frac{2IE}{L} \\ 0 & \frac{2IE}{L} & \frac{4IE}{L} \end{bmatrix} \begin{Bmatrix} v_1 \\ v_2 \\ v_3 \end{Bmatrix} \text{또는} \mathbf{q} = \overline{\mathbf{k}}_{EB}^{B} \mathbf{v} \tag{6.2}$$

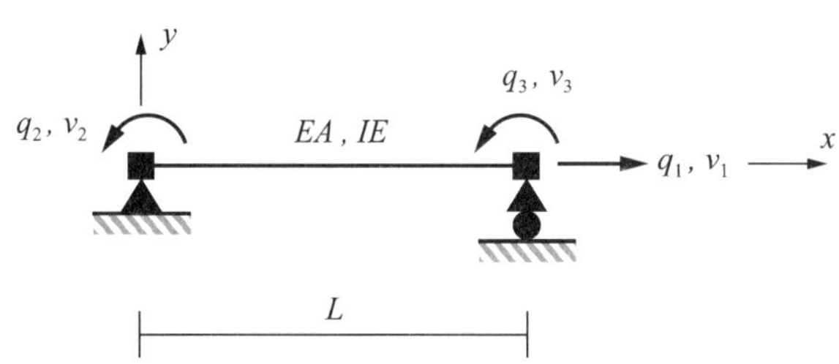

Figure 6-2 균일단면의 Euler-Bernoulli 골조요소 : 단순 보 시스템

등단면의 Timoshenko 골조요소 : 단순 보 시스템

Timoshenko 골조요소(단순 보, Figure 6-3)의 기본 강성도 식은 다음과 같다.

---

② 행렬 $\mathbf{A}$의 모든 고유치가 $\lambda_i > 0$을 만족한다.

③ 좌측 상단의 모든 부행렬 $\mathbf{A}_k$는 양의 행렬식 값을 가진다.

④ 행을 바꾸지 않은 상태에서 모든 피봇이 양수($d_i > 0$) 조건을 만족한다.

$$\begin{Bmatrix} q_1 \\ q_2 \\ q_3 \end{Bmatrix} = \begin{bmatrix} \frac{EA}{L} & 0 & 0 \\ 0 & \frac{(4+\Phi)}{(1+\Phi)}\frac{IE}{L} & \frac{(2-\Phi)}{(1+\Phi)}\frac{IE}{L} \\ 0 & \frac{(2-\Phi)}{(1+\Phi)}\frac{IE}{L} & \frac{(4+\Phi)}{(1+\Phi)}\frac{IE}{L} \end{bmatrix} \begin{Bmatrix} v_1 \\ v_2 \\ v_3 \end{Bmatrix} \text{ 또는 } \mathbf{q} = \bar{\mathbf{k}}_{TB}^{B}\mathbf{v} \tag{6.3}$$

여기서, $\Phi = \dfrac{12IE}{GA_s L^2}$는 휨－전단 강성으로 무차원 값이다. 만약 골조요소의 길이가 단면에 비하여 긴 경우(slender) 전단강성은 휨강성에 비하여 매우 작게 되고, 따라서 $\Phi \rightarrow 0$이 된다. 이때 Timoshenko 골조의 강성도행렬(식 6.3)은 Euler－Bernoulli 골조요소의 강성도 행렬(식 6.2)과 같게 된다.

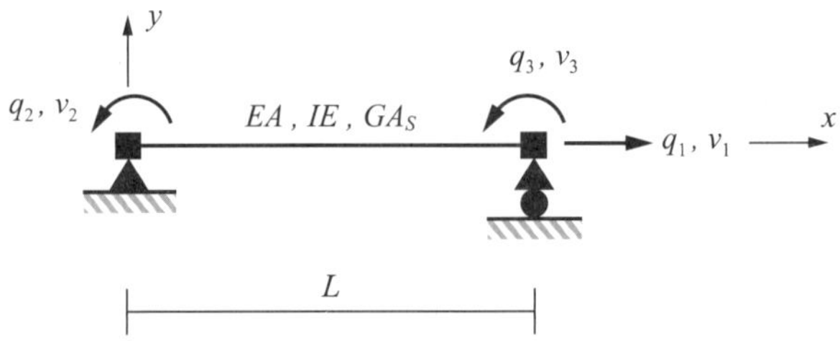

Figure 6-3 균일단면의 Timoshenko 골조요소 : 단순 보 시스템

본 절에서는 지배방정식으로부터 위에 살펴본 기본 시스템과는 다른 몇 가지 골조요소 형태에 대한 기본 강성도 행렬을 유도해보도록 한다.

탄성지반 위에 놓인 등단면의 Euler－Bernoulli 보 요소: 단순 보 시스템

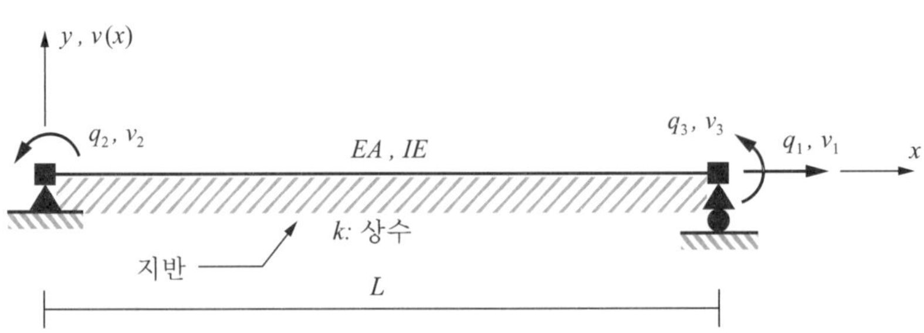

Figure 6-4 탄성지반 위에 놓인 등단면의 Euler－Bernoulli 보 요소 : 단순 보 시스템

먼저 Figure 6-4와 같이 탄성지반 위에 놓인 단순 보를 살펴보자. 이 문제에 대한 지배 미분방정식은 2장에서 다루었고 다음과 같다.

$$EI(x)\frac{d^4v(x)}{dx^4}+kv(x)=0 \tag{6.4}$$

여기서, k는 지반 반력계수이다.

식 (6.4)의 해를 구하면 다음과 같다.

$$v(x)=v^h(x)=e^{\lambda x}(C_1\cos\lambda x+C_2\sin\lambda x)+e^{-\lambda x}(C_3\cos\lambda x+C_4\sin\lambda x) \tag{6.5}$$

여기서

$$\lambda=\sqrt[4]{\frac{k}{4EI}} \tag{6.6}$$

이다. 회전변위 $\theta(x)$는 식 (6.7)과 같다.

$$\theta(x)=\frac{\partial v(x)}{\partial x}=e^{-\lambda x}\lambda\begin{pmatrix}(C_4-C_3+(C_1+C_2)e^{2\lambda x})\cos\lambda x-\\(C_3+C_4+(C_1-C_2)e^{2\lambda x})\sin\lambda x\end{pmatrix} \tag{6.7}$$

곡률 $\kappa(x)$은 다음 식과 같고,

$$\kappa(x)=\frac{\partial\theta(x)}{\partial x}=\frac{\partial^2v(x)}{\partial x^2}=2\lambda^2e^{-\lambda x}\left((-C_4+C_2e^{2\lambda x})\cos\lambda x+(C_3-C_1e^{2\lambda x})\sin\lambda x\right) \tag{6.8}$$

모멘트 $M(x)$는

$$M(x)=EI\frac{\partial^2v(x)}{\partial x^2}=2EI\lambda^2e^{-\lambda x}\left((-C_4+C_2e^{2\lambda x})\cos\lambda x+(C_3-C_1e^{2\lambda x})\sin\lambda x\right) \tag{6.9}$$

와 같다. 상수 C_1, C_2, C_3, C_4는 필수 경계조건과 자연 경계조건으로부터 결정된다.

$$v(0)=0 \quad \text{그리고} \quad v(L)=L \tag{6.10}$$

$$-q_2=EI\left.\frac{\partial^2v}{\partial x^2}\right|_{x=0} \quad \text{그리고} \quad q_3=EI\left.\frac{\partial^2v}{\partial x^2}\right|_{x=L} \tag{6.11}$$

기하학적 경계조건인 식 (6.10)을 식 (6.5)에 대입하면,

$$C_1 + C_3 = 0 \tag{6.12}$$

$$e^{\lambda L}\left(C_1 \cos\lambda L + C_2 \sin\lambda L\right) + e^{-\lambda L}\left(C_3 \cos\lambda L + C_4 \sin\lambda L\right) = 0 \tag{6.13}$$

와 같이 된다. 하중 경계조건인 식 (6.11)을 식 (6.9)에 대입하면

$$-q_2 = EI\left(2C_2\lambda^2 - 2C_4\lambda^2\right) \tag{6.14}$$

$$q_3 = 2e^{-\lambda L} EI\lambda^2\left(\left(-C_4 + C_2 e^{2\lambda L}\right)\cos\lambda L + \left(C_3 - C_1 e^{2\lambda L}\right)\sin\lambda L\right) \tag{6.15}$$

와 같다. 식 (6.12)에서 식 (6.15)까지 연립하여 풀면 C_1, C_2, C_3, C_4가 다음과 같이 계산된다.

$$\begin{aligned}
C_1 &= \frac{\left(q_2 \cos\lambda L + q_3 \cosh\lambda L\right)\sin\lambda L}{2IE\lambda^2\left(\cos 2\lambda L - \cosh 2\lambda L\right)} \\
C_2 &= \frac{e^{\lambda L}\left(-1 + e^{2\lambda L}\right) q_3 \cos\lambda L + q_2\left(-1 + e^{2\lambda L}\cos 2\lambda L\right)}{2IE\lambda^2\left(1 + e^{4\lambda L} - 2e^{2\lambda L}\cos 2\lambda L\right)} \\
C_3 &= -\frac{\left(q_2 \cos\lambda L + q_3 \cosh\lambda L\right)\sin\lambda L}{2IE\lambda^2\left(\cos 2\lambda L - \cosh 2\lambda L\right)} \\
C_4 &= \frac{e^{\lambda L}\left(\left(-1 + e^{2\lambda L}\right) q_3 \cos\lambda L + e^{\lambda L} q_2\left(e^{2\lambda L} - \cos 2\lambda L\right)\right)}{2IE\lambda^2\left(1 + e^{4\lambda L} - 2e^{2\lambda L}\cos 2\lambda L\right)}
\end{aligned} \tag{6.16}$$

각 상수를 식 (6.7)에 대입하고 단부 회전각을 계산하면 다음과 같다.

$$v_2 = \theta(0) = \frac{\left(2e^{\lambda L}\left(-1 + e^{2\lambda L}\right) q_3 \cos\lambda L - 2e^{\lambda L}\left(1 + e^{2\lambda L}\right) q_3 \sin\lambda L + q_2\left(-1 + e^{4\lambda L} - 2e^{2\lambda L}\sin 2\lambda L\right)\right)}{2EI\lambda\left(1 + e^{4\lambda L} - 2e^{2\lambda L}\cos 2\lambda L\right)}$$

$$v_3 = \theta(L) = \frac{\left(2e^{\lambda L}\left(-1 + e^{2\lambda L}\right) q_2 \cos\lambda L - 2e^{\lambda L}\left(1 + e^{2\lambda L}\right) q_2 \sin\lambda L + q_3\left(-1 + e^{4\lambda L} - 2e^{2\lambda L}\sin 2\lambda L\right)\right)}{2EI\lambda\left(1 + e^{4\lambda L} - 2e^{2\lambda L}\cos 2\lambda L\right)}$$

위의 식을 행렬형태로 정리하면 유연도 행렬 $\mathbf{f}_{BEF}$이 식 (6.17)과 같이 유도된다.

$$\mathbf{f}_{BEF} = \begin{bmatrix}
\dfrac{\sin 2\lambda L - \sinh 2\lambda L}{2EI\lambda\left(\cos 2\lambda L - \cosh 2\lambda L\right)} & \dfrac{e^{\lambda L}\left(\left(-1 + e^{2\lambda L}\right)\cos\lambda L - \left(1 + e^{2\lambda L}\right)\sin\lambda L\right)}{EI\lambda\left(1 + e^{4\lambda L} - 2e^{2\lambda L}\cos 2\lambda L\right)} \\
\dfrac{e^{\lambda L}\left(\left(-1 + e^{2\lambda L}\right)\cos\lambda L - \left(1 + e^{2\lambda L}\right)\sin\lambda L\right)}{EI\lambda\left(1 + e^{4\lambda L} - 2e^{2\lambda L}\cos 2\lambda L\right)} & \dfrac{\sin 2\lambda L - \sinh 2\lambda L}{2EI\lambda\left(\cos 2\lambda L - \cosh 2\lambda L\right)}
\end{bmatrix} \tag{6.17}$$

이 유연도 행렬의 역행렬이 이 문제에 대한 기본 강성도 행렬이며 이는 식 (6.18)과 같다.

$$\bar{\mathbf{k}}_{BEF}=\begin{bmatrix}\dfrac{2EI\lambda\left(\sinh 2\lambda L-\sin 2\lambda L\right)}{-2+\cos 2\lambda L+\cosh 2\lambda L} & -\dfrac{4e^{\lambda L}EI\lambda\left(\left(-1+e^{2\lambda L}\right)\cos\lambda L-\left(1+e^{2\lambda L}\right)\sin\lambda L\right)}{1-4e^{2\lambda L}+e^{4\lambda L}+2e^{2\lambda L}\cos 2\lambda L}\\ -\dfrac{4e^{\lambda L}EI\lambda\left(\left(-1+e^{2\lambda L}\right)\cos\lambda L-\left(1+e^{2\lambda L}\right)\sin\lambda L\right)}{1-4e^{2\lambda L}+e^{4\lambda L}+2e^{2\lambda L}\cos 2\lambda L} & \dfrac{2EI\lambda\left(\sinh 2\lambda L-\sin 2\lambda L\right)}{-2+\cos 2\lambda L+\cosh 2\lambda L}\end{bmatrix} \tag{6.18}$$

$P-\delta$ 효과를 갖는 등단면의 Euler−Bernoulli 골조요소 : 단순 보 시스템

이번에는 축하중 효과($P-\delta$)를 갖는 균일단면의 Euler−Bernoulli 보의 기본 강성도 행렬을 유도해보자. 이를 위하여 먼저 Figure 6-5와 같이 압축력과 단부모멘트를 받는 단순 보의 경우를 생각해보자. 이 경우 단부 모멘트(q_2, q_3)에 의한 수직변위 $v(x)$와 축력(q_1)에 의해서 발생하는 부가적인 모멘트로 인하여 수직변위[$v(x)$]와 단부 회전각(v_2, v_3)이 증가하기 때문에 보의 휨 유연도는 증가하게 된다. 이 문제에 대한 기본 강성도 행렬을 지배 미분방정식으로부터 유도해보자.

Figure 6-5의 단순 보에서 보 길이 방향으로 모멘트 $M(x)$는 다음과 같다.

$$M(x)=-\left(1-\frac{x}{L}\right)q_2+\frac{x}{L}q_3-q_1v(x) \tag{6.19}$$

여기서 유의할 점은 모멘트 평형을 변형 전 상태에서 세운 것이 아니라 변형 후 상태에서 세웠다는 점이다.

단면 구성관계는 2장에서 다루었고 다음과 같다.

$$M(x)=EI(x)\kappa(x)=EI(x)\frac{\partial^2 v(x)}{\partial x^2} \qquad \text{(2장 2.18)}$$

평형방정식(식 6.19)과 구성방정식(2장 식 2.36)을 합쳐서 정리하면 다음과 같이 이 문제에 대한 지배 미분방정식이 구해진다.

$$\frac{\partial^2 v(x)}{\partial x^2}+\beta^2 v(x)=-\left(1-\frac{x}{L}\right)\frac{q_2}{EI}+\frac{x}{L}\frac{q_3}{EI} \tag{6.20}$$

여기서, $\beta^2=\dfrac{q_1}{EI}$이다.

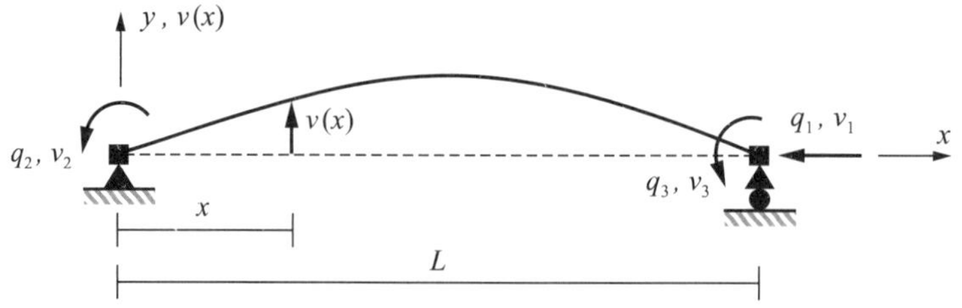

Figure 6-5 $P-\delta$ 효과를 갖는 등단면의 Euler−Bernoulli 골조요소 : 단순 보 시스템

식 (6.20)의 해는 제차해와 특수해의 합으로 나타나며

$$v(x) = v^h(x) + v^p(x) \tag{6.21}$$

제차해인 $v^h(x)$는

$$v^h(x) = A\cos\beta x + B\sin\beta x \tag{6.22}$$

와 같고 특수해 $v^p(x)$는

$$v^p(x) = -\frac{1}{EI\beta^2}\left(\left(1-\frac{x}{L}\right)q_2 - \frac{x}{L}q_3\right) \tag{6.23}$$

과 같다. 따라서 지배 미분방정식(식 6.20)의 해인 $v(x)$는

$$v(x) = A\cos\beta x + B\sin\beta x - \frac{1}{EI\beta^2}\left(\left(1-\frac{x}{L}\right)q_2 - \frac{x}{L}q_3\right) \tag{6.24}$$

와 같다. 상수 A와 B는 기하하적 (필수) 경계조건으로부터 결정된다.

$$x = 0 \;\Rightarrow\; v(0) = 0 \;\; \text{그리고} \;\; x = L \;\Rightarrow\; v(L) = 0 \tag{6.25}$$

위의 경계조건을 식 (6.24)에 대입하면 상수 A와 B가 다음과 같이 계산된다.

$$A = \frac{q_2}{EI\beta^2} \;\; \text{그리고} \;\; B = -\frac{(q_2\cos\beta L + q_3)}{EI\beta^2\sin\beta L} \tag{6.26}$$

A와 B값을 식 (6.24)에 대입하면

$$v(x) = \frac{q_2}{EI\beta^2}\cos\beta x - \frac{(q_2\cos\beta L + q_3)}{EI\beta^2\sin\beta L}\sin\beta x - \frac{1}{EI\beta^2}\left(\left(1-\frac{x}{L}\right)q_2 - \frac{x}{L}q_3\right) \tag{6.27}$$

$$\theta(x)=\frac{\partial v(x)}{\partial x}=\frac{q_2+q_3-\beta L\left(q_2\cos\beta(L-x)+q_3\cos\beta x\right)\csc\beta L}{EI\beta^2 L} \tag{6.28}$$

과 같다. 단부 회전각 v_2와 v_3는 식 (6.28)에 각각 $x=0$, $x=L$을 대입하면 구해지며, 이는 다음과 같다.

$$v_2=\theta(0)=\frac{q_2+q_3-\beta L\left(q_3+q_2\cos\beta L\right)\csc\beta L}{EI\beta^2 L} \tag{6.29}$$

$$v_3=\theta(L)=\frac{q_2+q_3-\beta L\left(q_2+q_3\cos\beta L\right)\csc\beta L}{EI\beta^2 L} \tag{6.30}$$

식 (6.29)와 식 (6.30)을 행렬식으로 나타내면 유연도 행렬 $\mathbf{f}$는 식 (6.31)과 같이 정리된다.

$$\mathbf{f}=\begin{bmatrix}\dfrac{1-\beta L\cot\beta L}{EI\beta^2 L} & \dfrac{1-\beta L\csc\beta L}{EI\beta^2 L}\\ \dfrac{1-\beta L\csc\beta L}{EI\beta^2 L} & \dfrac{1-\beta L\cot\beta L}{EI\beta^2 L}\end{bmatrix} \tag{6.31}$$

식 (6.31)의 역행렬을 구하면 기본 강성도 행렬 $\bar{\mathbf{k}}_{P\delta}$가 구해지며, 이는 다음과 같다.

$$\bar{\mathbf{k}}_{P\delta}=\mathbf{f}^{-1}=\frac{EI\beta\cot(\beta L/2)}{\beta L\cot(\beta L/2)-2}\begin{bmatrix}-1+\beta L\cot\beta L & 1-\beta L\csc\beta L\\ 1-\beta L\csc\beta L & -1+\beta L\cot\beta L\end{bmatrix} \tag{6.32}$$

따라서 기본 강성도 방정식은 다음과 같이 정리된다.

$$\begin{Bmatrix}q_2\\ q_3\end{Bmatrix}=\frac{EI\beta\cot(\beta L/2)}{\beta L\cot(\beta L/2)-2}\begin{bmatrix}-1+\beta L\cot\beta L & 1-\beta L\csc\beta L\\ 1-\beta L\csc\beta L & -1+\beta L\cot\beta L\end{bmatrix}\begin{Bmatrix}v_2\\ v_3\end{Bmatrix} \tag{6.33}$$

위의 기본 강성도 행렬의 특성을 주의 깊게 살펴보자. 행렬 $\bar{\mathbf{k}}_{P\delta}$의 행렬식값은

$$\det\left|\bar{\mathbf{k}}_{P\delta}\right|=\frac{(EI)^3\beta^3 L\cos(\beta L/2)}{2\sin(\beta L/2)-\beta L\cos(\beta L/2)} \tag{6.34}$$

이다. 행렬식값이 "0"일 때($\det\left|\bar{\mathbf{k}}_{P\delta}\right|=0$) 행렬 $\bar{\mathbf{k}}_{P\delta}$는 특이행렬이 된다. 따라서 β의 하한 경계값은

$$\beta_{crit}=\frac{\pi}{L} \;\Rightarrow\; q_{1crit}=\frac{EI\pi^2}{L^2} \tag{6.35}$$

와 같다. 이는 압축력의 크기가 식 (6.35)의 Euler의 좌굴하중에 가까워질수록 단순 보가 완전히 불안정하게 됨을 의미한다. 행렬 $\overline{\mathbf{k}}_{P\delta}$의 행렬식값과 압축력의 크기를 Figure 6-6과 같이 그래프로 나타내었다.

압축력의 크기가 증가할수록 골조의 안정성은 떨어지게 되고, 결국 불안정한 상태 ($\det\left|\overline{\mathbf{k}}_{P\delta}\right| = 0$)에 도달하게 된다. 다시 말하면 압축력으로 인하여 시스템이 더 약해지게 된다. 수학적으로는 기본 강성도 행렬의 양정치 조건이 압축력 증가에 따라서 감소하게 되는 것을 의미한다. 또한 유연도 행렬 $\mathbf{f}$의 행렬식값과 압축력 사이의 관계를 Figure 6-7에 그래프로 나타내었다.

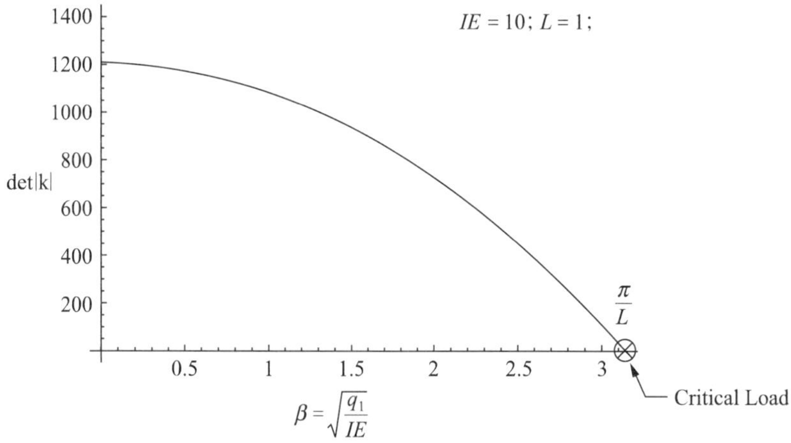

Figure 6-6 압축력의 크기와 $\overline{\mathbf{k}}_{P\delta}$ 행렬식값의 상관관계

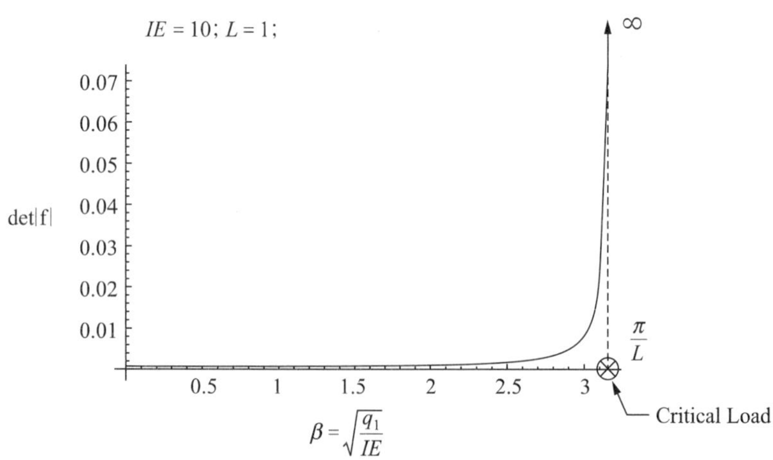

Figure 6-7 압축력의 크기와 $\mathbf{f}$ 행렬식값의 상관관계

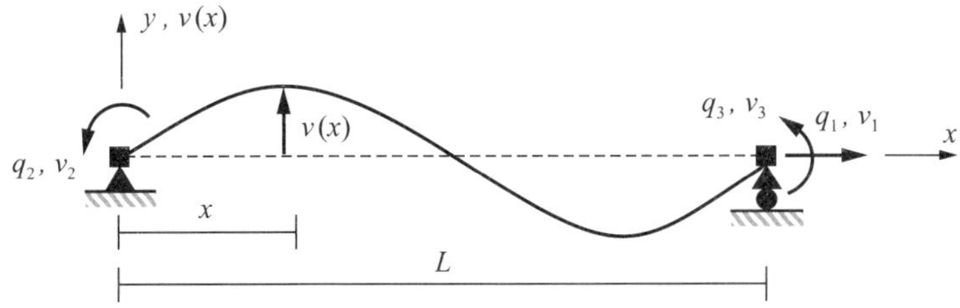

Figure 6-8 인장력을 받는 균일단면의 Euler-Bernoulli 골조요소 : 단순 보 시스템

Figure 6-7은, 압축력의 크기가 증가할수록 보의 안정성은 떨어지게 되고 결국 불안정한 상태($\det|\mathbf{f}| = \infty$)에 도달하게 됨을 다시 보여주고 있다.

이번에는 인장력과 단부모멘트를 받는 단순 보의 경우를 생각해보자(Figure 6-8). 인장력은 압축력과는 반대 효과가 발생한다. 즉, 인장력이 증가함에 따라 골조의 유연도가 감소한다. 지배 미분방정식을 이용하여 이 문제에 대한 기본 강성도 행렬을 유도해보자.

Figure 6-8의 단순 보의 길이 방향으로의 모멘트 분포 $M(x)$는

$$M(x) = -\left(1-\frac{x}{L}\right)q_2 + \frac{x}{L}q_3 + q_1 v(x) \tag{6.36}$$

와 같다. 여기서 모멘트 평형방정식은 변형 후 형상에 대하여 세워졌다.

식 (6.36)과 식 (2장 2.36)을 결합하여 정리하면 지배 미분방정식은 다음과 같이 유도된다.

$$\frac{\partial^2 v(x)}{\partial x^2} - \beta^2 v(x) = -\left(1-\frac{x}{L}\right)\frac{q_2}{EI} + \frac{x}{L}\frac{q_3}{EI} \tag{6.37}$$

식 (6.37)의 해는 제차해와 특수해의 합(식)으로 나타나며, 제차해인 $v^h(x)$는

$$v^h(x) = A\cosh\beta x + B\sinh\beta x \tag{6.38}$$

와 같고 특수해 $v^p(x)$는

$$v^p(x) = \frac{1}{EI\beta^2}\left(\left(1-\frac{x}{L}\right)q_2 - \frac{x}{L}q_3\right) \tag{6.39}$$

와 같다. 따라서 지배 미분방정식(식 6.37)의 해인 $v(x)$는

$$v(x) = A\cosh\beta x + B\sinh\beta x + \frac{1}{EI\beta^2}\left(\left(1-\frac{x}{L}\right)q_2 - \frac{x}{L}q_3\right) \tag{6.40}$$

와 같다. 상수 A와 B는 기하하적 (필수) 경계조건(식 6.25)으로부터 결정된다.

$$A=-\frac{q_2}{EI\beta^2},\quad B=\frac{\left(q_2\cosh\beta L+q_3\right)}{EI\beta^2\sinh\beta L} \tag{6.41}$$

A와 B값을 식 (6.40)에 대입하면

$$v(x)=-\frac{q_2}{EI\beta^2}\cosh\beta x+\frac{\left(q_2\cosh\beta L+q_3\right)}{EI\beta^2\sinh\beta L}\sinh\beta x+\frac{1}{EI\beta^2}\left(\left(1-\frac{x}{L}\right)q_2-\frac{x}{L}q_3\right) \tag{6.42}$$

$$\theta(x)=\frac{\partial v(x)}{\partial x}=-\frac{q_2+q_3-\beta L\left(q_2\cosh\beta(L-x)+q_3\cosh\beta x\right)\mathrm{csc\,h}\beta L}{EI\beta^2 L} \tag{6.43}$$

과 같다. 단부 회전각 v_2와 v_3는 식 (6.43)에 각각 $x=0$, $x=L$을 대입하면 구해지며, 이는 다음과 같다.

$$v_2=\theta(0)=-\frac{q_2+q_3-\beta L\left(q_3+q_2\cosh\beta L\right)\mathrm{csc\,h}\beta L}{EI\beta^2 L} \tag{6.44}$$

$$v_3=\theta(L)=-\frac{q_2+q_3-\beta L\left(q_2+q_3\cosh\beta L\right)\mathrm{csc\,h}\beta L}{IE\beta^2 L} \tag{6.45}$$

식 (6.44)와 식 (6.45)를 행렬식으로 나타내면 유연도 행렬 $\mathbf{f}$는 식 (6.46)과 같이 정리된다.

$$\mathbf{f}=\begin{bmatrix}\dfrac{-1+\beta L\coth\beta L}{EI\beta^2 L} & \dfrac{-1+\beta L\,\mathrm{csc\,h}\beta L}{EI\beta^2 L}\\ \dfrac{-1+\beta L\,\mathrm{csc\,h}\beta L}{EI\beta^2 L} & \dfrac{-1+\beta L\coth\beta L}{EI\beta^2 L}\end{bmatrix} \tag{6.46}$$

식의 역행렬을 구하면 기본 강성도 행렬 $\bar{\mathbf{k}}_{P\delta}$가 구해지며 이는 다음과 같다.

$$\bar{\mathbf{k}}_{P\delta}=\mathbf{f}^{-1}=\frac{EI\beta}{\beta L-2\tanh(\beta L/2)}\begin{bmatrix}-1+\beta L\coth\beta L & 1-\beta L\,\mathrm{csc\,h}\beta L\\ 1-\beta L\,\mathrm{csc\,h}\beta L & -1+\beta L\coth\beta L\end{bmatrix} \tag{6.47}$$

따라서 기본 강성도 방정식은 다음과 같이 정리된다.

$$\begin{Bmatrix}q_2\\ q_3\end{Bmatrix}=\frac{EI\beta}{\beta L-2\tanh(\beta L/2)}\begin{bmatrix}-1+\beta L\coth\beta L & 1-\beta L\,\mathrm{csc\,h}\beta L\\ 1-\beta L\,\mathrm{csc\,h}\beta L & -1+\beta L\coth\beta L\end{bmatrix}\begin{Bmatrix}v_2\\ v_3\end{Bmatrix} \tag{6.48}$$

위의 기본 강성도 행렬의 특성을 주의 깊게 살펴보자. 행렬 $\bar{\mathbf{k}}_{P\delta}$의 행렬식값은

$$\det\left|\bar{\mathbf{k}}_{P\delta}\right| = \frac{(EI)^2 L\beta^3 \cosh(\beta L/2)}{\beta L \cosh(\beta L/2) - 2\sinh(\beta L/2)} \tag{6.49}$$

이다. 행렬 $\bar{\mathbf{k}}_{P\delta}$ 의 행렬식값과 인장력의 크기를 Figure 6-9와 같이 그래프로 나타내었다.

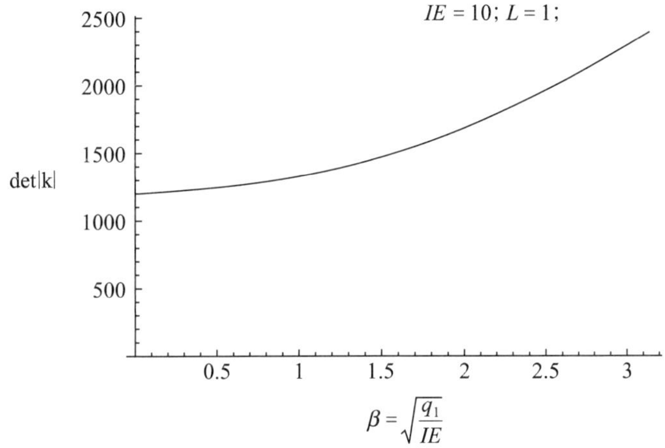

Figure 6-9 인장력의 크기와 $\bar{\mathbf{k}}_{P\delta}$ 행렬식값의 상관관계

인장력의 크기가 증가할수록 골조의 안정성은 증가한다. 다시 말하면 인장력으로 인하여 시스템이 더 강해짐을 의미한다. 이런 특징을 잘 이용한 경우가 바로 케이블 구조물이다.

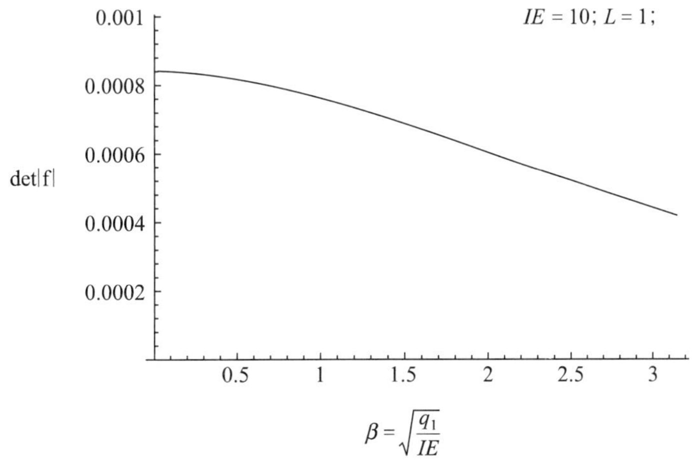

Figure 6-10 인장력의 크기와 $\mathbf{f}$ 행렬식값의 상관관계

또한 유연도 행렬 **f** 의 행렬식값과 인장력 사이의 관계를 Figure 6-10에 그래프로 나타내었다. 이 그래프는 인장력의 크기가 증가할수록 골조의 강성이 증가하는 것을 나타내고 있다. 식 (6.46)과 식 (6.47)을 사용할 때 휨 강성(유연도)에 축력 q_1이 고려되었음을 주목하자. 그러나 이 경우 단부 모멘트(q_2, q_3)의 효과는 무시하였다. 마지막으로, 정정 구조물에서 축력의 항으로 표현되는 매개변수 β는 외부 하중으로부터 직접 계산되지만, 부정정 구조물에서는 직접 계산이 불가능하다. 이는 요소 강성도 행렬이 내력의 크기에 영향을 미치는 동시에 요소 강성도 행렬과 요소력에 영향을 미치기 때문이며, 따라서 기하학적 비선형 문제를 풀기 위해서는 반복 해석 알고리즘(예를 들어, Newton−Raphson 등)이 필요하다.

3 강체 모드를 포함한 기본 강성도 행렬

앞절에서 여러 형태의 골조요소에 대한 기본 강성도 행렬을 지배 미분방정식으로부터 유도하였다. 미분방정식의 해로부터 구성한 강성도 행렬은 "정밀한" 형태이며 이를 "strong−form"이라고 한다. 이 절에서는 기본 시스템이 아닌 전체 시스템에서 골조요소의 강성도 행렬을 유도하도록 한다. 전체 시스템의 강성도의 행렬은 직접 강성도법의 전산화에 반드시 필요하며 전산화에 대한 과정은 7장에서 다루도록 한다. 전체 시스템의 강성도 행렬은 3장과 4장에서 다룬 평형방정식과 적합방정식의 좌표변환을 통하여 쉽게 유도된다. 비록 더 직접적인 방법들이 있지만 본 절에서 사용하는 방법이 좀 더 간단하며 나중에 유연도 유한요소 정식화에 적용하기에 아주 유용하다[Spacone(1994), Sarari(1999), Limkatanyu(2002), Kwon(2005)]. 이 방법을 물리적으로 설명하자면 기본 시스템에 강체 회전 모드를 추가하는 것과 유사하다.

골조요소의 전체 시스템의 강성도 행렬은 일반적으로 절점변위 $\bar{\mathbf{U}}=\{\bar{\mathbf{U}}_1 \quad \bar{\mathbf{U}}_2\}^T$의 항으로 절점력 $\bar{\mathbf{P}}=\{\bar{\mathbf{P}}_1 \quad \bar{\mathbf{P}}_2\}^T$을 나타낸다. 이는 다음과 같은 형태로 표현된다.

$$\bar{\mathbf{P}}=\begin{Bmatrix}\bar{\mathbf{P}}_1\\ \bar{\mathbf{P}}_2\end{Bmatrix}=\begin{bmatrix}\bar{\mathbf{K}}_{11} & \bar{\mathbf{K}}_{12}\\ \bar{\mathbf{K}}_{21} & \bar{\mathbf{K}}_{22}\end{bmatrix}\begin{Bmatrix}\bar{\mathbf{U}}_1\\ \bar{\mathbf{U}}_2\end{Bmatrix}=\bar{\mathbf{K}}\bar{\mathbf{U}} \tag{6.50}$$

식 (6.50)은 두 절점을 갖는 골조요소의 강성도 행렬식이지만 두 개 이상의 절점을 갖는 골조 요소에 대해서도 간단하게 확장할 수 있다. 벡터와 부행렬의 크기는 사용하는 골조요소의 종류에 따라 결정된다. Figure 6-11에 전형적인 골조요소를 나타내었고 이 경우의 강성도 행렬식은 위의 식 (6.50)과 같다.

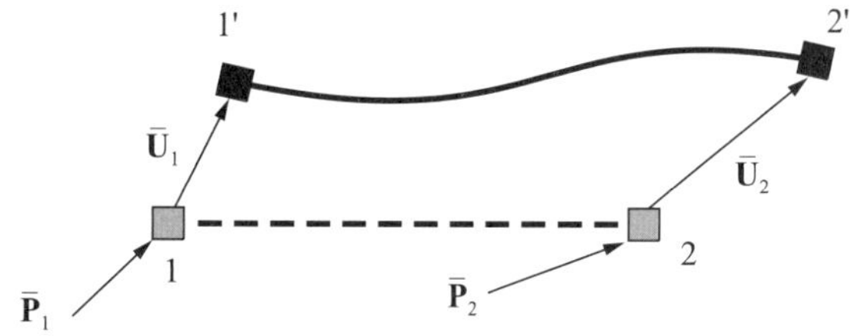

Figure 6-11 전형적인 골조요소 : 절점력과 절점변위

부행렬 $\bar{\mathbf{K}}_{11}$과 $\bar{\mathbf{K}}_{21}$은 절점변위 $\bar{\mathbf{U}}_1$에 의한 단부력을 나타낸다. 유사하게 부행렬 $\bar{\mathbf{K}}_{12}$와 $\bar{\mathbf{K}}_{22}$는 절점변위 $\bar{\mathbf{U}}_2$에 의한 단부력을 나타낸다. Betti의 상반정리[2] 또는 Maxwell의 상반정리[3]에 따라 에너지가 보존되는 시스템에서 강성도 행렬은 항상 대칭이다.

$$\bar{\mathbf{K}}_{12} = \bar{\mathbf{K}}_{21}^{T} \tag{6.51}$$

여기서, 전체 시스템의 강성도 행렬 $\bar{\mathbf{K}}$은 특이행렬임을 주목하자. 달리 말하면 $\bar{\mathbf{K}}$의 역행렬을 구할 수 없다. 즉, 특이행렬의 물리적 의미는 절점변위 $\bar{\mathbf{U}}$를 절점력 $\bar{\mathbf{P}}$의 항으로 나타낼 수 없다는 것이다. 따라서 전체 강성도 행렬은 기본 강성도 행렬에 강체 회전 모드를 추가하여 구할 수 있음을 의미한다.

---

2) Enrico Betti (1823~1892)는 이탈리아 수학자로 1871년 위상 기하학에 대한 논문에 의해 명명된 "Betti 수"로 유명해졌다. Betti는 University of Pisa에서 수학과 물리를 공부하였고 Mossott의 지도를 받았다. 1846년에 수학분야에 학위를 받은 후 몇 년간 강의를 하고 1857년에 University of Pisa의 고등 대수학 교수로 임명되었다. 수학 분야에 대한 그의 주요 업적은 대수학, 위상기하학과 탄성론 분야에서 이루어졌다. Betti의 상반정리는 1872년 발표되었다.

3) James Clerk Maxwell (1831~1879)은 스코틀랜드 Endinburgh 출신의 수학자 및 이론 물리학자이다. 1841년에 Endinburgh 아카데미에 입학하여 1847년까지 공부하였다. 14살이던 1846년 초에 Maxwell은 타원에 대한 논문을 발표하였다. 이 논문에서 그는 m과 첫 번째 고정점으로부터의 거리를 곱한 값과 n과 두 번째 고정점으로부터의 거리를 곱한 값을 더한 값의 합은 항상 일정한 점의 궤적을 기반으로 하여 타원에 대한 정의를 일반화하였다. 만약 m = n = 1이면 이 곡선은 타원이 된다. 또한 Maxwell은 초점이 두 개 이상인 곡선을 정의하였다. 이것이 타원 곡선에 대한 그의 첫 번째 논문이었다. 비록 복수의 초점을 갖는 곡선 이미 Descartes가 정의한 것이었지만 Maxwell이 14세의 나이로 이를 고안한 것은 대단한 일이었다. Maxwell은 다른 위대한 학자들(Guass, Pascal, Mozart 등)과는 달리 어릴 적부터 신동은 아니었다. 그러나 그의 천재성은 서서히 성숙해갔다. 1847년 University of Edinburgh에 입학한 그는 첫 학기를 마친 후 Cambridge대학에 입학할 기회를 갖게 되지만 나머지 학기도 Edinburgh에서 공부하기로 결정한다. 1850년 그는 Cambridge대학을 떠나 1854년 Endiburgh에서 졸업한다. 이듬해 그는 Trinity College의 Fellow로 선출되었고 유체 정역학과 광학 과목을 강의하였다. 1856년 그는 Aberdeen의 Mariscal college에서 교수가 되었고 1860년 London의 King's College에서 자연철학분야 학장으로 지명될 때까지 그곳에 머물렀다. 그의 가장 중요한 업적은 전자기학과 전기유도학에서 사용되는 방정식을 서로 통합하여 암페어 법칙을 한 단계 개선(확장)한 것이다. 그의 상반정리는 Betti의 일반화된 정리가 나오기 8년 전에 발표되었다.

등단면의 봉 요소

Figure 6-12와 같은 등단면을 갖는 봉요소의 기본 시스템과 전체 시스템을 생각해보자.

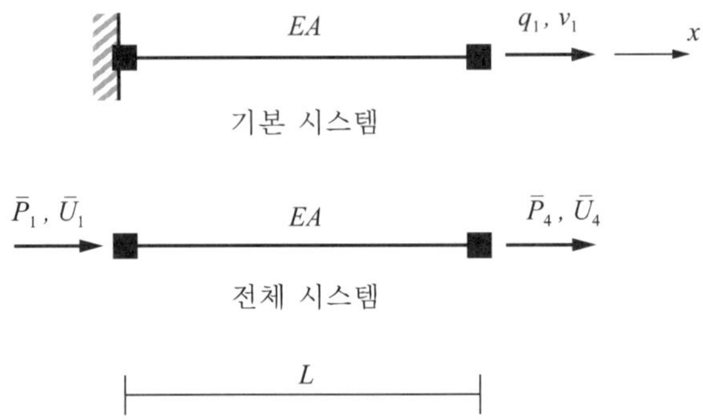

Figure 6-12 등단면의 봉 요소 : 기본 시스템과 전체 시스템

두 시스템 사이의 단부력은 3장에서 다룬 평형방정식 행렬(3장 식 3.83)로 다음과 같이 연결된다.

$$\begin{Bmatrix} \bar{P}_1 \\ \bar{P}_2 \end{Bmatrix} = \begin{bmatrix} -1 \\ 1 \end{bmatrix} q_1 \text{ 또는 } \bar{\mathbf{P}} = \begin{bmatrix} \bar{\mathbf{b}}_1^{truss} \\ \bar{\mathbf{b}}_2^{truss} \end{bmatrix} \mathbf{q} = \bar{\mathbf{b}}^{truss} \mathbf{q} \tag{3장 3.52}$$

기본 요소변형 v_1과 요소단부변위($\bar{U}_1$, $\bar{U}_4$)는 4장에서 다룬 적합방정식 행렬(4장 식 4.118)로 연결된다.

$$v_1 = \begin{bmatrix} -1 & 1 \end{bmatrix} \begin{Bmatrix} \bar{U}_1 \\ \bar{U}_2 \end{Bmatrix} \text{ 또는 } \mathbf{v} = \begin{bmatrix} \bar{\mathbf{a}}_1^{truss} & \bar{\mathbf{a}}_2^{truss} \end{bmatrix} \begin{Bmatrix} \bar{\mathbf{U}}_1 \\ \bar{\mathbf{U}}_2 \end{Bmatrix} = \bar{\mathbf{a}}^{truss} \bar{\mathbf{U}} \tag{4장 4.74}$$

외부 가상일의 불변성(5장 5.250)에 따라 두 시스템 간의 가상일은 동일하다.

$$\underbrace{\delta \mathbf{v}^T \mathbf{q}}_{\text{기본 시스템}} = \underbrace{\delta \bar{\mathbf{U}}^T \bar{\mathbf{P}}}_{\text{전체 시스템}} \tag{6.52}$$

식 (4장 4.118)을 식에 대입하면

$$\underbrace{\delta \bar{\mathbf{U}}^T}_{Arbitrary} \left[\bar{\mathbf{P}} - \bar{\mathbf{a}}^{truss^T} \mathbf{q} \right] = 0 \Rightarrow \bar{\mathbf{P}} = \bar{\mathbf{a}}^{truss^T} \mathbf{q} \tag{6.53}$$

와 같다. 식 (6.1)을 식 (6.53)에 대입하면

$$\bar{\mathbf{P}} = \bar{\mathbf{a}}^{truss^T} \mathbf{k}_{Bar} \mathbf{v} \tag{6.54}$$

와 같고, 식 (4장 4.118)을 식 (6.54)에 대입하면 전체 시스템에 대한 강성도 행렬이 다음과 같이 유도된다.

$$\bar{\mathbf{P}} = \bar{\mathbf{a}}^{truss^T} \mathbf{k}_{Bar} \bar{\mathbf{a}}^{truss} \bar{\mathbf{U}} = \bar{\mathbf{K}}_{Bar} \bar{\mathbf{U}} \tag{6.55}$$

여기서 전체 시스템의 요소강성행렬 $\bar{\mathbf{K}}_{Bar}$는 식 (6.56)과 같이 정의된다.

$$\bar{\mathbf{K}}_{Bar} = \bar{\mathbf{a}}^{truss^T} \mathbf{k}_{Bar} \bar{\mathbf{a}}^{truss} \tag{6.56}$$

이런 형태의 변환을 "합동(congruent)"변환이라 한다.

전체 시스템의 요소강성행렬 $\bar{\mathbf{K}}_{Bar}$을 풀어서 적어보면

$$\begin{aligned}\bar{\mathbf{K}}_{Bar} &= \begin{bmatrix} \bar{\mathbf{a}}_1^{truss^T} \mathbf{k}_{Bar} \bar{\mathbf{a}}_1^{truss} & \bar{\mathbf{a}}_1^{truss^T} \mathbf{k}_{Bar} \bar{\mathbf{a}}_2^{truss} \\ \bar{\mathbf{a}}_2^{truss^T} \mathbf{k}_{Bar} \bar{\mathbf{a}}_1^{truss} & \bar{\mathbf{a}}_2^{truss^T} \mathbf{k}_{Bar} \bar{\mathbf{a}}_2^{truss} \end{bmatrix} \\ &= \frac{EA}{L}\begin{bmatrix} 1 & -1 \\ -1 & 1 \end{bmatrix}\end{aligned} \tag{6.57}$$

과 같다. 행렬 $\bar{\mathbf{K}}_{Bar}$는 강체 회전모드를 포함하고 있기 때문에 특이행렬이다. 이 행렬의 고유치를 λ, 고유벡터를 ϕ라 하면

$$\lambda_1 = \frac{2EA}{L}, \quad \lambda_2 = 0$$

$$\phi_1 = \begin{Bmatrix} -1 \\ 1 \end{Bmatrix}, \quad \phi_2 = \begin{Bmatrix} 1 \\ 1 \end{Bmatrix}$$

과 같다. 여기서, 행렬 $\bar{\mathbf{K}}_{Bar}$은 양반정치 행렬[4)]로서 1개의 "0"인 고유치를 가지며 이는 강체 모드가 1개 있음을 의미한다.

Figure 6-13과 같이 첫 번째 모드는 축변형에 관련되어 있고 봉의 축변형에 필요한 일은

$$W_I = \frac{1}{2}\phi_1^T \bar{\mathbf{K}}_{Bar} \phi_1 = \frac{2EA}{L}$$

4) 실수이며 대칭행렬인 **A**가 다음 성질을 만족하면 양반정치 행렬이다.
① 모든 벡터 **x**에 대하여 $\mathbf{x}^T \mathbf{A}\mathbf{x} > 0$를 만족한다.
② 행렬 **A**의 모든 고유치가 $\lambda_i \geq 0$이다.
③ 모든 부행렬은 양의 행렬식값을 가진다.
④ 모든 피봇이 양수이다.
⑤ $\mathbf{A} = \mathbf{R}^T\mathbf{R}$를 만족하는 하단 삼각행렬 **R**이 존재한다.

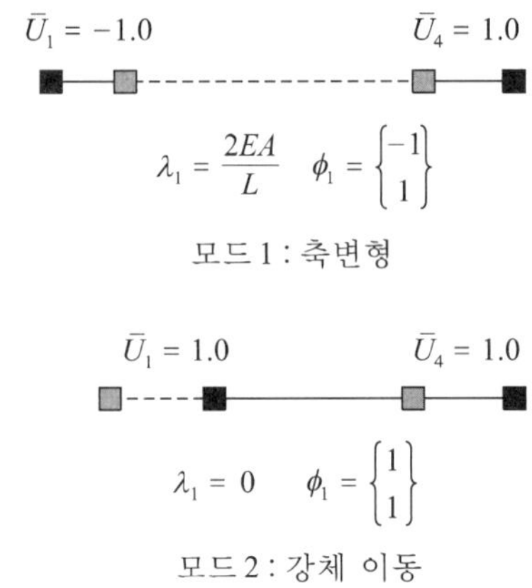

Figure 6-13 강성도 행렬 $\overline{\mathbf{K}}_{bar}$의 고유치와 고유벡터

이다. 두 번째 모드는 강체 이동과 연결되어 있으며, 이를 위해 필요한 일은 다음과 같다.

$$W_{II} = \frac{1}{2}\phi_2^T \overline{\mathbf{K}}_{Bar}\phi_2 = 0$$

등단면 Euler-Bernoulli 골조요소 : 단순 보 시스템

Figure 6-14와 같은 등단면의 Euler-Bernoulli 요소의 기본 시스템과 전체 시스템에서, 두 시스템 간의 단부력은 3장에서 다룬 평형방정식 행렬(3장 식 3.24)로 다음과 같이 연결된다.

$$\begin{Bmatrix} \overline{\mathbf{P}}_1 \\ \overline{\mathbf{P}}_2 \end{Bmatrix} = \begin{bmatrix} \overline{\mathbf{b}}_{1B} \\ \overline{\mathbf{b}}_{1B} \end{bmatrix} \mathbf{q} \quad \text{또는} \quad \overline{\mathbf{P}} = \overline{\mathbf{b}}_B \mathbf{q} \qquad \text{(3장 3.11)}$$

기본 요소변형 $\mathbf{v}$와 요소단부변위 $\overline{\mathbf{U}}$는 4장에서 다룬 적합방정식 행렬(4장 식 4.57)로 연결된다.

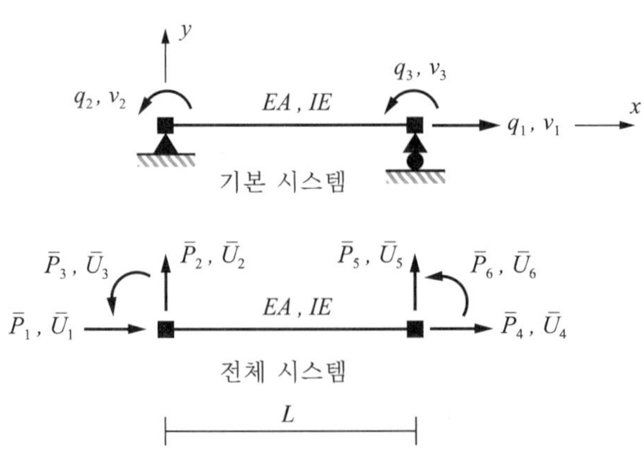

Figure 6-14 등단면 Euler-Bernoulli 골조요소 : 단순 보 시스템과 전체 시스템

$$\mathbf{v} = \begin{bmatrix} \bar{\mathbf{a}}_{1B} & \bar{\mathbf{a}}_{2B} \end{bmatrix} \begin{Bmatrix} \bar{\mathbf{U}}_1 \\ \bar{\mathbf{U}}_2 \end{Bmatrix} \text{ 또는 } \mathbf{v} = \bar{\mathbf{a}}_B \bar{\mathbf{U}} \tag{4장 4.24}$$

외부 가상일의 불변성(5장 식 5.250)에 따라 두 시스템 간의 가상일은 동일하다.

$$\underbrace{\delta \mathbf{v}^T \mathbf{q}}_{\text{기본 시스템}} = \underbrace{\delta \bar{\mathbf{U}}^T \bar{\mathbf{P}}}_{\text{전체 시스템}} \tag{6.58}$$

식 (4장 4.57)을 식 (6.58)에 대입하면

$$\underbrace{\delta \bar{\mathbf{U}}^T}_{Arbitrary} \left[\bar{\mathbf{P}} - \bar{\mathbf{a}}_B^T \mathbf{q} \right] = 0 \quad \Rightarrow \quad \bar{\mathbf{P}} = \bar{\mathbf{a}}_B^T \mathbf{q} \tag{6.59}$$

와 같고, 식 (6.2)를 식 (6.59)에 대입하면

$$\bar{\mathbf{P}} = \bar{\mathbf{a}}_B^T \bar{\mathbf{k}}_{EB}^B \mathbf{v} \tag{6.60}$$

와 같다. 식 (4장 4.57)을 식 (6.60)에 대입하면 전체 시스템에 대한 강성도 행렬이 다음과 같이 유도된다.

$$\bar{\mathbf{P}} = \bar{\mathbf{a}}_B^T \bar{\mathbf{k}}_{EB}^B \bar{\mathbf{a}}_B \bar{\mathbf{U}} = \bar{\mathbf{K}}_{EB} \bar{\mathbf{U}} \tag{6.61}$$

여기서, 전체 시스템의 요소 강성행렬 $\bar{\mathbf{K}}_{EB}$는 식 (6.62)와 같이 정의된다.

$$\bar{\mathbf{K}}_{EB} = \bar{\mathbf{a}}_B^T \bar{\mathbf{k}}_{EB}^B \bar{\mathbf{a}}_B \tag{6.62}$$

전체 시스템의 요소 강성행렬 $\bar{\mathbf{K}}_{EB}$를 풀어서 적어보면 다음과 같다.

$$\bar{\mathbf{K}}_{EB} = \begin{bmatrix} \bar{\mathbf{a}}_{1B}^T \bar{\mathbf{k}}_{EB}^B \bar{\mathbf{a}}_{1B} & \bar{\mathbf{a}}_{1B}^T \bar{\mathbf{k}}_{EB}^B \bar{\mathbf{a}}_{2B} \\ \bar{\mathbf{a}}_{2B}^T \bar{\mathbf{k}}_{EB}^B \bar{\mathbf{a}}_{1B} & \bar{\mathbf{a}}_{2B}^T \bar{\mathbf{k}}_{EB}^B \bar{\mathbf{a}}_{2B} \end{bmatrix} \tag{6.63}$$

$$\bar{\mathbf{K}}_{EB} = \begin{bmatrix} \frac{EA}{L} & 0 & 0 & -\frac{EA}{L} & 0 & 0 \\ 0 & 12\frac{EI}{L^3} & 6\frac{EI}{L^2} & 0 & -12\frac{EI}{L^3} & 6\frac{EI}{L^2} \\ 0 & 6\frac{EI}{L^2} & 4\frac{EI}{L} & 0 & -6\frac{EI}{L^2} & 2\frac{EI}{L} \\ -\frac{EA}{L} & 0 & 0 & \frac{EA}{L} & 0 & 0 \\ 0 & -12\frac{EI}{L^3} & -6\frac{EI}{L^2} & 0 & 12\frac{EI}{L^3} & -6\frac{EI}{L^2} \\ 0 & 6\frac{EI}{L^2} & 2\frac{EI}{L} & 0 & -6\frac{EI}{L^2} & 4\frac{EI}{L} \end{bmatrix} \tag{6.64}$$

행렬 $\bar{\mathbf{K}}_{EB}$는 강체 모드를 포함하기 때문에 특이행렬이며, 이 행렬의 고유치를 λ, 고유벡터를 ϕ라 하고 계산하면 다음과 같다.

$$\lambda_1 = \frac{2EA}{L} \quad \lambda_2 = \frac{2IE}{L} \quad \lambda_3 = \frac{6\left(4IE + IEL^2\right)}{L^3} \quad \lambda_4 = \lambda_5 = \lambda_6 = 0$$

$$\begin{aligned} \phi_1 &= \begin{bmatrix} -1 & 0 & 0 & 1 & 0 & 0 \end{bmatrix}^T \\ \phi_2 &= \begin{bmatrix} 0 & 0 & -1 & 0 & 0 & 1 \end{bmatrix}^T \\ \phi_3 &= \begin{bmatrix} 0 & \dfrac{2}{L} & 1 & 0 & -\dfrac{2}{L} & 1 \end{bmatrix}^T \\ \phi_4 &= \begin{bmatrix} 1 & 0 & 0 & 1 & 0 & 0 \end{bmatrix}^T \\ \phi_5 &= \begin{bmatrix} 0 & 1 & 0 & 0 & 1 & 0 \end{bmatrix}^T \\ \phi_6 &= \begin{bmatrix} 0 & -L & 1 & 0 & 0 & 1 \end{bmatrix}^T \end{aligned}$$

$\bar{\mathbf{K}}_{EB}$는 양반정치 행렬로서 3개의 "0"인 고유치를 가지며, 이는 강체 모드가 3개 있음을 나타낸다.

Figure 6-15와 같이 첫 번째 모드는 축 변형에 관련되어 있고, 이 변형을 일으키는데 필요한 일은

$$W_I = \frac{1}{2}\phi_1^T \bar{\mathbf{K}}_{EB}\phi_1 = \frac{2EA}{L}$$

이다. 두 번째 모드는 순수 휨 변형이며, 이를 유발하는데 소요되는 일은 다음과 같다.

$$W_{II} = \frac{1}{2}\phi_2^T \bar{\mathbf{K}}_{EB}\phi_2 = \frac{2EI}{L}$$

세 번째 모드는 이중 휨 변형이며, 이 변형을 일으키는데 필요한 일은

$$W_{III} = \frac{1}{2}\phi_3^T \bar{\mathbf{K}}_{EB}\phi_3 = \frac{6EI\left(4 + L^2\right)^2}{L^5}$$

이다. Figure 6-16에서와 같이 네 번째 모드는 수평 강체 이동이고, 다섯 번째 모드는 수직 강체 이동이며, 여섯 번째 모드는 회전 강체 이동이다. 각각의 변형모드를 일으키는데 필요한 일은 다음과 같다.

$$W_{IV} = \frac{1}{2}\phi_4^T \bar{\mathbf{K}}_{EB}\phi_4 = 0, \quad W_V = \frac{1}{2}\phi_5^T \bar{\mathbf{K}}_{EB}\phi_5 = 0, \quad W_{VI} = \frac{1}{2}\phi_6^T \bar{\mathbf{K}}_{EB}\phi_6 = 0$$

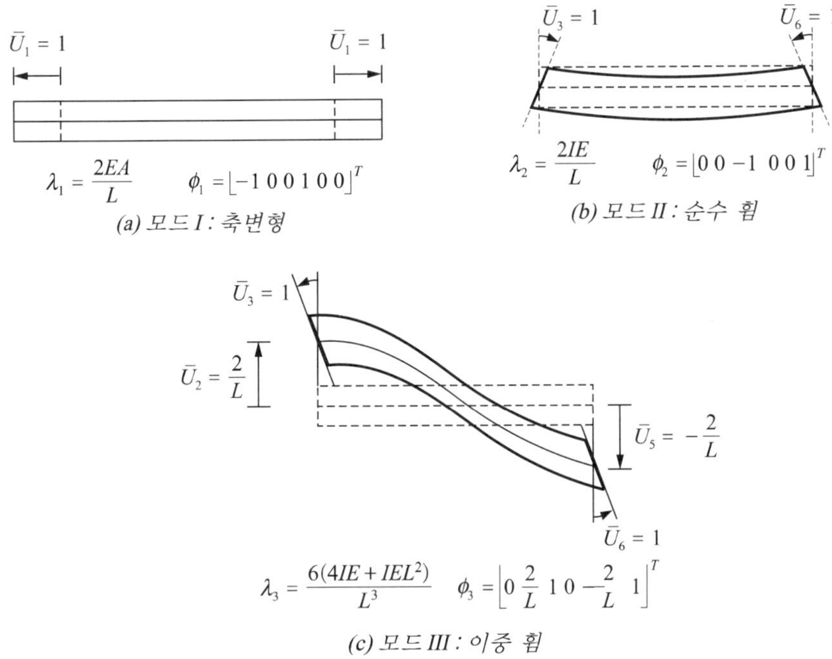

Figure 6-15 변형모드 : Euler－Bernoulli 골조요소

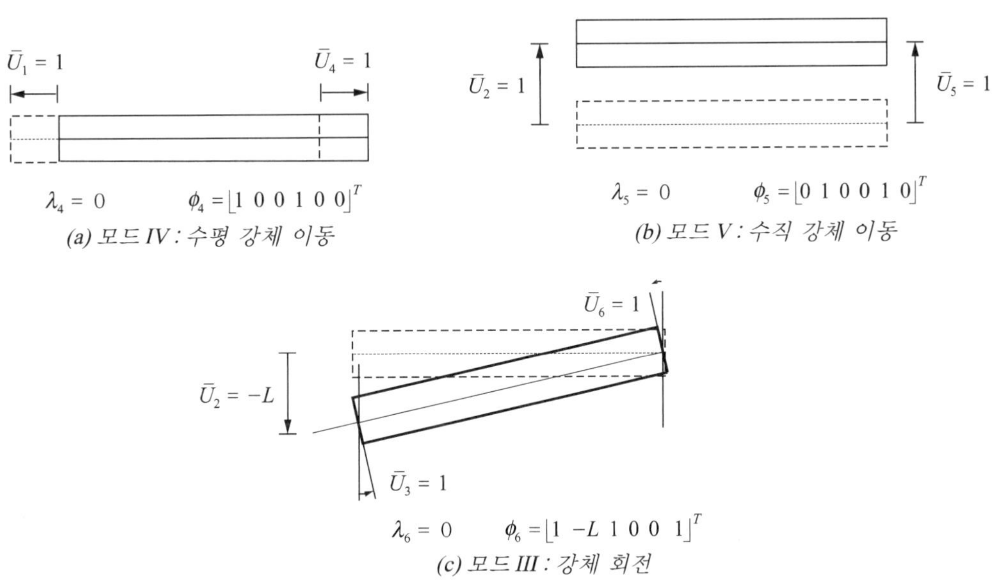

Figure 6-16 강체 모드 : Euler－Bernoulli 골조요소

등단면 Timoshenko 골조요소 : 단순 보 시스템

이번에는 Figure 6-17과 같은 등단면의 Timoshenko 골조요소의 기본 시스템과 전체 시스

템을 생각해보자. 두 시스템 사이의 단부력은 3장에서 다룬 평형방정식 행렬(3장 식 3.11)로 다음과 같이 연결된다. 기본 요소변형 $\mathbf{v}$와 요소단부변위 $\overline{\mathbf{U}}$는 4장에서 다룬 적합방정식 행렬(4장 식 4.57)로 연결된다. 여기서 이들 방정식을 다시 적어보면

$$\begin{Bmatrix} \overline{\mathbf{P}}_1 \\ \overline{\mathbf{P}}_2 \end{Bmatrix} = \begin{bmatrix} \overline{\mathbf{b}}_{1B} \\ \overline{\mathbf{b}}_{1B} \end{bmatrix} \mathbf{q} \quad \text{또는} \quad \overline{\mathbf{P}} = \overline{\mathbf{b}}_B \mathbf{q} \tag{3장 3.11}$$

$$\mathbf{v} = \begin{bmatrix} \overline{\mathbf{a}}_{1B} & \overline{\mathbf{a}}_{2B} \end{bmatrix} \begin{Bmatrix} \overline{\mathbf{U}}_1 \\ \overline{\mathbf{U}}_2 \end{Bmatrix} \quad \text{또는} \quad \mathbf{v} = \overline{\mathbf{a}}_B \overline{\mathbf{U}} \tag{4장 4.24}$$

와 같다. 외부 가상일의 불변성(5장 식 5.104)에 따라 두 시스템 간의 가상일은 동일하다.

$$\underbrace{\delta \mathbf{v}^T \mathbf{q}}_{기본\ 시스템} = \underbrace{\delta \overline{\mathbf{U}}^T \overline{\mathbf{P}}}_{전체\ 시스템} \tag{6.65}$$

식 (4장 4.57)을 식 (6.65)에 대입하면

$$\underbrace{\delta \overline{\mathbf{U}}^T}_{Arbitrary} \left[\overline{\mathbf{P}} - \overline{\mathbf{a}}_B^T \mathbf{q} \right] = 0 \quad \Rightarrow \quad \overline{\mathbf{P}} = \overline{\mathbf{a}}_B^T \mathbf{q} \tag{6.66}$$

와 같고, 식 (6.3)을 식 (6.59)에 대입하면

$$\overline{\mathbf{P}} = \overline{\mathbf{a}}_B^T \overline{\mathbf{k}}_{TB}^B \mathbf{v} \tag{6.67}$$

와 같다. 식 (4장 4.57)을 식 (6.67)에 대입하면 전체 시스템에 대한 강성도 행렬이 다음과 같이 유도된다.

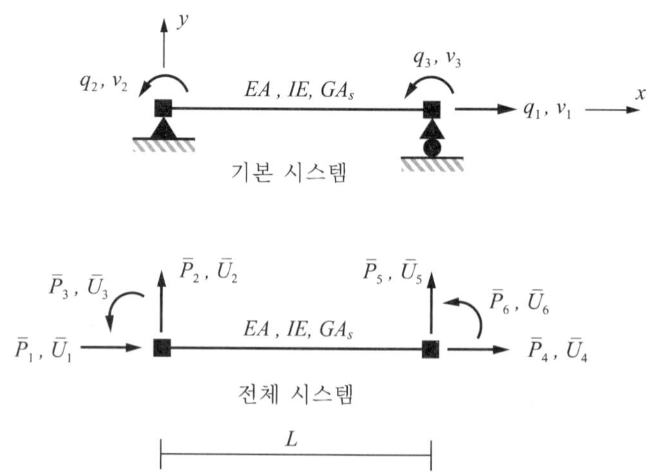

Figure 6-17 등단면 Timoshenko 골조요소 : 단순 보 시스템과 전체 시스템

$$\bar{\mathbf{P}} = \bar{\mathbf{a}}_B^T \bar{\mathbf{k}}_{TB}^B \bar{\mathbf{a}}_B \bar{\mathbf{U}} = \bar{\mathbf{K}}_{TB} \bar{\mathbf{U}} \tag{6.68}$$

여기서, 전체 시스템의 요소 강성 행렬 $\bar{\mathbf{K}}_{TB}$는 식 (6.69)와 같이 정의된다.

$$\bar{\mathbf{K}}_{TB} = \bar{\mathbf{a}}_B^T \bar{\mathbf{k}}_{TB}^B \bar{\mathbf{a}}_B \tag{6.69}$$

이를 풀어서 적어보면 다음과 같다.

$$\bar{\mathbf{K}}_{TB} = \begin{bmatrix} \bar{\mathbf{a}}_{1B}^T \bar{\mathbf{k}}_{TB}^B \bar{\mathbf{a}}_{1B} & \bar{\mathbf{a}}_{1B}^T \bar{\mathbf{k}}_{TB}^B \bar{\mathbf{a}}_{2B} \\ \bar{\mathbf{a}}_{2B}^T \bar{\mathbf{k}}_{TB}^B \bar{\mathbf{a}}_{1B} & \bar{\mathbf{a}}_{2B}^T \bar{\mathbf{k}}_{TB}^B \bar{\mathbf{a}}_{2B} \end{bmatrix} \tag{6.70}$$

$$\bar{\mathbf{K}}_{TB} = \begin{bmatrix} \frac{EA}{L} & 0 & 0 & -\frac{EA}{L} & 0 & 0 \\ 0 & 12\frac{EI}{L^3(1+\Phi)} & 6\frac{EI}{L^2(1+\Phi)} & 0 & -12\frac{EI}{L^3(1+\Phi)} & 6\frac{EI}{L^2(1+\Phi)} \\ 0 & 6\frac{EI}{L^2(1+\Phi)} & \frac{(4+\Phi)}{(1+\Phi)}\frac{EI}{L} & 0 & -6\frac{EI}{L^2(1+\Phi)} & \frac{(2-\Phi)}{(1+\Phi)}\frac{EI}{L} \\ -\frac{EA}{L} & 0 & 0 & \frac{EA}{L} & 0 & 0 \\ 0 & -12\frac{EI}{L^3(1+\Phi)} & -6\frac{EI}{L^2(1+\Phi)} & 0 & 12\frac{EI}{L^3(1+\Phi)} & -6\frac{EI}{L^2(1+\Phi)} \\ 0 & 6\frac{EI}{L^2(1+\Phi)} & \frac{(2-\Phi)}{(1+\Phi)}\frac{EI}{L} & 0 & -6\frac{EI}{L^2(1+\Phi)} & \frac{(4+\Phi)}{(1+\Phi)}\frac{EI}{L} \end{bmatrix} \tag{6.71}$$

행렬 $\bar{\mathbf{K}}_{EB}$는 강체 모드를 포함하고 있어 특이행렬이 되며, 이 행렬의 고유치 λ와 고유벡터 ϕ를 계산하면 다음과 같다.

$$\lambda_1 = \frac{2EA}{L};\ \lambda_2 = \frac{2EI}{L};\ \lambda_3 = \frac{6\left(4EI + EIL^2\right)}{L^3(1+\Phi)};\ \lambda_4 = \lambda_5 = \lambda_6 = 0 \tag{6.72}$$

$$\begin{aligned} \phi_1 &= \begin{bmatrix} -1 & 0 & 0 & 1 & 0 & 0 \end{bmatrix}^T \\ \phi_2 &= \begin{bmatrix} 0 & 0 & -1 & 0 & 0 & 1 \end{bmatrix}^T \\ \phi_3 &= \begin{bmatrix} 0 & \frac{2}{L} & 1 & 0 & -\frac{2}{L} & 1 \end{bmatrix}^T \\ \phi_4 &= \begin{bmatrix} 1 & 0 & 0 & 1 & 0 & 0 \end{bmatrix}^T \\ \phi_5 &= \begin{bmatrix} 0 & 1 & 0 & 0 & 1 & 0 \end{bmatrix}^T \\ \phi_6 &= \begin{bmatrix} 0 & -L & 1 & 0 & 0 & 1 \end{bmatrix}^T \end{aligned}$$

앞서 살펴보았듯이, "0"인 고유치는 강체 회전모드를 나타내며 이는 균일한 Euler-Bernoulli 보 요소의 경우와 같다(Figure 6-15, Figure 6-16). 이는 두 요소 모두 같은 변형과 강체 모드를 갖기 때문이다. 또한 두 요소에서 두 개의 고유치(λ_1, λ_2)값은 동일하고 세 번째 고유치 λ_3는 서로 다르다. 서로 같은 고유치는 전단력이 없는 축변형과 순수 휨 모드에 대한 것이므로 서로 동일하고[Figure 6-15(a), (b)], 서로 다른 값을 가지는 세 번째 고유치 λ_3는 전단력과 휨이 동시에 작용하는 경우와 관련된 고유치이기 때문이다.

탄성지반위의 등단면 Euler-Bernoulli 보 요소 : 단순 보 시스템

Figure 6-18과 같은 탄성지반 위의 등단면을 갖는 Euler-Bernoulli 골조요소의 기본 시스템과 전체 시스템을 생각해보자. 두 시스템 사이의 단부력은 3장에서 다룬 평형방정식 행렬(3장 식 3.24)로 다음과 같이 연결된다. 기본 요소변형 $\mathbf{v}$와 요소단부변위 $\bar{\mathbf{U}}$는 4장에서 다룬 적합방정식 행렬(4장 식 4.57)로 연결된다. 여기서 이들 방정식을 다시 적어보면

$$\begin{Bmatrix} \bar{\mathbf{P}}_1 \\ \bar{\mathbf{P}}_2 \end{Bmatrix} = \begin{bmatrix} \bar{\mathbf{b}}_{1B} \\ \bar{\mathbf{b}}_{1B} \end{bmatrix} \mathbf{q} \quad \text{또는} \quad \bar{\mathbf{P}} = \bar{\mathbf{b}}_B \mathbf{q} \qquad (3\text{장 } 3.24)$$

$$\mathbf{v} = \begin{bmatrix} \bar{\mathbf{a}}_{1B} & \bar{\mathbf{a}}_{2B} \end{bmatrix} \begin{Bmatrix} \bar{\mathbf{U}}_1 \\ \bar{\mathbf{U}}_2 \end{Bmatrix} \quad \text{또는} \quad \mathbf{v} = \bar{\mathbf{a}}_B \bar{\mathbf{U}} \qquad (4\text{장 } 4.57)$$

과 같다. 외부 가상일의 불변성(5장 식 5.250)에 따라 두 시스템 간의 가상일은 동일하다.

$$\underbrace{\delta \mathbf{v}^T \mathbf{q}}_{\text{기본 시스템}} = \underbrace{\delta \bar{\mathbf{U}}^T \bar{\mathbf{P}}}_{\text{전체 시스템}}$$

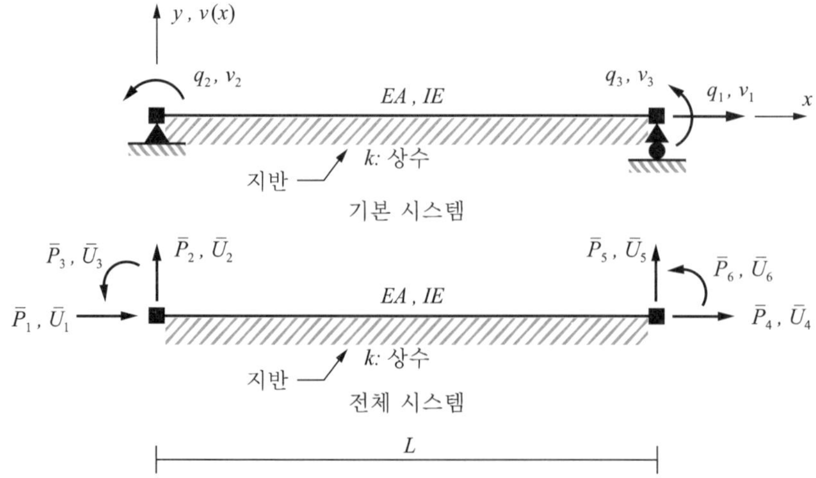

Figure 6-18 탄성지반 위의 Euler-Bernoulli 보 요소 : 단순 보 시스템과 전체 시스템

식 (4장 4.57)을 식 (6.72)에 대입하면

$$\underbrace{\delta \bar{\mathbf{U}}^T}_{Arbitrary}\left[\bar{\mathbf{P}} - \bar{\mathbf{a}}_B^T \mathbf{q}\right] = 0 \quad \Rightarrow \quad \bar{\mathbf{P}} = \bar{\mathbf{a}}_B^T \mathbf{q} \tag{6.73}$$

와 같고, 식 (6.18)을 식 (6.73)에 대입하면

$$\bar{\mathbf{P}} = \bar{\mathbf{a}}_B^T \bar{\mathbf{k}}_{BEF} \mathbf{v} \tag{6.74}$$

와 같다. 식 (4장 4.57)을 식 (6.74)에 대입하면 전체 시스템에 대한 강성도 행렬이 다음과 같이 유도된다.

$$\bar{\mathbf{P}} = \bar{\mathbf{a}}_B^T \bar{\mathbf{k}}_{BEF} \bar{\mathbf{a}}_B \bar{\mathbf{U}} = \bar{\mathbf{K}}_{BEF} \bar{\mathbf{U}} \tag{6.75}$$

여기서 전체 시스템의 요소 강성행렬 $\bar{\mathbf{K}}_{BEF}$는 식 (6.76)과 같이 정의된다.

$$\bar{\mathbf{K}}_{BEF} = \bar{\mathbf{a}}_B^T \bar{\mathbf{k}}_{BEF} \bar{\mathbf{a}}_B \tag{6.76}$$

이를 풀어서 적어보면 다음과 같다

$$\bar{\mathbf{K}}_{BEF} = \begin{bmatrix} \bar{\mathbf{a}}_{1B}^T \bar{\mathbf{k}}_{BEF} \bar{\mathbf{a}}_{1B} & \bar{\mathbf{a}}_{1B}^T \bar{\mathbf{k}}_{BEF} \bar{\mathbf{a}}_{2B} \\ \bar{\mathbf{a}}_{2B}^T \bar{\mathbf{k}}_{BEF} \bar{\mathbf{a}}_{1B} & \bar{\mathbf{a}}_{2B}^T \bar{\mathbf{k}}_{BEF} \bar{\mathbf{a}}_{2B} \end{bmatrix} = \begin{bmatrix} \bar{\mathbf{K}}_{BEF11} & \bar{\mathbf{K}}_{BEF12} \\ \bar{\mathbf{K}}_{BEF21} & \bar{\mathbf{K}}_{BEF22} \end{bmatrix} \tag{6.77}$$

여기서

$$\bar{\mathbf{K}}_{BEF11} = \begin{bmatrix} \dfrac{EA}{L} & 0 & 0 \\ 0 & \dfrac{4IE\lambda(\cos\lambda L - \cosh\lambda L)}{L^2(\sin\lambda L - \sinh\lambda L)} & \dfrac{2IE\lambda(\cos\lambda L - \cosh\lambda L)}{L(\sin\lambda L - \sinh\lambda L)} \\ 0 & \dfrac{2IE\lambda(\cos\lambda L - \cosh\lambda L)}{L(\sin\lambda L - \sinh\lambda L)} & \dfrac{2IE\lambda(\sinh 2\lambda L - \sin 2\lambda L)}{-2 + \cosh 2\lambda L + \cos 2\lambda L} \end{bmatrix}$$

$$\bar{\mathbf{K}}_{BEF12} = \bar{\mathbf{K}}_{BEF21}^T = \begin{bmatrix} -\dfrac{EA}{L} & 0 & 0 \\ 0 & -\dfrac{4IE\lambda(\cos\lambda L - \cosh\lambda L)}{L^2(\sin\lambda L - \sinh\lambda L)} & \dfrac{2IE\lambda(\cos\lambda L - \cosh\lambda L)}{L(\sin\lambda L - \sinh\lambda L)} \\ 0 & -\dfrac{2IE\lambda(\cos\lambda L - \cosh\lambda L)}{L(\sin\lambda L - \sinh\lambda L)} & -\dfrac{4\lambda e^{\lambda L} IE\left((-1 + e^{2\lambda L})\cos\lambda L - (1 + e^{2\lambda L})\sin\lambda L\right)}{1 - 4e^{2\lambda L} + e^{4\lambda L} + 2e^{2\lambda L}\cos 2\lambda L} \end{bmatrix}$$

$$\bar{\mathbf{K}}_{BEF22} = \begin{bmatrix} \frac{EA}{L} & 0 & 0 \\ 0 & \frac{4IE\lambda(\cos\lambda L - \cosh\lambda L)}{L^2(\sin\lambda L - \sinh\lambda L)} & -\frac{2IE\lambda(\cos\lambda L - \cosh\lambda L)}{L(\sin\lambda L - \sinh\lambda L)} \\ 0 & -\frac{2IE\lambda(\cos\lambda L - \cosh\lambda L)}{L(\sin\lambda L - \sinh\lambda L)} & \frac{2IE\lambda(\sinh 2\lambda L - \sin 2\lambda L)}{-2 + \cosh 2\lambda L + \cos 2\lambda L} \end{bmatrix}$$

압축력 효과를 고려한 Euler−Bernoulli 보 요소 : 단순 보 시스템

Figure 6-19와 같은 압축력에 의한 효과를 고려한 등단면을 갖는 Euler−Bernoulli 골조요소의 기본 시스템과 전체 시스템을 생각해보자. 두 시스템 사이의 단부력은 3장에서 다룬 평형방정식 행렬(3장 식 3.24)로 다음과 같이 연결된다. 기본 요소 변형 $\mathbf{v}$과 요소 단부변위 $\bar{\mathbf{U}}$는 4장에서 다룬 적합방정식 행렬(4장 식 4.57)로 연결된다. 여기서 이들 방정식을 다시 적어보면

$$\begin{Bmatrix} \bar{\mathbf{P}}_1 \\ \bar{\mathbf{P}}_2 \end{Bmatrix} = \begin{bmatrix} \bar{\mathbf{b}}_{1B} \\ \bar{\mathbf{b}}_{1B} \end{bmatrix} \mathbf{q} \quad \text{또는} \quad \bar{\mathbf{P}} = \bar{\mathbf{b}}_B \mathbf{q} \tag{3장 3.24}$$

$$\mathbf{v} = \begin{bmatrix} \bar{\mathbf{a}}_{1B} & \bar{\mathbf{a}}_{2B} \end{bmatrix} \begin{Bmatrix} \bar{\mathbf{U}}_1 \\ \bar{\mathbf{U}}_2 \end{Bmatrix} \quad \text{또는} \quad \mathbf{v} = \bar{\mathbf{a}}_B \bar{\mathbf{U}} \tag{4장 4.57}$$

과 같다. 외부 가상일의 불변성(5장 식 5.104)에 따라 두 시스템 간의 가상일은 동일하다.

$$\underbrace{\delta\mathbf{v}^T\mathbf{q}}_{\text{기본 시스템}} = \underbrace{\delta\bar{\mathbf{U}}^T\bar{\mathbf{P}}}_{\text{전체 시스템}} \tag{6.78}$$

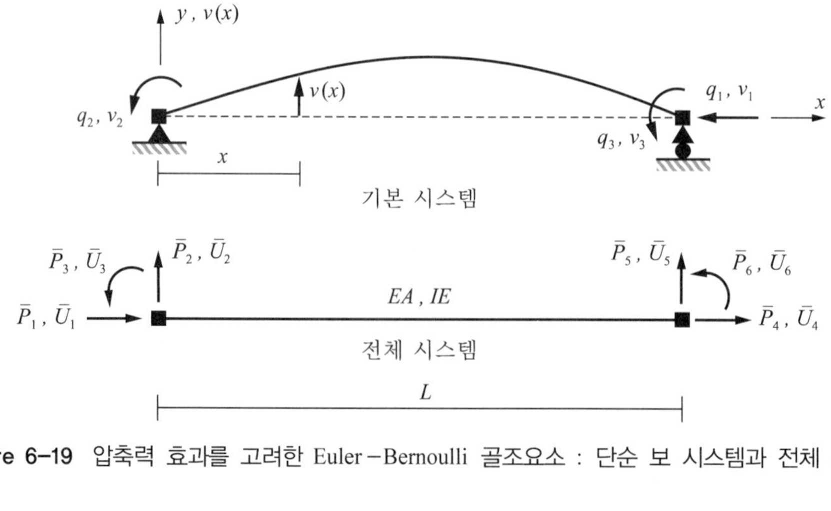

Figure 6-19 압축력 효과를 고려한 Euler−Bernoulli 골조요소 : 단순 보 시스템과 전체 시스템

식 (4장 4.57)을 식 (6.78)에 대입하면

$$\underbrace{\delta\bar{\mathbf{U}}^T}_{Arbitrary}\left[\bar{\mathbf{P}}-\bar{\mathbf{a}}_B^T\mathbf{q}\right]=0 \quad\Rightarrow\quad \bar{\mathbf{P}}=\bar{\mathbf{a}}_B^T\mathbf{q} \tag{6.79}$$

와 같고, 식 (6.32)를 식 (6.79)에 대입하면

$$\bar{\mathbf{P}}=\bar{\mathbf{a}}_B^T\bar{\mathbf{k}}_{P\delta}\mathbf{v} \tag{6.80}$$

과 같다. 식 (4장 4.24)를 식 (6.80)에 대입하면 전체 시스템에 대한 강성도 행렬이 다음과 같이 유도된다.

$$\bar{\mathbf{P}}=\bar{\mathbf{a}}_B^T\bar{\mathbf{k}}_{P\delta}\bar{\mathbf{a}}_B\bar{\mathbf{U}}=\bar{\mathbf{K}}_{P\delta}\bar{\mathbf{U}} \tag{6.81}$$

여기서 전체 시스템의 요소 강성행렬 $\bar{\mathbf{K}}_{P\delta}$는 식 (6.82)와 같이 정의된다.

$$\bar{\mathbf{K}}_{P\delta}=\bar{\mathbf{a}}_B^T\bar{\mathbf{k}}_{P\delta}\bar{\mathbf{a}}_B \tag{6.82}$$

이를 풀어서 적어보면 다음과 같다.

$$\bar{\mathbf{K}}_{P\delta}=\begin{bmatrix}\bar{\mathbf{a}}_{1B}^T\bar{\mathbf{k}}_{P\delta}\bar{\mathbf{a}}_{1B} & \bar{\mathbf{a}}_{1B}^T\bar{\mathbf{k}}_{P\delta}\bar{\mathbf{a}}_{2B}\\ \bar{\mathbf{a}}_{2B}^T\bar{\mathbf{k}}_{P\delta}\bar{\mathbf{a}}_{1B} & \bar{\mathbf{a}}_{2B}^T\bar{\mathbf{k}}_{P\delta}\bar{\mathbf{a}}_{2B}\end{bmatrix}=\begin{bmatrix}\bar{\mathbf{K}}_{P\delta11} & \bar{\mathbf{K}}_{P\delta12}\\ \bar{\mathbf{K}}_{P\delta21} & \bar{\mathbf{K}}_{P\delta22}\end{bmatrix} \tag{6.83}$$

여기서

$$\bar{\mathbf{K}}_{P\delta11}=\begin{bmatrix}\dfrac{EA}{L} & 0 & 0\\ 0 & \dfrac{2\beta^2IE}{2L-\beta L^2\cot\left(kL/2\right)} & \dfrac{\beta^2IE}{2-\beta L\cot\left(\beta L/2\right)}\\ 0 & \dfrac{\beta^2IE}{2-\beta L\cot\left(\beta L/2\right)} & \dfrac{\beta IE\cot\left(\beta L/2\right)\left(-1+\beta L\cot\beta L\right)}{-2+\beta L\cot\left(\beta L/2\right)}\end{bmatrix}$$

$$\bar{\mathbf{K}}_{P\delta12}=\bar{\mathbf{K}}_{P\delta21}^T=\begin{bmatrix}-\dfrac{EA}{L} & 0 & 0\\ 0 & \dfrac{2\beta^2IE}{-2L+\beta L^2\cot\left(\beta L/2\right)} & \dfrac{\beta^2IE}{2-\beta L\cot\left(\beta L/2\right)}\\ 0 & \dfrac{\beta^2IE}{-2+\beta L\cot\left(\beta L/2\right)} & \dfrac{\beta IE\cot\left(\beta L/2\right)\left(1-\beta L\csc\beta L\right)}{-2+\beta L\cot\left(\beta L/2\right)}\end{bmatrix}$$

$$\bar{\mathbf{K}}_{P\delta 22} = \begin{bmatrix} \dfrac{EA}{L} & 0 & 0 \\ 0 & \dfrac{2\beta^2 IE}{2L - \beta L^2 \cot(\beta L/2)} & \dfrac{\beta^2 IE}{-2+\beta L \cot(\beta L/2)} \\ 0 & \dfrac{\beta^2 IE}{-2+\beta L\cot(\beta L/2)} & \dfrac{\beta IE \cot(\beta L/2)(-1+\beta L \cot \beta L)}{-2+\beta L \cot(\beta L/2)} \end{bmatrix}$$

4 강성도 행렬 변환

앞 절에서, 강성도 행렬 변환을 이용하여 요소의 기본 강성도 행렬로부터 전체 시스템의 강성도 행렬을 유도하였다. 이런 행렬 변환을 "강체 모드" 변환이라 부른다. 이 절에서는 가상일의 원리를 이용하여 좌표계에 대한 강성도 행렬 변환을 살펴보자.

좌표변환

앞 절에서 다룬 요소들의 전체 강성도 행렬은 국부좌표계에서 유도되었다. 이제 가상일의 원리를 이용하여 국부좌표계($x-y-z$)로 유도된 강성도 행렬을 전체좌표계(X－Y－Z)의 강성도 행렬로 변환해보자.

Figure 6-20과 같은 2차원 골조요소에서 국부좌표계에서 요소단부력 $\bar{\mathbf{P}}$과 단부변위 $\bar{\mathbf{U}}$를 다음과 같이 정의한다.

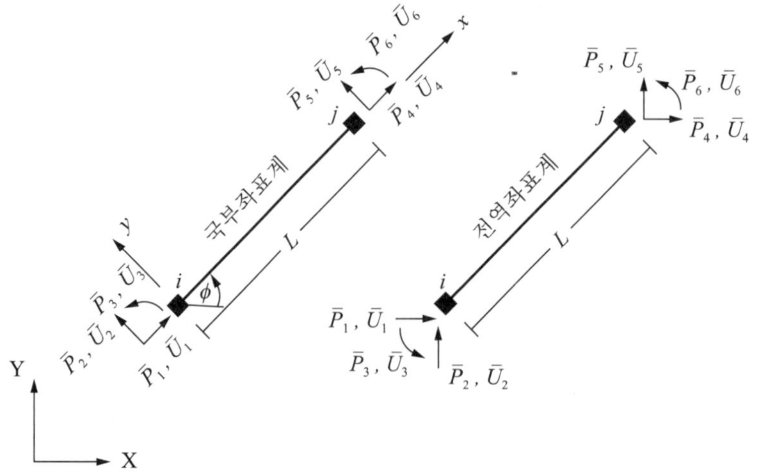

Figure 6-20 2－D 골조요소의 좌표 변환 : 국부좌표 시스템과 전역좌표 시스템

$$\begin{aligned}\bar{\mathbf{P}} &= \begin{bmatrix} \bar{P}_1 & \bar{P}_2 & \bar{P}_3 & \bar{P}_4 & \bar{P}_5 & \bar{P}_6 \end{bmatrix}^T \\ \bar{\mathbf{U}} &= \begin{bmatrix} \bar{U}_1 & \bar{U}_2 & \bar{U}_3 & \bar{U}_4 & \bar{U}_5 & \bar{U}_6 \end{bmatrix}^T\end{aligned} \tag{6.84}$$

전역좌표계에서 요소단부력 $\mathbf{P}$와 요소 단부변위를

$$\begin{aligned}\mathbf{P} &= \begin{bmatrix} P_1 & P_2 & P_3 & P_4 & P_5 & P_6 \end{bmatrix}^T \\ \mathbf{U} &= \begin{bmatrix} U_1 & U_2 & U_3 & U_4 & U_5 & U_6 \end{bmatrix}^T\end{aligned} \tag{6.85}$$

와 같이 정의한다. 국부 단부변위 $\bar{\mathbf{U}}$와 전역 단부변위 $\mathbf{U}$는 4장에서 다룬 적합방정식 (4장 식 4.86)으로 연결되며, 이는 다음과 같다.

$$\begin{Bmatrix} \bar{U}_1 \\ \bar{U}_2 \\ \bar{U}_3 \\ \bar{U}_4 \\ \bar{U}_5 \\ \bar{U}_6 \end{Bmatrix} = \begin{bmatrix} \cos\phi & \sin\phi & 0 & 0 & 0 & 0 \\ -\sin\phi & \cos\phi & 0 & 0 & 0 & 0 \\ 0 & 0 & 1 & 0 & 0 & 0 \\ 0 & 0 & 0 & \cos\phi & \sin\phi & 0 \\ 0 & 0 & 0 & -\sin\phi & \cos\phi & 0 \\ 0 & 0 & 0 & 0 & 0 & 1 \end{bmatrix} \begin{Bmatrix} U_1 \\ U_2 \\ U_3 \\ U_4 \\ U_5 \\ U_6 \end{Bmatrix} \quad \text{또는} \quad \bar{\mathbf{U}} = \mathbf{\Gamma}_{ROT}\mathbf{U} \quad (4\text{장 } 4.46)$$

여기서

$$\mathbf{\Gamma}_{ROT} = \begin{bmatrix} \mathbf{T}_{ROT} & \mathbf{0} \\ \mathbf{0} & \mathbf{T}_{ROT} \end{bmatrix} \tag{4장 4.47}$$

외부 가상일의 불변성(5장 식 5.250)에 따라 두 시스템 간의 가상일은 동일하다.

$$\underbrace{\delta\bar{\mathbf{U}}^T\bar{\mathbf{P}}}_{\text{국부좌표계}} = \underbrace{\delta\mathbf{U}^T\mathbf{P}}_{\text{전역좌표계}} \tag{6.86}$$

식 (4장 4.86)을 식 (6.86)에 대입하면

$$\underbrace{\delta\mathbf{U}^T}_{Arbitrary}\left[\mathbf{P} - \mathbf{\Gamma}_{ROT}^T\bar{\mathbf{P}}\right] = 0 \quad \Rightarrow \quad \mathbf{P} = \mathbf{\Gamma}_{ROT}^T\bar{\mathbf{P}} \tag{6.87}$$

와 같이 된다. 여기서 국부 요소 강성도 행렬은

$$\bar{\mathbf{P}} = \bar{\mathbf{K}}\bar{\mathbf{U}} \tag{6.88}$$

이고, 이 식 (6.87)을 식에 대입하면 다음과 같이 된다.

$$\mathbf{P} = \mathbf{\Gamma}_{ROT}^T\bar{\mathbf{K}}\bar{\mathbf{U}} \tag{6.89}$$

식 (4장 4.46)을 식 (6.89)에 대입하면

$$\mathbf{P} = \mathbf{\Gamma}_{ROT}^{T}\bar{\mathbf{K}}\mathbf{\Gamma}_{ROT}\mathbf{U} = \mathbf{K}\mathbf{U} \tag{6.90}$$

과 같이 전역좌표계의 값으로 정리된다. 따라서 국부 강성도 행렬과 전역 강성도 행렬은 다음 관계에 있다.

$$\mathbf{K} = \mathbf{\Gamma}_{ROT}^{T}\bar{\mathbf{K}}\mathbf{\Gamma}_{ROT} \tag{6.91}$$

이를 균일한 Euler−Bernoulli 요소에 적용하면 전역 강성도 행렬 $\mathbf{K}_{EB}$는 다음과 같이 구한다.

$$\mathbf{K}_{EB} = \mathbf{\Gamma}_{ROT}^{T}\bar{\mathbf{K}}_{EB}\mathbf{\Gamma}_{ROT} \tag{6.92}$$

이를 풀어서 적어보면

$$\mathbf{K}_{EB} = \begin{bmatrix} c^2\frac{EA}{L}+s^2\frac{12EI}{L^3} & cs\frac{EA}{L}-cs\frac{12EI}{L^3} & -s\frac{6EI}{L^2} & -c^2\frac{EA}{L}-s^2\frac{12EI}{L^3} & -cs\frac{EA}{L}+cs\frac{12EI}{L^3} & -s\frac{6EI}{L^2} \\ cs\frac{EA}{L}-cs\frac{12EI}{L^3} & s^2\frac{EA}{L}+c^2\frac{12EI}{L^3} & c\frac{6EI}{L^2} & -cs\frac{EA}{L}+cs\frac{12EI}{L^3} & -s^2\frac{EA}{L}-c^2\frac{12EI}{L^3} & c\frac{6EI}{L^2} \\ -s\frac{6EI}{L^2} & c\frac{6EI}{L^2} & \frac{4EI}{L} & s\frac{6EI}{L^2} & -c\frac{6EI}{L^2} & \frac{2EI}{L} \\ -c^2\frac{EA}{L}-s^2\frac{12EI}{L^3} & -cs\frac{EA}{L}+cs\frac{12EI}{L^3} & s\frac{6EI}{L^2} & c^2\frac{EA}{L}+s^2\frac{12EI}{L^3} & cs\frac{EA}{L}-cs\frac{12EI}{L^3} & s\frac{6EI}{L^2} \\ -cs\frac{EA}{L}+cs\frac{12EI}{L^3} & -s^2\frac{EA}{L}-c^2\frac{12EI}{L^3} & -c\frac{6EI}{L^2} & cs\frac{EA}{L}-cs\frac{12EI}{L^3} & s^2\frac{EA}{L}+c^2\frac{12EI}{L^3} & -c\frac{6EI}{L^2} \\ -s\frac{6EI}{L^2} & c\frac{6EI}{L^2} & \frac{2EI}{L} & s\frac{6EI}{L^2} & -c\frac{6EI}{L^2} & \frac{4EI}{L} \end{bmatrix}$$

과 같다. 여기서

$$c = \cos\phi, \quad s = \sin\phi$$

$\mathbf{K}_{EB}$ 행렬의 고유치를 계산하면 다음과 같다.

$$\lambda_1 = \frac{2EA}{L} \quad \lambda_2 = \frac{2IE}{L} \quad \lambda_3 = \frac{6\left(4IE + IEL^2\right)}{L^3} \quad \lambda_4 = \lambda_5 = \lambda_6 = 0$$

행렬 $\mathbf{K}_{EB}$는 양반정치 행렬이며 강체 모드 수만큼의 "0"인 고유치를 가진다. 또한 "0"이 아닌 고유치는 국부 강성도 행렬 $\bar{\mathbf{K}}_{EB}$의 고유치와 동일하다. 이는 고유치의 크기가 "일"과 관계된 값이기 때문에 참조 좌표계와 관련 없이 일정하기 때문이다. 균일단면을 갖는 봉에 적용해보면 전역좌표계에서 강성도행렬은 다음과 같다.

$$\mathbf{K}_{Bar} = \mathbf{\Gamma}_{ROT}^{Bar\ T} \overline{\mathbf{K}}_{Bar} \mathbf{\Gamma}_{ROT}^{Bar} = \frac{EA}{L} \begin{bmatrix} c^2 & cs & -c^2 & -cs \\ cs & s^2 & -cs & -s^2 \\ -c^2 & -cs & c^2 & cs \\ -cs & -s^2 & cs & s^2 \end{bmatrix} \tag{6.93}$$

여기서,

$$\mathbf{\Gamma}_{ROT}^{Bar\ T} = \begin{bmatrix} \cos\phi & 0 \\ \sin\phi & 0 \\ 0 & \cos\phi \\ 0 & \sin\phi \end{bmatrix} \tag{6.94}$$

강성도 행렬 $\mathbf{K}_{Bar}$의 고유치는

$$\lambda_1 = \frac{2EA}{L}, \quad \lambda_2 = \lambda_3 = \lambda_4 = 0$$

이다. 마찬가지로 이 경우도 강성도 행렬 $\mathbf{K}_{Bar}$는 양반정치 행렬이며 강체모드 수만큼의 "0"인 고유치가 발생하고 국부 강성도 행렬과 동일한 고유치값을 가진다. 이는 고유치가 "일"과 관계있는 스칼라 값이기 때문이다.

다른 골조요소에도 이상의 과정을 적용하면, 국부 강성도 행렬로부터 전역좌표계의 전체 강성도 행렬이 계산된다.

강체단부 변환

여기서 "강역단부(Rigid－End－Zone)" 변환으로 알려진 강성도 변환을 살펴보자. 이런 변환은 구조모델의 한 부분이 강체로 되어 있는 효과를 고려하기 위한 것이다. 실제 구조물에서 다음과 같은 경우를 강역(rigid zone)으로 모델한다.

1. 유한 접합부(Figure 6-21) : 실제로 구조물의 접합부(절점)는 일반적으로 구조모델로 모델하는 수학적으로의 점(point)이 아니다. 접합부가 점(point)으로 모델될 때, 기둥과 보의 추가적인 길이(기둥 또는 보 깊이의 절반)로 유한 접합부 효과를 대신하게 된다. 대부분의 경우 이 가정이 유효하지만, 요소의 깊이가 커지거나 연결부 강성이 클 때 이 가정은 더 이상 유효하지 않다.
2. 강체 바닥판 격막(Figure 6-22) : 보통 건물 바닥판과 지붕 격막의 변형이 인접한 층 간의 상대변위에 비해 적다. 만약 그런 경우, 격막은 강체로 취급하여 자유도 수를 줄일 수 있다. 대부분의 상용 프로그램(예를 들어 SAP2000, ETABS 등)은 계산효율을 증대시키기 위해서 이런 가정을 사용한다.

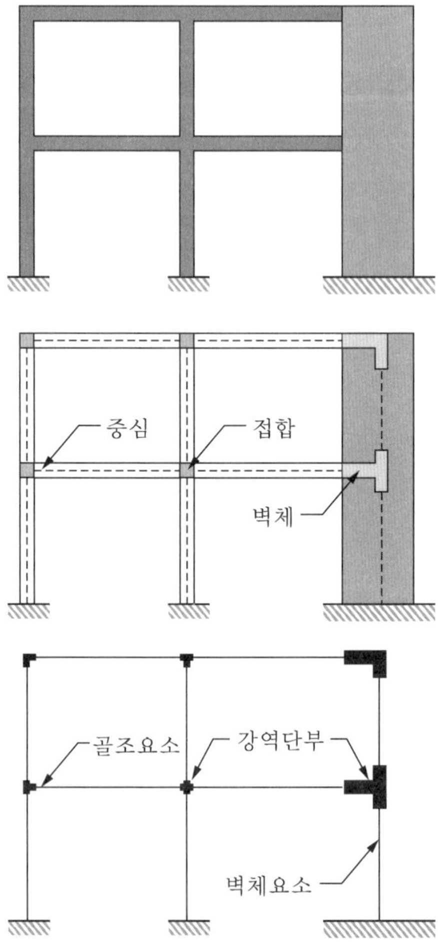

Figure 6-21 유한 접합부와 벽체를 가진 골조구조물

3. 슬래브와 보의 강체 연결(Figure 6-23) : 전체 슬래브와 이를 지지하는 보를 해석할 때 보(골조) 요소의 절점과 평판(슬래브) 요소의 절점 이격(nodal offset)을 고려하기 위하여 강체 연결을 사용한다.

4. 절점이격(Offsets)(Figure 6-24) : 일반적으로 바닥판 시스템에서 인접한 보의 깊이가 다른 경우 보의 중심선이 기둥에서 일치하지 않는다. 즉, 인접한 보의 깊이가 달라짐으로 인해 발생하는 절점 이격을 고려하기 위하여 강체 연결을 사용한다.

강역단부 변환은 기하학적 관계와 가상변위 원리에 의해서 유도된다. 먼저 Figure 6-25와 같이 강역단부를 가지는 단순보의 골조 요소를 생각해보자. 이 골조 요소 중앙부분의 변형체에 대한 기본 요소변형 $\mathbf{v}^B$ 와 기본요소력 $\mathbf{q}^B$ 를 벡터로 나타내면 다음과 같다.

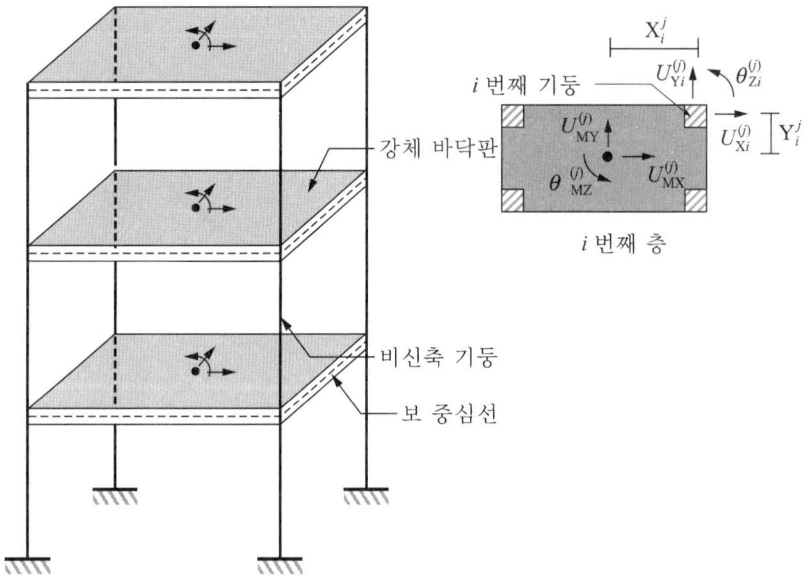

Figure 6-22 강체 바닥 격막과 비신축 기둥을 갖는 다층 골조구조물

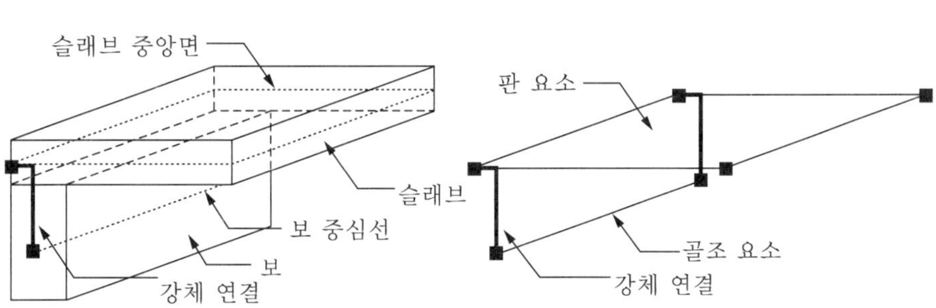

Figure 6-23 판 요소(슬래브)와 골조 요소(보)의 강체 연결

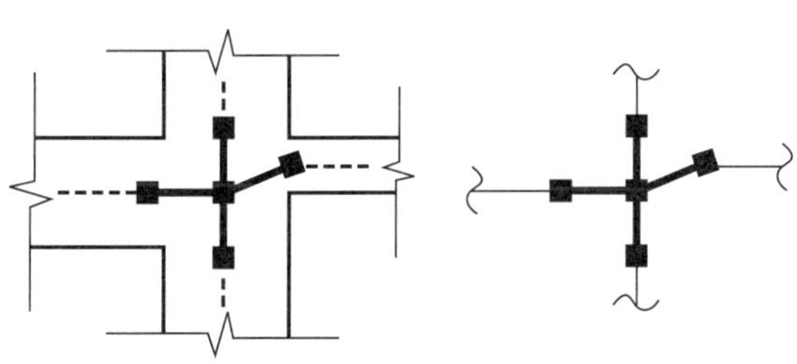

Figure 6-24 높이가 다른 보와 연결되는 유한 접합부

$$\mathbf{v}^B = \begin{bmatrix} v_1^B & v_2^B & v_3^B \end{bmatrix}^T \tag{6.95}$$

$$\mathbf{q}^B = \begin{bmatrix} q_1^B & q_2^B & q_3^B \end{bmatrix}^T \tag{6.96}$$

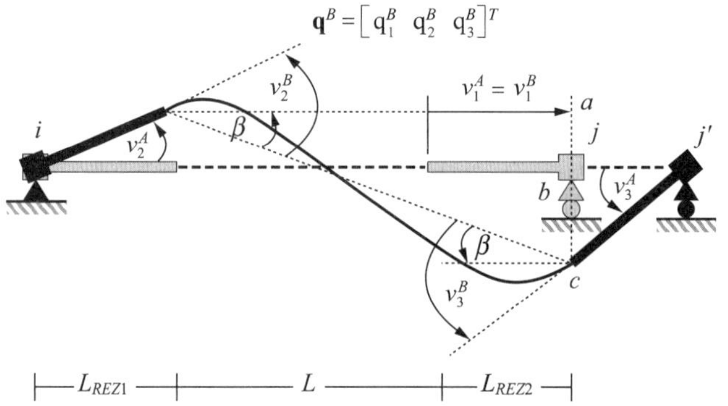

(a) 기본 요소변형

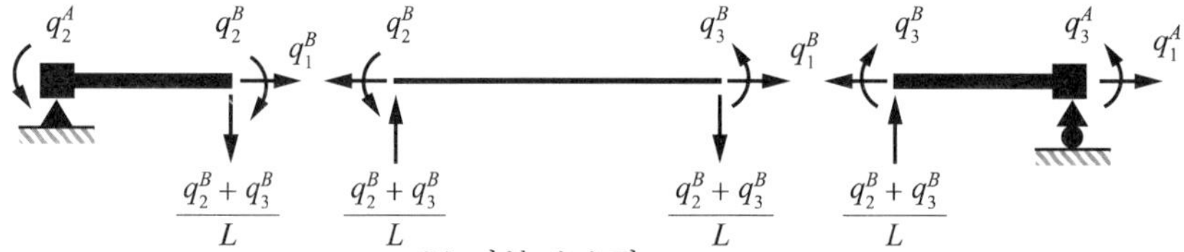

(b) 기본 요소력

Figure 6-25 강역단부를 가지는 단순보

기본 요소변형과 기본요소력의 관계를 나타내는 강성도 행렬식은 앞서 유도된 것처럼 다음과 같다.

$$\begin{Bmatrix} q_1^B \\ q_2^B \\ q_3^B \end{Bmatrix} = \begin{bmatrix} \frac{EA}{L} & 0 & 0 \\ 0 & \frac{4IE}{L} & \frac{2IE}{L} \\ 0 & \frac{2IE}{L} & \frac{4IE}{L} \end{bmatrix} \begin{Bmatrix} v_1^B \\ v_2^B \\ v_3^B \end{Bmatrix} \text{ 또는 } \mathbf{q}^B = \overline{\mathbf{k}}_{EB}^B \mathbf{v}^B \qquad (6\text{장 } 6.2)$$

강체 끝부분에서 측정된 기본 요소변형 $\mathbf{v}^A$와 기본요소력 $\mathbf{q}^A$를 벡터로 나타내면

$$\mathbf{v}^A = \begin{bmatrix} v_1^A & v_2^A & v_3^A \end{bmatrix}^T \qquad (6.97)$$

$$\mathbf{q}^A = \begin{bmatrix} q_1^A & q_2^A & q_3^A \end{bmatrix}^T \qquad (6.98)$$

과 같다. 기하하적 형상[Figure 6-25(a)]을 고려하면 두 변형 사이의 관계는

$$\beta = \frac{ab + bc}{L} = \frac{v_2^A L_{REZ1} + v_3^A L_{REZ2}}{L} \quad v_2^B = \beta + v_2^A \quad v_3^B = \beta + v_3^A \qquad (6.99)$$

과 같다. 식 (6.99)로부터 기본 변형벡터 $\mathbf{v}^A$와 $\mathbf{v}^B$의 관계는 다음과 같다.

$$\begin{Bmatrix} v_1^B \\ v_2^B \\ v_3^B \end{Bmatrix} = \begin{bmatrix} 1 & 0 & 0 \\ 0 & 1+\dfrac{L_{REZ1}}{L} & \dfrac{L_{REZ2}}{L} \\ 0 & \dfrac{L_{REZ1}}{L} & 1+\dfrac{L_{REZ2}}{L} \end{bmatrix} \begin{Bmatrix} v_1^A \\ v_2^A \\ v_3^A \end{Bmatrix} \text{ 또는 } \mathbf{v}^B = \mathbf{A}_{REZ}\mathbf{v}^A \tag{6.100}$$

외부 가상일의 불변성(5장 식 5.104)에 따라 두 시스템 간의 가상일은 동일하다.

$$\underbrace{\delta\mathbf{v}^{A^T}\mathbf{q}^A}_{System\ A} = \underbrace{\delta\mathbf{v}^{B^T}\mathbf{q}^B}_{System\ B} \tag{6.101}$$

식 (6.100)을 식 (6.101)에 대입하면

$$\underbrace{\delta\mathbf{v}^{A^T}}_{Arbitrary}\left[\mathbf{q}^A - \mathbf{A}_{REZ}^T\mathbf{q}^B\right] = 0 \quad \Rightarrow \quad \mathbf{q}^A = \mathbf{A}_{REZ}^T\mathbf{q}^B \tag{6.102}$$

와 같고, 식 (6.102)는 두 기본 시스템의 요소력 $\mathbf{q}^A$와 $\mathbf{q}^B$ 사이간의 평형관계를 나타내고 있다. 이는 두 기본 시스템[Figure 6-25(b)]의 평형관계를 고려하면 쉽게 확인된다.

식 (6.2)를 식 (6.102)에 대입하면

$$\mathbf{q}^A = \mathbf{A}_{REZ}^T\bar{\mathbf{k}}_{EB}^B\mathbf{v}^B \tag{6.103}$$

이고, 식 (6.100)을 식 (6.103)에 대입하면

$$\mathbf{q}^A = \mathbf{A}_{REZ}^T\bar{\mathbf{k}}_{EB}^B\mathbf{A}_{REZ}\mathbf{v}^A = \bar{\mathbf{k}}_{EB}^{REZ}\mathbf{v}^A \tag{6.104}$$

이다. 그러므로 두 기본 시스템의 강성도 행렬간의 변환관계는

$$\bar{\mathbf{k}}_{EB}^{REZ} = \mathbf{A}_{REZ}^T\bar{\mathbf{k}}_{EB}^B\mathbf{A}_{REZ} \tag{6.105}$$

와 같고, 이를 풀어서 나타내면

$$\bar{\mathbf{k}}_{EB}^{REZ} = \begin{bmatrix} \dfrac{EA}{L} & 0 & 0 \\ 0 & \dfrac{4IE\left(L^2+3LL_{REZ1}+3L_{REZ1}^{\ 2}\right)}{L^3} & \dfrac{2IE\left(L^2+6L_{REZ1}L_{REZ2}+3L\left(L_{REZ1}+L_{REZ2}\right)\right)}{L^3} \\ 0 & \dfrac{2IE\left(L^2+6L_{REZ1}L_{REZ2}+3L\left(L_{REZ1}+L_{REZ2}\right)\right)}{L^3} & \dfrac{4IE\left(L^2+3LL_{REZ2}+3L_{REZ2}^{\ 2}\right)}{L^3} \end{bmatrix}$$

과 같다. 강역단부를 갖는 단순 보의 전체 강성도 행렬은 기본 강성도 행렬로부터 강체 모드 변환 식 (6.62)에 의해서 다음과 같이 유도된다.

$$\bar{\mathbf{K}}_{EB}^{REZ} = \bar{\mathbf{a}}_B^T \bar{\mathbf{k}}_{EB}^{REZ} \bar{\mathbf{a}}_B \tag{6.106}$$

이를 풀어서 나타내면

$$\bar{\mathbf{K}}_{EB}^{REZ} = \begin{bmatrix} \frac{EA}{L} & 0 & 0 & -\frac{EA}{L} & 0 & 0 \\ & \frac{12IEL^{*2}}{L^5} & \frac{6IEL^*(L+2L_{REZ1})}{L^4} & 0 & -\frac{12IEL^{*2}}{L^5} & \frac{6IEL^*(L+2L_{REZ2})}{L^4} \\ & \frac{6IEL^*(L+2L_{REZ1})}{L^4} & \frac{4IE(L^2+3LL_{REZ1}+2L_{REZ1}^2)}{L^3} & 0 & -\frac{6IEL^*(L+2L_{REZ1})}{L^4} & \frac{2IE(L^2+6L_{REZ1}L_{REZ2}+3L(L_{REZ1}+L_{REZ2}))}{L^3} \\ -\frac{EA}{L} & 0 & 0 & \frac{EA}{L} & 0 & 0 \\ & -\frac{12IEL^{*2}}{L^5} & -\frac{6IEL^*(L+2L_{REZ1})}{L^4} & 0 & \frac{12IEL^{*2}}{L^5} & -\frac{6IEL^*(L+2L_{REZ2})}{L^4} \\ & \frac{6IEL^*(L+2L_{REZ2})}{L^4} & \frac{2IE(L^2+6L_{REZ1}L_{REZ2}+3L(L_{REZ1}+L_{REZ2}))}{L^3} & 0 & -\frac{6IEL^*(L+2L_{REZ2})}{L^4} & \frac{4IE(L^2+3LL_{REZ2}+2L_{REZ2}^2)}{L^3} \end{bmatrix}$$

과 같다. 여기서

$$L^* = L + L_{REZ1} + L_{REZ1}$$

이다. 위 행렬 $\bar{\mathbf{K}}_{EB}^{REZ}$ 에서 L_{REZ1} 와 L_{REZ2} 가 "0"과 같으면 이 행렬은 강역단부가 없는 균일한 단면을 갖는 Euler-Bernoulli 보 요소의 강성도 행렬 $\bar{\mathbf{K}}_{EB}$ 와 동일하게 된다.

이제 Figure 6-26과 같이 강역단부를 가지는 2차원 골조요소의 일반화된 경우를 생각해보자.

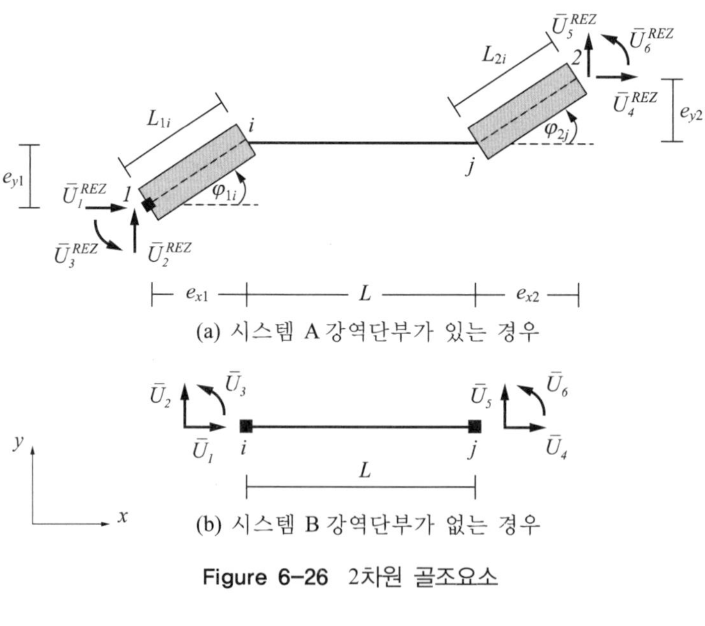

Figure 6-26 2차원 골조요소

골조요소 중앙부 변형체의 단부변위 $\bar{\mathbf{U}}$ 와 단부력 $\bar{\mathbf{P}}$ 를 벡터로 나타내면

$$\bar{\mathbf{U}} = \begin{bmatrix} \bar{U}_1 & \bar{U}_2 & \bar{U}_3 & \bar{U}_4 & \bar{U}_5 & \bar{U}_6 \end{bmatrix}^T \tag{6.107}$$

$$\bar{\mathbf{P}} = \begin{bmatrix} \bar{P}_1 & \bar{P}_2 & \bar{P}_3 & \bar{P}_4 & \bar{P}_5 & \bar{P}_6 \end{bmatrix}^T \tag{6.108}$$

과 같다. 이 두 벡터의 관계를 강성도 방정식으로 표현하면

$$\bar{\mathbf{P}} = \begin{Bmatrix} \bar{\mathbf{P}}_1 \\ \bar{\mathbf{P}}_2 \end{Bmatrix} = \begin{bmatrix} \bar{\mathbf{K}}_{11} & \bar{\mathbf{K}}_{12} \\ \bar{\mathbf{K}}_{21} & \bar{\mathbf{K}}_{22} \end{bmatrix} \begin{Bmatrix} \bar{\mathbf{U}}_1 \\ \bar{\mathbf{U}}_2 \end{Bmatrix} = \bar{\mathbf{K}}\bar{\mathbf{U}} \tag{6.109}$$

와 같다. 여기서 주목할 것은 중앙부 골조요소는 앞서 유도한 여러 골조요소 중 하나가 될 수 있다는 점이다. 강역단부에서 단부변위 $\bar{\mathbf{U}}_{REZ}$ 와 단부력 $\bar{\mathbf{P}}_{REZ}$ 는 벡터로 다음과 같다.

$$\bar{\mathbf{U}}_{REZ} = \begin{bmatrix} \bar{U}_1^{REZ} & \bar{U}_2^{REZ} & \bar{U}_3^{REZ} & \bar{U}_4^{REZ} & \bar{U}_5^{REZ} & \bar{U}_6^{REZ} \end{bmatrix}^T \tag{6.110}$$

$$\bar{\mathbf{P}}_{REZ} = \begin{bmatrix} \bar{P}_1^{REZ} & \bar{P}_2^{REZ} & \bar{P}_3^{REZ} & \bar{P}_4^{REZ} & \bar{P}_5^{REZ} & \bar{P}_6^{REZ} \end{bmatrix}^T \tag{6.111}$$

단부변위 $\bar{\mathbf{U}}$ 와 $\bar{\mathbf{U}}_{REZ}$ 의 적합관계는 좌측단과 우측단의 기구학적 관계로부터 유도된다. 좌측 강역단부의 기구학적 관계[Figure 6-27(a)]로부터 관계식을 도출하면 다음과 같다.

$$\begin{aligned} \bar{U}_1 &= \bar{U}_1^{REZ} - \left(L_{1i}\cos(\varphi_{1i}) - L_{1i}\cos(\varphi_{1i} + \bar{U}_3)\right) \\ \bar{U}_2 &= \bar{U}_2^{REZ} + L_{1i}\sin(\varphi_{1i} + \bar{U}_3) - L_{1i}\sin(\varphi_{1i}) \\ \bar{U}_3 &= \bar{U}_3^{REZ} \end{aligned} \tag{6.112}$$

위의 비선형 기구학적 관계식은 4장에서 유도한 강체 구속(4장 4.167)의 경우와 동일하다. 본 교재는 선형 기하학적 관계만 다루므로 아래와 같이 삼각함수[5]를 선형화하여 1차 근사화 한다.

$$\cos\bar{U}_3 \approx 1, \quad \sin\bar{U}_3 \approx \bar{U}_3 \tag{6.113}$$

그러면 식 (6.112)는 다음과 같이 축소된다.

$$\begin{aligned} \bar{U}_1 &= \bar{U}_1^{REZ} - \bar{U}_3 L_{1i}\sin(\varphi_{1i}) \\ \bar{U}_2 &= \bar{U}_2^{REZ} + \bar{U}_3 L_{1i}\cos(\varphi_{1i}) \\ \bar{U}_3 &= \bar{U}_3^{REZ} \end{aligned} \tag{6.114}$$

5) $\cos(\alpha+\beta) = \cos\alpha\cos\beta - \sin\alpha\sin\beta$; $\cos(\alpha-\beta) = \cos\alpha\cos\beta + \sin\alpha\sin\beta$
$\sin(\alpha+\beta) = \sin\alpha\cos\beta + \cos\alpha\sin\beta$; $\sin(\alpha-\beta) = \sin\alpha\cos\beta - \cos\alpha\sin\beta$

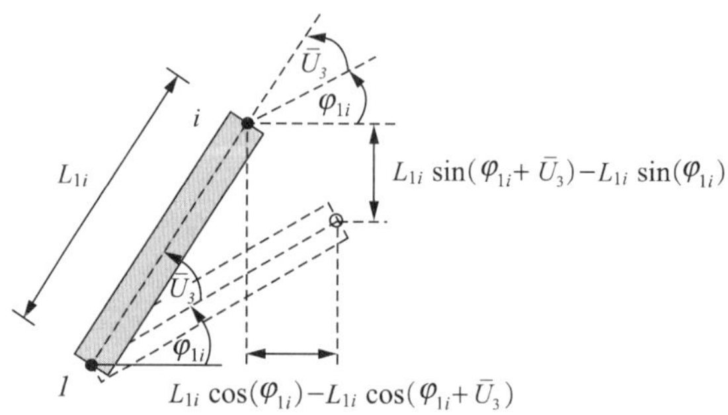

(a) 좌측 강역단부

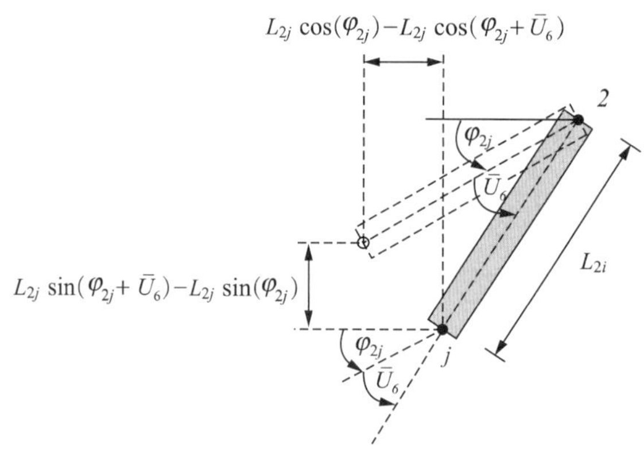

(b) 우측 강역단부

Figure 6-27 강역단부의 기구학적 관계

이를 행렬형태로 나타내면

$$\begin{Bmatrix} \bar{U}_1 \\ \bar{U}_2 \\ \bar{U}_3 \end{Bmatrix} = \begin{bmatrix} 1 & 0 & -L_{1i}\sin(\varphi_{1i}) \\ 0 & 1 & L_{1i}\cos(\varphi_{1i}) \\ 0 & 0 & 1 \end{bmatrix} \begin{Bmatrix} \bar{U}_1^{REZ} \\ \bar{U}_2^{REZ} \\ \bar{U}_3^{REZ} \end{Bmatrix} \quad \text{또는} \quad \bar{\mathbf{U}}_1 = \mathbf{\Gamma}_{REZ1} = \bar{\mathbf{U}}_1^{REZ} \tag{6.115}$$

이다. 이와 유사하게 우측 강역단부의 기구학적 관계[Figure 6-27(b)]로부터 다음 관계식이 도출되며

$$\begin{aligned} \bar{U}_4 &= \bar{U}_4^{REZ} + \left(L_{2j}\cos(\varphi_{2j}) - L_{2j}\cos(\varphi_{2j} + \bar{U}_6)\right) \\ \bar{U}_5 &= \bar{U}_5^{REZ} - L_{2j}\sin(\varphi_{2j} + \bar{U}_6) + L_{2j}\sin(\varphi_{2j}) \\ \bar{U}_6 &= \bar{U}_6^{REZ} \end{aligned} \tag{6.116}$$

이 식을 선형화하면 다음과 같다.

$$\begin{aligned}\bar{U}_4 &= \bar{U}_4^{REZ} + \bar{U}_6 L_{2j}\sin(\varphi_{2j})\\ \bar{U}_5 &= \bar{U}_5^{REZ} - \bar{U}_6 L_{2j}\cos(\varphi_{2j})\\ \bar{U}_6 &= \bar{U}_6^{REZ}\end{aligned} \tag{6.117}$$

이를 행렬형태로 나타내면

$$\begin{Bmatrix}\bar{U}_4\\ \bar{U}_5\\ \bar{U}_6\end{Bmatrix} = \begin{bmatrix}1 & 0 & L_{2i}\sin(\varphi_{2i})\\ 0 & 1 & -L_{2i}\cos(\varphi_{2i})\\ 0 & 0 & 1\end{bmatrix}\begin{Bmatrix}\bar{U}_4^{REZ}\\ \bar{U}_5^{REZ}\\ \bar{U}_6^{REZ}\end{Bmatrix} \text{ 또는 } \bar{\mathbf{U}}_2 = \mathbf{\Gamma}_{REZ2} = \bar{\mathbf{U}}_2^{REZ} \tag{6.118}$$

과 같다. 식 (6.115)와 식 (6.118)을 결합하게 되면 단부변위 $\bar{\mathbf{U}}$ 와 $\bar{\mathbf{U}}_{REZ}$ 사이의 관계를 나타내는 적합방정식이 만들어진다.

$$\begin{Bmatrix}\bar{U}_1\\ \bar{U}_2\\ \bar{U}_3\\ \bar{U}_4\\ \bar{U}_5\\ \bar{U}_6\end{Bmatrix} = \begin{bmatrix}1 & 0 & -L_{1i}\sin(\varphi_{1i}) & 0 & 0 & 0\\ 0 & 1 & L_{1i}\cos(\varphi_{1i}) & 0 & 0 & 0\\ 0 & 0 & 1 & 0 & 0 & 0\\ 0 & 0 & 0 & 1 & 0 & L_{2i}\sin(\varphi_{2i})\\ 0 & 0 & 0 & 0 & 1 & -L_{2i}\cos(\varphi_{2i})\\ 0 & 0 & 0 & 0 & 0 & 1\end{bmatrix}\begin{Bmatrix}\bar{U}_1^{REZ}\\ \bar{U}_2^{REZ}\\ \bar{U}_3^{REZ}\\ \bar{U}_4^{REZ}\\ \bar{U}_5^{REZ}\\ \bar{U}_6^{REZ}\end{Bmatrix} \text{ 또는} \bar{\mathbf{U}} = \mathbf{T}_{REZ}\bar{\mathbf{U}}_{REZ} \tag{6.119}$$

강역단부의 치수가 Figure 6-26과 같을 때, 강역단부 변환행렬을 "강역단부의 치수"로 나타내면 다음과 같다.

$$\mathbf{T}_{REZ} = \begin{bmatrix}1 & 0 & -e_{y1} & 0 & 0 & 0\\ 0 & 1 & e_{x1} & 0 & 0 & 0\\ 0 & 0 & 1 & 0 & 0 & 0\\ 0 & 0 & 0 & 1 & 0 & e_{y2}\\ 0 & 0 & 0 & 0 & 1 & -e_{x2}\\ 0 & 0 & 0 & 0 & 0 & 1\end{bmatrix} \tag{6.120}$$

강역단부의 치수를 절점좌표로 다음과 같이 정의된다.

$$e_{x1} = x_i - x_1;\quad e_{y1} = y_i - y_1;\quad e_{x2} = x_2 - x_j;\quad e_{y2} = y_2 - y_j; \tag{6.121}$$

외부 가상일의 불변성(5장 식 5.104)에 따라 두 시스템 간의 가상일은 동일하다.

$$\underbrace{\delta\bar{\mathbf{U}}_{REZ}^T\bar{\mathbf{P}}_{REZ}}_{System\ A} = \underbrace{\delta\bar{\mathbf{U}}^T\bar{\mathbf{P}}}_{System\ B} \tag{6.122}$$

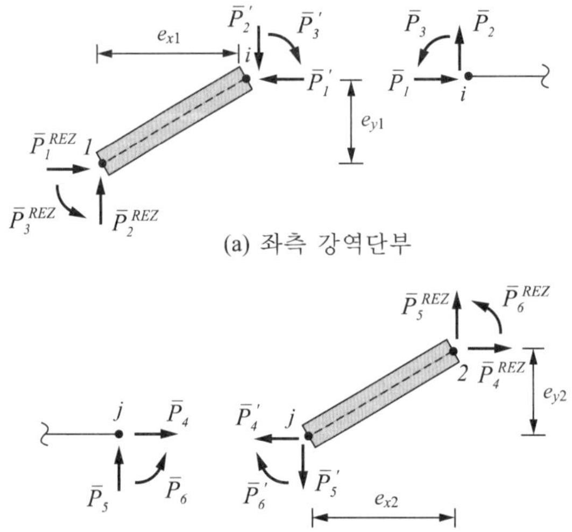

(a) 좌측 강역단부

(b) 우측 강역단부

Figure 6-28 강역단부의 평형관계

식 (6.119)를 식 (6.122)에 대입하면

$$\underbrace{\delta \bar{\mathbf{U}}_{REZ}^{T}}_{Arbitrary}\left[\bar{\mathbf{P}}_{REZ}-\mathbf{T}_{REZ}^{T}\bar{\mathbf{P}}\right]=0 \quad \Rightarrow \quad \bar{\mathbf{P}}_{REZ}=\mathbf{T}_{REZ}^{T}\bar{\mathbf{P}} \tag{6.123}$$

와 같고, 식 (6.123)은 두 기본 시스템의 요소력 $\bar{\mathbf{P}}$와 $\bar{\mathbf{P}}_{REZ}$ 사이간의 평형관계를 나타내고 있다.

식 (6.109)를 식 (6.123)에 대입하면

$$\bar{\mathbf{P}}_{REZ}=\mathbf{T}_{REZ}^{T}\bar{\mathbf{K}}\bar{\mathbf{U}} \tag{6.124}$$

이고 식 (6.119)를 식 (6.124)에 대입하면

$$\bar{\mathbf{P}}_{REZ}=\mathbf{T}_{REZ}^{T}\bar{\mathbf{K}}\mathbf{T}_{REZ}\bar{\mathbf{U}}_{REZ}=\bar{\mathbf{K}}_{REZ}\bar{\mathbf{U}}_{REZ} \tag{6.125}$$

와 같다. 그러므로 강역단부를 포함시키는 변환관계는

$$\bar{\mathbf{K}}_{REZ}=\mathbf{T}_{REZ}^{T}\bar{\mathbf{K}}\mathbf{T}_{REZ}=\begin{bmatrix}\mathbf{\Gamma}_{REZ1}^{T}\bar{\mathbf{K}}_{11}\mathbf{\Gamma}_{REZ1} & \mathbf{\Gamma}_{REZ1}^{T}\bar{\mathbf{K}}_{12}\mathbf{\Gamma}_{REZ2}\\ \mathbf{\Gamma}_{REZ2}^{T}\bar{\mathbf{K}}_{21}\mathbf{\Gamma}_{REZ1} & \mathbf{\Gamma}_{REZ2}^{T}\bar{\mathbf{K}}_{22}\mathbf{\Gamma}_{REZ2}\end{bmatrix} \tag{6.126}$$

균일한 Euler−Bernoulli 골조요소의 경우 강역단부를 포함한 요소 강성도 행렬은

$$\bar{\mathbf{K}}_{REZ}^{EB}=\mathbf{T}_{REZ}^{T}\bar{\mathbf{K}}_{EB}\mathbf{T}_{REZ}$$

와 같다. 중앙부가 다른 종류의 요소일 때의 강성도 행렬은 이와 비슷한 방법으로 변환된다.

5 강성도 변환에 대한 요약

지금까지 3가지의 요소 변위 변환에 대하여 다루었다. 즉,

- 강체모드 변환
- 좌표 변환
- 강역단부 변환

이상의 세 가지 변환을 함께 나타내면 다음과 같다.

$$\mathbf{v} = \bar{\mathbf{a}}\,\mathbf{\Gamma}_{REZ}\mathbf{\Gamma}_{ROT}\mathbf{U}_{REZ} = \mathbf{\Gamma}\mathbf{U}_{REZ} \tag{6.127}$$

이를 Figure 6-29에 도식화하여 나타내었다.

가상일의 원리에 따라서 변위에 대응하는 힘의 변환은

$$\mathbf{P}_{REZ} = \mathbf{\Gamma}^{T}_{ROT}\mathbf{\Gamma}^{T}_{REZ}\bar{\mathbf{a}}^{T}\mathbf{q} = \mathbf{\Gamma}^{T}\mathbf{q} \tag{6.128}$$

이다. 이를 Figure 6-30에 도식화하여 나타내었다.

그러므로 이들 변환을 모두 고려한 강성도 행렬 변환은

$$\mathbf{P}_{REZ} = \mathbf{\Gamma}^{T}_{ROT}\mathbf{\Gamma}^{T}_{REZ}\bar{\mathbf{a}}^{T}\bar{\mathbf{k}}\bar{\mathbf{a}}\,\mathbf{\Gamma}_{REZ}\mathbf{\Gamma}_{ROT}\mathbf{U}_{REZ} = \mathbf{\Gamma}^{T}\bar{\mathbf{k}}\mathbf{\Gamma}\mathbf{U}_{REZ} = \mathbf{K}_{REZ}\mathbf{U}_{REZ} \tag{6.129}$$

$$\mathbf{K}_{REZ} = \mathbf{\Gamma}^{T}\bar{\mathbf{k}}\mathbf{\Gamma} = \mathbf{\Gamma}^{T}_{ROT}\mathbf{\Gamma}^{T}_{REZ}\bar{\mathbf{a}}^{T}\bar{\mathbf{k}}\bar{\mathbf{a}}\,\mathbf{\Gamma}_{REZ}\mathbf{\Gamma}_{ROT} \tag{6.130}$$

와 같다.

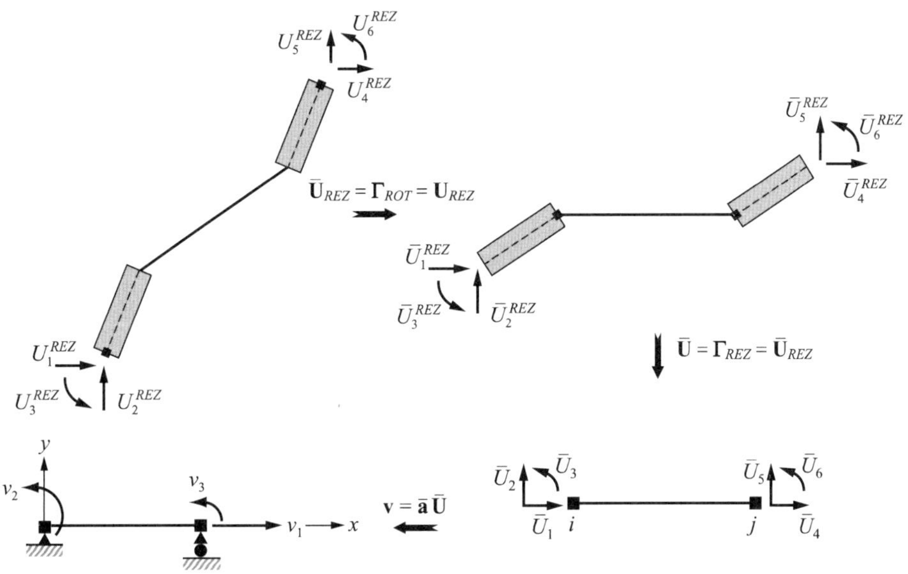

Figure 6-29 변위 변환의 모식도

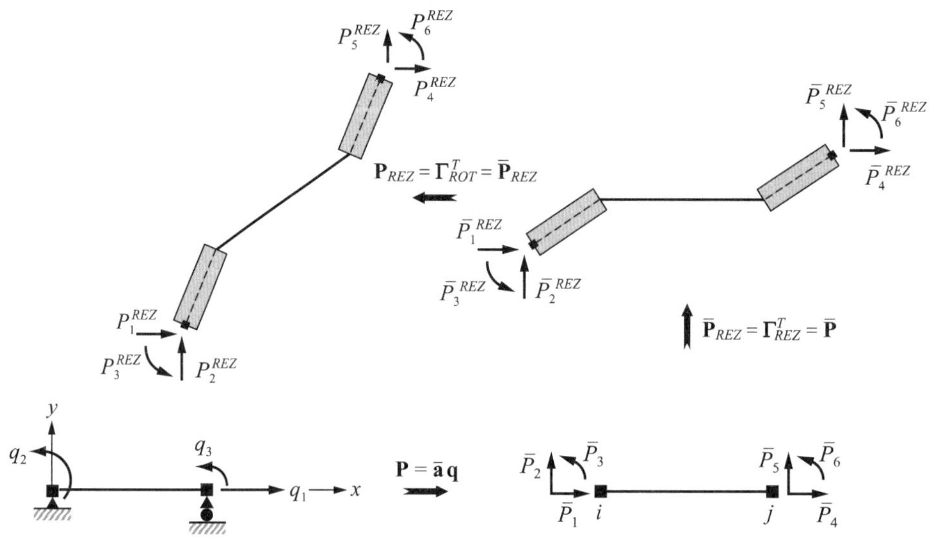

Figure 6-30 힘 변환의 모식도

Example 6-1

다음과 같이 강역단부를 갖는 Euler－Bernoulli 보에서 그림과 같은 자유도에 대한 6×6 강성도 행렬을 유도하라. 단, 단순보 골조 시스템에서부터 시작하라.

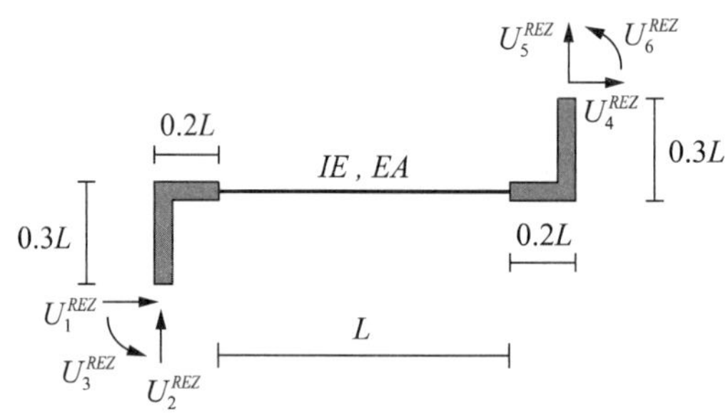

Solution

<u>단순 보 시스템:</u>

기본 강성도 방정식은

$$\begin{Bmatrix} q_1 \\ q_2 \\ q_3 \end{Bmatrix} = \begin{bmatrix} \dfrac{EA}{L} & 0 & 0 \\ 0 & \dfrac{4IE}{L} & \dfrac{2IE}{L} \\ 0 & \dfrac{2IE}{L} & \dfrac{4IE}{L} \end{bmatrix} \begin{Bmatrix} v_1 \\ v_2 \\ v_3 \end{Bmatrix} \quad \text{또는} \quad \mathbf{q} = \bar{\mathbf{k}}^{B}_{EB}\mathbf{v}$$

와 같다. 국부좌표계에서 전체 시스템의 강성도 방정식은

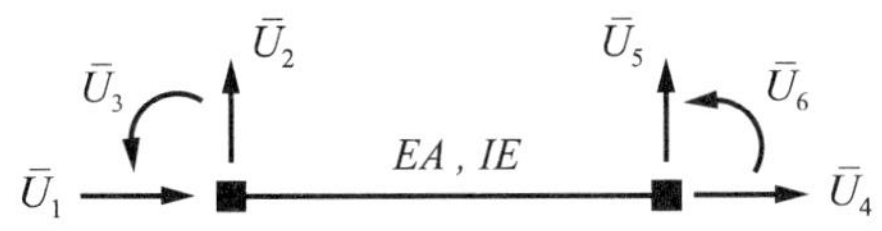

$$\begin{Bmatrix} v_1 \\ v_2 \\ v_3 \end{Bmatrix} = \begin{bmatrix} -1 & 0 & 0 & 1 & 0 & 0 \\ 0 & \frac{1}{L} & 1 & 0 & -\frac{1}{L} & 0 \\ 0 & \frac{1}{L} & 0 & 0 & -\frac{1}{L} & 1 \end{bmatrix} \begin{Bmatrix} \bar{U}_1 \\ \bar{U}_2 \\ \bar{U}_3 \\ \bar{U}_4 \\ \bar{U}_5 \\ \bar{U}_6 \end{Bmatrix} \quad \text{또는} \quad \mathbf{v} = \bar{\mathbf{a}}_B \bar{\mathbf{U}}$$

와 같고, 국부좌표계에서 강역단부를 갖는 전체 시스템의 강성도 방정식은

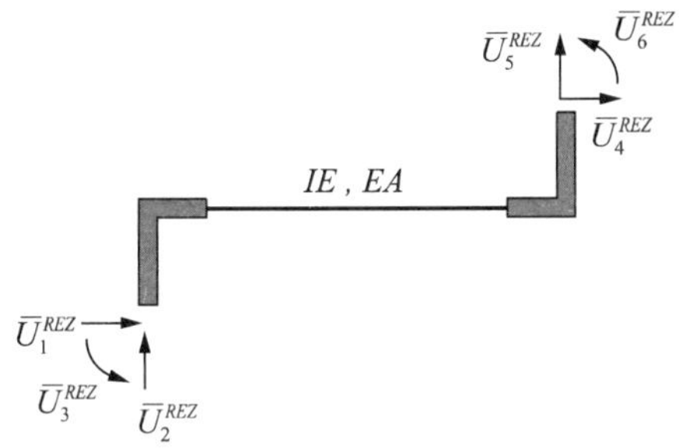

$$\begin{Bmatrix} \bar{U}_1 \\ \bar{U}_2 \\ \bar{U}_3 \\ \bar{U}_4 \\ \bar{U}_5 \\ \bar{U}_6 \end{Bmatrix} = \begin{bmatrix} 1 & 0 & -0.3L & 0 & 0 & 0 \\ 0 & 1 & 0.2L & 0 & 0 & 0 \\ 0 & 0 & 1 & 0 & 0 & 0 \\ 0 & 0 & 0 & 1 & 0 & 0.3L \\ 0 & 0 & 0 & 0 & 1 & -0.2L \\ 0 & 0 & 0 & 0 & 0 & 1 \end{bmatrix} \begin{Bmatrix} \bar{U}_1^{REZ} \\ \bar{U}_2^{REZ} \\ \bar{U}_3^{REZ} \\ \bar{U}_4^{REZ} \\ \bar{U}_5^{REZ} \\ \bar{U}_6^{REZ} \end{Bmatrix} \quad \text{또는} \; \bar{\mathbf{U}} = \mathbf{\Gamma}_{REZ} \bar{\mathbf{U}}_{REZ}$$

와 같다. 전역좌표계에서 강역단부를 갖는 전체 시스템의 강성도 방정식은

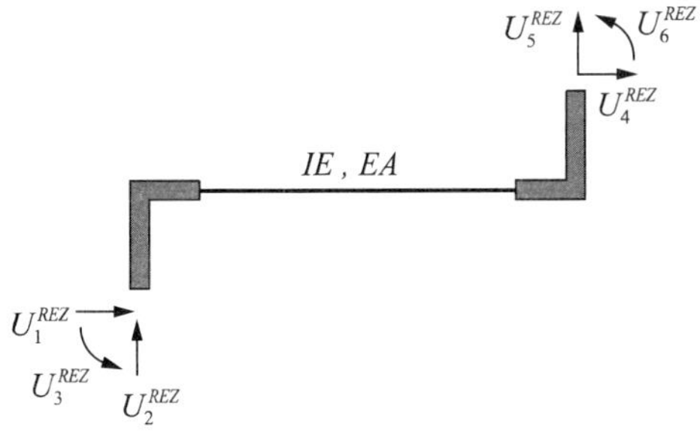

$$\begin{Bmatrix} \bar{U}_1^{REZ} \\ \bar{U}_2^{REZ} \\ \bar{U}_3^{REZ} \\ \bar{U}_4^{REZ} \\ \bar{U}_5^{REZ} \\ \bar{U}_6^{REZ} \end{Bmatrix} = \begin{bmatrix} 1 & 0 & 0 & 0 & 0 & 0 \\ 0 & 1 & 0 & 0 & 0 & 0 \\ 0 & 0 & 1 & 0 & 0 & 0 \\ 0 & 0 & 0 & 1 & 0 & 0 \\ 0 & 0 & 0 & 0 & 1 & 0 \\ 0 & 0 & 0 & 0 & 0 & 1 \end{bmatrix} \begin{Bmatrix} U_1^{REZ} \\ U_2^{REZ} \\ U_3^{REZ} \\ U_4^{REZ} \\ U_5^{REZ} \\ U_6^{REZ} \end{Bmatrix} \quad \text{또는} \; \bar{\mathbf{U}}_{REZ} = \mathbf{\Gamma}_{ROT}\mathbf{U}_{REZ}$$

와 같다. 그러므로 변위 변환관계는 다음과 같다.

$$\mathbf{v} = \mathbf{\Gamma}\mathbf{U}_{REZ}$$

여기서

$$\mathbf{\Gamma} = \bar{\mathbf{a}}_B \mathbf{\Gamma}_{REZ}\mathbf{\Gamma}_{ROT} = \begin{bmatrix} -1 & 0 & 0.3L & 1 & 0 & 0.3L \\ 0 & \dfrac{1}{L} & 1.2 & 0 & -\dfrac{1}{L} & 0.2 \\ 0 & \dfrac{1}{L} & 0.2 & 0 & -\dfrac{1}{L} & 1.2 \end{bmatrix}$$

이다. 이에 대응하는 힘 변환관계는

$$\mathbf{P}_{REZ} = \mathbf{\Gamma}^T\mathbf{q}$$

와 같고, 따라서 강역단부를 갖는 강성도 행렬은 다음과 같다.

$$\mathbf{K}_{REZ} = \mathbf{\Gamma}^T \bar{\mathbf{k}}_{EB}^B \mathbf{\Gamma} = \begin{bmatrix} \dfrac{EA}{L} & 0 & -0.3EA & -\dfrac{EA}{L} & 0 & -0.3EA \\ 0 & \dfrac{12IE}{L^3} & \dfrac{8.4IE}{L^2} & 0 & -\dfrac{12IE}{L^3} & \dfrac{8.4IE}{L^2} \\ -0.3EA & \dfrac{8.4IE}{L^2} & \dfrac{6.88IE}{L}+0.09LEA & 0.3EA & -\dfrac{8.4IE}{L^2} & \dfrac{4.88IE}{L}+0.09LEA \\ -\dfrac{EA}{L} & 0 & 0.3EA & \dfrac{EA}{L} & 0 & 0.3EA \\ 0 & -\dfrac{12IE}{L^3} & -\dfrac{8.4IE}{L^2} & 0 & \dfrac{12IE}{L^3} & -\dfrac{8.4IE}{L^2} \\ -0.3EA & \dfrac{8.4IE}{L^2} & \dfrac{4.88IE}{L}+0.09LEA & 0.3EA & -\dfrac{8.4IE}{L^2} & \dfrac{6.88IE}{L}+0.09LEA \end{bmatrix}$$

Example 6-2

다음 그림과 같은 2절점을 갖는 프리스트레스 콘크리트 요소가 각 절점 3개의 자유도로 총 6개의 자유도를 갖고 있고 긴장재의 편심(e)은 요소 길이 방향으로 일정하다. 이 요소는 1) 콘크리트 요소와 2) 강역단부를 갖는 긴장재(봉) 요소의 합성 요소로 볼 수 있다. 콘크리트 요소와 강역단부가 없는 봉 요소의 강성도 행렬이 아래와 같을 때,

- 강역단부를 갖는 긴장재 요소의 강성도 행렬을 구하라.
- 프리스트레스 콘크리트 요소의 강성도 행렬을 구하라.

콘크리트 요소:

$$\mathbf{K}_{concrete} = \begin{bmatrix} \frac{EA_c}{L} & 0 & 0 & -\frac{EA_c}{L} & 0 & 0 \\ 0 & \frac{12EI_c}{L^3} & \frac{6EI_c}{L^2} & 0 & -\frac{12EI_c}{L^3} & \frac{6EI_c}{L^2} \\ 0 & \frac{6EI_c}{L^2} & \frac{4EI_c}{L} & 0 & -\frac{6EI_c}{L^2} & \frac{2EI_c}{L} \\ -\frac{EA_c}{L} & 0 & 0 & \frac{EA_c}{L} & 0 & 0 \\ 0 & -\frac{12EI_c}{L^3} & -\frac{6EI_c}{L^2} & 0 & \frac{12EI_c}{L^3} & -\frac{6EI_c}{L^2} \\ 0 & \frac{6EI_c}{L^2} & \frac{2EI_c}{L} & 0 & \frac{6EI_c}{L^2} & \frac{4EI_c}{L} \end{bmatrix}$$

긴장재 요소:

$$\mathbf{k}_t = \begin{bmatrix} \frac{EA_t}{L} & -\frac{EA_t}{L} \\ -\frac{EA_t}{L} & \frac{EA_t}{L} \end{bmatrix}$$

Solution

텐던 요소를 먼저 고려해보자.

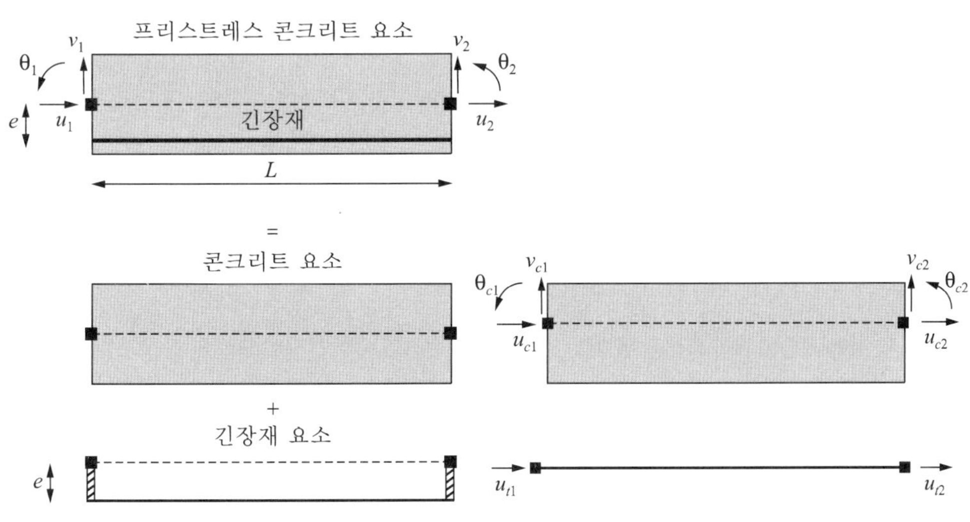

좌우측 강체 단부에서 평형조건을 적용하면 다음과 같은 평형관계식이 구해진다.

$$P_1^{tendon} = T_1 \quad P_4^{tendon} = T_2$$
$$P_3^{tendon} = T_1 e, \quad P_6^{tendon} = T_2 e$$

이를 행렬로 나타내면

$$\begin{Bmatrix} P_1^{tendon} \\ P_3^{tendon} \\ P_4^{tendon} \\ P_6^{tendon} \end{Bmatrix} = \begin{bmatrix} 1 & 0 \\ e & 0 \\ 0 & 1 \\ 0 & e \end{bmatrix} \begin{Bmatrix} T_1 \\ T_1 \end{Bmatrix} \quad \text{또는} \quad \mathbf{P}^{tendon} = \mathbf{\Gamma}_{tendon}^{T} \mathbf{T}$$

평형관계와 적합관계는 서로 상호변환관계에 있으므로 변위 적합관계는 다음과 같다.

$$\begin{Bmatrix} u_{t1} \\ u_{t2} \end{Bmatrix} = \begin{bmatrix} 1 & e & 0 & 0 \\ 0 & 0 & 1 & e \end{bmatrix} \begin{Bmatrix} U_1^{tendon} \\ U_3^{tendon} \\ U_4^{tendon} \\ U_6^{tendon} \end{Bmatrix} \quad \text{또는} \quad \mathbf{u} = \mathbf{\Gamma}_{tendon} \mathbf{U}^{tendon}$$

합동변환에 의해서 총 4개의 자유도를 갖는 긴장재의 강성도 행렬은 다음과 같다.

$$\mathbf{K}_{tendon} = \mathbf{\Gamma}_{tendon}^{T} \mathbf{k}_t \mathbf{\Gamma}_{tendon} = \frac{EA_t}{L} \begin{bmatrix} 1 & e & -1 & -e \\ e & e^2 & -e & -e^2 \\ -1 & -e & 1 & e \\ -e & -e^2 & e & e^2 \end{bmatrix}$$

전체 요소는 각 절점 당 3개의 자유도로 총 6개의 자유도를 가지므로 위의 강성도 행렬을 이에 맞게 바꾸면(2번째 자유도는 긴장재 요소에는 존재하지 않으므로 "0"으로 입력하면 된다)

$$\mathbf{K}_{tendon}^{Augmented} = \frac{EA_t}{L} \begin{bmatrix} 1 & 0 & e & -1 & 0 & -e \\ 0 & 0 & 0 & 0 & 0 & 0 \\ e & 0 & e^2 & -e & 0 & -e^2 \\ -1 & 0 & -e & 1 & 0 & e \\ 0 & 0 & 0 & 0 & 0 & 0 \\ -e & 0 & -e^2 & e & 0 & e^2 \end{bmatrix}$$

과 같다. 각 자유도에서 적합조건과 평형조건에 의해서 콘크리트와 긴장재 요소의 강성도 행렬을 결합하면 다음과 같다.

$$\mathbf{K}_{prestressed} = \mathbf{K}_{concrete} + \mathbf{K}_{tendon}^{Augmented}$$

이를 풀어서 나타내면

$$\mathbf{K}_{prestressed} = \begin{bmatrix} \frac{EA_c}{L} & 0 & 0 & -\frac{EA_c}{L} & 0 & 0 \\ 0 & \frac{12EI_c}{L^3} & \frac{6EI_c}{L^2} & 0 & -\frac{12EI_c}{L^3} & \frac{6EI_c}{L^2} \\ 0 & \frac{6EI_c}{L^2} & \frac{4EI_c}{L} & 0 & -\frac{6EI_c}{L^2} & \frac{2EI_c}{L} \\ -\frac{EA_c}{L} & 0 & 0 & \frac{EA_c}{L} & 0 & 0 \\ 0 & -\frac{12EI_c}{L^3} & -\frac{6EI_c}{L^2} & 0 & \frac{12EI_c}{L^3} & -\frac{6EI_c}{L^2} \\ 0 & \frac{6EI_c}{L^2} & \frac{2EI_c}{L} & 0 & \frac{6EI_c}{L^2} & \frac{4EI_c}{L} \end{bmatrix} + \frac{EA_t}{L}\begin{bmatrix} 1 & 0 & e & -1 & 0 & -e \\ 0 & 0 & 0 & 0 & 0 & 0 \\ e & 0 & e^2 & -e & 0 & -e^2 \\ -1 & 0 & -e & 1 & 0 & e \\ 0 & 0 & 0 & 0 & 0 & 0 \\ -e & 0 & -e^2 & e & 0 & e^2 \end{bmatrix}$$

$$\mathbf{K}_{prestressed} = \begin{bmatrix} \frac{EA_c}{L}+\frac{EA_t}{L} & 0 & \frac{EA_t}{L}e & -\frac{EA_c}{L}-\frac{EA_t}{L} & 0 & -\frac{EA_t}{L}e \\ 0 & \frac{12EI_c}{L^3} & \frac{6EI_c}{L^2} & 0 & -\frac{12EI_c}{L^3} & \frac{6EI_c}{L^2} \\ \frac{EA_t}{L}e & \frac{6EI_c}{L^2} & \frac{4EI_c}{L}+\frac{EA_t}{L}e^2 & -\frac{EA_t}{L}e & -\frac{6EI_c}{L^2} & \frac{2EI_c}{L}-\frac{EA_t}{L}e^2 \\ -\frac{EA_c}{L}-\frac{EA_t}{L} & 0 & -\frac{EA_t}{L}e & \frac{EA_c}{L}+\frac{EA_t}{L} & 0 & \frac{EA_t}{L}e \\ 0 & -\frac{12EI_c}{L^3} & -\frac{6EI_c}{L^2} & 0 & \frac{12EI_c}{L^3} & -\frac{6EI_c}{L^2} \\ -\frac{EA_t}{L}e & \frac{6EI_c}{L^2} & \frac{2EI_c}{L}-\frac{EA_t}{L}e^2 & \frac{EA_t}{L}e & \frac{6EI_c}{L^2} & \frac{4EI_c}{L}+\frac{EA_t}{L}e^2 \end{bmatrix}$$

6 강성도법 : 개념적 접근법

구조물의 강성도 방정식은 주어진 하중에 의해 발생하는 절점 변위의 관계를 나타내고, 이 방정식의 해로 구해지는 절점 변위를 바탕으로 하여 요소력과 지점 반력을 계산하게 된다. 강성도법에서는 구조계 강성도 행렬 **K**를 구성하는 과정이 가장 중요한 과정이며 본 절에서 이를 "개념적"으로 설명해보자. 구조계 강성도 행렬을 구성절차는 다음과 같다.

1. 모든 절점변위를 고정시켜 기구학적으로 정정상태로 구조물을 모델한다.
2. 고정된 절점의 각각 자유도에 단위변위를 부가한다. 이 변위에 의해서 발생되는 절점력이 강성도 계수가 된다. 여기서 한 번에 한 개의 변위를 작용하고 나머지 변위는 고

정한 상태에서 강성도 계수를 계산한다.

3. 비구속 자유도에 대한 모든 평형방정식을 조합하고 이를 풀어서 절점 변위를 구한다.

위의 절차들 따르면 다음 순서대로 구조물의 지배방정식을 만족하게 된다.

I. 적합조건 : 요소 변형은 절점 변위와 기하학적으로 호환된다.
II. 구성조건 : 응력－변형률 관계 또는 하중－변위 관계
III. 평형조건 : 평형상태의 절점력과 요소력

Example 6-3

아래 그림과 같이 단순한 스프링 3개가 연결된 경우를 생각해보자. 힘(F_1, F_2)과 변위(U_1, U_2)의 관계를 나타내는 강성도 방정식을 개념적 접근법으로 구성하라.

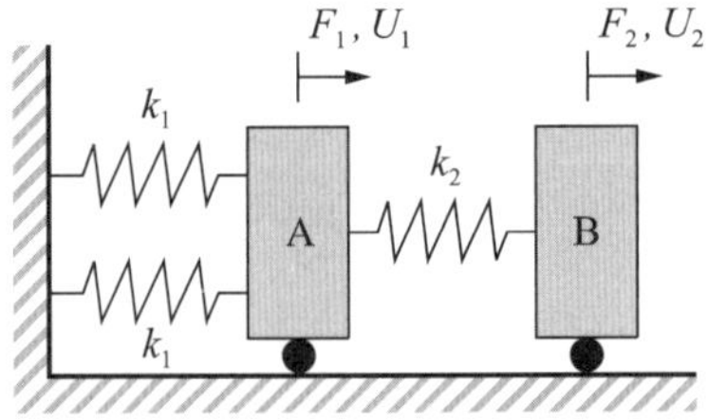

Solution

먼저 모든 자유도에 대한 변위를 "0"으로 고정시켜 시스템을 아래 그림과 같이 기구학적으로 정정상태로 만들자.

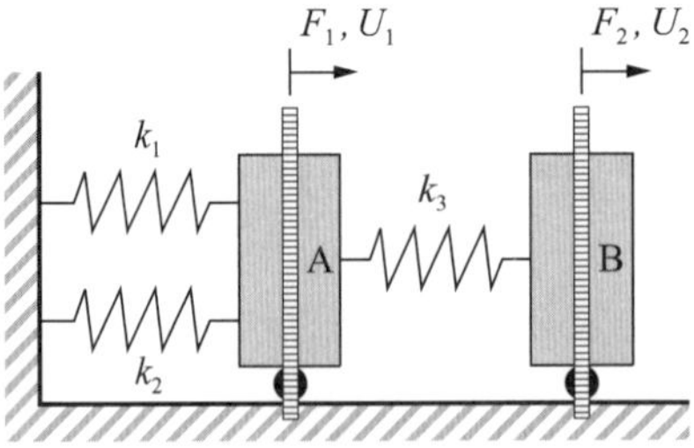

그리고 U_1에 크기 1의 단위변위를 적용하고 나머지 변위는 "0"으로 적용한다.

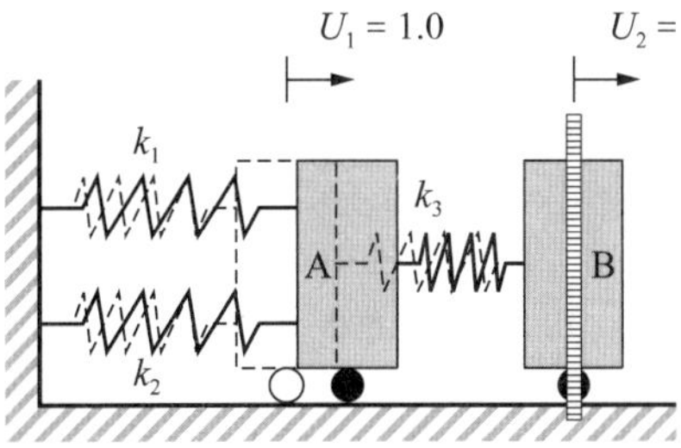

기하학적 형상으로부터 스프링 1, 스프링 2, 스프링 3의 변형은

$$\Delta_1 = \Delta_2 = 1.0\,,\ \ \Delta_3 = -1.0$$

과 같다. 스프링의 구성관계로부터 각각 스프링 변형에 대한 스프링의 내력을 구하면

$$\begin{aligned} N_1 &= k_1\Delta_1 = k_1 \\ N_2 &= k_2\Delta_2 = k_2 \\ N_3 &= k_3\Delta_3 = -k_3 \end{aligned}$$

과 같다. 이 변형된 형태를 유지하기 위해 필요한 힘은 블록 A와 블록 B에서의 평형조건을 세워 구한다. 따라서,

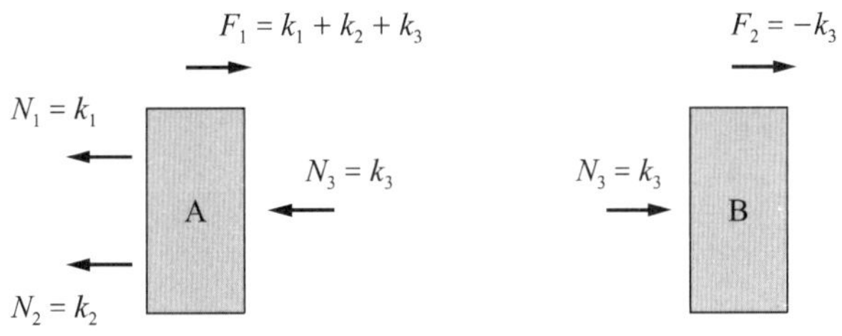

$$K_{11} = F_1 = k_1 + k_2 + k_3\ \ ,\ \ K_{21} = F_2 = -k_3$$

이와 비슷하게 U_2에 크기 1의 단위변위를 적용하고 나머지 변위는 “0”으로 적용한다.

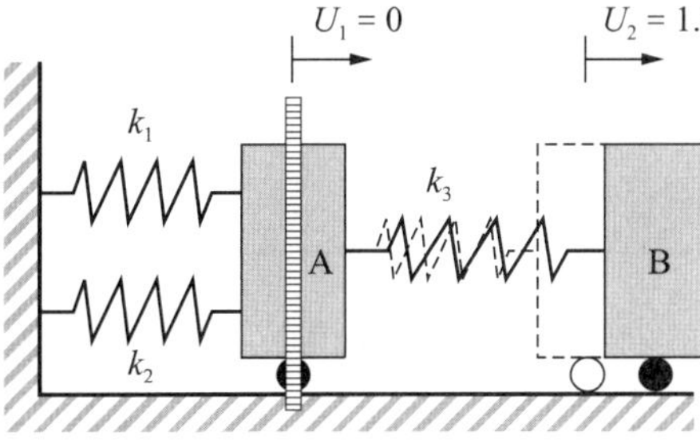

기하학적 형상으로부터 스프링 1, 스프링 2, 스프링 3의 변형은

$$\Delta_1 = \Delta_2 = 0.0\,,\ \ \Delta_3 = 1.0$$

과 같다. 스프링의 구성관계로부터 각각 스프링 변형에 대한 스프링의 내력을 구하면

$$N_1 = k_1\Delta_1 = 0$$
$$N_2 = k_2\Delta_2 = 0$$
$$N_3 = k_3\Delta_3 = k_3$$

과 같다. 블록 A와 블록 B에서의 평형조건을 이용하여 위의 변형 형태를 유지하기 위해 필요한 힘을 구하면 다음과 같다.

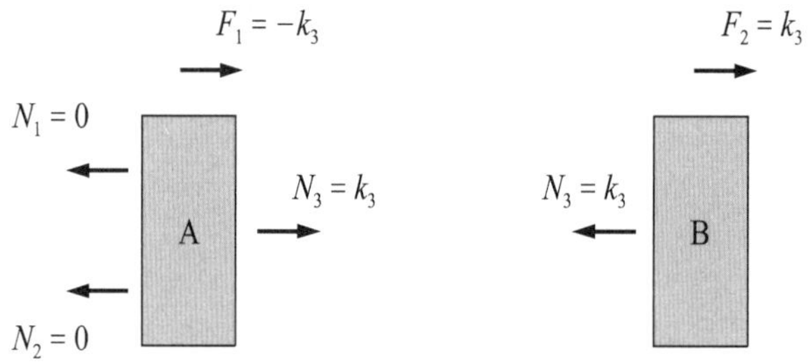

$$K_{12} = F_1 = -k_3\,,\ \ K_{22} = F_2 = k_3$$

중첩의 원리를 적용하여 U_1와 U_2의 항으로 평형방정식을 나타내면 다음과 같다.

$$F_1 = \left(k_1 + k_2 + k_3\right)U_1 - k_3U_2$$
$$F_2 = -k_3U_1 + k_3U_2$$

이를 행렬로 나타내면

$$\begin{Bmatrix} F_1 \\ F_2 \end{Bmatrix} = \begin{bmatrix} k_1+k_2+k_3 & -k_3 \\ -k_3 & k_3 \end{bmatrix} \begin{Bmatrix} U_1 \\ U_2 \end{Bmatrix} \quad \text{또는} \quad \mathbf{F} = \mathbf{KU}$$

와 같다.

Example 6-4

다음과 같이 하중을 받고 있는 3개의 트러스 봉에서 힘(P_x, P_y)과 변위(U_x, U_y) 관계를 나타내는 강성도 방정식을 개념적 접근법으로 구성하라.

Note: 모든 봉은 같은 단면으로 이루어져 있고 따라서 동일한 축강성 EA를 가진다.

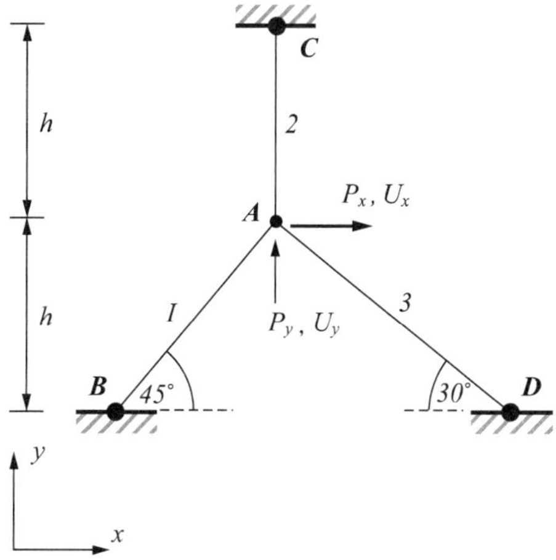

Solution

먼저 모든 자유도에 대한 변위를 "0"으로 고정시켜 시스템을 아래 그림과 같이 기구학적으로 정정 상태로 만든다.

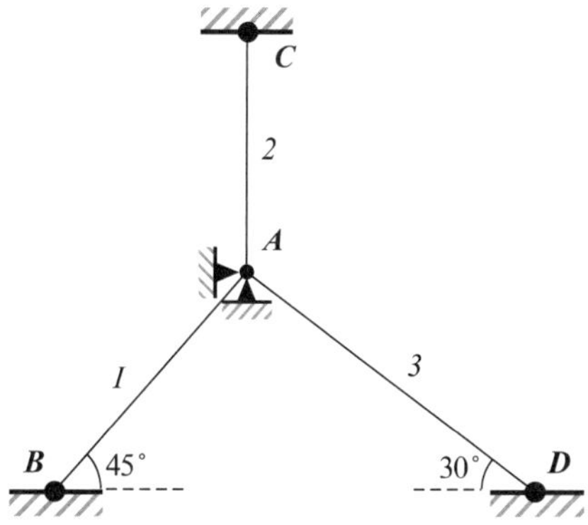

U_x에 크기 1의 단위변위를 적용하고 나머지 변위는 "0"으로 적용하면

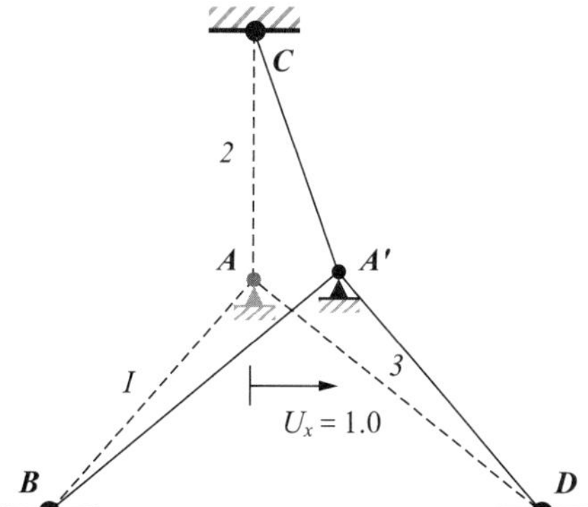

과 같다. 기하학적 형상으로부터 봉 1, 2, 3의 변형은

$$\Delta_1 = \frac{\sqrt{2}}{2};\quad \Delta_2 = 0,\quad \Delta_3 = -\frac{\sqrt{3}}{2}$$

이다. 각 봉의 구성관계를 이용하여 변형으로부터 봉의 내력을 계산하면

$$Q_1 = \frac{EA}{L_1}\Delta_1 = \frac{EA}{\sqrt{2}h}\Delta_1 = \frac{EA}{2h} = 0.5k_0$$

$$Q_2 = \frac{EA}{L_2}\Delta_2 = 0$$

$$Q_3 = \frac{EA}{L_3}\Delta_3 = \frac{EA}{2h}\Delta_3 = -0.433k_0$$

위의 변형 형태를 유지하기 위해 필요한 힘은 절점 A의 평형조건으로부터 구한다. 따라서,

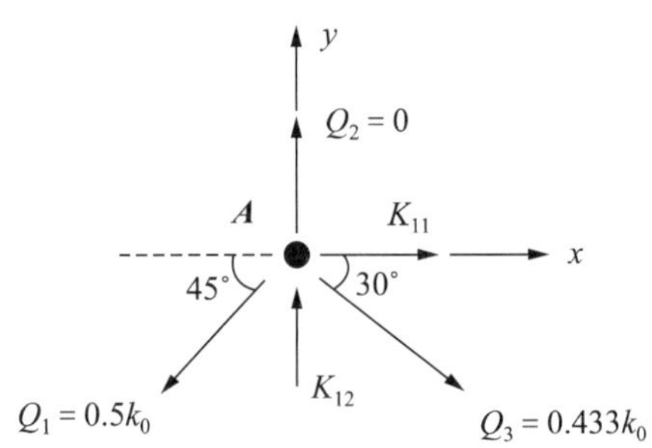

$$\sum F_x = 0:\quad K_{11} - 0.5k_0\cos 45^0 - 0.433k_0\cos 30^0 = 0 \quad ➡ \quad K_{11} = 0.7285k_0$$

$$\sum F_y = 0:\quad K_{21} - 0.5k_0\sin 45^0 + 0.433k_0\sin 30^0 = 0 \quad ➡ \quad K_{21} = 0.1370k_0$$

이와 비슷하게 U_y에 크기 1의 단위변위를 적용하고 나머지 변위는 "0"으로 적용한다.

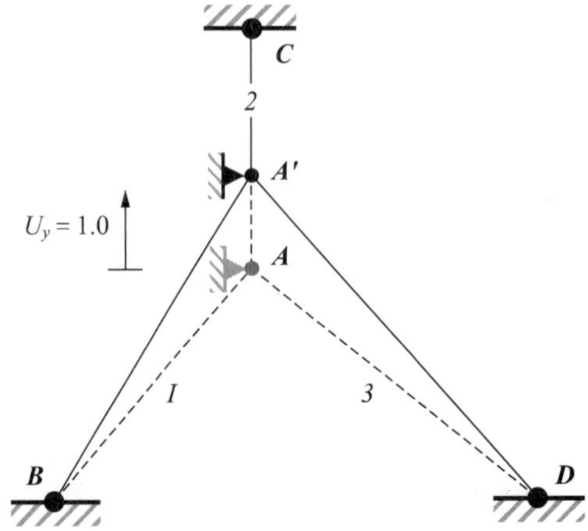

과 같다. 기하학적 형상으로부터 봉 1, 2, 3의 변형은

$$\Delta_1 = \frac{\sqrt{2}}{2};\quad \Delta_2 = -1,\quad \Delta_3 = \frac{1}{2}$$

이다. 각 봉의 구성관계를 이용하여 변형으로부터 봉의 내력을 계산하면

$$Q_1 = \frac{EA}{L_1}\Delta_1 = \frac{EA}{\sqrt{2}h}\Delta_1 = \frac{EA}{2h} = 0.5k_0$$
$$Q_2 = \frac{EA}{L_2}\Delta_2 = \frac{EA}{h}\Delta_2 = -k_0$$
$$Q_3 = \frac{EA}{L_3}\Delta_3 = \frac{EA}{2h}\Delta_3 = 0.25k_0$$

위의 변형 형태를 유지하기 위해 필요한 힘은 절점 A의 평형조건으로부터 구한다. 따라서,

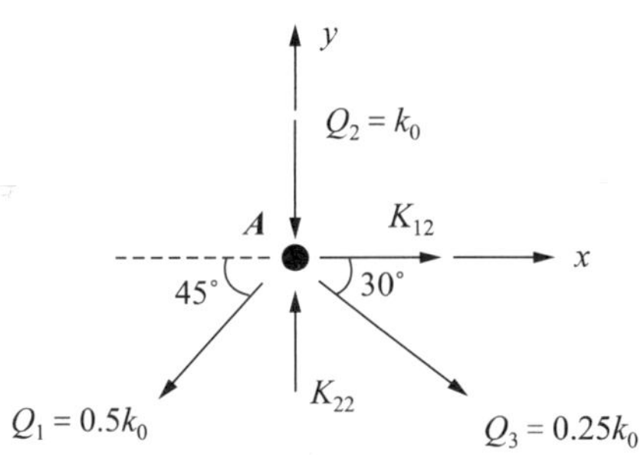

$$\sum F_x = 0:\quad K_{12} - 0.5k_0\cos 45^0 + 0.25k_0\cos 30^0 = 0 \quad \Rightarrow \quad K_{12} = 0.1370k_0$$
$$\sum F_y = 0:\quad K_{22} - 0.5k_0\sin 45^0 - 0.25k_0\sin 30^0 - k_0 = 0 \quad \Rightarrow \quad K_{21} = 1.4785k_0$$

중첩의 원리를 적용하여 U_x와 U_y의 항으로 평형방정식을 나타내면 다음과 같다.

$$P_x = 0.7285k_0U_x + 0.1370k_0U_y$$
$$P_y = 0.1370k_0U_x + 1.4785k_0U_y$$

이를 행렬로 나타내면 다음과 같다.

$$\begin{Bmatrix} P_x \\ P_y \end{Bmatrix} = \begin{bmatrix} 0.7285k_0 & 0.1370k_0 \\ 0.1370k_0 & 1.4785k_0 \end{bmatrix} \begin{Bmatrix} U_x \\ U_y \end{Bmatrix} \quad \text{또는} \quad \mathbf{P} = \mathbf{KU}$$

절점하중과 요소하중을 고려한 강성도 법

지금까지는 절점하중을 받는 구조물을 해석하였다. 절점하중은 구조계 자유도에 직접적으로 연결되기 때문에 다루기 용이하다. 따라서 비교적 손쉽게 구조계 강성도 방정식에 포함된다.

골조 구조물을 해석하는 “개념적” 강성도법을 절점과 요소하중에까지 확대시켜보자. 전체 과정은 앞서 논의한 것과 동일하며, 단지 요소하중을 등가 절점하중으로 다루어 적용한다. 따라서 구조계 하중 벡터만 수정하면 된다.

절점하중과 요소하중을 동시에 받고 있는 Figure 6-31(a)와 같은 골조구조물을 생각해보자. 외부하중을 받는 실제 구조물[Figure 6-31(a)]은 Figure 6-31(b), (c) 두 개의 절점하중 시스템의 합으로 나타난다. 첫 번째 시스템[Figure 6-31(b)]은 요소하중에 의한 절점 이동을 방지하기 위한 절점의 하중(구속 절점하중)을 나타낸다. 구속 절점하중은 모든 절점이 이동하지 않게 잠근 후 모든 잠긴 절점에서 평형조건을 적용하여 구한다. 두 번째 시스템[Figure 6-31(c)]은 실제 구조물에 작용하는 모든 절점하중과 첫 번째 시스템의 구속 절점하중과 반대방향의 절점하중으로 구성된다. 이 반대방향의 절점하중을 “등가” 절점하중이라 한다. 중첩의 원리에 따라 [Figure 6-31(a)] 구조물의 임의의 점에서 변위, 요소의 내력 및 변형은 [Figure 6-31(b), (c)] 구조물의 각각 성분의 합으로 결정된다.

첫 번째 시스템의 요소하중은 반드시 역학적 하중일 필요는 없다. 요소하중은 다음과 같은 경우에도 발생된다.

① 실제 구조물의 요소에서 온도 변화
② 실제 구조물의 부정합

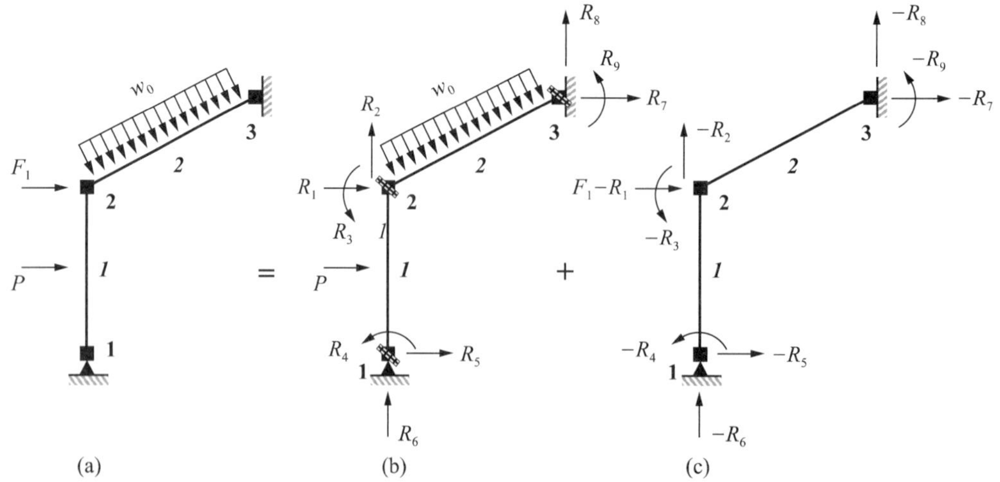

Figure 6-31 구속 절점하중과 등가 절점하중을 받는 구조물(구조물의 중첩)

③ 지점 이동

구조물에 작용하는 등가 절점하중을 계산하는 과정을 요약하면 다음과 같다.

① 요소하중을 받는 각 요소의 고정단부력 $\overline{\mathbf{P}}_F^{(i)}$ 를 국부좌표계에서 계산한다.

② 좌표 변환 행렬(3장 식 3.53)을 이용하여 고정단부력을 국부좌표계에서 전역좌표계로 변환한다.

$$\mathbf{P}_F^{(i)} = \mathbf{\Gamma}_{ROT}^{(i)\ T}\overline{\mathbf{P}}_F^{(i)} \tag{6.131}$$

③ 모든 절점의 이동을 방지하는 구속 절점하중을 결정한다. 이 하중은 고정단부력에 의한 절점 평형조건으로부터 구한다. 구속 절점하중을 벡터 $\mathbf{R}$ 에 저장하고 비구속 자유도와 구속자유도의 항으로 다음과 같이 분리한다.

$$\mathbf{R} = \begin{Bmatrix} \mathbf{R}_{free} \\ \mathbf{R}_{constr} \end{Bmatrix} \tag{6.132}$$

④ 등가절점하중을 다음과 같이 정의한다.

$$\mathbf{F}^E = \mathbf{F} - \mathbf{R} = \begin{Bmatrix} \mathbf{F}_{free}^E \\ \mathbf{F}_{constr}^E \end{Bmatrix} = \begin{Bmatrix} \mathbf{F}_{free} \\ \mathbf{F}_{constr} \end{Bmatrix} - \begin{Bmatrix} \mathbf{R}_{free} \\ \mathbf{R}_{constr} \end{Bmatrix} \tag{6.133}$$

Example 6-5

아래 그림과 같은 골조구조물의 등가 절점하중 벡터 $\mathbf{F}^E$ 를 구성하시오.

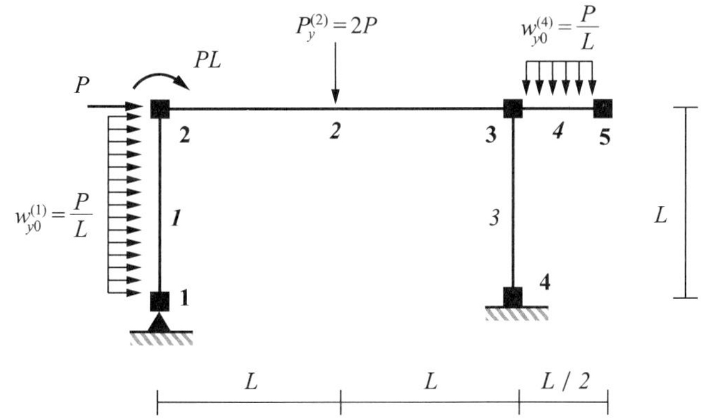

Solution

절점이 이동하지 못하게 모든 절점을 잠가 기구학적 정정 상태로 변환한다. 국부좌표계에서 각 요소의 고정단부력을 계산하면

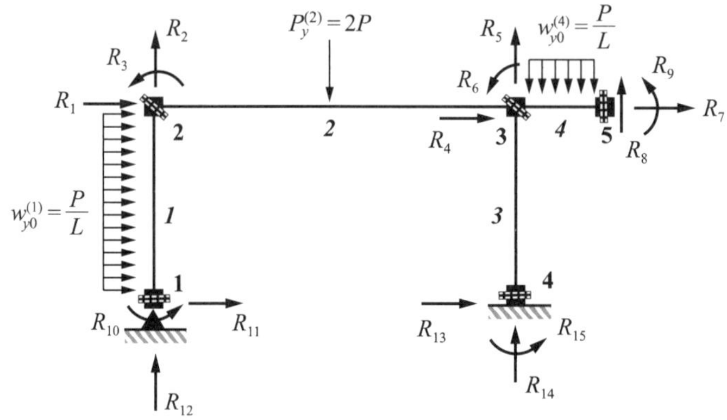

$$\bar{\mathbf{P}}_F^{(1)} = \begin{bmatrix} 0 & \dfrac{P}{2} & \dfrac{PL}{12} & 0 & \dfrac{P}{2} & -\dfrac{PL}{12} \end{bmatrix}^T$$

$$\bar{\mathbf{P}}_F^{(2)} = \begin{bmatrix} 0 & P & \dfrac{PL}{2} & 0 & P & -\dfrac{PL}{2} \end{bmatrix}^T$$

$$\bar{\mathbf{P}}_F^{(3)} = \begin{bmatrix} 0 & 0 & 0 & 0 & 0 & 0 \end{bmatrix}^T$$

$$\bar{\mathbf{P}}_F^{(4)} = \begin{bmatrix} 0 & \dfrac{P}{4} & \dfrac{PL}{48} & 0 & \dfrac{P}{4} & -\dfrac{PL}{48} \end{bmatrix}^T$$

과 같다.

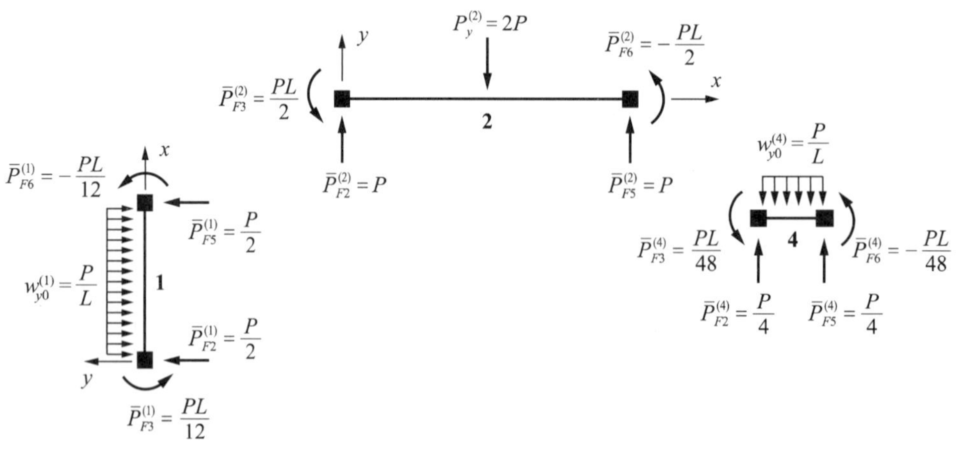

각 요소의 좌표 변환 행렬을 사용하여 국부에서 전역좌표계로 고정단부력을 변환한다.

$$\mathbf{P}_F^{(1)} = \mathbf{\Gamma}_{ROT}^{(1)\ T}\,\overline{\mathbf{P}}_F^{(1)} = \begin{bmatrix} 0 & -1 & 0 & 0 & 0 & 0 \\ 1 & 0 & 0 & 0 & 0 & 0 \\ 0 & 0 & 1 & 0 & 0 & 0 \\ 0 & 0 & 0 & 0 & -1 & 0 \\ 0 & 0 & 0 & 1 & 0 & 0 \\ 0 & 0 & 0 & 0 & 0 & 1 \end{bmatrix} \begin{Bmatrix} 0 \\ \frac{P}{2} \\ \frac{PL}{12} \\ 0 \\ \frac{P}{2} \\ -\frac{PL}{12} \end{Bmatrix} = \begin{Bmatrix} -\frac{P}{2} \\ 0 \\ \frac{PL}{12} \\ -\frac{P}{2} \\ 0 \\ -\frac{PL}{12} \end{Bmatrix}$$

$$\mathbf{P}_F^{(2)} = \mathbf{\Gamma}_{ROT}^{(2)\ T}\,\overline{\mathbf{P}}_F^{(2)} = \begin{bmatrix} 1 & 0 & 0 & 0 & 0 & 0 \\ 0 & 1 & 0 & 0 & 0 & 0 \\ 0 & 0 & 1 & 0 & 0 & 0 \\ 0 & 0 & 0 & 1 & 0 & 0 \\ 0 & 0 & 0 & 0 & 1 & 0 \\ 0 & 0 & 0 & 0 & 0 & 1 \end{bmatrix} \begin{Bmatrix} 0 \\ P \\ \frac{PL}{2} \\ 0 \\ P \\ -\frac{PL}{2} \end{Bmatrix} = \begin{Bmatrix} 0 \\ P \\ \frac{PL}{2} \\ 0 \\ P \\ -\frac{PL}{2} \end{Bmatrix}$$

$$\mathbf{P}_F^{(3)} = \mathbf{\Gamma}_{ROT}^{(3)\ T}\,\overline{\mathbf{P}}_F^{(3)} = \begin{Bmatrix} 0 \\ 0 \\ 0 \\ 0 \\ 0 \\ 0 \end{Bmatrix}$$

$$\mathbf{P}_F^{(4)} = \mathbf{\Gamma}_{ROT}^{(4)\ T}\,\overline{\mathbf{P}}_F^{(4)} = \begin{bmatrix} 1 & 0 & 0 & 0 & 0 & 0 \\ 0 & 1 & 0 & 0 & 0 & 0 \\ 0 & 0 & 1 & 0 & 0 & 0 \\ 0 & 0 & 0 & 1 & 0 & 0 \\ 0 & 0 & 0 & 0 & 1 & 0 \\ 0 & 0 & 0 & 0 & 0 & 1 \end{bmatrix} \begin{Bmatrix} 0 \\ \frac{P}{4} \\ \frac{PL}{48} \\ 0 \\ \frac{P}{4} \\ -\frac{PL}{48} \end{Bmatrix} = \begin{Bmatrix} 0 \\ \frac{P}{4} \\ \frac{PL}{48} \\ 0 \\ \frac{P}{4} \\ -\frac{PL}{48} \end{Bmatrix}$$

구속 절점하중 벡터 $\mathbf{R}$ 은 각 절점에서 고정단부력에 따른 절점 평형조건으로부터 구성한다.

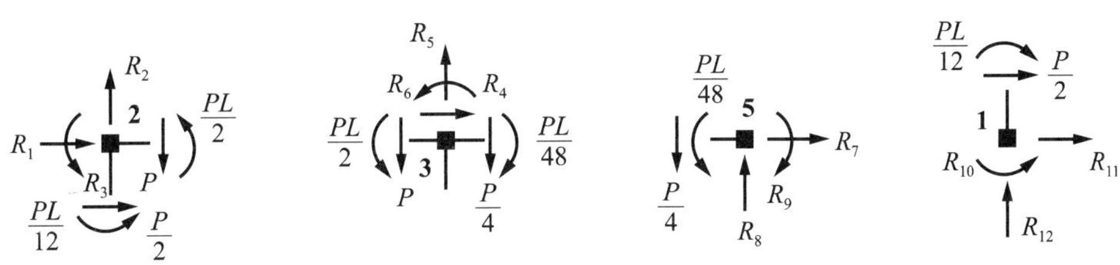

$$\mathbf{R} = \begin{Bmatrix} \mathbf{R}_{free} \\ \mathbf{R}_{constr} \end{Bmatrix}$$

$$\mathbf{R}_{free} = \begin{bmatrix} -\frac{P}{2} & P & \frac{5PL}{12} & 0 & \frac{5P}{4} & -\frac{23PL}{48} & 0 & \frac{P}{4} & -\frac{PL}{48} & \frac{PL}{12} \end{bmatrix}^T$$

$$\mathbf{R}_{constr} = \begin{bmatrix} -\frac{P}{2} & 0 & 0 & 0 & 0 \end{bmatrix}^T$$

위의 구속 절점하중은 모든 절점의 이동을 방지하는데 필요한 하중이며, 그림으로 나타내면 다음과 같다.

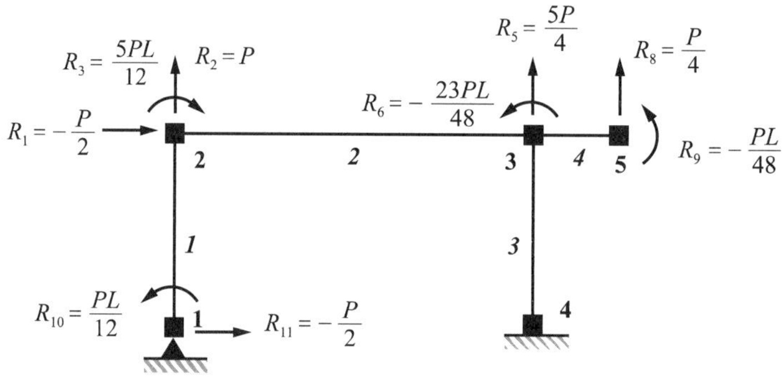

절점하중은 다음과 같이 정의된다.

$$\mathbf{F} = \begin{Bmatrix} \mathbf{F}_{free} \\ \mathbf{F}_{constr} \end{Bmatrix}$$

$$\mathbf{F}_{free} = \begin{bmatrix} P & 0 & -PL & 0 & 0 & 0 & 0 & 0 & 0 & 0 \end{bmatrix}^T$$

$$\mathbf{F}_{constr} = \begin{bmatrix} F_{11} & F_{12} & F_{13} & F_{14} & F_{15} \end{bmatrix}^T$$

요소하중을 포함하는 등가 절점하중은 다음과 같다.

$$\mathbf{F}^E = \mathbf{F} - \mathbf{R} = \begin{Bmatrix} \mathbf{F}^E_{free} \\ \mathbf{F}^E_{constr} \end{Bmatrix} = \begin{Bmatrix} \mathbf{F}_{free} \\ \mathbf{F}_{constr} \end{Bmatrix} - \begin{Bmatrix} \mathbf{R}_{free} \\ \mathbf{R}_{constr} \end{Bmatrix}$$

$$\mathbf{F}^E_{free} = \begin{bmatrix} \frac{3P}{2} & -P & \frac{-17PL}{12} & 0 & -\frac{5P}{4} & \frac{23PL}{48} & 0 & -\frac{P}{4} & \frac{PL}{48} & -\frac{PL}{12} \end{bmatrix}^T$$

$$\mathbf{F}^E_{constr} = \begin{bmatrix} F_{11} + \frac{P}{2} & F_{12} & F_{13} & F_{14} & F_{15} \end{bmatrix}^T$$

Example 6-6

동일한 단면 물성치를 갖는 아래 그림과 같은 골조 구조물에서 요소의 바깥면에 온도하중 T_1이 작용하고 있고, 단면 내부의 온도 T_2가 바깥면 온도 T_1보다 크다($T_2 > T_1$). 이때 온도차이에 따른 등가 절점하중 $\mathbf{F}^E$를 구하라. 시공 중에도 요소의 중심축에서 온도는 변하지 않는다고 가정하라. 즉, 요소가 축방향으로 늘어나지 않는다고 가정한다.

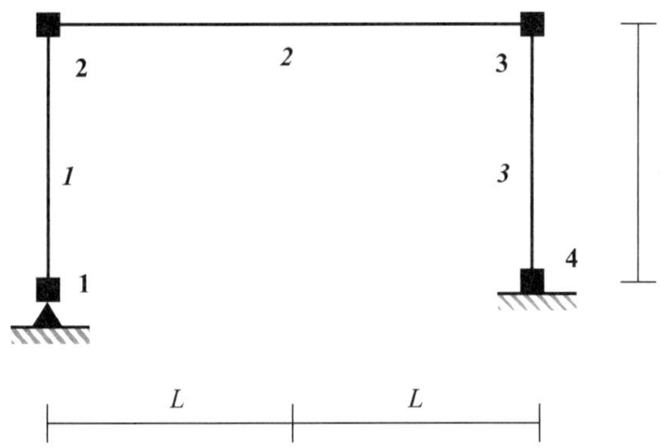

Solution

절점이 이동하지 못하게 모든 절점을 고정하여 기구학적 정정 상태로 변환한다.

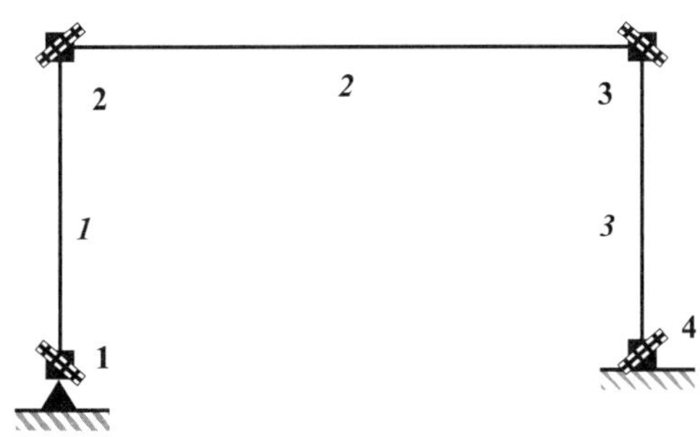

요소단면 내외의 온도 차가 존재하므로 요소의 내부 변형이 단면 외부 변형보다 크게 발생한다. 그러므로 단면에서 초기 곡률이 발생하고 요소는 휨변형을 일으킨다. 그런데 골조의 절점은 구속력을 받고 있기 때문에 회전하지 않는다.
국부좌표계에서 각 요소의 고정단부력을 계산하면

$$\bar{\mathbf{P}}_F^{(1)} = \begin{bmatrix} 0 & 0 & IE^{(1)}\kappa_0^{(1)} & 0 & 0 & -IE^{(1)}\kappa_0^{(1)} \end{bmatrix}^T$$

$$\bar{\mathbf{P}}_F^{(2)} = \begin{bmatrix} 0 & 0 & IE^{(2)}\kappa_0^{(2)} & 0 & 0 & -IE^{(2)}\kappa_0^{(2)} \end{bmatrix}^T$$

$$\bar{\mathbf{P}}_F^{(3)} = \begin{bmatrix} 0 & 0 & -IE^{(3)}\kappa_0^{(3)} & 0 & 0 & IE^{(3)}\kappa_0^{(3)} \end{bmatrix}^T$$

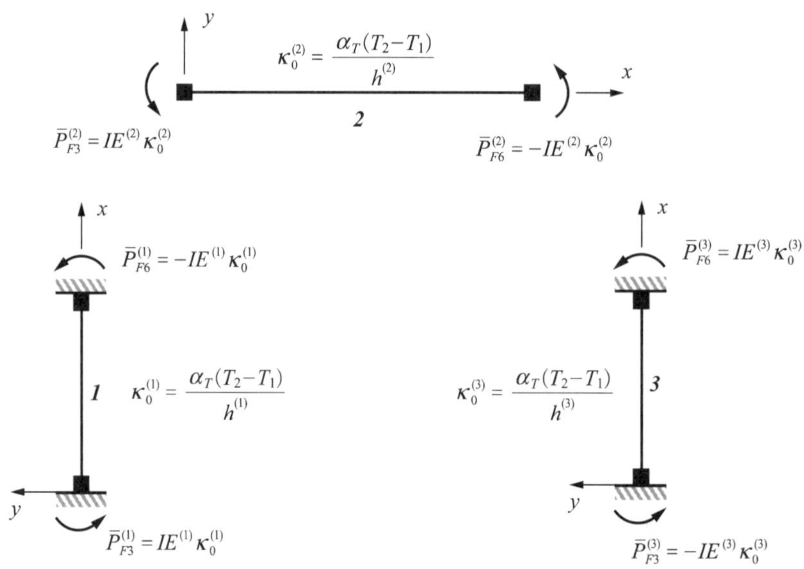

각 요소에 대하여 좌표 변환 행렬을 사용하여 국부좌표계에서 전역좌표계로 변환하면 다음과 같다.

$$\mathbf{P}_F^{(1)} = \mathbf{\Gamma}_{ROT}^{(1)\ T}\bar{\mathbf{P}}_F^{(1)} = \begin{bmatrix} 0 & -1 & 0 & 0 & 0 & 0 \\ 1 & 0 & 0 & 0 & 0 & 0 \\ 0 & 0 & 1 & 0 & 0 & 0 \\ 0 & 0 & 0 & 0 & -1 & 0 \\ 0 & 0 & 0 & 1 & 0 & 0 \\ 0 & 0 & 0 & 0 & 0 & 1 \end{bmatrix} \begin{Bmatrix} 0 \\ 0 \\ IE^{(1)}\kappa_0^{(1)} \\ 0 \\ 0 \\ -IE^{(1)}\kappa_0^{(1)} \end{Bmatrix} = \begin{Bmatrix} 0 \\ 0 \\ IE^{(1)}\kappa_0^{(1)} \\ 0 \\ 0 \\ -IE^{(1)}\kappa_0^{(1)} \end{Bmatrix}$$

$$\mathbf{P}_F^{(2)} = \mathbf{\Gamma}_{ROT}^{(2)\ T}\bar{\mathbf{P}}_F^{(2)} = \begin{bmatrix} 1 & 0 & 0 & 0 & 0 & 0 \\ 0 & 1 & 0 & 0 & 0 & 0 \\ 0 & 0 & 1 & 0 & 0 & 0 \\ 0 & 0 & 0 & 1 & 0 & 0 \\ 0 & 0 & 0 & 0 & 1 & 0 \\ 0 & 0 & 0 & 0 & 0 & 1 \end{bmatrix} \begin{Bmatrix} 0 \\ 0 \\ IE^{(2)}\kappa_0^{(2)} \\ 0 \\ 0 \\ -IE^{(2)}\kappa_0^{(2)} \end{Bmatrix} = \begin{Bmatrix} 0 \\ 0 \\ IE^{(2)}\kappa_0^{(2)} \\ 0 \\ 0 \\ -IE^{(2)}\kappa_0^{(2)} \end{Bmatrix}$$

$$\mathbf{P}_F^{(3)} = \mathbf{\Gamma}_{ROT}^{(3)\ T}\bar{\mathbf{P}}_F^{(3)} = \begin{bmatrix} 0 & -1 & 0 & 0 & 0 & 0 \\ 1 & 0 & 0 & 0 & 0 & 0 \\ 0 & 0 & 1 & 0 & 0 & 0 \\ 0 & 0 & 0 & 0 & -1 & 0 \\ 0 & 0 & 0 & 1 & 0 & 0 \\ 0 & 0 & 0 & 0 & 0 & 1 \end{bmatrix} \begin{Bmatrix} 0 \\ 0 \\ -IE^{(3)}\kappa_0^{(3)} \\ 0 \\ 0 \\ IE^{(3)}\kappa_0^{(3)} \end{Bmatrix} = \begin{Bmatrix} 0 \\ 0 \\ -IE^{(3)}\kappa_0^{(3)} \\ 0 \\ 0 \\ IE^{(3)}\kappa_0^{(3)} \end{Bmatrix}$$

구속 절점하중 벡터 $\mathbf{R}$은 각 절점에서 고정단부력에 따른 절점 평형조건으로부터 구성한다.

$$\mathbf{R} = \begin{Bmatrix} \mathbf{R}_{free} \\ \mathbf{R}_{constr} \end{Bmatrix}$$

$$\mathbf{R}_{free} = \begin{bmatrix} 0 & 0 & IE^{(2)}\kappa_0^{(2)} - IE^{(1)}\kappa_0^{(1)} & 0 & 0 & IE^{(3)}\kappa_0^{(3)} - IE^{(2)}\kappa_0^{(2)} & IE^{(1)}\kappa_0^{(1)} \end{bmatrix}^T$$

$$\mathbf{R}_{constr} = \begin{bmatrix} 0 & 0 & 0 & 0 & -IE^{(3)}\kappa_0^{(3)} \end{bmatrix}^T$$

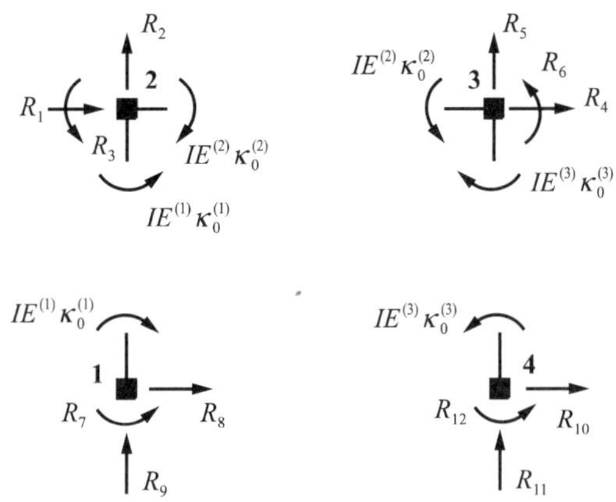

위의 구속 절점하중은 모든 절점의 이동을 방지하는데 필요한 하중이다. 이 하중을 자세히 살펴보면 스스로 평형을 이루고 있음을 알 수 있다. 이를 그림으로 나타내면 다음과 같다.

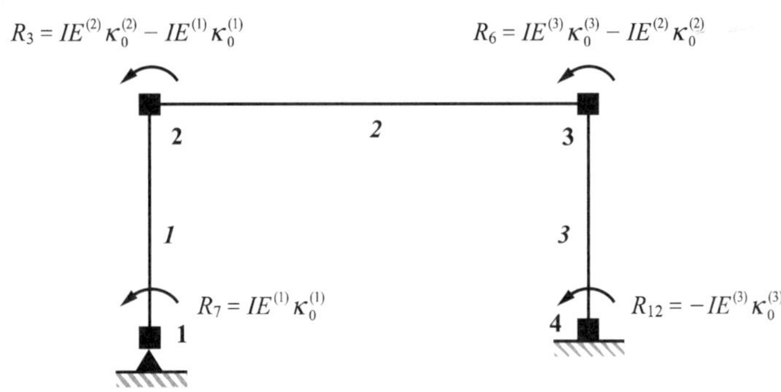

절점하중은 다음과 같이 정의된다.

$$\mathbf{F} = \begin{Bmatrix} \mathbf{F}_{free} \\ \mathbf{F}_{constr} \end{Bmatrix} = \mathbf{0}$$

온도 변화에 따른 등가 절점하중은 다음과 같다.

$$\mathbf{F}^E = \mathbf{F} - \mathbf{R} = \begin{Bmatrix} \mathbf{F}_{free}^E \\ \mathbf{F}_{constr}^E \end{Bmatrix} = \begin{Bmatrix} \mathbf{F}_{free} \\ \mathbf{F}_{constr} \end{Bmatrix} - \begin{Bmatrix} \mathbf{R}_{free} \\ \mathbf{R}_{constr} \end{Bmatrix}$$

$$\mathbf{F}_{free}^E = \begin{bmatrix} 0 & 0 & -IE^{(2)}\kappa_0^{(2)} + IE^{(1)}\kappa_0^{(1)} & 0 & 0 & -IE^{(3)}\kappa_0^{(3)} + IE^{(2)}\kappa_0^{(2)} & -IE^{(1)}\kappa_0^{(1)} \end{bmatrix}^T$$

$$\mathbf{F}_{constr}^E = \begin{bmatrix} F_8 & F_9 & F_{10} & F_{11} & F_{12} + IE^{(3)}\kappa_0^{(3)} \end{bmatrix}^T$$

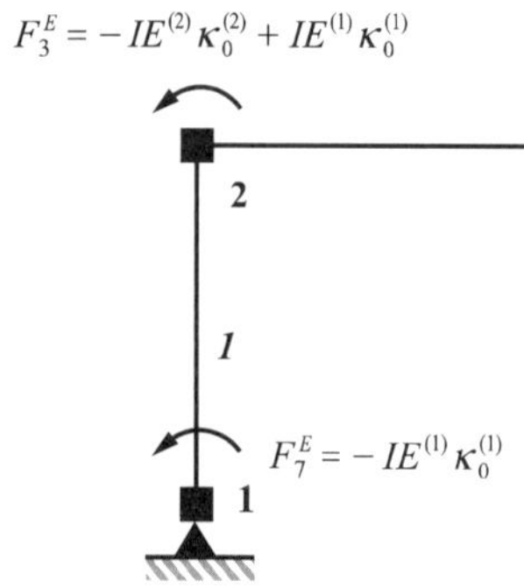

Example 6-7

다음의 골조 구조물의 우측지점인 절점 4가 수평으로 이동했을 때(Δ_H), 이로 인하여 발생되는 등가 절점력 $\mathbf{F}^E$ 을 계산하라.

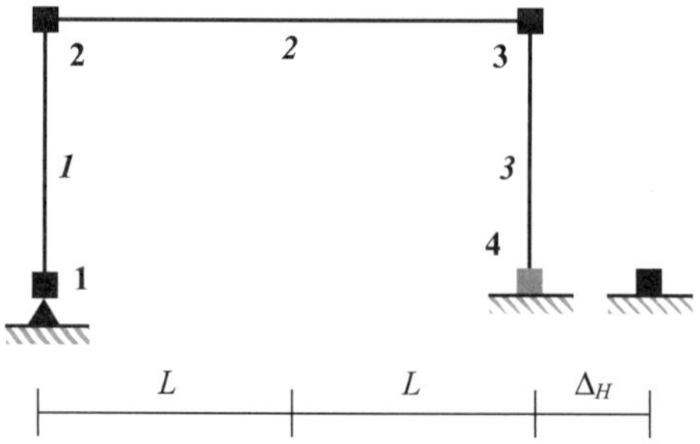

Solution

절점이 이동하지 못하게 모든 절점을 고정하여 기구학적 정정 상태로 변환한다.

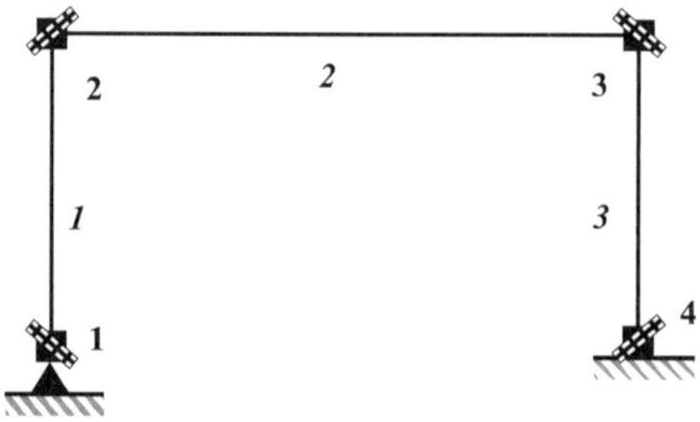

국부좌표계에서 각 요소의 고정단부력을 계산하면

$$\bar{\mathbf{P}}_F^{(1)} = \begin{bmatrix} 0 & 0 & 0 & 0 & 0 & 0 \end{bmatrix}^T$$

$$\bar{\mathbf{P}}_F^{(2)} = \begin{bmatrix} 0 & 0 & 0 & 0 & 0 & 0 \end{bmatrix}^T$$

$$\bar{\mathbf{P}}_F^{(3)} = \begin{bmatrix} 0 & -\dfrac{12IE^{(3)}\Delta_H}{L^3} & -\dfrac{6IE^{(3)}\Delta_H}{L^2} & 0 & \dfrac{12IE^{(3)}\Delta_H}{L^3} & -\dfrac{6IE^{(3)}\Delta_H}{L^2} \end{bmatrix}^T$$

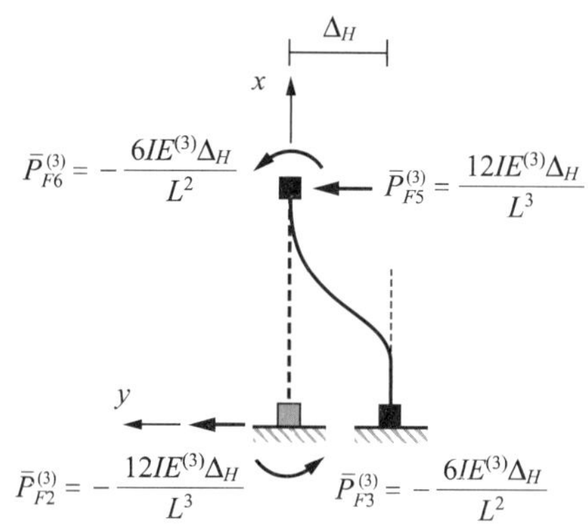

각 요소에 대하여 좌표 변환행렬을 사용하여 국부좌표계에서 전역좌표계로 변화하면 다음과 같다.

$$\mathbf{P}_F^{(1)} = \mathbf{\Gamma}_{ROT}^{(1)\ T}\bar{\mathbf{P}}_F^{(1)} = \begin{bmatrix} 0 & 0 & 0 & 0 & 0 & 0 \end{bmatrix}^T$$

$$\mathbf{P}_F^{(2)} = \mathbf{\Gamma}_{ROT}^{(2)\ T}\bar{\mathbf{P}}_F^{(2)} = \begin{bmatrix} 0 & 0 & 0 & 0 & 0 & 0 \end{bmatrix}^T$$

$$\mathbf{P}_F^{(3)} = \mathbf{\Gamma}_{ROT}^{(3)\ T}\bar{\mathbf{P}}_F^{(3)} = \begin{bmatrix} 0 & -1 & 0 & 0 & 0 & 0 \\ 1 & 0 & 0 & 0 & 0 & 0 \\ 0 & 0 & 1 & 0 & 0 & 0 \\ 0 & 0 & 0 & 0 & -1 & 0 \\ 0 & 0 & 0 & 1 & 0 & 0 \\ 0 & 0 & 0 & 0 & 0 & 1 \end{bmatrix} \begin{Bmatrix} 0 \\ -\dfrac{12IE^{(3)}\Delta_H}{L^3} \\ -\dfrac{6IE^{(3)}\Delta_H}{L^2} \\ 0 \\ \dfrac{12IE^{(3)}\Delta_H}{L^3} \\ -\dfrac{6IE^{(3)}\Delta_H}{L^2} \end{Bmatrix} = \begin{Bmatrix} \dfrac{12IE^{(3)}\Delta_H}{L^3} \\ 0 \\ -\dfrac{6IE^{(3)}\Delta_H}{L^2} \\ -\dfrac{12IE^{(3)}\Delta_H}{L^3} \\ 0 \\ -\dfrac{6IE^{(3)}\Delta_H}{L^2} \end{Bmatrix}$$

구속 절점하중 벡터 $\mathbf{R}$은 고정단부력이 작용할 때 각 절점의 절점 평형조건으로부터 구성한다.

$$\mathbf{R} = \begin{Bmatrix} \mathbf{R}_{free} \\ \mathbf{R}_{constr} \end{Bmatrix}$$

$$\mathbf{R}_{free} = \begin{bmatrix} 0 & 0 & 0 & -\dfrac{12IE^{(3)}\Delta_H}{L^3} & 0 & -\dfrac{6IE^{(3)}\Delta_H}{L^2} & 0 \end{bmatrix}^T$$

$$\mathbf{R}_{constr} = \begin{bmatrix} 0 & 0 & \dfrac{12IE^{(3)}\Delta_H}{L^3} & 0 & -\dfrac{6IE^{(3)}\Delta_H}{L^2} \end{bmatrix}^T$$

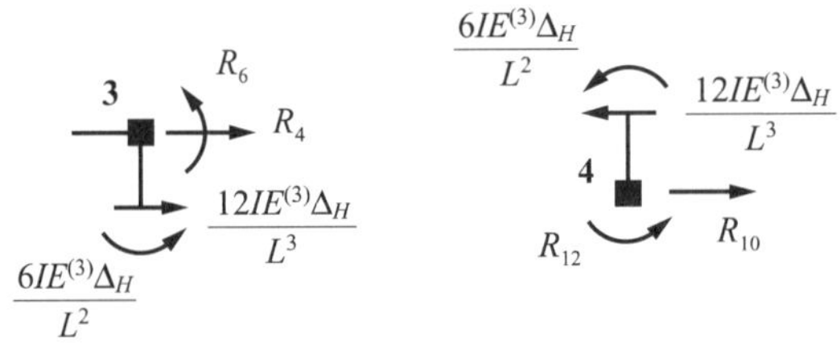

위의 구속 절점하중은 모든 절점의 이동을 방지하는데 필요한 하중이다. 이 하중을 자세히 살펴보면 스스로 평형을 이루고 있음을 알 수 있다. 이를 그림으로 나타내면 다음과 같다.

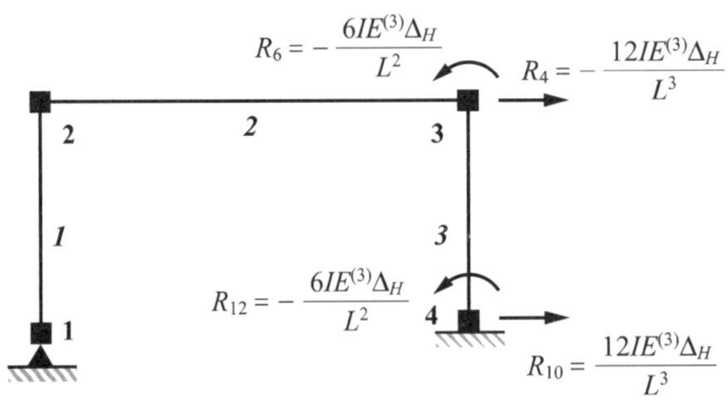

절점하중은 다음과 같이 정의된다.

$$\mathbf{F} = \begin{Bmatrix} \mathbf{F}_{free} \\ \mathbf{F}_{constr} \end{Bmatrix} = \mathbf{0}$$

수평 지점 이동에 의한 등가 절점하중은 다음과 같다.

$$\mathbf{F}^E = \mathbf{F} - \mathbf{R} = \begin{Bmatrix} \mathbf{F}^E_{free} \\ \mathbf{F}^E_{constr} \end{Bmatrix} = \begin{Bmatrix} \mathbf{F}_{free} \\ \mathbf{F}_{constr} \end{Bmatrix} - \begin{Bmatrix} \mathbf{R}_{free} \\ \mathbf{R}_{constr} \end{Bmatrix}$$

$$\mathbf{F}^E_{free} = \begin{bmatrix} 0 & 0 & 0 & \dfrac{12IE^{(3)}\Delta_H}{L^3} & 0 & \dfrac{6IE^{(3)}\Delta_H}{L^2} & 0 \end{bmatrix}^T$$

$$\mathbf{F}^E_{constr} = \begin{bmatrix} F_8 & F_9 & F_{10} - \dfrac{12IE^{(3)}\Delta_H}{L^3} & F_{11} & F_{12} + \dfrac{6IE^{(3)}\Delta_H}{L^2} \end{bmatrix}^T$$

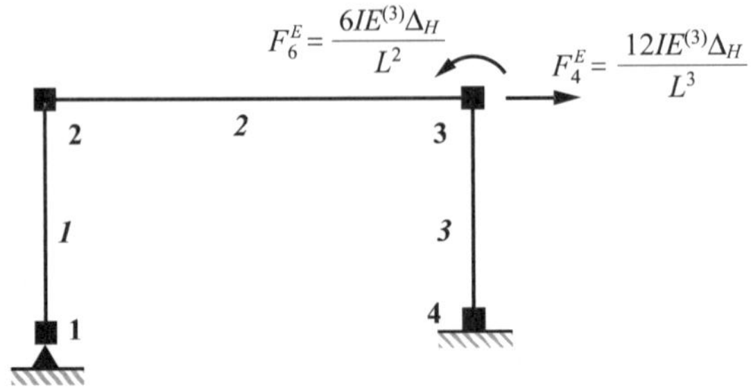

Example 6-8

아래 그림과 같은 골조구조물이 요소하중과 절점하중을 받고 있다. 강성도법을 이용하여 (a) 절점변위, (b) 요소단부력, (c) 지점 반력을 계산하라.

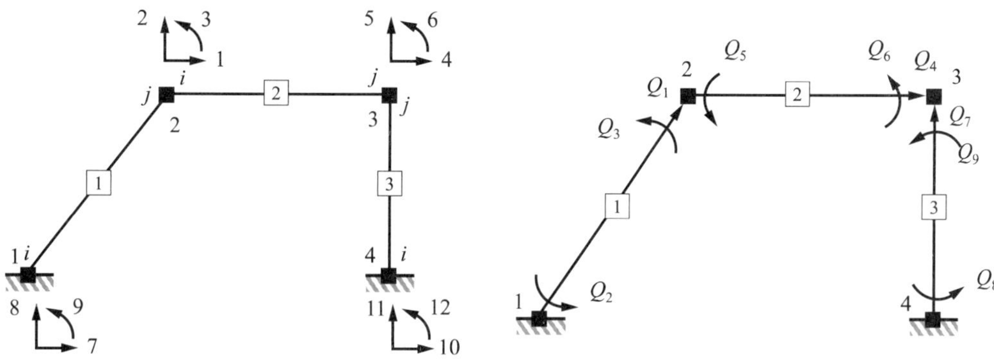

Solution

절점이 이동하지 못하게 모든 절점을 고정하여 기구학적 정정 상태로 변환하고, 각 절점의 이동을 방지하는 절점하중을 절점 평형방정식으로부터 계산한다. 먼저 아래 그림과 같이 각 요소의 고정단부력을 계산해보자.

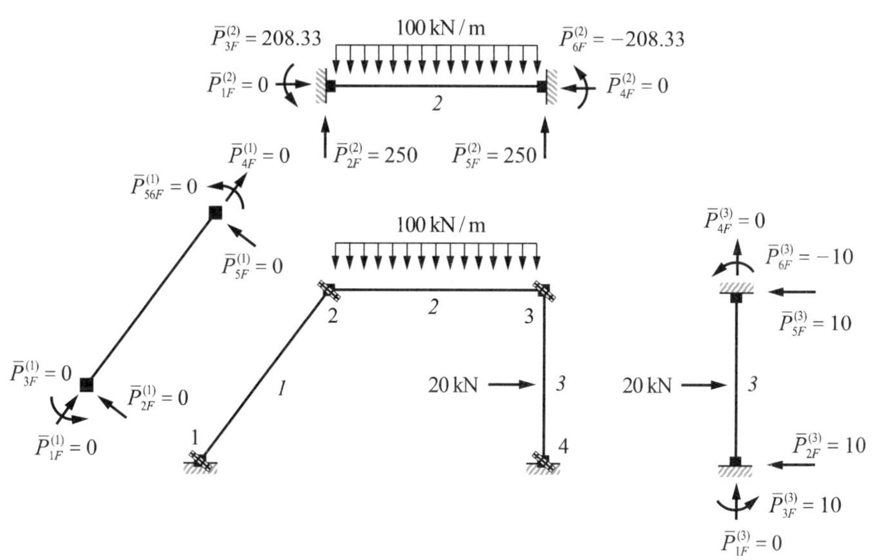

<u>요소 1 :</u>

$$\mathbf{P}_F^{(1)} = \bar{\mathbf{P}}_F^{(1)} = \mathbf{0}$$

요소 2 :

$$\overline{\mathbf{P}}_F^{(2)} = \begin{bmatrix} 0 & 250 & 208.33 & 0 & 250 & -208.33 \end{bmatrix}^T$$

$$\mathbf{P}_F^{(2)} = \mathbf{\Gamma}_{ROT}^{(2)\;T}\,\overline{\mathbf{P}}_F^{(2)} = \begin{bmatrix} 1 & 0 & 0 & 0 & 0 & 0 \\ 0 & 1 & 0 & 0 & 0 & 0 \\ 0 & 0 & 1 & 0 & 0 & 0 \\ 0 & 0 & 0 & 1 & 0 & 0 \\ 0 & 0 & 0 & 0 & 1 & 0 \\ 0 & 0 & 0 & 0 & 0 & 1 \end{bmatrix} \begin{Bmatrix} 0 \\ 250 \\ 208.33 \\ 0 \\ 250 \\ -208.33 \end{Bmatrix} = \begin{Bmatrix} 0 \\ 250 \\ 208.33 \\ 0 \\ 250 \\ -208.33 \end{Bmatrix}$$

요소 3 :

$$\overline{\mathbf{P}}_F^{(3)} = \begin{bmatrix} 0 & 10 & 10 & 0 & 10 & -10 \end{bmatrix}^T$$

$$\mathbf{P}_F^{(3)} = \mathbf{\Gamma}_{ROT}^{(3)\;T}\,\overline{\mathbf{P}}_F^{(3)} = \begin{bmatrix} 0 & -1 & 0 & 0 & 0 & 0 \\ 1 & 0 & 0 & 0 & 0 & 0 \\ 0 & 0 & 1 & 0 & 0 & 0 \\ 0 & 0 & 0 & 0 & -1 & 0 \\ 0 & 0 & 0 & 1 & 0 & 0 \\ 0 & 0 & 0 & 0 & 0 & 1 \end{bmatrix} \begin{Bmatrix} 0 \\ 10 \\ 10 \\ 0 \\ 10 \\ -10 \end{Bmatrix} = \begin{Bmatrix} -10 \\ 0 \\ 10 \\ -10 \\ 0 \\ -10 \end{Bmatrix}$$

다음 그림과 같이 절점방정식을 사용하여 각 절점의 구속 절점력을 계산한다.

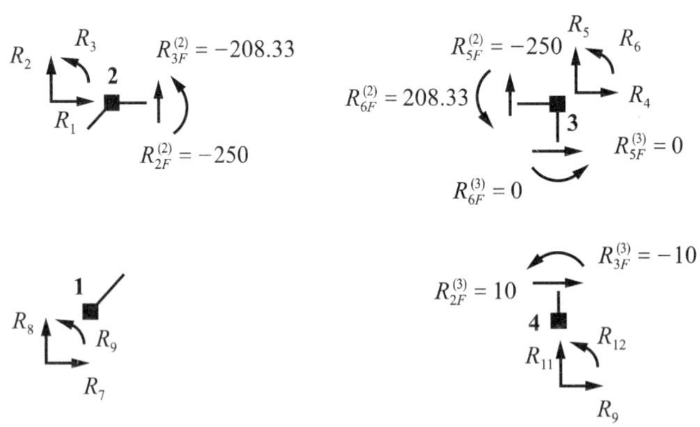

구속 절점하중을 벡터로 나타내면 다음과 같다.

$$\mathbf{R} = \begin{Bmatrix} \mathbf{R}_{free} \\ \mathbf{R}_{constr} \end{Bmatrix}$$

여기서

$$\mathbf{R}_{free} = \begin{bmatrix} 0 & 250 & 208.33 & -10 & 250 & -218.33 \end{bmatrix}^T$$

$$\mathbf{R}_{constr} = \begin{bmatrix} 0 & 0 & 0 & -10 & 0 & 10 \end{bmatrix}^T$$

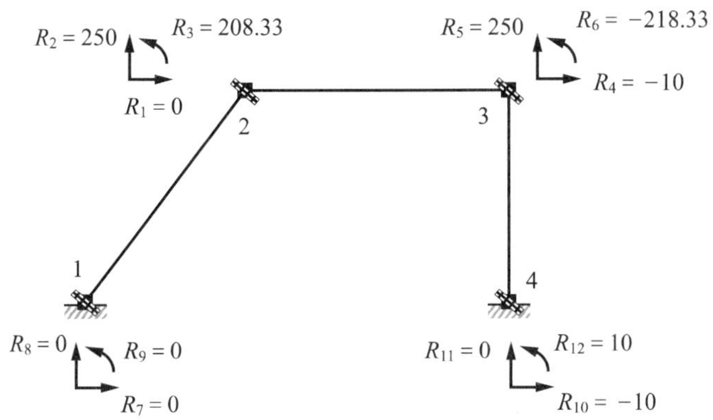

비구속 자유도에 대한 강성도 행렬식은

$$\mathbf{F}_{free} = \mathbf{K}_{ff}\mathbf{U}_{free} + \mathbf{R}_{free}$$

와 같고 이를 풀어서 나타내면 다음과 같다.

$$\begin{Bmatrix} 0 \\ -10 \\ 0 \\ 0 \\ 0 \\ 0 \end{Bmatrix} = \begin{bmatrix} 2781.44 & 913.92 & 192 & -2000 & 0 & 0 \\ 913.92 & 1410.56 & 96 & 0 & -96 & 240 \\ 192 & 96 & 1600 & 0 & -240 & 400 \\ -2000 & 0 & 0 & 2187.5 & 0 & 375 \\ 0 & -96 & -240 & 0 & 2596 & -240 \\ 0 & 240 & 400 & 375 & -240 & 1800 \end{bmatrix} \begin{Bmatrix} U_1 \\ U_2 \\ U_3 \\ U_4 \\ U_5 \\ U_6 \end{Bmatrix} + \begin{Bmatrix} 0 \\ 250 \\ 208.33 \\ -10 \\ 250 \\ -218.33 \end{Bmatrix}$$

우측 항의 $\mathbf{R}_{free}$ 를 좌측 항으로 이동하여 정리하면

$$\mathbf{F}^{E}_{free} = \mathbf{F}_{free} - \mathbf{R}_{free} = \mathbf{K}_{ff}\mathbf{U}_{free}$$

$$\begin{Bmatrix} 0 \\ -260 \\ -208.33 \\ 10 \\ -250 \\ 218.33 \end{Bmatrix} = \begin{bmatrix} 2781.44 & 913.92 & 192 & -2000 & 0 & 0 \\ 913.92 & 1410.56 & 96 & 0 & -96 & 240 \\ 192 & 96 & 1600 & 0 & -240 & 400 \\ -2000 & 0 & 0 & 2187.5 & 0 & 375 \\ 0 & -96 & -240 & 0 & 2596 & -240 \\ 0 & 240 & 400 & 375 & -240 & 1800 \end{bmatrix} \begin{Bmatrix} U_1 \\ U_2 \\ U_3 \\ U_4 \\ U_5 \\ U_6 \end{Bmatrix}$$

과 같다. $\mathbf{K}_{ff}$ 의 역행렬을 구해서 양변에 곱하여 $\mathbf{U}_{free}$ 를 구하면

$$\mathbf{U}_{free} = \left[\mathbf{K}_{ff}\right]^{-1}\left(\mathbf{F}_{free} - \mathbf{R}_{free}\right) = \left[\mathbf{K}_{ff}\right]^{-1}\mathbf{F}^{E}_{free}$$

$$\begin{Bmatrix} U_1 \\ U_2 \\ U_3 \\ U_4 \\ U_5 \\ U_6 \end{Bmatrix} = \begin{Bmatrix} 0.523479 \\ -0.53925 \\ -0.211136 \\ 0.461328 \\ -0.123978 \\ 0.127475 \end{Bmatrix}$$

와 같다. 기본 요소변형은 절점변위를 구조계 적합방정식에 대입하여 구한다.

$$\begin{Bmatrix} V_1 \\ V_2 \\ V_3 \\ V_4 \\ V_5 \\ V_6 \\ V_7 \\ V_8 \\ V_9 \end{Bmatrix} = \begin{bmatrix} 0.6 & 0.8 & 0 & 0 & 0 & 0 \\ 0.16 & -0.12 & 0 & 0 & 0 & 0 \\ 0.16 & -0.12 & 1 & 0 & 0 & 0 \\ -1 & 0 & 0 & 1 & 0 & 0 \\ 0 & 0.2 & 1 & 0 & -0.2 & 0 \\ 0 & 0.2 & 0 & 0 & -0.2 & 1 \\ 0 & 0 & 0 & 0 & 1 & 0 \\ 0 & 0 & 0 & 0.25 & 0 & 0 \\ 0 & 0 & 0 & 0.25 & 0 & 1 \end{bmatrix} \begin{Bmatrix} 0.523479 \\ -0.53925 \\ -0.211136 \\ 0.461328 \\ -0.123978 \\ 0.127475 \end{Bmatrix} = \begin{Bmatrix} -0.117313 \\ 0.148467 \\ -0.0626695 \\ -0.0621511 \\ -0.294191 \\ 0.0444206 \\ -0.123978 \\ 0.115332 \\ 0.242807 \end{Bmatrix}$$

각 요소의 부재력은 요소의 평형방정식으로부터 계산한다.

<u>요소 1 :</u>

$$\mathbf{P}^{(1)} = \mathbf{b}_B^{(1)}\mathbf{Q}_1 + \mathbf{P}_F^{(1)} = \mathbf{b}_B^{(1)}\overline{\mathbf{k}}_1\mathbf{V}_1 + \mathbf{P}_F^{(1)}$$

$$\begin{Bmatrix} P_1^{(1)} \\ P_2^{(1)} \\ P_3^{(1)} \\ P_4^{(1)} \\ P_5^{(1)} \\ P_6^{(1)} \end{Bmatrix} = \begin{bmatrix} -0.6 & -0.16 & -0.16 \\ -0.8 & 0.12 & 0.12 \\ 0 & 1 & 0 \\ 0.6 & 0.16 & 0.16 \\ 0.8 & -0.12 & -0.12 \\ 0 & 0 & 1 \end{bmatrix} \begin{bmatrix} 2000 & 0 & 0 \\ 0 & 800 & 400 \\ 0 & 400 & 800 \end{bmatrix} \begin{Bmatrix} -0.117313 \\ 0.148467 \\ -0.0626695 \end{Bmatrix} + \begin{Bmatrix} 0 \\ 0 \\ 0 \\ 0 \\ 0 \\ 0 \end{Bmatrix} = \begin{Bmatrix} 124.302 \text{ kN} \\ 200.055 \text{ kN} \\ 93.7056 \text{ kN-m} \\ -124.302 \text{ kN} \\ -200.055 \text{ kN} \\ 9.25106 \text{ kN-m} \end{Bmatrix}$$

<u>요소 2 :</u>

$$\mathbf{P}^{(2)} = \mathbf{b}_B^{(2)}\mathbf{Q}_2 + \mathbf{P}_F^{(2)} = \mathbf{b}_B^{(2)}\overline{\mathbf{k}}_2\mathbf{V}_2 + \mathbf{P}_F^{(2)}$$

$$\begin{Bmatrix} P_1^{(2)} \\ P_2^{(2)} \\ P_3^{(2)} \\ P_4^{(2)} \\ P_5^{(2)} \\ P_6^{(2)} \end{Bmatrix} = \begin{bmatrix} -1 & 0 & 0 \\ 0 & 0.2 & 0.2 \\ 0 & 1 & 0 \\ 1 & 0 & 0 \\ 0 & -0.2 & -0.2 \\ 0 & 0 & 1 \end{bmatrix} \begin{bmatrix} 2000 & 0 & 0 \\ 0 & 800 & 400 \\ 0 & 400 & 800 \end{bmatrix} + \begin{Bmatrix} 0 \\ 250 \\ 208.33 \\ 0 \\ 250 \\ -208.33 \end{Bmatrix} = \begin{Bmatrix} 124.302 \text{ kN} \\ 190.055 \text{ kN} \\ -9.2544 \text{ kN-m} \\ -124.302 \text{ kN} \\ 309.945 \text{ kN} \\ -290.47 \text{ kN-m} \end{Bmatrix}$$

요소 3 :

$$\mathbf{P}^{(3)} = \mathbf{b}_B^{(3)}\mathbf{Q}_3 + \mathbf{P}_F^{(3)} = \mathbf{b}_B^{(3)}\overline{\mathbf{k}}_3\mathbf{V}_3 + \mathbf{P}_F^{(3)}$$

$$\begin{Bmatrix} P_1^{(3)} \\ P_2^{(3)} \\ P_3^{(3)} \\ P_4^{(3)} \\ P_5^{(3)} \\ P_6^{(3)} \end{Bmatrix} = \begin{bmatrix} 0 & -0.25 & -0.25 \\ -1 & 0 & 0 \\ 0 & 1 & 0 \\ 0 & 0.25 & 0.25 \\ 1 & 0 & 0 \\ 0 & 0 & 1 \end{bmatrix} \begin{bmatrix} 2500 & 0 & 0 \\ 0 & 1000 & 500 \\ 0 & 500 & 1000 \end{bmatrix} \begin{Bmatrix} -0.123978 \\ 0.115332 \\ 0.242807 \end{Bmatrix} + \begin{Bmatrix} -10 \\ 0 \\ 10 \\ 10 \\ 0 \\ -10 \end{Bmatrix} = \begin{Bmatrix} -144.302\text{ kN} \\ 309.945\text{ kN} \\ 246.736\text{ kN-m} \\ 124.302\text{ kN} \\ -309.945\text{ kN} \\ 290.473\text{ kN-m} \end{Bmatrix}$$

반력을 아래와 같이 그림으로 나타내었다. 축력도, 전단력, 모멘트도도 작도하였다.

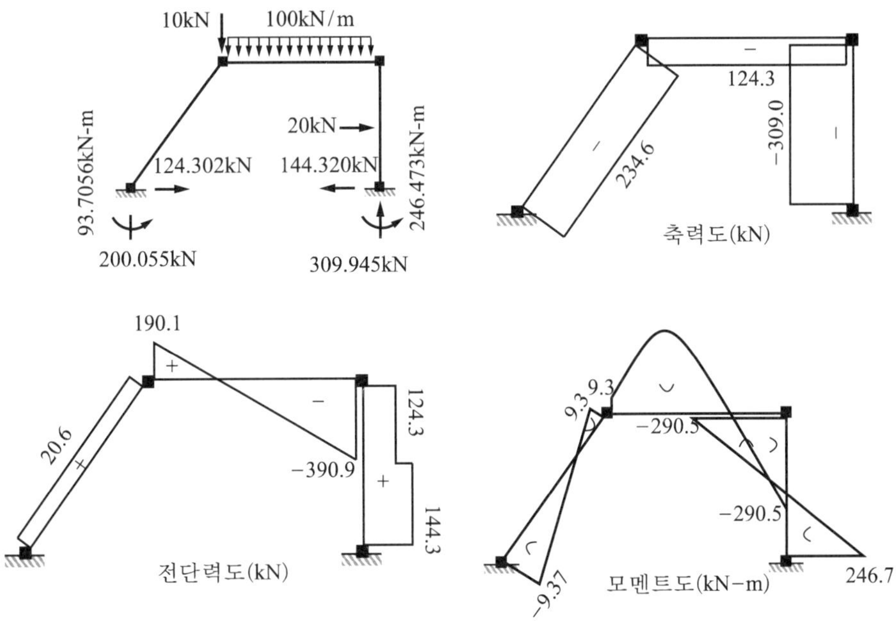

7 강성도법 : 반 자동화 방법

앞 절에서 구조계 강성도 행렬을 개념적 접근법으로 구성하였다. 이 방법은 비교적 직관적인 방법이긴 하지만 작은 구조물에서도 많은 노력이 필요할 정도로 비효율적이다(예를 들어, Example 6-8 참고). 그러므로 좀 더 전산화에 용이한 방법이 필요한데, 이를 “반 자동화” 방법이라 하며 가상변위 원리를 이용하여 유도하도록 한다.

기본 강성도 방정식은 지배방정식을 구성하는 세 개의 기본방정식으로부터 유도되었으며 이를 적어보면 다음과 같다.

1. **평형방정식** : 구조계 평형방정식에 대해서는 3장에서 다루었다.

$$\mathbf{F} = \mathbf{BQ} + \mathbf{F}^0 \quad \text{또는} \left\{\begin{array}{c}\mathbf{F}_{free} \\ \hline \mathbf{F}_{constr}\end{array}\right\} = \left[\begin{array}{c}\mathbf{B}_{free} \\ \hline \mathbf{B}_{constr}\end{array}\right]\mathbf{Q} + \left\{\begin{array}{c}\mathbf{F}^0_{free} \\ \hline \mathbf{F}^0_{constr}\end{array}\right\} \tag{3장 3.36}$$

2. **적합방정식** : 구조계 적합방정식에 대해서는 4장에서 다루었다.

$$\mathbf{V} = \mathbf{AU} \quad \text{또는} \quad \mathbf{V} = \mathbf{V}_{free} + \mathbf{V}_{constr} = \mathbf{A}_{free}\mathbf{U}_{free} + \mathbf{A}_{constr}\mathbf{U}_{constr} \tag{4장 4.54}$$

3. **기본 요소 강성도 방정식** : 기본 요소 강성도 행렬에 대해서는 본 장에서 다루고 있으며 2장에서 부분적으로 다루었다.

각 요소에 대하여, 기본 요소 강성도 방정식은

$$\mathbf{q}^{(i)} = \mathbf{k}^{(i)}\mathbf{v}^{(i)} + \mathbf{q}_0^{(i)} + \mathbf{q}_w^{(i)} \tag{6.134}$$

와 같이 표현되며, 모든 요소에 대하여 합쳐서 나타내면

$$\mathbf{Q} = \mathbf{kV} + \mathbf{Q}_0 + \mathbf{Q}_w \tag{6.135}$$

또는

$$\begin{Bmatrix}\mathbf{Q}_1 \\ \mathbf{Q}_2 \\ \vdots \\ \mathbf{Q}_m\end{Bmatrix} = \begin{bmatrix}\mathbf{k}^{(1)} & \mathbf{0} & \cdots & \mathbf{0} \\ \mathbf{0} & \mathbf{k}^{(2)} & \cdots & \mathbf{0} \\ \vdots & \vdots & \ddots & \vdots \\ \mathbf{0} & \mathbf{0} & \cdots & \mathbf{k}^{(m)}\end{bmatrix}\begin{Bmatrix}\mathbf{V}_1 \\ \mathbf{V}_2 \\ \vdots \\ \mathbf{V}_m\end{Bmatrix} + \begin{Bmatrix}\mathbf{Q}_0^1 \\ \mathbf{Q}_0^2 \\ \vdots \\ \mathbf{Q}_0^m\end{Bmatrix} + \begin{Bmatrix}\mathbf{Q}_w^1 \\ \mathbf{Q}_w^2 \\ \vdots \\ \mathbf{Q}_w^m\end{Bmatrix} \tag{6.136}$$

와 같다. 여기서 m은 요소 수, 벡터 $\mathbf{q}_0^{(i)}$는 초기 변형 조건에 따른 기본요소력, 벡터 $\mathbf{q}_w^{(i)}$는 요소하중에 의한 기본요소력이다.

가상변위 원리에 의해 이들 지배방정식을 묶어서 나타낼 수 있다. 외부 일의 불변성(5장 식 5.104)에 따라

$$\delta\mathbf{V}^T\mathbf{Q} = \delta\mathbf{U}^T\left(\mathbf{F} - \mathbf{F}^0\right) \tag{6.137}$$

이 성립된다. 식 (4장 4.54)를 식 (6.137)에 대입하면

$$\underbrace{\delta\mathbf{U}^T}_{Arbitrary}\left[\left(\mathbf{F}-\mathbf{F}^0\right)-\mathbf{A}^T\mathbf{Q}\right]=0 \quad \Rightarrow \quad \mathbf{F}-\mathbf{F}^0=\mathbf{A}^T\mathbf{Q} \tag{6.138}$$

와 같고, 식 (6.135)를 식 (6.138)에 대입하면

$$\mathbf{F}-\mathbf{F}^0=\mathbf{A}^T\mathbf{k}\mathbf{V}+\mathbf{A}^T\mathbf{Q}_0+\mathbf{A}^T\mathbf{Q}_w \tag{6.139}$$

와 같다. 그리고 식 (4장 4.98)을 식에 대입하면 강성도 방정식이 절점변위의 항으로 다음과 같이 정리된다.

$$\mathbf{F}-\mathbf{F}^0=\mathbf{A}^T\mathbf{k}\mathbf{A}\mathbf{U}+\mathbf{A}^T\mathbf{Q}_0+\mathbf{A}^T\mathbf{Q}_w \tag{6.140}$$

식 (6.140)은 구조계 강성도 방정식이며, 비구속 자유도와 구속 자유도에 따라 벡터를 분리하여 나타내면 다음과 같다.

$$\mathbf{F}^E_{free}=\mathbf{F}_{free}-\left(\mathbf{F}^0_{free}+\mathbf{K}_{fc}\mathbf{U}_{constr}+\mathbf{A}^T_{free}\mathbf{Q}_0+\mathbf{A}^T_{free}\mathbf{Q}_w\right)=\mathbf{K}_{ff}\mathbf{U}_{free} \tag{6.141}$$

$$\mathbf{F}^E_{constr}=\mathbf{F}_{constr}-\left(\mathbf{F}^0_{constr}+\mathbf{K}_{cc}\mathbf{U}_{constr}+\mathbf{A}^T_{constr}\mathbf{Q}_0+\mathbf{A}^T_{constr}\mathbf{Q}_w\right)=\mathbf{K}_{cf}\mathbf{U}_{free} \tag{6.142}$$

여기서

$$\mathbf{K}_{ff}=\mathbf{A}^T_{free}\mathbf{k}\mathbf{A}_{free}\,;\quad \mathbf{K}_{fc}=\mathbf{A}^T_{free}\mathbf{k}\mathbf{A}_{constr}\,;$$
$$\mathbf{K}_{cf}=\mathbf{A}^T_{constr}\mathbf{k}\mathbf{A}_{free}\,;\quad \mathbf{K}_{cc}=\mathbf{A}^T_{constr}\mathbf{k}\mathbf{A}_{constr}\,;$$

이다. 식 (6.141)과 식 (6.142)의 괄호 안의 항은 각각 비구속 자유도와 구속 자유도에 대한 구속 절점력을 의미하며, 이는

$$\begin{aligned}\mathbf{R}_{free}&=\mathbf{F}^0_{free}+\mathbf{K}_{fc}\mathbf{U}_{constr}+\underbrace{\mathbf{A}^T_{free}}_{\mathbf{B}_{free}}\mathbf{Q}_0+\underbrace{\mathbf{A}^T_{free}}_{\mathbf{B}_{free}}\mathbf{Q}_w\\ \mathbf{R}_{constr}&=\mathbf{F}^0_{constr}+\mathbf{K}_{cc}\mathbf{U}_{constr}+\underbrace{\mathbf{A}^T_{constr}}_{\mathbf{B}_{constr}}\mathbf{Q}_0+\underbrace{\mathbf{A}^T_{constr}}_{\mathbf{B}_{constr}}\mathbf{Q}_w\end{aligned} \tag{6.143}$$

과 같다. 미지의 절점 변위 $\mathbf{U}_{free}$는 식 (6.141)을 풀어서 구하게 된다. 그런 후 식 (6.142)로부터 지점 반력 $\mathbf{F}_{constr}$를 계산하면 된다. 강성도 법의 이러한 과정을 모식화하여 Figure 6-32에 도시하였다.

반 자동 강성도법의 각 절차를 요약하면 다음과 같다.

Step 1 : 적합방정식을 구성한다.

$$\mathbf{A} = \begin{bmatrix} \mathbf{A}_{free} & \mathbf{A}_{constr} \end{bmatrix}$$

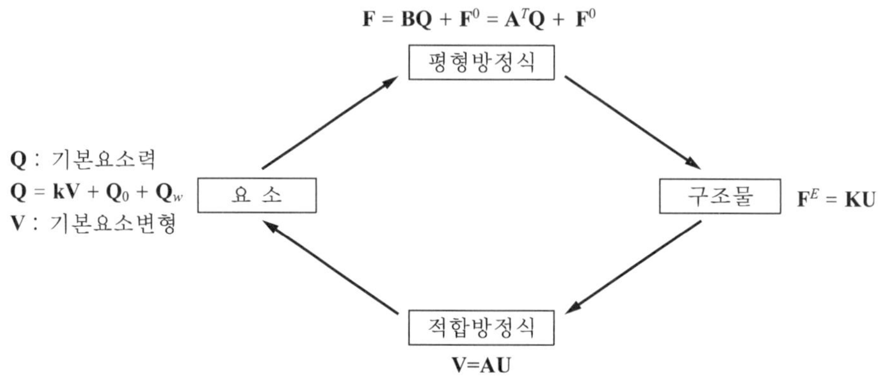

Figure 6-32 강성도법 모식도

Step 2 : 가상변위 원리를 따라서 평형방정식을 구성한다.

$$\mathbf{F}_{free} = \mathbf{A}_{free}^{T}\mathbf{Q} + \mathbf{F}_{free}^{0}$$

Step 3 : 강성도 행렬과 등가 절점하중을 구성한다.

$$\mathbf{K}_{ff} = \mathbf{A}_{free}^{T}\mathbf{k}\mathbf{A}_{free}$$

$$\mathbf{F}_{free}^{E} = \mathbf{F}_{free} - \mathbf{R}_{free}$$

Step 4 : 비구속 자유도항의 구조계 강성도 방정식을 풀어 미지의 절점변위를 계산한다.

$$\mathbf{P}_{free}^{E} = \mathbf{K}_{ff}\mathbf{U}_{free} \quad \rightarrow \quad \mathbf{U}_{free} = \begin{bmatrix} \mathbf{K}_{ff} \end{bmatrix}^{-1} \mathbf{P}_{free}^{E}$$

Step 5 : 절점변위로부터 요소변형을 계산한다.

$$\mathbf{V} = \mathbf{A}_{free}\mathbf{U}_{free} + \mathbf{A}_{constr}\mathbf{U}_{constr}$$

Step 6 : 요소변형으로부터 기본요소력을 계산한다.

구조레벨 : $$\mathbf{Q} = \mathbf{k}\mathbf{V} + \mathbf{Q}_0 + \mathbf{Q}_w$$

요소레벨 : $$\mathbf{q}^{(i)} = \mathbf{k}^{(i)}\mathbf{v}^{(i)} + \mathbf{q}_0^{(i)} + \mathbf{q}_w^{(i)}$$

Step 7: 요소와 절점 평형조건으로부터 나머지 하중을 계산한다(예를 들어, 비신축 부재의 경우 전단력, 축력 등).

Step 8: 지점 반력을 계산하고 구조계 평형을 검증한다.

$$\mathbf{F}_{constr} = \mathbf{A}_{constr}^{T}\mathbf{Q} + \mathbf{F}_{constr}^{0}$$

Example 6-9

식 (6.143)을 사용하여 Example 6-8의 구조물에서 구속력 $\mathbf{R}$ 을 계산하고 Example 6-8의 결과와 비교하여 검증하라.

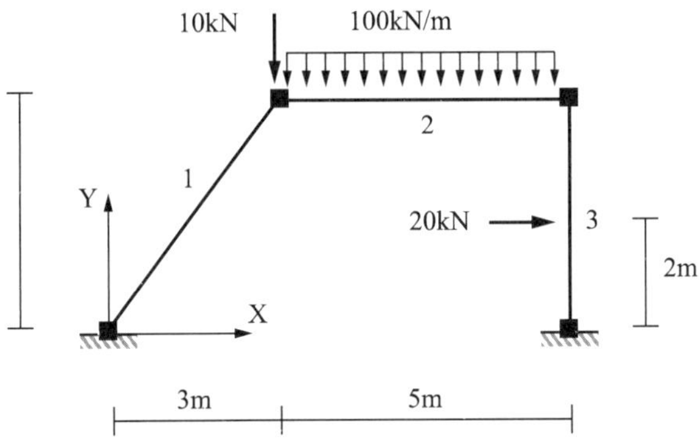

Solution

요소 2:

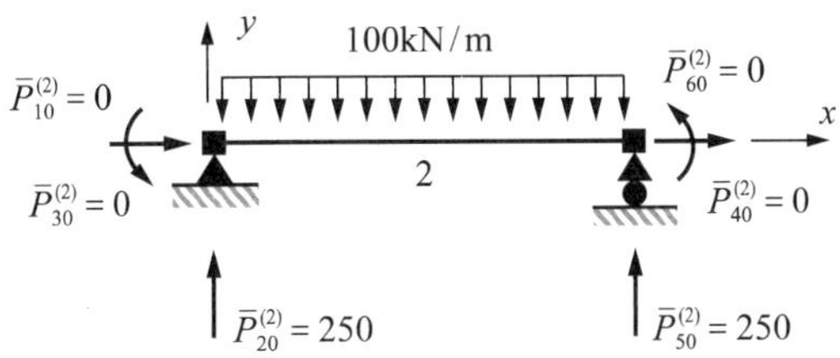

국부좌표계에서 요소 하중벡터 $\bar{\mathbf{P}}_{0}^{(2)}$ 는

$$\bar{\mathbf{P}}_{0}^{(2)} = \begin{bmatrix} 0 & 250 & 0 & 250 & 0 & 0 \end{bmatrix}^{T}$$

와 같다. 전역좌표계의 요소 하중벡터 $\mathbf{P}_{0}^{(2)}$ 는

$$\mathbf{P}_{0}^{(2)} = \mathbf{\Gamma}_{ROT}^{(2)\,T}\bar{\mathbf{P}}_{0}^{(2)} = \begin{bmatrix} 0 & 250 & 0 & 250 & 0 & 0 \end{bmatrix}^{T}$$

와 같다.

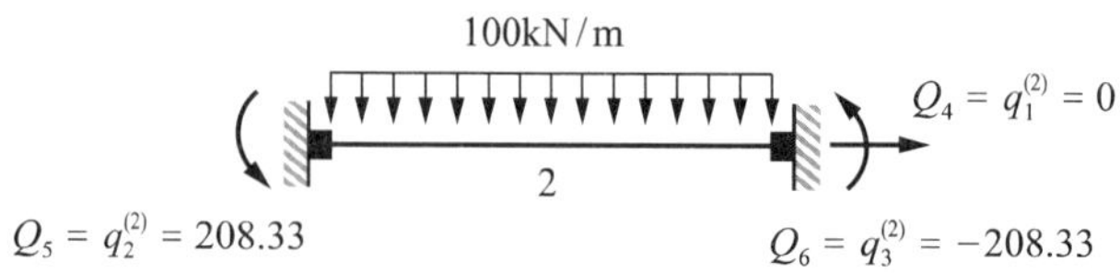

요소하중에 의한 기본요소력 벡터 $\mathbf{Q}_2^w$는

$$\mathbf{Q}_2^w = \begin{bmatrix} 0 & 208.33 & -208.33 \end{bmatrix}^T$$

이다.

<u>요소 3 :</u>

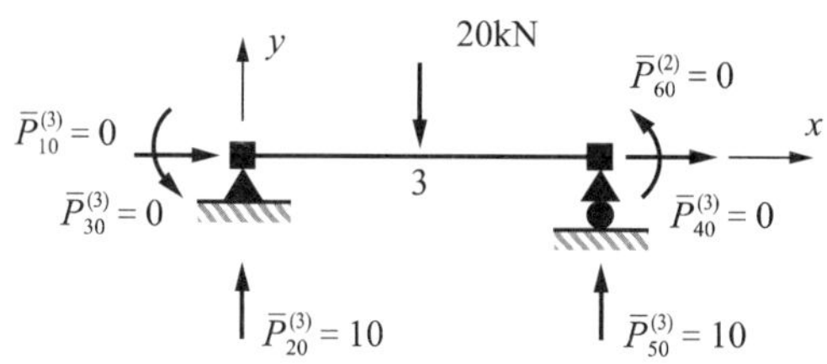

국부좌표계에서 요소 하중벡터 $\overline{\mathbf{P}}_0^{(3)}$는

$$\overline{\mathbf{P}}_0^{(3)} = \begin{bmatrix} 0 & 10 & 0 & 10 & 0 & 0 \end{bmatrix}^T$$

와 같다. 전역좌표계에서 요소 하중벡터 $\mathbf{P}_0^{(3)}$는

$$\mathbf{P}_0^{(3)} = \mathbf{\Gamma}_{ROT}^{(3)\ T}\,\overline{\mathbf{P}}_0^{(3)} = \begin{bmatrix} 0 & -1 & 0 & 0 & 0 & 0 \\ 1 & 0 & 0 & 0 & 0 & 0 \\ 0 & 0 & 1 & 0 & 0 & 0 \\ 0 & 0 & 0 & 0 & -1 & 0 \\ 0 & 0 & 0 & 1 & 0 & 0 \\ 0 & 0 & 0 & 0 & 0 & 1 \end{bmatrix} \begin{Bmatrix} 0 \\ 10 \\ 0 \\ 0 \\ 10 \\ 0 \end{Bmatrix} = \begin{Bmatrix} -10 \\ 0 \\ 0 \\ -10 \\ 0 \\ 0 \end{Bmatrix}$$

과 같다. 요소하중에 의한 기본요소력 벡터 $\mathbf{Q}_3^w$는

$$\mathbf{Q}_3^w = \begin{bmatrix} 0 & 10 & -10 \end{bmatrix}^T$$

이다.

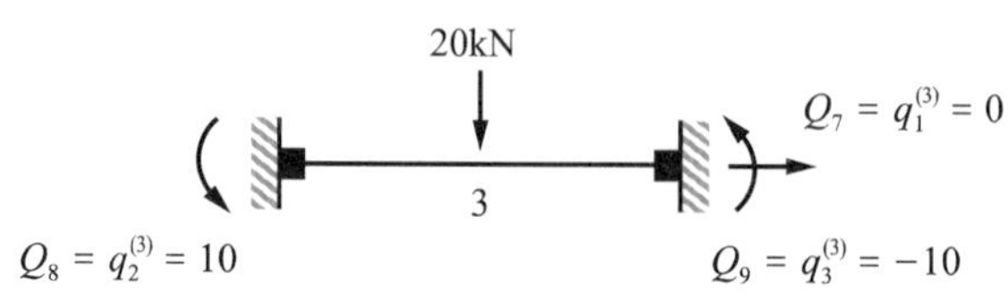

그러므로 벡터 $\mathbf{F}^0_{free}$ 는

$$\mathbf{F}^0_{free} = \begin{bmatrix} 0 & 250 & 0 & -10 & 250 & 0 \end{bmatrix}^T$$

이며, 벡터 $\mathbf{F}^0_{constr}$ 는

$$\mathbf{F}^0_{constr} = \begin{bmatrix} 0 & 0 & 0 & -10 & 0 & 0 \end{bmatrix}^T$$

와 같다. 구속 절점변위벡터 $\mathbf{U}_{constr}$ 는 지점 이동이 없으므로

$$\mathbf{U}_{constr} = \mathbf{0} \text{ (지점 이동이 없는 경우)}$$

과 같다. 초기 변형에 의한 기본요소력 벡터 $\mathbf{Q}_0$ 는

$$\mathbf{Q}_0 = \mathbf{0}$$

과 같다. 요소하중에 의한 기본요소력 $\mathbf{Q}_w$ 는

$$\mathbf{Q}_w = \begin{bmatrix} 0 & 0 & 0 & 0 & 208.33 & -208.33 & 0 & 10 & -10 \end{bmatrix}^T$$

와 같다.

$$\mathbf{B}_{free}\mathbf{Q}_w = \mathbf{A}^T_{free}\mathbf{Q}_w = \begin{bmatrix} 0.6 & 0.16 & 0.16 & -1 & 0 & 0 & 0 & 0 & 0 \\ 0.8 & -0.12 & -0.12 & 0 & 0.2 & 0.2 & 0 & 0 & 0 \\ 0 & 0 & 1 & 0 & 1 & 0 & 0 & 0 & 0 \\ 0 & 0 & 0 & 1 & 0 & 0 & 0 & 0.25 & 0.25 \\ 0 & 0 & 0 & 0 & -0.2 & -0.2 & 1 & 0 & 0 \\ 0 & 0 & 0 & 0 & 0 & 1 & 0 & 0 & 1 \end{bmatrix} \begin{Bmatrix} 0 \\ 0 \\ 0 \\ 0 \\ 208.33 \\ -208.33 \\ 0 \\ 10 \\ -10 \end{Bmatrix} = \begin{Bmatrix} 0 \\ 0 \\ 208.33 \\ 0 \\ 0 \\ -218.33 \end{Bmatrix}$$

$$\mathbf{B}_{constr}\mathbf{Q}_w = \mathbf{A}^T_{constr}\mathbf{Q}_w = \begin{bmatrix} -0.6 & -0.16 & -0.16 & 0 & 0 & 0 & 0 & 0 & 0 \\ -0.8 & 0.12 & 0.12 & 0 & 0 & 0 & 0 & 0 & 0 \\ 0 & 1 & 0 & 0 & 0 & 0 & 0 & 0 & 0 \\ 0 & 0 & 0 & 0 & 0 & 0 & 0 & -0.25 & -0.25 \\ 0 & 0 & 0 & 0 & 0 & 0 & -1 & 0 & 0 \\ 0 & 0 & 0 & 0 & 0 & 0 & 0 & 1 & 0 \end{bmatrix} \begin{Bmatrix} 0 \\ 0 \\ 0 \\ 0 \\ 208.33 \\ -208.33 \\ 0 \\ 10 \\ -10 \end{Bmatrix} = \begin{Bmatrix} 0 \\ 0 \\ 0 \\ 0 \\ 0 \\ 10 \end{Bmatrix}$$

비구속 자유도에 대한 구속 절점력은

$$\mathbf{R}_{free} = \mathbf{F}^0_{free} + \mathbf{K}_{fc}\mathbf{U}_{constr} + \underbrace{\mathbf{A}^T_{free}}_{\mathbf{B}_{free}}\mathbf{Q}_0 + \underbrace{\mathbf{A}^T_{free}}_{\mathbf{B}_{free}}\mathbf{Q}_w$$

$$\mathbf{R}_{free} = \begin{Bmatrix} 0 \\ 250 \\ 0 \\ -10 \\ 250 \\ 0 \end{Bmatrix} + \begin{Bmatrix} 0 \\ 0 \\ 0 \\ 0 \\ 0 \\ 0 \end{Bmatrix} + \begin{Bmatrix} 0 \\ 0 \\ 0 \\ 0 \\ 0 \\ 0 \end{Bmatrix} + \begin{Bmatrix} 0 \\ 0 \\ 208.33 \\ 0 \\ 0 \\ -218.33 \end{Bmatrix} = \begin{Bmatrix} 0 \\ 250 \\ 208.33 \\ -10 \\ 250 \\ -218.33 \end{Bmatrix}$$

이다. 구속 자유도에 대한 구속 절점력은

$$\mathbf{R}_{constr} = \mathbf{F}^0_{constr} + \mathbf{K}_{cc}\mathbf{U}_{constr} + \underbrace{\mathbf{A}^T_{constr}}_{\mathbf{B}_{constr}}\mathbf{Q}_0 + \underbrace{\mathbf{A}^T_{constr}}_{\mathbf{B}_{constr}}\mathbf{Q}_w$$

$$\mathbf{R}_{constr} = \begin{Bmatrix} 0 \\ 0 \\ 0 \\ -10 \\ 0 \\ 0 \end{Bmatrix} + \begin{Bmatrix} 0 \\ 0 \\ 0 \\ 0 \\ 0 \\ 0 \end{Bmatrix} + \begin{Bmatrix} 0 \\ 0 \\ 0 \\ 0 \\ 0 \\ 0 \end{Bmatrix} + \begin{Bmatrix} 0 \\ 0 \\ 0 \\ 0 \\ 0 \\ 10 \end{Bmatrix} = \begin{Bmatrix} 0 \\ 0 \\ 0 \\ -10 \\ 0 \\ 10 \end{Bmatrix}$$

이다. 위의 구속 절점력 $\mathbf{R}$은 Example 6-8에 구한 것과 동일하다.

Example 6-10

아래의 박공 구조물에서 모든 요소가 $EA = 3\times10^6\text{kN}$와 $EI = 3\times10^5\text{kN}-\text{m}^2$로 구성되어 있다.

(a) 이 구조물을 해석하여 절점 변위, 내력, 반력을 구하라.

(b) 만약 모든 부재가 비신축 부재라고 할 때, 구조물의 절점 변위, 내력, 반력을 구하라.

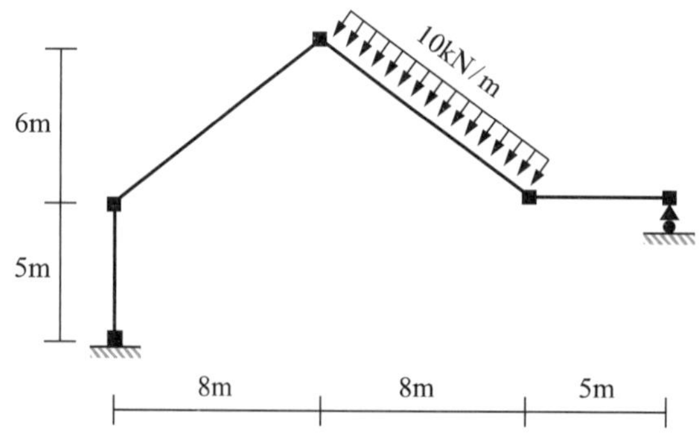

Solution

(a) 먼저 구조계 평형방정식을 세워보자. 이를 위한 요소, 절점, 자유도 번호는 다음과 같다.

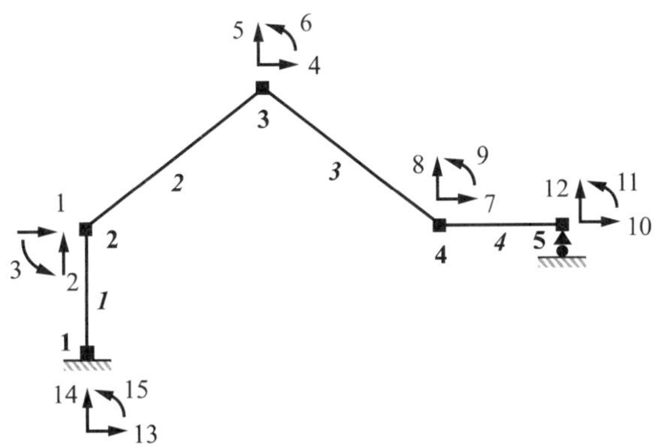

시스템 자유도 번호에 의한 각 요소의 사상벡터는

Element 1 / Element 2 / Element 3 / Element 4

$$LM_1 = \begin{Bmatrix} 13 \\ 14 \\ 15 \\ 1 \\ 2 \\ 3 \end{Bmatrix}_1 \quad LM_2 = \begin{Bmatrix} 1 \\ 2 \\ 3 \\ 4 \\ 5 \\ 6 \end{Bmatrix}_2 \quad LM_3 = \begin{Bmatrix} 4 \\ 5 \\ 6 \\ 7 \\ 8 \\ 9 \end{Bmatrix}_3 \quad LM_4 = \begin{Bmatrix} 7 \\ 8 \\ 9 \\ 10 \\ 12 \\ 11 \end{Bmatrix}_4$$

와 같다. 기본요소력(서로 독립)은 아래와 같은 번호를 부여하였다.

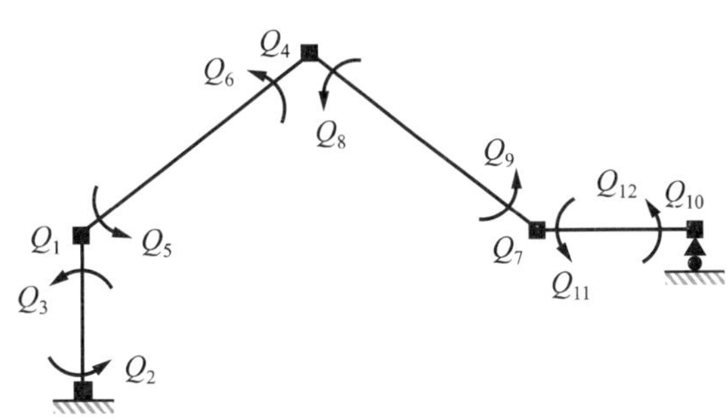

각 요소의 길이와 방향 코사인을 계산하여 다음 표에 나타내었다.

Element	Node i	Node j	X_i	Y_i	X_j	Y_j	ΔX	ΔY	L	$\cos\phi$	$\sin\phi$
1	1	2	0	0	0	8	0	8	8.00	0.000	1.000
2	2	3	0	8	6	8	6	0	6.00	1.000	0.000
3	3	5	6	8	12	0	6	−8	10.00	0.600	−0.800
4	1	5	0	0	12	0	12	0	12.00	1.000	0.000

전역좌표계의 단순보 모델에 대한 평형방정식 행렬은

$$\begin{Bmatrix} P_1 \\ P_2 \\ P_3 \\ P_4 \\ P_5 \\ P_6 \end{Bmatrix} = \begin{bmatrix} -\cos\phi & -\dfrac{\sin\phi}{L} & -\dfrac{\sin\phi}{L} \\ -\sin\phi & \dfrac{\cos\phi}{L} & \dfrac{\cos\phi}{L} \\ 0 & 1 & 0 \\ \cos\phi & \dfrac{\sin\phi}{L} & \dfrac{\sin\phi}{L} \\ \sin\phi & -\dfrac{\cos\phi}{L} & -\dfrac{\cos\phi}{L} \\ 0 & 0 & 1 \end{bmatrix} \begin{Bmatrix} q_1 \\ q_2 \\ q_3 \end{Bmatrix}$$

과 같고, 각 요소의 전역좌표계에서 하중과 요소력의 관계를 나타내면 다음과 같다.

요소 1

$$\begin{Bmatrix} P_1^{(1)} \\ P_2^{(1)} \\ P_3^{(1)} \\ P_4^{(1)} \\ P_5^{(1)} \\ P_6^{(1)} \end{Bmatrix} = \begin{bmatrix} 0 & -0.2 & -0.2 \\ -1 & 0 & 0 \\ 0 & 1 & 0 \\ 0 & 0.2 & 0.2 \\ 1 & 0 & 0 \\ 0 & 0 & 1 \end{bmatrix} \begin{Bmatrix} Q_1 \\ Q_2 \\ Q_3 \end{Bmatrix}$$

요소 2

$$\begin{Bmatrix} P_1^{(2)} \\ P_2^{(2)} \\ P_3^{(2)} \\ P_4^{(2)} \\ P_5^{(2)} \\ P_6^{(2)} \end{Bmatrix} = \begin{bmatrix} -0.8 & -0.06 & -0.06 \\ -0.6 & 0.08 & 0.08 \\ 0 & 1 & 0 \\ 0.8 & 0.06 & 0.06 \\ 0.6 & -0.08 & -0.08 \\ 0 & 0 & 1 \end{bmatrix} \begin{Bmatrix} Q_4 \\ Q_5 \\ Q_6 \end{Bmatrix}$$

요소 3

$$\begin{Bmatrix} P_1^{(3)} \\ P_2^{(3)} \\ P_3^{(3)} \\ P_4^{(3)} \\ P_5^{(3)} \\ P_6^{(3)} \end{Bmatrix} = \begin{bmatrix} -0.8 & 0.06 & 0.06 \\ 0.6 & 0.08 & 0.08 \\ 0 & 1 & 0 \\ 0.8 & -0.06 & -0.06 \\ -0.6 & -0.08 & -0.08 \\ 0 & 0 & 1 \end{bmatrix} \begin{Bmatrix} Q_7 \\ Q_8 \\ Q_9 \end{Bmatrix} + \begin{Bmatrix} 30 \\ 40 \\ 0 \\ 30 \\ 40 \\ 0 \end{Bmatrix}$$

<u>요소 4</u>

$$\begin{Bmatrix} P_1^{(4)} \\ P_2^{(4)} \\ P_3^{(4)} \\ P_4^{(4)} \\ P_5^{(4)} \\ P_6^{(4)} \end{Bmatrix} = \begin{bmatrix} -1 & 0 & 0 \\ 0 & 0.2 & 0.2 \\ 0 & 1 & 0 \\ 1 & 0 & 0 \\ 1 & -0.2 & -0.2 \\ 0 & 0 & 1 \end{bmatrix} \begin{Bmatrix} Q_{10} \\ Q_{11} \\ Q_{12} \end{Bmatrix}$$

구조계 평형행렬의 자동화된 조립과정을 설명하기 위하여 요소 1에 대한 조립과정을 아래와 같이 도식화하여 나타내었다.

Element 1

$$LM_1 = \begin{Bmatrix} 13 \\ 14 \\ 15 \\ 1 \\ 2 \\ 3 \end{Bmatrix}_1 \qquad \begin{Bmatrix} P_1^{(1)} \\ P_2^{(1)} \\ P_3^{(1)} \\ P_4^{(1)} \\ P_5^{(1)} \\ P_6^{(1)} \end{Bmatrix} = \begin{bmatrix} 0 & -0.2 & -0.2 \\ -1 & 0 & 0 \\ 0 & 1 & 0 \\ \hline 0 & 0.2 & 0.2 \\ 1 & 0 & 0 \\ 0 & 0 & 1 \end{bmatrix} \begin{Bmatrix} Q_1 \\ Q_2 \\ Q_3 \end{Bmatrix}$$

$$\begin{Bmatrix} 0 \\ 0 \\ 0 \\ 0 \\ 0 \\ 0 \\ 0 \\ 0 \\ 0 \\ 0 \\ 0 \\ F_{12} \\ F_{13} \\ F_{14} \\ F_{15} \end{Bmatrix} = \begin{bmatrix} 0 & 0.2 & 0.2 & -0.8 & -0.06 & -0.06 & 0 & 0 & 0 & 0 & 0 & 0 \\ 1 & 0 & 0 & -0.6 & 0.08 & 0.08 & 0 & 0 & 0 & 0 & 0 & 0 \\ 0 & 0 & 1 & 0 & 1 & 0 & 0 & 0 & 0 & 0 & 0 & 0 \\ 0 & 0 & 0 & 0.8 & 0.06 & 0.06 & -0.8 & 0.06 & 0.06 & 0 & 0 & 0 \\ 0 & 0 & 0 & 0.6 & -0.08 & -0.08 & 0.6 & 0.08 & 0.08 & 0 & 0 & 0 \\ 0 & 0 & 0 & 0 & 0 & 1 & 0 & 1 & 0 & 0 & 0 & 0 \\ 0 & 0 & 0 & 0 & 0 & 0 & 0.8 & -0.06 & -0.06 & -1 & 0 & 0 \\ 0 & 0 & 0 & 0 & 0 & 0 & -0.6 & -0.08 & -0.08 & 0 & 0.2 & 0.2 \\ 0 & 0 & 0 & 0 & 0 & 0 & 0 & 0 & 1 & 0 & 1 & 0 \\ 0 & 0 & 0 & 0 & 0 & 0 & 0 & 0 & 0 & 1 & 0 & 0 \\ 0 & 0 & 0 & 0 & 0 & 0 & 0 & 0 & 0 & 0 & 0 & 1 \\ 0 & 0 & 0 & 0 & 0 & 0 & 0 & 0 & 0 & 0 & -0.2 & -0.2 \\ 0 & -0.2 & -0.2 & 0 & 0 & 0 & 0 & 0 & 0 & 0 & 0 & 0 \\ -1 & 0 & 0 & 0 & 0 & 0 & 0 & 0 & 0 & 0 & 0 & 0 \\ 0 & 1 & 0 & 0 & 0 & 0 & 0 & 0 & 0 & 0 & 0 & 0 \end{bmatrix} \begin{Bmatrix} Q_1 \\ Q_2 \\ Q_3 \\ Q_4 \\ Q_5 \\ Q_6 \\ Q_7 \\ Q_8 \\ Q_9 \\ Q_{10} \\ Q_{11} \\ Q_{12} \end{Bmatrix}$$

구조계 평형방정식을 간략하게 표현하면

$$\mathbf{F} = \begin{Bmatrix} \mathbf{F}_{free} \\ \hline \mathbf{F}_{constr} \end{Bmatrix} = \begin{bmatrix} \mathbf{B}_{free} \\ \hline \mathbf{B}_{constr} \end{bmatrix} \mathbf{Q}$$

와 같다. 평형방정식 행렬에서 16개의 미지력[12개의 기본요소력 $\mathbf{Q}$; 구속 자유도에 작용하는 4개의 하중(반력) $\mathbf{F}_{constr}$]이 있지만 평형방정식은 15개뿐이고, 따라서 16 − 15 = 1차 부정정이다. 그러므로 이 구조물은 부정정구조물이며 무한의 평형해가 존재한다.
평형방정식을 구속 자유도와 비구속 자유도로 분리할 수 있으며 다음과 같다.

$$\mathbf{F}_{free} = \mathbf{B}_{free}\mathbf{Q}\,,\quad \mathbf{F}_{constr} = \mathbf{B}_{constr}\mathbf{Q}$$

기본요소력을 계산하는 데에는 구속 자유도의 평형방정식이 사용되지 않는데, 이는 구속 자유도에서 평형방정식 수와 미지력 수가 같기 때문이다. 그러나 기본요소력이 구해진 후에는 구속 자유도의 평형방정식을 사용하여 반력을 계산할 수 있다.
그러므로 비구속 자유도에 대한 평형방정식을 먼저 계산하는 것이 편리하다. 비구속 자유도에 대한 평형방정식은 다음과 같다.

$$\mathbf{F}_{free} = \mathbf{B}_{free}\mathbf{Q}$$

$$\begin{Bmatrix} 0\\0\\0\\0\\0\\0\\0\\0\\0\\0\\0 \end{Bmatrix} = \begin{bmatrix} 0 & 0.2 & 0.2 & -0.8 & -0.06 & -0.06 & 0 & 0 & 0 & 0 & 0 & 0\\ 1 & 0 & 0 & -0.6 & 0.08 & 0.08 & 0 & 0 & 0 & 0 & 0 & 0\\ 0 & 0 & 1 & 0 & 1 & 0 & 0 & 0 & 0 & 0 & 0 & 0\\ 0 & 0 & 0 & 0.8 & 0.06 & 0.06 & -0.8 & 0.06 & 0.06 & 0 & 0 & 0\\ 0 & 0 & 0 & 0.6 & -0.08 & -0.08 & 0.6 & 0.08 & 0.08 & 0 & 0 & 0\\ 0 & 0 & 0 & 0 & 0 & 1 & 0 & 1 & 0 & 0 & 0 & 0\\ 0 & 0 & 0 & 0 & 0 & 0 & 0.8 & -0.06 & -0.06 & -1 & 0 & 0\\ 0 & 0 & 0 & 0 & 0 & 0 & -0.6 & -0.08 & -0.08 & 0 & 0.2 & 0.2\\ 0 & 0 & 0 & 0 & 0 & 0 & 0 & 0 & 1 & 0 & 1 & 0\\ 0 & 0 & 0 & 0 & 0 & 0 & 0 & 0 & 0 & 1 & 0 & 0\\ 0 & 0 & 0 & 0 & 0 & 0 & 0 & 0 & 0 & 0 & 0 & 1 \end{bmatrix} \begin{Bmatrix} Q_1\\Q_2\\Q_3\\Q_4\\Q_5\\Q_6\\Q_7\\Q_8\\Q_9\\Q_{10}\\Q_{11}\\Q_{12} \end{Bmatrix}$$

이제 구조계 적합방정식을 세워보자. 구조계 기본 요소변형을 아래와 같이 정하였다.

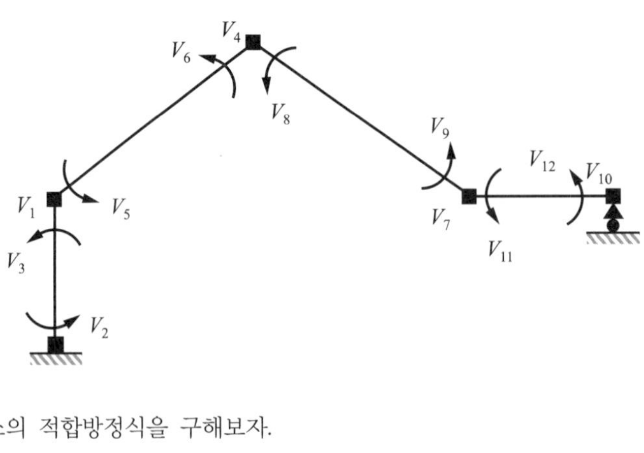

이에 대한 각 요소의 적합방정식을 구해보자.

요소 1

요소레벨

$$\begin{Bmatrix} v_1^{(1)} \\ v_2^{(1)} \\ v_3^{(1)} \end{Bmatrix} = \begin{bmatrix} 0 & -1 & 0 & 0 & 1 & 0 \\ -0.2 & 0 & 1 & 0.2 & 0 & 0 \\ -0.2 & 0 & 0 & 0.2 & 0 & 1 \end{bmatrix} \begin{Bmatrix} U_1^{(1)} \\ U_2^{(1)} \\ U_3^{(1)} \\ U_4^{(1)} \\ U_5^{(1)} \\ U_6^{(1)} \end{Bmatrix}$$

요소의 구조계 자유도 번호와 요소 변형

$$LM_1 = \begin{Bmatrix} 13 \\ 14 \\ 15 \\ 1 \\ 2 \\ 3 \end{Bmatrix}_1 ; \begin{Bmatrix} U_1^{(1)} \\ U_2^{(1)} \\ U_3^{(1)} \\ U_4^{(1)} \\ U_5^{(1)} \\ U_6^{(1)} \end{Bmatrix} \Rightarrow \begin{Bmatrix} U_{13} \\ U_{14} \\ U_{15} \\ U_1 \\ U_2 \\ U_3 \end{Bmatrix}, \quad \begin{Bmatrix} v_1^{(1)} \\ v_2^{(1)} \\ v_3^{(1)} \end{Bmatrix} \Rightarrow \begin{Bmatrix} V_1 \\ V_2 \\ V_3 \end{Bmatrix}$$

구조레벨

$$\begin{Bmatrix} V_1 \\ V_2 \\ V_3 \end{Bmatrix} = \begin{bmatrix} 0 & -1 & 0 & 0 & 1 & 0 \\ -0.2 & 0 & 1 & 0.2 & 0 & 0 \\ -0.2 & 0 & 0 & 0.2 & 0 & 1 \end{bmatrix} \begin{Bmatrix} U_{13} \\ U_{14} \\ U_{15} \\ U_1 \\ U_2 \\ U_3 \end{Bmatrix}$$

요소 2

요소레벨

$$\begin{Bmatrix} v_1^{(2)} \\ v_2^{(2)} \\ v_3^{(2)} \end{Bmatrix} = \begin{bmatrix} -0.8 & -0.6 & 0 & 0.8 & 0.6 & 0 \\ -0.06 & 0.08 & 1 & 0.06 & -0.08 & 0 \\ -0.06 & 0.08 & 0 & 0.06 & -0.08 & 1 \end{bmatrix} \begin{Bmatrix} U_1^{(2)} \\ U_2^{(2)} \\ U_3^{(2)} \\ U_4^{(2)} \\ U_5^{(2)} \\ U_6^{(2)} \end{Bmatrix}$$

요소의 구조계 자유도 번호와 요소 변형

$$LM_2 = \begin{Bmatrix} 1 \\ 2 \\ 3 \\ 4 \\ 5 \\ 6 \end{Bmatrix}_2 ; \begin{Bmatrix} U_1^{(2)} \\ U_2^{(2)} \\ U_3^{(2)} \\ U_4^{(2)} \\ U_5^{(2)} \\ U_6^{(2)} \end{Bmatrix} \Rightarrow \begin{Bmatrix} U_1 \\ U_2 \\ U_3 \\ U_4 \\ U_5 \\ U_6 \end{Bmatrix}, \begin{Bmatrix} v_1^{(2)} \\ v_2^{(2)} \\ v_3^{(2)} \end{Bmatrix} \Rightarrow \begin{Bmatrix} V_4 \\ V_5 \\ V_6 \end{Bmatrix}$$

구조레벨

$$\begin{Bmatrix} V_4 \\ V_5 \\ V_6 \end{Bmatrix} = \begin{bmatrix} -0.8 & -0.6 & 0 & 0.8 & 0.6 & 0 \\ -0.06 & 0.08 & 1 & 0.06 & -0.08 & 0 \\ -0.06 & 0.08 & 0 & 0.06 & -0.08 & 1 \end{bmatrix} \begin{Bmatrix} U_1 \\ U_2 \\ U_3 \\ U_4 \\ U_5 \\ U_6 \end{Bmatrix}$$

<u>요소 3</u>

요소레벨

$$\begin{Bmatrix} v_1^{(3)} \\ v_2^{(3)} \\ v_3^{(3)} \end{Bmatrix} = \begin{bmatrix} -0.8 & 0.6 & 0 & 0.8 & -0.6 & 0 \\ 0.06 & 0.08 & 1 & -0.06 & -0.08 & 0 \\ 0.06 & 0.08 & 0 & -0.06 & -0.08 & 1 \end{bmatrix} \begin{Bmatrix} U_1^{(3)} \\ U_2^{(3)} \\ U_3^{(3)} \\ U_4^{(3)} \\ U_5^{(3)} \\ U_6^{(3)} \end{Bmatrix}$$

요소의 구조계 자유도 번호와 요소 변형

$$LM_3 = \begin{Bmatrix} 4 \\ 5 \\ 6 \\ 7 \\ 8 \\ 9 \end{Bmatrix}_3 ; \begin{Bmatrix} U_1^{(3)} \\ U_2^{(3)} \\ U_3^{(3)} \\ U_4^{(3)} \\ U_5^{(3)} \\ U_6^{(3)} \end{Bmatrix} \Rightarrow \begin{Bmatrix} U_4 \\ U_5 \\ U_6 \\ U_7 \\ U_8 \\ U_9 \end{Bmatrix}, \begin{Bmatrix} v_1^{(3)} \\ v_2^{(3)} \\ v_3^{(3)} \end{Bmatrix} \Rightarrow \begin{Bmatrix} V_7 \\ V_8 \\ V_9 \end{Bmatrix}$$

구조레벨

$$\begin{Bmatrix} V_7 \\ V_8 \\ V_9 \end{Bmatrix} = \begin{bmatrix} -0.8 & 0.6 & 0 & 0.8 & -0.6 & 0 \\ 0.06 & 0.08 & 1 & -0.06 & -0.08 & 0 \\ 0.06 & 0.08 & 0 & -0.06 & -0.08 & 1 \end{bmatrix} \begin{Bmatrix} U_4 \\ U_5 \\ U_6 \\ U_7 \\ U_8 \\ U_9 \end{Bmatrix}$$

<u>요소 4</u>

요소레벨

$$\begin{Bmatrix} v_1^{(4)} \\ v_2^{(4)} \\ v_3^{(4)} \end{Bmatrix} = \begin{bmatrix} -1 & 0 & 0 & 1 & 0 & 0 \\ 0 & 0.2 & 1 & 0 & -0.2 & 0 \\ 0 & 0.2 & 0 & 0 & -0.2 & 1 \end{bmatrix} \begin{Bmatrix} U_1^{(4)} \\ U_2^{(4)} \\ U_3^{(4)} \\ U_4^{(4)} \\ U_5^{(4)} \\ U_6^{(4)} \end{Bmatrix}$$

요소의 구조계 자유도 번호와 요소 변형

$$LM_4 = \begin{Bmatrix} 7 \\ 8 \\ 9 \\ 10 \\ 12 \\ 11 \end{Bmatrix}_4 ; \begin{Bmatrix} U_1^{(4)} \\ U_2^{(4)} \\ U_3^{(4)} \\ U_4^{(4)} \\ U_5^{(4)} \\ U_6^{(4)} \end{Bmatrix} \Rightarrow \begin{Bmatrix} U_7 \\ U_8 \\ U_9 \\ U_{10} \\ U_{12} \\ U_{11} \end{Bmatrix}, \quad \begin{Bmatrix} v_1^{(4)} \\ v_2^{(4)} \\ v_3^{(4)} \end{Bmatrix} \Rightarrow \begin{Bmatrix} V_{10} \\ V_{11} \\ V_{12} \end{Bmatrix}$$

구조레벨

$$\begin{Bmatrix} V_{10} \\ V_{11} \\ V_{12} \end{Bmatrix} = \begin{bmatrix} -1 & 0 & 0 & 1 & 0 & 0 \\ 0 & 0.2 & 1 & 0 & -0.2 & 0 \\ 0 & 0.2 & 0 & 0 & -0.2 & 1 \end{bmatrix} \begin{Bmatrix} U_7 \\ U_8 \\ U_9 \\ U_{10} \\ U_{12} \\ U_{11} \end{Bmatrix}$$

구조계 적합행렬의 자동화된 조립과정을 설명하기 위하여 요소 1에 대한 조립 과정을 아래와 같이 도식화하여 나타내었다.

Element 1

$$LM_1 = \begin{Bmatrix} 13 \\ 14 \\ 15 \\ 1 \\ 2 \\ 3 \end{Bmatrix}_1 \qquad \begin{Bmatrix} V_1 \\ V_2 \\ V_3 \end{Bmatrix} = \begin{bmatrix} 0 & -1 & 0 & 0 & 1 & 0 \\ -0.125 & 0 & 1 & 0.125 & 0 & 0 \\ -0.125 & 0 & 0 & 0.125 & 0 & 1 \end{bmatrix} \begin{Bmatrix} U_{13} \\ U_{14} \\ U_{15} \\ U_1 \\ U_2 \\ U_3 \end{Bmatrix}$$

$$\begin{Bmatrix} V_1 \\ V_2 \\ V_3 \\ V_4 \\ V_5 \\ V_6 \\ V_7 \\ V_8 \\ V_9 \\ V_{10} \\ V_{11} \\ V_{12} \\ V_{13} \\ V_{14} \end{Bmatrix} = \begin{bmatrix} 0 & 1 & 0 & 0 & 0 & 0 & 0 & 0 & 0 & 0 & 0 & 0 & 0 & -1 & 0 \\ 0.125 & 0 & 0 & 0 & 0 & 0 & 0 & 0 & 0 & 0 & 0 & 0 & -0.125 & 0 & 1 \\ 0.125 & 0 & 1 & 0 & 0 & 0 & 0 & 0 & 0 & 0 & 0 & 0 & -0.125 & 0 & 0 \\ -1 & 0 & 0 & 1 & 0 & 0 & 0 & 0 & 0 & 0 & 0 & 0 & 0 & 0 & 0 \\ 0 & 0.1 & 1 & 0 & -0.1 & 0 & 0 & 0 & 0 & 0 & 0 & 0 & 0 & 0 & 0 \\ 0 & 0.1 & 0 & 0 & -0.1 & 1 & 0 & 0 & 0 & 0 & 0 & 0 & 0 & 0 & \\ 0 & 0 & 0 & -1 & 0 & 0 & 1 & 0 & 0 & 0 & 0 & 0 & 0 & 0 & 0 \\ 0 & 0 & 0 & 0 & 0.1 & 1 & 0 & -0.1 & 0 & 0 & 0 & 0 & 0 & 0 & 0 \\ 0 & 0 & 0 & 0 & 0.1 & 0 & 0 & -0.1 & 1 & 0 & 0 & 0 & 0 & 0 & 0 \\ 0 & 0 & 0 & 0 & 0 & 0 & 0 & 1 & 0 & 0 & 0 & -1 & 0 & 0 & 0 \\ 0 & 0 & 0 & 0 & 0 & 0 & 0.0833 & 0 & 0 & 1 & -0.0833 & 0 & 0 & 0 & 0 \\ 0 & 0 & 0 & 0 & 0 & 0 & 0.0833 & 0 & 1 & 0 & -0.0833 & 0 & 0 & 0 & 0 \\ 0 & 0 & 0 & 0.781 & 0.625 & 0 & 0 & 0 & 0 & 0 & 0 & 0 & -0.781 & -0.625 & 0 \\ 0 & 0 & 0 & -0.640 & 0.768 & 0 & 0 & 0 & 0 & 0 & 0.640 & -0.768 & 0 & 0 & 0 \end{bmatrix} \begin{Bmatrix} U_1 \\ U_2 \\ U_3 \\ U_4 \\ U_5 \\ U_6 \\ U_7 \\ U_8 \\ U_9 \\ U_{10} \\ U_{11} \\ U_{12} \\ U_{13} \\ U_{14} \\ U_{15} \end{Bmatrix}$$

브레이싱 골조의 적합방정식을 간략하게 표현하면

$$\mathbf{V} = \mathbf{A}\mathbf{U} \quad \text{또는} \quad \mathbf{V} = \left[\mathbf{A}_{free} \middle| \mathbf{A}_{constr} \right] \left\{ \frac{\mathbf{U}_{free}}{\mathbf{U}_{constr}} \right\}$$

기본 구조계 변형은 비구속 변위 자유도와 구속 변위 자유도에 대한 것으로 분리할 수 있으며, 이를 식으로 나타내면

$$\mathbf{V} = \mathbf{V}_{free} + \mathbf{V}_{constr}$$

와 같다. 여기서, $\mathbf{V}_{free} = \mathbf{A}_{free}\mathbf{U}_{free}$ 는 비구속 변위 자유도에 대한 기본 변형벡터이며 $\mathbf{V}_{constr} = \mathbf{A}_{constr}\mathbf{U}_{constr}$ 는 구속 변위 자유도에 대한 기본 변형벡터이다.

주어진 하중 조건에는 지점 침하가 없기($\mathbf{U}_{constr} = \mathbf{0}$) 때문에 적합방정식에서 구속 변위 자유도에 대한 항을 제거하면 다음과 같다.

$$\mathbf{V} = \mathbf{V}_{free} = \mathbf{A}_{free}\mathbf{U}_{free}$$

이를 풀어서 적어보면

$$\begin{Bmatrix} V_1 \\ V_2 \\ V_3 \\ V_4 \\ V_5 \\ V_6 \\ V_7 \\ V_8 \\ V_9 \\ V_{10} \\ V_{11} \\ V_{12} \end{Bmatrix} = \begin{bmatrix} 0 & 1 & 0 & 0 & 0 & 0 & 0 & 0 & 0 & 0 & 0 \\ 0.2 & 0 & 0 & 0 & 0 & 0 & 0 & 0 & 0 & 0 & 0 \\ 0.2 & 0 & 1 & 0 & 0 & 0 & 0 & 0 & 0 & 0 & 0 \\ -0.8 & -0.6 & 0 & 0.8 & 0.6 & 0 & 0 & 0 & 0 & 0 & 0 \\ -0.06 & 0.08 & 1 & 0.06 & -0.08 & 0 & 0 & 0 & 0 & 0 & 0 \\ -0.06 & 0.08 & 0 & 0.06 & -0.08 & 1 & 0 & 0 & 0 & 0 & 0 \\ 0 & 0 & 0 & -0.8 & 0.6 & 0 & 0.8 & -0.6 & 0 & 0 & 0 \\ 0 & 0 & 0 & 0.06 & 0.08 & 1 & -0.06 & -0.08 & 0 & 0 & 0 \\ 0 & 0 & 0 & 0.06 & 0.08 & 0 & -0.06 & -0.08 & 0 & 0 & 0 \\ 0 & 0 & 0 & 0 & 0 & 0 & -1 & 0 & 0 & 1 & 0 \\ 0 & 0 & 0 & 0 & 0 & 0 & 0 & 0.2 & 1 & 0 & 0 \\ 0 & 0 & 0 & 0 & 0 & 0 & 0 & 0.2 & 0 & 0 & 1 \end{bmatrix} \begin{Bmatrix} U_1 \\ U_2 \\ U_3 \\ U_4 \\ U_5 \\ U_6 \\ U_7 \\ U_8 \\ U_9 \\ U_{10} \\ U_{11} \end{Bmatrix}$$

과 같다. 행렬 $\mathbf{A}_{free}$ 의 각 열에 대응하는 기본 요소변형을 그림으로 나타내면 다음과 같다.

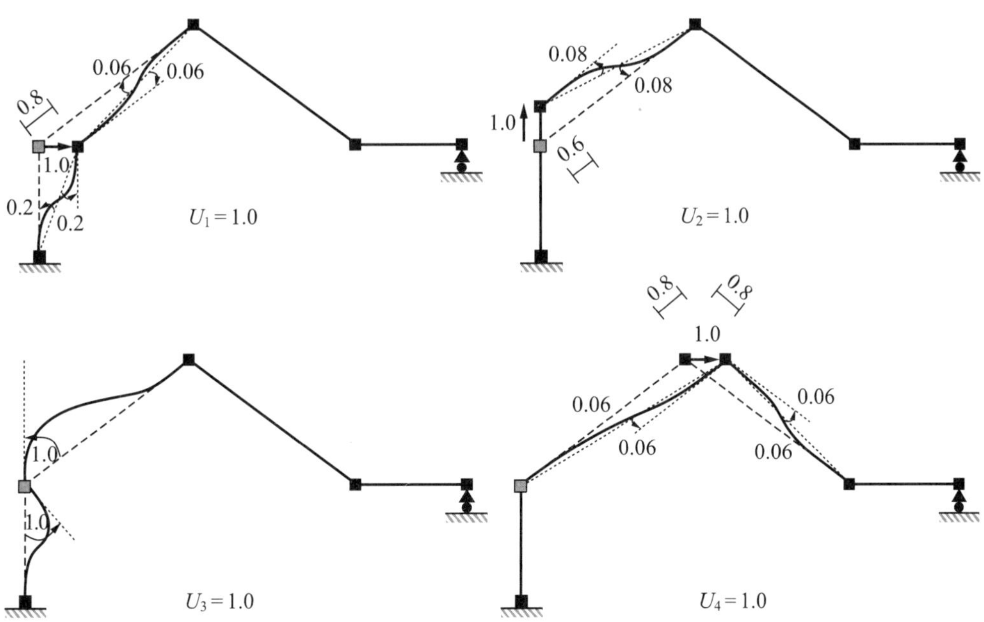

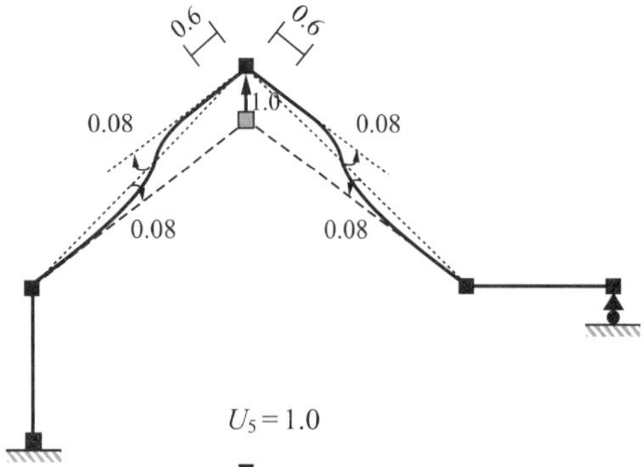

$U_5 = 1.0$

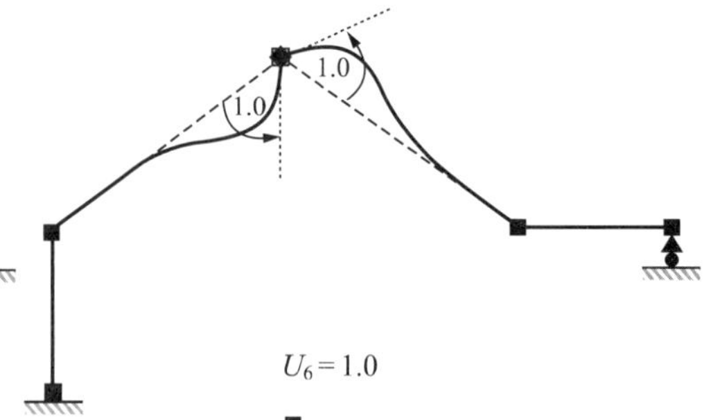

$U_6 = 1.0$

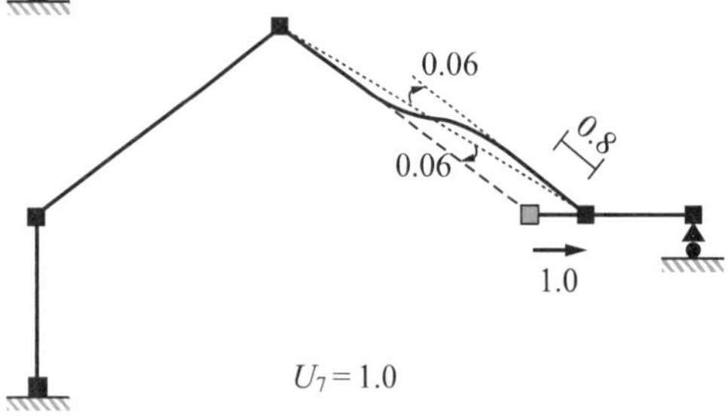

$U_7 = 1.0$

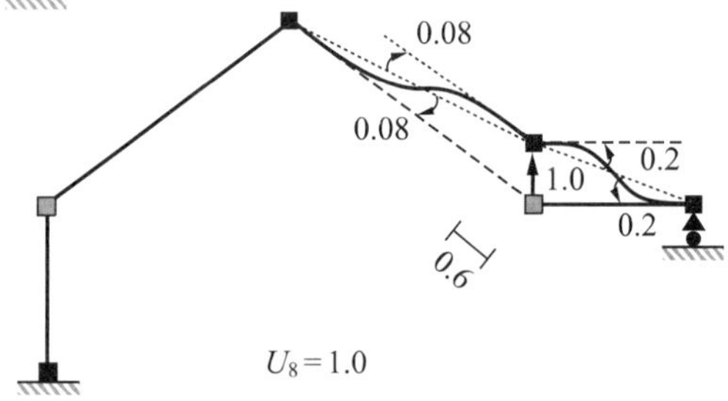

$U_8 = 1.0$

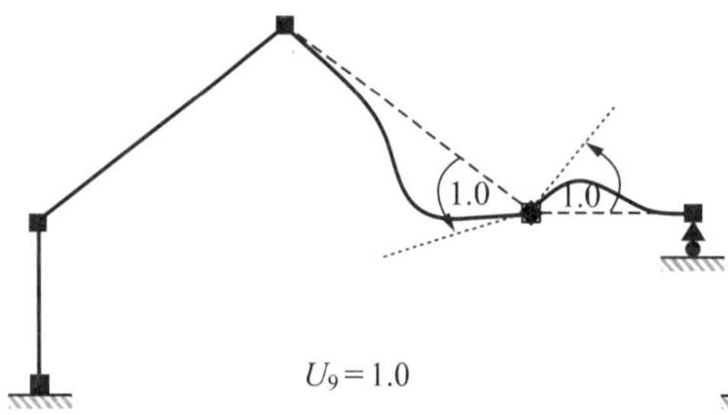

$U_9 = 1.0$

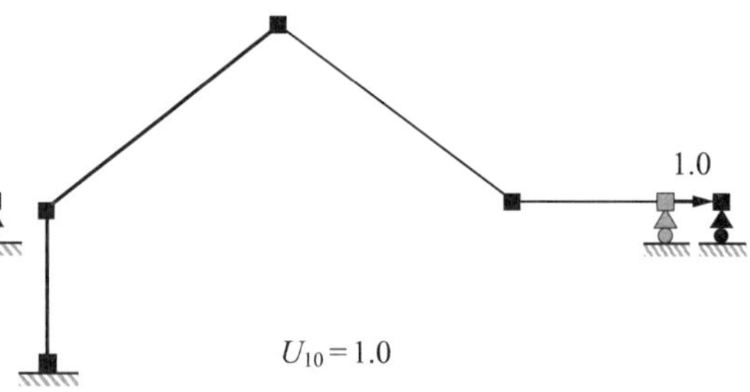

$U_{10} = 1.0$

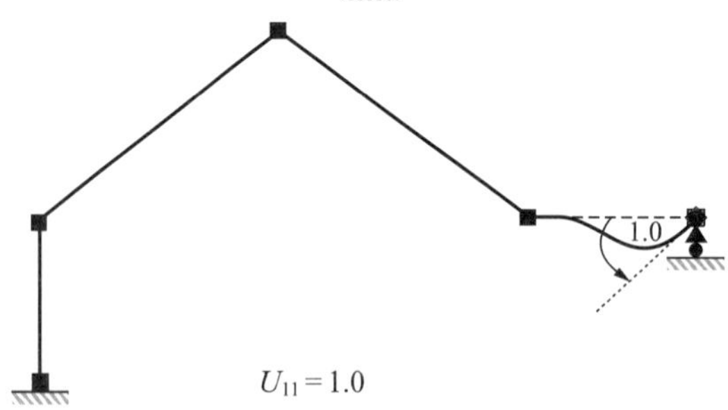

$U_{11} = 1.0$

마지막으로 각 골조 요소의 기본 시스템에 대한 강성도 방정식을 세워보자.

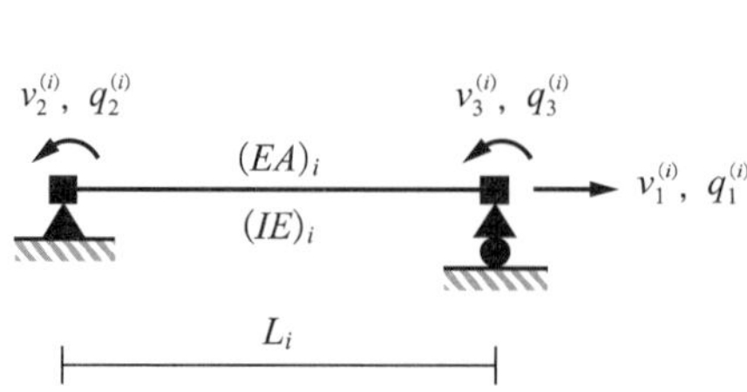

2장에서 다루었던 기본 원리들로부터 기본 시스템에서 골조요소의 요소 강성도 방정식은

$$\begin{Bmatrix} q_1^{(i)} \\ q_2^{(i)} \\ q_3^{(i)} \end{Bmatrix} = \begin{bmatrix} \frac{(EA)_i}{L_i} & 0 & 0 \\ 0 & 4\frac{(IE)_i}{L_i} & 2\frac{(IE)_i}{L_i} \\ 0 & 2\frac{(IE)_i}{L_i} & 4\frac{(IE)_i}{L_i} \end{bmatrix} \begin{Bmatrix} v_1^{(i)} \\ v_2^{(i)} \\ v_3^{(i)} \end{Bmatrix} \quad \text{또는} \quad \mathbf{q}^{(i)} = \mathbf{k}^{(i)}\mathbf{v}^{(i)}$$

과 같다. 하중조건은 아래와 같이 3번 요소에 등분포하중이 작용하고 있다.

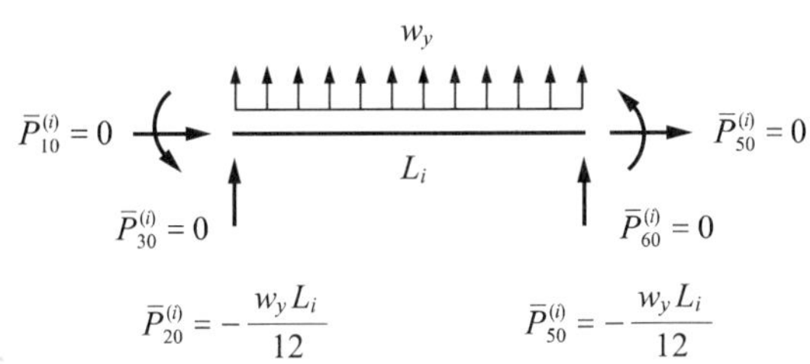

3장에서, 요소하중에 의한 요소하중벡터는

$$\bar{\mathbf{P}}_0^{(3)} = \begin{bmatrix} 0 & 50 & 0 & 0 & 50 & 0 \end{bmatrix}^T \text{ : 국부 시스템}$$

$$\mathbf{P}_0^{(3)} = \begin{bmatrix} 30 & 40 & 0 & 30 & 40 & 0 \end{bmatrix}^T \text{ : 전역 시스템}$$

과 같다. 그러므로 요소하중에 의한 등가절점하중은

$$\mathbf{F}_{free}^0 = \begin{bmatrix} 0 & 0 & 0 & 30 & 40 & 0 & 30 & 40 & 0 & 0 & 0 \end{bmatrix}^T$$

와 같다. 요소하중에 의한 요소 3의 기본요소력은

$$\mathbf{q}_w^{(3)} = \begin{bmatrix} 0 & -\frac{w_y L_3^2}{12} & \frac{w_y L_3^2}{12} \end{bmatrix}^T = \begin{bmatrix} 0 & 83.333 & -83.333 \end{bmatrix}^T$$

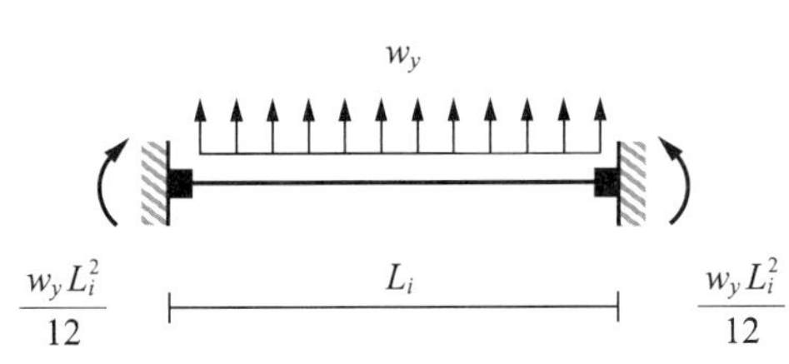

과 같다. 따라서 요소하중에 의한 기본 구조계 힘은

$$\mathbf{Q}_w = \begin{bmatrix} 0 & 0 & 0 & 0 & 0 & 0 & 0 & 83.333 & -83.333 & 0 & 0 & 0 \end{bmatrix}^T$$

와 같고, 등가절점 하중벡터 $\mathbf{F}_w$ 는

$$\mathbf{F}_w = \mathbf{B}_{free}\mathbf{Q}_w = \begin{bmatrix} 0 & 0 & 0 & 0 & 0 & 83.333 & 0 & 0 & -83.333 & 0 & 0 \end{bmatrix}^T$$

이다. 총 등가절점하중은 $\mathbf{F}^0_{free}$ 와 $\mathbf{F}_w$ 의 합으로 다음과 같다.

$$\mathbf{F}_w + \mathbf{F}^0_{free} = \begin{bmatrix} 0 & 0 & 0 & 30 & 40 & 83.333 & 30 & 40 & -83.333 & 0 & 0 \end{bmatrix}^T$$

모든 요소의 강성도 행렬을 조립하여 나타내면 다음과 같다.

$$\begin{Bmatrix} Q_1 \\ Q_2 \\ Q_3 \\ Q_4 \\ Q_5 \\ Q_6 \\ Q_7 \\ Q_8 \\ Q_9 \\ Q_{10} \\ Q_{11} \\ Q_{12} \end{Bmatrix} = 10^3 \times \begin{bmatrix} 600 & 0 & 0 & 0 & 0 & 0 & 0 & 0 & 0 & 0 & 0 & 0 \\ 0 & 240 & 120 & 0 & 0 & 0 & 0 & 0 & 0 & 0 & 0 & 0 \\ 0 & 120 & 240 & 0 & 0 & 0 & 0 & 0 & 0 & 0 & 0 & 0 \\ 0 & 0 & 0 & 300 & 0 & 0 & 0 & 0 & 0 & 0 & 0 & 0 \\ 0 & 0 & 0 & 0 & 120 & 60 & 0 & 0 & 0 & 0 & 0 & 0 \\ 0 & 0 & 0 & 0 & 60 & 120 & 0 & 0 & 0 & 0 & 0 & 0 \\ 0 & 0 & 0 & 0 & 0 & 0 & 300 & 0 & 0 & 0 & 0 & 0 \\ 0 & 0 & 0 & 0 & 0 & 0 & 0 & 120 & 60 & 0 & 0 & 0 \\ 0 & 0 & 0 & 0 & 0 & 0 & 0 & 60 & 120 & 0 & 0 & 0 \\ 0 & 0 & 0 & 0 & 0 & 0 & 0 & 0 & 0 & 600 & 0 & 0 \\ 0 & 0 & 0 & 0 & 0 & 0 & 0 & 0 & 0 & 0 & 240 & 120 \\ 0 & 0 & 0 & 0 & 0 & 0 & 0 & 0 & 0 & 0 & 120 & 240 \end{bmatrix} \begin{Bmatrix} V_1 \\ V_2 \\ V_3 \\ V_4 \\ V_5 \\ V_6 \\ V_7 \\ V_8 \\ V_9 \\ V_{10} \\ V_{11} \\ V_{12} \end{Bmatrix} + \begin{Bmatrix} 0 \\ 0 \\ 0 \\ 0 \\ 0 \\ 0 \\ 0 \\ 83.333 \\ -83.333 \\ 0 \\ 0 \\ 0 \end{Bmatrix}$$

이를 간략하게 나타내면

$$\mathbf{Q} = \mathbf{k}\mathbf{V}_{free} + \mathbf{Q}_w$$

이다. 행렬 $\mathbf{k}$ 에서 대각성분 외에는 모두 "0"이며 이는 각 요소의 강성도 행렬은 서로 연결되어 있지 않음을 의미한다. 물리적으로 말하자면 모든 요소들은 서로 연결되어 있지 않은 것과 같다.
하중 시스템과 적합 시스템이 서로 상호변환 관계에 있으므로 비구속 자유도에 대응하는 구조계 강성도 방정식은 다음과 같다.

$$\mathbf{F}_{free} = \mathbf{K}_{ff}\mathbf{U}_{free} + \mathbf{F}_w + \mathbf{F}^0_{free}$$

여기서

$$\mathbf{K}_{ff} = \mathbf{A}^T_{free}\mathbf{k}\mathbf{A}_{free}$$

이다. 구조계 강성도 방정식을 풀어서 적어보면 다음과 같다.

$$\begin{Bmatrix} Q_1 \\ Q_2 \\ Q_3 \\ Q_4 \\ Q_5 \\ Q_6 \\ Q_7 \\ Q_8 \\ Q_9 \\ Q_{10} \\ Q_{11} \\ Q_{12} \end{Bmatrix} = 10^3 \times \begin{bmatrix} 600 & 0 & 0 & 0 & 0 & 0 & 0 & 0 & 0 & 0 & 0 & 0 \\ 0 & 240 & 120 & 0 & 0 & 0 & 0 & 0 & 0 & 0 & 0 & 0 \\ 0 & 120 & 240 & 0 & 0 & 0 & 0 & 0 & 0 & 0 & 0 & 0 \\ 0 & 0 & 0 & 300 & 0 & 0 & 0 & 0 & 0 & 0 & 0 & 0 \\ 0 & 0 & 0 & 0 & 120 & 60 & 0 & 0 & 0 & 0 & 0 & 0 \\ 0 & 0 & 0 & 0 & 60 & 120 & 0 & 0 & 0 & 0 & 0 & 0 \\ 0 & 0 & 0 & 0 & 0 & 0 & 300 & 0 & 0 & 0 & 0 & 0 \\ 0 & 0 & 0 & 0 & 0 & 0 & 0 & 120 & 60 & 0 & 0 & 0 \\ 0 & 0 & 0 & 0 & 0 & 0 & 0 & 60 & 120 & 0 & 0 & 0 \\ 0 & 0 & 0 & 0 & 0 & 0 & 0 & 0 & 0 & 600 & 0 & 0 \\ 0 & 0 & 0 & 0 & 0 & 0 & 0 & 0 & 0 & 0 & 240 & 120 \\ 0 & 0 & 0 & 0 & 0 & 0 & 0 & 0 & 0 & 0 & 120 & 240 \end{bmatrix} \begin{Bmatrix} V_1 \\ V_2 \\ V_3 \\ V_4 \\ V_5 \\ V_6 \\ V_7 \\ V_8 \\ V_9 \\ V_{10} \\ V_{11} \\ V_{12} \end{Bmatrix} + \begin{Bmatrix} 0 \\ 0 \\ 0 \\ 0 \\ 0 \\ 0 \\ 0 \\ 83.333 \\ -83.333 \\ 0 \\ 0 \\ 0 \end{Bmatrix}$$

강성도 방정식으로부터 미지의 변위를 계산하면

$$\mathbf{U}_{free} = -\left[\mathbf{K}_{ff}\right]^{-1}\left(\mathbf{F}_w + \mathbf{F}^0_{free}\right)\begin{Bmatrix} U_1 \\ U_2 \\ U_3 \\ U_4 \\ U_5 \\ U_6 \\ U_7 \\ U_8 \\ U_9 \\ U_{10} \\ U_{11} \end{Bmatrix} = \begin{Bmatrix} -0.00405039\,m \\ -0.0000795866\,m \\ 0.000786823\,rad \\ 0.000569484\,m \\ -0.00666526\,m \\ -0.00227261\,rad \\ -0.00479479\,m \\ -0.0137101\,m \\ 0.00184625\,rad \\ -0.00479479\,m \\ 0.00318992\,m \end{Bmatrix}$$

과 같다. 요소변형은 적합방정식으로부터 계산되며

$$\mathbf{V}_{free} = \mathbf{A}_{free}\mathbf{U}_{free}$$

$$\begin{Bmatrix} V_1 \\ V_2 \\ V_3 \\ V_4 \\ V_5 \\ V_6 \\ V_7 \\ V_8 \\ V_9 \\ V_{10} \\ V_{11} \\ V_{12} \end{Bmatrix} = \begin{bmatrix} 0 & 1 & 0 & 0 & 0 & 0 & 0 & 0 & 0 & 0 & 0 \\ 0.2 & 0 & 0 & 0 & 0 & 0 & 0 & 0 & 0 & 0 & 0 \\ 0.2 & 0 & 1 & 0 & 0 & 0 & 0 & 0 & 0 & 0 & 0 \\ -0.8 & -0.6 & 0 & 0.8 & 0.6 & 0 & 0 & 0 & 0 & 0 & 0 \\ -0.06 & 0.08 & 1 & 0.06 & -0.08 & 0 & 0 & 0 & 0 & 0 & 0 \\ -0.06 & 0.08 & 0 & 0.06 & -0.08 & 1 & 0 & 0 & 0 & 0 & 0 \\ 0 & 0 & 0 & -0.8 & 0.6 & 0 & 0.8 & -0.6 & 0 & 0 & 0 \\ 0 & 0 & 0 & 0.06 & 0.08 & 1 & -0.06 & -0.08 & 0 & 0 & 0 \\ 0 & 0 & 0 & 0.06 & 0.08 & 0 & -0.06 & -0.08 & 0 & 0 & 0 \\ 0 & 0 & 0 & 0 & 0 & 0 & -1 & 0 & 0 & 1 & 0 \\ 0 & 0 & 0 & 0 & 0 & 0 & 0 & 0.2 & 1 & 0 & 0 \\ 0 & 0 & 0 & 0 & 0 & 0 & 0 & 0.2 & 0 & 0 & 1 \end{bmatrix} \begin{Bmatrix} -0.00405039\,m \\ -0.0000795866\,m \\ 0.000786823\,rad \\ 0.000569484\,m \\ -0.00666526\,m \\ -0.00227261\,rad \\ -0.00479479\,m \\ -0.0137101\,m \\ 0.00184625\,rad \\ -0.00479479\,m \\ 0.00318992\,m \end{Bmatrix}$$

$$\mathbf{V}_{free} = \begin{Bmatrix} V_1 \\ V_2 \\ V_3 \\ V_4 \\ V_5 \\ V_6 \\ V_7 \\ V_8 \\ V_9 \\ V_{10} \\ V_{11} \\ V_{12} \end{Bmatrix} = \begin{Bmatrix} -0.0000795866\,m \\ -0.000810078\,rad \\ -0.0000232553\,rad \\ -0.000255504\,m \\ 0.00159087\,rad \\ -0.00146856\,rad \\ -0.0000644961\,m \\ -0.00138716\,rad \\ 0.00273169\,rad \\ 0\,m \\ -0.00089578\,rad \\ 0.00044789\,rad \end{Bmatrix}$$

와 같다. 기본요소력은 요소 강성도 행렬로부터 다음과 같이 계산된다.

$$\mathbf{Q} = \mathbf{k}\mathbf{V}_{free} + \mathbf{Q}_w$$

$$\mathbf{Q} = \begin{Bmatrix} Q_1 \\ Q_2 \\ Q_3 \\ Q_4 \\ Q_5 \\ Q_6 \\ Q_7 \\ Q_8 \\ Q_9 \\ Q_{10} \\ Q_{11} \\ Q_{12} \end{Bmatrix} = \begin{Bmatrix} -47.7519\text{ kN} \\ -197.209\text{ kN-m} \\ -102.791\text{ kN-m} \\ -76.6512\text{ kN} \\ 102.791\text{ kN-m} \\ -80.7752\text{ kN-m} \\ -19.3488\text{ kN} \\ 80.7752\text{ kN-m} \\ 161.24\text{ kN-m} \\ 0\text{ kN} \\ -161.24\text{ kN-m} \\ 0\text{ kN-m} \end{Bmatrix}$$

반력은 구속 자유도의 평형방정식으로부터 계산되며 다음과 같다.

$$\mathbf{F}_{constr} = \mathbf{B}_{constr}\mathbf{Q}$$

$$\begin{Bmatrix} F_{12} \\ F_{13} \\ F_{14} \\ F_{15} \end{Bmatrix} = \begin{Bmatrix} 32.2481\text{ kN} \\ 60\text{ kN} \\ 47.7519\text{ kN} \\ -197.209\text{ kN-m} \end{Bmatrix}$$

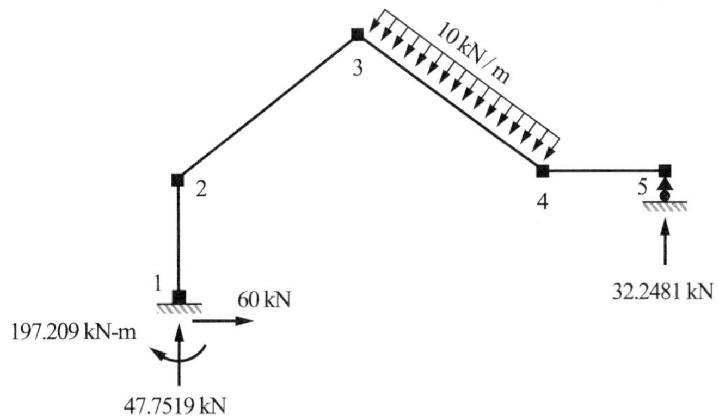

전체 구조물의 평형조건을 이용하여 결과를 검증해보자.

$\sum F_X = 0;$

$$-10\times10\times0.6+60=0 \quad ➡ \text{ 만족함}$$

$\sum F_Y = 0;$

$$-10\times10\times0.8+47.7519+32.2481=0 \quad ➡ \text{ 만족함}$$

$\sum_1 M_Z = 0;$

$$32.2481\times21+60\times8+200-80\times12-197.209=0 \quad ➡ \text{ 만족함}$$

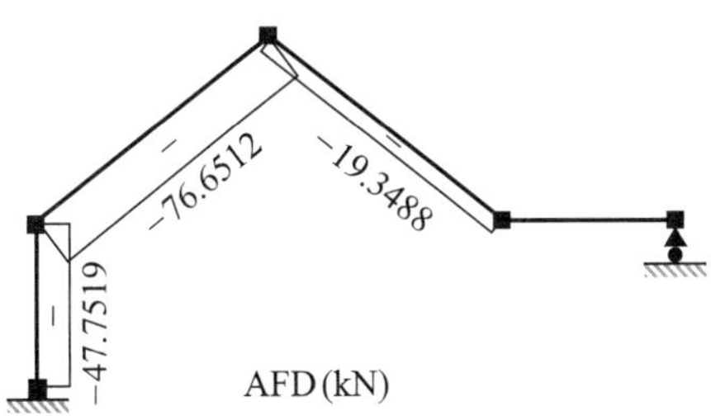

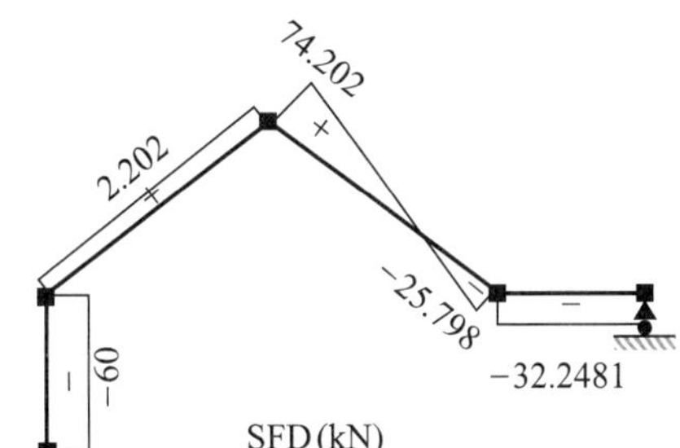

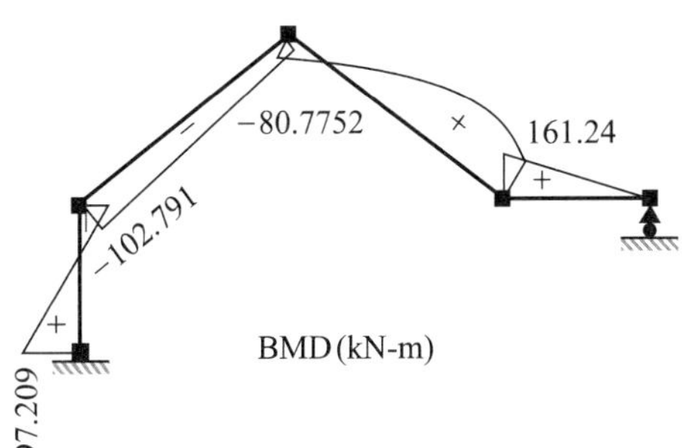

(b) 모든 요소가 비신축 요소라는 가정에 따른 다자유도 구속조건을 적용해보면 다음과 같다.
요소 1 : 비신축

$$U_2 - \underbrace{U_{14}}_{0} = 0 \quad \Rightarrow \quad U_2 = 0 \tag{a}$$

요소 4 : 비신축

$$U_7 - U_{10} = 0 \quad \Rightarrow \quad U_7 = U_{10} \tag{b}$$

요소 2 : 비신축

$$8(U_4 - U_1) + 6\left(U_5 - \underbrace{U_2}_{0}\right) = 0 \quad \Rightarrow \quad U_4 = U_1 - \frac{3}{4}U_5 \tag{c}$$

요소 3 : 비신축

$$8(U_7 - U_4) - 6(U_8 - U_5) = 0 \quad \Rightarrow \quad U_8 = -\frac{4}{3}U_4 + U_5 + \frac{4}{3}U_7 \tag{d}$$

식 (a)~(d)에서 U_1, U_5, U_{10}을 지배 자유도로, U_4, U_7, U_8를 종속 자유도로 정하면 새로운 독립적인 비구속 절점변위 $\tilde{\mathbf{U}}_{free}$는 다음과 같이 된다.

$$\tilde{\mathbf{U}}_{free} = \begin{bmatrix} \tilde{U}_1 & \tilde{U}_2 & \tilde{U}_3 & \tilde{U}_4 & \tilde{U}_5 & \tilde{U}_6 & \tilde{U}_7 \end{bmatrix}^T = \begin{bmatrix} U_1 & U_5 & U_{10} & U_3 & U_6 & U_9 & U_{11} \end{bmatrix}^T$$

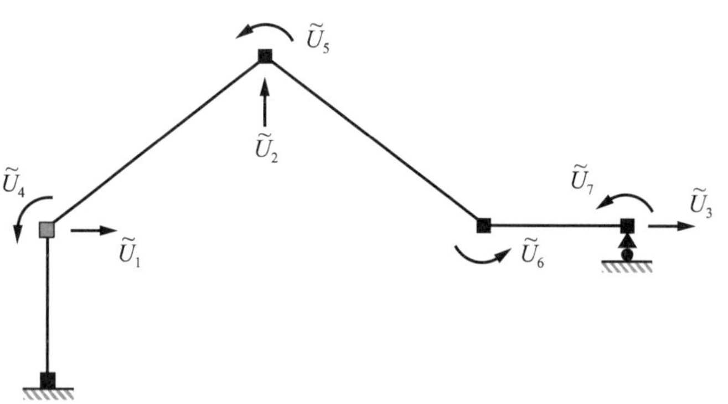

$\mathbf{U}_{free}$를 $\tilde{\mathbf{U}}_{free}$로 변환하는 식은

$$\begin{Bmatrix} U_1 \\ U_2 \\ U_3 \\ U_4 \\ U_5 \\ U_6 \\ U_7 \\ U_8 \\ U_9 \\ U_{10} \\ U_{11} \end{Bmatrix} = \begin{bmatrix} 1 & 0 & 0 & 0 & 0 & 0 & 0 \\ 0 & 0 & 0 & 0 & 0 & 0 & 0 \\ 0 & 0 & 0 & 1 & 0 & 0 & 0 \\ 1 & -\frac{3}{4} & 0 & 0 & 0 & 0 & 0 \\ 0 & 1 & 0 & 0 & 0 & 0 & 0 \\ 0 & 0 & 0 & 0 & 1 & 0 & 0 \\ 0 & 0 & 1 & 0 & 0 & 0 & 0 \\ -\frac{4}{3} & 2 & \frac{4}{3} & 0 & 0 & 0 & 0 \\ 0 & 0 & 0 & 0 & 0 & 1 & 0 \\ 0 & 0 & 1 & 0 & 0 & 0 & 0 \\ 0 & 0 & 0 & 0 & 0 & 0 & 1 \end{bmatrix} \begin{Bmatrix} \tilde{U}_1 \\ \tilde{U}_2 \\ \tilde{U}_3 \\ \tilde{U}_4 \\ \tilde{U}_5 \\ \tilde{U}_6 \\ \tilde{U}_7 \end{Bmatrix} \text{ 또는 } \mathbf{U}_{free} = \mathbf{A}_c \tilde{\mathbf{U}}_{free}$$

와 같다. 위의 기구학적 관계식을 적합조건에 대입하면 다음과 같다.

$$\mathbf{V} = \mathbf{V}_{free} = \mathbf{A}_{free}\mathbf{U}_{free} = \mathbf{A}_{free}\mathbf{A}_c\tilde{\mathbf{U}}_{free} = \tilde{\mathbf{A}}_{free}\tilde{\mathbf{U}}_{free}$$

이를 풀어서 적어보면

$$\begin{Bmatrix} V_1 \\ V_2 \\ V_3 \\ V_4 \\ V_5 \\ V_6 \\ V_7 \\ V_8 \\ V_9 \\ V_{10} \\ V_{11} \\ V_{12} \end{Bmatrix} = \begin{bmatrix} 0 & 0 & 0 & 0 & 0 & 0 & 0 \\ 0.2 & 0 & 0 & 0 & 0 & 0 & 0 \\ 0.2 & 0 & 0 & 1 & 0 & 0 & 0 \\ 0 & 0 & 0 & 0 & 0 & 0 & 0 \\ 0 & -0.125 & 0 & 1 & 0 & 0 & 0 \\ 0 & -0.125 & 0 & 0 & 1 & 0 & 0 \\ 0 & 0 & 0 & 0 & 0 & 0 & 0 \\ 0.166667 & -0.125 & -0.166667 & 0 & 1 & 0 & 0 \\ 0.166667 & -0.125 & -0.166667 & 0 & 0 & 1 & 0 \\ 0 & 0 & 0 & 0 & 0 & 0 & 0 \\ -0.266667 & 0.4 & 0.266667 & 0 & 0 & 1 & 0 \\ -0.266667 & 0.4 & 0.266667 & 0 & 0 & 0 & 1 \end{bmatrix} \begin{Bmatrix} \tilde{U}_1 \\ \tilde{U}_2 \\ \tilde{U}_3 \\ \tilde{U}_4 \\ \tilde{U}_5 \\ \tilde{U}_6 \\ \tilde{U}_7 \end{Bmatrix}$$

이다. 모든 요소의 축변형에 대한 기본 변형은 제거되었음을 알 수 있다. 참고적으로 행렬 $\tilde{\mathbf{A}}_{free}$의 각 열에 대응하는 기본 요소변형을 그림으로 나타내면 다음과 같다.

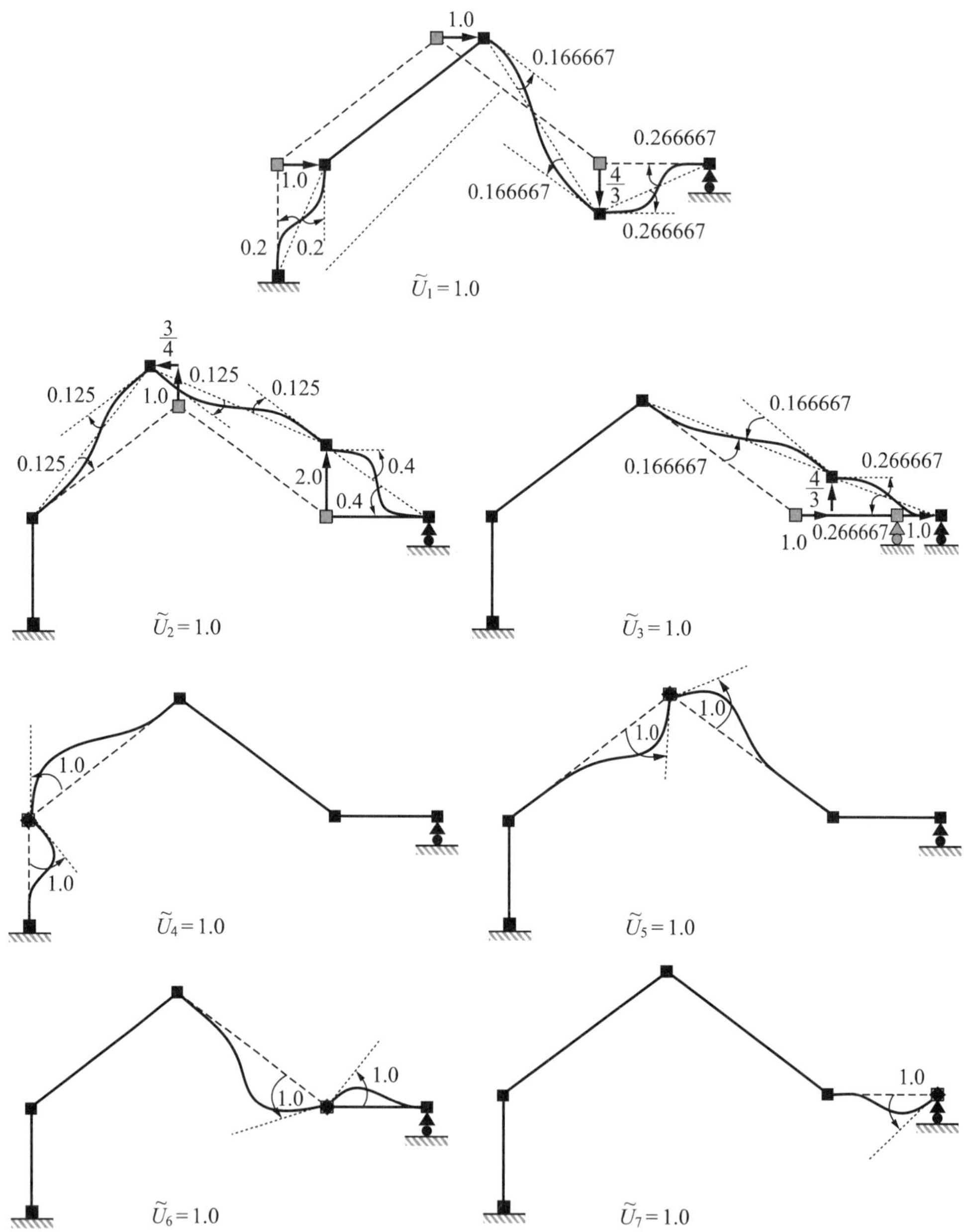

상호변환 관계로부터 비구속 자유도에 대한 구속된 구조계 강성도 행렬을 행렬식으로 나타내면 다음과 같다.

$$\mathbf{0} = \tilde{\mathbf{K}}_{ff}\tilde{\mathbf{U}}_{free} + \left(\tilde{\mathbf{F}}_w + \tilde{\mathbf{F}}^0_{free}\right)$$

여기서

$$\tilde{\mathbf{K}}_{ff} = \tilde{\mathbf{A}}^{T}_{free}\mathbf{k}\tilde{\mathbf{A}}_{free} = \begin{bmatrix} 90000 & -84300 & -61200 & 72000 & 30000 & -66000 & -96000 \\ -84300 & 126450 & 84300 & -22500 & -45000 & 121500 & 144000 \\ -61200 & 84300 & 61200 & 0 & -30000 & 66000 & 96000 \\ 72000 & -22500 & 0 & 360000 & 60000 & 0 & 0 \\ 30000 & -45000 & -30000 & 60000 & 240000 & 60000 & 0 \\ -66000 & 121500 & 66000 & 0 & 60000 & 360000 & 120000 \\ -96000 & 144000 & 96000 & 0 & 0 & 120000 & 240000 \end{bmatrix}$$

하중 시스템과 기구학적 시스템의 상호변환 관계로부터 절점력$\left(\mathbf{F}_w + \mathbf{F}^0_{free}\right)$을 절점력$\left(\tilde{\mathbf{F}}_w + \tilde{\mathbf{F}}^0_{free}\right)$으로 변환하는 방정식은 다음과 같이 유도된다.

$$\left(\tilde{\mathbf{F}}_w + \tilde{\mathbf{F}}^0_{free}\right) = \mathbf{A}_c^{\,T}\left(\mathbf{F}_w + \mathbf{F}^0_{free}\right) = \mathbf{B}_c\left(\mathbf{F}_w + \mathbf{F}^0_{free}\right)$$

$$\left(\tilde{\mathbf{F}}_w + \tilde{\mathbf{F}}^0_{free}\right) = \begin{bmatrix} 23.3333 & -97.5 & -83.3333 & 0 & -83.3333 & 83.3333 & 0 \end{bmatrix}^T$$

이를 풀어서 비구속 자유도에 대한 구조계 강성도 행렬식으로 나타내면

$$\begin{Bmatrix} -23.3333 \\ 97.5 \\ 83.3333 \\ 0 \\ -83.3333 \\ 83.3333 \\ 0 \end{Bmatrix} = \begin{bmatrix} 90000 & -84300 & -61200 & 72000 & 30000 & -66000 & -96000 \\ -84300 & 126450 & 84300 & -22500 & -45000 & 121500 & 144000 \\ -61200 & 84300 & 61200 & 0 & -30000 & 66000 & 96000 \\ 72000 & -22500 & 0 & 360000 & 60000 & 0 & 0 \\ 30000 & -45000 & -30000 & 60000 & 240000 & 60000 & 0 \\ -66000 & 121500 & 66000 & 0 & 60000 & 360000 & 120000 \\ -96000 & 144000 & 96000 & 0 & 0 & 120000 & 240000 \end{bmatrix} \begin{Bmatrix} \tilde{U}_1 \\ \tilde{U}_2 \\ \tilde{U}_3 \\ \tilde{U}_4 \\ \tilde{U}_5 \\ \tilde{U}_6 \\ \tilde{U}_7 \end{Bmatrix}$$

과 같다. 미지의 변위 $\tilde{\mathbf{U}}_{free}$는 위의 식으로부터 계산되며 다음과 같다.

$$\begin{Bmatrix} \tilde{U}_1 \\ \tilde{U}_2 \\ \tilde{U}_3 \\ \tilde{U}_4 \\ \tilde{U}_5 \\ \tilde{U}_6 \\ \tilde{U}_7 \end{Bmatrix} = \begin{Bmatrix} -0.00404197\,m \\ -0.00648284\,m \\ -0.00455539\,m \\ 0.000783454\,rad \\ -0.00228143\,rad \\ 0.00183454\,rad \\ 0.00317781\,rad \end{Bmatrix}$$

기구학적 구속 관계로부터 비구속 변위 $\mathbf{U}_{free}$를 계산하면

$$\mathbf{U}_{free} = \mathbf{A}_c\tilde{\mathbf{U}}_{free}$$

$$\begin{Bmatrix} U_1 \\ U_2 \\ U_3 \\ U_4 \\ U_5 \\ U_6 \\ U_7 \\ U_8 \\ U_9 \\ U_{10} \\ U_{11} \end{Bmatrix} = \begin{bmatrix} 1 & 0 & 0 & 0 & 0 & 0 & 0 \\ 0 & 0 & 0 & 0 & 0 & 0 & 0 \\ 0 & 0 & 0 & 1 & 0 & 0 & 0 \\ 1 & -\frac{3}{4} & 0 & 0 & 0 & 0 & 0 \\ 0 & 1 & 0 & 0 & 0 & 0 & 0 \\ 0 & 0 & 0 & 0 & 1 & 0 & 0 \\ 0 & 0 & 1 & 0 & 0 & 0 & 0 \\ -\frac{4}{3} & 2 & \frac{4}{3} & 0 & 0 & 0 & 0 \\ 0 & 0 & 0 & 0 & 0 & 1 & 0 \\ 0 & 0 & 1 & 0 & 0 & 0 & 0 \\ 0 & 0 & 0 & 0 & 0 & 0 & 1 \end{bmatrix} \begin{Bmatrix} -0.00404197\ m \\ -0.00648284\ m \\ -0.00455539\ m \\ 0.000783454\ rad \\ -0.00228143\ rad \\ 0.00183454\ rad \\ 0.00317781\ rad \end{Bmatrix} = \begin{Bmatrix} -0.00404197\ m \\ 0\ m \\ 0.000783454\ rad \\ 0.000820162\ m \\ -0.00648284\ m \\ -0.00228143\ rad \\ -0.00455539\ m \\ -0.0136502\ m \\ 0.00183454\ rad \\ -0.00455539\ m \\ 0.00317781\ rad \end{Bmatrix}$$

와 같다. 적합관계로부터 요소 변형을 계산하면 다음과 같다.

$$\mathbf{V}_{free} = \mathbf{A}_{free}\mathbf{U}_{free}$$

$$\mathbf{V}_{free} = \begin{Bmatrix} V_1 \\ V_2 \\ V_3 \\ V_4 \\ V_5 \\ V_6 \\ V_7 \\ V_8 \\ V_9 \\ V_{10} \\ V_{11} \\ V_{12} \end{Bmatrix} = \begin{Bmatrix} 0\ m \\ -0.000808394\ rad \\ -0.0000249395\ rad \\ 0\ m \\ 0.00159381\ rad \\ -0.00147107\ rad \\ 0\ m \\ -0.0013855\ rad \\ 0.00273046\ rad \\ 0\ m \\ -0.000895512\ rad \\ 0.000447756\ rad \end{Bmatrix}$$

요소 강성도 방정식으로부터 기본요소력을 계산하면

$$\mathbf{Q} = \begin{Bmatrix} Q_1 \\ Q_2 \\ Q_3 \\ Q_4 \\ Q_5 \\ Q_6 \\ Q_7 \\ Q_8 \\ Q_9 \\ Q_{10} \\ Q_{11} \\ Q_{12} \end{Bmatrix} = \begin{Bmatrix} N.A. \\ -197.007\ \text{kN-m} \\ -102.993\ \text{kN-m} \\ N.A. \\ 102.993\ \text{kN-m} \\ -80.9003\ \text{kN-m} \\ N.A. \\ 80.9003\ \text{kN-m} \\ 161.192\ \text{kN-m} \\ N.A. \\ -161.192\ \text{kN-m} \\ 0\ \text{kN-m} \end{Bmatrix}$$

과 같다. 다자유도 구속에 따른 반력은 구속 자유도 평형방정식($\mathbf{F}_{constr} = \mathbf{B}_{constr}\mathbf{Q}$)으로부터 계산할 수 없고, 요소 평형과 절점 평형을 순차적으로 고려하여 계산한다.

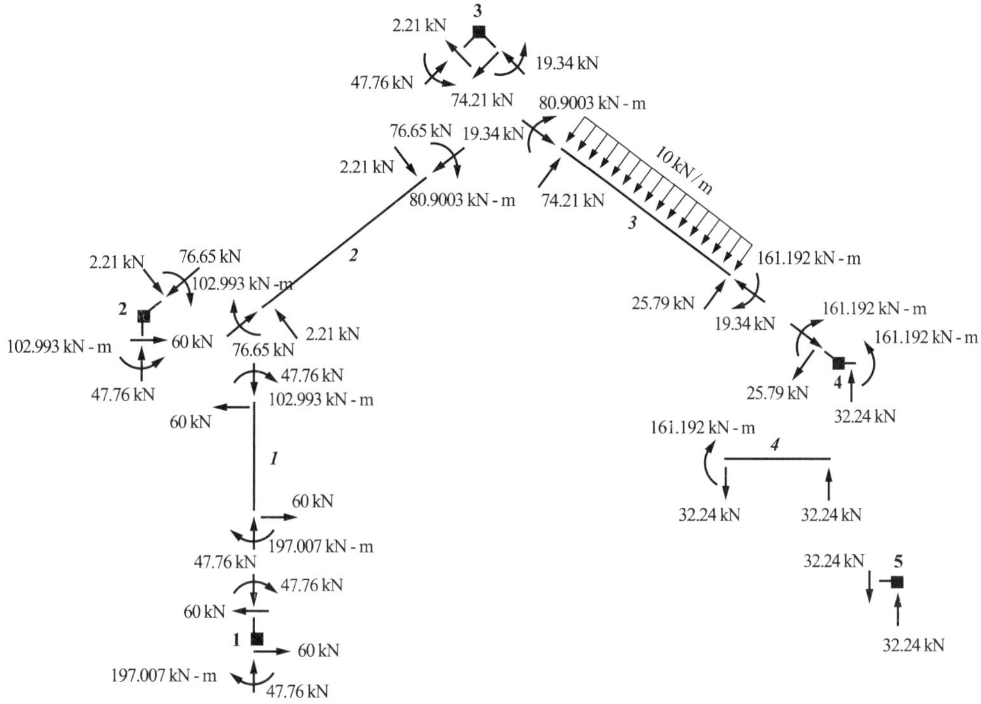

절점과 요소의 평형으로부터 다자유도 구속에 대한 기본요소력은

$$Q_1 = -47.76\text{ kN};\ Q_4 = -76.65\text{ kN};\ Q_7 = -19.34\text{ kN};\ Q_{10} = 0\text{ kN};$$

과 같고, 지점반력은 다음과 같다.

$$\begin{Bmatrix} F_{12} \\ F_{13} \\ F_{14} \\ F_{15} \end{Bmatrix} = \begin{Bmatrix} 32.24\text{ kN} \\ 60\text{ kN} \\ 47.76\text{ kN} \\ -197.007\text{ kN-m} \end{Bmatrix}$$

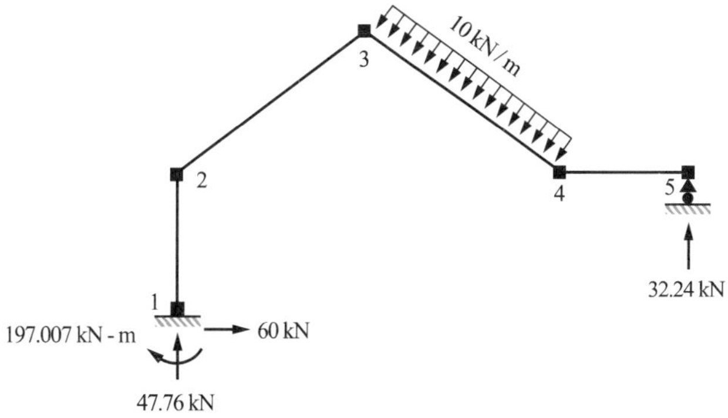

Example 6-11

두 개의 벽체와 한 개의 기둥으로 지지되는 지붕 슬래브에서, 벽은 평면 방향의 강성만 가지고, 기둥은 두 방향으로 동일한 강성을 가지고 있다고 가정하고, 비틀림 강성은 없는 것으로 가정한다. 이 지붕이 횡 방향으로 하중 $F_Y = 20\text{kips}$ 를 받고 있을 때, 지붕의 변위와 회전각 그리고 벽체와 기둥이 받는 힘을 계산하라.

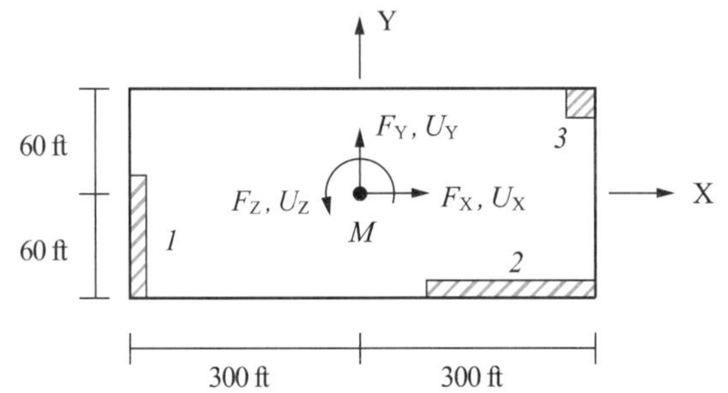

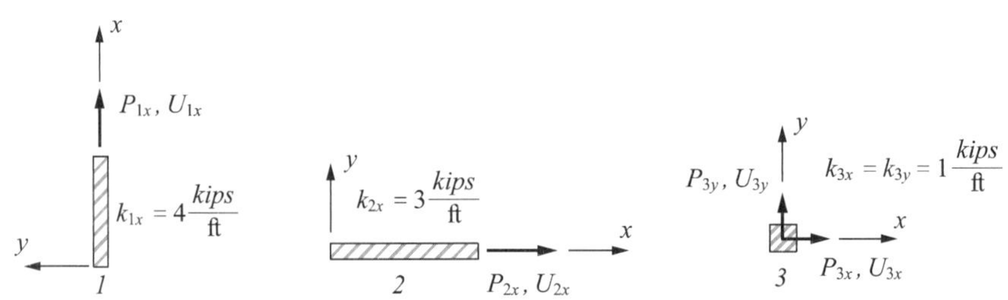

Solution

M점에서의 변위를 일반화된 변위로 선택하자. 기둥과 벽체 변위를 M점에서 변위 사이의 적합 관계를 세우도록 한다. 이 적합 관계는 지붕 슬래브의 기구학적 조건으로부터 구하는 것이 일반적이지만, 여기서는 기둥과 벽체의 힘과 M점에서의 힘의 평형관계를 이용하여 구하는 것이 편리하다.

$\sum F_X = 0;$

$$F_X - P_{2x} - P_{3x} = 0 \;\Rightarrow\; F_X = P_{2x} + P_{3x}$$

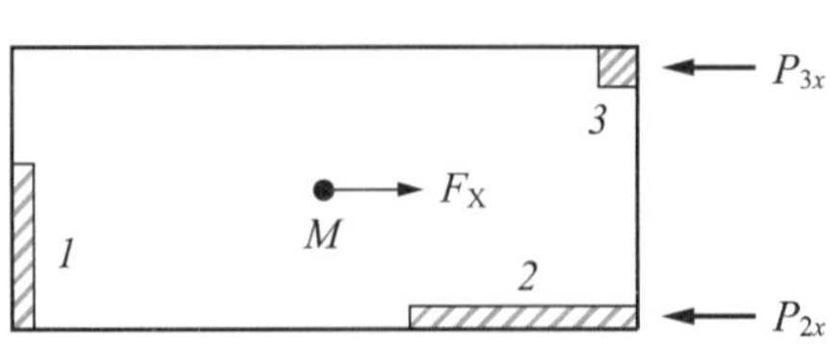

$\sum F_Y = 0;$

$$F_Y - P_{1x} - P_{3y} = 0 \;\Rightarrow\; F_Y = P_{1x} + P_{3y}$$

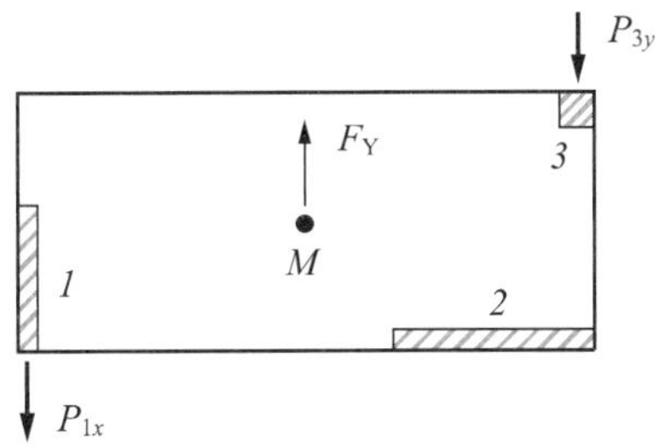

$\sum M_Z = 0;$

$$F_Z + 300P_{1x} - 60P_{1x} + 60P_{3x} - 300P_{3y} = 0 \Rightarrow F_Z = -300P_{1x} + 60P_{1x} - 60P_{3x} + 300P_{3y}$$

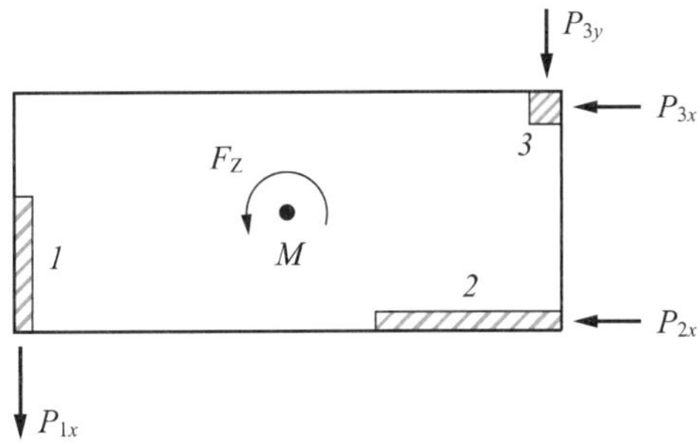

위의 평형관계를 행렬 형태로 정리하면

$$\begin{Bmatrix} F_X \\ F_Y \\ F_Z \end{Bmatrix} = \begin{bmatrix} 0 & 1 & 1 & 0 \\ 1 & 0 & 0 & 1 \\ -300 & 60 & -60 & 300 \end{bmatrix} \begin{Bmatrix} P_{1x} \\ P_{2x} \\ P_{3x} \\ P_{3y} \end{Bmatrix} \quad \text{또는} \quad \mathbf{F} = \mathbf{\Gamma}_{REZ}^{T}\mathbf{P}$$

와 같다. 상호변환관계로부터 적합관계는

$$\begin{Bmatrix} U_{1x} \\ U_{2x} \\ U_{3x} \\ U_{3y} \end{Bmatrix} = \begin{bmatrix} 0 & 1 & -300 \\ 1 & 0 & 60 \\ 1 & 0 & -60 \\ 0 & 1 & 300 \end{bmatrix} \begin{Bmatrix} U_X \\ U_Y \\ U_Z \end{Bmatrix} \quad \text{또는} \quad \mathbf{\Delta} = \mathbf{\Gamma}_{REZ}\mathbf{U}$$

와 같다.
벽체와 기둥의 강성도 방정식을 행렬로 나타내면

$$\begin{Bmatrix} P_{1x} \\ P_{2x} \\ P_{3x} \\ P_{3y} \end{Bmatrix} = \begin{bmatrix} k_{1x} & 0 & 0 & 0 \\ 0 & k_{2x} & 0 & 0 \\ 0 & 0 & k_{3x} & 0 \\ 0 & 0 & 0 & k_{3y} \end{bmatrix} \begin{Bmatrix} U_{1x} \\ U_{2x} \\ U_{3x} \\ U_{3y} \end{Bmatrix} \quad \text{또는} \quad \mathbf{P} = \mathbf{k}\mathbf{\Delta}$$

와 같다. 따라서 전체 시스템의 강성도 방정식은 아래와 같고, 이를 변위에 관하여 정리하면 다음과 같다.

$$\mathbf{F} = \mathbf{\Gamma}_{REZ}^{T}\mathbf{k}\mathbf{\Gamma}_{REZ}\mathbf{U} = \mathbf{K}\mathbf{U}$$

$$\mathbf{K} = \mathbf{\Gamma}_{REZ}^{T}\mathbf{k}\mathbf{\Gamma}_{REZ} = \begin{bmatrix} 4 & 0 & 120 \\ 0 & 5 & -900 \\ 120 & -900 & 464400 \end{bmatrix}$$

$$\begin{Bmatrix} F_{\mathrm{X}} \\ F_{\mathrm{Y}} \\ F_{\mathrm{Z}} \end{Bmatrix} = \begin{Bmatrix} 0 \\ 20 \\ 0 \end{Bmatrix} = \begin{bmatrix} 4 & 0 & 120 \\ 0 & 5 & -900 \\ 120 & -900 & 464400 \end{bmatrix} \begin{Bmatrix} U_{\mathrm{X}} \\ U_{\mathrm{Y}} \\ U_{\mathrm{Z}} \end{Bmatrix}$$

$$\Downarrow$$

$$\begin{Bmatrix} U_{\mathrm{X}} \\ U_{\mathrm{Y}} \\ U_{\mathrm{Z}} \end{Bmatrix} = \begin{Bmatrix} -\dfrac{30}{83} \\ \dfrac{512}{83} \\ \dfrac{1}{83} \end{Bmatrix}$$

적합방정식으로부터 벽체와 기둥의 변형을 계산하면

$$\begin{Bmatrix} U_{1x} \\ U_{2x} \\ U_{3x} \\ U_{3y} \end{Bmatrix} = \begin{bmatrix} 0 & 1 & -300 \\ 1 & 0 & 60 \\ 1 & 0 & -60 \\ 0 & 1 & 300 \end{bmatrix} \begin{Bmatrix} U_{\mathrm{X}} \\ U_{\mathrm{Y}} \\ U_{\mathrm{Z}} \end{Bmatrix} = \begin{bmatrix} 0 & 1 & -300 \\ 1 & 0 & 60 \\ 1 & 0 & -60 \\ 0 & 1 & 300 \end{bmatrix} \begin{Bmatrix} -\dfrac{30}{83} \\ \dfrac{512}{83} \\ \dfrac{1}{83} \end{Bmatrix} = \begin{Bmatrix} \dfrac{212}{83} \\ \dfrac{30}{83} \\ -\dfrac{90}{83} \\ \dfrac{812}{83} \end{Bmatrix} \mathrm{ft}$$

와 같다. 벽체와 기둥의 강성도 방정식에 의해서 계산되는 벽체와 기둥의 힘은 다음과 같다.

$$\begin{Bmatrix} P_{1x} \\ P_{2x} \\ P_{3x} \\ P_{3y} \end{Bmatrix} = \begin{bmatrix} 4 & 0 & 0 & 0 \\ 0 & 3 & 0 & 0 \\ 0 & 0 & 1 & 0 \\ 0 & 0 & 0 & 1 \end{bmatrix} \begin{Bmatrix} U_{1x} \\ U_{2x} \\ U_{3x} \\ U_{3y} \end{Bmatrix} = \begin{bmatrix} 4 & 0 & 0 & 0 \\ 0 & 3 & 0 & 0 \\ 0 & 0 & 1 & 0 \\ 0 & 0 & 0 & 1 \end{bmatrix} \begin{Bmatrix} \dfrac{212}{83} \\ \dfrac{30}{83} \\ -\dfrac{90}{83} \\ \dfrac{812}{83} \end{Bmatrix} = \begin{Bmatrix} \dfrac{848}{83} \\ \dfrac{90}{83} \\ -\dfrac{90}{83} \\ \dfrac{812}{83} \end{Bmatrix} \mathrm{kips}$$

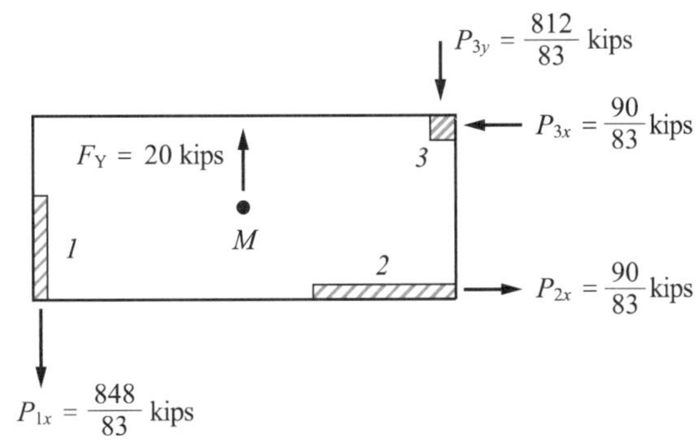

계산된 값은 지붕 슬래브의 평형조건을 검토하여 검증하도록 해보자.

Example 6-12

아래 그림과 같은 단순 1층 창고에서, 세 개의 전단 벽이 지붕을 지지하고 있다. 벽체의 강성은 그림에 표시하였다. 전단벽이 평면에 직각 방향으로 강성이 없다고 가정할 때, 이 구조물의 자유도는 몇 개인가? 그리고 그림에 표시된 하중에서 구조물의 변위는 얼마인가? MATLAB을 이용하여 이 구조물을 해석할 수 있는 간단한 프로그램을 개발하라.

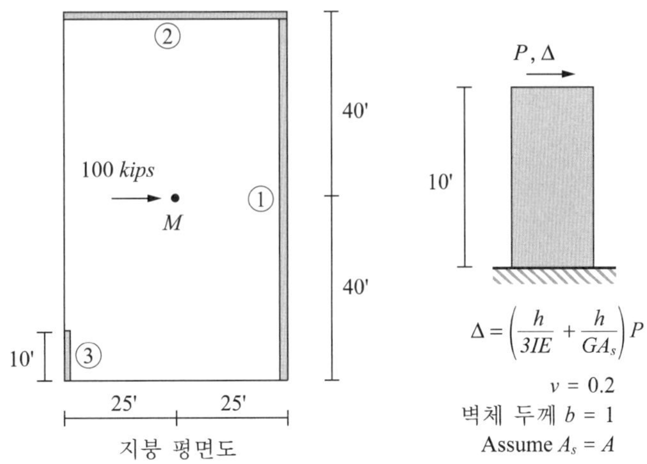

Solution

M점에서의 변위를 일반화된 변위로 선택하자. 강체단부역 기둥과 벽체 변위를 M점에서 변위 사이의 적합 관계를 세우도록 한다. 강역단부 변환을 사용하여 점 M에 대한 각 벽체의 강성도 행렬을 구해보자.

$$U_{1x} = \mathbf{\Gamma}_{REZ}^{(1)} \mathbf{U}_M = \begin{bmatrix} 0 & 1 & 25 \end{bmatrix} \begin{Bmatrix} U_X \\ U_Y \\ U_Z \end{Bmatrix}$$

$$U_{2x} = \mathbf{\Gamma}_{REZ}^{(2)} \mathbf{U}_M = \begin{bmatrix} 1 & 0 & -40 \end{bmatrix} \begin{Bmatrix} U_X \\ U_Y \\ U_Z \end{Bmatrix}$$

$$U_{3x} = \mathbf{\Gamma}_{REZ}^{(3)} \mathbf{U}_M = \begin{bmatrix} 0 & 1 & -25 \end{bmatrix} \begin{Bmatrix} U_X \\ U_Y \\ U_Z \end{Bmatrix}$$

먼저 각 벽체의 강성도 행렬을 계산하면 다음과 같다.

<u>벽체 1 :</u>

$$I_1 = \frac{1 \times 80^3}{12} = 42666.67 \text{ ft}^4 \quad G = \frac{E}{2(1+\upsilon)} = \frac{E}{2(1+0.2)} = 0.41667E$$

$$f_1 = \left(\frac{h^3}{3I_1E} + \frac{h}{GA_{s1}} \right) = \left(\frac{10^3}{3(42666.67)E} + \frac{10}{(0.41667E)(80 \times 1)} \right) = \frac{0.30781}{E}$$

$$k_1 = 3.2488E$$

<u>벽체 2 :</u>

$$I_2 = \frac{1 \times 50^3}{12} = 10416.67 \text{ ft}^4 \quad G = \frac{E}{2(1+\upsilon)} = \frac{E}{2(1+0.2)} = 0.41667E$$

$$f_2 = \left(\frac{h^3}{3I_2E} + \frac{h}{GA_{s2}} \right) = \left(\frac{10^3}{3(10416.67)E} + \frac{10}{(0.41667E)(50 \times 1)} \right) = \frac{0.511996}{E}$$

$$k_2 = 1.9531E$$

<u>벽체 3 :</u>

$$I_3 = \frac{1 \times 10^3}{12} = 83.33 \text{ ft}^4 \quad G = \frac{E}{2(1+\upsilon)} = \frac{E}{2(1+0.2)} = 0.41667E$$

$$f_3 = \left(\frac{h^3}{3I_3E} + \frac{h}{GA_{s3}} \right) = \left(\frac{10^3}{3(83.33)E} + \frac{10}{(0.41667E)(10 \times 1)} \right) = \frac{6.4}{E}$$

$$k_3 = 0.1562E$$

이를 강역단부 변환을 이용하여 점 M에 대한 강성도 행렬로 변환해보자.

<u>벽체 1 :</u>

$$\mathbf{K}_{M1} = \mathbf{\Gamma}_{REZ}^{(1)\,T} k_1 \mathbf{\Gamma}_{REZ}^{(1)} = E \begin{bmatrix} 0 & 0 & 0 \\ 0 & 3.2488 & 81.22 \\ 0 & 81.22 & 2030.5 \end{bmatrix}$$

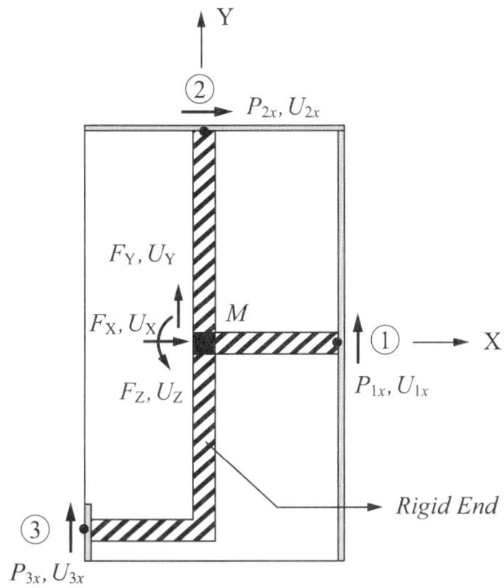

벽체 2 :

$$\mathbf{K}_{M2} = \mathbf{\Gamma}_{REZ}^{(2)\,T} k_2 \mathbf{\Gamma}_{REZ}^{(2)} = E\begin{bmatrix} 1.9531 & 0 & -78.124 \\ 0 & 0 & 0 \\ -78.124 & 0 & 3124.96 \end{bmatrix}$$

벽체 3 :

$$\mathbf{K}_{M3} = \mathbf{\Gamma}_{REZ}^{(3)\,T} k_3 \mathbf{\Gamma}_{REZ}^{(3)} = E\begin{bmatrix} 0 & 0 & 0 \\ 0 & 0.1562 & -3.905 \\ 0 & -3.905 & 97.625 \end{bmatrix}$$

그러므로 지붕 슬래브의 강성도 행렬은

$$\mathbf{K}_M = \mathbf{K}_{M1} + \mathbf{K}_{M2} + \mathbf{K}_{M3} = E\begin{bmatrix} 1.9531 & 0 & -78.124 \\ 0 & 3.405 & 77.315 \\ -78.124 & 77.315 & 5253.09 \end{bmatrix}$$

과 같다. 하중벡터 $\mathbf{F}_M$ 은

$$\mathbf{F}_M = \begin{bmatrix} 100 & 0 & 0 \end{bmatrix}^T$$

이고 변위벡터 $\mathbf{U}_M$ 는

$$\mathbf{U}_M = \left[\mathbf{K}_M\right]^{-1}\mathbf{F}_M = \begin{bmatrix} \dfrac{480.631}{E} & \dfrac{-243.77}{E} & \dfrac{10.7358}{E} \end{bmatrix}^T$$

와 같다. 각 벽체의 변형과 내력은 다음과 같이 계산된다.

$$U_{1x} = \mathbf{\Gamma}_{REZ}^{(1)}\mathbf{U}_M = \frac{24.6245}{E} \qquad F_{1x} = k_1 U_{1x} = (3.2488E)\left(\frac{24.6245}{E}\right) = 80 \text{ kips}$$

$$U_{2x} = \mathbf{\Gamma}_{REZ}^{(2)}\mathbf{U}_M = \frac{51.2007}{E} \qquad F_{2x} = k_2 U_{2x} = (1.9531E)\left(\frac{51.2007}{E}\right) = 100 \text{ kips}$$

$$U_{3x} = \mathbf{\Gamma}_{REZ}^{(3)}\mathbf{U}_M = \frac{-512.164}{E} \qquad F_{3x} = k_3 U_{3x} = (0.1562E)\left(\frac{-512.164}{E}\right) = -80 \text{ kips}$$

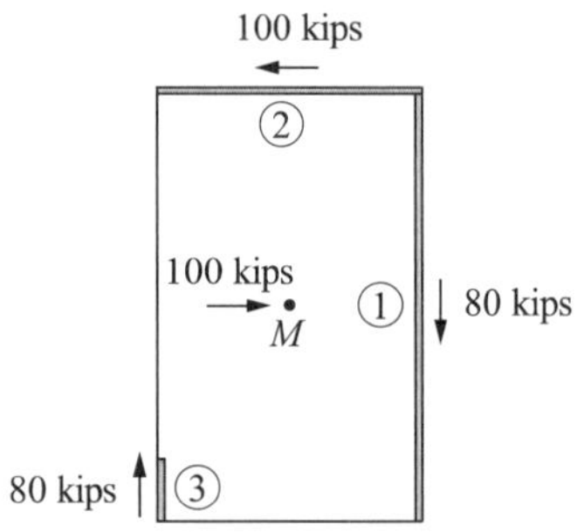

위의 과정에 따라 간단한 MATLAB 프로그램을 작성하면 아래와 같다.

MATLAB M－FILE

```
% Parking Garage

% INITIALIZATIONS
h=10;
nu = .2;
G=1/2/(1+nu);

% WALL STIFFNESSES
k1 = inv(10^3*12/3/80^3+h/G/80)
k2 = inv(10^3*12/3/50^3+h/G/50)
k3 = inv(10^3*12/3/10^3+h/G/10)

% DEFINE GAMMAREZ
GammaREZ1 = [0 1 25]
GammaREZ2 = [1 0 -40]
GammaREZ3 = [0 1 -25]

% COLUMN CONTRIBUTIONS TO KM
KM1 = GammaREZ1' * k1 * GammaREZ1
KM2 = GammaREZ2' * k2 * GammaREZ2
KM3 = GammaREZ3' * k3 * GammaREZ3

% ASSEMBLE KM
KM = KM1 + KM2 + KM3

% ASSEMBLE FM
FM = [100 0 0 ]'

% SOLVE FOR MASTER NODE DISPLACEMENTS
DeltaM = inv(KM) * FM

% COLUMN DDISPLACEMENTS AND COLUMN FORCES
Delta1 = GammaREZ1 * DeltaM
Force1 = k1 * Delta1

Delta2 = GammaREZ2 * DeltaM
Force2 = k2 * Delta2

Delta3 = GammaREZ3 * DeltaM
Force3 = k3 * Delta3
```

exercise

Problem 1 : Figures (a)에서 (e)의 구조물에서 등가 절점하중을 계산하고 구조물에 스케치하라.

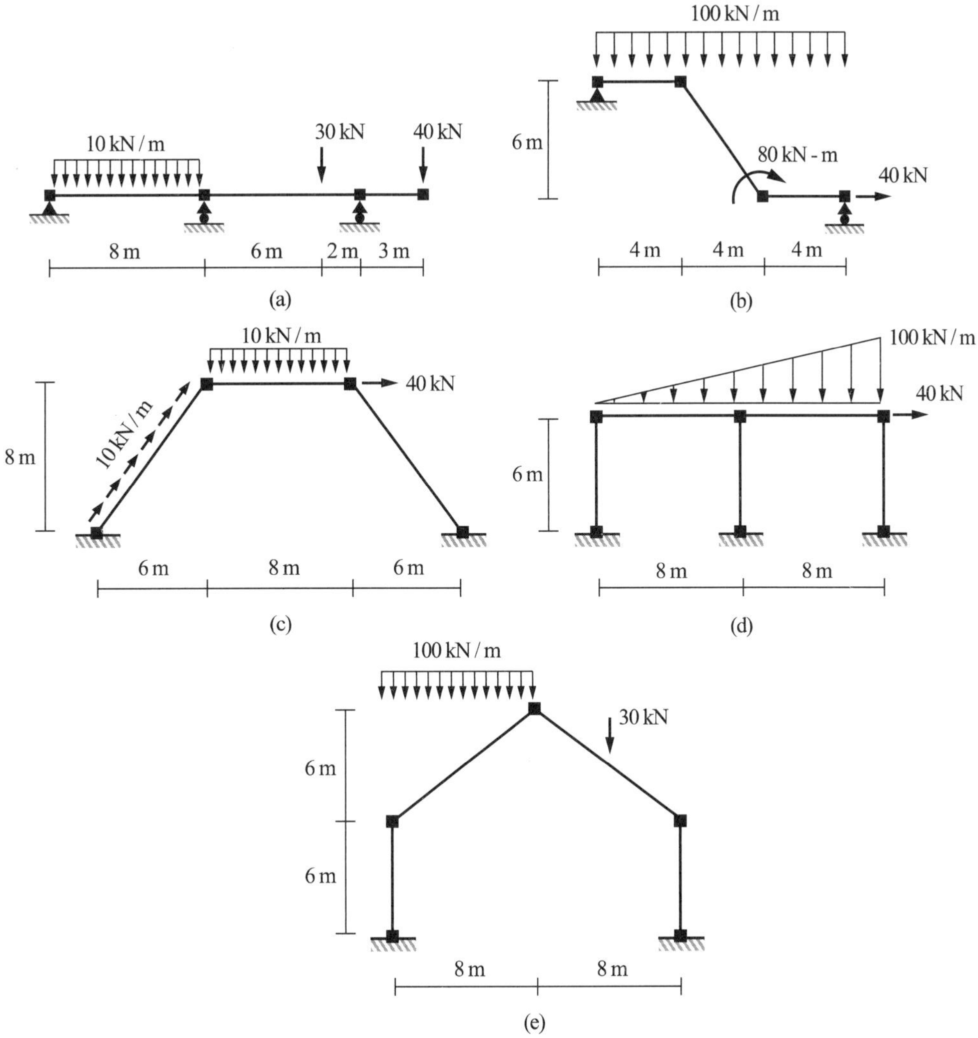

Problem 2 : Figures (a)에서 (c)의 구조물에서 등가 절점하중을 계산하고 스케치하라. 시공 중 온도는 $T_0 = 10C^0$였다. 구조물의 요소는 동일한 재질로($E = 120\text{GPa}$ and $\alpha_T = 10^{-5}/C^0$) 만들어졌고 동일한 단면을 갖는다($I = 117.7 \times 10^6\,\text{mm}^4$; $A = 6.26 \times 10^3\text{mm}$; $h = 330\text{mm}$;).

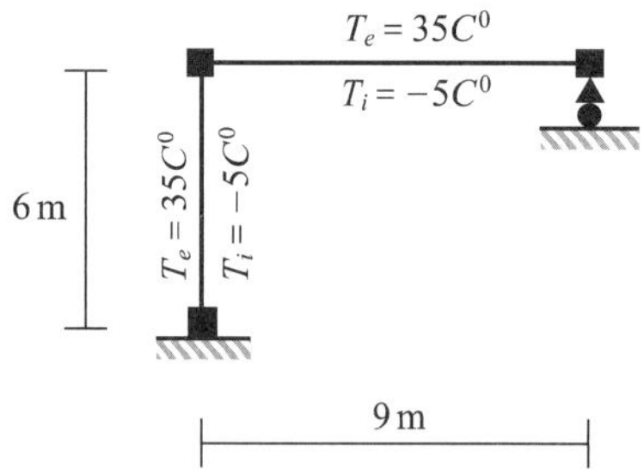

(a)

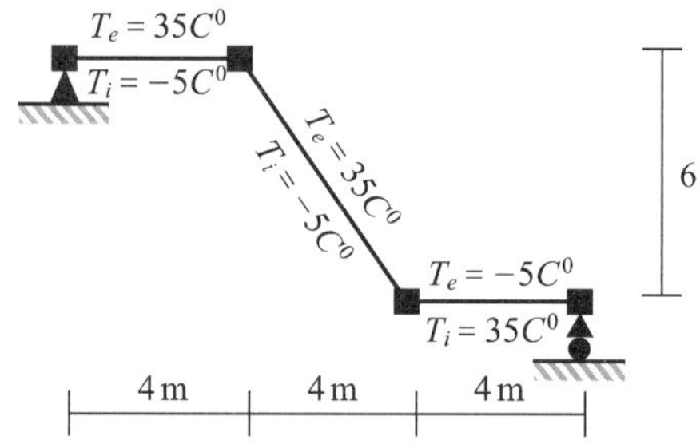

(b)

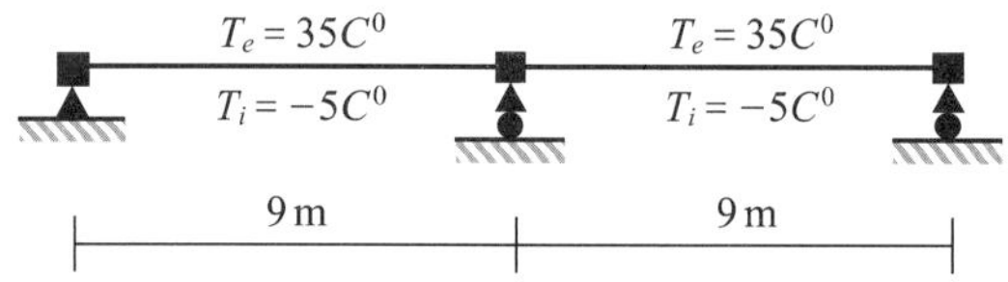

(c)

Problem 3 : 다음 Figures (a)에서 (c)의 구조물에서 지점 1에 20mm의 침하로 인한 등가 절점력을 계산하고 구조물에 스케치하라. 구조물의 요소는 동일한 재료와 동일한 단면으로 이루어져 있다($E=$ 210GPa and $\alpha_T = 10^{-5}/C^0$, $I= 117.7\times 10^6\,\text{mm}^4$; $A = 6.26\times 10^3\,\text{mm}$; $h = 330\text{mm}$).

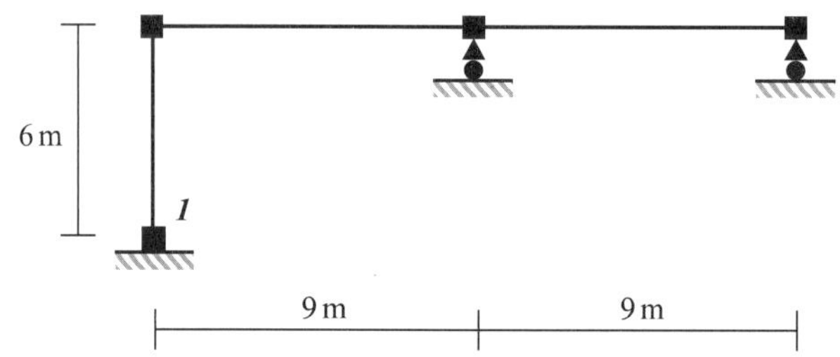

(a)

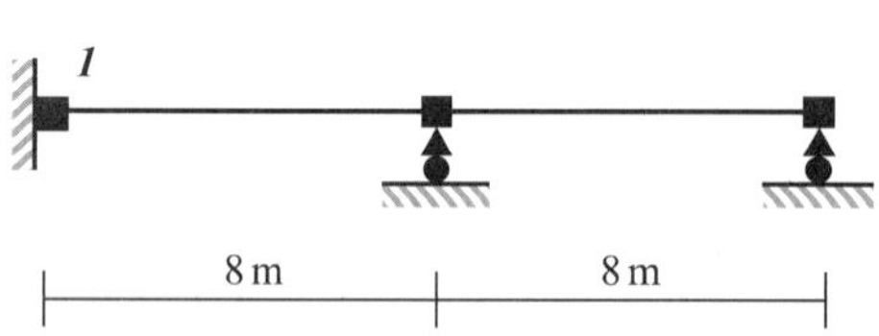

(b)

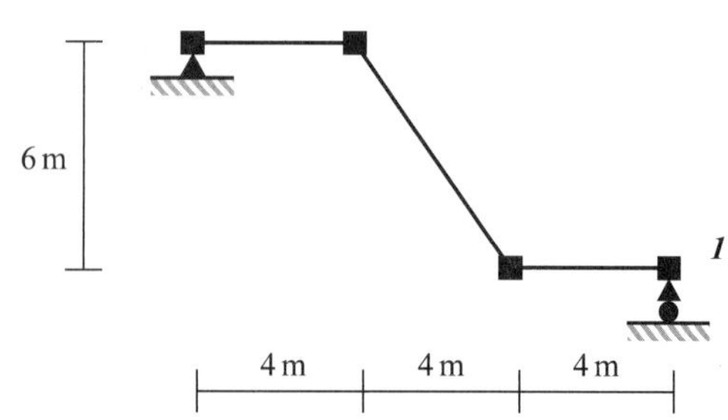

(c)

Problem 4 : 아래의 하중조건을 Figures (a), (b) 구조물에 작용할 때 구조물의 등가 절점하중을 계산하고 구조물에 스케치하라.

(1) 그림에 주어진 외부 하중이 작용할 때

(2) 지점 1에 20mm의 침하가 발생할 때

(3) 구조물을 시공할 때 온도가 $T_0 = 10\,C^0$ 였고, 단면 최외단에서 온도가 $T_e = 25\,C^0$, 단면 중심에서 온도가 $T_i = -5\,C^0$ 일 때 구조물의 각 요소는 동일한 재료와 동일한 단면으로 구성되었다($E = 210$ GPa, $\alpha_T = 10^{-5}/C^0$, $I = 117.7\times10^6$ mm^4; $A = 6.26\times10^3$mm^2; $h = 330$ mm;).

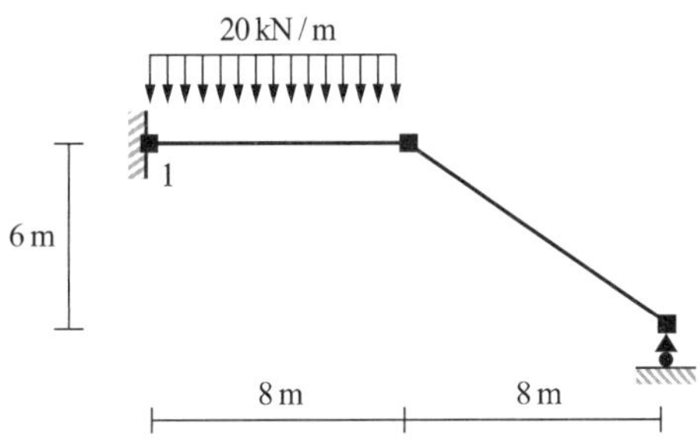

(a)

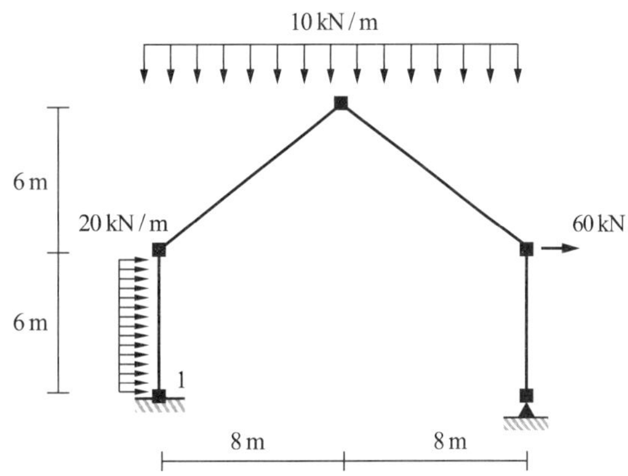

(b)

Problem 5 : 아래 구조물에서 1번 요소가 처음보다 20mm 늘어났을 때 트러스 구조물에 발생하는 등가 절점하중을 계산하고 스케치하라. 트러스 구조물의 요소는 동일한 재료와 동일한 단면 형상으로 이루어졌다($E = 210$ GPa, $A = 4\times10^3$ mm^2).

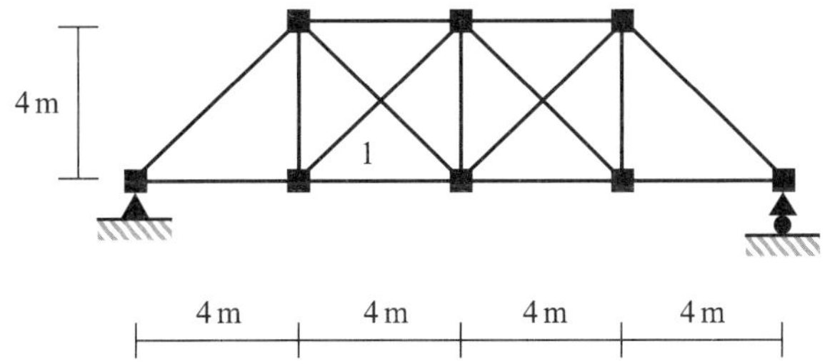

Problem 6 : 다음의 골조 구조물에서 2번 요소가 초기에 그림과 같이 변형되었을 때 이로 인한 등가 절점하중을 계산하고 스케치에 표시하시오. 모든 요소는 동일한 재료와 동일한 단면으로 이루어져 있다($E = 210$ GPa, $I = 117.7\times10^6$ mm^4; $A = 6.26\times10^3$mm^2; $h = 330$ mm;).

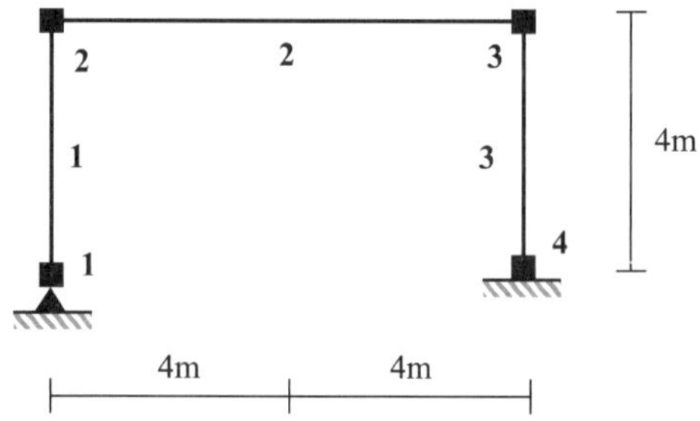

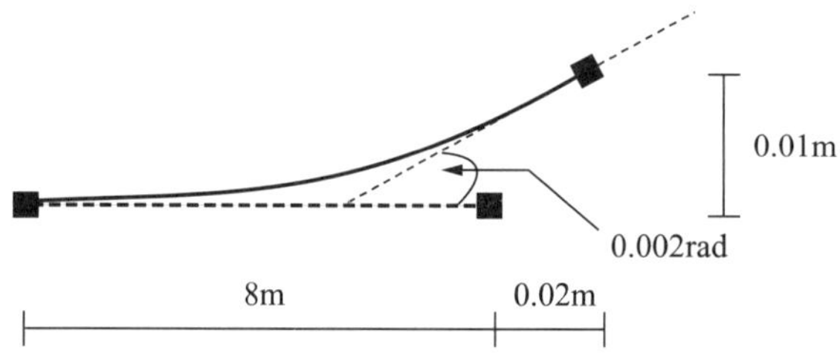

Problem 7 : 그림처럼 수평 방향으로 힘과 변위를 발생하는 이상화된 스프링-블록 모델에서, $F_1 = 20 \text{ kips}$, $F_2 = 40 \text{ kips}$, $F_3 = 20 \text{ kips}$ 이 작용할 때, "개념적" 강성도 방법을 이용하여 3개의 블록의 변위와 5개의 스프링에 걸리는 힘을 계산하라.

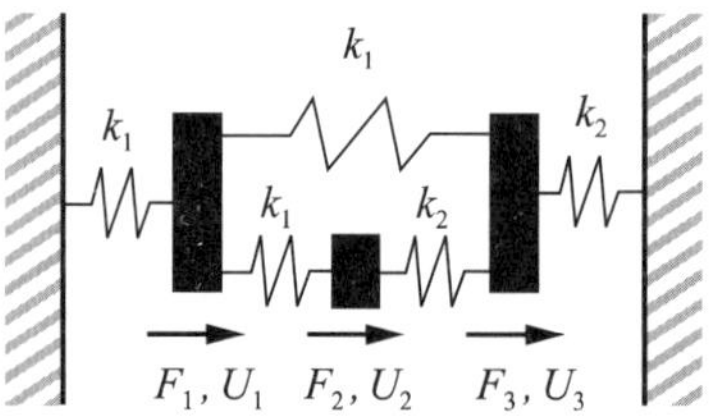

$k_1 = 3 \text{ kips / in.}$ $k_2 = 3 \text{ kips / in.}$

Problem 8 : 다음 그림과 같이 외부 하중을 받고 있는 골조 구조물에서 각 요소의 탄성계수는 $E = 210 \text{ GPa}$ 이고 단면 2차 모멘트가 다음과 같을 때,

요소 1: $I = 117.7 \times 10^6 \text{ mm}^4$ $A = 6.26 \times 10^3 \text{ mm}^2$

요소 2: $I = 369.7 \times 10^6 \text{ mm}^4$ $A = 13.2 \times 10^3 \text{ mm}^2$

요소 3: $I = 83.6 \times 10^6 \text{ mm}^4$ $A = 5.38 \times 10^3 \text{ mm}^2$

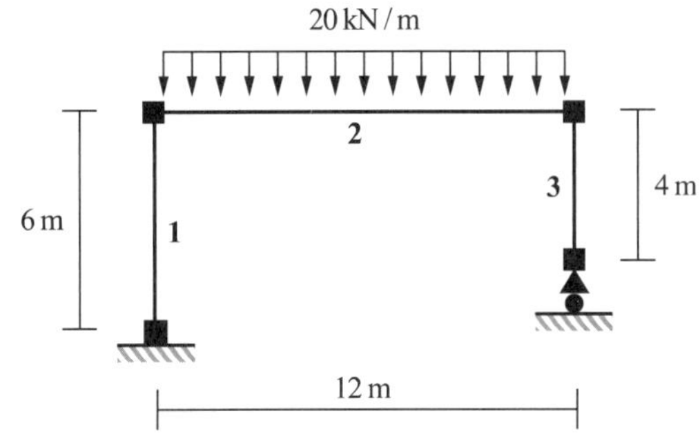

"개념적" 강성법을 이용하여 다음 물음에 답하라.

(a) 골조의 절점변위를 구하라.

(b) 지점 반력을 계산하라.

(c) 요소단부력을 계산하라.

Problem 9 : 그림과 같이 5개의 자유도를 갖는 비신축성 평면 골조구조물이 있다. 모든 요소의 휨강성은 $IE = 36\ \text{kN-m}^2$ 일 때, 반 자동화 방법을 사용하여 그림에 표시된 자유도에 대한 구조계 강성도 행렬을 유도하라.

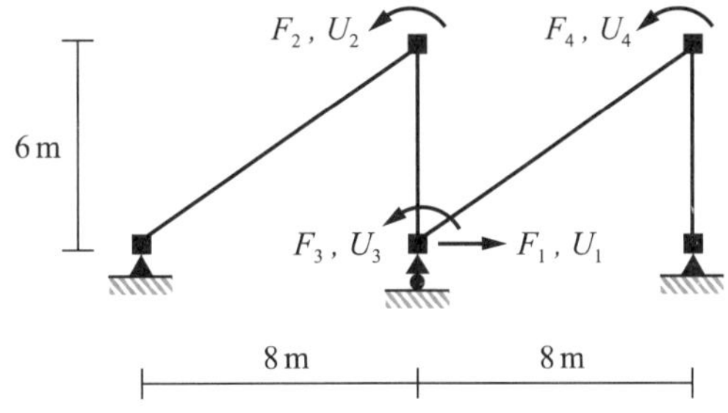

Problem 10 : 그림과 같이 두 개의 강체 요소와 한 개의 변형 요소로 구성된 구조물에서, 단부 모멘트와 회전각의 관계를 나타내는 강성도 행렬 반 자동화 방법으로 유도하라.

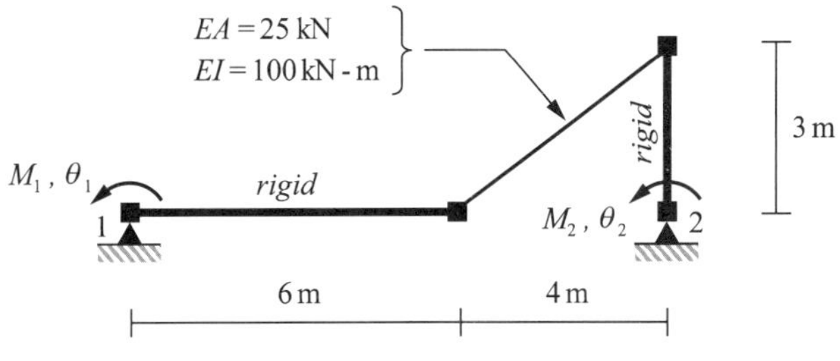

Problem 11 : 모든 요소의 축강성이 $EA = 10\times10^3$ kN 인 그림과 같은 트러스 구조물의 각 요소가 $\alpha\Delta T = 0.001$ 이 되도록 가열되었다.

- 반 자동화 방법을 사용하여 그림에 표시된 자유도에 대한 구조계 강성도 행렬을 유도하라.
- 초기 요소력과 절점변위를 계산하라.

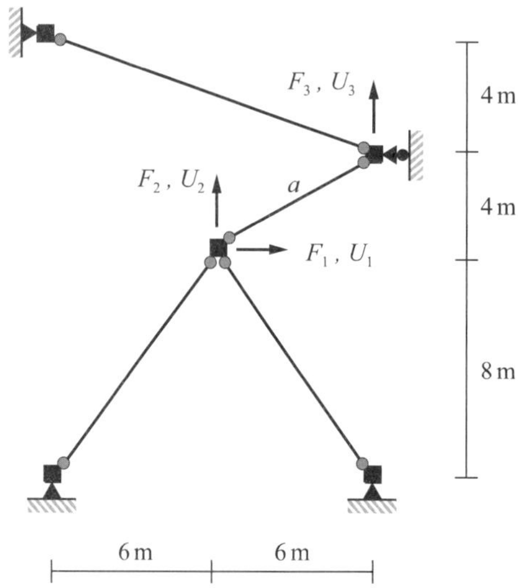

Problem 12 : 반 자동화 강성도법을 이용하여 그림과 같은 비신축 골조구조물에서 다음의 두 하중조건에 대한 내력과 지점 반력을 계산하라.

- 하중 조건 I : 절점 2에 200 kN의 집중 하중이 작용할 때
- 하중 조건 II : 요소 2에 20 kN/m의 등분포 하중이 작용할 때

모든 요소는 동일한 재료와 단면으로 구성되었다($EI_1 = 10^6$ kN-m^2; $EI_2 = 3\times10^6$ kN-m^2; $EI_3 = 1.5\times10^6$ kN-m^2).

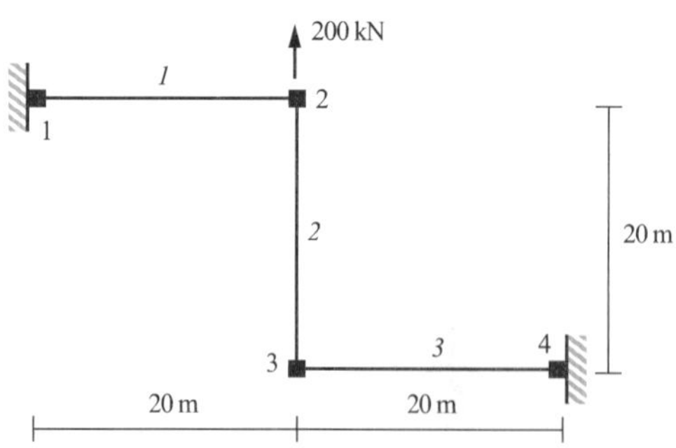

Load Case I

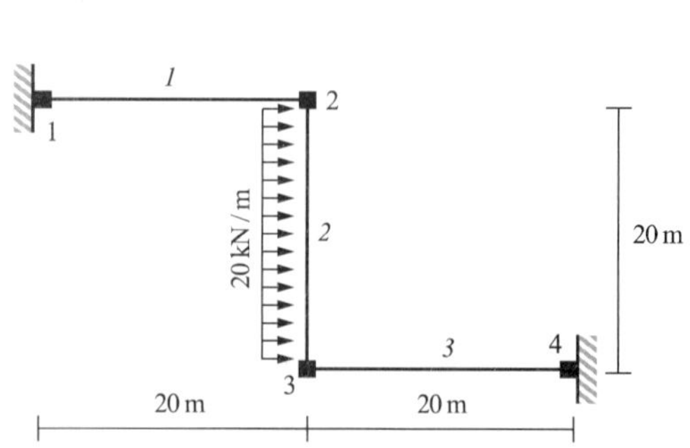

Load Case II

Problem 13 : 모든 기둥이 무한 강성을 갖고 있고, 거더의 휨 강성 EI 가 150×10^3 kips-ft^2 인 다음의 골조 구조물을 해석하라.

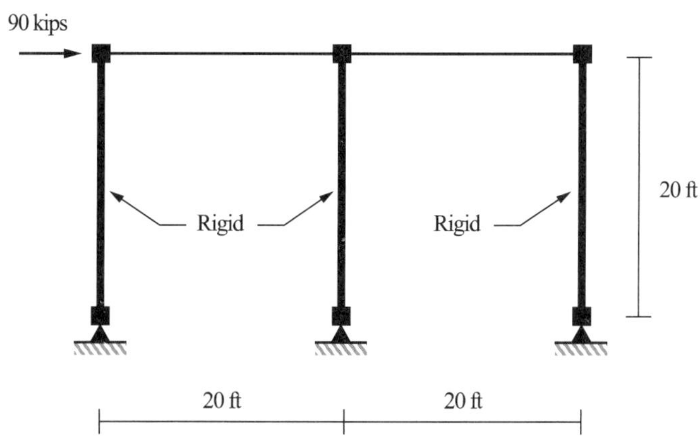

Problem 14 : 예비 해석에 사용되는 아래 그림과 같은 골조구조물에서 모든 요소의 축변형을 무시하고 요소 3, 4에 비해 요소 1, 2가 상대적으로 강체인 요소로 가정하였다. 요소 3, 4의 휨 강성이 10^6 kN$-$m^{2}일 때 다음에 답하시오.

- 반 자동화 방법으로 구조해석을 수행하여 절점변위를 계산하라.
- 축력도, 전단력도, 휨모멘트도를 작성하라.

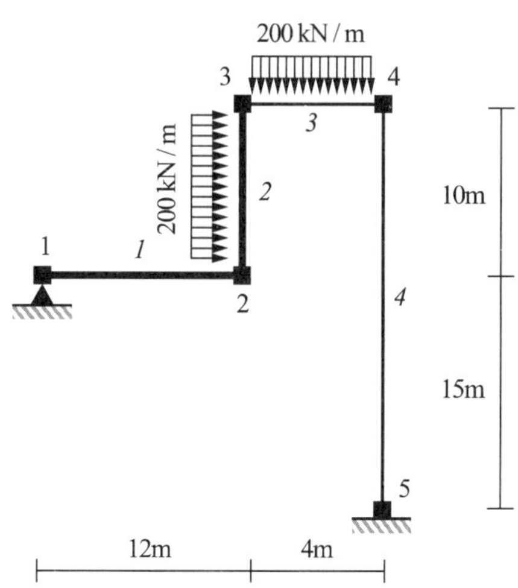

Problem 15 : Figures (a)와 (b)에 있는 프리스트레스 콘크리트 거더를 해석하라. 콘크리트의 탄성계수는 $E_c = 4000\text{ ksi}$, 긴장재의 탄성계수는 $E_s = 29000\text{ ksi}$ 이다. 긴장재의 긴장력은 1020 kips 이다. 거더의 콘크리트 부분의 물성치는 $f_c' = 5\text{ ksi}$, $A = 1000\text{ in.}^2$, $I = 520\times10^3\text{ in.}^4$ 이고 여러 개의 텐던으로 이루어진 긴장재의 면적은 $A = 5\text{ in.}^2$ 이다. 거더가 고정하중 3.5 kips/ft과 지점 중앙에서 63 kips 의 집중하중을 받고 있다.

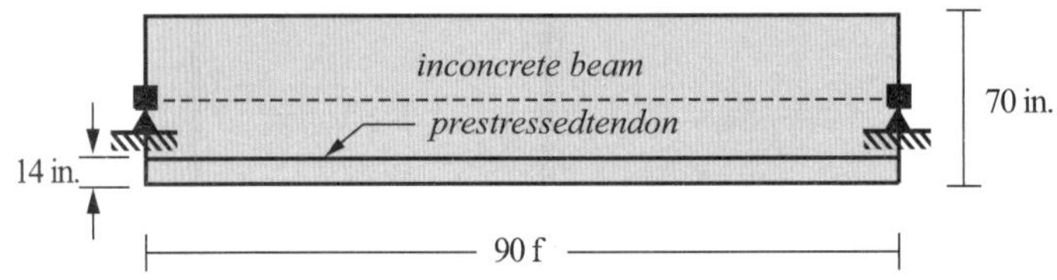

(a)

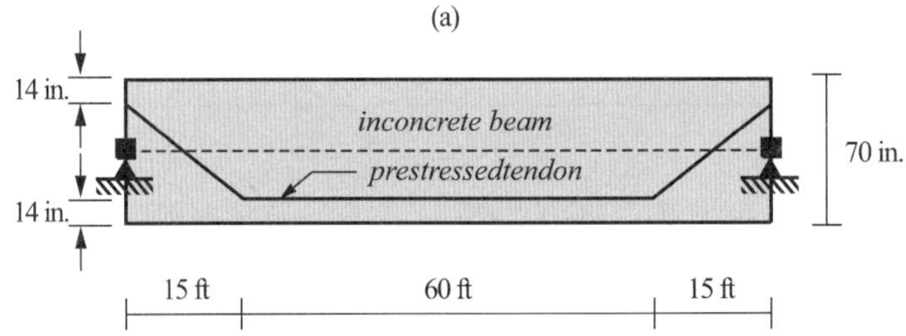

(b)

Problem 16 : 그림의 지붕 슬래브가 3개의 벽체로 지지되고 있다. 벽체 1, 2, 3의 횡방향 강성은 각각 4, 2, 4 kips/in.이고 횡 하중 F_1 은 20 kips이다. 벽체가 평면 방향의 강성만을 가질 때 다시 말해서 비틀림 강성을 무시할 때, 강성도법을 이용하여 벽체가 받는 힘과 지붕의 변위를 계산하라. 그리고 지붕 슬래브의 자유도 물체도를 그리고 평형조건을 검토하고 변형 형상을 스케치하라.

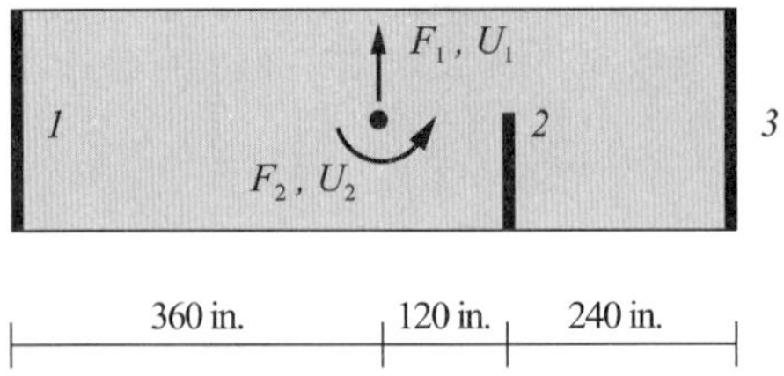

Problem 17 : 다음 그림과 같은 1층 건물에서 각 전단벽이 받는 힘을 계산하라. 지붕 격막은 강성으로 가정하고 $E = 2.3G$ 로 가정하라. 전단벽의 두께는 $b/2$, 높이는 $2b$ 이고, 아랫부분은 강성 기초에 고정되어 있다. 전단벽의 비틀림 효과는 무시하라.

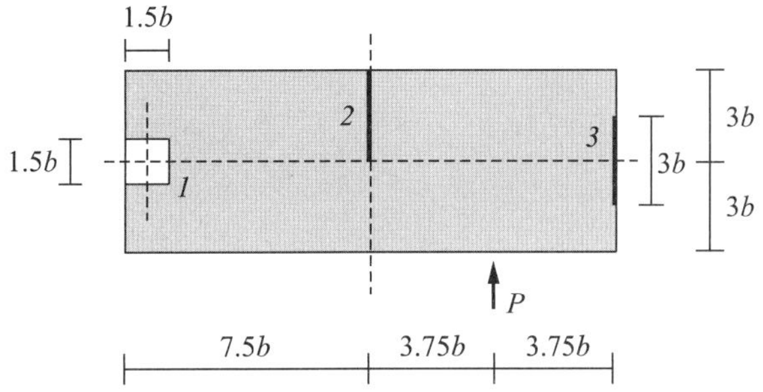

Problem 18 : 다음 그림과 같은 1층 건물에서 각 전단벽이 받는 힘을 계산하라. 지붕 격막은 강성으로 가정하고, $E = 2.3G$ 로 가정하라. 전단벽의 두께는 $b/2$, 높이는 $2b$ 이고, 아랫부분은 강성 기초에 고정되어 있다. 전단벽의 비틀림 효과는 무시하라.

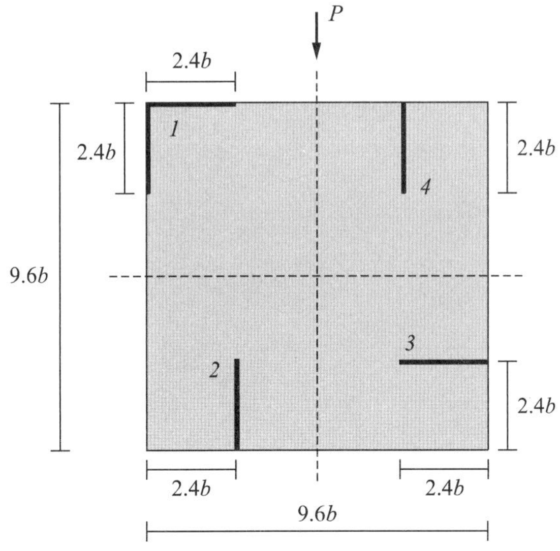

Problem 19 : 강성도법을 이용하여 다음의 골조구조물을 해석하라.

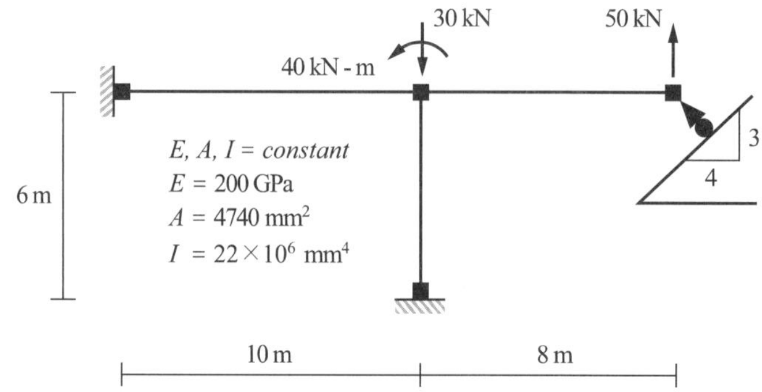

Problem 20 : 강성도법을 이용하여 다음의 트러스 구조물을 해석하라.

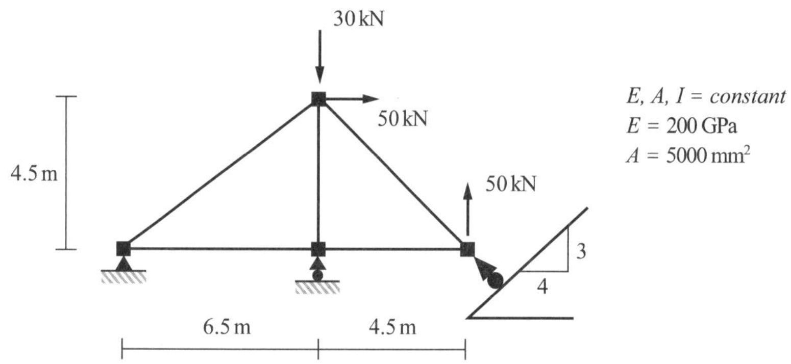

07

직접 강성도법 : 기본 개념

1. 서 론
2. 골조구조물의 강성도 방정식
3. 골조구조물의 구조계 강성도 방정식 유도
   : 요소를 기반으로 한 조립
4. 골조구조물의 전체 강성도 행렬의 유도
   : 요소－코드 조립기법
5. 직접 강성도법에 의한 구조해석의
   일반적인 절차
6. 단부력 일부가 제거된 골조요소
7. 정적 축약
8. 부 구조물 기법
9. 구조계 강성도 행렬의 특징 : Bandwidth

1 서 론

6장에서 중첩의 원리를 통해 직접강성도법을 정식화하였는데, 이를 "개념적인" 강성도법이라 하였다. 또한 가상변위의 원리를 이용하여 직접 강성도법의 개념을 확장하였다. 직접 강성도법에서 구조계 강성도 행렬은 좌표변환 된 개별 요소 강성도 행렬로부터 간접적으로 조립하여 구성하였다. 하지만 일반적인 구조물을 해석하기 위해서는 개념적 접근이 아닌 컴퓨터 프로그래밍이 필요하다. 앞장에서 언급한 강성도법의 기본 아이디어에 몇몇 컴퓨터적인 요소를 추가하면 컴퓨터 프로그래밍하기에 적합하도록 개선되며, 이를 "직접" 강성도법이라고 한다. "직접"이라는 단어는 구조계 강성도 행렬이 요소 강성도 행렬로부터 직접적으로 조립되는 것을 의미한다. 직접 강성도법에서 요소 강성도 행렬을 조립하는 절차는 매우 체계적이고 수월하다. 따라서 직접 강성도법은 컴퓨터 프로그래밍에 아주 적절하여 시중에 나와 있는(교육, 연구 및 설계용) 모든 구조해석 소프트웨어는 직접 강성도법을 바탕으로 전산화되었다. 그러므로 이 장에서는 직접 강성도법의 기본 개념을 소개하고 직접 강성도법을 전산화하는데 필요한 것이 무엇인지 다룬다. 우선 본론으로 들어가기 앞서 강성도법의 개발 역사에 대하여 간단하게 살펴보자.

강성도법의 이론적 기초는 George A. Maney (1888~1947)에 의해서 세워졌는데, 그는 1915년 요각법을 개발하여 University of Minnesota 공학 출판물[1]에 처음 소개하였다. 이 방법은 Manderla[2]와 Mohr[3) 4]의 부가응력에 관한 초기 연구의 확장형태였다. 1930년

1) G. A. Maney, 1915년 미국 미네소타 Minneapolis에 있는 미네소타 대학에서 공학을 전공하였다.

2) H. Manderla의 1880년 Allg Bautz 45권 34호에 출판된 논문 : Die Berechnung der Sekundar-spannungen (부가응력의 계산)

3) O. Mohr의 1892년 논문 : Die Berechnung dr Fachwerke mit starren knoten verbingungen, Zivilinginieur

4) Christian Otto Mohr (1835~1918)는 독일 토목공학자로 19세기의 저명한 학자 중 한 명이다. 그는 북해 연안에 있는 Holstein의 Wesselburen에서 태어났다. 16세에 Hanover 공과대학에 입학했고, 1855년에 졸업한 후 Oldenburg 주와 Hanover 주를 연결하는 연결 철도 공사의 구조 기술자로 일하였다. 젊을 때에는 철도 기술자로 일하였지만, 이론적 연구도 수행하여 몇 가지 중요한 논문을 발표하였다. 발표한 논문으로 보의 탄성 곡선을 정의하기 위한 곡선 케이블의 사용에 대한 논문, 경사진 곡선 보의 3연 모멘트식을 유도한 논문, 처음으로 영향선을 적용한 논문 등이 있다. 1867년 Stuttgart 공과대학에서 공업역학 분야에 교수로 임용되었다. 그곳에서 처음 5년 동안(1868~1873) 구조해석 분야의 문제들을 그래프를 이용하여 해를 구하는데 많은 연구를 하였다(트러스 변위 계산을 위한 Williot-Mohr 도표). Mohr는 꾸밈없고 직접적인 강의 스타일로 학생들에게 많은 인기가 있었고 그 중 August Föppl와 같이 뛰어난 학생도 있었다. 1873년 Mohr는 Dresden으로 이사하고 Dresden 공과대학에서 강의를 계속하였으며, 1900년 퇴임한 후 여생을 Dresden에서 보냈다. 재료 역학 분야에서 Mohr의 최대 업적은 Carl Culmann이 먼저 제안한 2차원 및 3차원에서 응력을 시각적으로 나타낼 수 있는 그래픽 도구를 개발한 것이다. 구조해석 분야에서는 정정 구조물에 대한 정식화에 대한 것과 부정정 구조물의 해석을 위한 Maxwell-Mohr 방법 등을 개발하였다.

Hardy Cross[5]에 의해서 모멘트 분배법이 발명될 때까지, 미국에서 무려 15년 동안 연속보와 골조구조물의 해석을 위한 가장 뛰어난 해석법이 요각법이었다. 요즘에는 이 요각법을 강성도법의 조상이라 부르기도 한다.

컴퓨터가 사용되기 전 시대에서, 초기 행렬을 사용한 매트릭스 해석법의 가장 큰 단점은 선형 대수 방정식의 해를 구해야 한다는 것이었다. 대형 구조물의 경우 계산해야 할 변위 수가 많고, 따라서 선형 대수 방정식을 푸는 것은 엄청난 복잡하고 힘든 작업이었다. 그러므로 1940년대 후반 컴퓨터가 발명되자 구조해석은 수 계산으로부터 컴퓨터로 옮겨가기 시작했다. 1953년 R.K. Livesley[6]는 행렬 강성도법을 개발하였다. 1956년에는 M.J. Turner, R.W. Clough, H.C. Martin, 그리고 J.L. Topp[7]는 유한요소 정식화를 바탕으로 트러스 요소와 골조 요소의 강성도 행렬을 유도하였고 구조계의 강성도 행렬을 직접 조립하는 직접 강성도법을 소개하였다. 1960년 J.H. Argyris와 S. Kelsey는 에너지 원리를 바탕으로 한 매트릭스법의 정식화를 발표하였다.

1950년대 이후, 많은 연구자들에 의해서 매트릭스 강성도법은 엄청난 속도로 발전하였으며 특히 S.S. Archer, R.H. Gallagher, J. Padlog, J. Przemieniecki, C.K. Wang, E.L. Wilson, R.J. Melosh, 그리고 C.A. Felippa 등이 큰 기여를 하였다.

---

5) Hardy Cross (1885~1959)는 1885년 미국 버지니아 주 Nansemond 카운티에서 태어났고, 대형 철근 콘크리트 건물의 구조해석을 위한 모멘트 분배법을 개발하였다. 그의 첫 학위는 1902년 Hampden-Sydney 대학에서 영문학 학사였지만 1908년 MIT에서 토목공학 학사학위를 취득한다. Havard에서 대학원을 1년만에 졸업하고, 1911년에 석사학위를 수여받고 Brown 대학에서 조교수가 되었다. 1921년 Illinois 대학(Urbana-Champaign)의 교수로 초빙되었다. Ilinois 대학에서 Hardy Cross는 모멘트 분배법을 개발하였다. 1937년 그는 Yale 대학으로 옮겨 Strathcona 교수가 되고 토목공학과의 학과장이 되고 1951년 은퇴하였다. 그는 재직하는 동안 많은 상을 받았다. 그 중에는 미국 공학교육의 Lamme Medal (1944), 미국콘크리트학회의 Wason Medal (1935), 사망하기 직전에 수여받은 영국 구조공학회의 Gold Medal 등이 있다. 또한 그는 복잡한 상수로 네트워크에서 흐름을 모델하는데 널리 사용되는 Hardy Cross방법을 개발하였다.

6) R.K. Livesley는 영국 Cambridge 대학의 Churchil 대학의 평의원 및 공대 교수였다. 매트릭스 구조해석과 관련된 그의 유명한 논문은 Livesley, R.K. (1953), Analysis of Rigid Frames by an Electronic Computer, Engineering, 176 : 230~232이다.

7) M.J. Turner와 L.J Topp는 미국 워싱턴 주, 시애틀에 있는 보잉 항공사의 구조 동역학부의 책임자와 구조기술자였다. R.W. Clough는 미국 UC-Berkeley 토목공학과 교수였다 H.C. Martion은 시애틀에 있는 Washington 대학의 항공학과 교수였다. 그들의 논문은 직접 강성도법에 대한 것이었다. Turner, M.J., Clough, R.W., Martin, H.C., and Topp, L.J. (1956), Stiffness and Deflection Analysis of Complex Structures, Journal of Aeronautical Sciences, 23 : 805~823.

2 골조구조물의 강성도 방정식

6장에서 골조구조물의 강성도 방정식은 다음과 같이 표현되었다.

$$\mathbf{F}^E = \mathbf{F} - \mathbf{R} = \mathbf{KU} \tag{7.1}$$

여기서, $\mathbf{F}$ 벡터는 절점 하중벡터이고, $\mathbf{R}$ 벡터는 6장에서 정의된 요소하중에 의한 절점 하중벡터이다(식 6.218, 식 6.229). $\mathbf{F}^E$ 벡터는 6장에서 다루었던 구조물의 등가 절점력이다(식 6.219, 식 6.227, 식 6.228). $\mathbf{U}$ 벡터는 변위벡터로 지점 이동을 포함하는 구조물의 절점의 변위로 구성되고 $\mathbf{K}$ 행렬은 구조계 강성도 행렬이다. 구조계 강성도 방정식 식 (7.1)에서 미지수는 구속된 자유도에 대응하는 절점력(반력)과 비구속 자유도에 대응하는 절점변위이다. 각 절점에서 절점력을 알면 그것에 대응하는 변위는 미지의 값이 되며, 반대로 각 절점의 변위를 알면 그것에 대응하는 절점력은 미지의 값이 된다. 그러므로 정적 기구학적 부정정 차수의 합은 주어진 구조물에서 일정하다. 따라서 총 미지수의 개수가 강성도 방정식의 개수와 같다. 그러나 이 미지수들은 식을 직접 풀어서 구할 수 없는데, 이는 구조계 강성도 행렬 $\mathbf{K}$가 일반적으로 특이행렬이어서 해를 구할 수 없기 때문이다. 즉, 구조물을 지지할 지점 조건이 설정되지 않아 구조물이 무한대로 유연하기 때문이다. 그러므로 미지수를 풀기 위해서는 아래와 같이 구조계 강성도 방정식 식 (7.1)을 구속 자유도와 비구속자유도로 분리하여야 한다.

$$\begin{Bmatrix} \mathbf{F}^E_{free} \\ \mathbf{F}^E_{constr} \end{Bmatrix} = \begin{Bmatrix} \mathbf{F}_{free} \\ \mathbf{F}_{constr} \end{Bmatrix} - \begin{Bmatrix} \mathbf{R}_{free} \\ \mathbf{R}_{constr} \end{Bmatrix} = \begin{bmatrix} \mathbf{K}_{ff} & \mathbf{K}_{fc} \\ \mathbf{K}_{cf} & \mathbf{K}_{cc} \end{bmatrix} \begin{Bmatrix} \mathbf{U}_{free} \\ \mathbf{U}_{constr} \end{Bmatrix} \tag{7.2}$$

구조계 강성도 행렬의 분리는 해석 초기단계에서 자유도의 번호를 적절하게 부여하는 것을 통하여 용이하게 이루어질 수 있음을 앞 장에서 살펴보았다(예제 6-16). 일반적으로 전산화에서는 이 행렬 분리 과정이 필요하지 않는데, 이는 구조계 강성도 행렬을 조립하고 나면 자동으로 이루어지기 때문이다. 이 부분에 대해서는 후반부에 가서 다시 살펴보도록 한다. 식 (7.2)는 다음과 같이 두 개의 강성도 관계식으로 분리된다.

$$\underbrace{\mathbf{F}^E_{free}}_{known} = \underbrace{\mathbf{F}_{free}}_{known} - \underbrace{\mathbf{R}_{free}}_{known} = \mathbf{K}_{ff} \underbrace{\mathbf{U}_{free}}_{unknown} + \mathbf{K}_{fc} \underbrace{\mathbf{U}_{constr}}_{known} \tag{7.3}$$

$$\underbrace{\mathbf{F}^E_{constr}}_{unknown} = \underbrace{\mathbf{F}_{constr}}_{unknown} - \underbrace{\mathbf{R}_{constr}}_{known} = \mathbf{K}_{cf} \underbrace{\mathbf{U}_{free}}_{unknown} + \mathbf{K}_{cc} \underbrace{\mathbf{U}_{constr}}_{known} \tag{7.4}$$

보통 지점 이동이 없으면 구속 변위 자유도 $\mathbf{U}_{constr}$ 는 "0"이 되지만 지점 이동이 있는 경우에는 "0"이 아니다. 기지의 절점 변위 $\mathbf{U}_{free}$ 는 식의 선형 대수 방정식을 풀어서 구하고, 구해진 절점변위를 식에 대입하여 미지의 절점력 $\mathbf{F}_{constr}$ 를 계산한다.

3 골조구조물의 구조계 강성도 방정식 유도 : 요소를 기반으로 한 조립

다음에 언급된 세 개의 기본식을 바탕으로 골조구조물의 강성도 방정식을 유도해보자.

1. **평형방정식** : 구조물의 절점 평형방정식은 다음과 같다.

$$\mathbf{F} = \mathbf{H}^{(1)}\mathbf{P}^{(1)} + \mathbf{H}^{(2)}\mathbf{P}^{(2)} + \ldots + \mathbf{H}^{(k)}\mathbf{P}^{(k)} + \ldots + \mathbf{H}^{(m)}\mathbf{P}^{(m)} = \mathbf{HP} \tag{7.5}$$

여기서, $\mathbf{H}$ 는 구조계 평형방정식 사상(mapping)행렬이고 각 요소의 평형 사상행렬 $\mathbf{H}^{(k)}$ 로 구성되어 있다(총 m 개의 요소). $\mathbf{P}$ 는 구조 단부력 벡터로서 각 요소의 단부벡터 $\mathbf{P}^{(k)}$ 로 구성되어 있다.

$$\mathbf{H} = \begin{bmatrix} \mathbf{H}^{(1)} & \mathbf{H}^{(2)} & \ldots & \mathbf{H}^{(k)} & \ldots & \mathbf{H}^{(m)} \end{bmatrix} \tag{7.6}$$

$$\mathbf{P} = \begin{Bmatrix} \mathbf{P}^{(1)} \\ \mathbf{P}^{(2)} \\ \vdots \\ \mathbf{P}^{(k)} \\ \vdots \\ \mathbf{P}^{(m)} \end{Bmatrix} \tag{7.7}$$

사상벡터 LM_k 에 따라서 요소 k 의 $\mathbf{H}^{(k)}$ 행렬을 구하는 과정은 3장을 참조하라. 식 (7.5)의 행의 수는 지점에 의해서 직접적으로 지지되는 절점력을 포함한 모든 절점력의 총 개수와 같다.

2. **적합방정식** : 요소의 끝단 변위는 구조 절점변위와 호환되어야 한다. 그러므로 요소 적합방정식은 다음의 형태로 표현된다.

$$\text{각 요소 } k \text{ 에 대하여 } \mathbf{U}^{(k)} = \mathbf{G}^{(k)}\mathbf{U} \tag{7.8}$$

여기서, $\mathbf{U}^{(k)}$ 는 요소 k 의 단부절점변위이며 $\mathbf{G}^{(k)}$ 는 요소 k 의 적합 사상행렬이다. $\mathbf{U}$ 는 지점 조건에 의해서 구속된 절점변위를 포함하는 모든 절점의 변위를 포함하고 있다.

전체 구조물에 대하여 모든 요소 적합행렬을 묶어서 나타내면 다음과 같다.

$$\mathbf{\Delta} = \mathbf{G}\mathbf{U} \tag{7.9}$$

여기서, $\mathbf{\Delta}$는 구조단부 변위벡터로 각 요소의 단부변위벡터 $\mathbf{U}^{(k)}$로 구성되어 있고, $\mathbf{G}$는 구조적합 사상행렬로 각 요소의 적합 사상행렬로 구성되어 있다.

$$\mathbf{\Delta} = \begin{Bmatrix} \mathbf{U}^{(1)} \\ \mathbf{U}^{(2)} \\ \vdots \\ \mathbf{U}^{(k)} \\ \vdots \\ \mathbf{U}^{(m)} \end{Bmatrix} \tag{7.10}$$

$$\mathbf{G} = \begin{bmatrix} \mathbf{G}^{(1)} \\ \mathbf{G}^{(2)} \\ \vdots \\ \mathbf{G}^{(k)} \\ \vdots \\ \mathbf{G}^{(m)} \end{bmatrix} \tag{7.11}$$

사상벡터 LM_k를 이용하여 요소 k의 적합행렬 $\mathbf{G}^{(k)}$를 구성하는 방법에 대해서는 4장을 참조하라. 4장에서 또한 다음 관계가 성립되는 것도 살펴보았다.

$$\mathbf{G} = \mathbf{H}^T \tag{7.12}$$

또한 5장에서 가상변위 원리를 이용하여 위의 관계가 성립됨을 증명하였다.

3. **요소 강성방정식**: 각 요소의 거동은 강성도 행렬과 고정단 하중 벡터에 의해서 표현된다. 요소 k의 강성도 행렬은 다음과 같다.

$$\mathbf{P}^{(k)} = \mathbf{K}^{(k)}\mathbf{U}^{(k)} + \mathbf{P}_F^{(k)} \tag{7.13}$$

여기서, $\mathbf{P}_F^{(k)}$는 고정단 하중벡터이고, $\mathbf{K}^{(k)}$는 전역좌표계에서의 요소 강성도 행렬이다. 고정단 하중벡터 $\mathbf{P}_F^{(k)}$를 결정하는 것에 대해서는 6장을 참조하라.

전체 구조물에 대하여 모든 요소 강성도 방정식을 묶어서 정리하면 다음과 같다.

$$\begin{Bmatrix} \mathbf{P}^{(1)} \\ \mathbf{P}^{(2)} \\ \vdots \\ \mathbf{P}^{(k)} \\ \vdots \\ \mathbf{P}^{(m)} \end{Bmatrix} = \begin{bmatrix} \mathbf{K}^{(1)} & \mathbf{0} & \dots & \mathbf{0} & \dots & \mathbf{0} \\ \mathbf{0} & \mathbf{K}^{(2)} & \dots & \mathbf{0} & \dots & \mathbf{0} \\ \vdots & \vdots & \ddots & & & \vdots \\ \mathbf{0} & \mathbf{0} & & \mathbf{K}^{(k)} & & \mathbf{0} \\ \vdots & \vdots & & & \ddots & \vdots \\ \mathbf{0} & \mathbf{0} & \dots & \mathbf{0} & \dots & \mathbf{K}^{(m)} \end{bmatrix} \begin{Bmatrix} \mathbf{U}^{(1)} \\ \mathbf{U}^{(2)} \\ \vdots \\ \mathbf{U}^{(k)} \\ \vdots \\ \mathbf{U}^{(m)} \end{Bmatrix} + \begin{Bmatrix} \mathbf{P}_F^{(1)} \\ \mathbf{P}_F^{(2)} \\ \vdots \\ \mathbf{P}_F^{(k)} \\ \vdots \\ \mathbf{P}_F^{(m)} \end{Bmatrix} \tag{7.14}$$

또는 행렬로 간단히 나타내면 다음과 같다.

$$\mathbf{P} = \hat{\mathbf{K}}\boldsymbol{\Delta} + \hat{\mathbf{P}}_F \tag{7.15}$$

여기서, $\hat{\mathbf{K}}$ 는 "조립되지 않은" 구조계 강성도 행렬이라고 한다.

6장에서 다루었듯이 위의 세 가지 방정식은 가상변위 원리를 통해서 하나의 식으로 묶을 수 있다. 외부 가상일은 내부 가상일과 같으므로 다음과 같고,

$$\delta\boldsymbol{\Delta}^T\mathbf{P} = \delta\mathbf{U}^T\mathbf{F} \tag{7.16}$$

식 (7.9)를 식 (7.16)에 대입하면 다음 식이 구해진다.

$$\underbrace{\delta\mathbf{U}^T}_{Arbitrary}\left[\mathbf{F} - \mathbf{G}^T\mathbf{P}\right] = 0 \quad \Rightarrow \quad \mathbf{F} = \mathbf{G}^T\mathbf{P} \tag{7.17}$$

식 (7.15)와 식 (7.17)을 비교해보면 식 (7.12)가 성립함을 알 수 있다.

식 (7.15)를 식 (7.17)에 대입하면 다음과 같이 된다.

$$\mathbf{F} = \mathbf{G}^T\left(\hat{\mathbf{K}}\boldsymbol{\Delta} + \hat{\mathbf{P}}_F\right) \tag{7.18}$$

그리고 식 (7.9)를 식 (7.18)에 대입하면 식 (7.18)은 식 (7.19)와 같이 된다.

$$\mathbf{F} = \mathbf{G}^T\left(\hat{\mathbf{K}}\mathbf{G}\mathbf{U} + \hat{\mathbf{P}}_F\right) = \mathbf{G}^T\hat{\mathbf{K}}\mathbf{G}\mathbf{U} + \mathbf{G}^T\hat{\mathbf{P}}_F \tag{7.19}$$

식 (7.19)와 식 (7.1)을 비교하면 구조계 강성도 행렬 $\mathbf{K}$ 가 다음과 같이 정의된다.

$$\mathbf{K} = \mathbf{G}^T\hat{\mathbf{K}}\mathbf{G} \tag{7.20}$$

그리고 구속 절점벡터 $\mathbf{R}$ 은 다음과 같이 정의된다.

$$\mathbf{R} = -\mathbf{G}^T\hat{\mathbf{P}}_F \tag{7.21}$$

행렬 $\hat{\mathbf{K}}$ 가 대각행렬이기 때문에 식 (7.20)은 다음과 같이 표현되기도 한다.

$$\mathbf{K} = \sum_{k=1}^{m} \breve{\mathbf{K}}^{(k)} = \sum_{k=1}^{m} \mathbf{G}^{(k)^T} \mathbf{K}^{(k)} \mathbf{G}^{(k)} \tag{7.22}$$

비슷하게 식 (7.21)도 다음과 같이 표현된다.

$$\mathbf{R} = \sum_{k=1}^{m} \breve{\mathbf{R}}^{(k)} = -\sum_{k=1}^{m} \mathbf{G}^{(k)^T} \mathbf{P}_F^{(k)} \tag{7.23}$$

식 (7.22)와 식 (7.23)은 직접강성법의 중요한 뼈대가 되고 물리적 특성을 드러낼 뿐 아니라 이를 이용하면 강성도 조립을 간단하게 수행할 수 있다. 식은 구조계 강성도 행렬이 단순히 요소 강성도 행렬의 합으로 구성됨을 의미한다. 즉, 단순히 각 요소의 강성도 행렬을 더하여 구조계 강성도 행렬을 구성하기 때문에 컴퓨터 전산화하기에 .아주 용이하다.

식 (7.22)의 확대된 요소 강성도 행렬 $\breve{\mathbf{K}}^{(k)}$는 구조계 강성도 행렬 $\mathbf{K}$와 같은 크기를 갖는다. 물리적으로 요소 강성행렬 $\breve{\mathbf{K}}^{(k)}$는 요소 k에 의해서 구조계 강성도 행렬 $\mathbf{K}$에 기여하는 부분을 나타낸다. 그러므로 모든 요소가 구조 강성도 행렬에 기여하는 부분을 합한다는 것은 구조계 강성도 행렬을 요소별로 계속 갱신해가는 것을 의미한다.

유사하게 식 (7.23)은 구속된 절점력은 단순히 요소단부 하중벡터의 합을 나타낸다. 즉, 식에서 확대된 절점벡터 $\breve{\mathbf{R}}^{(k)}$는 구조 절점벡터 $\mathbf{F}$와 같은 크기를 가지며, 물리적으로 요소 절점벡터 $\breve{\mathbf{R}}^{(k)}$에 의해서 구조 절점벡터 $\mathbf{F}$에 기여하는 부분을 나타낸다.

행렬 $\mathbf{H}$, $\mathbf{G}$, $\hat{\mathbf{K}}$를 만드는 알고리즘은 상당히 간단하며, 어떤 컴퓨터 언어로도(예를 들어 C++, FORTRAN 등) 전산화할 수 있다. 구조계 강성도 행렬과 구속된 절점력은 식 (7.22)와 식 (7.23)의 행렬 연산을 통해서 구해진다. 그러나 행렬 $\mathbf{H}$, $\mathbf{G}$, $\hat{\mathbf{K}}$가 희소 행렬(sparse matrix)이고, 복잡한 구조물의 경우에는 엄청난 크기의 행렬이 되기 때문에 위에서 언급한 형태의 조립과정은 실제로 거의 사용되지 않는다.

Figure 7-1의 골조구조물을 이용하여 요소 강성도 행렬과 요소하중벡터를 조립하는 과정을 위에 언급한 방법보다 좀 더 단순하게 설명해보자.

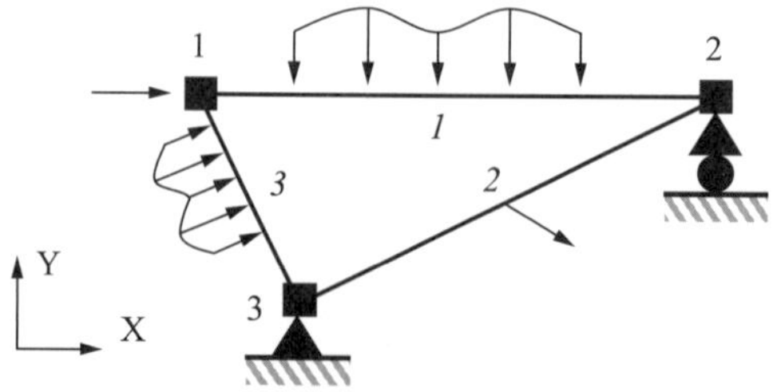

Figure 7-1 기본 골조시스템 : 절점하중, 요소하중, 지점조건

Figure 7-2로부터, 각 요소의 사상벡터는 다음과 같다.

$$\underline{\text{Element 1}} \qquad \underline{\text{Element 2}} \qquad \underline{\text{Element 3}}$$

$$LM_1 = \begin{Bmatrix} 1 \\ 2 \\ 3 \\ 4 \\ 5 \\ 6 \end{Bmatrix}_1 ; \quad LM_2 = \begin{Bmatrix} 4 \\ 5 \\ 6 \\ 7 \\ 8 \\ 9 \end{Bmatrix}_2 ; \quad LM_3 = \begin{Bmatrix} 1 \\ 2 \\ 3 \\ 7 \\ 8 \\ 9 \end{Bmatrix}_3 \tag{7.24}$$

3장에서 설명한 방법에 따라서, 구조 절점 평형방정식은 다음과 같다.

$$\begin{Bmatrix} \mathbf{F}_1 \\ \mathbf{F}_2 \\ \mathbf{F}_3 \end{Bmatrix} = \begin{bmatrix} \mathbf{I} & \mathbf{0} & \mathbf{0} & \mathbf{0} & \mathbf{I} & \mathbf{0} \\ \mathbf{0} & \mathbf{I} & \mathbf{I} & \mathbf{0} & \mathbf{0} & \mathbf{0} \\ \mathbf{0} & \mathbf{0} & \mathbf{0} & \mathbf{I} & \mathbf{0} & \mathbf{I} \end{bmatrix} \begin{Bmatrix} \mathbf{P}_1^{(1)} \\ \mathbf{P}_2^{(1)} \\ \mathbf{P}_1^{(2)} \\ \mathbf{P}_2^{(2)} \\ \mathbf{P}_1^{(3)} \\ \mathbf{P}_2^{(3)} \end{Bmatrix} \quad \text{또는} \quad \mathbf{F} = \mathbf{HP} \tag{7.25}$$

각 요소의 평형 사상행렬은 다음과 같다.

$$\mathbf{H}^{(1)} = \begin{bmatrix} \mathbf{I} & \mathbf{0} \\ \mathbf{0} & \mathbf{I} \\ \mathbf{0} & \mathbf{0} \end{bmatrix}; \mathbf{H}^{(2)} = \begin{bmatrix} \mathbf{0} & \mathbf{0} \\ \mathbf{I} & \mathbf{0} \\ \mathbf{0} & \mathbf{I} \end{bmatrix}; \mathbf{H}^{(3)} = \begin{bmatrix} \mathbf{I} & \mathbf{0} \\ \mathbf{0} & \mathbf{0} \\ \mathbf{0} & \mathbf{I} \end{bmatrix}; \tag{7.26}$$

4장에서 설명한 것처럼, 모든 요소의 적합방정식을 행렬 형태로 표현하면 다음과 같다.

$$\begin{Bmatrix} \mathbf{U}_1^{(1)} \\ \mathbf{U}_2^{(1)} \\ \mathbf{U}_1^{(2)} \\ \mathbf{U}_2^{(2)} \\ \mathbf{U}_1^{(3)} \\ \mathbf{U}_2^{(3)} \end{Bmatrix} = \begin{bmatrix} \mathbf{I} & \mathbf{0} & \mathbf{0} \\ \mathbf{0} & \mathbf{I} & \mathbf{0} \\ \mathbf{0} & \mathbf{I} & \mathbf{0} \\ \mathbf{0} & \mathbf{0} & \mathbf{I} \\ \mathbf{I} & \mathbf{0} & \mathbf{0} \\ \mathbf{0} & \mathbf{0} & \mathbf{I} \end{bmatrix} \begin{Bmatrix} \mathbf{U}_1 \\ \mathbf{U}_2 \\ \mathbf{U}_3 \end{Bmatrix} \quad \text{또는} \quad \mathbf{\Delta} = \mathbf{GU} \tag{7.27}$$

각 요소의 적합 사상행렬은 다음과 같다.

$$\mathbf{G}^{(1)} = \mathbf{H}^{(1)^T} = \begin{bmatrix} \mathbf{I} & \mathbf{0} & \mathbf{0} \\ \mathbf{0} & \mathbf{I} & \mathbf{0} \end{bmatrix}; \mathbf{G}^{(2)} = \mathbf{H}^{(2)^T} = \begin{bmatrix} \mathbf{0} & \mathbf{I} & \mathbf{0} \\ \mathbf{0} & \mathbf{0} & \mathbf{I} \end{bmatrix}; \mathbf{G}^{(3)} = \mathbf{H}^{(3)^T} = \begin{bmatrix} \mathbf{I} & \mathbf{0} & \mathbf{0} \\ \mathbf{0} & \mathbf{0} & \mathbf{I} \end{bmatrix}; \tag{7.28}$$

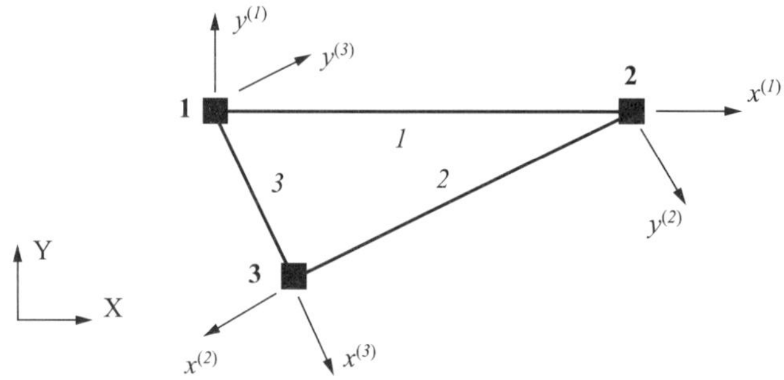

(a) 국부좌표계

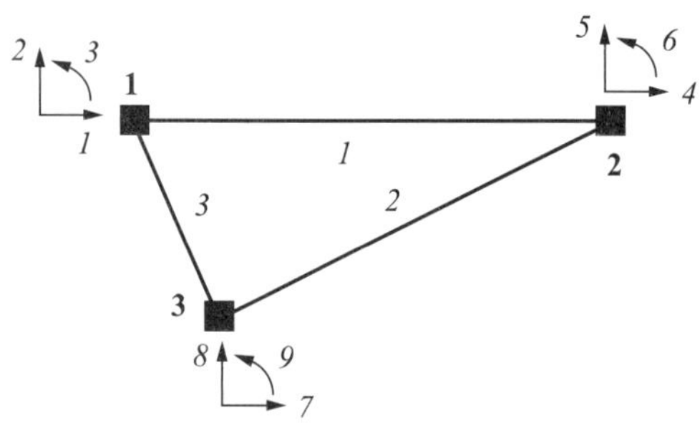

(b) 절점, 요소, 자유도 번호

Figure 7-2 기본 골조시스템

조립되지 않은 구조계 강성도 행렬은 다음과 같다.

$$\begin{Bmatrix} \mathbf{P}_1^{(1)} \\ \mathbf{P}_2^{(1)} \\ \mathbf{P}_1^{(2)} \\ \mathbf{P}_2^{(2)} \\ \mathbf{P}_1^{(3)} \\ \mathbf{P}_2^{(3)} \end{Bmatrix} = \begin{bmatrix} \mathbf{K}_{11}^{(1)} & \mathbf{K}_{12}^{(1)} & \mathbf{0} & \mathbf{0} & \mathbf{0} & \mathbf{0} \\ \mathbf{K}_{21}^{(1)} & \mathbf{K}_{22}^{(1)} & \mathbf{0} & \mathbf{0} & \mathbf{0} & \mathbf{0} \\ \mathbf{0} & \mathbf{0} & \mathbf{K}_{11}^{(2)} & \mathbf{K}_{12}^{(2)} & \mathbf{0} & \mathbf{0} \\ \mathbf{0} & \mathbf{0} & \mathbf{K}_{21}^{(2)} & \mathbf{K}_{22}^{(2)} & \mathbf{0} & \mathbf{0} \\ \mathbf{0} & \mathbf{0} & \mathbf{0} & \mathbf{0} & \mathbf{K}_{11}^{(3)} & \mathbf{K}_{12}^{(3)} \\ \mathbf{0} & \mathbf{0} & \mathbf{0} & \mathbf{0} & \mathbf{K}_{21}^{(3)} & \mathbf{K}_{22}^{(3)} \end{bmatrix} \begin{Bmatrix} \mathbf{U}_1^{(1)} \\ \mathbf{U}_2^{(1)} \\ \mathbf{U}_1^{(2)} \\ \mathbf{U}_2^{(2)} \\ \mathbf{U}_1^{(3)} \\ \mathbf{U}_2^{(3)} \end{Bmatrix} + \begin{Bmatrix} \mathbf{P}_{F1}^{(1)} \\ \mathbf{P}_{F2}^{(1)} \\ \mathbf{P}_{F1}^{(2)} \\ \mathbf{P}_{F2}^{(2)} \\ \mathbf{P}_{F1}^{(3)} \\ \mathbf{P}_{F2}^{(3)} \end{Bmatrix} \text{ 또는 } \mathbf{P} = \hat{\mathbf{K}}\mathbf{\Delta} + \hat{\mathbf{P}}_F \quad (7.29)$$

각 요소의 강성도 방정식은 다음과 같다.

요소 1:

$$\begin{Bmatrix} \mathbf{P}_1^{(1)} \\ \mathbf{P}_2^{(1)} \end{Bmatrix} = \begin{bmatrix} \mathbf{K}_{11}^{(1)} & \mathbf{K}_{12}^{(1)} \\ \mathbf{K}_{21}^{(1)} & \mathbf{K}_{22}^{(1)} \end{bmatrix} \begin{Bmatrix} \mathbf{U}_1^{(1)} \\ \mathbf{U}_2^{(1)} \end{Bmatrix} + \begin{Bmatrix} \mathbf{P}_{F1}^{(1)} \\ \mathbf{P}_{F2}^{(1)} \end{Bmatrix} \text{ 또는 } \mathbf{P}^{(1)} = \mathbf{K}^{(1)}\mathbf{U}^{(1)} + \mathbf{P}_F^{(1)} \quad (7.30)$$

요소 2:

$$\begin{Bmatrix} \mathbf{P}_1^{(2)} \\ \mathbf{P}_2^{(2)} \end{Bmatrix} = \begin{bmatrix} \mathbf{K}_{11}^{(2)} & \mathbf{K}_{12}^{(2)} \\ \mathbf{K}_{21}^{(2)} & \mathbf{K}_{22}^{(2)} \end{bmatrix} \begin{Bmatrix} \mathbf{U}_1^{(2)} \\ \mathbf{U}_2^{(2)} \end{Bmatrix} + \begin{Bmatrix} \mathbf{P}_{F1}^{(2)} \\ \mathbf{P}_{F2}^{(2)} \end{Bmatrix} \text{ 또는 } \mathbf{P}^{(2)} = \mathbf{K}^{(2)}\mathbf{U}^{(2)} + \mathbf{P}_F^{(2)} \tag{7.31}$$

요소 3:

$$\begin{Bmatrix} \mathbf{P}_1^{(3)} \\ \mathbf{P}_2^{(3)} \end{Bmatrix} = \begin{bmatrix} \mathbf{K}_{11}^{(3)} & \mathbf{K}_{12}^{(3)} \\ \mathbf{K}_{21}^{(3)} & \mathbf{K}_{22}^{(3)} \end{bmatrix} \begin{Bmatrix} \mathbf{U}_1^{(3)} \\ \mathbf{U}_2^{(3)} \end{Bmatrix} + \begin{Bmatrix} \mathbf{P}_{F1}^{(3)} \\ \mathbf{P}_{F2}^{(3)} \end{Bmatrix} \text{ 또는 } \mathbf{P}^{(3)} = \mathbf{K}^{(3)}\mathbf{U}^{(3)} + \mathbf{P}_F^{(3)} \tag{7.32}$$

식으로부터 각 요소의 확대된 강성도 행렬은 다음과 같이 표현된다.

요소 1:

$$\breve{\mathbf{K}}^{(1)} = \mathbf{G}^{(1)^T}\mathbf{K}^{(1)}\mathbf{G}^{(1)} = \begin{bmatrix} \mathbf{I} & \mathbf{0} \\ \mathbf{0} & \mathbf{I} \\ \mathbf{0} & \mathbf{0} \end{bmatrix} \begin{bmatrix} \mathbf{K}_{11}^{(1)} & \mathbf{K}_{12}^{(1)} \\ \mathbf{K}_{21}^{(1)} & \mathbf{K}_{22}^{(1)} \end{bmatrix} \begin{bmatrix} \mathbf{I} & \mathbf{0} & \mathbf{0} \\ \mathbf{0} & \mathbf{I} & \mathbf{0} \end{bmatrix} \tag{7.33}$$

⬇

$$\breve{\mathbf{K}}^{(1)} = \begin{array}{c|ccc} \text{node} & 1 & 2 & 3 \\ \hline 1 & \mathbf{K}_{11}^{(1)} & \mathbf{K}_{12}^{(1)} & \mathbf{0} \\ 2 & \mathbf{K}_{21}^{(1)} & \mathbf{K}_{22}^{(1)} & \mathbf{0} \\ 3 & \mathbf{0} & \mathbf{0} & \mathbf{0} \end{array}$$

요소 2:

$$\breve{\mathbf{K}}^{(2)} = \mathbf{G}^{(2)^T}\mathbf{K}^{(2)}\mathbf{G}^{(2)} = \begin{bmatrix} \mathbf{0} & \mathbf{0} \\ \mathbf{I} & \mathbf{0} \\ \mathbf{0} & \mathbf{I} \end{bmatrix} \begin{bmatrix} \mathbf{K}_{11}^{(2)} & \mathbf{K}_{12}^{(2)} \\ \mathbf{K}_{21}^{(2)} & \mathbf{K}_{22}^{(2)} \end{bmatrix} \begin{bmatrix} \mathbf{0} & \mathbf{I} & \mathbf{0} \\ \mathbf{0} & \mathbf{0} & \mathbf{I} \end{bmatrix} \tag{7.34}$$

⬇

$$\breve{\mathbf{K}}^{(2)} = \begin{array}{c|ccc} \text{node} & 1 & 2 & 3 \\ \hline 1 & \mathbf{0} & \mathbf{0} & \mathbf{0} \\ 2 & \mathbf{0} & \mathbf{K}_{11}^{(2)} & \mathbf{K}_{12}^{(2)} \\ 3 & \mathbf{0} & \mathbf{K}_{21}^{(2)} & \mathbf{K}_{22}^{(2)} \end{array}$$

요소 3:

$$\breve{\mathbf{K}}^{(3)} = \mathbf{G}^{(3)^T}\mathbf{K}^{(3)}\mathbf{G}^{(3)} = \begin{bmatrix} \mathbf{I} & \mathbf{0} \\ \mathbf{0} & \mathbf{0} \\ \mathbf{0} & \mathbf{I} \end{bmatrix} \begin{bmatrix} \mathbf{K}_{11}^{(3)} & \mathbf{K}_{12}^{(3)} \\ \mathbf{K}_{21}^{(3)} & \mathbf{K}_{22}^{(3)} \end{bmatrix} \begin{bmatrix} \mathbf{I} & \mathbf{0} & \mathbf{0} \\ \mathbf{0} & \mathbf{0} & \mathbf{I} \end{bmatrix} \tag{7.35}$$

⬇

$$\breve{\breve{\mathbf{K}}}^{(3)} = \begin{matrix} & \text{node} & 1 & 2 & 3 \\ & 1 & \mathbf{K}_{11}^{(3)} & \mathbf{0} & \mathbf{K}_{12}^{(3)} \\ & 2 & \mathbf{0} & \mathbf{0} & \mathbf{0} \\ & 3 & \mathbf{K}_{21}^{(3)} & \mathbf{0} & \mathbf{K}_{22}^{(3)} \end{matrix}$$

식 (7.23)으로부터 요소의 확대된 구속 절점력 벡터는 다음과 같다.

요소 1:

$$\breve{\breve{\mathbf{R}}}^{(1)} = -\mathbf{G}^{(1)^T}\mathbf{P}_F^{(1)} = \begin{bmatrix} \mathbf{I} & \mathbf{0} \\ \mathbf{0} & \mathbf{I} \\ \mathbf{0} & \mathbf{0} \end{bmatrix} \begin{Bmatrix} \mathbf{P}_{F1}^{(1)} \\ \mathbf{P}_{F2}^{(1)} \end{Bmatrix} \quad \breve{\breve{\mathbf{R}}}^{(1)} = -\begin{Bmatrix} \mathbf{P}_{F1}^{(1)} \\ \mathbf{P}_{F2}^{(1)} \\ \mathbf{0} \end{Bmatrix} \begin{matrix} 1 \\ 2 \\ 3 \end{matrix} \tag{7.36}$$

요소 2:

$$\breve{\breve{\mathbf{R}}}^{(2)} = -\mathbf{G}^{(2)^T}\mathbf{P}_F^{(2)} = \begin{bmatrix} \mathbf{0} & \mathbf{0} \\ \mathbf{I} & \mathbf{0} \\ \mathbf{0} & \mathbf{I} \end{bmatrix} \begin{Bmatrix} \mathbf{P}_{F1}^{(2)} \\ \mathbf{P}_{F2}^{(2)} \end{Bmatrix} \quad \breve{\breve{\mathbf{R}}}^{(2)} = -\begin{Bmatrix} \mathbf{0} \\ \mathbf{P}_{F1}^{(2)} \\ \mathbf{P}_{F2}^{(2)} \end{Bmatrix} \begin{matrix} 1 \\ 2 \\ 3 \end{matrix} \tag{7.37}$$

요소 3:

$$\breve{\breve{\mathbf{R}}}^{(3)} = -\mathbf{G}^{(3)^T}\mathbf{P}_F^{(3)} = \begin{bmatrix} \mathbf{I} & \mathbf{0} \\ \mathbf{0} & \mathbf{0} \\ \mathbf{0} & \mathbf{I} \end{bmatrix} \begin{Bmatrix} \mathbf{P}_{F1}^{(3)} \\ \mathbf{P}_{F2}^{(3)} \end{Bmatrix} \quad \breve{\breve{\mathbf{R}}}^{(3)} = -\begin{Bmatrix} \mathbf{P}_{F1}^{(3)} \\ \mathbf{0} \\ \mathbf{P}_{F2}^{(3)} \end{Bmatrix} \begin{matrix} 1 \\ 2 \\ 3 \end{matrix} \tag{7.38}$$

요소 1의 끝단인 i와 j가 구조 절점 1과 2에 연결되면 식 (7.33)의 부행렬 $\mathbf{K}_{11}^{(1)}$, $\mathbf{K}_{12}^{(1)}$, $\mathbf{K}_{21}^{(1)}$, $\mathbf{K}_{22}^{(1)}$은 구조계 강성도 행렬의 절점 1과 2에 해당하게 됨을 알 수 있다. 이는 요소 2와 3에서도 비슷하다.

위의 내용을 일반화하면

요소 k의 단부 i와 j가 구조 절점 M과 N에 연결된다면 요소의 부행렬 $\mathbf{K}_{11}^{(k)}$, $\mathbf{K}_{12}^{(k)}$, $\mathbf{K}_{21}^{(k)}$, $\mathbf{K}_{22}^{(k)}$는 구조계 강성도 행렬(식 7.39)의 절점 M과 N에 해당된다.

$$\breve{\breve{\mathbf{K}}}^{(k)} = \mathbf{G}^{(k)^T}\mathbf{K}^{(k)}\mathbf{G}^{(k)} = \begin{matrix} & M & & N & \\ \left[\begin{matrix} & \vdots & & \vdots & \\ \cdots & \mathbf{K}_{11}^{(k)} & \cdots & \mathbf{K}_{12}^{(k)} & \cdots \\ & \vdots & & \vdots & \\ & \vdots & & \vdots & \\ & \vdots & & \vdots & \\ \cdots & \mathbf{K}_{21}^{(k)} & \cdots & \mathbf{K}_{22}^{(k)} & \cdots \\ & \vdots & & \vdots & \end{matrix}\right] \end{matrix} \begin{matrix} \\ M \\ \\ \\ \\ N \\ \\ \end{matrix} \tag{7.39}$$

식 (7.22)로부터 Figure 7-1의 기본 골조시스템의 강성도 행렬은 다음과 같다.

$$\mathbf{K} = \sum_{k=1}^{3} \breve{\mathbf{K}}^{(k)} = \sum_{k=1}^{3} \mathbf{G}^{(k)^T} \mathbf{K}^{(k)} \mathbf{G}^{(k)} = \begin{bmatrix} \mathbf{K}_{11}^{(1)} + \mathbf{K}_{11}^{(3)} & \mathbf{K}_{12}^{(1)} & \mathbf{K}_{12}^{(3)} \\ \mathbf{K}_{21}^{(1)} & \mathbf{K}_{22}^{(1)} + \mathbf{K}_{11}^{(2)} & \mathbf{K}_{12}^{(2)} \\ \mathbf{K}_{21}^{(3)} & \mathbf{K}_{21}^{(2)} & \mathbf{K}_{22}^{(2)} + \mathbf{K}_{22}^{(3)} \end{bmatrix} \tag{7.40}$$

이와 유사하게 식 (7.36)을 살펴보면 부벡터 $\mathbf{P}_{F1}^{(1)}$과 $\mathbf{P}_{F2}^{(1)}$은 구속 절점력 벡터의 절점 1과 2에 관련됨을 알 수 있다. 요소 2와 요소 3의 경우도 같다.

그러므로 이를 일반화하면 다음과 같다.

요소 k의 단부 i와 j가 구조 절점 M과 N에 연결된다면, 요소의 부벡터 $\mathbf{P}_{F1}^{(k)}$와 $\mathbf{P}_{F2}^{(k)}$는 구속 절점력 벡터(식 7.41)의 절점 M과 N에 해당된다.

$$\breve{\mathbf{R}}^{(k)} = -\mathbf{G}^{(k)^T} \mathbf{P}_F^{(k)} = -\begin{Bmatrix} \vdots \\ \mathbf{P}_{F1}^{(k)} \\ \vdots \\ \vdots \\ \vdots \\ \mathbf{P}_{F2}^{(k)} \\ \vdots \end{Bmatrix} \begin{matrix} \\ M \\ \\ \\ \\ N \\ \\ \end{matrix} \tag{7.41}$$

식 (7.23)에 의해서 Figure 7-1의 골조구조물의 구속 절점력 벡터는

$$\mathbf{R} = \sum_{k=1}^{3} \breve{\mathbf{R}}^{(k)} = -\sum_{k=1}^{3} \mathbf{G}^{(k)^T} \mathbf{P}_F^{(k)} = -\begin{Bmatrix} \mathbf{P}_{F1}^{(1)} + \mathbf{P}_{F1}^{(3)} \\ \mathbf{P}_{F2}^{(1)} + \mathbf{P}_{F1}^{(2)} \\ \mathbf{P}_{F2}^{(2)} + \mathbf{P}_{F2}^{(3)} \end{Bmatrix} \tag{7.42}$$

과 같다.

Example 7-1

다음과 같은 골조구조물에서 강성도 행렬과 등가 하중벡터를 구성하라.

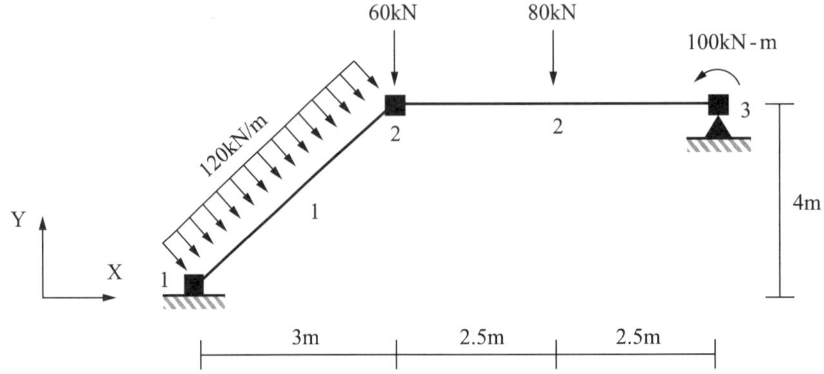

요소 1과 요소 2의 국부 강성도 행렬은 다음과 같이 계산되었다.

$$\bar{\mathbf{K}}^{(1)} = \bar{\mathbf{K}}^{(2)} = \frac{IE}{125}\begin{bmatrix} 1000 & 0 & 0 & -1000 & 0 & 0 \\ 0 & 12 & 30 & 0 & -12 & 30 \\ 0 & 30 & 100 & 0 & -30 & 50 \\ -1000 & 0 & 0 & 1000 & 0 & 0 \\ 0 & -12 & -30 & 0 & 12 & -30 \\ 0 & 30 & 50 & 0 & -30 & 100 \end{bmatrix}$$

Solution

요소 1과 1의 국부좌표계는 다음과 같다.

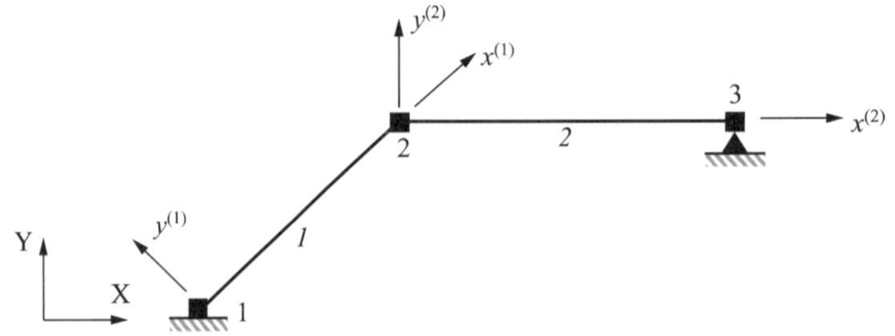

절점 번호, 요소 번호, 자유도 번호를 다음과 같이 설정하였다.

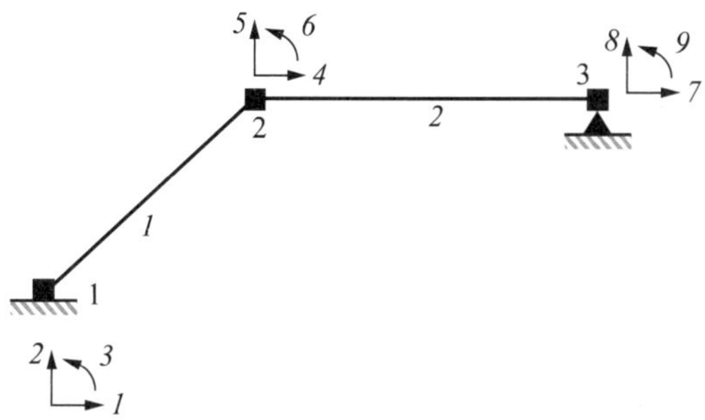

요소 1과 요소 2의 사상벡터는

$$\underline{\text{Element 1}} \qquad \underline{\text{Element 2}}$$

$$LM_1 = \begin{Bmatrix} 1 \\ 2 \\ 3 \\ 4 \\ 5 \\ 6 \end{Bmatrix}_1 \qquad LM_2 = \begin{Bmatrix} 4 \\ 5 \\ 6 \\ 7 \\ 8 \\ 9 \end{Bmatrix}_2$$

와 같다.

사상벡터에 의해서 구조계 평형 사상행렬 **H**와 구조계 적합 사상행렬 **G**는 다음과 같다.

$$\mathbf{H} = \begin{bmatrix} 1&0&0&0&0&0&0&0&0&0&0&0 \\ 0&1&0&0&0&0&0&0&0&0&0&0 \\ 0&0&1&0&0&0&0&0&0&0&0&0 \\ 0&0&0&1&0&0&1&0&0&0&0&0 \\ 0&0&0&0&1&0&0&1&0&0&0&0 \\ 0&0&0&0&0&1&0&0&1&0&0&0 \\ 0&0&0&0&0&0&0&0&0&1&0&0 \\ 0&0&0&0&0&0&0&0&0&0&1&0 \\ 0&0&0&0&0&0&0&0&0&0&0&1 \end{bmatrix}, \quad \mathbf{G} = \begin{bmatrix} 1&0&0&0&0&0&0&0&0 \\ 0&1&0&0&0&0&0&0&0 \\ 0&0&1&0&0&0&0&0&0 \\ 0&0&0&1&0&0&0&0&0 \\ 0&0&0&0&1&0&0&0&0 \\ 0&0&0&0&0&1&0&0&0 \\ 0&0&0&1&0&0&0&0&0 \\ 0&0&0&0&1&0&0&0&0 \\ 0&0&0&0&0&1&0&0&0 \\ 0&0&0&0&0&0&1&0&0 \\ 0&0&0&0&0&0&0&1&0 \\ 0&0&0&0&0&0&0&0&1 \end{bmatrix}$$

<u>Step I:</u>

골조 시스템의 절점 평형방정식을 행렬로 나타내면

$$
\begin{Bmatrix} F_1 \\ F_2 \\ F_3 \\ 0 \\ -60 \\ 0 \\ F_7 \\ F_8 \\ 100 \end{Bmatrix} = \begin{bmatrix} 1 & 0 & 0 & 0 & 0 & 0 & 0 & 0 & 0 & 0 & 0 & 0 \\ 0 & 1 & 0 & 0 & 0 & 0 & 0 & 0 & 0 & 0 & 0 & 0 \\ 0 & 0 & 1 & 0 & 0 & 0 & 0 & 0 & 0 & 0 & 0 & 0 \\ 0 & 0 & 0 & 1 & 0 & 0 & 1 & 0 & 0 & 0 & 0 & 0 \\ 0 & 0 & 0 & 0 & 1 & 0 & 0 & 1 & 0 & 0 & 0 & 0 \\ 0 & 0 & 0 & 0 & 0 & 1 & 0 & 0 & 1 & 0 & 0 & 0 \\ 0 & 0 & 0 & 0 & 0 & 0 & 0 & 0 & 0 & 1 & 0 & 0 \\ 0 & 0 & 0 & 0 & 0 & 0 & 0 & 0 & 0 & 0 & 1 & 0 \\ 0 & 0 & 0 & 0 & 0 & 0 & 0 & 0 & 0 & 0 & 0 & 1 \end{bmatrix} \begin{Bmatrix} P_1^{(1)} \\ P_2^{(1)} \\ P_3^{(1)} \\ P_4^{(1)} \\ P_5^{(1)} \\ P_6^{(1)} \\ P_1^{(2)} \\ P_2^{(2)} \\ P_3^{(2)} \\ P_4^{(2)} \\ P_5^{(2)} \\ P_6^{(2)} \end{Bmatrix} \quad \text{또는} \quad \mathbf{F} = \mathbf{HP}
$$

와 같다.

Step II:

골조 시스템의 적합방정식을 행렬로 나타내면

$$
\begin{Bmatrix} U_1^{(1)} \\ U_2^{(1)} \\ U_3^{(1)} \\ U_4^{(1)} \\ U_5^{(1)} \\ U_6^{(1)} \\ U_1^{(2)} \\ U_2^{(2)} \\ U_3^{(2)} \\ U_4^{(2)} \\ U_5^{(2)} \\ U_6^{(2)} \end{Bmatrix} = \begin{bmatrix} 1 & 0 & 0 & 0 & 0 & 0 & 0 & 0 & 0 \\ 0 & 1 & 0 & 0 & 0 & 0 & 0 & 0 & 0 \\ 0 & 0 & 1 & 0 & 0 & 0 & 0 & 0 & 0 \\ 0 & 0 & 0 & 1 & 0 & 0 & 0 & 0 & 0 \\ 0 & 0 & 0 & 0 & 1 & 0 & 0 & 0 & 0 \\ 0 & 0 & 0 & 0 & 0 & 1 & 0 & 0 & 0 \\ 0 & 0 & 0 & 1 & 0 & 0 & 0 & 0 & 0 \\ 0 & 0 & 0 & 0 & 1 & 0 & 0 & 0 & 0 \\ 0 & 0 & 0 & 0 & 0 & 1 & 0 & 0 & 0 \\ 0 & 0 & 0 & 0 & 0 & 0 & 1 & 0 & 0 \\ 0 & 0 & 0 & 0 & 0 & 0 & 0 & 1 & 0 \\ 0 & 0 & 0 & 0 & 0 & 0 & 0 & 0 & 1 \end{bmatrix} \begin{Bmatrix} U_1 \\ U_2 \\ U_3 \\ U_4 \\ U_5 \\ U_6 \\ U_7 \\ U_8 \\ U_9 \end{Bmatrix} \quad \text{또는} \quad \mathbf{\Delta} = \mathbf{GU}
$$

와 같다.

Step III:

각 요소의 국부 강성도 행렬과 고정단부력 벡터를 구성한다.

요소 1:

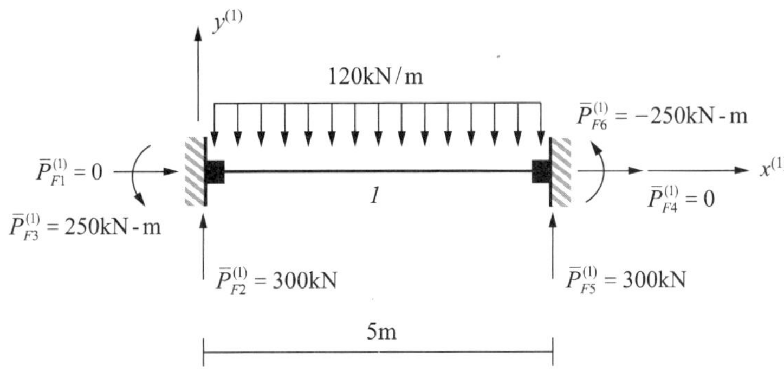

$$\bar{\mathbf{P}}_F^{(1)} = \begin{bmatrix} 0 & 300 & 250 & 0 & 300 & -250 \end{bmatrix}^T$$

$$\bar{\mathbf{K}}^{(1)} = \frac{IE}{125}\begin{bmatrix} 1000 & 0 & 0 & -1000 & 0 & 0 \\ 0 & 12 & 30 & 0 & -12 & 30 \\ 0 & 30 & 100 & 0 & -30 & 50 \\ -1000 & 0 & 0 & 1000 & 0 & 0 \\ 0 & -12 & -30 & 0 & 12 & -30 \\ 0 & 30 & 50 & 0 & -30 & 100 \end{bmatrix}$$

요소 2:

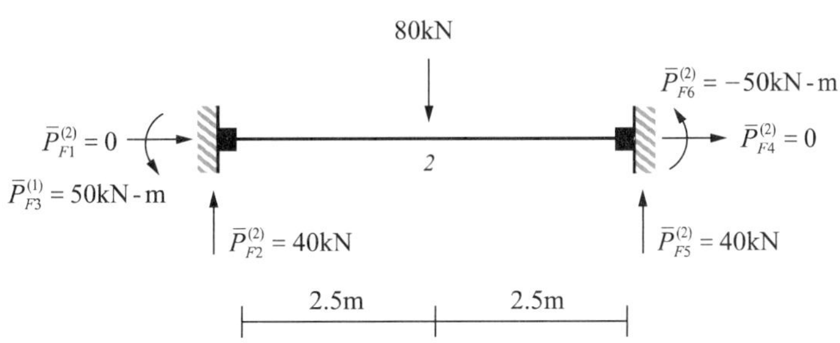

$$\bar{\mathbf{P}}_F^{(2)} = \begin{bmatrix} 0 & 40 & 50 & 0 & 40 & -50 \end{bmatrix}^T$$

$$\bar{\mathbf{K}}^{(2)} = \frac{IE}{125}\begin{bmatrix} 1000 & 0 & 0 & -1000 & 0 & 0 \\ 0 & 12 & 30 & 0 & -12 & 30 \\ 0 & 30 & 100 & 0 & -30 & 50 \\ -1000 & 0 & 0 & 1000 & 0 & 0 \\ 0 & -12 & -30 & 0 & 12 & -30 \\ 0 & 30 & 50 & 0 & -30 & 100 \end{bmatrix}$$

Step IV:

국부좌표계의 각 요소의 강성도 행렬과 고정단부력을 전역좌표계로 변환한다.

요소 1:

$$\mathbf{\Gamma}_{ROT}^{(1)} = \begin{bmatrix} 0.6 & 0.8 & 0 & 0 & 0 & 0 \\ -0.8 & 0.6 & 0 & 0 & 0 & 0 \\ 0 & 0 & 1 & 0 & 0 & 0 \\ 0 & 0 & 0 & 0.6 & 0.8 & 0 \\ 0 & 0 & 0 & -0.8 & 0.6 & 0 \\ 0 & 0 & 0 & 0 & 0 & 1 \end{bmatrix}$$

$$\mathbf{K}^{(1)} = \mathbf{\Gamma}_{ROT}^{(1)\,T}\,\overline{\mathbf{K}}^{(1)}\mathbf{\Gamma}_{ROT}^{(1)} = \frac{IE}{125}\begin{bmatrix} 367.68 & 474.24 & -24 & -367.68 & 474.24 & -24 \\ 474.24 & 644.32 & 18 & -474.24 & -644.32 & 18 \\ -24 & 18 & 100 & 24 & -18 & 50 \\ -367.68 & -474.24 & 24 & 367.68 & 474.24 & 24 \\ 474.24 & -644.32 & -18 & 474.24 & 644.32 & -18 \\ -24 & 18 & 50 & 24 & -18 & 100 \end{bmatrix}$$

$$\mathbf{P}_F^{(1)} = \mathbf{\Gamma}_{ROT}^{(1)\,T}\,\overline{\mathbf{P}}_F^{(1)} = \begin{bmatrix} -240 & 180 & 250 & -240 & 180 & -250 \end{bmatrix}^T$$

요소 2:

$$\mathbf{\Gamma}_{ROT}^{(2)} = \begin{bmatrix} 1 & 0 & 0 & 0 & 0 & 0 \\ 0 & 1 & 0 & 0 & 0 & 0 \\ 0 & 0 & 1 & 0 & 0 & 0 \\ 0 & 0 & 0 & 1 & 0 & 0 \\ 0 & 0 & 0 & 0 & 1 & 0 \\ 0 & 0 & 0 & 0 & 0 & 1 \end{bmatrix}$$

$$\mathbf{K}^{(2)} = \mathbf{\Gamma}_{ROT}^{(2)\,T}\,\overline{\mathbf{K}}^{(2)}\mathbf{\Gamma}_{ROT}^{(2)} = \frac{IE}{125}\begin{bmatrix} 1000 & 0 & 0 & -1000 & 0 & 0 \\ 0 & 12 & 30 & 0 & -12 & 30 \\ 0 & 30 & 100 & 0 & -30 & 50 \\ -1000 & 0 & 0 & 1000 & 0 & 0 \\ 0 & -12 & -30 & 0 & 12 & -30 \\ 0 & 30 & 50 & 0 & -30 & 100 \end{bmatrix}$$

$$\mathbf{P}_F^{(2)} = \mathbf{\Gamma}_{ROT}^{(2)\,T}\,\overline{\mathbf{P}}_F^{(2)} = \begin{bmatrix} 0 & 40 & 50 & 0 & 40 & -50 \end{bmatrix}^T$$

따라서 조립되지 않은 고정단부력 벡터는

$$\hat{\mathbf{P}}_F = \begin{bmatrix} -240 & 180 & 250 & -240 & 180 & -250 & 0 & 40 & 50 & 0 & 40 & -50 \end{bmatrix}^T$$

이다.

조립되지 않은 구조계 강성도 행렬은 다음과 같다.

$$\hat{\mathbf{K}} = \begin{bmatrix} \mathbf{K}^{(1)} & \mathbf{0} \\ \mathbf{0} & \mathbf{K}^{(2)} \end{bmatrix}$$

Step V:

하중 절점력 벡터는

$$\mathbf{F} = \begin{bmatrix} F_1 & F_2 & F_3 & 0 & -60 & 0 & F_7 & F_8 & 100 \end{bmatrix}^T$$

와 같다. 따라서 등가 절점력 벡터는

$$\mathbf{F}^E = \mathbf{F} - \mathbf{H}\hat{\mathbf{P}}_F = \begin{Bmatrix} F_1 \\ F_2 \\ F_3 \\ 0 \\ -60 \\ 0 \\ F_7 \\ F_8 \\ 100 \end{Bmatrix} - \begin{bmatrix} 1 & 0 & 0 & 0 & 0 & 0 & 0 & 0 & 0 & 0 & 0 & 0 \\ 0 & 1 & 0 & 0 & 0 & 0 & 0 & 0 & 0 & 0 & 0 & 0 \\ 0 & 0 & 1 & 0 & 0 & 0 & 0 & 0 & 0 & 0 & 0 & 0 \\ 0 & 0 & 0 & 1 & 0 & 0 & 1 & 0 & 0 & 0 & 0 & 0 \\ 0 & 0 & 0 & 0 & 1 & 0 & 0 & 1 & 0 & 0 & 0 & 0 \\ 0 & 0 & 0 & 0 & 0 & 1 & 0 & 0 & 1 & 0 & 0 & 0 \\ 0 & 0 & 0 & 0 & 0 & 0 & 0 & 0 & 0 & 1 & 0 & 0 \\ 0 & 0 & 0 & 0 & 0 & 0 & 0 & 0 & 0 & 0 & 1 & 0 \\ 0 & 0 & 0 & 0 & 0 & 0 & 0 & 0 & 0 & 0 & 0 & 1 \end{bmatrix} \begin{Bmatrix} -240 \\ 180 \\ 250 \\ -240 \\ 180 \\ -250 \\ 0 \\ 40 \\ 50 \\ 0 \\ 40 \\ -50 \end{Bmatrix} = \begin{Bmatrix} F_1 + 240 \\ F_2 - 180 \\ F_3 - 250 \\ 240 \\ -280 \\ 200 \\ F_7 \\ F_8 - 40 \\ 150 \end{Bmatrix}$$

이 된다.

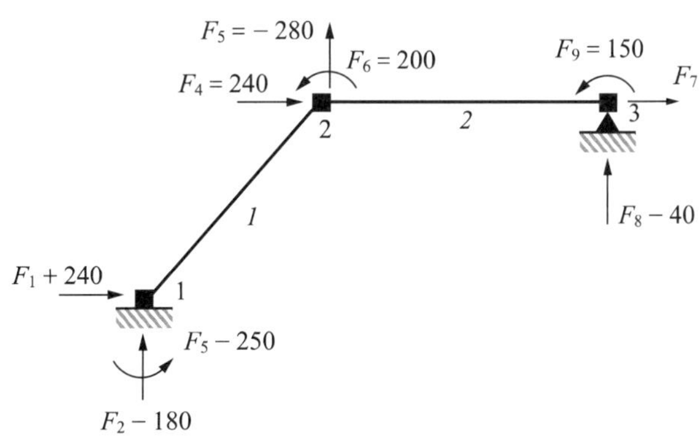

Step VI:
완성된 구조계 강성도 행렬은 다음과 같이 조립된다.

$$\mathbf{K} = \mathbf{G}^T\hat{\mathbf{K}}\mathbf{G} = \frac{IE}{125}\begin{bmatrix} 367.68 & 474.24 & -24 & -367.68 & -474.24 & -24 & 0 & 0 & 0 \\ 474.24 & 644.32 & 18 & -474.24 & -644.32 & 18 & 0 & 0 & 0 \\ -24 & 18 & 100 & 24 & -18 & 50 & 0 & 0 & 0 \\ -367.68 & -474.24 & 24 & 1367.68 & 474.24 & 24 & -1000 & 0 & 0 \\ -474.24 & -644.32 & -18 & 474.24 & 656.32 & 12 & 0 & -12 & 30 \\ -24 & 18 & 50 & 24 & 12 & 200 & 0 & -30 & 50 \\ 0 & 0 & 0 & -1000 & 0 & 0 & 1000 & 0 & 0 \\ 0 & 0 & 0 & 0 & -12 & -30 & 0 & 12 & -30 \\ 0 & 0 & 0 & 0 & 30 & 50 & 0 & -30 & 100 \end{bmatrix}$$

또한 완성된 구조계 강성도 방정식은 다음과 같다.

$$\begin{Bmatrix} F_1+240 \\ F_2-180 \\ F_3-250 \\ 240 \\ -280 \\ 200 \\ F_7 \\ F_8-40 \\ 150 \end{Bmatrix} = \frac{IE}{125}\begin{bmatrix} 367.68 & 474.24 & -24 & -367.68 & -474.24 & -24 & 0 & 0 & 0 \\ 474.24 & 644.32 & 18 & -474.24 & -644.32 & 18 & 0 & 0 & 0 \\ -24 & 18 & 100 & 24 & -18 & 50 & 0 & 0 & 0 \\ -367.68 & -474.24 & 24 & 1367.68 & 474.24 & 24 & -1000 & 0 & 0 \\ -474.24 & -644.32 & -18 & 474.24 & 656.32 & 12 & 0 & -12 & 30 \\ -24 & 18 & 50 & 24 & 12 & 200 & 0 & -30 & 50 \\ 0 & 0 & 0 & -1000 & 0 & 0 & 1000 & 0 & 0 \\ 0 & 0 & 0 & 0 & -12 & -30 & 0 & 12 & -30 \\ 0 & 0 & 0 & 0 & 30 & 50 & 0 & -30 & 100 \end{bmatrix}\begin{Bmatrix} U_1=0 \\ U_2=0 \\ U_3=0 \\ U_4 \\ U_5 \\ U_6 \\ U_7=0 \\ U_8=0 \\ U_9=0 \end{Bmatrix}$$

또는

$$\mathbf{F}^E = \mathbf{KU}$$

위의 식은 9개의 미지수(3개의 절점 변위 + 6개의 반력)와 9개의 독립된 방정식으로 구성되어 있다. 그러나 지점 조건을 고려하지 않았기 때문에 강성도 행렬 $\mathbf{K}$ 는 특이행렬이 된다. 행렬의 행과 열을 정리하여 구속 자유도와 비구속 자유도로 나누고, 행렬식으로부터 미지수를 계산한다.
방정식의 왼쪽 항의 미지력은 우측 항의 기지의 변위에 연결되어 있고, 왼쪽 항의 기지력은 우측 항의 미지의 변위와 연결되어 있음을 주목하자. 이는 각 자유도에서 변위 또는 하중 조건 둘 중에 하나는 기지의 값임을 의미한다.

4 골조구조물의 전체 강성도 행렬의 유도 : 요소-코드 조립기법

앞 절에서 다룬 조립 알고리즘은 직접 강성도법의 기본적인 개념을 파악하는데 많은 도움이 되었다. 그러나 이를 직접 컴퓨터에 전산화하기에는, 대형 구조물의 경우 많은 저장공간과 계산시간을 요구하기 때문에 그리 효과적이지 못하여 이 알고리즘은 거의 사용되지 않는다.

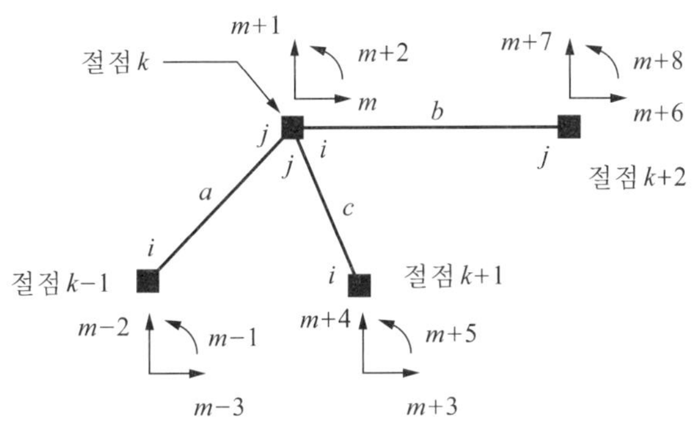

Figure 7–3 골조구조물의 절점 k 에 연결된 요소와 요소에 연결된 절점의 변위 성분

식 (7.40)을 살펴보면, 각 요소의 전역 강성도 행렬로부터 계산된 영향 계수를 구조계 강성도 행렬의 적절한 곳에 대입하여 구조계 강성도 행렬을 구성할 수 있음을 알 수 있다. 이러한 방식으로 구조계 강성도 행렬과 구조계 절점력 벡터를 조립하게 되면 전산화하는데 효과적일 뿐 아니라 컴퓨터 저장 메모리와 계산 시간이 상당히 감소된다. 이를 요소-코드 기법이라 하고 S.S. Tezcan[8]에 의해 1963년에 처음 소개되었다.

Figure 7-3과 같은 골조구조물의 한 절점 k를 생각해보자. 이 절점에 3개의 요소(a, b, c)가 연결되어 있다고 가정하자. Figure 7-3의 자유도 번호와 요소 번호에 따른 요소 a, b, c에 대한 사상벡터는 다음과 같다.

8) Salih Semih Tezcan (1932−present)은 캐나다, British Columbia대학 토목공학과 교수였다. 요소-코드 기법에 대한 그의 논문은 Tezcan, S.S. (1963) "*Discussion of Simplified Formulation of Stiffness Matrices by P.M. Wright*", Journal of the Structural Division, ASCE:89(6):445~449. 이다.

$$LM_a = \begin{Bmatrix} m-3 \\ m-2 \\ m-1 \\ m \\ m+1 \\ m+2 \end{Bmatrix}_a ; \quad LM_b = \begin{Bmatrix} m+3 \\ m+4 \\ m+5 \\ m \\ m+1 \\ m+2 \end{Bmatrix}_b ; \quad LM_c = \begin{Bmatrix} m \\ m+1 \\ m+2 \\ m+6 \\ m+7 \\ m+8 \end{Bmatrix}_c ; \tag{7.43}$$

각 요소의 전역좌표계 강성도 행렬을 변수로 나타내면 다음과 같다.

요소 a:

$$\begin{Bmatrix} P_1^{(a)} \\ P_2^{(a)} \\ P_3^{(a)} \\ P_4^{(a)} \\ P_5^{(a)} \\ P_6^{(a)} \end{Bmatrix} = \begin{bmatrix} K_{11}^{(a)} & K_{12}^{(a)} & K_{13}^{(a)} & K_{14}^{(a)} & K_{15}^{(a)} & K_{16}^{(a)} \\ K_{21}^{(a)} & K_{22}^{(a)} & K_{23}^{(a)} & K_{24}^{(a)} & K_{25}^{(a)} & K_{26}^{(a)} \\ K_{31}^{(a)} & K_{32}^{(a)} & K_{33}^{(a)} & K_{34}^{(a)} & K_{35}^{(a)} & K_{36}^{(a)} \\ K_{41}^{(a)} & K_{42}^{(a)} & K_{43}^{(a)} & K_{44}^{(a)} & K_{45}^{(a)} & K_{46}^{(a)} \\ K_{51}^{(a)} & K_{52}^{(a)} & K_{53}^{(a)} & K_{54}^{(a)} & K_{55}^{(a)} & K_{56}^{(a)} \\ K_{61}^{(a)} & K_{62}^{(a)} & K_{63}^{(a)} & K_{64}^{(a)} & K_{65}^{(a)} & K_{66}^{(a)} \end{bmatrix} \begin{Bmatrix} U_1^{(a)} \\ U_2^{(a)} \\ U_3^{(a)} \\ U_4^{(a)} \\ U_5^{(a)} \\ U_6^{(a)} \end{Bmatrix} \tag{7.44}$$

요소 b:

$$\begin{Bmatrix} P_1^{(b)} \\ P_2^{(b)} \\ P_3^{(b)} \\ P_4^{(b)} \\ P_5^{(b)} \\ P_6^{(b)} \end{Bmatrix} = \begin{bmatrix} K_{11}^{(b)} & K_{12}^{(b)} & K_{13}^{(b)} & K_{14}^{(b)} & K_{15}^{(b)} & K_{16}^{(b)} \\ K_{21}^{(b)} & K_{22}^{(b)} & K_{23}^{(b)} & K_{24}^{(b)} & K_{25}^{(b)} & K_{26}^{(b)} \\ K_{31}^{(b)} & K_{32}^{(b)} & K_{33}^{(b)} & K_{34}^{(b)} & K_{35}^{(b)} & K_{36}^{(b)} \\ K_{41}^{(b)} & K_{42}^{(b)} & K_{43}^{(b)} & K_{44}^{(b)} & K_{45}^{(b)} & K_{46}^{(b)} \\ K_{51}^{(b)} & K_{52}^{(b)} & K_{53}^{(b)} & K_{54}^{(b)} & K_{55}^{(b)} & K_{56}^{(b)} \\ K_{61}^{(b)} & K_{62}^{(b)} & K_{63}^{(b)} & K_{64}^{(b)} & K_{65}^{(b)} & K_{66}^{(b)} \end{bmatrix} \begin{Bmatrix} U_1^{(b)} \\ U_2^{(b)} \\ U_3^{(b)} \\ U_4^{(b)} \\ U_5^{(b)} \\ U_6^{(b)} \end{Bmatrix} \tag{7.45}$$

요소 c:

$$\begin{Bmatrix} P_1^{(c)} \\ P_2^{(c)} \\ P_3^{(c)} \\ P_4^{(c)} \\ P_5^{(c)} \\ P_6^{(c)} \end{Bmatrix} = \begin{bmatrix} K_{11}^{(c)} & K_{12}^{(c)} & K_{13}^{(c)} & K_{14}^{(c)} & K_{15}^{(c)} & K_{16}^{(c)} \\ K_{21}^{(c)} & K_{22}^{(c)} & K_{23}^{(c)} & K_{24}^{(c)} & K_{25}^{(c)} & K_{26}^{(c)} \\ K_{31}^{(c)} & K_{32}^{(c)} & K_{33}^{(c)} & K_{34}^{(c)} & K_{35}^{(c)} & K_{36}^{(c)} \\ K_{41}^{(c)} & K_{42}^{(c)} & K_{43}^{(c)} & K_{44}^{(c)} & K_{45}^{(c)} & K_{46}^{(c)} \\ K_{51}^{(c)} & K_{52}^{(c)} & K_{53}^{(c)} & K_{54}^{(c)} & K_{55}^{(c)} & K_{56}^{(c)} \\ K_{61}^{(c)} & K_{62}^{(c)} & K_{63}^{(c)} & K_{64}^{(c)} & K_{65}^{(c)} & K_{66}^{(c)} \end{bmatrix} \begin{Bmatrix} U_1^{(c)} \\ U_2^{(c)} \\ U_3^{(c)} \\ U_4^{(c)} \\ U_5^{(c)} \\ U_6^{(c)} \end{Bmatrix} \tag{7.46}$$

각 요소에 대한 사상벡터 식 (7.43)을 이용하여 식 (7.44), 식 (7.45), 식 (7.46)을 변수로 나타내면 다음과 같다.

요소 a:

$$LM_a = \begin{Bmatrix} m-3 \\ m-2 \\ m-1 \\ m \\ m+1 \\ m+2 \end{Bmatrix}_a ; \quad \begin{Bmatrix} P_1^{(a)} \\ P_2^{(a)} \\ P_3^{(a)} \\ P_4^{(a)} \\ P_5^{(a)} \\ P_6^{(a)} \end{Bmatrix} = \begin{matrix} & m-3 & m-2 & m-1 & m & m+1 & m+2 \\ m-3 \\ m-2 \\ m-1 \\ m \\ m+1 \\ m+2 \end{matrix} \begin{bmatrix} K_{11}^{(a)} & K_{12}^{(a)} & K_{13}^{(a)} & K_{14}^{(a)} & K_{15}^{(a)} & K_{16}^{(a)} \\ K_{21}^{(a)} & K_{22}^{(a)} & K_{23}^{(a)} & K_{24}^{(a)} & K_{25}^{(a)} & K_{26}^{(a)} \\ K_{31}^{(a)} & K_{32}^{(a)} & K_{33}^{(a)} & K_{34}^{(a)} & K_{35}^{(a)} & K_{36}^{(a)} \\ K_{41}^{(a)} & K_{42}^{(a)} & K_{43}^{(a)} & K_{44}^{(a)} & K_{45}^{(a)} & K_{46}^{(a)} \\ K_{51}^{(a)} & K_{52}^{(a)} & K_{53}^{(a)} & K_{54}^{(a)} & K_{55}^{(a)} & K_{56}^{(a)} \\ K_{61}^{(a)} & K_{62}^{(a)} & K_{63}^{(a)} & K_{64}^{(a)} & K_{65}^{(a)} & K_{66}^{(a)} \end{bmatrix} \begin{Bmatrix} U_{m-3} \\ U_{m-2} \\ U_{m-1} \\ U_m \\ U_{m+1} \\ U_{m+2} \end{Bmatrix} \tag{7.47}$$

요소 b:

$$LM_b = \begin{Bmatrix} m+3 \\ m+4 \\ m+5 \\ m \\ m+1 \\ m+2 \end{Bmatrix}_b ; \quad \begin{Bmatrix} P_1^{(b)} \\ P_2^{(b)} \\ P_3^{(b)} \\ P_4^{(b)} \\ P_5^{(b)} \\ P_6^{(b)} \end{Bmatrix} = \begin{matrix} & m+3 & m+4 & m+5 & m & m+1 & m+2 \\ m+3 \\ m+4 \\ m+5 \\ m \\ m+1 \\ m+2 \end{matrix} \begin{bmatrix} K_{11}^{(b)} & K_{12}^{(b)} & K_{13}^{(b)} & K_{14}^{(b)} & K_{15}^{(b)} & K_{16}^{(b)} \\ K_{21}^{(b)} & K_{22}^{(b)} & K_{23}^{(b)} & K_{24}^{(b)} & K_{25}^{(b)} & K_{26}^{(b)} \\ K_{31}^{(b)} & K_{32}^{(b)} & K_{33}^{(b)} & K_{34}^{(b)} & K_{35}^{(b)} & K_{36}^{(b)} \\ K_{41}^{(b)} & K_{42}^{(b)} & K_{43}^{(b)} & K_{44}^{(b)} & K_{45}^{(b)} & K_{46}^{(b)} \\ K_{51}^{(b)} & K_{52}^{(b)} & K_{53}^{(b)} & K_{54}^{(b)} & K_{55}^{(b)} & K_{56}^{(b)} \\ K_{61}^{(b)} & K_{62}^{(b)} & K_{63}^{(b)} & K_{64}^{(b)} & K_{65}^{(b)} & K_{66}^{(b)} \end{bmatrix} \begin{Bmatrix} U_{m+3} \\ U_{m+4} \\ U_{m+5} \\ U_m \\ U_{m+1} \\ U_{m+2} \end{Bmatrix} \tag{7.48}$$

요소 c:

$$LM_c = \begin{Bmatrix} m \\ m+1 \\ m+2 \\ m+6 \\ m+7 \\ m+8 \end{Bmatrix}_c ; \quad \begin{Bmatrix} P_1^{(c)} \\ P_2^{(c)} \\ P_3^{(c)} \\ P_4^{(c)} \\ P_5^{(c)} \\ P_6^{(c)} \end{Bmatrix} = \begin{matrix} & m & m+1 & m+2 & m+6 & m+7 & m+8 \\ m \\ m+1 \\ m+2 \\ m+6 \\ m+7 \\ m+8 \end{matrix} \begin{bmatrix} K_{11}^{(c)} & K_{12}^{(c)} & K_{13}^{(c)} & K_{14}^{(c)} & K_{15}^{(c)} & K_{16}^{(c)} \\ K_{21}^{(c)} & K_{22}^{(c)} & K_{23}^{(c)} & K_{24}^{(c)} & K_{25}^{(c)} & K_{26}^{(c)} \\ K_{31}^{(c)} & K_{32}^{(c)} & K_{33}^{(c)} & K_{34}^{(c)} & K_{35}^{(c)} & K_{36}^{(c)} \\ K_{41}^{(c)} & K_{42}^{(c)} & K_{43}^{(c)} & K_{44}^{(c)} & K_{45}^{(c)} & K_{46}^{(c)} \\ K_{51}^{(c)} & K_{52}^{(c)} & K_{53}^{(c)} & K_{54}^{(c)} & K_{55}^{(c)} & K_{56}^{(c)} \\ K_{61}^{(c)} & K_{62}^{(c)} & K_{63}^{(c)} & K_{64}^{(c)} & K_{65}^{(c)} & K_{66}^{(c)} \end{bmatrix} \begin{Bmatrix} U_m \\ U_{m+1} \\ U_{m+2} \\ U_{m+6} \\ U_{m+7} \\ U_{m+8} \end{Bmatrix} \tag{7.49}$$

Figure 7-4로부터 절점 k의 평형조건은 다음과 같다.

$$\sum F_X = 0; \quad \Rightarrow \quad F_m^E = P_4^{(a)} + P_4^{(b)} + P_1^{(c)} \tag{7.50}$$

$$\sum F_Y = 0; \quad \Rightarrow \quad F_{m+1}^E = P_5^{(a)} + P_5^{(b)} + P_2^{(c)} \tag{7.51}$$

$$\sum M_Z = 0; \quad \Rightarrow \quad F_{m+2}^E = P_6^{(a)} + P_6^{(b)} + P_3^{(c)} \tag{7.52}$$

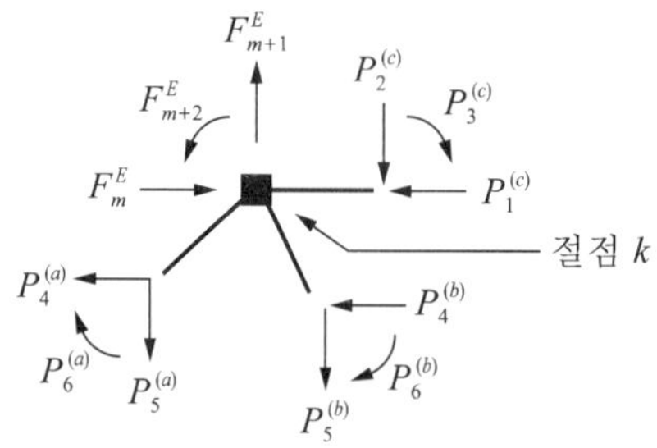

Figure 7-4 절점 k 의 평형조건

식 (7.50), 식 (7.51), 식 (7.52)는 각각 m번째, $(m+1)$번째, $(m+2)$번째 요소의 강성도 방정식과 관련되어 있다. 따라서 식 (7.47), 식 (7.48), 식 (7.49)의 강성도 방정식을 이용하여 식 (7.50), 식 (7.51), 식 (7.52)의 우측항을 구조계 절점변위의 항으로 나타내면 다음과 같다.

$$\begin{aligned} F^E_m = {} & K^{(a)}_{41}U_{m-3} + K^{(a)}_{42}U_{m-2} + K^{(a)}_{43}U_{m-1} + \left(K^{(a)}_{44} + K^{(b)}_{44} + K^{(c)}_{11}\right)U_m + \\ & \left(K^{(a)}_{45} + K^{(b)}_{45} + K^{(c)}_{12}\right)U_{m+1} + \left(K^{(a)}_{46} + K^{(b)}_{46} + K^{(c)}_{13}\right)U_{m+2} + K^{(b)}_{41}U_{m+3} + \\ & K^{(b)}_{42}U_{m+4} + K^{(b)}_{43}U_{m+5} + K^{(c)}_{14}U_{m+6} + K^{(c)}_{15}U_{m+7} + K^{(c)}_{16}U_{m+8} \end{aligned} \tag{7.53}$$

$$\begin{aligned} F^E_{m+1} = {} & K^{(a)}_{51}U_{m-3} + K^{(a)}_{52}U_{m-2} + K^{(a)}_{53}U_{m-1} + \left(K^{(a)}_{54} + K^{(b)}_{54} + K^{(c)}_{21}\right)U_m + \\ & \left(K^{(a)}_{55} + K^{(b)}_{55} + K^{(c)}_{22}\right)U_{m+1} + \left(K^{(a)}_{56} + K^{(b)}_{56} + K^{(c)}_{23}\right)U_{m+2} + K^{(b)}_{51}U_{m+3} + \\ & K^{(b)}_{52}U_{m+4} + K^{(b)}_{53}U_{m+5} + K^{(c)}_{24}U_{m+6} + K^{(c)}_{25}U_{m+7} + K^{(c)}_{26}U_{m+8} \end{aligned} \tag{7.54}$$

$$\begin{aligned} F^E_{m+2} = {} & K^{(a)}_{61}U_{m-3} + K^{(a)}_{62}U_{m-2} + K^{(a)}_{63}U_{m-1} + \left(K^{(a)}_{64} + K^{(b)}_{64} + K^{(c)}_{31}\right)U_m + \\ & \left(K^{(a)}_{65} + K^{(b)}_{65} + K^{(c)}_{32}\right)U_{m+1} + \left(K^{(a)}_{66} + K^{(b)}_{66} + K^{(c)}_{33}\right)U_{m+2} + K^{(b)}_{61}U_{m+3} + \\ & K^{(b)}_{62}U_{m+4} + K^{(b)}_{63}U_{m+5} + K^{(c)}_{34}U_{m+6} + K^{(c)}_{35}U_{m+7} + K^{(c)}_{36}U_{m+8} \end{aligned} \tag{7.55}$$

식 (7.53), 식 (7.54), 식 (7.55)로부터 다음과 같은 결론이 도출된다.

$$\begin{aligned} & K_{(m)(1)} = 0 && K_{(m+1)(1)} = 0 \\ & K_{(m)(2)} = 0 && K_{(m+1)(2)} = 0 \\ & \vdots && \vdots \\ & K_{(m)(m-3)} = K^{(a)}_{41} && K_{(m+1)(m-3)} = K^{(a)}_{51} \\ & K_{(m)(m-2)} = K^{(a)}_{42} && K_{(m+1)(m-2)} = K^{(a)}_{52} \\ & K_{(m)(m-1)} = K^{(a)}_{43} && K_{(m+1)(m-1)} = K^{(a)}_{53} \end{aligned}$$

$$K_{(m)(m)} = K_{44}^{(a)} + K_{44}^{(b)} + K_{11}^{(c)} \qquad K_{(m+1)(m)} = K_{54}^{(a)} + K_{54}^{(b)} + K_{21}^{(c)}$$
$$K_{(m)(m+1)} = K_{45}^{(a)} + K_{45}^{(b)} + K_{12}^{(c)} \qquad K_{(m+1)(m+1)} = K_{55}^{(a)} + K_{55}^{(b)} + K_{22}^{(c)}$$
$$K_{(m)(m+2)} = K_{46}^{(a)} + K_{46}^{(b)} + K_{13}^{(c)} \qquad K_{(m+1)(m+2)} = K_{56}^{(a)} + K_{56}^{(b)} + K_{23}^{(c)}$$
$$K_{(m)(m+3)} = K_{41}^{(b)} \qquad K_{(m+1)(m+3)} = K_{51}^{(b)}$$
$$K_{(m)(m+4)} = K_{42}^{(b)} \qquad K_{(m+1)(m+4)} = K_{52}^{(b)}$$
$$K_{(m)(m+5)} = K_{43}^{(b)} \qquad K_{(m+1)(m+5)} = K_{53}^{(b)}$$
$$K_{(m)(m+6)} = K_{14}^{(c)} \qquad K_{(m+1)(m+6)} = K_{24}^{(c)}$$
$$K_{(m)(m+7)} = K_{15}^{(c)} \qquad K_{(m+1)(m+7)} = K_{25}^{(c)}$$
$$K_{(m)(m+8)} = K_{16}^{(c)} \qquad K_{(m+1)(m+8)} = K_{26}^{(c)}$$
$$K_{(m)(n)} = 0 \quad \left[n = (m+9), (m+10), \dots\right] \qquad K_{(m+1)(n)} = 0 \quad \left[n = (m+9), (m+10), \dots\right]$$

$$K_{(m+2)(1)} = 0$$
$$K_{(m+2)(2)} = 0$$
$$\vdots$$
$$K_{(m+2)(m-3)} = K_{61}^{(a)}$$
$$K_{(m+2)(m-2)} = K_{62}^{(a)}$$
$$K_{(m+2)(m-1)} = K_{63}^{(a)}$$
$$K_{(m+2)(m)} = K_{64}^{(a)} + K_{64}^{(b)} + K_{31}^{(c)}$$
$$K_{(m+2)(m+1)} = K_{65}^{(a)} + K_{65}^{(b)} + K_{32}^{(c)}$$
$$K_{(m+2)(m+2)} = K_{66}^{(a)} + K_{66}^{(b)} + K_{33}^{(c)}$$
$$K_{(m+2)(m+3)} = K_{61}^{(b)}$$
$$K_{(m+2)(m+4)} = K_{62}^{(b)}$$
$$K_{(m+2)(m+5)} = K_{63}^{(b)}$$
$$K_{(m+2)(m+6)} = K_{64}^{(c)}$$
$$K_{(m+2)(m+7)} = K_{35}^{(c)}$$
$$K_{(m+2)(m+8)} = K_{36}^{(c)}$$
$$K_{(m+2)(n)} = 0 \quad \left[n = (m+9), (m+10), \dots\right]$$

구조물의 강성도 계수 K_{ij}는 요소의 사상벡터 LM에 따라서 구성되는 요소의 강성도 계수의 합과 동일하다. 나중에 위의 과정을 따라 강성도 행렬을 조립하는 것이 전산화에 얼마나 효과적인지 살펴보도록 하자.

이제 Figure 7-1과 같이 전형적인 골조구조물을 생각해보자. 요소-코드 번호 기법에 따라서 구조계 강성도 행렬을 조립하는 과정을 Figure 7-5에 나타내었다.

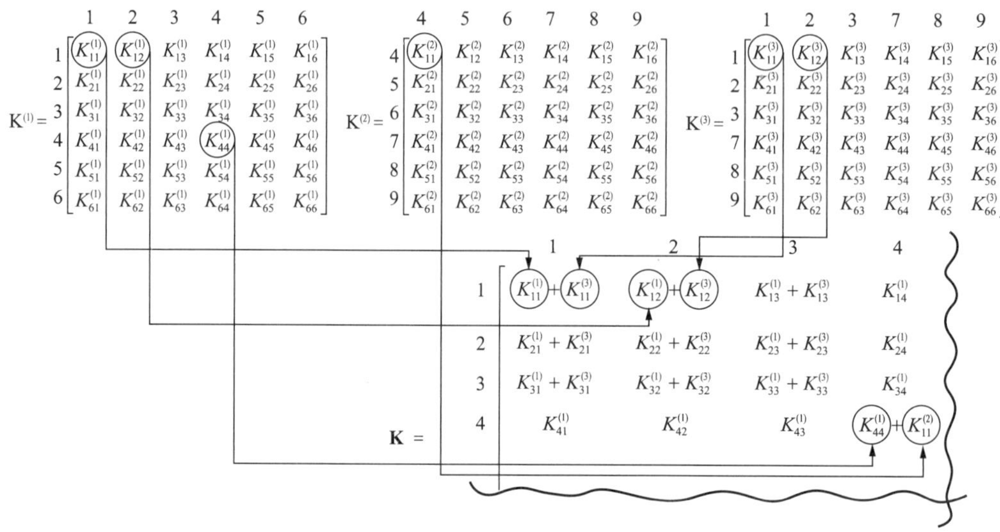

Figure 7-5 요소-코드 번호에 의한 구조계 강성도 행렬의 조립과정에 대한 모식도

이와 유사하게 Figure 7-6에 구속된 절점력 벡터의 조립과정에 대한 모식도를 나타내었다.

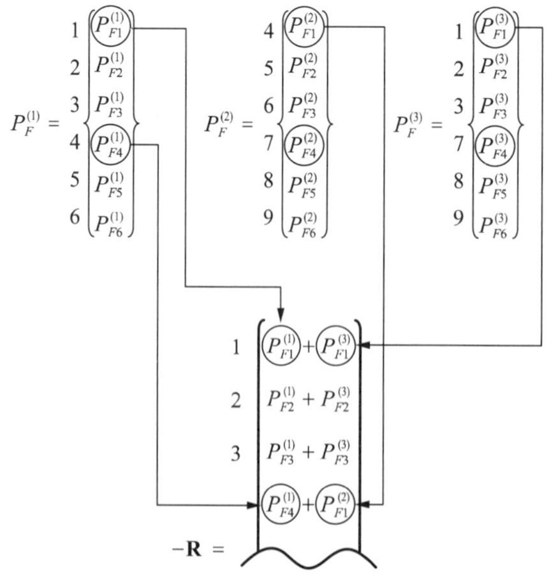

Figure 7-6 요소-코드 번호에 의한 구속된 절점력 벡터의 조립과정에 대한 모식도

Example 7-2

아래 그림과 같은 골조구조물에서 구조계 강성도 행렬과 등가 절점력 벡터를 요소-코드 조립기법에 의해서 구성하라.

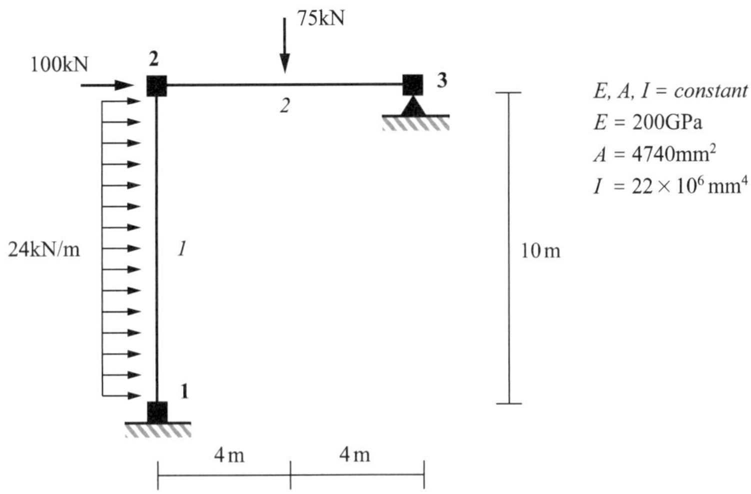

Solution

국부좌표계:

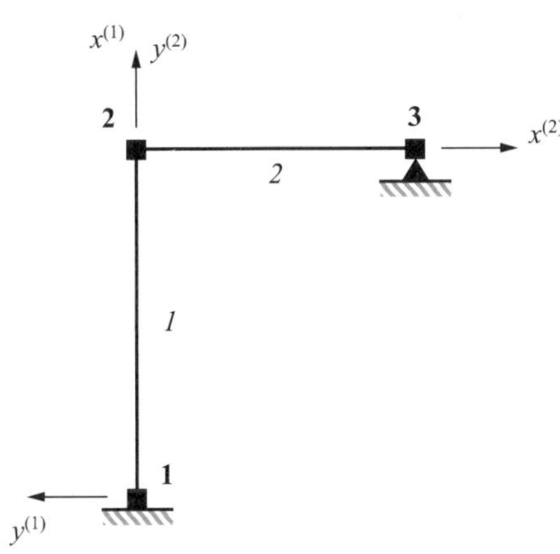

강성도 행렬 구성을 위해서 사용할 자유도, 요소, 절점 번호는 다음과 같다.

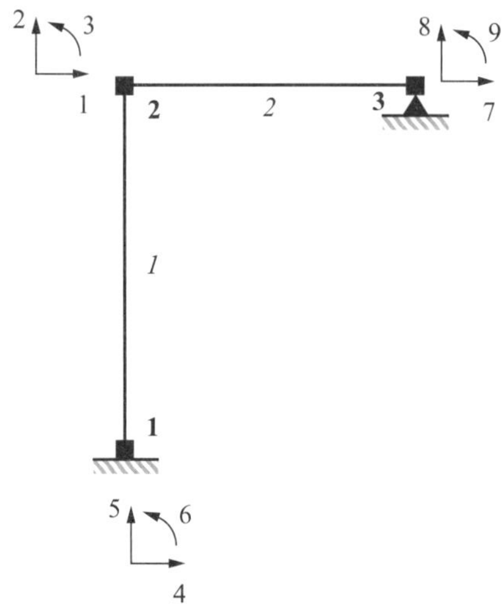

각 요소의 전역좌표계 강성도 행렬을 계산하면 다음과 같다.

<u>요소1:</u>

요소의 전역좌표계 강성도 행렬은 다음과 같다.

$$
\text{column index}
$$

$$
\begin{array}{c}
\begin{array}{cccccc} 4 & 5 & 6 & 1 & 2 & 3 \end{array} \\
\mathbf{K}^{(1)} = \left[\begin{array}{cccccc}
53.28 & 0 & -266.4 & -53.28 & 0 & -266.4 \\
0 & 94800 & 0 & 0 & -94800 & 0 \\
-266.4 & 0 & 1776 & 266.4 & 0 & 888 \\
-53.28 & 0 & 266.4 & 53.28 & 0 & 266.4 \\
0 & -94800 & 0 & 0 & 94800 & 0 \\
-266.4 & 0 & 888 & 266.4 & 0 & 1776
\end{array}\right]
\begin{array}{c} 4 \\ 5 \\ 6 \\ 1 \\ 2 \\ 3 \end{array}
\text{ row index}
\end{array}
$$

요소 1의 강성도 행렬을 포함한 전체 구조계 강성도 행렬은 다음과 같다.

$$
\begin{array}{c}
\begin{array}{ccccccccc} 1 & 2 & 3 & 4 & 5 & 6 & 7 & 8 & 9 \end{array} \\
\mathbf{K} = \left[\begin{array}{ccccccccc}
53.28 & 0 & 266.4 & -53.28 & 0 & 266.4 & 0 & 0 & 0 \\
0 & 94800 & 0 & 0 & -94800 & 0 & 0 & 0 & 0 \\
266.4 & 0 & 1776 & -266.4 & 0 & 888 & 0 & 0 & 0 \\
-53.28 & 0 & -266.4 & 53.28 & 0 & -266.4 & 0 & 0 & 0 \\
0 & -94800 & 0 & 0 & 94800 & 0 & 0 & 0 & 0 \\
266.4 & 0 & 888 & -266.4 & 0 & 1776 & 0 & 0 & 0 \\
0 & 0 & 0 & 0 & 0 & 0 & 0 & 0 & 0 \\
0 & 0 & 0 & 0 & 0 & 0 & 0 & 0 & 0 \\
0 & 0 & 0 & 0 & 0 & 0 & 0 & 0 & 0
\end{array}\right]
\begin{array}{c} 1 \\ 2 \\ 3 \\ 4 \\ 5 \\ 6 \\ 7 \\ 8 \\ 9 \end{array}
\end{array}
$$

<u>요소 2:</u>

요소의 전역좌표계 강성도 행렬은 다음과 같다.

$$\mathbf{K}^{(2)} = \overbrace{\begin{array}{cccccc} 1 & 2 & 3 & 7 & 8 & 9 \end{array}}^{\text{column index}}$$

$$\mathbf{K}^{(2)} = \begin{bmatrix} 118500 & 0 & 0 & -118500 & 0 & 0 \\ 0 & 104.06 & 416.25 & 0 & -104.06 & 416.25 \\ 0 & 416.25 & 2220 & 0 & -416.25 & 1110 \\ -118500 & 0 & 0 & 118500 & 0 & 0 \\ 0 & -104.06 & -416.25 & 0 & 104.06 & -416.25 \\ 0 & 416.25 & 1110 & 0 & -416.25 & 2220 \end{bmatrix} \begin{matrix} 1 \\ 2 \\ 3 \\ 7 \\ 8 \\ 9 \end{matrix} \Bigg\} \text{row index}$$

요소 2의 강성도 행렬을 포함한 전체 구조계 강성도 행렬은 다음과 같다.

K =

1	2	3	4	5	6	7	8	9	
118500+53.28	0	266.4	−53.28	0	256.4	−118500	0	0	1
0	94800+104.06	416.25	0	−94800	0	0	−104.06	−416.25	2
266.4	415.23	1776+2220	−266.4	0	888	0	416.25	11.0	3
53.28	C	266.4	53.28	0	266.4	0	0	0	4
0	−94800	C	0	94800	0	0	0	0	5
266.4	C	888	−266.4	0	1776	0	0	0	6
−118500	C	C	0	0	0	118500	0	0	7
0	104.06	416.25	0	0	0	0	104.05	416.25	8
0	−416.25	1110	0	0	0	0	−415.25	2220	9

요소-코드기법에 의한 조립과정을 그림으로 나타내면 다음과 같다.

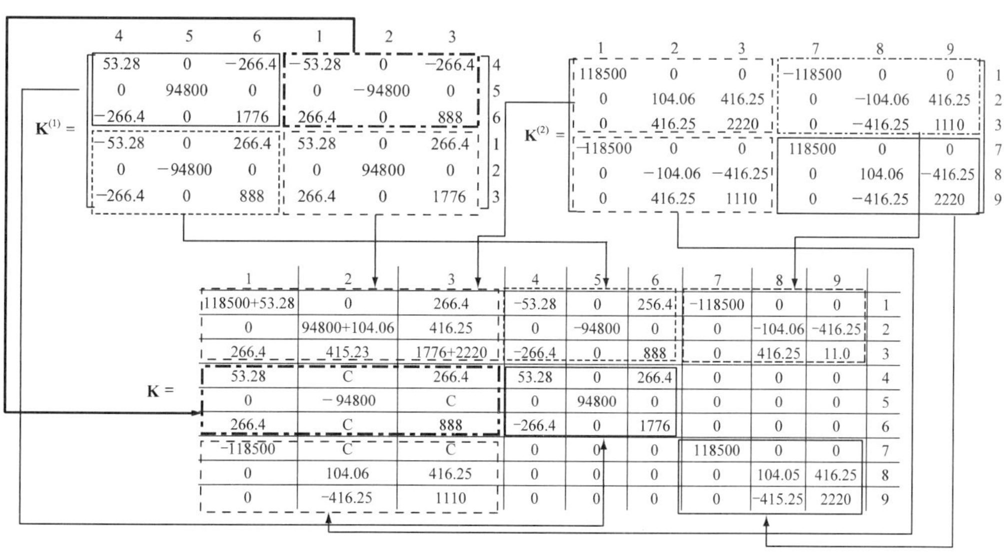

각 요소의 고정단부력을 구성해보자.

<u>요소 1</u>

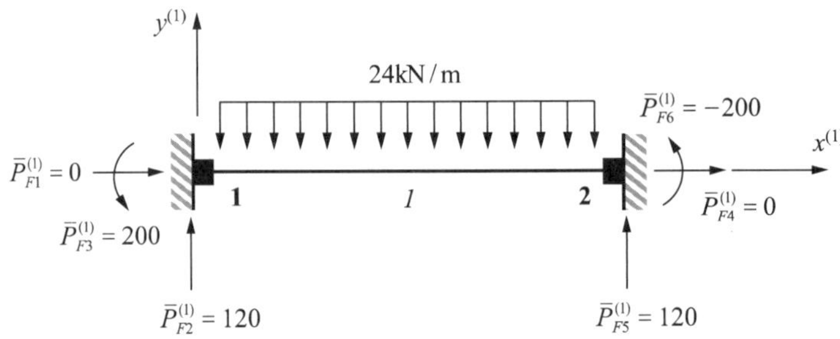

국부좌표계에서 고정단부력 벡터는

$$\bar{\mathbf{P}}_F^{(1)} = \begin{bmatrix} 0 & 120 & 200 & 0 & 120 & -200 \end{bmatrix}^T$$

와 같다. 전역좌표계에서 고정단부력 벡터는 변환행렬을 통하여 다음과 같이 변환된다.

$$\mathbf{P}_F^{(1)} = \mathbf{\Gamma}_{ROT}^{(1)\ T} \bar{\mathbf{P}}_F^{(1)} = \left\{ \begin{matrix} -120 \\ 0 \\ 200 \\ -120 \\ 0 \\ -200 \end{matrix} \right\} \begin{matrix} 4 \\ 5 \\ 6 \\ 1 \\ 2 \\ 3 \end{matrix} \quad \text{row index}$$

요소 1의 기여하는 부분을 포함한 구조계 고정단부력 벡터는 다음과 같다.

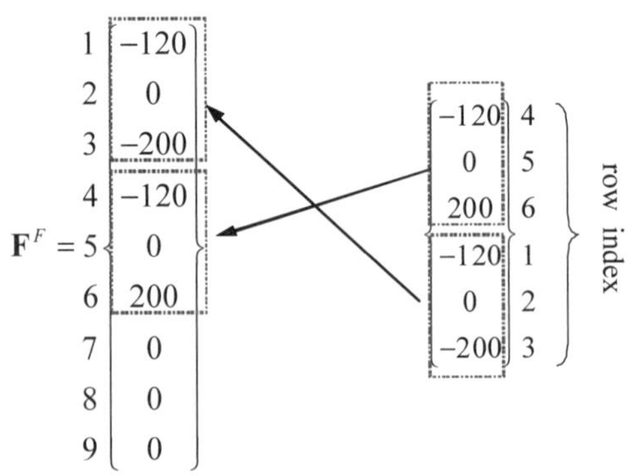

요소 2

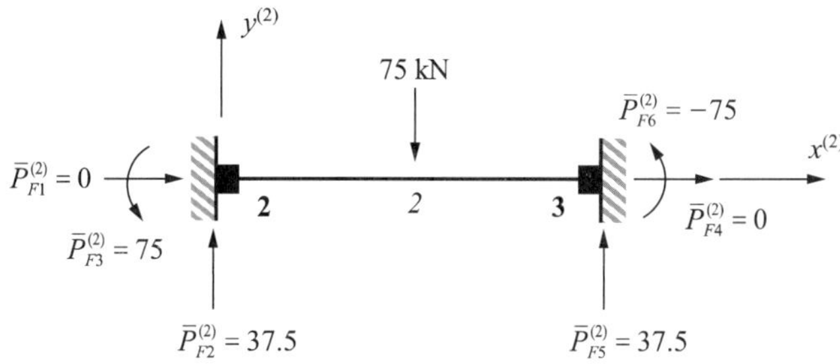

국부좌표계에서 고정단부력 벡터는

$$\bar{\mathbf{P}}_F^{(2)} = \begin{bmatrix} 0 & 37.5 & 75 & 0 & 37.5 & -75 \end{bmatrix}^T$$

와 같다. 전역좌표계에서 고정단부력 벡터는 변환행렬을 통하여 다음과 같이 변환된다.

$$\mathbf{P}_F^{(2)} = \mathbf{\Gamma}_{ROT}^{(2)\ T}\, \bar{\mathbf{P}}_F^{(2)} = \begin{Bmatrix} 0 \\ 37.5 \\ 75 \\ 0 \\ 37.5 \\ -75 \end{Bmatrix} \begin{matrix} 1 \\ 2 \\ 3 \\ 7 \\ 8 \\ 9 \end{matrix} \Bigg\} \text{row index}$$

요소 1의 기여하는 부분을 포함한 구조계 고정단부력 벡터는 다음과 같다.

$$\mathbf{F}^F = \begin{matrix} 1 \\ 2 \\ 3 \\ 4 \\ 5 \\ 6 \\ 7 \\ 8 \\ 9 \end{matrix} \begin{Bmatrix} -120+0 \\ 0+37.5 \\ -200+75 \\ -120 \\ 0 \\ 200 \\ 0 \\ 37.5 \\ -75 \end{Bmatrix} \longleftarrow \begin{Bmatrix} 0 \\ 37.5 \\ 75 \\ 0 \\ 37.5 \\ -75 \end{Bmatrix} \begin{matrix} 1 \\ 2 \\ 3 \\ 7 \\ 8 \\ 9 \end{matrix} \Bigg\} \text{row index}$$

따라서 절점 하중벡터와 등가 절점 하중벡터는 다음과 같다.

$$\mathbf{F}=\begin{Bmatrix}100\\0\\0\\F_4\\F_5\\F_6\\F_7\\F_8\\0\end{Bmatrix},\quad \mathbf{F}^E=\mathbf{F}-\mathbf{F}^F=\begin{Bmatrix}100\\0\\0\\F_4\\F_5\\F_6\\F_7\\F_8\\0\end{Bmatrix}-\begin{Bmatrix}-120+0\\0+37.5\\-200+75\\-120\\0\\200\\0\\37.5\\-75\end{Bmatrix}=\begin{Bmatrix}220\\-37.5\\125\\F_4+120\\F_5\\F_6-200\\F_7\\F_8-37.5\\75\end{Bmatrix}$$

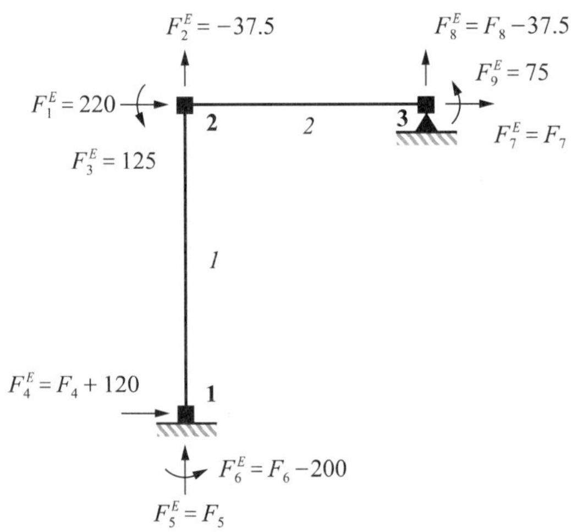

5 직접 강성도법에 의한 구조해석의 일반적인 절차

앞 절에서 구조계 강성도 행렬과 (등가)절점력 벡터를 조립하는 과정에 대하여 살펴보았다. 구조해석에서 조립과정이 가장 중요한 절차이다. 여기에 몇 개의 단계를 추가하면 골조 구조물을 해석하는 전체 해석 절차가 완성되는데, 이를 직접 강성도법이라 한다. 직접 강성도법에 의한 구조해석의 일반적인 절차를 요약하면 다음과 같다.

1. 실제 구조물을 구조해석용 모델로 이산화 한다. 이 과정은 일반적으로 다음을 포함한다.
   - 자유도, 절점, 요소 번호를 부여한다.
   - 국부좌표계와 전역좌표계를 결정한다.
   - 경계조건을 정의한다.

   Note : 이 과정은 공학자로서의 판단과 경험이 필요하다.
2. 각 요소의 국부 및 전역좌표계에서 강성도 행렬과 고정단부력 벡터를 구성한다.
3. 요소 강성도 행렬과 요소 고정단부력 벡터를 조립하여 구조계 강성도 행렬과 구조계 고정단부력 벡터를 구성한다.
4. 구조계 강성도 행렬을 비구속 자유도와 구속 자유도의 항으로 재정렬한다.

   Note : 만약에 자유도 번호를 적절하게 부여하면 이 과정은 생략할 수 있다.
5. 비구속 절점 변위 $\mathbf{U}_{free}$ 를 식으로부터 계산한다.
6. 요소-단부변위, 요소단부력, 지점 반력을 계산한다. 각 요소에 대하여 다음 단계를 수행한다.
7. 구조계 절점변위 $\mathbf{U}$ 로부터 요소 사상벡터(요소-코드 번호)를 이용하여 전역좌표계의 요소단부변위 $\mathbf{U}^{(k)}$ 를 읽어 온다. 이 과정은 요소적합 사상관계를 이용하여 수행할 수도 있다($\mathbf{U}^{(k)} = \mathbf{G}^{(k)}\mathbf{U}$).

   Ⅰ. 좌표변환을 통하여 국부 요소-단부변위 $\bar{\mathbf{U}}^{(k)}$ 를 계산한다($\bar{\mathbf{U}}^{(k)} = \mathbf{\Gamma}_{ROT}^{(k)}\mathbf{U}^{(k)}$).

   Ⅱ. 요소 강성도 방정식으로부터 국부-요소단부력 $\bar{\mathbf{P}}^{(k)}$ 을 계산한다.
   ($\bar{\mathbf{P}}^{(k)} = \bar{\mathbf{K}}^{(k)}\bar{\mathbf{U}}^{(k)} + \bar{\mathbf{P}}_F^{(k)}$)

   Ⅲ. 좌표 변환을 통하여 전역 요소단부력 $\mathbf{P}^{(k)}$ 을 계산한다($\mathbf{P}^{(k)} = \mathbf{\Gamma}_{ROT}^{(k)\,T}\bar{\mathbf{P}}^{(k)}$).

   Ⅳ. 만약 지점에 연결된 요소라면, 등가 절점력 벡터 $\mathbf{F}^F$ 에서 사상벡터를 이용하여 $\mathbf{P}^{(k)}$ 의 각 성분을 추출한다.

Example 7-3

2층의 철근 콘크리트 오피스 건물이 다음과 같이 풍하중을 받고 있을 때 다음에 답하라.

- 이 구조물의 해석 모델을 생성하고 사용된 기본 가정에 대하여 언급하라.
- 풍하중을 받는 이 골조 구조물을 해석하여 절점변위, 요소단부력, 요소 단부변위와 지점 반력을 계산하라.
- 축력도, 전단력도, 모멘트도를 작도하라.

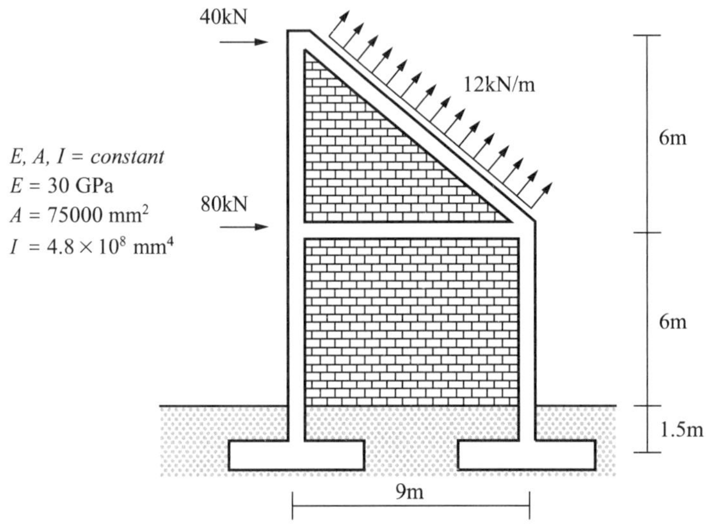

Solution

이 골조구조물의 해석 모델을 생성하기 위하여 다음과 같은 요소를 단순화하여 가정하였다.

- 비구조요소인 벽돌벽의 효과는 무시하였다(안전측이므로).
- 기초의 유연성 효과는 무시하였다.
- 평면 골조 모델로 가정하였다.
- 모든 구조 부재가 상대적으로 긴 부재이므로 Euler－Bernoulli 골조요소로 모델하였다.
- 강역단부 효과는 무시하였다.
- 탄성으로 해석하여도 충분하다고 가정하였다.

그러므로 구조해석용 모델은 다음 그림과 같다.

자유도, 요소, 절점 번호와 국부좌교계/전역좌표계는 다음과 같이 정하였다.

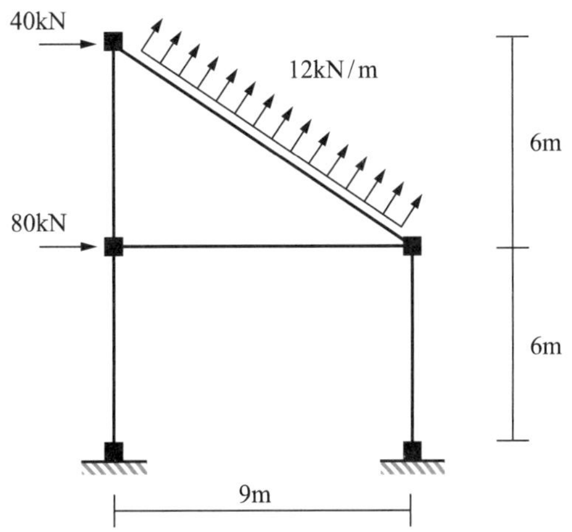

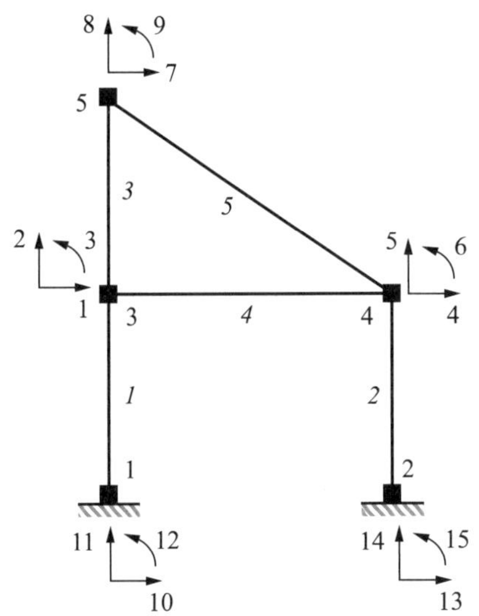

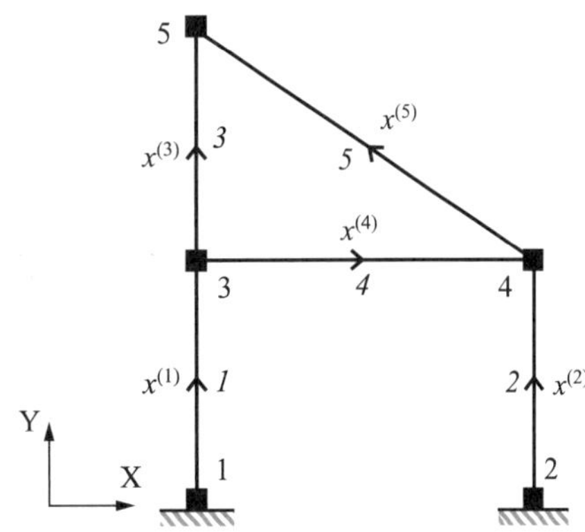

각 요소의 사상벡터는

Element 1	Element 2	Element 3	Element 4	Element 5
$LM_1 = \begin{Bmatrix} 10 \\ 11 \\ 12 \\ 1 \\ 2 \\ 3 \end{Bmatrix}_1$	$LM_2 = \begin{Bmatrix} 13 \\ 14 \\ 15 \\ 4 \\ 5 \\ 6 \end{Bmatrix}_2$	$LM_3 = \begin{Bmatrix} 1 \\ 2 \\ 3 \\ 7 \\ 8 \\ 9 \end{Bmatrix}_3$	$LM_4 = \begin{Bmatrix} 1 \\ 2 \\ 3 \\ 4 \\ 5 \\ 6 \end{Bmatrix}_4$	$LM_5 = \begin{Bmatrix} 4 \\ 5 \\ 6 \\ 7 \\ 8 \\ 9 \end{Bmatrix}_5$

과 같다. 그리고 각 요소의 국부 및 전역좌표계 강성도 행렬을 계산하면 다음과 같다.

요소 1:

$$\bar{\mathbf{K}}^{(1)} = \begin{bmatrix} 375000 & 0 & 0 & -375000 & 0 & 0 \\ 0 & 800 & 2400 & 0 & -800 & 2400 \\ 0 & 2400 & 9600 & 0 & -2400 & 4800 \\ -375000 & 0 & 0 & 375000 & 0 & 0 \\ 0 & -800 & -2400 & 0 & 800 & -2400 \\ 0 & 2400 & 4800 & 0 & -2400 & 9600 \end{bmatrix}$$

$$\mathbf{\Gamma}_{ROT}^{(1)} = \begin{bmatrix} 0 & 1 & 0 & 0 & 0 & 0 \\ -1 & 0 & 0 & 0 & 0 & 0 \\ 0 & 0 & 1 & 0 & 0 & 0 \\ 0 & 0 & 0 & 0 & 1 & 0 \\ 0 & 0 & 0 & -1 & 0 & 0 \\ 0 & 0 & 0 & 0 & 0 & 1 \end{bmatrix}$$

$$\mathbf{K}^{(1)} = \mathbf{\Gamma}_{ROT}^{(1)\,T} \bar{\mathbf{K}}^{(1)} \mathbf{\Gamma}_{ROT}^{(1)} = \begin{array}{c} \begin{matrix} 10 & \quad 11 & \quad 12 & \quad 1 & \quad 2 & \quad 3 \end{matrix} \\ \left[\begin{matrix} 800 & 0 & -2400 & -800 & 0 & -2400 \\ 0 & 375000 & 0 & 0 & -375000 & 0 \\ -2400 & 0 & 9600 & 2400 & 0 & 4800 \\ -800 & 0 & 2400 & 800 & 0 & 2400 \\ 0 & -375000 & 0 & 0 & 375000 & 0 \\ -2400 & 0 & 4800 & 2400 & 0 & 9600 \end{matrix}\right] \end{array} \begin{matrix} \\ 10 \\ 11 \\ 12 \\ 1 \\ 2 \\ 3 \end{matrix}$$

요소 2:

$$\bar{\mathbf{K}}^{(2)} = \begin{bmatrix} 375000 & 0 & 0 & -375000 & 0 & 0 \\ 0 & 800 & 2400 & 0 & -800 & 2400 \\ 0 & 2400 & 9600 & 0 & -2400 & 4800 \\ -375000 & 0 & 0 & 375000 & 0 & 0 \\ 0 & -800 & -2400 & 0 & 800 & -2400 \\ 0 & 2400 & 4800 & 0 & -2400 & 9600 \end{bmatrix}$$

$$\mathbf{\Gamma}_{ROT}^{(2)} = \begin{bmatrix} 0 & 1 & 0 & 0 & 0 & 0 \\ -1 & 0 & 0 & 0 & 0 & 0 \\ 0 & 0 & 1 & 0 & 0 & 0 \\ 0 & 0 & 0 & 0 & 1 & 0 \\ 0 & 0 & 0 & -1 & 0 & 0 \\ 0 & 0 & 0 & 0 & 0 & 1 \end{bmatrix}$$

$$\mathbf{K}^{(2)} = \mathbf{\Gamma}_{ROT}^{(2)\ T}\overline{\mathbf{K}}^{(2)}\mathbf{\Gamma}_{ROT}^{(2)} = \begin{array}{c} \begin{array}{cccccc} 13 & 14 & 15 & 4 & 5 & 6 \end{array} \\ \begin{bmatrix} 800 & 0 & -2400 & -800 & 0 & -2400 \\ 0 & 375000 & 0 & 0 & -375000 & 0 \\ -2400 & 0 & 9600 & 2400 & 0 & 4800 \\ -800 & 0 & 2400 & 800 & 0 & 2400 \\ 0 & -375000 & 0 & 0 & 375000 & 0 \\ -2400 & 0 & 4800 & 2400 & 0 & 9600 \end{bmatrix} \end{array} \begin{array}{c} \\ 13 \\ 14 \\ 15 \\ 4 \\ 5 \\ 6 \end{array}$$

<u>요소 3:</u>

$$\overline{\mathbf{K}}^{(3)} = \begin{bmatrix} 375000 & 0 & 0 & -375000 & 0 & 0 \\ 0 & 800 & 2400 & 0 & -800 & 2400 \\ 0 & 2400 & 9600 & 0 & -2400 & 4800 \\ -375000 & 0 & 0 & 375000 & 0 & 0 \\ 0 & -800 & -2400 & 0 & 800 & -2400 \\ 0 & 2400 & 4800 & 0 & -2400 & 9600 \end{bmatrix}$$

$$\mathbf{\Gamma}_{ROT}^{(3)} = \begin{bmatrix} 0 & 1 & 0 & 0 & 0 & 0 \\ -1 & 0 & 0 & 0 & 0 & 0 \\ 0 & 0 & 1 & 0 & 0 & 0 \\ 0 & 0 & 0 & 0 & 1 & 0 \\ 0 & 0 & 0 & -1 & 0 & 0 \\ 0 & 0 & 0 & 0 & 0 & 1 \end{bmatrix}$$

$$\mathbf{K}^{(3)} = \mathbf{\Gamma}_{ROT}^{(3)\ T}\overline{\mathbf{K}}^{(3)}\mathbf{\Gamma}_{ROT}^{(3)} = \begin{array}{c} \begin{array}{cccccc} 1 & 2 & 3 & 7 & 8 & 9 \end{array} \\ \begin{bmatrix} 800 & 0 & -2400 & -800 & 0 & -2400 \\ 0 & 375000 & 0 & 0 & -375000 & 0 \\ -2400 & 0 & 9600 & 2400 & 0 & 4800 \\ -800 & 0 & 2400 & 800 & 0 & 2400 \\ 0 & -375000 & 0 & 0 & 375000 & 0 \\ -2400 & 0 & 4800 & 2400 & 0 & 9600 \end{bmatrix} \end{array} \begin{array}{c} \\ 1 \\ 2 \\ 3 \\ 7 \\ 8 \\ 9 \end{array}$$

<u>요소 4:</u>

$$\overline{\mathbf{K}}^{(4)} = \begin{bmatrix} 250000 & 0 & 0 & -250000 & 0 & 0 \\ 0 & 237.04 & 1066.7 & 0 & -237.04 & 1066.7 \\ 0 & 1066.7 & 6400 & 0 & -1066.7 & 3200 \\ -250000 & 0 & 0 & 250000 & 0 & 0 \\ 0 & -237.04 & -1066.7 & 0 & 237.04 & -1066.7 \\ 0 & 1066.7 & 3200 & 0 & -1066.7 & 6400 \end{bmatrix}$$

$$\boldsymbol{\Gamma}_{ROT}^{(4)} = \begin{bmatrix} 1 & 0 & 0 & 0 & 0 & 0 \\ 0 & 1 & 0 & 0 & 0 & 0 \\ 0 & 0 & 1 & 0 & 0 & 0 \\ 0 & 0 & 0 & 1 & 0 & 0 \\ 0 & 0 & 0 & 0 & 1 & 0 \\ 0 & 0 & 0 & 0 & 0 & 1 \end{bmatrix}$$

$$\begin{matrix} & 1 & 2 & 3 & 4 & 5 & 6 & \\ \mathbf{K}^{(4)} = \boldsymbol{\Gamma}_{ROT}^{(4)\,T}\overline{\mathbf{K}}^{(4)}\boldsymbol{\Gamma}_{ROT}^{(4)} = & \left[\begin{matrix} 250000 \\ 0 \\ 0 \\ -250000 \\ 0 \\ 0 \end{matrix}\right. & \begin{matrix} 0 \\ 237.04 \\ 1066.7 \\ 0 \\ -237.04 \\ 1066.7 \end{matrix} & \begin{matrix} 0 \\ 1066.7 \\ 6400 \\ 0 \\ -1066.7 \\ 3200 \end{matrix} & \begin{matrix} -250000 \\ 0 \\ 0 \\ 250000 \\ 0 \\ 0 \end{matrix} & \begin{matrix} 0 \\ -237.04 \\ -1066.7 \\ 0 \\ 237.04 \\ -1066.7 \end{matrix} & \left.\begin{matrix} 0 \\ 1066.7 \\ 3200 \\ 0 \\ -1066.7 \\ 6400 \end{matrix}\right] & \begin{matrix} 1 \\ 2 \\ 3 \\ 4 \\ 5 \\ 6 \end{matrix} \end{matrix}$$

<u>요소 5:</u>

$$\overline{\mathbf{K}}^{(5)} = \begin{bmatrix} 208006 & 0 & 0 & -208006 & 0 & 0 \\ 0 & 136.528 & 738.414 & 0 & -136.528 & 738.414 \\ 0 & 738.414 & 5324.95 & 0 & -738.414 & 2662.48 \\ -208006 & 0 & 0 & 208006 & 0 & 0 \\ 0 & -136.528 & -738.414 & 0 & 136.528 & -738.414 \\ 0 & 738.414 & 2662.48 & 0 & -738.414 & 5324.95 \end{bmatrix}$$

$$\boldsymbol{\Gamma}_{ROT}^{(5)} = \begin{bmatrix} -0.83205 & 0.554701 & 0 & 0 & 0 & 0 \\ -0.554701 & -0.83205 & 0 & 0 & 0 & 0 \\ 0 & 0 & 1 & 0 & 0 & 0 \\ 0 & 0 & 0 & -0.83205 & 0.554701 & 0 \\ 0 & 0 & 0 & -0.554701 & -0.83205 & 0 \\ 0 & 0 & 0 & 0 & 0 & 1 \end{bmatrix}$$

$$\begin{matrix} & 4 & 5 & 6 & 7 & 8 & 9 & \\ \mathbf{K}^{(5)} = \boldsymbol{\Gamma}_{ROT}^{(5)\,T}\overline{\mathbf{K}}^{(5)}\boldsymbol{\Gamma}_{ROT}^{(5)} = & \left[\begin{matrix} 144051 \\ -95943 \\ -409.62 \\ -144051 \\ 95943 \\ -409.62 \end{matrix}\right. & \begin{matrix} -95943 \\ 64098 \\ -614.44 \\ 95943 \\ -64098 \\ -614.44 \end{matrix} & \begin{matrix} -409.62 \\ -614.44 \\ 5324.95 \\ 409.62 \\ 614.44 \\ 2662.48 \end{matrix} & \begin{matrix} -144051 \\ 95943 \\ 409.62 \\ 144051 \\ -95943 \\ 409.62 \end{matrix} & \begin{matrix} 95943 \\ -64098 \\ 614.44 \\ -95943 \\ 64098 \\ 614.44 \end{matrix} & \left.\begin{matrix} -409.62 \\ -614.44 \\ 2662.48 \\ 409.62 \\ 614.44 \\ 5324.95 \end{matrix}\right] & \begin{matrix} 4 \\ 5 \\ 6 \\ 7 \\ 8 \\ 9 \end{matrix} \end{matrix}$$

각 요소의 국부 및 전역좌표계 고정단부력 벡터를 계산해보자

요소 1, 2, 3, 4:

국부좌표계에서 고정단부력 벡터

$$\overline{\mathbf{P}}_F^{(1)} = \overline{\mathbf{P}}_F^{(2)} = \overline{\mathbf{P}}_F^{(3)} = \overline{\mathbf{P}}_F^{(4)} = \mathbf{0}$$

전역좌표계에서 고정단부력 벡터

$$\mathbf{P}_F^{(1)} = \mathbf{P}_F^{(2)} = \mathbf{P}_F^{(3)} = \mathbf{P}_F^{(4)} = \mathbf{0}$$

요소 5:

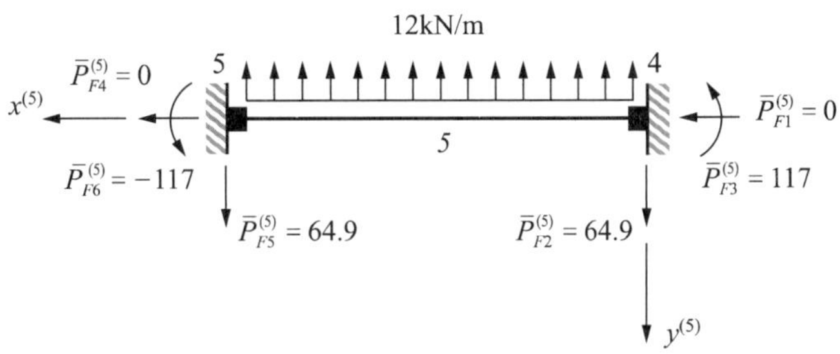

국부좌표계에서 고정단부력 벡터

$$\overline{\mathbf{P}}_F^{(5)} = \lfloor 0 \quad 64.9 \quad 117 \quad 0 \quad 64.9 \quad -117 \rfloor^T$$

전역좌표계에서 고정단부력 벡터

$$\mathbf{P}_F^{(5)} = \mathbf{\Gamma}_{ROT}^{(5)\,T}\, \overline{\mathbf{P}}_F^{(5)} = \begin{array}{c} \begin{matrix} 4 & 5 & 6 & 7 & 8 & 9 \end{matrix} \\ \lfloor -36 \quad -54 \quad 117 \quad -36 \quad -54 \quad -117 \rfloor^T \end{array}$$

요소-코드 기법을 이용하여 구조계 강성도 행렬과 구조계 구속 절점력 벡터를 조립하면 다음과 같다.

$$\mathbf{K} = \begin{bmatrix} \mathbf{K}_{ff} & \mathbf{K}_{fc} \\ \mathbf{K}_{cf} & \mathbf{K}_{cc} \end{bmatrix}$$

$$\mathbf{K}_{ff} = \begin{array}{c} \begin{matrix} 1 & 2 & 3 & 4 & 5 & 6 & 7 & 8 & 9 \end{matrix} \\ \begin{bmatrix} 251600 & 0 & 0 & -251600 & 0 & 0 & -800 & 0 & -2400 \\ 0 & 750237 & 1066.7 & 0 & -237.04 & 1066.7 & 0 & -375000 & 0 \\ 0 & 1066.7 & 25600 & 0 & -1066.7 & 3200 & 2400 & 0 & 4800 \\ -251600 & 0 & 0 & 394851 & -95943 & 1990.4 & -144051 & -144051 & -409.62 \\ 0 & -237.04 & -1066.7 & -95943 & 439335 & -1681.1 & 95943 & -64098 & -614.44 \\ 0 & 1066.7 & 3200 & 1990.4 & -1681.1 & 21325 & 409.62 & 614.44 & 2662.6 \\ -800 & 0 & 2400 & -144051 & 95943 & 409.62 & 144851 & -95943 & 2809.6 \\ 0 & -375000 & 0 & -144051 & -64098 & 614.44 & -95943 & 439098 & 614.44 \\ -2400 & 0 & 4800 & -409.62 & -614.44 & 2662.6 & 2809.6 & 614.44 & 14925 \end{bmatrix} \end{array} \begin{matrix} 1 \\ 2 \\ 3 \\ 4 \\ 5 \\ 6 \\ 7 \\ 8 \\ 9 \end{matrix}$$

$$\mathbf{K}_{fc}=\begin{array}{c}\begin{array}{cccccc}10 & 11 & 12 & 13 & 14 & 15\end{array}\\ \left[\begin{array}{cccccc}-800 & 0 & 2400 & 0 & 0 & 0\\ 0 & -375000 & 0 & 0 & 0 & 0\\ -2400 & 0 & 4800 & 0 & 0 & 0\\ 0 & 0 & 0 & -800 & 0 & 2400\\ 0 & 0 & 0 & 0 & -375000 & 0\\ 0 & 0 & 0 & -2400 & 0 & 4800\\ 0 & 0 & 0 & 0 & 0 & 0\\ 0 & 0 & 0 & 0 & 0 & 0\\ 0 & 0 & 0 & 0 & 0 & 0\end{array}\right]\begin{array}{c}1\\2\\3\\4\\5\\6\\7\\8\\9\end{array}\end{array}$$

$$\mathbf{K}_{cf}=\begin{array}{c}\begin{array}{ccccccccc}1 & 2 & 3 & 4 & 5 & 6 & 7 & 8 & 9\end{array}\\ \left[\begin{array}{ccccccccc}-800 & 0 & -2400 & 0 & 0 & 0 & 0 & 0 & 0\\ 0 & -375000 & 0 & 0 & 0 & 0 & 0 & 0 & 0\\ 2400 & 0 & 4800 & 0 & 0 & 0 & 0 & 0 & 0\\ 0 & 0 & 0 & -800 & 0 & -2400 & 0 & 0 & 0\\ 0 & 0 & 0 & 0 & -375000 & 0 & 0 & 0 & 0\\ 0 & 0 & 0 & 2400 & 0 & 4800 & 0 & 0 & 0\end{array}\right]\begin{array}{c}10\\11\\12\\13\\14\\15\end{array}\end{array}$$

$$\mathbf{K}_{cc}=\begin{array}{c}\begin{array}{cccccc}10 & 11 & 12 & 13 & 14 & 15\end{array}\\ \left[\begin{array}{cccccc}800 & 0 & -2400 & 0 & 0 & 0\\ 0 & 375000 & 0 & 0 & 0 & 0\\ -2400 & 0 & 9600 & 0 & 0 & 0\\ 0 & 0 & 0 & 800 & 0 & -2400\\ 0 & 0 & 0 & 0 & 375000 & 0\\ 0 & 0 & 0 & -2400 & 0 & 9600\end{array}\right]\begin{array}{c}10\\11\\12\\13\\14\\15\end{array}\end{array}$$

구속 절점력 벡터는

$$\begin{array}{c}\begin{array}{ccccccccccccccc}1 & 2 & 3 & 4 & 5 & 6 & 7 & 8 & 9 & 10 & 11 & 12 & 13 & 14 & 15\end{array}\\ \mathbf{R}=-\mathbf{P}^F=\left[\begin{array}{ccccccccccccccc}0 & 0 & 0 & 36 & 54 & -117 & 36 & 54 & 117 & 0 & 0 & 0 & 0 & 0 & 0\end{array}\right]\end{array}$$

과 같다. 작용하는 절점 하중벡터는

$$\begin{array}{c}\begin{array}{ccccccccccccccc}1 & 2 & 3 & 4 & 5 & 6 & 7 & 8 & 9 & 10 & 11 & 12 & 13 & 14 & 15\end{array}\\ \mathbf{F}=\left[\begin{array}{ccccccccccccccc}80 & 0 & 0 & 0 & 0 & 0 & 40 & 0 & 0 & F_{10} & F_{11} & F_{12} & F_{13} & F_{14} & F_{15}\end{array}\right]^T\end{array}$$

이고, 등가 절점 하중벡터는 다음과 같다.

$$\begin{array}{c}\begin{array}{ccccccccccccccc}1 & 2 & 3 & 4 & 5 & 6 & 7 & 8 & 9 & 10 & 11 & 12 & 13 & 14 & 15\end{array}\\ \mathbf{F}^E=\mathbf{F}-\mathbf{R}=\left[\begin{array}{ccccccccccccccc}80 & 0 & 0 & 36 & 54 & -177 & 76 & 54 & 117 & F_{10} & F_{11} & F_{12} & F_{13} & F_{14} & F_{15}\end{array}\right]^T\end{array}$$

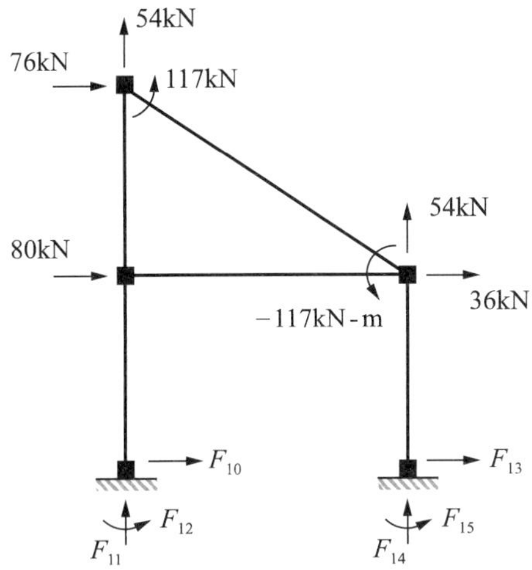

비구속 절점변위 $\mathbf{U}_{free}$ 를 계산하면

$$\mathbf{U}_{free} = \left[\mathbf{K}_{ff}\right]^{-1}\mathbf{F}^{E}_{free} = \begin{Bmatrix} 0.185422\,m \\ 0.000418736\,m \\ -0.0176197\,rad \\ 0.18552\,m \\ -0.000130738\,m \\ -0.0260283\,rad \\ 0.186622\,m \\ 0.000713665\,m \\ 0.0178911\,rad \end{Bmatrix} \begin{matrix} 1 \\ 2 \\ 3 \\ 4 \\ 5 \\ 6 \\ 7 \\ 8 \\ 9 \end{matrix}$$

이다. 이 경우에는 지점 침하가 없는 경우이므로 구속된 절점변위 $\mathbf{U}_{constr}$ 는

$$\mathbf{U}_{constr} = \begin{Bmatrix} 0 \\ 0 \\ 0 \\ 0 \\ 0 \\ 0 \end{Bmatrix} \begin{matrix} 10 \\ 11 \\ 12 \\ 13 \\ 14 \\ 15 \end{matrix}$$

와 같다.
이제 각 요소의 요소단부력과 요소단부변위를 계산해보자.

<u>요소 1:</u>

전역좌표계에서 요소 단부변위 $\mathbf{U}^{(1)}$ 는 사상벡터로부터 다음과 같이 추출된다.

$$LM_1 = \begin{Bmatrix} 10 \\ 11 \\ 12 \\ 1 \\ 2 \\ 3 \end{Bmatrix}_1 \Rightarrow \begin{Bmatrix} U_{10} \\ U_{11} \\ U_{12} \\ U_1 \\ U_2 \\ U_3 \end{Bmatrix} \begin{matrix} \longrightarrow \\ \longrightarrow \\ \longrightarrow \\ \longrightarrow \\ \longrightarrow \\ \longrightarrow \end{matrix} \begin{Bmatrix} U_1^{(1)} \\ U_2^{(1)} \\ U_3^{(1)} \\ U_4^{(1)} \\ U_5^{(1)} \\ U_6^{(1)} \end{Bmatrix} = \begin{Bmatrix} 0 \\ 0 \\ 0 \\ 0.185422\ m \\ 0.000418736\ m \\ -0.0176197\ rad \end{Bmatrix}$$

국부요소 단부변위 $\bar{\mathbf{U}}^{(1)}$ 은 좌표변환을 통해 다음과 같이 계산된다.

$$\bar{\mathbf{U}}^{(1)} = \mathbf{\Gamma}_{ROT}^{(1)} \mathbf{U}^{(1)} = \begin{Bmatrix} 0 \\ 0 \\ 0 \\ 0.000418736\ m \\ -0.185422\ m \\ -0.0176197\ rad \end{Bmatrix}$$

국부 요소단부력 $\bar{\mathbf{P}}^{(1)}$ 은

$$\bar{\mathbf{P}}^{(1)} = \bar{\mathbf{K}}^{(1)} \bar{\mathbf{U}}^{(1)} + \underbrace{\bar{\mathbf{P}}_F^{(1)}}_{\mathbf{0}} = \begin{Bmatrix} -157.03\ \text{kN} \\ 106.05\ \text{kN} \\ 360.44\ \text{kN-m} \\ 157.03\ \text{kN} \\ -106.05\ \text{kN} \\ 275.86\ \text{kN-m} \end{Bmatrix}$$

과 같고, 전역좌표계에서 요소단부력 $\mathbf{P}^{(1)}$ 은 좌표변환으로부터 다음과 같이 계산된다.

$$\mathbf{P}^{(1)} = \mathbf{\Gamma}_{ROT}^{(1)\,T} \bar{\mathbf{P}}^{(1)} = \begin{Bmatrix} -106.05\ \text{kN} \\ -157.03\ \text{kN} \\ 360.44\ \text{kN-m} \\ 106.05\ \text{kN} \\ 157.03\ \text{kN} \\ 275.86\ \text{kN-m} \end{Bmatrix} \begin{matrix} 10 \\ 11 \\ 12 \\ 1 \\ 2 \\ 3 \end{matrix}$$

<u>요소 2:</u>

사상벡터로부터 전역좌표계에서 요소 단부변위 $\mathbf{U}^{(2)}$ 는 다음과 같다.

$$LM_2 = \begin{Bmatrix} 13 \\ 14 \\ 15 \\ 4 \\ 5 \\ 6 \end{Bmatrix}_2 \Rightarrow \begin{Bmatrix} U_{13} \\ U_{14} \\ U_{15} \\ U_4 \\ U_5 \\ U_6 \end{Bmatrix} \begin{matrix} \longrightarrow \\ \longrightarrow \\ \longrightarrow \\ \longrightarrow \\ \longrightarrow \\ \longrightarrow \end{matrix} \begin{Bmatrix} U_1^{(2)} \\ U_2^{(2)} \\ U_3^{(2)} \\ U_4^{(2)} \\ U_5^{(2)} \\ U_6^{(2)} \end{Bmatrix} = \begin{Bmatrix} 0 \\ 0 \\ 0 \\ 0.18552\ m \\ -0.000130738\ m \\ -0.0260283\ rad \end{Bmatrix}$$

좌표변환으로부터 국부요소 단부변위 $\bar{\mathbf{U}}^{(2)}$를 계산하면 다음과 같다.

$$\bar{\mathbf{U}}^{(2)} = \boldsymbol{\Gamma}_{ROT}^{(2)}\mathbf{U}^{(2)} = \begin{Bmatrix} 0 \\ 0 \\ 0 \\ -0.000130738\ m \\ -0.18552\ m \\ -0.0260283\ rad \end{Bmatrix}$$

국부 요소단부력 $\bar{\mathbf{P}}^{(2)}$는

$$\bar{\mathbf{P}}^{(2)} = \bar{\mathbf{K}}^{(2)}\bar{\mathbf{U}}^{(2)} + \underbrace{\bar{\mathbf{P}}_F^{(2)}}_{\mathbf{0}} = \begin{Bmatrix} 49.027\ \text{kN} \\ 85.948\ \text{kN} \\ 320.31\ \text{kN-m} \\ -49.027\ \text{kN} \\ -85.948\ \text{kN} \\ 195.38\ \text{kN-m} \end{Bmatrix}$$

과 같고, 전역좌표계에서 요소단부력 $\mathbf{P}^{(2)}$는 좌표변환으로부터 다음과 같이 계산된다.

$$\mathbf{P}^{(2)} = \boldsymbol{\Gamma}_{ROT}^{(2)\,T}\bar{\mathbf{P}}^{(2)} = \begin{Bmatrix} -85.948\ \text{kN} \\ 49.027\ \text{kN} \\ 360.44\ \text{kN-m} \\ 85.948\ \text{kN} \\ -49.027\ \text{kN} \\ 275.86\ \text{kN-m} \end{Bmatrix} \begin{matrix} 13 \\ 14 \\ 15 \\ 4 \\ 5 \\ 6 \end{matrix}$$

<u>요소 3:</u>

사상벡터로부터 전역좌표계에서 요소 단부변위 $\mathbf{U}^{(3)}$는 다음과 같다.

$$LM_3 = \begin{Bmatrix} 1 \\ 2 \\ 3 \\ 7 \\ 8 \\ 9 \end{Bmatrix}_3 \Rightarrow \begin{Bmatrix} U_1 \\ U_2 \\ U_3 \\ U_7 \\ U_8 \\ U_9 \end{Bmatrix} \begin{matrix} \longrightarrow \\ \longrightarrow \\ \longrightarrow \\ \longrightarrow \\ \longrightarrow \\ \longrightarrow \end{matrix} \begin{Bmatrix} U_1^{(3)} \\ U_2^{(3)} \\ U_3^{(3)} \\ U_4^{(3)} \\ U_5^{(3)} \\ U_6^{(3)} \end{Bmatrix} = \begin{Bmatrix} 0.185422\ m \\ 0.000418736\ m \\ -0.0176197\ rad \\ 0.186622\ m \\ 0.000713665\ m \\ 0.0178911\ rad \end{Bmatrix}$$

좌표변환으로부터 국부요소 단부변위 $\bar{\mathbf{U}}^{(3)}$를 계산하면 다음과 같다.

$$\bar{\mathbf{U}}^{(3)} = \boldsymbol{\Gamma}_{ROT}^{(3)}\mathbf{U}^{(3)} = \begin{Bmatrix} 0.000418736\ m \\ -0.185422\ m \\ -0.0176197\ rad \\ 0.000713665\ m \\ -0.186622\ m \\ 0.0178911\ rad \end{Bmatrix}$$

국부 요소단부력 $\overline{\mathbf{P}}^{(3)}$ 는

$$\overline{\mathbf{P}}^{(3)} = \overline{\mathbf{K}}^{(3)}\overline{\mathbf{U}}^{(3)} + \underbrace{\overline{\mathbf{P}}_F^{(3)}}_{\mathbf{0}} = \begin{Bmatrix} -110.6\text{ kN} \\ 1.6114\text{ kN} \\ -80.392\text{ kN-m} \\ 110.6\text{ kN} \\ -1.6114\text{ kN} \\ 90.06\text{ kN-m} \end{Bmatrix}$$

과 같고, 전역좌표계에서 요소단부력 $\mathbf{P}^{(3)}$ 는 좌표변환으로부터 다음과 같이 계산된다.

$$\mathbf{P}^{(3)} = \mathbf{\Gamma}_{ROT}^{(3)\ T}\,\overline{\mathbf{P}}^{(3)} = \begin{Bmatrix} -1.6114\text{ kN} \\ -110.6\text{ kN} \\ -80.392\text{ kN-m} \\ 1.6114\text{ kN} \\ 110.6\text{ kN} \\ 90.06\text{ kN-m} \end{Bmatrix}\begin{matrix} 1 \\ 2 \\ 3 \\ 7 \\ 8 \\ 9 \end{matrix}$$

<u>요소 4:</u>

사상벡터로부터 전역좌표계에서 요소 단부변위 $\mathbf{U}^{(4)}$ 는 다음과 같다.

$$LM_4 = \begin{Bmatrix} 1 \\ 2 \\ 3 \\ 4 \\ 5 \\ 6 \end{Bmatrix}_4 \Rightarrow \begin{Bmatrix} U_1 \\ U_2 \\ U_3 \\ U_4 \\ U_5 \\ U_6 \end{Bmatrix} \begin{matrix} \longrightarrow \\ \longrightarrow \\ \longrightarrow \\ \longrightarrow \\ \longrightarrow \\ \longrightarrow \end{matrix} \begin{Bmatrix} U_1^{(4)} \\ U_2^{(4)} \\ U_3^{(4)} \\ U_4^{(4)} \\ U_5^{(4)} \\ U_6^{(4)} \end{Bmatrix} = \begin{Bmatrix} 0.185422\ m \\ 0.000418736\ m \\ -0.0176197\ rad \\ 0.18552\ m \\ -0.000130738\ m \\ -0.0260283\ rad \end{Bmatrix}$$

좌표변환으로부터 국부요소 단부변위 $\overline{\mathbf{U}}^{(4)}$ 를 계산하면 다음과 같다.

$$\overline{\mathbf{U}}^{(4)} = \mathbf{\Gamma}_{ROT}^{(4)}\mathbf{U}^{(4)} = \begin{Bmatrix} 0.185422\ m \\ 0.000418736\ m \\ -0.0176197\ rad \\ 0.18552\ m \\ -0.000130738\ m \\ -0.0260283\ rad \end{Bmatrix}$$

국부 요소단부력 $\overline{\mathbf{P}}^{(4)}$ 는

$$\overline{\mathbf{P}}^{(4)} = \overline{\mathbf{K}}^{(4)}\overline{\mathbf{U}}^{(4)} + \underbrace{\overline{\mathbf{P}}_F^{(4)}}_{\mathbf{0}} = \begin{Bmatrix} -24.5\text{ kN} \\ -46.429\text{ kN} \\ -195.47\text{ kN-m} \\ 24.5\text{ kN} \\ 46.429\text{ kN} \\ -222.38\text{ kN-m} \end{Bmatrix}$$

과 같고, 전역좌표계에서 요소단부력 $\mathbf{P}^{(4)}$ 는 좌표변환으로부터 다음과 같이 계산된다.

$$\mathbf{P}^{(4)} = \mathbf{\Gamma}_{ROT}^{(4)\ T}\,\overline{\mathbf{P}}^{(4)} = \begin{Bmatrix} -24.5\text{ kN} \\ -46.429\text{ kN} \\ -195.47\text{ kN-m} \\ 24.5\text{ kN} \\ 46.429\text{ kN} \\ -222.38\text{ kN-m} \end{Bmatrix} \begin{matrix} 1 \\ 2 \\ 3 \\ 4 \\ 5 \\ 6 \end{matrix}$$

<u>요소 5:</u>

사상벡터로부터 전역좌표계에서 요소 단부변위 $\mathbf{U}^{(5)}$ 는 다음과 같다.

$$LM_5 = \begin{Bmatrix} 4 \\ 5 \\ 6 \\ 7 \\ 8 \\ 9 \end{Bmatrix}_5 \Rightarrow \begin{Bmatrix} U_4 \\ U_5 \\ U_6 \\ U_7 \\ U_8 \\ U_9 \end{Bmatrix} \begin{matrix} \longrightarrow \\ \longrightarrow \\ \longrightarrow \\ \longrightarrow \\ \longrightarrow \\ \longrightarrow \end{matrix} \begin{Bmatrix} U_1^{(5)} \\ U_2^{(5)} \\ U_3^{(5)} \\ U_4^{(5)} \\ U_5^{(5)} \\ U_6^{(5)} \end{Bmatrix} = \begin{Bmatrix} 0.18552\ m \\ -0.000130738\ m \\ -0.0260283\ rad \\ 0.186622\ m \\ 0.000713665\ m \\ 0.0178911\ rad \end{Bmatrix}$$

좌표변환으로부터 국부요소 단부변위 $\overline{\mathbf{U}}^{(5)}$ 를 계산하면 다음과 같다.

$$\overline{\mathbf{U}}^{(5)} = \mathbf{\Gamma}_{ROT}^{(5)}\mathbf{U}^{(5)} = \begin{Bmatrix} -0.154434\ m \\ -0.102799\ m \\ -0.0260283\ rad \\ -0.154883 \\ -0.104113 \\ 0.0178911\ rad \end{Bmatrix}$$

국부 요소단부력 $\overline{\mathbf{P}}^{(5)}$ 는

$$\overline{\mathbf{P}}^{(5)} = \overline{\mathbf{K}}^{(5)}\overline{\mathbf{U}}^{(5)} + \overline{\mathbf{P}}_F^{(5)} = \begin{Bmatrix} 93.398\text{ kN} \\ 59.07\text{ kN} \\ 27.004\text{ kN-m} \\ -93.398\text{ kN} \\ 70.73\text{ kN} \\ -90.061\text{ kN-m} \end{Bmatrix}$$

과 같고, 전역좌표계에서 요소단부력 $\mathbf{P}^{(5)}$ 는 좌표변환으로부터 다음과 같이 계산된다.

$$\mathbf{P}^{(5)} = \mathbf{\Gamma}_{ROT}^{(5)\,T}\,\overline{\mathbf{P}}^{(5)} = \begin{Bmatrix} -110.478\ \text{kN} \\ 2.65874\ \text{kN} \\ 27.004\ \text{kN-m} \\ 38.4778\ \text{kN} \\ -110.659\ \text{kN} \\ -90.061\ \text{kN-m} \end{Bmatrix} \begin{matrix} 4 \\ 5 \\ 6 \\ 7 \\ 8 \\ 9 \end{matrix}$$

국부 요소단부력을 그림으로 나타내면 다음과 같다.

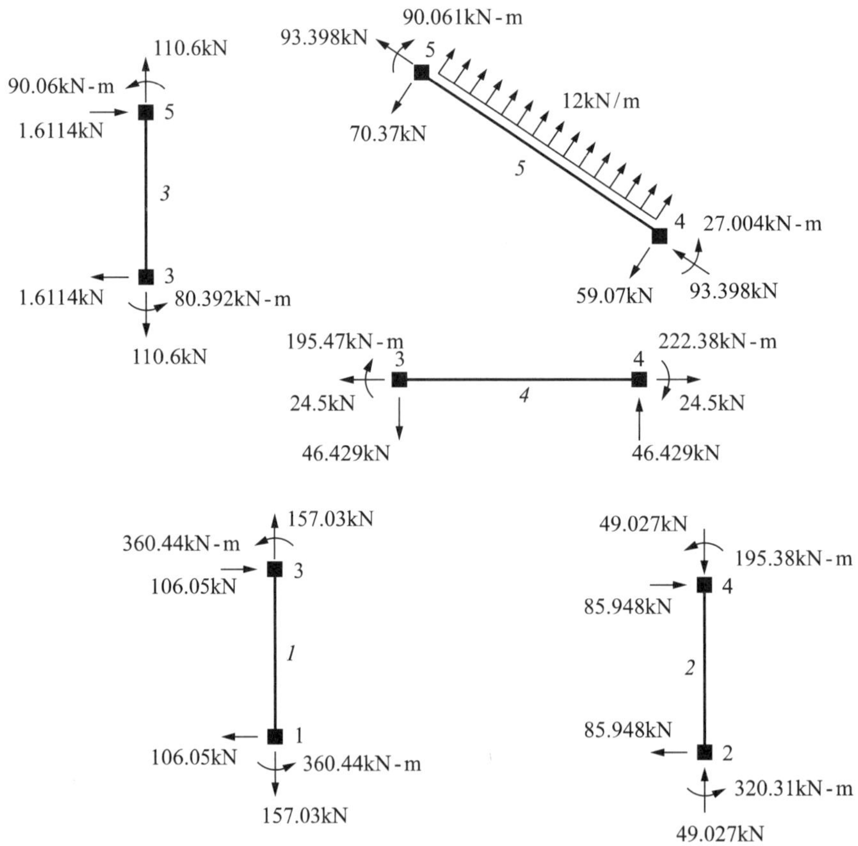

지점에 연결된 요소의 단부력으로부터 지점 반력 $\mathbf{F}_{constr}$ 을 추출하면 다음과 같다.

$$\mathbf{F}_{constr}=\begin{Bmatrix}-106.05\text{ kN}\\-157.03\text{ kN}\\360.44\text{ kN-m}\\-85.948\text{ kN}\\49.027\text{ kN}\\320.31\text{ kN-m}\end{Bmatrix}$$

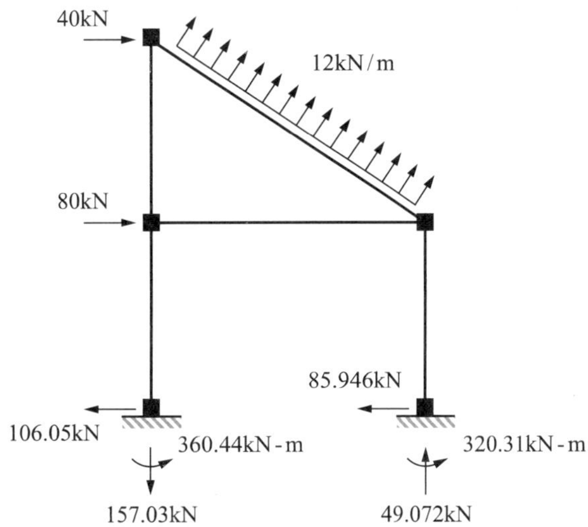

다음과 같이 구속 자유도에 대한 강성도 방정식을 이용하여 지점 반력을 계산해도 된다.

$$\mathbf{F}^{E}_{constr}=\mathbf{K}_{cf}\mathbf{U}_{free}=\begin{bmatrix}-800 & 0 & -2400 & 0 & 0 & 0 & 0 & 0 & 0\\0 & -375000 & 0 & 0 & 0 & 0 & 0 & 0 & 0\\2400 & 0 & 4800 & 0 & 0 & 0 & 0 & 0 & 0\\0 & 0 & 0 & -800 & 0 & -2400 & 0 & 0 & 0\\0 & 0 & 0 & 0 & -375000 & 0 & 0 & 0 & 0\\0 & 0 & 0 & 2400 & 0 & 4800 & 0 & 0 & 0\end{bmatrix}\begin{Bmatrix}0.185422\,m\\0.000418736\,m\\-0.0176197\,rad\\0.18552\,m\\-0.000130738\,m\\-0.0260283\,rad\\0.186622\,m\\0.000713665\,m\\0.0178911\,rad\end{Bmatrix}=\begin{Bmatrix}-106.05\text{ kN}\\-157.03\text{ kN}\\360.44\text{ kN-m}\\-85.948\text{ kN}\\49.027\text{ kN}\\320.31\text{ kN-m}\end{Bmatrix}$$

축력도

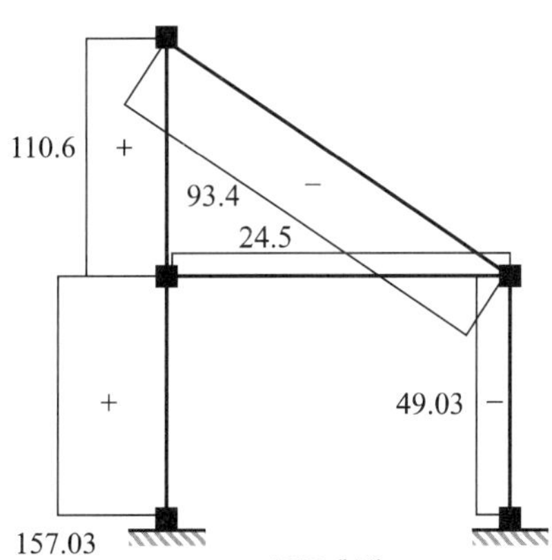

AFD (kN)

전단력도

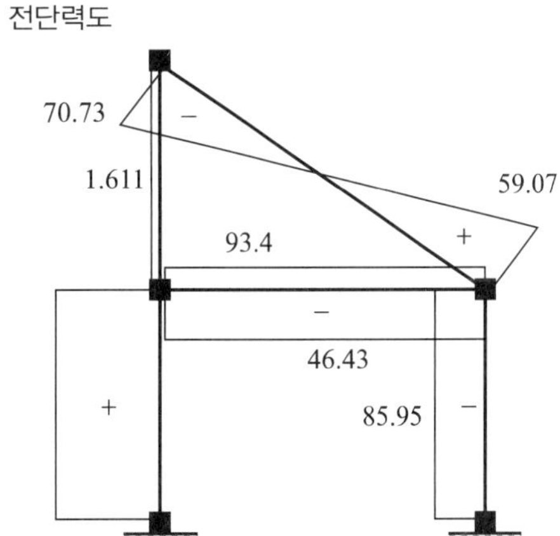

SFD (kN)

휨모멘트도

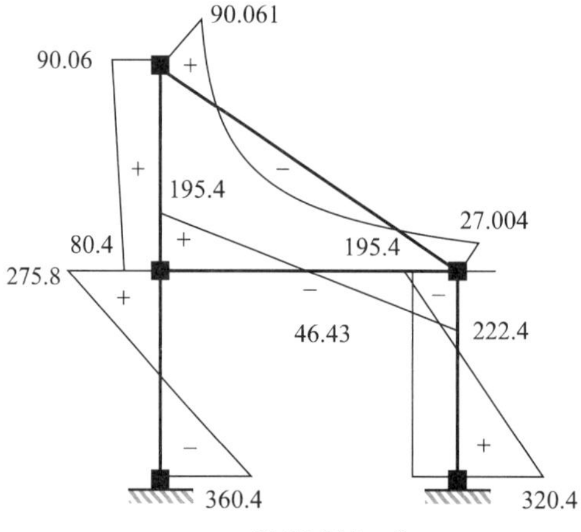

Example 7-4

다음 트러스 구조물의 절점변위, 요소단부력, 요소단부변위, 지점반력을 매트릭스 해석법으로 계산하라.

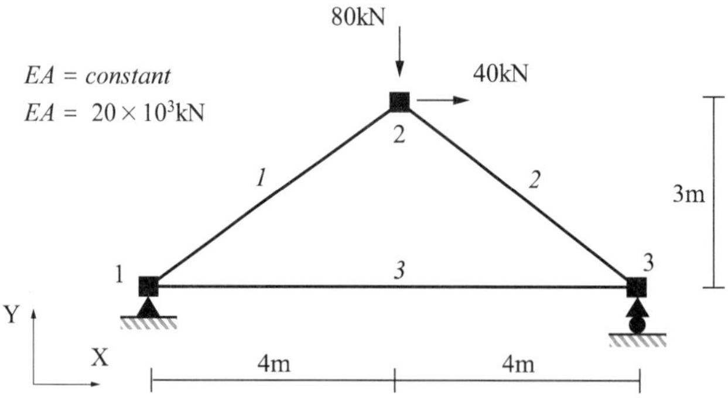

Solution

전역좌표계와 국부좌표계는 다음과 같다.

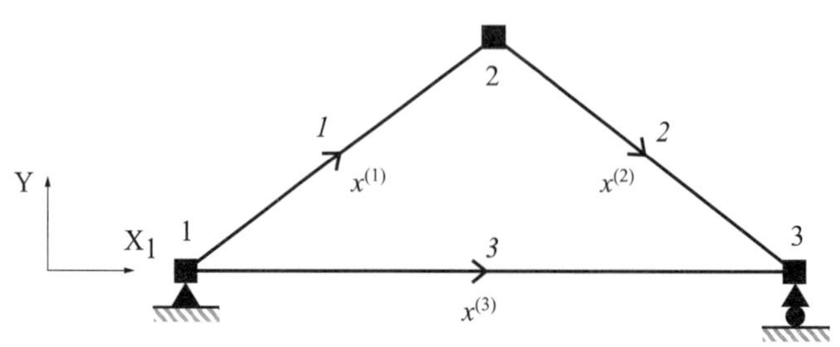

구조물의 자유도 번호와 요소번호, 절점 번호는 아래 그림과 같다.

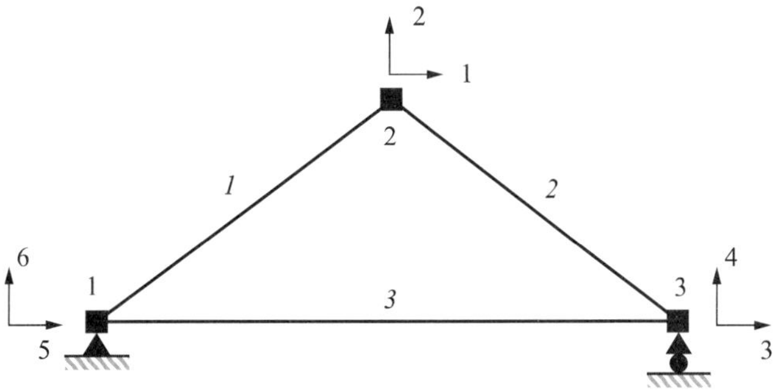

요소의 사상벡터는

$$\underline{\text{Element 1}} \qquad \underline{\text{Element 2}} \qquad \underline{\text{Element 3}}$$

$$LM_1 = \begin{Bmatrix} 5 \\ 6 \\ 1 \\ 2 \end{Bmatrix}_1 \qquad LM_2 = \begin{Bmatrix} 1 \\ 2 \\ 3 \\ 4 \end{Bmatrix}_2 \qquad LM_3 = \begin{Bmatrix} 5 \\ 6 \\ 3 \\ 4 \end{Bmatrix}_3$$

과 같고, 이를 이용하여 국부 강성도 행렬과 전역 강성도 행렬을 계산한다.

<u>요소 1:</u>

$$\bar{\mathbf{K}}^{(1)} = \frac{EA}{5}\begin{bmatrix} 1 & 0 & -1 & 0 \\ 0 & 0 & 0 & 0 \\ -1 & 0 & 1 & 0 \\ 0 & 0 & 0 & 0 \end{bmatrix}$$

$$\mathbf{\Gamma}_{ROT}^{(1)} = \begin{bmatrix} 0.8 & 0.6 & 0 & 0 \\ -0.6 & 0.8 & 0 & 0 \\ 0 & 0 & 0.8 & 0.6 \\ 0 & 0 & -0.6 & 0.8 \end{bmatrix}$$

$$\mathbf{K}^{(1)} = \mathbf{\Gamma}_{ROT}^{(1)\,T}\bar{\mathbf{K}}^{(1)}\mathbf{\Gamma}_{ROT}^{(1)} = \frac{EA}{125}\begin{array}{c} \begin{matrix} 5 & 6 & 1 & 2 \end{matrix} \\ \begin{bmatrix} 16 & 12 & -16 & -12 \\ 12 & 9 & -12 & -9 \\ -16 & -12 & 16 & 12 \\ -12 & -9 & 12 & 9 \end{bmatrix} \end{array}\begin{matrix} 5 \\ 6 \\ 1 \\ 2 \end{matrix}$$

요소 2:

$$\bar{\mathbf{K}}^{(2)} = \frac{EA}{5}\begin{bmatrix} 1 & 0 & -1 & 0 \\ 0 & 0 & 0 & 0 \\ -1 & 0 & 1 & 0 \\ 0 & 0 & 0 & 0 \end{bmatrix}$$

$$\mathbf{\Gamma}_{ROT}^{(2)} = \begin{bmatrix} 0.8 & -0.6 & 0 & 0 \\ 0.6 & 0.8 & 0 & 0 \\ 0 & 0 & 0.8 & -0.6 \\ 0 & 0 & 0.6 & 0.8 \end{bmatrix}$$

$$\mathbf{K}^{(2)} = \mathbf{\Gamma}_{ROT}^{(2)\,T}\,\bar{\mathbf{K}}^{(2)}\mathbf{\Gamma}_{ROT}^{(2)} = \frac{EA}{125}\begin{array}{c} \begin{matrix} 1 & \;\;2 & \;\;3 & \;\;4 \end{matrix} \\ \begin{bmatrix} 16 & -12 & -16 & 12 \\ -12 & 9 & 12 & -9 \\ -16 & 12 & 16 & -12 \\ 12 & -9 & -12 & 9 \end{bmatrix} \end{array}\begin{matrix} 1 \\ 2 \\ 3 \\ 4 \end{matrix}$$

요소 3:

$$\bar{\mathbf{K}}^{(3)} = \frac{EA}{8}\begin{bmatrix} 1 & 0 & -1 & 0 \\ 0 & 0 & 0 & 0 \\ -1 & 0 & 1 & 0 \\ 0 & 0 & 0 & 0 \end{bmatrix}$$

$$\mathbf{\Gamma}_{ROT}^{(3)} = \begin{bmatrix} 1 & 0 & 0 & 0 \\ 0 & 1 & 0 & 0 \\ 0 & 0 & 1 & 0 \\ 0 & 0 & 0 & 1 \end{bmatrix}$$

$$\mathbf{K}^{(3)} = \mathbf{\Gamma}_{ROT}^{(3)\,T}\,\bar{\mathbf{K}}^{(3)}\mathbf{\Gamma}_{ROT}^{(3)} = \frac{EA}{8}\begin{array}{c} \begin{matrix} 5 & 6 & 3 & 4 \end{matrix} \\ \begin{bmatrix} 1 & 0 & -1 & 0 \\ 0 & 0 & 0 & 0 \\ -1 & 0 & 1 & 0 \\ 0 & 0 & 0 & 0 \end{bmatrix} \end{array}\begin{matrix} 5 \\ 6 \\ 3 \\ 4 \end{matrix}$$

요소-코드 기법을 적용하여, 전체 구조계 강성도 행렬을 조립하면

$$\mathbf{K} = \begin{bmatrix} \mathbf{K}_{ff} & \mathbf{K}_{fc} \\ \mathbf{K}_{cf} & \mathbf{K}_{cc} \end{bmatrix}$$

$$\mathbf{K}_{ff}=\frac{EA}{125}\begin{bmatrix}32 & 0 & -16\\ 0 & 18 & 12\\ -16 & 12 & 31.625\end{bmatrix}\begin{matrix}1\\2\\3\end{matrix}\quad(\text{columns } 1,\ 2,\ 3)$$

$$\mathbf{K}_{fc}=\frac{EA}{125}\begin{bmatrix}12 & -16 & -12\\ -9 & -12 & -9\\ -12 & -15.625 & 0\end{bmatrix}\begin{matrix}1\\2\\3\end{matrix}\quad(\text{columns } 4,\ 5,\ 6)$$

$$\mathbf{K}_{cf}=\frac{EA}{125}\begin{bmatrix}12 & -9 & -12\\ -16 & -12 & -15.625\\ -12 & -9 & 0\end{bmatrix}\begin{matrix}4\\5\\6\end{matrix}\quad(\text{columns } 1,\ 2,\ 3)$$

$$\mathbf{K}_{cc}=\frac{EA}{125}\begin{bmatrix}9 & 0 & 0\\ 0 & 31.625 & 12\\ 0 & 12 & 9\end{bmatrix}\begin{matrix}4\\5\\6\end{matrix}\quad(\text{columns } 4,\ 5,\ 6)$$

과 같다. 작용하는 절점하중을 절점하중 벡터로 나타내면 다음과 같다.

$$\mathbf{F}=\lfloor 40 \quad -80 \quad 0 \quad F_4 \quad F_5 \quad F_6 \rfloor^T$$

비구속 절점변위 $\mathbf{U}_{free}$에 대하여 행렬식을 풀어보면

$$\mathbf{U}_{free}=\left[\mathbf{K}_{ff}\right]^{-1}\mathbf{F}_{free}^{E}=\begin{Bmatrix}22.479\times10^{-3}\ m\\ -47.333\times10^{-3}\ m\\ 29.333\times10^{-3}\ m\end{Bmatrix}\begin{matrix}1\\2\\3\end{matrix}$$

과 같다. 이제 각 요소에 대한 요소단부력과 요소 단부변위를 계산해 보자.

<u>요소 1:</u>

전역좌표계에서 요소 1의 요소 단부변위 $\mathbf{U}^{(1)}$은 다음과 같다.

$$LM_1=\begin{Bmatrix}5\\6\\1\\2\end{Bmatrix}_1 \Rightarrow \begin{Bmatrix}U_5\\U_6\\U_1\\U_2\end{Bmatrix}\begin{matrix}\longrightarrow\\\longrightarrow\\\longrightarrow\\\longrightarrow\end{matrix}\begin{Bmatrix}U_1^{(1)}\\U_2^{(1)}\\U_3^{(1)}\\U_4^{(1)}\end{Bmatrix}=\begin{Bmatrix}0\\0\\22.479\times10^{-3}\ m\\ -47.333\times10^{-3}\ m\end{Bmatrix}$$

좌표변환을 이용하여 국부요소 단부변위 $\overline{\mathbf{U}}^{(1)}$을 구하면 다음과 같다.

$$\overline{\mathbf{U}}^{(1)} = \mathbf{\Gamma}_{ROT}^{(1)}\mathbf{U}^{(1)} = \begin{Bmatrix} 0 \\ 0 \\ -0.0104166\,m \\ -0.0513538\,m \end{Bmatrix}$$

국부 요소단부력 벡터 $\overline{\mathbf{P}}^{(1)}$은

$$\overline{\mathbf{P}}^{(1)} = \overline{\mathbf{K}}^{(1)}\overline{\mathbf{U}}^{(1)} = \begin{Bmatrix} 41.67\text{ kN} \\ 0 \\ -41.67\text{ kN} \\ 0 \end{Bmatrix}$$

과 같고, 좌표변환 행렬에 의해서 계산된 전역좌표계에서 요소단부력 벡터 $\mathbf{P}^{(1)}$은 다음과 같다.

$$\mathbf{P}^{(1)} = \mathbf{\Gamma}_{ROT}^{(1)\,T}\,\overline{\mathbf{P}}^{(1)} = \begin{Bmatrix} 33.33 \\ 25 \\ -33.33 \\ -25 \end{Bmatrix} \begin{matrix} 5 \\ 6 \\ 1 \\ 2 \end{matrix}$$

<u>요소 2:</u>

전역요소 단부변위 $\mathbf{U}^{(2)}$

$$LM_2 = \begin{Bmatrix} 1 \\ 2 \\ 3 \\ 4 \end{Bmatrix}_2 \Rightarrow \begin{Bmatrix} U_1 \\ U_2 \\ U_3 \\ U_4 \end{Bmatrix} \longrightarrow \begin{Bmatrix} U_1^{(2)} \\ U_2^{(2)} \\ U_3^{(2)} \\ U_4^{(2)} \end{Bmatrix} = \begin{Bmatrix} 22.479\times10^{-3}\ m \\ -47.333\times10^{-3}\ m \\ 29.333\times10^{-3}\ m \\ 0 \end{Bmatrix}$$

국부요소 단부변위 $\overline{\mathbf{U}}^{(2)}$

$$\overline{\mathbf{U}}^{(2)} = \mathbf{\Gamma}_{ROT}^{(2)}\mathbf{U}^{(2)} = \begin{Bmatrix} 0.046383\,m \\ -0.024379\,m \\ 0.023464\,m \\ 0.017598\,m \end{Bmatrix}$$

국부 요소단부력 $\overline{\mathbf{P}}^{(2)}$

$$\overline{\mathbf{P}}^{(2)} = \overline{\mathbf{K}}^{(2)}\overline{\mathbf{U}}^{(2)} = \begin{Bmatrix} 91.67\text{ kN} \\ 0 \\ -91.67\text{ kN} \\ 0 \end{Bmatrix}$$

전역 요소단부력 $\mathbf{P}^{(2)}$

$$\mathbf{P}^{(2)} = \mathbf{\Gamma}_{ROT}^{(2)\ T}\overline{\mathbf{P}}^{(2)} = \begin{Bmatrix} 73.34 \\ -55.01 \\ -73.34 \\ 55.01 \end{Bmatrix} \begin{matrix} 1 \\ 2 \\ 3 \\ 4 \end{matrix}$$

<u>요소 3:</u>

전역요소 단부변위 $\mathbf{U}^{(3)}$

$$LM_3 = \begin{Bmatrix} 5 \\ 6 \\ 3 \\ 4 \end{Bmatrix}_3 \Rightarrow \begin{Bmatrix} U_5 \\ U_6 \\ U_3 \\ U_4 \end{Bmatrix} \begin{matrix} \longrightarrow \\ \longrightarrow \\ \longrightarrow \\ \longrightarrow \end{matrix} \begin{Bmatrix} U_1^{(3)} \\ U_2^{(3)} \\ U_3^{(3)} \\ U_4^{(3)} \end{Bmatrix} = \begin{Bmatrix} 0 \\ 0 \\ 29.333\times10^{-3}\ m \\ 0 \end{Bmatrix}$$

국부요소 단부변위 $\overline{\mathbf{U}}^{(3)}$

$$\overline{\mathbf{U}}^{(3)} = \mathbf{\Gamma}_{ROT}^{(3)}\mathbf{U}^{(3)} = \begin{Bmatrix} 0 \\ 0 \\ 29.333\times10^{-3}\ m \\ 0 \end{Bmatrix} \begin{matrix} 5 \\ 6 \\ 3 \\ 4 \end{matrix}$$

국부 요소단부력 $\overline{\mathbf{P}}^{(3)}$

$$\overline{\mathbf{P}}^{(3)} = \overline{\mathbf{K}}^{(3)}\overline{\mathbf{U}}^{(3)} = \begin{Bmatrix} -73.33\text{ kN} \\ 0 \\ 73.33\text{ kN} \\ 0 \end{Bmatrix}$$

전역 요소단부력 $\mathbf{P}^{(3)}$

$$\mathbf{P}^{(3)} = \mathbf{\Gamma}_{ROT}^{(3)\ T}\overline{\mathbf{P}}^{(3)} = \begin{Bmatrix} -73.33\text{ kN} \\ 0 \\ 73.33\text{ kN} \\ 0 \end{Bmatrix} \begin{matrix} 5 \\ 6 \\ 3 \\ 4 \end{matrix}$$

지점 반력 $\mathbf{F}_{constr}$은 지점에 연결된 요소의 단부력을 추출하여 구성하면 다음과 같다.

$$\mathbf{F}_{constr} = \begin{Bmatrix} 55.01\text{ kN} + 0\text{ kN} \\ 33.33\text{ kN} - 73.33\text{ kN} \\ 25\text{ kN} + 0\text{ kN} \end{Bmatrix} \begin{matrix} 4 \\ 5 \\ 6 \end{matrix} = \begin{Bmatrix} 55.01\text{ kN} \\ -40\text{ kN} \\ 25\text{ kN} \end{Bmatrix}$$

6 단부력 일부가 제거된 골조요소

지금까지 평면요소인 봉/골조 요소를 다루어 보았다. 봉 요소 또는 트러스 요소는 트러스 구조물을 해석하는데 주로 사용되며 축력 성분만을 지지할 수 있다. 이와는 달리 골조요소는 모든 절점이 강절로 되어 있어 절점에 요소가 연결된 골조구조물의 해석에 사용된다. 본 절에서는 Figure 7-7과 같이 골조구조물에 단부력 일부가 제거된 특별한 골조요소(변위가 불연속임)를 다루어보자. 단부력이 제거된 부분은 Figure 7-8과 같이 표시한다. 단부력의 일부가 제거된 것을 단부력 해제라고 하고, 이는 제거된 단부력이 절점에서 전달되지 못함을 의미한다. 그러므로 Figure 7-8의 (a), (b), (c), (d)는 각각 전단력, 모멘트, 비틀림을 전달하지 못한다. 특정 힘의 성분을 전달하지 못하기 때문에 이에 대응하는 변위(축변위, 횡변위, 처짐각, 비틀림 각)에 불연속 구간이 발생하게 된다.

본 절에서는 앞서 유도한 요소 강성도 행렬을 일부 수정하여 단부력의 일부가 해제된 골조 요소의 강성도 행렬을 유도한다.

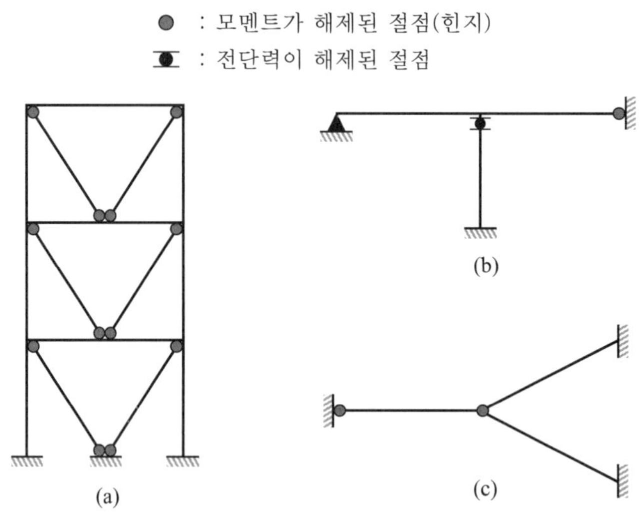

Figure 7-7 단부력 일부가 제거된 골조요소

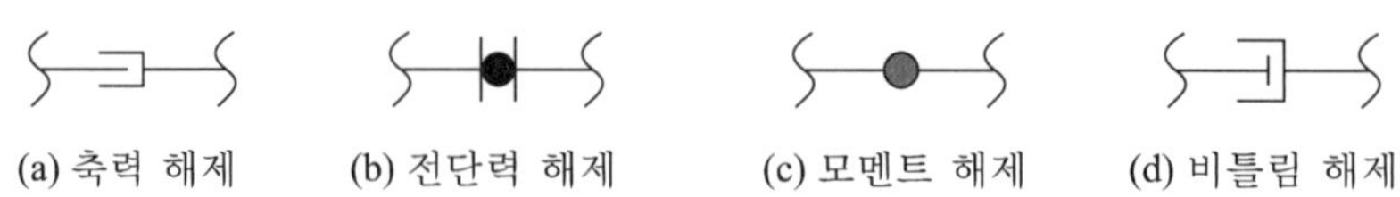

Figure 7-8 단부력 해제

7.6.1 단부 축력이 해제된 봉 요소

Figure 7-9(a)와 같이 좌측 단부에 축력이 제거된 봉 요소를 다루어보자. 단부 축력이 해제 되지 않았을 때 봉 요소의 강성도 방정식은 다음과 같다.

$$\bar{P}_1 = \frac{EA}{L}\bar{U}_1 - \frac{EA}{L}\bar{U}_4 + \bar{P}_{F1} \tag{7.56}$$

$$\bar{P}_4 = -\frac{EA}{L}\bar{U}_1 + \frac{EA}{L}\bar{U}_4 + \bar{P}_{F4} \tag{7.57}$$

봉 요소의 왼쪽 i가 축력 해제장치에 의해서 연결되어 있다면 단부력 $\bar{P}_1$은 “0”과 같다. 따라서 좌측 단부력을 “0”으로 만드는 조건($\bar{P}_1 = 0$)을 식 (7.56)에 대입하면

$$\bar{U}_1 = \bar{U}_4 - \frac{\bar{P}_{F1}L}{EA} \tag{7.58}$$

과 같다. 식 (7.58)을 (7.57)에 대입하여 다음 관계를 유도한다.

$$\bar{P}_4 = \bar{P}_{F1} + \bar{P}_{F4} \tag{7.59}$$

위 식은 좌측 단부력이 해제된 봉 요소의 강성도 행렬의 일부가 빈 형태가 됨을 의미한다. Figure 7-9(b)의 우측 단부력 해제의 경우도 이와 비슷하다.

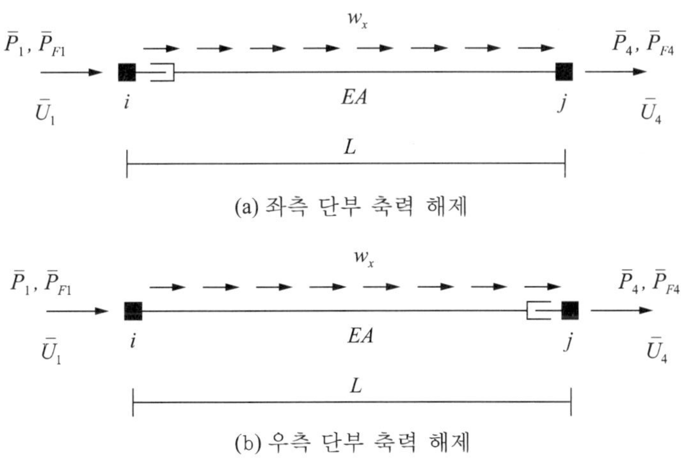

Figure 7-9 단부 축력이 해제된 봉 요소

7.6.2 단부력이 해제된 골조요소

Figure 7-10과 같이 좌측 단부에서 전단력이 해제된 골조요소를 고려해보자. 단부력이 해제되지 않았을 때 골조요소의 강성도 방정식은 6개로 이루어져 있고 다음과 같다.

$$\bar{P}_1 = \frac{EA}{L}\bar{U}_1 - \frac{EA}{L}\bar{U}_4 + \bar{P}_{F1} \quad (7장\ 7.56)$$

$$\bar{P}_2 = 12\frac{IE}{L^3}\bar{U}_2 + 6\frac{IE}{L^2}\bar{U}_3 - 12\frac{IE}{L^3}\bar{U}_5 + 6\frac{IE}{L^2}\bar{U}_6 + \bar{P}_{F2} \quad (7.60)$$

$$\bar{P}_3 = 6\frac{IE}{L^2}\bar{U}_2 + 4\frac{IE}{L}\bar{U}_3 - 6\frac{IE}{L^2}\bar{U}_5 + 2\frac{IE}{L}\bar{U}_6 + \bar{P}_{F3} \quad (7.61)$$

$$\bar{P}_4 = -\frac{EA}{L}\bar{U}_1 + \frac{EA}{L}\bar{U}_4 + \bar{P}_{F4} \quad (7장\ 7.57)$$

$$\bar{P}_5 = -12\frac{IE}{L^3}\bar{U}_2 - 6\frac{IE}{L^2}\bar{U}_3 + 12\frac{IE}{L^3}\bar{U}_5 - 6\frac{IE}{L^2}\bar{U}_6 + \bar{P}_{F5} \quad (7.62)$$

$$\bar{P}_6 = 6\frac{IE}{L^2}\bar{U}_2 + 2\frac{IE}{L}\bar{U}_3 - 6\frac{IE}{L^2}\bar{U}_5 + 4\frac{IE}{L}\bar{U}_6 + \bar{P}_{F6} \quad (7.63)$$

골조요소의 좌측단 i에 전단 해제장치가 연결되면 단부력 $\bar{P}_2$는 "0"이 된다. 따라서 이 조건($\bar{P}_2 = 0$)을 식 (7.60)에 대입하면

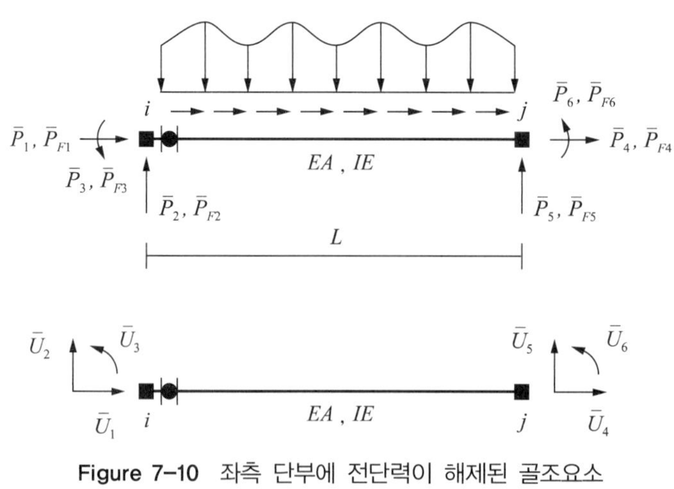

Figure 7-10 좌측 단부에 전단력이 해제된 골조요소

$$\bar{U}_2 = -\frac{L^3\bar{P}_{F2} - 12IE\bar{U}_5 + 6IEL\left(\bar{U}_3 + \bar{U}_6\right)}{12IE} \tag{7.64}$$

와 같다. 이는 기하학적으로 왼쪽 단부에서 횡변위 $\bar{U}_2$가 더 이상 독립변위가 아니며 $\bar{U}_3$, $\bar{U}_5$, $\bar{U}_6$에 의해서 결정되는 종족변위가 되었음을 의미한다. 기하학적 변위 식 (7.64)를 식 (7.61), 식 (7.62), 식 (7.63)에 대입하여 정리하면 다음과 같다.

$$\bar{P}_3 = \frac{IE}{L}\bar{U}_3 - \frac{IE}{L}\bar{U}_6 + \bar{P}_{F3} - \frac{\bar{P}_{F2}L}{2} \tag{7.65}$$

$$\bar{P}_5 = \bar{P}_{F2} + \bar{P}_{F5} \tag{7.66}$$

$$\bar{P}_6 = -\frac{IE}{L}\bar{U}_3 + \frac{IE}{L}\bar{U}_6 + \bar{P}_{F6} - \frac{\bar{P}_{F2}L}{2} \tag{7.67}$$

그러므로 좌측 단부전단력이 해제된 골조요소의 강성도 방정식을 행렬형태로 표시하면

$$\begin{Bmatrix} \bar{P}_1 \\ \bar{P}_2 \\ \bar{P}_3 \\ \bar{P}_4 \\ \bar{P}_5 \\ \bar{P}_6 \end{Bmatrix} = \begin{bmatrix} \frac{EA}{L} & 0 & 0 & -\frac{EA}{L} & 0 & 0 \\ 0 & 0 & 0 & 0 & 0 & 0 \\ 0 & 0 & \frac{IE}{L} & 0 & 0 & -\frac{IE}{L} \\ -\frac{EA}{L} & 0 & 0 & \frac{EA}{L} & 0 & 0 \\ 0 & 0 & 0 & 0 & 0 & 0 \\ 0 & 0 & -\frac{IE}{L} & 0 & 0 & \frac{IE}{L} \end{bmatrix} \begin{Bmatrix} \bar{U}_1 \\ \bar{U}_2 \\ \bar{U}_3 \\ \bar{U}_4 \\ \bar{U}_5 \\ \bar{U}_6 \end{Bmatrix} + \begin{Bmatrix} \bar{P}_{F1} \\ 0 \\ \bar{P}_{F3} - \frac{\bar{P}_{F2}L}{2} \\ \bar{P}_{F4} \\ \bar{P}_{F2} + \bar{P}_{F5} \\ \bar{P}_{F6} - \frac{\bar{P}_{F2}L}{2} \end{Bmatrix} \quad \text{또는} \quad \mathbf{\bar{P}} = \mathbf{\bar{K}\bar{U}} + \mathbf{\bar{P}}^F \tag{7.68}$$

와 같다. 이제 Figure 7-11과 같이 우측 단부에 전단력이 해제된 요소를 고려해보자. 골조요소의 우측단 j에 전단 해제장치가 연결되었다면 단부력 $\bar{P}_5$는 "0"이 되고, 이 조건을 식 (7.62)에 대입하면 다음 관계가 도출된다.

$$\bar{U}_5 = -\frac{L^3\bar{P}_{F5} - 12IE\bar{U}_2 + 6IEL\left(\bar{U}_3 + \bar{U}_6\right)}{12IE} \tag{7.69}$$

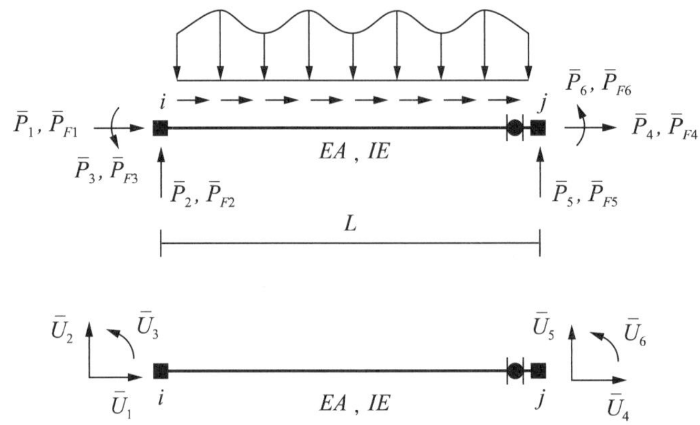

Figure 7-11 오른쪽 단부전단력이 해제된 골조요소

식 (7.69)는 좌측 단부전단력이 해제된 경우와 유사하게, 우측 단부 횡변위 $\bar{U}_5$는 독립변위가 아닌 $\bar{U}_2$, $\bar{U}_3$, $\bar{U}_6$에 종속된 변위가 됨을 의미한다. 이 기하학적 조건을 이용하여 식 (7.61), 식 (7.62), 식 (7.63)을 다시 적어보면

$$\bar{P}_2 = \bar{P}_{F2} + \bar{P}_{F5} \tag{7.70}$$

$$\bar{P}_3 = \frac{IE}{L}\bar{U}_3 - \frac{IE}{L}\bar{U}_6 + \bar{P}_{F3} + \frac{\bar{P}_{F5}L}{2} \tag{7.71}$$

$$\bar{P}_6 = -\frac{IE}{L}\bar{U}_3 + \frac{IE}{L}\bar{U}_6 + \bar{P}_{F6} + \frac{\bar{P}_{F5}L}{2} \tag{7.72}$$

과 같다. 그러므로 우측 단부전단력이 해제된 요소의 강성도 방정식을 행렬로 정리하면 다음과 같다.

$$\begin{Bmatrix} \bar{P}_1 \\ \bar{P}_2 \\ \bar{P}_3 \\ \bar{P}_4 \\ \bar{P}_5 \\ \bar{P}_6 \end{Bmatrix} = \begin{bmatrix} \frac{EA}{L} & 0 & 0 & -\frac{EA}{L} & 0 & 0 \\ 0 & 0 & 0 & 0 & 0 & 0 \\ 0 & 0 & \frac{IE}{L} & 0 & 0 & -\frac{IE}{L} \\ -\frac{EA}{L} & 0 & 0 & \frac{EA}{L} & 0 & 0 \\ 0 & 0 & 0 & 0 & 0 & 0 \\ 0 & 0 & -\frac{IE}{L} & 0 & 0 & \frac{IE}{L} \end{bmatrix} \begin{Bmatrix} \bar{U}_1 \\ \bar{U}_2 \\ \bar{U}_3 \\ \bar{U}_4 \\ \bar{U}_5 \\ \bar{U}_6 \end{Bmatrix} + \begin{Bmatrix} \bar{P}_{F1} \\ \bar{P}_{F2} + \bar{P}_{F5} \\ \bar{P}_{F3} + \frac{\bar{P}_{F5}L}{2} \\ \bar{P}_{F4} \\ 0 \\ \bar{P}_{F3} + \frac{\bar{P}_{F5}L}{2} \end{Bmatrix} \quad \text{또는} \quad \bar{\mathbf{P}} = \bar{\mathbf{K}}\bar{\mathbf{U}} + \bar{\mathbf{P}}^F \tag{7.73}$$

7.6.3 단부 모멘트가 해제된 골조요소

좌측 단부의 모멘트가 해제된(힌지로 된) Figure 7-12의 골조요소를 생각해보자. 단부력이 해제되지 않았을 때 요소 강성도 행렬을 풀어서 적어보면 식 (7.56), 식 (7.57), 식 (7.60)~식 (7.63)과 같다. 골조 요소의 왼쪽 단 i에 모멘트 해제장치를 연결하여 모멘트를 제거하면 단부모멘트 $\bar{P}_3$는 "0"이 된다. 이를 ($\bar{P}_3 = 0$)식에 대입하면 다음과 같다.

$$\bar{U}_3 = -\frac{L^2\bar{P}_{F3} + 6IE\bar{U}_2 - 6IE\bar{U}_5 + 2IEL\bar{U}_6}{4IEL} \tag{7.74}$$

그러므로 좌측 단부회전각 $\bar{U}_3$는 독립변위 자유도가 아닌 변위 $\bar{U}_2$, $\bar{U}_5$, $\bar{U}_6$의 조합으로 계산되는 종속변위가 된다. 식 (7.74)를 이용하여 식 (7.70), 식 (7.62), 식 (7.63)을 새롭게 정리하면

$$\bar{P}_2 = 3\frac{IE}{L^3}\bar{U}_2 - 3\frac{IE}{L^3}\bar{U}_5 + 3\frac{IE}{L^2}\bar{U}_6 + \bar{P}_{F2} - \frac{3\bar{P}_{F3}}{2L} \tag{7.75}$$

$$\bar{P}_5 = -3\frac{IE}{L^3}\bar{U}_2 + 3\frac{IE}{L^3}\bar{U}_5 - 3\frac{IE}{L^2}\bar{U}_6 + \bar{P}_{F5} + \frac{3\bar{P}_{F3}}{2L} \tag{7.76}$$

$$\bar{P}_6 = 3\frac{IE}{L^2}\bar{U}_2 - 3\frac{IE}{L^2}\bar{U}_5 + 3\frac{IE}{L}\bar{U}_6 + \bar{P}_{F6} - \frac{\bar{P}_{F3}}{2} \tag{7.77}$$

와 같다. 그러므로 좌측 단부의 모멘트가 해제된 강성도 방정식은 다음과 같다.

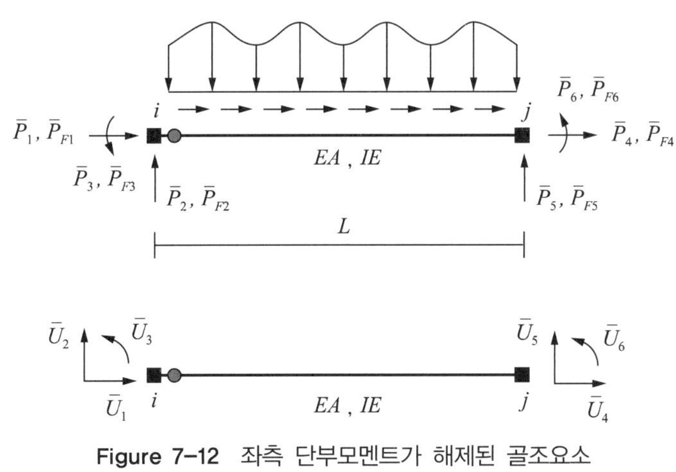

Figure 7-12 좌측 단부모멘트가 해제된 골조요소

$$\begin{Bmatrix} \bar{P}_1 \\ \bar{P}_2 \\ \bar{P}_3 \\ \bar{P}_4 \\ \bar{P}_5 \\ \bar{P}_6 \end{Bmatrix} = \begin{bmatrix} \frac{EA}{L} & 0 & 0 & -\frac{EA}{L} & 0 & 0 \\ 0 & 3\frac{IE}{L^3} & 0 & 0 & -3\frac{IE}{L^3} & 3\frac{IE}{L^2} \\ 0 & 0 & 0 & 0 & 0 & 0 \\ -\frac{EA}{L} & 0 & 0 & \frac{EA}{L} & 0 & 0 \\ 0 & -3\frac{IE}{L^3} & 0 & 0 & 3\frac{IE}{L^3} & -3\frac{IE}{L^2} \\ 0 & 3\frac{IE}{L^2} & 0 & 0 & -3\frac{IE}{L^2} & 3\frac{IE}{L} \end{bmatrix} \begin{Bmatrix} \bar{U}_1 \\ \bar{U}_2 \\ \bar{U}_3 \\ \bar{U}_4 \\ \bar{U}_5 \\ \bar{U}_6 \end{Bmatrix} + \begin{Bmatrix} \bar{P}_{F1} \\ \bar{P}_{F2} - \frac{3\bar{P}_{F3}}{2L} \\ 0 \\ \bar{P}_{F4} \\ \bar{P}_{F5} + \frac{3\bar{P}_{F3}}{2L} \\ \bar{P}_{F6} - \frac{\bar{P}_{F3}}{2} \end{Bmatrix} \quad \text{또는} \quad \bar{\mathbf{P}} = \bar{\mathbf{K}}\bar{\mathbf{U}} + \bar{\mathbf{P}}^F \tag{7.78}$$

Figure 7-13과 같이 우측 단부모멘트가 해제된 경우를 살펴보자. 골조요소의 우측 단부 j에 모멘트 해제장치를 연결하게 되면 우측 단부모멘트인 $\bar{P}_6$는 "0"이 되고, 이를 식 (7.63)에 대입하면 다음과 같이 된다.

$$\bar{U}_6 = -\frac{L^2\bar{P}_{F6} + 6IE\bar{U}_2 - 6IE\bar{U}_5 + 2IEL\bar{U}_3}{4IEL} \tag{7.79}$$

따라서 골조요소의 우측 단부회전각 $\bar{U}_6$는 나머지 변위($\bar{U}_2$, $\bar{U}_3$, $\bar{U}_5$)로 표현되는 종속변위가 된다. 식 (7.79)를 식 (7.60), 식 (7.61), 식 (7.62)에 대입하여 다시 정리하면

$$\bar{P}_2 = 3\frac{IE}{L^3}\bar{U}_2 + 3\frac{IE}{L^2}\bar{U}_3 - 3\frac{IE}{L^3}\bar{U}_5 + \bar{P}_{F2} - \frac{3\bar{P}_{F6}}{2L} \tag{7.80}$$

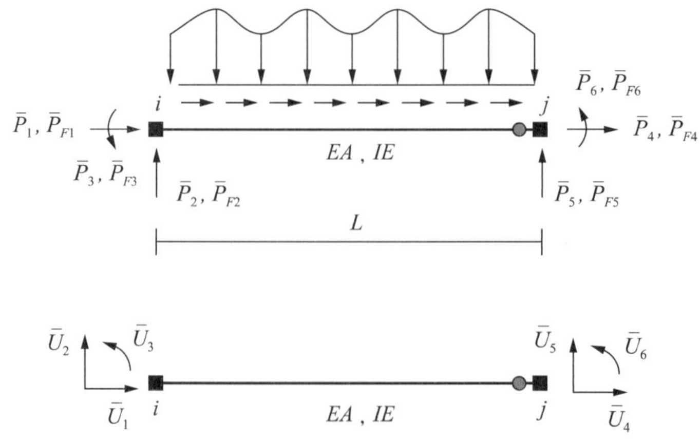

Figure 7-13 우측 단부모멘트가 해제된 골조요소

$$\overline{P}_3 = 3\frac{IE}{L^2}\overline{U}_2 + 3\frac{IE}{L}\overline{U}_3 - 3\frac{IE}{L^2}\overline{U}_5 + \overline{P}_{F3} - \frac{\overline{P}_{F6}}{2} \tag{7.81}$$

$$\overline{P}_5 = -3\frac{IE}{L^3}\overline{U}_2 - 3\frac{IE}{L^2}\overline{U}_3 + 3\frac{IE}{L^3}\overline{U}_5 + \overline{P}_{F5} + \frac{3\overline{P}_{F6}}{2L} \tag{7.82}$$

와 같고, 이를 정리하여 우측 단부모멘트가 해제된 강성도 방정식을 행렬식으로 나타내면 다음과 같다.

$$\begin{Bmatrix} \overline{P}_1 \\ \overline{P}_2 \\ \overline{P}_3 \\ \overline{P}_4 \\ \overline{P}_5 \\ \overline{P}_6 \end{Bmatrix} = \begin{bmatrix} \frac{EA}{L} & 0 & 0 & -\frac{EA}{L} & 0 & 0 \\ 0 & 3\frac{IE}{L^3} & 3\frac{IE}{L^2} & 0 & -3\frac{IE}{L^3} & 0 \\ 0 & 3\frac{IE}{L^2} & 3\frac{IE}{L} & 0 & -3\frac{IE}{L^2} & 0 \\ -\frac{EA}{L} & 0 & 0 & \frac{EA}{L} & 0 & 0 \\ 0 & -3\frac{IE}{L^3} & -3\frac{IE}{L^2} & 0 & 3\frac{IE}{L^3} & 0 \\ 0 & 0 & 0 & 0 & 0 & 0 \end{bmatrix} \begin{Bmatrix} \overline{U}_1 \\ \overline{U}_2 \\ \overline{U}_3 \\ \overline{U}_4 \\ \overline{U}_5 \\ \overline{U}_6 \end{Bmatrix} + \begin{Bmatrix} \overline{P}_{F1} \\ \overline{P}_{F2} - \frac{3\overline{P}_{F6}}{2L} \\ \overline{P}_{F3} - \frac{\overline{P}_{F6}}{2} \\ \overline{P}_{F4} \\ \overline{P}_{F5} + \frac{3\overline{P}_{F6}}{2L} \\ 0 \end{Bmatrix} \text{ 또는 } \overline{\mathbf{P}} = \overline{\mathbf{K}}\overline{\mathbf{U}} + \overline{\mathbf{P}}^F \tag{7.83}$$

이제 마지막으로 양쪽 모멘트가 모두 해제된 골조요소를 살펴보자(Figure 7-14). 골조요소의 끝단 i와 j의 단부모멘트가 해제되면 단부모멘트인 $\overline{P}_3$와 $\overline{P}_6$는 “0”이 된다. 이 조건을 식 (7.61), 식 (7.63)에 대입하여 풀면

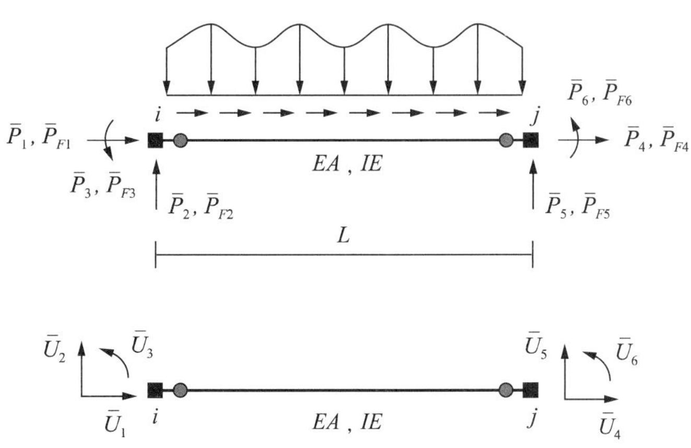

Figure 7-14 양쪽 단부모멘트가 모두 해제된 골조요소

$$\bar{U}_3 = \frac{\bar{U}_5 - \bar{U}_2}{L} - \frac{L}{6IE}\left(2\bar{P}_{F3} - \bar{P}_{F6}\right) \tag{7.84}$$

$$\bar{U}_6 = \frac{\bar{U}_5 - \bar{U}_2}{L} - \frac{L}{6IE}\left(2\bar{P}_{F6} - \bar{P}_{F3}\right) \tag{7.85}$$

와 같다. 위의 두 식을 식 (7.60), 식 (7.62)에 대입하여 다시 적어보면

$$\bar{P}_2 = \bar{P}_{F2} - \frac{\bar{P}_{F3} + \bar{P}_{F6}}{L} \tag{7.86}$$

$$\bar{P}_5 = \bar{P}_{F5} + \frac{\bar{P}_{F3} + \bar{P}_{F6}}{L} \tag{7.87}$$

와 같다. 그러므로 양단부의 모멘트가 해제된 골조요소의 강성도 방정식은 다음과 같다.

$$\begin{Bmatrix} \bar{P}_1 \\ \bar{P}_2 \\ \bar{P}_3 \\ \bar{P}_4 \\ \bar{P}_5 \\ \bar{P}_6 \end{Bmatrix} = \begin{bmatrix} \frac{EA}{L} & 0 & 0 & -\frac{EA}{L} & 0 & 0 \\ 0 & 0 & 0 & 0 & 0 & 0 \\ 0 & 0 & 0 & 0 & 0 & 0 \\ -\frac{EA}{L} & 0 & 0 & \frac{EA}{L} & 0 & 0 \\ 0 & 0 & 0 & 0 & 0 & 0 \\ 0 & 0 & 0 & 0 & 0 & 0 \end{bmatrix} \begin{Bmatrix} \bar{U}_1 \\ \bar{U}_2 \\ \bar{U}_3 \\ \bar{U}_4 \\ \bar{U}_5 \\ \bar{U}_6 \end{Bmatrix} + \begin{Bmatrix} \bar{P}_{F1} \\ \bar{P}_{F2} - \frac{\bar{P}_{F3} + \bar{P}_{F6}}{L} \\ 0 \\ \bar{P}_{F4} \\ \bar{P}_{F5} + \frac{\bar{P}_{F3} + \bar{P}_{F6}}{L} \\ 0 \end{Bmatrix} \quad \text{또는} \quad \bar{\mathbf{P}} = \bar{\mathbf{K}}\bar{\mathbf{U}} + \bar{\mathbf{P}}^F \tag{7.88}$$

Example 7-5

아래의 골조구조물의 절점변위, 요소단부력, 요소 단부변위, 지점 반력을 계산하라.

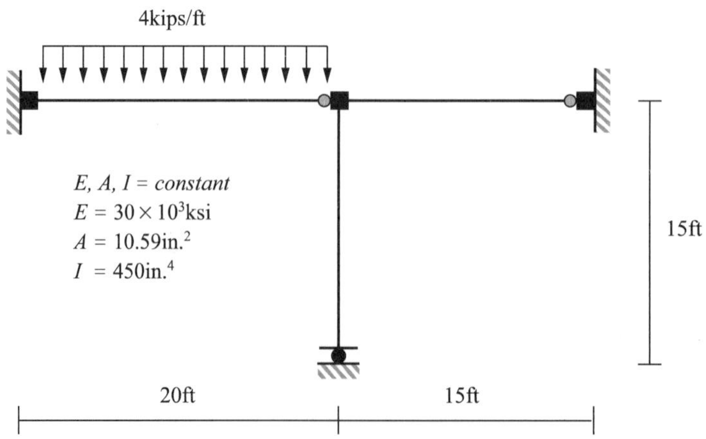

Solution

각 요소의 국부좌표계와 요소 번호, 절점 번호는 다음과 같이 정하였다.

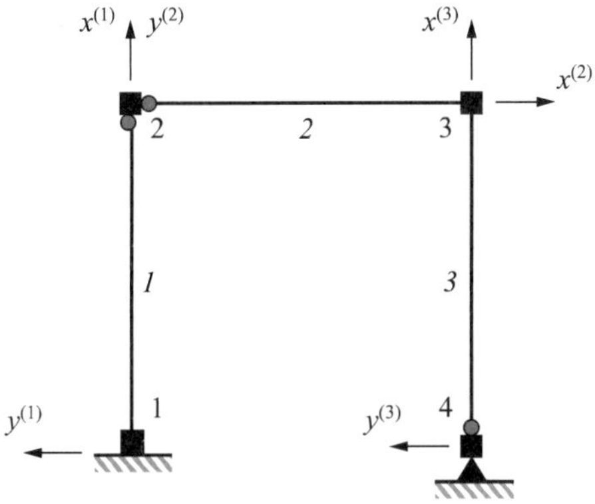

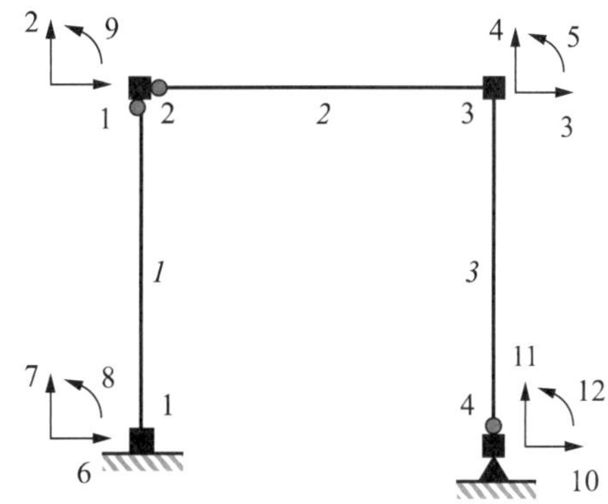

위의 번호로부터 결정되는 각 요소의 사상벡터는 아래와 같다.

Element 1	Element 2	Element 3
$LM_1 = \begin{Bmatrix} 6 \\ 7 \\ 8 \\ 1 \\ 2 \\ 9 \end{Bmatrix}_1$	$LM_2 = \begin{Bmatrix} 1 \\ 2 \\ 9 \\ 3 \\ 4 \\ 5 \end{Bmatrix}_2$	$LM_3 = \begin{Bmatrix} 10 \\ 11 \\ 12 \\ 3 \\ 4 \\ 5 \end{Bmatrix}_3$

요소 강성도 행렬과 요소하중에 의한 고정단 하중벡터를 계산한다.

요소 1: 우측단이 힌지

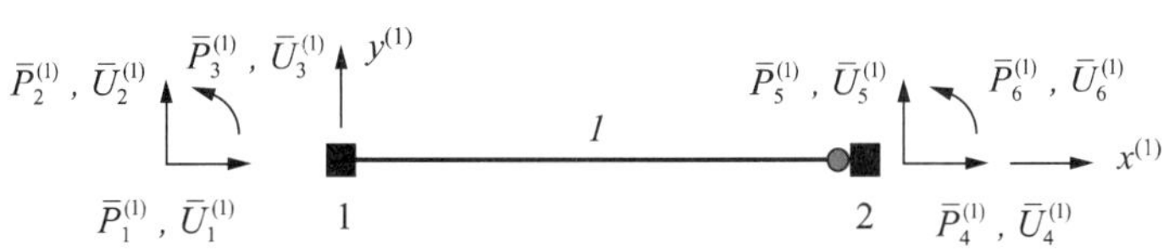

국부 요소 강성도 행렬은 다음과 같다.

$$\bar{\mathbf{K}}^{(1)} = \begin{bmatrix} 1776.3 & 0 & 0 & -1776.3 & 0 & 0 \\ 0 & 5.0347 & 1208.3 & 0 & -5.0347 & 0 \\ 0 & 1208.3 & 290000 & 0 & -1208.3 & 0 \\ -1776.3 & 0 & 0 & 1776.3 & 0 & 0 \\ 0 & -5.0347 & -1208.3 & 0 & 5.0347 & 0 \\ 0 & 0 & 0 & 0 & 0 & 0 \end{bmatrix}$$

좌표변환 행렬은

$$\mathbf{\Gamma}_{ROT}^{(1)} = \begin{bmatrix} 0 & 1 & 0 & 0 & 0 & 0 \\ -1 & 0 & 0 & 0 & 0 & 0 \\ 0 & 0 & 1 & 0 & 0 & 0 \\ 0 & 0 & 0 & 0 & 1 & 0 \\ 0 & 0 & 0 & -1 & 0 & 0 \\ 0 & 0 & 0 & 0 & 0 & 1 \end{bmatrix}$$

과 같고, 따라서 전역좌표계에서 강성도 행렬은 좌표변환 행렬에 의해서 다음과 같이 계산된다.

$$\mathbf{K}^{(1)} = \mathbf{\Gamma}_{ROT}^{(1)\,T}\bar{\mathbf{K}}^{(1)}\mathbf{\Gamma}_{ROT}^{(1)} = \begin{array}{c} \begin{matrix} 6 & \quad 7 & \quad 8 & \quad 1 & \quad 2 & \quad 9 \end{matrix} \\ \begin{bmatrix} 5.0347 & 0 & -1208.3 & -5.0347 & 0 & 0 \\ 0 & 1776.3 & 0 & 0 & -1776.3 & 0 \\ -1208.3 & 0 & 290000 & 1208.3 & 0 & 0 \\ -5.0347 & 0 & 1208.3 & 5.0347 & 0 & 0 \\ 0 & -1776.3 & 0 & 0 & 1776.3 & 0 \\ 0 & 0 & 0 & 0 & 0 & 0 \end{bmatrix} \end{array} \begin{matrix} 6 \\ 7 \\ 8 \\ 1 \\ 2 \\ 9 \end{matrix}$$

국부고정 단부하중 벡터

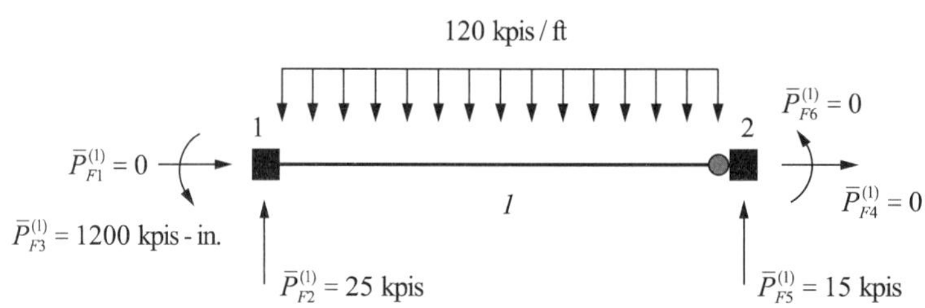

$$\bar{\mathbf{P}}_{F}^{(1)} = \begin{bmatrix} 0 & 25 & 1200 & 0 & 15 & 0 \end{bmatrix}^T$$

전역고정 단부하중 벡터

$$\mathbf{P}_{F}^{(1)} = \mathbf{\Gamma}_{ROT}^{(1)\,T}\bar{\mathbf{P}}_{F}^{(1)} = \begin{array}{c} \begin{matrix} 6 & 7 & 8 & 1 & 2 & 9 \end{matrix} \\ \begin{bmatrix} -25 & 0 & 1200 & -15 & 0 & 0 \end{bmatrix}^T \end{array}$$

<u>요소 2:</u> 좌측 단부가 힌지

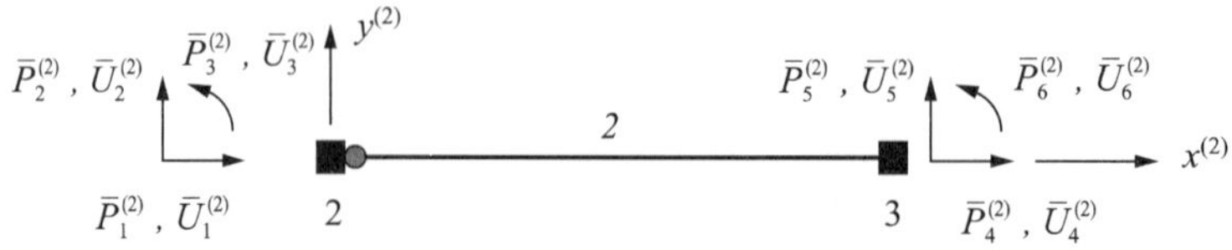

국부 요소 강성도 행렬

$$\bar{\mathbf{K}}^{(2)} = \begin{bmatrix} 1776.3 & 0 & 0 & -1776.3 & 0 & 0 \\ 0 & 5.0347 & 0 & 0 & -5.0347 & 1208.3 \\ 0 & 0 & 0 & 0 & 0 & 0 \\ -1776.3 & 0 & 0 & 1776.3 & 0 & 0 \\ 0 & -5.0347 & 0 & 0 & 5.0347 & -1208.3 \\ 0 & 1208.3 & 0 & 0 & -1208.3 & 290000 \end{bmatrix}$$

좌표변환 행렬

$$\mathbf{\Gamma}_{ROT}^{(2)} = \begin{bmatrix} 1 & 0 & 0 & 0 & 0 & 0 \\ 0 & 1 & 0 & 0 & 0 & 0 \\ 0 & 0 & 1 & 0 & 0 & 0 \\ 0 & 0 & 0 & 1 & 0 & 0 \\ 0 & 0 & 0 & 0 & 1 & 0 \\ 0 & 0 & 0 & 0 & 0 & 1 \end{bmatrix}$$

국부 강성도 행렬

$$\mathbf{K}^{(2)} = \mathbf{\Gamma}_{ROT}^{(2)\ T} \bar{\mathbf{K}}^{(2)} \mathbf{\Gamma}_{ROT}^{(2)} = \begin{array}{c} \begin{matrix} 1 & \quad 2 & \quad 9 & \quad 3 & \quad 4 & \quad 5 \end{matrix} \\ \left[\begin{array}{cc|c|ccc} 1776.3 & 0 & 0 & -1776.3 & 0 & 0 \\ 0 & 5.0347 & 0 & 0 & -5.0347 & 1208.3 \\ 0 & 0 & 0 & 0 & 0 & 0 \\ -1776.3 & 0 & 0 & 1776.3 & 0 & 0 \\ 0 & -5.0347 & 0 & 0 & 5.0347 & -1208.3 \\ 0 & 1208.3 & 0 & 0 & -1208.3 & 290000 \end{array}\right] \end{array} \begin{matrix} 1 \\ 2 \\ 9 \\ 3 \\ 4 \\ 5 \end{matrix}$$

전역 고정단부 하중벡터

$$\begin{matrix} & & & 1 & 2 & 9 & 3 & 4 & 5 \\ \mathbf{P}_F^{(2)} = \mathbf{\Gamma}_{ROT}^{(2)\ T} \bar{\mathbf{P}}_F^{(2)} = & & & [0 & 0 & 0 & 0 & 0 & 0]^T \end{matrix}$$

<u>요소 3:</u> 좌측단이 힌지

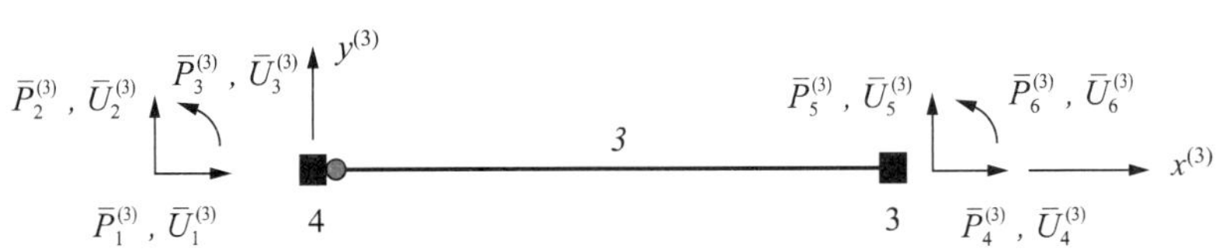

국부 요소 강성도 행렬

$$\bar{\mathbf{K}}^{(3)} = \begin{bmatrix} 1776.3 & 0 & 0 & -1776.3 & 0 & 0 \\ 0 & 5.0347 & 0 & 0 & -5.0347 & 1208.3 \\ 0 & 0 & 0 & 0 & 0 & 0 \\ -1776.3 & 0 & 0 & 1776.3 & 0 & 0 \\ 0 & -5.0347 & 0 & 0 & 5.0347 & -1208.3 \\ 0 & 1208.3 & 0 & 0 & -1208.3 & 290000 \end{bmatrix}$$

좌표변환 행렬

$$\mathbf{\Gamma}_{ROT}^{(3)} = \begin{bmatrix} 0 & 1 & 0 & 0 & 0 & 0 \\ -1 & 0 & 0 & 0 & 0 & 0 \\ 0 & 0 & 1 & 0 & 0 & 0 \\ 0 & 0 & 0 & 0 & 1 & 0 \\ 0 & 0 & 0 & -1 & 0 & 0 \\ 0 & 0 & 0 & 0 & 0 & 1 \end{bmatrix}$$

전역좌표계에서 요소 강성도 행렬

$$\mathbf{K}^{(3)} = \mathbf{\Gamma}_{ROT}^{(3)\,T}\bar{\mathbf{K}}^{(3)}\mathbf{\Gamma}_{ROT}^{(3)} = \begin{array}{c} \begin{matrix} 10 & 11 & 12 & 3 & 4 & 5 \end{matrix} \\ \begin{bmatrix} 5.0347 & 0 & 0 & -5.0347 & 0 & -1208.3 \\ 0 & 1776.3 & 0 & 0 & -1776.3 & 0 \\ 0 & 0 & 0 & 0 & 0 & 0 \\ -5.0347 & 0 & 0 & 5.0347 & 0 & 1208.3 \\ 0 & -1776.3 & 0 & 0 & 1776.3 & 0 \\ -1208.3 & 0 & 0 & 1208.3 & 0 & 290000 \end{bmatrix} \end{array} \begin{matrix} 10 \\ 11 \\ 12 \\ 3 \\ 4 \\ 5 \end{matrix}$$

전역 고정단 하중벡터

$$\mathbf{P}_F^{(3)} = \mathbf{\Gamma}_{ROT}^{(3)\,T}\bar{\mathbf{P}}_F^{(3)} = \begin{array}{c} \begin{matrix} 10 & 11 & 12 & 3 & 4 & 5 \end{matrix} \\ \begin{bmatrix} 0 & 0 & 0 & 0 & 0 & 0 \end{bmatrix}^T \end{array}$$

요소-코드 기법으로 비구속 자유도에 대한 구조계 강성도 행렬과 고정단부 하중벡터를 구성하면 다음과 같다.

$$\mathbf{K}_{ff} = \begin{array}{c} \begin{matrix} 1 & 2 & 3 & 4 & 5 \end{matrix} \\ \begin{bmatrix} 1781.3 & 0 & -1776.3 & 0 & 0 \\ 0 & 1781.3 & 0 & -5.0347 & 1208.3 \\ -1776.3 & 0 & 1781.3 & 0 & 1208.3 \\ 0 & -5.0347 & 0 & 1781.3 & -1208.3 \\ 0 & 1208.3 & 1208.3 & -1208.3 & 580000 \end{bmatrix} \end{array} \begin{matrix} 1 \\ 2 \\ 3 \\ 4 \\ 5 \end{matrix}$$

$$\mathbf{F}^F_{free} = \begin{Bmatrix} -15 \\ 0 \\ 0 \\ 0 \\ 0 \end{Bmatrix} \begin{matrix} 1 \\ 2 \\ 3 \\ 4 \\ 5 \end{matrix}$$

비구속 자유도에 작용하는 절점 하중벡터

$$\mathbf{F}_{free} = \begin{Bmatrix} 0 \\ 0 \\ 20 \\ 0 \\ 0 \end{Bmatrix} \begin{matrix} 1 \\ 2 \\ 3 \\ 4 \\ 5 \end{matrix}$$

따라서 요소하중을 고려한 비구속 자유도의 등가 절점하중은

$$\mathbf{F}^E_{free} = \mathbf{F}_{free} - \mathbf{F}^F_{free} = \begin{Bmatrix} 15 \\ 0 \\ 20 \\ 0 \\ 0 \end{Bmatrix} \begin{matrix} 1 \\ 2 \\ 3 \\ 4 \\ 5 \end{matrix}$$

와 같다. 강성도 행렬과 하중벡터로 비구속 자유도에 대한 구조계 강성도 방정식을 세우면

$$\begin{Bmatrix} 15 \\ 0 \\ 20 \\ 0 \\ 0 \end{Bmatrix} = \begin{bmatrix} 1781.3 & 0 & -1776.3 & 0 & 0 \\ 0 & 1781.3 & 0 & -5.0347 & 1208.3 \\ -1776.3 & 0 & 1781.3 & 0 & 1208.3 \\ 0 & -5.0347 & 0 & 1781.3 & -1208.3 \\ 0 & 1208.3 & 1208.3 & -1208.3 & 580000 \end{bmatrix} \begin{Bmatrix} U_1 \\ U_2 \\ U_3 \\ U_4 \\ U_5 \end{Bmatrix} \quad \text{또는} \quad \mathbf{F}^E_{free} = \mathbf{K}_{ff}\mathbf{U}_{free}$$

와 같다. 위 식으로부터 비구속 절점변위 $\mathbf{U}_{free}$를 구하면

$$\mathbf{U}_{free} = \left[\mathbf{K}_{ff}\right]^{-1} \mathbf{F}^E_{free} = \begin{Bmatrix} 4.68029 \text{ in.} \\ 0.00662058 \text{ in.} \\ 4.68502 \text{ in.} \\ -0.00662058 \text{ in.} \\ -0.00978778 \text{ rad} \end{Bmatrix}$$

와 같다. 이제 요소 단부변위와 요소단부력을 계산해보자.

요소 1:

요소 사상벡터 LM_1 로부터 전역요소 단부변위는 다음과 같이 추출된다.

$$\mathbf{U}^{(1)} = \begin{Bmatrix} 0 \\ 0 \\ 0 \\ 4.68029 \text{ in.} \\ 0.00662058 \text{ in.} \\ 0 \end{Bmatrix}$$

좌표변환을 통해 국부요소 단부변위를 계산하면

$$\bar{\mathbf{U}}^{(1)} = \mathbf{\Gamma}_{ROT}^{(1)} \mathbf{U}^{(1)} = \begin{Bmatrix} 0 \\ 0 \\ 0 \\ 0.00662058 \text{ in.} \\ -4.68029 \text{ in.} \\ 0 \end{Bmatrix}$$

과 같다. 이를 요소 강성도 행렬식에 대입하여 국부요소 단부력 벡터를 계산하면

$$\bar{\mathbf{P}}^{(1)} = \bar{\mathbf{K}}^{(1)} \bar{\mathbf{U}}^{(1)} + \bar{\mathbf{P}}_F^{(1)} = \begin{Bmatrix} -11.7601 \text{ kips} \\ 48.5639 \text{ kips} \\ 6855.2 \text{ kips-in.} \\ 11.7601 \text{ kips} \\ -8.56387 \text{ kips} \\ 0 \end{Bmatrix}$$

과 같다. 이를 전역좌표계 값으로 좌표변환하면, 전역 요소단부력이 다음과 같이 계산된다.

$$\mathbf{P}^{(1)} = \mathbf{\Gamma}_{ROT}^{(1)\,T} \bar{\mathbf{P}}^{(1)} = \begin{Bmatrix} -48.5639 \text{ kips} \\ -11.7601 \text{ kips} \\ 6855.2 \text{ kips-in.} \\ 8.56387 \text{ kips} \\ 11.7601 \text{ kips} \\ 0 \end{Bmatrix}$$

<u>요소 2:</u>

요소의 전역요소 단부변위(사상벡터 LM_2 이용)

$$\mathbf{U}^{(2)} = \begin{Bmatrix} 4.68029 \text{ in.} \\ 0.00662058 \text{ in.} \\ 0 \\ 4.68502 \text{ in.} \\ -0.00662058 \text{ in.} \\ -0.00978778 \text{ rad} \end{Bmatrix}$$

국부요소 단부변위벡터

$$\overline{\mathbf{U}}^{(2)} = \mathbf{\Gamma}_{ROT}^{(2)}\mathbf{U}^{(2)} = \begin{Bmatrix} 4.68029 \text{ in.} \\ 0.00662058 \text{ in.} \\ 0 \\ 4.68502 \text{ in.} \\ -0.00662058 \text{ in.} \\ -0.00978778 \text{ rad} \end{Bmatrix}$$

국부 요소단부력 벡터

$$\overline{\mathbf{P}}^{(2)} = \overline{\mathbf{K}}^{(2)}\overline{\mathbf{U}}^{(2)} + \overline{\mathbf{P}}_F^{(2)} = \begin{Bmatrix} -8.40146 \text{ kips} \\ -11.7599 \text{ kips} \\ 0 \\ 8.40146 \text{ kips} \\ 11.7599 \text{ kips} \\ -2822.46 \text{ kips-in.} \end{Bmatrix}$$

전역 요소단부력 벡터

$$\mathbf{P}^{(2)} = \mathbf{\Gamma}_{ROT}^{(2)\,T}\overline{\mathbf{P}}^{(2)} = \begin{Bmatrix} -8.40146 \text{ kips} \\ -11.7599 \text{ kips} \\ 0 \\ 8.40146 \text{ kips} \\ 11.7599 \text{ kips} \\ -2822.46 \text{ kips-in.} \end{Bmatrix}$$

<u>요소 3:</u>

요소의 전역요소 단부변위(사상벡터 LM_3 이용)

$$\mathbf{U}^{(3)} = \begin{Bmatrix} 0 \\ 0 \\ 0 \\ 4.68502 \text{ in.} \\ -0.00662058 \text{ in.} \\ -0.00978778 \text{ rad} \end{Bmatrix}$$

국부요소 단부변위벡터

$$\overline{\mathbf{U}}^{(3)} = \mathbf{\Gamma}_{ROT}^{(3)}\mathbf{U}^{(3)} = \begin{Bmatrix} 0 \\ 0 \\ 0 \\ -0.00662058 \text{ in.} \\ -4.68502 \text{ in.} \\ -0.00978778 \text{ rad} \end{Bmatrix}$$

국부 요소단부력 벡터

$$\overline{\mathbf{P}}^{(3)} = \overline{\mathbf{K}}^{(3)}\overline{\mathbf{U}}^{(3)} + \overline{\mathbf{P}}_F^{(3)} = \begin{Bmatrix} 11.7599 \text{ kips} \\ 11.7599 \text{ kips} \\ 0 \\ -11.7599 \text{ kips} \\ -11.7599 \text{ kips} \\ 2822.46 \text{ kips-in.} \end{Bmatrix}$$

전역 요소단부력 벡터

$$\mathbf{P}^{(3)} = \mathbf{\Gamma}_{ROT}^{(3)\ T}\,\overline{\mathbf{P}}^{(3)} = \begin{Bmatrix} -11.7599 \text{ kips} \\ 11.7599 \text{ kips} \\ 0 \\ 11.7599 \text{ kips} \\ -11.7599 \text{ kips} \\ 2822.46 \text{ kips-in.} \end{Bmatrix}$$

지점에 연결된 요소단부력으로부터 반력을 모아서 정리하면(구속 자유도에 대한 단부력) 다음과 같다.

$$\mathbf{F}_{constr} = \begin{Bmatrix} -48.5639 \text{ kips} \\ -11.7601 \text{ kips} \\ 6855.2 \text{ kips-in.} \\ 0 \\ -11.7599 \text{ kips} \\ 11.7599 \text{ kips} \\ 0 \end{Bmatrix} \begin{matrix} 6 \\ 7 \\ 8 \\ 9 \\ 10 \\ 11 \\ 12 \end{matrix}$$

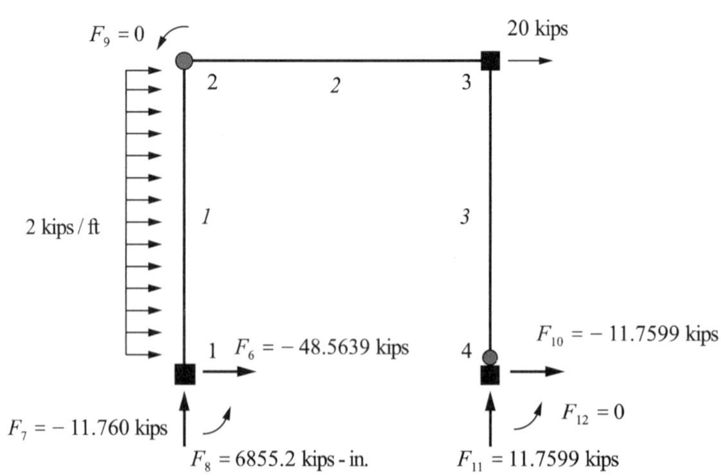

전체 평형조건을 검토해보자.

$\sum F_X = 0;\quad 2\times 20 + 20 - 48.5639 - 11.7599 \approx 0$ ➡ 만족함

$\sum F_Y = 0;\quad -11.7601 + 11.7599 \approx 0$ ➡ 만족함

$\sum_{1} M_Z = 0;\quad -40\times 120 - 20\times 240 + 6855.2 + 11.7599\times 240 \approx 0$ ➡ 만족함

7 정적 축약

구조물(또는 부 구조물, 요소)의 거동에 영향을 미치지 않는 특정 자유도를 강성도 방정식에서 제거할 수 있는데, 이를 "정적 축약"이라 한다. 이 기법은 앞 절에서 단부력이 해제된 경우의 강성도 행렬을 구할 때 이미 사용하였다.

강성도 행렬식을 살펴보자.

$$\mathbf{F}^E = \mathbf{KU} \tag{7.89}$$

식 (7.89)는 아래와 같이 부 행렬로 구성되며

$$\begin{Bmatrix} \mathbf{F}_M^E \\ \mathbf{F}_S^E \end{Bmatrix} = \begin{bmatrix} \mathbf{K}_{MM} & \mathbf{K}_{MS} \\ \mathbf{K}_{SM} & \mathbf{K}_{SS} \end{bmatrix} \begin{Bmatrix} \mathbf{U}_M \\ \mathbf{U}_S \end{Bmatrix} \tag{7.90}$$

이를 풀어서 적으면 다음과 같다.

$$\mathbf{F}_M^E = \mathbf{K}_{MM}\mathbf{U}_M + \mathbf{K}_{MS}\mathbf{U}_S \tag{7.91}$$

$$\mathbf{F}_S^E = \mathbf{K}_{SM}\mathbf{U}_M + \mathbf{K}_{SS}\mathbf{U}_S \tag{7.92}$$

$\mathbf{U}_S$ 벡터는 제거될 변위 자유도를 나타내고, $\mathbf{U}_M$는 제거되지 않고 남아 있을 변위 자유도를 의미한다. $\mathbf{F}_S^E$와 $\mathbf{F}_M^E$는 각각 변위 자유도 $\mathbf{U}_S$와 $\mathbf{U}_M$에 연결된 하중벡터이다.

일반적으로, 절점변위 $\mathbf{U}_S$는 내부 자유도이며 구조물의 다른 요소와 공유되지 않는 자유도이다. 따라서 "종속" 자유도 또는 의존적인 변수로서 강성도 방정식에서 제거할 수 있다. 달리 말하면, 절점 변위 $\mathbf{U}_M$는 다른 요소와 공유되는 외부 자유도로 "지배" 자유도이며 강성도 행렬에서 제거될 수 없다.

정적-축약의 첫 번째 과정으로 식 (7.92)를 변위 $\mathbf{U}_S$의 항으로 정리한다.

$$\mathbf{U}_S = [\mathbf{K}_{SS}]^{-1}\left(\mathbf{F}_S^E - \mathbf{K}_{SM}\mathbf{U}_M\right) \tag{7.93}$$

식 (7.93)의 $\mathbf{U}_S$ 가 종속변위이며 $\mathbf{U}_M$ 으로부터 결정됨을 보여준다.

식 (7.93)을 식 (7.91)에 대입하면 "축약"된 강성도 행렬이 유도된다.

$$\mathbf{F}_M^E - \mathbf{K}_{MS}[\mathbf{K}_{SS}]^{-1}\mathbf{F}_S^E = \left(\mathbf{K}_{MM} - \mathbf{K}_{MS}[\mathbf{K}_{SS}]^{-1}\mathbf{K}_{SM}\right)\mathbf{U}_M \quad \text{또는} \quad \mathbf{F}_{cond}^E = \mathbf{K}_{cond}\mathbf{U}_{cond} \tag{7.94}$$

여기서 $\mathbf{U}_{cond} = \mathbf{U}_M$ 이고, 축약된 하중벡터 $\mathbf{F}_{cond}^E$ 와 축약된 강성도 행렬 $\mathbf{K}_{cond}$ 은 다음과 같이 정의된다.

$$\mathbf{F}_{cond}^E = \mathbf{F}_M^E - \mathbf{K}_{MS}[\mathbf{K}_{SS}]^{-1}\mathbf{F}_S^E \tag{7.95}$$

$$\mathbf{K}_{cond} = \left(\mathbf{K}_{MM} - \mathbf{K}_{MS}[\mathbf{K}_{SS}]^{-1}\mathbf{K}_{SM}\right) \tag{7.96}$$

식 (7.96)은 정적 축약기법이 강성도 행렬의 크기를 줄여줌을 알 수 있다. 이러한 기법은 대형 구조물을 해석할 경우 계산의 효율성에 상당히 큰 효과를 발휘한다. 그러나 축약을 수행하기 위한 연산이 추가되어 연산 횟수가 증가되는 단점이 있다.

Figure 7-15와 같은 4층 3경간 골조구조물에 대하여 정적 축약을 수행해보자. 48개 자유도를 갖는 이 구조물을 해석하려면 48 × 48 선형 대수방정식을 풀어야한다. 이 과정에 정적

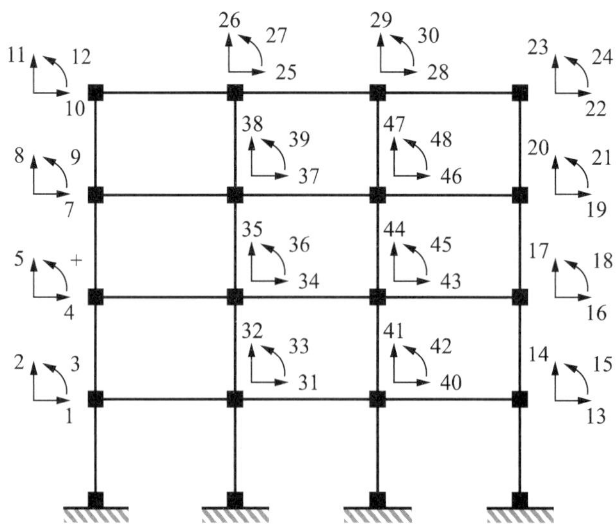

Figure 7-15 다층 다경간 골조구조물

축약기법을 사용하면 대수방정식의 크기를 줄일 수 있다. 우선 골조구조물의 외곽변위를 지배변위 $\mathbf{U}_M$ 으로 하고 내부변위를 종속변위 $\mathbf{U}_S$ 라 하면, 이 변위벡터는 다음과 같이 구성된다.

$$\mathbf{U}_M = \begin{bmatrix} U_1 & \dots & U_{30} \end{bmatrix}^T \tag{7.97}$$

$$\mathbf{U}_S = \begin{bmatrix} U_{31} & \dots & U_{48} \end{bmatrix}^T \tag{7.98}$$

강성도 행렬을 위에서 정의한 지배변위와 종속변위에 따라 분할하면 다음과 같다.

$$\begin{Bmatrix} \mathbf{F}_M^E \\ \mathbf{F}_S^E \end{Bmatrix} = \begin{bmatrix} [\mathbf{K}_{MM}]_{30\times30} & [\mathbf{K}_{MS}]_{30\times18} \\ [\mathbf{K}_{SM}]_{18\times30} & [\mathbf{K}_{SS}]_{18\times18} \end{bmatrix} \begin{Bmatrix} \mathbf{U}_M \\ \mathbf{U}_S \end{Bmatrix} \tag{7.99}$$

여기서, $\mathbf{F}_M^E = \begin{bmatrix} F_1^E & \dots & F_{30}^E \end{bmatrix}^T$, $\mathbf{F}_S^E = \begin{bmatrix} F_{31}^E & \dots & F_{48}^E \end{bmatrix}^T$ 이다.

우선 식 (7.99)의 두 번째 행에서 종속변위를 지배변위의 항으로 표현하면

$$\mathbf{U}_S = [\mathbf{K}_{SS}]_{18\times18}^{-1} \left(\mathbf{F}_S^E - [\mathbf{K}_{SM}]_{18\times30} \mathbf{U}_M \right) \tag{7.100}$$

과 같다. 위 식 (7.100)을 식 (7.99)의 첫 번째 행에 대입하면 축약된 강성도 방정식이 다음과 같이 유도된다.

$$\left\{ \mathbf{F}_{cond}^E \right\}_{30\times1} = \left[\mathbf{K}_{cond} \right]_{30\times30} \left\{ \mathbf{U}_{cond} \right\}_{30\times1} \tag{7.101}$$

여기서, $\mathbf{U}_{cond} = \mathbf{U}_M$, $\mathbf{F}_{cond}^E$ 는 축약된 하중벡터, $\mathbf{K}_{cond}$ 는 축약된 강성도 행렬이다.

$$\left\{ \mathbf{F}_{cond}^E \right\}_{30\times1} = \left\{ \mathbf{F}_M^E \right\}_{30\times1} - [\mathbf{K}_{MS}]_{30\times18} [\mathbf{K}_{SS}]_{18\times18}^{-1} \left\{ \mathbf{F}_S^E \right\}_{18\times1} \tag{7.102}$$

$$\left[\mathbf{K}_{cond} \right]_{30\times30} = [\mathbf{K}_{MM}]_{30\times30} - [\mathbf{K}_{MS}]_{30\times18} [\mathbf{K}_{SS}]_{18\times18}^{-1} [\mathbf{K}_{SM}]_{18\times30} \tag{7.103}$$

분할행렬인 식 (7.99)를 푸는데 2단계의 과정이 필요하다. 우선 식 (7.101)을 이용해서 지배변위인 $\mathbf{U}_M$ 을 계산하고, 그 값을 식 (7.100)에 대입하여 종속변위인 $\mathbf{U}_S$ 를 계산한다.

이상에서 정적 축약기법을 이용하여 행렬의 크기를 $[\mathbf{K}]_{48\times48}$ 에서 $\left[\mathbf{K}_{cond} \right]_{30\times30}$ 과 $[\mathbf{K}_{SS}]_{18\times18}$ 로 감소시켰다. 그러나 정적 축약기법에 의해 행렬의 크기는 감소하였지만, 대수방정식을 두 번 풀게 되고, 따라서 연산의 횟수가 증가하게 되는 단점이 발생하게 된다.

Example 7-6

정적 축약기법을 이용하여 Example 7-4의 트러스 구조물을 해석하라. 정적 축약기법을 적용하기 위해서 하중이 작용하는 절점 2의 자유도를 지배변위로 하고 절점 3의 수평변위를 종속변위로 사용하라.

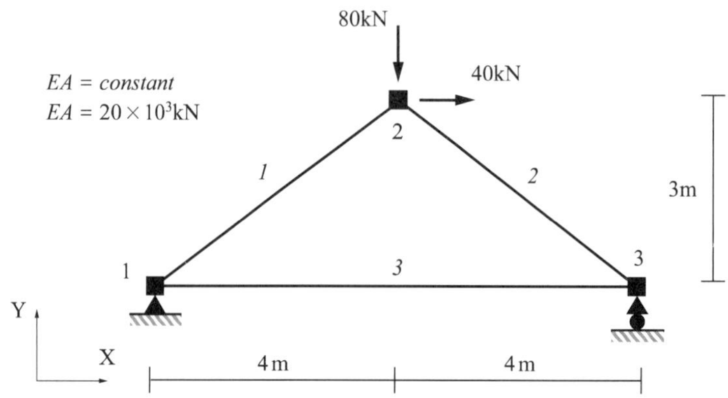

Solution

Example 7-4에서 구한 비구속 자유도에서 구조계 강성도 행렬은 다음과 같다.

$$\begin{Bmatrix} 40 \\ -80 \\ \hline 0 \end{Bmatrix} = \frac{EA}{125}\left[\begin{array}{cc|c} 32 & 0 & -16 \\ 0 & 18 & 12 \\ \hline -16 & 12 & 31.625 \end{array}\right]\begin{Bmatrix} U_1 \\ U_2 \\ \hline U_3 \end{Bmatrix}\begin{matrix} 1 \\ 2 \\ 3 \end{matrix}$$

이를 분할행렬 형태로 나타내면

$$\begin{Bmatrix} \mathbf{F}_M \\ \mathbf{F}_S \end{Bmatrix} = \begin{bmatrix} \mathbf{K}_{MM} & \mathbf{K}_{MS} \\ \mathbf{K}_{SM} & \mathbf{K}_{SS} \end{bmatrix}\begin{Bmatrix} \mathbf{U}_M \\ \mathbf{U}_S \end{Bmatrix}$$

와 같다. 여기서,

$$\mathbf{K}_{MM} = \frac{EA}{125}\begin{bmatrix} 32 & 0 \\ 0 & 18 \end{bmatrix}; \mathbf{K}_{MS} = \frac{EA}{125}\begin{bmatrix} -16 \\ 12 \end{bmatrix}; \mathbf{K}_{SM} = \frac{EA}{125}\begin{bmatrix} -16 & 12 \end{bmatrix}; \mathbf{K}_{SS} = \frac{EA}{125}[31.625]$$

$$\mathbf{U}_M = \begin{bmatrix} U_1 & U_2 \end{bmatrix}^T; \quad \mathbf{U}_S = \begin{bmatrix} U_3 \end{bmatrix}^T$$

$$\mathbf{F}_M = \begin{bmatrix} 40 & -80 \end{bmatrix}^T; \quad \mathbf{F}_S = \begin{bmatrix} 0 \end{bmatrix}^T$$

이다. 축약된 강성도행렬은

$$\mathbf{K}_{cond} = \mathbf{K}_{MM} - \mathbf{K}_{MS}\left[\mathbf{K}_{SS}\right]^{-1}\mathbf{K}_{SM}$$

$$\mathbf{K}_{cond} = EA\begin{bmatrix} 0.191241 & 0.0485692 \\ 0.0485692 & 0.107573 \end{bmatrix}$$

이고, 축약된 하중벡터는

$$\mathbf{F}_{cond} = \mathbf{F}_M - \mathbf{K}_{MS}\left[\mathbf{K}_{SS}\right]^{-1}\mathbf{F}_S$$

$$\mathbf{F}_{cond} = \begin{bmatrix} 40 & -80 \end{bmatrix}^T$$

이다. 지배변위를 먼저 구하면

$$\mathbf{U}_M = \left[\mathbf{K}_{cond}\right]^{-1}\mathbf{F}_{cond} = \begin{bmatrix} 0.0224792 & -0.0473333 \end{bmatrix}^T$$

와 같고, 이를 대입하여 종속변위를 구한다.

$$\mathbf{U}_S = \left[\mathbf{K}_{SS}\right]^{-1}\left(\mathbf{F}_S - \mathbf{K}_{SM}\mathbf{U}_M\right) = \begin{bmatrix} 0.0293333 \end{bmatrix}^T$$

그러므로 비구속 자유도 변위 $\mathbf{U}_{free}$는 다음과 같다.

$$\mathbf{U}_{free} = \begin{bmatrix} 0.0224792 & -0.0473333 & 0.0293333 \end{bmatrix}^T$$

이는 Example 7-4에서 구한 값과 동일하다.

8 부 구조물 기법

항공기, 로켓 등 많은 복잡한 구조물은 자유도 수가 매우 커서 강성도 행렬의 크기가 때때로 컴퓨터의 허용 크기 이상일 때가 발생한다. 이런 어려움을 극복하는 일반적인 기법은 대형 구조 시스템을 작은 “부 구조물”로 나누어서 구성하는 방법이며 이를 “부 구조물” 기법이라 한다. 예를 들어, Figure 7-16의 항공기 구조물[9]은 6개의 부 구조물로 나눌 수 있다. 항공기 몸체를 *S*1이라 하고, 날개 구조물을 각각 *S*2, *S*3, 꼬리 날개를 *S*4, 꼬리 안정판을 *S*5, *S*6라 하였다. 각 부 구조물은 좀 더 작은 부분으로 분해하여 구성할 수도 있다. 또 다른 부 구조물 기법의 장점은 부 구조물들을 해석 및 설계 부서에 맞게 구성할 수 있다는 것이다. 만약 부 구조물 간의 상호작용이 아주 작다면, 각 부서의 작업은 서로 독립적으로 이루어지고 동시에 진행될 수 있다.

9) 부조물 기법은 1960년대 초 복잡한 항공기 구조물을 작은 구조물로 나누어서 해석하기 위하여 항공우주 공학자들에 의해서 개발되었다(Fellippa, 2006).

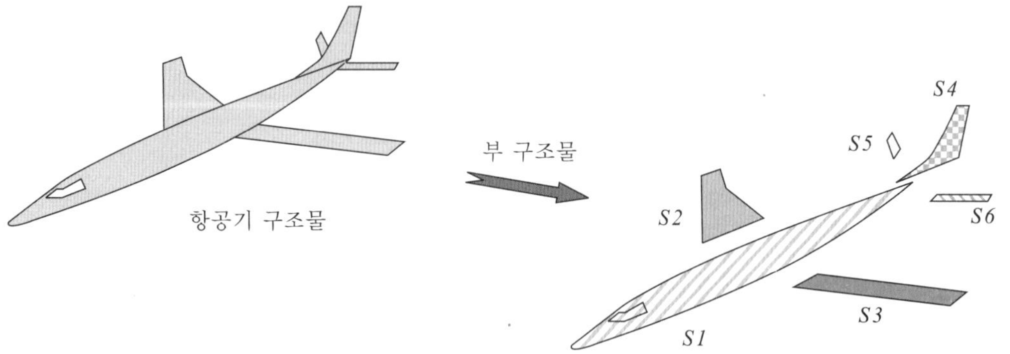

Figure 7-16 6개의 부 구조물로 이루어진 항공기 구조물(S1~S6)

Figure 7-15와 같은 다층다경간의 골조구조물을 두 개의 부 구조물(부구조물 I, II)로 구성해보자(Figure 7-17). 부 구조물 I는 12개 절점(내부 8절점 + 외부 4절점)으로 구성된 2층의 골조이다. 정적 축약기법을 적용하여 모든 내부절점의 자유도를 제거하면 부 구조물 I은 4개의 외부절점만 가지게 되어 12개의 자유도만 남는다. 요소의 관점에서 보면 부 구조물 I은 4절점(12자유도)을 갖는 복잡한 요소의 한 종류로 취급된다. 부 구조물 II 또한 이와 유사하며, 정적 축약기법에 의해서 내부절점을 제거하면 8개의 외부절점만 남고 24자유도만 남는다. 이제, 이 두 개의 부 구조물 요소를 조립하면 8개의 절점을 갖는 구조물이 된다. 따라서 총 24개의 자유도를 갖는 시스템으로 축소된다(12개 비구속 자유도, 12개의 구속 자유도).

부 구조물 기법으로 해석을 하려면, 우선 각 부 구조물의 축약된 강성도 행렬과 축약된 등가절점 하중벡터를 구성한다.

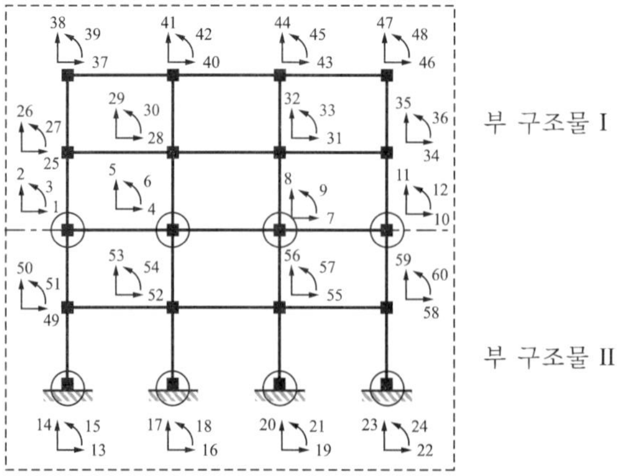

Figure 7-17 Figure 7-15의 다층 다경간 구조물의 부 구조물

$$\left.\begin{aligned} \mathbf{K}_{cond}^{(1)} &= \mathbf{K}_{MM}^{(1)} - \mathbf{K}_{MS}^{(1)}\left[\mathbf{K}_{SS}^{(1)}\right]^{-1}\mathbf{K}_{SM}^{(1)} \\ \mathbf{F}_{cond}^{E(1)} &= \mathbf{F}_{M}^{E(1)} - \mathbf{K}_{MS}^{(1)}\left[\mathbf{K}_{SS}^{(1)}\right]^{-1}\mathbf{F}_{S}^{E(1)} \end{aligned}\right\}\ \text{부 구조물 I} \tag{7.104}$$

$$\left.\begin{aligned} \mathbf{K}_{cond}^{(2)} &= \mathbf{K}_{MM}^{(2)} - \mathbf{K}_{MS}^{(2)}\left[\mathbf{K}_{SS}^{(2)}\right]^{-1}\mathbf{K}_{SM}^{(2)} \\ \mathbf{F}_{cond}^{E(2)} &= \mathbf{F}_{M}^{E(2)} - \mathbf{K}_{MS}^{(2)}\left[\mathbf{K}_{SS}^{(2)}\right]^{-1}\mathbf{F}_{S}^{E(2)} \end{aligned}\right\}\ \text{부 구조물 II} \tag{7.105}$$

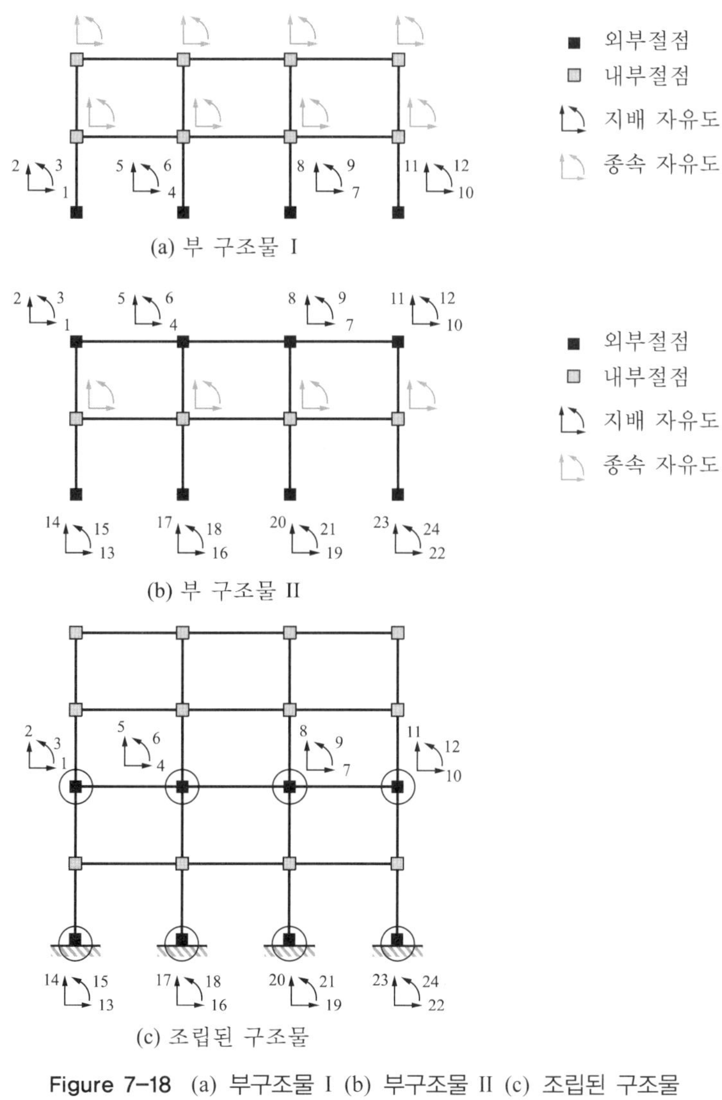

Figure 7-18 (a) 부구조물 I (b) 부구조물 II (c) 조립된 구조물

그리고 부 구조물- 자유도 번호를 사용하여 구조계 강성도 행렬과 하중벡터를 조립한다. Figure 7-18(a)와 (b)에 표시한 것처럼 부 구조물 I의 자유도 번호는 1에서 12까지이며, 부 구조물 II의 자유도 번호는 1에서 24까지이다. 조립된 구조계 강성도 행렬과 하중벡터로부터 미지의 외부 자유도 변위 $\mathbf{U}_M^{free}$를 계산하고, 식 (7.93)을 이용하여 종속 자유도의 변위를 계산한다. 모든 각 부구조물에서 변위가 결정되면 앞서 논의하였던 과정을 통하여 각 요소의 단부력과 단부변위, 반력을 계산하면 해석이 완료된다.

Example 7-7

부 구조물 기법을 이용하여 아래와 같은 비 신축골조를 해석하라.

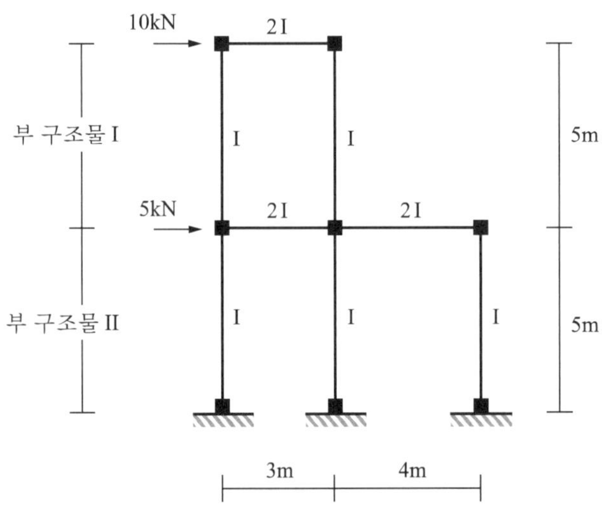

$I = 100 \times 10^6\ mm^4 \quad E = 200\ GPa$

Solution

자유도 번호를 다음과 같이 결정하였다.

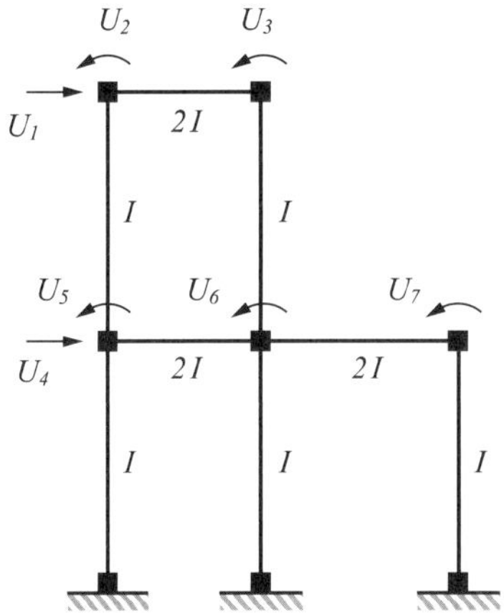

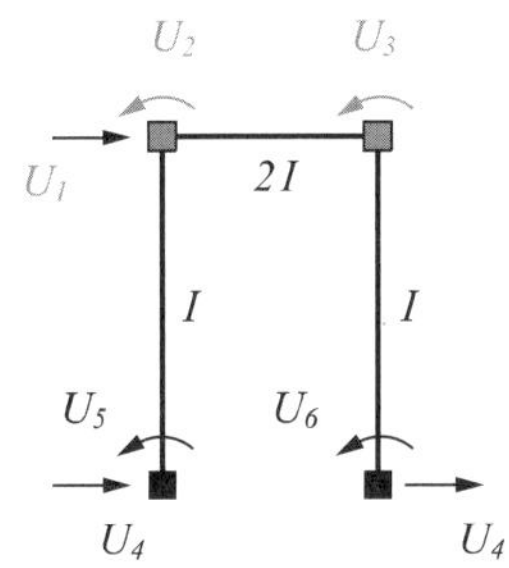

부 구조물 I

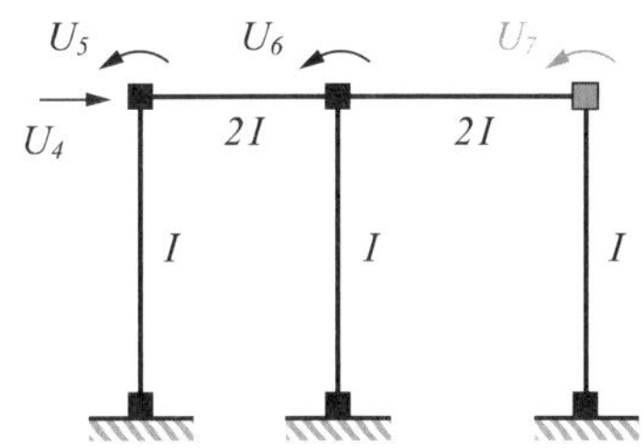

부 구조물 II

부 구조물 I의 강성도 행렬은

$$
\begin{array}{c} \\ \left\{\begin{array}{c} F_1^{(1)} \\ F_2^{(1)} \\ F_3^{(1)} \\ \hdashline F_4^{(1)} \\ F_5^{(1)} \\ F_6^{(1)} \end{array}\right\} \end{array}
=
\begin{array}{c} \\ \left\{\begin{array}{c} 10 \\ 0 \\ 0 \\ \hdashline F_4^{(1)} \\ F_5^{(1)} \\ F_6^{(1)} \end{array}\right\} \end{array}
= E
\begin{array}{c}
\begin{array}{cccccc} 1 & 2 & 3 & 4 & 5 & 6 \end{array} \\
\left[\begin{array}{ccc:ccc}
0.192 & 24 & 24 & -0.192 & 24 & 24 \\
24 & 346666.7 & 133333.3 & -24 & 40000 & 0 \\
24 & 133333.3 & 346666.7 & -24 & 0 & 40000 \\ \hdashline
-0.192 & -24 & -24 & 0.192 & -24 & -24 \\
24 & 40000 & 0 & -24 & 80000 & 0 \\
24 & 0 & 40000 & -24 & 0 & 80000
\end{array}\right]
\end{array}
\begin{array}{c} \\ \left\{\begin{array}{c} U_1 \\ U_2 \\ U_3 \\ \hdashline U_4 \\ U_5 \\ U_6 \end{array}\right\} \end{array}
\begin{array}{c} \\ \begin{array}{c} 1 \\ 2 \\ 3 \\ 4 \\ 5 \\ 6 \end{array} \end{array}
$$

이를 분할행렬로 나타내면

$$
\left\{\begin{array}{c} \mathbf{F}_S^{(1)} \\ \mathbf{F}_M^{(1)} \end{array}\right\} = \left[\begin{array}{cc} \mathbf{K}_{SS}^{(1)} & \mathbf{K}_{SM}^{(1)} \\ \mathbf{K}_{MS}^{(1)} & \mathbf{K}_{MM}^{(1)} \end{array}\right] \left\{\begin{array}{c} \mathbf{U}_S^{(1)} \\ \mathbf{U}_M^{(1)} \end{array}\right\}
$$

과 같다. 정적 축약기법에 따라 축약된 강성도 방정식은 다음과 같다.

$$
\left\{\begin{array}{c} F_4^{(1)} + 10 \\ F_5^{(1)} - 13084.8 \\ F_6^{(1)} - 13084.8 \end{array}\right\} = E
\begin{array}{c}
\begin{array}{ccc} 4 & 5 & 6 \end{array} \\
\left[\begin{array}{ccc} 0 & 0 & 0 \\ 0 & 45844.48 & -26699.52 \\ 0 & -26699.52 & 45844.48 \end{array}\right]
\end{array}
\left\{\begin{array}{c} U_4 \\ U_5 \\ U_6 \end{array}\right\}
\begin{array}{c} 4 \\ 5 \\ 6 \end{array}
\quad \text{또는} \quad \mathbf{F}_{cond}^{(1)} = \mathbf{K}_{cond}^{(1)} \mathbf{U}_{cond}^{(1)}
$$

여기서

$$
\mathbf{F}_{cond}^{(1)} = \mathbf{F}_M^{(1)} - \mathbf{K}_{MS}^{(1)} \left[\mathbf{K}_{SS}^{(1)}\right]^{-1} \mathbf{F}_S^{(1)} , \quad \mathbf{K}_{cond}^{(1)} = \mathbf{K}_{MM}^{(1)} - \mathbf{K}_{MS}^{(1)} \left[\mathbf{K}_{SS}^{(1)}\right]^{-1} \mathbf{K}_{SM}^{(1)}
$$

부 구조물 II의 강성도 행렬은

$$\begin{matrix} & & & 7 & 4 & 5 & 6 & & \end{matrix}$$

$$\left\{\begin{array}{c} F_7^{(2)} \\ \hdashline F_4^{(2)} \\ F_5^{(2)} \\ F_6^{(2)} \end{array}\right\} = \left\{\begin{array}{c} 0 \\ \hdashline F_4^{(2)} \\ F_5^{(2)} \\ F_6^{(2)} \end{array}\right\} = E \left[\begin{array}{c:ccc} 280000 & 24 & 0 & 100000 \\ \hdashline 24 & 0.288 & 24 & 24 \\ 0 & 24 & 346666.7 & 133333.3 \\ 100000 & 24 & 133333.3 & 546666.7 \end{array}\right] \left\{\begin{array}{c} U_7 \\ \hdashline U_4 \\ U_5 \\ U_6 \end{array}\right\} \begin{array}{c} 7 \\ 4 \\ 5 \\ 6 \end{array}$$

이고, 이를 분할행렬로 표시하면

$$\left\{\begin{array}{c} \mathbf{F}_S^{(2)} \\ \mathbf{F}_M^{(2)} \end{array}\right\} = \left[\begin{array}{cc} \mathbf{K}_{SS}^{(2)} & \mathbf{K}_{SM}^{(2)} \\ \mathbf{K}_{MS}^{(2)} & \mathbf{K}_{MM}^{(2)} \end{array}\right] \left\{\begin{array}{c} \mathbf{U}_S^{(2)} \\ \mathbf{U}_M^{(2)} \end{array}\right\}$$

과 같다. 축약기법에 따른 축약된 강성도 방정식은

$$\begin{matrix} & 4 & 5 & 6 & \end{matrix}$$

$$\left\{\begin{array}{c} F_4^{(1)} \\ F_5^{(1)} \\ F_6^{(1)} \end{array}\right\} = E \left[\begin{array}{ccc} 0.0267 & 24 & 15.428 \\ 24 & 346666.7 & 133333.3 \\ 15.428 & 133333.3 & 510952.4 \end{array}\right] \left\{\begin{array}{c} U_4 \\ U_5 \\ U_6 \end{array}\right\} \begin{array}{c} 4 \\ 5 \\ 6 \end{array} \quad \text{또는} \quad \mathbf{F}_{cond}^{(2)} = \mathbf{K}_{cond}^{(2)} \mathbf{U}_{cond}^{(2)}$$

와 같다. 여기서

$$\mathbf{F}_{cond}^{(2)} = \mathbf{F}_M^{(2)} - \mathbf{K}_{MS}^{(2)} \left[\mathbf{K}_{SS}^{(2)}\right]^{-1} \mathbf{F}_S^{(2)} \quad , \quad \mathbf{K}_{cond}^{(2)} = \mathbf{K}_{MM}^{(2)} - \mathbf{K}_{MS}^{(2)} \left[\mathbf{K}_{SS}^{(2)}\right]^{-1} \mathbf{K}_{SM}^{(2)}$$

경계면에서 평형방정식을 적용하고 대수방정식의 해($\mathbf{U}_M^{(1)}$)를 구하면 다음과 같다.

$$\left\{\begin{array}{c} F_4 \\ F_5 \\ F_6 \end{array}\right\} = \left\{\begin{array}{c} 5 \\ 0 \\ 0 \end{array}\right\} = \left\{\begin{array}{c} F_4^{(1)} \\ F_5^{(1)} \\ F_6^{(1)} \end{array}\right\} + \left\{\begin{array}{c} F_4^{(2)} \\ F_5^{(2)} \\ F_6^{(2)} \end{array}\right\}$$

$$\left\{\begin{array}{c} F_4 \\ F_5 \\ F_6 \end{array}\right\} = \left\{\begin{array}{c} 5 \\ 0 \\ 0 \end{array}\right\} - \left\{\begin{array}{c} -10 \\ 13084.8 \\ 13084.8 \end{array}\right\} = E \left[\begin{array}{ccc} 0.267 & 24 & 15.428 \\ 24 & 392511.2 & 106633.8 \\ 15.428 & 106633.8 & 556797 \end{array}\right] \left\{\begin{array}{c} U_4 \\ U_5 \\ U_6 \end{array}\right\}$$

$$U_4 = 3.18172\,\text{mm}; \quad U_5 = -3.22\times10^{-4}\,\text{rad}; \quad U_6 = -1.44\times10^{-4}\,\text{rad};$$

종속 자유도 변위 $\mathbf{U}_S^{(1)}$ 은

$$\mathbf{U}_S^{(1)} = \left\{\begin{array}{c} U_1 \\ U_2 \\ U_3 \end{array}\right\} = \left[\mathbf{K}_{SS}^{(1)}\right]^{-1} \left(\mathbf{F}_S^{(1)} - \mathbf{K}_{SM}^{(1)} \mathbf{U}_M^{(1)}\right) = \left\{\begin{array}{c} 6.754\,mm \\ -1.46\times10^{-4}\,rad \\ -1.79\times10^{-4}\,rad \end{array}\right\}$$

와 같다. 또한 종속자유도 변위 $\mathbf{U}_S^{(2)}$는

$$\mathbf{U}_S^{(2)} = U_7 = \left[\mathbf{K}_{SS}^{(2)}\right]^{-1}\left(\mathbf{F}_S^{(2)} - \mathbf{K}_{SM}^{(2)}\mathbf{U}_M^{(2)}\right) = -2.22\times10^{-4}\ rad$$

와 같다. 나머지 요소단부력과 단부변위를 계산하는 절차는 앞에서 다룬 것과 동일하다. 아래 그림에 축력도, 전단력도, 모멘트도를 나타내었다.

축력도

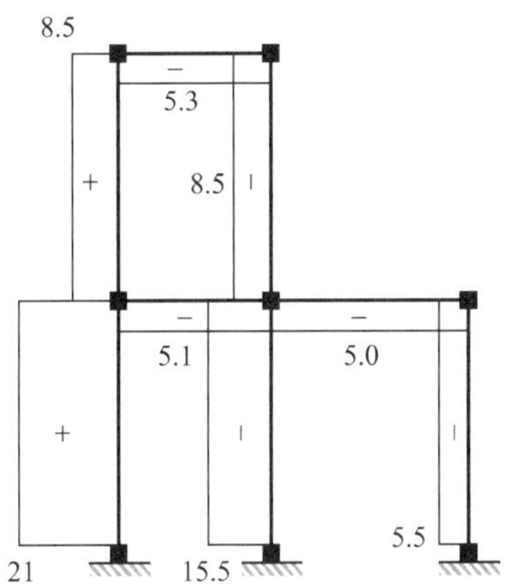

AFD(kN)

전단력도

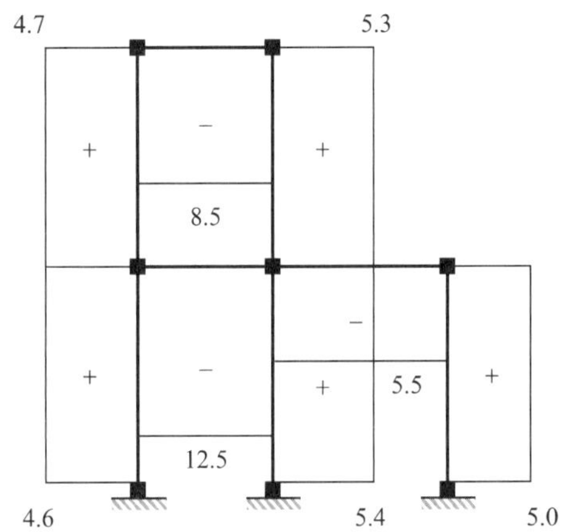

SFD(kN)

휨모멘트도

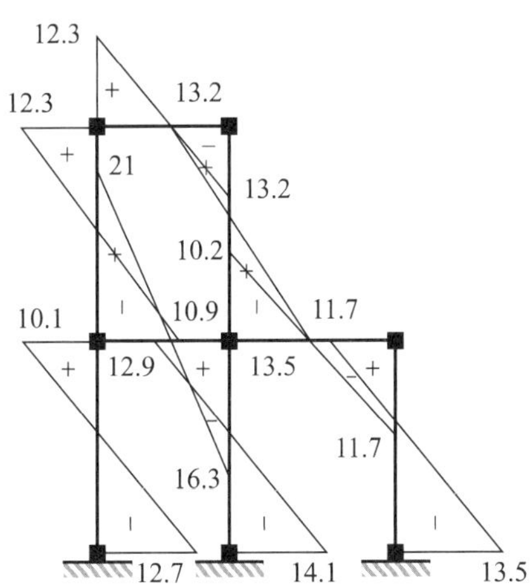

BMD(kN-m)

반력

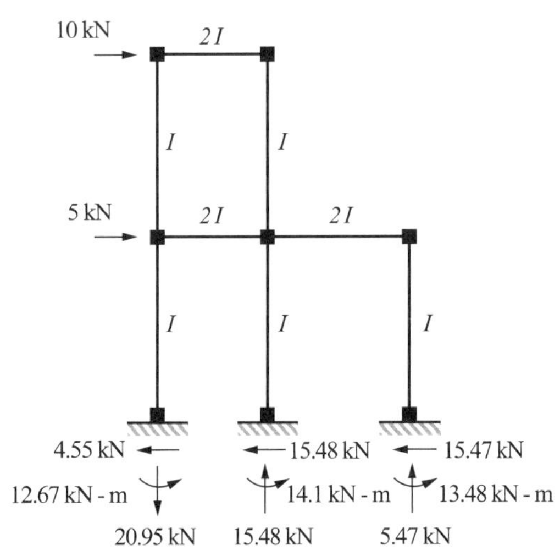

9 구조계 강성도 행렬의 특징 : Bandwidth

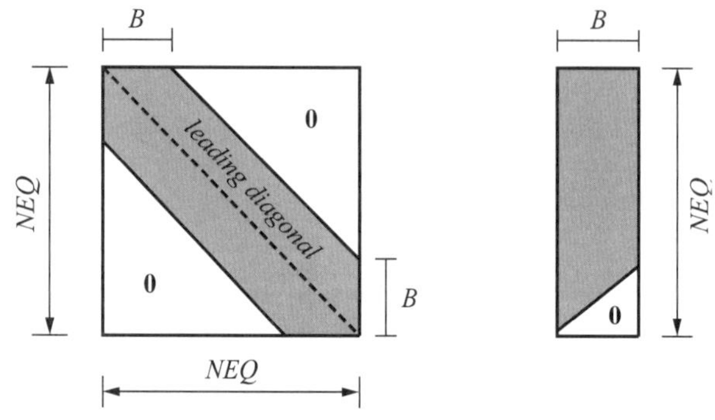

Figure 7–19 구조계 강성도 행렬의 특징 : 희소행렬, 띠행렬

대형구조물을 매트릭스 해석으로 해석할 경우, 변위 자유도 수는 수백 개가 넘고 특히 복합구조물 경우에는 수천 개가 넘는다. 따라서 이에 대응하는 구조계 강성도 행렬을 구성하고 선형 대수방정식의 해를 구하는데 컴퓨터 계산 능력의 대략 70%가 소모된다(Hoit, 1995). 예를 들어 만약 1000개의 자유도를 가진 경우, 1000×1000(NEQ=1000) 행렬로 이루어진 선형 대수방정식을 풀어야 한다. 그러므로 전체 강성도 행렬의 요소 개수는 NEQ^2가 되고, 가우스 소거법을 사용할 경우 소모되는 총 FLOPs [10]수는 $NEQ^3/3$만큼 소요된다. [11] [12]

다행스럽게 구조계 강성도 행렬은 행렬 전체에 대하여 연산을 수행하지 않아도 되는 몇몇 특징을 갖고 있다. 우선 강성도 행렬은 항상 대칭행렬이다(적어도 본 도서에서는). 따라

10) FLOPs는 초당 부동소수점 연산(Floating－Point Operation) 횟수의 줄인 말이다.

11) Carl Frederick Gauss (1777~1855)는 독일 수학자, 물리학자, 천문학자였다. Braunschweig에서 태어난 그는 육체노동자의 아들로 어릴 적부터 신동이었으며, 위대한 수학자 중 한 명으로 일컬어진다. 대부분의 생애를 천문대장을 지냈던 Göttingen대학의 교수로 재직했으며 수학분야, 역학분야, 천문학분야에 혁신적인 기여를 하였다. 초등학교에 다닐 때 1에서 100까지 모든 정수의 합을 구하는 과제에서 Gauss 수학자로의 재능과 잠재력을 발휘하였다. Gauss를 제외한 나머지 학생들은 모든 숫자를 더해서 계산했고 시간 내에 끝내지 못하거나 틀린 값을 계산하였다. Gauss는 잠깐 생각하더니 즉시 정답을 적었다. Gauss가 그렇게 빨리 계산한 이유는 100+1은 101이고, 99＋2도 101, 98＋3도 101, ⋯ , 51＋50도 101이 됨을 발견하였기 때문이다. 즉, 1과 100 사에는 두 개의 숫자가 더해서 101이 되는 쌍이 50개 있음을 발견했고, 곱셈 50×101＝5050이란 답을 계산하였다.

12) Guass 소거법에 드는 연산횟수는

$$\underbrace{\frac{NEQ^3}{3}+O\left(NEQ^2\right)}_{\text{전진소거}}+\underbrace{\frac{NEQ^2}{2}+O\left(NEQ\right)}_{\text{후진치환}}\xrightarrow{NEQ\text{가 증가함에 따라}}\frac{NEQ^3}{3}+O\left(NEQ^2\right)$$

서 저장 공간을 위해서 강성도 행렬의 절반만 저장해도 된다. 두 번째 특징은 강성도 행렬의 대부분이 "0"으로 채워져 있다는 사실이다. 이런 형태의 행렬을 "희소행렬"(sparse matrix)이라고 부른다. 또한 "0"이 아닌 항들은 행렬의 대각 위치에 좁고 길게 분포하고 있으며, 이를 "띠행렬"(banded matrix)이라고 한다.

그러므로 Figure 7-19(a)와 같이 구조계 강성도 행렬은 대칭, 희소, 띠 행렬 형태로 구성된다. 각각 요소에서 [가장 큰 자유도 번호 − 가장 작은 자유도 번호] 값 중 가장 큰 값이 대칭 띠행렬의 크기 B가 된다.

$$B = \max\left[EC_i^{\max} - EC_i^{\min} \right] + 1 \quad for \quad i = 1, \ldots, NEQ \tag{7.106}$$

여기서, $EC_i^{\max}$ 와 $EC_i^{\min}$ 는 각각 요소 k에서 최대 자유도 번호와 최소 자유도 번호를 나타낸다. 구조 강성도 행렬의 대칭과 띠행렬 특징을 고려하면, Figure 7-19(b)에 나타낸 것처럼 선형 대수방정식을 풀기 위해서 NEQ^2 대신 $NEQ \times B$ 의 연산을 수행하면 된다. 주목할 것은 구조물이 대형화 될수록 B 는 NEQ 의 몇 퍼센트 밖에 되지 않는다는 점이다. 또한 LU분해법(예를 들어, Cholesky분해법 : $\mathbf{K} = \mathbf{L}\mathbf{L}^T$)을 대칭 띠행렬에 적용하면 연산 횟수는 $0.5\left(NEQ \times B^2\right)$ FLOPs로 감소한다. NEQ 와 B 에 대한 몇 가지 경우에 대한 FLOPs을 Table 7-2에 정리하였다(Hoit, 1995).

Table 7-2 선형 대수 연산에서 전체 행렬과 띠행렬에 따른 FLOPS값 비교

NEQ	B	NEQ/B	전체행렬을 이용한 경우 (FLOPs)	띠 행렬을 이용한 경우 (FLOPs)	개선정도
59	16	3.7	68400	7552	9.1
72	15	4.8	124416	8100	15.4
198	17	11.6	2587464	28611	90.4
221	104	2.1	3597954	1195168	3
310	29	10.7	9930334	130355	76.2
492	45	10.9	40429125	498150	81.2
607	328	1.85	74549514	360406	206.8
918	108	8.5	257873544	5353776	48.2
1007	49	20.6	340382448	1208904	281.6

NEQ	전진소거	후진치환	총 FLOPs수	$\frac{NEQ^3}{3}$	전진소거에 대한 비율 %
10	375	55	430	333	87.21
100	338250	5050	343300	333333	98.53
1000	3.34×10^8	500500	$\approx 3.34 \times 10^8$	3.34×10^8	99.85

일반적으로 행렬 띠의 크기는 구조물에서 자유도 번호를 부여하는 것에 의존하므로, 대형 구조물일 경우 자유도 번호를 효율적으로 부여할 필요가 있다[13]. 이를 위한 가장 간단한 원리는 각 개별요소에서 자유도 번호 차이가 가능한 적도록 부여하는 것이다.

골조구조물의 구조계 강성도 행렬을 **K** 라고 하자. 그리고 자유도 i와 j로 연결되는 요소에서만 강성도 계수 K_{ij}가 "0"이 아니라면, 이 강성도 영향 계수는 대각에서 $|i-j|$만큼 떨어진 곳에 위치하게 된다(식 7.106).

Figure 7-20, Figure 7-21을 이용하여 최적으로 자유도 번호를 부여하는 방법을 구체적으로 설명해보자. 이 그림에서는 두 가지 방법으로 평면 골조구조물에서 자유도 번호를 부여하고 있다. 24개의 자유도가 있으므로 구조계 강성도 행렬의 크기는 24×24 이다. Figure 7-20(a)와 같이 자유도 번호를 부여하면 개별요소에서 최대 자유도 번호 차는 8이 되고, Figure 7-20(b)의 경우에는 14, Figure 7-21의 경우에는 23이 된다. 따라서 Figure 7-20(a)에서는 B=9, Figure 7-20(b)에서는 B=15, Figure 7-21에서는 B=24가 된다. Table 7-3은 자유도 번호 부여 방법에 따른 FLOPs수를 비교하여 나타내었다. 자유도 번호를 엇갈리게 부여한 경우가 순차적으로 부여한 것보다 최적화된 결과를 나타내었다.

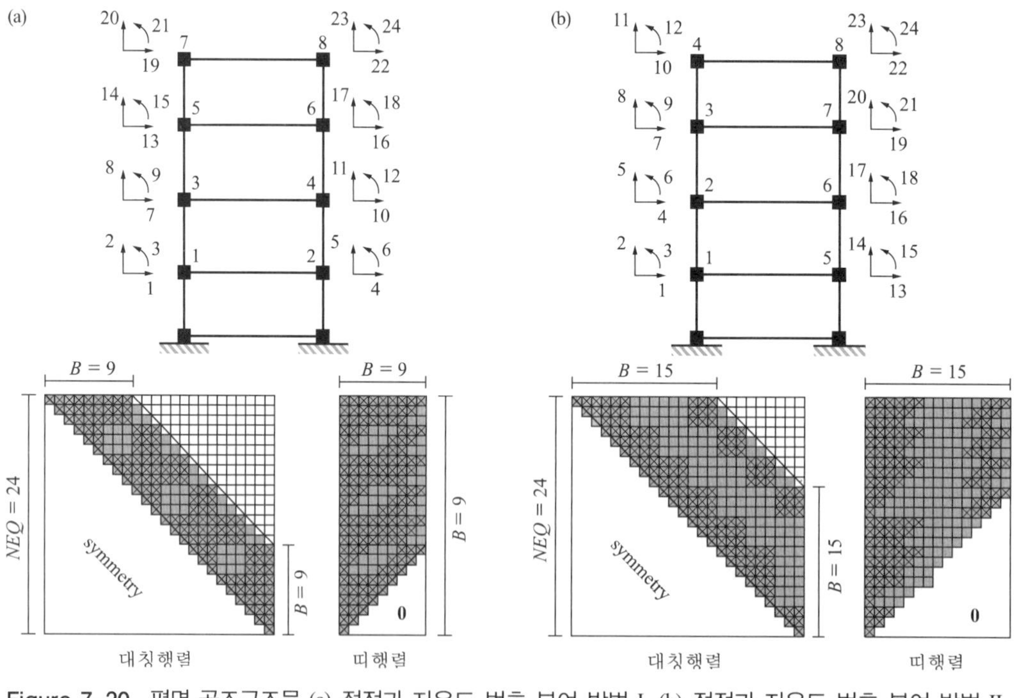

Figure 7-20 평면 골조구조물 (a) 절점과 자유도 번호 부여 방법 I, (b) 절점과 자유도 번호 부여 방법 II

13) 대부분의 상용 소프트웨어는 자유도 번호를 최적화하여 부여하는 알고리즘을 포함하고 있다.

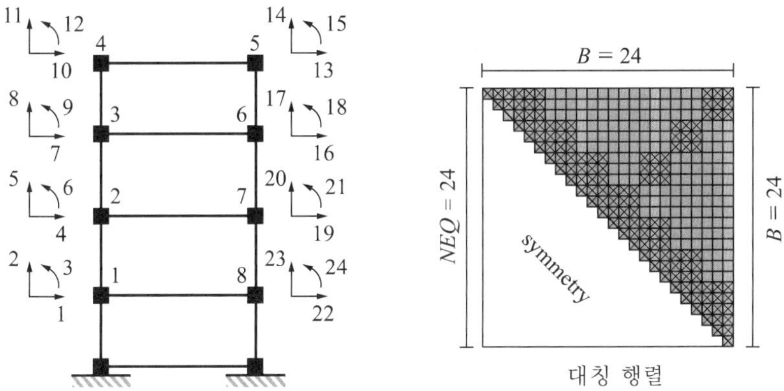

Figure 7-21 평면 골조구조물에서 절점과 자유도 번호 부여 방법 III

Table 7-3 Figure 7-20(a), Figure 7-20(b), Figure 7-21의 자유도 번호에 따른 FLOPs값 비교

자유도 부여 방법	NEQ	B	NEQ/B	전체 행렬 이용 (FLOPs)	띠행렬 이용 (FLOPs)	개선 정도
I [Figure 7-20(a)]	24	9	2.7	4608	972	4.74
II [Figure 7-20(b)]	24	15	1.6	4608	2700	1.71
III [Figure 7-21]	24	24	1	4608	4608	1

exercise

Problem 1 : 다음 트러스 구조물에서 요소-코드 조립기법을 사용하여 구조계 강성도 행렬을 조립하고, 이를 이용하여 절점변위와 요소력을 계산하라.

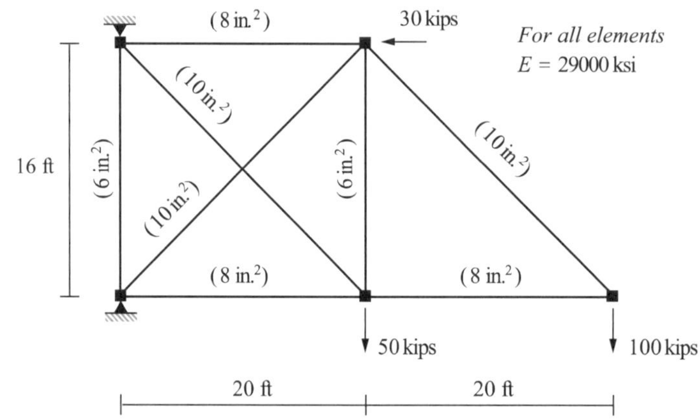

Problem 2 : 다음과 같은 복합 트러스 구조물을 요소-코드 조립기법으로 구조계 강성도 행렬을 조립하고, 절점변위와 요소력을 계산하라.

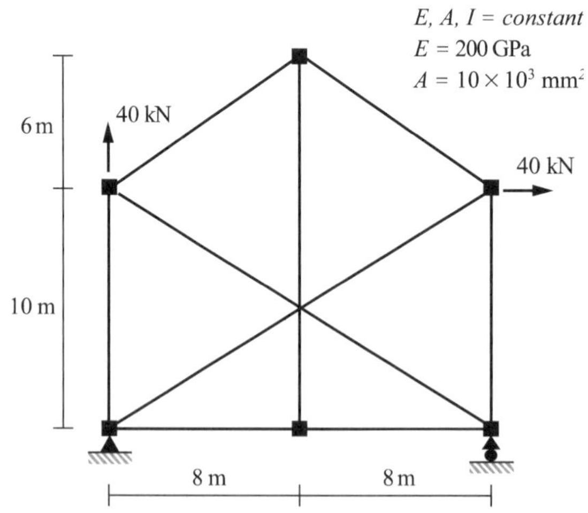

Problem 3 : 요소-코드 조립기법을 사용하여 다음 그림과 같은 골조구조물의 구조계 강성도 행렬과 등가 절점력을 조립한 후, 절점변위와 요소단부력을 계산하라.

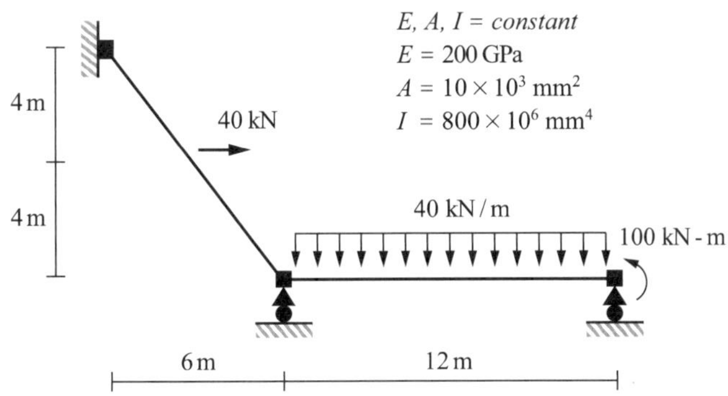

Problem 4 : 요소-코드 조립기법을 사용하여 아래 그림과 같은 골조구조물의 구조계 강성도 행렬과 등가 절점력을 조립한 후 절점변위와 요소단부력을 계산하라.

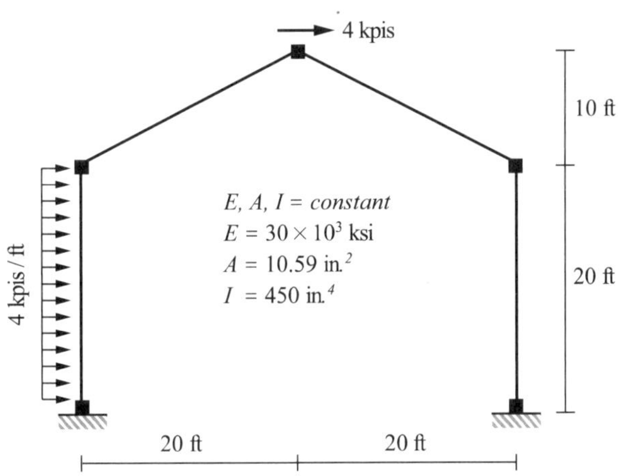

Problem 5 : 아래 골조구조물의 절점변위, 요소단부력, 지점반력을 계산하라.

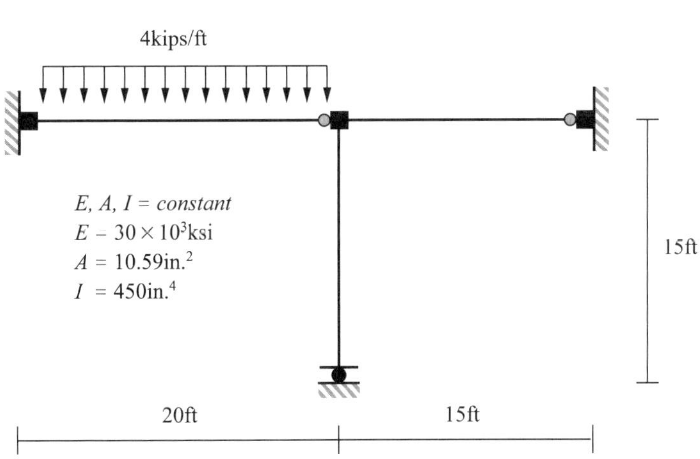

Problem 6 : 아래 골조구조물이 다음과 같은 하중을 받을 때 절점변위, 요소단부력, 지점반력을 계산하라.

- 거더의 온도가 50℉만큼 상승하였을 때
- 왼쪽 기둥에 시공오차가 발생하여 0.25in.만큼 줄어들었을 때

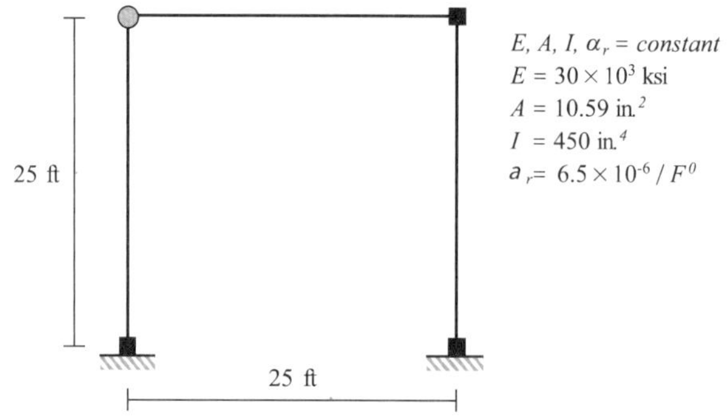

Problem 7 : 다음 골조구조물을 정적 축약기법으로 해석하라(비구속 절점의 회전 자유도를 내부 자유도로 취급한다).

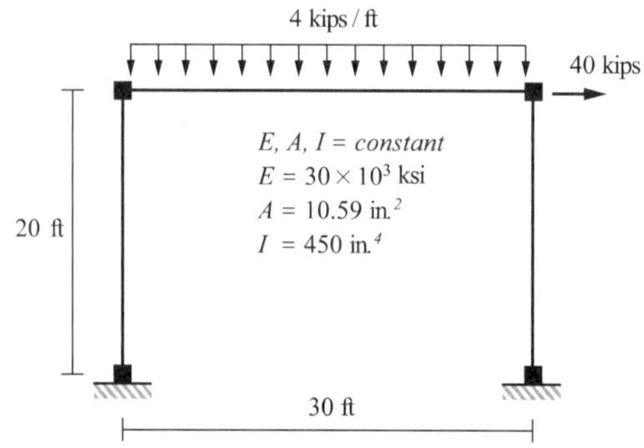

Problem 8 : 다음의 트러스 구조물을 정적 축약기법으로 해석하라(절점 b와 c를 내부 자유도로 취급한다).

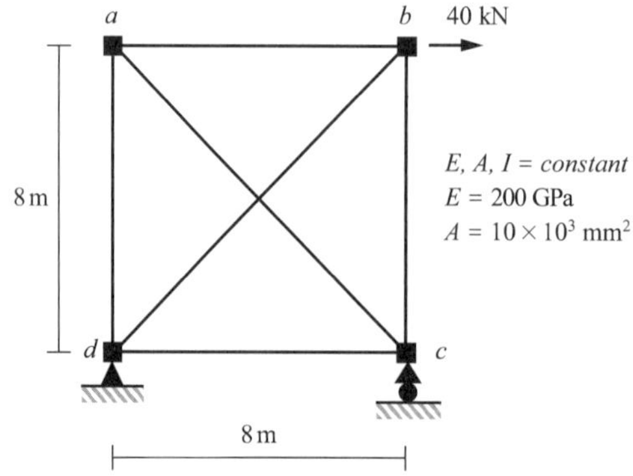

Problem 9 : 그림과 같은 2경간 연속보를 부 구조물 기법을 이용하여 절점변위를 계산하라. 보는 강재로 이루어져 있고(E=200GPa), 단면 2차 모멘트는 $I=400\times10^{-6}\mathrm{m}^4$이다.

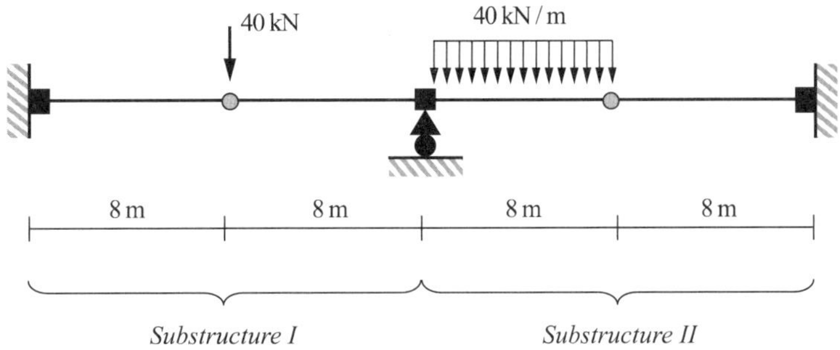

Problem 10 : 아래 골조구조물을 부구조물 기법으로 해석하여 절점변위를 구하라. 구조물은 강재로 이루어져 있고($I=400\times10^{-6}\mathrm{m}^4$), 단면적과 단면2차모멘트는 각각 $A=20\times10^{-3}\mathrm{m}^2$, $I=400\times10^{-6}\mathrm{m}^4$이다.

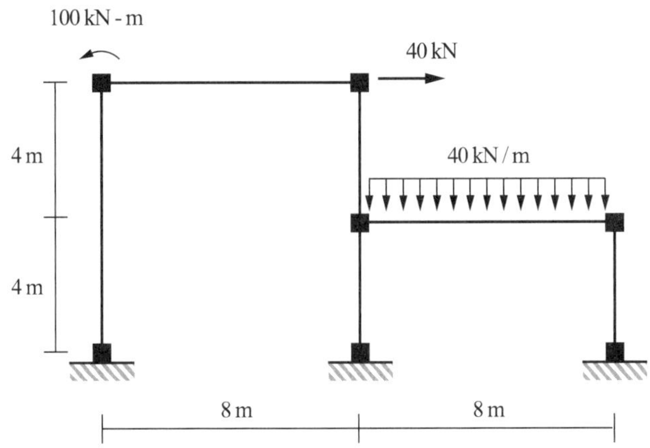

부구조물은 다음과 같이 정한다.

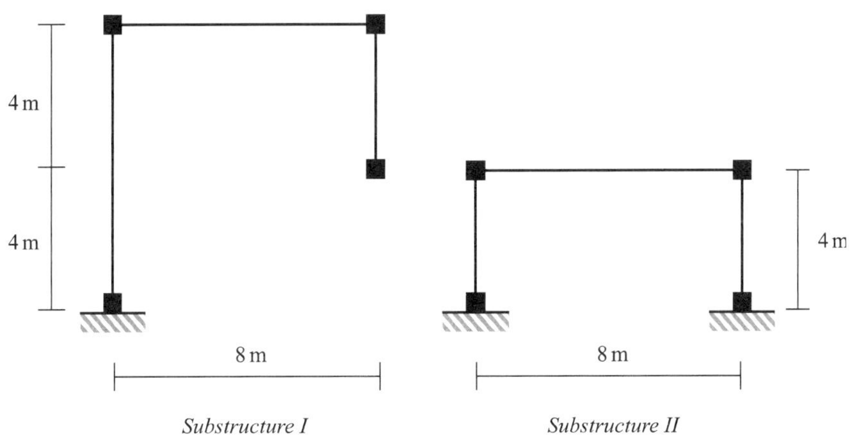

Problem 11 : 아래 구조물의 절점변위, 요소단부력, 지점반력을 구하라.

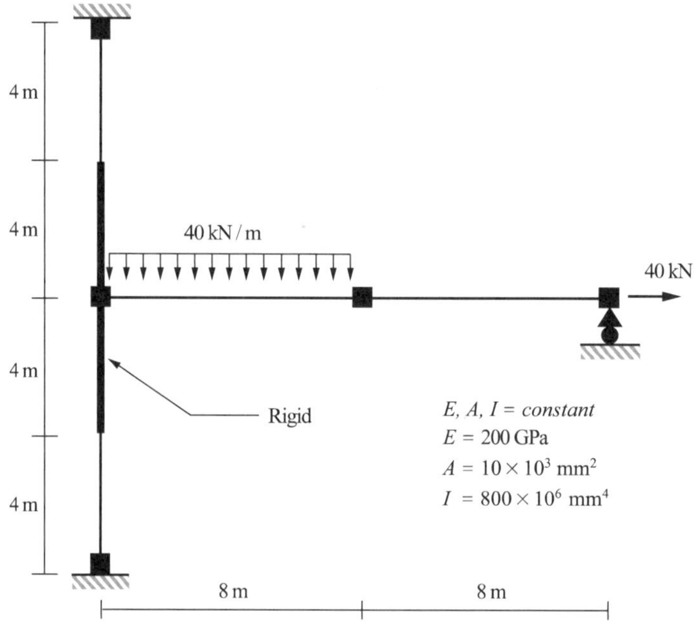

Problem 12 : 아래의 2층으로 된 철근 콘크리트 구조물의 해석에서 강역 단부를 포함한 것과 포함하지 않은 경우에 대하여 해석하라. 그리고 최대 변위와 기둥의 모멘트의 변화를 비교하라. 철근 콘크리트의 탄성계수는 $E_c = 4000\text{ksi}$로 가정하라.

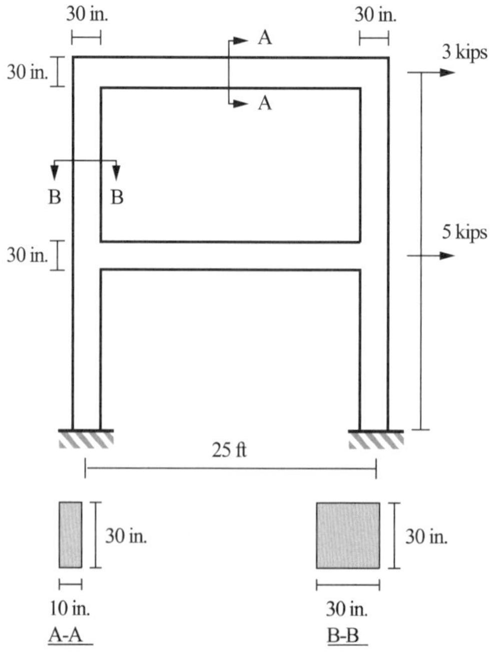

Problem 13 : 그림과 같이 선단지지 말뚝으로 구성된 무리 말뚝에서, 일반적으로 말뚝의 선단은 강체로, 주변 지반에 의한 마찰은 영향을 미치지 못하고 말뚝에 횡압력만 작용하는 것으로 가정한다. 그러므로 무리 말뚝은 탄성 지반위에서 그림처럼 강체연결된 3개의 골조 요소로 모델 할 수 있다. 이 무리 말뚝에서 변위 U_1, U_2, U_3.와 연관된 강성도 행렬을 구하라. 여기서, 각 말뚝의 축강성 EA는 14.25×10^6kN이고, 휨 강성 EI는 1.17×10^6kN-m^2, 말뚝 주변 지반의 지반반력은 20kN/m이다.

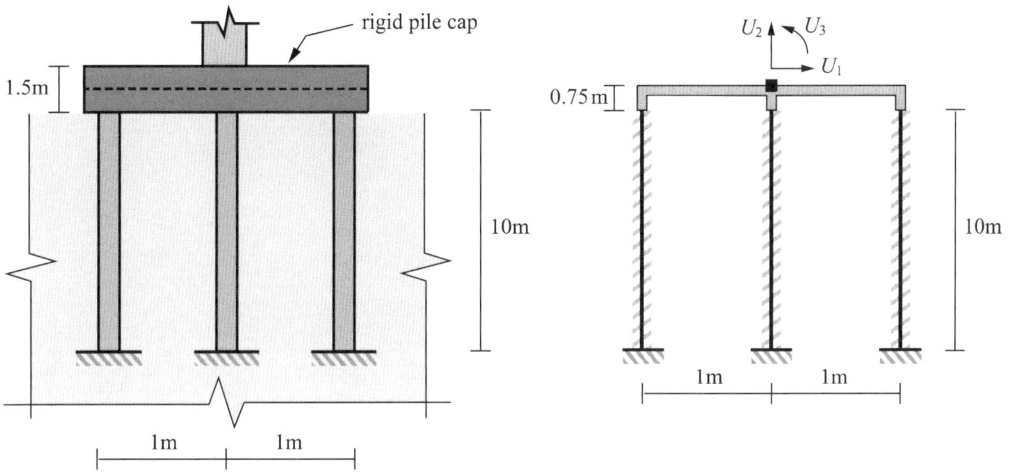

08

직접 강성도법 : 컴퓨터 적용

1. 서 론
2. 일반적인 알고리즘
3. 컴퓨터 프로그램을 위한 순서도
4. 자료입력
5. 전체 강성도 행렬의 조립
6. 등가 하중벡터의 조립
7. 절점변위 계산을 위한 선형대수법
8. 요소 단부변위, 요소단부력과 지점반력 계산

1 서 론

이 장에서 골조해석 프로그램(예를 들면, GRASP) 또는 일반 유한요소해석 프로그램(예를 들면, ABAQUS 또는 FEAP) 등과 같은 전산해석 도구에서 골조 구조물을 해석하는 방법에 대하여 살펴보도록 한다. 본 교재에서 이런 프로그램들의 자세한 내용을 모두 다룰 순 없지만 일반적으로 해석 도구에서 공통적으로 포함하고 있는 몇몇 단계들에 대하여 다루어 보자.

다음 네 가지 단계는 구조해석 도구에서 중요한 뼈대를 이루고 있으며 구조해석(또는 유한요소해석) 프로그램에 반드시 포함되어야 하는 부분이다.

① 구조해석 자료입력
② 구속조건과 요소조립을 위한 자료(예를 들어, 요소 강성도 행렬 등)
③ 해석 수행(선형 또는 비선형)
④ 해석 결과의 가공 및 표시(예를 들면, 그래픽을 사용한 출력)

본 장에서, 선형과 비선형(기하학적 또는 재료) 해석을 따로 다루지 않는다. 비선형 해석이 일반적이지만, 결국 비선형 해석도 접선 강성도를 이용한 선형 해석을 연속으로 수행하여 이루어지기 때문에, 선행해석은 비선형 해석의 특별한 경우라고 볼 수 있다.

2 일반적인 알고리즘

직접 강성도법을 전산화하는 일반적인 알고리즘은 다음과 같이 요약된다.

사전준비 부분

1. 구조물의 해석에 사용될 요소의 종류를 구분한다(보, 트러스, 골조, 그리드). 그리고 다음을 사항을 결정한다.
   ① 대상 구조물의 차원(1차원, 2차원 또는 3차원 구조물)
   ② 절점당 자유도의 수(국부 및 전역)
   ③ 부재 단면의 종류와 재료의 종류
2. 구조물에서 자유단과 구속단의 자유도의 번호를 결정한다.

해석 부분

1. 각 요소에 대하여 다음 사항을 계산한다.
2. 국부 자유도와 전역 자유도를 연결하는 사상벡터 LM_i
3. 국부 요소 강성도 행렬(국부 강성도 행렬 $\bar{\mathbf{K}}^{(i)}$ 또는 국부기본 강성도 행렬 $\mathbf{k}^{(i)}$)
4. 국부 및 전역좌표계 사이의 각
5. 여러 변환 행렬들(예를 들면 $\mathbf{\Gamma}^{(i)}_{ROT}$, $\mathbf{\Gamma}^{(i)}_{REZ}$)
6. 전역좌표계에서 요소 강성도 행렬(예를 들면, $\mathbf{K}^{(i)} = \mathbf{\Gamma}^{(i)^T}\bar{\mathbf{K}}^{(i)}\mathbf{\Gamma}^{(i)}$)
7. 요소의 고정단 하중벡터 $\mathbf{P}^{(i)}_F$
8. 구조물의 전체 강성도 행렬 $\mathbf{K}$ 를 조립한다.
9. 강성도 행렬 $\mathbf{K}$ 로부터 $\mathbf{K}_{ff}$, $\mathbf{K}_{fc}$, $\mathbf{K}_{cf}$ 와 $\mathbf{K}_{cc}$ 를 추출한다.
10. $\mathbf{K}_{ff}$ 의 역행렬을 구한다(또는 $\mathbf{K}_{ff}$ 를 Cholesky 분해법을 이용하여 $\mathbf{LL}^T$ 로 분해한다).
11. 등가절점 하중벡터 $\mathbf{F}^E$ 를 조립한다.
12. 구속된 절점 변위벡터 $\mathbf{U}_{constr}$ 을 만든다.
13. $\mathbf{U}_{free} = \left[\mathbf{K}_{ff}\right]^{-1}\left(\mathbf{F}^E_{free} - \mathbf{K}_{fc}\mathbf{U}_{constr}\right)$ 로부터 자유 절점변위 $\mathbf{U}_{free}$ 를 계산한다.
14. $\mathbf{F}_{constr} = \mathbf{K}_{cf}\mathbf{U}_{free} + \mathbf{K}_{cc}\mathbf{U}_{constr} + \mathbf{R}_{constr}$ 로부터 반력을 계산한다. 이와 다르게, 지점에 연결된 요소의 강성도 방정식으로부터 반력을 계산할 수도 있다.
15. 각 요소에서 전역좌표계의 요소 단부변위를 국부좌표계의 단부변위로 변환한다($\bar{\mathbf{U}}^{(i)} = \mathbf{\Gamma}^{(i)}\mathbf{U}^{(i)}$). 그리고 요소 강성도 방정식 $\bar{\mathbf{P}}^{(i)} = \bar{\mathbf{K}}^{(i)}\bar{\mathbf{U}}^{(i)} + \bar{\mathbf{P}}^{(i)}_F$ 을 이용하여 단부력을 계산한다.

3 컴퓨터 프로그램을 위한 순서도

Figure 8-1에 나타낸 프로그램의 순서도의 각 부분이 수행해야 할 일에 대해 좀 더 자세히 설명해보면 다음과 같다.

1. 입력(자료입력)
2. 해석에 대한 제목, 해석 수행자에 대한 정보 등

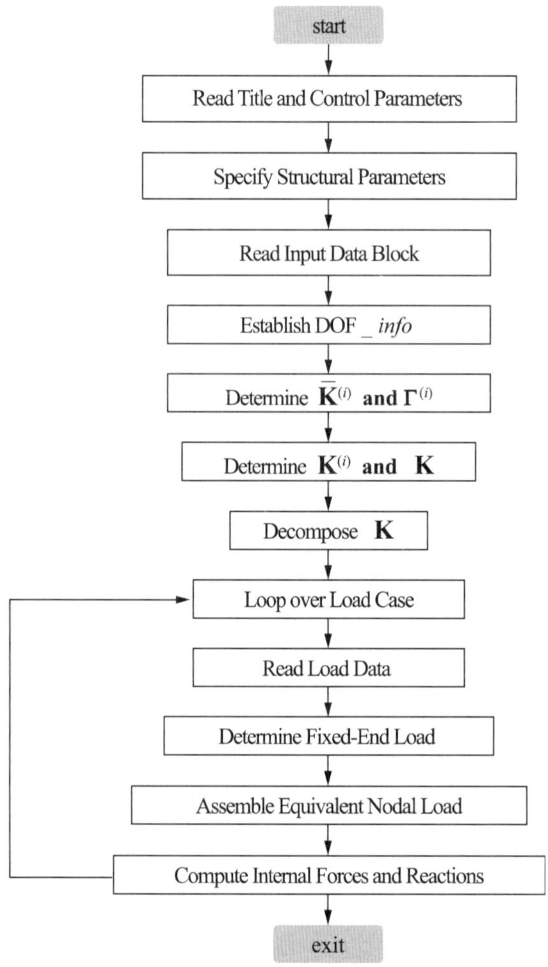

Figure 8-1 프로그램 순서도

3. 해석을 위한 매개변수
4. 총 절점수
5. 총 요소수
6. 구조물의 종류
7. 요소 물성치 수
8. 하중 조건 수
9. 구조물의 매개변수를 정의한다.
10. 구조물의 차원
11. 절점당 자유도 수(국부 및 전역좌표계)
12. 각 요소의 국부 요소 강성행렬과 좌표변환 행렬을 구성한다.

13. 전체 강성도 행렬을 초기화 한다.
14. 각 요소에 대하여 다음을 수행한다.
    ① 국부 강성행렬을 계산하고 이를 전역좌표계로 변환한다.
    ② 국부 사상벡터를 구성한다.
    ①과 ②의 값을 이용하여 전체 강성도 행렬을 조립한다.
15. 전체 강성도 행렬을 분해한다.
16. 각 하중조건에 대하여
17. 해당 요소에 대하여 요소단부 하중벡터를 구성한다.
18. 전체 하중벡터를 조립한다.
19. 절점변위를 계산한다(예를 들면, Cholesky 분해법 또는 LU 분해법을 이용).
20. 각 요소에 대하여 다음을 수행한다.
21. 단부변위를 계산한다(국부 및 전역좌표계에서).
22. 단부력을 계산한다(국부 및 전역좌표계에서).

4 자료입력

일반적으로 골조(또는 구조물)의 기본 입력자료는 최소한 다음을 포함하고 있어야 한다.

- 기하학적 정보
- 요소 정보
- 재료 물성치
- 경계조건
- 작용하는 절점 하중
- 작용하는 요소하중
- 강제 변위
- 해석 수준

기하학적 정보 : 여기서는 보통 절점번호와 전역좌표계에서 절점의 좌표가 입력된다.

요소 : 2차원 골조요소에서 요소 연결성(절점 i에서 절점 j로 연결됨), 요소 종류(트러스, 보 등) 와 재료 물성치 종류를 입력해야 한다.

재료물성치 : 2차원 선형 탄성의 골조요소에서는 입력자료로서 탄성계수 E, 전단계수 G, 단면적 A, 단면2차모멘트 I가 입력되어야 한다.

경계조건 : 해석을 위해서는 반드시 적절한 경계조건이 필요하다. 일반적으로 구조물은 구속된 자유도보다 비구속 자유도가 훨씬 많기 때문에, 일반적으로 구속된 자유도(경계조건)에 대하여 입력한다.

절점하중 : 절점에 재하된 하중을 입력한다.

요소하중 : 절점 사이의 요소에 작용하는 요소하중에 대한 정보를 입력한다.

강제변위 : 지점에 처짐이 발생할 때(지점 침하), 해당 지점의 절점변위값을 입력한다.

해석 수준 : 하중과 변위를 어떻게 재할할 것인지, 해석은 어떻게 수행할 것인지에 대한 정보를 입력한다. 다양한 형태의 해석 수준이 있으며, 본 장에서는 다루는 내용의 대부분이 비선형 해석에도 적용 가능하지만 선형 탄성해석 경우에만 초점을 맞추도록 한다.

8.4.1 데이터베이스

입력 데이터는 일반적으로 데이터베이스에 저장되고 해석의 중요한 골격을 구성하며, 이들은 해석 중에 변경되기도 한다. 데이터베이스는 다양한 형태로 만들 수 있지만, 간편하게 다루기 위해서 다음과 같이 연속된 상수 배열에 정보를 저장하기로 한다.

절점 정보 : 각 절점의 좌표값 (X,Y)를 NODE_info 배열에 저장한다.

$$\mathbf{NODE}\_info = [Array\ with\ NODE\ data]_{\mathrm{num\_nodes \times num\_coor}}$$

$$\mathbf{NODE}\_info = \begin{bmatrix} X_1 & Y_1 \\ \vdots & \vdots \\ X_{\mathrm{num\_nodes}} & Y_{\mathrm{num\_nodes}} \end{bmatrix} \Rightarrow \mathrm{2D}$$

$$\mathbf{NODE}\_info = \begin{bmatrix} X_1 & Y_1 & Z_1 \\ \vdots & \vdots & \vdots \\ X_{\mathrm{num\_nodes}} & Y_{\mathrm{num\_nodes}} & Z_{\mathrm{num\_nodes}} \end{bmatrix} \Rightarrow \mathrm{3D}$$

여기서, num_nodes는 구조물에서 총 절점수이며, num_coor는 좌표계의 차원을 나타낸다.

Figure 8-2는 배열 $\mathbf{NODE}\_info$ 에 기하학적 데이터를 읽고 저장하는 것을 나타낸 순서도이다.

경계조건 정보 : 지점 조건을 제외한 총 비구속 자유도 수는 총 자유도 수(num_nodes×Node_DOF)보다 적어야 한다. 경계조건의 모든 정보는 배열 $\mathbf{BOUN}\_info$ 에 저장한다.

$$\mathbf{BOUN}\_info = [Array\ with\ Boundary\ Conditions]_{\mathrm{num\_nodes \times Node\_DOF}}$$

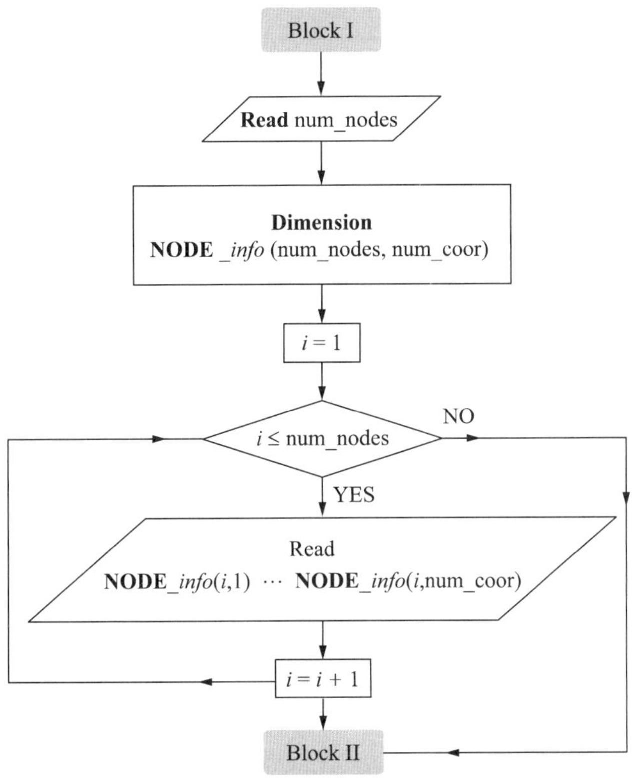

Figure 8-2 배열 **NODE**_*info*에 기하학적 데이터를 위한 순서도

자료입력 시작단계에서 배열 **BOUN**_*info*은 "0"으로 초기화되며, 일반적으로 구속여부는 다음과 같이 표현한다.

$$\mathbf{BOUN}\_info(i\_\mathrm{DOF}, i\_\mathrm{NODE}) = \begin{cases} 0 & if \quad \text{비구속 DOF} \\ 1 & if \quad \text{구속된 DOF} \end{cases}$$

모든 경계조건을 읽은 후, 비구속 자유도를 1에서부터 증가시켜 나가면서 (+)값을 부여하고 구속된 자유도는 번호를 증가시키되 (−)값을 부여한다.

최대 (+) 자유도 번호는 풀어야할 행렬($\mathbf{K}_{ff}$)의 크기를 나타낸다(보통 Cholesky분해법이나 LU분해법을 사용한다).

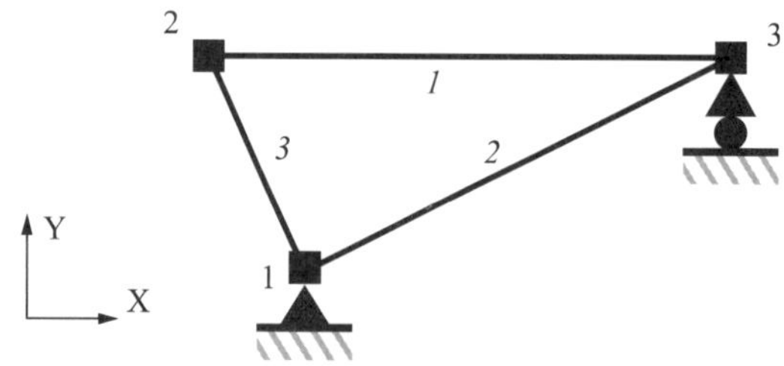

Figure 8-3 배열 **BOUN**_*info*를 구성하는 예제

Figure 8-3의 골조구조물에서 배열 **BOUN**_*info*를 구성해보자.

$$\begin{matrix} DOF \rightarrow & 1 & 2 & 3 \end{matrix}$$

$$\mathbf{BOUN}\_info = \begin{bmatrix} 1 & 1 & 0 \\ 0 & 0 & 0 \\ 0 & 1 & 0 \end{bmatrix} \left. \begin{matrix} 1 \\ 2 \\ 3 \end{matrix} \right\} \leftarrow Node$$

BOUN_*info*와 연결된 **DOF**_*info*는 다음과 같다.

$$\begin{matrix} Node \rightarrow & 1 & 2 & 3 \end{matrix}$$

$$\mathbf{DOF}\_info = \begin{bmatrix} -7 & 2 & 5 \\ -8 & 3 & -9 \\ 1 & 4 & 6 \end{bmatrix}$$

위의 배열에 따른 자유도의 번호를 Figure 8-4에 나타내었다.

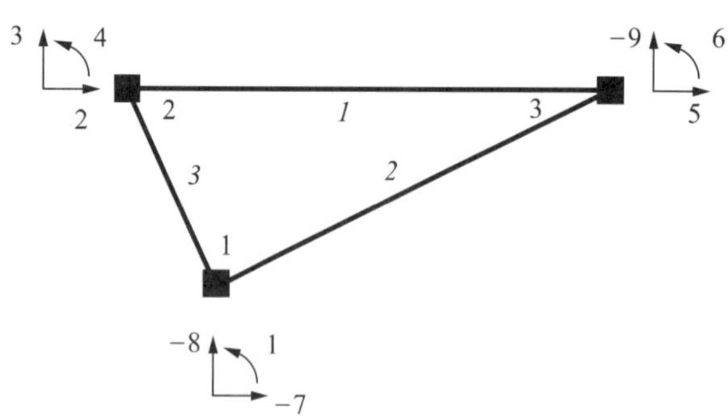

Figure 8-4 자유도의 번호

평면 골조시스템의 일반적인 지점형태를 나타내는 지점코드를 Figure 8-5에 나타내었다. **BOUN**_*info* 배열에 지점 정보를 저장하는 순서도를 Figure 8-6에 나타내었다.

지점 종류		지점코드
자유단	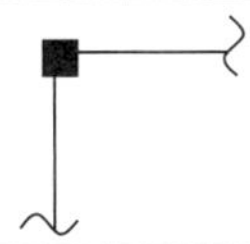	0, 0, 0
롤러	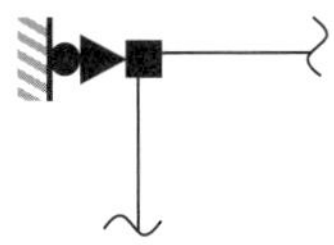	1, 0, 0
힌지	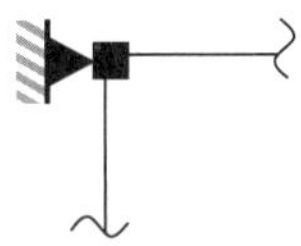	1, 1, 0
전단해제 롤러		1, 0, 1
고정단		1, 1, 1

Figure 8-5 평면 골조의 지점코드

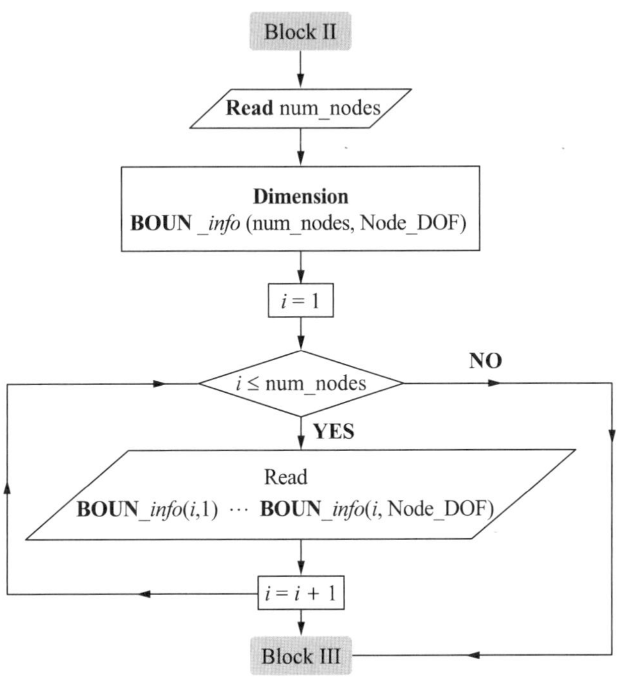

Figure 8-6 **BOUN**_*info*에 경계조건 입력을 위한 순서도

재료 물성치 정보 : 각 재료의 물성치, E (또는 G), A, I를 **MATE**_*info* 배열에 저장한다.

$$\mathbf{MATE\_}info = [Array\,with\,MATERIAL\,data]_{\mathrm{num\_elements}\times\mathrm{mate\_para}}$$

$$\mathbf{MATE\_}info = \begin{bmatrix} E_1 & A_1 \\ \vdots & \vdots \\ E_{\mathrm{num\_mates}} & A_{\mathrm{num\_mates}} \end{bmatrix} \Rightarrow \text{2D \& 3D Truss}$$

$$\mathbf{MATE\_}info = \begin{bmatrix} E_1 & A_1 & I_1 \\ \vdots & \vdots & \vdots \\ E_{\mathrm{num\_mates}} & A_{\mathrm{num\_mates}} & I_{\mathrm{num\_mates}} \end{bmatrix} \Rightarrow \text{2D Euler-Bernoulli Frame}$$

$$\mathbf{MATE\_}info = \begin{bmatrix} E_1 & A_1 & I_1 & G_1 \\ \vdots & \vdots & \vdots & \vdots \\ E_{\mathrm{num\_mates}} & A_{\mathrm{num\_mates}} & I_{\mathrm{num\_mates}} & G_{\mathrm{num\_mates}} \end{bmatrix} \Rightarrow \text{2D Timoshenko Frame}$$

여기서, num_mates는 사용된 재료의 종류 수이고, mate_para는 각 재료 물성치의 매개변수의 총개수이다.

Figure 8-7은 **MATE**_*info* 배열에 재료 물성치 정보를 저장하는 과정에 대한 순서도이다.

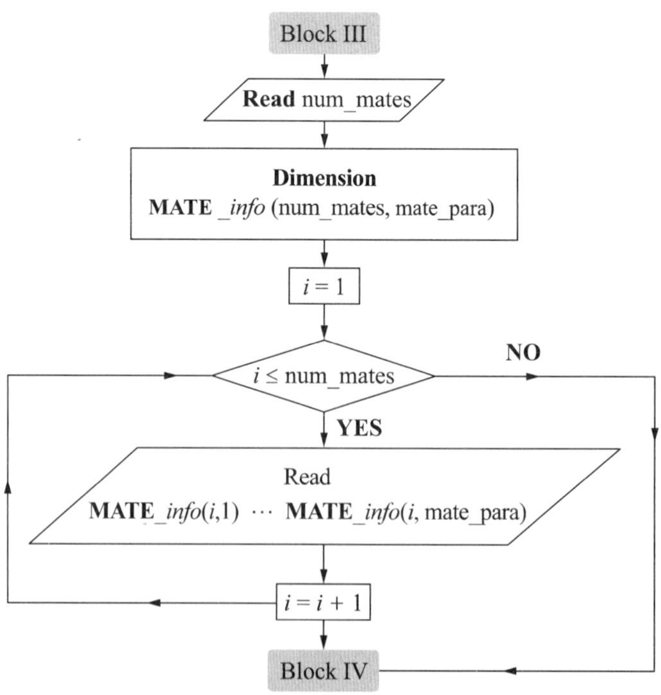

Figure 8-7 **MATE**_*info*에 물성치 정보 입력을 위한 순서도

요소정보 : 각 요소에 대하여 시작 절점 *i*, 끝 절점 *j*, 요소 종류(서로 다른 요소모델을 사용할 때 필요하다. 예를 들어 트러스, Euler－Bernoulli 요소, Timoshenko 요소 등), 그리고 요소의 재료 정보는 **ELE**_*info* 배열에 저장된다.

$$\mathbf{ELE}\_info = [Array\ with\ ELEMENT\ data]_{\text{num\_elements}\times\text{element\_para}}$$

$$\mathbf{ELE}\_info = \begin{bmatrix} node\_i_1 & node\_j_1 & ele\_type_1 & mate\_type_1 \\ \vdots & \vdots & \vdots & \vdots \\ node\_i_{\text{num\_elements}} & node\_j_{\text{num\_elements}} & ele\_type_{\text{num\_elements}} & mate\_type_{\text{num\_elements}} \end{bmatrix}$$

여기서, num_elements는 구조물에서 총 요소 수이며, element_para는 각 요소의 매개변수 개수 중 최대 개수를 나타낸다. 요소정보를 **ELE**_*info*배열에 저장하는 순서도를 Figure 8-8에 나타내었다.

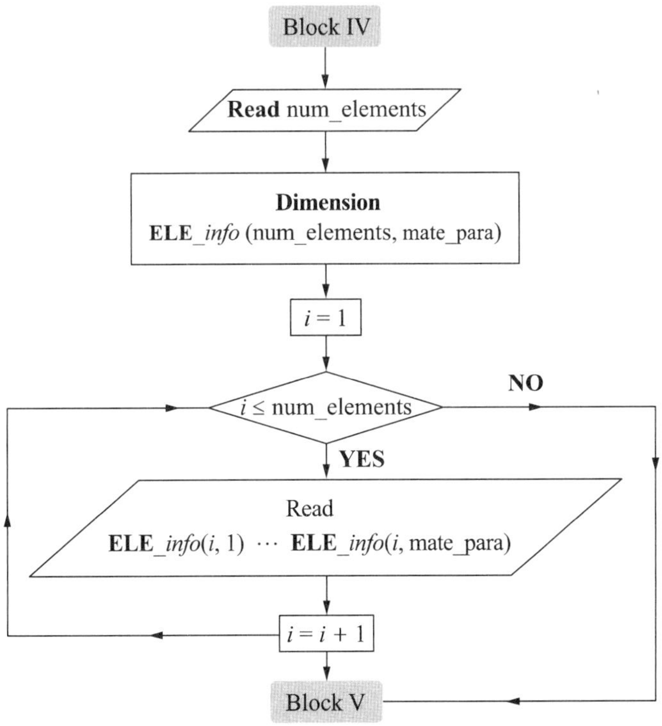

Figure 8-8 **ELE**_*info*에 요소 정보 입력을 위한 순서도

자유도(DOF) 정보 : 각 자유도에서 자유도 번호와 자유도의 상태(구속 여부)를 저장한다. 일반적으로 자유도 번호에 부호를 추가하여 자유도 상태를 설정한다. 보통 (＋)부호는 비구

속 자유도를 나타내고 (−)부호는 구속된 자유도를 나타낸다. 그리고 그 정보를 **DOF**_*info* 배열에 저장한다.

$$\mathbf{DOF}\_info \;=\; [Array\ with\ DOF\ data]_{\text{num\_nodes}\times\text{Node\_DOF}}$$

$$\mathbf{DOF}\_info = \begin{bmatrix} \text{DOF\_X}_1 & \text{DOF\_Y}_1 \\ \vdots & \vdots \\ \text{DOF\_X}_{\text{num\_nodes}} & \text{DOF\_Y}_{\text{num\_nodes}} \end{bmatrix} \Rightarrow \text{2D Truss}$$

$$\mathbf{DOF}\_info = \begin{bmatrix} \text{DOF\_X}_1 & \text{DOF\_Y}_1 & \text{DOF\_}\theta_1 \\ \vdots & \vdots & \vdots \\ \text{DOF\_X}_{\text{num\_nodes}} & \text{DOF\_Y}_{\text{num\_nodes}} & \text{DOF\_}\theta_{\text{num\_nodes}} \end{bmatrix} \Rightarrow \text{2D Frame}$$

여기서, Node_DOF는 각 절점의 최대 자유도 수이다. 경계조건 정보를 갖는 **BOUN**_*info* 배열과 연결하여 **DOF**_*info* 배열을 설정한다.

절점하중 정보 : 절점하중은 **NODAL_LOAD**_*info* 배열에 저장한다.

$$\mathbf{NODAL\_LOAD}\_info = [Array\ with\ APPLIED\ NODAL\ LOAD]_{\text{num\_nodes}\times\text{Node\_DOF}}$$

비구속 자유도와 관련된 절점하중을 **NODAL_LOAD**_*info*에서 추출하여 $\mathbf{F}_{free}$ 벡터에 저장한다.

$$\mathbf{F}_{free} = [APPLIED\ NODAL\ LOAD\ AT\ FREE\ DOF]_{\text{num\_DOF\_free}}$$

여기서, num_DOF_free는 총 비구속 자유도 수이다.

배열 **NODAL_LOAD**_*info*에 절점하중 정보를 저장하는 과정을 Figure 8-9에 나타내었다.

요소하중 정보 : 요소하중은 **ELE_LOAD**_*info* 배열에 저장한다.

$$\mathbf{ELE\_LOAD}\_info = [Array\ with\ ELEMENT\ LOAD]_{\text{num\_elements}\times\text{ele\_load\_para}}$$

여기서, ele_load_para는 요소하중을 정의하는 매개변수의 개수이다.

고정단 하중벡터는 **ELE_LOAD**_*info*의 요소하중 정보와 연관하여 생성한 후 벡터 $\mathbf{F}^F_{free}$와 $\mathbf{F}^F_{constr}$에 저장한다.

$$\mathbf{F}^F_{free} = [FIXED-END\ NODAL\ LOAD\ AT\ FREE\ DOF]_{\text{num\_DOF\_free}}$$

$$\mathbf{F}^F_{constr} = [FIXED-END\ NODAL\ LOAD\ AT\ CONSTRAINED\ DOF]_{\text{num\_DOF\_constr}}$$

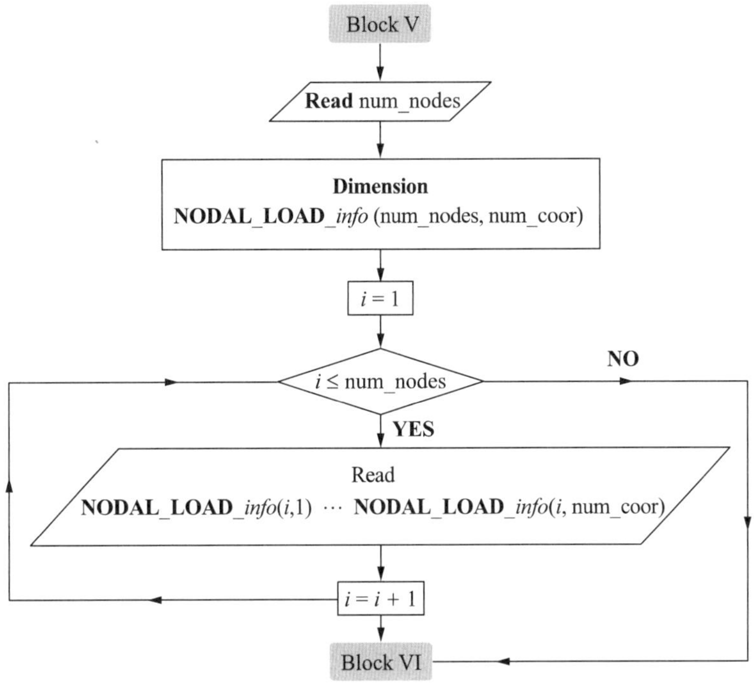

Figure 8-9 배열 **NODAL_LOAD**_*info*에 절점하중 정보 입력을 위한 순서도

Figure 8-10은 요소하중 정보를 **ELE_LOAD**_*info* 배열에 저장하는 과정을 나타낸 순서도이다.

강제변위 정보 : 강제 변위, 즉 기설정된 변위 정보를 **NODAL_DIS**_*info* 배열에 저장한다.

$$\mathbf{NODAL\_DIS}\_info = \left[\textit{재하된 절점변위 행렬}\right]_{\text{num\_nodes}\times\text{Node\_DOF}}$$

구속된 자유도와 연관되는 강제변위는 **NODAL_DIS**_*info* 배열에서 추출되어 $\mathbf{U}_{constr}$ 벡터에 저장된다.

$$\mathbf{U}_{constr} = \left[\underbrace{\textit{재하된 절점변위 행렬}}_{\text{num\_DOF\_constr}}\right]$$

여기서, num_DOF_constr는 총 구속된 자유도 수이다. 또한 num_DOF_free와 num_DOF_constr의 합은 구조물의 총 자유도 수(num_DOFs)와 같다.

절점변위 정보를 **NODAL_DIS**_*info*에 저장하는 과정을 순서도로 Figure 8-11에 나타내었다.

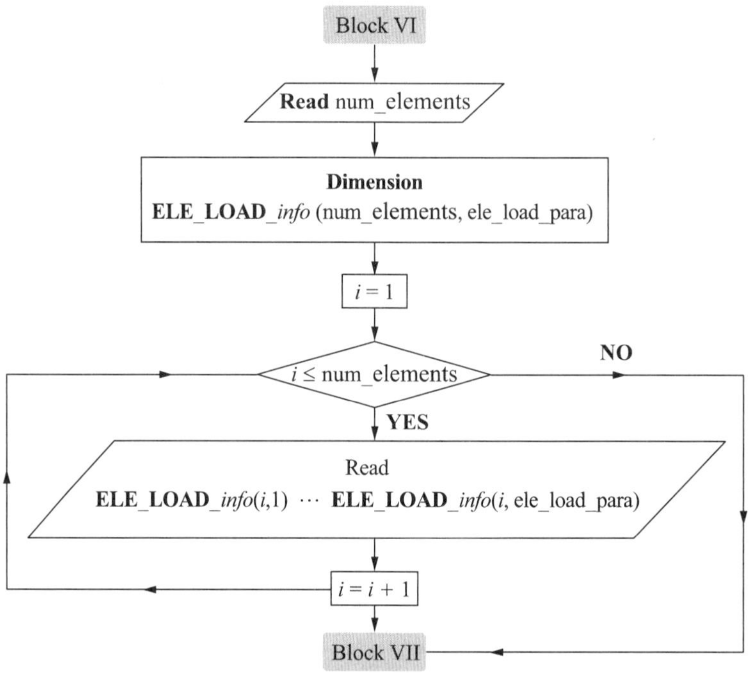

Figure 8-10 **ELE_LOAD**_info에 요소하중 정보 입력을 위한 순서도

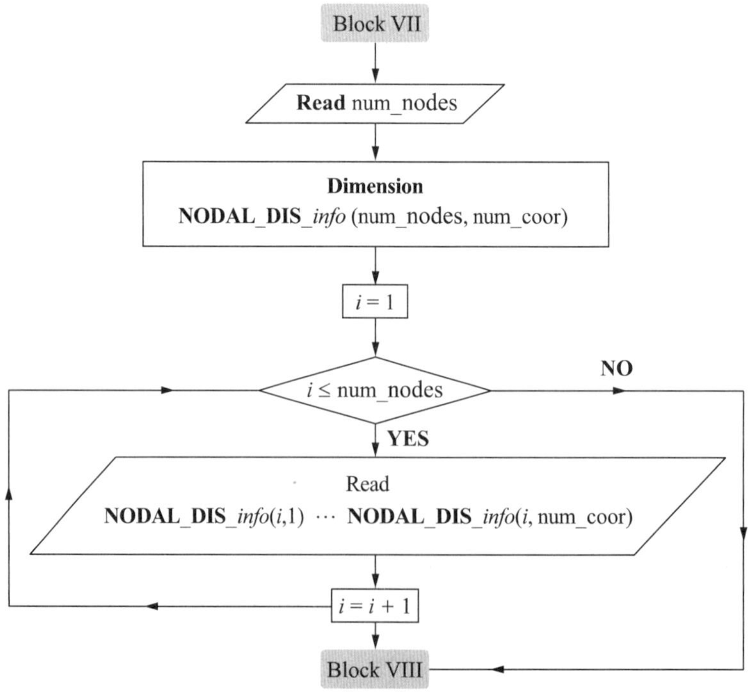

Figure 8-11 **NODAL_DIS**_info에 절점변위 정보 입력을 위한 순서도

8.4.2 예제 : 소형 골조구조물

위에 기술한 자료입력 부분을 예제 골조구조물을 통해 자세히 설명하도록 한다. 이 골조구조물의 기하학적 형태와 재료 물성치, 지점 조건, 절점 및 요소하중, 지점침하를 Figure 8-12에 나타내었다.

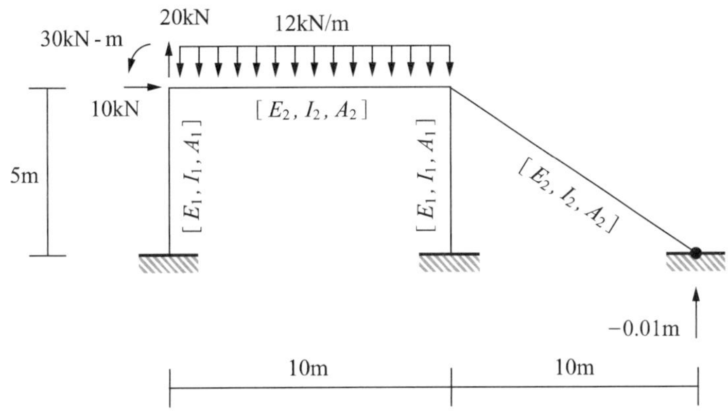

Material Set 1	Material Set 2
$E_1 = 200 \times 10^6$kPa	$E_2 = 200 \times 10^6$kPa
$I_1 = 200 \times 10^6$mm^4	$I_2 = 100 \times 10^6$mm^4
$A_1 = 6000$mm^2	$A_2 = 3000$mm^2

Figure 8–12 예제 : 소형 골조구조물

자료입력을 위하여 Figure 8-13과 같이 절점과 요소번호를 부여하였다.

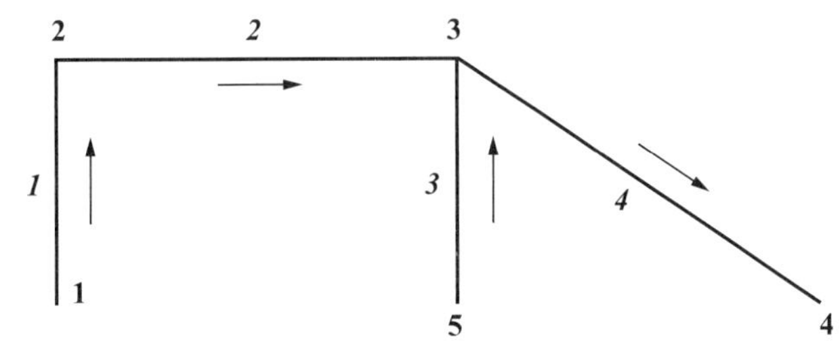

Figure 8–13 예제 골조구조물 : 절점과 요소 번호

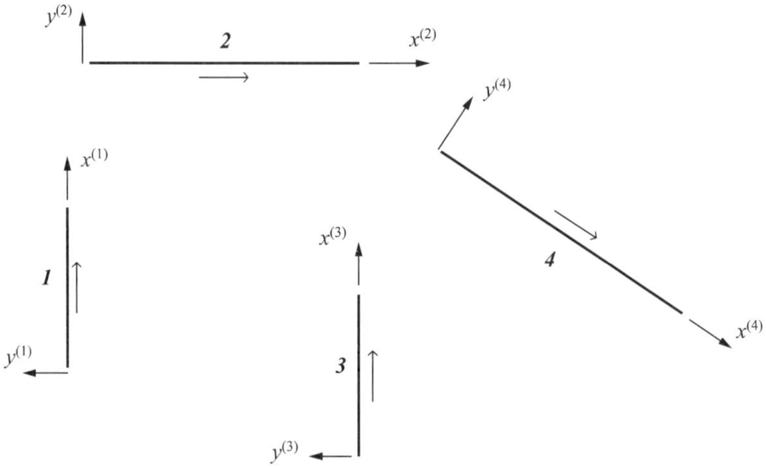

Figure 8-14 예제 골조구조물 : 국부좌표계에서 요소의 형상

Figure 8-14는 각 요소에 대하여 국부좌표계를 어떻게 자동적으로 구성하는지 보여주고 있다. 즉, 각 요소에서 국부 x는 절점 i에서 절점 j 방향으로 정하고 오른손 좌표계의 원리를 따라 y축을 결정한다. z축은 교재에서 수직한 방향이다(즉, 독자를 향하는 방향). 그리고 국부좌표계의 원점은 절점 i에 위치시킨다.

위에 나타낸 절점 번호와 요소 번호와 지점 조건, 하중 조건에 대응하는 입력 데이터 블록을 Figure 8-15에 나타내었다. 예제 구조물에 대한 데이터 베이스는 다음 배열과 같다.

$$\mathbf{NODE\_}\mathit{info} = \begin{bmatrix} 0 & 0 \\ 0 & 5 \\ 10 & 5 \\ 20 & 0 \\ 10 & 0 \end{bmatrix}$$

NODE_*info*의 각 행은 각 절점의 좌표값이다. 예를 들면, 절점 1의 좌표는 {0,0}, 절점 2의 좌표는 {0,50}, 절점 3의 좌표는 {100,50}이다.

Figure 8-13의 절점번호에 따라서 자동적으로 자유도의 번호를 Figure 8-16과 같이 생성한다. 자유도의 순서는 전역좌표계의 X방향 변위, 전역좌표계의 Y방향 변위, 전역좌표계의 Z축에 대한 회전각 순으로 한다.

입력 데이터	구분
5 0.0,0.0 0.0,5.0 10.0,5.0 20.0,0.0 10.0,0.0	절점정보
5 1,1,1 0,0,0 0,0,0 1,1,0 0,0,0	지점정보(경계조건)
2 200X10^{6} 6000 200X10^{6} 200X10^{6} 3000 100X10^{6}	재료정보
4 1,2,EB−Frame,1 2,3, EB−Frame,2 5,3, EB−Frame,1 3,4, EB−Frame,2	요소정보
5 0,0,0 10,20,30 0,0,0 0,0,0 0,0,0	절점 하중 정보
4 None type1, Y,−12 None None	요소 하중 정보
5 0,0,0 0,0,0 0,0,0 0,−0.01,0 0,0,0	재하된 절점 변위 정보

Figure 8-15 예제 골조구조물의 입력 데이터

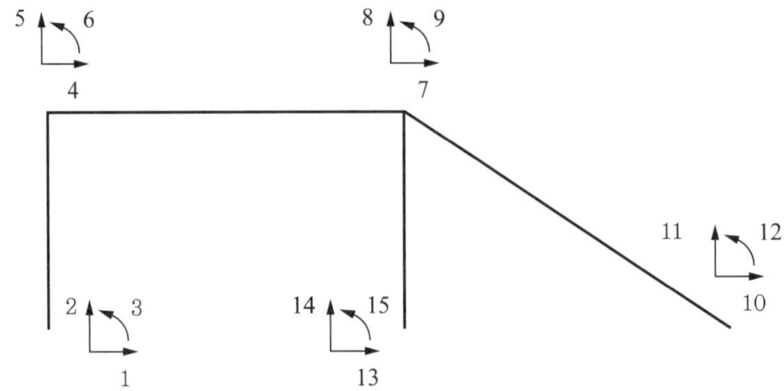

Figure 8-16 예제 골조구조물 : 초기 자유도 번호

$$\mathbf{BOUN\_}info = \begin{bmatrix} 1 & 1 & 1 \\ 0 & 0 & 0 \\ 0 & 0 & 0 \\ 1 & 1 & 0 \\ 1 & 1 & 1 \end{bmatrix} \Rightarrow \mathbf{DOF\_}info = \begin{bmatrix} -8 & -9 & -10 \\ 1 & 2 & 3 \\ 4 & 5 & 6 \\ -11 & -12 & 7 \\ -13 & -14 & -15 \end{bmatrix}$$

BOUN_*info*의 각 행은 각 절점의 지점코드를 나타내는데, 절점 1은 고정단이므로 X, Y 방향의 변위와 Z방향의 회전각이 고정되어 있어 절점 1의 지점 코드는 1,1,1이다. 절점 2는 비구속 절점이므로 0,0,0이고, 절점 3과 절점 4도 비슷한 방법으로 지점코드를 결정하면 된다.

Figure 8-16과 같이 자유도 번호를 부여하는 방법은 구속 자유도와 비구속 자유도를 구분하기 위해서 다시 번호를 매겨야 하는 번거로움이 있다. 이를 개선하기 위하여 비구속 자유도부터 번호를 부여하고 구속자유도에 대하여 번호를 부가하였다. 이를 Figure 8-17에 나타내었다. 특히 자유도 앞의 (−)부호는 구속된 자유도를 나타낸다. 다시 말해서 강제변위를 갖는 자유도이다. 총 자유도수 num_DOFs는 15이고, 그 중 8개는 구속된 자유도(num_DOF_constr = 8)이고, 7개는 비구속 자유도(num_DOF_free = 7)이다.

DOF_*info*의 각 행은 각 절점의 자유도 정보를 포함하고 있다. 예를 들어, **DOF**_*info*의 4번째 행은 절점 4의 자유도 정보이고 전역좌표계에서 X방향과 Y방향 변위가 구속되어 있다. 이와 연결된 전역 자유도 번호는 각각 4와 11이고, Z방향의 회전각은 구속되어 있지 않으며, 전역 자유도 번호는 7이다.

$$\mathbf{MATE\_}info = \begin{bmatrix} 200\times10^6 & 6000 & 200\times10^6 \\ 200\times10^6 & 3000 & 100\times10^6 \end{bmatrix}$$

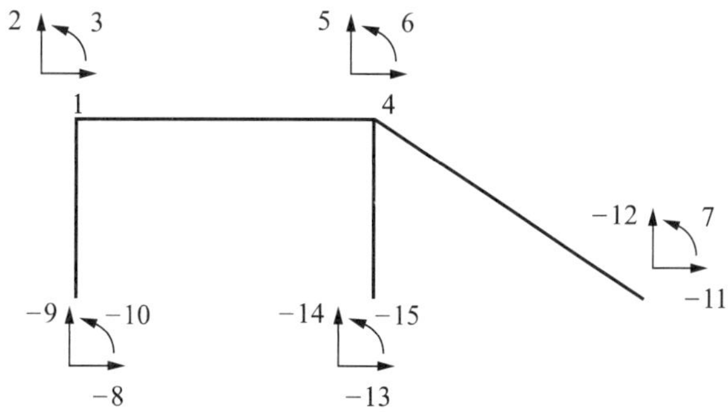

Figure 8-17 예제 골조구조물 : 구속 자유도와 비구속 자유도를 분리한 자유도 번호

MATE_*info*의 각 행은 각 재료 종류에 대한 물성치 정보를 포함하고 있다. 첫 번째 행은 재료 종류 1의 탄성계수 E가 200×10^6kPa이고, 단면적 A는 6000mm^{2}이고, 단면2차모멘트 I는 200×10^6mm^{4}임을 의미한다. 두 번째 행에 대해서도 동일한 의미를 갖고 있다.

$$\mathbf{ELE\_}info = \begin{bmatrix} 1 & 2 & \text{EB-Frame} & 1 \\ 2 & 3 & \text{EB-Frame} & 2 \\ 5 & 3 & \text{EB-Frame} & 1 \\ 3 & 4 & \text{EB-Frame} & 2 \end{bmatrix}$$

ELE_*info*의 각 행은 각 요소 정보를 저장하는데, 요소 1의 경우 절점 1과 절점 2로 이루어져 있으며, 요소의 종류는 EB−Frame 요소이고 재료 물성치는 재료 종류 1의 것을 사용한다. 마지막 열의 숫자 1은 재료의 종류를 나타내며, **MATE**_*info*의 첫 번째 행에 재료의 물성치가 저장되어 있음을 의미한다. 다른 행에 대해서도 이와 유사하게 구성되어 있다.

$$\mathbf{NODAL\_LOAD\_}info = \begin{bmatrix} 0 & 0 & 0 \\ 10 & 20 & 30 \\ 0 & 0 & 0 \\ 0 & 0 & 0 \\ 0 & 0 & 0 \end{bmatrix}$$

NODAL_LOAD_*info*의 각 행은 각 절점의 절점하중값을 의미한다. 예를 들어, 두 번째 행은 절점 2의 절점하중이 X, Y, Z 방향으로 각각 10kN, 20kN, 30kN-m의 하중을 받고 있음을 나타낸다.

절점 하중 배열을 **DOF**_*info* 배열과 연결하여, 비구속 자유도에 작용하는 하중을 나타내는 $\mathbf{F}_{free}$ 벡터는 다음과 같이 정리된다.

$$\mathbf{F}_{free} = \begin{bmatrix} \underbrace{10}_{DOF\,1} & \underbrace{20}_{DOF\,2} & \underbrace{30}_{DOF\,3} & \underbrace{0}_{DOF\,4} & \underbrace{0}_{DOF\,5} & \underbrace{0}_{DOF\,6} & \underbrace{0}_{DOF\,7} \end{bmatrix}^T$$

$\mathbf{F}_{free}$ 벡터의 길이는 7로 총 비구속 자유도 수와 같다. 이 벡터의 각 항은 Figure 8-17의 자유도 1에서 자유도 7에 대응한다.

$$\mathbf{ELE\_LOAD\_}info = \begin{bmatrix} None & & \\ \text{type1} & \text{Y} & -12 \\ None & & \\ None & & \end{bmatrix}$$

ELE_LOAD_*info*의 각 행은 각 요소의 요소하중에 대한 정보를 포함하고 있다. 첫 번째, 세 번째, 네 번째 행은 각각 요소 1, 요소 3, 요소 4가 요소하중을 받지 않음을 의미하고, 반면에 요소 2는 종류 1(등분포 하중)의 요소하중을 －Y 방향(크기 12kN/m)으로 받고 있음을 의미한다.

하중 매개변수에 값을 대입하는 방법은 프로그램 개발자에 의해서 설계되어야 하므로 이 부분은 독자의 몫으로 남겨두겠다.

$$\mathbf{NODAL\_DIS\_}info = \begin{bmatrix} 0 & 0 & 0 \\ 0 & 0 & 0 \\ 0 & 0 & 0 \\ 0 & -0.01 & 0 \\ 0 & 0 & 0 \end{bmatrix}$$

NODAL_DIS_*info*의 각 행은 절점의 절점변위 정보가 들어 있다. 예를 들면, 4번째 행은 절점 4에서 Y방향으로 －0.01m만큼의 강제 변위가 있다는 의미이다.

DOF_*info* 배열과 연관시켜서, $\mathbf{U}_{constr}$ 배열은 구속 자유도의 강제 변위값을 저장하는데 다음과 같이 정의된다.

$$\mathbf{U}_{constr} = \begin{bmatrix} \underbrace{0}_{DOF\,8} & \underbrace{0}_{DOF\,9} & \underbrace{0}_{DOF\,10} & \underbrace{0}_{DOF\,11} & \underbrace{-0.01}_{DOF\,12} & \underbrace{0}_{DOF\,13} & \underbrace{0}_{DOF\,14} & \underbrace{0}_{DOF\,15} \end{bmatrix}^T$$

$\mathbf{U}_{constr}$ 벡터의 길이는 8이고, 이는 총 구속 자유도의 수이다. 이 벡터의 각항은 Figure 8-17의 자유도 8에서 자유도 15까지에 대응한다.

나머지 데이터 베이스 배열들은 입력되어 저장되는 값이 아니라 계산되는 값들이며, 전체 구조방정식을 세우는데 필요한 요소방정식을 조립할 때 사용된다. 앞장에서 다루었던 국부 사상벡터 LM_i는 전역좌표계에서의 요소 자유도를 구조물의 자유도에 연결시켜주는 벡터이다. LM_i는 **ELE_*info***와 **DOF_*info*** 배열에 이미 저장된 정보를 이용하여 계산된다. 예를 들면, Figure 8-13에서 요소 3의 **ELE_*info***를 참조하면 요소 3의 6개 요소 자유도는 6개 구조 자유도 {13 14 15 4 5 6}에 연결된다. 이 숫자들은 요소 자유도와 구조물 자유도의 관계를 나타내며, 사상배열에 다음과 같이 저장된다.

$$LM_3 = \begin{bmatrix} 13 & 14 & 15 & 4 & 5 & 6 \end{bmatrix}^T$$

다른 요소에 대하여 사상배열을 계산하면 다음과 같다.

$$LM_1 = \begin{bmatrix} 8 & 9 & 10 & 1 & 2 & 3 \end{bmatrix}^T$$
$$LM_2 = \begin{bmatrix} 1 & 2 & 3 & 4 & 5 & 6 \end{bmatrix}^T$$
$$LM_4 = \begin{bmatrix} 4 & 5 & 6 & 11 & 12 & 7 \end{bmatrix}^T$$

5 전체 강성도 행렬의 조립

8.5.1 요소 강성행렬 및 좌표변환 행렬

각 요소에 대하여 다음을 수행한다.

1. 요소 정보를 저장하고 있는 **ELE**_*info*로부터 해당 요소의 정보를 추출한다.
2. 절점 좌표로부터 요소의 길이를 계산하고 방향 코사인을 결정한다.
3. 요소의 국부 강성행렬을 계산한다.

요소 강성행렬과 좌표변환 행렬을 계산하는 순서도를 Figure 8-18에 나타내었다.

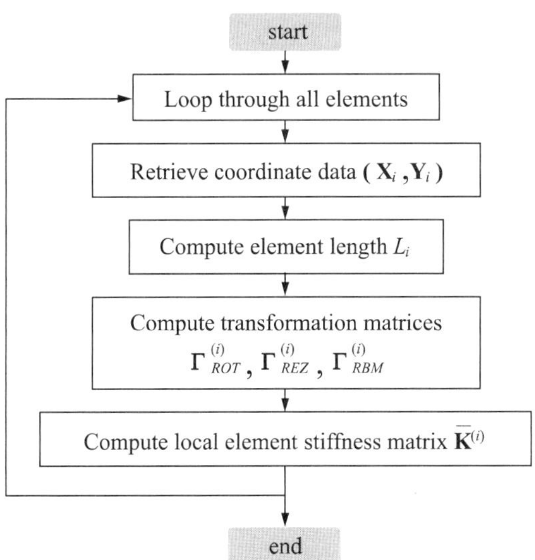

Figure 8-18 요소 강성행렬과 좌표변환 행렬을 계산을 위한 순서도

8.5.2 전체 강성도 행렬(구조 강성도 행렬)

전체 강성도 행렬을 조립하는 단계는 다음과 같다.

1. 강성도 행렬을 저장할 배열을 "0"으로 초기화 한다.
2. 모든 요소에 대하여 각각의 요소 강성도 행렬 k를 계산한다.
   ① 국부 요소 강성도 행렬을 $\bar{\mathbf{K}}^{(k)}$와 좌표변환 행렬 $\boldsymbol{\Gamma}^{(k)}$를 구성한다.
   ② 이를 전역좌표계의 요소 강성도 행렬로 변환한다. $\mathbf{K}^{(k)} = \boldsymbol{\Gamma}^{(k)^T}\bar{\mathbf{K}}^{(k)}\boldsymbol{\Gamma}^{(k)}$
   ③ **ELE**_*info* and **DOF**_*info*로부터 국부 사상벡터 LM_k를 생성한다.
   ④ 각 요소의 강성도 행렬이 전체 강성도 행렬에 차지하는 위치에 각각 더해 나간다.

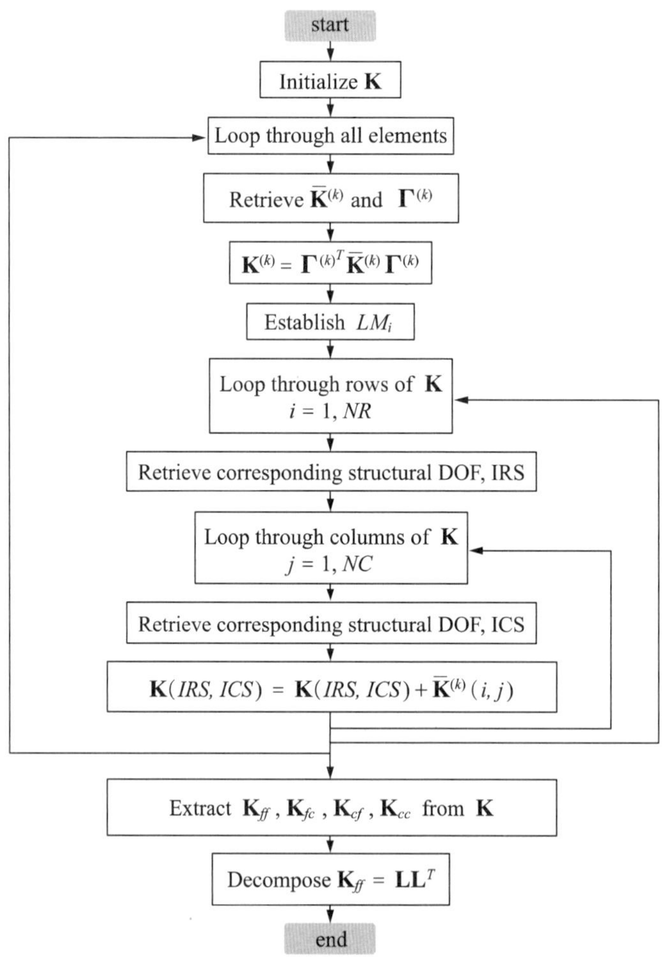

Figure 8-19 요소 강성도 행렬 조립 과정 순서도

⑤ $\mathbf{K}\left(LM_k(i),LM_k(j)\right)=\mathbf{K}\left(LM_k(i),LM_k(j)\right)+\bar{\mathbf{K}}^{(k)}(i,j)$

⑥ 전체 강성도 행렬 $\mathbf{K}$ 로부터 부분행렬 $\mathbf{K}_{ff}$, $\mathbf{K}_{fc}$, $\mathbf{K}_{cf}$, $\mathbf{K}_{cc}$ 를 추출한다.

⑦ 요소 강성도 행렬을 조립하는 순서도를 Figure 8-19에 나타내었다.

6 등가 하중벡터의 조립

각 하중 경우(Load case)에 대하여 다음을 수행한다.

1. 하중을 벡터를 저장할 배열을 "0"으로 초기화 한다.
2. 하중이 가해지는 절점 번호를 읽고, 각 하중절점에 대해서 "0"이 아닌 값을 하중벡터에 저장한다(**DOF**_*info*를 이용해서 적절한 위치를 결정한다).
3. 요소하중이 작용하는 모든 요소에 대하여 다음을 반복한다.
   ① 요소 번호와 하중값을 읽는다.
   ② 국부 및 전역좌표계에서 고정단 하중을 계산한다.
   ③ 국부 사상벡터 LM_k 를 사용하여, 고정단 하중을 절점 하중벡터에 더한다.
   ④ 나중을 위해서 고정단 하중을 저장해둔다(내력 계산에서 사용된다).
4. 등가 절점벡터 $\mathbf{F}^F$ 를 $\mathbf{F}^F_{free}$ 와 $\mathbf{F}^F_{constr}$ 로 나누어 저장한다.

하중벡터를 조립하는 과정을 Figure 8-20의 순서도에 나타내었다.

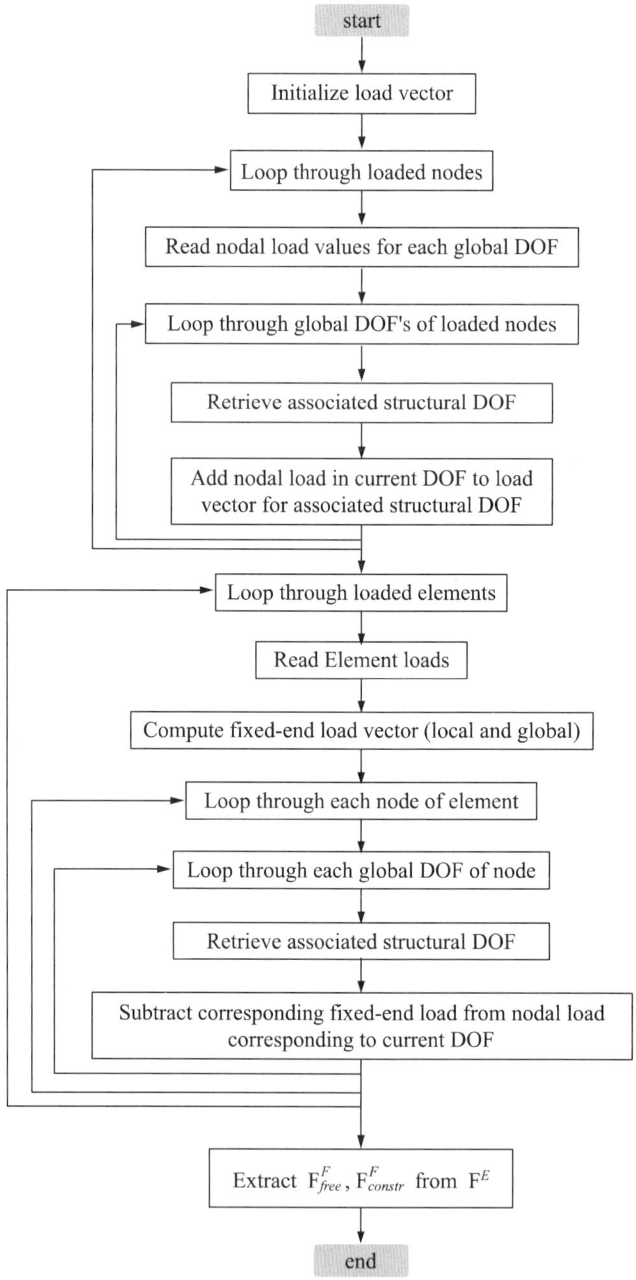

Figure 8-20 하중벡터 조립을 위한 순서도

7 절점변위 계산을 위한 선형대수법

일단 비구속 자유도와 연관된 강성도 행렬을 추출하고 비구속 자유도에 대응하는 하중벡터를 만든 후, 절점변위는 선형대수의 여러 방법들을 통해서 계산된다. Gauss 소거법, LU분해법, Cholesky분해법 등을 이용하여 절점변위를 계산한다. 이들에 대한 자세한 내용은 수치해석 교재를 참고하라. 본 교재에서는 Cholesky[1)]분해법에 대하여 간단히 정리하였다.

Cholesky분해법

선형대수학에서 Cholesky분해법은 대칭, 양정행렬(positive definite matrix)을 하삼각 행렬(lower matrix)와 하삼각 행렬의 전치행렬로 분해하는 방법이다. 이 방법은 André－Louis Cholesky에 의해서 처음 고안되었고 따라서 그의 이름을 따라 Cholesky분해법이라고 한다. 또한 하삼각 행렬을 Cholesky의 삼각행렬이라고 부르기도 한다. 일반적으로 Cholesky분해법은 선형대수 문제의 해를 구하는 일반적인 **LU**분해법(Crout, Dolittle 분해법)보다 대략 2배 이상의 빠른 속도를 가지는 것으로 알려져 있다.

만약 행렬 **A**가 실수이고 대칭이며(일반적으로 Hermitian행렬이라 한다) 양정행렬이라면, 행렬 **A**는 다음과 같이 분해할 수 있다.

$$\mathbf{A} = \mathbf{L}\mathbf{L}^{*}$$

여기서, **L**은 하삼각 행렬로사 대각 요소는 양의 값을 가져야 하며, **L***은 행렬 **L**의 전치행렬이다. 이를 Cholesky의 분해법이라 한다. Cholesky분해법으로 분해된 행렬은 유일하게 한 개 존재한다. 즉, 주어진 행렬이 Hermitiain행렬이고 양정행렬인 **A**는 $\mathbf{A} = \mathbf{L}\mathbf{L}^{*}$를 만족하는 대각요소가 양수인 하삼각 행렬 **L**이 유일하다.

선형 대수방정식에 적용

Cholesky분해법은 주로 선형 대수방정식의 해를 구할 때 많이 사용된다. $\mathbf{Ax} = \mathbf{b}$에서 먼저 행렬 **A**를 $\mathbf{A} = \mathbf{LL}^*$로 분해한 후 $\mathbf{Ly} = \mathbf{b}$로부터 전진치환법으로 **y**를 구하고, $\mathbf{L}^T\mathbf{x} = \mathbf{y}$를 후진

1) André－Louis Cholesky (1875년 10월 15일~1918년 8월 31일)는 프랑스 군인 장교이자 수학자로 프랑스의 Montguyon에서 태어났다. Cholesky의 부모는 19세기 초 폴란드에서 이민 온 집안이었다. 그는 Bordeaux에 있는 학교에 입학하였고 그 후 Ecole 공과대학에서 공부하였다. 측지학과 지도제작분야에서 일하면서, 세계 1차 대전 직전에 크레타 섬과 북부 아프리카를 측량하였다. 자신의 측량 일을 하기 위해서 개발한 행렬분해법(Cholesky분해법으로 알려지게 됨)으로 널리 알려졌다. 후에 프랑스 군대 장교로 복무하던 중 세계 1차 대전이 끝나기 몇 개월 전에 전사했다. 그리고 Cholesky가 개발했던 행렬분해법은 그가 사망한 후 후임 장교가 출판한 “Bulletin Geodesique”에 처음으로 소개되었다.

치환법으로 풀어 **x**를 구한다.

Cholesky 알고리즘

분해행렬의 하삼각 행렬 **L**을 구하는 Cholesky 알고리즘은 가우스 소거법을 수정한 것이다.

다음의 반복형태의 알고리즘에서 $i=1$에서 시작한다.

$$\mathbf{A}^{(1)} = \mathbf{A}$$

i 단계에서 행렬 $\mathbf{A}^{(i)}$는 다음과 같다.

$$\mathbf{A}^{(i)} = \begin{pmatrix} \mathbf{I_{i-1}} & 0 & 0 \\ 0 & a_{i,i} & b_i^* \\ 0 & b_i & \mathbf{B}^{(1)} \end{pmatrix}$$

여기서, $\mathbf{I}_{i-1}$는 $(i-1)$의 크기를 가지는 단위행렬이다. 만약에 행렬 $\mathbf{L}_i$를 다음과 같이 정의하면

$$\mathbf{L}_i = \begin{pmatrix} \mathbf{I_{i-1}} & 0 & 0 \\ 0 & \sqrt{a_{i,i}} & b_i^* \\ 0 & \frac{1}{\sqrt{a_{i,i}}} b_i & \mathbf{I}_{n-i} \end{pmatrix}$$

행렬 $\mathbf{A}^{(i)}$는 다음과 같이 표현된다.

$$\mathbf{A}^{(i)} = \mathbf{L}_i \mathbf{A}^{(i+1)} \mathbf{L}_i^*$$

여기서

$$\mathbf{A}^{(i)} = \begin{pmatrix} \mathbf{I_{i-1}} & 0 & 0 \\ 0 & 1 & 0 \\ 0 & 0 & \mathbf{B}^{(i)} - \frac{1}{a_{i,i}} b_i b_i^* \end{pmatrix}$$

이고, $b_i b_i^*$는 벡터의 내적이다.

위의 알고리즘을 $i=1$에서 n까지 반복한다. n번 반복하고 나면 $\mathbf{A}^{(n+1)} = \mathbf{I}$이 되고 하삼각 행렬은 다음과 같이 계산된다.

$$\mathbf{L} := \mathbf{L}_1 \mathbf{L}_2 \ldots \mathbf{L}_n$$

Cholesky–Banachiewicz와 Cholesky–Crout 알고리즘

행렬을 A를 $\mathbf{A} = \mathbf{LL}^*$와 같다고 하면 행렬 A는 다음과 같이 정리된다.

$$\mathbf{A} = \mathbf{LL}^T = \begin{pmatrix} L_{11} & 0 & 0 \\ L_{21} & L_{22} & 0 \\ L_{31} & L_{32} & L_{33} \end{pmatrix} \begin{pmatrix} L_{11} & L_{21} & L_{31} \\ 0 & L_{22} & L_{32} \\ 0 & 0 & L_{33} \end{pmatrix} = \begin{pmatrix} L_{11}^2 & & sym \\ L_{21}L_{11} & L_{21}^2 + L_{22}^2 & \\ L_{31}L_{11} & L_{31}L_{21} + L_{32}L_{22} & L_{31}^2 + L_{32}^2 + L_{33}^2 \end{pmatrix}$$

따라서, 하삼각 행렬 $\mathbf{L}$의 각 요소를 계산하는 식은 다음과 같이 유도된다.

$$L_{i,j} = \frac{1}{L_{j,j}}\left(A_{i,j} - \sum_{k=1}^{j-1} L_{i,k}L_{j,k} \right), \text{ for } i > j$$

Example 8-1

다음 행렬 $\mathbf{M} = [m_{i,j}]$을 Cholesky분해법을 사용하여 분해하라.

$$\mathbf{M} = \begin{bmatrix} 9 & 0.6 & -0.3 & 1.5 \\ 0.6 & 16.04 & 1.18 & -1.5 \\ -0.3 & 1.18 & 4.1 & -0.57 \\ 1.5 & -1.5 & -0.57 & 25.45 \end{bmatrix}$$

Solution

행렬이 실수, 대칭행렬이고 양정행렬이므로 Cholesky분해법을 적용할 수 있다.

1. 첫 번째 열부터 시작한다. $l_{1,1}$은 $m_{1,1}$ =9의 제곱근이고, 나머지 요소 $l_{1,1}$은 $m_{i,1}$을 $l_{1,1}$로 나누어서 구한다.

$$l_{1,1} = \sqrt{m_{1,1}} = 3, \quad l_{i,1} = \frac{m_{i,1}}{l_{1,1}}$$

$$\mathbf{L} = \begin{bmatrix} 3 & 0 & 0 & 0 \\ 0.2 & 0 & 0 & 0 \\ -0.1 & 0 & 0 & 0 \\ 0.5 & 0 & 0 & 0 \end{bmatrix}$$

2. 두 번째 열에 대하여 계산한다. $m_{2,2}$에 내적값(행렬 $\mathbf{L}$의 두 번째 행과 두 번째 행의 내적값)을 뺀 값에 제곱근을 취하여 $l_{2,2}$로 한다.

$$l_{2,2} = \sqrt{m_{2,2} - [0.2 \quad 4 \quad 0 \quad 0][0.2 \quad 4 \quad 0 \quad 0]^T} = 4$$

$$\mathbf{L} = \begin{bmatrix} 3 & 0 & 0 & 0 \\ 0.2 & 4 & 0 & 0 \\ -0.1 & 0 & 0 & 0 \\ 0.5 & 0 & 0 & 0 \end{bmatrix}$$

$l_{3,2}$는 $m_{3,2}$에 내적값(행렬 **L** 의 3행과 2행의 내적값)을 뺀 값을 $l_{2,2}$로 나누어 구한다. 마찬가지로 $l_{4,2}$는 $m_{4,2}$에 행렬 **L** 의 4행과 2행의 내적값의 차를 $l_{2,2}$로 나누어 구한다.

$$\begin{aligned} l_{3,2} &= \frac{1}{l_{2,2}}\left(m_{3,2} - [0.2 \quad 4 \quad 0 \quad 0][-0.1 \quad 0 \quad 0 \quad 0]^T\right) \\ &= \frac{1}{4}\left(1.18 - [0.2 \quad 4 \quad 0 \quad 0][-0.1 \quad 0 \quad 0 \quad 0]^T\right) \\ &= \frac{1}{4}(1.18 + 0.02) = \frac{1.2}{4} = 0.3 \end{aligned}$$

$$\begin{aligned} l_{4,2} &= \frac{1}{l_{2,2}}\left(m_{4,2} - [0.2 \quad 4 \quad 0 \quad 0][0.5 \quad 0 \quad 0 \quad 0]^T\right) \\ &= \frac{1}{4}\left(-1.5 - [0.2 \quad 4 \quad 0 \quad 0][0.5 \quad 0 \quad 0 \quad 0]^T\right) \\ &= \frac{1}{4}(-1.5 - 0.1) = -\frac{1.6}{4} = -0.4 \end{aligned}$$

$$\mathbf{L} = \begin{bmatrix} 3 & 0 & 0 & 0 \\ 0.2 & 4 & 0 & 0 \\ -0.1 & 0.3 & 0 & 0 \\ 0.5 & -0.4 & 0 & 0 \end{bmatrix}$$

3. 세 번째 열에 대하여 계산한다. $m_{3,3}$에 내적값(행렬 **L** 의 세 번째 행과 세 번째 행의 내적값)을 뺀 값에 제곱근을 취하여 $l_{3,3}$으로 한다.

$$\begin{aligned} l_{3,3} &= \sqrt{\left(m_{3,3} - [-0.1 \quad 0.3 \quad 0 \quad 0][-0.1 \quad 0.3 \quad 0 \quad 0]^T\right)} \\ &= \sqrt{4.1 - 0.1} = 2 \end{aligned}$$

$$\mathbf{L} = \begin{bmatrix} 3 & 0 & 0 & 0 \\ 0.2 & 4 & 0 & 0 \\ -0.1 & 0.3 & 2 & 0 \\ 0.5 & -0.4 & 0 & 0 \end{bmatrix}$$

$l_{4,3}$은 $m_{4,3}$에 내적값(행렬 **L** 의 4행과 3행의 내적값)을 뺀 값을 $l_{3,3}$으로 나누어 구한다.

$$l_{4,3} = \frac{1}{l_{3,3}}\left(m_{4,3} - [-0.1 \quad 0.3 \quad 2 \quad 0][0.5 \quad -0.4 \quad 0 \quad 0]^T\right)$$
$$= \frac{1}{2}(-0.57 + 0.17) = -0.2$$

$$\mathbf{L} = \begin{bmatrix} 3 & 0 & 0 & 0 \\ 0.2 & 4 & 0 & 0 \\ -0.1 & 0.3 & 2 & 0 \\ 0.5 & -0.4 & -0.2 & 0 \end{bmatrix}$$

4. 네 번째 열에 대해 계산한다. $m_{4,4}$에 내적값(행렬 **L**의 네 번째 행과 네 번째 행의 내적값)을 뺀 값에 제곱근을 취하여 $l_{4,4}$로 한다.

$$l_{4,4} = \sqrt{\left(m_{4,4} - [0.5 \quad -0.4 \quad -0.2 \quad 0][0.5 \quad -0.4 \quad -0.2 \quad 0]^T\right)}$$
$$= \sqrt{25.45 - 0.45} = 5$$

$$\mathbf{L} = \begin{bmatrix} 3 & 0 & 0 & 0 \\ 0.2 & 4 & 0 & 0 \\ -0.1 & 0.3 & 2 & 0 \\ 0.5 & -0.4 & -0.2 & 5 \end{bmatrix}$$

Proof

Matlab를 이용하면 $\mathbf{LL^T}=\mathbf{M}$가 됨을 알 수 있다.

```
≫ L = [3000;0.2400; − 0.10.320;0.5 − 0.5 − 0.25]
     3.00000      0.00000      0.00000      0.00000
     0.20000      4.00000      0.00000      0.00000
    − 0.1000      0.30000      2.00000      0.00000
≫ L * L′
ans =
       9.000       0.6000     − 0.3000       1.5000
      0.6000      16.0400       1.1800     − 1.5000
    − 0.3000       1.1800       4.1000     − 0.5700
      1.5000     − 1.5000     − 0.5700      25.4500
```

Example 8-2 : 선형대수 방정식

앞 예제에서 사용한 Cholesky분해법을 이용하여 다음의 선형방정식의 해 **x**를 구하라.

Solution

$$\mathbf{M\ x} = \mathbf{b}$$

$$\mathbf{M} = \begin{bmatrix} 9 & 0.6 & -0.3 & 1.5 \\ 0.6 & 16.04 & 1.18 & -1.5 \\ -0.3 & 1.18 & 4.1 & -0.57 \\ 1.5 & -1.5 & -0.57 & 25.45 \end{bmatrix}$$

$$\mathbf{b} = \begin{Bmatrix} 2.49 \\ 0.566 \\ 0.787 \\ -2.209 \end{Bmatrix}$$

$\mathbf{M\ x} = \mathbf{b}$를 다음과 같이 적어보자.

$$\mathbf{M\ x} = \mathbf{LL^T x} = \mathbf{b}$$

1. $\mathbf{L^T x} = \mathbf{y}$ 로 놓으면, 위 식은 $\mathbf{L^T y} = \mathbf{b}$ 이 되고, 이 방정식에서 전진대입법을 적용하여 $\mathbf{y}$ 를 구한다.

$$\mathbf{Ly} = \begin{bmatrix} 3 & 0 & 0 & 0 \\ 0.2 & 4 & 0 & 0 \\ -0.1 & 0.3 & 2 & 0 \\ 0.5 & -0.4 & -0.2 & 5 \end{bmatrix} \begin{Bmatrix} y_1 \\ y_2 \\ y_3 \\ y_4 \end{Bmatrix} = \begin{Bmatrix} 2.49 \\ 0.566 \\ 0.787 \\ -2.209 \end{Bmatrix}$$

전진대입법 :

$$3y_1 = 2.49, \qquad y_1 = 0.83$$

$$0.2y_1 + 4y_2 = 0.566, \qquad y_2 = 0.1$$

$$-0.1y_1 + 0.3y_2 + 2y_3 = 0.787, \qquad y_3 = 0.42$$

$$0.5y_1 - 0.4y_2 - 0.2y_3 + 5y_4 = -2.209, \qquad y_4 = -0.5$$

2. $\mathbf{L^T x} = \mathbf{y}$ 에 후진대입법을 적용하여 $\mathbf{x}$ 를 구한다.

$$\mathbf{L}^T\mathbf{x} = \begin{bmatrix} 3 & 0.2 & -0.1 & 0.5 \\ 0 & 4 & 0.3 & -0.4 \\ 0 & 0 & 2 & -0.2 \\ 0 & 0 & 0 & 5 \end{bmatrix} \begin{Bmatrix} x_1 \\ x_2 \\ x_3 \\ x_4 \end{Bmatrix} = \begin{Bmatrix} 0.83 \\ 0.1 \\ 0.42 \\ -0.5 \end{Bmatrix}$$

전진대입법 :

$$5x_4 = -0.5, \qquad x_4 = -0.1$$

$$2x_3 - 0.2x_4 = 0.42, \qquad x_3 = 0.2$$

$$4x_2 + 0.3x_3 - 0.4x_4 = 0.1, \qquad x_2 = 0$$

$$3x_1 + 0.2x_2 - 0.1x_3 + 0.5x_4 = 0.83, \qquad x_1 = 0.3$$

그러므로 이방정식의 해는 다음과 같다.

$$\mathbf{x} = \begin{Bmatrix} 0.3 \\ 0.2 \\ 0.0 \\ -0.1 \end{Bmatrix}$$

8 요소 단부변위, 요소단부력과 지점반력 계산

요소 단부변위, 요소단부력, 지점반력은 다음 절차에 따라서 계산한다.

1. 반력벡터를 “0”으로 초기화 한다.
2. 각 요소의 변환행렬, 고정단 하중벡터, 국부 강성도 행렬을 읽어온다.
3. 국부 사상벡터 LM_k를 이용하여 전역좌표계의 요소 단부변위 $\mathbf{U}^{(k)}$를 결정한다.
4. 좌표변환 행렬을 이용하여 국부좌표계의 요소 단부변위 $\overline{\mathbf{U}}^{(k)}$로 변환한다.
5. $\overline{\mathbf{U}}^{(k)} = \mathbf{\Gamma}^{(k)}\mathbf{U}^{(k)}$
6. 국부 요소단부력 $\overline{\mathbf{P}}^{(k)}$을 계산한다. $\overline{\mathbf{P}}^{(k)} = \overline{\mathbf{K}}^{(k)}\overline{\mathbf{U}}^{(k)} + \overline{\mathbf{P}}_F^{(k)}$
7. $\overline{\mathbf{P}}^{(k)}$를 전역좌표계의 요소단부력으로 변환하고($\mathbf{P}^{(k)} = \mathbf{\Gamma}^{(k)T}\overline{\mathbf{P}}^{(k)}$) 지점 반력에 해당하는 부분들을 정리한다.

요소단부변위, 요소단부력, 지점반력 계산 과정을 Figure 8-21에 나타내었다.

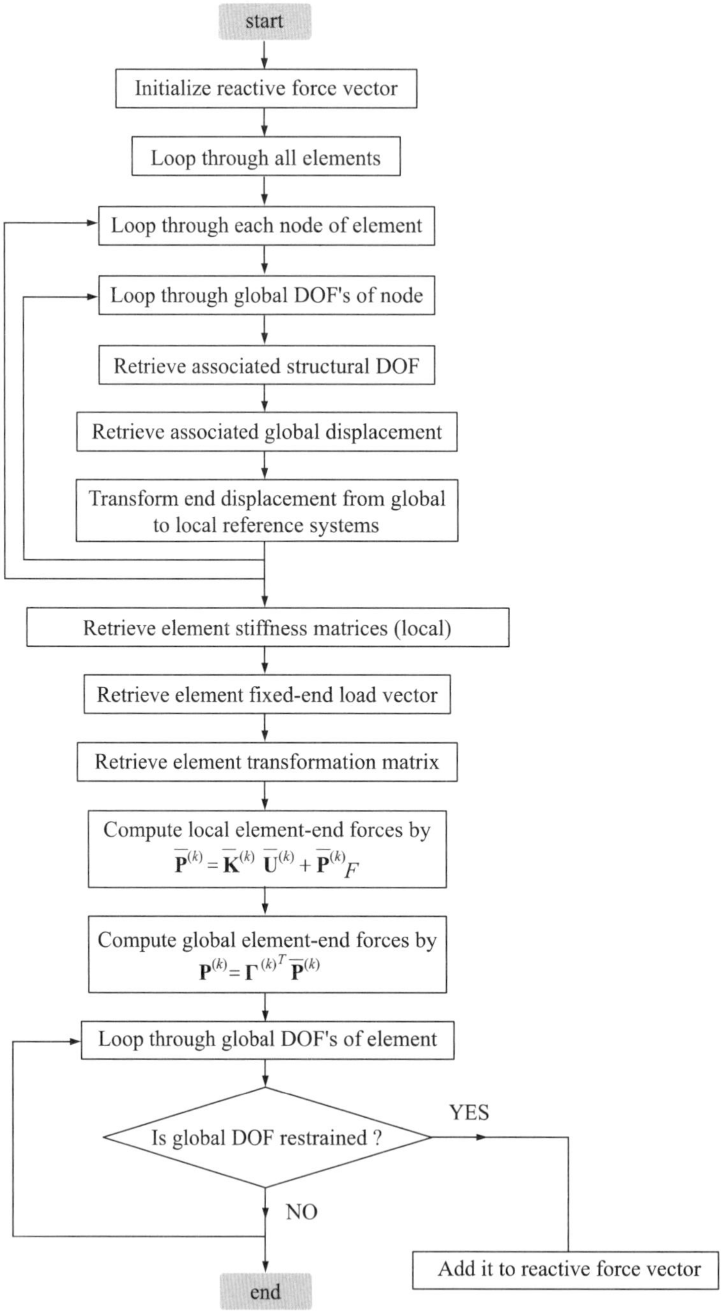

Figure 8-21 요소 단부변위, 요소단부력, 지점반력 계산을 위한 순서도

Example 8-3

다음 트러스 구조물을 8.2절에서 나열된 알고리즘을 따라서 각 단계별로 해석을 수행하라.
(a) 하중만 작용하는 경우, (b) 지점침하와 하중이 동시에 작용하는 경우

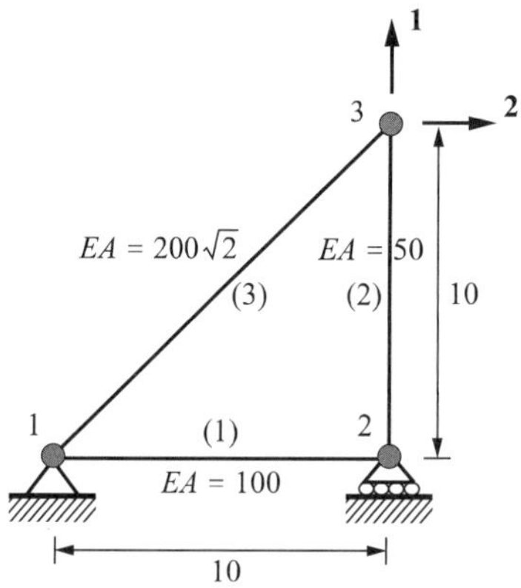

(a) 하중만 작용하는 경우

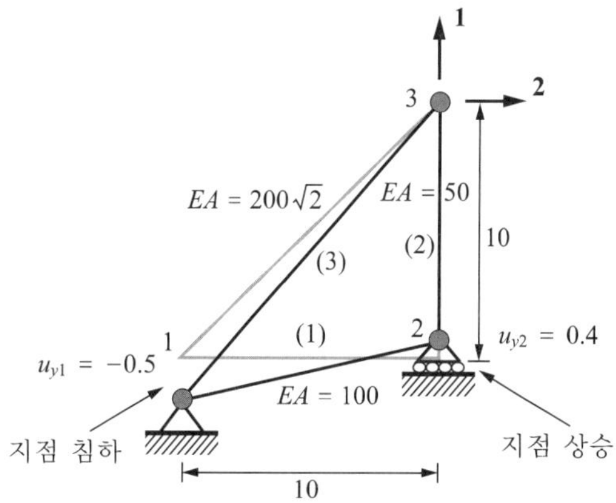

(b) 지점침하와 하중이 동시에 작용하는 경우

Solution

위의 트러스 구조물의 절점 정보 **NODE_*info*** 는 다음과 같다.

$$\textbf{NODE\_}\mathit{info} = \begin{bmatrix} 0 & 0 \\ 10 & 0 \\ 10 & 10 \end{bmatrix}$$

2차원 트러스 구조물의 절점당 2개의 자유도를 가지며 각각 전역좌표계에서 X, Y방향 변위이다. 따라서 **BOUND_*info***와 **DOF_*info***는 다음과 같다.

$$\textbf{BOUN\_}\mathit{info} = \begin{bmatrix} 1 & 1 \\ 0 & 1 \\ 0 & 0 \end{bmatrix} \Rightarrow \textbf{DOF\_}\mathit{info} = \begin{bmatrix} -4 & -5 \\ 3 & -6 \\ 1 & 2 \end{bmatrix}$$

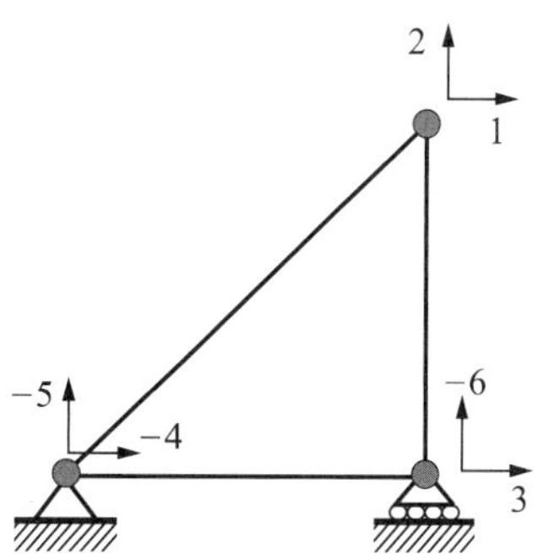

MATE_*info*는 다음과 같다. 예제에서 EA값이 주어져 있으므로 편의상 A를 1로 가정한다.

$$\mathbf{MATE\_}info = \begin{array}{c} \quad E \quad\quad A \quad I \\ \begin{bmatrix} 100 & 1 & 0 \\ 50 & 1 & 0 \\ 200\sqrt{2} & 1 & 0 \end{bmatrix} \end{array}$$

ELE_*info*는 다음과 같다.

$$\mathbf{ELE\_}info = \begin{bmatrix} 1 & 2 & \text{Truss} & 1 \\ 2 & 3 & \text{Truss} & 2 \\ 1 & 3 & \text{Truss} & 3 \end{bmatrix}$$

절점 2에서 하중이 작용하기 때문에 **NODAL_LOAD**_*info*는 다음과 같다.

$$\mathbf{NODAL\_LOAD\_}info = \begin{bmatrix} 0 & 0 \\ 0 & 2 \\ 2 & 1 \end{bmatrix}$$

절점하중 배열을 **DOF**_*info* 배열에서 참고하면, 비구속 자유도에 작용하는 하중벡터 $\mathbf{F}_{free}$는 다음과 같다.

$$\mathbf{F}_{free} = \begin{bmatrix} \underbrace{1}_{DOF\,1} & \underbrace{2}_{DOF\,2} & \underbrace{0}_{DOF\,3} \end{bmatrix}^T$$

강제변위는 **NODAL_DIS**_info에 저장된다. 위의 경우 (b)에서 강제변위가 지점침하 형태로 주어졌으므로 절점의 변위 정보 행렬 **NODAL_DIS**_info는 다음과 같다.

$$\mathbf{NODAL\_DIS\_}info = \begin{bmatrix} 0 & -0.5 \\ 0 & 0.4 \\ 0 & 0 \end{bmatrix}$$

DOF_*info* 배열을 참조하면 벡터 $\mathbf{U}_{constr}$는 다음과 같다.

$$\mathbf{U}_{constr} = \begin{bmatrix} \underbrace{0}_{DOF\,4} & \underbrace{-0.5}_{DOF\,5} & \underbrace{0.4}_{DOF\,6} \end{bmatrix}^T$$

$\mathbf{U}_{constr}$ 벡터의 길이는 3이고 이는 총 구속자유도 수이다.
요소자유도와 구조물 자유도의 관계를 나타내는 사상 배열은 다음과 같다.

$$LM_1 = \begin{bmatrix} 4 & 5 & 3 & 6 \end{bmatrix}^T$$
$$LM_2 = \begin{bmatrix} 3 & 6 & 1 & 2 \end{bmatrix}^T$$
$$LM_4 = \begin{bmatrix} 4 & 5 & 1 & 2 \end{bmatrix}^T$$

요소 1: 요소 강성행렬 및 좌표변환 행렬

$$\mathbf{K}^{(1)} = \begin{array}{c} \\ 4 \\ 5 \\ 3 \\ 6 \end{array} \begin{array}{c} \begin{array}{cccc} 4 & 5 & 3 & 6 \end{array} \\ \begin{bmatrix} 10 & 0 & -10 & 0 \\ 0 & 0 & 0 & 0 \\ -10 & 0 & 10 & 0 \\ 0 & 0 & 0 & 0 \end{bmatrix} \end{array}$$

$$\mathbf{\Gamma}^{(1)} = \begin{bmatrix} \cos 0^\circ & \sin 0^\circ & 0 & 0 \\ -\sin 0^\circ & \cos 0^\circ & 0 & 0 \\ 0 & 0 & \cos 0^\circ & \sin 0^\circ \\ 0 & 0 & -\sin 0^\circ & -\sin 0^\circ \end{bmatrix} = \begin{bmatrix} 1 & 0 & 0 & 0 \\ 0 & 1 & 0 & 0 \\ 0 & 0 & 1 & 0 \\ 0 & 0 & 0 & 1 \end{bmatrix}$$

요소 2: 요소 강성행렬 및 좌표변환 행렬

$$\mathbf{K}^{(2)} = \begin{array}{c} \\ 3 \\ 6 \\ 1 \\ 2 \end{array} \begin{array}{c} \begin{array}{cccc} 3 & 6 & 1 & 2 \end{array} \\ \begin{bmatrix} 0 & 0 & 0 & 0 \\ 0 & 5 & 0 & -5 \\ 0 & 0 & 0 & 0 \\ 0 & -5 & 0 & 5 \end{bmatrix} \end{array}$$

$$\mathbf{\Gamma}^{(2)} = \begin{bmatrix} \cos 90^\circ & \sin 90^\circ & 0 & 0 \\ -\sin 90^\circ & \cos 90^\circ & 0 & 0 \\ 0 & 0 & \cos 90^\circ & \sin 90^\circ \\ 0 & 0 & -\sin 90^\circ & -\sin 90^\circ \end{bmatrix} = \begin{bmatrix} 0 & 1 & 0 & 0 \\ -1 & 0 & 0 & 0 \\ 0 & 0 & 0 & 1 \\ 0 & 0 & -1 & 0 \end{bmatrix}$$

요소 3: 요소 강성행렬 및 좌표변환 행렬

$$\mathbf{K}^{(3)} = \begin{array}{c} \\ 4 \\ 5 \\ 1 \\ 2 \end{array} \begin{array}{c} \begin{array}{cccc} 4 & 5 & 1 & 2 \end{array} \\ \begin{bmatrix} 0.5 & 0.5 & -0.5 & -0.5 \\ 0.5 & 0.5 & -0.5 & -0.5 \\ -0.5 & -0.5 & 0.5 & 0.5 \\ -0.5 & -0.5 & 0.5 & 0.5 \end{bmatrix} \end{array}$$

$$\mathbf{\Gamma}^{(3)} = \begin{bmatrix} \cos 45^\circ & \sin 45^\circ & 0 & 0 \\ -\sin 45^\circ & \cos 45^\circ & 0 & 0 \\ 0 & 0 & \cos 45^\circ & \sin 45^\circ \\ 0 & 0 & -\sin 45^\circ & \cos 45^\circ \end{bmatrix} = \begin{bmatrix} \frac{\sqrt{2}}{2} & \frac{\sqrt{2}}{2} & 0 & 0 \\ -\frac{\sqrt{2}}{2} & \frac{\sqrt{2}}{2} & 0 & 0 \\ 0 & 0 & \frac{\sqrt{2}}{2} & \frac{\sqrt{2}}{2} \\ 0 & 0 & -\frac{\sqrt{2}}{2} & \frac{\sqrt{2}}{2} \end{bmatrix}$$

전체 강성도 조립

$$\mathbf{K}=\begin{array}{c}\\1\\2\\3\\4\\5\\6\end{array}\!\!\begin{array}{c}\begin{array}{cccccc}1&2&3&4&5&6\end{array}\\\left[\begin{array}{cccccc}0+10&0+10&0&-10&-10&0\\0+10&5+10&0&-10&-10&-5\\0&0&10+0&-10&0&0+0\\-10&-10&-10+10&10+10&0+10&0\\-10&10&0+10&0+10&0+10&0\\0&-5&0&0&0&0+5\end{array}\right]\end{array}$$

강성도행렬 소행렬

$$\mathbf{K}_{ff}=\begin{bmatrix}10&10&0\\10&15&0\\0&0&10\end{bmatrix},\ \mathbf{K}_{fc}=\begin{bmatrix}-10&-10&0\\-10&-10&-5\\-10&0&10\end{bmatrix},\ \mathbf{K}_{cf}=\begin{bmatrix}-10&-10&-10\\-10&-10&0\\0&-5&10\end{bmatrix},\ \mathbf{K}_{cc}=\begin{bmatrix}20&10&0\\10&10&0\\0&0&5\end{bmatrix}$$

(a)의 경우

미지의 변위 계산

$$\mathbf{U}_{free}=\mathbf{K}_{ff}^{-1}\mathbf{F}_{free}=\begin{bmatrix}0.3&-0.2&0\\-0.2&0.2&0\\0&0&0.1\end{bmatrix}\begin{Bmatrix}2\\1\\0\end{Bmatrix}=\begin{Bmatrix}0.4\\-0.2\\0\end{Bmatrix}\begin{array}{l}\scriptstyle DOF1\\\scriptstyle DOF2\\\scriptstyle DOF3\end{array}$$

미지의 절점력 계산

$$\begin{aligned}\mathbf{F}_{constr}&=\mathbf{K}_{cf}\mathbf{U}_{free}+\mathbf{K}_{cc}\mathbf{U}_{constr}+\mathbf{R}_{constr}\\&=\begin{bmatrix}-10&-10&-10\\-10&-10&0\\0&-5&10\end{bmatrix}\begin{Bmatrix}0.4\\-0.2\\0\end{Bmatrix}=\begin{Bmatrix}-2\\-2\\1\end{Bmatrix}\begin{array}{l}\scriptstyle DOF4\\\scriptstyle DOF5\\\scriptstyle DOF6\end{array}\end{aligned}$$

부재력 계산

$$\mathbf{U}=\begin{bmatrix}0.4&-0.2&0&0&0&0\end{bmatrix}^T$$

요소 1: $LM_1=\lfloor 4\quad 5\quad 3\quad 6\rfloor^T$

$$\mathbf{U}^{(1)}=\begin{Bmatrix}\underbrace{0}_{DOF\ 4}\\\underbrace{0}_{DOF\ 5}\\\underbrace{0}_{DOF\ 3}\\\underbrace{0}_{DOF\ 6}\end{Bmatrix}\Rightarrow\bar{\mathbf{U}}^{(1)}=\mathbf{\Gamma}^{(1)}\mathbf{U}^{(1)}=\begin{bmatrix}1&0&0&0\\0&1&0&0\\0&0&1&0\\0&0&0&1\end{bmatrix}\begin{Bmatrix}0\\0\\0\\0\end{Bmatrix}=\begin{Bmatrix}0\\0\\0\\0\end{Bmatrix}$$

$$\bar{\mathbf{P}}^{(1)} = \bar{\mathbf{K}}^{(1)}\bar{\mathbf{U}}^{(1)} = \begin{bmatrix} 10 & 0 & -10 & 0 \\ 0 & 0 & 0 & 0 \\ -10 & 0 & 10 & 0 \\ 0 & 0 & 0 & 0 \end{bmatrix} \begin{Bmatrix} 0 \\ 0 \\ 0 \\ 0 \end{Bmatrix} = \begin{Bmatrix} 0 \\ 0 \\ 0 \\ 0 \end{Bmatrix}$$

요소 2 : $LM_2 = \begin{bmatrix} 3 & 6 & 1 & 2 \end{bmatrix}^T$

$$\mathbf{U}^{(2)} = \begin{Bmatrix} \underbrace{0}_{DOF\ 3} \\ \underbrace{0}_{DOF\ 6} \\ \underbrace{0.4}_{DOF\ 1} \\ \underbrace{-0.2}_{DOF\ 2} \end{Bmatrix} \Rightarrow \bar{\mathbf{U}}^{(2)} = \mathbf{\Gamma}^{(2)}\mathbf{U}^{(2)} = \begin{bmatrix} 0 & 1 & 0 & 0 \\ -1 & 0 & 0 & 0 \\ 0 & 0 & 0 & 1 \\ 0 & 0 & -1 & 0 \end{bmatrix} \begin{Bmatrix} 0 \\ 0 \\ 0.4 \\ -0.2 \end{Bmatrix} = \begin{Bmatrix} 0 \\ 0 \\ -0.2 \\ -0.4 \end{Bmatrix}$$

$$\bar{\mathbf{P}}^{(2)} = \bar{\mathbf{K}}^{(2)}\bar{\mathbf{U}}^{(2)} = \begin{bmatrix} 5 & 0 & -5 & 0 \\ 0 & 0 & 0 & 0 \\ -5 & 0 & 5 & 0 \\ 0 & 0 & 0 & 0 \end{bmatrix} \begin{Bmatrix} 0 \\ 0 \\ -0.2 \\ -0.4 \end{Bmatrix} = \begin{Bmatrix} 1 \\ 0 \\ -1 \\ 0 \end{Bmatrix}$$

요소 3 : $LM_4 = \begin{bmatrix} 4 & 5 & 1 & 2 \end{bmatrix}^T$

$$\mathbf{U}^{(2)} = \begin{Bmatrix} \underbrace{0}_{DOF\ 4} \\ \underbrace{0}_{DOF\ 5} \\ \underbrace{0.4}_{DOF\ 1} \\ \underbrace{-0.2}_{DOF\ 2} \end{Bmatrix} \Rightarrow \bar{\mathbf{U}}^{(2)} = \mathbf{\Gamma}^{(2)}\mathbf{U}^{(2)} = \begin{bmatrix} \frac{\sqrt{2}}{2} & \frac{\sqrt{2}}{2} & 0 & 0 \\ -\frac{\sqrt{2}}{2} & \frac{\sqrt{2}}{2} & 0 & 0 \\ 0 & 0 & \frac{\sqrt{2}}{2} & \frac{\sqrt{2}}{2} \\ 0 & 0 & -\frac{\sqrt{2}}{2} & \frac{\sqrt{2}}{2} \end{bmatrix} \begin{Bmatrix} 0 \\ 0 \\ 0.4 \\ -0.2 \end{Bmatrix} = \begin{Bmatrix} 0 \\ 0 \\ \frac{\sqrt{2}}{10} \\ -\frac{3\sqrt{2}}{10} \end{Bmatrix}$$

$$\bar{\mathbf{P}}^{(2)} = \bar{\mathbf{K}}^{(2)}\bar{\mathbf{U}}^{(2)} = \begin{bmatrix} 20 & 0 & -20 & 0 \\ 0 & 0 & 0 & 0 \\ -20 & 0 & 20 & 0 \\ 0 & 0 & 0 & 0 \end{bmatrix} \begin{Bmatrix} 0 \\ 0 \\ \frac{\sqrt{2}}{10} \\ -\frac{3\sqrt{2}}{10} \end{Bmatrix} = \begin{Bmatrix} -2\sqrt{2} \\ 0 \\ 2\sqrt{2} \\ 0 \end{Bmatrix}$$

(b)의 경우

$$\mathbf{U}_{free} = \mathbf{K}_{ff}^{-1}\left(\mathbf{F}_{free} - \mathbf{K}_{fc}\mathbf{U}_{const}\right)$$

$$= \begin{bmatrix} 0.3 & -0.2 & 0 \\ -0.2 & 0.2 & 0 \\ 0 & 0 & 0.1 \end{bmatrix}\left(\begin{Bmatrix} 2 \\ 1 \\ 0 \end{Bmatrix} - \begin{bmatrix} -10 & -10 & 0 \\ -10 & -10 & -5 \\ -10 & 0 & 10 \end{bmatrix}\begin{Bmatrix} 0 \\ -0.5 \\ 0.4 \end{Bmatrix}\right) = \begin{Bmatrix} -0.5 \\ 0.2 \\ 0 \end{Bmatrix}\begin{matrix} \text{DOF1} \\ \text{DOF2} \\ \text{DOF3} \end{matrix}$$

미지의 절점력 계산

$$\mathbf{F}_{constr} = \mathbf{K}_{cf}\mathbf{U}_{free} + \mathbf{K}_{cc}\mathbf{U}_{constr} + \mathbf{R}_{constr}$$

$$= \begin{bmatrix} -10 & -10 & -10 \\ -10 & -10 & 0 \\ 0 & -5 & 10 \end{bmatrix}\begin{Bmatrix} -0.5 \\ 0.2 \\ 0 \end{Bmatrix} + \begin{bmatrix} 20 & 10 & 0 \\ 10 & 10 & 0 \\ 0 & 0 & 5 \end{bmatrix}\begin{Bmatrix} 0 \\ -0.5 \\ 0.4 \end{Bmatrix} = \begin{Bmatrix} -2 \\ -2 \\ 1 \end{Bmatrix}\begin{matrix} \text{DOF4} \\ \text{DOF5} \\ \text{DOF6} \end{matrix}$$

부재력 계산

$$\mathbf{U} = \begin{bmatrix} -0.5 & 0.2 & 0 & 0 & 0 & 0 \end{bmatrix}^T$$

요소 1: $LM_1 = \begin{bmatrix} 4 & 5 & 3 & 6 \end{bmatrix}^T$

$$\mathbf{U}^{(1)} = \begin{Bmatrix} \underbrace{0}_{DOF\,4} \\ \underbrace{0}_{DOF\,5} \\ \underbrace{0}_{DOF\,3} \\ \underbrace{0}_{DOF\,6} \end{Bmatrix} \Rightarrow \overline{\mathbf{U}}^{(1)} = \mathbf{\Gamma}^{(1)}\mathbf{U}^{(1)} = \begin{bmatrix} 1 & 0 & 0 & 0 \\ 0 & 1 & 0 & 0 \\ 0 & 0 & 1 & 0 \\ 0 & 0 & 0 & 1 \end{bmatrix}\begin{Bmatrix} 0 \\ 0 \\ 0 \\ 0 \end{Bmatrix} = \begin{Bmatrix} 0 \\ 0 \\ 0 \\ 0 \end{Bmatrix}$$

$$\overline{\mathbf{P}}^{(1)} = \overline{\mathbf{K}}^{(1)}\overline{\mathbf{U}}^{(1)} = \begin{bmatrix} 10 & 0 & -10 & 0 \\ 0 & 0 & 0 & 0 \\ -10 & 0 & 10 & 0 \\ 0 & 0 & 0 & 0 \end{bmatrix}\begin{Bmatrix} 0 \\ 0 \\ 0 \\ 0 \end{Bmatrix} = \begin{Bmatrix} 0 \\ 0 \\ 0 \\ 0 \end{Bmatrix}$$

요소 2: $LM_2 = \begin{bmatrix} 3 & 6 & 1 & 2 \end{bmatrix}^T$

$$\mathbf{U}^{(2)} = \begin{Bmatrix} \underbrace{0}_{DOF\,3} \\ \underbrace{0}_{DOF\,6} \\ \underbrace{-0.5}_{DOF\,1} \\ \underbrace{0.2}_{DOF\,2} \end{Bmatrix} \Rightarrow \overline{\mathbf{U}}^{(2)} = \mathbf{\Gamma}^{(2)}\mathbf{U}^{(2)} = \begin{bmatrix} 0 & 1 & 0 & 0 \\ -1 & 0 & 0 & 0 \\ 0 & 0 & 0 & 1 \\ 0 & 0 & -1 & 0 \end{bmatrix}\begin{Bmatrix} 0 \\ 0 \\ -0.5 \\ 0.2 \end{Bmatrix} = \begin{Bmatrix} 0 \\ 0 \\ 0.2 \\ 0.5 \end{Bmatrix}$$

$$\bar{\mathbf{P}}^{(2)}=\bar{\mathbf{K}}^{(2)}\bar{\mathbf{U}}^{(2)}=\begin{bmatrix}5&0&-5&0\\0&0&0&0\\-5&0&5&0\\0&0&0&0\end{bmatrix}\begin{Bmatrix}0\\0\\0.2\\0.5\end{Bmatrix}=\begin{Bmatrix}-1\\0\\1\\0\end{Bmatrix}$$

요소 3: $LM_4=\begin{bmatrix}4&5&1&2\end{bmatrix}^T$

$$\mathbf{U}^{(2)}=\begin{Bmatrix}\underbrace{0}_{DOF\,4}\\\underbrace{0}_{DOF\,5}\\\underbrace{-0.5}_{DOF\,1}\\\underbrace{0.4}_{DOF\,2}\end{Bmatrix}\Rightarrow\bar{\mathbf{U}}^{(2)}=\mathbf{\Gamma}^{(2)}\mathbf{U}^{(2)}=\begin{bmatrix}\frac{\sqrt{2}}{2}&\frac{\sqrt{2}}{2}&0&0\\-\frac{\sqrt{2}}{2}&\frac{\sqrt{2}}{2}&0&0\\0&0&\frac{\sqrt{2}}{2}&\frac{\sqrt{2}}{2}\\0&0&-\frac{\sqrt{2}}{2}&\frac{\sqrt{2}}{2}\end{bmatrix}\begin{Bmatrix}0\\0\\-0.5\\0.2\end{Bmatrix}=\begin{Bmatrix}0\\0\\-\frac{3\sqrt{2}}{20}\\-\frac{7\sqrt{2}}{20}\end{Bmatrix}$$

$$\bar{\mathbf{P}}^{(2)}=\bar{\mathbf{K}}^{(2)}\bar{\mathbf{U}}^{(2)}=\begin{bmatrix}20&0&-20&0\\0&0&0&0\\-20&0&20&0\\0&0&0&0\end{bmatrix}\begin{Bmatrix}0\\0\\-\frac{3\sqrt{2}}{20}\\-\frac{7\sqrt{2}}{20}\end{Bmatrix}=\begin{Bmatrix}-3\sqrt{2}\\0\\3\sqrt{2}\\0\end{Bmatrix}$$

Example 8-4

Example 7-6의 골조 구조물을 해석할 수 있는 프로그램을 MATLAB을 이용하여 작성하라.

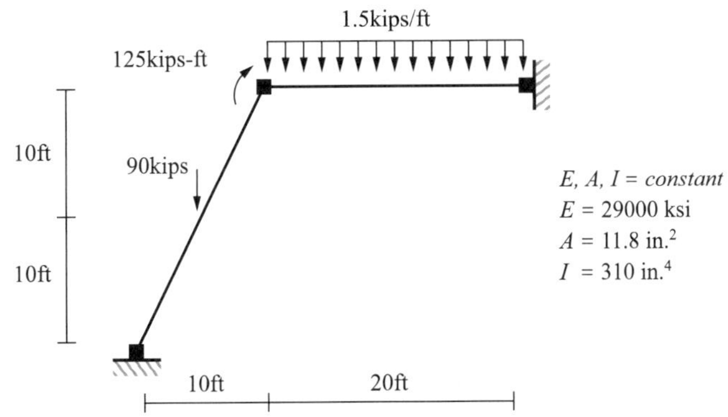

Solution

다음은 국부 강성도 행렬과 전체 강성도 행렬, 그리고 좌표변환 행렬 계산을 위한 MATLAB 함수이다.

```
function [k,K,Gamma] = stiff(Es,Is,As,i,j)
% Determine element length

L=sqrt((j(2)-i(2))^2 + (j(1)-i(1))^2);

% Compute the angle theta

if (j(1)-i(1))~= 0

    alpha = atan((j(2)-i(2))/(j(1)-i(1)));

else

    alpha = -pi/2;

end

% form rotation matrix: Gamma

Gamma = [cos(alpha) sin(alpha) 0 0 0 0;
        -sin(alpha) cos(alpha) 0 0 0 0;
        0 0 1 0 0 0;
        0 0 0 cos(alpha) sin(alpha) 0;
        0 0 0 -sin(alpha) cos(alpha) 0;
        0 0 0 0 0 1];

% Form local element stiffness matrix

EI = Es*Is; EA = Es*As;
k = [EA/L, 0, 0, -EA/L, 0, 0;
     0, 12*EI/(L^3), 6*EI/(L^2), 0, -
12*EI/(L^3), 6*EI/(L^2);
     0, 6*EI/(L^2), 4*EI/L, 0, -
6*EI/(L^2), 2*EI/L;
     -EA/L, 0, 0, EA/L, 0, 0;
     0, -12*EI/(L^3), -6*EI/(L^2), 0,
12*EI/(L^3), -6*EI/(L^2);
     0, 6*EI/(L^2), 2*EI/L, 0, -
6*EI/(L^2), 4*EI/L];

 % Determine global element stiffness
matrix

 K = Gamma'*k*Gamma
```

MATLAB 프로그램은 다음과 같다.

```
%-----------------------------------------%
% Small Code for Analyzing Frame Structures %
%-----------------------------------------%
%              Suchart Limkatanyu          %
%-----------------------------------------%
%              October 2007                %
%-----------------------------------------%

% Initialze matrices

k = zeros(6,6,2);
K = zeros(6,6,2);
Gamma = zeros(6,6,2);

% Structural Properties units: in^2, in^4, and
ksi

As = 11.8; Is = 310; Es = 29000;

%-----------%
%  Element 1 %
%-----------%

i = [0.0,0.0]; j = [120.0,240.0];

[k(:,:,1),K(:,:,1),Gamma(:,:,1)]=stiff(Es,Is,As,
i,j);

%-----------%
%  Element 2 %
%-----------%

i = [120.0,240.0]; j = [360.0,240.0];
[k(:,:,2),K(:,:,2),Gamma(:,:,2)]=stiff(Es,Is,As,
i,j);

% Define DOF_info array

DOF_info = [
            -4 1 -7;
            -5 2 -8;
            -6 3 -9];

% Determine the LM Matrix

LM = [
    -4 -5 -6 1 2 3;
    1 2 3 -7 -8 -9];

% Assemble Complete Stiffness Matrix
% Element Code Technique

% Initialze matrix
Kcom = zeros(9);
for elem = 1:2
    for r = 1:6
        lr = abs(LM(elem,r));
            for c = 1:6;
                lc = abs(LM(elem,c));
                Kcom(lr,lc)= Kcom(lr,lc) +
K(r,c,elem);
            end
    end
end

% Extract the structural stiffness matrix at
free DOF
Kff = Kcom(1:3,1:3);

% Determine the fixed-end forces in local
reference system

% Element 1 %
% Due to mechanical load and support settlement
Local_FEA(1:6,1) = [-1100.41, 17.628, 1014.97,
1180.91, 22.622, -1685.03]';

% Element 2 %
% Due to mechanical load
Local_FEA(1:6,2) = [0.0, 15.0, 600.0, 0.0, 15.0,
-600.0]';

% Transform the fixed-end forces from local to
global reference system

% Element 1 %
Global_FEA(1:6,1)=
Gamma(:,:,1)'*Local_FEA(1:6,1);


% Element 2 %
Global_FEA(1:6,2)=
Gamma(:,:,2)'*Local_FEA(1:6,2);

% FEA_Rest for all restrained nodes

FEA_Rest =
[Global_FEA(1:3,1)',Global_FEA(4:6,2)'];

% Assemble the load vector for the free DOF

F_ff(1) = -507.885; F_ff(2) = -1081.36; F_ff(3)
= -414.96;

% Solve for the displacements in in. and radians

Displacements = inv(Kff)*F_ff'

% Extract Kcf

Kcf = Kcom(4:9,1:3);

% Compute the reactions

Reactions = Kcf*Displacements + FEA_Rest'

% Retrieve the internal forces

Global_Displacements(:,:,1)
=[0,0,0,Displacements(1:3)'];

Global_Displacements(:,:,2)
=[Displacements(1:3)',0,0,0];

for elem =1:2
    Local_Displacements =
Gamma(:,:,elem)*Global_Displacements(:,:,elem)';
    Local_Forces =
k(:,:,elem)*Local_Displacements +
Local_FEA(1:6,elem)
end
```

위의 두 프로그램을 MATLAB에서 실행하면 다음과 같은 결과가 구해진다.

```
Displacements =

    0.0178
   -1.0599
    0.0007

Reactions =

  1.0e+003 *

    0.0253
    0.0974
    1.4317
   -0.0253
    0.0226
   -1.5370
```

```
Local_Forces =

  1.0e+003 *

    0.0985
    0.0209
    1.4317      Element 1
   -0.0180
    0.0193
   -1.2186

Local_Forces =

  1.0e+003 *

    0.0253
    0.0074
   -0.2814      Element 2
   -0.0253
    0.0226
   -1.5370
```

위의 결과는 Example 7-6에서 구해진 것과 동일하다.

Example 8-5

아래의 다층 골조시스템의 각 층과 기둥은 무한대의 축 강성을 가지고 있다. 따라서 각 층은 한 개의 자유도만 가진다. 기둥은 25" × 25"의 철근콘크리트 단면으로 구성되었다(탄성계수 $E = 4000\text{ksi}$이다). (a) $F_1 = 20\text{kips}$, $F_4 = 20\text{kips}$, $F_7 = 20\text{kips}$, $F_{11} = 20\text{kips}$의 하중이 작용할 때 골조의 변위를 계산하라. (b) 그 때 기둥의 부재력을 구하고, (c) 이 구조물을 해석하는 프로그램을 개발하라.

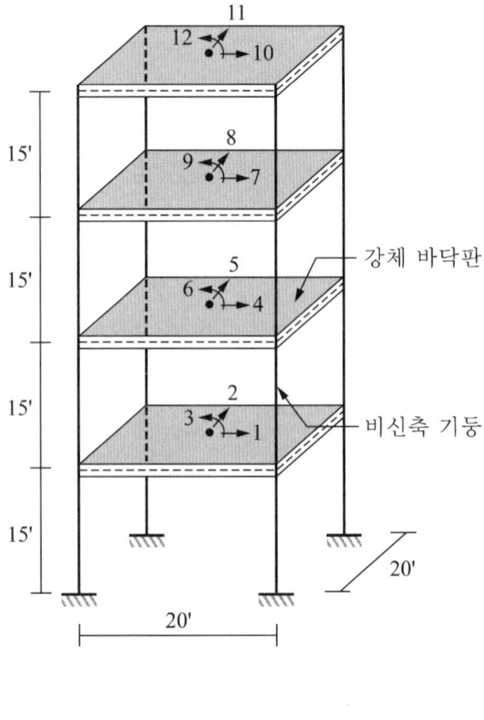

Solution

강성 층슬래브에 의한 구속으로 인하여 각 기둥의 단부조건은 고정단으로 가정한다.

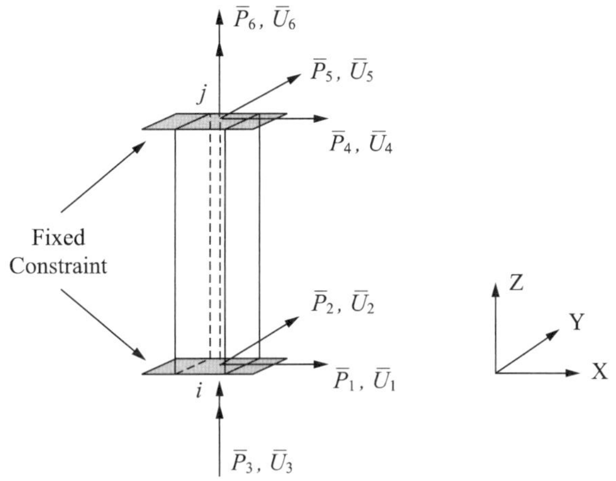

각 기둥의 강성도 방정식은 다음과 같다.

$$\begin{Bmatrix} \bar{P}_1 \\ \bar{P}_2 \\ \bar{P}_3 \\ \bar{P}_4 \\ \bar{P}_5 \\ \bar{P}_6 \end{Bmatrix} = \begin{bmatrix} 12\dfrac{IE_X}{L^3} & 0 & 0 & -12\dfrac{IE_X}{L^3} & 0 & 0 \\ 0 & 12\dfrac{IE_Y}{L^3} & 0 & 0 & -12\dfrac{IE_Y}{L^3} & 0 \\ 0 & 0 & \dfrac{GJ_Z}{L} & 0 & 0 & -\dfrac{GJ_Z}{L} \\ -12\dfrac{IE_X}{L^3} & 0 & 0 & 12\dfrac{IE_X}{L^3} & 0 & 0 \\ 0 & -12\dfrac{IE_Y}{L^3} & 0 & 0 & 12\dfrac{IE_Y}{L^3} & 0 \\ 0 & 0 & -\dfrac{GJ_Z}{L} & 0 & 0 & \dfrac{GJ_Z}{L} \end{bmatrix} \begin{Bmatrix} \bar{U}_1 \\ \bar{U}_2 \\ \bar{U}_3 \\ \bar{U}_4 \\ \bar{U}_5 \\ \bar{U}_6 \end{Bmatrix}$$

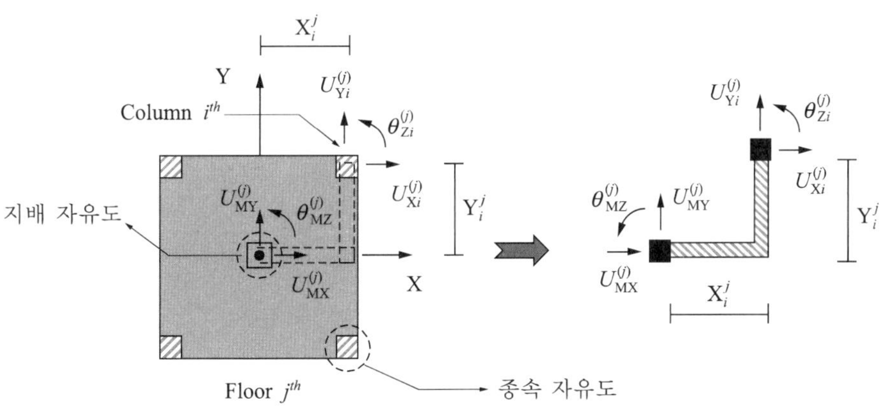

$$\text{또는} \quad \bar{\mathbf{P}}^{(k)} = \bar{\mathbf{K}}^{(k)} \bar{\mathbf{U}}^{(k)}$$

"j"층에서 종속 자유도와 주 자유도 사이의 기하학적 관계는 다음과 같다.

$$\text{지배 자유도} \begin{Bmatrix} U_{Xi}^{(j)} \\ U_{Yi}^{(j)} \\ \theta_{Zi}^{(j)} \end{Bmatrix} = \begin{bmatrix} 1 & 0 & -Y_i^j \\ 0 & 1 & X_i^j \\ 0 & 0 & 1 \end{bmatrix} \begin{Bmatrix} U_{MX}^{(j)} \\ U_{MY}^{(j)} \\ \theta_{MZ}^{(j)} \end{Bmatrix} \quad \text{또는} \quad \mathbf{U}_{i^{th}S}^{(j)} = \mathbf{\Gamma}_{i^{th}REZ}^{(j)} \mathbf{U}_M^{(j)}$$

마찬가지로 "$j+1$"층에서 종속 자유도와 주 자유도 사이의 기하학적 관계는 다음과 같다.

$$\begin{Bmatrix} U_{Xi}^{(j+1)} \\ U_{Yi}^{(j+1)} \\ \theta_{Zi}^{(j+1)} \end{Bmatrix} = \begin{bmatrix} 1 & 0 & -Y_i^{j+1} \\ 0 & 1 & X_i^{j+1} \\ 0 & 0 & 1 \end{bmatrix} \begin{Bmatrix} U_{MX}^{(j+1)} \\ U_{MY}^{(j+1)} \\ \theta_{MZ}^{(j+1)} \end{Bmatrix} \quad \text{또는} \quad \mathbf{U}_{i^{th}S}^{(j+1)} = \mathbf{\Gamma}_{i^{th}REZ}^{(j+1)} \mathbf{U}_M^{(j+1)}$$

그러므로 "i"째 기둥의 Rigid－End_Zone 변환은 다음과 같다.

$$\begin{Bmatrix} \bar{U}_1 \\ \bar{U}_2 \\ \bar{U}_3 \\ \bar{U}_4 \\ \bar{U}_5 \\ \bar{U}_6 \end{Bmatrix} = \begin{Bmatrix} U_{Xi}^{(j)} \\ U_{Yi}^{(j)} \\ \theta_{Zi}^{(j)} \\ U_{Xi}^{(j+1)} \\ U_{Yi}^{(j+1)} \\ \theta_{Zi}^{(j+1)} \end{Bmatrix} = \begin{bmatrix} 1 & 0 & -Y_i^j & 0 & 0 & 0 \\ 0 & 1 & X_i^j & 0 & 0 & 0 \\ 0 & 0 & 1 & 0 & 0 & 0 \\ 0 & 0 & 0 & 1 & 0 & -Y_i^{j+1} \\ 0 & 0 & 0 & 0 & 1 & X_i^{j+1} \\ 0 & 0 & 0 & 0 & 0 & 1 \end{bmatrix} \begin{Bmatrix} U_{MX}^{(j)} \\ U_{MY}^{(j)} \\ \theta_{MZ}^{(j)} \\ U_{MX}^{(j+1)} \\ U_{MY}^{(j+1)} \\ \theta_{MZ}^{(j+1)} \end{Bmatrix} \quad \text{또는} \quad \mathbf{U}_{Slave} = \mathbf{\Gamma}_{REZ}^{(i)} \mathbf{U}_{Master}$$

강성 층스래브의 구속효과를 고려한 기둥의 강성도 행렬은 아래와 같이 표현된다.

$$\mathbf{K}_{REZ}^{(i)} = \mathbf{\Gamma}_{REZ}^{(i)\,T} \bar{\mathbf{K}}^{(i)} \mathbf{\Gamma}_{REZ}^{(i)}$$

$$\mathrm{K}_{REZ}^{(I)} = \begin{bmatrix} \frac{12IE_X}{L^3} & 0 & -\frac{12IE_X Y_i^j}{L^3} & -\frac{12IE_X}{L^3} & 0 & \frac{12IE_X Y_i^j}{L^3} \\ 0 & 12\frac{IE_Y}{L^3} & \frac{12IE_Y X_i^j}{L^3} & 0 & -12\frac{IE_Y}{L^3} & -12\frac{IE_Y X_i^{j+1}}{L^3} \\ -\frac{12IE_X Y_i^j}{L^3} & 12\frac{IE_Y X_i^j}{L^3} & \frac{GJ_Z}{L}+\frac{12IE_X (X_i^j)^2}{L^3}+12\frac{IE_Y (Y_i^j)^2}{L^3} & -\frac{12IE_X Y_i^j}{L^3} & -12\frac{IE_Y X_i^j}{L^3} & \frac{GJ_Z}{L}-12\frac{IE_Y X_i^j X_i^{j+1}}{L^3}-12\frac{IE_X Y_i^j Y}{L^3} \\ -\frac{12IE_X}{L^3} & 0 & \frac{12IE_X Y_i^j}{L^3} & \frac{12IE_X}{L^3} & 0 & -\frac{12IE_X Y_i^j}{L^3} \\ 0 & -12\frac{IE_Y}{L^3} & -12\frac{IE_Y X_i^j}{L^3} & 0 & 12\frac{IE_Y}{L^3} & \frac{12IE_Y X_i^j}{L^3} \\ \frac{12IE_X Y_i^{j+1}}{L^3} & -12\frac{IE_Y X_i^{j+1}}{L^3} & \frac{GJ_Z}{L}-12\frac{IE_X X_i^j X_i^{j+1}}{L^3}-12\frac{IE_X Y_i^j Y_i^{j+1}}{L^3} & -12\frac{IE_Y X_i^{j+1}}{L^3} & 12\frac{IE_Y X_i^{j+1}}{L^3} & \frac{GJ_Z}{L}+\frac{12IE_X (X_i^{j+1})^2}{L^3}+12\frac{IE_Y (Y_i^j}{L^3} \end{bmatrix}$$

위의 다층 골조시스템 해석을 위한 MATLAB 프로그램은 다음과 같다.

```
% Multi-Story Frame

% INITIALIZATIONS
E=4000;
nu = .25;
J=100;
G=E/2/(1+nu);
h=25/12;
I=h^4/12;
L=15;

Column_Stiffness = zeros(6,6);    %THIS IS THE SAME FOR ALL ELEMENTS

Column_Stiffness(1,1) = 12 * E * I / L^3;
Column_Stiffness(2,2) = 12 * E * I / L^3;
Column_Stiffness(3,3) = G * J / L;
Column_Stiffness(1,4) = - Column_Stiffness(1,1);
Column_Stiffness(4,1) =   Column_Stiffness(1,4);
Column_Stiffness(2,5) = - Column_Stiffness(2,2);
Column_Stiffness(5,2) =   Column_Stiffness(2,5);
Column_Stiffness(4,4) = Column_Stiffness(1,1);
Column_Stiffness(5,5) = Column_Stiffness(2,2);
Column_Stiffness(6,6) = Column_Stiffness(3,3);
Column_Stiffness(3,6) = Column_Stiffness(3,3);
Column_Stiffness(6,3) = Column_Stiffness(3,6)

% DEFINE COLUMN COORDINATES
x = [10 -10 -10 10];
y = [10 10 -10 -10];

GammaREZ = zeros(6,6,4);    %EACH FLOOR HAS THE SAME FOUR COLUMNS

for column = 1:4,

    GammaREZ_Matrix =[1 0 0; 0 1 0; -y(column) x(column) 1]';
    GammaREZ(1:3 , 1:3 , column) = GammaREZ_Matrix;
    GammaREZ(4:6 , 4:6 , column) = GammaREZ_Matrix;

end

GammaREZ

% DEFINE STIFFNESS MATRICES OF EACH COLUMN WITH RESPECT TO MASTER NODE
for column = 1:4,

    KM(:,:,column) = GammaREZ(:,:,column)' * Column_Stiffness  *
GammaREZ(:,:,column);

end

KM
```

```
% DEFINE LOCAL TO GLOBAL NUMBERING FOR EACH COLUMN
% COLUMNS IN ONE STORY HAVE ALL SAME LM, THUS DEFINE ONE PER STORY
% INTRODUCE ADDITIONAL DEGREES OF FREEDOM AT SUPPORT (13,14,15)
LM = [13 14 15 1 2 3;
    1 2 3 4 5 6;
    4 5 6 7 8 9;
    7 8 9 10 11 12]'

% ASSEMBLE GLOBAL STIFFNESS MATRIX
K_Structure = zeros(15,15);

for story = 1:4,
    for column =1:4,    %LOOP OVER COLUMNS IN ONE STORY

       for i =1:6,        %LOOP OVER MATRIX ROWS
           for j=1:6,     %LOOP OVER MATRIX COLUMNS

                K_Structure(LM(i,story),LM(j,story)) =
K_Structure(LM(i,story),LM(j,story)) + KM(i,j,column);

           end
       end

    end
end

K_Structure

% ASSEMBLE LOAD VECTOR
F_Structure = [20 0 0 20 0 0 20 0 0 0 10 0 0 0 0]'

% PARTITION K_Structure AND F_Structure
K_Structure_11 = K_Structure(1:12 , 1:12)
K_Structure_12 = K_Structure(1:12 , 13:15);
K_Structure_21 = K_Structure_12';
K_Structure_22 = K_Structure(13:15 , 13:15);

F_Structure_1 = F_Structure(1:12)

% SOLVE FOR UNKNOWN DISPLACEMENTS
D_Structure_1 = inv(K_Structure_11) * F_Structure_1;
D_Structure = zeros(15,1);
D_Structure(1:12) = D_Structure_1(1:12)

% PROCEDURE TO GET FORCES IN EACH COLUMN
for story = 1:4,

    for dof = 1:6,
       Delta_M(dof) = D_Structure(LM(dof,story));
% GET DISPLACEMENTS AT 2 MASTER NODES IN EACH STORY
    end

    story

    for column = 1:4,

        Delta_Column  = GammaREZ(:,:,column) * Delta_M';
% GET DISPLACEMENTS AT COLUMN ENDS
        column
        Column_Forces = Column_Stiffness * Delta_Column
% GET FORCES AT COLUMN ENDS

    end

end
```

프로그램 수행 결과는 다음과 같다.
각 층 절점변위

$$\mathbf{U} = [0.6718' \quad 0.1120' \quad 0 \quad 1.1197' \quad 0.2239' \quad 0 \quad 13437' \quad 0 \quad 1.3437' \quad 0.4479' \quad 0 \quad 0 \quad 0 \quad 0]^T$$

1층 :

기둥 1, 2, 3, 4의 단부력

$$\mathbf{P}_1^{1^{st}} = \mathbf{P}_2^{1^{st}} = \mathbf{P}_3^{1^{st}} = \mathbf{P}_4^{1^{st}} = \begin{bmatrix} -15 & -2.5 & 0 & 15 & 2.5 & 0 \end{bmatrix}^T$$

2층 :

기둥 1, 2, 3, 4의 단부력

$$\mathbf{P}_1^{2^{nd}} = \mathbf{P}_2^{2^{nd}} = \mathbf{P}_3^{2^{nd}} = \mathbf{P}_4^{2^{nd}} = \begin{bmatrix} -10 & -2.5 & 0 & 10 & 2.5 & 0 \end{bmatrix}^T$$

3층:
기둥 1, 2, 3, 4의 단부력

$$\mathbf{P}_1^{3rd} = \mathbf{P}_2^{3rd} = \mathbf{P}_3^{3rd} = \mathbf{P}_4^{3rd} = \begin{bmatrix} -5 & -2.5 & 0 & 5 & 2.5 & 0 \end{bmatrix}^T$$

4층:
기둥 1, 2, 3, 4의 단부력

$$\mathbf{P}_1^{4th} = \mathbf{P}_2^{4th} = \mathbf{P}_3^{4th} = \mathbf{P}_4^{4th} = \begin{bmatrix} 0 & -2.5 & 0 & 0 & 2.5 & 0 \end{bmatrix}^T$$

exercise

Problem 1 : 그림과 같은 벽이 있는 골조 구조물의 각 층 바닥판이 강성 바닥판으로 구성되어 있다. 기둥과 벽의 축강성이 무한의 값을 가질 때, 각 층은 3개의 자유도를 가진다. 기둥이 단면 25″×25″의 철근 콘크리트 단면(탄성 계수 E=4,000ksi)이고, 벽은 10′×1′의 철근콘크리트 단면이다. 다음과 같은 외부 하중이 구조물에 작용할 때 구조물의 변위와 기둥과 벽의 내력을 구하라.

$$F_2 = 20\text{kips},\ F_4 = 20\text{kips}$$

이를 위하여 MATALB 등을 이용한 구조해석을 위한 프로그램을 개발하라.

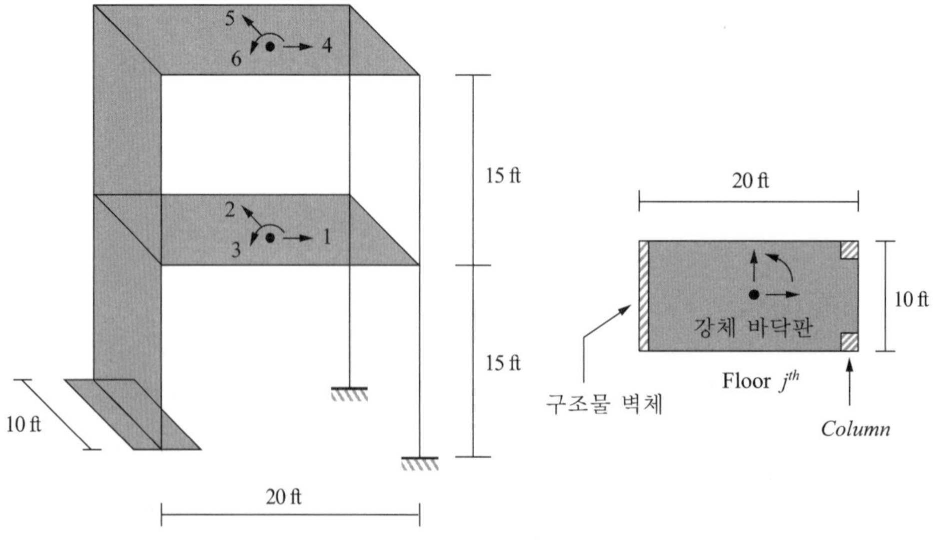

Problem 2 : 다음과 같은 외부하중을 받고 있는 골조 구조물에서, 각 요소는 같은 재질(탄성계수 $E = 210\,\mathrm{GPa}$)로 이루어져 있고 단면적과 단면2차모멘트가 각각 다음과 같다. 프로그램을 개발하여 이 구조물의 절점변위와 반력 및 내력을 계산하라.

요소 1 : $I = 117.7 \times 10^6 \mathrm{mm}^4$ $A = 6.26 \times 10^3\,\mathrm{mm}^2$

요소 2 : $I = 369.7 \times 10^6 \mathrm{mm}^4$ $A = 13.2 \times 10^3\,\mathrm{mm}^2$

요소 3 : $I = 83.6 \times 10^6 \mathrm{mm}^4$ $A = 5.38 \times 10^3\,\mathrm{mm}^2$

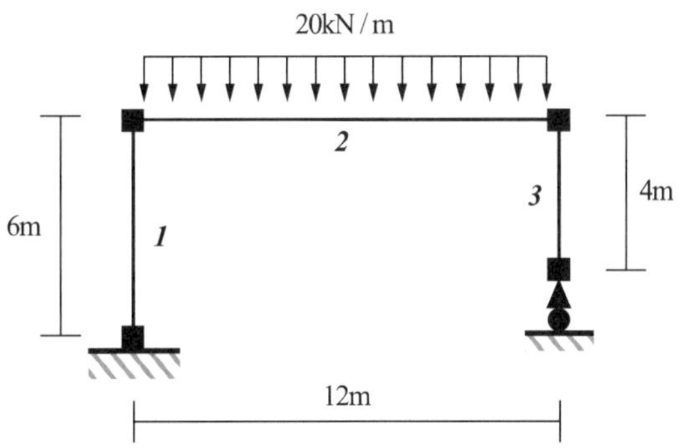

Problem 3 : 아래 그림처럼 외부 하중을 받고 있는 트러스 구조물의 각 요소의 단면의 탄성계수가 $E = 210\mathrm{GPa}$이고 단면적이 $A = 6.26 \times 10^3 \mathrm{mm}^2$일 때, 이 구조물을 해석하기 위한 프로그램을 개발하라.

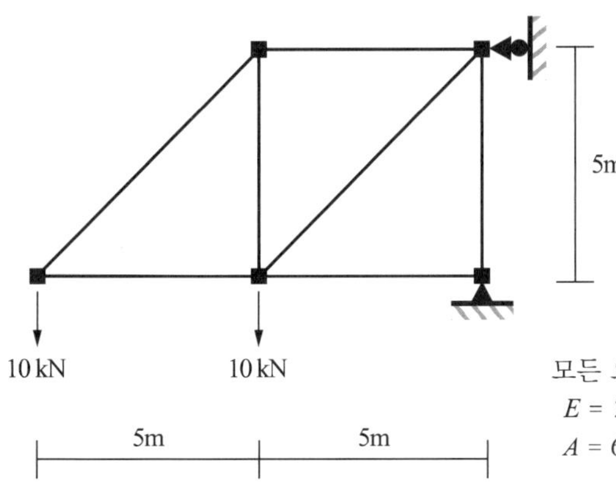

모든 요소의 탄성계수 및 단면적
$E = 210\ \mathrm{GPa}$
$A = 6.26 \times 10^3\ \mathrm{mm}^2$

Problem 4 : 아래 그림과 같은 변단면 봉 구조물에서 x방향을 따른 봉의 단면은 다음과 같다.

$$A(x) = A_0\left(1 - \frac{x}{2L}\right)$$

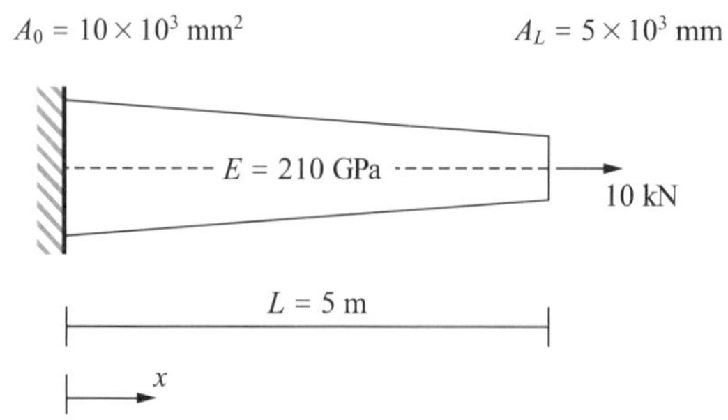

이 봉 구조물을 해석하기 위해 동일한 길이를 갖는 10개의 등단면 봉으로 모델하고, 구조해석 프로그램을 개발하여 이 봉 구조물의 끝단 변위를 구하라.
참고 : 이 문제에 대한 정밀해(exact solution)는 6장에 있다.

Problem 5 : 다음과 같은 헌치 보를 동일한 길이를 갖는 3개의 등단면 보로 모델하여 양쪽 끝단의 반력을 구하라.

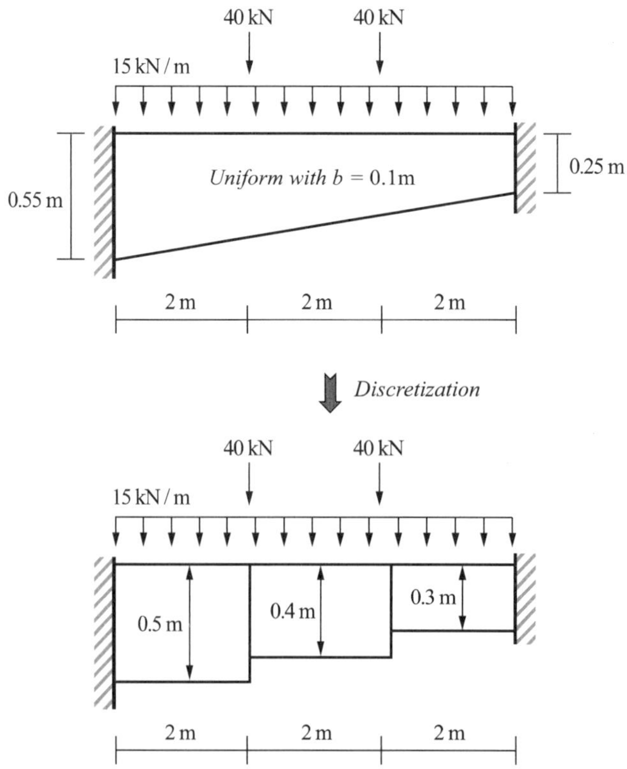

Problem 6 : 아래의 폐쇄 링은 X축과 Y축에 대하여 대칭이므로 해석을 위해 1/4만 모델하여도 된다. 3개의 직선 골조요소를 이용하여 폐쇄 링의 1/4을 모델하고, 이 모델의 수직 변위와 수평 변위를 계산하는 프로그램을 개발하라.

참고 : 휨 변형만 고려하고, 정확해는 다음과 같다.

$$v_{ver} = 0.076\frac{PR^3}{IE} = 6.333\times10^{-3}\ \text{m} \quad \uparrow$$

$$v_{hor} = 0.067\frac{PR^3}{IE} = 5.583\times10^{-3}\ \text{m} \quad \rightarrow$$

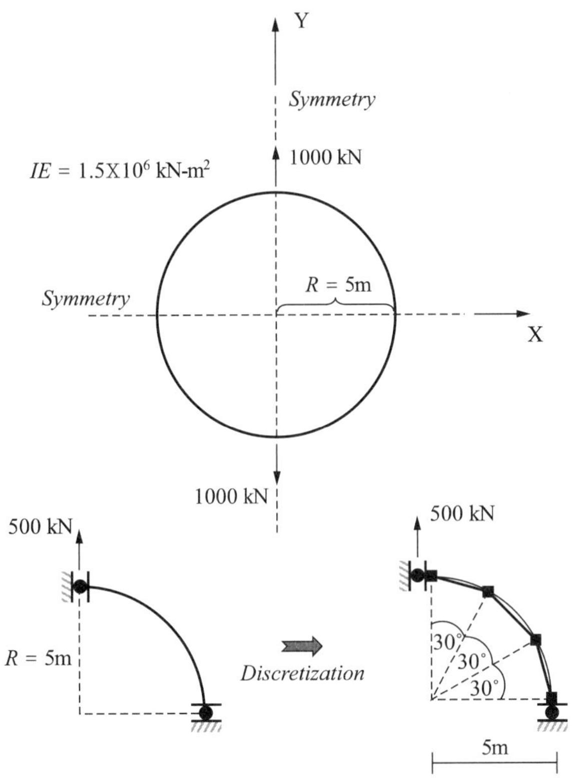

학기말 과제(TERM PROJECT)

Matlab, Mathematica, Fortran90/95, C++ 등을 이용하여 2차원 골조와 2차원 트러스 구조물을 같이 다룰 수 있는 컴퓨터 프로그램을 작성하라.
프로그램은 다음 사항을 포함하여야 한다.

① 절점 하중
② 절점 변위하중(지점 침하)
③ 등분포하중(2차원 골조)
④ 온도하중 고려(추가 점수 부여)
⑤ 강성 단부영역 고려(추가 점수 부여)
⑥ 강성 바닥판(추가 점수 부여)
⑦ 행렬연산에서 밴드폭 최적화(추가 점수 부여)

작성된 프로그램은 구조물의 요소 수와 자유도 수에 제한이 없어야 한다.

INDEX

(ㄱ)

(ㅈ)

(ㅊ)

(ㅌ)

(ㅍ)

(ㅎ)

(A B C)

· **권민호** 경상대학교 토목공학과

· **조창근** 조선대학교 건축공학전공

· **박홍근** 서울대학교 건축학과

· **원종필** 건국대학교 사회환경시스템공학전공

매트릭스구조해석 정가 29,000원

인 쇄 2012년 3월 1일 초판 1쇄

발 행 2012년 3월 10일 초판 1쇄

저 자 권민호·조창근·박홍근·원종필

발행인 정우용

발행처 도서출판 **동화기술**

경기도 파주시 문발동 파주출판도시 500-13(광인사길 201)

Tel (031)955-4211~6 donghwae@kornet.net

Fax (031)955-4217 www.donghwapub.co.kr

(등록) 1977년 12월 19일/9-16호

ISBN 978-89-425-1663-6